Rudolf Hagemann

Allgemeine Genetik

Allgemeine Genetik

Rudolf Hagemann

unter Mitarbeit von Thomas Börner und Frank Siegemund

4., neubearbeitete Auflage

Mit 300 Abbildungen und 71 Tabellen

Spektrum Akademischer Verlag Heidelberg · Berlin

Die Autoren
Prof. Dr. rer. nat. habil. Rudolf Hagemann
Von 1967 bis 1992 Direktor des Institutes für Genetik, Martin-Luther-Universität Halle-Wittenberg,
Domplatz 1, 06108 Halle
Privatadresse: Jägerplatz 3, 06108 Halle
Kapitel 1–6, 8–13, 16–18, 20–24

Professor Dr. rer. nat. habil. Thomas Börner
Institut für Biologie (Genetik) der Humboldt-Universität zu Berlin, Chausseestraße 117, 10115 Berlin
Kapitel 14, 15, 19, 20

Privatdozent Dr. rer. nat. habil. Frank Siegemund
Institut für Genetik, Fachbereich Biologie der Martin-Luther-Universität Halle-Wittenberg,
Domplatz l, 06108 Halle
Kapitel 7, 24

1. Auflage 1984, Gustav Fischer Verlag Jena
2. Auflage 1986, Gustav Fischer Verlag Jena
3. Auflage 1991, Gustav Fischer Verlag Jena; als Taschenbuch 1292 bei UTB

Hagemann, Rudolf:
Allgemeine Genetik : mit 71 Tabellen / Rudolf Hagemann. Unter
Mitarb. von Thomas Börner und Frank Siegemund. - 4., neubearb.
Aufl. - Heidelberg ; Berlin : Spektrum, Akad. Verl., 1999
    ISBN 3-8274-0859-8

Darstellung auf dem Umschlag:
Linke Seite: Ein gynandromorphes Tier von *Drosophila melanogaster*; seine linke Körperhälfte ist weiblich, die rechte männlich (Entstehungsweise vgl. Abb. 22.4.). Rechte Seite: Blüten von homozygoten Pflanzen der multiplen deficiens-Serie von *Antirrhinum majus*; oben links *deficiens$^+$* (*def$^+$*)-Wildtyp, daneben *deficiens^{chlorantha}* (*def^{chl}*) mit reduzierten Blütenblättern, unten links *deficiens^{nicotianoides}* (*def^{nic}*) mit vergrünten und weiter reduzierten Blütenblättern, daneben *deficiens^{globifera}* (*def^{glo}*) mit kelchblattartigen Schuppengebilden anstelle von Blütenblättern, Staubblätter fehlen, der verdickte Griffel ragt aus den Schuppengebilden hervor (vgl. Stubbe 1966).

Gesamtherstellung: druckhaus köthen GmbH
Gesetzt in Concorde-Roman mit dem Satzsystem 3B2 DTP
Gedruckt auf chlorfreigebleichtem Offsetpapier
Printed in Germany

ISBN 3-8274-0859-8

Vorwort zur vierten Auflage

Die ersten drei Auflagen dieses Buches haben erfreulicherweise im gesamten deutschsprachigen Raum großes Interesse gefunden und waren jeweils relativ schnell vergriffen. Wir glauben daraus schließen zu können, dass unsere Konzeption für Stoffumfang, Darstellungsweise und Stoffanordnung auf Zustimmung gestoßen ist.

Der Text der vierten Auflage wurde in allen Teilen gründlich überarbeitet und auf den neuen Stand des genetischen Grundlagenwissens gebracht. Neu eingefügt worden sind die Kapitel über „Transponible Elemente bei Pro- und Eukaryoten", „Das menschliche Genom" und „Entwicklungsgenetische Prozesse". Stark erweitert wurde die Darstellung von Techniken, Verfahren und Anwendung der Gentechnologie.

Die Anregungen während meiner Vorlesungen an den Universitäten in Halle und Salzburg haben mich veranlasst, dort, wo es sinnvoll ist, Ergebnisse der Humangenetik in die Darstellung einzubeziehen.

Die grundlegende Überarbeitung und teilweise Neufassung des Textes hat sich über einen ziemlich langen Zeitraum erstreckt. Meinen Kollegen Mitautoren Thomas Börner und Frank Siegemund bin ich für das langjährige gute und freundschaftliche Zusammenwirken bei der Abfassung des Textes sehr verbunden. Frau Renate Kranz, die über viele Jahre als meine Assistentin zuverlässig tätig war, danke ich außerordentlich für die gewissenhafte Textbearbeitung. Mein Dank gilt auch Frau Bernstädt-Neubert für die Herstellung vieler Zeichnungen; wir hoffen, dass mit den angewandten zeichnerischen Mitteln die jeweiligen Sachverhalte klar zum Ausdruck gebracht wurden. Den Jenaer Mitarbeitern des Verlages, besonders Frau Dr. Schlüter, Frau Dr. Schmiedeknecht und Frau Koch, danke ich für ihre Geduld und die langjährige gute Zusammenarbeit.

Zahlreiche Kollegen und Studierende haben nützliche Hinweise, Kommentare, Verbesserungsvorschläge sowie kritische Bemerkungen übermittelt. Derartige hilfreiche Meinungsäußerungen sind auch weiterhin willkommen.

Halle/S., im Frühjahr 1999   Rudolf Hagemann

Vorwort zur ersten Auflage (1984)

Die Vererbungswissenschaft, die Genetik, hat sich im Verlaufe der vergangenen Jahrzehnte aus einer Spezialdisziplin zu einem biowissenschaftlichen Grundlagengebiet entwickelt, das für zahlreiche biologische, andere naturwissenschaftliche, medizinische, veterinärmedizinische und landwirtschaftliche Arbeitsgebiete immer zunehmende Bedeutung erlangt und auch wirtschaftlich sehr bedeutungsvoll wird.

Deshalb wurde der Wunsch nach einer relativ kurzgefaßten Darstellung der allgemein-genetischen Grundlagen und Erkenntnisse deutlich spürbar. Wir haben mit dem vorliegenden Buch den Versuch unternommen, darzulegen, was wir als den Grundbestand der Allgemeinen Genetik betrachten. Dabei ist das Gebiet so geschildert, wie sich uns die Genetik heute als Gesamtdisziplin darstellt; die Kapitel folgen der inneren Logik des heutigen Erkenntnisstandes und nicht ihrer historischen Entwicklung.

Bei der notwendigen Kürze des Buches müssen wir leider weitgehend darauf verzichten, die erarbeiteten Einsichten als Folge wohldurchdachter, oft geradezu genialer Versuchsdurchführungen zu schildern. An der Universität Halle gleichen wir diesen Mangel durch eine zusätzliche Vorlesung „Entscheidende genetische Experimente" aus, in der die Vorbereitung, methodische Durchführung und Auswertung wesentlicher Versuche und Untersuchungen erläutert, ihre Bedeutung gekennzeichnet und auch die Person des jeweiligen Experimentators gebührend gewürdigt wird.

Die einzelnen Kapitel wurden jeweils von einem Autor geschrieben, dann aber mit den anderen intensiv diskutiert, gekürzt oder erweitert und aufeinander abgestimmt. Wir hoffen, damit dem Leser ein einheitliches Ganzes vorzulegen.

Die vorliegende Allgemeine Genetik wendet sich zunächst an Studenten der Biowissenschaften, Landwirtschaft, Medizin und Veterinärmedizin, darüber hinaus aber auch an alle Kollegen dieser Disziplinen sowie anderer naturwissenschaftlicher und gesellschaftswissenschaftlicher Richtungen, die sich einen Überblick über den gegenwärtigen Stand dieses sich so ungemein schnell entwickelnden Gebietes verschaffen wollen.

Sicher läßt sich ausführlich darüber diskutieren, was in das Gebiet der Allgemeinen Genetik gehört und was man einer Speziellen Genetik (etwa für den Menschen, für die Pflanzen- und Tierzüchtung, Mikrobiologie usw.) zuteilen muß. Wir haben versucht, viele genetische Objekte zu berücksichtigen und das für die Gesamtgenetik Wesentliche zu behandeln. Daher glauben wir, daß diese Allgemeine Genetik für die spezifisch Interessierten der unterschiedlichsten Spezialrichtungen eine geeignete Basis bilden kann. Es hat sich immer wieder in der Entwicklung der Genetik gezeigt, daß aus einer genetischen Spezialrichtung Anregungen und Resultate hervorgehen, die für eine ganz andere Richtung von großer Wichtigkeit sind. Deshalb ist es erforderlich, die allgemeine Entwicklung zu verfolgen. Die Abkapselung in einer genetischen Spezialrichtung führt zur Gefahr des Weitergehens in ausgetretenen Pfaden und damit zur Gefahr der Stagnation.

Vor einigen Jahren haben wir, zusammen mit anderen Kollegen, im Rahmen der „Beiträge zur Genetik und Abstammungslehre" des Verlages Volk und Wissen Berlin eine Darstellung der Grundlagen der Genetik gegeben; wir haben daraus vieles für das vorliegende Buch entnehmen können. Mehrere Kollegen haben das Manuskript bzw. Teile davon gelesen und uns ihre Meinung übermittelt; dafür danken wir sehr. Unser Dank gilt Frau Salomon, Berlin, für die Herstellung der Zeichnungen; ebenso Frau Geiger, Frau Banse und Frau Dannenberg für die große Hilfe bei der Herstellung des druckfertigen

Manuskriptes. Schließlich danken wir den Mitarbeitern des Gustav Fischer Verlages Jena, insbesondere Frau Schlüter und Frau Koch, für ihre Geduld und die gute Zusammenarbeit.

Wir sind uns im klaren, daß dieses Buch keinesfalls vollkommen ist. Deshalb bitten wir alle Leser um Meinungsäußerungen, Hinweise auf Irrtümer und Lücken, Ratschläge für Verbesserungen usw.

R. Hagemann, T. Börner, R. Piechocki, F. Siegemund

Inhaltsverzeichnis

1. Die Genetik und ihre Teildisziplinen

Die **Genetik** oder **Vererbungswissenschaft** beschreibt die Gesetze der Vererbung bei Mikroorganismen, Pflanzen, Tieren und beim Menschen. Sie befasst sich mit der *Verankerung* der genetischen Information, der Erbanlagen, in spezifischen Erbträgern, der *Struktur* des genetischen Materials, seiner Vermehrung (*Replikation*) und *Reparatur*, der *Übertragung der Erbanlagen in der Generationsfolge* und ihrer Neukombination (*Rekombination*), der Veränderung (*Mutabilität*) der genetischen Information, der Ausprägung (*Realisierung*) der genetischen Information und deren *Regulation*, der Verteilung von Erbanlagen in Organismengruppen (Populationen) und der Veränderung der *genetischen Konstitution von Populationen in Raum und Zeit*.

Durch ihre Funktion bei der Analyse und Aufklärung der Lebensprozesse nimmt die Genetik eine **zentrale Stellung** innerhalb der Biowissenschaften ein. Sie analysiert die Lebewesen und Lebensprozesse in allen Bereichen des Lebens: auf molekularem Niveau, auf der Ebene der Zelle und ihrer Bestandteile, auf der Ebene des (vielzelligen) Organismus wie auch auf der Ebene der Populationen. Die Genetik untersucht die Lebensvorgänge *unter dem Aspekt ihrer Bestimmung und Kontrolle durch die genetische Information*. Aus dieser Stellung ergibt sich eine Vielzahl von Beziehungen der Genetik zu anderen biowissenschaftlichen Disziplinen; diese Beziehungen haben sich ständig erweitert und vertieft.

Einerseits nutzt die Genetik die von diesen Disziplinen gewonnenen Erkenntnisse, andererseits schafft sie laufend Grundlagen und Voraussetzungen für deren Weiterentwicklung. Besonders enge Beziehungen hat die Genetik zu Cytologie sowie Zellbiologie, Biochemie, Biophysik, Mikrobiologie und Evolutionsforschung, nicht zuletzt aber auch zu Medizin und Landwirtschaft.

Entsprechend diesen vielfältigen Aufgaben umfasst die Genetik verschiedene Teildisziplinen. Die Untergliederung ist keineswegs statisch, sie ist vielmehr dynamisch; entsprechend den Fortschritten der Forschung wird sie laufend modifiziert. Dabei gibt es – je nach Gliederungsschema – mehr oder weniger große Überschneidungen.

1.1. Genetische Teildisziplinen

Die einfachste Untergliederung erfolgt nach der **taxonomischen Stellung der Objekte** genetischer Forschung.
So untergliedert man:

Mikrobengenetik: Bakteriengenetik, Phagengenetik, Virusgenetik
Protistengenetik: Parameciengenetik, *Chlamydomonas*-Genetik
Pilzgenetik: *Neurospora*-Genetik, Hefegenetik
Pflanzengenetik: Moosgenetik, Genetik der höheren Pflanzen
Tiergenetik: *Drosophila*-Genetik, Nematodengenetik, Fischgenetik, Säugergenetik, Haustiergenetik.

(Das „Handbook of Genetics" von R. C. King gibt einen Überblick über die genetischen Objekte und die Resultate ihrer Bearbeitung.)
Eine andere Möglichkeit ist die Untergliederung nach der **Zielrichtung der genetischen Forschung**, und zwar in folgende Teildisziplinen:

Die **Molekulargenetik** befasst sich mit der Analyse der molekularen Prozesse der Verankerung, Replikation, Reparatur, Mutabilität, Realisierung und Regulation der genetischen Information;
die **Transmissionsgenetik** bearbeitet die Modi der Übertragung der Erbanlagen bei sexueller oder asexueller Fortpflanzung auf die Folgegeneration;
die **Cytogenetik** analysiert die Lagerung der Erbanlagen in cytologisch definierten Erbträgern und studiert den Zusammenhang zwischen der Übertra-

gung und Veränderung dieser Erbträger und den in ihnen verankerten Erbanlagen [unter diesem Aspekt kann man z. B. bei Eukaryoten zwischen nukleärer („Zellkern"-) und extranukleärer Vererbung unterscheiden];
die **Mutationsforschung** beschäftigt sich mit allen Aspekten der Veränderung (Mutabilität) der Erbanlagen;
die **Rekombinationsgenetik** analysiert den Feinablauf der Rekombination von Erbanlagen bzw. Mutationsorten auf den verschiedenen Organisationsstufen;
die **biochemische Genetik** studiert insbesondere die als Folge von Erbunterschieden und Mutationen auftretenden biochemischen Veränderungen und strebt die Feststellung des primären biochemischen Defektes an;
die **Gentechnologie** befasst sich mit der Isolierung, Analyse, Veränderung und Neukombination unterschiedlicher DNA-Moleküle (und RNA-Moleküle) unter in-vitro-Bedingungen („im Reagenzglas") und ihrer Einführung sowie starken Vermehrung in Wirtszellen (Bakterien, Hefen, Einzelzellen von Eukaryoten); dies führt zur Gewinnung definierter DNA-Sequenzen in großer Menge und Homogenität, zur Verwendung für vielfältige Zwecke der Forschung und für die Anwendung in Human- und Veterinärmedizin, Industrie und Landwirtschaft.

Je nach **spezifischen Teilaspekten** gliedert man noch weiter:

Die **Immungenetik** befasst sich mit den genetischen und biochemischen Prozessen, welche den Immunreaktionen bei Mensch und Tier und deren Veränderungen zugrunde liegen;
die **somatische Zellgenetik** beschäftigt sich mit der genetischen Konstitution in vitro kultivierter pflanzlicher, tierischer und menschlicher Zellen und den Veränderungen des Erbgutes als Folge von somaklonaler Variation sowie der Fusion genetisch unterschiedlichen Materials mit verschiedenartigen Gentransfer-Verfahren;
die **Populationsgenetik** studiert die genetische Struktur unterschiedlicher Populationen von Mikroorganismen, Pflanzen, Tieren und Menschen, stellt die Verteilung der Erbanlagen fest und analysiert die in Raum und Zeit ablaufenden Veränderungen; sie überschneidet sich damit weitgehend mit der *ökologischen Genetik*, welcher es um die Struktur und Veränderung von Populationen unter dem Einfluss ökologischer Faktoren geht, sowie mit der sog. *quantitativen Genetik*, die sich speziell dem Studium quantitativer Merkmalsunterschiede vor allem bei Pflanze, Tier und Mensch widmet;
die **Evolutionsgenetik** analysiert die im Zuge der Evolution sich an Populationen abspielenden genetischen Vorgänge, insbesondere die Evolutionsfaktoren und deren Zusammenwirken, und entwickelt Modellvorstellungen über die Mechanismen, welche den Evolutionsabläufen zugrunde liegen.

In jüngster Zeit verwendet man oft den Begriff „**inverse Genetik**" zur Bezeichnung des Kontrastes zu bisher üblichen genetischen Arbeitsweisen (gewissermaßen ihre Umkehrung). Während man (seit Mendel) primär von phänotypisch erkennbaren Merkmalsunterschieden ausging und schließlich zur Erkennung definierter Gene kam, erlaubt die Gentechnologie primär die Erfassung und gezielte Veränderung spezifischer DNA-Sequenzen und danach die Analyse der hierdurch bewirkten Merkmalsveränderungen.

1.2. Weitgehende Austauschbarkeit genetischer Objekte

Die erfolgreiche, zeitweilig außerordentlich schnell sich vollziehende Entwicklung der Genetik hat zu der Erkenntnis geführt, dass **die Grundprozesse der Vererbung bei allen Objekten wesensgleich** sind.
Selbstverständlich gibt es im einzelnen bemerkenswerte Unterschiede zwischen verschiedenen Organismen, z. B. (prokaryotischen) Bakterien und (eukaryotischen) Säugern oder zwischen photosynthetisch aktiven grünen Pflanzen und nichtphotosynthetisierenden Pilzen sowie Tieren. Aber die Grundprozesse der Vererbung – das Prinzip der Verankerung der genetischen Information in Nukleinsäuren, der genetische Code, die Prozesse der Realisierung der genetischen Information – sind bei ihnen wesensgleich.
Daraus ergibt sich als wesentlicher Aspekt der genetischen Methodologie das **Prinzip der weitgehenden Austauschbarkeit der Objekte**. Ob genetische Prozesse, z. B. die Rekombination, am Rind oder an der Maus studiert werden, das ist – wenn es sich um allgemeinere genetische Fragen handelt – bezüglich des Resultates gleich; oft liefert statt eines Säugers auch die Fruchtfliege *Drosophila melanogaster* dasselbe Resultat. Meist entscheidet die Zweckmäßigkeit die Objektwahl. Die genetischen Grundlagen der Photosynthese können an einer Blütenpflanze, z. B. *Pelargonium*, untersucht werden, aber ebenso an dem einzelligen Flagellaten *Chlamydomonas* – beide Gattungen liefern prinzipiell gleiche Resultate. Die unterschiedlichen Objekte werden aus forschungsmethodischen Gründen verwendet (geringer Aufwand der

Haltung; schnelle Generationsfolge; Möglichkeit, große Individuenmengen zu testen; gute Erkennbarkeit der analysierten Merkmale). Oft legt auch eine praxisorientierte Anwendung der Ergebnisse bestimmte Organismen fest (antibiotikaproduzierende Mikroorganismen, Kulturpflanzen, Haustiere, Modellobjekte für Humanmedizin usw.).

Die Bearbeitung zahlreicher Organismen und die Vielfalt der methodischen Ansatzpunkte führt somit zur Erkenntnis allgemeingültiger Vererbungsgesetze. So ist z. B. die nahezu vollkommene Universalität des genetischen Codes bei allen biologischen Objekten eine Grunderkenntnis der Forschung und damit zugleich ein deutlicher Hinweis auf den gemeinsamen Ursprung allen Lebens auf der Erde.

Die Austauschbarkeit der Objekte erlaubt eine schnelle und effektive Übertragung genetischer Erkenntnisse von einem Objekt auf das andere. Die Aufklärung der an Geschlechtschromosomen gebundenen Vererbung des Merkmalsunterschiedes rote Augen : weiße Augen bei *Drosophila melanogaster* (Morgan 1910) gestattete durch die direkte Übertragung dieser Erkenntnisse auf den Menschen die vollständige Erklärung des Erbganges menschlicher Erbleiden, wie der Bluterkrankheit und der Rot-Grün-Blindheit (Daltonismus).

Die Erkenntnis, dass die Träger der sog. „Mongoloiden Idiotie" (= Langdon-Down-Syndrom) des Menschen für ein Chromosom (Nr. 21) *trisom* sind ((J. Lejeune, M. Gautier, R. Trupin; P. A. Jacobs, J. A. Strong 1959), ermöglichte es sofort, die seit Beginn der zwanziger Jahre an Blütenpflanzen (*Datura*) und an *Drosophila* erarbeiteten umfangreichen Erkenntnisse über Entstehung, Vererbung, unterschiedliche Typen von Trisomie sowie ihre Veränderlichkeit zum Verständnis dieses genetischen Defekts beim Menschen zu nutzen.

Die Austauschbarkeit der genetischen Objekte ist auch die Basis der heute immer wichtiger werdenden Prüfung auf Mutagene in der Umwelt des Menschen (vgl. 7.4.).

1.3. Geschichte der Genetik

Es würde den Rahmen dieser kurzgefassten „Allgemeinen Genetik" sprengen, die geschichtliche Entstehung und Entwicklung der entscheidenden genetischen Erkenntnisse und Theorien sowie Spezialdisziplinen zu schildern. Der Leser wird gebeten, immer wieder in der Zeittafel nachzuschlagen. Außerdem ist die Geschichte der Genetik in den Büchern bzw. Aufsätzen von Stubbe, Sturtevant, Dunn, Cairns et al., Cremer, Whitehouse und Hagemann (vgl. Literatur) ausführlich dargestellt.

2. Erbträger der Pro- und Eukaryoten

Vererbung ist die **Übertragung der Erbanlagen** von den Eltern auf die Nachkommen. Ausgangspunkt der Genetik ist die Tatsache, dass die Lebewesen in sehr vielen Merkmalen und Eigenschaften dann übereinstimmen oder sich sehr ähneln, wenn sie in unmittelbarem oder mittelbarem Abstammungsverhältnis zueinander stehen. Diese Merkmalsübereinstimmung wird durch die Übertragung der Erbanlagen von den Vorfahren auf die Nachkommen während der asexuellen oder sexuellen Fortpflanzung bewirkt.

Die Gesamtheit der Erbanlagen eines Individuums nennt man sein **Erbgut**, seinen **Idiotyp** oder seine **genetische Information**.

Die Erbanlagen sind in spezifisch strukturierten Zellbestandteilen, den **Erbträgern**, verankert. Sie besitzen die Fähigkeit zu identischer Reproduktion, die nur dann erfolgen kann, wenn eine solche Struktur bereits in der Zelle vorhanden ist und bei der Neubildung als Vorbild dient. Erbträger werden in der Zelle **vermehrt**. Die Suche nach ihnen und ihre Analyse richten sich daher auf identisch reproduktive Zellbestandteile. Deshalb ist die Genetik stets mit der Cytologie, der Zellenlehre, und der Zellbiologie verbunden. Ihre Ergebnisse werden, soweit sie für die Kennzeichnung der Erbträger relevant sind, im folgenden kurz gekennzeichnet:

Alle Lebewesen bestehen aus einer oder vielen Zellen oder sind in ihrer ontogenetischen Entwicklung aus einer Zelle hervorgegangen. Die **Zelle** ist somit die **grundlegende Struktureinheit aller Lebewesen**, ganz gleich, ob es sich um Mikroorganismen, Pflanzen, Tiere oder Menschen handelt.

Die Verankerung der genetischen Informa-

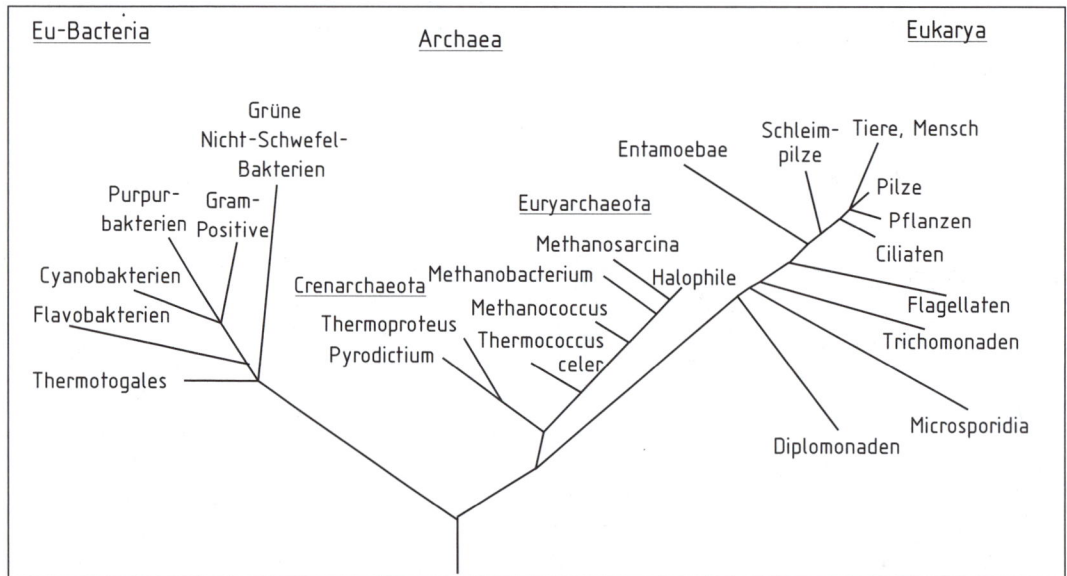

Abb. 2.1. Schema *des* universellen phylogenetischen Stammbaums der Lebewesen. Basis ist vor allem die vergleichende Sequenzierung der ribosomalen 16S- oder 18S-RNA. Nach Woese aus Brock 1997, verändert.

tion und die sexuelle Fortpflanzung sind auch bei Vielzellern an Einzelzellen gebunden.

Ungeachtet der organismischen Vielgestaltigkeit können alle Zellen nur einem von **zwei Grundtypen** zugeordnet werden: den Prokaryoten oder den Eukaryoten (Abb. 2.1.).

Prokaryoten sind die Eubakterien (einschließlich der Cyanobakterien) und die Archaebakterien (Archaea), ganz überwiegend einzellige Lebewesen. Zwischen diesen beiden Bakterientypen bestehen tiefgreifende phylogenetische Unterschiede. Die Bakteriophagen und zahlreiche Viren weisen ebenfalls eine (im wesentlichen) prokaryotische Struktur ihres genetischen Materials auf. Zu den **Eukaryoten** gehören alle übrigen Organismen, d. h. neben den einzelligen Flagellaten und Protozoen alle mehrzelligen Pflanzen und Tiere einschließlich des Menschen.

Wir bevorzugen die Begriffe „Prokaryot(en), Eukaryot(en), prokaryotisch, eukaryotisch", weil sie im Deutschen etymologisch korrekt sind und im gesamten englischsprachigen Raum in praktisch gleicher Weise verwendet werden: pro-, eukaryote, pro-, eukaryotic. (Andere Wortbildungen wie ‚Pro-, Eukaryont und pro-, eukaryontisch' sind etymologisch und inhaltlich nicht zu bevorzugen.)

2.1. Erbträger der Prokaryoten

2.1.1. Eubakterien

Die am besten untersuchten Prokaryoten (pro, griech. = vorhergehend, ursprünglicher; karyotos, griech. = kernartig, nussartig) sind die **Eubakterien**. Die Zelle der Eubakterien enthält einen oder mehrere zentral liegende DNA-haltige Bereiche, die als *Nukleoide* oder *Kernäquivalente* bezeichnet werden (Abb. 2.2.). Ein Nukleoid enthält ein *Bakterienchromosom*, das ein ringförmiges Riesenmolekül aus doppelsträngiger Desoxyribonukleinsäure (DNA) ist; seine Länge beträgt bei *Escherichia coli* ca. 1250 µm (= $4 \cdot 10^{-12}$ mg DNA). Außer dem Bakterienchromosom kann die Bakterienzelle noch kleinere informationstragende ringförmige Moleküle aus doppelsträngiger DNA enthalten, die **Plasmide**; ihre Länge schwankt – je nach dem vorliegenden Plasmidtyp – zwischen 1 und 70 µm.

Bakterienchromosom und **Plasmide** sind identisch replizierende Zellbestandteile, die als **Erbträger**, als Träger spezifischer geneti-

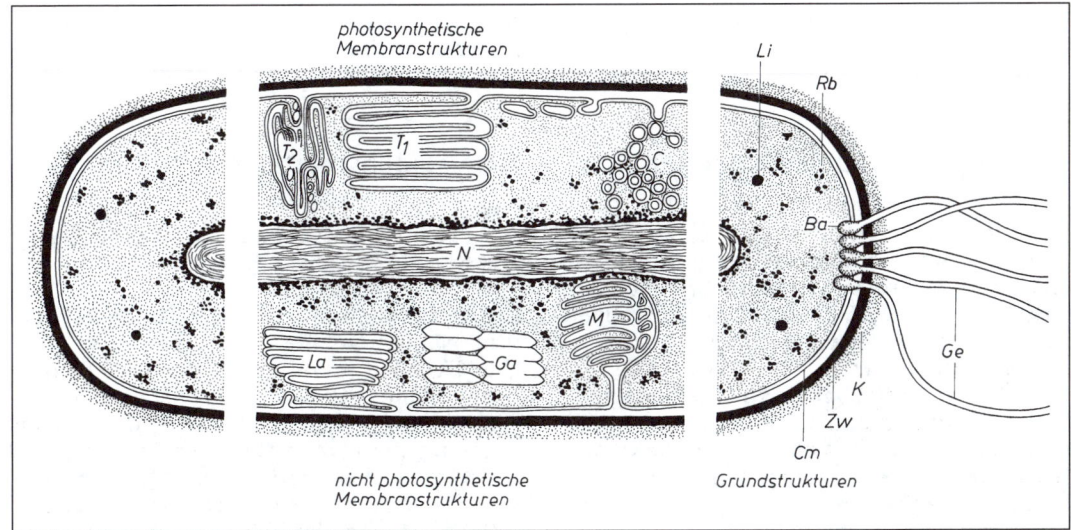

Abb. 2.2. Schematisches Querschnittsbild einer Eubakterienzelle. In den beiden äußeren Teilen sind die Grundstrukturen einer begeißelten Zelle dargestellt, im mittleren Teil zusätzlich die bei photo- und nicht phototrophen Formen vorhandenen Membranstrukturen. *Ba* Basalkörper, *Cm* Cytoplasmamembran, *Ga* Gasvakuolen, *Ge* Geißel, *K* Kapsel, *La* Lamellenkörper, *Li* Lipidtropfen, *M* Mesosom, *N* Nukleoid, *Rb* Ribosomen, T_1 lamelläre Thylakoide, T_2 tubuläre Thylakoide, *Zw* Zellwand. Nach Schlegel 1969, verändert.

scher Information, fungieren. Vor einer Zellteilung werden sowohl das Bakterienchromosom als auch die Plasmide identisch reproduziert, repliziert. Bei der Zellteilung werden die Tochterchromosomen und die Plasmide aufgrund einer Verbindung mit der Zellmembran durch einfache Segregation so auf die Tochterzellen verteilt, dass beide Tochterzellen sowohl (mindestens) ein Bakterienchromosom als auch Plasmide erhalten.

Die Bakterienzelle enthält eine Vielzahl weiterer Zellbestandteile und Strukturelemente (Abb. 2.2.). In bestimmten Regionen laufen Atmungsfunktionen ab, in anderen können Photosyntheseprozesse stattfinden; dort befinden sich spezifische Vesikel, z. B. Thylakoide für Photosyntheseprozesse.

Obwohl es in bestimmten Bakterienzellen eine gewisse Aufteilung in verschiedene Reaktionsräume geben kann, findet man doch keine echten, durch Membranen völlig abgegrenzte Kompartimente.

Allerdings ist 1997 ein Bakterium der Gattung *Pirelula* entdeckt worden, dessen DNA sich in einem Zellkern-ähnlichen Gebilde befindet; die DNA ist von einer semipermeablen Membran umschlossen.

Die **Cyanobakterien** (= „Blaualgen") weisen eine ganz ähnliche prokaryotische Organisation auf. Sie besitzen **Nukleoide aus doppelsträngiger DNA**, und sie enthalten zahlreiche Zellbestandteile, die aber – wie bei Eubakterien – nicht vollständig kompartimentiert sind.

2.1.2. Archaea, Archaebakterien

In letzter Zeit ist immer deutlicher geworden, dass zwischen den **Eubakterien** und den **Archaebakterien so wesentliche Unterschiede bestehen**, dass man beide Bakteriengruppen als separate phylogenetische Entwicklungszweige ansehen muss (Abb. 2.1.). Die Archaea oder **Archaebakterien** (methanogene, halophile und thermoacidophile Bakterien) unterscheiden sich von den **Eubakterien** (einschließlich der Cyanobakterien) schon im stofflichen Aufbau der Zellen, insbesondere in folgenden Eigenschaften: Aufbau und Struktur der Zellwand (Eubakt.: Murein; Archaea: kein Murein); Aufbau der Fette (Eubakt.: Glycerol; Archaea: Glycerolether); teilweise andersartige Stoffwechselwege (Ar-

chaea: Carbonsäurezyklus anstelle des Calvin-Zyklus der Photosynthese); verschiedene Photosynthesepigmente (Eubakt.: Bakterio-Chlorophylle, Carotinoide, Phycobiline; Archaea: Bakterio-Rhodopsin).

Besonders auffallend ist die Tatsache, dass das Transkriptions- und Translations-System der Archaea ganz unerwartet große Übereinstimmung mit dem entsprechenden System der Eukaryoten (Eukarya, Abb. 2.1.) aufweist. Promotor-Signale (TATA-Box), Aufbau der RNA-Polymerase, Transkriptionsfaktoren und die Struktur der 16S-ribosomalen RNA der Archaea zeigen große Übereinstimmung mit den Eukaryoten. Mehrere Untersucher brachten dies auf die (etwas überspitzte) Formulierung: Die Archaea haben eine eubakterielle Form und einen eukaryotischen Inhalt. Andererseits gibt es in der Regulation der Operonen für ribosomale Proteine auch Ähnlichkeiten zu den Eubakterien.

2.1.3. Phagen und Viren

Bakteriophagen (= **Phagen**) und viele **Viren** besitzen **einfache Chromosomen**, die Nukleinsäuremoleküle sind und aus einsträngiger oder doppelsträngiger Ribonukleinsäure (**RNA**) oder Desoxyribonukleinsäure (**DNA**) bestehen. Genauer wird hierauf in Kapitel 4 eingegangen.

2.1.4. Eigenschaften der Prokaryoten

Die **Prokaryoten** sind durch folgende **Eigenschaften** gekennzeichnet:

1. Sie enthalten als Erbträger **einfache Nukleinsäuremoleküle**, die entweder aus DNA oder (bei einer Reihe von Phagen und Viren) aus RNA bestehen; die Kennzeichnung „einfach" bedeutet das Fehlen der für die echten Chromosomen der Eukaryoten charakteristischen Beladung der Kern-DNA mit den 5 Histonen H1, 2A, 2B, 3, 4 und der Bildung von Nukleosomen. (Die Prokaryoten-DNA kann aber sehr wohl mit Polyaminen oder histonähnlichen Proteinen sowie mit RNA verbunden sein.)

2. Die prokaryotische Zelle ist nicht vollständig kompartimentiert.
3. Die **Geißeln** der Prokaryoten haben eine **einfache Struktur** und bestehen aus Flagellin. (Demgegenüber bestehen die Flagellen, Wimpern und Cilien der Eukaryoten aus Tubulin und sind aus Mikrotubuli mit der charakteristischen „9 + 2"-Struktur aufgebaut.)

2.2. Erbträger der Eukaryoten

Die Zellen aller Organismen, die taxonomisch höher stehen als die Eubakterien und Archaebakterien, besitzen die **eukaryotische** Organisationsstufe: einzellige Flagellaten und Protozoen, Algen, Pilze, Moose, Farne, Blütenpflanzen sowie niedere und höhere Tiere und der Mensch.

Die eukaryotische Zelle unterscheidet sich prinzipiell dadurch von der prokaryotischen Zelle, dass sie in folgende **Kompartimente** gegliedert ist, welche vollständig durch Membranen voneinander abgegrenzt sind: (1) *Kern-Plasma-Raum*, (2) *Plastiden*, (3) *Mitochondrien*, (4) innere Phase des endoplasmatischen Reticulums und der Kernmembran sowie (5) innere Phase der Golgi-Körper (Dictyosomen), (6) und (7) die Räume zwischen der äußeren und inneren Membran der Plastiden- und Mitochondrienhülle.

Die Kompartimente 1, 2 und 3 enthalten „plasmatische" Phasen, die Kompartimente 4, 5, 6 und 7 dagegen „wässrige" Phasen (Abb. 2.3.).

Der Kern-Plasma-Raum ist in der Interphase noch weiter in die Teilkompartimente „Zellkern" und „Cytoplasma" untergliedert, die aber während der Mitose und Meiose nicht mehr voneinander abgegrenzt und daher gemeinsam als ein Kompartiment anzusehen sind.

Die eukaryotische Zelle ist so strukturiert, dass ein plasmatisches System stets an ein nichtplasmatisches (= wässriges) System angrenzt und umgekehrt. Die Biomembranen der eukaryotischen Zelle entstehen nicht de novo, sondern nur aus bereits vorhandenen Membranen bzw. Vesikeln.

Für die Genetik sind die ersten drei Kompartimente von besonderer Bedeutung, weil sie informationstragende DNA-Moleküle enthalten und somit Erbträger darstellen.

2.2.1. Zellkern, Kernteilungen, Zellteilung und Zellzyklus

Die Eukaryoten weisen in ihrem Lebenszyklus (Individualzyklus) einen regelmäßigen Phasenwechsel des Zellkerns („Kernphasenwechsel") auf: Ein Abschnitt des Individualzyklus ist **haploid**, d. h. der Zellkern besitzt einen einfachen Chromosomensatz,

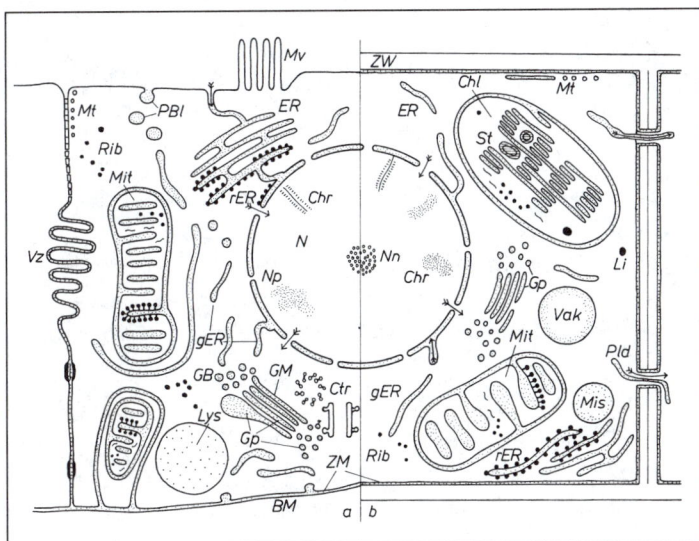

Abb. 2.3. Schema einer höheren tierischen (*a, links*) und einer höheren pflanzlichen Zelle (*b, rechts*). *BM* Basalmembran, *Chl* Chloroplast, *Chr* Chromosomenmaterial, *Ctr* Centriol, *ER* endoplasmatisches Reticulum, *GB* Golgi-Bläschen, *gER* glattwandiges endoplasmatisches Reticulum, *GM* Golgi-Membran, *Gp* Golgi-Plasma, *Li* Lipidtropfen, *Lys* Lysosom, *Mis* „Mikrosomen" (vermutlich den Lysomen entsprechend), *Mit* Mitochondrien, *Mt* Mikrotubuli, *Mv* Mikrovilli, *N* Nucllus, Zellkern, *Nn* Nucleolus, *Np* Kernporen, *PBl* Pinocytosebläschen, *Pld* Plasmodesmen, *rER* rauhwandiges endoplasmatisches Reticulum, *Rib* freie Ribosomen, *St* Stärkekorn, *Vak* Vakuole, *Vz* Verzahnungen der Zellen, *ZM* Zellmembran, *ZW* Zellwand. Nach Klima 1975, verändert.

jedes Chromosom besitzt eine andere genetische Information; der andere Abschnitt ist
diploid, d. h. der Zellkern besitzt einen doppelten Chromosomensatz (vgl. Abb. 10.1.).
Zellkerne gehen durch Teilung aus ihresgleichen hervor. Es gibt zwei wichtige Typen von
Kernteilungen, die Mitose und die Meiose.
Beide sind in der Regel mit Zellteilung verbunden.

Bei Beginn der **Mitose** (Abb. 2.4.) werden die
Chromosomen als faden- oder stäbchenför-
mige Gebilde von charakteristischer und, bei
der gleichen Sippe, konstanter Struktur und
Anzahl im Zellkern sichtbar.
Die Chromosomen, die in der **Prophase** bereits aus zwei Chromatiden bestehen, werden
nach Auflösung der Kernmembran in der **Metaphase** in der Äquatorialebene der Teilungs-

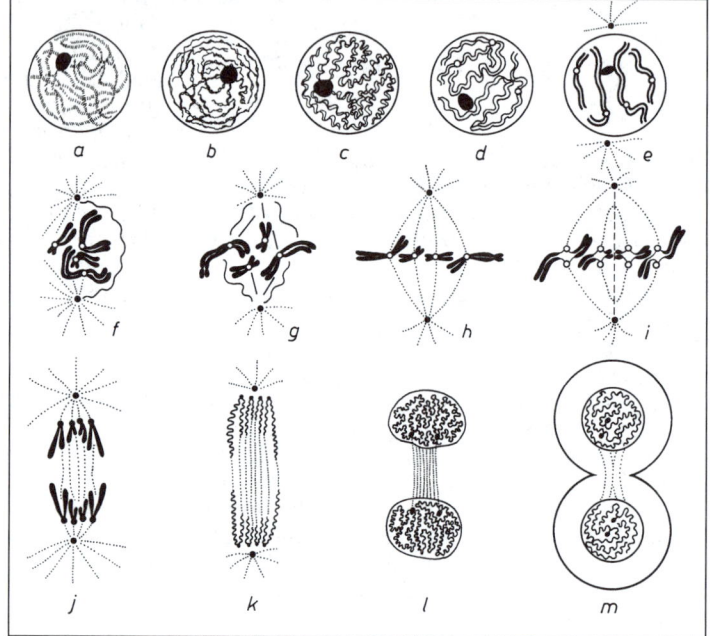

Abb. 2.4. Schema für den Ablauf einer
Mitose. *a* Interphase, *b, c, d, e* Prophase,
zunehmende Spiralisierung und Kontraktion der Chromosomen (von denen jedes
aus zwei Chromatiden besteht), *f, g* Prometaphase, die Kernmembran verschwindet,
die Spindel bildet sich aus, *h, i* Metaphase,
die Chromosomen liegen in der Äquatorialebene, *j* Anaphase, *k* Telophase, *l, m*
Beginn der Interphase, die neue Kernmembran ist ausgebildet, in *m* ist die Zelle geteilt. Nach DeRobertis, Nowinski, Saez
1960, verändert.

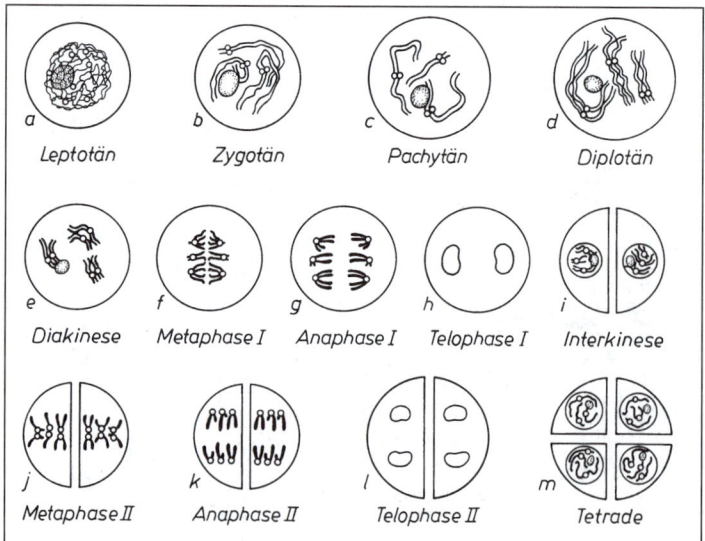

Abb. 2.5. Schema für den Ablauf einer
Meiose in der Pollenmutterzelle einer Blütenpflanze. Es ist eine Zelle mit $2n = 6$,
$n = 3$ dargestellt. Die einzelnen Stadien
sind direkt bezeichnet. Nach Singleton
1962.

spindel angeordnet. Die Fasern der Teilungsspindel setzen an den Centromeren an. Am Beginn der **Anaphase** teilen sich die Centromere, so dass jedes Chromosom komplett aus zwei Chromatiden besteht. Im weiteren Verlauf der Anaphase werden die beiden Chromatiden eines Chromosoms voneinander getrennt und je eine zu je einem Zellpol transportiert. In der **Telophase** sind die Chromatiden an den Zellpolen eingetroffen. Nunmehr wird die neue Kernmembran gebildet. Aus einem Zellkern mit einer bestimmten Anzahl von Chromosomen sind zwei neue Zellkerne mit der gleichen Chromosomenanzahl (wie die Ausgangszelle) entstanden. (In Teilungsfolgen von Zellen mit nur noch beschränkter Lebensdauer können *Amitosen* auftreten. Bei einer Amitose fehlen Teilungsspindeln und das Sichtbarwerden der Chromosomen; der Kern schnürt sich einfach durch, und es entstehen zwei etwa gleich große Kerne.)
Bei der **Meiose** (Abb. 2.5.) entstehen aus einem diploiden Kern vier haploide Kerne. In der meiotischen **Prophase** liegen die Chromosomen zunächst ungepaart als lange fädige Strukturen vor (**Leptotän**), dann beginnen die Homologen sich zu paaren (**Zygotän**). Schließlich ist die Paarung der Bivalente vollkommen (**Pachytän**); spätestens in diesem Stadium erfolgt das Crossing-over. Danach wird im **Diplotän** die Homologenpaarung wieder gelöst, die Homologen bleiben nur noch durch die Chiasmen verbunden. Es erfolgt eine allmählich zunehmende Verkürzung der Chromosomen, die in der **Diakinese** ihr Maximum erreicht. – In der **Metaphase I** ordnen sich die Chromosomenpaare, die Bivalente, in der Äquatorialplatte an. In der **Anaphase I** werden die homologen Chromosomen voneinander getrennt und zu verschiedenen Polen transportiert. In der **Telophase I** haben die Chromosomen die Zellpole erreicht. Darauf folgt ein kurzes Ruhestadium, **Interkinese**, während dessen die Chromosomen gut sichtbar bleiben. – Nunmehr folgt die zweite meiotische Teilung. An eine kurze **Prophase II** schließt sich die **Metaphase II** an, in der sich die Chromosomen in der Äquatorialplatte anordnen. In der **Anaphase II** werden die Chromatiden der Chromosomen auf die Zellpole verteilt, so dass in der **Telophase II** vier Gruppen von Chromatiden mit der haploiden Chromosomenzahl entstanden sind. Die entsprechenden Zellteilungen führen zu vier Gonen.

Die Meiose ist in ihren Folgen durch drei Effekte gekennzeichnet:

Meiose-Effekt 1: Reduktion der Chromosomen auf die Haploidzahl
Meiose-Effekt 2: Zufällige Verteilung der väterlichen und mütterlichen Chromosomen (in Anaphase I)
Meiose-Effekt 3: Austausch von Chromatidenstücken zwischen Nichtschwesterchromatiden durch Crossing-over.

Die Meiose-Effekte 2 und 3 werden im Kapitel 10 ausführlicher charakterisiert.
Als **Interphase** wird das Stadium bezeichnet, das einer Kernteilung vorausgeht bzw. ihr folgt. Die Interphase gliedert sich in 3 Abschnitte: In der *G1-Phase* (gap, engl.: Lücke), der Präsynthesephase, werden die DNA- und Chromosomenvermehrung vorbereitet. In der *S-Phase*, der Synthesephase, erfolgen die DNA-Replikation und die Verdopplung der Chromosomen-Elementarfibrille. Daran schließt sich die *G2-Phase*, die Postsynthesephase, an. Die zeitliche Dauer der Interphaseabschnitte, wie auch der Mitosephasen, kann bei verschiedenen Zellen sehr unterschiedlich sein (Abb. 2.6.).
Auf eine Kernteilung (Mitose oder Meiose) folgt in der Regel eine **Zellteilung**, bei der die in der Ausgangszelle reproduzierten Zellbestandteile mehr oder weniger gleichmäßig auf die Tochterzellen verteilt werden. (Es gibt aber auch Kernteilungen ohne unmittelbar nachfolgende Zellteilungen.)

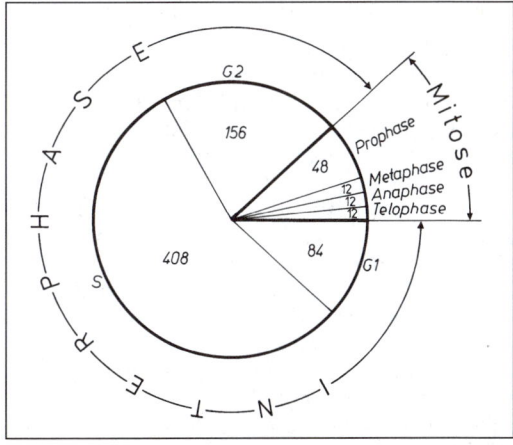

Abb. 2.6. Schema für die Dauer von Mitose und Interphase (in Minuten) in Zellen der Wurzelspitzen von *Haplopappus gracilis*.

2.2.2. Chromosomen des Zellkerns

Die wichtigsten Erbträger der eukaryotischen Zelle sind die Chromosomen des Zellkerns. Im Gegensatz zu den einfachen Nukleinsäuremolekülen der Prokaryoten sind die Chromosomen des Zellkerns der Eukaryoten **komplexe Strukturen aus DNA, RNA, basischen und sauren Proteinen** (vgl. 20.1.). Die DNA trägt die genetische Information und hält die Längskontinuität des Chromosoms aufrecht. Die RNA steht in Verbindung mit den Vorgängen des Replikationsstartes und der Realisierung der Erbinformation (vgl. Kap. 3, 14 und Kap. 15). Bestimmte basische und saure Proteine haben regulatorische Funktionen; andere Proteine spielen eine entscheidende Rolle beim strukturellen Bau des Chromosoms.

Der Zellkern einer eukaryotischen Zelle enthält stets mehrere verschiedene Chromosomen. Je nach der Phase des jeweiligen Individualzyklus der Art sind die Zellkerne **haploid** (mit einfachem Chromosomensatz) oder **diploid** (mit doppeltem Chromosomensatz). Jedes Chromosom ist durch seine absolute Größe und seinen DNA-Gehalt gekennzeichnet, durch die Lage seines Centromers und damit durch die Länge seiner beiden Chromosomenschenkel, manchmal noch durch das Vorhandensein einer sekundären Einschnürung, des Nucleolenbildungsortes. Nach der Lage des Centromers unterscheidet man (Abb. 2.7. u. 2.8.) metacentrische Chromosomen (mit dem Centromer in der Mitte), submetacentrische Chromosomen (das Centromer liegt nicht in der Chromosomenmitte; es sind somit ein längerer – q – und ein kürzerer – p – Chromosomenarm vorhanden) und akrocentrische Chromosomen (bei denen der kleine Arm extrem kurz oder gar nicht mehr nachweisbar ist).

Im Verlaufe der Zellteilungszyklen weisen die Chromosomen einen charakteristischen **Formwandel** auf. Während der Kernteilungen (Mitose, Meiose) sind sie als Folge reversibler Spiralisierungsvorgänge (Abb. 2.7.) in einer kompakten „Transportform" vorhanden, die in der Interphase und in ausdifferenzierten Zellen in die weitgehend entspiralisierte „Funktionsform" übergeht. Chromosomen bzw. Chromosomenabschnitte, die einen derartigen Wechsel von spiralisiertem und entspiralisiertem Zustand zeigen, werden als **euchromatisch** bezeichnet; demgegenüber bleiben **heterochromatische** Chromosomenabschnitte auch in der Interphase weitgehend spiralisiert; sie färben sich daher stärker an und sind als kompakte

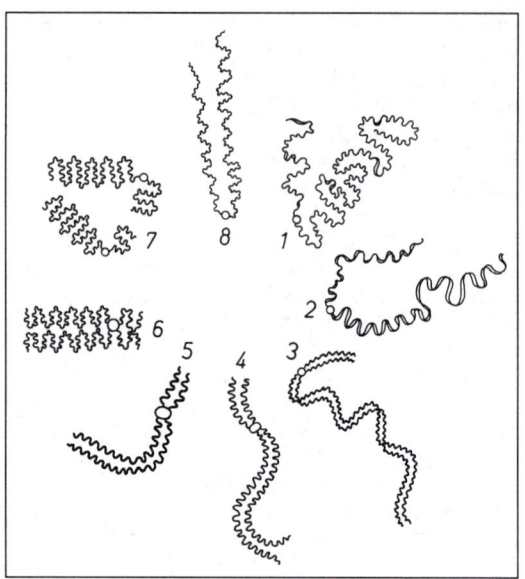

Abb. 2.7. Spiralisationszyklus eines Chromosoms im Verlaufe der Mitose. *1, 2* weitgehende Entspiralisierung in der Interphase, *2* das Chromosom während der Replikation, *3, 4* fortschreitende Spiralisierung in der Prophase, *5* frühe Metaphase, *6* späte Metaphase, *7* Chromatidentrennung in der frühen Anaphase, *8* beginnende Entspiralisierung in der Telophase. Nach DeRobertis, Nowinski, Saez 1960.

Bereiche (Chromocentren) auch im Interphasekern nachweisbar.
In vielen Fällen ist es möglich, in der Metaphase der Mitose oder in der Prophase der Meiose jedes Chromosom eines Satzes auf Grund seines spezifischen Baues von den anderen Chromosomen zu unterscheiden. Dadurch können der **Karyotyp** einer Sippe erfasst, die Chromosomen (nach ihrer Größe) nummeriert und ein schematisches **Karyogramm** aufgestellt werden (Abb. 2.8.).
Durch Einsatz unterschiedlicher spezifischer Behandlungs- und Färbetechniken können die einzelnen Chromosomen durch ihr charakteristisches Bandenmuster sehr genau gekennzeichnet werden: „Banding"-Techniken, z. B. Q-, G,- R-, C-Banding u. a.

Beim Q-Banding wird bei Einlagerung des Fluoreszenzfarbstoffes Quinacrinmustard in die Chromosomen nach Fluoreszenzmikroskopie ein charakteristisches Q-Bandenmuster erfasst. Beim G-, R- und C-Banding werden nach komplizierten und verschiedenartigen Vorbehandlungen die Chromosomen mit Giemsa-Lösung gefärbt; je nach der Art der Vorbehandlung werden entweder spezifische Giemsa-Banden positiv angefärbt (G-Banden) oder das entsprechende Negativmuster gewonnen (R-Banden, reverse: Es werden die Regionen gefärbt, die beim G-Banding ungefärbt blieben) oder nur die Centromerregionen gefärbt (C-Banding; Abb. 2.8.). In jüngerer Zeit wurden diese Versuche durch verbesserte und genau standardisierte Techniken zum „hochauflösenden Banding" mit deutlich verstärkter Aussagekraft verfeinert. Die Banding-Techniken haben die cytogenetische Forschung am Menschen, an Tieren und an Pflanzen in außerordentlicher Weise vorwärtsgebracht.

Bei den meisten Arten mit genotypischer Geschlechtsbestimmung besteht der Chromosomensatz aus den **Autosomen** und den **Heterosomen** (= Geschlechtschromosomen). Die Heterosomen haben bei den diploiden Organismen jeweils eines Geschlechtes unterschiedliche Gestalt: X und Y (beim Menschen, bei *Drosophila* und *Silene* hat das männliche Geschlecht 1 X- und 1 Y-Chromosom, das weibliche Geschlecht 2 X-Chromosomen; Abb. 2.8. u. Abb. 10.11.). Demgegenüber sind die Autosomen eines diploiden Kernes paarweise gleich.
Bei bestimmten Arten, z. B. beim Menschen, zeigt das Y-Chromosom nach Anfärbung des Kernes mit fluoreszierenden Stoffen eine sehr starke Fluoreszenz. Dadurch kann das Y-Chromosom in (haploiden) Spermien wie auch in (diploiden) Zellen der Mundschleimhaut oder Haarwurzeln spezifisch nachgewiesen werden („Y-Chromatin").
In den diploiden Zellkernen weiblicher Säuger liegt eines der beiden X-Chromosomen heterochromatisiert vor. Es ist als „Barr-Körperchen" (= „X-Chromatin") nach Färbung gut nachweisbar.
Die Chromosomen sind identisch replizierende Gebilde; sie **besitzen cytologische und genetische Kontinuität**. Ihre DNA wird semikonservativ vermehrt. Die Individualität und Kontinuität der Chromosomen wurde (bereits 1882–1888 von Boveri und Rabl) aus der spiegelbildlichen Anordnung der Chromosomen in der Prophase von Tochterzellen (z. B. von *Parascaris*) erschlossen. Heute sind die Kontinuität der Chromosomen und die semikonservative Vermehrung durch Autoradiographie (nach Einsatz von tritiummarkiertem Thymidin) direkt zu belegen (Abb. 2.9.).
Aus Chromosomen von *Drosophila melanogaster* und *Saccharomyces cerevisiae* konnten durch schonende DNA-Isolierung DNA-Riesenmoleküle gewonnen werden, deren Molekulargewicht dem DNA-Gehalt eines ganzen Chromosoms entspricht. Bei der Maus und beim Menschen führten indirekte Verfahren zu dem gleichen Schluss. Daraus

ergibt sich: Eine Chromatide ist offenbar von einer **einzigen** DNA-Doppelhelix durchzogen. Sie bildet die Basis der Elementarfibrille einer Chromatide.

Die Grundstruktur des Eukaryotenchromosoms bzw. des Chromatins ist die aus Nukleosomen aufgebaute **Elementarfibrille** (Abb. 2.10.). Ihr elektronenmikroskopischer Nachweis gelingt nach schonender Isolierung von Chromatin und Behandlung mit Harnstoff sowie Entfernung von Metallionen durch Komplexbildner. Die Elementarfibrille ist 10 nm dick. Derartige Fibrillen besitzen nach Spreitung und im Ultradünnschnitt eine perlschnurartige Struktur: ca. 10 nm große sphärische Partikeln, die Nukleosomen, sind durch einen dünnen, etwa 3 nm dicken Strang (= DNA-Doppelhelix) miteinander verbunden. Ein Nukleosom ist ein Oktamer aus je zwei Histonmolekülen der Typen H2A, H2B, H3 und H4, verbunden mit einem DNA-Faden von 140–160 Basenpaaren Länge. Die DNA liegt an der Oberfläche des Nukleosoms; sie ist 1- bis 2mal um das Histon-Oktamer herumgewunden. Zwei aufeinanderfolgende Nukleosomen sind durch einen DNA-Faden von ca. 20 nm Länge verbunden, was etwa 55 Basenpaaren entspricht. Dieses DNA-Stück ist der Anlagerungsort des Histons H1; durch H1 wird es kondensiert. Ohne das Histon H1 erscheint die Elementarfibrille wie eine Perlenschnur mit Abstand zwischen den Perlen; durch die Anwesenheit von H1 ist die Elementarfibrille dicht kondensiert, wobei der Durchmesser von 10 nm erhalten bleibt. Die 10-nm-Fibrille erfährt sehr oft – u. a. durch die Wirkung von Metallionen (Mg^{2+}, Ca^{2+}) – eine Kondensation zu einer 20-nm-Fibrille, die von zahlreichen Bearbeitern als die native Strukturform des transkriptionsinaktiven Chromatins vieler Eukaryoten angesehen wird. Durch Kondensation entstehen aus der 10-nm-Elementarfibrille (Nukleosomenkette) höher organisierte Strukturen. Die sog. **Solenoide** sind Windungen aus 7–9 Nukleosomen mit einem Durchmesser von etwa 30 nm. Weitere Kondensationsvorgänge (Schraubung, Knickung, Faltung) führen zu komplexen Strukturen von 50–60 nm Durchmesser. Die nächste Stufe der Aufwindung sind Fibrillen von ca. 200 nm Durchmesser. In der Interphase und in der Metaphase sind die Solenoide oder die 50–60-nm-Fasern in Schleifen angeordnet. Diese Schleifen sind mit einem Chromosomengrundgerüst („Scaffold") verbunden, das sich in der Chromosomenachse befindet.

2.2.3. Innere Struktur des Interphase-Kerns

Schon seit Jahrzehnten wird die Frage diskutiert, ob die entspiralisierten Chromosomen im Interphase-Kern („wie Spaghetti-Fäden") willkürlich durchmischt den gesamten Kern-raum erfüllen oder ob sie auf bestimmte Kern-Territorien begrenzt sind. Bereits ältere Autoren (Boveri, Rabl, Heberer; Lit. siehe Hartmann-Bauer 1953) erbrachten Belege für die zweitgenannte Möglichkeit. Gegenwärtig erlauben es spezifische Färbe-Verfahren, wie die bereits besprochenen Banding-Techniken, vor allem aber die auf gentechnologischer Ba-sis neu entwickelten Methoden der FISH (**F**luoreszenz-**i**n-**s**itu-**H**ybridisierung), der Multi-FISH und des „Chromosome-Painting" (vgl. Abschn. 24.3.), bestimmte einzelne Chromosomen bzw. Chromosomenpaare nicht nur während der Mitose, sondern auch im Interphase-Kern färbbar und damit sicht-bar zu machen. So wurde deutlich, dass die einzelnen Chromosomen im Interphase-Kern mit ihren Telomeren Kontakt zur Kernmem-bran haben und dass *sie jeweils ein be-stimmtes, räumlich umgrenztes Kern-Terri-torium einnehmen*, das nur sie erfüllen (Abb. 2.11.). Der Interphase-Kern ist somit ein ge-ordnetes räumliches System.

2.2.4. Spezialtypen von Chromosomen

In spezifischen, oft ausdifferenzierten Zellen liegen die Chromosomen in besonderer Form vor, z.B. als Riesenchromosomen oder als Lampenbürstenchromosomen.

Ein interessanter Spezialtyp entspiralisierter Interphase-Chromosomen sind die **Riesen-chromosomen**, die bei *Drosophila* und Chi-ronomiden in den larvalen Speicheldrüsen, in Malpighigefäßen und in verschiedenen Darm-abschnitten, aber auch bei Blütenpflanzen

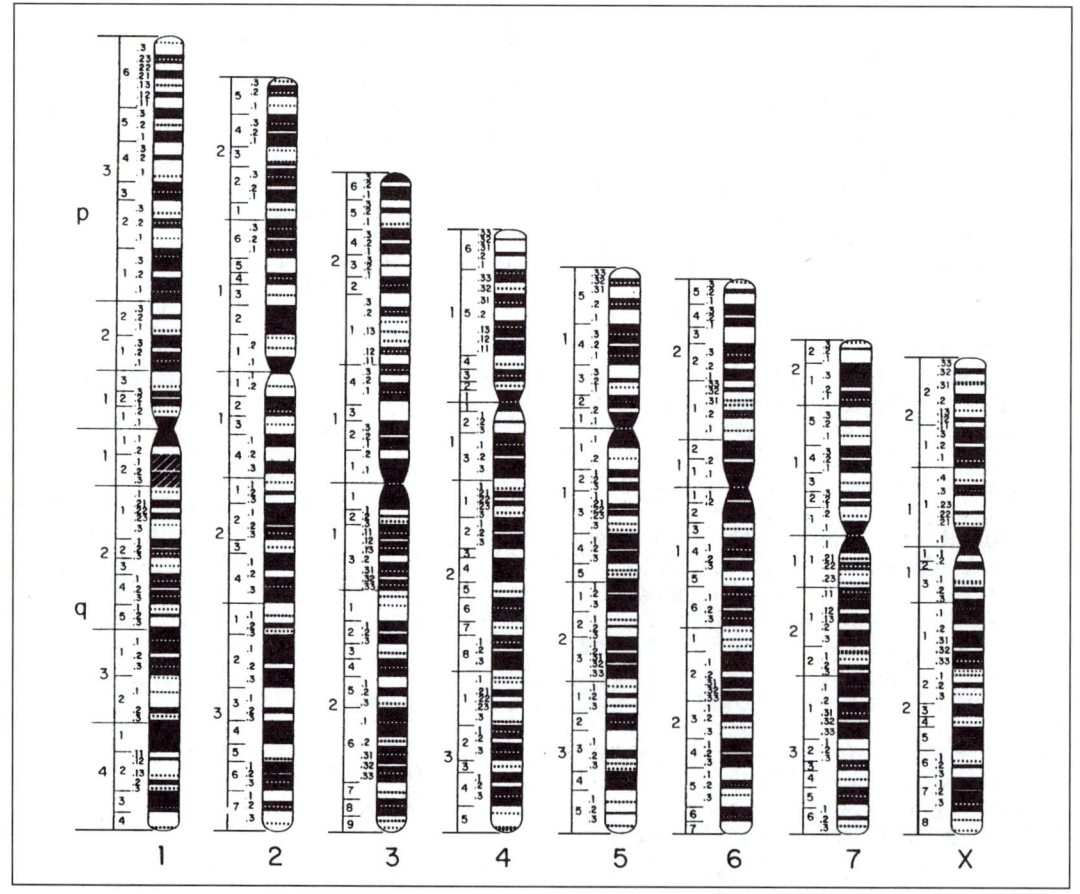

Abb. 2.8. a

(*Phaseolus*: im Suspensor; *Papaver*: in den Antipoden) vorkommen. Die Riesenchromosomen sind polytän, d. h. sie sind dichtgepackte Bündel entspiralisierter Interphasechromosomen, die ein charakteristisches Muster von Banden und Interbanden aufweisen. Dieses für eine Sippe typische und konstante Bandenmuster hat die Riesenchromosomen für die Cytogenetik außerordentlich wertvoll gemacht. Bei den Dipteren liegen wegen der somatischen Paarung der homologen Chromosomen die Riesenchromosomen in Haploidanzahl vor. Bei *Drosophila melanogaster* haben die Riesenchromosomen ei-

nen Durchmesser von ca. 5 µm; die Längen der einzelnen Chromosomen liegen zwischen 480 µm (3. Chromosom) und 15 µm (4. Chromosom), alle vier Chromosomen zusammen sind ca. 1.200 µm lang. Die größten Riesenchromosomen bestehen aus etwa 2.000 zu einem dichten Kabel vereinigten Fibrillen. In den Riesenchromosomen von *Drosophila melanogaster* (Abb. 2.12.) hat Bridges (1938) etwa 5.000 Banden (Querscheiben) zeichnerisch festgehalten. An den Riesenchromosomen sind als Folge der Funktion von bestimmten Chromosomenbereichen (starke RNA-Synthese) einzelne Banden oder Grup-

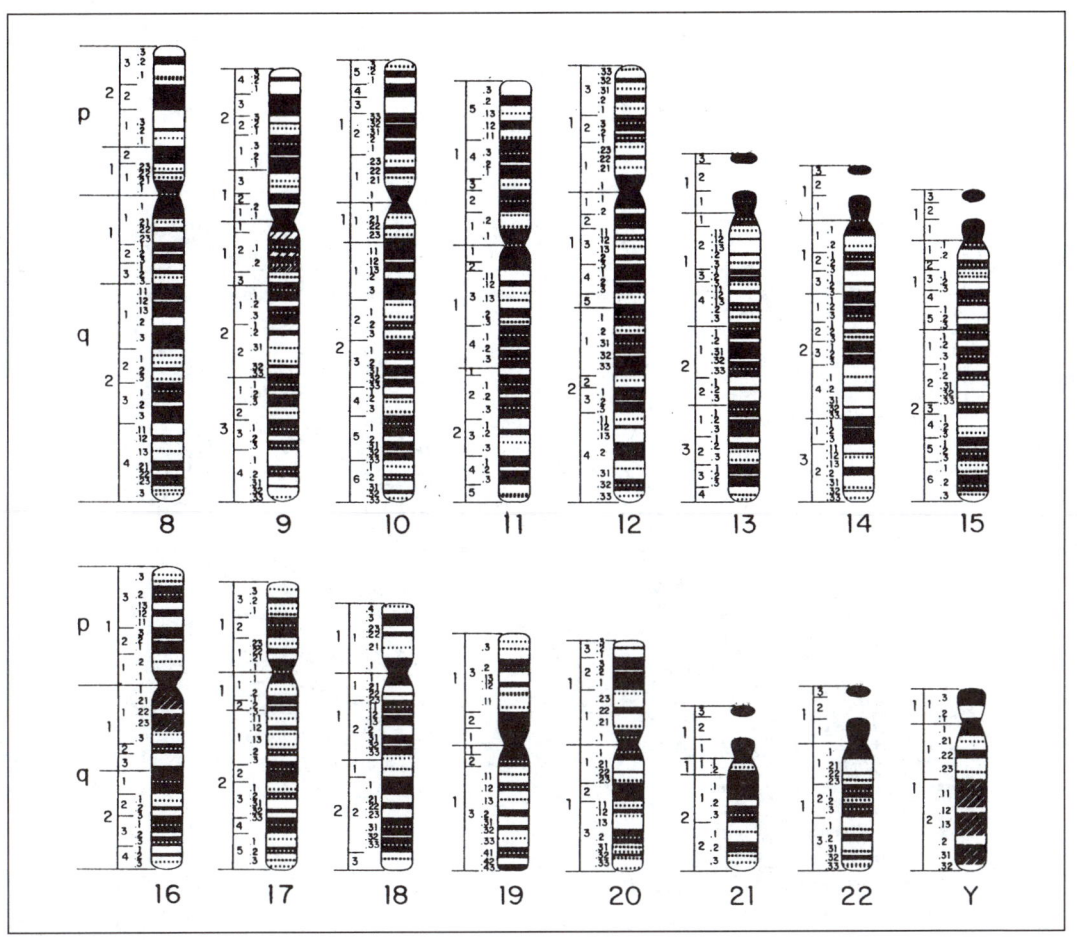

Abb. 2.8. b

Abb. 2.8. Hochauflösendes Chromosomen-Banding. Schematische Darstellung der menschlichen Chromosomen mit 2.000 Banden pro haploidem Chromosomensatz. Schwarze und weiße Banden repräsentieren G-positive und G-negative Banden, wie man sie in der Prometaphase (= 850-Banden-Stadium) beobachtet. Subbanden können sichtbar gemacht werden in der späten Prophase (1.300-Banden-Stadium) bzw. der mittleren Prophase (2.000-Banden-Stadium); sie sind als gepunktete Banden dargestellt. Nach Yunis 1981.

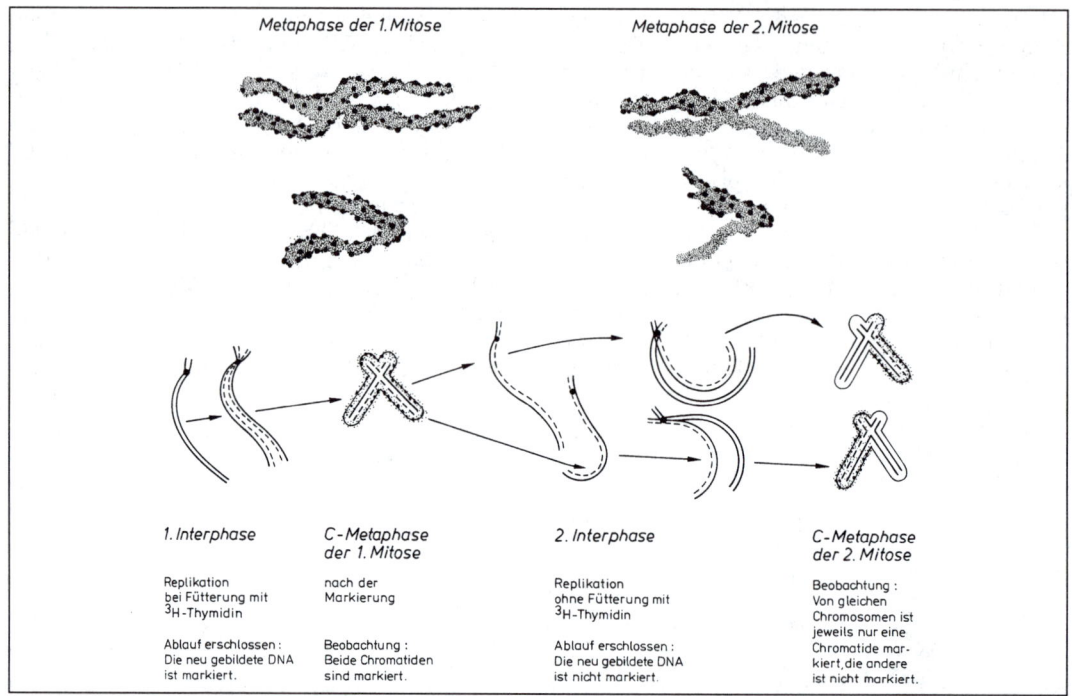

Abb. 2.9. Schema für den autoradiographischen Nachweis der semikonservativen Replikation von (*Vicia-faba-*) Chromosomen nach Inkorporation von ³H-Thymidin. Nach Versuchen von Taylor 1959.

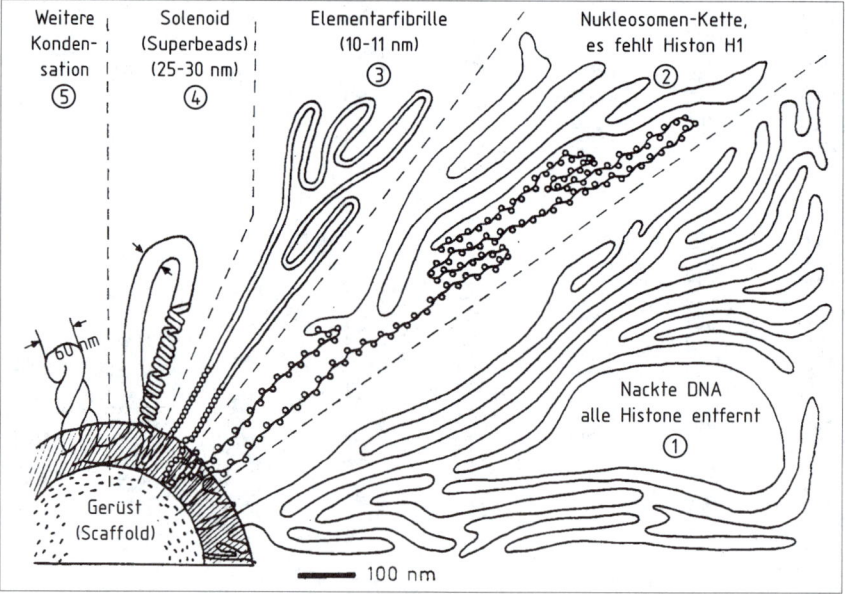

Abb. 2.10. Schematische Darstellung der Struktur eukaryotischen Chromatins. Von rechts nach links wird die zunehmende Kondensation der DNA durch Verbindung mit Proteinen dargestellt, (*1*) reine DNA, von der alle Histone entfernt sind (experimentelles Artefakt), (*2*) DNA verbunden mit Histon-Oktameren: 2 H2a, 2 H2b, 2 H3, 2 H4 = Nukleosom „Perlen-Schnur-Anordnung", (*3*) durch das hinzugetretene Histon H1 kommt es zur Kondensation der Nukleosomen zur Elementarfibrille, (*4*) durch weitere Kondensation entstehen die DNA-Fibrillen (DNA + Protein, auch Superbeads genannt), sie zeigen oft eine Linkswindung: Solenoid, (*5*) durch weitere Kondensation entstehen noch dickere Gebilde, (*3*) und (*4*) werden nativ im aktiven Chromatin gefunden. Nach Nover und Reinbothe 1982.

pen von Banden zu *Puffs* oder *Balbiani-Ringen* aufgelockert.

Die **Lampenbürstenchromosomen** sind meiotische Arbeitschromosomen, die im Diplotän der Oocyten von Wirbeltieren (z. B. *Triturus*) auftreten; dort können sie Längen bis zu 800 μm erreichen. Von den meiotisch gepaar-

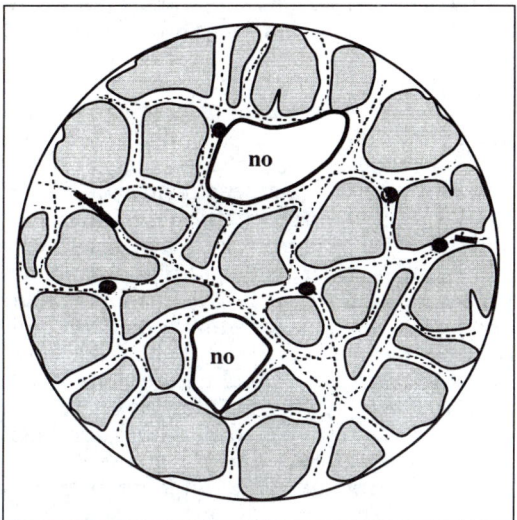

Abb. 2.11. Schema der räumlichen Struktur eines Interphase-Kerns. Die einzelnen Chromosomen-Territorien sind umrandet gezeichnet. Die Abstände zwischen ihnen sind vergrößert dargestellt. *no* Nukleoli; die dicken schwarzen Punkte bezeichnen „Speckles" mit hoher Konzentration von snRNPs und die dicken Striche stark lokalisierte Kern-RNA; die dünnen punktierten Linien kennzeichnen retikuläre Strukturen von Peri-Chromatin-Fibrillen. Von Lichter 1998.

ten Chromosomen gehen lateral Schleifenpaare aus, an denen eine intensive RNA-Synthese erfolgt. In den primären Spermatocyten von *Drosophila hydei* sind die Lampenbürstenschleifen des Y-Chromosoms, die sehr vielgestaltig differenziert sind, genau charakterisiert; die Funktionsfähigkeit des Y-Chromosoms ist für die Fertilität der Männchen essentiell.

2.2.5. Plastiden

Ein eigenes Kompartiment der eukaryotischen Zellen stellen die Plastiden dar. Sie können in den Pflanzengeweben in verschiedenen, ineinander umwandelbaren Differenzierungsformen (Abb. 2.12.) vorliegen, und zwar als Proplastiden, Leukoplasten, Chloroplasten (bzw. Chromatophoren) und Chromoplasten. Die Chloroplasten sind die Orte der Photosynthese; durch die Verwertung des Sonnenlichtes zur Erzeugung energiereicher Verbindungen und organischer Stoffe sind sie für die gesamte Organismenwelt von größter Wichtigkeit. Wesentlichstes Strukturelement für die Funktion der Photosynthese sind die Thylakoide, in sich geschlossene Vesikel, welche in ihrer Membran die Bestandteile des Photosynthese-Apparates und der ATP-Bildung enthalten. In den Plastiden wird die Stärke gebildet und gespeichert.

Die Plastiden haben *Kontinuität* als Organellen: Sie gehen nur durch Teilung aus ihres-

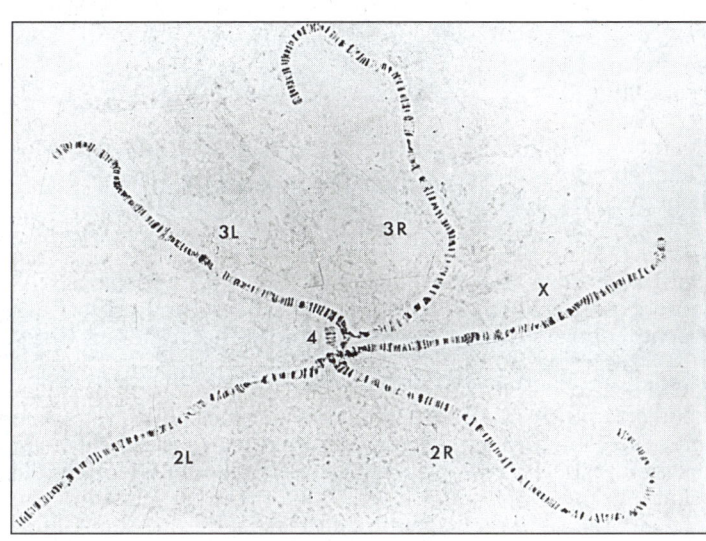

Abb. 2.12. Riesenchromosomen von *Drosophila melanogaster*. Foto von Lefevre 1976. Vergleiche die größer gezeichneten Riesenchromosomen-Teilabschnitte in den Abb. 7.3., 7.4., 7.5. und 20.4.

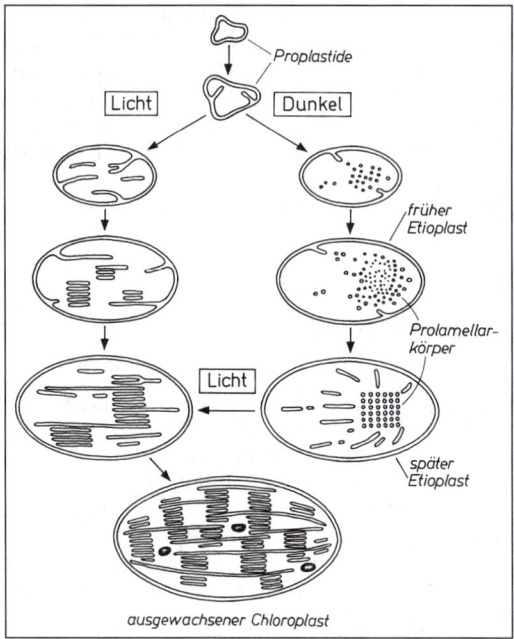

Abb. 2.13. Schema der lichtabhängigen Chloroplasten-Biogenese in höheren Pflanzen. Plastiden in meristematischen oder Geschlechtszellen sind Proplastiden mit wenigen inneren Strukturen. Unter Belichtung *(linke Seite)* entstehen durch kontinuierliches Organellwachstum, fortwährende Thylakoidbildung und Chlorophyllsynthese verschiedene Entwicklungsformen mehr oder weniger grün gefärbter Chloroplasten. In Dunkelheit *(rechte Seite)*, bei Etiolement, entstehen bleiche Plastidenformen, die Etioplasten genannt werden. Etioplasten besitzen oft besonders gut ausgebildete Prolamellarkörper, die nach Belichtung der Plastiden sehr bald in Thylakoidmembranen umgeformt werden. Nach Mohr aus Nover et al. 1978, verändert.

gleichen hervor; sie entstehen nicht de novo und auch nicht aus anderen Zellbestandteilen. Die Anzahl der Plastiden je Zelle liegt bei den höheren Pflanzen zwischen etwa 10 (Meristem- und Epidermiszellen) und 80–120 (Schwammparenchym). Demgegenüber besitzt der Flagellat *Chlamydomonas reinhardtii* nur einen Chloroplasten pro Zelle, ebenso die meristematischen Zellen des Lebermooses *Anthoceros*.

Die Plastiden enthalten eine *Plastiden-DNA*, ringförmige Moleküle aus doppelsträngiger DNA von artspezifischer Größe und Nukleotidsequenz. In ihr ist die genetische Information der Plastiden (das Plastom) verankert, welche die plastidalen rRNAs und tRNAs sowie zahlreiche Plastiden-Proteine codiert (vgl. 4.8.1. und 11.1.4. sowie Tab. 11.5.). Die Plastiden besitzen ein eigenes Proteinsynthesesystem, welches überwiegend prokaryotische Züge aufweist.

2.2.6. Mitochondrien

Ein weiteres genetisch wichtiges Kompartiment sind die Mitochondrien. Sie sind die Orte der Atmung in der Zelle und daher für alle eukaryotischen Organismen außerordentlich wichtig. In ihnen laufen außerdem wesentliche Prozesse des Intermediärstoffwechsels ab, z. B. der Citronensäure-Zyklus und die Fettsäure-Synthese.

Mitochondrien gehen nur durch Teilung (oder Knospung) aus ihresgleichen hervor. Sie können als Promitochondrien vorliegen (z. B. in anaerob wachsenden Hefen); diese wandeln sich (in Anwesenheit von Sauerstoff) in typische Mitochondrien mit der charakteristischen Innenstruktur um; die Innenmembran ist vielfach eingestülpt und bildet Cristae, Sacculi oder Tubuli, in deren Wandung die Elemente der Atmungskette enthalten sind.

In der spezifischen Mitochondrien-DNA (vgl. 4.8.2.) ist die genetische Information (Chondrom) verankert für die mitochondrialen rRNAs sowie tRNAs und für mehrere Mitochondrien-Proteine. Die Mitochondrien haben ein eigenes Proteinsynthesesystem, welches in vielen Beziehungen prokaryotische Kennzeichen besitzt (vgl. 11.2.5.).

Die Anzahl der Mitochondrien pro Zelle ist deutlich höher als die der Plastiden; sie kann bis zu 700 gehen. Mitochondrien vieler Organismen können miteinander zu größeren Komplexen verschmelzen, im Extrem zu einem einzigen Riesen-Mitochondrion pro Zelle, sich aber auch wieder in kleinere Organellen aufteilen.

2.2.7. Terminologie der eukaryotischen Erbinformation

Erbträger in der Eukaryotenzelle sind die Chromosomen des Zellkerns und die DNA-Moleküle in den Plastiden und Mitochondrien (Plastiden- und Mitochondrien-Chromosom).

Die Gesamtheit der Erbanlagen einer eukaryotischen Zelle bzw. eines eukaryotischen Organismus bezeichnet man als den **Idiotyp**. Er setzt sich zusammen aus dem **Genotyp** (die Erbanlagen im Zellkern), dem **Plastom** (die Erbanlagen in den Plastiden) und dem **Chon-**

drom (die Erbanlagen in den Mitochondrien). Für das Vorhandensein weiterer Erbträger in der eukaryotischen Zelle gibt es gegenwärtig keine klaren Beweise (obwohl es Diskussionen über das mögliche Vorhandensein spezifischer DNA in den *Centrosomen* gibt).

Demgegenüber wird das Wort **Genom** in unterschiedlicher Weise verwendet. Ursprünglich bezeichnete Genom den haploiden Chromosomensatz (vgl. Genom-Mutationen, Kap. 7). Gegenwärtig spricht man aber auch von Kern-Genom (Kern-DNA, Genotyp) sowie von Plastiden-Genom (Plastiden-DNA) und Mitochondrien-Genom (Mitochondrien-DNA).

2.2.8. Evolution der eukaryotischen Zelle

Die ersten eukaryotischen Zellen wurden geologisch in präkambrischen Formationen aufgefunden, die ca. 2,7 Milliarden Jahre alt sind. Die Fragen der Evolution der eukaryotischen Zelle werden seit Jahrzehnten intensiv diskutiert.

Im Verlaufe der letzten Jahre wurde immer deutlicher, dass sehr viele Forschungsergebnisse eindeutig für die **Endosymbionten-Theorie** sprechen.

Diese Theorie besagt, dass von einer Zelle, die sich bereits in einigen Merkmalen von den übrigen Prokaryoten unterschied und die ihre Energie durch anaerobe Prozesse gewann, prokaryotische Zellen (Eubakterien bzw. Cyanobakterien) als Symbionten aufgenommen wurden. Diese prokaryotischen Zellen führten für ihre Wirtszelle Atmung bzw. Photosynthese durch und entwickelten sich endosymbiontisch, nach Eingliederung in den Stoffwechsel der Wirtszelle, zu Mitochondrien bzw. Plastiden. Im Zuge der Umwandlung dieser Endosymbionten in die heutigen Organellen vollzogen sich in ausgedehntem Maße Prozesse des Transfers genetischen Materials aus der DNA der Endosymbionten in den Zellkern. Nach heutigen Erkenntnissen stammen die Mitochondrien wohl von (Nicht-Schwefel-) Purpurbakterien (= PNS) ab, die Plastiden hingegen von Cyanobakterien. Der Ur-Eukaryot, der die Symbionten aufnahm, könnte aus der Gruppe der Archaebakterien (= Archaea) stammen (vgl. Abb. 2.1.).

3. Struktur und Replikation des genetischen Materials

3.1. Nukleinsäuren – Träger der genetischen Information

Die Erkenntnisse über die Chemie des genetischen Materials nahmen ihren Ausgangspunkt von dem Nachweis, dass das transformierende Agens bei der Transformation von *Diplococcus pneumoniae* **Desoxyribonukleinsäure** (**DNA**) ist (Abb. 3.1.). Ergänzt und erweitert wurde dieses Resultat durch den Beweis, dass bei dem *Phagen T2* nur DNA – aber kein Protein – bei der Infektion in die Bakterienzelle gelangt, die Information für die Bildung neuer Phagenpartikeln somit nur in der DNA verankert sein kann (Abb. 3.2.). Zeitlich parallel zu diesen Untersuchungen wurde an Moosen und Blütenpflanzen nachgewiesen, dass in Sporen und Pollen ultraviolettes Licht (UV) derjenigen Wellenlängen besonders stark Mutationen auslöst, die der Absorptionskurve von DNA entsprechen.

Am *Tabakmosaikvirus* (*TMV*) wurde der noch weitergehende Nachweis geführt, dass in bestimmten Fällen auch **Ribonukleinsäure** (**RNA**) als Träger primärer genetischer Information fungieren kann (vgl. Abb. 4.4.). Hieran schlossen sich umfangreiche Arbeiten an, die an den verschiedensten biologischen Objekten durchgeführt wurden und die bis in die sechziger Jahre hinein zur Auffindung immer neuer Typen führten.

Die primäre genetische Information kann verankert sein:

- in einsträngiger RNA oder in doppelsträngiger RNA,
- in einsträngiger DNA oder in doppelsträngiger DNA.

Die Natur hat offensichtlich alle Möglichkeiten der Verankerung der genetischen Information in Nukleinsäuremolekülen erprobt.

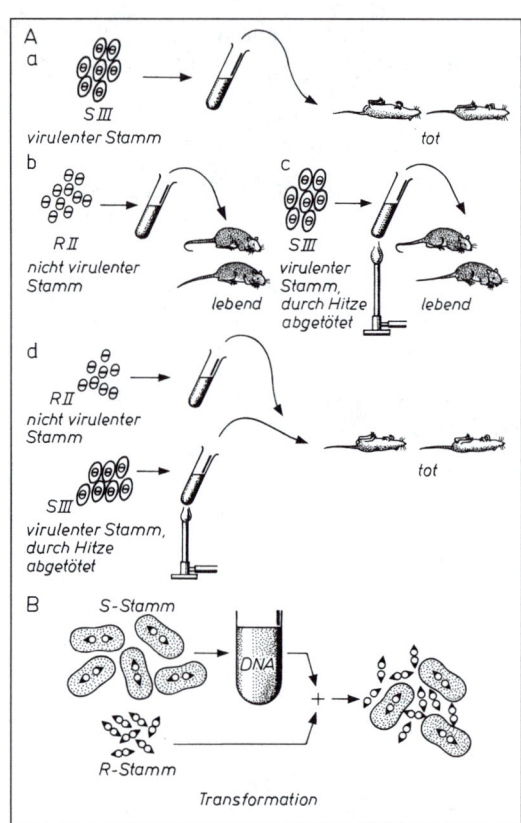

Abb. 3.1. Transformation bei Pneumococcen. *A* Versuch von Griffith (1928): *a* Wenn Mäuse mit dem S-Stamm von Pneumococcen infiziert werden, sterben sie; *b* nach Infektion mit dem R-Stamm überleben sie; *c* Injektion von hitzeabgetöteten Bakterien des S-Stammes bleibt ohne Einfluß. *d* Nach Infektion von Mäusen mit einem Gemisch aus lebenden Bakterien des nicht virulenten R-Stammes und abgetöteten Bakterien des S-Stammes treten lebende virulente Bakterien auf, welche die Mäuse abtöten. Die Virulenz des abgetöteten S-Stammes war auf die lebenden Bakterien übertragen worden – der abgetötete S-Stamm hat den R-Stamm transformiert. Nach Sager und Ryan 1961. *B* Versuch von Avery, MacLeod und McCarty (1944): Mit extrahierter, gereinigter DNA aus dem S-Stamm wird die Erbinformation für die Kapselbildung und die Virulenz auf den R-Stamm übertragen, d. h. das transformierende Agens ist die DNA. Nach Kaudewitz 1957.

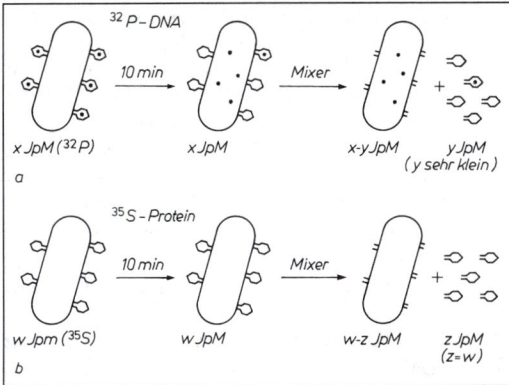

Abb. 3.2. Experiment von Hershey und Chase (1952): Bei der Infektion einer Bakterienzelle durch den Phagen *T2* gelangt nur DNA in das Bakterium, keine Proteine. *a* Die mit ^{32}P markierte DNA des Phagen befindet sich nach Abtrennung der adsorbierten Phagenhüllen im Bakterium. *b* Die Radioaktivität der mit ^{35}S markierten Phagen wird praktisch nicht in der Bakterienzelle nachgewiesen. Somit gelangen die mit ^{35}S markierten Phagenproteine beim Infektionsvorgang nicht in das Bakterium, sondern werden nach mechanischer Abtrennung der absorbierten Phagenpartikeln in der Überstandsfraktion gefunden. *IpM* Impulse pro Minute. Nach Sager und Ryan 1961 aus Hagemann et. al. 1978.

Im Laufe der Evolution hat sich dabei die doppelsträngige DNA als die geeignetste Form erwiesen.

Nach den vorliegenden Befunden können **Proteine allein nicht als genetisches Material** fungieren. Das genetische Material ist stets **Nukleinsäure**. Bezüglich des Informationsgehaltes von Nukleinsäuren ist es zweckmäßig, zwischen primären und sekundären Informationsträgern zu unterscheiden.

Ein Nukleinsäuremolekül ist ein primärer Informationsträger, wenn es – als Erbträger fungierend – die genetische Information gespeichert enthält, sie auf die Folgegeneration überträgt und sie im Zuge der Merkmalsbildung an andere Informationsträger abgibt. Demgegenüber ist ein Nukleinsäuremolekül als sekundärer Informationsträger zu bezeichnen, wenn es – als Messenger-, Transfer- oder ribosomale RNA – die Information vom primären Informationsträger übernommen hat und sie dem Zellstoffwechsel zur Merkmalsausbildung zugänglich macht.

Das genetische Material hat bei den verschiedenen Objekten eine sehr hohe Packungsdichte. Der DNA-Faden des Bakteriophagen *T4* ($0{,}24 \cdot 10^{-12}$ mg DNA) hat eine Länge von ca. 56 µm und ist damit 560mal länger als der Phagenkopf, in dem er verpackt ist. Das Chromosom des Bakteriums *E. coli* ($4{,}0 \cdot 10^{-12}$ mg DNA) ist 1.250 µm lang und damit etwa 600mal länger als die ganze Bakterienzelle. Der haploide Zellkern der Fruchtfliege enthält $85{,}0 \cdot 10^{-12}$ mg DNA, das entspricht einem DNA-Faden von etwa 2 cm Länge.

3.2. Struktur der Nukleinsäuren

Die Nukleinsäuren Desoxyribonukleinsäure (DNA) und Ribonukleinsäure (RNA) sind hochpolymere Makromoleküle. Ihre Monomeren sind die **Nukleotide** (Mononukleotide; Abb. 3.3.). Ein Nukleotid besteht aus einem *Phosphorsäurerest*, einem Molekül *Ribose* oder *Desoxyribose* und einer *Stickstoffbase* (Adenin, Guanin, Cytosin sowie Uracil oder Thymin). Ein Stickstoffatom der Base ist in glykosidischer Bindung mit dem 1'-C-Atom der Pentose verknüpft. (Ein Molekül aus Pentose und Base wird als Nukleosid bezeichnet.) Das 5'-C-Atom der Pentose ist mit Phosphorsäure verestert. In den Nukleinsäuren sind die Nukleotide durch *Phosphodiesterbrücken* miteinander verbunden, indem das 5'-OH einer Pentose durch eine Phosphatbrücke mit dem 3'-OH der benachbarten Pentose verknüpft ist. Durch diese Art der $3' \rightarrow 5'$-Verknüpfung der einzelnen Nukleotide erhält ein Polynukleotidstrang einen Rich-

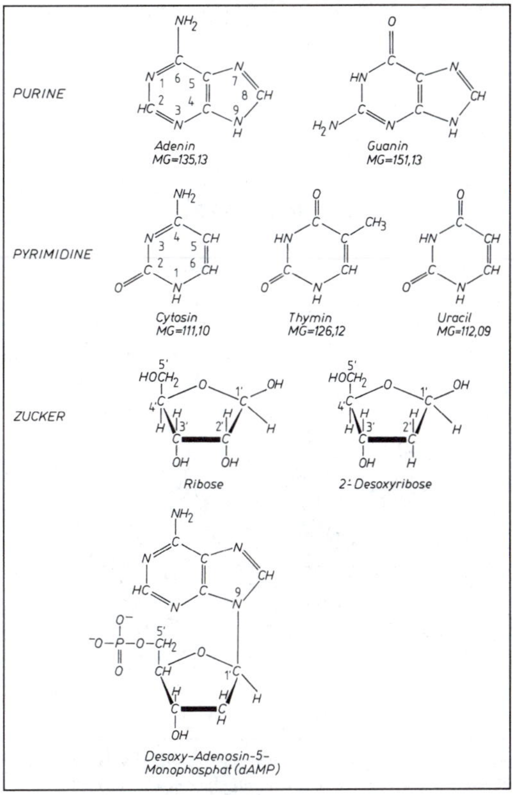

Abb. 3.3. Bestandteile der Nukleinsäuren.

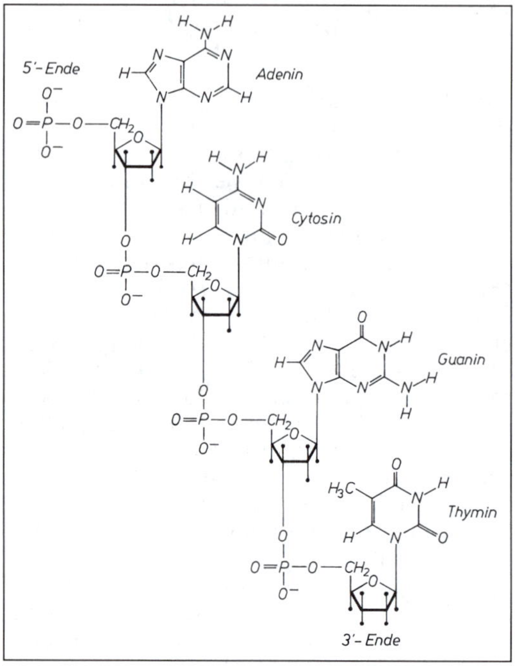

Abb. 3.4. Primärstruktur der DNA. Nach Hagemann et al. 1978.

tungssinn, *eine Polarität*. Am 3′-Ende˙ der Kette ist das 3′-OH der Pentose frei, d. h. nicht durch eine Phosphodiesterbrücke mit einem weiteren Nukleotid verbunden. Das 5′-Ende der Kette trägt am 5′-C-Atom der Pentose ein freies Phosphorsäuremolekül (Abb. 3.4.). *Diese 3′ → 5′-Polarität jeder Polynukleotidkette ist für die Struktur ein- und doppelsträngiger Nukleinsäuren wie auch für die Vorgänge der Replikation, Reparatur und Transkription außerordentlich wichtig.*

In ihrer Primärstruktur unterscheiden sich DNA (Abb. 3.4.) und RNA bezüglich der Pentose und einer Pyrimidinbase: RNA enthält Ribose und Uracil, DNA dagegen Desoxyribose und Thymin (5-Methyl-Uracil) (Abb. 3.3.).

DNA und RNA weisen ein konstantes „Rückgrat" auf, das aus der alternierenden Folge Phosphat – Pentose – Phosphat usw. besteht. Die freie Variationsmöglichkeit in den Nukleinsäuren ist in der Reihenfolge gegeben, mit der die verschiedenen Stickstoffbasen (Abb. 3.3.), die Purine Adenin (A) und

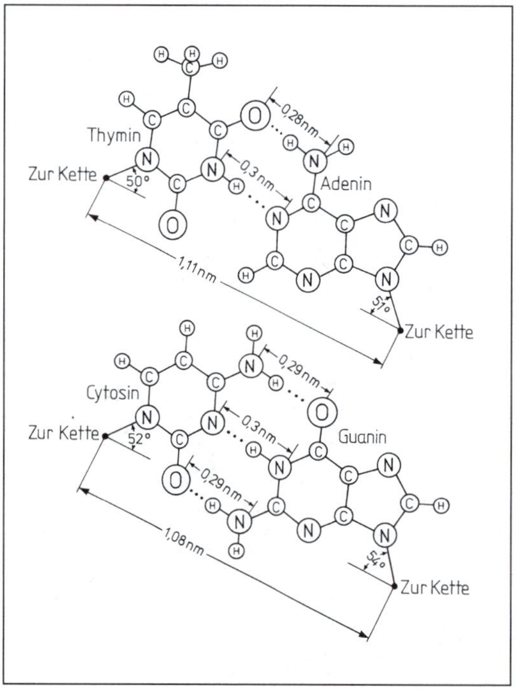

Abb. 3.5. Die in der DNA-Doppelhelix normalerweise vorliegenden Basenpaarungen. Nach Anfinsen 1959 aus Geißler 1962.

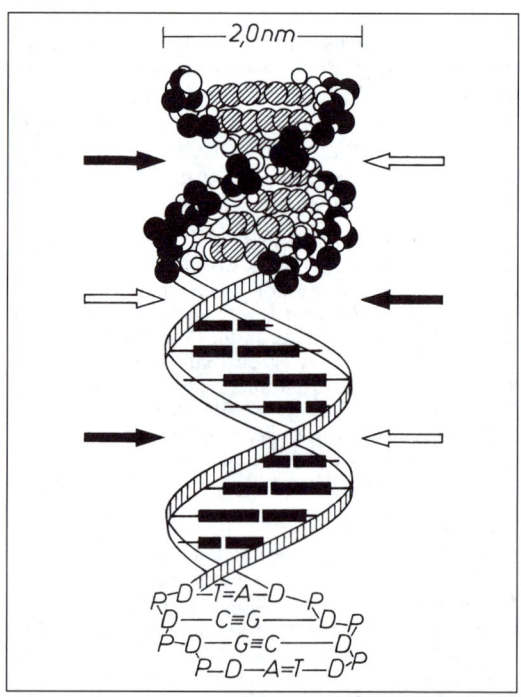

Abb. 3.6. Schema für den Bau der DNA-Doppelhelix (in unterschiedlichen Darstellungsweisen). Die schwarzen Pfeile bezeichnen die „große Furche", die weißen Pfeile die „kleine Furche" der Doppelhelix. Nach Sitte 1965.

Guanin (G) sowie die Pyrimidine Cytosin (C), Thymin (T) bzw. Uracil (U), mit dem Phosphat-Pentose-Gerüst verbunden sind. *In dieser Basenfolge der Nukleinsäuren liegt die genetische Information verschlüsselt.* Der Nukleinsäure-Code verwendet somit vier Zeichen: A, G, C, T oder U (Der damit vergleichbare Morse-Code verwendet sogar nur drei Zeichen: Kurz, Lang, Pause.).

Die Nukleinsäuren haben außer ihrer **Primärstruktur** (der eindimensionalen Basenfolge) auch noch eine **Sekundärstruktur** (die sich durch Paarung komplementärer Nukleotidfolgen innerhalb eines Moleküls oder zwischen verschiedenen Molekülen ergibt) sowie eine **Tertiärstruktur** (z. B. die Anordnung der DNA in den Chromosomen der

Eukaryoten oder die Raumstruktur der funktionsfähigen tRNA-Moleküle bei der Translation).

Die **RNA-Moleküle** liegen als primäre Informationsträger bei den meisten genetischen Objekten **einsträngig** vor; dabei variiert die prozentuale Häufigkeit der vier Basen (A, G, C, U) beliebig (Tab. 3.1.). Bei nur wenigen Viren und Phagen (vgl. 4.1.5.) ist die RNA im Virion doppelsträngig.

Als sekundärer Informationsträger ist die RNA immer einsträngig, kann aber In-sich-Paarung zeigen (vgl. Abb. 4.2.).

Die DNA als Informationsträger ist bei sehr wenigen Phagen im Virion einsträngig (vgl. 4.4.1.). Die **charakteristische Sekundärstruktur der DNA** der allermeisten Objekte

Tabelle 3.1. Prozentuale Häufigkeit der Basen in verschiedenen primäre Information tragenden Nukleinsäuren. 5MC = Methyl-Cytosin, 5 HMC = 5-Hydroxymethyl-Cytosin.

Herkunft der Nukleinsäure	A	T bzw. U	G	C	5 MC	5 HMC
RNA						
einsträngig:						
TMV	28	29	25	18		
Turnip-yellow-Mosaik-Virus	22	22,5	17,5	38		
Gurken-Mosaik-Virus	23	30	24	23		
Tabak-Nekrose-Virus	29	24	23	24		
Influenza-Virus	23	33	20	24		
Polio-Virus	29	25	25	22		
Rous-Sarkom-Virus	25	22	28	24		
Phage Qβ	22	29	24	25		
Phage f2	23	26	26	25		
doppelsträngig:						
Reo-Viren	28	28	22	22		
Wund-Tumor-Virus	31	31	19	19		
DNA						
einsträngig:						
φX 174	24,6	32,8	24,1	18,5		
Phage fd	24,0	34,0	20,0	22,0		
doppelsträngig:						
Vakzine-Virus	29,6	29,9	20,6	20,0		
Phage T1	27,0	25,0	23,0	25,0		
Phage T7	26,0	26,0	24,0	24,0		
Phage λ	25,7	25,7	24,4	24,2		
Phage T2	32,5	32,5	18,2			16,8
Phage T4	32,3	33,3	18,1			16,1
Phage T6	32,4	33,4	17,7			16,5
Bakterium *Escherichia coli*	23,9	23,9	26,0	26,2		
Hefe *Saccharomyces*	31,3	32,9	18,7	17,1		
Weizenkeimling	26,9	26,5	23,2	17,6	5,9	
Rinder-Spermien	28,7	27,2	22,2	20,7	1,3	
Menschen-Spermien	31,0	31,5	19,1	18,4		

aber ist die **Doppelhelix**. In der DNA dieser Objekte sind die prozentualen Anteile von A und T sowie von G und C jeweils gleich (Tab. 3.1.; A : T = 1, G : C = 1). Dieser Befund (= Chargaffsche Regel) sowie die Daten der Röntgenstrukturanalysen von Wilkins und Franklin führten Watson und Crick (1953) zur Aufstellung des DNA-Modells der Doppelhelix (Abb. 3.5.). Danach besteht ein doppelsträngiges DNA-Molekül aus zwei Polynukleotidketten mit gegenläufiger Polarität. Die einander gegenüberliegenden, **komplementären Basen** A und T sind durch zwei, die Basen G und C durch drei Wasserstoffbrücken miteinander gepaart (Abb. 3.5.). Die beiden derart miteinander verbundenen Polynukleotidketten sind in einer **Doppelschraube** (= **Doppelhelix**) umeinander gewunden; dabei stehen die Basenpaare jeweils rechtwinklig zu der gedachten Helixachse. Eine Helixwindung umfasst etwa 10 Nukleotide. Bei den DNA-Strängen (auch den RNA-Strängen) unterscheidet man für einen bestimmten Bereich zwischen einem (+) (Plus)- und einem (–) (Minus)-Strang. Der (+)-Strang ist derjenige, der dieselbe Nukleotidsequenz hat wie die mRNA (nur U durch T ersetzt). Demgegenüber hat der (–)-Strang die der mRNA komplementäre Nukleotidsequenz.

Die Oberfläche der DNA-Doppelhelix besitzt zwei schraubig verlaufende Rillen, die große und die kleine Furche (Abb. 3.6.). Eine Doppelhelix kann in *verschiedenen Konformationen* vorliegen. Am häufigsten und unter vielen in-vivo-Bedingungen am stabilsten ist die *B-Form* (Abb. 3.7. links); bei ihr stehen die Basenpaare senkrecht zur Molekülachse. Demgegenüber haben bei der *A-Form* die Basenpaare eine Neigung von 70° gegen die Molekülachse; die Ganghöhe der Helix und die Zahl der Basen pro Windung sind gegenüber der B-Form verschieden (Abb. 3.7. rechts). Daneben gibt es noch andere Konformationen; unter ihnen hat die „linksgedrehte" DNA-Doppelhelix T (= Z-DNA) in letzter Zeit besonderes Interesse gefunden.

3.3. Prinzip der Replikation der Nukleinsäuren

Das Prinzip der Nukleinsäure-Replikation beruht auf der von Watson und Crick konzipierten **komplementären Basenpaarung**:
An einem Nukleinsäure-Elternstrang wird ein in seiner Nukleotidzusammensetzung komplementärer Tochterstrang in antiparalleler Orientierung synthetisiert, wobei auf Grund der Ausbildung der Wasserstoffbrücken stets Guanin mit Cytosin und Adenin mit Thymin bzw. Uracil paaren. Die Syntheserichtung ist stets vom 5′- zum 3′-Ende (Abb. 3.8.).
Doppelsträngige DNA wird **semikonservativ** repliziert: die entstehenden Tochtermoleküle enthalten ein elterliches Nukleinsäuremolekül und den dazu neu synthetisierten Komplementärstrang (der eine Strang ist somit „alt", der andere „neu"; daher: semikonservativ, halbkonservativ; Abb. 3.8.). Die Replikation der doppelsträngigen RNA erfolgt in gleicher Weise. Einsträngige DNA und RNA werden nach demselben Prinzip repliziert, wobei im Replikationszyklus jeweils doppelsträngige „replikative Formen" entstehen.
Es sind zwei Grundtypen der Replikation bekannt: Beim Mechanismus der **symmetrischen Replikation** nach dem sog. **Y-Modell** werden die beiden Stränge der „Eltern"-DNA-Doppelhelix aufgewunden, und an jedem Elternstrang wird ein neuer komplementärer Strang synthetisiert (Abb. 3.9.). Dieser Mechanismus liegt in den meisten Fällen vor.
Vom Mechanismus der **asymmetrischen Replikation** gibt es mehrere Varianten. Bei der

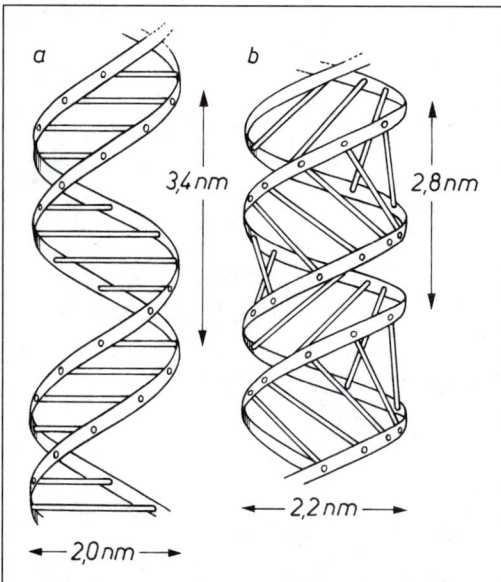

Abb. 3.7. Zwei häufige Konformationen der normalen (rechtsgewundenen) DNA-Doppelhelix. *a* B-Konformation (Watson-Crick-Modell); *b* A-Konformation. Nach v. Sengbusch 1979.

Replikation der ringförmigen Mitochondrien-DNA von Säugern wird zunächst erst an einem Elternstrang ein neuer komplementärer Tochterstrang fast vollständig synthetisiert, ehe – stark verzögert – die Replikation am anderen Elternstrang beginnt.

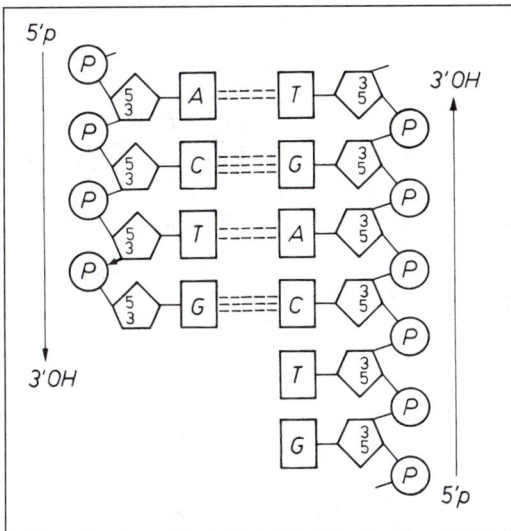

Abb. 3.8. Prinzip der komplementären Basenpaarung, Polarität der DNA-Stränge und Richtung der DNA-Neusynthese. Nach Hagemann et al. 1978.

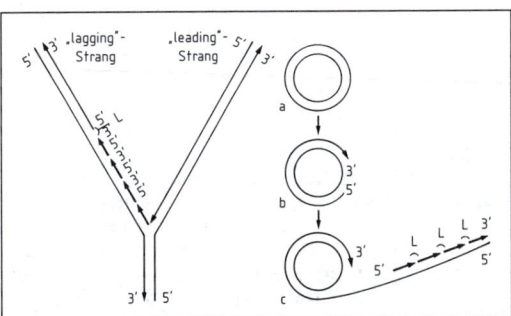

Abb. 3.9. Zwei Typen der DNA-Replikation: die symmetrische (Y-) und die „Rolling-Circle"-Replikation. *Links:* Y-Modell der symmetrischen Replikation: Am „leading"-Strang erfolgt eine kontinuierliche DNA-Neusynthese in 5'3'-Richtung. Am „lagging"-Strang erfolgt die DNA-Synthese in 5'3'-Richtung in kleineren Stücken (entgegen der Gesamtreplikationsrichtung; diese kleineren Stücke werden anschließend durch Ligase – L – zu einem Gesamtstrang verknüpft). *Rechts:* Das „Rolling-Circle-Modell". *a* Kovalent geschlossener Doppelring der DNA (z.B. von FX174), *b* Einzelstrangbruch in einem Ring, dadurch Entstehung freier 5'- und 3'-Enden „ *c* Komplementär zum zuerst gebildeten Einzelstrang erfolgt eine DNA-Neusynthese in 5' → 3'-Richtung in kleineren Stücken mit anschließender Verknüpfung durch Ligase (L) zu einem einheitlichen Strang. Endresultat ist eine Doppelhelix außerhalb des Ringes. Nach Hagemann et al. 1978.

Bei bestimmten Phagen mit ringförmiger DNA (z. B. φX174) erfolgt die DNA-Replikation nach dem **Modell des rollenden Kreises** („rolling-circle"-Modell): einer der Ringe bleibt kovalent geschlossen und dient bei der Replikation als Matrize. Der andere Ring wird durch Einzelstrangbruch geöffnet, und an ihm erfolgt eine laufende DNA-Synthese durch Synthese am 3'-Ende; durch „Rollen" des geschlossenen Kreises und „Abrollen" des neu synthetisierten Stranges können an einer Matrize zahlreiche Kopien synthetisiert werden (Abb. 3.9.).

Die prokaryotischen Erbträger – Bakterien-, Phagen,- Virus-Chromosom und Plasmide – sind jeweils eine Replikationseinheit, ein **Replikon**. Ein Replikon hat einen Replikations-Startpunkt („Origin") und einen Replikations-Endpunkt („Terminus").

Der Replikations-Origin des Bakteriums *E. coli* ist eine ziemlich komplexe Sequenz aus ca. 245 Nukleotidpaaren; der Replikations-Terminus enthält kurze Sequenzen aus 23 Nukleotidpaaren, welche den Replikationsabschluss verursachen.

Die Chromosomen im Zellkern der Eukaryoten bestehen demgegenüber aus zahlreichen Replikationseinheiten, an denen die Replikation mehr oder weniger gleichzeitig startet und endet (vgl. Abb. 4.19.).

3.4. Enzymatik der DNA-Replikation bei Prokaryoten

Ausgangspunkt aller Vorstellungen über den molekularen Ablauf der DNA-Replikation ist die Tatsache, dass alle Nukleinsäure-synthetisierenden Enzyme stets in Richtung **vom 5'- zum 3'-Ende** synthetisieren, d. h. die neu synthetisierten Nukleotide werden am 3'-Ende der wachsenden Kette angefügt (Abb. 3.8.). Wesentlich ist weiterhin der Befund, dass DNA-synthetisierende Enzyme der Bakterien zwar eine Nukleinsäurekette verlängern, aber einen DNA-Strang nicht neu beginnen können.

Nach dem heutigen Stand der Erkenntnis vollzieht sich die DNA-Replikation bei Prokaryoten (Abb. 3.10.) *unter der Kontrolle von zahlreichen Genen (z. B. dnaA, dnaB), die bestimmte Enzyme und Proteine codieren.* Bei der DNA-Replikation erfolgt nur an einem der beiden komplementären, einander antiparallelen Stränge eine kontinuierliche Synthese in 5' → 3'-Richtung; dieser wird als der

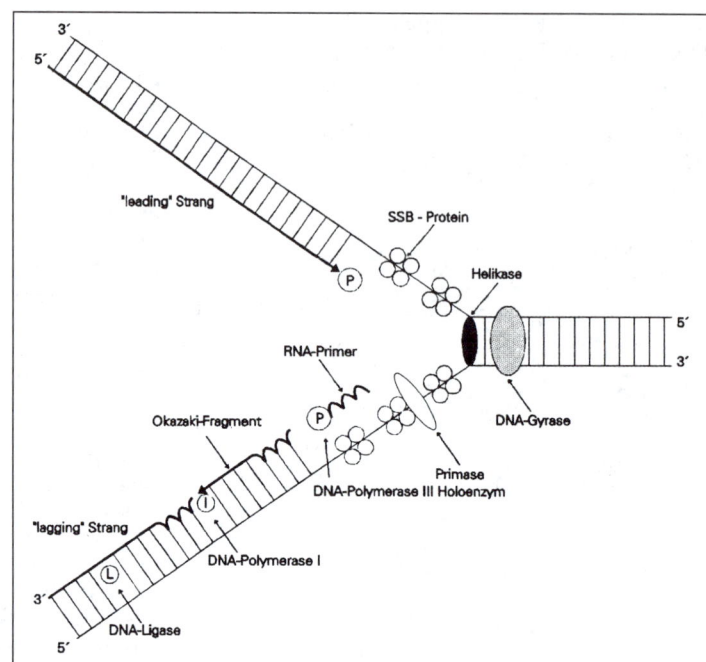

Abb. 3.10. Schema für die Hauptprozesse, die sich bei der symmetrischen DNA-Replikation im Bereich der Y-Gabel abspielen. Die im Replisom vereinigten Untereinheiten der DNA-Polymerase III (vgl. Abb. 3.11.) am „leading"- und am „lagging"-Strang sind hier aus didaktischen Gründen getrennt gezeichnet. Nach Bielka und Börner 1995.

„leading"-(**führende**) **Strang** bezeichnet (vgl. Abb. 3.9.). Der andere Strang („**lagging**", **nachhängender Strang**) wird diskontinuierlich in Stücken von etwa 1.000–2.000 Nukleotiden („Okazaki-Fragmenten") synthetisiert, weil auch er nur in 5′ → 3′-Richtung gebildet werden kann.

Eine Voraussetzung der Replikation ist die Aufwindung der umeinandergewundenen DNA-Stränge der Doppelhelix. Das Aufwinden der DNA erfolgt durch die *Helikase* (*dnaB* Protein). Die dabei entstehende Spannung im DNA-Molekül wird durch die *Gyrase* ausgeglichen. Sie ist eine Topoisomerase vom Typ II, und sie besitzt somit eine Nuklease- und eine Ligase-Wirkung. Die durch Aufwindung und Lösung der Spannung entstehenden einzelsträngigen DNA-Abschnitte werden durch einzelstrangbindendes Protein (SSB – single strand binding protein) stabilisiert. Am „leading"-Strang führt die *DNA-Polymerase III* die Synthese des neuen Stranges kontinuierlich (von 5′- in Richtung 3′-Ende) fort. Demgegenüber muss am „lagging"-Strang zunächst die *Primase* (eine RNA-Polymerase) ein kurzes RNA-Segment, den RNA-Primer, synthetisieren. An dessen freiem 3′-OH-Ende kann die DNA-Polymerase III ansetzen und ein DNA-Segment von etwa 1.000–2.000 Nukleotiden synthetisieren. Sie trifft dann auf den vorherigen RNA-Primer, so dass die Synthese beendet wird. Der RNA-Primer wird durch die RNase-Aktivität der Polymerase I entfernt und die entstehenden Lücken durch *Polymerase I* und *DNA-Ligase* geschlossen, so dass auch am „lagging"-Strang ein kontinuierlicher Strang entsteht (Abb. 3.10.). Dieser Vorgang der stückweisen Synthese wiederholt sich am „lagging"-Strang stän-

dig neu, sobald Helikase und Gyrase einen ausreichend großen DNA-Abschnitt entwunden haben. Obwohl die DNA-Synthese – wie eben beschrieben – am „lagging"-Strang im Detail anders abläuft als am „leading"-Strang, erfolgt die Synthese an beiden Strängen in der Zelle doch koordiniert an einem Replikationskomplex, der die DNA-Polymerase III und assoziierte Proteine enthält. Dies ist dadurch möglich (Abb. 3.11.), dass ein Strang (der „lagging"-Strang) durch eine Schleifenbildung gedreht wird; so kann die DNA-Synthese an beiden Strängen in gleicher Richtung und weitgehend synchron verlaufen.

Ein wesentliches Charakteristikum der DNA-Polymerase III ist **der 2-Schritt-Mechanismus** ihrer Wirkungsweise. Sie besitzt (1.) eine *Polymeraseaktivität* für den Einbau der neuen Basen in den wachsenden neuen DNA-Strang; außerdem weist sie (2.) eine *3′-5′-Exonukleaseaktivität* auf, welche die neuen Basenpaare auf ihre sterische Korrektheit überprüft („proof reading") und sterische Fehlpaarungen sogleich mit großer Effektivität erkennt und ausschneidet, so dass danach die „richtigen" Basen in den neuen Strang eingebaut werden können.

Beide Schritte können durch Mutationen in ihrer Wirksamkeit beeinträchtigt werden; dies führt zu einer Erhöhung der Mutationsrate (Kap. 5 u. 6).

Über die enzymatischen Grundlagen der DNA-Replikation bei **Eukaryoten** ist noch nicht soviel bekannt wie bei Prokaryoten; sie verläuft aber im Prinzip auf ganz ähnliche Weise. Bei Eukaryoten sind mindestens 6 unterschiedliche DNA-Polymerasen nachgewiesen. Die DNA-Polymerasen α, δ und ε fungieren bei der Replikation der Kern-DNA: α- des

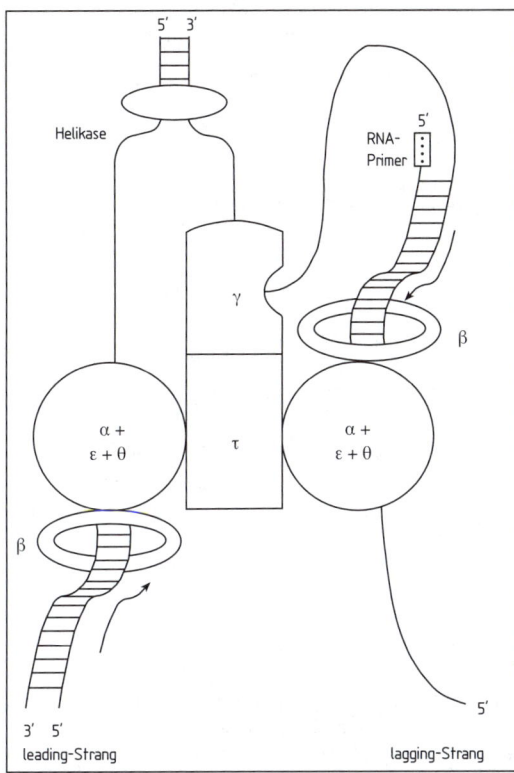

Abb. 3.11. Modell für die Struktur der DNA-Polymerase III mit ihren Untereinheiten im Replisom und die Replikationsprozesse an der Replikationsgabel mit der Schleifenbildung des „lagging"-Stranges. Nach Bielka und Börner 1995, verändert.

„lagging"-Strangs; δ- des „leading"-Strangs). Die Polymerase *β* ist an der Reparatur von DNA-Schäden und an Rekombinationsvorgängen im Zellkern beteiligt. Außerdem gibt es eine DNA-Polymerase γ für die Replikation der Mitochondrien-DNA und eine für die Replikation der Plastiden-DNA. Interessanterweise erfolgt die Synthese des RNA-Primers für den „lagging"-Strang durch die DNA-Polymerase *α*.

3.5. Wirtskontrollierte Modifikation, Restriktion und Restriktionsenzyme

Viele Bakterien und Cyanobakterien können ihre *eigene DNA von fremder DNA unterscheiden*. Ausgangspunkt für diese allgemeine Erkenntnis war ein ganz spezieller

bakteriengenetischer Befund: Der Bakteriophage *Lambda* (λ) kann sich in verschiedenen Stämmen des Darmbakteriums *E. coli* vermehren (z. B. in den Stämmen K12 (P1) und K12). Bakteriophagen, die sich in einem dieser Stämme vermehrt haben, können dies auch in den folgenden Vermehrungsrunden in diesem Stamm (zu 100%). Werden hingegen Bakterien des Stammes K12 (P1) von Bakteriophagen infiziert, die sich vorher im Stamm K12 vermehrt hatten, so ist nur in ganz seltenen Ausnahmefällen (in nur 0,002%), sozusagen „versehentlich", eine erfolgreiche Vermehrung möglich (Abb. 3.12.). Offenbar wird die DNA der Bakteriophagen von Wirtsbakterien spezifisch verändert („modifiziert"). Der eine Bakterienstamm (K12) betrachtet die Bakteriophagen-DNA als eigene DNA und vermehrt sie; der andere Stamm K12 (P1) erkennt sie jedoch als „fremd" und vernichtet sie (Abb. 3.13.).
Die **wirtskontrollierte Modifikation** der DNA erfolgt durch Enzyme, welche bestimmte Nukleotide methylieren (*Methylasen*). Andererseits besitzen Bakterien Enzyme, welche die fremde DNA erkennen und durch Zerschneiden funktionsuntüchtig ma-

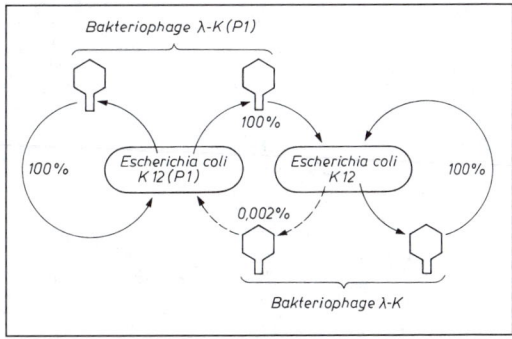

Abb. 3.12. Effekte von wirtskontrollierter Modifikation und Restriktion auf die Infektion zweier Bakterienstämme (K12(P1) und K12) durch den Phagen Lambda (λ). Bakteriophagen, die in einem bestimmten Bakterienstamm vermehrt wurden, können sich in diesem Stamm mit großer Effektivität (zu praktisch 100%) weiter vermehren. – Anders wird die Situation, wenn Bakteriophagen, die in einem Stamm vermehrt wurden, einen anderen Stamm infizieren. Im vorliegenden Fall hat der Bakterienstamm K12(P1) ein Restriktions- und Modifikationssystem, hingegen der Stamm K12 nicht. Phagen, die sich in K12 vermehrt haben, werden nach der Infektion vom Restriktionssystem des Stammes K12(P1) als „fremd" erkannt und nahezu vollständig zerstört („restringiert"); nur in 0,002% der Fälle kann ein λ-Phagen-Genom von K12(P1) „versehentlich" vermehrt werden. Demgegenüber können Phagen, die in K12(P1) vermehrt wurden, auch Bakterien des Stammes K12 infizieren, weil dieser das entsprechende Restriktionssystem nicht besitzt. Nach Stent 1971 aus Hagemann 1980.

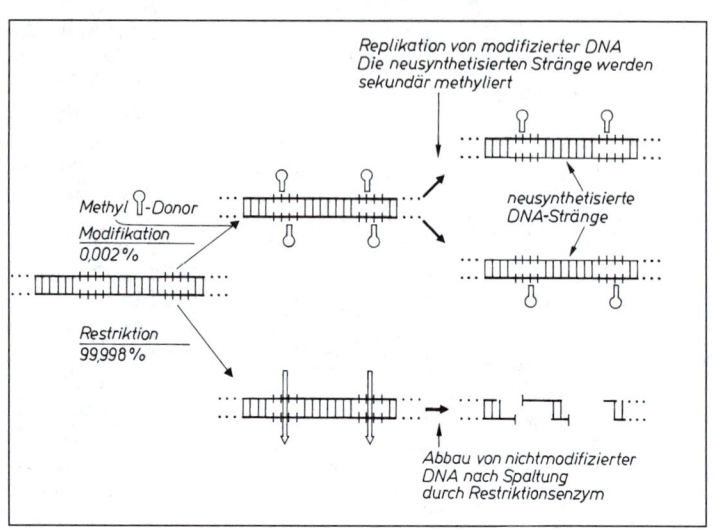

Abb. 3.13. Alternative Wege von nicht modifizierter DNA in einer restringierenden Bakterienzelle. (Zwei Erkennungsregionen für ein Restriktionsenzym sind durch senkrechte Striche angedeutet.) Dringt fremde, nicht methylierte DNA in ein Bakterium ein, so wird sie fast immer als „fremd" erkannt und zerschnitten (Restriktion). Nur ganz selten – in etwa 0,002 % der Fälle – wird die fremde DNA an den Erkennungsregionen methyliert (wirtskontrollierte Modifikation) und von nun an von der Bakterienzelle als „selbst" betrachtet. Nach Trautner 1975.

Tab. 3.2. Einige Restriktionsenzyme und ihre Eigenschaften

Kurzbezeichnung des Enzyms	Isoliert aus dem Bakterium	Durchschnittl. Zahl der Nukleotidpaare pro Fragment	Erkennungsregion, Schnittstelle, Methylierungsstelle
Eco RI	*Escherichia coli* Plasmid RI	4096	
Eco RII	*Escherichia coli* Plasmid RII	512	
Hind III	*Haemophilus influenzae* Rd	4096	
Hae III	*Haemophilus aegyptius*	< 550	
Bam HI	*Bacillus amyloliquefaciens* H	> 500	
Hha I	*Haemophilus haemolyticus*	< 500	

chen. Diesen Prozess nennt man **Restriktion**; die entsprechenden Enzyme heißen **Restriktionsenzyme**, **Restriktasen** oder genauer **Restriktionsendonukleasen**. Der *Effekt der Restriktion in Bakterien* ist den Immunsystemen der Tiere und des Menschen funktionell analog. Zwar sind die zugrunde liegenden Mechanismen vollkommen verschieden, aber der biologische Nutzen – *das Erkennen und Ausschalten fremder Agenzien* – ist der gleiche.

Wie unterscheiden Restriktionsenzyme fremde von eigener DNA? Die Restriktionsenzyme erkennen bestimmte Nukleotidsequenzen (sog. Erkennungsregionen), bei denen die Nukleotidfolge eine charakteristische Struktur hat; es sind meist *Palindrome*, d. h. rotationssymmetrische Sequenzen (von den beiden Enden her gelesen sind die komplementären Stränge gleich; Tab. 3.2.). Innerhalb dieser Erkennungssequenzen können bestimmte Nukleotide methyliert sein (Cytosin liegt dann als 5-Methyl-Cytosin, *C, vor und Adenin als N6-Methyl-Adenin, *A, Tab. 3.2.). Das Restriktionsenzym der Zelle betrachtet DNA mit methylierten Erkennungsregionen als zelleigene DNA. Sind die entsprechenden Nukleotide in beiden komplementären Strängen jedoch nicht methyliert, so betrachtet das Restriktionsenzym diese DNA als „fremd" und zerschneidet sie (Abb. 3.12.). Inzwischen sind bei sehr verschiedenen Eubakterien einschließlich der Cyanobakterien über 600 verschiedene Restriktionsenzyme isoliert und größtenteils charakterisiert worden.

Die **Restriktionsenzyme** unterteilt man auf Grund verschiedener Eigenschaften in drei Klassen (I, II, III). Restriktionsendonukleasen der **Klasse I** sind Komplexe aus drei nicht identischen Untereinheiten ($Mr = 400.000$). Ihre Cofaktoren sind Mg^{2+}-Ionen, ATP und S-Adenosin-Methionin. Die Restriktionsenzyme der Klasse I erkennen eine spezifische Nukleotidsequenz, schneiden aber an anderen, nicht spezifischen (zufälligen) Stellen. Dadurch entstehen zufällig unterschiedlich große DNA-Fragmente. Beispiele für Klasse-I-Enzyme sind *Eco* B und *Eco* K.

Die für Molekular- und Zellbiologie besonders interessanten und wichtigen Restriktionsendonukleasen der **Klasse II** sind Komplexe aus identischen Untereinheiten ($Mr = 25.000$–90.000). Sie benötigen als Cofaktor nur Mg^{2+}-Ionen. Die Restriktionsenzyme der Klasse II erkennen eine bestimmte Nukleotidsequenz und schneiden spezifisch innerhalb dieser Sequenz (oder in definiertem Abstand dicht daneben). Unter diesen Enzymen gibt es solche, welche beide DNA-Stränge genau an derselben Stelle zerschneiden; dadurch entstehen „glatte" Schnitte, wie z. B. durch *Hae* I, *Hae* III, *Hpa* I, *Sma* I u. a. Andere Enzyme schneiden in den DNA-Doppelstrang gegeneinander versetzt ein; dies führt zu sog. „klebrigen Enden", an denen jeweils ein Einstrangstück über das andere hinausragt, wie z. B. durch *Eco* RI, *Eco* RII, *Hind* III, *Bam* HI u. a. (Tab. 3.2.).

Unter den zahlreichen Restriktasen gibt es mehrere isoschizomere Enzyme, d. h. Enzyme, welche die gleiche DNA-Sequenz erkennen. Bei ihnen kann die Schnittstelle identisch sein (*Hind* III und *Hsu* I schneiden gleich: A↓AGGTT – vgl. Tab.3.2.), oder sie schneiden an verschiedenen Stellen ein (*Sma* I: CCC↓GGG, aber *Xma* I: C↓CCGGG).

Da die Restriktionsenzyme der Klasse II die DNA nur an ganz bestimmten Stellen zerschneiden, entstehen DNA-Fragmente von spezifischer Größe und mit definierten Enden. Jede DNA (mag sie von Viren, Bakterien bzw. von Mitochondrien, Chloroplasten oder Zellkernen höherer Organismen stammen) wird von einem bestimmten Restriktionsenzym in ein spezifisches, reproduzierbares Fragmentmuster zerschnitten (Tab. 3.2.). Dabei hängen die Anzahl der Fragmente und ihre Größe von der Häufigkeit ab, mit der die Erkennungsregionen in einer bestimmten DNA vorkommen. Ist die Erkennungsregion kurz, z. B. die Folge GATC/CTAG für die Restriktase I des Bakteriums *Moraxella bovis* (*Mbo* I), dann kommt sie in jeder DNA häufig vor; folglich wird die DNA von Restriktionsenzymen mit dieser Erkennungsregion oft geschnitten, und es entstehen viele kleine Fragmente. Hat ein Enzym aber eine kompliziertere und längere Erkennungsregion, z. B. CTGCAG/GACGTC für die Restriktase *Pst* I von *Providencia stuartii*, dann sind diese Sequenzen in der DNA seltener; folglich entstehen weniger und durchschnittlich größere Fragmente. Durch den Einsatz mehrerer unterschiedlicher Restriktionsenzyme ist es nun möglich geworden, die Struktur der DNA weitgehend aufzuklären – zu „kartieren" (Abb. 3.14.).

Tabellen für zahlreiche Restriktionsenzyme und ihre Erkennungssequenzen finden sich in Old und Primrose (1992) und ausführlich in Kessler et al. (1985).

Die Restriktionsendonukleasen der **Klasse III** sind Komplexe aus nicht identischen (2-3) Untereinheiten ($Mr = 200.000$). Cofaktoren für die DNA-Spaltung sind Mg^{2+}-Ionen und ATP. Die Restriktionsenzyme der Klasse III erkennen eine bestimmte Nukleotidsequenz und schneiden spezifisch in definiertem Ab-

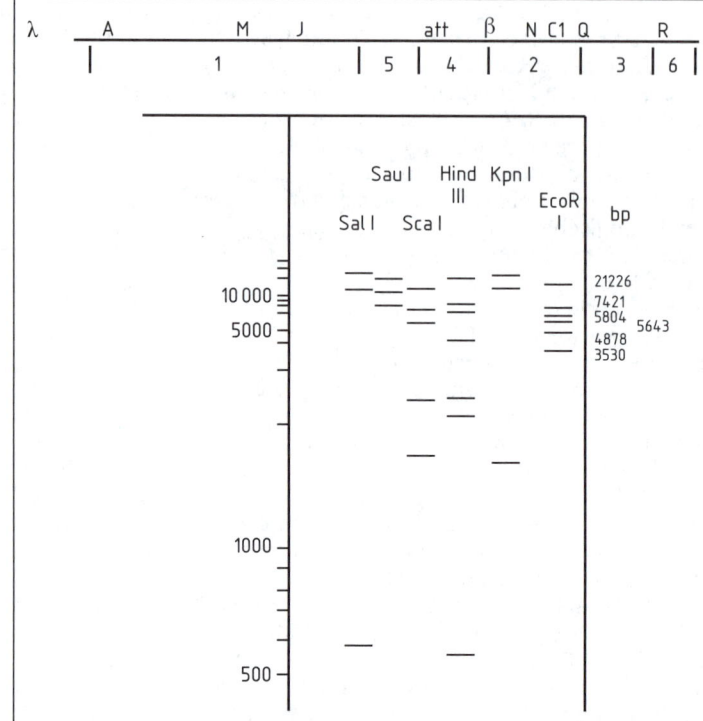

Abb. 3.14. Restriktionsfragmentierung der DNA des Phagen Lambda (λ). Oben: Restriktionskarte von λ für die *EcoRI*-Fragmente (angegeben sind noch einige wichtige *I*-Gene). Unten: Gezeichnet sind die Restriktionsfragmente, die durch Einwirkung verschiedener Restriktionsenzyme auf λ-DNA und anschließende Gelelektrophorese entstehen. Links die logarithmischen Größenangaben, rechts die genauen, durch *EcoRI* erzeugten Fragment-Größen.

stand davon (*Eco* P15 schneidet z. B. 25 und 27 Nukleotide von der Erkennungsregion entfernt). Enzyme dieser Klasse sind *Eco* P15, *Eco* PI und *Hinf* III.

Die Restriktionsenzyme haben sich in wenigen Jahren als vielseitig einsetzbare Werkzeuge erwiesen, die in der Gentechnologie, aber auch auf vielen anderen Gebieten der Genetik, Molekular- und Zellbiologie sowie der Medizin, Biotechnologie, Mikrobiologie und Landwirtschaft eine außerordentlich wichtige Rolle spielen.

3.6. Prinzip der Realisierung der genetischen Information

Die Realisierung der in der DNA verankerten genetischen Information vollzieht sich in zwei Schritten: durch Transkription und Translation (detaillierte Darstellung in den Kapiteln 14–16).

Bei der **Transkription** wird ein Strang, der (–) -Strang der doppelsträngigen DNA, durch die Synthese einer komplementären RNA „abgelesen" und so in RNA umgeschrieben, transkribiert. Auf diese Weise entstehen drei Klassen von RNA: *Messenger-RNA* (mRNA mit der Botschaft zur Synthese definierter Polyptide), *Transfer-RNA* (tRNA zur Bindung spezifischer Aminosäuren) und die *ribosomale RNA* (rRNA zum Aufbau der Ribosomen, den Orten der Polypeptidsynthese). Alle drei Klassen entstehen – vor allem bei Eukaryoten – zunächst als größere Vorstufen (prä-mRNA, prä-tRNA, prä-rRNA), die im Zuge ihrer „Reifung" durch „Processing" verkleinert und so in die funktionsfähige Form gebracht werden.

Im Prozess der **Translation** wird die genetische Information aus der Basensequenz der mRNA in die Aminosäuresequenz der Polypeptide übersetzt. Die Ribosomen verbinden sich mit der mRNA. Jeweils drei Nukleotide (ein Triplett) bilden ein Codon für eine bestimmte Aminosäure. Jede Aminosäure wird aktiviert und an eine spezifische tRNA gebunden und so zum Ribosom-mRNA-Komplex gebracht; dort wird sie in das zu synthetisierende Polypeptid eingebaut. *Nukleotid-*

Tripletts in der Messenger-Erkennungsregion der tRNA (= *Anticodonen*) sind komplementär zu Nukleotid-Tripletts in der mRNA (= *Codonen*). Durch die spezifische Codon (mRNA)-Anticodon (tRNA)-Paarung wird erreicht, dass die verschiedenen Aminosäuren in der durch die Basensequenz der mRNA (und damit der DNA) festgelegten Reihenfolge zu einem Polypeptid zusammengefügt werden.

Die Translation, die Polypeptidsynthese, beginnt an einem Startpunkt, der durch ein *Startcodon* bezeichnet ist; sie schreitet in Tripletts kommafrei und nicht überlappend voran; beendet wird sie durch ein Stoppsignal, das von einem der drei *Stoppcodonen* gegeben wird (vgl. Tab. 16.2.). Das im Zuge der Translation gebildete Polypeptid kann durch „Processing" verkleinert werden. Es nimmt durch entsprechende Schraubung und Faltung der Aminosäurekette die typische Sekundär- und Tertiärstruktur an, in der es seine Funktion in der Zelle ausüben kann.

4. Genetisches Material pro- und eukaryotischer Objekte

Während im vorhergehenden Kapitel die allgemeinen Kennzeichen von Struktur und Replikation des genetischen Materials sowie seiner Realisierung behandelt wurden, sollen im folgenden die Individualzyklen wichtiger genetischer Objekte geschildert und dabei die Struktur ihres genetischen Materials detaillierter charakterisiert werden.

In diesem und den folgenden Kapiteln werden immer wieder die Begriffe „genetische Karte" und „physische Karte" verwendet – im Englischen „genetic(al) map" und „physical map". In deutschsprachigen Veröffentlichungen und Übersetzungen findet man leider oft den Ausdruck „physikalische Karte". Dieser ist unrichtig; denn bei der Aufstellung dieser Karten werden keinerlei spezifisch physikalische Methoden angewandt. In der Geographie gibt es seit langem zwei Arten von Landkarten: „politische Karten" mit den Ländergrenzen usw. und „physische Karten" mit Angabe der Flussläufe, Täler, Gebirge usw. (engl.: physical maps). Deshalb ist auch in der Genetik und Molekularbiologie der Begriff **„physische Karte"** zu verwenden; denn sie gibt an, in welchem „physischen" Abschnitt der DNA bzw. des Chromosoms ein bestimmtes Gen liegt.

4.1. Phagen und Viren mit RNA als Informationsträger

4.1.1. Phagen mit Einzelstrang-RNA

Die RNA-Phagen MS2, R17, f2, M12, und Qβ gehören zu den kleinsten genetischen Objekten, die es gibt. Sie infizieren nur „männliche" E. coli-Zellen (mit einem F-Plasmid). Als Beispiel wird im folgenden MS2 näher behandelt.

MS2 ist der erste Bakteriophage, von dem die vollständige Sequenz der RNA aufgeklärt wurde (Fiers et al. 1976). Die Phagenpartikel ist ein kugelartiges Gebilde, und zwar ein regelmäßig gebauter Icosaeder (= Zwanzigflächner). Die Proteinhülle besteht aus 180 Molekülen des Hüllproteins und 1 Molekül des A-Proteins (= Reifungsprotein). Diese Hülle umschließt ein einziges RNA-Molekül aus 3569 Nukleotiden (relat. Molekularmasse Mr = $1{,}2 \cdot 10^6$). Die RNA trägt nur 4 Gene für: das Reifungsprotein (A), das Hüllprotein (C), das Lyseprotein (L) und das Replikaseprotein (R). Die RNA-Sequenz beginnt am 5′-Ende mit einem 129 Nukleotide langen, nicht übersetzbaren Abschnitt und endet mit einem 174 Nukleotide langen, ebenfalls nicht übersetzbaren Abschnitt am 3′-Ende (Abb. 4.1.). Interessanterweise gibt es bei MS2 sowohl Gen-Überlappung als auch Translation in zwei unterschiedlichen Lese-Rastern. Die Gene C und R überlappen mit dem Gen L; dieses Gen L wird in einem Translations-Raster übersetzt, der gegenüber dem Raster für die Gene C und R um +1 Nukleotid verschoben ist. Durch die Sequenzaufklärung sowie durch Fragmentierung der RNA und Einsatz der Fragmente im zellfreien System wurde die in Abbildung 4.1. dargestellte Struktur ermittelt. Die Gene A, C und R sind durch kürzere, nicht übersetzbare „Spacer" (Zwischenräume von 26 und 36 bp) getrennt. In dieser

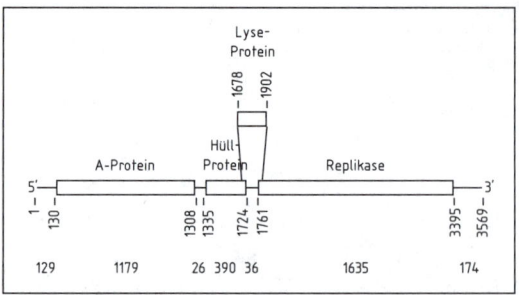

Abb. 4.1. Physische Karte des Genoms des RNA-Einzelstrang-Phagen *MS2*. Die Zahlen bezeichnen Anfang und Ende der Gesamtsequenz sowie Start- und Endpunkte der Gene für die vier codierten Proteine. Das Lyseprotein wird in einem um +1 Nukleotid verschobenen Leseraster synthetisiert.

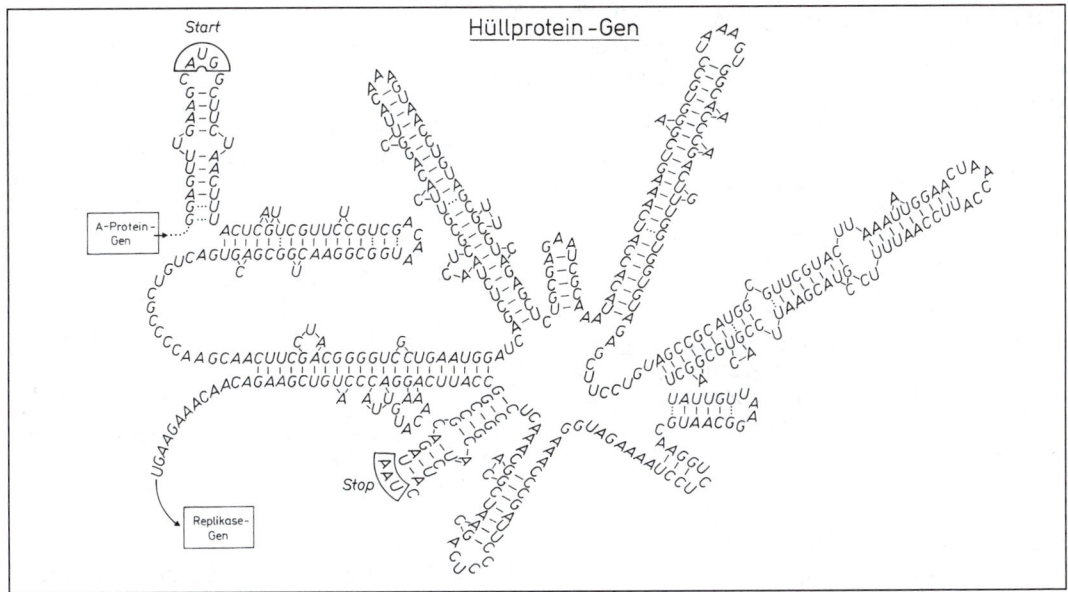

Abb. 4.2. Primärstruktur (Nukleotidsequenz) und Sekundärstruktur („Blüten-Modell") einer Teilsequenz des RNA-Phagen *MS2* von *E. coli*, und zwar in der Region des Hüllprotein-Gens und eines Teils des darauffolgenden Spacers. Nach Min Jou et al. 1972.

RNA gibt es einander komplementäre Sequenzen; durch In-sich-Paarung kommt es zu einer komplizierten Sekundärstruktur (Abb. 4.2.).

Der **Individualzyklus der einsträngigen RNA-Phagen** (wie MS2 und Qβ) vollzieht sich nach Infektion einer *Escherichia coli*- (= *E. coli*-) Zelle innerhalb von etwa 30 Minuten. Nach Absorption der Phagenpartikel an einen Sex-Pilus von *E. coli* (vgl. 8.4.3.) tritt der (+)-Strang des Phagen in die Bakterienzelle und dient unmittelbar als mRNA für die 4 phagenspezifischen Proteine. Die Replikase verbindet sich mit drei Wirtsproteinen und bildet den funktionsfähigen Replikationskomplex. Dieser beginnt mit der Synthese von komplementären (–)-Strängen (Abb. 4.3.). Später synthetisieren die Replikationskomplexe an den freigesetzten (–)-Strängen nunmehr (+)-Stränge. Einige (+)-Stränge lagern sich an Ribosomen an und dienen als mRNA für die Synthese der Hüllproteinmoleküle und des A-Proteins. Die Proteine lagern sich mit den (+)-Strängen zu reifen Phagenpartikeln zusammen. Die Phagen-RNA wird somit in *E. coli* ohne Zwischenschaltung von DNA repliziert. Nach Aufplatzen (Lyse) der Zellwand werden von einer *E. coli*-Zelle 10.000–20.000 Phagen-Nachkommen freigesetzt.

Mit dem RNA-Phagen Qβ wurde 1965 erstmals die in-vitro-Replikation primärer genetischer Information durchgeführt (Spiegelman). Mit Hilfe des isolierten Replikationskomplexes wurden voll funktionsfähige, infektiöse Qβ -RNA-Moleküle außerhalb ei-

ner *E. coli*-Zelle vermehrt. Daran wurden „Darwinsche in-vitro"-Selektionsversuche angeschlossen, die nach mehr als 20 „in-vitro-Generationen" zur Entstehung sehr schnell replizierender, stark verkürzter „RNA-Monster" führten.

4.1.2. Pflanzenviren mit Einzelstrang-RNA

Die meisten Pflanzenviren enthalten als genetische Informationsträger einsträngige RNA.

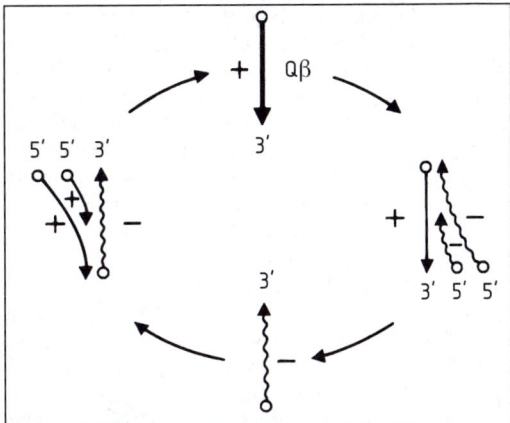

Abb. 4.3. Schema des Replikationszyklus der RNA des Phagen Qβ.

Das Genom des Tabakmosaikvirus (TMV) ist ein einziges RNA-Molekül aus 6.390 Nukleotiden. Das TMV-Virion ist ·ein stabförmiges Gebilde; die schraubig gewundene RNA im Inneren ist von 2130 Hüllproteinen umgeben (Abb. 4.4.). Auch das Wasserrübenmosaikvirus (Turnip yellow mosaic virus, TYMV) enthält ein einziges RNA-Molekül. Die Replikation der einsträngigen RNA erfolgt – wie bei den RNA-Phagen – über doppelsträngige RNA-Replikationsformen.

Andere Pflanzenviren haben ein Genom aus mehreren RNA-Stücken, so das Tabak-Rattle-Virus eines aus zwei, das Luzerne-Mosaik-Virus aus drei Stücken. Alle diese Genomteile sind für das Zustandekommen einer Infektion des Wirtes nötig.

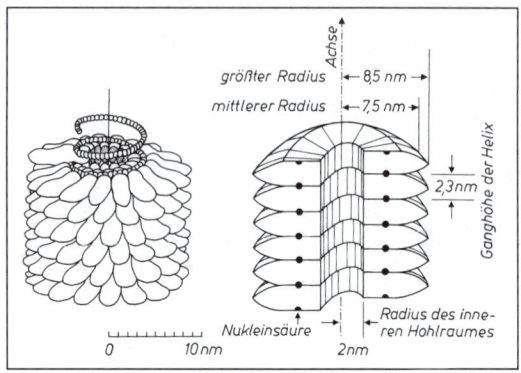

Abb. 4.4. Struktur des Tabakmosaikvirus (TMV). Links: Schema des Aufbaues einer TMV-Partikel. Eine zentrale Wendel einsträngiger RNA ist in das innere Drittel der Proteinuntereinheiten eingebettet. Rechts: Strukturmodell des TMV. Nach Klug und Caspar sowie Franklin aus Starke und Hlinak 1972.

4.1.3. Tier- und Menschenviren mit Einzelstrang-RNA

Auch viele Viren der Tiere und des Menschen enthalten einsträngige RNA. Zu den tier- und humanpathogenen einsträngigen RNA-Viren gehören die Picoviren (z. B. Poliomyelitisvirus, Rhinoviren), die Arboviren (z. B. Gelbfieberviren), die Myxoviren (z. B. Viren für Influenza A und B), die Paramyxoviren (z. B. das Sendaivirus, Viren für Masern, Mumps, Staupe und Rinderpest) und die Rhabdoviren (z. B. Tollwutvirus, Virus der vesikulären Stomatitis). Von diesen Viren besitzt ein Teil ein Genom aus einem einzigen RNA-Molekül, so z. B. das Sendaivirus, das Poliomyelitisvirus und das Virus der vesikulären Stomatitis. Demgegenüber ist das Genom bei anderen Viren segmentiert, d. h. es besteht aus mehreren getrennten RNA-Stücken; das Genom der Influenza-A-Viren besteht aus 8 getrennten Segmenten (damit ist die Möglichkeit einer rekombinativen Entstehung neuer Virustypen gegeben).

Viele Viren enthalten in ihren Viruspartikeln (Virionen) einsträngige (+)- RNA, die – wie auch bei MS2, Qβ und TMV – unmittelbar als mRNA fungieren kann; dies ist der Fall z. B. beim Poliomyelitisvirus. Andere Viren enthalten jedoch in ihren Virionen (–)-RNA, so z. B. die Viren für Influenza, Masern, Mumps, Staupe und klassische Geflügelpest; diese RNA kann nicht als Messenger dienen (sie ist dem Messenger komplementär), sondern wird erst durch eine im Virion enthaltene virusspezifische RNA-Synthetase in (+)-RNA umkopiert, die dann als Messenger fungiert.

4.1.4. Retroviren – krebsauslösende RNA-Viren

Bei Säugern und Vögeln wurden onkogene, krebsauslösende Viren aufgefunden; sie bilden die Gruppe der Retroviren (auch Leukoviren oder Oncornaviren). Ihre Virionen enthalten einsträngige RNA. Das Rous-Sarkom-Virus verursacht bei Vögeln feste Tumoren, das Geflügel-Leukose-Virus hingegen Leukämie und Tumoren im hämopoetischen System. Das Bittnersche Mamma-Tumor-Virus verursacht Brustdrüsenkarzinome bei der Maus. Bei der Maus wurden auch mehrere Leukoviren isoliert, die nach ihren Entdeckern (Graffi, Gross, Rauscher u. a.) benannt sind und verschiedene Typen von Leukämien und hämopoetische Tumoren auslösen. Das bovine Leukämie-Virus (BLV) bewirkt Leukämie bei Rindern. Derartige onkogene Viren sind auch beim Menschen nachgewiesen worden. Zu ihnen gehören die T-Zellen-Leukämie-Viren HTLV-I und HTLV-II sowie das AIDS-Virus HIV (früher: HTLV III oder LAV).

Bei diesen Viren wurde ein im Virion mitgeführtes Enzym nachgewiesen, welches die Virus-RNA in DNA umkopiert. Diese **Revertase** oder „**Umkehrtranskriptase**" wirkt als RNA-abhängige DNA-Polymerase und synthetisiert in einem ersten Schritt eine RNA-DNA-Hybride, aus der in einem zweiten Schritt eine doppelsträngige DNA mit der Information der Virus-RNA entsteht. Diese DNA-Kopie des Tumorvirus wird in Chromosomen des Wirtes eingebaut und bildet so die

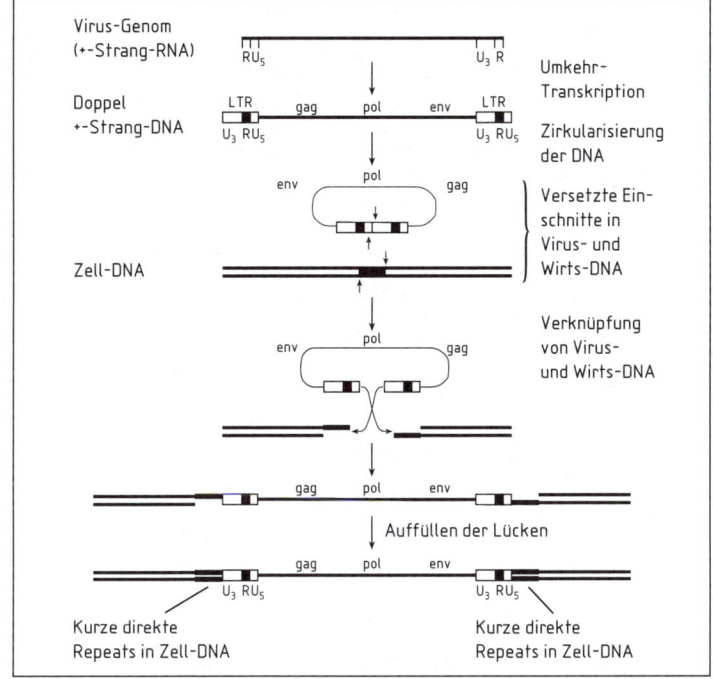

Virus-Genom
(+-Strang-RNA)

RU₅   U₃ R

Umkehr-
Transkription

Doppel
+-Strang-DNA

LTR   gag   pol   env   LTR
U₃ RU₅   U₃ RU₅

Zirkularisierung
der DNA

env   pol   gag

Versetzte Ein-
schnitte in
Virus- und
Wirts-DNA

Zell-DNA

env   pol   gag

Verknüpfung
von Virus-
und Wirts-DNA

gag   pol   env

Auffüllen der Lücken

gag   pol   env
U₃ RU₅   U₃ RU₅

Kurze direkte
Repeats in Zell-DNA

Kurze direkte
Repeats in Zell-DNA

Abb. 4.5. Schema für die Struktur einer Retrovirus-RNA im MLV-Virion und seinen Vermehrungsweg. Nach Watson et al. 1987.

Grundlage für die Krebstransformation der Wirtszelle.

Die Retroviren weisen generell eine im Prinzip ähnliche Struktur auf, die sich jedoch bei den einzelnen Typen im Detail unterscheidet. Das Maus-Leukämie-Virus (murine leucemia virus), MLV, – hier als Beispiel gewählt – zeigt folgende Eigenschaften:

Jede Partikel von MLV enthält zwei identische RNA-Moleküle: sie tragen am 5′-Ende ein „Cap" (7 m GppG; vgl. Abb. 15.4.) und am 3′-Ende einen polyA-(Polyadenylat-)Schwanz.

Das RNA-Molekül (Abb. 4.5.) enthält die drei Gen(gruppen) *gag, pol* und *env.* Diese werden links und rechts eingerahmt von je einem LTR (long terminal repeat: R + U5 am 5′-Ende, U3 + R am 3′-Ende).

Die drei Gene codieren
- *gag:* gruppenspezifische Antigene (p15, p12, p30, p10);
- *pol:* eine Protease (Pro), eine Umkehrtranskriptase (Reverse transkriptase; rev.-Tr) und die RNase ;
- *env:* die Hüllproteine gp70 und p15E.

Nach Infektion einer Säugerzelle (hier: der Maus) werden die RNA-Moleküle einerseits in die o. g. Proteine übersetzt, andererseits mit Hilfe der Umkehrtranskriptase in DNA-Kopien umgeschrieben (Abb. 4.5.) und in die Kern-DNA eingebaut. Dabei kommt es am Einbauort zu einer Duplikation von 4, 5 oder 6 Nukleotiden.

Das integrierte Virusgenom kann als „Provirus" über Generationen in der Kern-DNA bleiben und mit ihr vermehrt werden.

Die Provirus-DNA wird transkribiert. Die gebildete RNA erfüllt zwei Funktionen:
- Als mRNA führt sie zur Synthese der Genprodukte von gag, pol und env (Abb. 4.5.).
- Als virale RNA wird sie in eine Virushülle verpackt und aus der Zelle ausgeschleust.

Durch die Umwandlung eines derartigen Retrovirus können Abkömmlinge entstehen, die einerseits bestimmte Virus-Abschnitte verloren haben (z. B. *pol* und *env*), die aber andererseits ursprünglich zelleigene Sequenzen eingebaut haben. Sie sind verantwortlich für die von diesen veränderten Viren erfolgende Tumorinduktion. Dabei können die veränderten Viren (die genetische Virus-Deletionsmutanten darstellen) sich nur mit Hilfe der in denselben Zellen vorhandenen kompletten Proviren vermehren und ihre Wirkung entfalten. (Die kompletten Proviren bzw. ihre Transkripte fungieren als „Helfer-Viren".)

Die in ein tumorinduzierendes Virus eingebauten Oncogene werden als *Virus-Oncogene (v-onc)* bezeichnet.

Die Sequenzen stammen aus dem Säugergenom, wo sie „normale" lebenswichtige Funktionen in der Zelle codieren, z. B. als Wachstumsfaktoren, Proteinkinasen, GTP-bindende Proteine oder regulatorisch wirkende Proteine; man bezeichnet sie als *c-Oncogene (celluläre Oncogene).* Sie sind dort streng reguliert.

Erst durch ihr Herausbrechen aus der zellulären DNA und ihrem Regulationszusammenhang sowie ihren Einbau in ein (genetisch defektes) Retrovirus-Genom wird aus einem „normalen" Gen ein tumorinduzierendes v-Oncogen.

Die Erkenntnisse über Retroviren haben das Verständnis über die molekularen Ursachen der Krebsentstehung entscheidend vorangebracht.

Die Revertase wurde in den letzten Jahren Grundlage vielfach genutzter molekularbiologischer Verfahren der künstlichen DNA-Gen-Synthese. Es wurden Verfahren entwickelt, um aus isolierter zellulärer RNA (z. B. prä-mRNA oder reifer mRNA für Globine des Kaninchens und des Menschen, für Ovalbumin des Huhns u. a.) oder auch aus künstlich synthetisierter RNA oder DNA doppelsträngige DNA-Kopien (sog. cDNA) herzustellen, die in das Genom von Prokaryoten und Eukaryoten eingebaut und dort vermehrt werden. Damit wurde ein eleganter und schneller Weg zur künstlichen Synthese von Genen erschlossen (vgl. Kap. 13). Das Vorkommen von Revertase bei dieser Virusgruppe und das Vorkommen von Umkehrtranskription ist ein Spezialfall, der keine generelle Revision des „Zentralschemas der Molekularbiologie" (vgl. Kap. 14) erfordert. Nach dem Zentralschema ist die Informationsübertragung in biologischen Systemen einseitig: DNA → RNA → Protein; dies ist in den allermeisten Fällen auch verwirklicht.

4.1.5. Phagen und Viren mit Doppelstrang-RNA

Wenige pflanzen-, tier- und humanpathogene Viren sowie Phagen besitzen als Informationsträger Moleküle von doppelsträngiger RNA. Der Bakteriophage ϕ6 von *Pseudomonas phaseolicola* enthält als Genom drei Segmente doppelsträngiger RNA. – Das Steinklee-Wundtumor-Virus hat ebenfalls doppelsträngige RNA als Informationsträger; das Gesamtgenom (mit einer relativen Molekülmasse Mr von $15 \cdot 10^6$) besteht aus 12 einzelnen Segmenten. – Die bekanntesten tier- und humanpathogenen Viren mit doppelsträngiger RNA sind die **Reoviren**; sie verursachen Diarrhoe, Rhinitis und Infektionen der Atmungswege mit Fieber. Das Genom des Reovirus Typ 2 besteht aus 10 Segmenten. Die RNA dieser Phagen und Viren hat Doppelhelix-Konfiguration und komplementäre Basenzusammensetzung. Bei den Reoviren ist nachgewiesen, dass an jedem Genomsegment eine einsträngige mRNA synthetisiert wird, welche in ein Protein übersetzt wird.

4.2. Viroide – nackte RNA-Moleküle als subvirale Pathogene, Virusoide

Jahrzehntelang waren die Viren als die kleinsten vermehrungsfähigen biologischen Objekte angesehen worden. Seit 1971 jedoch gelang die Isolierung und Kennzeichnung einer Klasse noch kleinerer und einfacherer Pathogene, der **Viroide**. Viroide sind infektiöse und hüllproteinfreie („nackte") RNA-Moleküle. Sie sind die Erreger von Krankheiten wirtschaftlich wichtiger Kulturpflanzen, so von Kartoffeln (Spindelknollensucht), von Citrusgewächsen (Exocortis-Krankheit), Gurke (Gelbfrüchtigkeit), Chrysantheme (Stauche-Krankheit, Chlorotische Blattfleckigkeit), Kokospalme (Cadang-Cadang-Krankheit) u. v. a.

Das Viroid der Spindelknollensucht der Kartoffel (PSTV) erwies sich nach molekularbiologischer Analyse und Nukleotidsequenzierung als ein **ringförmiges einsträngiges RNA-Molekül** aus 359 Nukleotiden. Bei einem Gehalt von 20,3% A, 21,4% U, 28,1% G

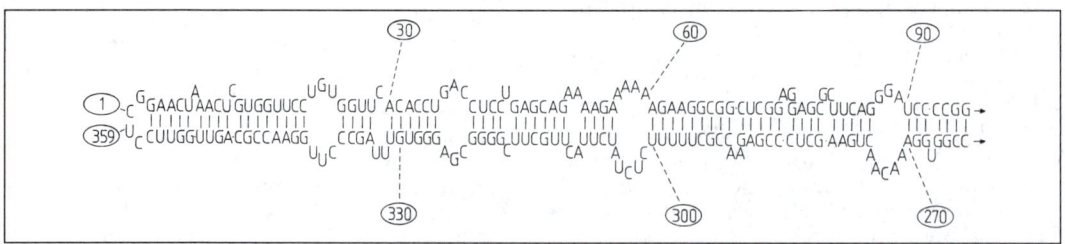

Abb. 4.6. Struktur des Viroids der Kartoffel-Spindelknollensucht, PSTV (potato spindle tuber viroid). RNA-Sequenz und native Sekundärstruktur des ringförmigen Einstrang-RNA-Moleküls. Es ist hier nur ein Teil des ringförmigen Moleküls in seiner Sequenz wiedergegeben. Nach Gross und Riesner 1980.

und 30,1% C kommt es in ausgedehntem Maße zu intramolekularer Basenpaarung: Das PSTV-Viroid hat eine Sekundärstruktur, die alternierend aus kurzen Doppelstrangabschnitten und einsträngigen Bereichen besteht (Abb. 4.6.). Man vermutet, dass die übrigen Viroide eine ähnliche Struktur aufweisen.

Die Viroid-RNA codiert offenbar keine Proteine bzw. Peptide. Die Viroide bewirken nur ihre eigene Vermehrung. Sie greifen in Stoffwechselwege der Wirtszelle ein, vermutlich indem sie sich mit wichtigen Komponenten der Wirtszellen verbinden (dadurch z. B. vielleicht die Prozesse des RNA-Splicing stören; vgl. Kap. 15); dies führt zu ihrer Pathogenität, zu den Krankheitssymptomen der Pflanzen. Nach Infektion der Zellen durch das Viroid kommt es zur Replikation: Zur (+)-RNA des Viroids wird durch Wirts-RNA-Polymerase eine komplementäre (längerkettige, lineare) (–)-RNA synthetisiert, aus der durch „Selbst-Splicing" (+)-RNA-Monomere des Viroids gebildet werden.

Neben den Viroiden wurden in letzter Zeit die sog. **Virusoide** gefunden: In einer Proteinhülle befindet sich eine zirkuläre viroid-ähnliche RNA aus 324 bis 388 Nukleotiden; sie hat eine stabförmige Sekundärstruktur. Die Virusoide sind als „Satelliten-RNAs" zu betrachten, weil sie ein Helfer-Virus für ihre Replikation und die Bildung der Virusoid-Hülle benötigen. Bisher wurden nur vier Virusoid-Typen isoliert (Herkunft aus Australien und Neuseeland).

4.3. Prionen als infektiöses Agens für degenerative Erkrankungen des Zentralnervensystems von Säugern

Es gibt eine Gruppe von Krankheits-Syndromen bei Säugern, die vor allem durch degenerative Veränderungen und Schädigungen des Zentralnervensystems gekennzeichnet sind:

- die Scrapie-Krankheit von Schafen und Ziegen;
- der „Rinderwahnsinn" BSE (bovine spongioform encephalopathy);
- das Creutzfeldt-Jakob-Syndrom des Menschen (CJD);
- das Gerstmann-Sträußler-Scheinker-Syndrom des Menschen (GSS);
- die Kuru-Krankheit (= „Kannibalismus"-Krankheit in Papua-Neuguinea) beim Menschen.

Die ersten Krankheitssymptome beim Menschen sind Gedächtnis-, Schlaf- oder Bewegungsstörungen; die Krankheit führt zum Erlöschen geistiger Präsenz und endet immer mit dem Tod. Auch bei Schafen, Ziegen und Rindern sind Bewegungsstörungen typische Krankheitssyndrome. Im Gehirn findet sich eine löchrige Degeneration der Hirnsubstanz, die zu einem schwammartigen Erscheinungsbild führt, einem Absterben von Nervenzellen und einer Proliferation von Gliazellen. Im kranken Hirn kommt es zu einer Anreicherung eines Eiweißes (PrP^{sc}), zum Teil in Form unlöslicher Ablagerungen, dem sog. *Amyloid*.

Anfangs hielt man Viren des Typs „Slow virus" für die Auslöser dieser Krankheitssyndrome. Heute betrachtet man im allgemeinen **Prionen** als die Erreger dieser Syndrome (Prion = proteinaceous infectious particle).

Die Krankheitserreger, die durch Überimpfung von Rückenmark erkrankter Schafe, Ziegen und Rinder auf gesunde Haustiere, aber auch auf Hamster und Mäuse übertragen werden können, weisen ungewöhnliche Eigenschaften auf: Sie sind ungemein widerstandsfähig gegen übliche Sterilisationsverfahren wie Erhitzen, Behandlung mit Formaldehyd oder Bestrahlung mit ultraviolettem Licht.

Am ungewöhnlichsten ist, dass die infektiösen Partikeln, die Prionen – nach allen biologischen Forschungsergebnissen – überhaupt keine Nukleinsäuren enthalten, sondern *reines Protein!*

Aus Säugern kann man (DNA-) Gene isolieren, die ein Prion-homologes Protein codieren: PrP^c = prion-related cellular protein (27 kDa). Aber es unterscheidet sich erheblich in seiner Sekundärstruktur und in seinen Eigenschaften von dem Prion-Protein, das mit PrP^{sc} (hindeutend auf Scrapie) abgekürzt wird. PrP^c wird von Proteinasen abgebaut, PrP^{sc} nicht (vgl. oben).

Heute wird angenommen, dass *das Prion-Protein PrP^{sc} eine spezifische Protein-Konformation aufweist, diese den zelleigenen PrP^c irreversibel aufprägt und sie so zu krankheitsauslösenden Agenzien umwandelt.*

Bei diesen Syndromen wird also **offenbar genetische Information** für degenerative Erkrankungen des Zentralnervensystems **durch**

ein Protein weitergegeben und vererbt! (Es sei nicht verschwiegen, dass eine Minorität von Forschern dennoch ein noch nicht erfasstes Virus für den eigentlichen Erreger hält.)

Nach heutigem Wissensstand können die Krankheitserreger nicht nur durch Überimpfen von Rückenmark erkrankter Tiere (und Menschen) auf zahlreiche andere Säuger übertragen werden, sondern auch über Futter- bzw. Nahrungsmittel. Die seit 1985 in Großbritannien epidemieartig aufgetretene BSE trat nach Verfütterung von Futterzusätzen auf, die in den siebziger Jahren aus den an Scrapie erkrankten Schafen gewonnen wurden.

Eine Übertragung von Prionen aus Rindern auf den Menschen über Nahrungsmittel ist offensichtlich möglich. Selten wurde auch die Übertragung der Prionen von Muttertieren auf ihre Nachkommen beobachtet.

4.4. Phagen und Viren mit DNA als Informationsträger

4.4.1. Phagen und Viren mit Einzelstrang-DNA

Bei den kleinen Phagen φX174, G4, M13 und fd von *E. coli* sowie dem Kilham-Rattenvirus ist die genetische Information in einsträngigen DNA-Molekülen verankert: dementsprechend weist diese keine komplementär gleiche Basenzusammensetzung auf (vgl. Tab. 3.1.). Von φX174 wurde als erstem DNA-Phagen im Jahre 1977 die vollständige Nukleotidsequenz des gesamten Genoms aufgeklärt (Sanger et al.). Im folgenden wird daher besonders φX174 als Beispiel benutzt.

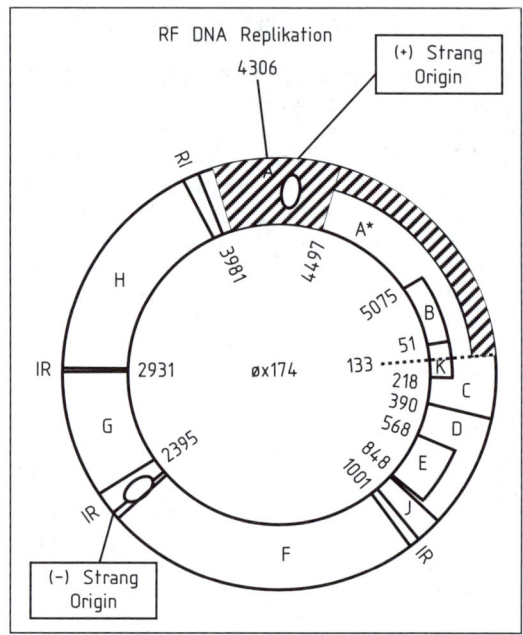

Abb. 4.7. Physische Karte des Genoms des DNA-Einzelstrang-Phagen φX174. Die Zahlen bezeichnen die sequenzierten Nukleotide. Die Buchstaben *A–J* kennzeichnen die einzelnen Gene; zum Teil liegt eine Überlappung der Gene vor. Nach den Daten von Sanger et al. 1978 aus Kornberg und Baker 1992.

Tab. 4.1. Die Gene von φX174, ihre Position, Funktion und ihre Proteinmasse. Nach Sanger et al. 1977 sowie Kornberg u. Baker 1992.

Nukleotid-Position		Funktion	Masse des codierten Proteins
A	3 981–133	Replikation der RF und des + -Stranges	58,7 kDa
A*	4 497–133	Abschalten der DNA-Synthese der Wirtszelle	38,7 kDa
B	5 075–48	Morphogenese des Capsids	13,8 kDa
C	133–390	DNA-Reifung	10,0 kDa
D	390–848	Morphogenese und Assemblierung des Capsids	16,9 kDa
E	568–848	Lyse der Wirtszelle	10,4 kDa
F	1 001–2 281	Major-Hüllprotein	48,4 kDa
G	2 395–2 931	Major-Spikeprotein	19,0 kDa
H	2 931–3 914	Minor-Spikeprotein, Phagen-Adsorption	34,4 kDa
J	848–1 001	Core-Protein, DNA-Kondensation	4,2 kDa
K	51–218	Stimulation der Phagen-Produktion	6,4 kDa
	4 306	Startpunkt der Replikation der Replikativen Form	–

Im Gen A (und damit gleichzeitig in denen Genen A* und B) befindet sich neben dem Nukleotid 5386/0 (Adenin) die Position 1 der Nukleotidzählung; sie bezeichnet das Guanin neben der unikalen Schnittstelle der Restriktase PstI.

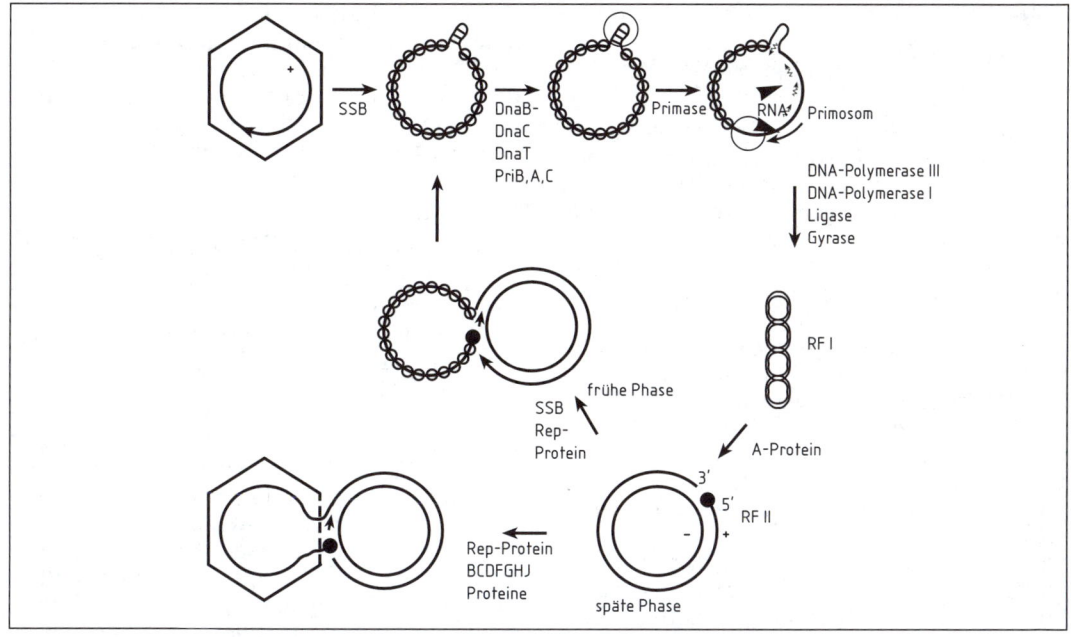

Abb. 4.8. Schema für die Replikationsvorgänge im Vermehrungszyklus des Phagen *ΦX174*.

Das Virion von φX174 enthält einen kovalent geschlossenen Ring von einsträngiger DNA aus 5.386 Nukleotiden (Mr = $17 \cdot 10^6$). Das Genom enthält 11 Gene, deren Position auf der genetischen und auf der physischen Karte genau festgelegt werden konnte (Abb. 4.7. und Tab. 4.1.).
Der Individualzyklus und die Replikation dieses Phagen wurden genau analysiert (Abb. 4.8.).

1. Stufe (ssDNA → RFI: Nach Anheftung des Virions an die *E. coli*-Zelle dringt die ringförmige Einzelstrang ss(+)DNA in die Wirtszelle ein. An dem (+)-Strang wird ausschließlich durch Wirtsenzyme ein komplementärer (–)-Strang synthetisiert: Diese Synthese erfolgt – wie die Synthese des „lagging"-Stranges (vgl. Abb. 3.10.) – diskontinuierlich. Zunächst wird der (+)-Strang von Einzelstrangbindungsproteinen (SSB) besetzt, bis auf die Region um den Replikationsstartpunkt (Origin), die eine Haarnadelstruktur bildet. Dort lagern sich mehrere Proteine zu dem Replikationskomplex, dem „Primosom", zusammen. Das Primosom gleitet, entgegengesetzt zur späteren Syntheserichtung an dem (+)-Strang entlang und synthetisiert RNA-Primer (vgl. 3.4.).
Diese bilden die Ansatzpunkte für die diskontinuierliche DNA-Synthese des (–)-Stranges durch die DNA-Polymerase III. Die RNA-Primer werden danach durch DNA-Polymerase I entfernt und durch DNA ersetzt. Die Lücken im Zucker-Phosphat-Rückgrat werden durch Ligase geschlossen. Der so entstandene Doppelring wird in sich verdrillt

(supercoiled) und ist membrangebunden: *Replikative Form I (RFI)*. – An dem RFI-Molekül beginnt die Transkription der Phagengene. Daran schließt sich die phagenkontrollierte Proteinsynthese an, die an den Bakterienribosomen erfolgt. Es entstehen Enzyme für die weitere Replikation des Phagengenoms sowie die Hüll- und Spikeproteine.
2. Stufe (RFI → RFII): Danach beginnt die Vermehrung von RFI. Sie erfolgt nach dem Modell des „rollenden Kreises" (vgl. Abb. 3.9.) und führt zur Entstehung der *Replikativen Form II (RFII)*. Die RFII-Moleküle sind nicht verdrillt und nicht membrangebunden. Bei diesem Vorgang sind zwei Proteine besonders wichtig: Das phagencodierte A-Protein führt einen Einschnitt in den (+)-Strang aus und schafft damit den Ansatzpunkt für die DNA-Synthese. Das Rep-Protein von *E. coli* löst als Helicase die Wasserstoffbrückenbindung zwischen den komplementären Strängen. – Am 3′-Ende des eingeschnittenen (+)-Stranges beginnt in 5′ → 3′-Richtung die kontinuierliche DNA-Neusynthese und setzt sich laufend fort. Dabei bleibt aber das 5′-Ende des sich ablösenden (+)-Stranges am A-Protein haften, so dass nach der Neusynthese eines kompletten (+)-Stranges sofort ein Ringschluss erfolgen kann. – Der so entstandene einsträngige geschlossene (+)-Strang wird im frühen Stadium der Infektion mit SSB beladen und in eine RFI umgewandelt.
3. Stufe (RFII → ssDNA): Die Bildung von einzelsträngigen DNA-Molekülen, die in Proteinhüllen verpackt werden, ist eng verknüpft mit der Morphogenese der Phagenköpfe. Zunächst wird aus phagencodierten Proteinen (D, F, G, H) eine Vorstufe des Phagenkopfes hergestellt. In diesen wird ein

Molekül der ss(+)DNA eingeführt, das nach dem Modell des „rollenden Kreises" gebildet wurde (Abb. 4.8.). Weitere Schritte führen zur Entstehung des reifen Virions.

ϕX174 stellt aufgrund der Tatsache, dass die DNA-Synthese sowohl diskontinuierlich (1. Stufe) als auch kontinuierlich (2. und 3. Stufe) erfolgt und im wesentlichen von wirtscodierten Proteinen abhängt, ein sehr gutes Modellsystem dar für die Abläufe an der Replikationsgabel der bakteriellen DNA.
1967 gelang mit ϕX174-DNA die erste in-vitro-Vermehrung von DNA (Goulian, Kornberg, Sinsheimer). Diese Synthese wurde durch kombinierten Einsatz einer DNA-Polymerase (= Kornberg-Polymerase I) und einer Ligase (vgl. 3.4.) erreicht. Die in-vivo-Synthese vollzieht sich mit anderen Enzymen (vgl. 3.4.).
Die Auswertung der Resultate der DNA-Sequenz-Aufklärung und die Ergebnisse molekulargenetischer Forschung führten bei ϕX174 zu einer sehr wichtigen allgemeinen genetischen Erkenntnis, welche durch die Forschungen am RNA-Phagen MS2 (vgl. Abb.4.1.) und dem DNA-Affenvirus SV40 (vgl. Abb. 4.10.) ergänzt und erweitert wurde:

Bei mehreren Phagen und Viren gibt es **überlappende** und **ineinandergeschachtelte** Gene. Die molekularen Mechanismen, welche dieser Überlappung und Ineinanderschachtelung von Genen zugrunde liegen, werden im Abschnitt 4.5. genauer charakterisiert.

4.4.2. Phagen mit Doppelstrang-DNA

Bei den meisten Bakteriophagen liegt die DNA in den Phagenpartikeln doppelsträngig vor, so bei den T-Phagen, bei λ, P22, P1, SP8, Mu und vielen anderen.
Bei den virulenten T-Phagen ist die DNA im Phagenkopf linear. Etwa 1–3 % der DNA sind in einem Molekül doppelt vorhanden (= redundant, repetitiv), und zwar ist das am Molekülanfang befindliche DNA-Stück am Ende des Moleküls nochmals vorhanden. Die DNA-Moleküle **der ungeradzahligen T-Phagen** (T steht für „type") T1, T3, T5, T7 haben einen definierten, in allen Molekülen gleichen Anfang:

a b c d e f g h i . . . . x y z a b c d
Anfang   Ende (redundantes Stück)

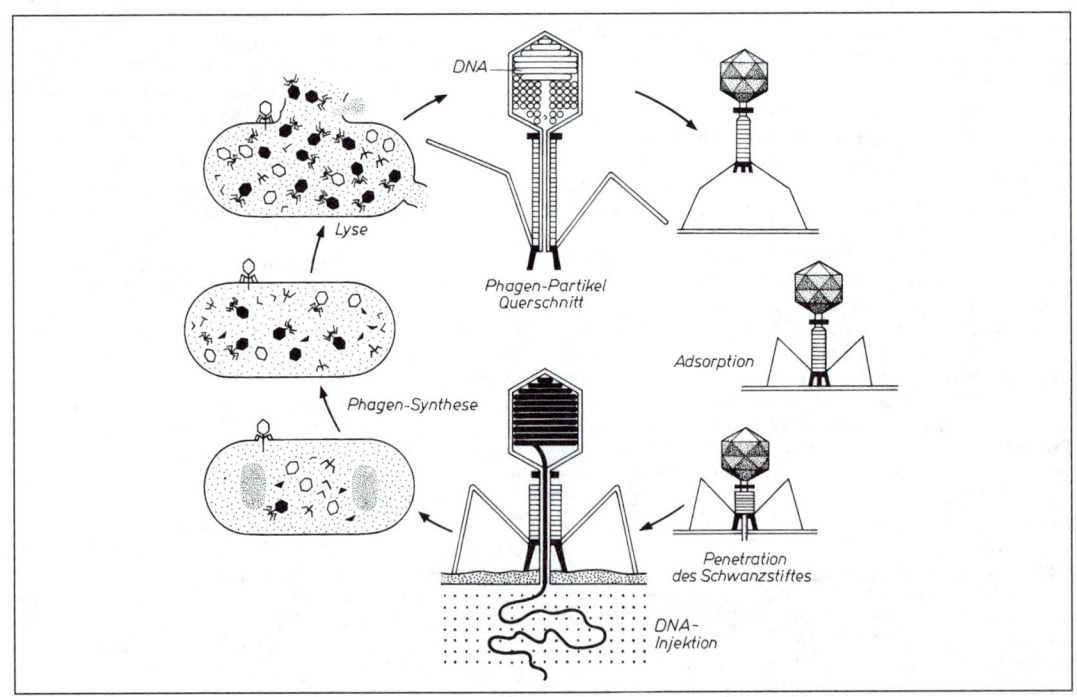

Abb. 4.9. Vermehrungszyklus des virulenten Bakteriophagen *T2*. Nach Kaudewitz 1973, verändert.

Die DNA-Moleküle der **geradzahligen T-Phagen** T2, T4, T6 sind zirkulär permutiert: Alle Phagen besitzen eine definierte Gen-Reihenfolge (a b c d ... x y z). Aber in den einzelnen Phagen-DNA-Molekülen kann der Beginn dieser Reihe unterschiedlich sein, so dass eine Phagen-Population DNA-Moleküle mit folgender Genreihenfolge enthalten kann:

a b c d e f g h i .... x y z a b c d
i k l m n o p q r .... f g h i k l m
w x y z a b c d e .... t u v w x y z
jeweiliger Anfang   redundantes
                            Stück

Bei den geradzahligen Phagen T2, T4 und T6 ist in der DNA anstelle von Cytosin 5-Hydroxy-methyl-Cytosin vorhanden (vgl. Tab. 3.1.).

Der **Individualzyklus (Vermehrungszyklus) eines Phagen** sei am Beispiel von T2 dargestellt (Abb. 4.9.).

Die Infektion eines Bakteriums beginnt mit der Adsorption des Phagen an der Bakterienoberfläche. Die Bakterienwand wird an der Adsorptionsstelle enzymatisch (mit Lysozym) geöffnet. Durch die Öffnung wird die Phagen-DNA in das Zellinnere injiziert. Sofort nach der Injektion der Phagen-DNA beginnt an ihr (mit Hilfe der DNA-abhängigen RNA-Polymerase des Wirtes) die Synthese phagenspezifischer mRNA, die sogleich in eine Anzahl verschiedener phagenspezifischer Proteine translatiert wird, in die sog. *„frühen Proteine“*; hierzu gehören Enzyme für die Phagenreplikation, für die Synthese von 5-Hydroxy-methyl-Cytosin und für die Zerstörung und den Abbau des Bakterienchromosoms. Dieser Abbau beginnt bereits 2 min nach der Infektion. Nach 7 min setzt die Replikation der Phagen-DNA ein, nach 10 min werden die sog. *„späten Proteine“* synthetisiert, vor allem die zahlreichen Proteine, die zum Aufbau neuer Phagenpartikeln benötigt werden. Bereits nach 12 min beginnt in der Wirtszelle die Bildung der ersten reifen Phagenpartikeln. Bei der Lyse der Zelle, die nach 15–20 min erfolgen kann, werden meist um 100–200 (manchmal bis zu 1.000) Phagenpartikeln freigesetzt. Eine Partikel von T2 (Mr = $2{,}5 \cdot 10^8$) enthält ein DNA-Molekül mit der Mr = $1{,}2 \cdot 10^8$ ($\approx$ 160.000 bp); es trägt ca. 150 Gene.

Die **Replikation** der Phagen mit doppelsträngiger DNA verläuft bei den einzelnen Phagen etwas unterschiedlich.

Bei T2 und T4 läuft sie im Prinzip folgendermaßen ab: Die Phagen-DNA wird zunächst mehrmals symmetrisch repliziert. Danach kommt es durch Austauschvorgänge und Zusammenfügung von Molekülteilen verschiedener Phagen-DNA-Moleküle zur Bildung längerer DNA-Doppelstränge (*„Konkatemere“*). (Bei diesen Vorgängen erfolgen regelmäßig Rekombinationsereignisse, vgl. 8.2.). Solche Konkatemere sind so lang, dass sie zwei oder mehr vollständige Phagengenome linear aneinander gereiht enthalten. Bei der Bildung von neuen Phagen-Partikeln tritt ein Ende des Konkatemers in den Phagenkopf ein, und es wird soviel DNA dicht in den Phagenkopf gepackt, bis dieser vollständig gefüllt ist („Head full hypothesis"). Danach wird die DNA (durch eine Endonuclease) geschnitten. Das neue Ende des Konkatemers beginnt die Füllung eines anderen Phagenkopfes. Da in einen Phagenkopf bei T2 und T4 mehr DNA hineinpaßt als in ein einfaches Phagengenom (a b c d ... x y z), gelangt noch der Anfang des nächsten Genoms mit hinein (a b c d); dadurch kommt die terminale Redundanz zustande. Gleichzeitig erklärt dies die zirkuläre Permutation der Einzelmoleküle in den Phagenköpfen.

Der ungeradzahlige Phage T7 hat ein lineares Genom mit einem redundanten Endabschnitt. Der Replikations-Origin liegt bei etwa 17 % des Gesamtgenoms; von da aus läuft die Replikation bidirektional zu den beiden Genom-Enden. Daran schließt sich dann eine Konkatemeren-Bildung an. Bei der Reifung werden an spezifischen Stellen der redundanten DNA-Region versetzte Schnitte gesetzt, und die einsträngigen Bereiche werden wieder aufgefüllt. Dadurch hat jedes in ein Virion verpackte DNA-Molekül den gleichen Anfang und das gleiche Ende. Pro infizierter *E. coli*-Zelle werden ca. 200 Phagen-Partikeln freigesetzt.

Die T-Phagen bezeichnet man als **virulente** Phagen, weil ihre erfolgreiche Infektion einer Bakterienzelle zu deren Abtötung, ihrer Lyse, führt. Die virulenten Phagen bewirken somit eine **lytische Reaktion**.

Der **Phage Lambda** λ von *E. coli* ist ein **temperenter Phage**. Sein Bau ist ähnlich dem von T2, aber er ist merklich kleiner. λ enthält ein lineares Molekül aus Doppelstrang-DNA mit der relat. Molekülmasse Mr = $30 \cdot 10^6$, das etwa 50 Gene trägt. Dieses Molekül besitzt „kohäsive Enden" (= „klebrige Enden"): An beiden Enden ragt ein kurzer, 12 Nukleotide langer Einzelstrang über den komplementären Strang hinaus. Die kohäsiven Einzelstrangstücke an den beiden Enden sind einander komplementär und antiparallel (und bieten damit die Möglichkeit zu gegenseitiger Paarung).

Nach der Infektion der Wirtszelle kann λ eine von zwei verschiedenen Reaktionen bewirken: entweder die lytische oder die lysogene Reaktion. Unmittelbar nach der Infektion fällt durch eine komplizierte Wechselwirkung zwischen verschiedenen Phagen-Genen die Entscheidung darüber, welche der beiden Reaktionen eingeleitet wird.

Die **lytische Reaktion** verläuft im Prinzip wie bei den virulenten T-Phagen. Nach Einleitung der Transkription an der Phagen-DNA und der Translation beginnt die semikonservative Replikation des λ-Genoms. Diese Replikation ist zunächst symmetrisch bidirektional, verläuft später aber asymmetrisch nach dem Modell des „rollenden Kreises" und führt zur Entstehung langer, mehrere Phagengenome umfassender Konkatemere (Kettengenome). Im Zuge der Bildung neuer Phagen werden diese langen Moleküle später in komplette Einzelgenome zerschnitten, wobei Phagen-Gene dafür sorgen, dass durch versetzte Einschnitte in die DNA wieder Einzelgenome mit kohäsiven Enden entstehen. Diese werden in die Phagenhüllen verpackt. Die Lyse einer *E. coli*-Zelle setzt 100 bis 200 Phagen frei.

Die **lysogene Reaktion** von λ führt demgegenüber zu einer „Symbiose" zwischen Wirt und Phage (daher: temperent = gemäßigt). Bei Einleitung der lysogenen Reaktion kommt es zum Kontakt zwischen den kohäsiven Enden und zu ihrer Paarung, wodurch ein ringförmiges Molekül entsteht; die zunächst offenen Enden werden durch die Ligase der Wirtszelle kovalent verbunden. Dieses ringförmige λ-Chromosom weist eine Homologieregion zum Bakterienchromosom auf. Durch Paarung dieser Homologieregionen und Rekombination zwischen ihnen wird das Phagengenom in das Bakterienchromosom eingebaut (Abb. 4.10.) λ liegt nunmehr als **Prophage** im Bakterienchromosom inkorporiert vor. Er wird regelmäßig zusammen mit dem Bakterienchromosom vermehrt. Durch die Wirkung mehrerer Phagen-Gene wird der Prophagenzustand aufrechterhalten; zugleich verleiht er der Bakterienzelle Immunität gegen neue λ-Infektionen.

Ein Bakterium mit einem Prophagen wird als lysogenes Bakterium bezeichnet. Durch

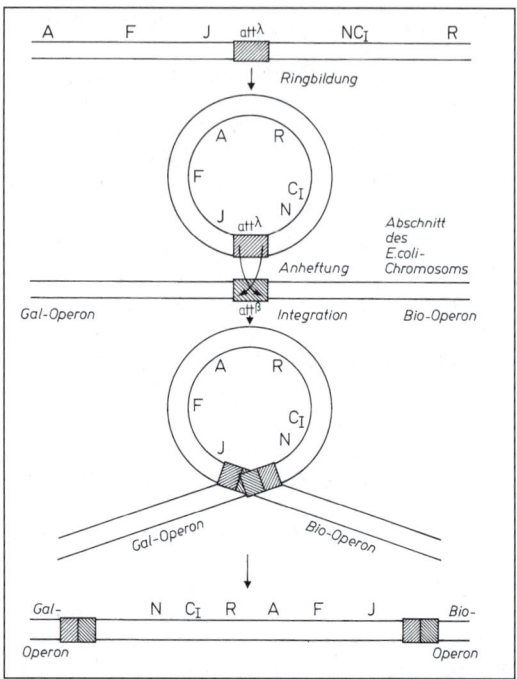

Abb. 4.10. Campbell-Modell für den Einbau der DNA des Phagen λ in das Chromosom von *E. coli.* Nach Knippers 1971.

äußere Einwirkungen (z. B. UV-Bestrahlung) oder innere spontane Veränderungen kann der lysogene Zustand zusammenbrechen. Dann wird das Phagengenom wieder aus dem Bakterienchromosom ausgebaut, und der Vermehrungszyklus des Phagen wird eingeleitet; er führt zur Lyse der Bakterienzelle und zur Freisetzung von λ-Phagen. (Über weitere, damit im Zusammenhang stehende Vorgänge vgl. 8.2.).

4.4.3. Viren mit Doppelstrang-DNA

4.4.3.1. Tier-und humanpathogene Viren

Sehr viele tier- und humanpathogene Viren haben als genetisches Material doppelsträngige DNA, so die Gruppen der Pox-, Herpes-, Adeno- und Papovaviren.

Viren dieser Gruppe verursachen die verschiedensten Infektionskrankheiten (Pocken bei zahlreichen Säugern und Vögeln, Myxomatose der Kaninchen; Windpocken, Gürtelrose u. a.). Unter ihnen befinden sich aber auch zahlreiche Formen, die krebsauslösend, onkogen, sind, so z. B. das Affenvirus SV40, Polyomaviren bei verschiedenen Säugern, mehrere

Adenoviren und das Epstein-Barr-Virus (Burkitt-Lymphom).

Der Individualzyklus dieser Viren umfasst folgende Abschnitte: die Adsorption an die Wirtszelle, das Eindringen in die Zelle (*Penetration*), der Abbau der Virushülle und die Replikation der DNA (*Eklipse*), die Reifung der Viruspartikeln (*Maturation*) und ihre Freisetzung (*Liberation*).

Die Replikation der Virus-DNA erfolgt semikonservativ. Beim größten Teil dieser DNA-Viren läuft die Replikation im Zellkern ab (nur bei den großen Poxviren erfolgt sie im Cytoplasma in der Nähe des Zellkerns). Bei einer Reihe von onkogenen Viren kann die Virus-DNA in bestimmte Chromosomen inkorporiert werden.

4.4.3.2. Affenvirus SV40

Eines der am intensivsten molekulargenetisch und gentechnologisch bearbeiteten Viren ist das Affenvirus SV40 (Simian Virus 40). Seine doppelsträngige DNA umfasst 5.243 Nukleotidpaare (Fiers et al. 1978). Seine physische Karte zeigt Abbildung 4.11.

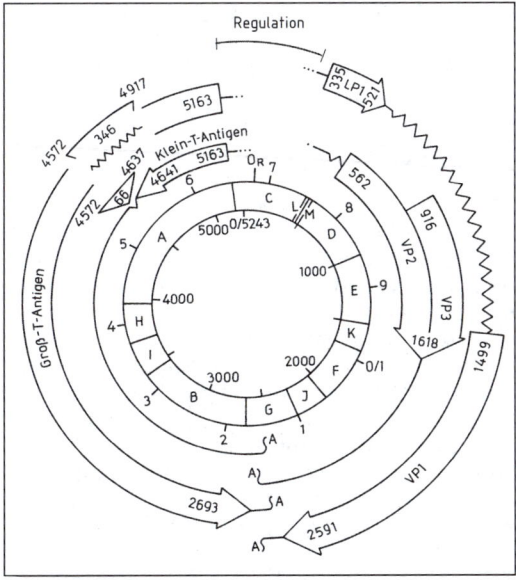

Abb. 4.11. Physische Chromosomenkarte von *SV40*. Im Ring sind die *Hind II–III*-Restriktionsfragmente *A–M* eingezeichnet. Der unikale *EcoRI*-Spaltort dient als 0/1-Punkt der physischen Karte, deren Einheiten im Uhrzeigersinn außen eingetragen sind. Die Zählung der sequenzierten Basenpaare beginnt (neben 0/5243) mit der Position 1, der unikalen Schnittstelle der Restriktase *BglI*; die Zahlen sind innen eingetragen und laufen im Uhrzeigersinn. Nach Tooze aus Bielka 1985.

Eine Viruspartikel (= Virion) ist ein kugelartiger Icosaeder (20-Flächner) mit einer Hülle aus zahlreichen Monomeren der drei Virusproteine VP 1, 2 und 3. Die ringförmige doppelsträngige DNA bildet mit Histonen Nukleosomen, wie eukaryotische DNA. Bei der Infektion heftet sich ein Virion an die Oberfläche einer Wirtszelle und wird erst in das Cytoplasma und dann in den Zellkern transportiert, wo das Virus-Minichromosom freigesetzt wird.

Der Infektionsablauf wird eingeleitet mit der Expression der sog. „frühen Gene" (Abb. 4.11.), welche zwei frühe Proteine codieren: das Groß-T-Antigen und das Klein-T(= t)-Antigen. Das Groß-T-Antigen hat wichtige regulatorische Funktionen für den Infektionsablauf: Es löst die Replikation der SV40-DNA aus, fördert die Synthese zellulärer DNA und RNA und initiiert die Transkription der „späten Gene"; es reguliert die eigene Expression.

Nach erfolgter Infektion und Expression der „frühen Proteine" kann SV40 – ähnlich wie der temperente Phage λ – zwei alternative Wege gehen: Die Integration der Virus-DNA in die Zellkern-DNA von nicht permissiven Wirten (z. B. Maus, Ratte, Hamster), (vergleichbar dem Prophagenzustand von λ), oder eine lytische Reaktion in den Wirtszellen permissiver Wirte (z. B. Affen: Afrikanische Grüne Meerkatze).

(a) Integration der Virus-DNA in die Kern-DNA des Wirtes

Die Virus-DNA wird durch Rekombinations-ähnliche Prozesse in die nukleäre Chromosomen-DNA des Wirtes eingebaut. In diesem integrierten Zustand werden von SV40 nur die „frühen Proteine" gebildet. Die Integration von Virus-DNA verändert die Wirtszelle; sie kann zu einer Zelle „transformiert" werden, die Tumore bilden kann. In diesen Tumoren findet man Antikörper gegen die frühen SV40-Proteine (daher Tumor- oder T- bzw. t-Antigene).

(b) Lytische Reaktion in den Wirtszellen

In Affenzellen läuft der lytische Zyklus ab. Zunächst werden die „frühen Proteine" gebildet. Dann wird die Virus-DNA intensiv repliziert, und die Virus-Hüllproteine, die sog. „späten Proteine", werden in großen Mengen synthetisiert. Schließlich werden neue Viruspartikeln gebildet. Die Zellen, welche die neuen Viruspartikeln bilden, sterben schließlich ab.

Die Genexpression nach Infektion der Wirtszelle mit SV40 weist eine Reihe komplizierter molekularer Erscheinungen auf, vor allem differentielles Spleißen und Gen-Überlappung.

Das SV40-Genom besteht aus einer „frühen Region", die die „früh" exprimierten Gene enthält (Abb. 4.11. links), einer „späten Region" (rechts) und einer „regulatorischen Region" (Mitte oben). In der „regulatorischen Region" liegen der Startpunkt der DNA-Replikation (O_R) sowie die Start-punkte der Transkription für die „frühe" und „späte" Region. Replikation und Transkription erfolgen mit Hilfe zellulärer (nicht Virus-codierter) DNA-Polymerase und RNA-Polymerase. Von O_R aus wird die SV40-DNA bidirektional repliziert. Nach der Transkription der „frühen" Region vollziehen sich an der „frühen" prä-mRNA Vorgänge des „differentiellen" (bzw. alternativen) Spleißens; es entsteht eine mRNA für das Groß-T-Antigen und eine mRNA für das Klein–T(= t)-Antigen (Abb. 4.11.: Gespleißte Abschnitte in Zickzack-Form gezeichnet).

Die „späte" Region wird während der lytischen Reaktion exprimiert. Nach der Transkription der „späten" prä-mRNAs entstehen durch komplizierte Vorgänge des differentiellen Spleißens die überlappenden mRNAs für die drei Hüllproteine VP1, VP2, VP3 und das Agnoprotein LP1. VP2 und VP3 werden im gleichen Leseraster in Polypeptide übersetzt, aber von unterschiedlichen Startpunkten aus. Demgegenüber erfolgt die Synthese des großen Hüllproteins VP1 in einem anderen Leseraster.

4.4.3.3. Pflanzliche DNA-Viren

Die meisten Pflanzenviren enthalten als genetisches Material RNA (vgl. 4.1.2.). Daneben gibt es aber kleinere Gruppen von Pflanzenviren mit DNA als genetischem Material; dies sind vor allem die Caulimoviren mit Doppelstrang-DNA und die Geminiviren mit Einzelstrang-DNA.

Das „Cauliflower mosaic virus" (= CaMV, Blumenkohl-Mosaik-Virus) enthält eine ringförmige doppelsträngige DNA aus ca. 8.000 bp; von drei Serotypen ist die DNA-Sequenz vollständig bestimmt worden. Bisher wurden 8 Gene des Virus charakterisiert. Die Replikation des CaMV verläuft über eine lange RNA, die durch Umkehr-Transkriptase wieder in DNA umgeschrieben wird. Das CaMV wird intensiv in gentechnologische Untersuchungen einbezogen; einerseits wird seine Nutzung als Vektor erprobt, andererseits finden bestimmte CaMV-Promotorregionen weite Verwendung.

Zu den Geminiviren gehören u. a. das „Abutilon Mosaic Virus" (AbMV), das „Tomato Golden Mosaic Virus" (TGMV) und das „Cassava Latent Virus" (CLV). Die sehr kleinen Virus-Partikeln enthalten zwei gleichgroße, jedoch in ihrer Sequenz unterschiedliche ringförmige DNA-Einzelstränge (CLV: 2779 und 2724 Nukleotide). Aufgrund ihres sehr großen Wirtsbereiches finden sie bezüglich ihrer Eignung als gentechnologische Vektoren großes Interesse.

4.5. Überlappung und Ineinanderschachtelung von Genen bei Phagen und Viren

Die Sequenzaufklärung des gesamten Chromosoms der RNA-Einzelstrang-Phagen MS2 und Qβ, des DNA-Einzelstrang-Phagen ϕX174 und des Doppelstrang-Virus SV40 hat es erlaubt, die verschiedenen Möglichkeiten und die molekulare Basis der Überlappung und Ineinanderschachtelung von Genen aufzuklären. Hierbei handelt es sich um Prozesse der Genexpression, auf die in den Kapiteln 14–17 genauer eingegangen wird. Dennoch sollen hier die bei Phagen und Viren gefundenen Mechanismen kurz genannt werden:

Translation einer bestimmten mRNA mit gegeneinander verschobenen Leserastern

MS2: Die RNA der Gene für das Hüllprotein (C) und die Replikase (R) werden im gleichen Leseraster in Proteine übersetzt; demgegenüber ist der Leseraster für das Lyseprotein L um +1 Nukleotid verschoben.

ϕX174: Innerhalb der Sequenz für das Gen A (vgl. Abb. 4.7.) bzw. seiner mRNA liegt ein inneres Startcodon, von dem aus in einem um –1 gegenüber dem A-Protein verschobenen Leseraster das Protein B synthetisiert wird. – In vergleichbarer Art weist das Gen E innerhalb des Gens D einen um –1 verschobenen Leseraster auf.

In der Grenzregion der Gene D, E und J werden sogar alle drei möglichen Translationsraster genutzt und drei unterschiedliche Aminosäuresequenzen synthetisiert (Abb. 4.12.).

SV40: Die mRNAs für die beiden Virushüllproteine VP2 und VP3 werden im gleichen Leseraster translatiert. Demgegenüber verläuft die Synthese für das Hüllprotein VP1 in einem um –1 Nukleotid verschobenen Leseraster; dies führt zu einer völlig anderen Aminosäuresequenz (Abb. 4.11.).

Translation bei gleichem Leseraster, aber unterschiedlichen Startpunkten oder Terminationsorten der Polypeptidsynthese

Qβ: Die Synthese des Hüllproteins C und des A1-Proteins beginnt an demselben Startcodon. Für C wird die Synthese nach 133 Aminosäuren durch ein Stopp-Codon beendet. In

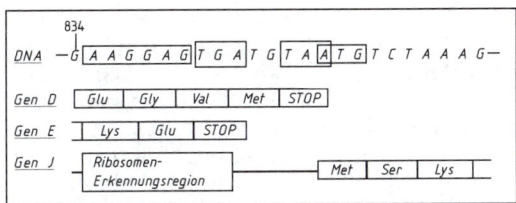

Abb. 4.12. DNA-Sequenz aus der Überlappungsregion der Gene D, E und J von ΦX174: Alle drei möglichen Translationsraster werden in diesem Bereich tatsächlich genutzt. Eingezeichnet ist die Base 834 nach der Nummerierung von Sanger et al. Nach Sanger et al. 1977 aus v. Sengbusch 1979.

einem von 35 Fällen wird dieses aber überlesen; dadurch entsteht das deutlich längere Protein A_1 mit 300 Aminosäuren.

ΦX174: Das Gen A* liegt innerhalb des Gens A. Die mRNA beider Gene wird im gleichen Leseraster translatiert; aber der Startpunkt für A* liegt weit hinter dem für A (Abb. 4.7.). Die Translation endet aber an derselben Stelle wie für A.

SV40: Die Synthese der Hüllproteine VP2 und VP3 beginnt an verschiedenen Startpunkten (Abb. 4.11.), läuft aber im gleichen Leseraster und endet am selben Terminationscodon.

Die Synthese des Groß-T-Antigens und des Klein-T-Antigens beginnt am gleichen Startpunkt. Durch alternatives Spleißen entsteht für das Klein-T-Antigen bald ein Stoppcodon, das dessen Synthese abschließt. Hingegen läuft die Synthese des Groß-T-Antigens weiter (Abb. 4.11.).

Translation von überlappenden Genen

MS2: Das Lyseprotein-Gen L überlappt die Gene für das Hüllprotein C und für die Replikase R. Der Leserraster für L ist um +1 gegenüber C verschoben (Abb. 4.1.).

ΦX174: Das Gen K überlappt die Gene A (sowie A*) und C. Es wird in einem anderen Leserraster translatiert als A und als C (Abb. 4.7.).

4.6. Doppelsträngige DNA als Träger der genetischen Information bei Bakterien

In der Eubakterienzelle liegt das **Bakterienchromosom** als Nukleoid (in meist mehreren Kopien) vor. Ein Bakterienchromosom ist ein Ring aus doppelsträngiger DNA, der an einer Stelle membranassoziiert ist. Das ringförmige Molekül ist 1.250 (–1.400) µm lang (0,0044 Picogramm, pg). Es ist jedoch im Nukleoid sehr dicht gepackt und hat (zeitweise) eine rosettenartige Struktur (Abb. 4.13.). Diese kompakte Struktur wird durch DNA-Linker stabilisiert und durch intensive Spiralisierung (Supercoiling) der DNA erreicht. An die Bakterien-DNA werden histonähnliche Proteine (HU, H und HLP 1) gebunden. Die dichte Packung der DNA im Nukleoid wird auch stabilisiert durch das Zusammenwirken der DNA-Gyrase (Einführung superhelicaler Windungen) und der DNA-Topoisomerase Typ I (Entspannung superhelical gespannter DNA).

Die Replikation des Bakterienchromosoms erfolgt semikonservativ nach dem Y-Modell. Sie beginnt an einem definierten Startpunkt („replication origin", bei *E. coli* neben den Genen für Isoleucin und Valin; *ilv*;

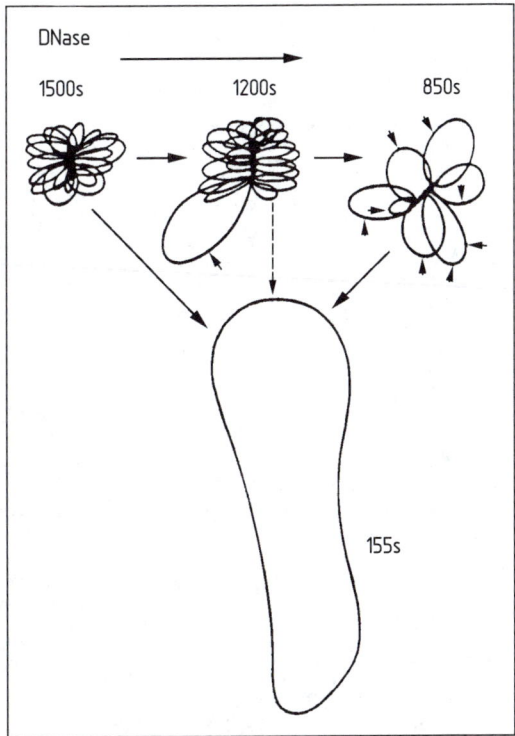

Abb. 4.13. Schema des intrazellulär dicht gepackten Bakterien-Chromosoms von *E. coli*. Endonuklease-Behandlung führt zur Entwindung einzelner superhelikaler Schleifen. Die Zahlen geben die Sedimentationskoeffizienten der einzelnen Strukturen an. Nach Worcel und Burgi 1972.

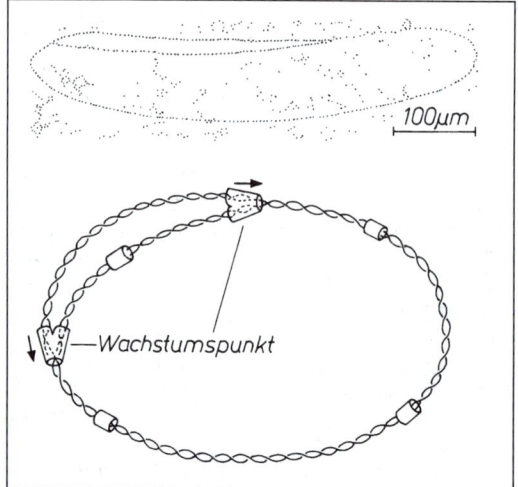

Abb. 4.14. Schema der Replikation des Bakterienchromosoms von *E. coli.* Die ringförmige DNA-Doppelhelix wird bidirektional semikonservativ repliziert. Außer dem Replikationsenzymkomplex an den beiden Wachstumspunkten sind noch – an anderen Stellen der DNA liegend – Reparaturenzyme dargestellt. Nach Cairns aus Hagemann et al. 1978.

Abb. 4.14.) und verläuft bidirektional, d. h. vom Startpunkt aus in beide Richtungen bis zum Abschluss der Replikation. Das Bakterienchromosom ist ein Replikon, eine Replikationseinheit. Die semikonservative Replikation wurde elektronenmikroskopisch (Abb. 4.14.) sowie molekularbiologisch (Abb. 4.15.) nachgewiesen. Die molekularen und enzymatischen Vorgänge im Bereich des Replikations-Y sind in Abschnitt 3.4. geschildert.

In den Zellen von Bakterien kommen außer dem Bakterienchromosom noch kleinere, ebenfalls ringförmige und doppelsträngige DNA-Moleküle vor, die **Plasmide**. Sie wurden bei vielen gramnegativen Bakterien gefunden (*Escherichia, Proteus, Salmonella, Shigella, Klebsiella, Pseudomonas* u. a.), seltener auch bei grampositiven Formen (*Staphylococcus, Streptococcus*). Ihre Größe schwankt zwischen 1 und 70 μm. Zu den Plasmiden gehören die Sex-, Resistenzübertragungs-, Colicinogen-Plasmide u. a. Sie sind ebenfalls membranassoziiert und werden semikonservativ repliziert.

Im Zusammenhang mit der Teilung der Bakterienzelle kommt es im Bereich der Mem-

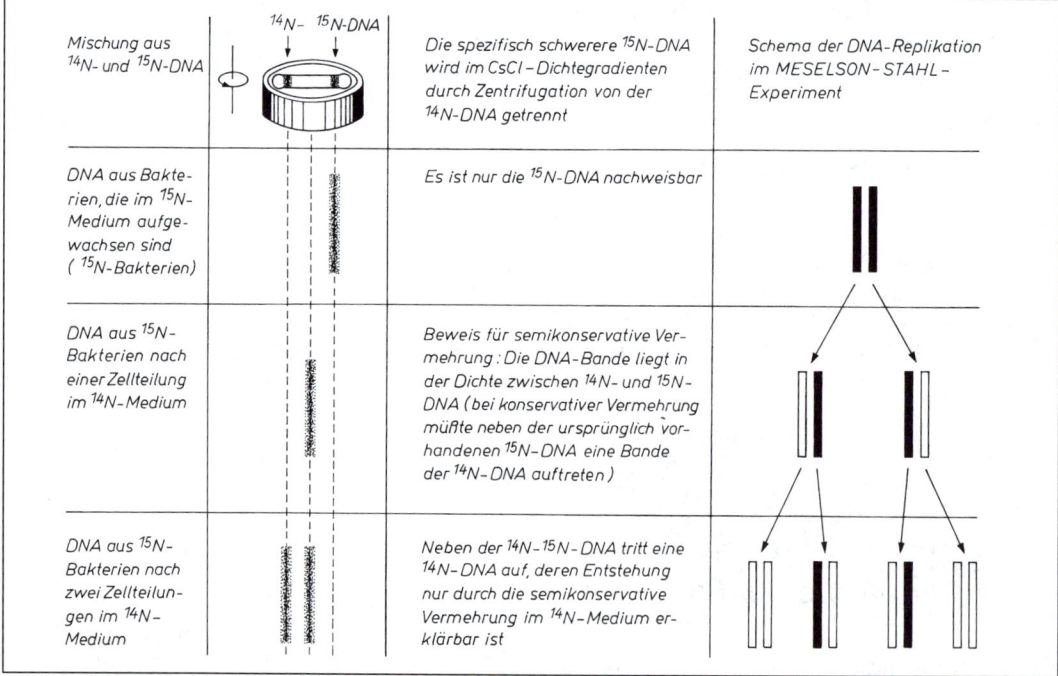

Abb. 4.15. Versuch von Meselson und Stahl zum Nachweis der semikonservativen Replikation der DNA des Bakterienchromosoms von *E. coli.* Nach Hagemann et al. 1978.

Tab. 4.2. Die bisher vollständig sequenzierten Prokaryoten-Genome

Prokaryoten-Gruppe	Genom-Größe bp	Protein-ORFs	Publik.-Jahr
Eubakterien			
Haemophilus influenzae	1.830.137	1 743	1995
Mycoplasma genitalium	580.070	470	1995
Mycoplasma pneumonia	816.394	677	1996
Helicobacter pylori	1.667.867	1 590	1997
Bacillus subtilis	4.214.807	4 100	1997
Escherichia coli K12	4.639.221	4 288	1997
Borrelia burgdorferi B31	910.725	853	1997
Aquifex aeolicus	1.551.335	1 512	1998
Mycobacterium tuberculosis	4.411.529	4 000	1998
Cyanobakterium			
Synechocystis sp. PCC6803	3.573.470	3 168	1996
Archaea			
Methanococcus jannaschii	1.664.976	1 738	1996
Archaeoglobus fulgidus	2.178.4002436	1 997	

Neueste Total- und Teil-Sequenzen: www.tigr.org

brananheftung der (geteilten) Bakterienchromosomen zu einem **lokalen Wandwachstum**, durch das die Tochterchromosomen und Tochterzellen verteilt werden (Segregation).

Der Aufbau der Kernäquivalente bzw. der Chromosomen der Cyanobakterien sowie ihre Replikation scheint im Prinzip den Verhältnissen bei den Eubakterien zu entsprechen.

Über die entsprechenden Strukturen der Archaea und ihre Replikation ist bisher wenig Allgemeines bekannt.

Die Kenntnisse über Struktur und Gengehalt der Prokaryoten-DNA sind im Verlaufe der vergangenen Jahrzehnte kontinuierlich gestiegen. Mit dem Jahre 1995 ist aber eine neue Etappe der Erforschung prokaryotischer Gene eröffnet worden. Das Institute for Genomic Research, Rockville, USA (Direktor J. C. Venter) veröffentlichte die vollständige DNA-Sequenz des Bakteriums *Haemophilus influenza*. Seitdem erschienen in kurzen Abständen Berichte über die Totalsequenzierung weiterer Eubakterien, eines Cyanobakteriums sowie von Archaebakterien (Tab. 4.2.). Damit zeichnet sich nunmehr die vollständige Aufklärung des gesamten Informationsgehalts (der Codierungskapazität) von Prokaryoten-DNA zahlreicher Spezies ab. Bis zum Ziel ist es noch ein arbeitsreicher Weg, denn selbst für *E.* coli wurde ermittelt, dass von den 4.288 proteincodierenden Sequenzen 38% ohne eine bisher erfasste Funktion sind.

4.7. DNA der Eukaryotenchromosomen

Die Chromosomen im Zellkern der Eukaryoten sind komplexe Gebilde aus doppelsträngiger DNA, aus RNA, basischen und sauren Proteinen. Die DNA ist der Träger der genetischen Information. Aus Analysen an Hefe und *Drosophila* ist zu schließen, dass eine Chromatide offenbar von einer **einzigen** DNA-Doppelhelix durchzogen wird, welche der Elementarfibrille der Chromatide zugrunde liegt (vgl. 2.2.2.).

DNA-Menge: Die Eukaryoten enthalten in ihrem Zellkern im allgemeinen sehr viel mehr DNA als die Bakterien. Dabei ist z. B. bei den Tieren eine *deutliche Korrelation festzustellen zwischen der taxonomischen Stellung und organisatorischen Komplexität einer Organismengruppe und dem Mindest-DNA-Gehalt des haploiden Genoms*; die höchsten DNA-Gehalte werden bei Wirbeltieren gefunden (Tab. 4.3.).

Heterogenität: Ein ganz wesentliches Kennzeichen der Kern-DNA ist ihre **Komplexität und Heterogenität**. Aus Studien über die Reassoziation von denaturierter DNA und zu kurzen Fragmenten gescherter DNA ergibt sich, dass die Kern-DNA verschiedene Typen von Sequenzen enthält.

Man unterscheidet zwischen unikalen, mittelrepetitiven und hoch-repetitiven Sequenzen.

Tab. 4.3. Genomgröße (2n) und Prozentanteil repetitiver DNA-Sequenzen in der Kern-DNA verschiedener Eukaryoten

	2C-Kern-DNA (pg)	Anteil repetitiver Sequenzen (%)
(*Escherichia coli*	(C) 0,004	0,3)
Saccharomyces cerevisiae	0,048	11
Dictyostelium discoideum	0,11	–
Arabidopsis thaliana	0,28	15
Nicotiana tabacum	1,6	53
Capsella bursa-pastoris	1,7	46
Beta vulgaris	2,7	63
Tropaeolum majus	7,3	70
Zea mays	14,0	78
Hordeum vulgare	13,4	76
Secale cereale	18,9	92
Vicia faba	29,3	85
Allium cepa	33,5	95
Triticum aestivum	36,2	83
Hyacinthus orientalis	98,1	75
Fritillaria assyriasa	254,0	–
Caenorhabditis elegans	0,17	17
Drosophila melanogaster	0,36	26
Strongylocentrotus purpuratus	1,8	25
Gallus domesticus	2,4	–
Mus musculus	5,6	40
Xenopus laevis	6,4	35
Bos taurus	6,4	45
Homo sapiens	7,3	35
Ambystoma tigrinum	42,0	80
Pletodon dunni	77,6	80
Necturus maculosus	104,0	77
Protopterus aegypticus	284,0	–

1 pg (Picogramm) = 10^{-12} g = $0,965 \cdot 10^9$ bp = $6,1 \cdot 10^{11}$ Da (Dalton)

Die Analyse der Komplexität und Heterogenität der Eukaryoten-DNA basiert auf der Bestimmung des sog. *Cot-Wertes* (eigentlich C_0t). Doppelsträngige DNA wird durch Erhitzen auf über 90 °C (oder durch Alkali-Behandlung) denaturiert, d. h. in DNA-Einzelstränge zerlegt; dabei sind diese Stränge durch Scherkräfte in Stücke von etwa 500–600 Nukleotide fragmentiert worden.
Nach Senkung der Temperatur auf ca. 65 °C kommt es (bei einer 0,15–0,2 molaren Natriumkonzentration) zu einer Reassoziation der Einzelstränge zu Doppelsträngen. Die Abbildung 4.16. zeigt den Verlauf dieser Reassoziation für verschiedene DNAs. Zu Versuchsbeginn liegt nur Einzelstrang-DNA vor (C_0); durch Reassoziation nimmt mit der Zeit der Anteil von Doppelstrang-DNA zu und damit der Anteil von Einzelstrang-DNA (C) ab. Das Verhältnis von C/C_0 ist in Abbildung 4.16. als

Funktion C_0t aufgetragen; (C_0t = Mol $\cdot$ $l^{-1}s^{-1}$; s = Sekunden, l = Liter).
Charakteristisch für unterschiedliche DNA-Proben ist der Wert C_0t 1/2, der Zeitpunkt, zu dem die Hälfte der vorhandenen DNA reassoziiert (renaturiert) ist.
Je einfacher zusammengesetzt die Nukleinsäure ist (z. B. Poly U + A), desto schneller erfolgt die Reassoziation; je unterschiedlicher und komplexer zusammengesetzt die DNA ist (z. B. unikale Kalbs-DNA), desto länger dauert die Reassoziation, desto größer ist der C_0t-Wert (C_0t 1/2) (Abb. 4.16.).
Aufgrund dieser Beziehungen lassen sich sehr klare Aussagen über die Heterogenität und Komplexität einer bestimmten zu analysierenden DNA machen.
So führt die Analyse des Reassoziationsverhaltens menschlicher Kern-DNA (Abb. 4.17.) zu folgenden Aussagen: Ein kleinerer Teil der

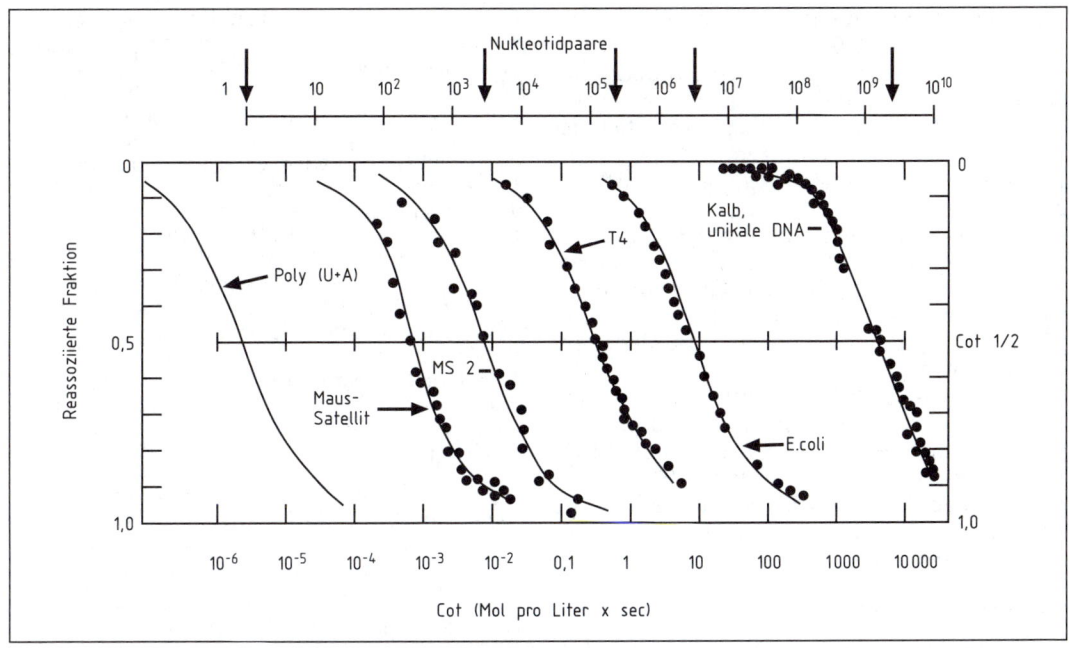

Abb. 4.16. Beziehung zwischen dem Cot-Wert (Cot/2) und der Komplexität (Anzahl der Nukleotidpaare pro DNA-Sequenz) bei verschiedenen DNA-Arten. Nach Britten und Kohne 1968 aus Panitz 1978.

DNA (9,0% +22%) reassoziiert außerordentlich schnell; hierbei handelt es sich um hochrepetitive DNA (vgl. Maus-Satelliten-DNA in Abb. 4.16.). Ein anderer Teil (Abb. 4.17.) reassoziiert langsamer; dies ist mittelrepetitive DNA (12,5%).

Ein beträchtlicher Teil der menschlichen DNA (ca. 50%) zeigt einen sehr hohen C_0t-Wert (vgl. unikale Kalbs-DNA in Abb. 4.16.); hierbei handelt es sich zum größten Teil um unikale DNA.

Betrachten wir diese drei heterogenen DNA-Typen genauer:

(1) Ein Teil der DNA besteht aus **unikalen Sequenzen**, d. h. Sequenzen, die in einem haploiden Genom nur einmal (oder wenige Male) vorkommen: diese unikalen Sequenzen enthalten einen Großteil der Gene, die Polypeptide codieren, sowie die Gene für tRNAs und unikale extragenische Sequenzen (vgl. Kap. 18).

Bei Arten mit wenig DNA pro Zelle (Tab. 4.3.) ist der Anteil unikaler Sequenzen sehr hoch (*Saccharomyces, Arabidopsis, Caenorhabditis*); bei Arten mit sehr viel DNA pro Zellkern ist der unikale Anteil erstaunlich niedrig (Getreide; viele Amphibien).

(2) Die **mittel-repetitiven Sequenzen** kommen in einer Anzahl bis zu etwa 1.000 Kopien pro haploidem Genom vor.

Zu dieser Gruppe gehören die *tandem repetierten* Gene für die ribosomale RNA. Bei *Xenopus laevis* liegen die Gene für 18S-, 28S- und 5,8S-rRNA 500mal in Tandem-Anordnung vor. Auch die ribosomalen 5S-Gene sind tandem-repetiert. Die Histongene (für H1, H2A, H2B, H3, H4) weisen ebenfalls

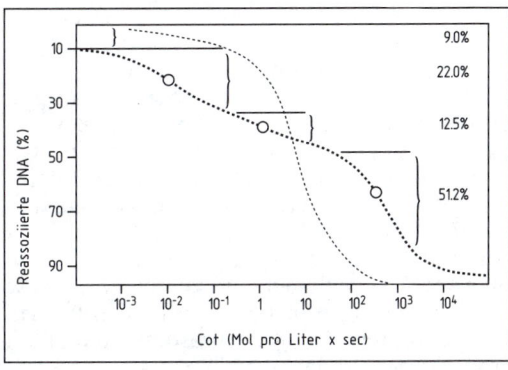

Abb. 4.17. Renaturierungskinetik von bakterieller (- - - -) und menschlicher (··o··o··) DNA. Die sigmoide Kurve für die Bakterien-DNA ist charakteristisch für weitgehend unikale DNA (vgl. Abb. 4.16.). Die Kurve für die menschliche DNA (Fragmentlänge ca. 600 Basen) kann in die 4 angegebenen DNA-Klassen unterteilt werden: hoch-repetitive DNA mit Palindrom-Struktur (9%), hoch-repetitive DNA (22%), mittel-repetitive DNA (12,5%), 51,2% der DNA ist zu einem hohen Anteil unikal. Nach Vogel und Motulsky 1986, verändert.

eine Repetitivität auf (beim Seeigel *Psamm-echinus miliaris*: 400mal im Tandem).
Mittel-repetitiv (ca. 300mal) vorhanden sind beim Menschen und bei anderen Säugern (z. B. der Maus) auch die Sequenzen für die V-Gensegmente der schweren und der leichten Ketten der Immunglobine sowie der T-Zell-Rezeptoren.
Neben diesen tandem-repetitiven Genen gibt es *dispers-repetitive* Gene, etwa tRNA-Gene sowie die Actin- und Tubulin-Gene, die über das Genom verstreut vorkommen (bei *Drosophila* für Actin: 6 Gene auf verschiedenen Chromosomen).
(3) Die **hoch-repetitiven Sequenzen** machen bei vielen Eukaryoten einen beträchtlichen Genomanteil aus (Tab. 4.3.). Hochrepetitive Sequenzen liegen in mindestens 10^4 Kopien pro Zelle vor. Für sie gibt es keine Hinweise auf eine Codierungsfunktion. Diese Sequenzen enthalten sehr kurze, oft wiederholte Nukleotidfolgen (aus 5, 6, 7, 10 oder 12 Nukleotidpaaren):

– AATAT *Drosophila melanogaster*, Repetitionsgrad $1 \cdot 10^6$, 6% im Genom;
– AATAA und CATAG *Drosophila melanogaster*, Repetitionsgrad $3 \cdot 10^5$, 4% im Genom;
– ATAAACT *Drosophila virilis*, Repetitionsgrad $1 \cdot 10^7$, 8% im Genom.

Diese sehr kurzen Nukleotidfolgen sind – oft wiederholt – in längere hochrepitive Sequenzen eingefügt. Ein Teil der hochrepitiven Sequenzen hebt sich durch seine spezifische Basenzusammensetzung und seine hohe Sequenzübereinstimmung so von der übrigen DNA ab, dass sie im Cäsiumchlorid-Dichtegradienten als distinkte Nebenbande, als **Satelliten-DNA**, fassbar wird (vgl. Tab. 18.3.).
Im Genom des Menschen befinden sich die hoch-repetitiven Alu-Elemente, die ein nicht-exaktes Dimer einer 130-bp-Sequenz darstellen. Die Alu-Familie macht 3–6% der DNA aus und kommt in 300.000 bis 500.000 Kopien vor. Die Alu-Elemente weisen eine große Ähnlichkeit mit transponiblen Elementen auf und scheinen bei Chromosomenumbauten eine wichtige Rolle zu spielen.

Spezifische Kombination unikaler und repetitiver Sequenzen

Die Kern-DNA der Eukaryoten weist **spezifische Kombinationen** von **unikaler und repetitiver DNA** auf. In der DNA des Krallenfrosches *Xenopus laevis* (mit 27% repetitiver DNA) liegt in 50% der

DNA-Bereiche eine Aufeinanderfolge von repetitiven Sequenzen (aus ca. 300 Nukleotiden) und unikalen Sequenzen (aus 700–1.000 Nukleotiden) vor (Abb. 4.18.): in weiteren 25% der DNA wurde eine Kombination von repetitiven Sequenzen (aus ca. 300 Nukleotiden) mit langen, mehr als 4.000 Nukleotide umfassenden unikalen Sequenzen gefunden. – Diese Verteilungsmuster wurden bei vielen Eukaryoten festgestellt.
Demgegenüber weist das Genom von *Drosophila melanogaster* in 25% der DNA-Bereiche lange (500–13000 Nukleotide umfassende) repetitive Sequenzen auf, denen sehr lange unikale Sequenzen (mit mehr als 13 000 Nukleotiden) folgen (weitere Details vgl. Abb. 4.18.).
Drosophila besitzt überdies mehrere Klassen hochrepetitiver Satelliten-DNA (s. o.). Insbesondere die Heterochromatinbereiche enthalten hoch-repetitive Satelliten-DNA.

DNA-Modifikation: Die Kern-DNA der Eukaryoten wird – ähnlich wie bei Prokaryoten – modifiziert; insbesondere werden Cytosin und Adenin methyliert zu 5-Methyl-Cytosin und N6-Methyl-Adenin. In eukaryotischer DNA können bis zu 6% der Basen methyliert sein. Weitere Modifizierungen der DNA sind Phosphorylierungen und Dephosphorylierungen am 3′- und 5′-Ende. Die Methylierung kann in Verbindung mit Regulationsprozessen stehen.
Die Replikation der Kern-DNA erfolgt bei den Eukaryoten in der S-(Synthese-) Phase der Interphase (vgl. 2.2.1.). Die DNA wird semikonservativ nach dem Y-Modell und bidirektional repliziert (vgl. Abb. 3.9.). Die DNA eines Chromosoms enthält eine Vielzahl von Replikationseinheiten (= Replikonen) mit je einem Replikationsstartpunkt, und die Re-

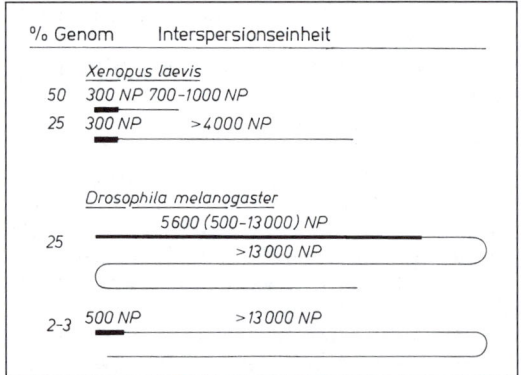

Abb. 4.18. Schema der Sequenzorganisation der Genome von *Xenopus laevis* (oben) und *Drosophila melanogaster* (unten). Dicke Linien: repetitive Sequenzen; dünne Linien: unikale Sequenzen; NP Nukleotidpaare. Nach Panitz 1979.

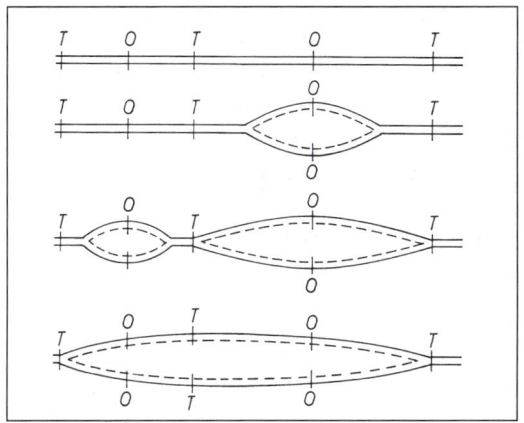

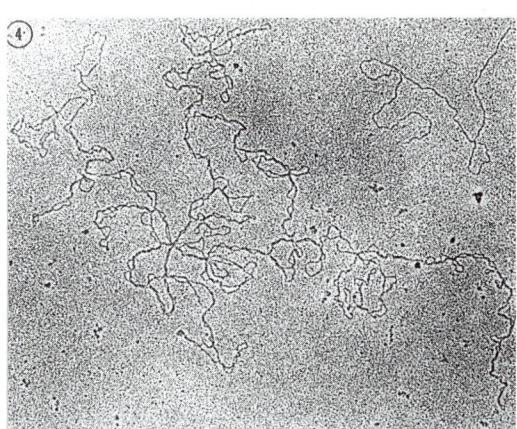

Abb. 4.19. Bidirektionale Replikation von eukaryotischer DNA. Die Abschnitte zwischen den Termini T stellen jeweils eine Replikationseinheit dar. Die Startpunkte liegen bei O. Die neusynthetisierten Stränge sind gestrichelt gezeichnet. Nach Träger 1975.

Abb. 4.20. Elektronenmikroskopische Aufnahme eines stark getwisteten ringförmigen Moleküls der Plastiden-DNA von *Spinacia oleracea*. Konturlänge 42 μm × ca 30.000. Nach Manning, Wolstenholme und Richards 1972.

plikation erfolgt oft mehr oder weniger gleichzeitig in vielen Replikationseinheiten (Abb. 4.19.). Andererseits gibt es zwischen DNA-Bereichen zeitliche Unterschiede im Replikationsablauf. Heterochromatische Chromosomenregionen replizieren in der Regel später als euchromatische.

In Sonderfällen zeigen bestimmte (Gruppen von) Replikationseinheiten eine spezifische Selbständigkeit; dies kann zu Unterreplikation oder zu Extrareplikation führen (vgl. Kap. 20).

4.8. Plastiden-DNA und Mitochondrien-DNA als Träger der extranukleären genetischen Information

4.8.1. Plastiden-DNA

Die Plastiden, die als Organellen Kontinuität haben, d. h. sich nur durch Teilung vermehren, enthalten eine spezifische DNA, die sich von der DNA anderer Zellbestandteile klar unterscheidet. Die Plastiden-DNA ist **doppelsträngig** und **ringförmig** sowie oft verdrillt, „getwistet" (Abb. 4.20.).

Bei den allermeisten Pflanzenarten hat sie einen G + C-Gehalt von ca. 37% und damit eine Dichte um $1,697 \text{ g} \cdot \text{cm}^{-3}$ (abweichend ist die Plastiden-DNA von *Euglena*: 25% G + C, Dichte $1,685 \text{ g} \cdot \text{cm}^{-3}$). Die ringförmige Plastiden-DNA vieler **Angiospermen**, Farne sowie von *Euglena* hat eine Größe um 135 bis 155 kbp (die von *Pelargonium zonale* als Ausnahme ist mit 217 kbp allerdings deutlich größer). Die Plastiden-Genome der bisher genau analysierten **Algen** sind oft größer als die der Landpflanzen: Rhodophyceae: *Porphyra purpurea* 191 kbp, Glaucocystophyceae: *Cyanophora paradoxa* 135,6 kbp, Bacillariophyceae: *Odontella sinensis* 119,7 kbp, Chlorophyceae: *Chlamydomonas reinhardtii* 204 kbp, *Chlamydomonas moewusii* 292 kbp. Vor allem besitzen sie deutlich mehr Gene; *Porphyra* hat mehr als doppelt soviele Plastiden-Gene wie die Landpflanzen (vgl. Kap. 11).

Je nach ihrer Dichte lassen sich Kern- und Plastiden-DNA durch Cäsiumchlorid-Dichtegradientenzentrifugation entweder voneinander trennen (*Antirrhinum*: Kern-DNA $1,689 \text{ g} \cdot \text{cm}^{-3}$; Plastiden-DNA $1,697 \text{ g} \cdot \text{cm}^{-3}$; *Euglena*: Kern-DNA $1,707 \text{ g} \cdot \text{cm}^{-3}$, Plastiden-DNA $1,685 \text{ g} \cdot \text{cm}^{-3}$) oder nicht (*Pelargonium*, *Vicia*: Kern- und Plastiden-DNA $1,696 \text{ g} \cdot \text{cm}^{-3}$).

Die Plastiden-DNA der allermeisten Arten enthält sehr wenig oder gar kein 5-Methyl-Cytosin und ist auf diese Weise von der Kern-DNA zu unterscheiden, die mehrere Prozent dieser Base (bis zu 6%) enthalten kann. Plastiden- und Kern-DNA unterscheiden sich spezifisch in ihrem Renaturierungsverhalten: Die nach Hitzebehandlung (bis 75 °C) in die beiden Einzelstränge zerlegte (denaturierte) doppelsträngige Plastiden-DNA bildet nach allmählicher Abkühlung schneller und vollständiger die Doppelstrang-Struktur wieder aus (Renaturierung) als die Kern-DNA.

Durch Anwendung von Restriktionsenzymen ist die physische Kartierung der Plastiden-DNA möglich (vgl. Abb. 11.5., Abb. 11.7.). Bei den meisten Angiospermen (*Spinacia, Nicotiana, Zea*) sowie bei *Marchantia polymorpha* und *Chlamydomonas reinhardtii* enthält die Plastiden-DNA ein „inverted repeat", in dem u. a. die rRNA-Gene liegen (ein doppelt vorhandener Bereich, aber im DNA-Ring gegeneinander verdreht).

Seit 1986 sind mehrere Plastiden-DNAs vollständig sequenziert worden (Tab. 11.4.). Dadurch wurden genaue Einsichten in die Struktur, genetische Organisation und Codierungskapazität der Plastiden-DNA gewonnen (vgl. Kap. 11).

Die Plastiden-DNA hat Membranbindung. Sie vollzieht eine **semikonservative Replikation**. Die Replikation beginnt an den beiden D-Loops und erfolgt bidirektional bis zur Entstehung von zwei Tochter-Doppelhelices. In ihrer Struktur haben die Plastiden-DNA und das plastidale Proteinsynthesesystem deutlich prokaryotische Charakteristika.

4.8.2. Mitochondrien-DNA

Die Mitochondrien, die sich nur durch Teilung von ihresgleichen vermehren, enthalten eine spezifische DNA; diese ist **doppelsträngig** und **ringförmig** oder **linear**.

Die Mitochondrien(mit)-DNA hat bei verschiedenen Organismengruppen sehr unterschiedliche Größen (vgl. 11.2.5.1.). Die Mitochondrien-DNA ist nativ oft verdrillt, „getwistet".

Mitochondrien-DNA hat einen für die Art bzw. Organismengruppe spezifischen G + C-Gehalt und damit eine charakteristische Dichte, die bei höheren Pflanzen oft $1,702\,\mathrm{g}\cdot\mathrm{cm}^{-3}$ beträgt. Sie unterscheidet sich von der Kern-DNA (in ganz ähnlicher Weise wie die Plastiden-DNA) in ihrem Renaturierungsverhalten, und zwar renaturiert sie schneller und vollständiger zur Doppelstrangstruktur als die Kern-DNA.

Die Mitochondrien-DNA hat Membranbindung. Sie vollzieht eine semikonservative Replikation; diese ist bei einigen Arten symmetrisch, bei anderen asymmetrisch (Abb. 4.21.). In ihrer Struktur und ihrem Genexpressionssystem weist die Mitochondrien-DNA teilweise prokaryotische Eigenschaften auf.

Durch Anwendung von Restriktionsenzymen und den Einsatz von petite-Mutationen (= Deletionen) ist eine physische und molekular-genetische Kartierung der Mitochondrien-DNA möglich. Im Jahre 1981 wurde die gesamte Nukleotidsequenz der Mitochondrien-DNA des Menschen als erstes extra-

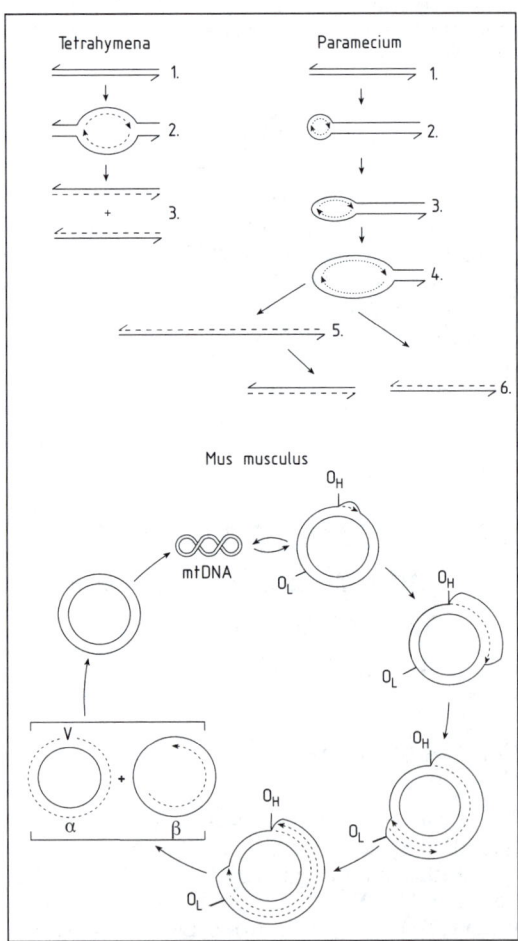

Abb. 4.21. Schema für die Replikation der Mitochondrien-DNA von *Tetrahymena* (linear; symmetrischer Start), *Paramecium* (linear; asymmetrischer Start) und Maus (zirkuläre DNA; asymmetrischer Start). Nach Hagemann 1995.

nukleäres Genom aufgeklärt; das menschliche Mitochondrien-Chromosom besteht aus 16.569 bp. Bis 1986 waren alle Mitochondrien-Gene decodiert. Damit ist die Mitochondrien-DNA des Menschen der erste genetische eukaryotische Informationsträger, der vollständig sequenziert und decodiert wurde.

Seitdem wurden die mitDNAs zahlreicher Tiere und Pflanzen total sequenziert (vgl. Tab. 11.10.).

Die extranukleäre Vererbung (Plastiden, Mitochondrien) wird zusammenhängend in Kapitel 11 dargestellt.

5. Reparatur von DNA-Schäden

5.1. Ausmaß und Art von DNA-Schädigungen

Basis der Vererbung ist die unveränderte Erhaltung der Erbinformation der Organismen über viele Generationen.

Die Struktur und damit die Funktionsfähigkeit der DNA werden durch physikalische, chemische und biologische Faktoren beständig bedroht. Die Entstehung von DNA-Schäden ist kein seltener Ausnahmezustand, sondern der Normalfall. *DNA-Schäden sind Strukturveränderungen an der DNA, die zu einer Störung ihrer Funktion (z. B. bei der Replikation und Informationsabgabe) oder zu einer Veränderung ihres Informationsgehaltes führen.* Abbildung 5.1. zeigt im Schema häufige Schadenstypen. Für sie gibt es intrazelluläre und extrazelluläre Ursachen. Zu den **umweltbedingten Ursachen** für DNA-Schäden gehören u. a. die natürliche Sonneneinstrahlung, die kosmische Strahlung sowie die radioaktive Strahlung von natürlichen Mineralien sowie zahlreiche Chemikalien.

Aber auch **intrazelluläre Faktoren** bewirken DNA-Schäden. Am häufigsten sind Verluste von Purinbasen durch spontane Hydrolyse der glykosidischen Bindung zwischen Base und Zucker. In gleicher Weise, aber seltener, werden Pyrimidinbasen verloren. Die kurzlebigen, extrem reaktiven Sauerstoffradikale reagieren bevorzugt mit Thymin und schädigen es. Einen beträchtlichen Umfang hat die Alkylierung von Guanin und – seltener – von Adenin (Abb. 5.1.B); so verursacht z. B. der zelluläre Metabolit S-Adenosylmethionin als Methylgruppen-Donator eine nicht enzymatische Alkylierung von Guanin (6-O-Methylguanin, 7-Methylguanin) und Adenin (3-Methyladenin), selten auch die von Thymin und Cytosin.

Spontan ereignen sich auch hydrolytische Desaminierungen von DNA-Basen (vgl. Abb. 6.5.).

Ein Einbau „**falscher**" **Basen** erfolgt unter natürlichen Bedingungen durch das Auftreten seltener tautomerer Basenformen in der Zelle. Unter experimentellen Bedingungen können bestimmte Basenanaloga, wie 2-Aminopurin oder 5-Bromuracil, in die DNA eingebaut werden (Abb. 5.1.A).

Dimerisierung benachbarter Pyrimidinbasen wird durch Einwirkung von UV-Strahlen verursacht. Dabei werden kovalente Bindungen zwischen den benachbarten Pyrimidinnukleotiden gebildet, wodurch ein Cyclobutanring entsteht (Abb. 5.1.C).

Cross-links sind Vernetzungen komplementärer DNA-Stränge. Sie werden u. a. durch Einwirkung bifunktionell alkylierender Agenzien hervorgerufen. Auch zwischen DNA und Proteinen entstehen Cross-links.

Einzelstrangbrüche werden vor allem durch Einwirkung ionisierender Strahlen (Röntgenstrahlen, β-Strahlen aus radioaktivem Phosphor), monofunktionelle Alkylierung oder als Folge von Basenverlusten hervorgerufen. Sie entstehen aber auch bei der Replikation von Dimeren enthaltender DNA.

Doppelstrangbrüche entstehen infolge der Einwirkung ionisierender Strahlung. Unmittelbar benachbarte Einzelstrangbrüche auf beiden komplementären Strängen wirken ebenfalls als Doppelstrangbrüche und sind häufig ein letales Ereignis für die lebende Zelle.

Diese DNA-Schadenstypen können

- durch Reparatursysteme beseitigt werden, wodurch der Ausgangszustand wiederhergestellt wird,
- durch fehlende oder fehlerhafte Reparatur sowie fehlerhafte Replikation zu Mutationen führen,
- bei fehlender Reparatur Inaktivierung und Zelltod bewirken.

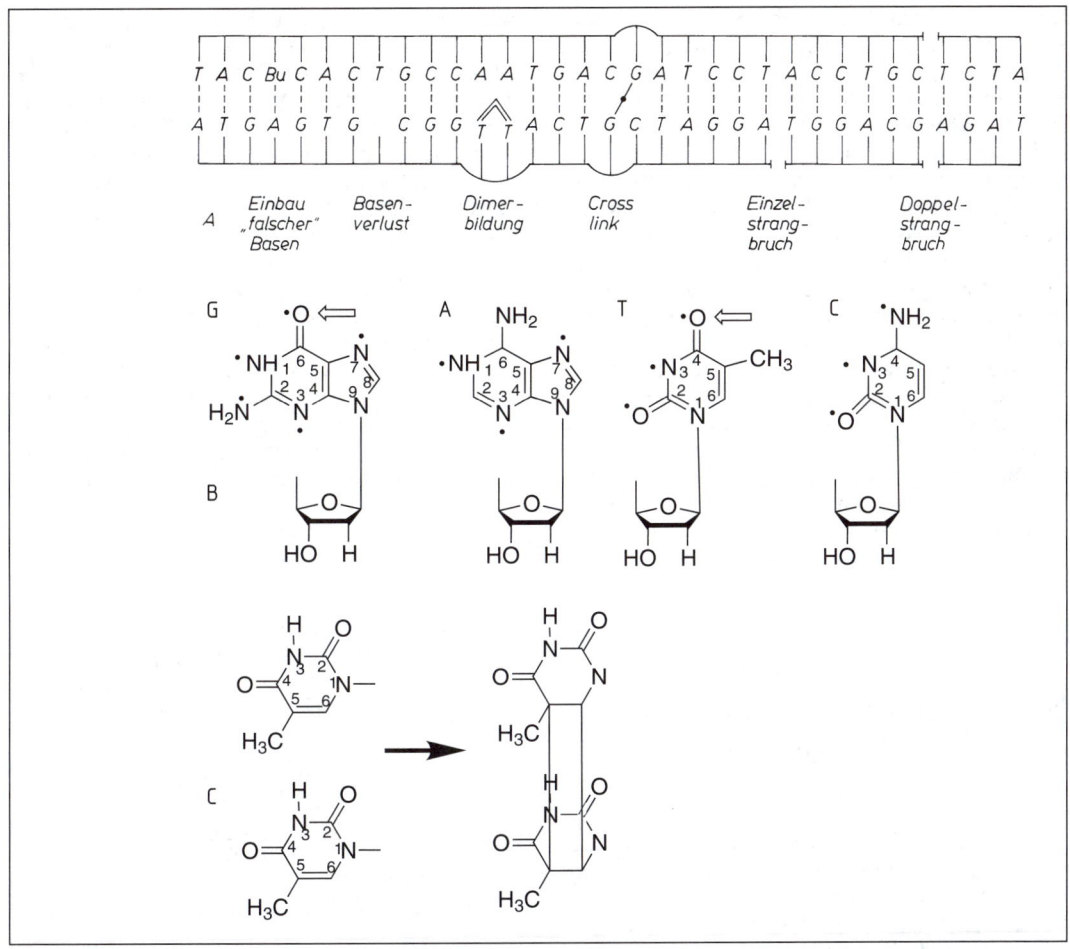

Abb. 5.1. *A* Die häufigsten Schadenstypen an der DNA. *B* Alkylierungsreaktionen an den vier DNA-Nukleotiden; besonders wichtig (Pfeil) ist das Entstehen von O^6-Methyl-Guanin und O^4-Methyl-Thymin. *C* Bildung eines Pyrimidin-(Thymin-)Dimeren. *A* nach Hagemann et al. 1978, *B* und *C* nach Knippers et al. 1990, verändert.

5.2. Schadensbeseitigung durch DNA-Reparatursysteme

Obwohl die DNA ständig beschädigt wird und bereits ein einzelner DNA-Schaden zum Zelltod oder zu einer nachteiligen Mutation führen kann, sind die ermittelten Mutationsraten außerordentlich niedrig. Diese Diskrepanz zwischen einer beständig hohen Rate an DNA-Schäden und der dennoch erstaunlich hohen Stabilität der genetischen Information erklärt sich durch die Existenz von enzymatischen DNA-Reparatursystemen. Diese erkennen und beseitigen DNA-Schäden, ehe sie zu nachteiligen Folgen für die Zelle oder das Individuum führen können. Alle Lebewesen, von Bakterien über eukaryotische Einzeller, Pflanzen, Tiere bis hin zum Menschen, verfügen über viele DNA-Reparaturenzyme. Ohne die Evolution komplexer Reparatursysteme wäre eine Höherentwicklung der Organismen und die damit verbundene beträchtliche Zunahme des Umfangs genetischer Programme nicht möglich gewesen.

Die Prozesse der DNA-Reparatur machen deutlich, dass es nötig ist, klar zwischen **genetischem Material** und **genetischer Information** zu unterscheiden. Wenn die Reparatur erfolgreich funktioniert, bleibt die genetische Information in der Generationenfolge unverändert, obwohl sich am genetischen Material (der DNA) Schäden ereignet haben.

Bei den meisten DNA-Reparatursystemen beruht die Möglichkeit, DNA-Schäden zu beseitigen und die ursprünglich vorhandene Nukleotidfolge wiederherzustellen, auf der Tatsache, dass in der DNA-Doppelhelix das genetische Programm zweifach niedergeschrieben ist. Ereignet sich ein Schaden in einem Strang, so ist die genetische Information im gegenüberliegenden Strang noch unbeschädigt vorhanden. Daher ist bei vielen DNA-Reparatursystemen die Strategie verwirklicht, die beschädigten Nukleotide zu entfernen und die gegenüberliegende unbeschädigte Nukleotidfolge als Vorlage zu benutzen, um gemäß den Regeln der komplementären Basenpaarung die fehlenden Nukleotide wieder einzufügen.

Im folgenden werden mehrere dieser Reparatursysteme genauer gekennzeichnet.

5.3. Enzymatische Reversion von DNA-Schäden

Der einfachste biologische Mechanismus der Reparatur von DNA-Schäden besteht in der direkten enzymatischen Entfernung eines Schadens, so dass der ursprüngliche Zustand wiederhergestellt wird, ohne dass ein Ausschneiden von Nukleotiden und eine anschließende Reparatursynthese notwendig ist. Der Vorteil dieser Strategie liegt in der Tatsache, dass lediglich ein spezifisches Enzym für eine Reversion von DNA-Schäden notwendig ist. Solche Mechanismen sind: (1) Die enzymatische Photoreaktivierung, (2) die Schadensreversion durch Methyltransferasen und (3) die Reparatur von Einzelstrangbrüchen durch direkte Ligierung.

5.3.1. Photoreaktivierung

Der UV-Anteil des Sonnenlichts verursacht eine Vielzahl von DNA-Schäden (maximale Wirkung bei einer Wellenlänge von 254 nm). Am häufigsten entstehen nach Einwirkung von ultraviolettem Licht Vernetzungen zwischen benachbarten Pyrimidinen: Bildung eines Cyclobutanrings (Abb. 5.1.C) oder 6-4-Verknüpfungen. Der Verbleib dieser **Pyrimidindimere** in der DNA verhindert die Replikation am Dimer. Die unmittelbare Reparatur bewirkt die Photoreaktivierung, die durch das photoreaktivierende Enzym, **Photolyase**, katalysiert wird (Abb. 5.2.). Dieses Enzym bindet bereits im Dunkeln spezifisch an UV-bestrahlte DNA und lagert sich an entstandene Pyrimidindimere an. Damit es aktiv werden und die entstandene Vernetzung wieder spalten kann, *ist die Einwirkung von langwelligem UV- oder sichtbarem Licht (320–410 nm) notwendig.* Das sichtbare Licht wird durch eine Flavin-Gruppe des Enzyms absorbiert und aktiviert das Reparaturenzym, so dass durch die Spaltung des Cyclobutanrin-

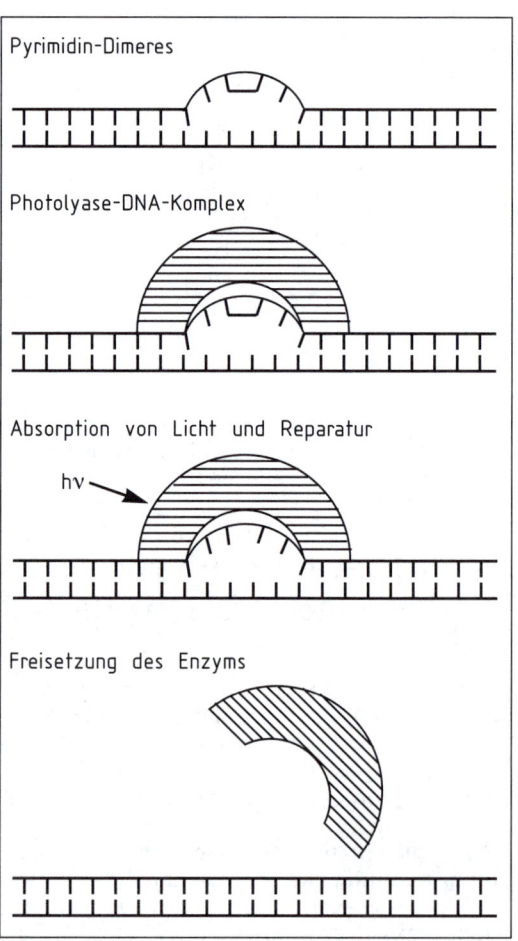

Pyrimidin-Dimeres

Photolyase-DNA-Komplex

Absorption von Licht und Reparatur

hν

Freisetzung des Enzyms

Abb. 5.2. Modell der Photoreaktivierung. Nach Smith 1978.

ges der ursprüngliche Zustand wiederhergestellt wird. Ein photoreaktivierendes Enzym
(Photolyase) ist bisher bei Bakterien, eukaryotischen Einzellern, Pflanzen, Insekten und
Wirbeltieren nachgewiesen worden.

5.3.2. Schadensreversion durch Methyltransferase

Alkylierende Agenzien haben die Fähigkeit, Alkylgruppen (vorwiegend Methyl- und Ethylreste) auf
die DNA zu übertragen (Abb. 5.1.B). Der mutagene
Effekt alkylierender Verbindungen ist hauptsächlich
bedingt durch die Bildung von 6-0-Methylguanin.
Um die Entstehung von Mutationen zu verhindern,
muß das induzierte 6-0-Methylguanin sehr schnell
aus der DNA entfernt werden. Diese Schadensbe-
seitigung erfolgt durch *das Enzym 6-0-Methylgua-
nin-DNA-Methyltransferase*. Es ist in der Lage, die
Methylgruppe von der 6-0-Position des Guanins auf
einen spezifischen Cysteinrest des Enzyms zu übertragen, wodurch es selbst inaktiviert wird. Für jeweils einen Methyltransfer wird stets ein neues Molekül Methyltransferase benötigt. Diese Art von
DNA-Reparatur wurde sowohl in Bakterien als
auch in Säugerzellen nachgewiesen.

5.3.3. Reparatur von Einzelstrang- brüchen

Für die Entstehung von Brüchen im Zucker-Phosphat-Rückgrat gibt es eine Vielzahl von Ursachen:
Einwirkung von Sauerstoffradikalen, ionisierende
Strahlen, UV-Strahlen u. a. Wenn es sich um einen
einfachen Einzelstrangbruch handelt (vgl.
Abb. 5.1.A), der dadurch charakterisiert ist, dass
sich 3'-OH-Gruppe und 5'-Phosphatgruppe gegen-
überstehen, so vermag das Enzym Ligase diesen
Bruch zu schließen (Abb. 5.3.).

5.4. Die Ausschneidereparatur (Excisionsreparatur)

Alle Systeme der Excisionsreparatur (= Aus-
schneidereparatur) in Pro- und Eukaryoten
sind durch eine Folge von vier enzymatischen
Schritten charakterisiert (Abb. 5.3.): (1) Das
Erkennen des DNA-Schadens und das Ein-

schneiden (die Incision) in einen DNA-
Strang, (2) das **Ausschneiden** schadhafter
DNA-Basen durch schadensspezifische Nu-
kleasen, (3) das **Auffüllen** der entstandenen
Lücke durch Reparaturpolymerasen und (4)
das **Schließen** der verbleibenden Lücke im
Zucker-Phosphat-Rückgrat durch Ligasen.
Während das Auffüllen und Schließen der
Lücken im Prinzip bei allen Excisions-Repa-
ratur-Systemen gleichartig abläuft, gibt es für
die Schadenserkennung und Beseitigung eine
Vielzahl unterschiedlicher schadensspezifi-
scher Reparatursysteme.
Wenn diejenigen Gene mutieren, welche die
einzelnen Reparaturenzyme codieren, so
führt dies zur Störung der Reparaturprozesse
und zur Erhöhung der Mutationsrate: diese
mutierten Gene wirken oft als „**Mutatoren**"
(Tab. 5.1.).

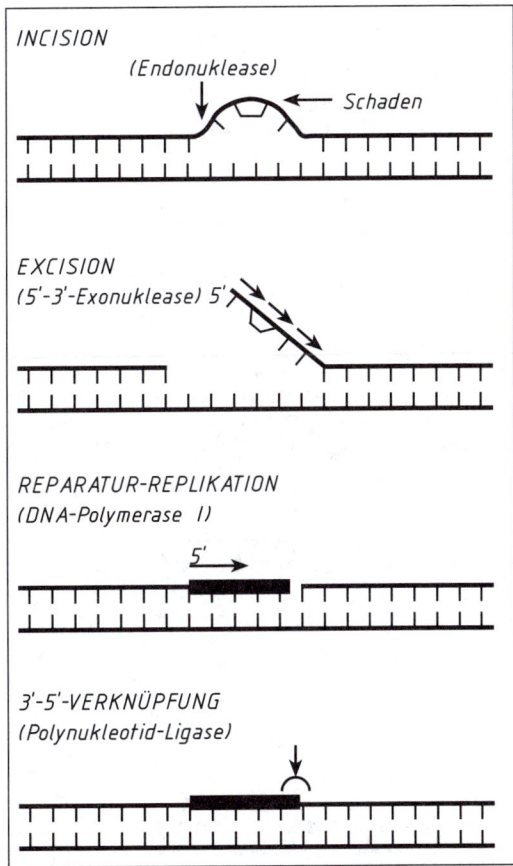

Abb. 5.3. Modell der Excisionsreparatur. Nach Smith 1978, verändert.

5.4.1. Nukleotid-Excisions-Reparatur

Intensiv erforscht ist die **Nukleotid-Excisions-Reparatur.** Bei ihr wird das Zucker-Phosphat-Rückgrat in unmittelbarer Nähe der Schadensstelle aufgeschnitten und ein Stück des DNA-Stranges mit den beschädigten Nukleotiden entfernt. Der bisher molekular am besten verstandene Mechanismus der Nukleotid-Excisions-Reparatur ist die Reparatur von Pyrimidindimeren (Abb. 5.4.), die durch UV-Strahlung induziert wurden. Bei *E. coli* macht eine schadensspezifische Endonuklease, die *ABC-Excinuklease* links und rechts vom Pyrimidindimer Einschnitte in die DNA. Der Einschnitt am 5′-Ende des Schadens ereignet sich 7–8 Nukleotide von der Schadstelle entfernt und der am 3′-Ende des Schadens 4–5 Nukleotide entfernt, so dass ein Segment von etwa 12–13 Nukleotiden Länge freigesetzt wird. Nachdem die Doppelhelix aufgewunden und der schadhafte Abschnitt entfernt worden ist, kann die DNA-Polymerase die fehlenden Nukleotide einfügen und die Ligase die verbleibende Lücke im Zucker-Phosphat-Rückgrat schließen. Dieser Prozess wird als „**short-patch**"-Reparatur bezeichnet.

Im Gegensatz hierzu entstehen bei der „**long-patch**"-Reparatur zunächst Lücken von etwa 1000 Nukleotiden. Für die darauf folgende Reparatursynthese ist die DNA-Polymerase III verantwortlich.

5.4.2. Basen-Excisions-Reparatur

Bei der Basen-Excisions-Reparatur wird anfangs eine einzelne Base als verändert erkannt und ausgeschnitten, wobei das Zucker-Phosphat-Gerüst der DNA zunächst unbeschädigt bleibt. Die dafür verantwortlichen Enzyme werden als *Glykosylasen* bezeichnet, weil sie die glykosidische Bindung zwischen Base und Zucker spalten. Für die einzelnen veränderten Basen gibt es jeweils spezifische Enzyme: Uracil-, Hypoxanthin-, 3-Methyladenin-Glykosylasen. Wenn sich in der DNA eine falsche Base befindet (z. B. Uracil statt Thymin), dann entfernt die Uracil-Glykosylase diese Base; so entsteht ein AP-Ort (= Apyrimidin- oder Apurin-Ort).

Dann erst schneidet eine *AP-Endonuklease* das Zucker-Phosphat-Gerüst des DNA-Stranges auf. Sie wirkt auch als Exonuklease und baut einen Abschnitt aus dem geschädigten DNA-Strang ab.

Anschließend füllt – wie in den Abbildungen 5.3. und 5.4. dargestellt – die DNA-Polymerase I die Lücke, und die Ligase verknüpft das Zucker-Phosphat-Rückgrat.

5.5. Mismatch-Reparatur

Bei der Replikation der DNA kann es zu Fehlpaarungen zwischen einander nicht komplementären Basen kommen (engl. mismatch = nicht zusammenpassend). Ursache hierfür ist das Auftreten seltener tautomerer Basenformen, welche veränderte Paarungseigenschaften haben, oder der Einbau „falscher" Basen in die DNA (vgl. 6.5.).

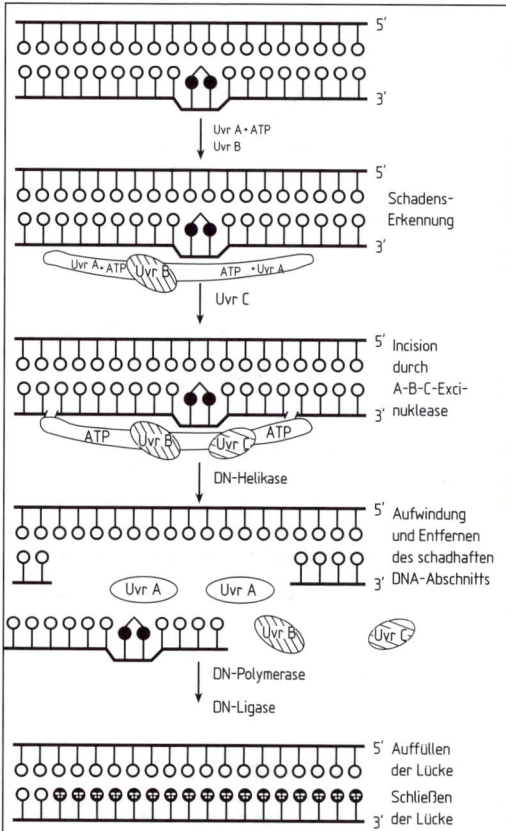

Abb. 5.4. Schema für die Nukleotid-Excisionsreparatur.

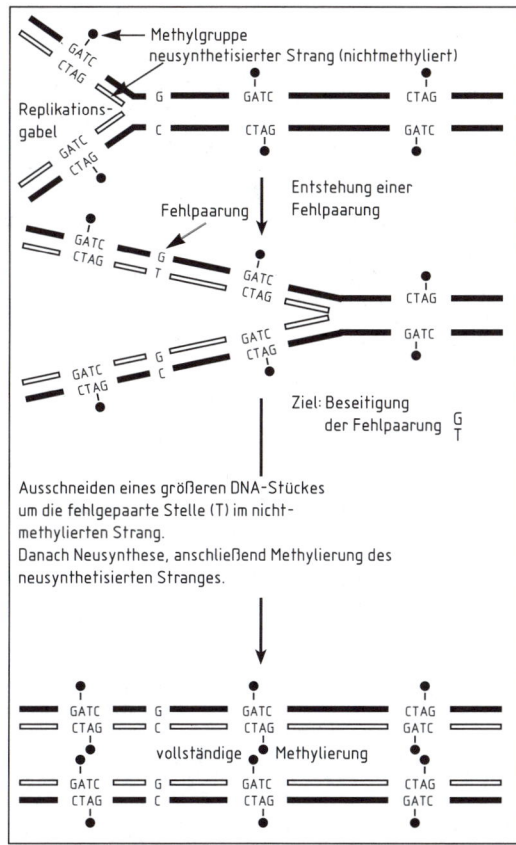

Abb. 5.5. Schema für die methylierungsabhängige Mismatch-Reparatur.

Diese Fehlpaare können unmittelbar nach der Replikation erkannt und beseitigt werden. Für die Bewahrung der korrekten genetischen Information ist es wichtig, dass das falsch eingebaute Nukleotid im Tochterstrang beseitigt und durch das korrekt paarende ersetzt wird.

Das methylierungsabhängige Mismatch-Reparatur-System leistet dies auf folgende Weise (Abb. 5.5.):

Im Genom von *E. coli* kommt die Sequenz $\frac{GATC}{CTAG}$ in gewissen Abständen regelmäßig vor. In beiden Strängen der Doppelhelix ist darin das Adenin methyliert (6-Methyl-Adenin). Jedoch in neu replizierter DNA ist der neu synthetisierte Strang noch nicht methyliert, weil die Methylierung (durch die spezifische *Methylase*) zeitlich verzögert erfolgt. Die replizierte Doppelhelix ist nur halbmethyliert (*hemimethyliert*). Dieser Zustand bildet die Grundlage für die Erkennung des falsch eingebauten Nukleotids. Bei einem „Mismatch"-Paar ist das Nukleotid in dem noch nicht methylierten Strang das falsche. Durch das Zusammenwirken von drei Proteinen (MutS, MutL, MutH) wird die Fehlstelle erkannt und an dem davorliegenden GATC eingeschnitten. Danach kommt es zu exonukleolytischem Abbau des Tochterstrang-Fragmentes, welches das fehlgepaarte Nukleotid enthält. Durch Reparatursynthese wird die entstandene Lücke, die mehrere hundert bis tausend Nukleotide umfassen kann, durch DNA-Polymerase III geschlossen und durch Ligasen verknüpft. Dieses methylierungsabhängige Mismatch-Reparatur-System arbeitet sehr genau und (fast) fehlerfrei. Es kommt bei allen Objekten vor – von den Bakterien bis zum Menschen.

Tab. 5.1. Mutatoren von *Escherichia coli*

Bezeichnung des Mutator-Gens	Wirkung des Mutators verursacht:	Effekte als Folge von Mutationen in den betroffenen Genen:
mut B	Basenpaar-Austausche und Rasterverschiebungen	Veränderte (gestörte) Proof-Reading-Funktion des Polymerase-III-Holoenzyms
mut H		Defekte in der Mismatch-Reparatur durch Veränderung von Reparatur-Proteinen
mut L		
mut S	Basenpaar-Austausche (hauptsächlich Transitionen) und Rasterverschiebungen	
dam		Störung in der Methylierung von Adenin
mut D		Störung der Helikase-II-Funktion
mut M	Transversionen GC → TA	Defekte 8-Oxo-Guanin-Glykosylase
mut Y	Transversionen GC → TA	Defekte Adenin-Glykosylase, die im Wildtyp das falsch gepaarte A aus 8-Oxo-G-A-Paaren ausschneidet
mut T	Transversionen GC → TA	Defekte Nukleosidtriphosphatase, die im Wildtyp 8-Oxo-Guanin abbaut

Die Benennung MutS, L, H weist darauf hin, dass eine Mutation in den Genen, die die Reparaturproteine codieren, diese zu Mutatoren macht (Tab. 5.1.).

Außer dieser methylierungsabhängigen Reparatur gibt es auch noch einen *methylierungsunabhängigen* Reparaturprozess, der Mismatch-Fehlpaare, wie sie z. B. als Folge von Rekombinationsvorgängen auftreten, erkennt und beseitigt. Dabei ist es aber nicht möglich, zwischen „richtigem" und „falschem" Nukleotid in den komplementären Strängen zu unterscheiden. Daher entstehen bei diesem Reparaturprozess oft „falsche" Nukleotidpaare – was sich in der Folge als Mutation äußert.

5.6. Rekombinationsreparatur

Die exakte Replikation der DNA erfordert, dass beide Einzelstränge keine Schäden tragen und dadurch die Matrizenfunktion der Stränge gewährleistet ist. Der überwiegende Teil spontaner und induzierter Schäden wird in der Regel bereits vor der nächstfolgenden Replikationsrunde repariert. So werden zum Beispiel Pyrimidindimere zu mindestens 80% durch Photoreaktivierung und die noch verbleibenden 20% zum größten Teil durch Excisionsreparatur beseitigt.

Noch verbleibende Dimere verzögern die DNA-Replikation. Unmittelbar vor dem DNA-Schaden kommt es zunächst zum Stopp der Replikation; erst nach Synthese eines neuen Primers erfolgt eine Neu-Initiation der Replikation. Auf diese Weise kann gegenüber einem nichtcodierenden DNA-Schaden (z. B. einem Pyrimidin-Dimer) eine Lücke entstehen, die bis zweitausend Basen umfassen kann. Derartige *Zweistrangschäden* würden – wenn sie nicht repariert würden – in der nachfolgenden Replikationsrunde zum Zelltod führen, da im Bereich der Schadensstelle beide DNA-Stränge nichtcodierende Abschnitte enthalten.

Die Reparatur solcher Schadstellen erfolgt zumindest bei Bakterien zum überwiegenden Teil durch einen **rekombinativen Strangaustausch** zwischen einem intakten Stück des Schwester-Chromosoms und dem DNA-Molekül mit dem Doppelstrangschaden (Abb. 5.6.). Auf diese Weise werden die Zwei-

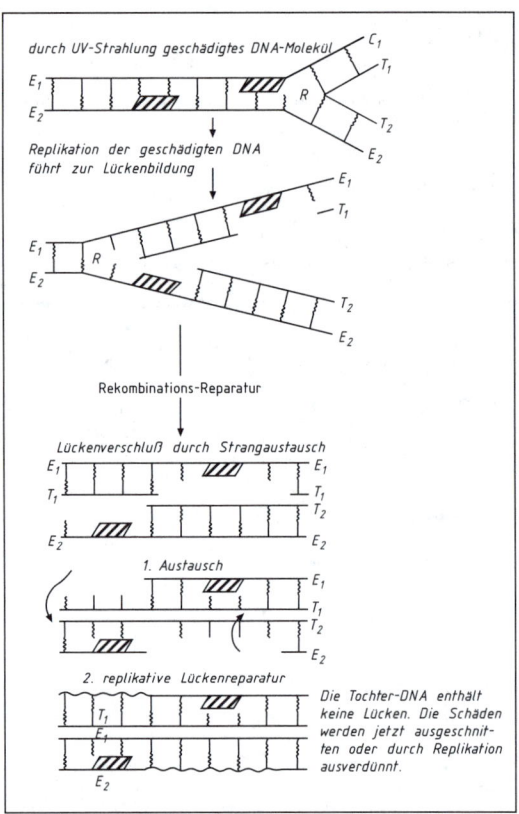

Abb. 5.6. Schema für die Rekombinationsreparatur. Nach Hofemeister 1978, verändert.

strangschäden in einer Doppelhelix in Einzelstrangschäden in zwei Doppelhelices umgewandelt. Diese können anschließend z. B. durch Excisionsreparatur beseitigt werden.

Die bisher dargestellten Reparaturmechanismen sind in den Zellen **konstitutiv** vorhanden, d. h. sie sind dauernd aktiv. Darüber hinaus aber gibt es induzierbare Reparatursysteme, die erst nach sehr starker Zellschädigung, die das Überleben der Zellen akut gefährdet, **induziert** werden. Ein derartiges induzierbares System ist die:

5.7. SOS-Reparatur

Nach Einwirkung starker mutagener und cancerogener Agenzien kommt es zu einer Häufung von DNA-Schäden. In einer solchen Situation wird die sog. SOS-Reparatur

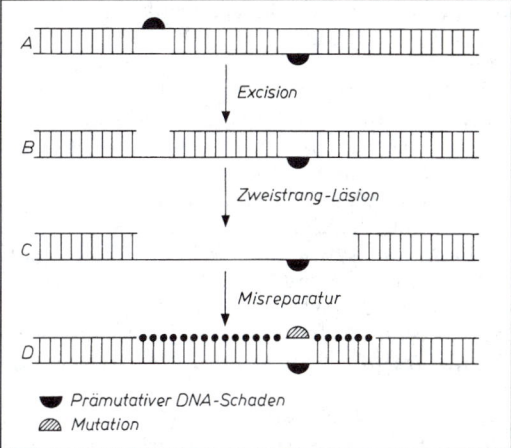

Abb. 5.7. Schema für die SOS-Reparatur: fehlerhafte Reparatur mit Einbau falscher Basen. Nach Hofemeister 1978.

induziert (die recA- und lexA-abhängig ist); sie ist Teil einer komplexen, induzierbaren Überlebensstrategie, der SOS-Antwort. Ihr wesentliches Kennzeichen ist die Fähigkeit, auch über nichtcodierende DNA-Schäden hinwegreplizieren zu können. Auf diese Weise werden Nukleotide gegenüber nichtcodierenden DNA-Schäden eingesetzt, ohne dass eine exakte Paarung zwischen Basen möglich ist (Abb. 5.7.). Daher entstehen häufig durch die Einfügung von „falschen" Nukleotiden Mutationen (SOS-Mutagenese). Diese Mutationen sind der Preis, den die Zelle bzw. das Individuum für das Überleben zahlt nach Induktion dieser Überlebensstrategie. Während alle vorher behandelten DNA-Reparatursysteme Schäden erkennen und beseitigen, um somit die Entstehung von Mutationen zu verhindern, *induziert die SOS-Reparatur Mutationen und ist eine der Quellen der Mutationsentstehung.*

Reparaturvorgänge Ursache für die Entstehung von Mutationen. Denn nicht alle Reparaturmechanismen laufen mit einer gleich niedrigen Fehlerquote ab, sondern es gibt neben sehr exakten Reparaturmechanismen auch solche, die weniger exakt ablaufen. Untersuchungen über die *Häufigkeit UV-induzierter Mutationen* ergaben, dass durch die Photoreaktivierung 90% der möglichen UV-induzierten Mutationen verhindert werden. Die Photoreaktivierung ist ein sehr exakt ablaufender Mechanismus.

Während der „short-patch"-Modus der Excisionsreparatur im wesentlichen auch fehlerfrei abläuft, scheint der „long-patch"-Modus der Excisionsreparatur in gewissem Maße das Auftreten von Mutationen zu verursachen. Sie entstehen offenbar, wenn sich im Bereich der 1.000 bis 2.000 Nukleotide langen Excisionslücke im Tochterstrang außerdem eine nicht- oder falschcodierende Basenstelle befindet.

Auch die Rekombinationsreparatur weist eine etwas höhere Fehlerrate auf und bewirkt in geringem Maß das Auftreten von Mutationen. Aber den *weitaus größten Teil* der durch fehlerhafte Reparatur verursachten *Mutationen* verursacht die *SOS-Reparatur* (vgl. 5.7.).

An den unterschiedlichen Reparaturprozessen sind zahlreiche Gene beteiligt, deren Genprodukte in den vorhergehenden Abschnitten in ihrer Wirkung gekennzeichnet wurden. Alle diese Gene können mutieren; dadurch werden die normalen Wirkungen dieser Proteine gestört und die Reparaturprozesse mehr oder weniger stark beeinträchtigt. In Tabelle 5.1. sind die wichtigsten Mutantengruppen (bei Bakterien) zusammengestellt und ihre veränderten Eigenschaften, einschließlich ihrer Mutatorfunktion, gekennzeichnet.

5.8. Reparatur und Mutagenese

5.8.1. Beziehung zwischen Reparatur und Mutagenese

Die Reparatur von DNA-Schäden führt primär zu einer erhöhten Überlebenswahrscheinlichkeit nach Einwirkung inaktivierender Noxen. Gleichzeitig aber sind bestimmte

5.8.2. DNA-Reparatur und Erbkrankheiten des Menschen

In einer menschlichen Zelle ereignen sich pro Tag etwa 15.000 DNA-Schäden, die durch Reparaturenzyme erkannt und beseitigt werden müssen, um Mutationsentstehung und Zelltod zu verhindern. Ein genetisch bedingter Ausfall von DNA-Reparaturleistungen hat daher schwerwiegende Folgen für die betroffenen Individuen. Dies zeigte sich bei verschiedenen vererbbaren „Reparaturkrankheiten" des Menschen, wie *Xeroderma pigmentosum* (XP), Cockayne-Syndrom (CS), *Ataxia teleangiectasia* (AT), Bloom Syndrom (BS) und Fanconi-Anämie (FA).

Die Erbkrankheit *Xeroderma pigmentosum* ist gekennzeichnet durch eine extreme Empfindlichkeit der Patienten gegenüber UV-Licht (Sonnenlicht). Dies äußert sich in trokkener und pigmentierter Haut (daher der Name) in den exponierten Bereichen (Gesicht, Hände). Dort entsteht häufig Hautkrebs; außerdem zeigen sich z. T. neurale Degeneration und mentale Retardation.

Bezüglich der erblichen Grundlage besteht eine genetische Heterogenität (Heterogenie gleicher Phäne). Bisher wurden 8 verschiedene Gene erfasst (bezeichnet als Komplementationsgruppen XP-A bis XP-G und XP*). In den meisten Fällen liegen Defekte in der Excisionsreparatur vor (Bindung an die Schadensstelle, Endonuklease-Funktion sowie Helikase-Funktion) eventuell auch in Vorgängen der Postreplikationsreparatur (vgl. Tab. 5.2.).

Patienten, die am Cockayne-Syndrom leiden, haben Defekte in einem von zwei Genen (CS-A oder CS-B). Sie zeigen eine erhöhte Lichtempfindlichkeit und weisen Verzögerungen der physischen und psychischen Entwicklung auf sowie unnatürliche Alterungserscheinungen der Haut. Molekulare Ursachen des Cockayne-Syndroms scheinen gestörte Helikase-Funktionen zu sein sowie eine Entkoppelung der Transkription von Reparatur-Proteinen.

Patienten mit *Ataxia teleangiectasia* (AT) sind hypersensitiv gegen ionisierende Strahlung; sie neigen ebenfalls zur Krebserkrankung.

Tabelle 5.2. gibt einen Überblick über die menschlichen DNA-Reparatur-Krankheiten.

Tab. 5.2. Erbliche „Reparaturkrankheiten" beim Menschen. Nach Strickberger 1988, verändert.

Krankheit	Erbgang	Syndrom	Auswirkungen der mangelnden Reparatur
Xeroderma pigmentosum	autosomal rezessiv	Hautkrebs und Melanome	mangelhaftes Herausschneiden von Pyrimidindimeren; meist: Defekt in Excisions-Reparatur, seltener: Defekt in Postreplikations-Reparatur
Cockayne-Syndrom	autosomal rezessiv	vorzeitiges Altern; Zwergwuchs; Microcephalie, Hautkrankheiten	Gestörte Helikase-Funktion; Hemmung der DNA-Replikation durch UV
Ataxia teleangiectasia	autosomal rezessiv	neurologische, immunologische Störungen; Hautkrankheiten; bösartige Erkrankungen des Lymphsystems	sehr häufige, spontane Chromosomenaberrationen
Bloom-Syndrom	autosomal rezessiv	kleiner Wuchs; Hautkrankheiten im Gesicht; bösartige Erkrankungen	sehr häufiger Austausch zwischen Schwesterchromatiden bei UV-Bestrahlung
Fanconi-Anämie	autosomal rezessiv	mangelhafte Entwicklung der Knochen und des Knochenmarks; vermehrtes Auftreten bösartiger Erkrankungen	

6. Mutationen I

6.1. Allgemeines zur Mutabilität

Mutationen sind Veränderungen der genetischen Information, die auf Tochterzellen und -generationen vererbt werden und nicht auf Spaltung oder Rekombination bereits vorhandener Erbunterschiede zurückführbar sind. Sie sind Veränderungen in der Nukleotidsequenz der informationstragenden Nukleinsäuren, in Struktur oder Anzahl der Erbträger.

Mutationen treten **spontan** auf, d. h. ohne im Einzelfall feststellbare Ursache, oder sie werden durch Einwirkung von Mutagenen **induziert**. Die Mutationen werden in vier große Gruppen unterteilt: Genmutationen, Chromosomenmutationen, Genommutationen und extranukleäre Mutationen.

In den ersten Jahrzehnten nach Wiederentdeckung der **Mendelschen Gesetze** war man darauf angewiesen, für genetische Analysen die sehr seltenen spontan entstehenden Mutationen zu verwenden sowie die in Populationen vorhandenen, auch auf spontane Mutabilität zurückgehenden Erbunterschiede zu untersuchen.

Nach vielen vergeblichen oder in ihrem Aussagewert umstrittenen Versuchen zahlreicher Forscher gelang erst im Zeitraum von 1927 bis 1930 der sichere Nachweis, dass ionisierende Strahlen (vor allem Röntgenstrahlen) Mutationen, und zwar Gen- und Chromosomenmutationen, auslösen (zuerst Muller, kurz danach auch Stadler und Stubbe). Bald wurde auch die mutagene Wirkung von ultraviolettem Licht (UV) nachgewiesen. Nun entwickelte sich sehr schnell die „**Strahlengenetik**", welche die Wirkungen energiereicher Strahlen auf das genetische Material, die Zusammenhänge zwischen Strahlendosis und Mutationshäufigkeit, den Einfluss von Begleitfaktoren auf die Strahlenwirkung und viele andere Aspekte analysierte. Sie führte

zur Formulierung des „Trefferprinzips" der Strahlenwirkung, welches die Forschung auf diesem Gebiet maßgeblich beeinflusste (vgl. Timofeeff-Ressovsky u. a. 1947, 1972). Eine neue Etappe der Mutationsforschung begann mit dem Nachweis der mutagenen Wirkung unterschiedlicher Chemikalien. 1937 gelang die Auslösung von Polyploidie bei höheren Pflanzen durch Colchizin (Blakeslee, Avery). In den Jahren 1943 bis 1946 wurde nachgewiesen, dass verschiedene Chemikalien das Auftreten von Gen- und Chromosomenmutationen bei Tieren und Pflanzen auslösen (Auerbach, Oehlkers, Rapoport). Seitdem wurde eine kaum noch übersehbare Anzahl von chemischen Mutagenen der verschiedensten Struktur erfasst und in ihren unterschiedlichen Wirkungsweisen bei der Auslösung von Gen-, Chromosomen- und extranukleären Mutationen charakterisiert („**Chemogenetik**"). Heute sind fraglos die Chemikalien als wichtigste mutagene Agenzien zu betrachten.

Die durch Strahlen und Chemikalien bewirkten Schäden am genetischen Material haben auch vom Standpunkt des Umweltschutzes und der „Mutationsprophylaxe" beim Menschen große Aufmerksamkeit erlangt. Weltweit werden neue, wie auch bereits länger in Verwendung befindliche, chemische Verbindungen mit Hilfe von *Mutagenitäts-Testsystemen* auf ihre mögliche mutagene Wirkung getestet (vgl. 7.4.).

Mutationen liefern das unentbehrliche Rohmaterial für die Evolution, indem sie beständig neue genetische Varianten in Populationen erzeugen. Dabei werden durch den Prozess der Rekombination (Kap. 8 und Kap. 10) die unterschiedlichen Genvarianten ständig neu kombiniert, so dass dadurch das Ausmaß der Variabilität beträchtlich erhöht wird.

Mit der Entwicklung der Zell- und Molekularbiologie sowie der Gentechnologie wurde eine neue Ära der Mutationsforschung eingeleitet. Forschungen in der Zell- und Entwicklungsbiologie gestatteten Einsichten in die zellulären Prozesse, welche zum Auftreten von ‚spontanen' Genmutationen führen. Vor allem aber erlauben DNA-Sequenzanalysen den direkten Nachweis molekularer Ereignisse und Veränderungen in der Struktur der Gene und der Chromosomen. Darüber hinaus werden die detaillierten molekularen Mechanismen der Entstehung von Gen-, Chromosomen- und extranukleären Mutationen immer genauer aufgeklärt.

6.2. Genmutationen, Wesen und Ursprung

Eine **Genmutation** ist eine erbliche Veränderung in einem einzelnen Gen. Dadurch entsteht ein neues Allel, eine neue Zustandsform dieses Gens.

Genmutationen entstehen durch endogene oder exogene Ursachen. Initialereignisse für die Entstehung von Genmutationen sind stets Veränderungen an der DNA (bzw. an informationstragender RNA von RNA-Phagen und -Viren). Solche DNA-Schäden entstehen sowohl spontan als auch induziert durch physikalische oder chemische Mutagene. Die meisten dieser Schäden werden durch Reparatursysteme erkannt und beseitigt, ehe sie zu Mutationen führen können (vgl. Kap. 5). Deshalb sind Genmutationen sehr seltene Ereignisse. Mutagen wirkende exogene oder endogene Faktoren greifen direkt oder indirekt an der DNA an und verändern sie. Diese primären Veränderungen werden als „**prämutativ**" bezeichnet, weil sie meist noch nicht die fertig erfolgte Mutation darstellen; diese entsteht erst als Ergebnis sich anschließender Folgeprozesse.

Unter den primären DNA-Schäden unterscheidet man drei Typen:

(a) **Codierende oder fehlcodierende Veränderungen** von DNA-Basen, z. B. das Auftreten seltener tautomerer Basenformen in der DNA sowie der Einbau von Basen-Analoga (wie 5-Bromuracil oder 2-Aminopurin). Das Auftreten von fehlcodierenden Situationen kann die Basenfolge des Chromosoms verändern; entweder wird die Änderung in dem elterlichen Chromosom verursacht, oder sie wird bei der Replikation in dem Tochterchromosom festgelegt. Derartige Vorgänge bezeichnet man als *direkte Mutagenese*.

(b) **Nicht-codierende Schäden**, d. h. Veränderungen, welche die Codierungsfunktion der DNA blockieren, z. B. das Auftreten von Pyrimidindimeren, Cross-links, Einzelstrang- und Doppelstrangbrüchen (vgl. Kap. 5).

Nichtcodierende DNA-Schäden als „prämutative Situationen" werden in der lebenden Zelle von den Reparatursystemen als Fehler erkannt und können repariert werden. Bei der Reparatur dieser nichtcodierenden Schäden oder Inaktivierungen können Fehler gemacht werden, die zu einer Mutation führen. Viele Mutationen werden hervorgerufen durch das induzierbare SOS-Reparatursystem (vgl. Kap. 5). Diese fehlerhafte Reparatur prämutativer Schäden bezeichnet man als *indirekte Mutagenese*.

(c) DNA-Veränderungen durch den **Einbau verlagerbarer, transponibler DNA-Elemente** in bestimmte Chromosomenstellen sowie durch den Ausbau und ihre Verlagerung an neue Stellen im Genom. Der Einbau eines transponiblen Elementes in die DNA-Sequenz eines Gens führt (in den meisten Fällen) zur Blockierung seiner Ausprägung; die Verlagerung eines transponiblen Elements aus seiner Einbaustelle in einem Gen an eine neue Position verursacht an der ursprünglichen Einbaustelle Änderungen in der DNA-Sequenz. Derartige Veränderungen nennt man *Insertionsmutagenesen* (vgl. Kap. 9).

6.3. Zufallscharakter der Genmutationen

Genmutationen erfolgen „zufällig" an einer beliebigen Stelle des Chromosoms. Es lässt sich nicht vorhersagen, welches Gen mutiert. Jahrzehntelang wurden folgende Alternativen diskutiert:

Entstehen Mutationen erst als Folge des Kontaktes mit einem drastischen Umweltstress bzw. einem Mutagen? (Dann wäre die „lamarckistische" Vorstellung einer gerichteten, nicht-zufälligen Mutabilität zutreffend). Oder entstehen sie spontan und ungerichtet, bereits ehe ein Kontakt mit einem entsprechenden Umwelteinfluss erfolgt ist? (Dies bedeutet die Richtigkeit der „darwinistischen"

Theorie der zufälligen, ungerichteten Mutabilität.) Die letztgenannte Theorie ist richtig: *Mutationen entstehen zufällig und ungerichtet bezüglich ihres Adaptationswertes für die Zelle bzw. den Organismus.* Sie ereignen sich unabhängig davon, ob sie sich für die Zelle oder den Organismus bezüglich der Anpassung an bestimmte Umweltverhältnisse als Vorteil, als neutral oder als Nachteil erweisen werden. Mutationen entstehen somit nicht gerichtet.

Der entscheidende Beweis, dass spontane Mutationen unabhängig vom Milieu und ungerichtet entstehen, wurde durch Experimente mit Bakterien geführt (Fluktuationstest von Delbrück und Luria 1943, Spreading-Experiment von Newcombe 1949 und Replika-Plattierung durch Lederberg 1952).

Den ungerichteten Charakter von Mutationen bewies Lederberg durch die indirekte Selektion von Mutanten mit Hilfe der Replika-Plattierung (Abb. 6.1.):
Ein Stempel, der die Fläche einer Petrischale genau bedeckt, wird mit einem Samtläppchen überzogen, an dem nach dem Aufdrücken auf eine Bakterienkultur Bakterien haften bleiben. Auf diese Weise ist es möglich, Kolonien von einer Agarplatte auf eine andere in völlig gleicher Anordnung zu übertragen. Lederberg überstempelte von einer Platte mit Bakterienrasen auf entsprechende Selektionsplatten, auf die nach Bebrütung Phagen aufgeschwemmt und auf diese Weise phagenresistente Kolonien selektiert wurden. Durch die Replika-Stempelung war es direkt möglich, auf der Ausgangsplatte – die nie mit Phagen in Kontakt gekommen war – an der entsprechenden Stelle Bakterien zu entnehmen, die Resistenz zeigten. Durch mehrmalige Wiederholung dieser Prozedur wurde eine Population von phagenresistenten Bakterien gewonnen, die spontan entstanden waren; denn sie waren während ihrer Isolation und Vermehrung niemals mit Phagen in Kontakt gekommen. (Mit dieser Replika-Plattierungstechnik können nach demselben Prinzip auch antibiotikaresistente Mutanten und ebenso Mangelmutanten, die eine bestimmte Aminosäure nicht bilden können, isoliert werden; auch ihre spontane Entstehung ist damit offenkundig.)

Die Versuche von Luria und Delbrück sowie von Newcombe sind zwar in ihrer jeweiligen experimentellen Strategie durchaus andersartig (vgl. die Darstellungen in Knippers 1995, Strickberger 1988), aber sie führen zur gleichen Aussage: *Mutationen ereignen sich zufällig und ungerichtet.*
Allerdings sind in den letzten Jahren Veröffentlichungen erschienen, welche Zweifel an der Allgemeingültigkeit der o. g. Aussage äußern. Experimente mit Lactose-Mutanten von

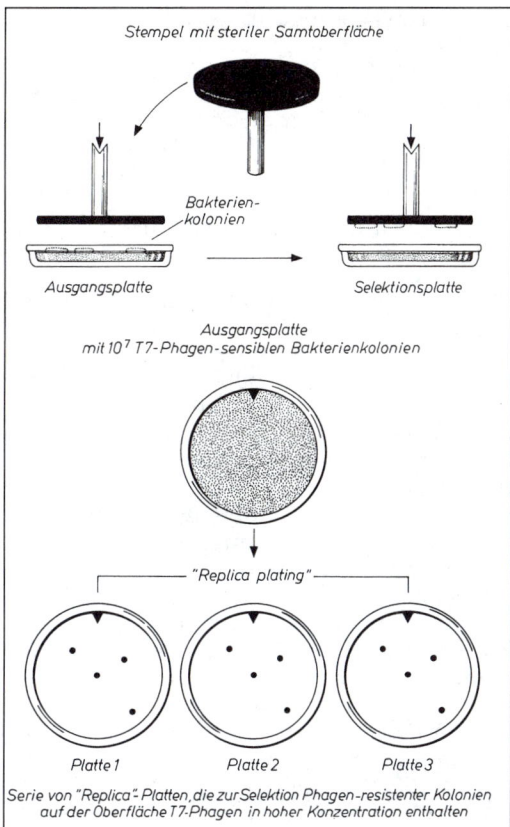

Abb. 6.1. Nachweis des ungerichteten Charakters von Mutationen durch indirekte Selektion von Mutanten der Replika-Plattierungstechnik („Lederberg-Stempeltechnik").

E. coli deuten darauf hin, dass – unter bestimmten spezifischen experimentellen Bedingungen – auch einige gerichtete und adaptive Mutationen auftreten können. Diese Experimente und ihre Deutung werden gegenwärtig intensiv und kontrovers diskutiert (Cairns, Forster 1991, Stahl 1992). Aber man sollte derartige Phänomene nicht von vornherein ausschließen.

6.4. Verschiedene Typen von Genmutationen – Überblick

In Bezug auf ihre molekularen Abweichungen vom „Normalzustand" eines Gens, vom Wildtyp, können die verschiedenen Formen von Genmutationen wenigen Klassen von

Mutationstypen zugeordnet werden, die hier im Überblick charakterisiert werden. In den folgenden Abschnitten (ab 6.5.) wird darauf genauer eingegangen.

6.4.1. Basenpaarsubstitutionen

Bei den Basenpaarsubstitutionen (oder Basenpaarersatz) wird ein Basenpaar in der DNA (z. B. A-T) durch ein anderes Basenpaar (z. B. G-C, C-G oder T-A) ersetzt; entsprechend wird bei Phagen und Viren mit einsträngiger RNA oder DNA eine Base durch eine andere Base ersetzt (z. B. A durch G, C, U bzw. T).
Die Substitutionen unterteilt man in zwei Klassen. Bei einer **Transition** wird eine Purinbase durch eine andere Purinbase und entsprechend eine Pyrimidinbase durch eine andere Pyrimidinbase ersetzt. Bei einer **Transversion** wird eine Purinbase durch eine Pyrimidinbase ersetzt und umgekehrt. Das Schema der Abbildung 6.2. veranschaulicht die vier möglichen Transitionen AT ↔ GC sowie die acht möglichen Arten von Transversionen AT ↔ TA, AT ↔ CG, GC ↔ CG und GC ↔ TA. Transitionen und Transversionen führen in proteincodierenden DNA- und RNA-Bereichen durch die Veränderung von Codonen zu stillen, Sinn-, Fehlsinn- oder Nichtsinnmutationen (vgl. Kap. 16).

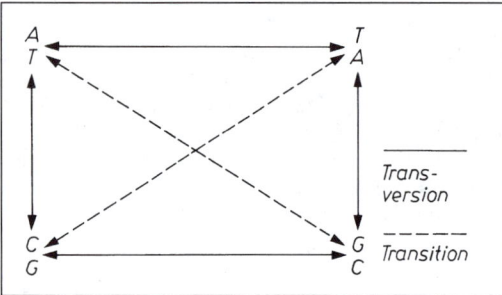

Abb. 6.2. Mögliche Transitionen und Transversionen.

6.4.2. Rasterverschiebungsmutationen

Als Folge von DNA-Schäden kann es zum Verlust oder zum Einschub von Basen in die DNA (bzw. RNA) kommen.

Der Verlust oder Einschub eines oder mehrerer Basenpaare in die DNA und die dadurch bewirkte Veränderung in der mRNA kann zu einer Rasterverschiebung bei der Proteinsynthese führen und drastische Veränderungen in der Aminosäuresequenz des betroffenen Polypeptids zur Folge haben (vgl. Kap. 16). Diese Art von Mutationen wird daher als Rasterverschiebungsmutation oder „Frame-shift-Mutation" bezeichnet.

6.4.3. Innergenische Segment-mutationen

Spontan oder nach Einwirkung von Mutagenen (die z. B. Einzelstrang- oder Doppelstrangbrüche verursachen) können längere Segmente eines Gens verändert werden. Die häufigste Form der innergenischen Segmentmutationen sind *innergenische Deletionen*, die in Verlusten von wenigen Nukleotiden bis zu mehreren hundert Nukleotiden bestehen. Auch *innergenische Duplikationen* (Verdoppelungen von DNA-Abschnitten) und *innergenische Inversionen* (Verdrehungen von DNA-Abschnitten) sind nachgewiesen worden. Durch eine Nukleotid-Vermehrung, den Verlust oder den Umbau größerer Gensegmente kommt es zu drastischen Veränderungen bei der Codierung von Proteinen.

6.4.4. Einbau verlagerbarer, „transponibler" DNA-Sequenzen

Bei Pro- und Eukaryoten gibt es mehrere Klassen von verlagerbaren genetischen Elementen, **„springenden Genen"**, die im Genom ihren Platz wechseln können. Bei Bakterien lassen sich drei große Gruppen „transponibler" DNA-Sequenzen unterscheiden:

- Insertionselemente („IS-Elemente"), die aus etwa 1000 Nukleotidpaaren bestehen;
- Transposonen, bei denen in der Regel ein oder mehrere Resistenzgene von zwei IS-Elementen flankiert sind;
- Bestimmte Phagen, wie z. B. der mutagene Phage Mu-1.

Diese genetischen Elemente können ihren Einbauort innerhalb eines Genoms verlagern sowie von einem Bakterienchromosom auf ein anderes transponiert werden. Meist entstehen durch den Einbau transponibler Elemente auxotrophe Mutanten, da die kontinuierliche Struktur eines Gens zerstört wird.

Eine ähnliche Wirkung haben verlagerbare genetische Elemente (Kontrollelemente) bei Eukaryoten (intensiv untersucht bei Mais und *Drosophila*).

Auf Struktur und Wirkungsweise transponibler Elemente bei Pro- und Eukaryoten wird zusammenhängend im Kapitel 9 eingegangen.

6.4.5. Vorwärtsmutationen und Reversionen

Derjenige Allelzustand eines Gens, der in einer Wild-Population vorherrscht und daher den Normalzustand repräsentiert, wird als **Wildtyp-Allel** oder Normal-Allel bezeichnet. (Bei kultivierten Populationen, z. B. von Kulturpflanzen, wird entsprechend ein weit verbreitetes Allel als Standard- oder Wildtyp-Allel bezeichnet.) Wenn ein Wildtyp-Allel durch eine Mutation in ein **Mutanten-Allel** umgewandelt wird, so bezeichnet man diese Veränderung als *„Vorwärtsmutation"* („forward mutation"; vorwärts zum Mutantenzustand). Wird bei einem so entstandenen Mutanten-Individuum durch eine zweite Mutation die ursprüngliche Funktion des Gens ganz oder teilweise wiederhergestellt, so bezeichnet man diese zweite Mutation als *„Reversion"* („Rückschlag") (vgl. Kap. 16).

6.5. Von prämutativen Situationen zu fixierten Mutationen

6.5.1. Mutagenese als Mehrschrittprozess

Die im Abschnitt 6.4. genannten Typen von Mutationen entstehen meist als Ergebnis eines aus mehreren Schritten bestehenden Mutationsprozesses. Diese Einzelschritte konnten zum Teil bereits gut erfasst und charakterisiert werden. Die Entstehungsmechanismen sowie die Art der mutationsauslösenden Umstände sind sehr verschiedenartig; sie werden im folgenden genauer geschildert. (Lediglich die mutative Wirkung des Einbaues transponibler Elemente wird im Detail erst im Kapitel 9 behandelt.)

6.5.2. Prämutative Situationen, die zu Basenpaarsubstitutionen führen

6.5.2.1. Spontane Tautomerisierung und Isomerisierung

Bedingt durch die unterschiedlichen Fähigkeiten der vier DNA-Basen zur Ausbildung von Wasserstoffbrückenbindungen existieren die beiden Basenpaare A=T und G≡C. *Die spezifischen Paarungsaffinitäten der DNA-Basen sind Voraussetzung für die exakte Reproduktion der doppelhelikalen Struktur der DNA.* Prämutative Zustände resultieren aus dem spontanen oder mutagenverursachten Auftreten strukturell veränderter Basen mit veränderter Basenpaaraffinität. Dadurch können neben den normalen Basenpaaren A=T und G≡C nichtreguläre Basenpaare vom Purin:Pyrimidin- oder Purin:Purin-Typus entstehen (Abb. 6.3.). Unter physiologischen Bedingungen treten seltene isomere Basenformen mit einer Häufigkeit von 10^{-4} bis 10^{-5} auf. Die Basen Thymin und Guanin liegen dann nicht mehr in der bevorzugten „Keto"-, sondern in der „Enol"-Form vor, während die Basen Cytosin und Adenin statt in der normalen „Amino"- in der „Imino"-Form vorliegen (Abb. 6.3.). Diese Umwandlungen sind durch Protonentransfer bedingt, wodurch letzlich die veränderte Paarungsaffinität dieser seltenen tautomeren DNA-Basen bedingt ist. Abbildung 6.4. veranschaulicht, wie infolge der **Amino-Imino-Tautomerie** aus einem A=T-Basenpaar ein G≡C-Basenpaar entsteht.

Neben der Tautomerenbildung ist die **Anti-Syn-Isomerisierung** (Abb. 6.3.) der Purinbasen für die Entstehung von Transversionen von wesentlicher Bedeutung. Syn-Isomere Formen entstehen anstelle der normalerweise vorliegenden Anti-Isomere durch eine Drehung der N-glykosidischen Bindung um 180°. Die daraus resultierenden abnormen sterischen Parameter ermöglichen Fehlpaarungen vom Purin:Purin-Typus. Pyrimidin:Pyrimidin-Fehlpaarungen scheinen als DNA-Bausteine weniger akzeptabel zu sein.

Die beiden Klassen von „Fehlpaarungen" (= „mispairs"; Purin:Pyrimidin bzw. Purin:Purin) sind Ausgangspunkt für alle möglichen Basenpaarsubstitutionen. Transitionen entstehen spontan häufiger als Transversionen.

Seltene tautomere Basenformen, die Voraussetzung für die Entstehung von Fehlpaarungen sind, treten

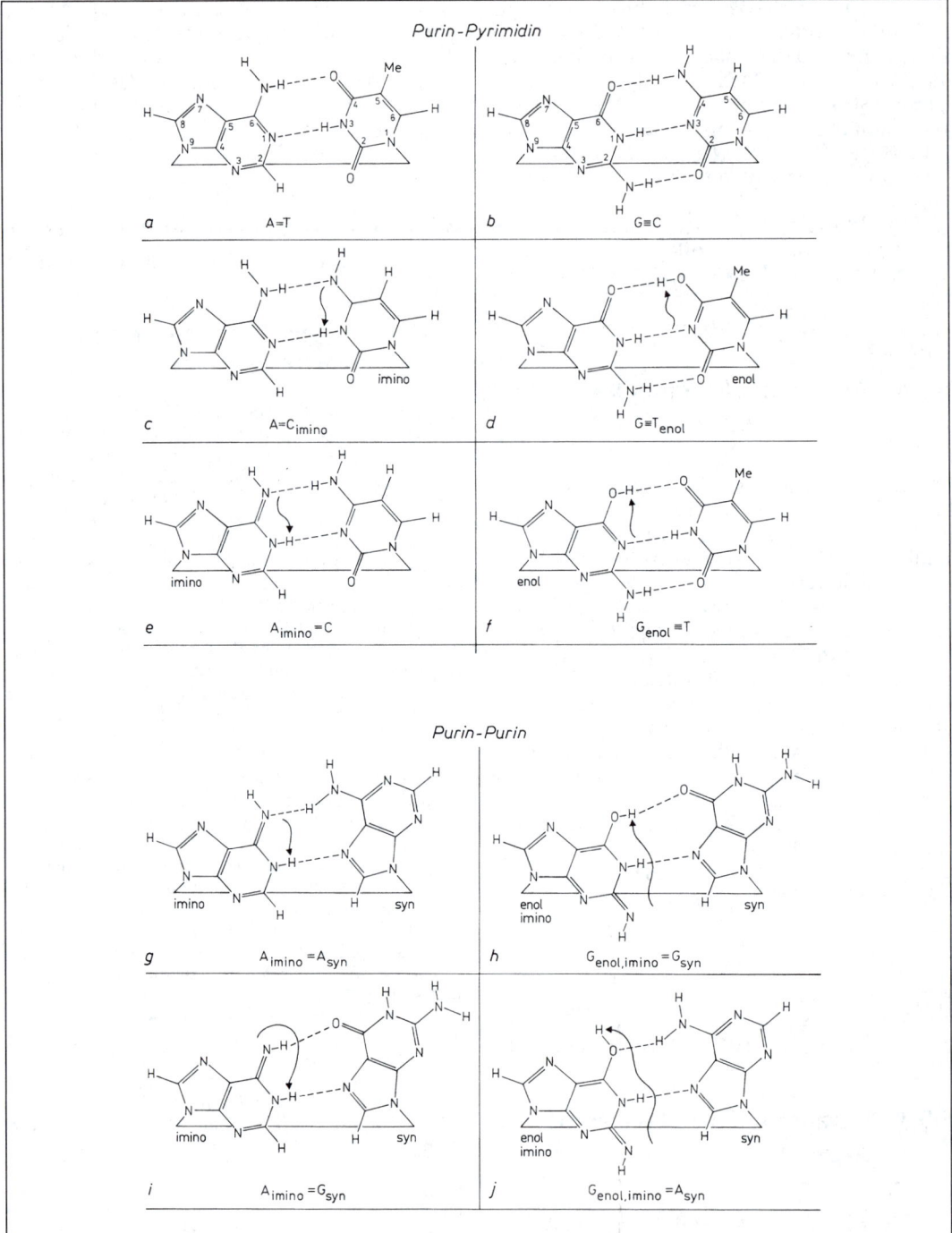

Abb. 6.3. „Normale" komplementäre Basenpaare (*a*: A-T, *b*: G-C) im Vergleich zu Purin-Purin- bzw. Purin-Pyrimidin-Fehlpaarungen, die durch Tautomerisierung unter physiologischen Bedingungen entstehen. Nach Topal und Fresco 1976 aus Hofemeister 1978.

mit einer Häufigkeit von ca. 10^{-5} auf. Mutationen pro Basenpaar erfolgen dagegen nur mit einer Häufigkeit von 10^{-10}. Die Ursache für diese Differenz ist die Tatsache, dass unterschiedliche Reparatursysteme, die kaskadenartig zusammenwirken, das Niveau der Mutabilität Schritt für Schritt auf einen sehr niedrigen Wert herabdrücken (vgl. Tab. 6.1.).

Eine sehr wesentliche Rolle in dieser Kaskade spielt der Zwei-Schritt-Mechanismus in der Wirkungsweise der DNA-Polymerase III bei der DNA-Synthese: (1.) Katalytische Inkorporation der neuen Base und (2.) Korrekturschritt (vgl. 3.4.). Sterisch unverträgliche Basenpaarungen werden im Zuge des 3′-5′-Exonuklease-Kontrollschrittes mit großer Wirksamkeit erkannt und ausgeschnitten. Erweisen sich

Fehlpaarungen aber als sterisch verträglich (und damit für das Kontrollenzym als ,korrekt'), dann passieren sie die Replikationsgabel und können in den nachfolgenden Replikationsrunden zu Mutationen führen. Jedoch ist in dem Zeitraum zwischen der Synthese und der Kontrolle durch die 3′-5′-Exonukleaseaktivität die Wahrscheinlichkeit sehr groß, dass die seltenen tautomeren Formen wieder in ihre normalen Formen umgewandelt werden. Dadurch wird die zuerst sterisch verträgliche „Fehlpaarung" durch die veränderten Paarungsmöglichkeiten in eine Fehlpaarung umgewandelt, die von der Nuklease erkannt und beseitigt werden kann. Bedingt durch den 3′-5′-Exonuklease-Kontrollschritt wird so die Mutationsrate drastisch reduziert.

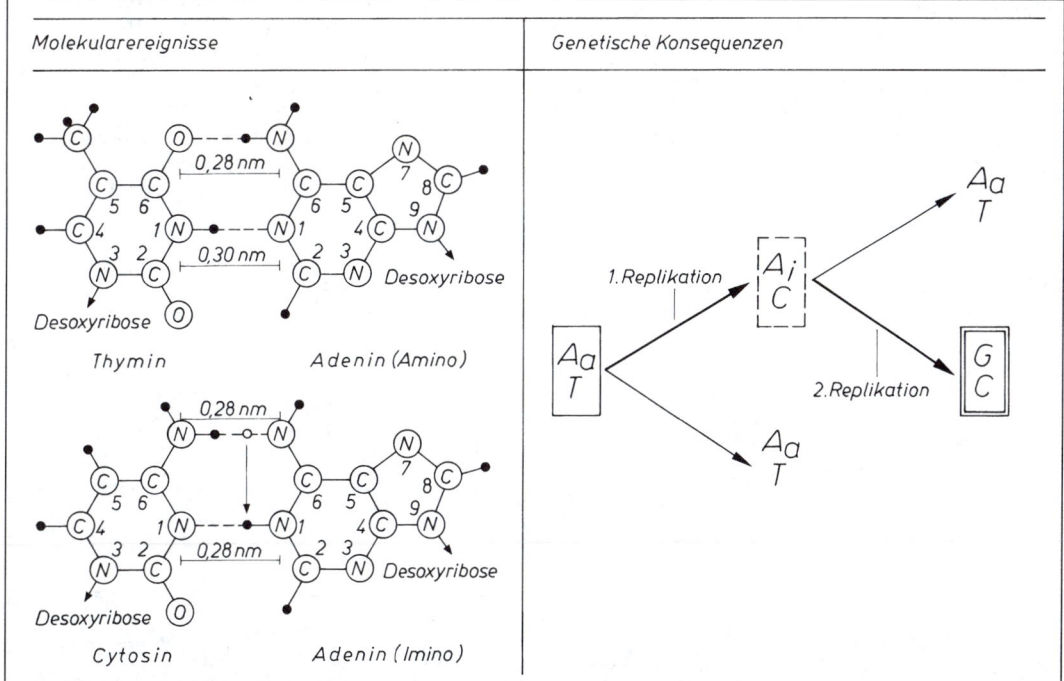

Abb. 6.4. Amino-Imino-Tautomerie von Adenin und ihre genetischen Konsequenzen. Nach Hagemann et al. 1978.

Tab. 6.1. Mechanismen, die eine sehr hohe Genauigkeit der DNA-Replikation bewirken. Nach Kornberg und Baker 1992.

Kaskade der Fehlerreduktion	Reduktion der Fehlerrate pro repliziertes Basenpaar auf einen Wert von:
1. Balanciertes Verhältnis in der Verfügbarkeit aller vier Desoxynukleosid-Triphosphate (dNTPs: dATP, dGTP, dCTP, dTTP)	–
2. Komplementäre Basenpaarung der dNTPs an die Matrize	10^{-3}–10^{-4}
3. Selektivität der DNA-Polymerase III beim Synthese-Prozeß	10^{-5}–10^{-6}
4. Fehlerkorrektur-Funktion („Proof-Reading") der DNA-Polymerase III 3′-5′ Exonuklease Aktivität	10^{-7}–10^{-9}
5. Wirkung der Mismatch-Reparatur-Systeme	10^{-10}

Beide Schritte der DNA-Polymerase III können durch Mutationen in ihrer Wirksamkeit verändert werden. Bei verringerter Aktivität der 3′-5′-Exonuklease in Polymerasemutanten treten deutlich mehr Mutationen auf als beim Wildtyp: die verminderte Aktivität des Kontrollschrittes wirkt als Mutator. Umgekehrt kann durch eine mutativ bedingte Verbesserung des Kontrollschrittes eine Antimutatorwirkung zustande kommen.

6.5.2.2. Veränderungen von Basen in der DNA

Salpetrige Säure: Salpetrige Säure bzw. Nitrit (NO_2^-) reagiert mit den NH_2-Gruppen tragenden Basen Guanin, Adenin und Cytosin. Diese Basen werden dadurch desaminiert, d. h. ihre NH_2-Gruppe wird durch eine OH-Gruppe ersetzt (Abb. 6.5.). Aus Adenin entsteht somit Hypoxanthin, das bevorzugt mit Cytosin paart. Aus Cytosin entsteht das mit Adenin paarende Uracil. Salpetrige Säure induziert auf diese Weise spezifisch Transitionen, wobei sowohl AT- in GC-Paare als auch GC- und AT-Paare umgewandelt werden können.

Spontane Desaminierungen: Zu Desaminierungen der o. g. Basen kann es in Zellen auch spontan kommen; die genetischen Konsequenzen sind die gleichen.

Basenanaloga: Basenanaloga, wie 5-Bromuracil und 2-Aminopurin, können während der Replikation anstelle der „echten" Basen in die DNA eingebaut werden. Bromuracil unterscheidet sich strukturell von Thymin lediglich durch die Substitution der Methylgruppe des Thymins durch ein Brom-Atom (Abb. 6.6.). 2-Aminopurin unterscheidet sich von Adenin (= 6-Aminopurin) lediglich durch die Position der Aminogruppe (Abb. 6.7.). Beide Basenanaloga sind durch besonders häufige Tautomerisierungen gekennzeichnet. Bromuracil paart in der häufigeren Ketoform

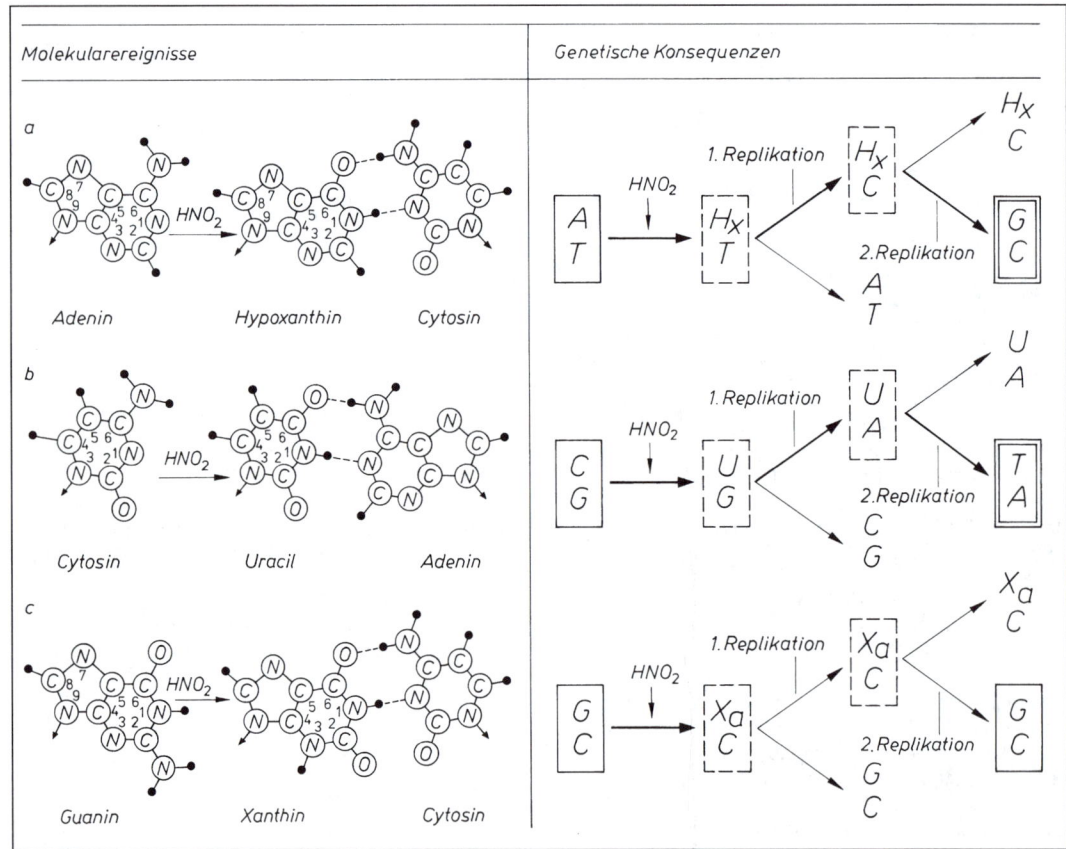

Abb. 6.5. Desaminierung von Adenin, Cytosin und Guanin durch HNO_2 als Ursache für Transitionen. Nach Hagemann et al. 1978.

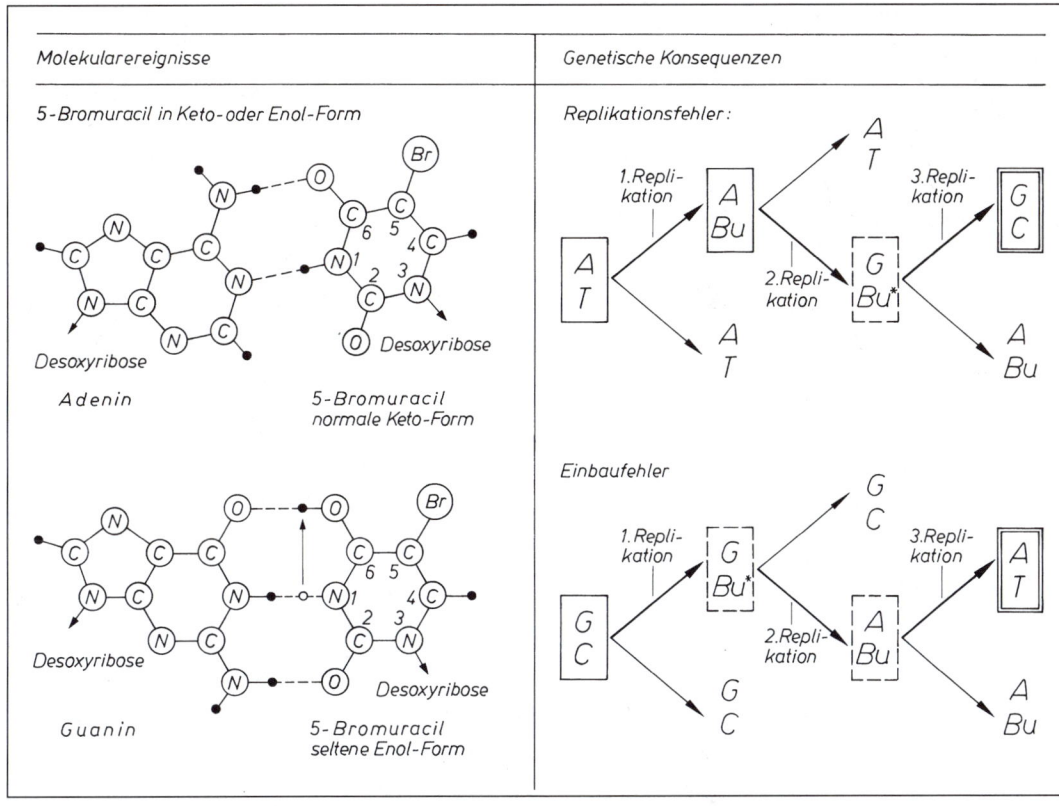

Abb. 6.6. Einbau von 5-Bromuracil (Keto- oder Enol-Form) in die DNA als Ursache für Transitionen infolge der Entstehung seltener tautomerer Formen. Nach Hayes 1964 aus Hagemann et al. 1978.

mit Adenin (verhält sich also wie Thymin), in der selteneren Enolform aber mit Guanin und bewirkt so eine Transition (Abb. 6.6. rechter Teil). Aminopurin kann sowohl in der Imino- als auch (selten) in der Aminoform mit Cytosin paaren und so Transitionen auslösen (Abb. 6.7.).

Alkylierende Agenzien: Viele alkylierende Agenzien reagieren mit DNA-Basen. Die mutagene Wirkung dieser Substanzen hängt davon ab, in welchem Umfang bestimmte Positionen der Basen alkyliert werden. Insgesamt sind etwa 20 verschiedene Alkylierungsorte in der DNA bekannt. Nur wenige Alkylierungsorte, so z. B. die O^6-Position von Guanin und die O^4-Position von Thymin, haben eine paarungsverändernde, d. h. mutagene Wirkung (vgl. Abb. 5.1.). So paart z. B. O^6-Alkylguanin mit Thymin und ruft dadurch Transitionen hervor.

6.5.3. Prämutative Situationen, die zu Rasterverschiebungsmutationen führen

Durch den Einbau einer zusätzlichen Base bzw. eines Nukleotids in die Sequenz eines Gens oder durch den Verlust eines Nukleotids entstehen die sog. Rasterverschiebungsmutationen (= „Frame shift mutation"), welche den Leseraster bei der Polypeptidsynthese jenseits des Mutationsortes verschieben. *Ausgangspunkt für die Entstehung von Rasterverschiebungsmutationen ist die Bildung freier Strangenden im DNA-Molekül.*

Solche freien Strangenden entstehen im Prozess der Transkription, Replikation, im Verlauf der DNA-Reparatur sowie bei rekombinativen Austauschvorgängen. Dadurch ist zu erklären, dass Rasterverschiebungsmutationen gehäuft an Chromosomenenden, in Nähe des Replikationspunktes, während der DNA-Reparatur sowie in Korrelation mit Rekombi-

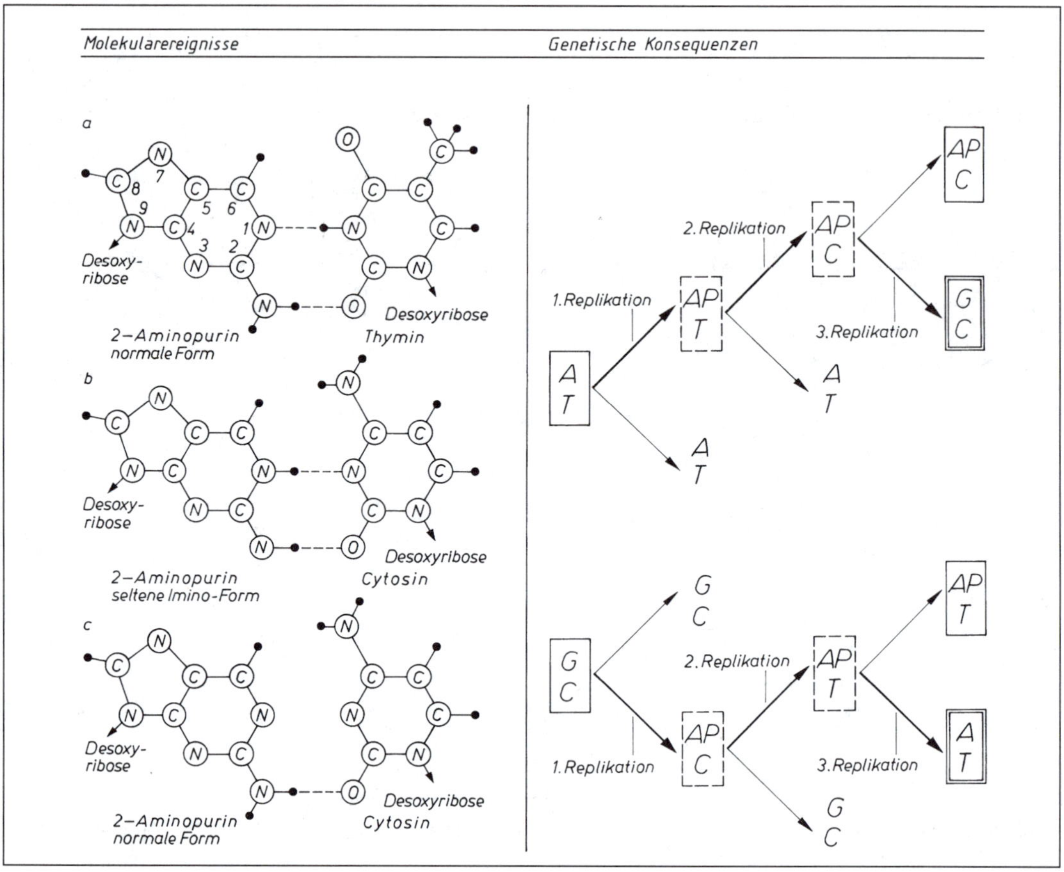

Molekularereignisse   *Genetische Konsequenzen*

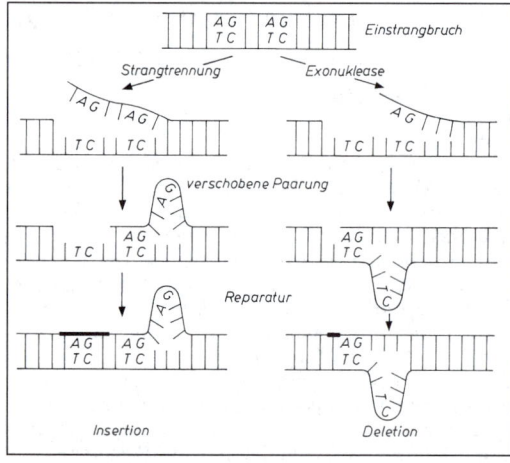

Abb. 6.7. Einbau von Aminopurin (Amino- oder Imino-Form) in die DNA als Ursache für Transitionen. In der normalen Amino-Form paart Aminopurin meist mit Thymin (a), selten auch mit Cytosin (c); in der Imino-Form paart es mit Cytosin (b). Nach Hayes 1964 aus Hagemann et al. 1978.

Abb. 6.8. Hypothese von Streisinger zur Entstehung von Rasterverschiebungsmutationen durch Reparaturfehler. Nach Müller 1972 aus Hagemann et al. 1978.

nationsvorgängen entstehen. Die Entstehung von Rasterverschiebungsmutationen, ausgehend vom Auftreten freier Strangenden, erfolgt über einen mit DNA-Reparatur verbundenen Mutageneseweg (Abb. 6.8.).

Rasterverschiebungen können außerdem durch DNA-interkalierende Agenzien spezifisch induziert werden. Zu solchen sich zwischen übereinanderliegende Basenpaare einlagernden Substanzen gehören z. B. Acridinfarbstoffe.

Die molekulare Analyse von Stellen sehr hoher spontaner Mutabilität („hot spot") im *lacI*-Gen von *E. coli* erbrachte wesentliche Hinweise auf den Entstehungsmechanismus von Rasterverschiebungen. Die sich in der Wildtyp-DNA dreimal tandemartig wiederholende Sequenz ACCG ACCG ACCG konnte als *Ursache für Rasterverschiebungsmutationen* ermittelt werden: Durch „unerlaubte" Paarungen kommt es sowohl zur Vermehrung (4×) als auch zur Reduzierung (2×) der Anzahl dieser Vierersequenz und damit zu Rasterverschiebungsmutationen.

6.5.4. Prämutative Situationen, die zu innergenischen Segmentmutationen führen

Bei der Analyse spontaner Mutanten (z. B. des *lacI*-Gens von *E. coli*) wurden neben Basenpaarsubstitutionen und Rasterverschiebungsmutationen auch verschiedene innergenische Segmentmutationen erfasst. Die Sequenzanalysen von mehreren Deletionsmutanten zeigten, dass sich die meisten Deletionen zwischen DNA-Abschnitten ereignen, die in ihrer Sequenz miteinander identisch sind. Der Mechanismus der Entstehung von Deletionen ähnelt in den meisten Fällen dem Mechanismus der Bildung von Rasterverschiebungsmutationen. Offenbar *ist die Bildung von Einzelstrangschleifen infolge von Fehlpaarungen nach Einzelstrangbrüchen* der prämutative Zustand, welcher die Voraussetzung für die Bildung von innergenischen Deletionen ist. Neben Deletionen gibt es auch Duplikationen von DNA-Abschnitten; so wurde z. B. im *lacI*-Gen eine Tandem-Duplikation gefunden, bei der der verdoppelte Abschnitt 88 Nukleotide umfasst.

Seit 1991 werden zunehmend menschliche Erbkrankheiten erfasst, die auf eine extreme Instabilität und damit zahlenmäßige **Vergrößerung repetitiver Trinukleotidsequenzen** zurückzuführen sind. Offensichtlich kommt es durch ungleiche Paarung und ungleichen Austausch zwischen Schwesterchromatiden und/oder Nicht-Schwesterchromatiden zu einer Erhöhung der Trinukleotid-Anzahl und damit zur Auslösung der Krankheit (Tab. 6.2.).

Das Gen, das bei Erkrankten zu *myotonischer Dystrophie* führt (Lage im menschlichen Chromosom 19q13), trägt in der Nähe des nicht translatierten 3′-Endes in zahlreichen direkten Wiederholungen die Trinukleotidsequenz CTG. Bei Gesunden sind 5 bis 35 dieser Trinukleotide direkt aneinandergereiht. Demgegenüber weisen erkrankte Personen 50 bis 4.000 Kopien dieser Dreiergruppe auf, wobei die Schwere der myotonischen Dystrophie in direktem Zusammenhang mit der Anzahl der Dreiergruppe steht.

Im Gen, das bei Erkrankten zur Geisteskrankheit *Chorea Huntington* führt (Chromosom 4p16.3), ist bei Gesunden im codierenden Bereich des Gens die Trinuk-

Tab. 6.2. Instabile repetitive Trinukleotidsequenzen im menschlichen Genom als Ursache für Erbkrankheiten. Nach Strachan und Read 1996.

Krankheit	Position des Gens	Position der repetitiven Sequenz	repetitive Sequenz	normale Länge	Mutations-vorstufe	Vollmutation
Huntington-Krankheit	4p16.3	codierender Bereich	$(CAG)_n$	9–35	?	37–100
Kennedy-Syndrom	Xq21	codierender Bereich	$(CAG)_n$	17–24	–	40–55
spinocerebellare Ataxie 1 (*SCA1*)	6p23	codierender Bereich	$(CAG)_n$	19–36	?	43–81
dentatorubralpallidoluysiane Atrophie (*DRPLA*)	12p	codierender Bereich	$(CAG)_n$	7–23	?	49 → 75
Machado-Krankheit (*MJD, SCA3*)	14q32.1	codierender Bereich	$(CAG)_n$	12–36	?	67 → 79
Fragiles-X-Syndrom Position A (*FRAXA*)	Xq27.3	5′UTR	$(CGG)_n$	6–54	50–200	200 → 1 000
Fragiles-X-Syndrom Position E (*FRAXE*)	Xq28	?	$(CCG)_n$	6–25	?	> 200
Fragiles X-Syndrom Position F (*FRAXF*)	Xq28	?	$(GCC)_n$	6–29	?	> 500
Fragilität des Chromosoms 16 Position A (*FRA16A*)	16q22	?	$(CCG)_n$	16–49	–	1 000–2 000
myotonische Dystrophie (*DM*)	19q13	3′UTR	$(CTG)_n$	5–35	37–50	50–4 000

leotidsequenz CAG 9 bis 35mal repetitiv vorhanden; die Vollmutation weist hingegen 37 bis 150 dieser Trinukleotide in direkter Tandem-Anordnung auf. – Beim Fragilen-X-Syndrom finden sich in verschiedenen Positionen gehäuft die Trinukleotide CGG oder CCG oder GCC: ihre „normale" Anzahl liegt zwischen 6 bis 30; bei einer Vollmutation sind mehr als 200 Dreiergruppen vorhanden. (Angaben über weitere menschliche Erbkrankheiten dieses Typs finden sich in Tabelle 6.2.).

6.6. Einfluss mutagener Agenzien auf die Mutationsrate

6.6.1. Strahlen als Mutagene

Sowohl ultraviolettes Licht als auch ionisierende Strahlung, wie α-, β-, γ-, Röntgen- und Neutronenstrahlen, haben schädigende Wirkungen auf alle Organismen. Diese Strahlung kann einerseits zum Tode der bestrahlten Individuen, andererseits zur Mutationsauslösung führen (Abb. 6.9.).
Ionisierende Strahlen schädigen das genetische Material auf zweierlei Weise. Einerseits entstehen nach Einwirkung ionisierender Strahlen Einzel- und Doppelstrangbrüche, andererseits verursachen sie die Entstehung von Sauerstoffradikalen (= Hydroxyl-Radi-

kale, $\times OH$) durch Spaltung der Wassermoleküle. Diese Sauerstoffradikale sind kurzlebige, jedoch hochreaktive Verbindungen, die eine Vielzahl von DNA-Schäden verursachen.
Am wichtigsten ist die Entstehung von 8-Oxo-Guanin (= 8-OxoG). 8-OxoG kann während der DNA-Replikation sowohl mit Cytosin als auch mit Adenin paaren; dies führt im zweiten Fall zu einer GC → TA Transversion. (Die 3'-5' Exonuklease-Aktivität der Polymerase III erkennt dieses Fehlpaar nicht als falsch.)
Ultraviolettes Licht (UV) gehört zu den nichtionisierenden Strahlen. Am effektivsten absorbiert die DNA UV-Licht der Wellenlänge von 254 nm. UV induziert eine Vielzahl von DNA-Schäden. Am häufigsten kommt es zur kovalenten Vernetzung benachbarter Pyrimidine (vgl. Abb. 5.1.). Solche Pyrimidin-Dimere sind potentiell letale Schäden; sie werden durch verschiedene Reparatursysteme entfernt, wie im Kapitel 5 ausführlich dargestellt. Wie dort geschildert, kommt es nach sehr starker UV-Schädigung zur Induktion der SOS-Reparatur (vgl. 5.7.); durch sie entstehen Mutationen, indem gegenüber solchen Dimeren unspezifische DNA-Basen eingesetzt werden. UV-induzierte Mutationen sind somit das Ergebnis eines fehlerverursachenden Reparatursystems.

6.6.2. Chemische Mutagene

Die Mutagenität zahlreicher chemischer Substanzen hat sich für die Genetik in mehrfacher Hinsicht als sehr bedeutsam erwiesen. Durch die Identifizierung der chemisch induzierten Veränderungen an den Chromosomen konnten viele molekulare Mechanismen der Mutationsentstehung aufgeklärt werden (vgl. 6.5.). Darüber hinaus haben viele chemische Mutagene eine geringere Letalitätswirkung und sind weniger toxisch als Strahlen; so konnten hochwirksame Mutagene für die Grundlagen- und die angewandte Forschung gefunden und charakterisiert werden. Schließlich ergaben sich daraus Ansatzpunkte zur Entwicklung von Schutzstoffen gegen mutagene Wirkungen.
Verschiedene chemische Mutagene haben durchaus unterschiedliche Wirkungsweisen. Für einige sind die Wirkungsmechanismen

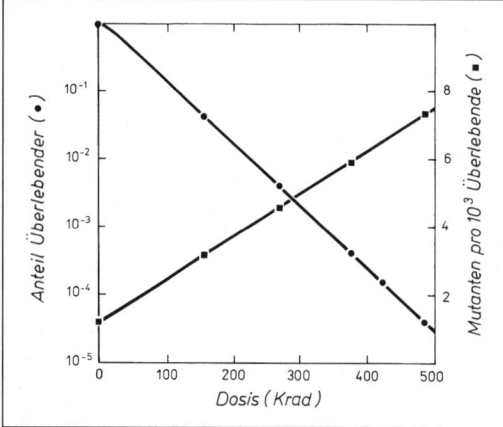

Abb. 6.9. Kinetik der Abtötung (Abszisse links) und Mutanteninduktion (Abszisse rechts) als Folge von γ-Bestrahlung des Bakteriophagen *T4*. Nach Drake 1976.

molekular eindeutig definiert. Andere Mutagene wiederum zeigen ein vielschichtiges Wirkungsmuster; viele lösen sowohl Genmutationen als auch Chromosomenmutationen aus. Klar zu beschreibende Wirkungen zeigen salpetrige Säure bzw. Nitrite (NO_2^-) sowie Basenanaloga, wie Bromuracil und 2-Aminopurin (vgl. 6.5.2. und Abb. 6.5., 6.6. u. 6.7.).

Alkylierende Verbindungen: Sie wirken mutagen, weil sie Alkylgruppen, insbesondere Methyl- oder Ethylgruppen, auf die DNA übertragen (vgl. Abb. 5.1.). Man unterscheidet monofunktionell und polyfunktionell alkylierende Verbindungen (vgl. Abb. 7.1.). Besonders wirksame Mutagene mit alkylierender Wirkung findet man unter den Alkyl-Sulfonaten (z. B. Ethylmethansulfonat EMS) und den N-Nitroso-Verbindungen (z. B. Nitrosomethylharnstoff NMH).

Bestimmte Alkylierungsorte an den Basen wirken paarungsverändernd und führen zu Transitionen (vgl. 6.5.2.2.). Die Alkylierung der Basen verursacht darüber hinaus auch eine Destabilisierung der glykosidischen Bindung der Basen in der DNA, so dass eine häufige Folge der vollständige Verlust von DNA-Basen ist (vgl. 5.1.). Bifunktionell und polyfunktionell alkylierende Verbindungen spielen in der Mutagenese-Forschung (vgl. Abb. 7.1.) wie auch in der Krebsforschung eine wichtige Rolle (z. B. Senfgas, Stickstofflost, Mitomen, Endoxan, Myleran; vgl. Rieger und Michaelis 1967). Polyfunktionell alkylierende Verbindungen können zwei oder mehr Alkylgruppen auf die DNA übertragen; auf diese Weise entstehen „Crosslinks", d. h. kovalente Bindungen zwischen komplementären DNA-Strängen (vgl. Abb. 5.1.). Solche „Crosslinks" sind u. a. für die Entstehung von Chromosomenaberrationen bedeutsam (vgl. 7.1.).

Interkalierende Substanzen: Zu dieser Klasse von Mutagenen gehören u. a. Proflavin und Acridinorange. Diese Agenzien sind in der Lage, sich zwischen benachbarte DNA-Basen zu schieben. Diese Interkalierung führt zu *Rasterverschiebungsmutationen*, d. h., es kommt zum Einbau oder zum Verlust einzelner oder einiger weniger Nukleotide (vgl. 6.5.3.).

6.6.3. Temperatur

Mit zunehmender Temperatur steigt innerhalb eines physiologischen Bereiches die Mutationsrate kontinuierlich an. Mittels der CLB-Methode (vgl.

Abb. 6.11.) wurde bei *Drosophila* ihr Anstieg von etwa 0,09% bei 14 °C über 0,19% bei 22 °C auf 0,33% bei 28 °C nachgewiesen.

Beim Bakteriophagen (T4) werden durch die Einwirkung von Temperatur in ruhender DNA Guaninreste prämutativ geschädigt. Infolge dieser Schäden entstehen sowohl GC → AT-Transitionen als auch GC → CG-Transversionen. Die Höhe dieser Mutationsraten ist direkt von der Höhe der einwirkenden Temperatur abhängig.

6.6.4. Alter

Im Vergleich zu frisch geschlüpften Tieren werden von 20 Tage alten *Drosophila*-Männchen etwa doppelt so viele mutierte Nachkommen erzeugt (0,10% bzw. 0,23%). Daraus wird ersichtlich, dass sich Mutationen im Laufe der Zeit in den Chromosomen anreichern. Diese Anreicherung geschieht auch ohne Zellteilungen. So zeigt zum Beispiel älteres Saatgut höherer Pflanzen ebenfalls eine gesteigerte Zahl von Mutationen (*Antirrhinum*: 1 Jahr 1,1%, 9 Jahre 6,1%). Analog wurde bei Bakteriophagen gezeigt, dass Bakteriophagensuspensionen, die drei Jahre lang bei etwa 0 °C im Kühlschrank aufbewahrt worden waren, einen beträchtlich höheren Anteil an Mutanten im Vergleich zu frischen Bakteriophagensuspensionen aufwiesen.

6.7. Ursachen spontaner Mutabilität

6.7.1. Niedrige Rate spontaner Genmutationen

Eine Mutation wird als ‚spontan' bezeichnet, wenn man im vorliegenden Einzelfall eine genaue Ursache für ihr Auftreten nicht angeben kann. Ein wichtiges Ergebnis der Forschung über die Wirkung unterschiedlicher Mutagene waren auch Einsichten in die Ursachen der spontanen Mutabilität. Indem man die komplizierten, in mehreren Schritten ablaufenden Vorgänge nach Einwirkung physikalischer und chemischer Mutagene auf die Chromosomen, insbesondere die vielfältigen Reparatur- und Mutagenese-Prozesse, analysierte, wurden immer mehr Einsichten in diejenigen Prozesse gewonnen, welche den ‚spontanen' Mutationen auf molekularer und zellulärer Ebene zugrunde liegen.

An der replizierenden wie auch der ruhenden DNA treten laufend durch exogene und endogene Faktoren sehr viele Schäden auf (vgl. Kap. 5 und Abschn. 6.5.2.). Durch eine Kaskade von hintereinander geschalteten Reparatursystemen wird der allergrößte Teil dieser Schäden so effektiv behoben, dass die spontane Mutationsrate für Genmutationen bei 10^{-10} Mutationen pro Basenpaar und Replikation liegt. In Tabelle 6.1. sind die einzelnen Schritte dieser Kaskade zusammengestellt.

6.7.2. Spektrum spontaner Genmutationen

Um Aussagen darüber zu erhalten, wie häufig die verschiedenen Typen von Genmutationen auftreten, benötigt man ein Selektionssystem, mit dem sämtliche sich ereignenden Mutationen erfasst werden können. Eines der wenigen Gene, die solch eine Analyse ermöglichen, ist das *lacI*-Gen von *E. coli*, das den Repressor des Lactose-Operons codiert (vgl. Kap. 19). Eine spezifische Selektionstechnik (Verwendung des synthetischen Zuckers Phenyl-β-D-Galaktopyranosid als Substrat) ermöglicht die direkte Selektion von *lacI*-Mutanten, die durch den Ausfall der Repressorfunktion von *lacI* charakterisiert sind.

In mehreren Studien wurde das Spektrum der verschiedenen Typen spontaner Genmutationen analysiert; besonders genau untersucht wurde der Gen-Anfang von *lacI*, der den N-terminalen Teil des *lac*-Repressors codiert. In Tabelle 6.3. ist für 414 unabhängig aufgetretene Mutanten das Spektrum der einzelnen Mutationsklassen zusammengestellt. Man ersieht daraus, dass Basenpaarsubstitutionen einen großen Anteil ausmachen.

Sicher bedarf es weiterer Analysen anderer Gene, um Aussagen darüber machen zu können, inwieweit eine Übertragung dieser Resultate auf andere Gene und andere Organismen möglich ist.

Generell zu betonen ist die Tatsache, dass unter den spontanen Mutationen die einzelnen Typen von Genmutationen in ganz anderen Häufigkeiten auftreten können als nach Einwirkung bestimmter Mutagene und dass auch ihre Verteilung innerhalb eines Gens ganz anders sein kann.

6.8. Isolierung von Mutanten und Ermittlung der Mutationsraten

6.8.1. Isolierungsstrategien

Die Erfassung eines bestimmten Gens auf konventionellem Wege beruht auf der Entstehung eines Allels, das einen phänotypisch erkennbaren Wechsel hervorruft. Neue Allele eines Gens entstehen durch Genmutationen. Da der Mutationsprozess zufälliger Natur ist (vgl. 6.3.) und daher nicht vorhersehbar ist, welches Gen mutieren wird, ist die Anwendung spezieller Methoden zur Isolierung bzw. zum Nachweis von Mutanten notwendig.

Tab. 6.3. Mutationsklassen unter den spontanen Mutanten im *lacI* Gen von *Escherichia coli*. Nach Schaaper und Dunn 1991.

Mutationsklasse			aufgetretene Anzahl	
			absolut	in Prozent
Basenpaarsubstitutionen				
Transitionen	$A \cdot T \rightarrow G \cdot C$	38		
	$G \cdot C \rightarrow A \cdot T$	137		
			293	70,8
Transversionen	$G \cdot C \rightarrow T \cdot A$	23		
	$G \cdot C \rightarrow C \cdot G$	12		
	$A \cdot T \rightarrow C \cdot G$	48		
	$A \cdot T \rightarrow T \cdot A$	35		
Einzelbasen-Rasterverschiebungen			18	4,3
Deletionen			71	17,2
Additionen			32	7,7
Total			414	100

Grundlegend für die Entwicklung von Nachweismethoden ist die Erkenntnis, dass Genmutationen spontan nur mit sehr geringen Häufigkeiten auftreten (10^{-5}–10^{-10}/Gen/Replikation). Ein effizienter Nachweis ist daher nur möglich, wenn man

(a) Summenmutationsraten bestimmt (also die Mutabilität einer großen Anzahl von Genen, die sich durch bestimmte gemeinsame phänotypische Eigenschaften auszeichnen),
(b) für die Isolierung von Mutanten eines bestimmten Gens ausreichend große Populationen (10^5–10^{12} Individuen) auswertet,
(c) durch den Einsatz von Mutagenen die Häufigkeit des Auftretens von Mutationen bedeutend, z. B. bis auf das Zehntausendfache, anhebt oder

(d) wirksame Isolierungs- und Selektionsverfahren einsetzt, die es ermöglichen, Mutanten vom Wildtyp zu unterscheiden und sie aus einer riesigen Population nichtmutierter Individuen direkt zu selektieren.

Die entwickelten Methoden zur Selektion bestimmter Mutanten gestatten die Ermittlung der Häufigkeit von Mutationen, der sog. Mutationsfrequenzen. Die *Mutationsfrequenz* (genauer: Mutantenfrequenzen) ist der Quotient aus der Anzahl der Mutanten und der Gesamtzahl der Individuen einer Population. Mittels mathematischer Verfahren lässt sich aus einer ermittelten Mutationsfrequenz die Mutationsrate ableiten. Die berechnete *Mutationsrate* ist ein Ausdruck der Wahrscheinlichkeit, mit der ein Gen während der Replikation mutiert.

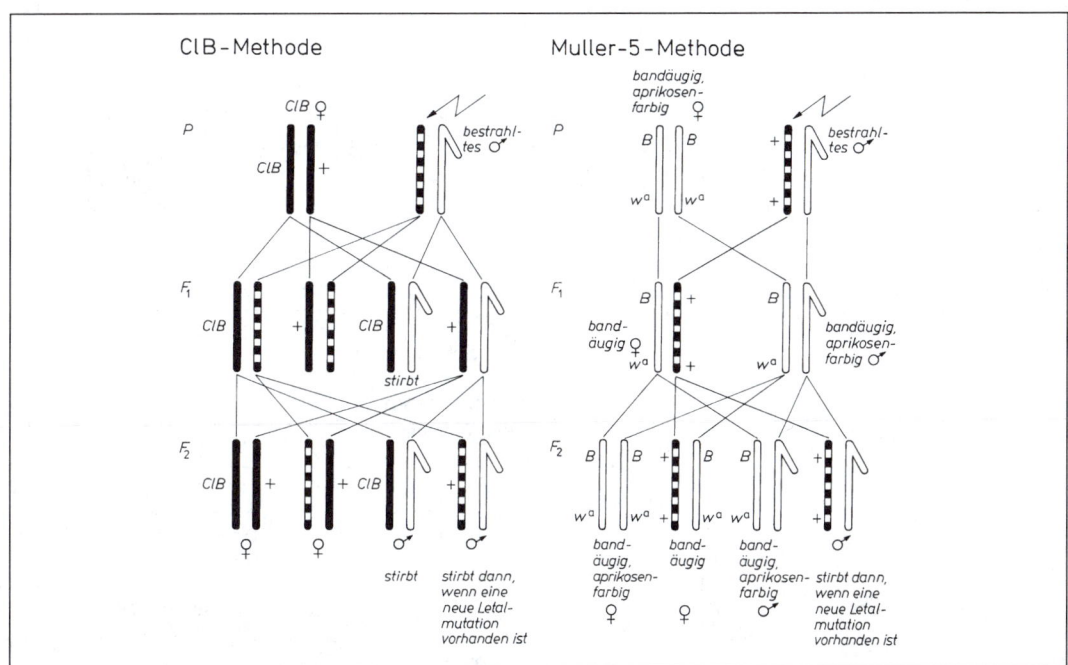

Abb. 6.10. *CIB*-Methode: *C* Crossing-over-Unterdrücker (eine Inversion), *l* Letalfaktor, *B* Bandäugigkeit (dominant). Ein Weibchen mit einem *CIB*- und einem Normal-Chromosom wird mit einem Männchen gekreuzt, dessen X-Chromosom (im Schema schwarz-weiß gestreift) geprüft werden soll (z. B. nach Röntgenbestrahlung). Von der F_1 werden die *CIB*-Weibchen (ganz links) und die normalen Männchen (ganz rechts) zur Weiterzucht verwendet. In der F_2 stirbt die Hälfte der Männchen; denn sie sind hemizygot für den Letalfaktor. Wurde in dem zu prüfenden Männchen (P-Generation, oben rechts) ein Letalfaktor im X-Chromosom induziert, so sterben in der F_2 alle Männchen. Bleibt in der F_2 jedoch die Hälfte der Männchen am Leben, so beweist dies, daß in dem zu prüfenden Männchen keine Letalmutation induziert wurde. Nach Müntzing 1958 aus Hagemann et al. 1978.
Muller-5-Methode: *B* Bandäugigkeit (dominant), w^a aprikosenfarbige Augen (rezessiv). Die X-Chromosomen des Weibchens enthalten ebenfalls einen Crossing-over-Unterdrücker. Geprüft wird wieder das X-Chromosom des Männchens. Analysiert wird die F_2: Die Hälfte der Männchen ist bandäugig und hat aprikosenfarbige Augen. Die andere Hälfte erhält das zu prüfende X-Chromosom. Wurde in dem zu prüfenden Männchen (P-Generation, oben rechts) eine Letalmutation induziert, so sterben in F_2 diese Männchen ab. Treten jedoch in F_2 neben den Männchen mit bandförmigen, aprikosenfarbigen Augen noch in gleicher Häufigkeit Männchen mit normalgeformten und dunklen Augen auf, so beweist dies, daß in dem zu prüfenden Männchen keine Letalmutation induziert wurde. Nach Müntzing 1958 aus Hagemann et al. 1978.

Wenngleich in Abhängigkeit vom Versuchsobjekt sowie von der zu untersuchenden Problematik die Selektionsmethoden sehr verschiedenartig sind, lassen sich dennoch vier wesentliche Isolierungsstrategien unterscheiden:

- Selektion auf Letalmutationen
- Auffinden von unmittelbar sichtbaren Mutationen
- Selektion von auxotrophen Mutanten
- Selektion von Resistenzmutanten.

Nachweis von Letalmutationen: Die ersten Standardmethoden zur exakten Bestimmung von Mutationsraten wurden bei *Drosophila melanogaster* entwickelt. Die **ClB-Methode** sowie die **Muller-5-Methode** gehören hierbei zu den fundamentalen Verfahren, die die Ermittlung der Summenmutationsraten für alle

Letalmutationsereignisse im X-Chromosom ermöglichen. Bei beiden Methoden wird die Häufigkeit von Letalfaktoren im X-Chromosom von *Drosophila*-Männchen bestimmt (Abb. 6.10.). Analoge Methoden zur Bestimmung der Summenmutationsraten im 2., 3. und 4. Chromosom sind entwickelt worden. – Vergleichbare Methoden gibt es für höhere Pflanzen.

Nachweis von unmittelbar sichtbaren Mutationen: Unmittelbar dem Experimentator zugänglich sind Mutationen, die zu sichtbaren Veränderungen von Gestalt, Form, Färbung, Habitus usw. der Pflanzen, Tiere oder der Kolonien von Mikroorganismen führen.

Ein wissenschaftshistorisch wichtiges Beispiel einer unmittelbar sichtbaren Mutante war das Auftreten von weißäugigen Fliegen in einer Population rotäugiger Individuen von *Droso-*

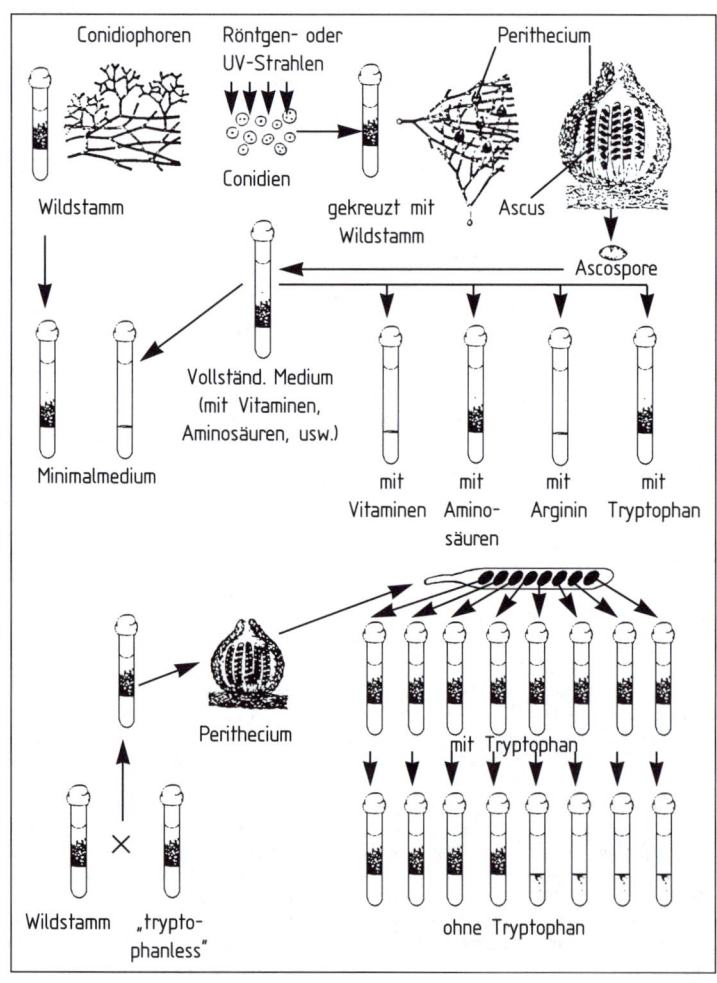

Abb. 6.11. Isolierung von Mangelmutanten von *Neurospora crassa*. Nach Kühn 1950.

phila (Morgan 1910). Häufig sind sichtbare Mutationen in diploiden Organismen rezessiv, so dass sie nur in Homozygoten erkennbar sind. Bei höheren Pflanzen sind Chlorophylldefekte direkt sichtbar. Sichtbare Mutationen in haploiden Mikroorganismen, wie z. B. Hefen, Grünalgen, niederen Pilzen und Bakterien, werden durch deutliche Änderungen in der Koloniemorphologie und -färbung repräsentiert. Bei Bakteriophagen zählen Plaquemorphologiemutanten zu den unmittelbar sichtbaren Mutationen (vgl. Abb. 8.1.).

Selektion und Anreicherung von auxotrophen Mutanten: Als „auxotrophe" Mutationen werden solche Mutationen bezeichnet, welche die Bildung von Molekülen (z. B. Aminosäuren) blockieren, die für das Wachstum lebensnotwendig sind. Solche Mutanten („Mangelmutanten") wurden in großer Zahl vor allem in haploiden Organismen wie *E. coli, Chlamydomonas, Neurospora crassa* (Abb. 6.11.) sowie Hefen isoliert, da diese Organismen im Labor auf definierten Wachs-

tumsmedien gehalten werden können. Im Gegensatz zu prototrophen Wildtypstämmen werden solche Mutanten als auxotroph bezeichnet, weil sie eine Zufuhr definierter Substanzen zum Wachstum benötigen (auxo – mit Hilfe, trophos – ernährend).

Die Selektion von Mutantenstämmen mit metabolischen Defekten ist häufig mit der Verwendung spezifischer Indikatormedien verbunden. So wachsen z. B. *E. coli*-Zellen auf Medien mit dem Zucker Lactose sowie dem Farbstoff Triphenyltetrazoliumchlorid. Kolonien, die Lactose fermentieren, verwerten können (Lac⁺), bewirken eine pH-Erniedrigung, die mit einer Bleichung des Farbstoffes verbunden ist, so dass die Kolonien weiß aussehen. Mutanten, die dagegen Lactose nicht fermentieren können (Lac⁻), sind als rote Kolonien erkennbar. Spezielle Methoden für die Anreicherung von Auxotrophen sind sowohl für Pro- als auch Eukaryoten entwickelt worden. Bei gramnegativen Bakterien können Auxotrophe selektiv angereichert werden, indem mutagenisierte Zellen in ein unsupplementiertes Minimalmedium überführt werden, das das Antibiotikum Penicillin enthält. Penicillin

Tab. 6.4. Spontane Mutationsraten

Organismus	Merkmal		Mutationen/Zelle oder Gamet
Bakteriophage T4	keine Lysehemmung	$r^+ \rightarrow r$	7×10^{-5}
	neuer Wirtsbereich	$h^+ \rightarrow h$	1×10^{-8}
Escherichia coli	Streptomycinresistenz	$str^s \rightarrow str^r$	4×10^{-10}
	Leucinunabhängigkeit	$leu^- \rightarrow leu^+$	7×10^{-10}
	Argininunabhängigkeit	$arg^- \rightarrow arg^+$	4×10^{-9}
	Tryptophanunabhängigkeit	$trp^- \rightarrow R\ trp^+$	6×10^{-8}
	Unfähigkeit zur Arabinoseverwertung	$ara^+ \rightarrow ara^-$	2×10^{-8}
Salmonella typhimurium	Threoninresistenz	$thr^s \rightarrow thr^r$	$4,1 \times 10^{-6}$
	Histidinabhängigkeit	$his^+ \rightarrow his^-$	2×10^{-6}
	Tryptophanunabhängigkeit	$trp^- \rightarrow trp^+$	5×10^{-8}
Chlamydomonas reinhardtii	Streptomycinresistenz	$str^s \rightarrow str^r$	1×10^{-6}
Neurospora crassa	Adeninunabhängigkeit	$ade^- \rightarrow ade^+$	4×10^{-8}
	Inositolunabhängigkeit	$inos^- \rightarrow inos^+$	8×10^{-8}
Drosophila melanogaster	elektrophoretische Varianten		4×10^{-6}
	weiße Augen (white)	$w^+ \rightarrow w$	4×10^{-5}
	schwarze Körperfarbe (ebony)	$e^+ \rightarrow e$	2×10^{-5}
	braune Augen (brown)	$bw^+ \rightarrow bw$	3×10^{-5}
	augenlos (eyeless)	$ey^+ \rightarrow ey$	6×10^{-5}
	gelbe Körperfarbe	$y^+ \rightarrow y$	$1,2 \times 10^{-4}$
Zea mays	geschrumpfte Körner (shrunken)	$Sh \rightarrow sh$	$1,2 \times 10^{-6}$
	farblose Körner (colorless)	$C \rightarrow c$	$2,3 \times 10^{-6}$
	Zuckermais (sugary endosperm)	$Su \rightarrow su$	$2,4 \times 10^{-6}$
	Purpurfärbung (purple)	$Pr \rightarrow pr$	$1,1 \times 10^{-5}$
	Anthocyanlosigkeit	$I \rightarrow i$	$1,06 \times 10^{-4}$
	Anthocyanlosigkeit	$R^+ \rightarrow r^r$	$4,92 \times 10^{-4}$
Mus musculus	braunes Fell (brown)	$b^+ \rightarrow b$	$3,9 \times 10^{-5}$
	Albino	$c^+ \rightarrow c$	$1,02 \times 10^{-5}$
	Non-Agouti	$a^+ \rightarrow a$	$2,97 \times 10^{-5}$

verhindert die Bildung der Zellwände, so dass Wildtypzellen während der Zellteilung abgetötet werden. Sich nicht teilende auxotrophe Zellen überleben dagegen und können anschließend isoliert werden.

Selektion von Resistenzmutanten: Mutanten, die resistent sind gegen Antibiotika, gegen toxische Verbindungen oder auch gegenüber der Infektion durch Viren, sind bei vielen Organismen bekannt. Die Selektion resistenter Mutanten erfolgt nach einem einfachen Verfahren:
Eine Population von Zellen oder Organismen wird einem Agens ausgesetzt, so dass nur resistente oder vom Agens abhängige Mutanten überleben können. Abhängige Mutanten lassen sich durch das Unvermögen erkennen, in Abwesenheit des Agens zu wachsen.
Die Analyse resistenter Mutanten hat zur Erkenntnis geführt, dass zwei prinzipiell unterschiedliche Klassen von Resistenzen existieren:
• Mutanten, die für das Agens nicht mehr permeabel sind oder die das Agens abbauen, und
• Mutanten, die resistent oder unabhängig sind durch eine Veränderung des ursprünglichen intrazellulären Angriffspunktes der Droge.

Da viele Antibiotika in Wildtypzellen essentielle Enzyme, wie z. B. Polymerasen, oder

Tab. 6.5. Raten dominanter Mutationen beim Menschen

Krankheit	Rate/10^6
Neurofibromatose	100
Polycystisches (Nieren-)Syndrom	90
Dominante Taubheiten	47
Polyposis intestinalis	20
Achondroplasie	12
Dystrophische Myotonie	12
Osteogenesis imperfecta	10
Pelger-Huet-Anomalie	9
Multiple Exostosen	8
Tuberöse Sklerose	8
Retinoblastom	7
Marfan-Syndrom	5
Mikrophthalmie	5
Muskeldystrophie	5
Waardenburg-Klein-Syndrom	4
Myotonia congenita	4
Aniridie	3
Akrozephalosyndaktylie	3
Amyotrophische Lateralsklerose	3
Huntington-Syndrom	2

aber die Funktion essentieller Strukturen, wie die Ribosomen, hemmen, ist die zuletzt genannte Klasse von besonderer Bedeutung für die Analyse, wie bestimmte Enzyme bzw. Strukturen arbeiten.

6.8.2. Häufigkeit von Mutationen

Bei einem genetischen Objekt kann die Mutationsrate von Gen zu Gen um mindestens drei Größenordnungen variieren. Dies gilt für die spontane Mutationsrate (Tab. 6.3., 6.4. u. 6.5.), aber auch für die Mutationsraten nach Einwirkung physikalischer oder chemischer Mutagene. Für diese große Variabilität gibt es (mindestens) drei Ursachen:
(a) Bedingt durch die spezifischen Selektionsverfahren können nur solche Mutationen erfasst werden, die zu einem deutlichen phänotypischen Unterschied im Vergleich zum nichtmutierten Wildtyp führen. Im Extremfall sind nur ein einziges oder wenige Nukleotide innerhalb einer Gensequenz in der Lage, durch eine Mutation einen erkennbar veränderten Phänotyp zu verursachen. Daher erscheint die Mutationsrate sehr niedrig. Wesentlich höhere Mutationsraten resultieren dagegen aus Isolierungsstrategien, die es ermöglichen, auf Ausfall eines funktionsfähigen Genproduktes zu selektieren. Zur Funktionsunfähigkeit eines Genproduktes kann potentiell jedes Nukleotid beitragen, so dass dadurch die ermittelte Mutationsrate bis zu tausendfach höher sein kann, obwohl in Wirklichkeit die Gene etwa gleich wahrscheinlich mutieren.
(b) Selektierbare Merkmale können bedingt sein durch Mutationen in einem einzigen Gen oder aber durch Mutationen in mehreren unterschiedlichen Genen, die alle zum gleichen selektierbaren Phänotyp mutieren können.
(c) In Abhängigkeit von den benachbarten Sequenzen können einzelne Nukleotide innerhalb eines Gens zum Teil sehr unterschiedlich mutieren. Dies gilt sowohl für spontane als auch für chemisch induzierte Mutationen. Die Variabilität der Mutationsraten von Basenpaar zu Basenpaar wurde sehr genau in der klassischen Studie über die Mutabilität der rII-Region des Phagen T4 ermittelt.
Innerhalb dieser Region konnten zahlreiche Mutationsorte ("Sites") geprüft werden

(Abb. 6.12.). Während einigen Sites nur jeweils eine Mutation zugeordnet werden konnte, sind andere Sites durch Hunderte unabhängig voneinander entstandene Mutationen ausgezeichnet. Solche sehr häufig mutierende Sites werden als „hot spots" bezeichnet, sehr selten mutierende Sites entsprechend als „cold spots". – Die große Variabilität der Mutationsraten von Basenpaar zu Basenpaar wurde inzwischen bei allen molekular gut charakterisierten Genen bestätigt. Offensichtlich wird allgemein die Mutabilität eines Basenpaares in beträchtlichem Maße durch die spezifischen benachbarten Basensequenzen beeinflusst. Als besonders mutabel haben sich methylierte Basen und kurze Sequenzwiederholungen erwiesen.

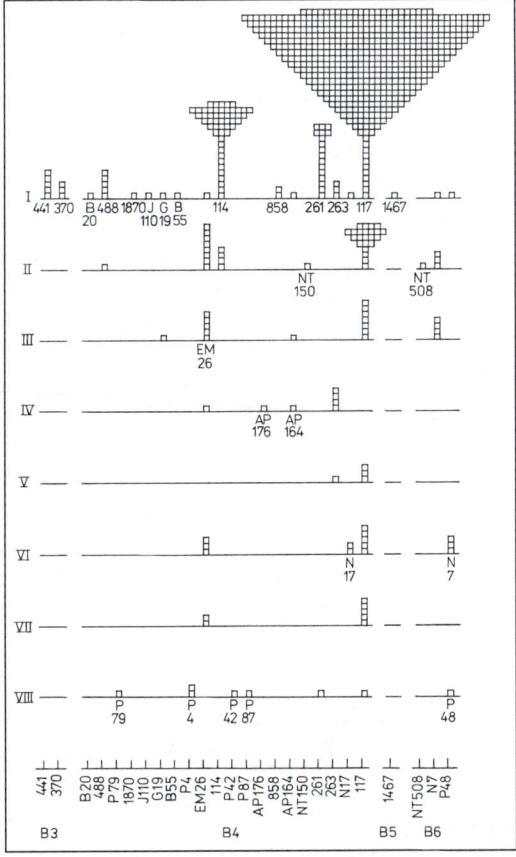

Abb. 6.12. Relative Häufigkeit in der *rII*-Region des Bakteriophagen *T4*. Unterschiedliche Mutagene bewirken deutlich unterschiedliche Häufigkeiten und Verteilungen der ausgelösten Mutationen innerhalb der Region: I. spontane Mutationen; II. mutagen-induziert durch Nitrit; III. Ethylmethansulfonat; IV. 2-Aminopurin; V. Diaminopurin; VI. 5-Bromuracil; VII. 5-Bromdesoxyuridin; VIII. Proflavin. Nach Benzer 1961 aus Hofemeister 1978.

6.8.3. Auftreten „nützlicher" Mutanten

Von einer Reihe von Züchtern und Vertretern der angewandten Biologie ist in der Vergangenheit öfter die Frage gestellt worden, ob es möglich sei, durch Einsatz bestimmter Mutagene oder Mutagen-Kombinationen vorrangig definierte Typen von Mutanten zu erzeugen (z. B. für Frühreife, Standfestigkeit, Krankheitsresistenz, Inhaltsstoffe, Chlorophylldefekte usw.). Eine derartige gerichtete Verschiebung des Genmutantenspektrums in eine für die Züchtung günstige Richtung ist praktisch nicht möglich. Bei „erectoides"-Mutanten der Gerste (mit relativ kurzem Stroh und daher guter Standfestigkeit) konnte gezeigt werden, dass dieser Phänotyp durch Mutationen in 30 verschiedenen Genen bewirkt werden kann und dass die Mutabilität dieser Gene eine gewisse geringfügige Mutagenspezifität zeigt; diese wird aber sicher nicht durch eine primäre selektive Mutagenwirkung auf bestimmte Gene hervorgerufen, sondern höchstwahrscheinlich durch indirekte, sekundäre Effekte. Bestimmte gewünschte Mutanten müssen deshalb nach Einsatz effektiver Mutagene bei hoher Mutationsrate aus einem breiten Mutantenspektrum durch gezielte Selektion ausgelesen werden. (Die in den letzten Jahren entwickelten Verfahren der „site specific mutagenesis" und des „Gene Targeting" sind keine Mutagenese-Methoden, sondern gentechnologisches Verfahren zur gezielten Synthese definierter Gen-Abschnitte und deren Einbau in Chromosomen; vgl. Kap. 13 über Gentechnologie.)

Neu entstandene Mutationen sind zum überwiegenden Teil nachteilig für die Individuen, in denen sich die Mutationen ereigneten. Die Ursache hierfür liegt in der Tatsache, dass alle Gene einer Population der Selektion unterliegen. Mutationen verändern oder zerstören in der Regel DNA-Sequenzen, welche die Anpassung an bestimmte Umweltbedingungen mitbewirken. Gelegentlich entstehen jedoch auch *Mutationen, die einen vorteilhaften Effekt ausüben*, einen positiven Selektionswert haben. Die Wahrscheinlichkeit für solche sehr seltenen Ereignisse ist um so größer, je mehr die Umweltbedingungen Veränderungen unterliegen.

7. Mutationen II

7.1. Chromosomenmutationen

7.1.1. Auslösende Faktoren und Entstehung

Chromosomenmutationen können spontan oder nach Einwirkung chemischer (Abb. 7.1.) oder physikalischer Faktoren entstehen. Potentiell sind alle Agenzien, welche die physische Integrität der Chromosomen oder die Chromosomenbewegung in der Meiose oder Mitose beeinflussen, Mutagene.

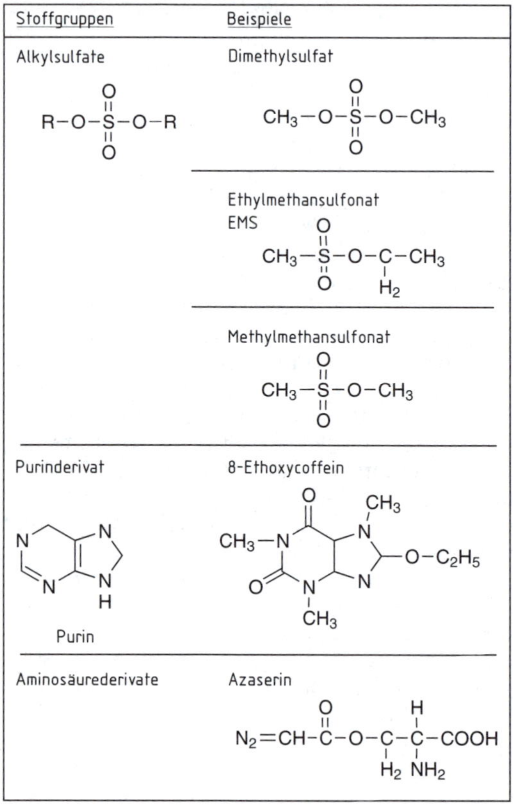

Über die Natur der Schädigung der Chromosomen durch chemische und physikalische Mutagene besteht noch keine völlige Klarheit. Früher glaubte man, dass durch Röntgenstrahlen direkt die Phosphodiesterbrücken in den

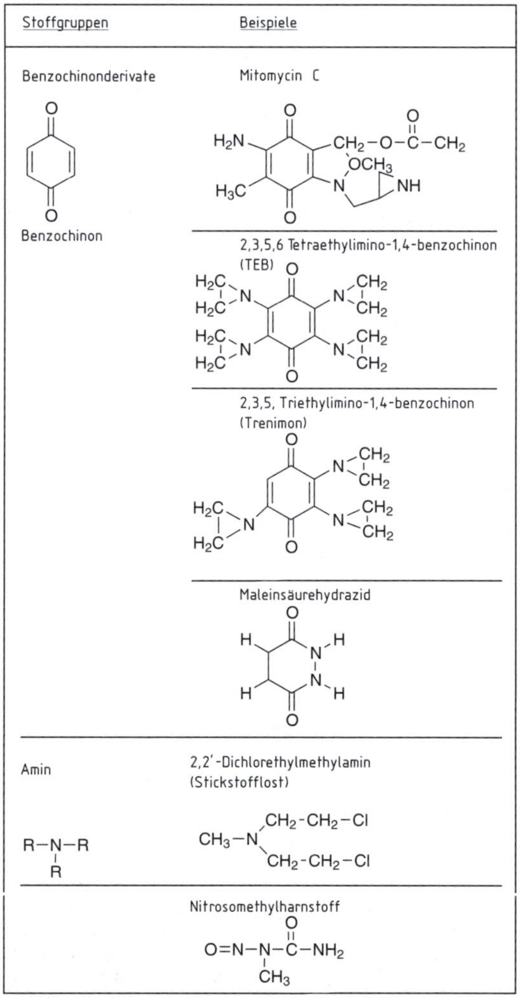

Stoffgruppen	Beispiele
Alkylsulfate	Dimethylsulfat
Purinderivat	8-Ethoxycoffein
Aminosäurederivate	Azaserin

Ethylmethansulfonat EMS

Methylmethansulfonat

Purin

Stoffgruppen	Beispiele
Benzochinonderivate	Mitomycin C
	Benzochinon
	2,3,5,6 Tetraethylimino-1,4-benzochinon (TEB)
	2,3,5, Triethylimino-1,4-benzochinon (Trenimon)
	Maleinsäurehydrazid
Amin	2,2'-Dichlorethylmethylamin (Stickstofflost)
	Nitrosomethylharnstoff

Abb. 7.1 a, b. Übersicht über wichtige chemische Mutagene.

Nukleinsäuren gebrochen werden. Heute weiß man, dass wahrscheinlich die wenigsten Schädigungen auf diese direkte Art und Weise entstehen. Vielmehr ist oft intrazelluläre Bildung freier Radikale die Ursache für Aberrationen. Diese sehr reaktiven Moleküle führen zu Einzelstrang- oder Doppelstrangbrüchen in den Chromosomen, die dann wieder repariert werden können („Bruch-Reunions-Hypothese"). Hierbei wird entweder die Ausgangssituation wiederhergestellt oder als Folge einer Fehlreparatur eine Umlagerung bzw. ein Verlust von Chromosomensegmenten stattfinden. – Eine andere Modellvorstellung („Austausch-Hypothese") geht davon aus, dass die Chromosomen lokale Instabilitäten aufweisen und sich dort Austauschvorgänge vollziehen, wo zwei Instabilitäten sehr eng benachbart auftreten.

Derartige Strukturveränderungen an Chromosomen, die über eine Veränderung an einem einzelnen Gen hinausgehen und zu Verlust, Gewinn oder Umlagerung von Chromo-somensegmenten führen, werden als *Chromosomenmutationen* bezeichnet.

Betrifft eine Chromosomenmutation nur ein Chromosom, so ist sie *intrachromosomal*, betrifft sie mehrere Chromosomen eines Genoms, so handelt es sich um eine *interchromosomale* Mutation. In Abhängigkeit vom Zellstadium, in dem die Schädigung stattfindet, entstehen verschiedene Konfigurationen. Nach Schädigung in der G1-Phase können Chromosomenaberrationen und nach Schädigung in der S- oder G2-Phase Chromatidenaberrationen entstehen. Chromosomale Strukturumbauten sind: Deletion, Inversion, Duplikation und Translokation.

Umfangreiche Untersuchungen zeigten, dass die Aberrationsverteilung nicht längenproportional ist. Bestimmte Chromosomenabschnitte (z. B. die Übergangsbereiche zwischen Eu- und Heterochromatin) sind sog. „hot spots"; hier treten gehäuft Brüche auf. Die Ursache für diese präferentielle Verteilung ist noch weitgehend unbekannt.

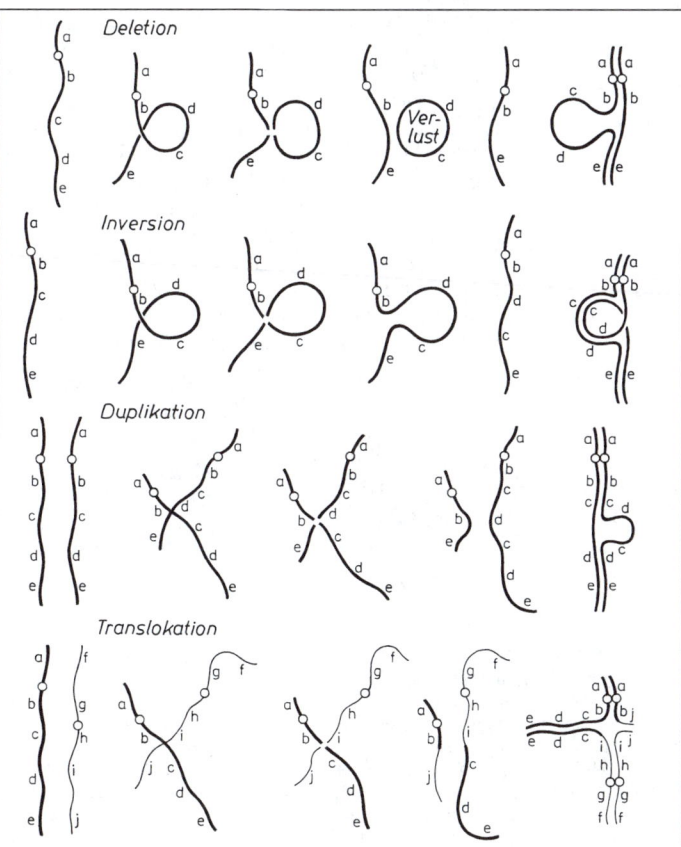

Abb. 7.2. Schema für die Entstehung der verschiedenen Typen von Chromosomenmutationen. In der jeweils dritten Zeichnung jeder Reihe ist das Auftreten der Bruchereignisse dargestellt. Die jeweils letzte Zeichnung in jeder Reihe (rechts) zeigt die Paarungskonfiguration zwischen den normalen unveränderten Chromosomen (a bis e und f bis j) und den durch die Chromosomenmutation veränderten Chromosomen (Paarungskonfiguration in Strukturheterozygoten). Nach Müntzing 1958 aus Hagemann et al. 1978.

7.1.2. Deletion

Unter einer Deletion versteht man einen terminalen oder interkalaren Verlust eines Chromosomenstückes.

An Chromosomen mit lokalisiertem Centromer führt eine Deletion zur Entstehung eines Chromosomenstückes, welches das Centromer enthält, und eines acentrischen Fragmentes; dieses wird in der folgenden Mitose verloren (Abb. 7.2.). Bei einer Deletion gehen somit die im Fragment liegenden Gene verloren. In Deletionsheterozygoten liegen deshalb Gene, die sich im acentrischen Fragment befanden, im nichtmutierten Chromosom hemi-

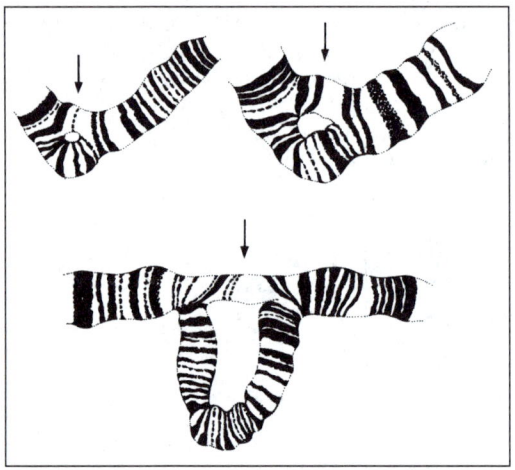

Abb. 7.3. Schleifenbildung in strukturheterozygoten Riesenchromosomen von *Drosophila* als Folge interkalarer Deletionen. Nach Kühn 1965.

zygot vor. Dadurch können sich auch rezessive Gene ausprägen. Man bezeichnet die Ausprägung rezessiver Gene im hemizygoten Zustand als *Pseudodominanz*.

In strukturheterozygoten Pachytänchromosomen und Riesenchromosomen von Dipteren sind terminale Deletionen am überstehenden Ende des Normalchromosoms und interkalare Deletionen durch eine Schleifenbildung sehr leicht erkennbar (Abb. 7.2. u. 7.3.). Besonders bei den Riesenchromosomen ist mit Hilfe von Deletionen eine cytogenetische Kartierung von Genen möglich (Abb. 7.4. u. 7.5.). Pachytänchromosomen sind wegen der geringen Längsstrukturierung der Chromosomen und der damit verbundenen schlechteren Möglichkeit zur Angabe von Bruchpunkten weniger gut geeignet.

Auch an normalen Metaphasechromosomen ist ein eindeutiger Nachweis von Chromosomenstückverlusten durch spezielle Färbemethoden für Chromosomen („Banding"-Techniken; vgl. 2.2.2.) möglich geworden.

Häufig sind Deletionen in Haploiden und Homozygoten wegen des Genverlustes letal. Die Erhaltung von Deletionen in der Generationenfolge ist meist nur über die Heterozygoten möglich.

Jedes eukaryotische Chromosom wird an den Enden beider Arme von je einem Telomer begrenzt und damit stabilisiert. Stabile terminale Deletionen haben Abschnitte im Chromosomen-Endbereich verloren; dennoch ist ein Telomer vorhanden.

Der Bruch-Fusions-Brücken-Zyklus: Durch Chromosomenbrüche oder Crossing-over können Chromatiden bzw. Chromosomen

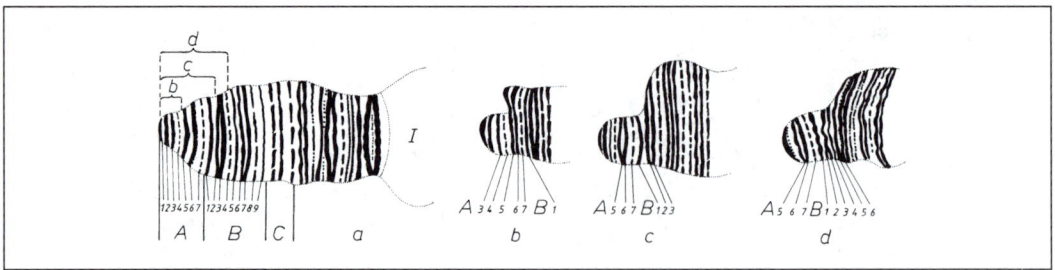

Abb. 7.4. Cytogenetische Lokalisierung von Genen bei *Drosophila melanogaster* mit Hilfe terminaler Deletionen, welche eine unterschiedliche Anzahl endständiger Banden verloren haben. *a* Normales Bandenmuster des linken Endes des X-Chromosoms. *b, c, d* Drei terminale Deletionen verschiedenen Ausmaßes jeweils in Strukturheterozygoten; daher ist der vom Wildtyp-Elter stammende Teil des Riesenchromosoms (= das eine homologe Chromosom) normal, der andere ist durch die Deletion verkürzt. Die Deletionen betreffen die Gene *y-yellow*, *ac-achaete* und *sc-scute*. *b* Deletion der Banden A1 bis A4 (Deletion 260-5). Keines der drei Gene wird dadurch verloren; also liegen in diesen 4 Banden nicht die Loci der Gene. *c* Deletion der Banden A1 bis B1 (Deletion 260-2 $y^- - ac^-$) führt zum Verlust der Gene *y* und *sc*. Die Loci der Gene *y* und *ac* liegen somit im Bereich der Banden A5 bis B1 (denn im Bereich A1 bis A4 liegen sie nicht; s.o.). *d* Deletion der Banden A1 bis B4 (Deletion 260-1 $y^- - ac^- - sc^-$) führt zum Verlust der Gene *y*, *ac* und *sc*. Der Locus von *sc* liegt demnach im Bereich der Banden B2 bis B4 (denn im Bereich A5 bis B1 liegen nur *y* und *ac*). Nach Demerec und Hoover aus Hagemann et al. 1978.

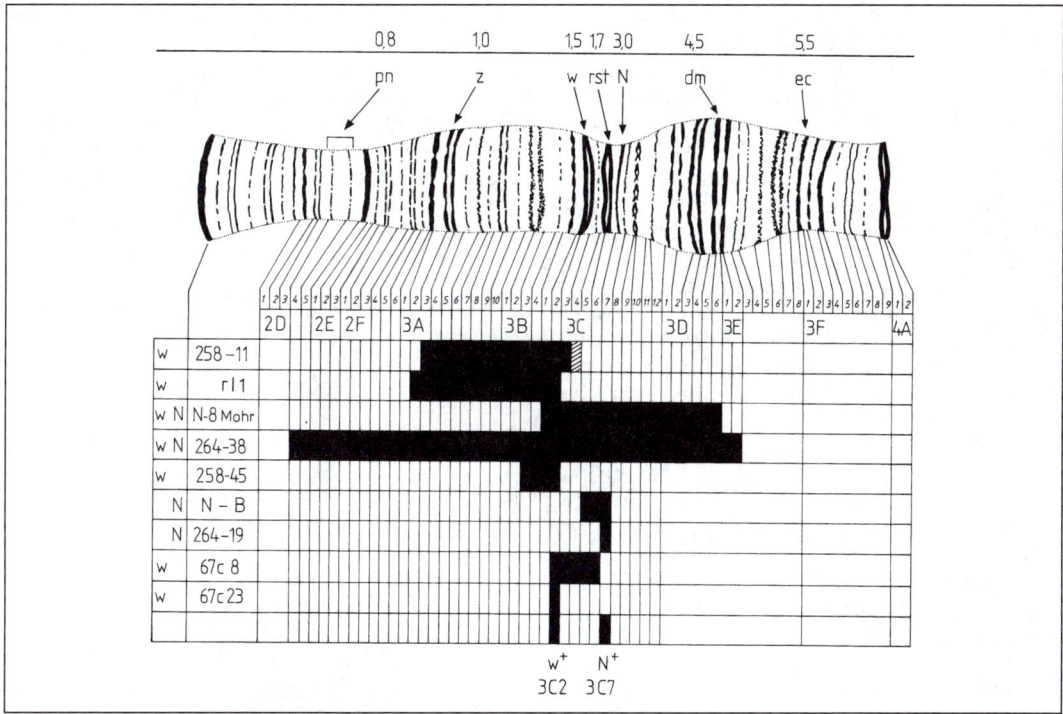

Abb. 7.5. Cytogenetische Lokalisierung von Genen mit Hilfe überlappender interstitieller Deletionen bei *Drosophila melanogaster*. Der Locus von *white* (Weißäugigkeit) liegt in dem Bereich, in dem sich alle Deletionen überlappen, welche den Verlust von *w⁺* (Rotäugigkeit) bewirken; dies ist die Bande 3C2. Der Locus von *Notch* (gekerbte Flügel) liegt in der Bande 3C7, in der sich alle Deletionen überlappen, welche das Auftreten des Notch-Merkmals zeigen. Nach den Daten zahlreicher Autoren.

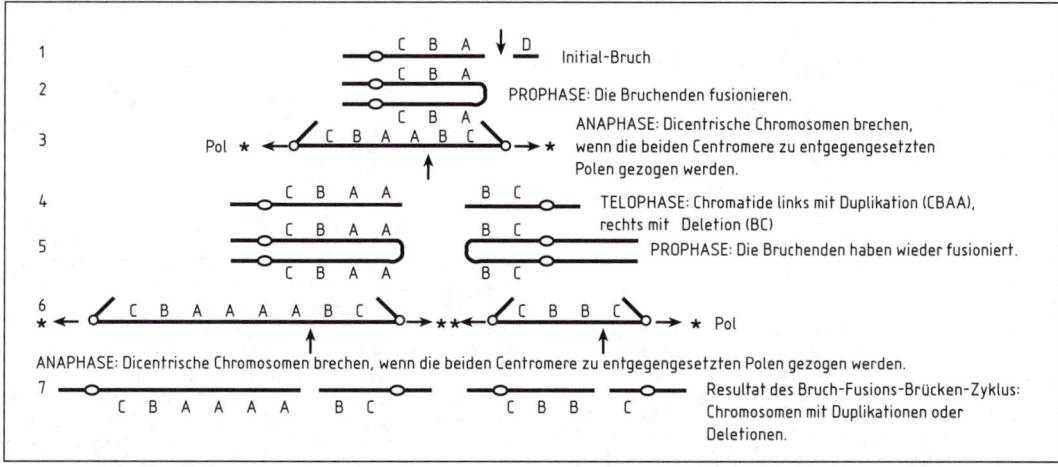

Abb. 7.6. Schema für die einzelnen Schritte des Bruch-Fusions-Brücken-Zyklus. Nach McClintock 1938.

mit zwei Centromeren entstehen (vgl. Abb. 7.6. u. 7.8.). Während der darauffolgenden Anaphase kommt es zu einer Brückenbildung. Diese Brücken zerreißen an unterschiedlichen Stellen zwischen den beiden Centromeren. In verschiedenen Geweben (z. B. dem Endosperm des Maises) „verheilen" die entstandenen Bruchenden nicht, und es erfolgt eine Fusion der „offenen" Enden beider Chromatiden; dadurch entstehen wieder Chromatiden mit zwei Centromeren (Abb. 7.6.). Auf diese Weise kommt es zu dem sog. Bruch-Fusions-Brücken-Zyklus (McClintock 1938). Der sich über mehrere Zellteilungsfolgen wiederholende Zyklus führt – da die Zerreißstelle in einer dicentrischen Chromatide jeweils unterschiedlich liegen kann – zu Umlagerungen von Genen, zu ihrem Verlust (Deletion) oder zu ihrer Verdoppelung (Duplikation). Bei geeigneter genetischer Markierung der Chromosomen, z. B. durch Anthocyan-Gene, sind die Ergebnisse des Bruch-Fusions-Brücken-Zyklus phänotypisch unmittelbar sichtbar.

7.1.3. Inversion

Werden Chromosomensegmente gedreht und in umgekehrter Genreihenfolge am Ursprungsort wieder eingebaut, so liegt eine Inversion vor (vgl. Abb. 7.2.). Umschließt die um 180° gedreht eingebaute Chromosomenregion das Centromer, so nennt man eine solche Inversion *pericentrisch*. Enthält sie das Centromer nicht, ist sie *paracentrisch*. Kommt es in einem Chromosom zu mehreren Inversionen, so sind diese „unabhängig", wenn die einzelnen Inversionen mehrere nicht benachbarte Segmente betreffen; man nennt sie „überlappend", wenn sie einen gemeinsamen Bereich haben. In besonderen Fällen ist es auch möglich, dass eine Inversion eine zweite enthält. Wenn unmittelbar aneinandergrenzende Chromosomenstücke verdreht sind, spricht man von einer *Tandeminversion*.
Genetisch sind Inversionen auch durch die neue Reihenfolge der Gene innerhalb der Kopplungsgruppen nachweisbar (Abb. 7.2.). Eine normale lineare Paarung ist in Inversionsheterozygoten nicht möglich. Cytologisch sind derartige Strukturheterozygoten durch eine typische *Schleifenbildung* im Pachytän

und in Riesenchromosomen zu erkennen (Abb. 7.7. u. 7.8.). Ist die Inversion sehr groß, so paaren nur die invertierten Segmente, und die Chromosomenenden bleiben ungepaart. Durch die Verlagerung der an den Enden einer Inversion liegenden Gene in eine neue Nachbarschaft können *Positionseffekte* auftreten. Crossing-over in pericentrischen Inversionen von Strukturheterozygoten führt

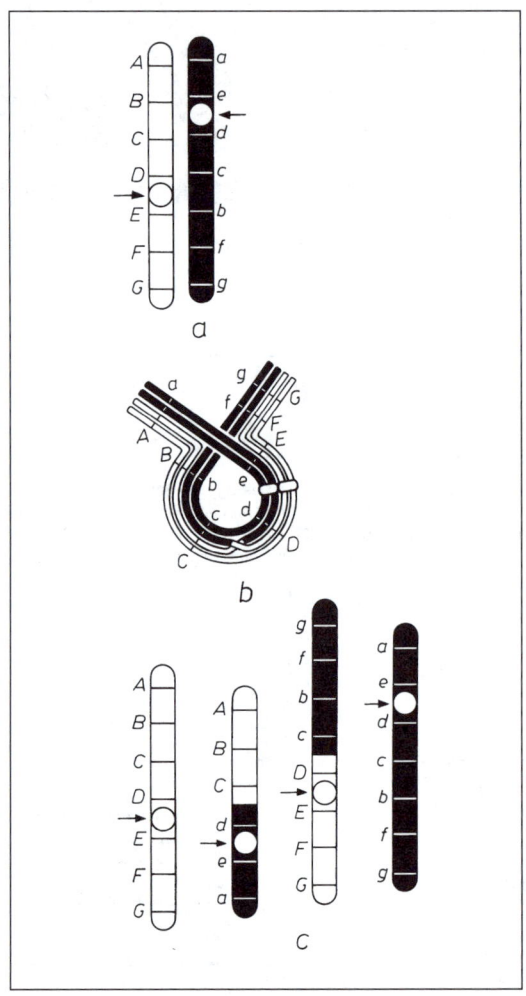

Abb. 7.7. Crossing-over und dessen Folgen in einer Strukturheterozygoten für eine pericentrische Inversion (welche das Centromer einschließt). *a* Ein normales und ein durch eine Inversion verändertes Chromosom. *b* Ein Bivalent im Diplotän der Meiose mit einem Chiasma in dem invertierten (Schleifen-)Bereich. *c* Zwei Chromatiden (eine weiße und eine schwarze) sind Nicht-Cross-over-Chromatiden, welche die beiden ursprünglichen Genfolgen enthalten (wie oben). Die beiden Cross-over-Chromatiden enthalten einige Gene doppelt und andere Gene gar nicht. Die Centromere sind durch Pfeile gekennzeichnet. Nach Sinnott, Dunn und Dobzhansky 1958, verändert.

häufig zur Gonenletalität, da die nach Austausch im Inversionsbereich auftretenden Duplikationen oder Deletionen in den Gameten zu starken Störungen der Genbalance führen; Crossing-over in paracentrischen Inversionen führt zu Chromatidenbrücken und acentrischen Fragmenten, was für die Zellen ebenfalls letal wirkt (Abb. 7.5. u. 7.6.). Die ClB-

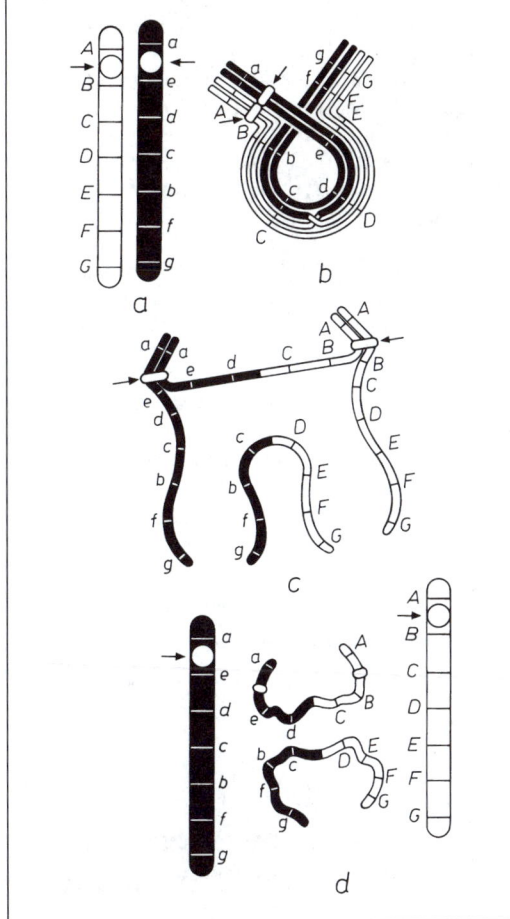

Abb. 7.8. Crossing-over und dessen Folgen in einer Strukturheterozygoten für eine paracentrische Inversion (welche das Centromer nicht einschließt). *a* Ein normales und ein durch eine Inversion verändertes Chromosom. *b* Ein Bivalent im Diplotän der Meiose mit einem Chiasma in dem invertierten (Schleifen-)Bereich. *c* Die Anaphase I der Meiose zeigt die Folgen des Crossing-overs im Schleifenbereich; eine Chromatidenbrücke und ein acentrisches Fragment. *d* Als Ergebnis entstehen neben zwei am Crossing-over nicht beteiligten Chromatiden (einer schwarzen und einer weißen) mit vollständigem Gengehalt eine Cross-over-Chromatide mit zwei Centromeren (was zu einer Brückenbildung führt) und eine Crossover-Chromatide ohne Centromer (die verloren geht, weil sie nicht zu einem Pol transportiert werden kann; letales Ereignis). Nach Sinnott, Dunn und Dobzhansky 1958, verändert.

Methode zum Nachweis rezessiver Letalfaktoren auf dem X-Chromosom von *Drosophila melanogaster* beruht auf der Verwendung einer Inversion als Crossing-over-„Unterdrücker" (vgl. Abb. 6.11.).

In natürlichen Populationen von *Drosophila* treten paracentrische Inversionen relativ häufig auf (Abb. 7.8.). Dadurch, dass die Gene innerhalb einer Inversion vor Crossing-over „geschützt" sind (weil die Rekombinanten letal sind) und somit keine Rekombinanten auftreten, ist die Inversion in bestimmten Fällen von evolutionärem Vorteil, z.B. wenn sie mit nichtinvertierten Segmenten *Heterosis* zeigt.

7.1.4. Duplikation

Bei illegitimem Crossing-over zwischen zwei homologen Chromosomen oder einer entsprechenden Lage der Chromosomenbrüche kann es zur Entstehung von Duplikationen kommen.

Duplikationen sind Verdopplungen von Teilen eines Chromosoms. Sie setzen Brüche in zwei Chromosomen voraus (Abb. 7.2.). Bei einer *Tandemduplikation* liegen die duplizierten Segmente unmittelbar hintereinander. Sind die Segmente um 180° gedreht, so spricht man von einer *Inversduplikation*. Interchromosomal, im Gegensatz zu intrachromosomal, sind Duplikationen, wenn das duplizierte Segment in ein nichthomologes Chromosom eingelagert ist oder in einem Fragmentchromosom im Genom vorliegt.

Die phänotypischen Effekte von Duplikationen sind in der Regel nicht sehr stark. Eine besondere phänotypische Expression ist bei Duplikation von dosisempfindlichen Genen zu erwarten. Einige Duplikationen führen deshalb zu völlig neuen Phänotypen. Das bekannteste Beispiel ist eine Duplikation der Region 16 A im X-Chromosom von *Drosophila melanogaster*, die zur Ausbildung von bandförmigen Augen (Bar) mit verringerter Facettenzahl führt. Kommt es zu illegitimem Crossing-over zwischen den Bar-Regionen verschiedener Chromosomen, so entstehen u.a. auch Ultra-Bar-Tiere, die die Bar-Region dreimal hintereinander auf einem Chromosom besitzen und eine noch stärker reduzierte Facettenzahl aufweisen (Abb. 7.9.).

Stabilisierte Duplikationen kommen in der Natur relativ häufig vor. Polymerie kann z.B. durch Duplikationen hervorgerufen werden (vgl. Kap. 22).

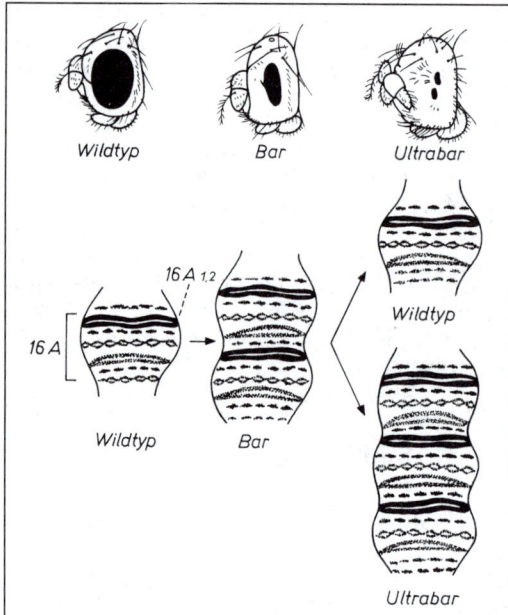

Abb. 7.9. Augenformen und Riesenchromosomen-Bandenmuster von Wildtyp, *Bar* (Region 16A durch Duplikation zweimal vorhanden) und *Ultrabar* (Region 16A dreimal vorhanden) von *Drosophila melanogaster.* Ungleiches Crossing-over in *Bar*-Weibchen führt zum Auftreten von *Ultrabar*- und Wildtyp-Tieren. Nach White 1954 aus Hagemann et al. 1978.

In der Evolution spielen Duplikationen ebenfalls eine große Rolle. Die Ähnlichkeit zwischen den unterschiedlichen Hämoglobinen vom Menschen und von Tieren ist offensichtlich auf Duplikationen einer gemeinsamen Basis-Nukleotidsequenz zurückzuführen (vgl. Kap. 18). Duplikationen spielen auch in der Evolution der Satelliten-DNA eine wesentliche Rolle. Diese DNA ist hoch repetitiv und besteht aus mehreren Millionen Kopien kurzer, etwa 10–20 Nukleotide umfassender Abschnitte. Innerhalb dieser repetitiven Sequenzen kommt es häufig zu leichten Änderungen. Die Menge der Satelliten-DNA ist selbst bei sehr eng verwandten Arten unterschiedlich, so dass man schließen kann, dass diese DNA relativ schnell im Laufe der Evolution verändert wird. In der Pflanzenzüchtung ist es möglich, durch gezielte Duplikationen bestimmter Gene bessere Eigenschaften zu erzielen; z.B. führt die Duplikation des α-Amylase-Gens zu besseren Malzeigenschaften bei Getreide.

7.1.5. Translokation

Translokationen sind Verlagerungen von Chromosomensegmenten in ein anderes homologes, meist aber nichthomologes Chro- *mosom.* Wird von einem Chromosom ein Segment in ein anderes Chromosom eingebaut, so ist das eine einfache Translokation. Bei einem Austausch von Segmenten verschiedener Chromosomen spricht man von einer *reziproken Translokation* (vgl. Abb. 7.2.). Interchromosomale Bruchstückaustausche werden auch als „Shifts" bezeichnet. Die reziproken Translokationen sind am häufigsten und am leichtesten zu erkennen und auch für den Cytogenetiker der wichtigste Translokationstyp.

Als Paarungsfigur entstehen bei Strukturheterozygoten für reziproke Translokationen **typische Kreuzfiguren**, die, da sie 4 Chromosomen umfassen, als *Quadrivalente* bezeichnet werden (Abb. 7.2.). Die Bruchpunkte der Translokationen liegen im Zentrum der Kreuzfigur (Abb. 7.10. u. 7.11.).

Bei einigen Objekten mit gut charakterisierten Pachytänchromosomen (z. B. Tomate, Mais) und bei den Riesenschromosomen der Speicheldrüsen von Dipteren kann man aus cytologischen Befunden genau die Bruchstellen angeben. Treten in diesem Quadrivalent keine Chiasmen auf (was nur ganz selten der Fall ist), so werden die Chromosomen in der Anaphase zufällig auf die Pole verteilt.

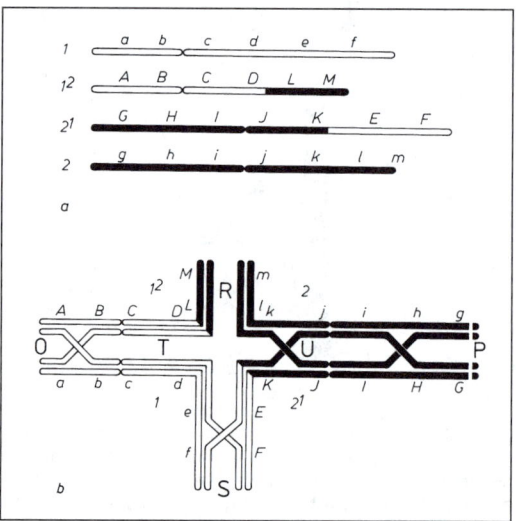

Abb. 7.10. Chromosomen und Paarungskonfiguration bei einer reziproken Translokation. *a* Zwei Normalchromosomen (1 und 2) sowie zwei Chromosomen nach einer reziproken Translokation (1² und 2¹). *b* Paarungskonfiguration im Pachytän – Diplotän mit vier Chiasmen als Folge von vier Crossing-over-Ereignissen. Der Übersichtlichkeit halber sind die jeweils außen liegenden Chromatiden als Nicht-Cross-over-Chromatiden und die innen liegenden als Cross-over-Chromatiden dargestellt. Die Centromere liegen zwischen *Bb* und *Cc*. Nach Sybenga 1975.

Bei Bildung von Chiasmen entstehen in der Metaphase I bzw. Anaphase I Viererringe oder Viererketten. In der Anaphase I können die Centromere unterschiedlich verteilt werden: Wenn im Ring aufeinanderfolgende Centromere jeweils zu unterschiedlichen Polen verteilt werden, entstehen „Zick-Zack-Ringe", sonst „gerade Ringe". Lebensfähige Gone entstehen nur bei einer Alternativ- oder **„Zick-Zack-Anordnung"** von Chromosomen mit nichthomologen Centromeren. Gerade Ringe führen zur sog. **Adjacent-Verteilung**; die Adjacent-1-Verteilung entsteht, wenn benachbart in der Äquatorialebene liegende Chromosomen mit nichthomologen Centromeren gleichen Polen zugeteilt werden, und eine Adjacent-2-Verteilung, wenn benachbarte Chromosomen mit homologen Centromeren zum gleichen Pol wandern (Abb. 7.2. u. 7.11.). Die entstehenden Gameten haben dann Chromosomen mit Duplikationen und Deletionen und sind meist nicht funktionsfähig.

Wenn nach der Bildung der zur Translokation führenden Brüche in zwei Chromosomen die centromerhaltigen Fragmente fusionieren, entstehen ein dicentrisches und ein acentrisches Fragment. Letzteres geht häufig schon bei der nächsten Zellteilung verloren. Bei dem dicentrischen Fragment können die Centromere zu verschiedenen Polen gezogen werden und so zu beträchtlichen cytologischen Störungen (Anaphasebrücken) führen. In einem Bruch-Fusions-Brückenzyklus zerreißt die Anaphasebrücke an beliebiger Stelle. Die entstehenden Bruchflächen führen zu neuen Fusionen, die bei der nächsten Anaphase wieder Brücken ausbilden usw. (vgl. Abb. 7.6.).

Durch die cytologische Analyse von Translokationen ist es möglich, die Lage der Gene in den Chromosomen zu bestimmen und danach cytogenetische Chromosomenkarten aufzustellen.

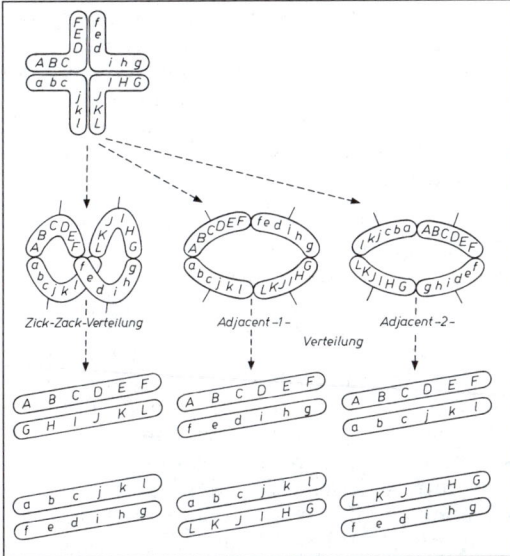

Abb. 7.11. Chromosomenpaarung und -verteilung in einer Translokationsheterozygoten. Der Übersichtlichkeit halber sind die Chromosomen im Pachytän und in der Anaphase I einfach gekennzeichnet (Es liegen jeweils zwei Chromatiden vor! Vgl. Abb. 7.10.). Oben: Paarungskonfiguration im Pachytän. Mitte: Die nach Terminalisierung der Chiasmen an ihren Telomeren verbundenen 4 Chromosomen werden in Anaphase I entweder als „Zick-Zack-Ringe" oder als „gerade Ringe" angeordnet. Dies führt entweder zu einer „Zick-Zack-Verteilung" der Chromosomen oder zu ihrer „Adjacent-1"- bzw. „Adjacent-2"-Verteilung. Unten: Als Folge dieser unterschiedlichen Verteilungen entstehen genetisch komplette und daher lebensfähige Gonen oder solche Gonen, die genetisch durch Deletionen und Duplikationen bestimmter Abschnitte unausgewogen und daher nicht funktionsfähig sind. Der Deutlichkeit halber sind die Chromosomenabschnitte (A B C...) in den beiden Normalchromosomen mit Großbuchstaben (A–F, G–L), in den anderen beiden Chromosomen mit Kleinbuchstaben gekennzeichnet. Nach Sinnott, Dunn und Dobzhansky 1958, stark verändert.

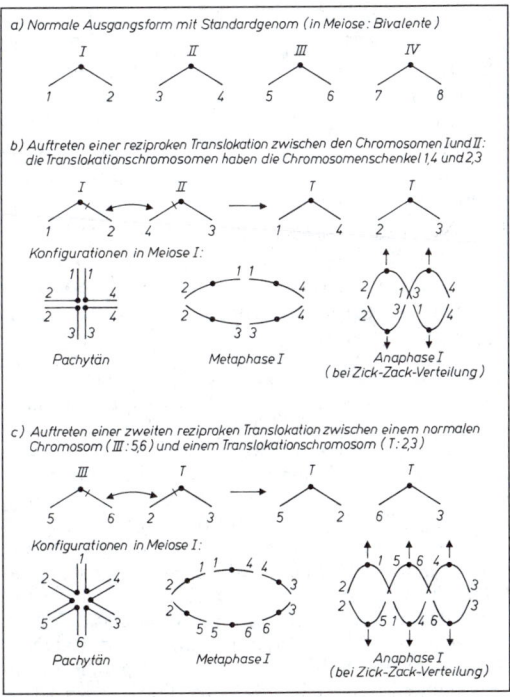

Abb. 7.12. Schema für die Entstehung von Chromosomenringen in der Meiose von Komplexheterozygoten (*Oenothera, Rhoeo*) als Folge einer Serie reziproker Translokationen. Nach Lindenhahn und Schmidt 1980.

Trotz der mit den Translokationen verbundenen Störungen können sie relativ häufig in natürlichen Populationen beobachtet werden, was sicher, wie bei der Inversion, an der stabilisierten Heterozygotie, die durch das Zusammenhalten von Genblöcken erreicht wird, liegt.

Bei einer Reihe von pflanzlichen Objekten (z. B. *Oenothera, Rhoeo, Campanula*) sind komplexe Translokationsvorgänge erfolgt, die mehr oder weniger alle Chromosomen des Satzes umfassen (Abb. 7.12.). Die so entstehende **Komplexheterozygotie** ist erbkonstant heterozygot. Die Lebensfähigkeit bestimmter Gonen wird durch die gesetzmäßige Alternativanordnung der Chromosomen gesichert.

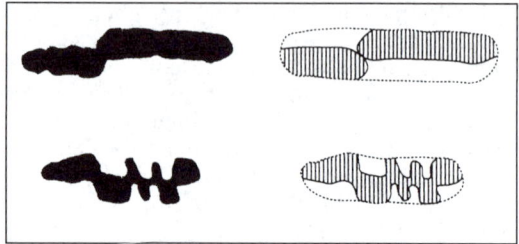

Abb. 7.13. Chromosomen von *Vicia faba* nach zwei Zellzyklen, zuerst repliziert in BrdUrd-, danach in Thymidin-Medium. Ein Chromosom mit einem Schwesterchromatidenaustausch (SCE) und ein Chromosom mit 6 SCEs. Zeichnung nach Foto (*links*), Schema (*rechts*). Von Lindenhahn-Hagemann.

7.1.6. Schwesterchromatidenaustausch (SCE)

Crossing-over ist definiert als Prozess des reziproken Austausches zwischen Nichtschwesterchromatiden homologer Chromosomen, der vor allem während der Meiose regelmäßig stattfindet. Seit vielen Jahren wurde die Frage diskutiert, ob auch zwischen den Schwesterchromatiden eines Chromosoms Austauschvorgänge erfolgen können. Heute weiß man eindeutig, dass es auch zwischen Schwesterchromatiden zum Austausch (engl.: sister chromatid exchange, SCE) kommen kann. Der Nachweis gelang zuerst mit autoradiographischen Techniken; heute werden vor allem Kombinationen des Einbaues von Basenanalogen und von differentiellen Färbetechniken benutzt.

So lässt man z. B. sich teilende Zellen in Anwesenheit von 5-Bromdesoxyuridin (BrdUrd, Bromuracil) eine Zeitlang wachsen; dieses wird dann als Basenanalogon anstelle von Thymin in die DNA eingebaut. An die Präparation der Chromosomen schließt sich eine kombinierte Fluorochrom (Hoechst 33258)- und Giemsa-Färbung an. Nunmehr kann man im Lichtmikroskop eindeutig die beiden unterschiedlich gefärbten Schwesterchromatiden eines Chromosoms beobachten.

Die Intensität der Färbung einer Chromatide hängt von der Anzahl Bromuracil-substituierter DNA-Stränge ab; je höher der Bromuracilgehalt, desto schwächer die Färbung. Auf diese Weise ist es möglich, im Lichtmikroskop eindeutig die beiden unterschiedlich gefärbten Schwesterchromatiden eines Chromosoms zu unterscheiden. Der Schwesterchromatidenaustausch erfolgt während der

S-Phase. Im gefärbten Chromosom erkennt man einen oder mehrere SCEs am Wechsel der Färbung (Abb. 7.13.).

Wenn die Chromosomen durch chemische Mutagene, Strahlen oder Umweltnoxen (z. B. Zigarettenrauch) geschädigt worden sind, beobachtet man eine deutliche Zunahme von Schwesterchromatidenaustauschen. Die Prüfung auf SCEs ist somit eine empfindliche Methode der Mutagenitätstestung (Abb. 7.13.).

7.1.7. Positionseffekt

Wird infolge einer Chromosomenmutation ein Gen in eine andere Chromosomenregion verlagert, so kann sich seine phänotypische Wirkung ändern. Diese Erscheinung wird Positionseffekt genannt, und es werden zwei Typen unterschieden. Fälle des **stabilen Positionseffektes** sind relativ selten (z. B. Bar bei *Drosophila*, Abb. 7.9.) und führen zu einem einheitlichen Mutantenphänotyp. Beim **V-Typ-Positionseffekt** („variegated type") wird stets phänotypisch eine Variegation (Scheckung) für den Mutantenphänotyp des verlagerten Gens beobachtet. Hier wird durch Heterochromatin die normale Aktivität von Genen blockiert, die infolge einer Chromosomenmutation in eine neue, unmittelbare Nachbarschaft zu diesen heterochromatischen Chromosomenregionen gebracht wurden (Abb. 7.14.). Dabei wird das betroffene Gen nicht in allen Zellen inaktiviert, sondern nur in einem Teil.

Die Geninaktivierung beim V-Typ-Positionseffekt beruht auf einer Blockierung der Transkription der an das Heterochromatin verla-

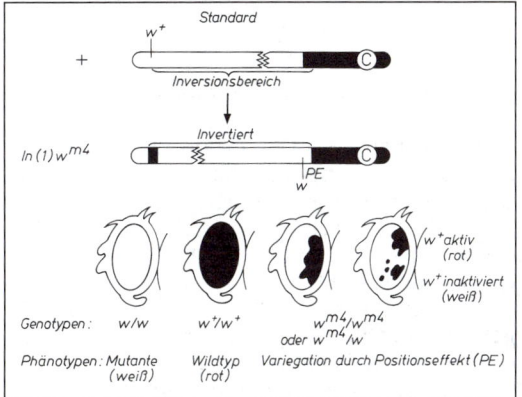

Abb. 7.14. Positionseffekt (V-Typ) bei *Drosophila melanogaster.* Im X-Chromosom ist durch eine Inversion das Gen w^+ für Rotäugigkeit in die Nähe von Heterochromatin verlagert worden. Durch das benachbarte Heterochromatin erleidet w^+ einen Positionseffekt (w^{PE}) vom V-Typ. Nur in einem Teil der Facetten kann es sich ausprägen (rote Bezirke); in anderen Augenbereichen ist es in seiner Ausprägung blockiert (weiße Bezirke). Nach Lewis und Reuter aus Hagemann et al. 1978.

gerten Gene (vgl. Abschn. 20.2.1.). Fälle von V-Typ-Positionseffekt wurden nicht nur bei *Drosophila*, sondern auch bei *Oenothera*, bei der Maus und beim Menschen gefunden. Werden die Gene wieder in ein normal strukturiertes Chromosom verlagert, so sind sie sofort wieder vollkommen aktiv.

7.1.8. Chromosomenmutationen beim Menschen

In den letzten Jahren hat das humangenetische Wissen stark zugenommen. Außerdem eröffnete die Möglichkeit der somatischen Zellhybridisierung völlig neue Perspektiven. Die Lokalisierung menschlicher Gene ist wesentlich einfacher und sicherer geworden. Die Entwicklung spezieller Färbetechniken (Giemsa-Färbung, Quinacrinfluoreszenz) führte zu einer genauen Charakterisierung der einzelnen Chromosomen an Hand typischer Querbanden. Krankheiten und Schädigungen konnten in einigen Fällen auf ihre molekulargenetischen Ursachen zurückgeführt werden. Chromosomenmutationen sind beim Menschen vielfach beschrieben.

Das **Katzenschreisyndrom** („Cri-du-chat"-Syndrom), das sich in einem katzenähnlichen Schreien der Neugeborenen und einem starken Zurückbleiben der geistigen und körperlichen Entwicklung der Patienten äußert, wird durch eine Deletion des kurzen Armes eines 5. Chromosoms hervorgerufen.

Deletionen des kurzen Armes eines 4. Chromosoms führen zu Schwachsinn und Iriskolobom. Fehlt vom langen Arm des Chromosoms 18 ein Stück (De-Grouchy-II-Syndrom), so ist das mit Schwachsinn, Unterentwicklung von Nase und Unterkiefer und einer Vergrößerung des Abstandes der inneren Augenwinkel verbunden; fehlt vom kurzen Arm ein Stück (De-Grouchy-I-Syndrom) führt dies zu Mikrocephalie, Epikanthus und Hypotonie.

Eine besondere Form von Deletionen sind die **Ringchromosomen**. Sie entstehen durch Bruchstückverluste an beiden Chromosomenenden. Ringchromosomen sind in fast allen Chromosomengruppen des Menschen beobachtet worden. Sie sind wie normale Deletionen mit körperlichen und geistigen Entwicklungsstörungen verbunden.

Eine weitere interessante Chromosomenaberration bei Menschen ist das Auftreten von **Isochromosomen**. Diese entstehen im Prinzip durch eine reziproke Translokation. In der 2. meiotischen Teilung werden die Chromosomen nicht längs- sondern quergespalten, wobei zwei Tochterchromosomen entstehen, die entweder nur aus zwei langen oder nur aus zwei kurzen Armen der Normalchromosomen bestehen. Die genetischen Folgen solcher Isochromosomen erklären sich aus der Tatsache, dass dann eine diploide Zelle monosom ist für den einen Arm des Chromosoms und trisom für den anderen Arm. Es konnte nachgewiesen werden, dass die Häufigkeit des Auftretens von X-Isochromosomen des langen Armes (i(Xq)) vom Alter des Vaters abhängt.

Bei der **Robertson-Translokation** verschmelzen acrocentrische Chromosomen in der Nähe des Centromers. Dabei bleibt nur das aus den langen Armen hervorgegangene Chromosom bestehen. Das Chromosom aus den kurzen Armen geht verloren. Diese Art von Translokation führt zu Probanden mit nur 45 Chromosomen, die aber trotz des Verlustes der zwei kurzen Chromosomenstückchen phänotypisch normal sind.

Eine sehr bekannte Translokation beim Menschen ist die Verlagerung des großen Teiles von Chromosom 21 an das Chromosom 14. Dadurch entsteht ein Proband mit nur 45 Chromosomen, der aber phänotypisch normal ist. Wenn eine Frau mit einer Heterozygotie für eine derartige Translokation Kinder mit einem chromosomal normalen Mann hat, kann ein **Langdon-Down-Syndrom** auftreten. Numerisch haben solche Menschen 46 Chromosomen. Da aber die genetische Information des Chromosoms 21 dreimal vorhanden ist, zeigen Träger dieser Translokation den gleichen Phänotyp wie Patienten mit einer Trisomie 21 (**Langdon-Down-Syndrom**) (Abb. 7.15.). Durch die Translokation T (14,21) wird der genetische Defekt des Down-Syndroms zu einer Erbkrankheit, die in gesetzmäßiger Häufigkeit wieder in den Nachkommen auftritt. – Diese Entstehungsweise des Langdon-Down-Syndroms ist viel seltener als die sog. freie Trisomie 21, bei der drei Chromosomen 21 pro Zelle vorhanden sind (vgl. Tab. 7.4.); dieser Typ von Aneuploidie wird im Abschnitt 7.2.3. geschildert.

7.2. Genommutationen

Den Wechsel in der Chromosomenzahl im Laufe der ontogenetischen Entwicklung bezeichnet man als *Kernphasenwechsel*. Die gegebene Ausgangslage bleibt solange erhalten, wie Befruchtung, Mitose und Meiose normal und störungsfrei verlaufen. Kommt es durch Störungen (durch physikalische oder chemische Faktoren oder auch nach bestimmten Kreuzungen) zu einer zahlenmäßigen Abweichung im Chromosomenbestand der Zelle oder des Organismus, spricht man von Genom- oder Ploidiemutationen.

Änderungen im quantitativen Genbestand können zu Störungen in der Mitose und Meiose führen. Die Zellen jeder Pflanzen- und Tierart sind durch eine bestimmte Chromosomenzahl charakterisiert. Die Veränderungen in der Chromosomenzahl können sowohl ganze Chromosomensätze (Euploidie) als auch einzelne Chromosomen betreffen (Aneuploidie).

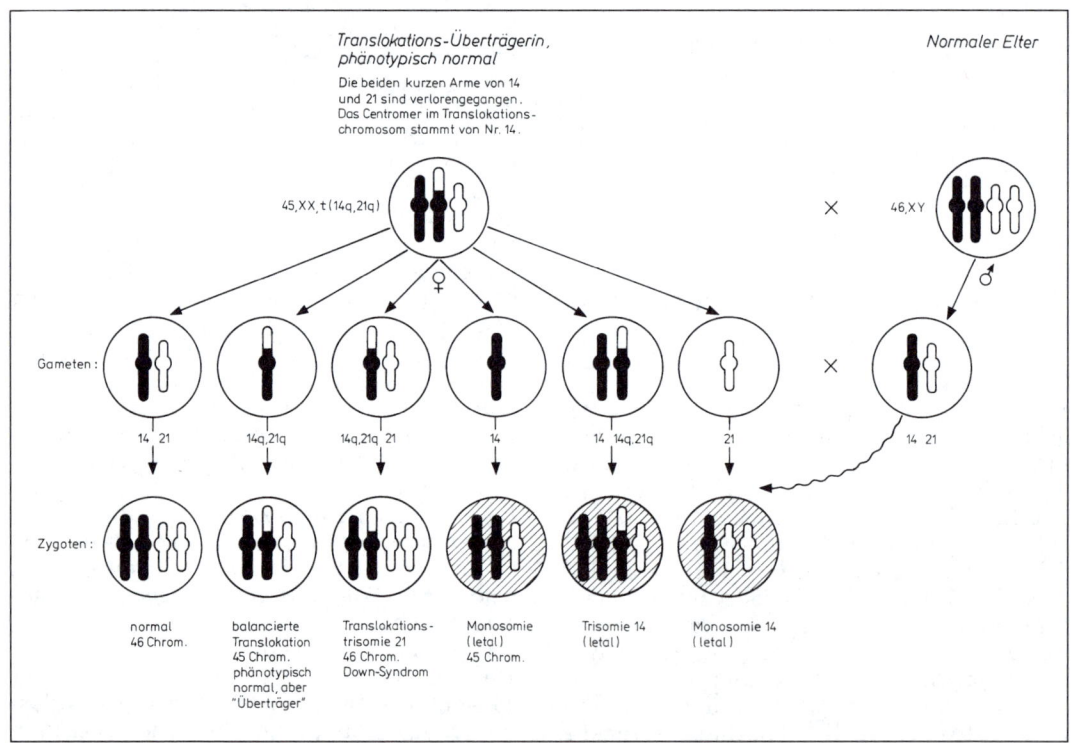

Abb. 7.15. Cytologische Grundlagen für den familiären Translokationsmongolismus. Die Trägerin einer Translokation zwischen den Chromosomen 14 und 21, t (14q, 21q) bildet 6 Sorten von Eizellen. Die als dritte von links gezeichnete Eizelle ergibt nach Befruchtung mit einem normalen Spermium eine Translokationstrisomie für Chromosom 21 (Down-Syndrom, Mongolismus).

7.2.1. Euploidie: Haploidie und Polyploidie

Wenn man den diploiden Status als normal voraussetzt, so kann eine Minderung um die Hälfte zur Haploidie oder eine Vermehrung um ein Vielfaches des Chromosomensatzes zur Polyploidie eintreten. Die verschiedenen Ploidiestufen werden, ausgehend von der Grundzahl n, folgendermaßen benannt:

n = haploid	6n = hexaploid
2n = diploid	7n = heptaploid
3n = triploid	8n = oktoploid
4n = tetraploid	9n = enneaploid
5n = pentaploid	10n = dekaploid

Bei höheren Ploidiegraden erfolgt eine nummerische Bezeichnung, z. B. 11ploid, 12ploid usw.

Bei Diplonten ist wiederholt das Auftreten von **Haploiden** beobachtet worden, bei Pflanzen wesentlich häufiger als bei Tieren. Solche haploiden Organismen entwickeln sich vegetativ fast normal, sind jedoch wesentlich kleiner und steril. Die Sterilität wird durch eine ungleiche Polbewegung der Chromosomen nach fehlender Bivalentenpaarung hervorgerufen. Man kann die sterilen haploiden Pflanzen durch Vermehrung vegetativer Organe (z. B. Stecklinge) erhalten. Ein solches Verfahren wird als Klonen oder Klonieren bezeichnet. Alle vegetativ vermehrten Nachkommen einer Pflanze bilden einen **Klon**.

Da **Haploide** für die Pflanzenzüchtung ein wertvolles Material darstellen (nach Diploidisierung liefern sie 100%ig homozygote Pflanzen), wurde auf den verschiedensten Wegen sehr intensiv versucht, Haploide zu gewinnen. Eine Möglichkeit besteht in der Schädigung der Ei- oder Spermazellen unmittelbar vor der Bestäubung oder Befruchtung durch Röntgenstrahlen. In günstigen Fällen bleibt nur das Genom eines Elters entwicklungsfähig, und es entstehen androgenetische oder gynogenetische Haploide. Auch nach bestimmten Artkreuzungen (z. B. *Hordeum bulbosum* × *Hordeum vulgare*) treten Haploide mit unterschiedlicher Häufigkeit auf (und zwar dadurch, dass ein Genom eliminiert wurde), u.U. sogar in solchen Mengen, dass eine kommerzielle Nutzung möglich wird ("bulbosum"-Technik).

Im letzten Jahrzehnt wurde durch die sog. „Antherenkultur", d. h. durch Regeneration haploider Zellen der Antheren (Mikrospo-

ren), eine völlig neue Möglichkeit zur Erzeugung haploider Pflanzen geschaffen. Für etliche Arten (z. B. Tabak) ist diese Methode bereits ein Routineverfahren zur Gewinnung Haploider geworden. Durch die Verwendung eines vollsynthetischen Mediums zur Regeneration, die Möglichkeit des Wechsels der Kulturbedingungen und eine Reihe weiterer Vorteile sind durch dieses Verfahren für die Zukunft ganz wesentliche Erkenntnisse über die molekularen Grundlagen von Differenzierungsprozessen und eine Beschleunigung des Züchtungsprozesses zu erwarten.

Bei der **Polyploidie** kann man je nach Herkunft der Chromosomensätze (z. B. A oder B) verschiedene Typen unterscheiden:

- **Autopolyploide** (Autoploide) entstehen durch Vervielfachung des eigenen Chromosomensatzes (z. B. AAAA).
- **Allopolyploide** (Alloploide) werden nach Art- und Gattungskreuzungen durch Kombination unterschiedlicher Genome erhalten (z. B. AABB).
- **Autoallopolyploide** (Autoalloploide) vereinigen in sich die Merkmale von Autoploiden und Alloploiden (z. B. AAAABB).

Spindelgifte wie Colchizin, α-Monobromnaphthalin oder Colcemid verhindern die Ausbildung des Spindelapparates und führen so zur Vermehrung der Chromosomen ohne Cytokinese, d. h. ohne die Verteilung der Chromatiden auf die Tochterzellen. Durch solche Störungen an mitotisch sich teilenden und meiotischen Zellen entstehen Autopolyploide, z. B. Tetraploide (4n) aus Diploiden (2n) und Oktoploide (8n) wiederum aus Tetraploiden. Bei der Kreuzung von verschiedenen geradzahligen Euploiden (z. B. 2n × 4n) entstehen meist ungeradzahlige Euploide (3n, 5n, 7n ...).

Kommen unreduzierte Gameten, die wegen Meiosestörungen noch einen diploiden Chromosomensatz besitzen, zur Befruchtung, so entstehen ebenfalls polyploide Formen. Bei Verschmelzung von zwei unreduzierten Gameten bildet sich eine tetraploide Zygote. Die Vereinigung eines unreduzierten Gameten mit einem normalen haploiden resultiert in einer triploiden Zygote.

Autopolyploide sind phänotypisch häufig an der Vergrößerung ihrer Zellen zu erkennen (Stomata, Pollenkörner, Anzahl der Chloroplasten pro Zelle). Solche *Gigasformen* entstehen im wesentlichen durch eine Vergrößerung und nicht durch eine Vermehrung von Zellen. Durch die damit verbundene Veränderung der Beziehung von Oberfläche und Volumen kann es über Diffusionsstörungen für bestimmte Substanzen zu Entwicklungsstörungen kommen. Eine grundlegende Änderung im biochemischen Milieu der Pflanzen wird durch die veränderten Gendosen hervorgerufen. Die Enzymproduktion und -aktivität ist häufig erhöht.

In der meiotischen Prophase können die homologen Chromosomen von Autoploiden völlig normal paaren. Anstelle der Paarung von 2 homologen Chromosomen in Diploiden findet man bei Tetraploiden Paarungsverbände aus zwei, drei oder vier Chromosomen. Durch diese mehrchromosomigen Verbände kann es zu ungleichen Chromosomenverteilungen kommen und damit zu Zellen mit abweichendem Chromosomensatz.

Polyploide Heterozygote zeigen in ihrer Nachkommenschaft eine andere Aufspaltung als Diploide. Um z. B. bei einer tetraploiden Form die Spaltungszahlen zu ermitteln, muss man den Anteil dominanter Allele kennen. Es können folgende Typen unterschieden werden:

$a^+a^+a^+a^+$ – Quadruplex-Typ
$a^+a^+a^+a$ – Triplex-Typ
a^+a^+aa – Duplex-Typ
a^+aaa – Simplex-Typ
$aaaa$ – Nulliplex-Typ

Die Typen führen, wie aus Tabelle 7.1. ersichtlich, zu unterschiedlichen Spaltungszahlen. Von besonderem züchterischen Interesse sind solche Spaltungsanalysen, wenn die betrachteten Gene bestimmte quantitative Merkmale kontrollieren.

Es ist relativ einfach, Polyploide zu erzeugen. Es zeigte sich dabei, dass es für bestimmte züchterische Ziele einen *optimalen Polyploidiegrad* gibt, der bei verschiedenen Pflanzen unterschiedlich sein kann. Untersuchungen bei der Zuckerrübe haben ergeben, dass bei *Beta* z. B. die triploide Stufe die leistungsfähigste ist.

Allopolyploidie ist bei Pflanzen häufig. Bis zu 50% aller Angiospermen sind polyploid. Davon ist wieder die Mehrheit alloploid. Offensichtlich weisen Polyploide eine bessere Anpassungsfähigkeit gegenüber extremen Standorten und Klimaten auf. In Pflanzengruppen, die diploide und polyploide Arten enthalten, sind die diploiden Formen als die primitiveren anzusehen, aus denen sich die Polyploiden entwickelt haben.

Der hexaploide Saatweizen *Triticum aestivum* entstand durch Art- bzw. Gattungsbastardierung aus den drei Arten *Triticum urartu*, *T. searsii* und *T. tauschii*. Das Schema in Abbildung 7.16. zeigt die Evolution des Saatweizens und die Herkunft der drei Genome A, B, und D. Weitere wichtige Allopolyploide sind der Saathafer *Avena sativa* (2n = 6x = 42), die Baumwolle *Gossypium hirsutum* und *G. barbadense* (2n = 4x = 52) sowie die Zwetschge *Prunus domestica* (2n = 6x = 48).

Auch bei **Tieren** kommt Polyploidie vor. Etwa 100 Spezies der derzeitig bekannten Insektenarten (ca. 1 Million) sind als natürlich vorkommende Poly-

Tab. 7.1. Übersicht über die Spaltungsverhältnisse tetraploider Formen bei Vorliegen von Chromosomen- oder Chromatidenspaltung. (Bei Chromatidenspaltung erfolgte (häufig) Crossing-over zwischen Centromer und dem betrachteten Gen (z. B. *a*), bei Chromosomenspaltung nicht.)

Genotyp der möglichen Formen	Phänotyp a^+ : a	
	bei Chromsomenspaltung	bei Chromatidenspaltung
$a^+a^+a^+a^+$	alle a^+	alle a^+
$a^+a^+a^+a$	alle a^+	783 : 1
a^+a^+aa	35 : 1	20,8 : 1
a^+aaa	3 : 1	2,5 : 1
$aaaa$	alle a	

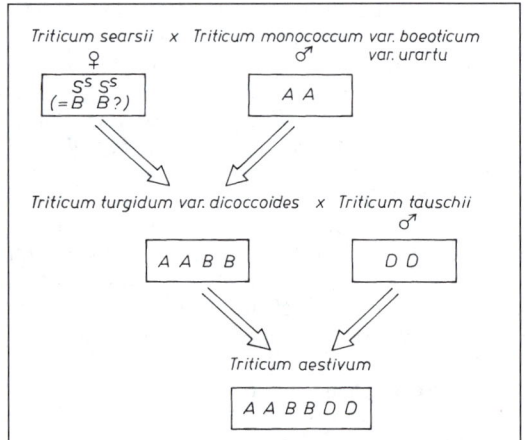

Abb. 7.16. Die Genomzusammenführungen in der Evolution des Saatweizens *Triticum aestivum* (nach der Theorie von Feldman 1977; *Triticum tauschii* = *Aegilops squarrosa*). Der jeweilige mütterliche Elter konnte durch die Analyse der mütterlich vererbten Plastiden-DNA bestimmt werden. Das B-Genom stammt offenbar von *Triticum searsii* oder einer damit eng verwandten Sippe aus der Gruppe der *T. longissimum-T. speltoides*-Verwandtschaft, das A-Genom stammt von *T. urartu*. Das D-Genom kommt von *T. tauschii*.

ploide beschrieben. Diese Formen vermehren sich ganz überwiegend parthenogenetisch; selten kommt auch Pseudogamie vor. Bei der Schmetterlingsart *Solenobia triquetrella* existieren drei Rassen: eine diploide, sich bisexuell fortpflanzende Rasse (2n = 62), eine diploid-parthenogenetische und eine tetraploide, sich parthenogenetisch fortpflanzende Rasse (2n = 4x = 164).

Die Verbreitung dieser Rassen in der Schweiz zeigt Abbildung 7.17.

Von der Käfergattung *Curculionida* sind 38 triploide, 17 tetraploide, 5 pentaploide und 2 hexaploide Arten und Rassen bekannt. – Das bekannteste Beispiel einer durch Kreuzungsarbeit experimentell erzeugten Polyploidie bei Tieren ist der von Astaurow geschaffene allotetraploide Seidenspinner aus *Bombyx mori* (2n = 56) und *Bombyx mandarina* (2n = 56) mit 2n = 4x = 112 Chromosomen.

Polyploidie, und zwar Triploidie, ist auch in der Embryonalentwicklung des **Menschen** beobachtet worden: Rund 10% aller Aborte erwiesen sich als triploid. Es wurden letale Feten der Typen 3n= 69,XXY und 69,XXX gefunden.

Die Chromosomen der verschiedenen Ausgangsgenome von Alloploiden sind häufig strukturell sehr ähnlich (homoeolog) und damit in der Lage, mehr oder weniger gut zu paaren. In vielen „natürlichen" Polyploiden findet eine solche Paarung zwischen homoeologen Chromosomen jedoch *nicht* statt. Es existieren genetische Faktoren, die eine solche Homoeologenpaarung verhindern und damit zur „**Diploidisierung" allopolyploider Formen** führen. Die einzelnen Genome verhalten sich unabhängig voneinander. Es sind bis jetzt 4 Systeme für die Festlegung eines „Diploidenverhaltens" von Alloploiden bekannt. Bei der Baumwolle ist dieses Merkmal monogen bedingt. Bei *Lolium × Festuca*-Polyploiden befindet sich der „Diploidisierungs"-Faktor auf dem Chromosom 7 von *Festuca*. Ein ähnliches System existiert beim Hafer, *Avena sativa*.

Am besten untersucht ist aber der sog. *5-B-Mechanismus im Saatweizen, Triticum aestivum*. Bei Abwesenheit des Chromosoms 5 vom B-Genom des Saatweizens paaren homoeologe Chromosomen zu *Multivalenten*. Genaue cytogenetische Untersuchungen (vgl. 10.8.) führten zu dem Schluss, dass das Haupt-Gen *Ph*, welches die strenge Homologenpaarung festlegt, am Ende des langen Arms von Chromosom 5 (5 BL) lokalisiert ist. Es wird vermutet, dass das Gen die Position der Chromosomen an der Kernmembran zu Beginn der Meiose und damit die spätere Paarung festlegt. Neben diesem Haupt-Gen gibt es noch zwei weitere Gene mit prinzipiell gleicher, aber schwächerer Wirkung (eines davon, *Ph2*, liegt auf Chromosom 3).

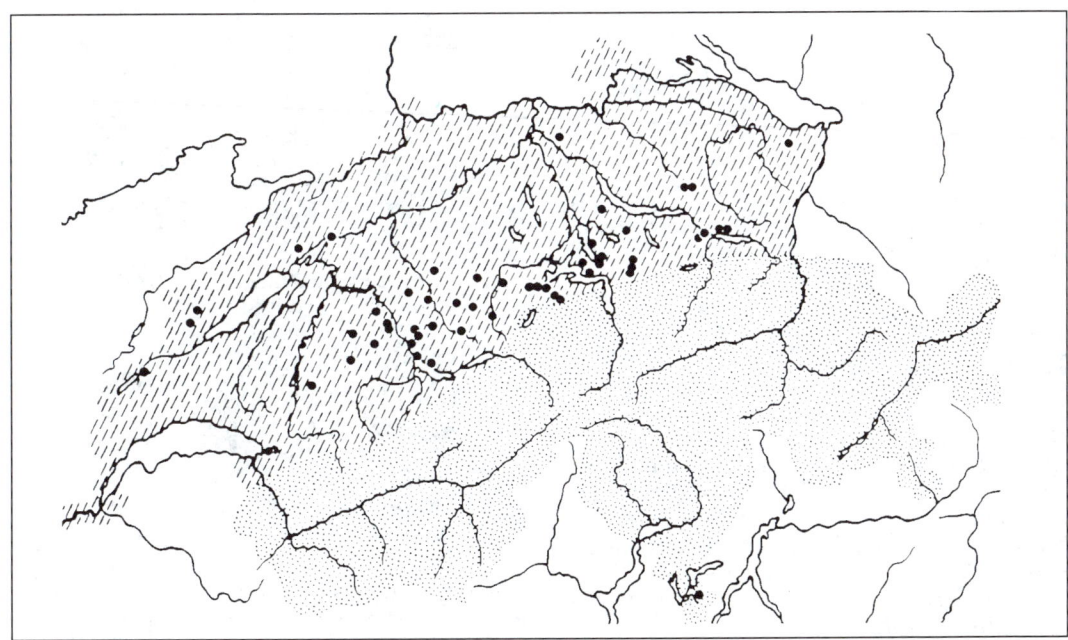

Abb. 7.17. Verbreitung der Rassen von *Solenobia triquetrella* in der Schweiz. *Dicke Punkte*: Fundplätze der bisexuellen Rasse, schraffiert; vorherrschend diploid-parthenogenetisch, *fein punktiert*: tetraploid-parthenogenetische Rasse. Nach Seiler aus Kühn 1950.

7.2.2. Endopolyploidie

Meristematische bzw. frühembryonale Zellen eines Individuums enthalten die für die Art und den Abschnitt des Individualzyklus charakteristische Chromosomenzahl (z. B. der Mensch diploid 2n = 46, die Tomate diploid 2n = 24 usw.). Es hat sich herausgestellt, dass ausdifferenzierte Zellen oft nicht mehr den diploiden Zustand besitzen, sondern – durch einen normalen und verbreiteten Vorgang – ihre Chromosomensätze im Zuge der Differenzierung vervielfachen, ohne dass sich die Zellen teilen. Diese *„endomitoti-sche Polyploidisierung"* ist eine *intranukleäre Chromosomenvermehrung*. In günstigen Fällen lässt sich innerhalb des Zellkerns ein gewisser Chromosomen-Formwechsel feststellen, der an Mitosestadien erinnert (Endometaphase, Endoanaphase); in anderen Fällen ist dies nicht zu erkennen. Die durch Endomitose entstehenden Kerne können z. T. hohe „Endopolyploidisierungsgrade" erreichen, die für bestimmte Gewebe charakteristisch sind (z. B. für die Flügelepidermis der Mehlmotte *Ephestia kühniella*; Abb. 7.18.).

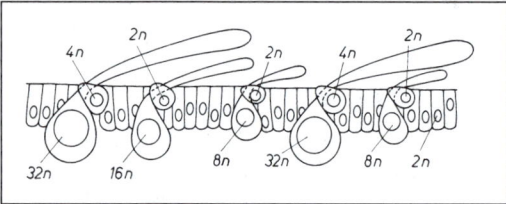

Abb. 7.18. Epidermiszellen im Flügel von *Ephestia kühniella* mit unterschiedlichen Polyploidiestufen: Epidermiszellen 2*n*, Schuppenbälge 2*n* und 4*n*, Tiefenschuppen 8*n*, Mittelschuppen 16*n*, Deckschuppen 32*n*. Nach Kühn 1965.

7.2.3. Aneuploidie

Bei der Aneuploidie ist der Chromosomensatz um ein oder mehrere Chromosomen vermehrt (Hyperploidie) oder vermindert (Hypoploidie). Die Ursachen für die Entstehung von Aneuploidie liegen in Verteilungsstörungen in der Mitose und Meiose (Nicht-trennen der Chromosomen in Anaphase I, „Non-disjunction"). Die folgende Übersicht gibt Aufschluss über die wichtigsten Aneuploiden und deren Nomenklatur.

- Hypoploidie:

2n–1	es fehlt ein Chromosom	Monosomie
2n–1–1	es fehlen zwei nicht-homologe Chromosomen	doppelte Monosomie
2n–2	es fehlt ein Chromosomen-paar	Nullisomie

- Hyperploidie:

2n+1	ein Chromosom ist dreifach vorhanden	Trisomie

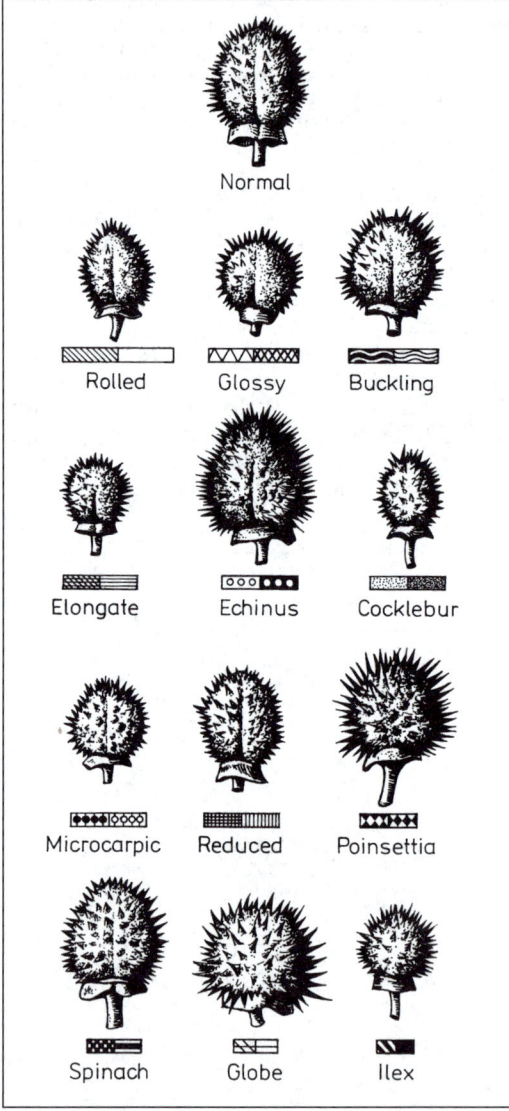

Abb. 7.19. Die Fruchtformen der 12 primären Trisome des Stechapfels *Datura stramonium* (*n*=12). Beide Chromosomenarme sind zeichnerisch unterschiedlich markiert. Die amerikanischen Bezeichnungen beziehen sich auf typische Merkmale. Nach Blakeslee aus Sinnott, Dunn und Dobzhansky 1958.

2n+1+1	es sind zwei nicht-homologe Chromosomen zusätzlich vorhanden	doppelte Trisomie
2n+2	ein Chromosom ist vierfach vorhanden	Tetrasomie

Der Verlust von genetischem Material (Hypoploidie) wird von einem Individuum schlechter toleriert als überzähliges Vorhandensein bei Hyperploidie. Deshalb sind Hypoploide bei primär diploiden Arten meist letal. Der Verlust eines ganzen Chromosomenpaares (Nullisomie) führt bei Diploiden immer zur Letalität. Besonders intensiv bearbeitet sind bei vielen Arten trisome Formen. So sind z.B. beim Stechapfel (*Datura stramonium*) und bei der Tomate (*Lycopersicon esculentum*) Serien aller 12 *primären Trisome* bekannt. Die verschiedenen Trisome führen bei *Datura* zu ganz charakteristischen Phänotypen der Früchte. Es ist relativ einfach möglich, an Hand der Fruchtform zu sagen, welches Chromosom dreifach vorhanden ist (Abb. 7.19.). Die Nachkommenschaften von Trisomen spalten in Diploide und Trisome auf. Lebensfähige Gameten mit n Chromosomen werden in beiden Geschlechtern, solche mit n+1 Chromosomen in der Regel nur über das weibliche Geschlecht übertragen.

Außer diesen primären Trisomen gibt es noch sekundäre und tertiäre. *Sekundäre Trisome* besitzen zusätzlich zum diploiden Satz noch ein Chromosom, das nur einen Chromosomenarm doppelt enthält (Isochromosom). Bei *tertiären Trisomen* besitzt das zusätzliche Chromosom – als Folge von Translokation – Abschnitte, die von zwei unterschiedlichen Chromosomen stammen.

Die Verwendung von Aneuploiden (besonders Trisomen und Monosomen) für die **Lokalisierung von Genen** auf bestimmten Chromosomen ist eine wichtige genetische Arbeitsmethode. Bei gleichem genetischem Hintergrund kann die genetische Wirkung des fehlenden oder des zuviel vorhandenen Chromosoms durch Vergleich mit einer Standardsorte oder dem Wildtyp aufgeklärt werden. Wie aus Abbildung 7.20. ersichtlich, erhält man in Kreuzungsexperimenten mit Trisomen, deren überschüssiges Chromosom eine Mutation trägt, in der F_2 eine 17:1- bzw. 2:1-Spaltung.

Dieses Spaltungsverhältnis erhält man aber nur, wenn die Mutation auf einem trisom vorhandenen Chromosom liegt. Befindet sich das Mutantenallel auf einem nicht dreimal vorliegenden Chromosom, zeigt es eine nor-

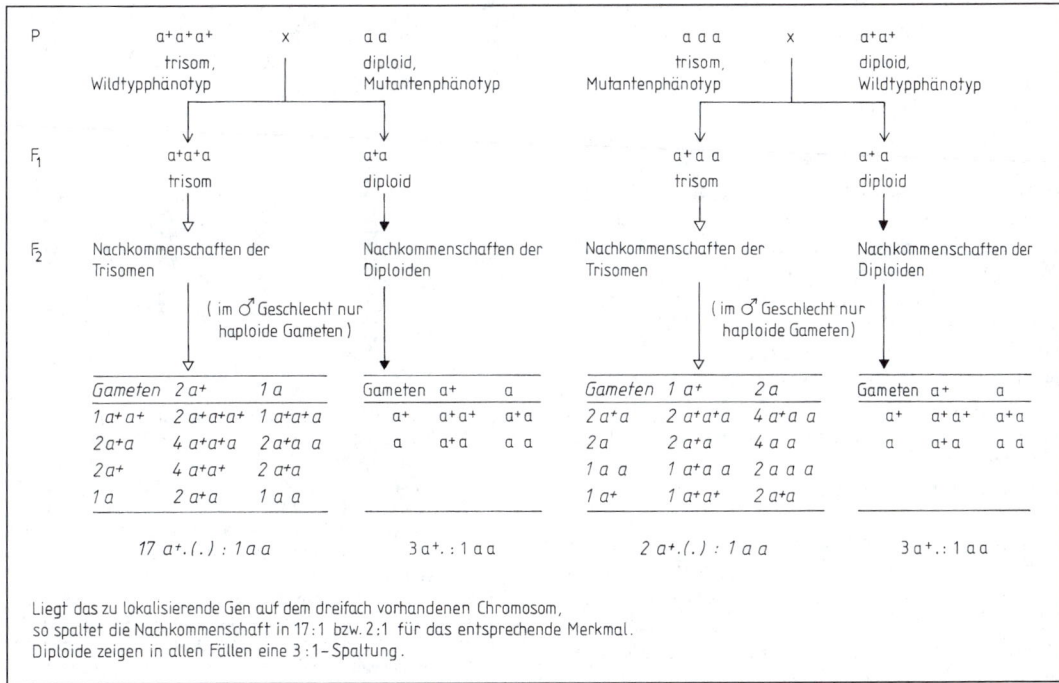

Abb. 7.20. Schema für Kreuzungs- und Auswertungsschritte bei der Lokalisierung von Genen mit Hilfe von Trisomen.

Tab. 7.2. F$_2$-Spaltungen nach Kreuzung verschiedener Trisome mit *sulfurea*-Homozygoten der Tomate. Nach Hagemann 1969.

Trisome	Spaltung	Verhältnis	Test auf 3:1-Spaltung	
			X^2	P
triplo-2	74 grün: 6 gelb	12,33:1	13,7	>0,001
triplo-5	202 grün: 67 gelb	3,02:1	0,00	0,97
triplo-7	241 grün: 65 gelb	3,71:1	2,30	0,13
triplo-8	1 360 grün: 401 gelb	3,99:1	4,66	0,03
triplo-9	819 grün: 257 gelb	3,19:1	0,71	0,40
triplo-10	498 grün: 183 gelb	2,72:1	1,27	0,60
triplo-11	1 246 grün: 399 gelb	3,12:1	0,49	0,49
triplo-1,3,4,6 spalten ebenfalls		~3:1		

male 3:1-Spaltung. Um eine beliebige Mutation auf einem bestimmten Chromosom zu lokalisieren, sind somit stets Linien aller trisomen Formen nötig, d. h. man muss eine Linie haben, die für Chromosom 1 trisom ist, eine, die für Chromosom 2 trisom ist usw. Tabelle 7.2. zeigt die Ergebnisse einer Trisomenanalyse zur Lokalisierung des Gens *sulfurea* bei der Tomate. Auf einem analogen Verfahren beruht die Lokalisierung mit Hilfe monosomer Linien.

Für allopolyploide Kulturpflanzen, wie z. B. den Saatweizen *Triticum aestivum*, gibt es komplette Serien von Monosomen und Nullisomen (Abb. 7.21.). Da der Saatweizen hexaploid ist (vgl. 7.2.1. und Abb. 7.16.), sind bei Nullisomen jeweils die noch vorhandenen 4 homoeologen Chromosomen in der Lage, das Fehlen eines Paares homologer Chromosomen so abzupuffern, dass die nullisomen Pflanzen lebensfähig sind und für Kreuzungen verwendet werden können. (Abb. 7.21.: Ähre oben links: Es fehlt das Chromosomenpaar A1; aber es sind noch vorhanden 2×B1 und 2×D1. Das gleiche gilt für alle anderen Nullisomen dieser Abbildung.)

Nullisome und Monosome des Saatweizens, wie auch anderer polyploider Kulturpflanzen, bilden ein besonders geeignetes Material für die Ausarbeitung und Anwendung von Verfahren zur cytogenetischen Manipulation des Erbgutes.

Chromosomensubstitutionen und -additionen haben neben allgemeingenetischem Interesse auch eine große Bedeutung für die Züchtungsforschung. Durch Substitution von ganzen Chromosomen oder Chromosomensegmenten ist es möglich, zusätzliche genetische Information bei weitgehend unver-

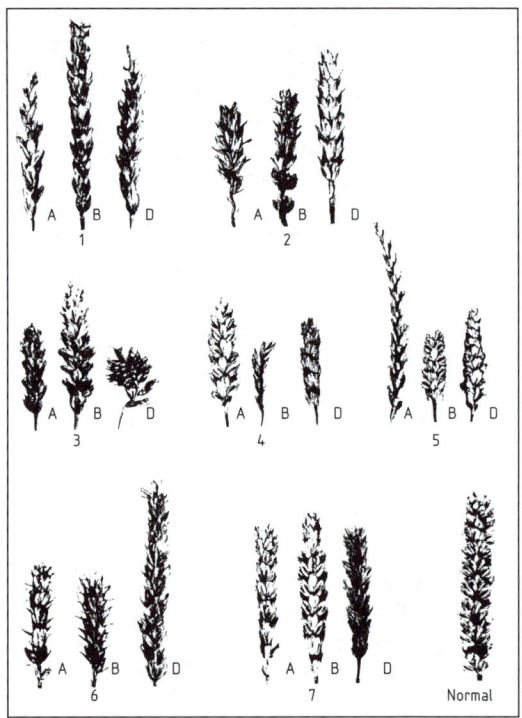

Abb. 7.21. Komplette Serie von Nullisomen des hexaploiden Weizens. *Triticum aestivum* (2n = 6x = 42) besitzt 7 Gruppen homoeologer Chromosomen (jeweils vom Genom A, B und D; vgl. Abb. 7.16.). Zur Kennzeichnung der einzelnen unterschiedlichen Nullisomen ist jeweils eine Ähre abgebildet. Die unter den Ähren stehenden Zahlen bezeichnen eine Homoeologie-Gruppe, zu der 3 Chromosomenpaare gehören. Die Ähre mit dem Buchstaben A kennzeichnet das Nullisom, dem das Chromosomenpaar 1A fehlt; es besitzt aber die Chromosomen 2 × 1B und 2 × 1D sowie alle anderen Homoeologie-Chromosomengruppen. – Die Ähre B gehört dem Nullisom, dem das Chromosomenpaar 1B fehlt; es besitzt aber die Chromosomen 2 × 1A und 2 × 1D sowie alle anderen Homoeologie-Chromosomen-Gruppen von 2 bis 7; usw. Nach Sears 1959.

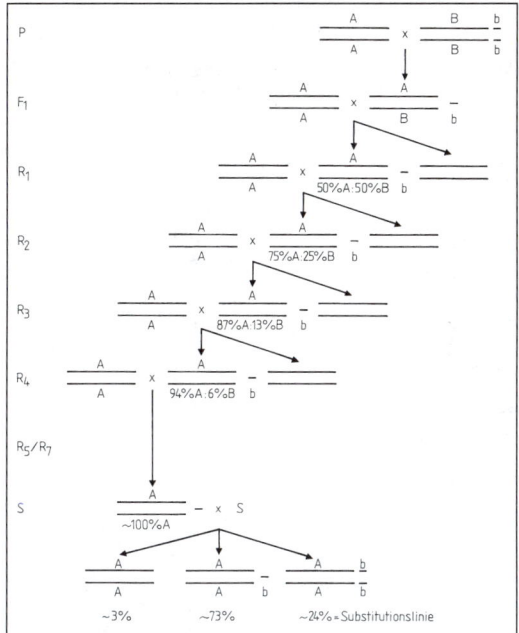

Abb. 7.22. Schema für den Ablauf der Kreuzungs- und Rückkreuzungsfolgen bei der Chromosomensubstitution zwischen der Sorte A (Empfänger) und der Sorte B (Spender) unter Verwendung von Nullisomen von A. Das in A fehlende Chromosomenpaar wird durch das homologe (oder homöologe) Paar b substituiert. Nach Mettin 1970.

ändertem Genotyp der Empfängerform einzulagern. Gegenüber normalen Artkreuzungen haben Chromosomensubstitutionen den Vorteil, dass die arttypische Chromosomenzahl stets erhalten bleibt und bei Beachtung der Homologiebeziehungen der ausgetauschten Chromosomen auch die Fertilität nicht beeinflusst ist. Abbildung 7.22. zeigt das Schema einer Chromosomensubstitution.

Aneuploidien beim Menschen werden in der medizinischen Genetik sehr genau analysiert. Beim Menschen sind mehrere unterschiedliche Trisomien beschrieben und gekennzeichnet (Tab. 7.3.), und zwar sowohl autosomale als auch gonosomale. Von den **autosomalen Trisomien** sind drei sehr genau charakterisiert: Trisomie des Chromosoms 21: Langdon-Down-Syndrom (Abb. 7.23.); Trisomie 13: Pätau-Syndrom; Trisomie 18: Edwards-Syndrom (Tab. 7.3.). Für diese Trisomien konnte ein klarer Zusammenhang zwischen dem Alter der Mutter und der Häufigkeit des Auftretens der Trisomien aufgezeigt werden (Abb. 7.24.)

Mütter über 40 Jahre bekommen deutlich häufiger trisome Kinder; die Wahrscheinlichkeit für Non-disjunction steigt im höheren Lebensalter der Frau beträchtlich an. Aber es entstehen auch Trisome durch Non-disjunction in der Spermatogenese der Männer. Gegenwärtig nimmt man an, dass etwa 6/7 von

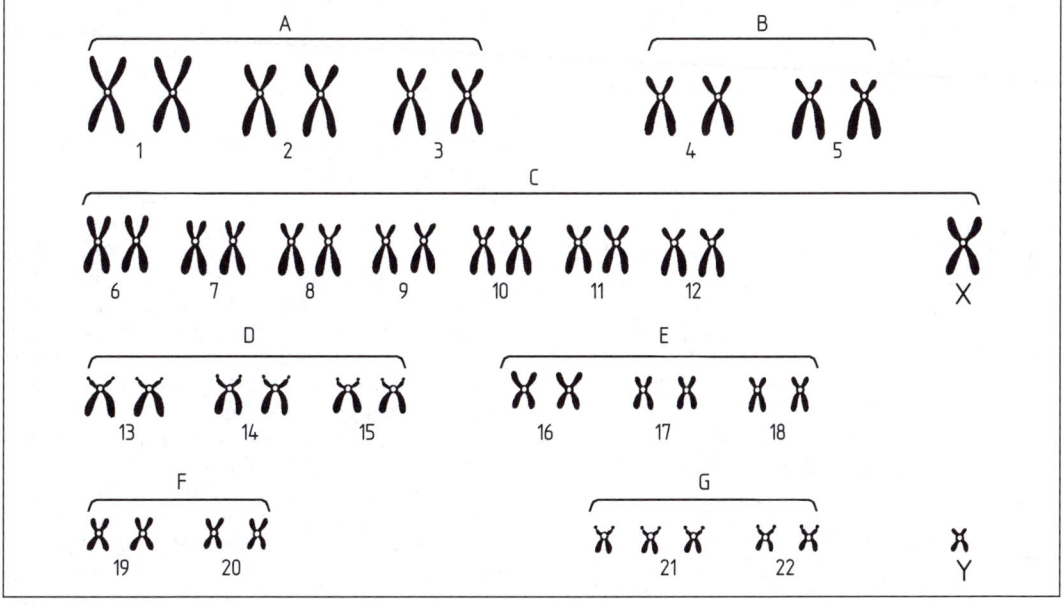

Abb. 7.23. Karyogramm eines Jungen mit Down-Syndrom: Trisomie 21. Nach Scheel 1979, stark verändert.

Tab. 7.3. Aneuploidien beim Menschen

	Genotyp	Phänotyp	Häufigkeit
1. autosomal			
Langdon-Down-Syndrom	47,XY,+21 47,XX,+21	Herzfehler, Schwachsinn, Epikanthus, Vierfingerfurche, überstreckbare Gelenke, kurzer Schädel	1 : 500–1 : 1 000
Pätau-Syndrom	47,XY,+13 47,XX,+13	Herzfehler, Taubheit, verzögerte psychische Entwicklung, Lippen-Kiefer-Gaumenspalte, Uterus bicornis, Hexadactylie am kleinen Finger	1 : 7 000–1 : 9 000
Edwards-Syndrom	47,XY,+18 47,XX,+18	Herzfehler, schwere Entwicklungs-störung, flektierte, übereinander-geschlagene Finger, Mund und Unterkiefer klein, Fehlen von Fingerbeugefurchen	1 : 3 000–1 : 7 000
2. gonosomal			
Klinefelter-Syndrom	47,XXY	überdurchschnittliche Körperhöhe, unfruchtbar, mäßige Gynäkomastie, leicht verminderte Intelligenz	1 : 500 ♂
Triplo-X	47,XXX	häufig leicht schwachsinnig, Skelettabnormalitäten	1 : 1600 ♀
XYY-Syndrom	47,XXY	Kontaktschwierigkeiten, Intoleranz gegen Frustration, gewalttätig	1 : 600 ♂
Turner-Syndrom	45,X	Gonadendysgenesie, Minderwuchs, Hufeisenniere	1 : 3 000 ♀

Trisomie 21 beim Menschen (Abb. 7.23. und 7.24.) auf Non-disjunction bei der Mutter und 1/7 auf Non-disjunction beim Vater zurückgehen. Träger von Trisomien haben in der Regel keine Nachkommen; selten geborene Nachkommen trisomer Frauen spalten in ca. 50% Normale und 50% Trisome (wie dies auch bei Tieren und Pflanzen gefunden wurde).

Von dem genetischen Defekt der „klassischen Trisomie 21" (Abb. 7.23.) muß die „Translokations-Trisomie 21" deutlich unterschieden werden: Durch die Translokation eines großen Teils des Chromosoms 21 an ein Chromosom 14 (oder ein anderes Autosom) wird der genetische Defekt des Langdon-Down-Syndroms zu einer *echten Erbkrankheit*, die in der Generationsfolge gesetzmäßig weitergegeben wird (vgl. 7.18. und Abb. 7.15.). Diese „Translokations-Trisomie" ist aber sehr viel seltener als die in Abbildung 7.23. gezeigte klassische „freie Trisomie 21".

Trisomien der anderen Autosomen treten auch auf; sie bewirken aber so starke Schäden in der Embryonalentwicklung, dass sie zum Tod des Feten führen. Trisomie 22 (Cat-eye-Syndrom) ist mit Microcephalie, Iriskolobom und einer antimongoloiden Lid-

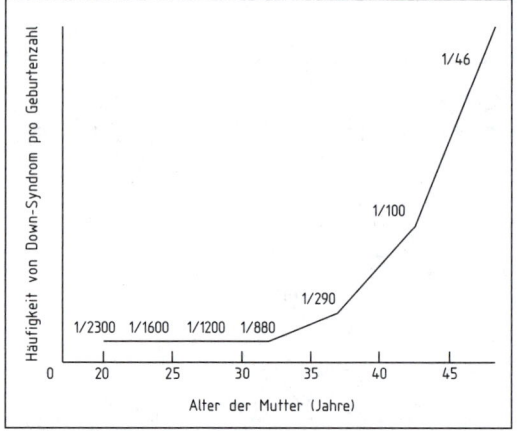

Abb. 7.24. Häufigkeit des Auftretens von Kindern mit Down-Syndrom (Trisomie 21) in Abhängigkeit vom Alter der Mutter. Nach Suzuki et al. 1981, verändert.

spalte verbunden. Ungefähr 2% aller menschlichen Zygoten enthalten ein Chromosom zuviel; die meisten trisomen Zygoten führen zu Spontanaborten.

Die Aneuploidien der Geschlechtschromosomen des Menschen (**gonosomale Aneuploidien**) sind ebenfalls in Tabelle 7.3. dargestellt. Für das Turner-Syndrom wurde nachgewiesen, dass für einen Teil der Patientinnen nicht ein Non-disjunction während der Meiose der Mutter vorlag, sondern daß ein ursprünglich in der Zygote noch vorhandenes Y-Chromosom in der frühen Embryonalentwicklung fragmentiert wurde; Teile davon können an andere Chromosomen verlagert worden sein (und sind dort zytologisch oder mit gentechnischen Methoden nachgewiesen worden).

Generell kommen Störungen in der Verteilung der Autosomen wie auch der Gonosomen während sehr früher Embryonalstadien in geringer Häufigkeit vor. Sie sind die Ursache für das Auftreten sog. *chromosomaler Mosaiktypen* bei mehreren Trisomien wie auch für das Turner-Syndrom. Gefunden wurden z. B. Mosaik 47,XX+21/46,XX (Down-Syndrom); Mosaik 47, XXY/46,XY (Klinefelter-Syndrom), 45,X/46,XX (Turner-Syndrom); Mosaik 45,X/47,XXX (Turner- und Triplo X-Syndrom).

7.3. Extranukleäre Mutationen

Die genetische Information der Plastiden (das Plastom) liegt in der Plastiden-DNA (= Chloroplasten-DNA), die genetische Information der Mitochondrien (das Chondrom) in der Mitochondrien-DNA. In beiden extranukleären Erbträgern ereignen sich Mutationen. Somit zeigt auch die extranukleäre Erbinformation – genau wie die Information des Zellkerns – die Eigenschaft der Mutabilität. Die extranukleären Erbträger sind bei den meisten Arten in Vielzahl pro Zelle vorhanden.

7.3.1. Plastidenmutationen

Die meisten Plastidenmutationen führen zu **Defekten in der Photosyntheseaktivität** und zu **Blattfarbdefekten**. Man erkennt die Mutanten (meist) an der weißen, gelben oder hellgrünen Färbung der Zellen bzw. Blätter.

Derartige „Defektmutationen" sind in ihren Auswirkungen bei zahlreichen Blütenpflanzen, wie *Antirrhinum* (vgl. Abb. 11.1.), *Arabidopsis, Epilobium, Hordeum, Hypericum, Pelargonium, Oenothera* und *Zea* sowie bei den Flagellaten *Chlamydomonas* und *Euglena*, aber auch bei *Chlorella*, aufgefunden und analysiert worden. Bei derartigen Mutanten wurden Defekte in den beiden Photosystemen der Photosynthese, Veränderungen oder Ausfälle in der Synthese von Lamellarproteinen und löslichen Proteinen (Fraktion-I-Protein) oder der ribosomalen Proteine von Plastidenribosomen festgestellt. – Plastidenmutationen können aber auch (bei *Chlamydomonas*) zu **Antibiotikaresistenzen** führen, z. B. zu Resistenz gegen Streptomycin, Erythromycin, Kanamycin oder Spectinomycin, sowie zu Streptomycinabhängigkeit.

Im vergangenen Jahrzehnt traten in verschiedenen Gebieten Europas und Nordamerikas, in denen über längere Zeit in starkem Maße das Herbizid Atrazin zur Unkrautbekämpfung eingesetzt worden war, atrazinresistente Pflanzen von *Amaranthus hybridus, Solanum nigrum* u. a. auf. Diese **Herbizid-Resistenzen** gehen auf spontane Plastidenmutationen im Gen *psbA* für das 32 kD Q_B Polypeptid im Photosystem II zurück. Der durch Atrazin (und verwandte Triazine) über mehrere Jahre ausgelöste starke Selektionsdruck führte zur Auslese und zum Durchsetzen dieser an sich sehr selten auftretenden spontanen Punktmutationen in einem Nukleotid des *psbA* Plastiden-Gens.

Bei höheren Pflanzen wurden auch „**Differenzierungsmutationen**" erfasst, die im Zuge der Evolution aufgetreten sind und an der taxonomischen Differenzierung der verschiedenen Taxa mitgewirkt haben. Auf derartige Mutationen gehen Veränderungen zurück, die in der Primärstruktur der großen Untereinheit des Fraktion-I-Proteins (*Nicotiana, Brassica*), in der Vermehrungsgeschwindigkeit der Plastiden (*Oenothera*) und in der Fähigkeit zu effektivem Zusammenwirken von Plastiden mit dem Zellkern bei den Ergrünungsprozessen der Chloroplasten (*Oenothera*) festgestellt wurden (vgl. Kap. 11).

Eine wichtige Rolle in der Evolution haben auch Inversionen, Duplikationen sowie Deletionen größerer DNA-Abschnitte innerhalb der Plastiden-DNA gespielt.

Mutationen in der genetischen Information der Plastiden können auf drei Wegen entstehen. Ein Teil der Plastommutationen tritt spontan auf. **Spontane Plastommutationen** sind die Ursache von Grün-Weiß-, Grün-Gelb- oder Grün-Hellgrün-Scheckungen, die bei vielen Arten auftreten. Die Häufigkeit gescheckter Angiospermen, deren Scheckung auf spontane Plastommutationen zurückgeht, liegt für verschiedene Arten zwischen 0,02 und 0,3%.

Die **experimentelle Induktion** von Plastommutationen ist heute sowohl bei niederen als auch bei höheren Pflanzen erfolgreich. Dabei haben sich vor allem chemische Mutagene als sehr wirkungsvoll erwiesen. Bei Angiospermen sind Nitroso-Methyl-Harnstoff (NMH), Nitroso-Ethyl-Harnstoff (NEH), Methyl-Nitro-Nitroso-Guanidin (MNNG) und Ethyl-Methan-Sulfonat (EMS) als wirksame Mutagene zur Auslösung von Plastommutationen erkannt worden (bei *Antirrhinum*, *Helianthus*, *Saintpaulia*, *Lycopersicon*, *Oenothera* u. a.). Bei *Chlamydomonas* wirken MNNG und auch Streptomycin als Plastidenmutagene, bei *Euglena* außerdem UV-Bestrahlung.

Bei Angiospermen können **Gen-induzierte Plastidenmutationen** auftreten. Mutierte Kerngene können im homozygoten Zustand das Auftreten von Mutationen in den Plastiden auslösen. Bei Gerste (*Hordeum vulgare*) und Mais (*Zea mays*) sind mehrere derartige Kerngene erfasst und analysiert worden, ebenso bei *Arabidopsis*, *Oenothera* und *Epilobium* u. a. Der molekulare Mechanismus dieser Kerngeninduzierten Plastidenmutationen ist noch weitgehend unbekannt; man könnte daran denken, dass das die plastidale DNA-Polymerase codierende Kerngen mutiert und dadurch eine Polymerase gebildet wird, welche bei der Replikation der Plastiden-DNA Fehler macht und so Plastidenmutationen auslöst.

Mutative Veränderungen in der Plastiden-DNA können ganz unterschiedliche Ausmaße haben: Sie reichen von einzelnen Basenpaaraustauschen (bei Atrazinresistenz und im Fraktion-I-Protein) über Deletionen von Gen-Abschnitten bis zu größeren Inversionen, Duplikationen und Deletionen, die mehrere Gene umfassen. Bei *Euglena* wurden auch Deletionen verschiedener Größe festgestellt, die gelegentlich bis zum (fast) völligen Verlust der Plastiden-DNA gehen können. Die euglenoide bleiche Art *Astasia longa* besitzt eine Plastiden-DNA von nur noch 73 kbp (im Vergleich zu 146,4 kbp von *Euglena gracilis*). Auch mehrere bleiche, nichtphotosynthetische Orobanchaceen-Arten (*Epifagus virginiana*, *Conopholis americana*) haben beträchtliche Teile der Plastiden-DNA im Laufe der Evolution verloren (*Epifagus*: 71 kbp; Tabak: 156 kbp). Nach „Antheren-Kultur" von Gerste und Weizen traten weiße Pflänzchen auf, die massive Deletionen in der Plastiden-DNA aufweisen (Verluste bis zu 100 kbp).

7.3.2. Mitochondrienmutationen

Viele Mitochondrienmutationen führen zu Defekten im Atmungssystem der Zellen. Solche Defekte, die bei den meisten Arten letal sind, können insbesondere bei Pilzen (*Saccharomyces cerevisiae* und *Neurospora crassa*) studiert werden, weil diese Objekte den Atmungsdefekt durch Gärung umgehen können und dadurch am Leben bleiben. Bei verschiedenen Hefen treten kleine („petite") Kolonien auf, die ein defektes Atmungssystem haben und daher im Gegensatz zu Zellen normaler („großer") Kolonien langsamer und schlechter wachsen. Ihnen fehlen das Cytochrom b und die Cytochromoxidase der Atmungskette vollständig, außerdem mehrere andere Enzyme. Petite-Kolonien treten spontan mit der Häufigkeit von 2% auf. Durch viele chemische Substanzen (z. B. Acridine, Ethidiumbromid u. a.), auch durch UV- und Röntgenstrahlen können sie in großer Häufigkeit induziert werden.

Mitochondrienmutationen können auch zu **Antibiotikaresistenzen** der Mitochondrien führen, z. B. zu Erythromycin-, Spiramycin-, Paromomycin- oder Chloramphenicolresistenz. In letzter Zeit wurden darüber hinaus weitere Typen von Mitochondrienmutationen isoliert, bei denen **Defekte im Prozess der oxidativen Phosphorylierung** oder der mitochondrialen **Proteinsynthese** vorliegen.

Die Verwendung derartiger Resistenztypen wie auch spezifischer Mitochondriendefekte und petite-Deletionsmutanten als genetische Marker hat die Arbeiten über die Rekombination mitochondrialer Erbanlagen ermöglicht (vgl. Kap. 11).

Als **Mutagene** zur experimentellen Induktion von Mutationen in der Mitochondrien-DNA erwiesen sich als besonders wirksam: UV-Bestrahlung und vor allem zahlreiche chemische Mutagene, wie Acridin-Verbindungen (Acriflavin, Acridinorange, Proflavin, Euflavon),

Methyl-Nitro-Nitroso-Guanidin (MNNG), Nitroso-Methyl-Harnstoff (NMH); bei Hefe außerdem eine Vielzahl von Kationen und subletal hohe Temperaturen. Im Prinzip haben die unterschiedlichen Mutagene auf die Organell-DNA sicher dieselben Wirkungen wie sie an Prokaryoten-DNA bereits sehr genau analysiert wurden (vgl. Kap. 6).

Genauere Einsichten konnten in den spezifischen Wirkungsmechanismus von Ethidiumbromid auf Mitochondrien-DNA gewonnen werden: Es wird in die zirkuläre DNA-Doppelhelix eingelagert und verändert dadurch deren sterische Eigenschaften; als Folge können Teile der Mitochondrien-DNA verloren werden (Deletion). Außerdem hemmt Ethidiumbromid die mitochondriale DNA-Polymerase; hierdurch kommt es zur Synthese inkompletter Mitochondrien-DNA-Ringe, also auch zu Deletionen. Längere Einwirkung von Ethidiumbromid kann große Deletionen auslösen, gelegentlich sogar den fast vollständigen Verlust der Mitochondrien-DNA.

Die verschiedenen Mutationen der Mitochondrien-DNA können somit ganz unterschiedliche Ausmaße haben. Es gibt kleine Veränderungen, z. B. Basenpaaraustausche oder Verluste einzelner oder weniger Basenpaare (Rasterverschiebungsmutationen). Bei anderen Mutanten, vor allem vom petite-Typ der Hefe, wurden Teile der Mitochondrien-DNA verloren. Durch „Deletionskartierung" sind diese Verluste genau zu kennzeichnen (vgl. 11.2.). Bei vielen Mutationen zeigen sich an der DNA – einzeln oder gemeinsam – zwei Effekte: Der an sich schon relativ hohe A+T-Gehalt der Mitochondrien-DNA wird durch die Mutation erhöht (gleichzeitig nimmt der G+C-Gehalt weiter ab), damit kommt es zu einer Abnahme des Sedimentationskoeffizienten der Mitochondrien-DNA; außerdem kommt es bei bestimmten Mutanten zu einer Verringerung der Größe der Mitochondrien-DNA-Moleküle. In anderen Mutanten haben aber die Mitochondrien-DNA-Moleküle trotz großer Deletionen dennoch etwa dieselbe Länge wie die Wildtyp-Mitochondrien-DNA; die noch vorhandenen Abschnitte wurden so oft dupliziert, dass das Gesamtmolekül etwa Wildtyp-Länge behalten hat.

Seit 1985 werden in zunehmendem Maße spezifische **Erbkrankheiten des Menschen** erfasst, die auf spontane Mutationen in der humanen Mitochondrien-DNA zurückzuführen sind. Sie werden rein mütterlich in der Generationenfolge vererbt. Dabei handelt es sich einerseits um Punktmutationen in Protein- oder tRNA-Genen, andererseits auch um größere Deletionen. Diese Mitochondrien-Mutationen sind meist nicht „homoplasmatisch" (in diesem Fall tragen alle Mitochondrien des Menschen in gleicher Weise die Mutation), sondern sehr oft liegt eine Mischung von mutierten und normalen Mitochondrien vor, die den Schweregrad der Krankheit bestimmt. (Genauere Darstellung in Abschnitt 11.2.6.).

Darüber hinaus gibt es deutliche Hinweise, dass die Alterung des Menschen mit der im Laufe des Lebens zunehmenden Anzahl von Mutationen der Mitochondrien-DNA zusammenhängt.

7.4. Wege und Ziele der Mutagenitätstestung

7.4.1. Mutagenitätstests

Die Menschen unserer Zeit sind der Einwirkung einer Vielzahl von chemischen und physikalischen Agenzien ausgesetzt, deren genetische und entwicklungsbiologische Konsequenzen aufgeklärt werden müssen. Deshalb wurden in den letzten Jahren zunehmend Aktivitäten entwickelt, um verdächtige Agenzien in der Umwelt des Menschen – Pharmaka, Lebensmittelzusätze, Insektizide, Herbizide, Pestizide, andere Chemikalien, radioaktive Verbindungen usw. – auf ihre potentielle mutagene Wirkung auf den Menschen zu testen. Bei der inzwischen festgestellten hohen **Korrelation zwischen mutagener und kanzerogener Wirkung vieler Agenzien** ist diese Prüfung zugleich eine Untersuchung auf krebsauslösende Wirkungen.

In letzter Zeit sind **zahlreiche Testsysteme** entwickelt worden. Ihre Eignung hängt vor allem davon ab, inwieweit sie folgende Anforderungen erfüllen:

- *Schnelligkeit*: Die Prüfung auf Mutagenität (und Kanzerogenität) sollte in wenigen Wochen durchführbar sein.
- *Wirtschaftlichkeit*: Der Test sollte nicht zu teuer sein.
- *Hohe Aussagekraft*: Die Aussage, ob eine mutagene Wirkung vorliegt, müßte mit großer Sicherheit gemacht werden können.

- *Gute Sensitivität*: Der Test muss empfindlich genug sein, um auch kleine Auswirkungen, die sich langfristig akkumulieren können, zu erfassen.
- *Reproduzierbarkeit*: Die Prüfung muss so standardisiert sein, dass sie in entsprechend ausgerüsteten Labors jederzeit zu reproduzieren ist.
- *Spezifität*: Der Test sollte möglichst Aussagen über die Art der gesetzten Schäden erlauben.
- *Relevanz für den Menschen*: Vor allem muss die Prüfung klare Aussagen über die Gefährlichkeit einer getesteten Substanz für den Menschen liefern.

Ein Ideal-Testsystem, das alle diese Erfordernisse in gleicher Weise erfüllt, gibt es nicht. Deshalb geht die Entwicklung international auf den Aufbau eines Komplexes von Mutagenitätstests, an dessen Anfang relativ schnelle und billige Tests an Mikroorganismen stehen, denen dann aufwendigere, immer mehr auf den Säugerorganismus und schließlich direkt auf den Menschen zielende Tests folgen. Im folgenden werden einige wichtige Einzeltests dieses Mutagenitäts-Test-Komplexes gekennzeichnet.

„Ames"-Test

Die Verwendung geeigneter Bakterienstämme zur Mutagenitätstestung ist schnell und kostensparend. Ein wesentlicher Vorteil bakterieller Testsysteme liegt darin, dass die untersuchten Bakterienpopulationen wesentlich größer sind als die getesteten Populationen von Säugern. Darüber hinaus kann bei Bakterien sehr einfach zwischen den verschiedenen Mutationstypen, wie Basenpaarsubstitutionen, Rastermutationen und Deletionen, unterschieden werden. – Um diese bakteriengenetischen Vorteile zu nutzen und gleichzeitig den Metabolismus der Säugerzellen mit zu berücksichtigen, wurde von Ames das nach ihm benannte *Lebermikrosomen-Methode* entwickelt. Der zu testenden Bakteriensuspension wird gleichzeitig neben der Testsubstanz eine gereinigte Ratten- oder Mäuselebermikrosomen-Fraktion zugegeben. Mittels dieser Methode wird die sich im Säugerorganismus vollziehende Metabolisierung der Testsubstanz (im Reagenzglas) nachvollzogen. Oft erweisen sich Substanzen erst nach einer Metabolisierung als mutagen. Heute ist der „Ames"-Test das am weitesten verbreitete

Testsystem zur Erfassung von Umweltmutagenen und Kanzerogenen.

Zusätzlich zu dem Ames-Test wurden und werden andere Tests entwickelt, mit deren Hilfe mutagene Wirkungen nachgewiesen werden können.

Sehr aussagekräftig ist z. B. auch der **SOS-Chromotest** mit *E. coli* PQ37: Starke Schädigungen der DNA lösen die SOS-Reparaturfunktionen aus (vgl. 5.7.). Durch Umbauten innerhalb des *E. coli*-Genoms wurde das SOS-Gen *sfiA* mit dem Lactose-Z-Gen für die β-Galaktosidase fusioniert. Wenn durch DNA-Schäden die Gene für die SOS-Reparatur induziert werden, führt dies auch zur Synthese der β-Galaktosidase, deren Aktivität durch eine Farbreaktion einfach nachweis- und meßbar ist (daher: Chromotest).

„Host-mediated-assay" (HMA)

Der „host-mediated-assay" vereinigt den Vorteil bakterieller Testsysteme mit der in-vivo-Wirkung des Säugerstoffwechsels. Der Test besteht darin, dass geeignete Mikroorganismen (Bakterien, Pilzsporen) in ein Säugetier injiziert werden. Die zu prüfende Substanz wird oral, intravenös oder subcutan dem Testtier verabreicht. Auf diese Weise durchlaufen die Substanzen den normalen Säugerstoffwechsel und kommen dann in ihrer metabolisierten Form mit den Bakterien (oder Pilzzellen) in Kontakt. Nach einer bestimmten Zeit werden die Mikroorganismen wiedergewonnen und mittels der herkömmlichen Selektionstechniken der Bakteriengenetik die Mutationsfrequenzen ermittelt. Der Vergleich dieser in vivo gewonnenen Daten mit den unter in-vitro-Bedingungen erhaltenen Resultaten (d. h. direkte Exponierung der Bakterien mit dem Mutagen) lässt erkennen, ob eine Substanz im Säuger (Maus, Ratte) metabolisiert wird und danach mutagen wirkt.

Mutagenitätstestung mit *Drosophila*

Die Taufliege *Drosophila* ist genetisch gut untersucht und erlaubt daher die exakte Messung von Mutationsraten mit Hilfe spezifischer Testverfahren. Bei *Drosophila* ist es möglich, das gesamte Spektrum genetischer Veränderungen zu erfassen, die durch ein Mutagen ausgelöst werden: rezessive und dominante Letalfaktoren, sichtbare Mutationen, Chromosomenverlust, Deletionen, Translokationen, Non-disjunction, somatisches Crossing-over. Besonders effektiv sind die Tests auf X-chromosomale rezessive Letalfaktoren (CIB- und Muller-5-Test; vgl.

6.8.1.); hiermit können etwa 20% des gesamten *Drosophila*-Genoms auf neu induzierte Mutationen geprüft werden. Analoge Verfahren gibt es für die Autosomen. Die Tests auf induziertes somatisches Crossing-over sind sehr sensibel und erlauben, die Wirkung von Test-Agenzien sowohl auf somatische als auch auf Keimbahnzellen zu analysieren. Durch Verwendung reparaturdefekter Mutanten wird die Empfindlichkeit der Mutagenitätstests erhöht. – Die grundlegenden Stoffwechselreaktionen von Insekten und Säugern sind sehr ähnlich. Deshalb können die an *Drosophila* gewonnenen Resultate bei kritischer Wertung auf den Menschen übertragen werden. – *Drosophila* ist international ein wichtiges Objekt der Mutagenitätstestung.

Mutagenitätstestung mit Mäusen

Mit dem *„Dominant-Letale-Test"* überprüft man die Häufigkeit des Vorkommens absterbender Embryonen bzw. Feten im Uterus trächtiger Mäuse nach Behandlung der Vatertiere; dies dient als Maß für die Induktion dominant letaler genetischer Veränderungen. Beim *„Mikronukleus-Test"* wird das Auftreten von Mikronuklei in Erythrocyten als Ergebnis von induzierten Chromosomenbrüchen und Chromosomenfehlverteilungen bei der Mitose ausgewertet. Beim *„Specific-Locus-Test"* werden mutagenbehandelte Wildtyp-Mäuse mit Testtieren gekreuzt, die für mehrere rezessive Gene homozygot sind. Die Nachkommenschaftsanalyse klärt auf, in welchem Maß für diese Gene Mutationen induziert worden sind; denn dies zeigt sich im Auftreten des Mutanten-Phänotyps des betreffenden Gens. Allerdings ist hierfür die Prüfung einer großen Anzahl von Tieren erforderlich, um eine signifikante Erhöhung der Mutationsrate über das sehr niedrige spontane Niveau nachweisen zu können. Beim *„Spot-Test"* werden (etwa 10 Tage alte) Embryonen behandelt, indem den Muttertieren zu prüfende Agenzien appliziert werden. Die Embryonen sind heterozygot für mehrere Fellfarbgene. Wenn in ihren somatischen Zellen Mutationen ausgelöst worden sind, äußert sich dies im Auftreten spezifischer Fellfarbflecke, die ca. 2 Wochen nach der Geburt gut feststellbar und auswertbar sind. Dieser Test auf somatische Veränderungen kann somatische Punktmutationen in den betreffenden Genen, Verlust von Chromosomenabschnitten oder ganzen Chromosomen und somatische Rekombination erfassen. Da das Auftreten von Krebszellen auf genetische somatische Veränderungen zurückzuführen ist, ermöglicht dieser Test zugleich auch eine Prüfung auf potentiell kanzerogene Wirkung zu prüfender Agenzien.

Analyse in vitro kultivierter Säugerzellen

Zellkulturen von Säuger- oder menschlichen Zellen eignen sich gut für die Mutagenitätstestung, weil hierbei die in der Bakteriengenetik entwickelten Selektionsmethoden zumindest vom Prinzip her anwendbar sind. Solche mit genetischen Markern gekennzeichneten Zellkulturen gestatten den Nachweis sowohl von Punktmutationen in bestimmten Genen als auch von Chromosomenaberrationen.

Chromosomenuntersuchungen an speziell belasteten Menschen

Cytogenetische Untersuchungen an Menschen, die besonders stark der Wirkung möglicher Mutagene ausgesetzt sind, erlauben den Nachweis der Auslösung von Schwesterchromatidenaustausch (SCE), Chromosomenaberrationen und Genommutationen. Für solche Prüfungen eignen sich Zellkulturen, die von den Probanden angelegt werden, und Kulturen von Lymphocyten, die aus dem Armvenenblut gewonnen werden. Wesentlich für den Erfolg der Untersuchungen ist es, dass Zellen analysiert werden können, die sich zum Zeitpunkt der Einwirkung des Mutagens in einem teilungsfähigen Zustand befanden.

7.4.2. Klassifizierung von Umweltchemikalien

Alkylierende Verbindungen

Alkylierende Substanzen sind in der Lage, eine Alkylgruppe chemisch an ein Molekül oder Atom anzulagern. Unter physiologischen Bedingungen produzieren diese Alkylantien positiv geladene, hochreaktive elektrophile Carboniumionen, die mit allen nukleophilen (negativ geladenen, d. h. elektronenreichen) Gruppen in der Zelle reagieren können. Vom genetischen Gesichtspunkt aus sind die wichtigsten Reaktionspartner die Stickstoffatome in den Ringen der DNA-Basen und die nukleophilen Phosphatgruppen des DNA-Gerüstes. Die bevorzugt alkylierte DNA-Base ist das Guanin, das in der N7- und der O6-Position alkyliert wird. Wichtige Gruppen alkylierender Agenzien sind Nitroso-, Lost- und Diazoverbindungen sowie Alkylalkansulfonate. Alkylierende Verbindungen zeigen in der Regel eine *starke mutagene* und *kanzerogene Wirkung*.

Nukleinsäure-Antimetabolite

Bei dieser chemisch heterogenen Gruppe handelt es sich um Substanzen, die direkt oder indirekt in den Nukleinsäuremetabolismus eingreifen können. Die Wirkungsmechanismen sind oft sehr verschieden. Während z. B. Basenanaloga, wie 2-Aminopurin und 5-Bromuracil, anstelle der natürlichen DNA-Basen eingebaut werden und dadurch Mutationen verursachen, wirkt Fluordesoxyuridin über die Hemmung eines Enzyms. Andere Nukleinsäure-Antimetabolite, wie Mitomycin C, reagieren direkt mit der DNA oder bewirken den Abbau der DNA, wie

z. B. das Bleomycin. Viele der bekannten Nuklein-säure-Antimetabolite sind als *mutagene Substanzen* identifiziert worden.

Substanzen, die Komplexe mit der DNA bilden

Die Anlagerung an die DNA bzw. die Einlagerung in die DNA-Doppelhelix sind wichtige Reaktionsmechanismen, die die *mutagene Wirkung* vieler Komplexbildner erklären. So schieben sich z. B. Acridinverbindungen zwischen benachbarte Basen ein (Interkalierung), was zu einer Drehung des DNA-Moleküls führt und die Auslösung von Rastermutationen bewirkt. Interkalierende Substanzen können sowohl Punktmutationen als auch Chromosomenveränderungen bewirken.

Metalle und metallorganische Verbindungen

Während Metallionen, wie Na^+, Ca^{2+}, K^+ und Mg^{2+}, wichtige physiologische Funktionen haben, zeigen besonders Schwermetallionen, wie Blei, Quecksilber und Cadmium, *mutagene Wirkungen*. Solche Schwermetallionen sowie metallorganische Verbindungen sind infolge der Industrialisierung in unserer Umwelt weit verbreitet. Die Ergebnisse zur mutagenen Wirkung dieser Ionen und Verbindungen sind sehr heterogen in verschiedenen Testsystemen. *Sie können bei zunehmender Verschmutzung der Umwelt ein ernstes genetisches Risiko darstellen.*

7.4.3. Mutagene in der Umwelt des Menschen

Arzneimittel

Die Arzneimittel gehören einer Vielzahl sehr unterschiedlicher chemischer Gruppierungen an. Arzneimittel mit einer stark mutagenen Wirkung wurden vor allem in den Gruppen der Cytostatika und Immunsuppressiva entdeckt, aber auch bei den Antibiotika, den Sulfonamiden, antiparasitären Medikamenten sowie Psychopharmaka.
Bei den meisten Cytostatika und Immunsuppressiva handelt es sich um alkylierende Agenzien, Nukleinsäureantimetabolite und DNA-Abbau induzierende Antibiotika. So ist es verständlich, dass gerade hier viele stark mutagen wirkende Arzneimittel gefunden wurden, mit denen jedoch nur Krebskranke in Kontakt kommen, so dass kein generelles Risiko für die Gesamtbevölkerung zu existieren scheint. Da Krebserkrankungen im höchsten Grade das Leben der Betroffenen bedrohen, sind die Therapieversuche mittels Cytostatika gerechtfertigt. Zu wünschen wäre aber, dass bald Ersatz durch neu entwickelte Therapeutika oder Schutzstoffe erfolgt.

Unter den Antibiotika, Sulfonamiden und weiterer Bakteriostatika, die alle zur Therapie von bakteriellen Infekten eingesetzt werden, sind ebenfalls Substanzen gefunden worden, die wahrscheinlich eine mutagene Wirkung haben. Die vorliegenden Befunde erlauben jedoch noch nicht, das potentielle genetische Risiko für die Behandelten abzuschätzen.
Unter der chemisch sehr heterogenen Gruppe der Psychopharmaka ist bisher lediglich für einige Substanzen eine schwache mutagene Wirkung nachgewiesen worden. Da jedoch Psychopharmaka von einem relativ großen Teil der Bevölkerung verwendet werden, könnte ein beständiger schwacher mutagener Einfluss langfristig die Mutationslast der menschlichen Bevölkerung steigern.

Pestizide

Die durch Schädlinge, Unkräuter und Pflanzenkrankheiten auftretenden potentiellen Ernteverluste haben zu zunehmender Anwendung von Pestiziden in den letzten Jahrzehnten geführt. Für nicht wenige Pestizide, die in die chemischen Gruppen der alkylierenden Agenzien und Antimetabolite gehören, ist bereits eine starke mutagene Wirkung nachgewiesen worden.
In der Gruppe der organischen Phosphorverbindungen, die zur Bekämpfung von Schadinsekten, Pilzen, Milben und Nematoden eingesetzt werden, kommen ebenfalls mutagen wirkende Substanzen vor.
Durch Rückstände von Pestiziden in Nahrungsmitteln und im Wasser sowie durch den direkten Kontakt könnte ein erhebliches genetisches Risiko existieren.

Kosmetika

Die Testung von 169 verschiedenen vor einiger Zeit in den USA produzierten Haarfärbemitteln des oxidativen Typs (H_2O_2) auf eine mögliche mutagene Wirkung mit Hilfe des „Ames"-Testes erbrachte, dass 150 dieser Haarfärbemittel mutagen sind. Da ihre Anwendung weit verbreitet ist, werden gegenwärtig intensive Unteruchungen durchgeführt, um abzuschätzen, ob dadurch ein Risiko hinsichtlich mutagener und kanzerogener Wirkung existiert. Dieses Beispiel hat dazu geführt, dass bei der Produktion neuer Kosmetika auch eine mögliche mutagene Wirkung solcher Produkte überpüft wird.

Nahrungsmittel

Einzelne Lebensmittelzusätze, Nahrungsmittelinhaltsstoffe, Konservierungs- und Schönheitsmittel wurden als mutagen wirkende Substanzen identifiziert. Außerordentlich gefährlich ist das während des 1. Weltkrieges als Fettschönungsmittel benutzte „Buttergelb" DAAB (Dimethylaminoazobenzen), das sich als stark kanzerogen und mutagen erwiesen hat.
Ein besonderes Problem ist die Verwendung von

Nitrit oder Nitrat bei der Konservierung und Schönung von Wurst- und Fleischwaren. In hohen Konzentrationen wirken das reine Natriumnitrat und -nitrit in Bakterien sowie Pflanzen und Tieren stark mutagen. Wenngleich die Konzentrationen bei den Fleisch- und Wurstwaren beträchtlich niedriger liegen, besteht die begründete Gefahr, dass durch Reaktionen von Nitrit mit sekundären Aminen Nitrosamine entstehen, die stark mutagen und kanzerogen wirken.

Eine große Gefahr stellt Nahrung dar, die von Schimmelpilzen befallen ist. Viele Schimmelpilzarten sondern Mycotoxine in ihre Umgebung ab. Diese Mycotoxine sind sehr giftige, mutagen und kanzerogen wirkende Substanzen. Das bekannteste Mycotoxin ist das *Aflatoxin*, für das eine sehr starke mutagene und kanzerogene Wirkung nachgewiesen wurde.

Eine weitere Gefahr für den Menschen besteht darin, dass in Abhängigkeit von der Art der Nahrungszubereitung mutagene Substanzen entstehen können. Das bekannteste Beispiel hierfür ist die Entstehung kanzerogener Nitrosamine, wenn Fett in die offene Flamme tropft, wie z. B. beim Grillvorgang.

Genußmittel

Wegen des ständigen Konsums von Genußmitteln wie Kaffee, Alkohol und Tabak war es notwendig, gerade diese Verbindungen auf eine mutagene oder kanzerogene Wirkung zu testen.

Für Coffein wurde eine mutagene Wirkung erst in Konzentrationsbereichen nachgewiesen, die weit über den maximalen Gewebekonzentrationen von Coffein bei starken Kaffeetrinkern liegen. Eine genetische Gefahr für den Menschen durch Kaffeekonsum ist daher weitgehend auszuschließen. Obwohl bei Alkoholikern in einer erhöhten Rate Chromatiden- und Chromosomenbrüche nachgewiesen wurden, scheint bei normalen Dosen des Alkoholgenusses ein genetisches Risiko wenig wahrscheinlich. Hingegen existiert besonders für Raucher eine unmittelbare Gefahr durch die verschiedenen Bestandteile des Tabakrauches. Offensichtlich induziert nicht Nicotin, sondern andere Substanzen des Tabakrauches somatische Mutationen, wodurch das Risiko für Krebserkrankungen beträchtlich ansteigt.

Industrieprodukte

Vor allem in der chemischen Industrie entstehen in verschiedenen Produktionsverfahren viele Zwischen- und Endprodukte, die den alkylierenden Agenzien oder den Radikalbildnern zugeordnet werden und daher oft eine starke mutagene Wirkung haben. Zu solchen in großen Mengen anfallenden Substanzen zählen z. B. Dimethylnitrosamin, Formaldehyd, Hydrazin und Hydroxylamin. Die Gefahr, die von halogenierten Kohlenwasserstoffen und Schwermetallverbindungen ausgeht, ist relativ groß. Durch Ableitung in das Wasser oder durch Entweichen in die Atmosphäre können große Teile der Bevölkerung der dauernden Einwirkung solcher Substanzen ausgesetzt werden. Ein Beispiel hierfür ist der halogenierte Kohlenwasserstoff Vinylchlorid, der zur PVC-Produktion notwendig ist und dessen jährliche Produktion über 10 Millionen Tonnen beträgt.

8. Übertragung und Rekombination der Erbanlagen bei Prokaryoten

Der Grundvorgang der Vererbung ist die Übertragung von Erbanlagen von den Vorfahren auf die Nachkommen. Diese Übertragung von Erbanlagen, von Genen, vollzieht sich während der sexuellen, parasexuellen oder asexuellen Fortpflanzung.

Bei den **Eukaryoten** verlaufen diese Vorgänge in Verbindung mit den Prozessen der Mitose und Meiose in sehr einheitlicher Form für eine sehr große Anzahl von Organismen ab. Hingegen existiert bei den **Prokaryoten**, den Bakterien und Archaebakterien, den Phagen und Viren, eine ganz erstaunliche Vielfalt von Mechanismen der Übertragung von Erbanlagen.

Die genetische Information erblich verschiedener Objekte ist partiell unterschiedlich. Nur wenn Erbunterschiede zwischen verschiedenen Organismen existieren, lässt sich die Vererbung dieser Unterschiede untersuchen. *Erbunterschiede sind eine wesentliche Voraussetzung einer genetischen Analyse.* Weil normalerweise unterschiedliche Eltern sich partiell in ihrem Erbgut unterscheiden, übertragen sie unterschiedliche Erbanlagen auf ihre Nachkommen.

Eng verbunden mit der Übertragung der Erbanlagen von den Vorfahren auf die Nachkommen ist die Rekombination der Erbanlagen. **Als Rekombination bezeichnet man alle Prozesse, die eine Neukombination von Erbanlagen zur Folge haben.** Erbanlagen, die ursprünglich in verschiedenen Eltern enthalten waren, können durch Rekombination in einem Individuum vereinigt werden; umgekehrt können Erbanlagen, die in einem Elter gemeinsam vorhanden waren, auf verschiedene Nachkommen verteilt werden. Die als Resultat von Rekombination auftretenden Individuen (Organismen, Zellen, DNA- oder RNA-Moleküle) mit neu kombiniertem Erbgut werden als **Rekombinanten** bezeichnet. *Die Rekombinierbarkeit von verschiedenen Teilen der genetischen Gesamtinformation (des Idiotyps) ist ein Grundprinzip, das auf den verschiedenen Stufen genetischer Organisation fast allgemein verwirklicht wird.*

Bei Bakterien und Cyanobakterien, Phagen und Viren entstehen Rekombinanten als Folge einer Vielzahl von unterschiedlichen Rekombinationsvorgängen. Bei Eukaryoten sind Rekombinanten nach der Meiose (meiotische Rekombination), der Befruchtung und teilweise auch nach Mitosen (mitotische Rekombination) nachweisbar. Da die Vorgänge der Übertragung der Erbanlagen und ihrer Rekombination bei den verschiedenen Typen genetischer Objekte im einzelnen vielgestaltig und unterschiedlich sind, werden sie im folgenden getrennt dargestellt; in diesem Kapitel sind es die Vorgänge der Übertragung und Rekombination der Erbanlagen bei Prokaryoten.

Im folgenden Kapitel 9 werden die Vorgänge zusammenfassend behandelt, die mit transponiblen Elementen bei Pro- und Eukaryoten zusammenhängen. Die Kapitel 10 und 11 befassen sich mit der Übertragung und Rekombination von nukleären und extranukleären Erbanlagen der Eukaryoten.

8.1. Rekombinationsarten

Bei Prokaryoten gibt es drei prinzipiell unterschiedliche Rekombinationsarten: die allgemeine Rekombination, die ortsspezifische Rekombination und die Transposition. Diese drei Rekombinationsarten unterscheiden sich sowohl in den erforderlichen Enzymen als auch in den strukturellen Voraussetzungen für die Rekombinationsereignisse.

Die **allgemeine Rekombination** kann an jedem beliebigen Ort entlang eines Chromosoms erfolgen. Voraussetzung dafür ist eine **ausgedehnte Sequenz-Homologie** zwischen den in Wechselwirkung tretenden Chromosomen, d. h. einander entsprechende Gene müssen sich beim Austausch gegenüberliegen.

Homologie bedeutet eine völlige oder zumindest hohe Übereinstimmung der Basensequenzen. Es kommt zu einer Paarung und zu einem enzymatisch gesteuerten Austausch von Nukleinsäuresequenzen. Eine Schlüsselstellung im System der allgemeinen Rekombination haben das recA-Protein und das recBCD-Enzym.

(Die molekularen und enzymatischen Prozesse bei der allgemeinen Rekombination werden in Abschnitt 8.5. genauer dargestellt.)

Für die **ortsspezifische Rekombination** sind nur kurze Homologie-Regionen erforderlich. Ein typisches Beispiel ist die Inkorporation des λ-Chromosoms in das Bakterienchromosom von *E. coli* (vgl. 4.4.2.). Voraussetzung ist die Existenz spezifischer Homologie- und daher Anlagerungs- („Attachment"-) Sequenzen auf dem bakteriellen sowie dem Phagenchromosom. Nach Anlagerung der einander entsprechenden „Attachment"-Sequenzen kommt es zum ortsspezifischen Rekombinationsereignis.

Für die Inkorporation von λ sind spezifische Enzymsysteme vorhanden, das int/xis-System von λ für Integration bzw. Excision und der Wirts-Integrations-Faktor (IHF) von *E. coli*.

Als **Transposition** wird der Vorgang bezeichnet, bei dem sich transponible Elemente („springende Sequenzen", „springende Gene") von einem Chromosom-Ort an einen anderen Ort verlagern. Der Einbau solcher Elemente kann prinzipiell an jedem beliebigen Ort erfolgen, ohne dass eine Sequenz-Homologie zwischen Einbau-Ort und Element erforderlich ist.

Die bei der Transposition wirkenden Enzyme (Transposasen) werden von den jeweiligen transponiblen Elementen codiert (detaillierte Darstellung in Kapitel 9).

8.2. Allgemeine Rekombination bei Phagen und Viren

8.2.1. Phänomen der Rekombination

Wird eine Zelle gleichzeitig von zwei oder mehr erblich verschiedenen Typen des glei-

chen Phagen infiziert, so kommt es in der Regel zur Rekombination. Mit Hilfe geeigneter genetisch bedingter Merkmalsunterschiede gelingt der Nachweis von Rekombination. Zu vorteilhaften genetischen Markierungen zählen Wirtsbereichsmutanten (h) und Plaquetypmutanten (r).

Wirtsbereichsmutanten: In der Bakterienkultur (z. B. *E. coli*) befinden sich in der Regel einige bakteriophagenresistente Mutanten; d. h. der Wildtyp eines Phagen, z. B. des Phagen T2 von *E. coli*, vermag diese Bakterienmutanten (*E. coli* B/2) nicht zu infizieren. In einer Phagenpopulation wiederum treten Mutanten auf, die sowohl die sensiblen Wildtypbakterien als auch die bakteriophagenresistenten Mutantenbakterien infizieren können. Diese Phagenmutanten bezeichnet man als Wirtsbereichsmutanten. So wächst der Wildtyp h⁺ des Phagen T2 auf dem *E. coli*-Stamm B, dagegen nicht auf Stamm

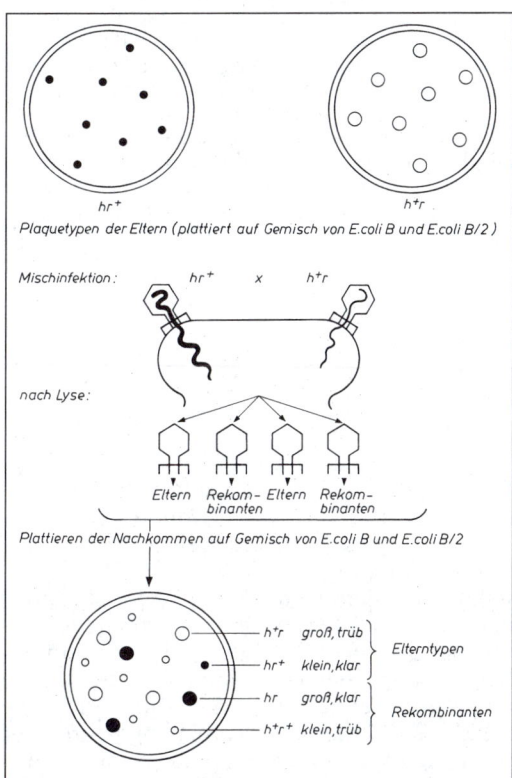

Abb. 8.1. Rekombination nach Mischinfektion einer Bakterienzelle mit zwei erblich unterschiedlichen T2-Bakteriophagen („Phagenkreuzung"), einer Wirtsbereichsmutante hr⁺ und einer Plaquetypmutante h⁺r. Nach der Lyse treten außer den beiden Elterntypen hr⁺ und h⁺r noch die Rekombinanten h⁺r⁺ und hr auf. Nach Hagemann et al. 1978.

B/2; die Wirtsbereichsmutante h wächst sowohl auf *E. coli* B als auch auf *E. coli* B/2.

Plaquetypmutanten: Gelangt ein Phage auf einen Bakterienrasen und infiziert eine Bakterienzelle, so werden durch die Phagennachkommen infolge Lyse der benachbarten Zellen charakteristische Löcher (Plaques) gebildet. Plaquetypmutanten sind Phagen, die sich in der *Morphologie des Plaques* vom Wildtyp unterscheiden. Die Mutante r (rapid lysis) von T2 bildet auf *E. coli* B große Plaques, während der Wildtyp r$^+$ infolge langsamer Lyse kleinere Plaques bildet.

Zum Nachweis der Rekombination werden die Wirtsbereichsmutante hr$^+$ und die Plaquetypmutante h$^+$r verwendet. Die Phagenkonzentrationen werden so gewählt, dass mit großer Wahrscheinlichkeit eine Bakterienzelle gleichzeitig von beiden Phagenmutanten infiziert wird (Abb. 8.1.).

Zum Erzeugen von Phagennachkommen wird der Stamm *E. coli* B verwendet, weil sich auf ihm sowohl die Plaquetypmutanten als auch die Wirtsbereichsmutanten vermehren. Zum Sichtbarmachen der erfolgten Rekombination müssen die Phagennachkommen auf ein Gemisch von *E. coli* B und *E. coli* B/2 plattiert werden. Wie in Abbildung 8.1. dargestellt, entstehen außer den beiden Elterntypen hr$^+$ und h$^+$r die beiden Rekombinanten hr und h$^+$r$^+$. Die Rekombinanten h$^+$r$^+$ sind durch kleine trübe Plaques erkennbar, da die Lyse langsamer erfolgt und nur *E. coli* B lysiert werden kann. Die Rekombinante hr ist dagegen durch große klare Plaques erkennbar, weil eine schnelle Lyse beider *E. coli*-Stämme erfolgt.

8.2.2. Nachweis des Bruch-Reunions-Mechanismus

Bei Phagen und Bakterien sind sämtliche Gene in der Regel in einer Kopplungsgruppe, d. h. in einem kontinuierlichen Nukleinsäuremolekül angeordnet.

Rekombinanten sind gekennzeichnet durch den Besitz von Erbanlagen, die von genetisch unterschiedlichen Eltern stammen. Sie entstehen als Folge der Durchbrechung der Kopplung im Verlauf des Rekombinationsgeschehens. Diese Durchbrechung wird als **Crossing-over** bezeichnet. Bisher ist bei nahezu allen genetisch gut untersuchten Objekten das Vorkommen von Rekombination als Folge von Bruch- und Reunionsvorgängen nachgewiesen worden.

Beim Phagen λ von *E. coli* gelang der eindeutige Nachweis, dass Crossing-over mit einem echten Stückaustausch zwischen den elterlichen Chromosomen verbunden ist. Dabei werden die DNA-Moleküle der Rekombinationspartner aufgeschnitten, homologe Stücke ausgetauscht und die Bruchenden wieder kovalent verbunden.

Dieser Nachweis (Abb. 8.2.) wurde mit Hilfe doppelter Kennzeichnung der Phagengenome durch genetische und radioaktive Markierung geführt. Die verwendeten Phagen tragen die Gene *h* und *c*. Die Allele *h* und *h*$^+$ symbolisieren den unterschiedlichen Wirtsbereich der Phagen (Abb. 8.1.). Phagen mit dem Merkmal *c* bzw. *c*$^+$ unterscheiden sich im Aussehen der gebildeten Plaques. Die Merkmale liegen etwa gleich weit von der Mitte des Phagengenoms entfernt. Also können Rekombinanten nur dann auftreten, wenn sich Rekombinationsereignisse in der Mitte des Chromosoms abspielen. Die zusätzliche radioaktive Markierung erfolgte durch den Ersatz aller Kohlenstoff- und Stickstoffatome der Phagenpartikeln durch die schweren Isotope ^{13}C und ^{15}N. Die Bedingungen im Experiment wurden so gewählt, dass der temperente Phage nach Injektion seiner DNA in den lytischen Zustand überging. Die Wirtszellen wurden mit äquivalenten Mengen „schwerer" Phagen vom genetischen Typ *hc* und *h*$^+$ *c*$^+$ infiziert. Die injizierten λ-Genome werden nach einmaliger,

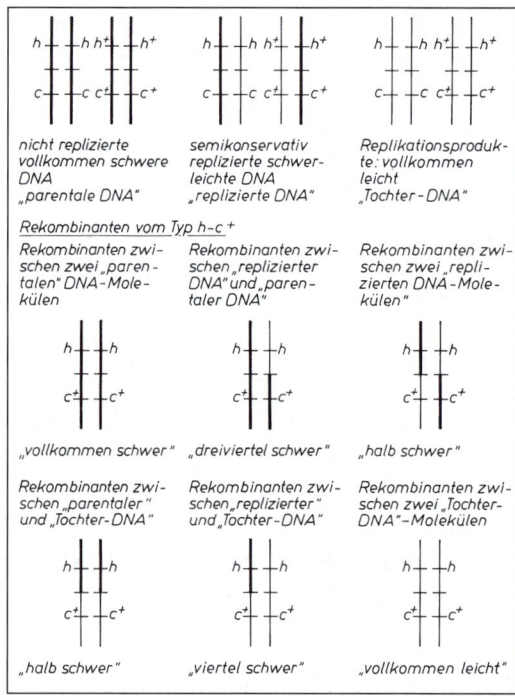

nicht replizierte vollkommen schwere DNA „parentale DNA"

semikonservativ replizierte schwerleichte DNA „replizierte DNA"

Replikationsprodukte: vollkommen leicht „Tochter-DNA"

Rekombinanten vom Typ h–c$^+$

Rekombinanten zwischen zwei „parentalen" DNA-Molekülen

Rekombinanten zwischen „replizierter" DNA" und „parentaler DNA"

Rekombinanten zwischen zwei „replizierten DNA-Molekülen"

„vollkommen schwer"   *„dreiviertel schwer"*   *„halb schwer"*

Rekombinanten zwischen „parentaler" und „Tochter-DNA"

Rekombinanten zwischen „replizierter" und „Tochter-DNA"

Rekombinanten zwischen zwei „Tochter-DNA"-Molekülen

„halb schwer"   *„viertel schwer"*   *„vollkommen leicht"*

Abb. 8.2. Schema für die molekularen Folgen von Rekombinationsvorgängen auf der Ebene der DNA der Phagenrekombinanten. h$^+$–h enger bzw. weiter Wirtsbereich; c$^+$–c trübe bzw. klar aussehende Plaques. Nach Knippers 1971.

mehrmaliger und z. T. auch ohne semikonservative Replikation in die neu synthetisierten Phagenhüllen verpackt. Die Nachkommenschaft dieser Infektion wurde auf ihre genetischen und auf ihre Dichte-Eigenschaften untersucht.

Wenn Rekombinanten durch Brüche in der Phagen-DNA und anschließende Wiedervereinigung von genetisch verschieden markierten DNA-Molekülen entstehen, dann sind verschiedene Typen von Rekombinanten zu erwarten. Sie konnten auch tatsächlich nachgewiesen werden (Abb. 8.2.). Im CsCl-Dichtegradienten wurden Rekombinanten vom Typ hc^+ an fünf verschiedenen Stellen genau dort gefunden, wo schwere (beide Stränge mit ^{13}C und ^{15}N markiert), dreiviertelschwere, halbschwere, viertelschwere und leichte DNA zu erwarten war. Hiermit wurde bewiesen, dass die Rekombination eine Folge von Brüchen und Wiedervereinigungen der DNA-Moleküle ist.

8.2.3. Genetische Kartierung durch Rekombinationsexperimente

Bei der allgemeinen Rekombination ist die Anzahl entstehender Rekombinanten direkt proportional den Abständen der Loci auf dem Phagenchromosom. Daher können mittels umfangreicher 2-Faktor- und 3-Faktor-Kreuzungen detaillierte *Chromosomenkarten* aufgestellt werden, aus denen die relative Lage der Gene zueinander zu ersehen ist.

Anhand der Ergebnisse von *2-Faktor-Kreuzungen* mit der bereits erwähnten Wirtsbereichsmutante und verschiedenen *r*-Mutanten soll der Zusammenhang zwischen Rekombinationshäufigkeit und Loci-Abständen veranschaulicht werden. Wie aus Tabelle 8.1. ersichtlich, ist die Anzahl der Rekombinanten in der Kreuzung $h \times r1$ am größten, weil die Loci h und $r1$ am weitesten voneinander auf dem Chromosom entfernt sind. Die Wahrscheinlichkeit eines Rekombinationsereignis-

ses ist also in der ersten Kreuzung größer als bei den anderen Kreuzungen, weil dort die Mutationsorte näher benachbart und daher Crossing-over-Ereignisse seltener sind. Je weiter zwei Loci voneinander entfernt sind, desto größer wird die Wahrscheinlichkeit von Rekombinationsereignissen. Kreuzt man *r1*-Mutanten mit *r13*- bzw. *r7*-Mutanten, so entstehen neben anderen Nachkommen auch einige Wildtypphagen und Doppelmutanten. Damit ist bewiesen, dass die drei getesteten Mutanten *r1, r7, r13* tatsächlich an verschiedenen Stellen im Phagenchromosom liegen. Auf diese Weise sind genetische Teilkarten konstruierbar.

3-Faktor-Kreuzungen haben gegenüber 2-Faktor-Kreuzungen wesentliche Vorteile, da sie mehr Information über die relative Lage der Gene zueinander liefern. Während in einer 2-Faktor-Kreuzung stets nur ein Crossing-over-Ereignis phänotypisch nachweisbar wird, lassen sich durch 3-Faktor-Kreuzungen Doppelaustauschereignisse phänotypisch sichtbar machen (Abb. 8.3.).

Doppelaustauschvorgänge innerhalb eines bestimmten Abschnittes sind stets wesentlich seltener als Einfachaustausche innerhalb dieser betrachteten Region. Falls z. B. die Rekombinationsfrequenz zwischen den Markern a und b 0,07 (= 7%) beträgt und die zwischen den Markern b und c 0,05 (= 5%), so ist die erwartete Wahrscheinlichkeit für ein Doppelaustauschereignis zwischen a und c das Produkt der beiden bereits ermittelten Rekombinationsfrequenzen $0,07 \times 0,05 = 0,0035$ (= 0,35%). *Das seltenere Auftreten von Doppelaustauschen ist jedoch von großer Wichtigkeit für die Ermittlung der relativen Lage von Genen.* Als Beispiel hierfür zeigt Tabelle 8.2. die Ergebnisse von 3-Faktor-Kreuzungen beim λ-Phagen. Die λ-Mutanten sind durch die phänotypisch erkennbaren Marker *s, co* und *mi* gekennzeichnet. Zu erwarten

Tab. 8.1. Rekombinationswerte einer Kreuzung zwischen Wirtsbereichs- und Plaquemutanten des Phagen T2. Nach Hershey 1949.

Kreuzung		% der Genotypen in der Population			
		h^+r^+	hr^+	h^+r	hr
$hr^+ \times h^+r1$	Eltern	–	53	47	–
	Nachkommen	12	42	34	12
$hr^+ \times h^+r7$	Eltern	–	49	51	–
	Nachkommen	5,9	56	32	6,4
$hr^+ \times h^+r13$	Eltern	–	49	51	–
	Nachkommen	0,74	59	39	0,94

sind sechs Rekombinantenklassen. Die jeweils 2 seltensten Rekombinantenklassen sind stets die Folge von Doppelaustauschvorgängen. Nach Ermittlung dieser Doppelrekombinantenklassen lässt sich die Anordnung der 3 Marker aus den in Tabelle 8.2.

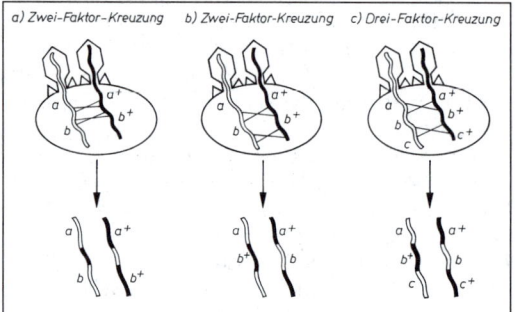

a) Zwei-Faktor-Kreuzung   b) Zwei-Faktor-Kreuzung   c) Drei-Faktor-Kreuzung

Abb. 8.3. Effekt von Doppelaustauschen in 2-Faktor-Kreuzungen (ab x a^+b^+) und in einer 3-Faktor-Kreuzung (abc x $a^+b^+c^+$). a) Doppelaustausch im Chromosomenabschnitt zwischen zwei Markern (Austausch nicht nachweisbar). b) Doppelaustausch, wobei ein Crossing-over zwischen den beiden Markern und ein Crossing-over außerhalb davon liegt. Es entstehen die Rekombinationschromosomen ab^+ und a^+b, so daß vom genetischen Befund her nur auf einen Austausch geschlossen werden kann. c) Doppelaustausch wie in b), aber in Anwesenheit eines dritten Markers c, so dass ein Crossing-over zwischen a und b und eines zwischen b und c liegt. Die doppeltrekombinanten Chromosomen ab^+c und a^+bc^+ lassen sich von den Elternchromosomen (abc und $a^+b^+c^+$) sowie von den Chromosomen, in denen nur ein Austausch stattgefunden hat (abc^+, $a^+b^+c^+$, a^+bc, ab^+c^+), unterscheiden.

dargestellten 3 Möglichkeiten ableiten. Die Ergebnisse zeigen übereinstimmend, dass die tatsächliche Markeranordnung im Chromosom s-co-mi ist.

Im Gegensatz zu allen anderen genetischen Objekten besteht bei Phagen die Möglichkeit einer 3-Eltern-3-Faktor-Kreuzung.
Werden Bakterien gleichzeitig mit drei verschiedenen Phagenmutanten infiziert, so treten u. a. auch Nachkommen auf, die drei verschiedene Merkmale von drei genetisch verschiedenen Eltern geerbt haben. Die Kreuzung der drei Typen $ab^+c^+ \times a^+bc^+ \times a^+b^+c$ ergibt u. a. den Typ abc, der das Resultat einer 3-Eltern-3-Faktor-Kreuzung ist.
Bei höheren Organismen ist etwas derartiges nicht möglich; die Kombination von Erbanlagen dreier verschiedener Typen ist nur durch aufeinanderfolgende Kreuzungen erreichbar.

8.2.4. Lineare und zirkuläre Chromosomenkarten

Im vorangehenden Abschnitt wurde anhand von 2- und 3-Faktor-Kreuzungen gezeigt, dass die Anzahl entstehender Rekombinanten direkt proportional den Abständen der Loci auf den Chromosomen ist. Wird eine

Tab. 8.2. 3-Faktor-Kreuzungen beim Phagen λ unter Einbeziehung der Marker s, co, mi. Nach A. D. Kaiser 1955.

Nachkommen	a) Kreuzung $s^+ co^+ mi^+ \times s\ co\ mi$ Häufigkeit	b) Kreuzung $s\ co^+ mi \times s^+ co\ mi^+$ Häufigkeit
$s^+ co^+ mi^+$	975	38
$s\ co\ mi$	924	33
$s\ co^+ mi^+$	30	273
$s^+ co\ mi$	32	318
$s\ co\ mi^+$	61	112
$s^+ co^+ mi$	51	121
$s\ co^+ mi$	5	6 389
$s^+ co\ mi^+$	13	5 050

c) mögliche Markeranordnung	erwartete seltene Doppelrekombinanten aus a)
$s^+ co^+ mi^+$ $s\ co\ mi$	$s^+ co\ mi^+$ $s\ co^+ mi$ } ← gefunden
$mi^+ s^+ co^+$ $mi\ s\ co$	$mi^+ s\ co^+$ $mi\ s^+ co$
$co^+ mi^+ s^+$ $co\ mi\ s$	$co^+ mi\ s^+$ $co\ mi^+ s$

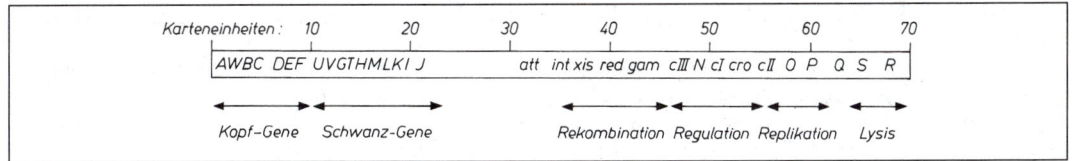

Abb. 8.4. Genetische Chromosomenkarte des Bakteriophagen Lambda (λ). Die Gene liegen entsprechend ihren Funktionen „geclustert" vor. Die Einheit der genetischen Karte entspricht einem Austausch von 1% zwischen zwei Markern. Die vollständige Länge des Chromosoms (mit 70 Karteneinheiten) beträgt 46.500 Nukleotidpaare. Nach Lewin 1977.

Vielzahl von Markern in verschiedene 2- und 3-Faktor-Kreuzungen einbezogen, so lassen sich aus den Ergebnissen Chromosomenkarten konstruieren, die die relative Lage der einzelnen Gene zueinander wiedergeben.

Für den Phagen λ wurde eine *lineare Chromosomenkarte* konstruiert (Abb. 8.4.). Wenngleich bei der Replikation der DNA langkettige DNA-Moleküle entstehen (Konkatemere), deren Länge dem Vielfachen eines λ-Chromosoms entspricht, beeinträchtigt dies nicht die Struktur der genetischen Karte. Bei der Verpackung der DNA in die Phagenköpfe wird exakt die Länge des λ-Chromosoms abgeschnitten, so dass alle Phagenpartikeln stets die gleiche DNA-Sequenz und damit Genfolge enthalten.

Für den *Phagen T4* ergab sich hingegen aus den genetischen Befunden eine *ringförmige Chromosomenkarte* (Abb. 8.5.). Ursache hierfür sind zwei wesentliche Merkmale des *T4*-Phagenchromosoms: *zirkuläre Permutation* der Gene und *terminale Redundanz* bestimmter Gene (vgl. Abschn. 4.4.2.). Zirkuläre Permutation und terminale Redundanz haben ihre gemeinsame Ursache in der Art und Weise der Replikation und Reifung des *T4*-Chromosoms. Während der Vermehrung der *T4*-Phagen werden sog. *Konkatemere* gebildet, die aus einer Vielzahl von hintereinander gereihten Genomen bestehen. Anschließend werden diese Konkatemere mittels spezifischer Enzyme auf eine bestimmte Länge zerschnitten und in Phagenpartikeln verpackt. Besteht z. B. ein Konkatemer aus einer sich wiederholenden Sequenz von 9 Ab-

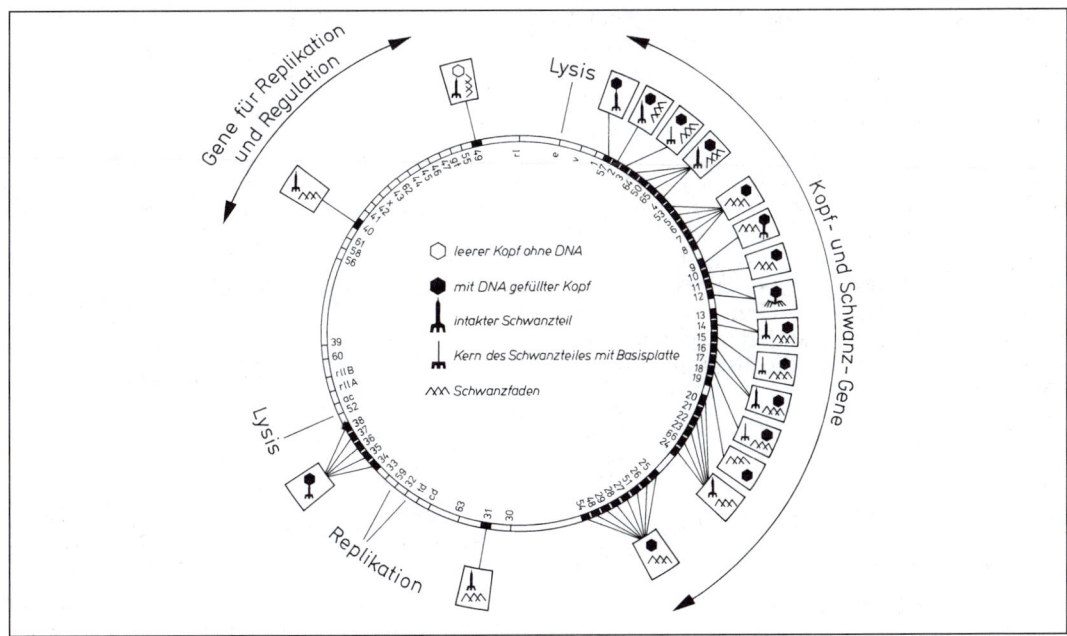

Abb. 8.5. Genetische Chromosomenkarte des Bakteriophagen *T4*. Die schwarz eingezeichneten Genorte kontrollieren an der Morphogenese der Phagenpartikel beteiligte Syntheseschritte. In den durch Striche mit ihnen vebundenen Kästchen sind diejenigen Phagenteile schematisch dargestellt, die bei einer Mutation des betreffenden Genortes anstelle von vollständigen Phagenpartikeln noch gebildet werden. Nach Kaudewitz 1973, verändert.

schnitten 1-2-3-4-5-6-7-8-9-1-2-3-4-5-6-7-8-9-1-2-3-4-5-6-7-8 ..., so wird es in fertige Chromosomen zerschnitten, die jeweils 11 Abschnitte umfassen. Dadurch entstehen zirkulär permutierte und terminal redundante Sequenzen: 1-2-3-4-5-6-7-8-9-1-2, 3-4-5-6-7-8-9-1-2-3-4, 5-6-7-8-9-1-2-3-4-5-6 usw. Die Länge des Chromosoms ergibt sich wahrscheinlich aus der Kopfgröße der Phagenpartikeln, die nur eine bestimmte Menge an DNA enthalten kann. Hinweise für die Richtigkeit dieser „Kopf-voll"-Hypothese ergaben sich aus dem Befund, dass bei Vorliegen von Deletionsmutanten die Größe der verpackten Chromosomen konstant blieb, d. h. der Anteil der terminalen Redundanz vergrößert. Beim Phagen *T4* beträgt die Anzahl terminal redundanter Nukleotide zwischen 2.000 und 6.000 Basenpaaren.

8.2.5. Rekombination bei Phagen mit einzelsträngiger DNA

Der *Phage ϕX174* besitzt ein ringförmiges Chromosom, das 5.386 Nukleotide umfasst. Auffallend bei diesem aus 11 Genen bestehenden Genom des Phagen ist die Erscheinung, dass die Häufigkeit der Rekombination im Gen A wesentlich höher ist als in anderen Genen. Das Gen A, welches ein an der Replikation beteiligtes Enzym codiert, enthält die Erkennungssequenz für eine Endonuklease. Durch das Aufschneiden des Gens A wird stets eine neue Replikationsrunde initiiert. Solche Einzelstrangbrüche leiten darüber hinaus auch die Initiation von Rekombinationsereignissen ein. Da die Entstehung von Einzelstrangbrüchen im Gen A wesentlich häufiger ist als in den anderen Genen, steigt auch dementsprechend die Rekombinationshäufigkeit.

8.3. Ortsspezifische Rekombination zwischen Phagen- und Bakterien-DNA

Das am besten untersuchte Beispiel einer ortsspezifischen Rekombination ist der Einbau des Phagen Lambda (λ) in das Bakterienchromosom von *Escherichia coli*. Für diesen Prozess ist lediglich ein kleiner Homologiebereich essentiell (vgl. 8.1.).

Der temperente Phage λ kann – wie in 4.4.2. geschildert – in der *E. coli*-Zelle entweder die lytische oder die lysogene Reaktion bewirken. Bei der lytischen Vermehrung existiert die DNA als unabhängiges, ringförmiges Molekül. Bei der Einleitung des lysogenen Zyklus wird das ringförmige Molekül in das Bakterienchromosom integriert. Beim Übergang vom lysogenen zum lytischen Vermehrungszyklus ist die Excision der integrierten λ-DNA notwendig.

Sowohl Integration als auch Excision erfolgen durch ortsspezifische Rekombinationsereignisse innerhalb eines definierten Bereiches homologer Sequenzen in der Phagen- und der Bakterien-DNA, die als „Attachment-Sites" (att) bezeichnet werden (Abb. 4.10. u. 8.6.).

Für die Integration ist die gegenseitige Erkennung und Paarung des Phagen-„Attachment-Site" attP und des Bakterien-„Attachment-Sites" attB erforderlich (Abb. 8.6.). Diese bei-

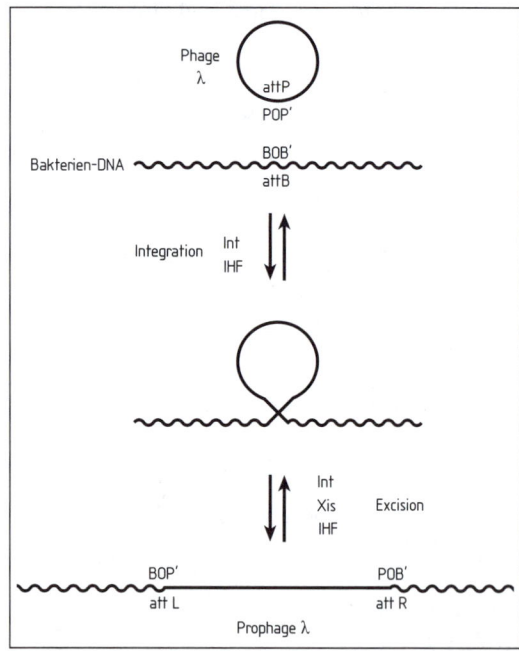

Abb. 8.6. Integration und Excision des Phagen Lambda. *attP, attB* – „Attachment-Site" auf dem Phagen- bzw. Bakterienchromosom; *O* – identische „*Core*"-Sequenz der vier „Attachment-Sites"; *Int, Xis* – phagencodierte Enzyme für Integration und Excision; *IHF* – bakteriencodierter Integrationsfaktor. Nach Lewin 1991.

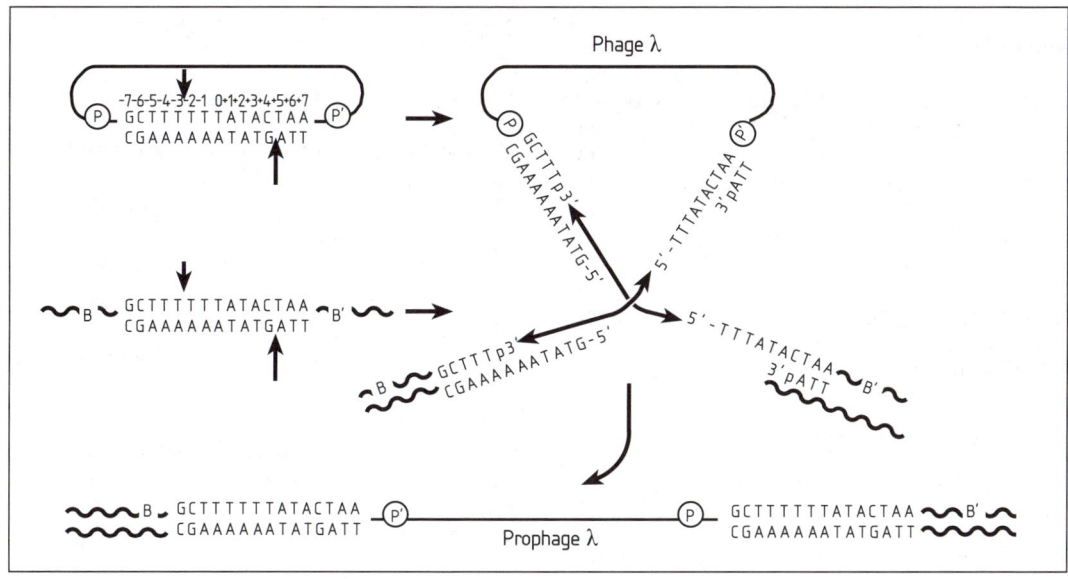

Abb. 8.7. Molekulare Ereignisse bei der Integration des Phagen Lambda λ. Versetzte Einschnitte in die identischen Core-Sequenzen von *attP* und *attB* ermöglichen die kreuzweise Reunion, so daß die Phagen-DNA in das bakterielle Chromosom integriert wird. Nach Lewin 1991.

den „Attachment-Sites" haben zwar eine identische „Kern"- (Core)-Sequenz 0, sie unterscheiden sich aber in den flankierenden DNA-Regionen P und P′ (Phage) sowie B und B′ (Bakterium), den „Armen". Die gemeinsame Kern-Sequenz 0 ist extrem AT-reich und umfasst 15 Basenpaare. Hier findet das ortsspezifische Rekombinationsereignis statt. In den beiden „Attachment-Sites" attP und attB werden die gleichen versetzten Einschnitte in die DNA gesetzt (vergleichbar der Wirkung von Restriktionsenzymen; vgl. Tab. 3.2.). Dadurch können die einander komplementären DNA-Stränge von attB und attP miteinander paaren und fusionieren (Abb. 8.7.). Für das ortsspezifische Rekombinationsereignis sind auch die angrenzenden DNA-Regionen essentiell, insgesamt eine Region von etwa 240 Basenpaaren. Für die Integration der λ-DNA ins Bakterienchromosom ist die phagencodierte Integrase INT und der bakteriencodierte Wirts-Integrations-Faktor IHF erforderlich. Für die Umkehrung der Integration, die Excision von λ aus dem Bakterienchromosom ist außerdem noch das phagencodierte Xis-Protein entscheidend wichtig (vgl. Abb. 8.6.).

8.4. Übertragung und Rekombination der Erbanlagen bei Bakterien

Bei Bakterien gibt es mehrere unterschiedliche Wege zur Übertragung der Erbanlagen von einer Zelle in eine andere: Transformation, Transduktion, Konjugation und Sexduktion.

8.4.1. Transformation

8.4.1.1. Klassische DNA-Transformation

Als **DNA-Transformation wird die Übertragung genetischer Information mittels reiner DNA-Fragmente** bezeichnet.
Den ersten Hinweis auf genetische Rekombination bzw. den Austausch von Erbmaterial in Bakterien fand Griffith bereits 1928 mit der Transformation von ungefährlichen Pneu-

mokokken-Stämmen durch virulente Pneumokokken (vgl. Abb. 3.1.). Von Avery wurde 1944 bewiesen, dass das transformierende Agens, das verantwortlich für die beobachtete genetische Veränderung ist, reine DNA darstellt. Genetische Information kann somit mittels isolierter oder von Bakterien ausgeschiedener DNA von einem Bakterium auf ein anderes übertragen werden.

Bei der Extraktion der DNA zerbricht das Chromosom in kleine transformierende Moleküle, die im Durchschnitt 20.000 Nukleotide enthalten. DNA-Bruchstücke mit einer Länge von weniger als 450 Basenpaaren sind nicht mehr zur Transformation fähig.

Abbildung 8.8. veranschaulicht das im folgenden dargestellte Transformationsexperiment: Isoliert man aus einem Mannit vergärenden, Streptomycinresistenten Pneumokokken-Stamm DNA und gibt sie in eine Kultur Mannit nicht vergärender, Streptomycin-sensibler Pneumokokken, so treten nach einiger Zeit Zellen auf, die Mannit vergären können bzw. resistent gegen das Antibiotikum sind. DNA-Fragmente sind von Pneumokokken-Zellen aufgenommen und durch Rekombinationsereignisse in das Genom des Empfängerstammes integriert worden. Analog ist die Übertragung anderer Merkmale möglich. Die Häufigkeit der Transformation liegt gewöhnlich zwischen 0,01% und 1% der behandelten Empfängerzellen.

Nach dem Grad der Verwandtschaft wird intraspezifische von interspezifischer Transformation unterschieden. Gehören Donor (Spender) und Rezipient (Empfänger) verschiedenen Stämmen der gleichen Bakterienart an, so spricht man von **intraspezifischer Transformation**. Gehören sie hingegen verschiedenen Arten an, so liegt **interspezifische Transformation** vor (Tab. 8.3.).

Je nach dem Zeitpunkt der DNA-Zugabe zu einer wachsenden Bakterienkultur erhält man unterschiedliche Transformationsraten. Der Zustand, in dem die Bakterienzelle transformierende DNA aufnimmt, wird als **Kompetenz** bezeichnet. Kompetenz ist ein physiologischer Zustand, in dem sich die Bakterienzelle vorübergehend befindet. Die Kompetenzmaxima für einzelne Bakterienarten sind verschieden (Abb. 8.9.). Der Kompetenzzustand äußert sich u. a. in einer veränderten Zellwandstruktur. Die an der Zelloberfläche befindlichen Kompetenzfaktoren sind verantwortlich für die energieabhängige Bindung der Donor-DNA-Fragmente an die Zelloberfläche.

Tab. 8.3. Beispiele für interspezifische Transformation bei Bakterien

Transformation	Bakteriensippen
Zwischen verschiedenen Arten	*Haemophilus, Neisseria, Rhizobium, Azotobacter, Pseudomonas, Bacillus*
Zwischen verschiedenen Gattungen einer Familie	*Streptococcus/Diplococcus, Agrobacterium/Rhizobium*
Zwischen Stämmen aus verschiedenen Familien	*Streptococcus/Staphylococcus, Neisseria/Moraxella*

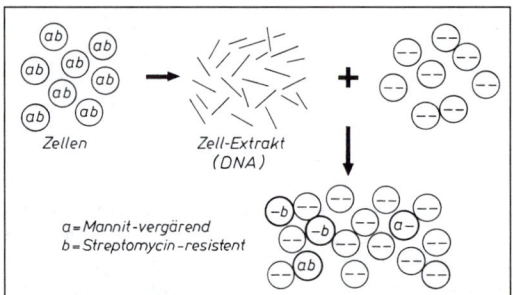

Abb. 8.8. Schematische Darstellung eines Transformationsexperimentes. Nach Bresch 1972.

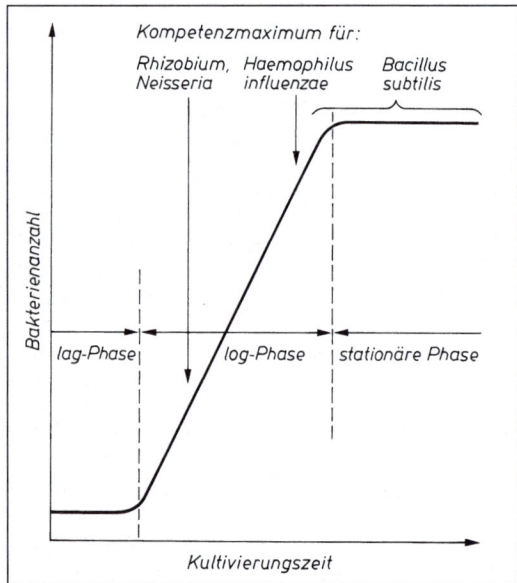

Abb. 8.9. Typische Wachstumsbilder von Bakterienkulturen und das Auftreten der Kompetenzmaxima bei verschiedenen transformierbaren Bakterienarten. Nach Grunow 1972.

Die genetische Transformation ist ein mehrstufiger Prozess, er umfasst Adsorption, Penetration, Synapsis, Integration und phänotypische Ausprägung. Das wesentliche Ereignis besteht darin, dass ein Einzelstrangsegment der Wirts-DNA durch ein Einzelstrangsegment der transformierenden (tf) DNA ersetzt wird.

Adsorption: Die Adsorption ist charakterisiert als reversible Bindung der DNA an Kompetenzrezeptoren der Zelloberfläche. Noch kann die DNA durch DNase-Aktivität abgebaut werden. Die Anzahl der Kompetenzrezeptoren ist begrenzt. Eine Bakterienzelle vermag etwa 10 transformierende Moleküle zu adsorbieren.

Penetration: Während des Eindringens der DNA in die kompetente Rezipientenzelle ist die DNA durch feste Bindung vor DNase-Aktivität geschützt. Die tf-DNA kann in geknäulter Form oder als Faden in Längsrichtung (etwa 55 Nukleotidpaare $\cdot$ s^{-1}) die Zellwand passieren.

Synapsis: In das Innere der Bakterienzelle wird lineare DNA aufgenommen, und zwar entweder als DNA-Einzelstrang (*Bacillus, Streptococcus*) oder als DNA-Doppelstrang (*Haemophilus*). Nach Eindringen der tf-DNA erfolgt die Umwandlung in eine einsträngige, genetisch aktive Form. (Mutanten von *Diplococcus*, die den Verlust einer DNase-Aktivität aufweisen, sind nicht zur Transformation fähig.) Dieser etwa 5 min dauernde Zeitraum heißt *Eklipse*. Nach Abschluss der Eklipse wird in Form loser Bindung zwischen den homologen Regionen der tf-DNA und der Wirts-DNA die Paarung eingeleitet. Für die erste Paarung zwischen dem Einzelstrangsegment des Donors und der homologen Region des Rezipienten ist eine Basenpaarung zwischen mindestens 25 Nukleotidpaaren notwendig.

Integration: Transformierte Zellen entstehen erst nach einem stabilen Einbau der auf der transformierenden DNA liegenden Information (Abb. 8.10.). Die Länge eingebauter Segmente wurde bisher zwischen 6.000 und 20.000 Nukleotiden bestimmt. Die transformierten Gene werden nicht zusätzlich in das Bakteriengenom eingebaut, sondern in Form von Austausch der homologen Genregion der Rezipientenzelle. Als Folge des Einbaus eines Einzelstrangsegmentes kommt es zunächst zur Entstehung einer Heteroduplex-Struktur (Abb. 8.10.).

Phänotypische Ausprägung: Eine erfolgte Transformation ist erst nachweisbar, wenn aus dem Heteroduplex eine normale komplementäre DNA-Region mit der Donor-Information entstanden ist, die nunmehr ausgeprägt werden kann.

Maximal 10% des Bakteriengenoms können durch einen Transformationsvorgang übertragen werden. Je nachdem, ob unterschiedliche Gene auf verschiedenen DNA-Fragmenten liegen, stellt man eine *unabhängige* oder eine *Ko-Transformation* fest (Tab. 8.4.). Je enger zwei Gene auf dem Bakterienchromosom lie-

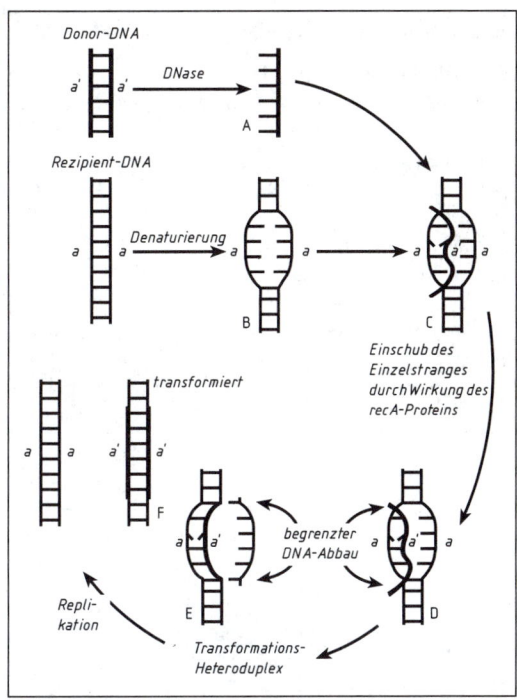

Abb. 8.10. Molekularer Mechanismus der Bakterientransformation. Die DNA des Wirtes wird an einer Stelle denaturiert; dort wird ein Strang der Donor-DNA durch Basenpaarung eingefügt. Durch begrenzten DNA-Abbau wird ein Teil der Wirts-DNA und Donor-DNA abgebaut. Es entsteht ein Transformationsheteroduplex, aus dem Homoduplices entstehen. Nach Herskowitz 1977.

gen, desto höher ist der Grad der Ko-Transformation. Um die Frequenz der Ko-Transformation zu bestimmen, wird auf ein Merkmal selektiert, und anschließend werden die nicht selektierten Merkmale getestet (Tab. 8.4. D). Auf diese Weise läßt sich der relative Abstand der Gene zueinander bestimmen. Für Bakterienarten, bei denen kein Konjugationssystem gefunden bzw. entwickelt wurde, sind Transformationsexperimente von entscheidender Bedeutung für die Kartierung von Genen. Abbildung 8.11. zeigt solch eine Chromosomenkarte von *Bacillus subtilis*, die zu einem wesentlichen Teil auf Transformations-Experimenten beruht (zusätzlich auch noch auf Transduktions-Versuchen, vgl. 8.4.2.2.).

Die Bakterien-Transformation ist nicht nur ein experimentelles Verfahren, sondern sie kommt auch in der „freien Natur" vor. Aus abgestorbenen Bakterienzellen kann DNA in das umgebende Medium freigesetzt werden. Trifft diese freigesetzte DNA auf eine lebende kompetente Zelle, so kann diese mit den in ihr enthaltenen Genen unter geeigneten phy-

Tab. 8.4. Einfache und doppelte Transformation bei *Diplococcus pneumoniae*. Nach Hotchkins 1954.

Donor-DNA	Rezipient	Transformanten (in %)	
		einfach	doppelt
A. Einfache Transformation			
str-r	str-s	str-r 1%	–
pen-r	pen-s	*pen-r* 1%	–
B. Doppelte, unabhängige Transformation			
pen-r, str-r	pen-s, str-s	pen-r, str-s 1%	pen-r, str-r 0,01%
		pen-s, str-r 1%	(Häufigkeit: Produkt von 1% × 1%)
C. Doppelte, Ko-Transformation			
mtl⁺, str-r	mtl⁻, str-s	mtl⁺, str-s 1%	mtl⁺, str-r 0,1–0,2%
		mtl⁻, str-r 1%	
D. Doppelte, Ko-Transformation (Selektion auf jeweils nur 1 Marker – (a) oder (b))			
mtl⁺, str-s	mtl⁻, str-r	(a) 145 *mtl⁺*	mtl⁺ str-s 14,5% von (a)
mtl⁻, str-r	mtl⁺, str-r	(b) 134 *str-r*	mtl⁻ str-r 12,0% von (b)

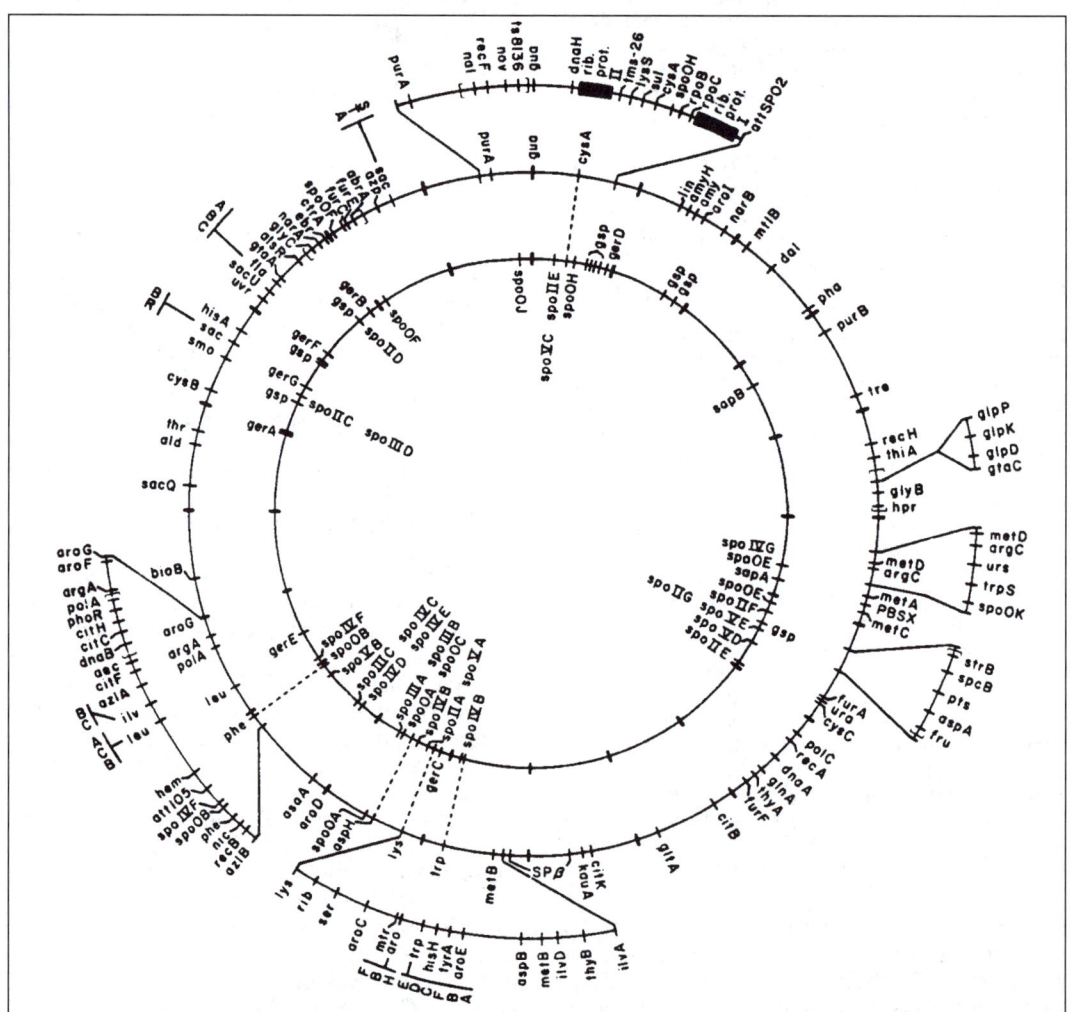

Abb. 8.11. Zirkuläre genetische Karte des Chromosoms von *Bacillus subtilis*, konstruiert auf der Basis von Transformations-Experimenten. Die identifizierten Gene sind symbolisiert durch Abkürzungen, wie z.B. *trpA*, *trpB*, *trpC* usw. Die drei Kleinbuchstaben bezeichnen die Funktion der Gene (Codierung von Schritten der Tryptophansynthese); die dahinterstehenden Großbuchstaben symbolisieren die verschiedenen, an der gleichen Funktion beteiligten Gene. Nach Birge 1984.

siologischen Bedingungen durch die Zellwand und Membran transportiert werden und so ins Zellinnere gelangen, in dem sich dann die oben skizzierten Vorgänge abspielen.

So wie bakterielle DNA lässt sich im Experiment auch nackte Phagen-DNA in Bakterienzellen übertragen. Dieser Vorgang wird als *Transfektion* bezeichnet.

8.4.1.2. Plasmid-Transformation

Plasmide sind ringförmige Moleküle aus doppelsträngiger DNA, die in der Bakterienzelle neben dem Bakterienchromosom autonom vorkommen (vgl. 2.1.). Natürliche oder durch gentechnologische Eingriffe (vgl. Kap. 13) veränderte und umgebaute Plasmide können in Bakterienzellen übertragen werden: **Plasmid-Transformation**. Ein sehr gängiges Verfahren ist die Behandlung der Bakterienzellen

mit Calciumchlorid-Lösung und einem kurzzeitigen Hitzeschock. $CaCl_2$ verändert die Zellwand und verbessert die Anheftung der Plasmid-DNA, die nach dem Hitzeschock (42 °C) in die Bakterienzelle, z. B. *E. coli*, aufgenommen wird. Es gibt eine Vielzahl verschiedener und unterschiedlich großer Plasmide. Sehr bekannt und für gentechnologische Experimente viel benutzt ist das Plasmid pBR 322 (Abb. 8.12.).

In letzter Zeit hat der Begriff **Transformation** eine *beträchtliche Erweiterung* erfahren.

(a) Er bezeichnet jetzt die Aufnahme von DNA-Molekülen in irgendeine Zelle von Bakterien, Pilzen, Pflanzen, Tieren und Mensch.

(b) Voll eingebürgert ist ‚Transformation‘ auch für die Prozesse der Umwandlung einer ‚normalen‘ tierischen, menschlichen oder Pflanzen-Zelle in eine Krebszelle (die deutlich von den o. g. Vorgängen unterschieden werden müssen).

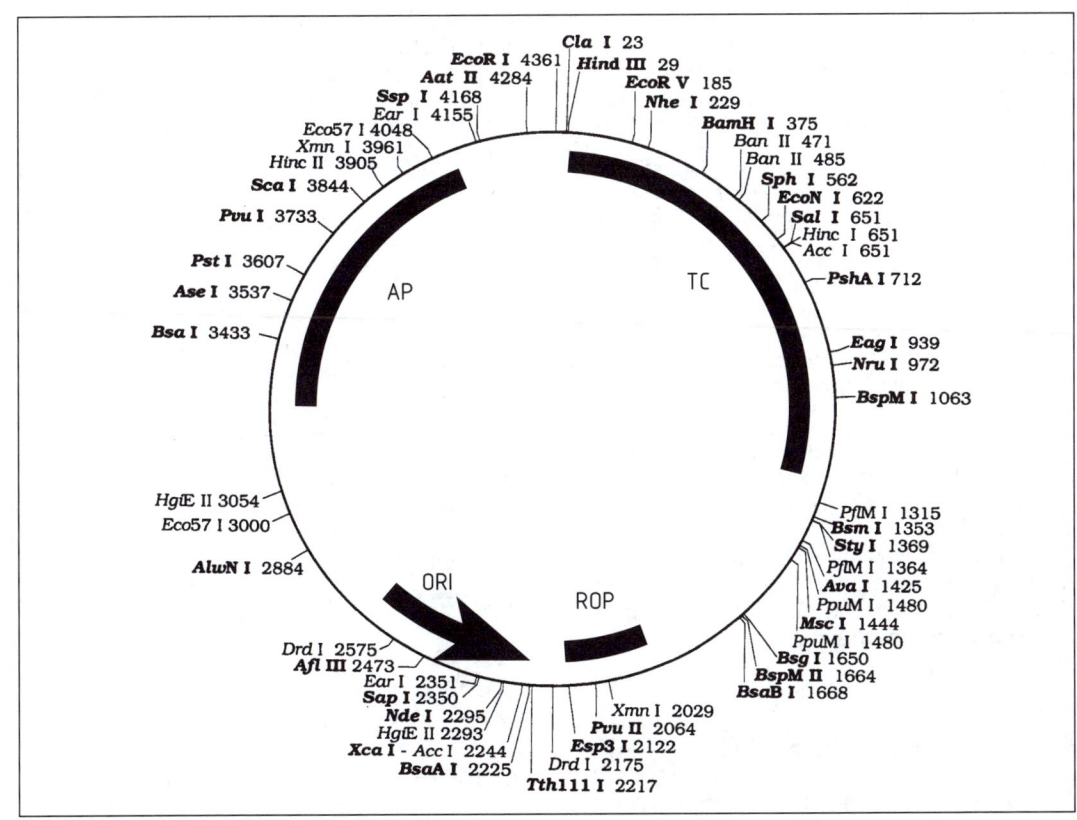

Abb. 8.12. Physische Karte des Plasmids *pBR322*. Eingezeichnet sind die Schnittstellen derjenigen Restriktasen, die das Plasmid einmal (Fettdruck) oder zweimal schneiden, außerdem die Gene für Ampicillin (*Ap*)- und Tetracyclin (*Tc*)-Resistenz sowie für RNase I-Aktivität (*rop*); ORI ist der Startpunkt (origin) der DNA-Replikation. Nach Katalog New England Biolabs 1990/1991.

8.4.2. Transduktion

Als **Transduktion** bezeichnet man die **Übertragung** von **Bakteriengenen durch Bakteriophagen**. Diese Methode ist außerordentlich gut geeignet für die Kartierung der Feinstruktur kleiner DNA-Abschnitte des Bakterienchromosoms.
Bestimmte Phagen können Gene ihres letzten (bakteriellen) Wirtes auf ein infiziertes Bakterium übertragen (Abb. 8.13.). Als Beispiel sei der Phage *P22* genannt, der sich in *Salmonella typhimurium* vermehrt. Wird ein argininunabhängiger, streptomycinresistenter (*arg⁺ str^r*) Bakterienstamm von diesem Phagen infiziert, so wird ein Teil der Zellen lysiert, der andere Teil lysogenisiert. Nach der Induktion lysogener Zellen entstehen Phagen, welche die Bakteriengene *arg⁺* und *str^r* übertragen können.

Dies wird durch folgende Experimente veranschaulicht:
Plattiert man als Kontrolle nicht von Phagen infizierte *arg⁻str^s*-Bakterien auf Agar ohne Arginin oder auf Komplettagar mit Streptomycin, so können nur die ganz selten auftretenden Rückmutationen wachsen (Abb. 8.13. c). – Infiziert man die unter gleichen Bedingungen gehaltenen arg⁻str^s-Bakterienzellen mit Phagen, die vorher auf arg⁻str^s-Bakterien vermehrt wurden, so können ebenfalls nur die sehr seltenen Rückmutanten wachsen (Abb. 8.13. b). – Werden hingegen die arg⁻str^s-Bakterienzellen von Phagen infiziert, die vorher auf arg⁺str^r-Bakterien vermehrt worden waren (Abb. 8.13. a), so treten signifikant viel mehr arg⁺- und str^r-Zellen auf: Die auf arg⁺str^r-Bakterien vermehrten Phagen übertragen mit einer bestimmten Häufigkeit die Gene ihres vorherigen bakteriellen Wirtes; sie *transduzieren* diese Gene.

Transduzierende Phagen können sowohl nach Induktion einer lysogenen Zelle (z. B. λ und *P22*) oder nach lytischer Infektion (z. B. P1) entstehen.
Während bei der allgemeinen Transduktion unspezifisch alle Gene übertragbar sind, werden bei der Spezialtransduktion nur bestimmte Gene übertragen.

8.4.2.1. Allgemeine Transduktion

Bei der allgemeinen Transduktion wird beliebig irgendein Stück eines Bakterienchromosoms in den Phagenkopf verpackt und auf ein Rezipientenbakterium übertragen.

Das transduzierte Segment kann anschließend in das Rezipientenchromosom rekombinativ eingelagert werden. Zur allgemeinen Transduktion sind u. a. die folgenden Phagen fähig: P1 von *E. coli*, P22 von *Salmonella typhimurium*, SP10 und PBS1 von *Bacillus subtilis*.
Transduzierende Phagenpartikeln sind ein zufälliges Nebenprodukt der normalen Phagenvermehrung. Sie entstehen während der Verpackung der Phagen-DNA in die vorgefertigten Phagenköpfe am Ende des lytischen Zyklus. Bei vielen Phagen wird in den weitgehend fertig synthetisierten Phagenkopf nach dem „Kopf-voll-Mechanismus" genau so viel DNA verpackt, wie der Kopf fassen kann. Dabei kann versehentlich statt Phagen-DNA ein Bakterien-DNA-Segment von etwa gleicher Größe wie die zu verpackende Phagen-DNA in den Phagenkopf verpackt werden. Derartige Fehler sind aber sehr selten; so sind beim Phagen P1 von *E. coli* mindestens 99,9% der P1-Phagen in einem Lysat normale virulente Phagen und nur 0,1% transduzierende Partikeln.
Der Phage P1 kann etwa 2,2% eines Bakterien-Chromosoms in eine Partikel verpacken; dadurch können gleichzeitig etwa 60 gekoppelte Bakterien-Gene übertragen werden.

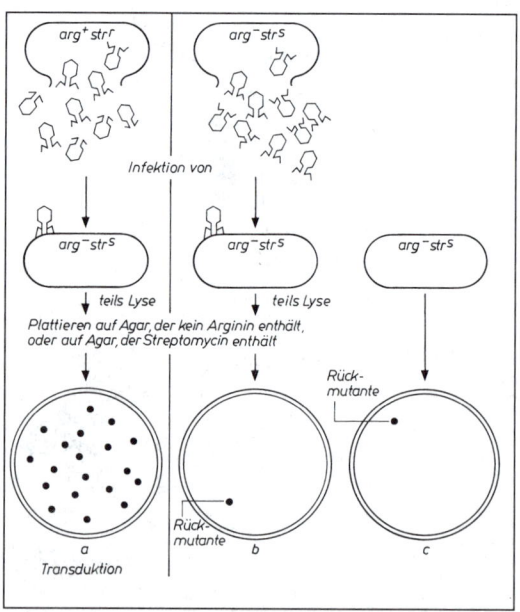

Abb. 8.13. Schematische Darstellung für das Prinzip eines Transduktionsexperimentes mit dem System *Salmonella typhimurium* – Phage P22. Nach Hagemann et al. 1978.

Hingegen kann der Phage P22 nur etwa 1% des Chromosoms von *Salmonella typhimurium* in eine Partikel verpacken.

Diese transduzierenden Phagenpartikeln können nun ein anderes Bakterium infizieren, wodurch homologe DNA in die bakterielle Rezipientenzelle gelangt. Wenn das transduzierte Segment von Bakterien-DNA Donor-Gene trägt, die sich von den Rezipienten-Genen erblich unterscheiden, so lassen sich die stattgefundenen Rekombinationsereignisse phänotypisch erkennen (vgl. Abb. 8.13. u. 8.14.).

Das Wesentliche bei der allgemeinen Transduktion ist die Tatsache, dass transduzierende Phagen prinzipiell jedes Bakterien-Gen – auf welchem Teil des Bakterien-Chromosoms es auch liegt – transduzieren können.

Experimentell lassen sich unabhängige von gekoppelten Transduktionen unterscheiden. Liegen verschiedene Gene sehr weit voneinander auf dem Bakterien-Chromosom, so können sie bei der Transduktion nur von verschiedenen transduzierenden Partikeln übertragen werden (Abb. 8.14.); man findet *unabhängige Transduktion*. Liegen Gene eng beieinander, so findet man *gekoppelte Transduktion*, weil diese Gene sehr oft gemeinsam durch eine Phagenpartikel in das Rezipienten-Bakterium gelangen. Zum Beispiel werden die Gene *thr*, *leu* und *azi* durch den Phagen P1 gekoppelt transduziert. Die Gene *leu* und *azi* treten in 50% aller Transduktanten gekoppelt auf, die für einen der beiden Typen selektiert waren. Dagegen beträgt die Kopplungsrate für *leu* und *thr* nur 3%. Unter 350 Transduktanten dieser Gruppe fand man keine, die gleichzeitig noch gekoppelt *azi* aufwies.

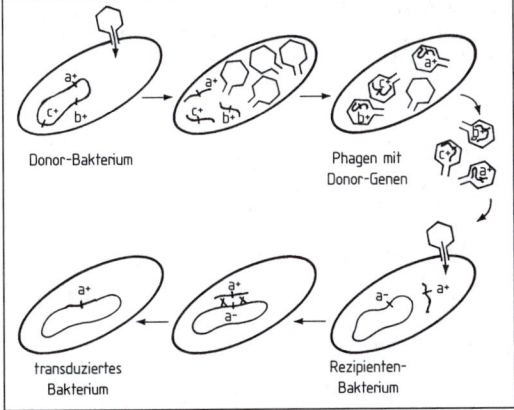

Abb. 8.14. Entstehung allgemeintransduzierender Phagenpartikeln durch den zufälligen Einbau von DNA-Fragmenten des Donorbakteriums sowie Transfer dieser bakteriellen Gene in geeignete Rezipientenbakterien durch Transduktion. Nach Suzuki, Griffith und Lewontin 1981, verändert.

Der Abstand zwischen den bakteriellen Genen *leu* und *thr* charakterisiert somit etwa die maximale Größe von bakteriellen DNA-Fragmenten, die in den Phagenkopf von P1 inkorpiert werden können. Mit Hilfe der gekoppelten Transduktion lassen sich somit Informationen über die Anordnung der Gene im Bakterienchromosom gewinnen.

8.4.2.2. Spezialtransduktion

Bei der Spezialtransduktion werden *nur bestimmte Gene übertragen, die in einer spezifischen Region* des Bakterien-Chromosoms liegen (nahe der Einbaustelle des Phagen).

Der temperente Phage λ von *E. coli* gehört zu den spezial-transduzierenden Phagen. Er enthält etwa 48 000 Nukleotidpaare und rund 50 Gene. Nach Injektion des linearen λ-Chromosoms in die Wirtszellen paaren die 12 komplementäre Basenpaare umfassenden kohäsiven Enden, so dass eine ringförmige DNA-Struktur entsteht. Unter Mitwirkung der Wirtszell-Ligase werden die Enden kovalent verbunden. Der lysogene Zyklus ist gekennzeichnet durch die Integration des λ-Genoms in das Bakterienchromosom (vgl. Abb. 8.15.; vgl. 4.4.2. und 8.3.). Das Rekombinationsereignis findet zwischen den sogenannten „Attachment-Sites" (Abb. 8.6.) statt, die sowohl auf dem Wirtschromosom als auch auf dem Phagenchromosom liegen (attP und attB). Der Chromosomenort att von *E. coli* liegt zwischen den Regionen *gal* (für Galaktose-Abbau) und *bio* (für Synthese des Vitamins Biotin). Deshalb wird λ dort eingebaut (Abb. 4.10. u. 8.15.). Er liegt dann als Prophage im Bakterienchromosom.

Der Vorgang der Integration kann wieder aufgehoben werden durch den Ausbau, die Desintegration, die Excision, von λ. Unter bestimmten physiologischen Bedingungen kann die Excision der Prophagen-DNA spontan erfolgen (vgl. 8.3.). Nach Einwirkung von UV-Strahlung wird sie mit hoher Effizienz induziert. Der Phage λ geht aus dem lysogenen in den lytischen Zustand über. Mit einer Wahrscheinlichkeit von 10^{-6} verläuft die Excision nach UV-Induktion fehlerhaft. Ursache der fehlerhaften Desintegration ist eine „illegitime Paarung" zwischen Abschnitten mit zufällig vorhandener Homologie und anschließender reziproker Rekombination. Infolgedessen verbleibt ein Teil der Phagen-DNA im Bakterienchromosom, und ein Abschnitt der Bakterien-DNA wird nunmehr als Teil des

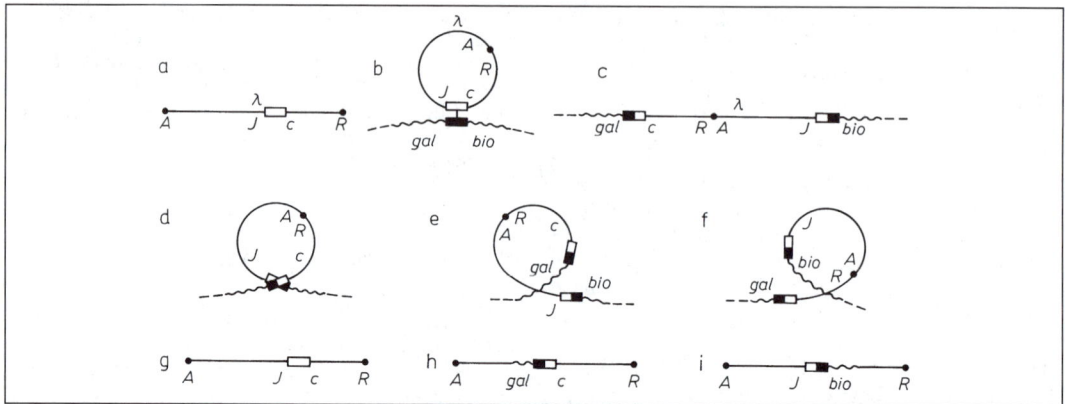

Abb. 8.15. Einbau des Phagen λ in das Bakterienchromosom (→ Prophagenzustand) und die Entstehung spezialtransduzierender Phagen. Das lineare DNA-Makromolekül des λ-Phagen (a) bildet nach Infektion einer *E. coli*-Zelle die Ringform (b) aus, nach Paarung (b) zwischen den Homologieregionen des Phagen (weiß) und des Bakterienchromosoms (schwarz) kommt es zum Einbau des Phagen als lineare Struktur in das Bakterienchromosom (c). Nach Induktion wird der Prophage rekombinativ normalerweise wieder korrekt ausgebaut (d); so entsteht ein intaktes Phagengenom (g). Gelegentlich kommt es an „falschen" Stellen zu illegitimer Paarung zwischen Prophagen und Bakterienchromosom, so daß Phagenchromosomen entstehen, die Teile des Bakterienchromosoms enthalten (gewellt gezeichnet), dafür aber Teile des eigenen Genoms verloren haben und daher „defektiv" sind. Je nachdem, wo die illegitime Paarung erfolgt, kann entweder die Galaktoseregion (*gal*) des Bakterienchromosoms in das Phagenchromosom gelangen (e und h) oder die Biotinregion (*bio*) des Bakteriums (f und i). Diese Phagen sind defektiv und können die *gal*- bzw. *bio*-Region spezialtransduzieren. Nach Signer aus Scherneck und Theile 1970.

Phagengenoms mitausgeschnitten. Bevorzugt wird hierbei die *gal*-Region in das Phagenchromosom eingebaut. Ein auf diese Weise entstandener defekter λ-Phage wird als λ*dg* bezeichnet (d – defektiv; g – Galaktose). Er ist nicht mehr imstande, den lytischen Vermehrungszyklus auszuführen. Das λ*dg*-Phagengenom weist bezüglich der *gal*-Region absolute Homologie mit der Bakterien-DNA auf. Deshalb wird diese Nukleotidsequenz zum bevorzugten Ort von Rekombinationsereignissen nach Infektion der Wirtszelle mit dm λ*dg*-Genoms. (Erfolgt die „illegitime" Paarung nach der anderen Seite, so wird die *bio*-Region eingebaut; Abb. 8.15.).
Während bei allgemein transduzierenden Phagen im Phagenkopf die Phagen-DNA durch Bakterien-DNA ersetzt ist, findet man bei den spezial transduzierenden Phagen das Fragment von Bakterien-DNA stets kovalent mit der Phagen-DNA verbunden.
Nach Induktion λ-lysogener *gal*⁺-Zellen von *E. coli* befindet sich im Lysat je 10^6–10^7 infektiöser Partikeln etwa ein zur Transduktion fähiger λ*dg*-Phage. Solch ein Lysat heißt **LFT-Lysat** (low frequency of transduction). Werden damit *gal*⁻-Zellen von *E. coli* infiziert, die also unfähig sind, Galaktose zu verwerten, so entstehen infolge von Transduktion einige *gal*⁺-Zellen. Zusätzlich zur vorhandenen defekten *gal*⁻-Region des Bakteriums wurde mit dem λ*dg*-Genom eine

zweite, funktionsfähige *gal*⁺-Region eingebaut. Die *gal*⁺-transduzierte Zelle ist somit eine Heterogenote, d.h. eine partiell diploide und „heterozygote" Zelle geworden. Bedingt durch eine hohe Phagenmultiplizität (die Anzahl der Phagenpartikeln ist größer als die der Bakterienzellen) sind die transduzierten Zellen auch noch lysogen für einen zweiten intakten λ-Phagen geworden (Abb. 8.16.). Da somit neben dem λ*dg*-Genom ein intaktes Phagengenom inkorporiert wurde, entstehen nach Induktion von Klonen solcher lysogener Zellen **HFT-Lysate** (<u>h</u>igh <u>f</u>requency of <u>t</u>ransduction), die zu 50% λ*dg*-Phagen und zu 50% λ-Phagen enthalten.

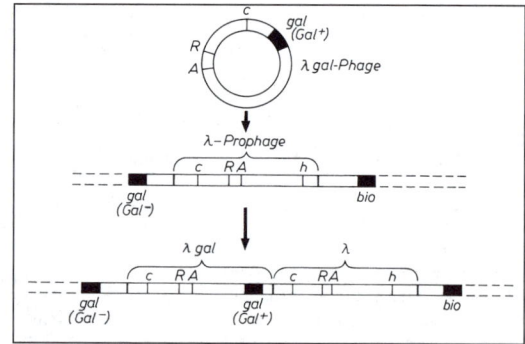

Abb. 8.16. Entstehung doppelt lysogener Bakterien (λ λ*gal*) Gal⁺ λ Gal⁻.

8.4.2.3. Stabile und abortive Transduktion

In den bisher geschilderten Fällen wird das transduzierte DNA-Stück stabil in das Bakterienchromosom eingebaut; man bezeichnet dies als **stabile Transduktion**. Demgegenüber liegt bei der **abortiven Transduktion** das DNA-Fragment neben dem Bakterienchromosom in der Zelle vor und prägt seine genetische Information aus. Bei jeder Zellteilung kann das Fragment nur an eine der beiden Tochterzellen weitergegeben werden. Die *fla⁻*-Mutanten von *Salmonella typhimurium* besitzen keine Geißeln. Werden mit Hilfe von Transduktion *fla⁺*-Gene in die unbeweglichen Mutanten übertragen, so können einige Zellen die Befähigung zur Fortbewegung wiedererlangen.
Bei einer abortiven Transduktion von *Salmonella*-Genen, die die Information für Begeißelung enthalten, kann der Weg der einen beweglichen Zelle, die das transduzierte Fragment enthält, an den durch Teilung entstehenden Kolonien unbeweglicher Zellen sichtbar gemacht werden (Abb. 8.17.). Die abortive Transduktion hat große Bedeutung bei der genetischen Analyse von Genen und Operonen erlangt (Cis-Trans-Test).

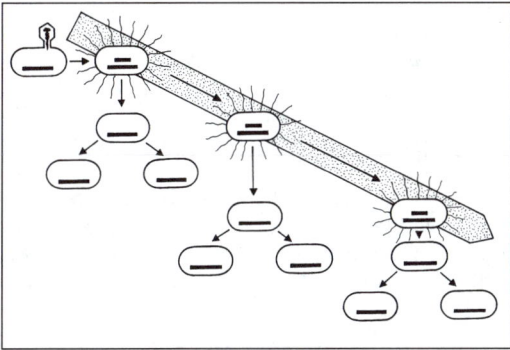

Abb. 8.17. Abortive Transduktion eines Bakterienchromosomenfragmentes mit dem Gen für Geißelbildung bei *Salmonella*. Nach Stent aus Günther 1971.

8.4.3. Konjugation

Im Gegensatz zur Transformation und Transduktion ist die Konjugation ein Vorgang, der den direkten Kontakt zweier Zellen benötigt, um genetisches Material vom Donor zum Rezipienten zu übertragen. Die Konjugation ist einem Sexualvorgang bei Eukaryoten vergleichbar. *Sie beruht auf einem System sexueller Polarität*, welches auf dem Vorhandensein oder der Abwesenheit der spezifischen Wirkung und Lokalisierung eines Sexualfaktors, des **F-Plasmids**, basiert. Nach diesen Kriterien lassen sich die Zellen von *E. coli* drei verschiedenen sexuellen Typen zuordnen: dem F⁻, dem F⁺- und dem Hfr-Typ (Abb. 8.18.). Der direkte Kontakt zwischen sexuell verschieden differenzierten Zellen wird durch die Ausbildung eines Sexualpilus (Abb. 8.20.) möglich. Die Fertilität von F⁺-Zellen beruht auf der Anwesenheit eines F-Plasmids, das die F⁻-Zellen nicht enthalten. Das F-Plasmid ist bei *E. coli* ein ringförmiges DNA-Molekül mit einer Sequenz von etwa 94.500 Nukleotidpaaren (Abb. 8.19.). Das F-Plasmid könnte man als Geschlechtschromosom der *E. coli*-Zelle bezeichnen. Die genetische Information des F-Plasmids dient einer weitgehend autonomen Replikation sowie der Ausbildung von Sexualpili (Abb. 8.20.). Der Sexualpilus stellt eine Proteinröhre von 8,5 nm Durchmesser und 1–20 µm Länge dar, durch den der physische Kontakt zwischen der F⁻ und der F⁺- oder Hfr-Zelle hergestellt wird. Die Sexualpili sind von den zahlreichen anderen Pili einer *E. coli*-Zelle durch die Adsorptionsfähigkeit kleiner RNA-Phagen (z.B. f2) zu unterscheiden. Da diese RNA-Phagen die *E. coli*-Zellen nur infolge der spezifischen Adsorption an F-Pili infizieren können, ist es auf diese Weise möglich, F⁺- Zellen von F⁻-Zellen zu unterscheiden.
Gibt man wenige F⁺-Zellen in eine F⁻-Kultur, so ist nach einigen Stunden nahezu die ganze Kultur in F⁺-Zellen umgewandelt. Der Sexualkontakt zwischen F⁺- und F⁻-Zellen führt somit asymmetrisch zur Änderung des Geschlechts (Abb. 8.21.). Die Umwandlung einer nicht fertilen F⁻-Zelle in eine fertile F⁺-Zelle resultiert aus dem Transfer einer Kopie des F-Faktors. F⁻-Stämme können also nicht miteinander fertil sein, weil sie keine F-Plasmide besitzen.
Trennt man die F⁺- von der F⁻-Population durch einen bakteriendichten Filter, so ist keine Übertragung des F-Plasmids möglich.

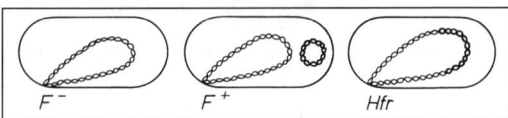

Abb. 8.18. Schema für die *E. coli*-Typen F⁻, F⁺ und Hfr.

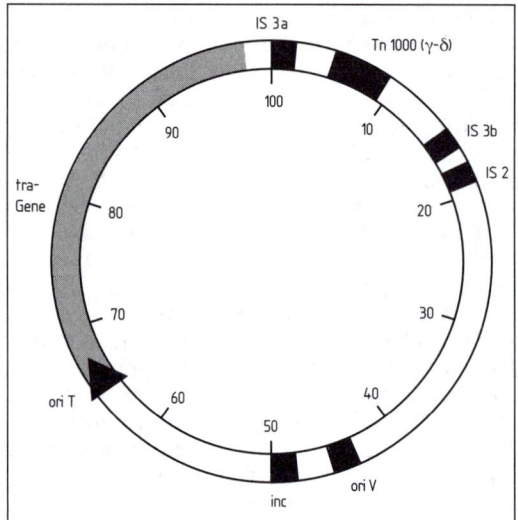

Abb. 8.19. Die genetische Struktur des F-Plasmids. Das F-Plasmid besteht aus etwa 94.500 Nukleotidpaaren. Die Zahlen geben die Einteilung des Plasmids in Kilobasenpaaren an (1 kbp = 1000 Basenpaare). Die *tra*-Gene codieren Proteine, die für den Transfer des Plasmids essentiell sind. *IS2, IS3* und *Tn1000* (γ–δ) symbolisieren Insertionselemente. Die Abkürzung oriV veranschaulicht den Startpunkt der Replikation zur Verdoppelung der Plasmide vor der Zellteilung. Dagegen erfolgt am oriT der Start der Replikation beim Transfer des F-Plasmids von einer Donorzelle in eine Rezipientenzelle. Nach Knippers et al. 1982, verändert.

Der direkte Kontakt ist Voraussetzung für den Transfer des F-Faktors (Abb. 8.21. a). Der Ring des F-Faktors hat eine spezielle Öffnungsstelle, wodurch die lineare Übertragung möglich wird. Der Transfer des F-Plasmids erfolgt offenbar nach dem „rolling-circle"-Mechanismus der Replikation: das 5′-Ende des einen Stranges wird in die Rezipientenzelle gezogen (Abb. 8.21. b), wo dann der komplementäre Strang in 5′ → 3′-Richtung synthetisiert wird (Abb. 8.21. c). Der im Do-

nor verbleibende Einzelstrang dient als Template für die eigene Replikation nach dem „rolling-circle"-Modell.

Das in F$^+$-Zellen autonom im Plasma vorliegende F-Plasmid kann in das Bakterienchromosom an verschiedenen Stellen inkorporiert werden. Auf diese Weise entstehen die Hfr-Typen (Hfr = high frequency of recombination; Abb. 8.22.). Diese spontane Inkorporation des F-Plasmids in das Bakterienchromosom ist ein relativ seltenes Ereignis und kommt unter etwa 10.000 F$^+$-Zellen einmal vor.

Der Einbau des F-Plasmids (vgl. Abb. 8.19. und 8.22.) setzt homologe Nukleotidsequenzen in beiden DNA-Molekülen voraus, an denen die Synapsis erfolgt. Drei von diesen kurzen, zwischen 800 und 1500 Basenpaare umfassenden, homologen Sequenzen wurden als die IS-Elemente, IS2 und IS3, identifiziert (vgl. Kap. 9). Zellen mit integriertem F-Faktor heißen Hfr-Zellen.

Konjugation F$^+$–F$^-$: Sind F$^+$- und F$^-$-Zellen durch genetische Markierungen unterschieden und untersucht man nach der Konjugation die Rezipientenzellen, so ist festzustellen, dass zwar die meisten F$^-$-Zellen zu F$^+$-Zellen geworden sind, aber keine bakteriellen Gene aus den F$^+$-Donorzellen übertragen wurden.

Konjugation Hfr–F$^-$: Bei einem entsprechenden Konjugationsexperiment eines Hfr-Stammes mit dem F$^-$-Stamm ist das Gegenteil feststellbar; es sind keine Zellen zu finden, die nur die Hfr-Eigenschaft aufweisen, ohne dass gleichzeitig bakterielle Genorte mit übertragen wurden. In der Regel sind die Rezeptorzellen weder F$^+$ – noch Hfr-Zellen geworden, jedoch wurden viele bakterielle Gene im Verlaufe der Konjugation übertragen. Dieses Er-

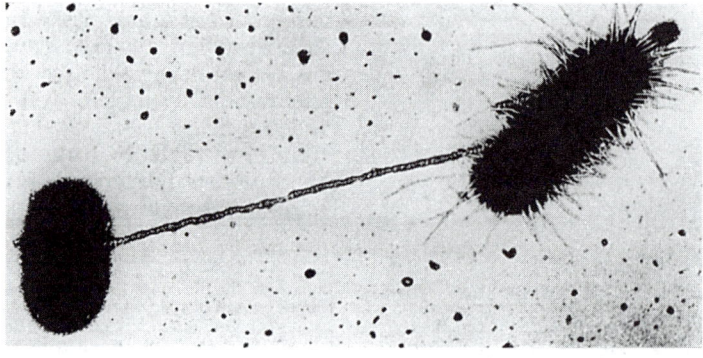

Abb. 8.20. Verbindung zwischen einer Hfr-Zelle (links) und einer F$^-$-Zelle durch einen von der Hfr-Zelle ausgehenden Sexualpilus. Elektronenmikroskopische Aufnahme von Brinton und Carnahan 1967.

gebnis ist folgendermaßen zu erklären: Der Sexualkontakt zwischen einer Hfr-Zelle und einer F⁻-Zelle wird ebenfalls durch einen Sexualpilus eingeleitet, dessen Ausbildung durch das integrierte F-Plasmid gesteuert wird. Das integrierte F-Plasmid löst sich dann an seiner Öffnungsstelle (engl. „origin" = dt. „Ursprung", „Startpunkt") und nur ein Teil des F-Plasmids gelangt in die F⁻-Rezipientenzelle.

Im Unterschied zum Konjugationsgeschehen von F⁺- und F⁻-Zellen hängt jetzt an diesem Teil des F-Plasmids das gesamte Bakterienchromosom, das mit übergeführt wird

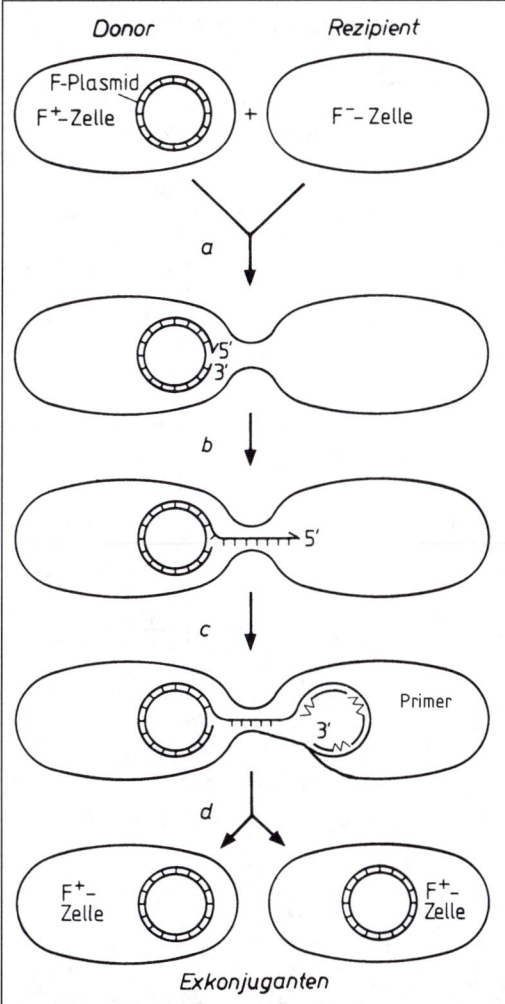

Abb. 8.21. Transfer des F-Plasmids aus einer F⁺- in eine F⁻-Zelle. Der Einfachheit halber wurde auf die schematische Darstellung des Bakterienchromosoms in Donor und Rezipient verzichtet. Nach Goodenough 1978.

(Abb. 8.22.). Der andere Teil des F-Plasmids kann erst dann in die Rezipientenzelle gelangen, wenn bereits das gesamte Bakterienchromosom übergeführt worden ist. Auf diese Weise würde auch die Hfr-Eigenschaft übertragen werden. Da die Konjugation in der Regel vorher unterbrochen wird, weisen die Rezipientenzellen keine Hfr-Eigenschaft auf. Rezipientenzellen mit einem Genomfragment des Donors nennt man unvollständige Zygoten oder Merozygoten.

Mit Hilfe radioaktiver Markierung der DNA der Hfr-Zellen wurde nachgewiesen, dass der chromosomale Transfer mit der Replikation gekoppelt ist. Die F-DNA wird an einem Strang aufgeschnitten, und am 5′-Ende wird der Einzelstrang durch den Sexualpilus in die Rezipientenzelle gezogen. In der F⁻-Zelle erfolgt dann wiederum die Neusynthese des komplementären Stranges in 5′ → 3′-Richtung (Abb. 8.23.).

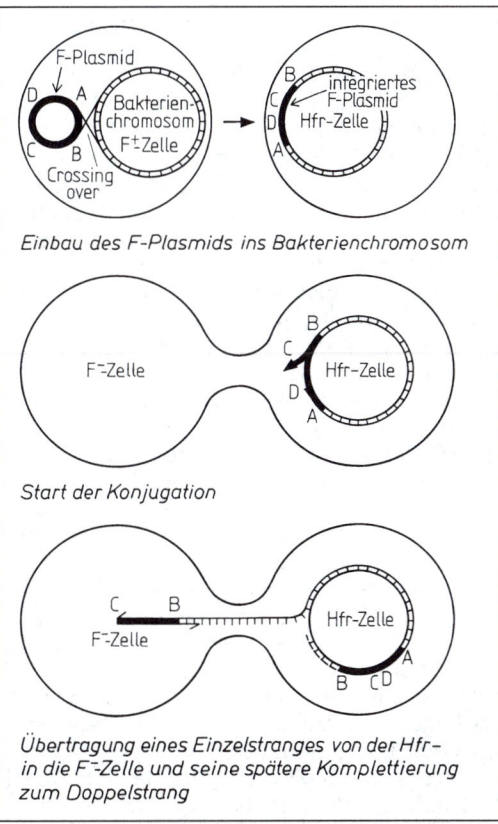

Abb. 8.22. Schema für die Integration eines F-Plasmids in das Bakterienchromosom und damit Bildung einer Hfr-Zelle sowie der Transfer des Hfr-Chromosoms in eine F⁻-Zelle während der Konjugation bei *E. coli*.

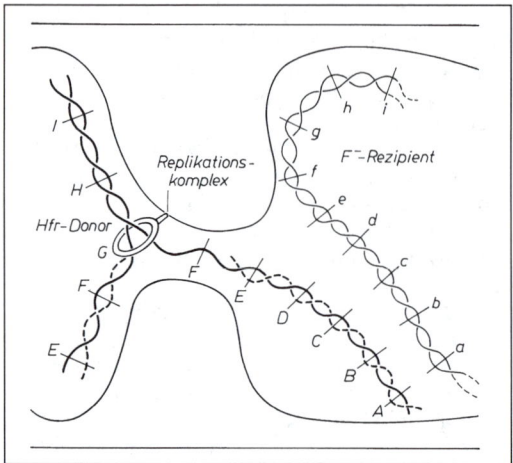

Abb. 8.23. Bakterienkonjugation: DNA-Strang-Transfer bei einer Kreuzung von Hfr mit F⁻. Nach Strickberger 1976, verändert.

Konjugationsexperimente ermöglichen das Aufstellen einer exakten ringförmigen Chromosomenkarte von *E. coli*.

Der Einbauort des F-Plasmids bestimmt Beginn, Richtung und Reihenfolge der Gen-Übertragung. Diese sind daher bei unterschiedlichen Hfr-Stämmen verschieden (Abb. 8.24. u. 8.25.). Bei der Konjugation sind nur bei speziellen Versuchsbedingungen alle Gene des Hfr-Stammes in die F⁻-Zellen übertragbar, die infolge von Rekombinationsereignissen in das Rezipientenchromosom inkorporiert werden können. Die Übertragung des DNA-Moleküls aus der Hfr-Zelle in die F⁻-Zelle verläuft je Längseinheit unter normierten Bedingungen in gleichbleibender Abhängigkeit von der Zeit. Die etwa 4300 Genorte von *E. coli* werden bei 37 °C in etwa 90–100 min übertragen. Je Minute gelangen somit durchschnittlich 30 Gene in die F⁻-Rezipientenzelle. Die Konstanz der Transfergeschwindigkeit ermöglicht die Kartierung der Abstände von Genorten. Die Chromosomenkarten der meisten anderen Organismen sind nach einem relativen, durch Crossingover-Wahrscheinlichkeit festgelegten Maßstab aufgestellt worden. Bei *E. coli* ist jedoch mit der benötigten Zeit zwischen dem Transfer eines Gens und dem Eintreffen des nachfolgenden Gens in die F⁻-Zelle ein absoluter **Zeit-Maßstab** gegeben (100 min). Die Abstände der Gene können somit aus diesen Zeitmaßen gefolgert werden (Abb. 8.25.). Werden zu verschiedenen Zeiten Konjugationsbrücken zwischen den Zellpaaren durch Zentrifugati-

onskräfte zerbrochen, so wird in Abhängigkeit vom Zeitpunkt eine unterschiedlich große Anzahl von Genen übertragen. Auf diese Art ist die Feststellung der Genreihenfolge und damit die Aufstellung von Chromosomenkarten möglich (Tab. 8.5.): So wird z. B. vom Hfr-Stamm H (Abb. 8.24.) das Gen für Threoninsynthese 8 min nach Paarungsbeginn übertragen, das Gen für Galaktoseverwertung nach 25 min usw. Die einzelnen Gene des Hfr-Donorstammes stehen also zu unterschiedlichen Zeitpunkten für Rekombinationsereignisse zur Verfügung

Die Analyse der Genübertragung von verschiedenen Hfr-Stämmen auf F⁻ (Abb. 8.24.) erbrachte ein sehr wichtiges Resultat: Das F-Plasmid kann an ganz verschiedenen Stellen und in zwei unterschiedlichen Orientierungen in das Bakterienchromosom eingebaut werden. Daher liegt der „Origin" der Genübertragung bei unterschiedlichen Hfr-Stämmen verschieden, und die Reihenfolge der Genübertragung verläuft in zwei unterschiedlichen Orientierungen (Abb. 8.24. u. 8.25.: im Uhrzeigersinn oder im Gegen-Uhrzeigersinn). Aus diesen rein genetischen Untersuchungen schlossen Jacob und Wollman bereits 1956/58, dass das **Bakterienchromosom ringförmig** ist.

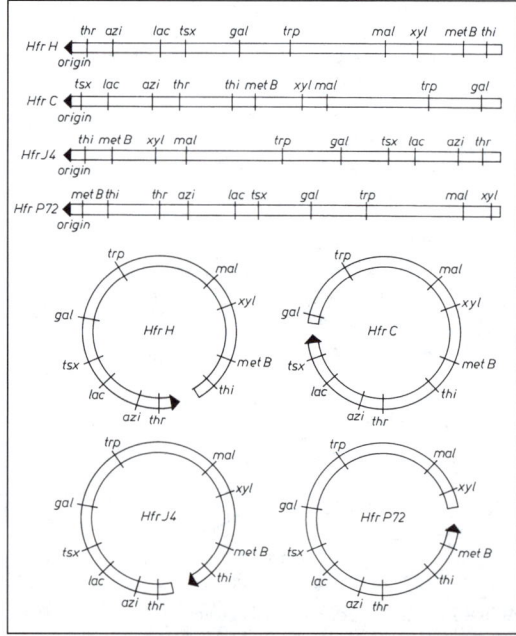

Abb. 8.24. Reihenfolge des Transfers bestimmter Gene bei 4 unterschiedlichen Hfr-Stämmen von *E. coli.* Nach Strickberger 1976.

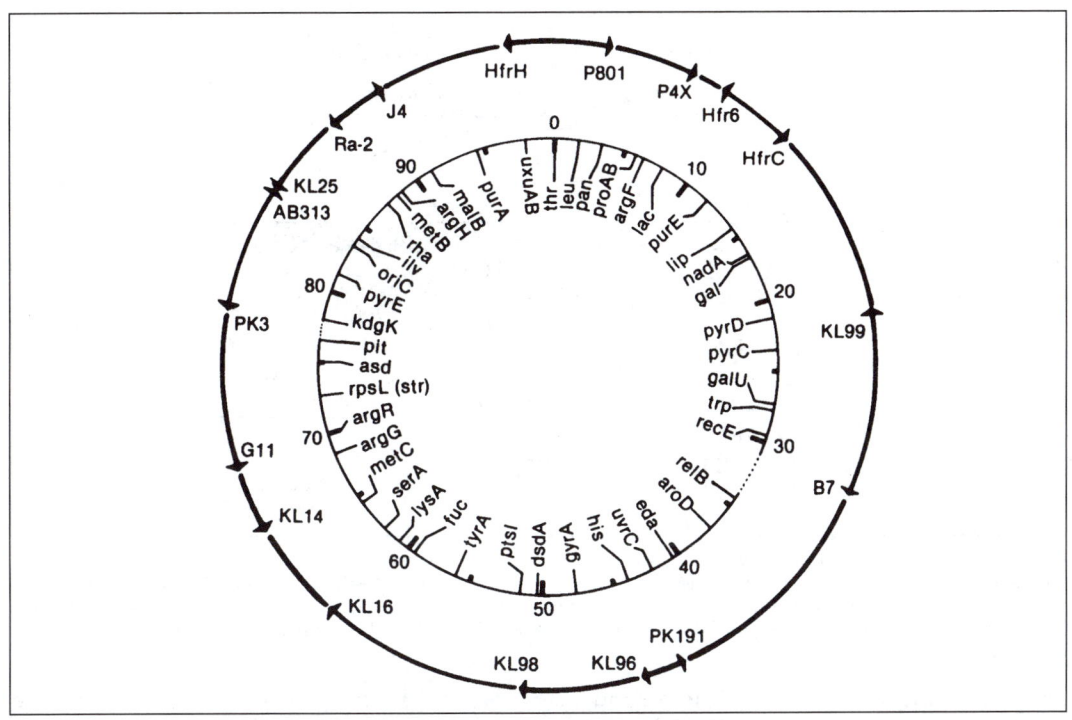

Abb. 8.25. Zirkuläre Karte des Chromosoms von *Escherichia coli* K12. Innen sind die Positionen zahlreicher Gene gezeichnet; die genetischen Abstände sind in Minuten angegeben (Zeit des Transfers eines Hfr-Chromosoms bei der Konjugation). Der innere Kreis umfaßt daher 100 Minuten. Auf dem äußeren Kreis sind die Startpunkte (und die Transferrichtung) unterschiedlicher Hfr-Stämme angegeben. Nach Birge 1984.
Es existieren noch bedeutend genauere Karten von *E. coli*, die gegenwärtig die Lage von ca. 1.000 Genen kennzeichnen. Sie sind aber nicht mehr als Kreise zu zeichnen, sondern haben Tabellenform (vgl. Bachmann und Low 1987).

Tab. 8.5. Übertragung von Genen bei der Konjugation zwischen dem Stamm Hfr H und F⁻

	thr	*leu*	*azi*	T1	*lac₁*	*gal*	λ	21	
A:	100	100	90	70	40	25	15	10	% von *thr⁺ leu⁺* Rekombinanten
B:	8	8,5	9	11	18	25	26	35	Minuten

8.4.4. Sexduktion

Die Integration des F-Plasmids (Abb. 8.26.) ist reversibel. Durch eine fehlerhafte Excision entstehen sog. substituierte F-Plasmide (F′, F-Prime-Plasmide), die entsprechend dem vorangegangenen Einbauort ihnen vorher benachbarte bakterielle Genregionen enthalten. Die Entstehung der substituierten F′-Plasmide verläuft formal nach einem ähnlichen Schema wie die Entstehung spezial-transdu-

zierender λ-Phagen als Folge einer „illegitimen Paarung". Ein wesentlicher Unterschied besteht jedoch darin, dass bei der aberranten Excision des λ-Phagen ein Teil der Phagen-DNA durch Bakterien-DNA ersetzt wird, während bei der Entstehung der F′-Plasmide wenig oder gar nichts von der Plasmid-DNA verloren geht. Je nach der Lage des Bereiches der „illegitimen Paarung" entstehen verschiedene Typen von F′-Plasmiden mit unterschiedlicher Verteilung von Plasmid- und Bakterien-Genen (Abb. 8.26.). Da F′-Plasmi-

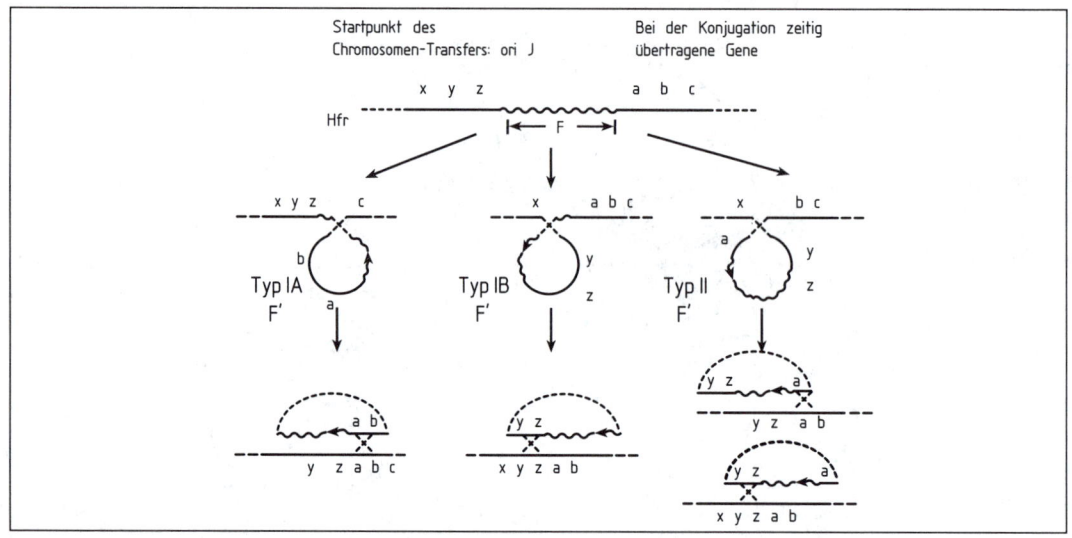

Abb. 8.26. Entstehung von F-Plasmiden durch fehlerhaften Ausbau des eingebauten F-Plasmides (aus einer Hfr-Zelle). Je nach der Art der Schleifenbildung beim Ausbau entstehen unterschiedliche Kombinationen von DNA-Abschnitten aus dem F-Plasmid (gewellte Linie) und dem Bakterienchromosom (gerade Linie). Der untere Teil der Abbildung zeigt die nach dem Transfer der entstandenen F′-Plasmide in Rezipienten vorhandenen Möglichkeiten von Crossing-over zwischen dem F′-Plasmid und dem Bakterienchromosom. Nach Birge 1984, verändert.

de Bakterien-Gene tragen, sind sie besonders gut geeignet, nach Konjugation mit F⁻-Zellen partiell diploide Zustände zu erzeugen, so dass dadurch Funktionsanalysen durchgeführt werden können (Dominanzbeziehungen zwischen verschiedenen Allelen, Komplementationsuntersuchungen u. a.). Sie besitzen durch die bakteriellen Genregionen große Homologiebereiche zum Bakterienchromosom; daher erfolgt die Integration im Vergleich zum normalen F-Plasmid mit höherer Frequenz. Diese Art der Übertragung von Bakterien-Genen mit Hilfe substituierter F-Plasmide wird als **Sexduktion** bezeichnet.

8.5. Molekularer Mechanismus der allgemeinen Rekombination

Wie bereits in Abschnitt 8.1. ausgeführt, unterscheidet man bei Prokaryoten generell zwischen (1) allgemeiner Rekombination, (2) ortsspezifischer Rekombination und (3) Transposition (nicht homologer Rekombination).
Diejenigen Gene und Proteine, die bei der Integration des Phagen λ in die E. coli-DNA die ortsspezifische Rekombination zwischen Phagen- und Bakterien-DNA kontrollieren und katalysieren, sind im Abschnitt 8.3. kurz gekennzeichnet worden (Phagen-codierte Integrase INT und Bakterien-codierter Integrationsfaktor IHF; für die Excision zusätzlich noch Xis).
Auf die bei der Transposition in Pro- und Eukaryoten wirkenden Gene und Proteine wird im Kapitel 9 eingegangen.
Am genauesten und intensivsten untersucht wurden die Prozesse der allgemeinen Rekombination bei Pro- und Eukaryoten, insbesondere bei Bakterien und Pilzen. Dabei wurden markante Merkmale herausgearbeitet, die für die allgemeine Rekombination generell charakteristisch sind:
Da es bereits bei E. coli und auch bei Pilzen verschiedene Detailvarianten der Rekombinationsprozesse gibt, zeigt die allgemeine Rekombination neben gemeinsamen Hauptmerkmalen auch noch eine Reihe spezieller Unterschiede (auf die hier nicht eingegangen werden soll).
Die Hauptkennzeichen der allgemeinen Rekombination sind:
- Bei der allgemeinen Rekombination kann der Austausch an jedem beliebigen Chromosomen-Ort erfolgen.
- Voraussetzung für die Einleitung der Re-

kombinationsvorgänge ist die Paarung zweier homologer DNA-Doppelhelix-Regionen.

- Der Austausch, das Crossing-over, erfolgt innerhalb einer Region, die relativ groß ist, unter Umständen Tausende von Nukleotidpaaren umfassen kann.
- Der Rekombinationsvorgang *wird eingeleitet durch einen Einzelstrang- oder einen Doppelstrangbruch in einer DNA-Doppelhelix* der ursprünglich separaten homologen Chromosomen (Abb. 8.27. u. 8.28.).
- Während des Crossing-over-Vorganges kommt es zu einem Partnerwechsel von DNA-Einzelsträngen in der Weise, dass ein DNA-Strang einer Doppelhelix mit dem DNA-Strang einer anderen Doppelhelix kovalent verbunden wird.
- Im Zusammenhang mit dem Crossing-over vollziehen sich enzymatische Wirkungen von *Endonukleasen* (Einschnitte in die DNA-Stränge), *Exonukleasen* (DNA-Abbau an freien Enden), *DNA-Polymerasen* (lokale DNA-Neusynthesen) sowie *DNA-Ligase* (Neuverknüpfung von 5′-3′-Phosphodiesterbindungen; vgl. Kap. 5).

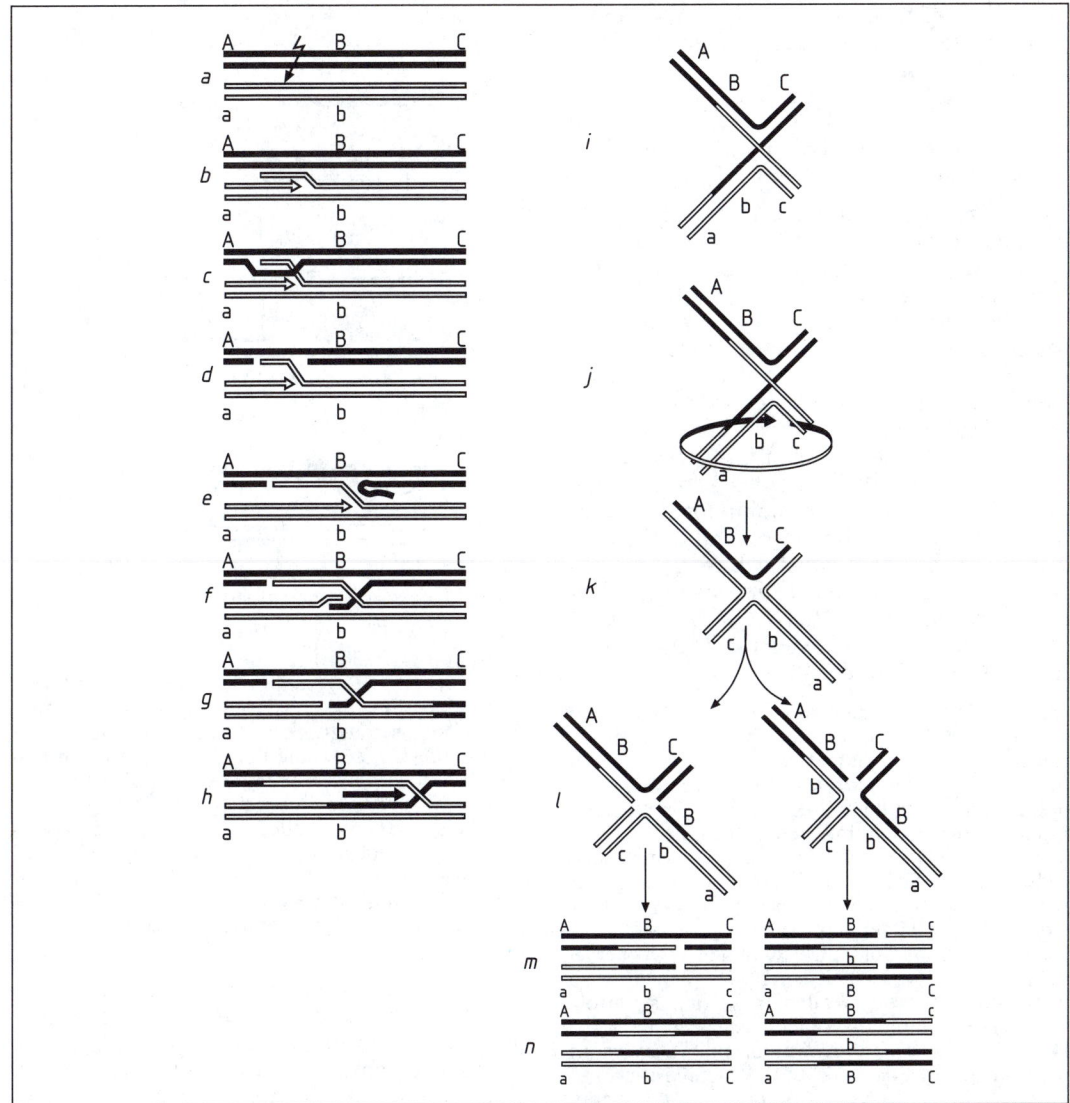

Abb. 8.27. Rekombinationsmodell von Meselson und Radding, kombiniert mit Ideen des Holliday-Modells (vgl. Text).

- Die Bruch-Reunions-Vorgänge laufen bei der allgemeinen Rekombination so exakt ab, dass keine Nukleotide verloren gehen, die Anzahl von Nukleotidpaaren am Rekombinationsort gleichbleibt.
- Als Ergebnis der allgemeinen Rekombination entstehen infolge von Brüchen und Reunionen zwei neukombinierte intakte DNA-Doppelhelices, welche verschiedene Teile der ursprünglichen Chromosomen enthalten.
- Im Zusammenhang mit diesen DNA-Austausch-Vorgängen können zunächst *Moleküle von Heteroduplex-DNA (Hybrid-DNA)* entstehen, bei der an bestimmten Stellen keine Basen-Komplementarität vorliegt, z. B. folgender Art:

5′–A-G-C-T-T-A-G-A-A-T-C-T-G-G-C–3′

3′–T-C-G-A-G-T-C-T-C-G-G-A-T-C-G–5′
Heteroduplex-Situationen

Ausgehend von den gesicherten Befunden der Rekombinationsforschung sowie den allgemeinen molekulargenetischen Erkenntnissen über DNA-Synthese, -Reparatur und -Verknüpfung wurden zahlreiche **molekulare Modelle der Rekombination** aufgestellt. Einen Überblick über die verschiedenartigen Detailvorstellungen haben Catcheside (1977) und Whitehouse (1982) gegeben. Von den zahlreichen Modellen seien im folgenden nur die beiden Modelle genauer gekennzeichnet, die von vielen Rekombinationsforschern heute als weitgehend zutreffend angesehen werden (Abb. 8.27. und Abb. 8.28.).

Ausgangspunkt für das *Modell* von *Meselson und Radding* (Abb 8.27.) ist *ein Einzelstrangbruch (a) in einer der beiden* Doppelhelices (= Chromatiden).

An einer Seite der Bruchstelle setzt eine DNA-Neusynthese ein (b). Das zweite freie einzelsträngige Ende dringt in die intakte Doppelhelix des Paarungspartners ein („strand invasion") und „verdrängt" die homologe Region des gleichpolaren Stranges der Nichtschwesterchromatide; es induziert dort einen Bruch sowie den enzymatischen Abbau eines Stückes dieses DNA-Stranges (c, d). Durch fortgesetzte Neusynthese wird ein „Halbchiasma" ausgebildet (f–g).
Nachdem die Verbindung zwischen den beiden (ursprünglich zu verschiedenen Doppelhelices gehörenden) Strängen kovalent geknüpft ist, erfolgt eine Verschiebung des „Halbchiasmas" entlang den Doppelhelices (h, „branch migration"). Durch sterische Umlagerung der Stränge (i, j, „Isomerisierung") entsteht eine Kreuzfigur (k). Diese Konfiguration wird durch enzymatische Einschnitte und Neuver-

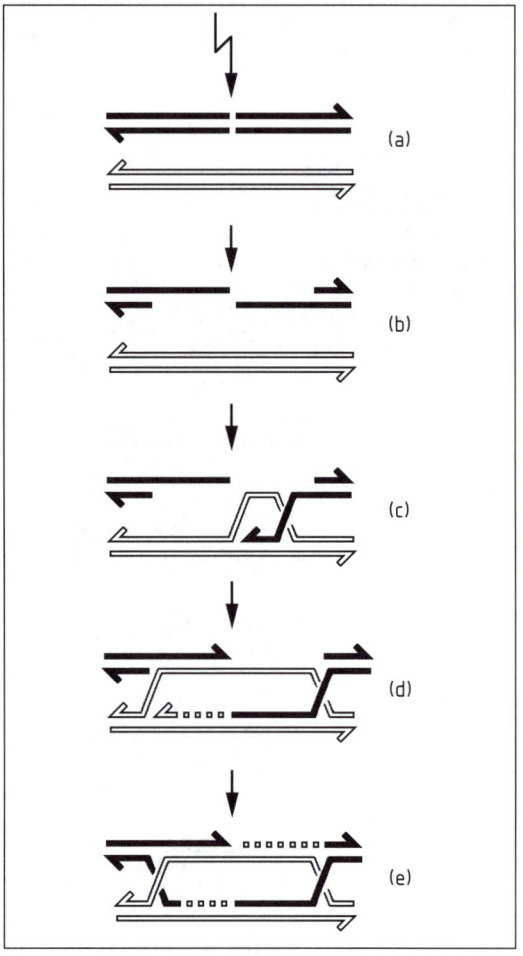

Abb. 8.28. Rekombinationsmodell von Szostak et al. (vgl. Text).

knüpfung gegenüberliegender Stränge aufgelöst. In 50% der Fälle resultiert daraus Einzelstrang-Rekombination (m, n, linke Seite), in den anderen 50% Doppelstrang-Rekombination (m, n, rechte Seite). Die Doppelstrang-Rekombination entspricht einem genetischen Crossing-over zwischen den Genen A (a) und C (c). Zwischen den Stellen der ersten beiden Brüche (neben A) und denen der zweiten Brüche (neben C) liegt in den Doppelhelices eine symmetrische Heteroduplex-Konstitution (für Gen B (b)) vor, die entweder durch genetische Reparatur oder bei der nächsten Replikations-Runde aufgelöst werden kann.

Eine Reihe von Befunden der letzten Jahre spricht dafür, dass in vielen Fällen der Ausgangspunkt für Rekombinationsvorgänge ein Doppelstrangbruch in einer Doppelhelix ist; davon geht das *Modell von Szostak und Kollegen* aus (Abb. 8.28.).

Nach dem Doppelstrangbruch (a) kommt es zu einem partiellen DNA-Abbau in beiden Strängen dieser Doppelhelix (b), aber auch zu einer „Strand Invasion" in die homologe intakte Doppelhelix (c). Hierdurch wird ein Strang dieser Helix zu einem Partnerwechsel gedrängt (d); er dient danach als Matrize für die lokale DNA-Neusynthese, welche die entstandene Lücke schließt (e). Damit sind zwei „Halbchiasmata" entstanden. (Die Idee des Halbchiasmas wurde erstmals von Holliday, 1964, formuliert, deshalb spricht man auch von einer Holliday-Struktur.) Die Halbchiasmata können nun in gleicher Weise aufgelöst werden, wie dies in Abbildung 8.27. dargestellt ist: Branch Migration, Isomerisierung, Einschnitte und Neuverknüpfung der Stränge, so dass wieder zwei intakte, jedoch rekombinante Doppelhelices entstehen. Beide genauer dargestellten Modelle (Abb. 8.27. u. 8.28.) basieren auf experimentellen Daten, die an Bakterien und an Pilzen erhoben wurden.

Parallel zur genetischen Analyse der Rekombinationsvorgänge der Prokaryoten und Eukaryoten ist die **Enzymatik der Rekombinationsprozesse** genau untersucht worden. Im folgenden werden nur die wesentlichsten Aspekte, die an **Bakterien** erarbeitet wurden, genannt. Die Gene und die von ihnen codierten Proteine lassen sich drei Komplexen zuordnen: Rekombinations-Initiation, Paarung und Strangaustausch sowie Branch Migration und Auflösung der Kreuzfigur.

Rekombinations-Initiation: Ausgelöst werden kann die Rekombination durch von außen gesetzte oder während der DNA-Reparatur entstehende Strangbrüche (Einzel- oder Doppelstrang-Bruch, s. o.), aber auch durch folgenden innerzellichen Vorgang: Das *E. coli*-Chromosom enthält etwa 1.000 mal in bestimmten Abständen (alle 5 bis 10 kbp) die sog. *Chi-Sequenz* 5′-GCTGGTGG-3′ (crossing-over hotspot instigator). Der aus drei Proteinen bestehende Komplex *RecBCD* (= Endonuklease V) bindet an ein freies 3′-Ende der DNA und windet diese als Helikase in $3′ → 5′$ Richtung auf, bis er an eine Chi-Sequenz kommt, unmittelbar daneben wird ein Einzelstrangbruch gesetzt. An dem so entstandenen Einzelstrang setzt das *RecA*-Protein an und leitet den Rekombinations-Start ein. Daher sind die Chi-Sequenzen „hot spots" für die Initiation der Rekombination.

Paarung und Strangaustausch: Eine entscheidende Rolle spielt das *RecA-Protein*. Es bindet an Einzelstrang-DNA-Abschnitte und initiiert den DNA-Strangaustausch, indem es eine Entwindung doppelsträngiger DNA bewirkt und den Kontakt zwischen der aufgewundenen Doppelhelix und dem eindringenen Einzelstrang herstellt („strand invasion", Abb. 8.27. c. u. 8.28. c). Die *Topoisomerase I* (topA-Protein) löst Torsionsspannungen auf, und das *SSB-Protein* (Single Strand binding protein) schützt und stabilisiert DNA-Einzelstrang-Regionen.

Migration und Auflösung der Kreuzfiguren: Der Komplex der Proteine *RuvA* und *RuvB* bindet an die Halbchiasmen (Holliday-Struktur) und bewirkt den Prozess der „Branch Migration" (Abb. 8.27. h). Der letzte entscheidende Schritt des Rekombinationsprozesses, die Auflösung der 4-Strang-Kreuzfigur durch Einschnitte (Fig. 8.27. k, l, m) erfolgt durch das *RuvC-Protein*. Die Verknüpfung der Schnittstellen (Fig. 8.27. m) vollzieht die *DNA-Ligase*.

Die Funktionen der genannten Haupt-Proteine werden durch weitere Proteine unterstützt (detaillierte Darstellung bei Camerini-Otero und Hsieh 1995 sowie Knippers 1997).

Nach allen vorliegenden Erkenntnissen verlaufen die molekularen Rekombinationsprozesse bei **Eukaryoten** in prinzipiell gleicher Weise. Sie werden durch entsprechende, weitgehend homologe Proteine katalysiert. Es liegen umfangreiche Studien – vor allem an Pilzen (Hefe), aber auch an *Arabidopsis* und *Lilium* – über eukaryotische RecA-ähnliche Proteine vor sowie über eukaryotische Strang-Transfer-aktive Proteine (Camerini-Otero und Hsieh 1995).

9. Transponible Elemente bei Pro- und Eukaryoten

9.1. Struktur und Eigenschaften transponibler Elemente

Sehr viele pro- und eukaryotische Organismen besitzen transponible Elemente („mobile Elemente", „verlagerbare Elemente", „springende Sequenzen", „springende Gene"). Als transponible Elemente bezeichnet man eine große Gruppe genetischer Elemente, welche die Fähigkeit haben, sich von einer Stelle in einer DNA-Sequenz an eine andere Stelle innerhalb desselben DNA-Moleküls oder in ein anderes DNA-Molekül zu verlagern.

Die ersten Befunde, die für die Existenz verlagerbarer, mobiler Elemente sprachen, stammen von genetischen Untersuchungen an höheren Pflanzen. Bereits in den vierziger und fünfziger Jahren hatte Barbara McClintock beim Mais, *Zea mays*, genetische Instabilitäten für mehrere Gene beschrieben und diese durch sorgfältige cytogenetische Untersuchungen auf die Existenz und Verlagerung mobiler, „springender" genetischer Elemente zurückgeführt; sie bezeichnete diese als „Kontrollelemente". Später kamen vergleichbare Resultate bei *Drosophila melanogaster* und *Antirrhinum majus* hinzu.

Von Anfang der siebziger Jahre an wurden transponible Elemente bei Bakterien (*E. coli*) nachgewiesen und damit die molekulare Analyse der Struktur dieser transponiblen Elemente sowie der Mechanismen der Transposition eingeleitet. Im Laufe der weiteren Untersuchung wurden die Unterschiede, vor allem aber auch die Übereinstimmungen zwischen den verschiedenen Typen transponibler Elemente bei Prokaryoten und Eukaryoten herausgearbeitet.

Obwohl die transponiblen Elemente in Größe und molekularem Aufbau beträchtlich variieren, gibt es dennoch eine ganze Reihe von Eigenschaften und Merkmalen, die in der Regel für pro- und eukaryotische Elemente charakteristisch sind:

- Transponible Elemente können als innergenomische Symbionten oder Parasiten angesehen werden mit der Fähigkeit, sich an verschiedensten Stellen im Genom einzubauen. Außerhalb des Genoms können diese Elemente nicht existieren.
- Transponible Elemente können sehr unterschiedliche Größen haben; das Spektrum reicht von 10^3 bis 10^5 Basenpaaren.
- Der Einbau eines transponiblen Elementes erfolgt über nicht homologe (oder „illegitime") Rekombination; d. h. die Integrationsstelle im Chromosom hat keine Ähnlichkeit (Homologie) mit der DNA-Sequenz des Elementes.

In den meisten Fällen bestehen die Enden des transponiblen Elementes aus kurzen, 10–40 Basenpaare umfassenden, invertierten „Repeats", die für die Transposition notwendig sind: TIR (terminal invers repetitive Sequenz). Diese charakteristischen „End"-Sequenzen werden von spezifischen Enzymen (Transposasen) erkannt und aufgeschnitten, wodurch der Vorgang der Transposition eingeleitet wird (Abb. 9.1.).

- Die Transposition eines Elementes erfolgt entweder „konservativ" oder „replikativ".
- Bei der „konservativen Transposition" (oder Ausschneide-Transposition) wird das Element am bisherigen Ort im Genom ausgeschnitten und an einen neuen Ort verlagert (Klasse-II-Transposonen).
- Bei der „replikativen Transposition" wird das mobile Element selbst nicht verlagert; vielmehr wird eine neue Kopie des Elementes synthetisiert, und diese wird verlagert. Das Element existiert danach sowohl am ursprünglichen Ort als auch am neuen „Einsprung"-Ort. Bei einem beträchtlichen Teil der eukaryotischen replikativ-transponiblen Elemente erfolgt die Transposition

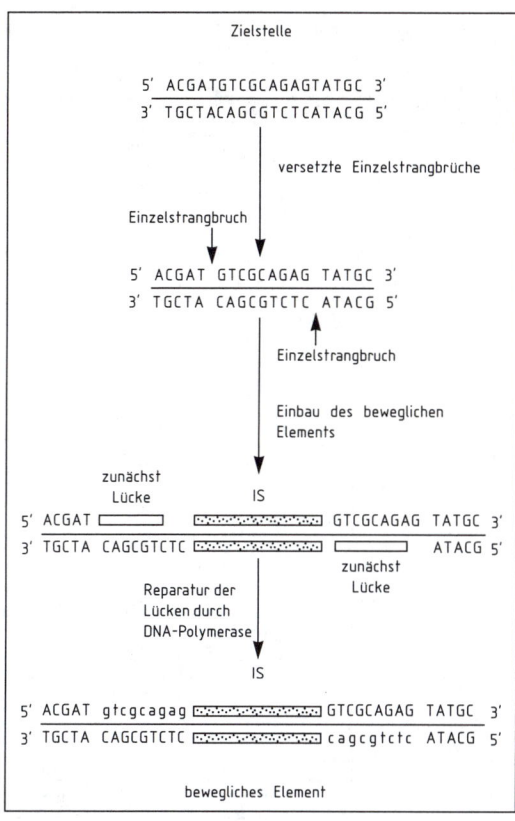

Abb. 9.1. Modell für die Zielstellenverdoppelung beim Einbau eines transponiblen Elementes.

über RNA-Kopien und deren reverse Transkription (Klasse-I-Transposonen).

- Der Einbau des transponiblen Elementes (an einen neuen Ort) erzeugt eine kurze Duplikation am Integrationsort (die 2 bis 12 Basenpaare groß ist). Diese verdoppelte Sequenz („direktes Repeat") gehört nicht zum transponiblen Element. Sie entsteht am Einsprung-Ort als Folge eines versetzten Einschnittes und flankiert das Element in gleicher Orientierung an beiden Enden: TSD (Ziel-DNA-Verdopplung; target site duplication). Die Anzahl der verdoppelten Basen ist für jedes transponible Element charakteristisch (Abb. 9.1., Tab. 9.1.).
- Springt ein transponibles Element in ein funktionsfähiges Gen, so wird dieses Gen (in den allermeisten Fällen) durch die Aufspaltung inaktiviert.
- Springt ein transponibles Element in die regulatorischen Regionen eines Gens, so kann die Genexpression je nach Element und Einbau-Art entweder an- oder abgeschaltet werden.
- Transponible Elemente können nach Einbau in Vektoren (z. B. Plasmide) Wirts-Gene auf andere Individuen übertragen.
- Transponible Elemente stellen eine Hauptursache für die „spontane" Mutabilität dar. Sie bewirken Gen-Mutationen (durch Einbau eines Elementes), aber auch Chromosomen-Mutationen (Brüche, die zu Deletionen oder Inversionen führen). Sie führen zu einer Dynamik der Genome.

Tab. 9.1. Einige Insertions-Sequenzen in Gram-negativen Bakterien

Sequenzname	Größe	Größe des „Inverted Repeats" (bp) TIR	Duplikation an der Einsprungstelle (bp) TSD	Herkunft
IS 1	768 bp	20/23	9	*E. coli*
IS 2	1.327 bp	32/41	5	*E. coli*
IS 3	1.258 bp	29/40	3	*E. coli*
IS 4	1.426 bp	18/18	11	*E. coli*
IS 5	1.195 bp	15/16	4	*E. coli*
IS 10-R	1.329 bp	17/22	9	Plasmid R100 (Tn10)
IS 21	2.123 bp	10/11	4	Plasmid R68.45
IS 30	1.221 bp	23/26	2	R100 (NR1)-Basel
IS 50	1.534 bp	8/9	9	Tn5
IS 150	1.443 bp	19/24	3	*E. coli*
IS 903	1.057 bp	18/18	9	Tn903
IS 3411	1.309 bp	23/25	3	Tn3411
IS 600	1.264 bp	19/27	3	*Shigella dysenteriae*

TIR = terminale invers repetitive Sequenz
TSD = Ziel-DNA-Verdopplung (target site duplication)

Die transponiblen Elemente pro- und eukaryotischer Organismen weisen viele Übereinstimmungen auf; dennoch gibt es auch zahlreiche Unterschiede zwischen verschiedenen Gruppen. Es werden zunächst transponible Elemente bei Prokaryoten dargestellt; danach verschiedene Typen transponibler Elemente bei Eukaryoten.

9.2. Transponible Elemente in Prokaryoten

Vier Gruppen dieser Elemente sind gut charakterisiert:

(a) die Insertions- oder IS-Elemente (IS 1, 2 ... 10)
(b) die einfachen Transposonen (Tn 3)
(c) die zusammengesetzten Transposonen (Tn 5, 10)
(d) die transponiblen und mutagenen Phagen (Mu).

9.2.1. IS-Elemente

IS-Elemente sind die kleinsten prokaryotischen Elemente (Abb. 9.2., Tab. 9.1.). Sie können, bedingt durch ihre geringe Größe (meist 700 bis 2.200 bp; selten bis 6.000 bp), nur ein bis zwei Genprodukte codieren. Bei allen bisher analysierten IS-Elementen hat man ein Gen festgestellt, das die Transposase codiert. Nur bei IS 1 und IS 50R wurden zwei weitere Genprodukte (kleine Polypeptide) gefunden. Alle IS-Elemente werden durch kurze invertierte Sequenzen terminiert, die zwischen 8 bis 41 Basenpaare umfassen können. Diese Enden sind für die Transposition essentiell; sie werden durch die Transposase erkannt. In der Regel sind diese flankierenden Abschnitte in ihren Sequenzen identisch. Jedes Element verursacht eine charakteristische Verdopplung einer kurzen Sequenz an der Einsprungstelle (Tab. 9.1.).
Die verschiedenen IS-Elemente sind in ganz unterschiedlichen Kopienzahlen in den Bakterienarten bzw. Stammlinien einer einzelnen Art vorhanden (Tab. 9.1.). Die Verbreitung der IS-Elemente erfolgt vor allem über konju-

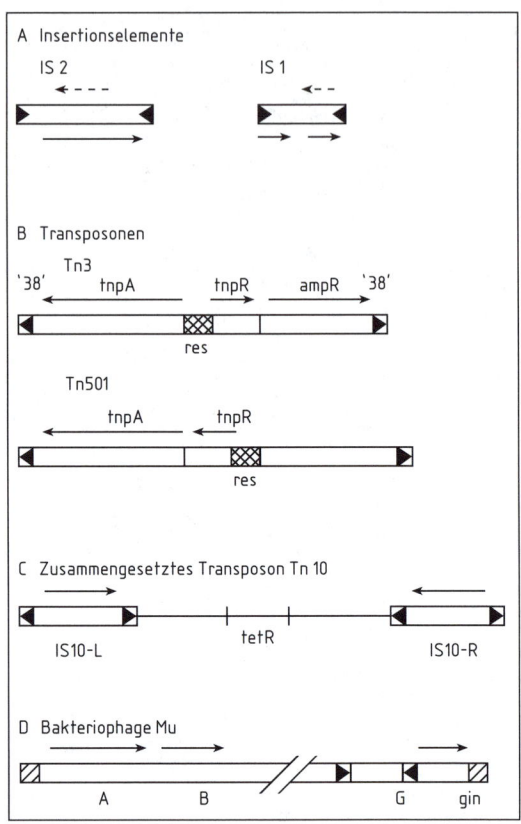

Abb. 9.2. Übersicht über verschiedene Typen transponibler Elemente bei Prokaryoten.

gative Plasmide, aber auch über Transduktionsvorgänge. (Zwischen den einzelnen IS-Elementarten ist bisher keine Sequenzhomologie festgestellt worden). Dennoch ähneln sich die IS-Elemente in ihrem prinzipiellen Aufbau und ihrem Verhalten: sie springen nur sehr selten von einem an einen anderen Ort (10^5 bis 10^7 pro Generation), wobei der nichtreplikative Mechanismus der Transposition dominiert. Die IS-Elemente können nicht nur als separate Sequenzen springen, sondern häufig wirken zwei eng benachbarte IS-Elemente zusammen und transponieren die dazwischen liegende DNA an einen anderen Ort. Auf diese Weise können immer wieder zusammengesetzte Transposonen (vgl. 9.2.3.) entstehen, sobald zwei IS-Elemente desselben Typs einen beliebigen DNA-Bereich flankieren.

9.2.2. Einfache Transposonen der Tn3-Familie

Das Transposon Tn3 (Abb. 9.2.) und die Tn3-ähnlichen Elemente bilden eine eigene Klasse transponierbarer Elemente, die sich von den IS-Elementen klar unterscheiden. Während es zwischen den einzelnen IS-Elementen keine Sequenzhomologie gibt,

sind alle Transposonen der Tn3-Familie in ihrem Aufbau und auch in der Art der Transposition sehr ähnlich. Fünf Merkmale gelten für alle Mitglieder dieser Transposonfamilie:

(a) Tn3 hat an seinen Enden je ein 38 Basenpaare großes „terminales Repeat", das für die Transposition erforderlich ist. Bei der Transposition kommt es an der Einsprungstelle zu einer Verdoppelung einer 5 Basenpaare umfassenden Sequenz (Tab. 9.2.).

(b) Tn3 hat an seinen Enden keine IS-Elemente (Tab. 9.2.).

(c) Die Elemente der Tn3-Familie transponieren auf replikative Art in einem 2-Schrittmechanismus (Abb. 9.3.), der die Fusion zweier Replikonen und deren anschließende Auflösung umfasst. Diese zwei Schritte erfordern zwei unterschiedliche Proteine, die Transposase, codiert durch das tnpA-Gen, und die Resolvase, codiert durch das tnpR-Gen (Abb. 9.2.).

(d) Die Gene tnpA und tnpR der verschiedenen Transposonen zeigen ausgesprochene Sequenzhomologien.

(e) Neben den Genen für die Transposition tragen alle Transposonen zusätzliche Gene, die nichts mit der Transposition zu tun haben, und in der Regel Resistenzen gegen Antibiotika (Tn3: Ampicillin) oder Schwermetalle (Tn501: Quecksilber) oder andere Eigenschaften bewirken (Abb. 9.2., Tab. 9.2.).

Die Transposition von Tn3 wird eingeleitet durch die Fusion eines Donor-Replikons (auf dem sich das Element befindet) und eines Empfänger-Replikons, auf das das Element springen wird (Abb. 9.3.). Diese Fusion ist ein replikativer Prozess, bei dem eine Kopie des Elementes entsteht. Durch die Resolvase wird ein ortsspezifisches Rekombinationsereignis zwischen den gleichartig

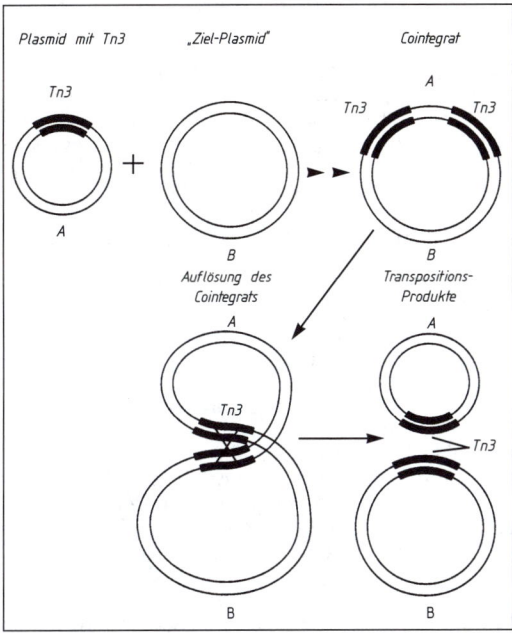

Abb. 9.3. Transposition des Transposons *Tn3* über ein cointegrates Intermediat. Nach Miller 1992, stark verändert.

Tab. 9.2. Transposonen

Transposon	Marker: Resistenz gegen	Länge (bp)	Größe des „Inverted Repeats" bp TIR
Tn1	Ampicillin	5 000	38
Tn3	Ampicillin	4 957	38, keine IS TSD: 5
Tn4	Ampicillin, Streptomycin, Sulfonamid	20 500	kurz
Tn5	Kanamycin	5 700	1500
Tn7	Trimethoprim, Streptomycin	14 000	
Tn9	Chloramphenicol	2 638	18/23 TSD: 9
Tn10	Tetracyclin	9 300	1329 TSD: 8
Tn204	Chloramphenicol, Fusidinsäure	2 457	18/23
Tn501	Quecksilberionen	7 800	38, keine IS
Tn551	Erythromycin	5 200	35
Tn554	Erythromycin, Spectinomycin	6 200	nicht bestimmt
Tn732	Gentamycin, Tobramycin	11 000	nicht bestimmt
Tn951	lac	16 600	kurz
Tn681	hitzestabiles Enterotoxin	2 088	768 (IS1)
Tn1721	Tetracyclin	10 900	kurz

orientierten Elementen katalysiert, so dass aus der Fusion zwei unabhängige Replikonen entstehen, von denen nunmehr beide ein Element tragen. Das spezifische Rekombinationsereignis findet an einer Stelle statt, die als res-Ort bezeichnet wird.

Für die Tn3-Familie ist das Phänomen der „Transpositionsimmunität" kennzeichnend: Eine zweite Kopie eines Transposons kann nicht in ein Replikon inseriert werden, wenn das Replikon bereits eine Kopie eines Tn3-ähnlichen Transposons trägt.

9.2.3. Zusammengesetzte Transposonen

Zusammengesetzte Transposonen bestehen aus einem DNA-Segment, das von zwei Kopien eines IS-Elementes flankiert wird. Die flankierenden IS-Elemente liegen (meist) in entgegengesetzter Orientierung vor. Das DNA-Segment zwischen den IS-Elementen codiert oft Antibiotikaresistenzen, aber auch andere Eigenschaften, die der Bakterienzelle unter bestimmten Umweltbedingungen einen Vorteil bringen (Abb. 9.2. C). Bedingt durch den dauerhaften Antibiotika-Selektionsdruck sind in den vergangenen Jahrzehnten viele zusammengesetzte Transposonen entstanden, welche Antibiotika-Resistenzen tragen, wie z. B. Tn10, Tn5, Tn554, Tn9 (Tab. 9.2.).

Im Laufe der Evolution ist es bei mehreren zusammengesetzten Transposonen dazu gekommen, dass nur noch eines der beiden flankierenden IS-Elemente (ISL und ISR) voll funktionsfähig ist und eine intakte Transposase codiert, während das zweite IS-Element durch Mutationen verändert ist; dies erfolgte bei Tn10 und Tn5.

9.2.4. Transponible und mutagene Phagen

Der Mu-Phage und der verwandte Phage D108 gehören zu den temperenten Phagen. Mu wurde durch seine Fähigkeit entdeckt, Mutationen zu verursachen, indem er sein 37.000 Basenpaare umfassendes Genom in beliebige Gene einbaut, diese dadurch spaltet und damit inaktiviert.

Die genetische Karte des Phagen Mu ist in Abbildung 9.4. (vgl. auch Abb. 9.2.) gezeigt. Im Gegensatz zum Phagen λ zeigt das integrierte Mu-Genom dieselbe Genanordnung wie der freie Phage. Das Mu-Genom hat keine „klebrigen Enden" wie der Phage λ. Es besitzt nahe den beiden Enden ca. 20 Basenpaare lange invertierte Sequenzwiederholungen (attL und attR), die für die Transposition wichtig sind. An den Enden der freien Phagen befinden sich stets chromosomale DNA-Abschnitte des Bakterienchromosoms; links ein etwa 100 Basenpaare großes Segment und rechts ein etwa 1.500 Basenpaare umfassendes Segment (Abb. 9.4.: offene Boxen an den Enden).

Nach der Infektion wird die Mu-DNA in das *E. coli*-Chromosom eingebaut; dabei entsteht am Einbau-Ort die Verdoppelung einer 5 Basenpaare umfassenden Sequenz. Es entsteht eine Mu-lysogene *E. coli*-Zelle. Nach der Induktion einer derartigen Zelle bleibt die Mu-Sequenz – im Gegensatz zu λ – im Genom verankert. Die Mu-Vermehrung erfolgt replikativ: Die neu synthetisierten Mu-Genome werden an neue Stellen im selben Genom (intramolekular) oder nach Cointegratbildung in andere DNA-Moleküle transponiert (intermolekular; Abb. 9.5.).

Für die Transposition und Replikation essentiell sind zwei Gene: das Gen *A*, das die Transposase codiert, und das Gen *B* für Replikationsfunktionen. Das Gen *gin* ist für Inversionsvorgänge (des G-Bereiches) innerhalb des Mu-Genoms verantwortlich, die zu einer Veränderung des Wirtsbereiches führen.

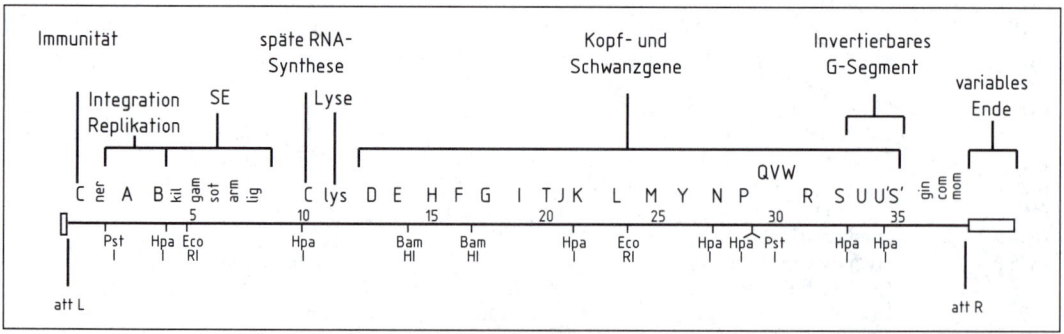

Abb. 9.4. Genetische und physische Karte des Phagen *Mu.* Die offenen Boxen am rechten und linken Ende der Mu-DNA kennzeichnen angefügte Wirts-DNA. Die DNA ist in 5-kbp-Intervalle eingeteilt. Nach Birge 1984, verändert.

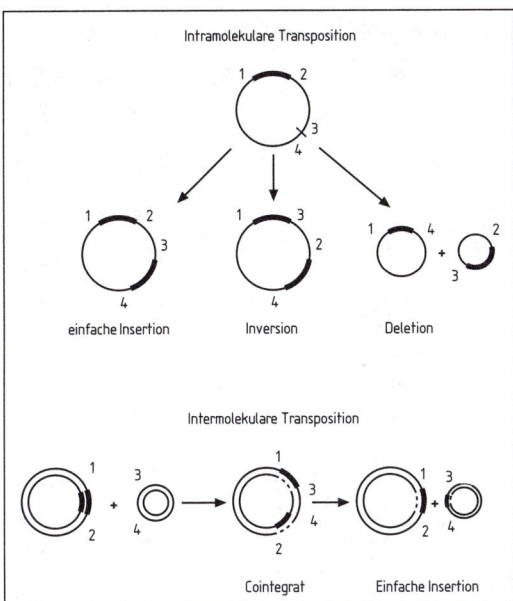

Abb. 9.5. Schema für den Ablauf der intra- und intermolekularen replikativen Transposition von *Mu*. Nach Pato 1992, verändert.

Vom Phagen Mu wurden eine Reihe sogenannter Mini-Mu-Derivate hergestellt, die im wesentlichen nur noch über die eigenen Transpositionsfunktionen verfügen, dafür aber „Reporter"-Gene (z. B. *lacZ*) und oftmals die Sequenzen für die Einleitung der Replikation (ori-Sequenzen) von Plasmiden tragen.
Diese Derivate haben sich als sehr nützlich für die Herstellung von Genfusionen und die „in-vivo"-Klonierung von Genen in Bakterien erwiesen.

9.3. Transponible Elemente in Eukaryoten

Transponible Elemente wurden zuerst in höheren Pflanzen gefunden und intensiv bearbeitet, später auch in *Drosophila* und Hefen. Auf diesen Erkenntnissen aufbauend konnte man transponible Elemente in nahezu allen daraufhin untersuchten Eukaryoten auffinden, in Insekten, Würmern, Vögeln und Säugern einschließlich des Menschen.
Die in Eukaryoten vorkommenden transponiblen Elemente zeigen zum Teil Übereinstimmungen mit denen in Prokaryoten, weisen aber im einzelnen beträchtliche Unterschiede auf: sie haben sehr unterschiedliche Größen;

sie werden z. T. konservativ, z. T. replikativ transponiert; bei einem Teil vollziehen sich Replikation und Transposition über RNA-Kopien, die anschließend wieder revers transkribiert werden. Im folgenden werden verschiedene Typen von Elementen gekennzeichnet (ohne Vollständigkeit anzustreben).

9.3.1. Transponible Elemente in höheren Pflanzen

B. McClintock hat – wie unter 9.1. geschildert – seit den vierziger Jahren Beweise für das Vorkommen und die Wirkung unterschiedlicher transponibler Elemente beim Mais erarbeitet. Seitdem wurden diese und weitere Elemente in ihrer Struktur und Wirkungsweise genau charakterisiert.

9.3.1.1. Elemente mit konservativer Transposition (Klasse-II-Transposonen)

Beim Mais, *Zea mays*, sind bisher mehrere voneinander unabhängige Instabilitätssysteme erfasst worden, zunächst die Systeme Ac-Ds, Spm (= En–I) sowie Dotted; später kamen weitere Systeme dazu: Mu, Fcu, Spf, Ub, Tz, Cy und Pg. Bei *Antirrhinum majus* wurden die Elemente Tam1 bis 9 erfasst (Tab. 9.3.).
Das Aktivator-Element (Ac) von Mais ist 4.563 bp groß (Abb. 9.7.). Es codiert das Gen für die Transposase, ein 93-kDa-Protein. Ac enthält an beiden Enden ein terminales invertiertes Repeat von 11 bp, das für die Transposition wichtig ist. Ansatzpunkt der Transposase sind mehrfach wiederholte AAAGGG-Motive in 200 bp großen Bereichen nahe den Enden.
Neben dem kompletten Ac-Element gibt es defekte, sog. Ds-Elemente, die durch Deletionen beträchtliche DNA-Bereiche verloren haben (Abb. 9.7.) und die deshalb bezüglich ihrer Transposition auf die von Ac codierte Transposase angewiesen sind. Im Zwei-Element-System Ac-Ds springen beide Elemente.
Bei der konservativen Transposition von Ac oder Ds entstehen an der Einsprungstelle Duplikationen von 8 Basenpaaren zu beiden Seiten von Ac (bzw. Ds).

Tab. 9.3. Transposonen der Klasse II von Pflanzen (– Werte nicht bestimmt)

Art	Transposon-Name	Größe (kb)	TIR (bp)	TSD (bp)	Kopienzahl
Angiospermen					
Antirrhinum majus	Tam1	15,2	13	3	–
	Tam2	5,2	14	3	2–10
	Tam3	3,6	12	8	–
	Tam4	4,3	14	3	< 10
	Tam9	5,5	–	3	–
Arabidopsis thaliana	Tag1	3,3	22	8	2
Glycine max	Tgm	3,4	35	3	–
Lycopersicon esculentum	Lyt	1,3	235	9	41
Oryza sativa	Tnr1	0,2	75	2	3 500
	Stowaway	0,1–0,3	11	2	10^3–10^4
Petunia hybrida	dTph1	var.	12	8	50
Pisum sativum	Pis1	2,5	12	3	–
Zea mays	Ac/Ds	4,6/var.	11	8	–
	Bg	4,9	5	8	?
	Mp11	9,0	–	3	–
	Mu1/Mu2	1,4/1,7	215	9	–
	Spm (= En)	8,3	13	3	–
	Tourist	0,1	14	3	10^3–10^4
Algen					
Chlamydomonas reinhardtii	Gulliver	12,0	15	8	12
	Pioneer1	2,8	0	2	3
Volvox carteri	Jorden	1,6	12	3	?
Pilze					
Aspergillus niger	Ant1	4,8	37	2	1
Fusarium oxysporum	Fot1	1,9	44	2	4–100
	Hop	3,5	96	7	?
Neurospora grassa	Guest	0,1(1,3)	15	3	?
Tolypocladium inflatum	Restless	4,1	20	8	15–20

An den neuen Einsprungstellen werden die betroffenen Gene durch Ac oder Ds inaktiviert („Mutation"); Ds kann aber auch Chromosomenbrüche bewirken (daher die Bezeichnung Ds = Dissociation). Dadurch kommt es zu charakteristischen phänotypischen Effekten (Abb. 9.8.).

Beim Wegspringen entstehen Veränderungen in der DNA-Sequenz, die man als „Fußabdrücke" („footprints") des ursprünglich vorhandenen Elementes bezeichnet. Sie bestehen aus Duplikationen, Deletionen oder Inversionen der ursprünglich vorhandenen Wirts-Sequenz; sehr selten wird die ursprüngliche Sequenz wiederhergestellt (Details bei Nevers et al. 1986, Hagemann und Hagemann 1987).

Das En- oder Spm-Element (Abb. 9.6.) ist 8.287 bp groß (En = Enhancer; Spm = Suppressor-Mutator). Es codiert die beiden Proteine tnpA und tnpD, welche für die Transposition nötig sind; tnpD scheint Transposase-Aktivität zu haben.

Spm hat terminale invertierte Repeats von 13 bp. Beim Einsprung in neue Positionen entsteht eine Duplikation von nur 3 bp.

Die Elemente Ac und Spm repräsentieren unterschiedliche Familien transponibler Elemente, die Vertreter in verschiedenen Spezies haben (Abb. 9.6.). Einzelheiten der bei anderen Arten als Mais und *Antirrhinum* bearbeiteten Elemente sind in Tabelle 9.3. zusammengestellt.

Für die molekularen Prozesse des Einbaues

eines transponiblen Elementes (wie Ac oder Spm) in die DNA des pflanzlichen Wirtes sowie für die Excision bei der Transposition liegen so viele Daten vor, dass darauf aufbauend molekulare Modelle entwickelt werden konnten.

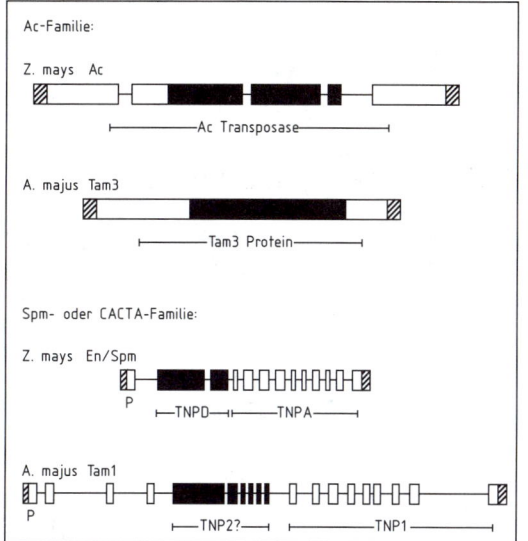

Abb. 9.6. Schema für die Struktur transponibler Elemente von *Zea mays* und *Antirrhinum majus.* Gekennzeichnet sind die Gene, die die Transposase codieren. Nach Gierl und Saedler 1991.

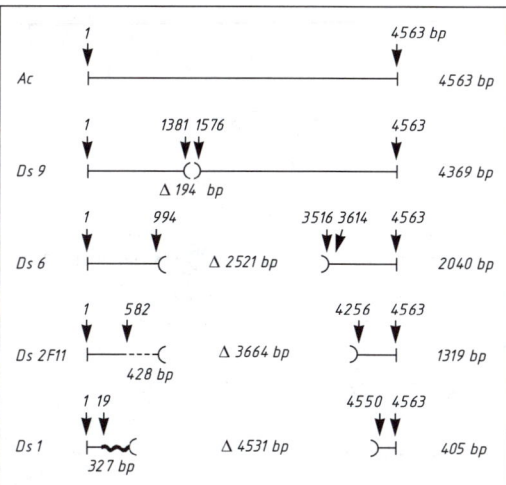

Abb. 9.7. Schematische Darstellung des transponiblen Elementes Activator (*Ac*) von *Zea mays* und verschiedener daraus durch Deletionen entstandener Dissociation (*Ds*)-Elemente. Nach Starlinger 1985.

Die Abbildungen 9.9. und 9.10. zeigen das Modell von Saedler und Nevers (1985, 1986).

Der Einbau (Integration) des transponiblen Elementes (z. B. Ac) vollzieht sich nach diesem Modell folgendermaßen: Durch die Transposase werden an der Einsprungstelle versetzte Schnitte gesetzt (Abb. 9.9. A). In die entstandene Öffnung wird das transponible Element eingefügt; an den 5′-Enden der überstehenden einsträngigen Sequenz lagern sich die 3′-Enden des transponiblen Elementes an (Abb. 9.9. B). Danach werden die entstandenen Lücken im komplementären Strang durch eine DNA-Polymerase geschlossen. Damit ist das transponible Element eingebaut und gleichzeitig die Sequenz am Einbauort dupliziert worden (TSD). – Das transponible Element kann aber auch an einem oder an beiden Enden zusätzliche terminale Nukleotide tragen (Abb. 9.9. C); dann werden durch die DNA-Polymerase die komplementären Nukleotide synthetisiert.

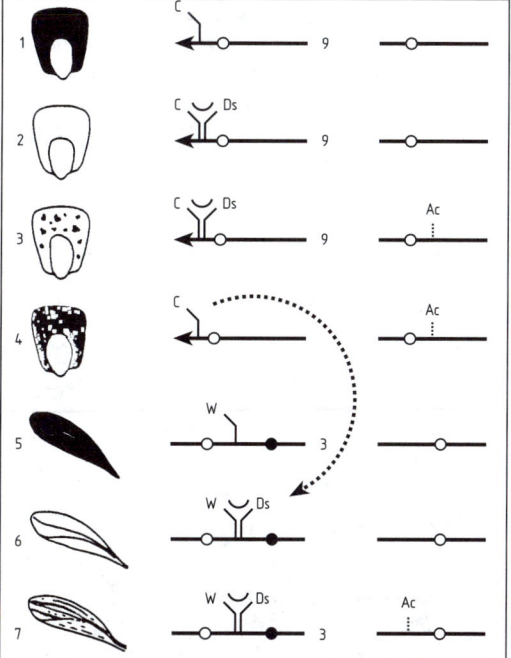

Abb. 9.8. Wirkung des *Ac-Ds*-Systems von *Zea mays*. *1* Die Anwesenheit des Gens *C* im Chromosom 9 in Abwesenheit von *Ac-DS* (rote Anthocyan-Färbung). *2* Wenn *Ds* in die Region von *C* springt, wird *C* inaktiviert. *3* Wenn *Ac* (durch Kreuzung) in den Kern kommt, wird *Ds* zum Wegspringen aktiviert; daher entstehen rote Sektoren mit wieder aktivem *C*. *4* Ist *Ds* von *C* weggesprungen, entsteht entweder wieder die ursprüngliche Rotfärbung wie in *1* oder – wie in *4* – eine abgeschwächte Rotfärbung. *5* Das Gen *W* im Chromosom 9 bewirkt normale Grünfärbung der Blätter. *6* Wenn *Ds* aus dem Chromosom 9 (siehe *3*) in die Region *W* im Chromosom 3 hinein springt, wird *W* inaktiviert; es entsteht weiße Blattfarbe. *7* Kommt *Ac* in den Kern, so wird *Ds* wieder zum Wegspringen veranlaßt; es entsteht ein Blatt mit grünen Streifen (aus Zellgruppen mit *W* ohne *Ds*). Nach Redei 1982.

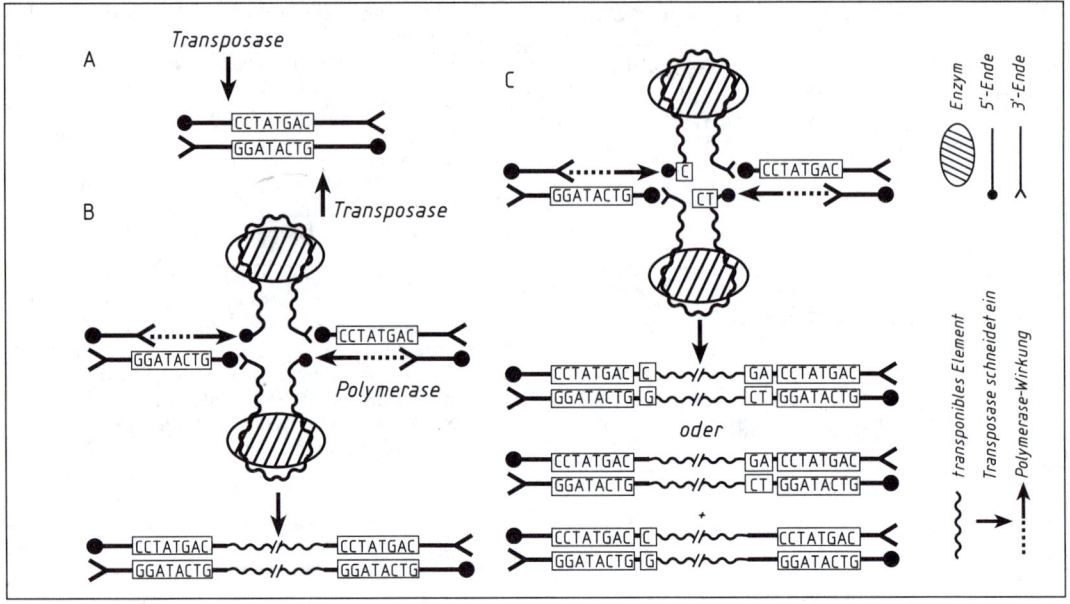

Abb. 9.9. Der Prozess des Einbaues (Integration) eines transponiblen Elements, z. B. *Ac* von *Zea mays.* Besprechung im Text. Nach Nevers et al. 1986.

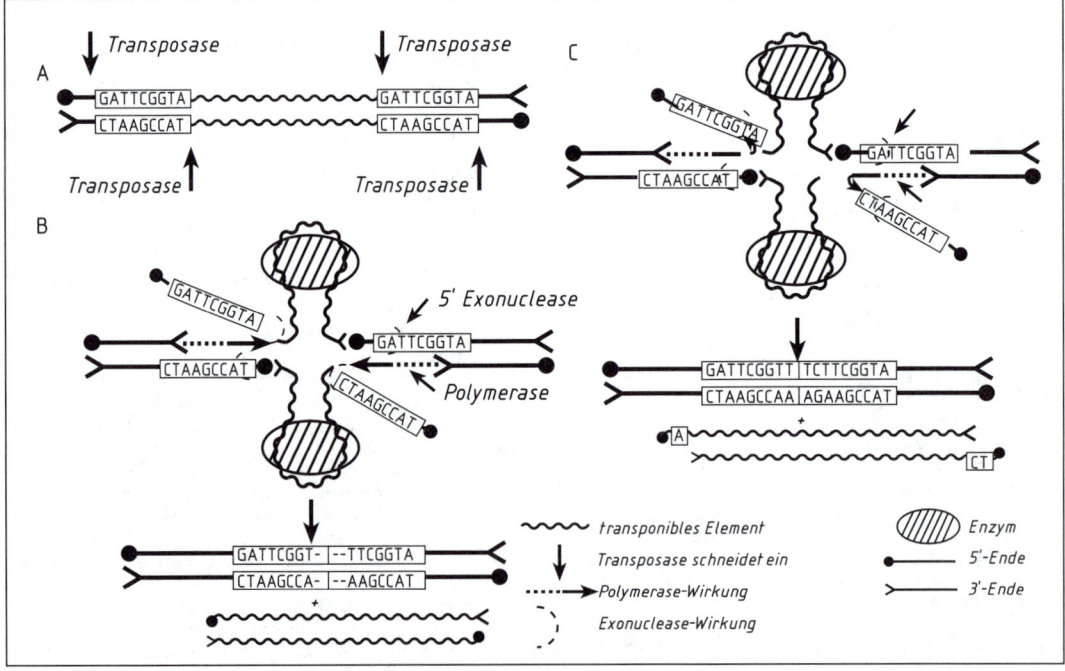

Abb. 9.10. Der Prozess des Ausbaues (Excision) eines transponiblen Elementes. z. B. *Ac* von *Zea mays.* Besprechung im Text. Nach Nevers et al. 1986.

Auf diese Weise können an der Übergangsstelle zwischen transponiblem Element und Einsprungsort-DNA einige Nukleotide eingefügt werden (Abb. 9.9. C zeigt drei Möglichkeiten).

Beim Ausbau (Excision) des Elementes (Abb. 9.10.) kommt es zu einer entgegengerichteten Wirkung der 5'-Exonuklease und der Polymerase (in einer Art Wettbewerb). Je nachdem, welches der beiden Enzyme schneller an der Ausschnittstelle angreift (Abb. 9.10. B oder C), kommt es zu verschiedenartigen Deletionen oder Insertionen von Nukleotiden und damit zu unterschiedlichen „Footprints".

Durch Einsatz gentechnologischer Verfahren ist es möglich, einen „horizontalen" Element-Transfer durchzuführen, so z. B. den Transfer des Ac-Elementes von *Zea mays* auf *Arabidopsis thaliana*.

9.3.1.2. Pflanzliche Retroelemente: Cin1 und Cin4

Beim Mais wurden zwei transponible Elemente gefunden, die „Klasse-I-Transposonen" darstellen, Cin1 und Cin4 (Tab. 9.5.). Sie weisen in ihrem Zentralbereich offene Leseraster auf, welche Homologie zu konservierten Domänen von Retroviren haben (für die Umkehrtranskriptase *RT* und für das DNA-bindende Protein *gag*, vgl. Abb. 4.5. u. 9.12.). Alle bisherigen Resultate sprechen dafür, dass Cin1 und Cin4 sich über eine RNA-Matrize vermehren, welche durch eine Umkehrtranskriptase (Revers-Transkriptase) in eine cDNA umgeschrieben und dann in die Wirts-DNA eingebaut wird. Sie unterscheiden sich aber von echten Retroviren (vgl. 4.1.4.) deutlich durch das Fehlen des *env*-Gens (für die Virushülle) und das Nicht-Vorhandensein

von Oncogenen. Sie sind nicht virale Retroelemente. Zwischen beiden Elementen gibt es jedoch folgende Unterschiede:

Cin1 gehört in die Gruppe der LTR-Retrotransposonen (wie Copia und Ty1; vgl. 9.3.2.3. und 9.3.3.), die von langen terminalen Repeats, LTRs, begrenzt werden.

Cin1 hat als Sonderfall nur noch *ein* LTR an einem Ende („Solo-LTR"). Es wurde im Maisgen *nf1* gefunden. Seine Transposition wurde bisher nicht beobachtet.

Das Cin4-Element hat keine LTRs, ist demgegenüber von kleinen direkten Repeats flankiert, die zwischen 3 und 16 bp lang sind. Im zentralen Bereich liegen die ORFs für *RT* und *gag*. Am 3'-Ende befindet sich eine Oligo-A-Sequenz (aus 6 bis 12 bp).

Cin4 wurde als ein transponibles Element im Gen A1 von *Zea mays* erfasst, welches die Anthocyan-Synthese kontrolliert.

Da Cin4 keine LTRs besitzt, wird es als ein „Nicht-LTR-Retroelement" oder als „Retroposon" bezeichnet (es ähnelt damit dem Retroposon I von *Drosophila*; vgl. 9.3.2.4. und Abb. 9.12.).

9.3.2. Transponible Elemente in *Drosophila*

Verschiedene Stämme von *Drosophila melanogaster* enthalten unterschiedliche Typen transponibler Elemente. Am bekanntesten sind: die P-Elemente, die Foldback-Elemente und die Copia-ähnlichen Retrotransposonen (Abb. 9.11.).

Tab. 9.4. Transposonen der Klasse II von Invertebraten und Vertebraten (– Werte nicht bestimmt)

Art	Transposon-Name	Größe (bp)	TIR (bp)	TSD (bp)
Drosophila melanogaster	P	2 907	31	8
	hobo	3 016	12	8
	FB (Foldback)	>4 000	400–3400	9
Drosophila mauritiana	mariner	1 286	28	–
Musca domestica	Hermes	2 749	17	–
Caenorhabditis elegans	Tc1	1 610	54	–
Xenopus laevis	Tx1	15 000	16/19	4
	T1723	8 000	16/18	8
Homo sapiens	humar1	1 075	29	–
	mariner-like element (MLE)	2 225	31–32	–

Tab. 9.5. Transposonen der Klasse I von Pflanzen (– Werte nicht bestimmt)

Art	Transposon-Name	Größe	LTR (bp)	TSD
Angiospermen				
Arabidopsis	Ta1	5,2	514	5
Hordeum vulgare	BARE-1	8,5	1 733	5–6
Lilium henryi	DEL1	9,3	2 400	5
Medicago sativa	Tsm1	0,4	120	7
Nicotiana tabacum	Tut1	5,3	610	5
Oryza sativa	Tos3	5,2	–	5
Solanum tuberosum	Tst1	5,0	283	5
Pisum sativum	PDR1	5,0	156	5
Triticum aestivum	WIS-2-1A	8,6	–	5
Zea mays	BS1	3,2	–	5
	Cin1	0,7	–	5 Solo-LTR
	Cin4	1–6,5	–	3–16
	Magellan	5,7	–	–
Gymnospermen				
Pinus radiata	IFG7	5,9	333	5
Algen				
Chlamydomonas reinhardtii	Toc1	5,7	–	–
Pilze				
Ascobolus immersus	Visitor	2,5/9,4	–	2
Dictyostelium discoideum	DRE	2,4/5,7/6,4	–	14
Physarium polycephalum	Tp1	8,9	–	–
Podospora anserina	Repa	0,3	–	5
–	Tad-1	6,9	–	14–17
Neurospora crassa	Pogo	1,6	–	3
Saccharomyces cerevisiae	Ty1	5,9-G3	–	5
–	Ty2	5,9	–	–
–	Ty3	–	–	–
Schizosaccharomyces pombe	Tf	4,9	–	5

9.3.2.1. P-Elemente

Nach Kreuzung von *Drosophila*-Männchen, die im Freien gefangen wurden, mit Labor-Stamm-Wildtyp-Weibchen, trat oft „Hybrid-Dysgenese" auf: die Nachkommen zeigten hohe Sterilität, gesteigerte Mutabilität und Chromosomenbrüche. Diese **Hybrid-Dysgenese** ist die Folge einer Aktivierung von P-Elementen, die von den Männchen (P-Typ) auf Weibchen (M-Typ) übertragen werden. Bestimmte Labor-Stämme von *D. melanogaster* enthalten etwa 40 P-Elemente (pro haploidem Genom). Ein komplettes P-Element ist 2,9 kbp groß (Abb. 9.11.), daneben gibt es deletierte P-Elemente mit Größen zwischen 0,5 kbp und 2,9 kbp. Alle P-Elemente besit-zen terminale invertierte Repeats von je 31 bp. Der interne Bereich von P enthält 4 Exonen, die von 3 Intronen unterbrochen sind. In Keimbahnzellen werden alle 3 Intronen durch Spleißen herausgeschnitten; die entstehende mRNA codiert eine Transposase von 87 kD. Sie ermöglicht die Transposition des P-Elementes; sie erlaubt zugleich die Transposition kürzerer, partiell deletierter P-Elemente, die sich zusätzlich im Genom befinden. Ansatzpunkt für die Transposase sind die terminal liegenden invertierten Repeats. Beim Springen in einen neuen Einsprung-Ort entsteht eine Duplikation von 8 Basenpaaren der Wirts-DNA. Wenn ein P-Element in ein Gen hineinspringt, wird dieses Gen in seiner Expression inaktiviert; es ist mutiert. Dies

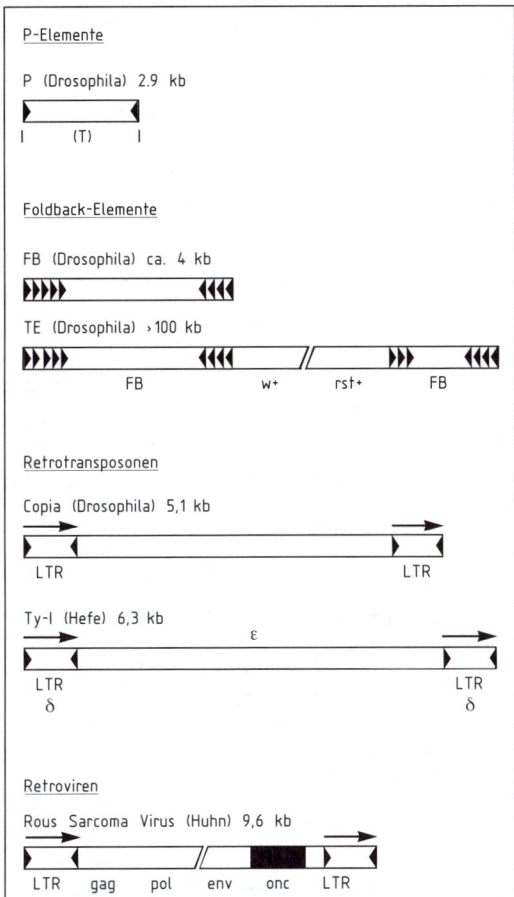

Abb. 9.11. Transponible Elemente von Tieren und Hefen. Nach Wehner und Gehring 1990, verändert.

Die P-Elemente werden für gentechnologische und genetisch-funktionelle Fragestellungen in vielfältiger Weise genutzt (funktionelle Testung heterologer Gene oder klonierter genomischer DNA-Fragmente in *Drosophila* sowie Erzeugung von Gen-Fusionen; vgl. Kap. 13).

9.3.2.2. Foldback-Elemente und TE-Elemente

Die Foldback-Elemente (FB) weisen terminale lange „inverted repeats" (IR) auf, innerhalb derer unterschiedlich lange Sequenzwiederholungen (aus Blöcken von 31 bp) und Tandem-Anordnungen vorhanden sind (Tab. 9.4.). Die IRs flankieren einen Zentralbereich (Abb. 9.11.). Die IRs können zwischen 400 bp und 3.400 bp lang sein. Der Zentralbereich kann 100 bp bis 4.000 bp umfassen, kann aber auch völlig fehlen.

Nach einer Denaturierung der FB-DNA kann es nach Renaturierung zu „Rückfaltung" (foldback) innerhalb einer FB-DNA-Sequenz kommen.

Beim Hineinspringen eines FB-Elementes in eine neue Position im Genom entsteht in der Regel eine 9 bp große Duplikation der Wirts-DNA. Springt ein FB-Element in ein Gen oder die davorliegende Kontrollregion, so führt dies zu einer Mutation des Gens, die von DNA-Umbauten begleitet sein kann. Beim Ausschneiden des FB-Elementes kann es zu einer Rückmutation kommen.

Die Mutante white^{crimson} (w^c) enthält ein FB-Element im *white* Gen.

FB-Elemente transponieren nicht nur als selbständige Einheiten. Bei *Drosophila* gibt es große TE-Einheiten, die aus einem langen DNA-Bereich mit (unter Umständen) mehreren Genen bestehen, an dessen Enden sich je ein FB-Element befindet (Abb. 9.11.). Das von Ising bearbeitete Transposon TE^J ist über 100 kbp groß und enthält die Gene *white* (*w*$^+$) und *roughest* (*rst*$^+$); bisher wurden 150 Stellen im *Drosophila*-Genom erfasst, in die das TE^J eingebaut wurde.

9.3.2.3. Copia – ein Retrotransposon („Klasse-I-Transposon")

Das Genom von *Drosophila melanogaster* enthält etwa 25 unterschiedliche, jedoch in ihrem Aufbau ähnliche Familien von Copia – oder Copia-ähnlichen Elementen.

wurde für das *white* (*w*) Gen genau analysiert: Die weißäugige Mutante w^{hd80k17} enthält im Gen *w* ein P-Element, durch das die normale Funktion von *w*$^+$ (= Rotäugigkeit) ausgeschaltet wurde. Das Herausspringen des Elementes aus dem Gen ist meist unexakt; seltene präzise Herausspring-Ereignisse sind als Reversion phänotypisch erkennbar: es kommt zu einer vollständigen oder fast vollständigen Wiederherstellung der Wildtyp-Aktivität (bei *w* zu roten Augen).

Durch Einbau eines kompletten 2,9 kbp großen P-Elementes in geeignete Plasmide (z.B. *pBR322*) können hoch effektive gentechnologisch nutzbare Vektoren konstruiert werden, die ausgewählte *Drosophila*-Gene oder Gene anderer Herkunft (z.B. von *E. coli*) übertragen.

Tab. 9.6. Transposonen der Klasse I von Invertebraten und Vertebraten (– Werte nicht bestimmt)

Art	Transposon-Name	Größe (kb)	LTR	TSD
Drosophila melanogaster	copia	5,1	276	5
	412	7,6	481	4
	mdg-1	7,3	442	4
	Beagle	7,3	266	4
	springer	8,8	405	6
	I	5,4	–	12 (Retroposon)
	F	4,7	–	8–13 (Retroposon)
Mus musculus	IAP*	7,1	338	6
Syrischer Hamster	IAP	7,1	338	6
Homo sapiens	Line	6–7	–	–
	Sine	–	–	–
	Alu	0,3	–	–
	THE1	–	–	–

* intercistronische A-Partikel (IAP)

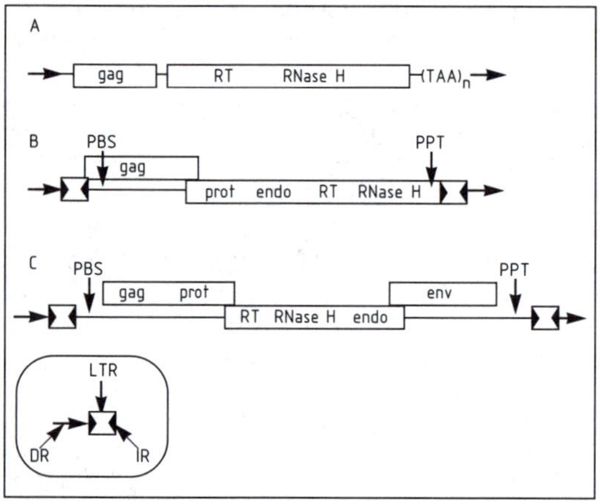

Abb. 9.12. Physische Karten von unterschiedlichen Retroelementen. *A* das Retroposon I von *Drosophila* (Nicht-LTR Retroposon). *B* Die Retrotransposonen Copia von *Drosophila* und Ty1 von Hefe (Ty1-Copia-Gruppe). *C* Das Retrovirus *ALV* – Avian Leukose Virus. Das Gen *gag* codiert Strukturproteine im Virion-Kern, einschließlich eines Nukleinsäure-bindenden Proteins. Das Gen *prot* codiert eine Protease für Spaltung der primären Translationsprodukte und das Gen *RT* die Umkehrtranskriptase (= reverse Transkriptase). Das Gen für RNase *H* codiert diese Ribonuklease und das Gen *endo* eine Endonuklease, die für die Integration der DNA in das Wirtsgenom notwendig ist. Das Gen *env* des Retrovirus codiert das strukturelle Hüllprotein des Virions, das für die Bewegung von Zelle zu Zelle nötig ist. *LTR* – langes terminales Repeat mit den Signalen für Transkriptions-Initiation und -Termination; es ist begrenzt durch kurze invertierte Repeats (*IR*). *DR* – kurze direkte Repeats von Wirts-DNA, die bei der Insertion entstanden. *PBS* – Primer-Bindungs-Stelle. *PPT* – Poly-Purin-Strang, benutzt für die Synthese des +DNA Stranges. Nach Grandbastien 1992.

Ein Copia-Element besteht aus 5.146 bp (Tab. 9.6.). An seinen beiden Enden liegt je eine „direkte Sequenzwiederholung" (= LTR: long terminal repeat von 276 bp), die beiderseitig von kurzen „Invertierten Repeats" (ca. 10 bp) begrenzt werden (Abb. 9.11. u. 9.12. B.).

Der zwischen den LTRs liegende Hauptteil von Copia enthält einen offenen Leseraster, von dem ein Transkript gebildet wird für ein Protein aus 1.409 Aminosäuren, welches fünf Aktivitäten aufweist: Am NH_2-Ende liegt das gag-Polyprotein für gruppenspezifische Antigene; in der Mitte eine Protease (prot) und eine Endonuklease (endo), welche beim Integrationsvorgang eine Rolle spielt; am COOH-Ende liegt die Umkehr-(Revers-)Transkriptase (RT) und die RNaseH.

Drosophila-Zellen enthalten zahlreiche Copia-Transkripte (lat. copia = Menge). Ein Teil dieser Transkripte wird im Zuge der Polypeptidsynthese in das genannte Polyprotein übersetzt, das dann durch Proteasen in die drei Proteine zerlegt wird. Ein anderer Teil der Transkripte wird mit gag-Protein zu virusähnlichen Partikeln zusammengefügt, die im Plasma nachweisbar sind.

Das Charakteristikum von Copia (das es von P und FB unterscheidet) ist seine Natur als Retrotransposon (der Klasse I) und seine Homologie zu Retroviren (Abb. 9.12.). Denn die Replikation und Transposition von Copia erfolgt über RNA-Zwischenstufen. Ein Teil der Copia-Transkripte wird von der o. g. Umkehr-

(= Revers-)Transkriptase wieder in DNA umgeschrieben und mit Hilfe der o. g. Endonuklease in das *Drosophila*-Kerngenom eingebaut. Beim Einbau kommt es zu kurzen Verdoppelungen der Sequenz der Einbaustellen (die 4, 5 oder 6 Nukleotide umfassen kann), je nach der spezifischen Copia-Familie (Tab. 9.6.).

Die Integration der Copia-cDNA in das *Drosophila*-Genom kann chromosomale Strukturveränderungen und Inaktivierung von Genen bewirken. Der Einbau eines Copia-Elementes in das *white*⁺-Gen hat zur Entstehung des Mutantenalleles *white*[apricot] (w^a) geführt.

Die Copia-Elemente sind somit transponible Elemente, die sich deutlich von „normalen" transponiblen Elementen (wie die Klasse II: Ac, En; P, FB) unterscheiden und deutliche Homologie zu Retroviren aufweisen. Von den eigentlichen Retroviren (vgl. 4.1.4.) unterscheidet sich Copia durch eine veränderte Anordnung der Gensegmente für die codierten Proteine und das Fehlen eines „Hüllprotein"-(„*env*"-) Gens.

Demgegenüber weist eine andere Retrotransposon-Gruppe, nämlich gypsy-Ty3, dieselbe Genanordnung auf wie die Retroviren (Abb. 9.12.).

9.3.2.4. Retroposon I

Das Auftreten von „Hybrid-Dysgenese" bei *Drosophila* wird nicht immer durch das P-M-System (vgl. 9.3.2.1.) bedingt, sondern kann auch durch das I–R-System bewirkt werden (I = inducer; R = reactive; vergleichbar P und M).

Das komplette I Element ist 5,4 kbp groß. Es besitzt – im Gegensatz zu P und Copia – keine terminalen Repeats und kein LTR. I weist zwei große offene Leseraster (ORFs) auf, welche folgende funktionell wichtige Proteine bestimmen: gag-Proteine, Umkehrtranskriptase (RT) und die RNase H (Abb. 9.12. A.).

Nach allen bisherigen Daten erfolgt die Transposition von I – ähnlich wie bei Copia – über RNA-Kopien, die von einer Umkehrtranskriptase in cDNA umgeschrieben werden und danach in die genomische DNA eingebaut werden; dabei entsteht an der Einbaustelle eine Duplikation von 12 bp. Aufgrund der Tatsache, dass I im Gegensatz zu Copia keine LTRs besitzt, wird es als Retroposon bezeichnet (vgl. Tab. 9.6.).

Vom *white*⁺-Gen von *Drosophila* trägt die weißäugige Mutante w[IR1] ein komplettes integriertes I-Element.

9.3.3. Transponible Ty-Elemente in Hefe

In der Hefe *Saccharomyces cerevisiae* wurden fünf Familien transponibler Ty-Elemente identifiziert: Ty1–Ty5.

Die Elemente Ty1, Ty2, Ty4 und Ty5 werden als Ty/Copia bezeichnet wegen ihrer großen Ähnlichkeit mit dem Element Copia. Ty3 nennt man Ty3/gypsy auf Grund der Ähnlichkeit zu dem *Drosophila*-Element gypsy. Insgesamt kommen etwa 35 Ty-Kopien pro haploidem Hefe-Genom vor (Tab. 9.5.).

Das Element Ty1 ist ca. 6000 bp groß (Abb. 9.12. B). Sein zentraler Bereich ε (Epsilon) ist beidseitig von LTRs (long terminal repeats) flankiert, die 330 bp groß sind und bei Ty als δ (Delta) bezeichnet werden. In den Delta-Abschnitten liegen Promotoren für die Transkription der gesamten Ty-Sequenz. Das vollständige Ty-Transkript codiert mehrere Proteine (Abb. 9.12. B); RT kennzeichnet die Umkehrtranskriptase.

Die Transposition von Ty erfolgt – wie bei Copia – über die Synthese einer RNA, die anschließend von der Umkehrtranskriptase in cDNA umgeschrieben wird und danach in die genomische DNA der Hefe eingebaut wird. Beim Integrationsvorgang kommt es zur Duplikation von 5 bp.

Ty ist somit ein Retrotransposon (der Klasse I). Das Element Ty wurde durch seinen Einbau in unmittelbare Nähe des Gens für die tRNA[tyr], in einem anderen Fall des Gens *his3*, analysiert.

Interessant ist die Tatsache, dass der Abschnitt δ von Ty im Hefe-Genom als eigenständiges Element vielfach vorkommt: es wird als Solo-Delta bezeichnet.

9.3.4. Verstreute Sequenzwiederholungen bei Säugern

In Säuger-Genomen finden sich zahlreiche Gruppen und Untergruppen von verstreut liegenden Sequenzwiederholungen. Diese Sequenzen können insgesamt bis zu 20% des Genoms ausmachen. Man unterscheidet insbesondere zwei Gruppen: die LINEs (long interspersed repeats) und die SINEs (short interspersed repeats).

Eine vollständige LINE-Sequenz im menschlichen Genom ist 6 bis 7 kbp lang und enthält einen großen ORF. Neben derart vollständigen Sequenzen gibt es viele „verstümmelte" Sequenzen, denen am 5′-Ende mehr oder weniger große Stücke fehlen. Es gibt Hinweise dafür, dass vollständige LINE-Sequenzen über RNA-Zwischenstufen amplifiziert, durch Umkehrtranskriptase (die von LINE codiert wird) in DNA umgeschrieben und transponiert werden. Sie sind damit den Retroposonen vergleichbar.

Die SINEs sind kurze, vielfach repetierte und im Genom zerstreut liegende Sequenzen. Sie sind offensichtlich veränderte, weiterverarbeitete Pseudogene, so z. B. umgebaute 7SL-RNA-Gene. Eine besonders gut untersuchte Gruppe von SINEs ist die sog. Alu-Familie. Ein Alu-Element besteht aus zwei in gleicher Orientierung aufeinanderfolgenden Kopien von etwa 130 bp. In der Mitte liegt ein Restriktionsschnittort für das Restriktionsenzym AluI; daher der Name (Abb. 9.13.). Viele Bearbeiter nehmen an, dass die Alu-Elemente – wie auch andere SINE-Sequenzen – durch Umkehrtranskription aus RNA gebildet und anschließend in das Säuger-Genom inkorporiert worden sind.

LINE-, SINE- und Alu-Sequenzen wurden bei Säugern, besonders auch beim Menschen, genau untersucht. Vergleichbare Sequenzen wurden jedoch bei vielen anderen Vertebraten und auch bei Invertebraten gefunden.

Die Insertion derartiger transponibler Sequenzen hat sich auch als Ursache menschlicher Erbkrankheiten erwiesen, so eine Neumutation für Hämophilie A (durch eine LINE-Sequenz) und eine Mutation für Neurofibromatose (durch eine Alu-Sequenz).

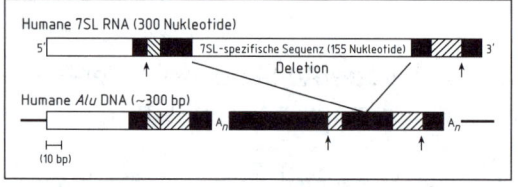

Abb. 9.13. Beziehungen zwischen der menschlichen 7SL-RNA und der Familie der Alu-Elemente. Die Alu-Elemente sind wohl durch Umkehr-Transkription aus der 7SL-RNA entstanden, wobei Verdopplung von Teilsequenzen und Deletion anderer Bereiche eine Rolle spielten. Die 7SL-RNA ist Bestandteil der „Signal recognition particles", die für den Transport in das endoplasmatische Retikulum essentiell sind; vgl. Text. Nach Watson et al. 1987.

9.3.5. Transponible Elemente in anderen Eukaryoten-Spezies

Die vorherigen Abschnitte haben sich speziell mit transponiblen Elementen bei relativ wenigen Arten befasst, bei denen die genetischen Analysen weit fortgeschritten sind. Es zeigt sich aber mit der Ausweitung der Forschung immer deutlicher, dass transponible Elemente in sehr vielen Spezies vorkommen und dort ähnliche Wirkungen ausüben wie bei den genauer behandelten Arten. In den Tabellen 9.3., 9.4., 9.5. und 9.6. wird auf diese Befunde bei zahlreichen Arten hingewiesen.

Dabei gibt es deutliche Hinweise darauf, dass es einen horizontalen Transfer von einer Art zu einer anderen Art gibt, so z. B. von *Drosophila* auf die Hausfliege *Musca domestica*. Wie das erfolgt, ist noch weitgehend unklar (vielleicht spielen dabei Milben oder andere Parasiten eine Rolle).

9.4. Genetische Effekte und Verwendung transponibler Elemente

In den vorhergehenden Abschnitten des Kapitels 9 wurde dargestellt, dass transponible Elemente bei der Transposition innerhalb des Genoms in „neue Stellen" eines Chromosoms springen.

Auslösung von Mutationen

Wenn sie dabei in codierende Abschnitte eines Gens oder in seine Kontrollregion hineinspringen, führt das meist zu einer vollständigen oder zumindest partiellen Hemmung der Ausprägung des Gens: Es entsteht ein Mutanten-Phänotyp. Mehrere Mutanten, die in der Geschichte der Genetik eine wesentliche Rolle gespielt haben, entstanden durch die Insertion eines transponiblen Elementes in ein (vorher voll funktionsfähiges) Gen:

(a) Das von **Mendel** benutzte Merkmal „runzelige" (kantige) Samen („rugosus") der Erbse entstand durch das Hineinspringen eines Ac-ähnlichen transponiblen Elementes in das Gen, welches beim Wildtyp („glatte Samen") das Enzym für die Synthese verzweigter Stärkemoleküle codiert. Durch den Ausfall dieses Enzyms kommt es zu Wasserverlust, der zu runzligen Samen führt.

(b) Das von der *Drosophila*-Forschungsgruppe Morgan-Sturtevant-Bridges viel verwendete Mutantenallel *white*[apricot] entstand durch das Hineinspringen eines Copia-Elementes in das *white*[+]-Allel (für rote Augen) und bewirkt damit eine partielle Expressionshemmung des Gens, was zu aprikosenfarbenen Augen führt.

Zahlreiche andere Mutanten bei vielen Pro- und Eukaryoten sind das Resultat der Insertion eines transponiblen Elementes in bestimmte Gene. Es bedarf oft detaillierter Untersuchungen, um die Art des transponiblen Elementes sowie seine genaue Lage und Struktur zu bestimmen.

Für Prokaryoten gibt es Schätzungen, nach denen zwischen 20 und 40% aller Mutationen auf die Wirkung von Insertionselementen oder Transposonen zurückzuführen sind; entsprechend sichere Abschätzungen für die Häufigkeit von Genmutationen bei Eukaryoten, die durch transponible Elemente verursacht sind, liegen nicht vor.

Transposon-Tagging

Ein neues erfolgreiches molekulargenetisches Verfahren ist das Transposon-Tagging (tag = Anhängeschildchen): Man veranlasst ein transponibles Element zum Springen, z. B. in dem man beim Mais in eine Pflanze, welche Ds-Elemente enthält, Ac einkreuzt (Ac initiiert Transpositionen). Wenn danach Mutanten mit definierten Defekten auftreten (z. B. Ausfall bestimmter Enzyme, Anthocyan-Mangel, Chlorophylldefekte u. ä.), lässt sich mit Hilfe markierter DNA-Sonden für Ds oder Ac das Gen finden, in welches das transponible Element gesprungen ist. Das transponible Element ist die Markierung (tag) des betroffenen und gesuchten Gens.

Je nach der spezifischen Fragestellung und dem betreffenden Objekt, gibt es unterschiedliche Spezial-Verfahren des „transposon tagging" (Gierl und Saedler 1992).

Regulation der Transposition

Die Häufigkeit von Transpositionsereignissen in einer Zelle ist oft sehr niedrig. Das Transposon Tn10 erzeugt aufgrund einer effektiven Repression des Transposase-Gens nur 1 Transposase-Molekül pro Zellgeneration (offenbar durch Methylierung des Transposase-Promotors). Das führt zu einer Transpositionshäufigkeit von $1 : 10^7$ pro Zellgeneration.

Wenn die Repression überwunden oder umgangen wird (z. B. durch ein Plasmid mit Transposase-Genen), kann sie tausendmal höher liegen.

Für das P-Element von *Drosophila* (s. 9.3.2.1.) kommt es nach Kreuzung von P-Männchen mit M-Weibchen (ohne P-Repressor) in den Zygoten zu einer starken Aktivierung der vom Vater übertragenen P-Elemente und so zur Hybrid-Dysgenese. Beim Mais (Tab. 9.3.) bewirkt die Einkreuzung eines aktiven Aktivator-Elementes Ac in eine Eizelle mit inaktiven Ds-Elementen eine Aktivierung von Ds; in gleicher Weise wirkt Spm (= En) auf I.

Generell werden transponible Elemente durch eine Vielzahl von Ursachen aktiviert, die zu einer Instabilität im Genotyp eukaryotischer Organismen führen: entfernte Bastardierung, Chromosomenbrüche, Mutationsauslösung durch ionisierende Strahlen oder UV, Hitzeeinwirkung, Virusinfektion, Alterungsprozesse usw. (McClintock 1984).

10. Übertragung und Rekombination nukleärer Erbanlagen bei Eukaryoten

10.1. Regelmäßiger Wechsel von Haplophase und Diplophase und genetische Folgen der Meiose

Eukaryotische Organismen weisen einen regelmäßigen Wechsel von *Haplophase* und *Diplophase* auf (**Kernphasenwechsel**). Es gibt Arten, deren Individualzyklus bis auf die diploide Zygote sonst rein haploid ist: „reine Haplonten" (*Chlamydomonas*). Andererseits ist bei anderen Arten außer den haploiden Gameten der gesamte übrige Individualzyklus diploid: „reine Diplonten" (die meisten Tiere). Bei vielen Algen, bei Moosen, Farnen und Samenpflanzen liegt ein kombinierter Kernphasen- und Generationswechsel vor: Ein Teil des Individualzyklus ist haploid (Gametophyt), der andere ist diploid (Sporophyt). Auf Grund dieser Situation ist bei bestimmten Arten nahezu ausschließlich der diploide Teil des Individualzyklus der merkmalstragende Abschnitt (Wirbeltiere, Spermatophyten), bei anderen Arten der haploide Teil (*Chlamydomonas, Neurospora, Ascobolus*) und bei wieder anderen Arten (z. B. bei den Moosen *Sphaerocarpus, Funaria, Physomitrium* u. a.) sowohl der haploide als auch der diploide Abschnitt (Abb. 10.1.).

In Zellen, welche mitotische Teilungen durchlaufen, bleibt in der Regel die erbliche Konstitution des Zellkerns gleich. Als eine Ausnahmeerscheinung – die allerdings bei bestimmten Objekten (wie z. B. bei *Drosophila*) zwar selten, aber regelmäßig auftritt – ist mitotisches Crossing-over anzusehen, welches zu genetisch veränderten Zellen führen kann (vgl. 10.7.4.).

Wichtiger und viel allgemeiner verbreitet sind die Rekombinationsmöglichkeiten, die sich während der Meiose und der Befruchtung ergeben bzw. verwirklicht werden.

Während der Meiose (vgl. 2.2.1.) wird der diploide Chromosomensatz auf den haploiden reduziert (**Meiose-Effekt I**).

Im Verlauf der meiotischen *Prophase* paaren homologe Chromosomen. Jedes Chromosomenpaar bildet ein Bivalent. Während der *Anaphase I* wird von jedem Bivalent ein Chromosom zu dem einen und ein Chromosom zu dem anderen Pol verteilt (cytologische Reduktion). Die Orientierung der Bivalente in *Metaphase I* und die Verteilung der

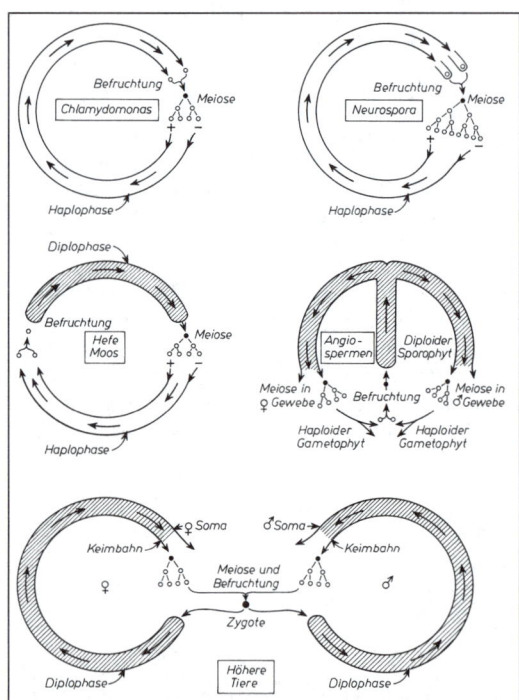

Abb. 10.1. Schematische Darstellung der Individualzyklen verschiedener genetischer Objekte. Sie sind z. T. Haplonten (*Chlamydomonas, Neurospora*), z. T. Diplonten (höhere Tiere, Mensch), z. T. zeigen sie einen Wechsel haploider und diploider Generationen (Hefe, Moos, Angiospermen). Nach Sager und Ryan 1961.

Chromosomen in Anaphase I sind zufällig. Dadurch gelangen nicht etwa alle väterlichen Chromosomen zu einem und alle mütterlichen Chromosomen zum anderen Pol, sondern jeder Partner eines Bivalentes hat die gleiche Wahrscheinlichkeit, nämlich 50%, zum einen oder zum anderen Pol zu gelangen. *Die vom Vater und von der Mutter stammenden Chromosomen werden zufällig verteilt* (**Meiose-Effekt II**).

(Zusätzlich kommt es noch während der meiotischen Prophase zum Auftreten von Chromatidenstückaustausch – Crossing-over – zwischen Nichtschwesterchromatiden; **Meiose-Effekt III**. Darauf wird im folgenden Abschnitt genauer eingegangen.) Jeder haploide Chromosomensatz enthält als Ergebnis der Meiose väterliche und mütterliche Allele.

Da bei den Haplonten und Diplonten unterschiedliche Abschnitte des Individualzyklus merkmalstragend sind, sind die in der Nachkommenschaft von Kreuzungen erblich verschiedener Formen auftretenden Spaltungsverhältnisse unterschiedlich. Im folgenden wird zunächst die interchromosomale Rekombination, danach die intrachromosomale Rekombination behandelt, und zwar jeweils erst für die Haplonten und dann für die Diplonten.

Bei der Aufklärung der Gesetzmäßigkeiten der Vererbung geht man – nach dem Vorbild der von Gregor Mendel (1866) erstmals erfolgreich durchgeführten Erbanalyse – so vor, dass man methodisch den Versuchsansatz weitestmöglich vereinfacht. Mendel ermittelte zunächst, in welcher Weise *ein* Merkmalsunterschied nach Kreuzung in aufeinanderfolgenden Generationen vererbt wird. Nachdem dieser „monohybride" Erbgang geklärt war, untersuchte er die Nachkommenschaft aus der Kreuzung von Formen, die sich in *zwei* und *drei* Merkmalen unterschieden (di- oder trihybrider Erbgang). Die Aufklärung der dabei geltenden Gesetze führte zur Formulierung der allgemeinen Gesetzmäßigkeiten des Erbganges „mendelnder" Gene.

10.2. Interchromosomale Rekombination bei Haplonten

Bei vielen Pilzen, z.B. dem Brotschimmel *Neurospora crassa*, und vielen Algen, z.B.

der Grünalge *Chlamydomonas reinhardtii*, ist die Diplophase auf die Zygote beschränkt; der übrige, merkmalstragende Abschnitt des Individualzyklus ist haploid (Abb. 10.1.).

10.2.1. Monohybride Spaltung

Neurospora crassa ist ein Schimmelpilz, der zu den Ascomyceten gehört. Der Pilz kann durch Konidien und durch Übertragung von Mycelstücken vegetativ vermehrt werden. Die sexuelle Fortpflanzung erfolgt auf der Basis von zwei Paarungstypen (A und a) durch Somatogamie. Die Fruchtkörper, Perithecien, enthalten zahlreiche Asci. Durch die Verschmelzung zweier haploider Kerne in der Ascus-Anlage (Abb. 10.2.) entsteht ein diploider Zellkern, der die beiden meiotischen Teilungen durchläuft, wobei vier haploide Kerne gebildet werden. Daran schließt sich sofort eine normale Mitose an, bei der in einem Ascus als Ergebnis dieser Teilungsvorgänge 8 haploide Ascosporen entstehen; bei *Neurospora crassa* liegen diese Ascosporen im Ascus linear angeordnet in der Reihenfolge, in der die Kerne im Verlauf der Teilungsvorgänge verteilt wurden (Abb. 10.2.).

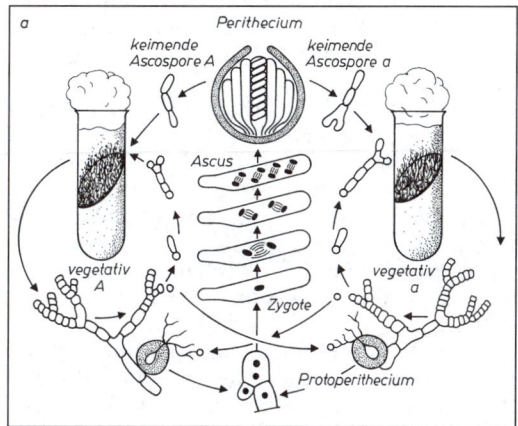

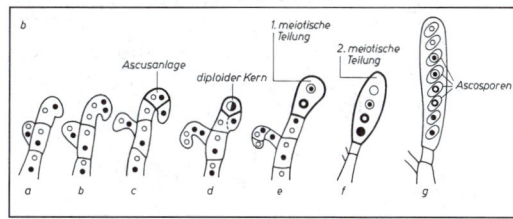

Abb. 10.2. *a* Individualzyklus von *Neurospora crassa*. Nach Kaudewitz 1957. *b* Ascus-Entwicklung bei *Neurospora crassa* aus ascogenen Hyphen. Nach Hayes 1964.

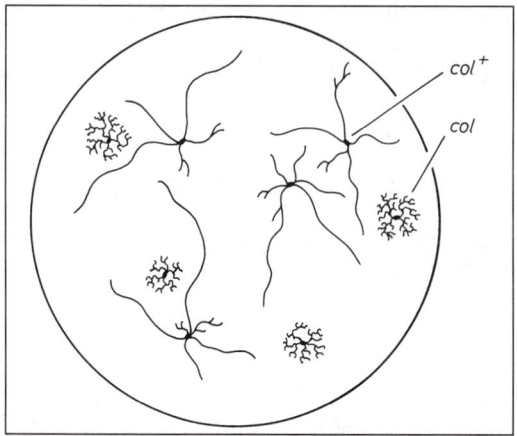

Abb. 10.3. Monohybride Spaltung bei *Neurospora crassa* für den Merkmalsunterschied *col⁺* – *col*. Die Ascosporen sind aus einem Ascus. Nach Kaudewitz 1957.

Kreuzt man zwei *Neurospora*-Mycelien, die sich in einem Merkmal unterscheiden (normales ausgedehntes Mycelwachstum col⁺, begrenztes kolonieähnliches Wachstum col), so entsteht eine Ascus-Anlage mit einem diploiden heterozygoten Zellkern (*col⁺col*). Daraus wächst ein Ascus mit 8 Ascosporen; 4 Sporen bilden normal ausgedehnt wachsende Mycelien aus (*col⁺*) und 4 Sporen bilden kolonieähnlich wachsende Mycelien (*col*) (Abb. 10.3.). Somit spaltet bei *Neurospora* dieser monohybride Unterschied im Verhältnis (4 : 4) 1 : 1.

Das gleiche Ergebnis erhält man nach Kreuzung zweier Stämme, von denen der eine die normale Fähigkeit zur Tryptophan-Synthese hat (*try⁺*), während der andere durch eine Mutation in der Tryptophan-Synthese blockiert ist (Tryptophan-Mangel: *try*). In der Kreuzungs-Nachkommenschaft zeigt sich eine Aufspaltung in 4 *try⁺* : 4 *try*, also ebenfalls 1 : 1.

In der monohybriden Aufspaltung erfasst man jeweils einander entsprechende, homologe Erbanlagen, welche die Vererbung des betreffenden Merkmalsunterschiedes (Normal- oder Koloniewachstum bzw. Tryptophan-Bildung oder -Mangel) bestimmen. Derartige einander entsprechende Erbanlagen nennt man **Allele**. Dem Allel für Tryptophan-

Bildung (*try⁺*) steht das Allel für Tryptophan-Mangel (*try*) gegenüber. Die unterschiedlichen Allele (*try⁺*, *try*) **sind verschiedene Zustandsformen eines Gens**. Die Erbanlagen *col⁺* und *col* sind verschiedene Allele eines Gens. Die Erbanlagen *col* und *try* sind verschiedene Gene.

Allgemein: Bei Haplonten führt monohybrider Unterschied nach Kreuzung zu einer 1 : 1-Spaltung in der Nachkommenschaft.

10.2.2. Dihybride Spaltung

Bei *Neurospora crassa* kann man – nachdem die Gesetzmäßigkeiten des monohybriden Erbganges aufgeklärt sind – eine Kreuzung zwischen zwei Stämmen durchführen, die sich in zwei Merkmalen unterscheiden. Eine derartige dihybride Kreuzung ist

Linie A: *col* , *try⁺*   ×   Linie B: *col⁺* , *try*
(Koloniewachstum   (normal ausgedehntes
und Tryptophan-   Wachstum und
Bildung)   Tryptophan-Mangel)

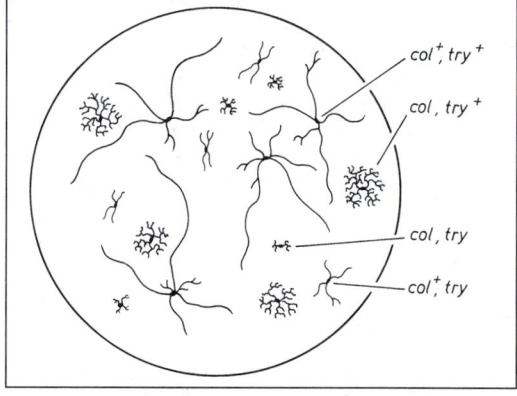

Abb. 10.4. Dihybride Spaltung bei *Neurospora crassa* für die Allelen-Paare *col⁺/col* und *try⁺/try*. Die Ascosporen sind aus zwei Asci. Alle vier Typen treten in gleicher Häufigkeit auf. Nach Kaudewitz 1957.

Nach Kernverschmelzung, Meiose und Ascosporenbildung zeigt sich eine Aufspaltung der aus den Ascosporen ausgekeimten Myceltypen (Abb. 10.4.): Die vier möglichen genetischen Typen treten in folgender Aufspaltung auf:

	col try⁺	:	*col⁺ try*	:	*col⁺ try⁺*	:	*col try*
Reale Spaltung	44		48		51		40
	Elterntypen				Rekombinanten		
Spaltungsverhältnis	1	:	1	:	1	:	1
Theoretische Erwartung	45,75		45,75		45,75		45,75

Unter Berücksichtigung der Tatsache, dass es bei einer zufälligen Auswahl aus einer größeren Gesamtheit von Ascosporen immer Zufallsschwankungen gibt, entspricht die reale Aufspaltung klar einem $1:1:1:1$-Verhältnis.

Allgemein: Bei der hier vorliegenden dihybriden Kreuzung lässt sich in der Nachkommenschaft eine freie Rekombination der Erbanlagen feststellen, und zwar in der Weise, dass jedes Allel des einen Gens mit jedem Allel des anderen Gens entsprechend den Zufallsgesetzen kombiniert wird. Dadurch entsteht jede der vier möglichen Kombinationen in der Häufigkeit von je 25%. Elterntypen und Rekombinanten treten in gleicher Häufigkeit auf (**Gesetz der freien Rekombination**).

Bei dihybrider Spaltung in Haplonten erhält man bei freier Rekombination der Gene stets eine $1:1:1:1$-Spaltung. (Es sei aber bereits hier mit Nachdruck darauf verwiesen, dass eine dihybride Spaltung zu anderen Resultaten führt, wenn die dabei analysierten Gene gekoppelt sind; vgl. 10.6., 10.7.).

Von *reziproken Kreuzungen* spricht man dann, wenn A und B jeweils einmal als Mutter (weiblich, ♀) und einmal als Vater (männlich: ♂) verwendet werden: A♀ × B♂ und B♀ × A♂. In den Kreuzungsformeln wird stets die Mutter zuerst genannt, daher schreibt man kürzer A × B und B × A. Die Kreuzungsprodukte heißen *Bastarde* oder *Hybriden*.

Die Elterngeneration wird als *P- (Parental-) Generation* bezeichnet, die aufeinanderfolgenden Bastard- oder *F-(Filial-)Generationen* als F_1, F_2 usw. (*parentes* (lat.) – die Eltern; *filius, filia* (lat.) – Sohn, Tochter).

Diploide Zellen oder Organismen, die zwei gleiche Allele besitzen, bezeichnet man als reinerbig oder **homozygot**; hingegen solche, die zwei unterschiedliche Allele besitzen, als mischerbig oder **heterozygot**.

Als **Phänotyp** bezeichnet man das äußere Erscheinungsbild eines Organismus; demgegenüber versteht man unter **Genotyp** die erbliche Konstitution des Zellkerns eines Organismus, d. h. die Gesamtheit seiner (Kern-) Gene (vgl. 2.2.6.).

10.3. Interchromosomale Rekombination bei Diplonten

10.3.1. Zur Terminologie

Bei höheren Pflanzen und Tieren besteht die Haplophase nur aus wenigen Zellgenerationen zwischen Meiose und Befruchtung. Merkmalstragend sind daher bei diesen Objekten überwiegend die diploiden Zellen. Die Gesetzmäßigkeiten der Vererbung von Merkmalsunterschieden bei Diplonten wurden erstmals von Gregor Mendel (1866) gefunden, und zwar bei Erbsen (*Pisum sativum*). Nach Correns werden sie als Mendelsche Regeln oder **Mendelsche Gesetze** bezeichnet. Allerdings stammt ihre wörtliche Formulierung nicht von Mendel selbst.

Unter **Kreuzung** oder sexueller Bastardierung (Symbol: x) versteht man die durch Verschmelzung von Geschlechtszellen vollzogene Vereinigung der Erbanlagen zweier erblich verschiedener Lebewesen (z. B. A und B) in einer Bastardzelle bzw. einem Bastardorganismus.

10.3.2. Monohybride Spaltung – Allgemeine Gesetzmäßigkeiten

Die Kreuzung von zwei homozygoten Linien, die sich in einem Gen unterscheiden – z. B. der Linien a^+a^+ und aa – führt zu diploiden heterozygoten F_1-Hybriden mit einem Allelunterschied (a^+a). Diese Heterozygoten bilden nach der Meiose zwei verschiedene Gameten (a^+ und a) in gleicher Häufigkeit, d. h. im Verhältnis $1:1$. Da sich beim Befruchtungsvorgang bei den F_1-Organismen die Gameten zufällig, d. h. mit gleichen Chancen, befruchten, treten aus ($2 \times 2 =$) 4 unterschiedlichen Kombinationen folgende F_2-Individuen auf: a^+a^+, a^+a, aa^+, aa. In der F_2 entstehen somit drei unterschiedliche Genotypen in folgendem Verhältnis:

$1\,a^+a^+ : 2\,a^+a : 1\,aa$.

(a) In bestimmten Fällen unterscheiden sich die drei Genotypen auch in ihrem Phänotyp. Dabei stehen die Heterozygoten (a^+a) intermediär zwischen den beiden homozygoten Typen. Wegen dieser Art von Erbgang und Phänotyp spricht man von **intermediärem (= semidominantem)** Erbgang. Hier findet man somit in der F_2

drei Phänotypen und ihre Aufspaltung im Verhältnis **1:2:1** (Abb. 10.5 u. Abb. 10.6).

(b) Häufiger wird jedoch gefunden, dass die Heterozygoten in ihrem Phänotyp von einer Homozygoten nicht zu unterscheiden sind.

Die eine Erbanlage (a^+) erweist sich als *dominant* über die andere, die hier *rezessiv* ist (a). Diese Art der Vererbung bezeichnet man als **dominanten Erbgang**. Hier findet man in der F_2 nur zwei Phänotypen, nämlich a^+. (= a^+a^+ oder a^+a) und aa. Diese Phänotypen spalten im Verhältnis **3:1** (Abb. 10.7).

Die Gesetzmäßigkeiten des monohybriden Erbganges sind im 1. und 2. Mendelschen Gesetz formuliert.

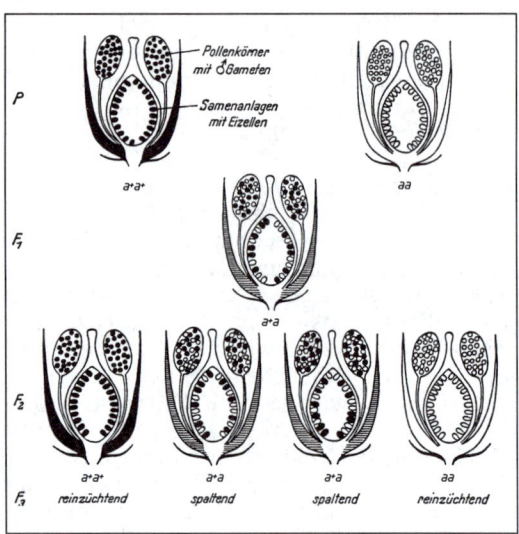

Abb. 10.6. Schema für die Verteilung der Erbanlagen für rot (allgemeines Symbol: a^+) und weiß (allgemeines Symbol: a) in Pollenkörnern, Eizellen und diploiden Pflanzen in P-, F_1- und F_2-Generation. Nach Sinnott und Dunn aus Kühn 1950.

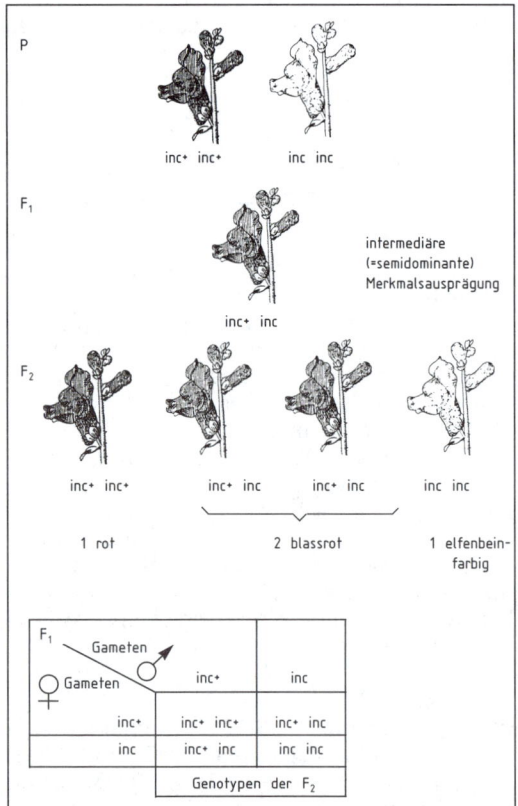

Abb. 10.5. Monohybride Aufspaltung mit intermediärer (= semidominanter) Merkmalsausprägung bei *Antirrhinum majus*: rote Blütenfarbe (incolorata$^+$) – gelblichweiße Blütenfarbe (incolorata). Nach E. Baur 1930, verändert.

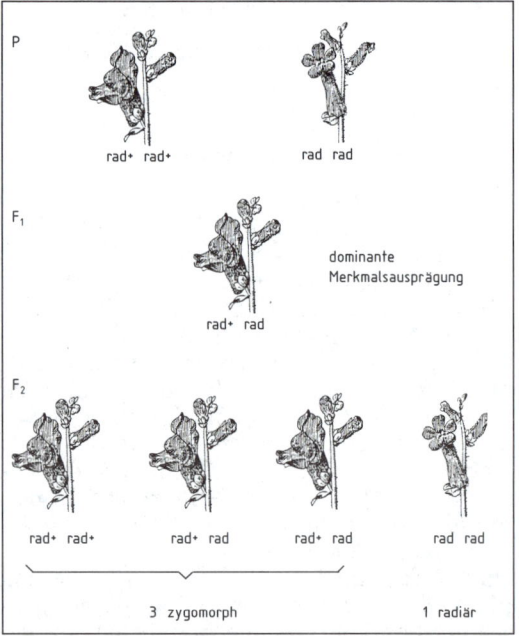

Abb. 10.7. Monohybride Aufspaltung mit dominanter Merkmalsausprägung bei *Antirrhinum majus*: zygomorphe Blüten (radialis$^+$)-radiäre Blüten (radialis). Nach E. Baur 1930, verändert. [Nach heutiger Terminologie: $rad^+ = cyc^+$; $rad = cyc^{rad}$]

1. Mendelsches Gesetz, Uniformitäts- und Reziprozitätsgesetz

Kreuzt man reinerbige Eltern, die sich in einem Merkmal unterscheiden, so sind alle Nachkommen (F_1) unter sich gleich, **uniform** (Uniformitätsgesetz). Dabei ist es gleichgültig, welcher Kreuzungspartner als Vater und welcher als Mutter dient; reziproke Kreuzungen sind **gleich** (Reziprozitätsgesetz).

2. Mendelsches Gesetz, Spaltungsgesetz

Kreuzt man die Individuen der 1. Bastardgeneration (der F_1) untereinander oder befruchten sie sich selbst, so erhält man in der 2. Bastardgeneration (der F_2) eine Aufspaltung in festen Zahlenverhältnissen; bei intermediärem Erbgang im Verhältnis 1:2:1, bei dominantem Erbgang im Verhältnis 3:1.

Sehr oft ist es erwünscht, bei dominantem Erbgang genau zu wissen, ob ein Organismus homozygot dominant oder heterozygot ist. Eine sehr weit verbreitete Methode, dies zu prüfen, ist die Methode der **Rückkreuzung**. Rückkreuzung ist die Kreuzung eines Individuums (mit dem dominanten Merkmal) mit dem Elter, der das rezessive Merkmal homozygot trägt. Die Nachkommenschaft eines heterozygoten Organismus spaltet nach Rückkreuzung im Verhältnis 1:1 (P $a^+a \times aa \rightarrow$ R1 $1a^+a : 1\ aa$); demgegenüber spaltet die R1 eines homozygot dominanten Organismus nicht auf (P $a^+a^+ \times aa \rightarrow$ R1 alle a^+a).

10.3.3. Benennung und Symbolisierung der Erbanlagen

Im Laufe der Zeit sind in der Genetik bestimmte verbindliche Regeln für die Benennung und Symbolisierung der Erbanlagen ausgearbeitet worden. Sie können bei verschiedenen Objekten etwas unterschiedlich sein; im Prinzip stimmen sie in den meisten Fällen überein. Die Hauptregeln sind folgende:

1. Bei der Mehrzahl der genetisch intensiv bearbeiteten Arten, wie z. B. *Neurospora crassa*, *Chlamydomonas reinhardtii*, *Drosophila melanogaster* oder *Lycopersicon esculentum* wurde ein sog. Standardtyp (= Wildtyp) aufgestellt, d. h. man hat festgelegt: eine bestimmte Sippe der Art ist der Standardtyp, der **Wildtyp**, der Normaltyp.
2. Jedes Gen wird nach dem vom Standardtyp **abweichenden** Merkmal benannt.
3. Die Genbezeichnungen sind lateinische, latinisierte, englische Namen oder noch andere Bezeichnungen. Das Gensymbol ist eine maximal 4 Buchstaben lange Abkürzung der Genbezeichnung.
4. Ist das vom Standardtyp abweichende Allel gegenüber dem Normalallel rezessiv, so wird das Gensymbol klein geschrieben. Ist dagegen das vom Standardtyp abweichende Allel dominant über das Normalallel, so wird das Gensymbol groß geschrieben.
5. Bei einer Serie multipler Allele wird die Allelbezeichnung als Suffix hochgestellt geschrieben. Eine Allelen-Serie hat immer dasselbe Basis-Symbol

Beispiel: Tomate, Standardtyp ist die hochwüchsige Kultursorte „Marglobe".

- Das abweichende Allel ist rezessiv. Der Standardtyp hat grüne Blätter. Die Mutante hat schwefelgelbe Blätter ($\rightarrow$ *sulfurea*). Das Mutantenallel wird benannt: *sulfurea* (Kleinschreibung, da rezessiv); Symbol: *sulf*. Normalallel: *sulf$^+$* (d.h.: dies ist das dominante Normalallel zum rezessiven Mutantenallel *sulf*).
- Das abweichende Allel ist dominant. (Als dominant gilt terminologisch jedes Mutantenallel, das sich in der Heterozygoten mit dem Normalallel manifestiert und damit zu einem Phänotyp führt, welcher vom Standardphänotyp abweicht. Bei intermediärem Erbgang gilt somit terminologisch das Mutantenallel als dominant.) Der Standardtyp ist normal behaart. Die Mutante hat fehlende Behaarung (Hairs absent). Das Mutantenallel heißt daher: Hairs absent (Großschreibung, da dominant); Symbol *H*. Normalallel: *H$^+$* (d.h.: dies ist das rezessive Normalallel zu dem dominanten Mutantenallel *H*.)
- Benennung einer Serie multipler Allele: Von einem Gen existiert – wenn es genauer untersucht ist – nicht nur ein Mutantenallel, sondern mehrere. Der Standardtyp ist normal hochwüchsig. Es wurden mehrere rezessive Mutanten gefunden, die in verschieden starkem Maße gedrungen wachsen, zwergig sind ($\rightarrow$ *dwarf*). Die Genbezeichnung ist daher *dwarf*; Symbol *d*. Die Mutantenallele heißen: *extreme dwarf d^x*, *dwarf^{crispata} d^{cr}*, *dwarf d* (= zuerst gefundene Mutante). Normalallel: *d$^+$* (d.h.: dies ist das dominante Normalallel zu der Serie rezessiver multipler Allele des Gens *d*).
  In anderen Fällen werden die verschiedenen Mutantenallele auch einfach nummeriert: Anthocyanlosigkeit ($\rightarrow$ anthocyaninless), Symbol: *a*; Mutanten *a* (= a^1), a^2, a^3, a^4 usw., Normalallel: a^+.

Eine weitere Serie multipler Allele zeigt das Umschlagsbild: die deficiens-Serie von Antirrhinum majus: def$^+$, def^{chl}, def^{mic} und def^{gli}.

In den vergangenen Jahren haben sich für unterschiedliche genetische Objekte spezifische Gen-Benennungssysteme entwickelt, die sich in Einzelheiten unterscheiden; sie sind in Woods „Genetic Nomenclature Guide" (1998) übersichtlich zusammengestellt.

10.3.4. Monohybride Erbgänge beim Menschen

Auch beim Menschen wurden im Laufe der Jahre sehr viele monohybride Erbgänge gefunden und mit Hilfe der sich über Generationen erstreckenden Familien- und Stammbaumanalyse genau beschrieben.

Dabei handelt es sich einerseits um „normale" Merkmalsunterschiede: Unterschiede in den Blut- und Serumgruppen, unterschiedliche Haarfarbe (rotes – schwarzes Haar, blondes – dunkles Haar), Haarformen (krauses oder lockiges – glattes Haar) u. v. a. Andererseits wurde eine Vielzahl von Merkmalsunterschieden erfasst, bei denen ein mutiertes Allel eine Erbkrankheit bewirkt, während das Normalallel den „Normalzustand" („Wildtyp") repräsentiert. Zwischen den „normalen" und den „krankhaften" bzw. „krankmachenden" Zuständen gibt es fließende Übergänge.
Hinsichtlich der Ausprägung der in einer He-

Tab. 10.1. Vererbung von Blutgruppen-Systemen des Menschen mit vollständig oder partiell kodominanter Ausprägung.

Blutgruppen-System MN
Das zugrunde liegende Gen L ist benannt nach K. Landsteiner
Allele: L^M (verkürzt: M) und L^N (verkürzt: N)

Vater	Mutter	mögliche Phäno- und Genotypen der Kinder		
MM × MM		MM		
NN × NN				NN
MM × NN			MN	
MN × MN		MM	MN	NN

Blutgruppen-System ABO
Das zugrunde liegende Gen I ist benannt nach Isoagglutinations-Reaktion
Allele: I^A (verkürzt: A), I^B (verkürzt: B), I^0 (verkürzt: 0)

Vater	Mutter	mögliche Phäno- und Genotypen ([ ]) der Kinder			
0 [00]	0				0 [00]
0	A	A [A0]			0
0	B		B [B0]		0
0	AB	A [A0]	B [B0]		
A [AA oder A0]	0	A [A0]			0
A	A	A [AA, A0]			0
A	B	A [A0]	B [B0]	AB	0
A	AB	A [AA, A0]	B [B0]	AB	
B [BB oder B0]	0		B [B0]		0
B	A	A [A0]	B [B0]	AB	0
B	B		B [BB, B0]		0
B	AB	A [A0]	B [BB, B0]	AB	
AB [AB]	0	A [A0]	B [B0]		
AB	A	A [AA, A0]	B [B0]	AB	
AB	B	A [AA]	B [BB, B0]	AB	
AB	AB	A [AA]	B [BB]	AB	
Differenzierung von A in A_1 und A_2					
A_1 A_1	0	A_1 0			
A_1 A_2	0	A_1 0	A_2 0		
A_2 A_2	0	A_2 0			
A_1 A_2	BB	A_1 B	A_2 B		

terozygoten vorliegenden unterschiedlichen Allele kann man 3 Klassen unterscheiden:

(1) Kodominante Ausprägung: Beide Allele werden gleichzeitig, sozusagen nebeneinander, ausgeprägt. Dies wird oft bei Blutgruppen gefunden (Tab. 10.1). Beim Blutgruppensystem (L) MN werden die beiden Allele L^M und L^N kodominant ausgeprägt. Beim (I) A-B-0-System werden die Allele I^A und I^B ebenfalls kodominant ausgeprägt; andererseits sind I^A und I^B dominant über I^0, und I^{A1} ist dominant über I^{A2}.

(2) Dominanz des Mutantenallels: Das abweichende, mutierte (krankmachende) Allel ist vollständig oder unvollständig dominant über das rezessive Normalallel. Derartige dominante mutierte Gene bewirken u. a. Spaltfuß (Verminderung der Zahl der Finger und Zehen, Abb. 10.8.), Brachydactylie (Fingerverkürzung), Polydactylie (überzählige Finger und Zehen), chondrodystrophischen Zwergwuchs und angeborene Nachtblindheit.

(3) Rezessivität des Mutantenallels: Das abweichende, mutierte (krankmachende) Allel ist rezessiv. Das (von der Norm) abweichende Merkmal tritt nur auf, wenn das rezessive Allel homozygot vorliegt. Ein typisches Beispiel für ein vollständig im Normalbereich der menschlichen Population liegendes Merkmal ist die Rothaarigkeit; sie ist rezessiv gegenüber dunklem (oder auch blondem) Haar. – Zahlreiche menschliche Erbkrankheiten werden durch rezessive mutierte Gene verursacht, wenn sie homozygot vorliegen. Beispiele sind:

- die Cystische Fibrose (= Mukoviszidose): Heterozygotenfrequenz in der deutschen Bevölkerung etwa 1:25, somit Frequenz (Inzidenz) der homozygot Rezessiven (Kranken) 1:2500 (demgegenüber ist die Erkrankungs(= Homozygoten)-Häufigkeit in Nordirland 1:1.700, in Schweden 1:7.700, in Schwarz-Afrika 1:100.000). Das *CF*-Gen liegt im Chromosom 7 (q 31,2–31,3). Diese Erbkrankheit ist die häufigste schwere, autosomal rezessiv vererbte Stoffwechselstörung in der deutschen Bevölkerung.
- die Phenylketonurie (= Fölling-Syndrom): Heterozygotenfrequenz in der deutschen Bevölkerung etwa 1:50, Frequenz (Inzidenz) der Homozygoten (Erkrankten) etwa 1:10.000; bei Asiaten tritt sie wesentlich seltener auf. Das *PKU*-Gen liegt im Chromosom 12 (q 24,1).
- der Albinismus: Heterozygotenfrequenz etwa 1:75, Frequenz der Homozygoten 1:25.000.
- die Taubstummheit (rezessive Form): schematisches Bild eines Stammbaumes (Abb. 10.9). (Nähere Angaben zu den Krankheitssymptomen: Witkowski und Herrmann 1989 (kurz), Witkowski, Prokop, Ullrich 1990 (ausführlich), McKusick 1995 (sehr ausführlich).

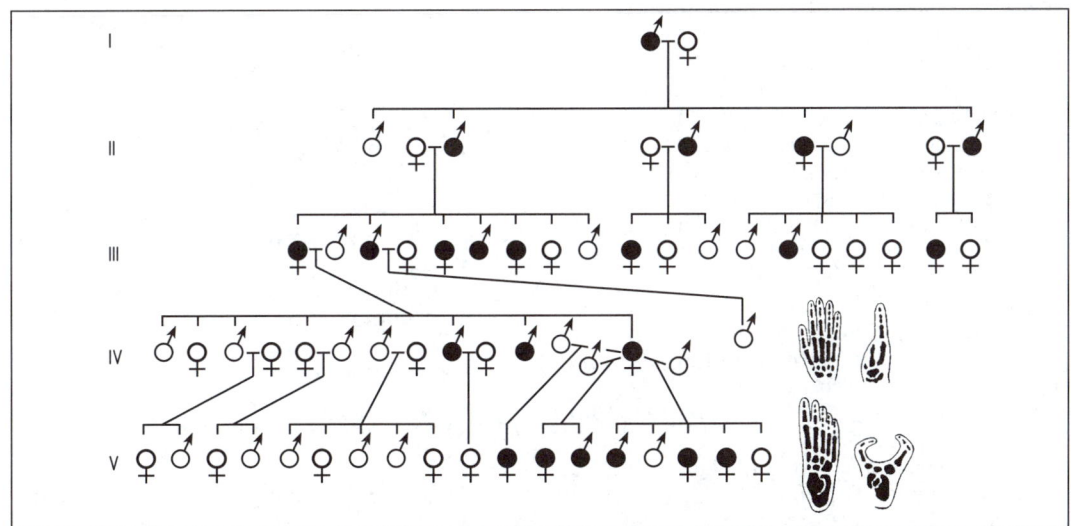

Abb. 10.8. Stammbaum einer Familie mit Aufspaltung für eine dominante Missbildung des Hand- und Fußskeletts („Spaltfuß") in 5 Generationen. *Schwarz*: Erkrankte. *Rechts unten:* Hand und Fuß normal sowie mit entsprechenden Missbildungen. Nach Ströer aus Kühn 1950.

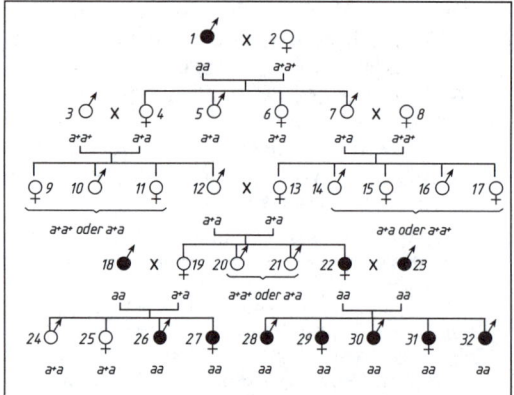

Abb. 10.9. Stammbaum einer Familie mit Aufspaltung für ein rezessives Allel für Taubstummheit (Symbol: a) *Schwarz:* Erkrankte. Symbol für das Normalallel: a^+. Erblich Normale (a^+ a^+) und auch Heterozygote (a^+ a) sind phänotypisch gesund, normal. Nach Kühn 1950, verändert.

10.3.5. Dihybride Spaltung

Beim dihybriden Erbgang, bei dem sich die Kreuzungspartner in zwei Merkmalen unterscheiden, kann es auch bei Diplonten – wie bereits bei Haplonten dargestellt – zu einer freien Rekombination der Gene kommen. Kreuzt man zwei Formen, die sich in zwei Genen unterscheiden – z. B. $a^+a^+b^+b^+ \times aabb$ oder $a^+a^+bb \times aab^+b^+$ (Abb. 10.10.) – so erhält man doppelt heterozygote F$_1$-Individuen (a^+ab^+b). Diese Individuen bilden auf Grund der *freien Rekombination*, d. h. der zufälligen Verteilung der Allelenpaare, 4 Gametensorten in gleichen Häufigkeiten: a^+b^+, a^+b, ab^+, ab. Die Kombination dieser unterschiedlichen Gameten im männlichen und weiblichen Geschlecht führt zu $4 \times 4 = 16$ F$_2$-Kombinationen mit 9 verschiedenen Genotypen. Die Aufspaltungsverhältnisse der unterschiedlichen Phänotypen in der F$_2$ hängen von den Dominanzverhältnissen zwischen den jeweilig vorliegenden Allelen ab.

Bei vollständiger Dominanz je eines Allels ergibt sich eine Aufspaltung in 9 doppelt dominante, 2 mal 3 einfach dominante Typen und 1 doppelt rezessiven Typ: $9\ a^+.b^+. : 3\ a^+.bb : 3\ aab^+. : 1\ aabb$.

Bei intermediärem Erbgang für einen oder für beide Merkmalsunterschiede lassen sich die unter den 16 Kombinationen auftretenden, etwas komplizierten Aufspaltungen durch Multiplikation der Einzelspaltungen $1 : 2 : 1$

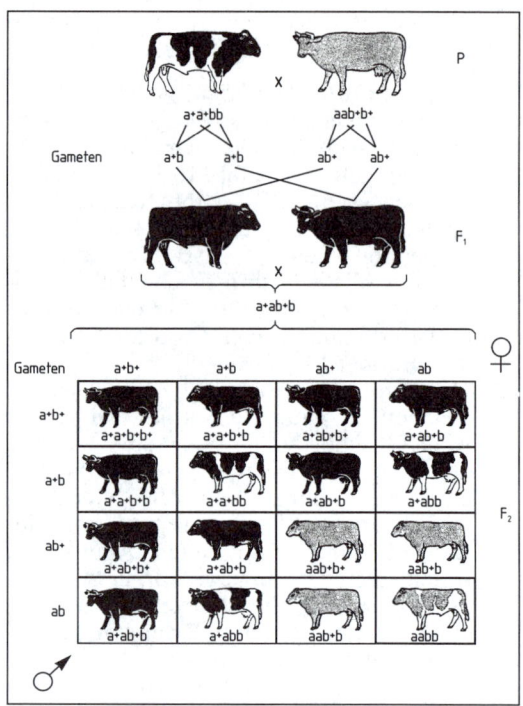

Abb. 10.10. Dihybride Aufspaltung beim Rind mit dominanter Ausprägung der Allele a^+ (schwarz) und b^+ (ganzfarbig). Kreuzung einer schwarz-weiß gescheckten und einer rot-ganzfarbigen Rinderrasse. $9:3:3:1$-Aufspaltung in F$_2$. Nach Lauprecht aus Kühn 1950, verändert.

einfach herleiten. (Man erhält dann dementsprechend die Aufspaltungen $3:6:1:2:3:1$ bzw. $1:2:2:4: 1:2:1:2:1$, letztere ist gleichzeitig das Verhältnis aller unterschiedlichen Genotypen unter den 16 Kombinationen; Abb. 10.10. und Tab. 10.2.) (Im Kap. 22 wird dargestellt, dass sich aus dem Grund-Spaltungsverhältnis von $9:3:3:1$ zahlreiche abgewandelte Spaltungsverhältnisse ergeben, wenn die beiden jeweils beteiligten Gene bei der Merkmalsausbildung in verschiedener Weise zusammenwirken: $15:1$; $9:7$; $9:3:4$; $9:6:1$ usw. → Polygenie.)

Die allgemeinen Gesetzmäßigkeiten der freien Rekombination nach dihybrider (und auch polyhybrider) Spaltung werden folgendermaßen formuliert:

3. Mendelsches Gesetz, Unabhängigkeitsgesetz, Gesetz von der Neukombination

Kreuzt man reine Rassen, die sich in mehreren Merkmalen (in mehreren Genen) unterscheiden, so werden die Allele verschiedener Gene frei kombiniert und unabhängig vonein-

Tab. 10.2. Übersicht über die bei Mendel-Spaltungen auftretenden Zahlenverhältnisse

Hybride	Allelenpaare	Gametensorten in F_1	F_2-Kombinationen	F_2-Genotypen	F_2-Phänotypen bei vollständiger Dominanz	Phänotypenaufspaltung in den F_2-Kombinationen
mono	1	2	4	3	2	$(3a^+ + 1a)$ $= (3+1)^1$
di	2	2^2	4^2	3^2	2^2	$(3a^+ + 1a)(3b^+ + 1b) = (9a^+b^+ + 3a^+b + 3ab^+ + 1ab)$ $= (3+1)^2$
tri	3	2^3	4^3	3^3	2^3	$(3+1)^3 = \underbrace{27}_{1} + \underbrace{9+9+9}_{3} + \underbrace{3+3+3}_{3} + 1$
poly	n	2^n	4^n	3^n	2^n	$(3+1)^n = \underbrace{3^n}_{1} + \underbrace{3^{n-1}+\ldots 3^{n-1}}_{\binom{n}{1}} + \underbrace{3^{n-2}+\ldots 3^{n-2}}_{\binom{n}{2}} + \ldots + \underbrace{3^1 + \ldots 3^1}_{\binom{n}{n-1}} + 1$

ander vererbt. (Dieses Gesetz ist nicht universell gültig, sondern nur für eine bestimmte Kategorie jeweils betrachteter Gene. Es erfährt seine Ergänzung durch die Gesetzmäßigkeiten der Kopplung von Genen und des Crossing-over; vgl. 10.6.6., 10.6.7.)

Mit der Erkenntnis dieser Gesetze hat Gregor Mendel 1866 die Vererbungsforschung als exakte Wissenschaft begründet. Ausgehend von dem **methodischen Prinzip**, bei der Erbanalyse den Versuchsansatz zunächst weitestmöglich zu vereinfachen und schrittweise erst einen, dann zwei und schließlich mehrere Merkmalsunterschiede in ihrem Erbgang zu verfolgen, gelangte er zur Feststellung klarer Vererbungsgesetze und – als Konsequenz daraus – **zur Erkenntnis vom partikulären Wesen der Vererbung**: Vor Mendel (z. B. auch bei Darwin) bestand die Meinung, dass unterschiedliche Erbanlagen, die in einem Bastard vereinigt vorliegen, verschmelzen, d. h. sich einander angleichen. Im Gegensatz hierzu kam Mendel zu der epochemachenden Erkenntnis, dass unterschiedliche Erbanlagen für ein Merkmal, d. h. verschiedene Allele eines Gens, in den Bastarden nicht verschmelzen, sondern als partikuläre Einheiten getrennt erhalten bleiben und daher in den folgenden Generationen wieder herausspalten.

10.3.6. Polyhybride Spaltung

Das dihybride Spaltungsverhältnis lässt sich statistisch so bestimmen, dass man die im Zusammenhang mit der Gametenbildung bei Diplonten erfolgende Allelenaufspaltung zweier monogener Erbgänge multipliziert und daraus die Zygotenkombination der F_2 ableitet $[(0,5\,a^+ + 0,5\,a) \times (0,5\,b^+ + 0,5\,b) = 0,25\,a^+b^+ + 0,25\,a^+b + 0,25\,ab^+ + 0,25\,ab]$. In ganz analoger Weise lassen sich die Aufspaltungsverhältnisse in trihybriden und – allgemein ausgedrückt – in polyhybriden Erbgängen herleiten. Tabelle 10.2. macht die dabei zutagetretenden Gesetzmäßigkeiten in einfacher Weise deutlich. Aus der Anzahl der Allelenpaare lässt sich die Anzahl der Gametensorten in F_1 (2^n), der F_2-Kombinationen (4^n), der F_2-Genotypen (3^n) und der F_2-Phänotypen bei vollständiger Dominanz jeweils eines Allels (2^n) ableiten. Die Phänotypenaufspaltung in F_2 ist folgendermaßen zu interpretieren: Die erste Gruppe ist n-fach dominant, die zweite Gruppe (n-1)-fach, die dritte Gruppe (n-2)-fach usw.; die letzte Gruppe ist in allen Genen homozygot rezessiv.

Bei polyhybriden Erbgängen kann es mit zunehmender Zahl der beteiligten Gene immer schwieriger werden, die einzelnen Phänotypenklassen voneinander zu unterscheiden und zu trennen. Insbesondere dann, wenn verschiedene Gene dasselbe Merkmal beeinflussen (z. B. die Färbung, die Größe, das Gewicht oder andere Leistungsmerkmale eines Organismus), geht mit zunehmender Anzahl beteiligter Gene das Vorliegen qualitativer Merkmalsklassen über in das Vorhandensein von nur noch quantitativen Unterschieden. Diese können dann graphisch in Form von Kurven dargestellt werden. Statistisch werden solche Unterschiede nach den Regeln und Verfahren der „quantitativen Genetik" und „Populationsgenetik" bearbeitet.

10.4. Zusammenhang zwischen Genverteilung und Chromosomenverteilung – „Chromosomentheorie"

Aus der Erkenntnis der cytologischen Prozesse bei Mitose, Meiose und Befruchtung wurde bereits seit 1885 (besonders von Weismann, Hertwig und Strasburger) **die Hypothese von der besonderen Rolle von Zellkern und Chromosomen bei der Vererbung** abgeleitet, vor allem auf Grund folgender Befunde: Bei höheren Organismen stammt der größte Teil des Protoplasmas der Zygote von der Mutter; dagegen werden bei der Befruchtung nur die Chromosomen von den weiblichen und männlichen Gameten in (gewöhnlich) gleicher Anzahl zum Zygotenkern beigesteuert. Da im allgemeinen Mutter und Vater in etwa gleichem Maße Beiträge zur genetischen Konstitution der Nachkommen liefern, spricht dies für die besondere Rolle des Zellkerns und seiner Chromosomen. Außerdem existiert nur für die Chromosomen in den Zellen ein besonderer Teilungsapparat, der die exakte und gleiche Verteilung der Chromatiden bzw. Chromosomen (bei Mitose und Meiose) auf die Zellpole gewährleistet. Dies deutet auf die besondere Bedeutung der Chromosomen hin.

Schon bald nach der Wiederentdeckung der Mendelschen Gesetze (1902/03) wurde von dem Amerikaner Walter Sutton und den Deutschen Theodor Boveri und Carl Correns die vollkommene Parallele betont, die zwischen der Gen- bzw. Allelenverteilung in den Mendelschen Kreuzungsversuchen und der Chromosomen- und Chromatidenverteilung bei Mitose, Meiose und Befruchtung besteht: Dem Reinbleiben der Allele (dem Nicht-Einander-Angleichen verschiedener Allele) entspricht die Selbständigkeit, die Kontinuität der Chromosomen. Dem doppelten Vorhandensein jedes Gens (d. h. eines Allelenpaares) entspricht der diploide, doppelte Chromosomensatz. Der Herabsetzung der Paarigkeit der Allele bei Diplonten auf die Einzahl vor der Befruchtung entspricht die Reduktion der Chromosomenzahl von der Diplophase auf die Haplophase während der Meiose. Der freien und unabhängigen Kombination und Vererbung der Allele verschiedener Gene entspricht die zufällige Zusammensetzung des haploiden Chromosomensatzes der Gonen aus väterlichen und mütterlichen Chromosomen (Meiose-Effekt II). Dies führte zur Formulierung der „Chromosomentheorie" der Mendel-Vererbung.

Die „**Chromosomentheorie**" besagt, dass die in den Mendel-Spaltungen erfassten Gene in den Chromosomen des Zellkerns liegen. Beim monohybriden Erbgang liegt jeweils das eine Allel in dem einen Chromosom und das andere Allel an gleicher Stelle in dem homologen Chromosom. Die Chromosomenverteilung in Mitose, Meiose und Befruchtung führt notwendigerweise zu der Verteilung der Erbanlagen, wie sie in dem 1. und 2. Mendelschen Gesetz formuliert ist.

Beim dihybriden Erbgang mit freier Rekombination der Gene liegt ein Allelenpaar in einem Paar homologer Chromosomen; hingegen liegt das zweite Allelenpaar in einem anderen Chromosomenpaar. Aus dieser Lage der beiden betrachteten Gene in einander nichthomologen Chromosomen ergibt sich die im 3. Mendelschen Gesetz dargestellte Neukombination.

Die in den drei Mendelschen Gesetzen formulierte Allel- und Genverteilung kommt somit durch Rekombination verschiedener Chromosomen bei Meiose und Befruchtung zustande; daher bezeichnet man diese Art von Rekombination als **interchromosomale Rekombination** (d. h. als Neukombination als Folge der Verteilung verschiedener Chromosomen).

10.5. Geschlechtschromosomengebundene Vererbung; Beweis für die Chromosomentheorie

Die Parallelität zwischen Gen- und Chromosomenverteilung bei Mitose, Meiose und Befruchtung war der entscheidende Hinweis auf die Chromosomentheorie, aber noch kein endgültiger Beweis. Es mußte erst noch gezeigt werden, dass abweichendes Chromosomenverhalten sich mit abweichenden genetischen Spaltungsergebnissen deckt bzw. dass abweichende Spaltungsergebnisse durch das abweichende Verhalten der Chromosomen zu erklären sind.

10.5.1. Geschlechtsbestimmung nach dem XY-Typ

Am längsten bekannt sind die Beziehungen, die zwischen dem Vorhandensein bestimmter Chromosomen und dem Geschlecht getrenntgeschlechtlicher Organismen bestehen. Der häufigste Typ der genotypischen Geschlechtsbestimmung ist der XY-Typ, der z. B. beim Menschen, aber auch bei der Fruchtfliege *Drosophila melanogaster* und der weißen Lichtnelke *Silene alba* vorliegt. Bei ihm ist im weiblichen Geschlecht ein bestimmtes Paar gleicher Chromosomen (XX) vorhanden, während im männlichen Geschlecht ein Chromosomenpaar aus zwei unterschiedlichen Partnern besteht (X und Y), wobei der eine Partner (X) den im Weibchen paarig vorhandenen X-Chromosomen homolog ist. Die Chromosomen des ungleichen Chromosomenpaares nennt man *Geschlechtschromosomen* oder *Heterosomen* und stellt sie den anderen, in beiden Geschlechtern paarweise gleichen Chromosomen, den *Autosomen*, gegenüber.

Das weibliche Geschlecht bildet in Bezug auf die Geschlechtschromosomen nur eine Sorte von Gameten; alle enthalten neben einem Satz von Autosomen ein X-Chromosom. Es ist *homogametisch*. Das männliche Geschlecht bildet zwei Sorten von Gameten; 50% von ihnen enthalten ein X-Chromosom und sind weiblich bestimmend, 50% haben ein Y-Chromosom und sind männlich bestimmend. Das männliche Geschlecht ist daher *heterogametisch* (Abb. 10.11.). Vom mendelistischen Standpunkt aus betrachtet, gleicht das Geschlechtsbestimmungssystem des XY-Typus formal vollständig einer Rückkreuzung bei monohybridem Erbgang:

$$♀XX × ♂XY → 1\,XX\,(♀) : 1\,XY\,(♂)$$
$$aa\ \ ×aa^+\ → 1\,aa\ \ \ : 1\,aa^+$$

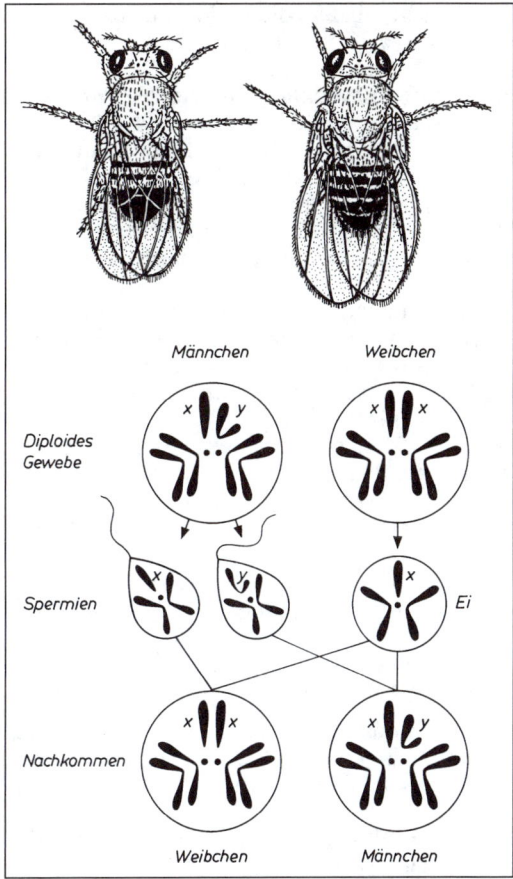

Abb. 10.11. Diagramm der Geschlechtsbestimmung bei *Drosophila melanogaster* nach dem XX–XY-Mechanismus. Aus Hagemann et al. 1978.

10.5.2. X-Chromosomen-gebundener Erbgang bei *Drosophila*

Bei *Drosophila melanogaster* fand Morgan 1910 ein weißäugiges Männchen, eine Mutante; denn der Wildtyp hat rote Augen. Nach entsprechenden Kreuzungen traten auch weißäugige Weibchen auf.

Die Kreuzungsanalyse dieses Merkmalsunterschiedes rote Augen – weiße Augen erbrachte einen von der normalen Mendel-Spaltung abweichenden Erbgang (vgl. Abb. 10.12.):

Die Kreuzung rotäugig × weißäugig ergibt eine uniform rotäugige F_1 (♀ und ♂): die F_2 besteht aus 50% rotäugigen ♀, 25% rotäugigen ♂ und 25% weißäugigen ♂ (also keine weißäugigen

♀). Hingegen liefert die reziproke Kreuzung ♀ weißäugig × ♂ rotäugig eine zweitypige F_1: rotäugige ♀ und weißäugige ♂. Die F_2 spaltet zu je 25% in rotäugige ♀ und weißäugige ♀ und rotäugige ♂ und weißäugige ♂.

Die in F_1 und F_2 beobachteten Spaltungen weichen von den Erwartungen einer Mendel-Spaltung klar ab: Die Kreuzung rotäugig × weißäugig führt zwar zu einer uniform rotäugigen F_1, und die F_2 spaltet im Verhältnis 3 rotäugig : 1 weißäugig, aber die weißäugigen Tiere sind ausschließlich Männchen, während man bei normaler Mendel-Spaltung unter den rotäugigen und weißäugigen Tieren jeweils 50% Männchen und 50% Weibchen erwarten würde.

Bei der Kreuzung weißäugig × rotäugig ist bereits die F_1 nicht uniform, sondern zeigt „*Überkreuz-Vererbung*": Die F_1-Weibchen sind rotäugig und die F_1-Männchen sind weißäugig. Die F_2 spaltet im Verhältnis 50% rotäugig : 50% weißäugig (abweichend von der Erwartung einer 3 : 1-Mendel-Spaltung).

Daraus ergeben sich zunächst folgende Schlussfolgerungen:

- Die Erbanlage für rotäugig (w^+) ist – nach dem Ergebnis der Kreuzung rotäugig × weißäugig – dominant über weißäugig (w).
- Die Vererbung des Merkmalsunterschiedes rotäugig – weißäugig hängt offensichtlich in einer spezifischen Weise mit der Geschlechtsbestimmung zusammen; denn die Abweichungen von den Mendelschen Gesetzen in F_1 und F_2 sind irgendwie mit der Geschlechtsverteilung verknüpft.

Um diesen Erbgang zu erklären, formulierte Morgan folgende **Hypothese**: Das Gen, dessen zwei Allele w^+ und w Rot- bzw. Weißäugigkeit von *Drosophila* bewirken, liegt nur in einem Chromosom des Heterosomenpaares, und zwar im X-Chromosom; das Y-Chromosom trägt dieses Gen nicht: *Hypothese der X-Chromosomen-gebundenen Vererbung* (oder der Geschlechtschromosomen-gebundenen – oft auch: geschlechtsgebundenen – Vererbung) des Gens w. Auf Grund dieser Hypothese ergibt sich der in Abbildung 10.12. dargestellte Erbgang. Er entspricht genau den in den Kreuzungsversuchen gefundenen Aufspaltungen. Mit dieser Übereinstimmung war die Richtigkeit der Morganschen Hypothese sehr wahrscheinlich gemacht.

Der vollständige **Beweis** für die Richtigkeit der Morganschen Hypothese wurde erbracht, als es gelang, abweichende Spaltungsverhältnisse auf abweichendes Chromosomenverhalten zurückzuführen. Experimenteller Ansatzpunkt dafür war das Auftreten von Ausnahmetieren beim Geschlechtschromosomen-gebundenen Erbgang.

In der Nachkommenschaft der Kreuzung weißäugiges ♀ × rotäugiges ♂ treten selten, aber doch regelmäßig Ausnahmetiere auf, ungefähr 1 Ausnahmefliege unter 2.000–3.000 Tieren.

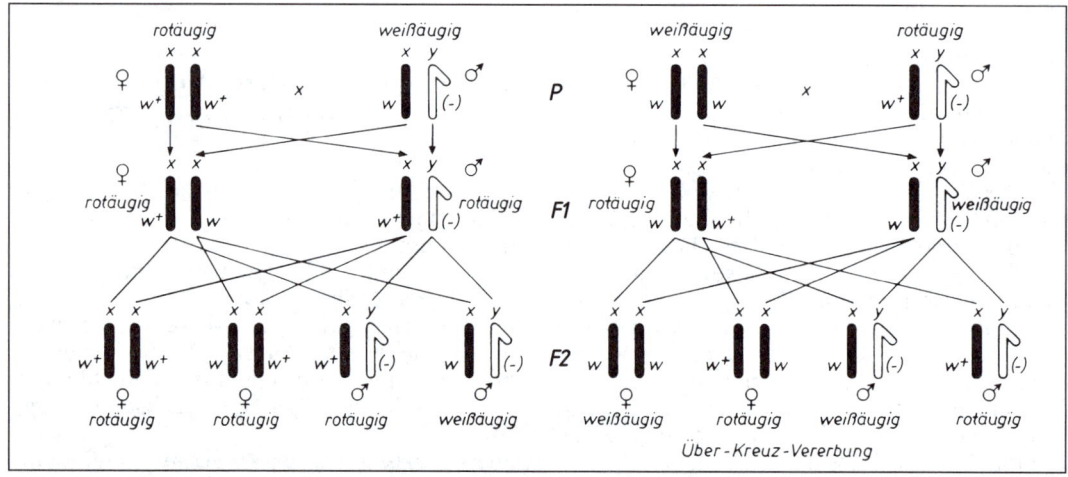

Abb. 10.12. Geschlechtschromosomen(X)-gebundener Erbgang des Merkmalsunterschiedes rotäugig-weißäugig bei *Drosophila melanogaster*. Das dominante Allel w^+ bewirkt Rotäugigkeit, das rezessive Allel w Weißäugigkeit. Im Y-Chromosom ist das Gen w nicht vorhanden. Aus Hagemann et al. 1978.

P: ♀ weißäugig × ♂ rotäugig
normale F_1-Tiere: ♀ rotäugig, ♂ weißäugig
F_1-Ausnahmetiere: ♀ weißäugig, ♂ rotäugig

Bridges (1916) ging bei der Erklärung für das Auftreten der Ausnahmetiere von folgenden Überlegungen aus:
Die weißäugigen ♀ haben 2 X-Chromosomen; diese müssen beide von der weißäugigen Mutter stammen (denn ein vom Vater stammendes X-Chromosom würde Rotäugigkeit bewirken). Die rotäugigen ♂ haben 1 X-Chromosom; dieses muß vom rotäugigen Vater stammen (denn ein von der Mutter stammendes X-Chromosom würde Weißäugigkeit bewirken). Normalerweise ist beides nicht der Fall. Zu diesem abweichenden Verhalten kann es durch *Nichttrennen (Non-disjunction)* kommen: in der Meiose der weißäugigen Mutter treten seltene Unregelmäßigkeiten auf, die in Anaphase I zu einem Nichttrennen der beiden X-Chromosomen führen. Ein derartiges, in einem ♀ ausnahmsweise erfolgendes Nichttrennen der X-Chromosomen (bei normaler Trennung der Autosomen) muss zur Entstehung von zwei Sorten von Eizellen führen: Eizellen mit zwei X-Chromosomen und Eizellen ohne X-Chromosom. Die Befruchtung eines derartigen (weißäugigen) Weibchens durch ein rotäugiges Männchen ergibt die in Abbildung 10.13. dargestellte Nachkommenschaft.

Hier wurden Voraussagen gemacht, die sich cytologisch nachprüfen ließen. Die mikroskopische Untersuchung solcher weißäugiger Ausnahmeweibchen und solcher rotäugiger Ausnahmemännchen bestätigte die Annahme von Bridges: Die weißäugigen Weibchen hatten 2 X- + 1 Y-Chromosom (somit 1 Chromosom mehr als normale Tiere), die rotäugigen Männchen hatten 1 X- und kein Y-Chromosom (somit 1 Chromosom weniger als normale Tiere).

Damit war dreierlei bewiesen:
1. Es war nachgewiesen, dass weißäugige Ausnahmeweibchen und rotäugige Ausnahmemännchen durch Nichttrennen (Non-disjunction) der X-Chromosomen in der Meiose der Weibchen entstehen.
2. Es war damit zugleich die ursprüngliche Morgansche These bewiesen, dass das Gen *w* im X-Chromosom liegt; das Y-Chromosom trägt dieses Gen nicht. (Das Gen *w* liegt hemizygot vor.) Das Gen *w* zeigt Geschlechtschromosomen-gebundene oder X-Chromosomen-gebundene Vererbung.
3. Diese Ergebnisse von Morgan und Bridges hatten aber historisch noch größere Bedeutung: Durch sie wurde erstmals für ein Lebewesen (*Drosophila*) bewiesen, dass ein bestimmtes Gen (das Gen *w*) in einem bestimmten Chromosom (dem X-Chromosom) verankert ist. (Bridges: „Nondisjunction as proof of the chromosome theory of heredity", 1916).

10.5.3. X-Chromosomen-gebundene Erbgänge beim Menschen

Bereits im 19. Jahrhundert wurden Erbgänge beim Menschen beschrieben, die in charakteristischer Weise mit dem Geschlecht der Probanden zusammenhängen: dies waren insbesondere die Bluterkrankheit (= Hämophilie) und Störungen des Rot-Grün-Sehens (Rot-Grün-Schwäche). Mit dem Nachweis und der Aufklärung der X-Chromosomen-gebundenen Vererbung bei *Drosophila* bahnte sich bald auch die Erklärung dieser Erbgänge als X-Chromosomen-gebunden an.
Sehr bekannt geworden ist der Stammbaum der Nachkommenschaft von Königin Victoria von Großbritannien, die heterozygot für ein mutiertes Allel für Hämophilie A (*Bluterkrankheit*) war und dieses Allel über zwei Töchter und einen Sohn an Enkel und Urenkel weitergegeben hat (Abb. 10.14.). Dieser und andere Stammbäume zeigen das Wesentliche dieses Erbganges.

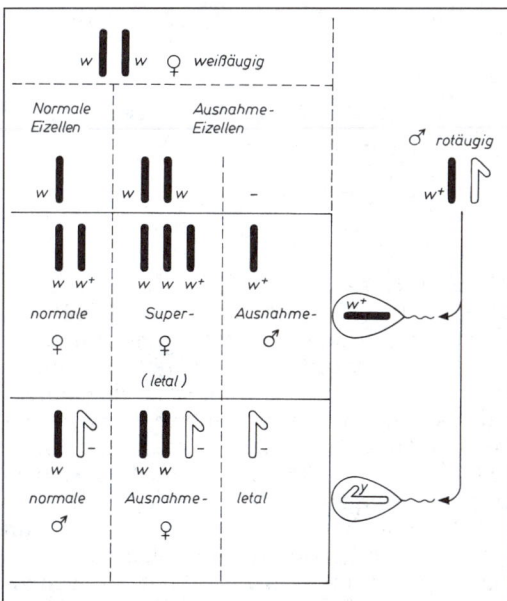

Abb. 10.13. Entstehung von Ausnahmetieren durch Nichttrennen (Nondisjunction) der X-Chromosomen beim Erbgang des Merkmalsunterschiedes rotäugig-weißäugig bei *Drosophila melanogaster.* Aus Hagemann et al. 1978.

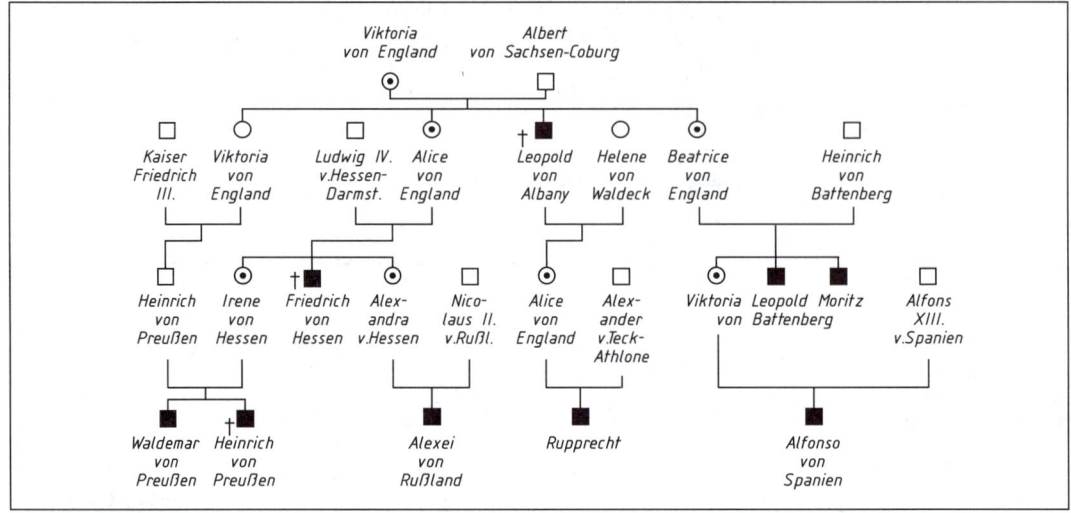

Abb. 10.14. Bluterkrankheit in europäischen Herrscherhäusern im 19. und 20. Jahrhundert. Nach Vogel 1961, verändert.

Merkmalsträger (der Krankheit) sind fast immer nur Männer. Die Übertragung des mutierten Allels erfolgt über phänotypisch gesunde Töchter (die aber genotypisch heterozygot sind: Konduktorin). Unter den Söhnen der Konduktorinnen findet sich etwa ein 1:1-Verhältnis zwischen Gesunden und Merkmalsträgern.

Alle Söhne von kranken Vätern sind gesund; hingegen sind ihre Töchter Konduktorinnen.

Neben der Hämophilie A gibt es die Hämophilie B mit dem gleichen Erbgang.

Ganz selten sind – nach Verwandtenehen (z. B. Cousin-Cousine) – homozygote weibliche Bluter aufgetreten.

Den prinzipiell gleichen Erbgang zeigen *Störungen des Rot-Grün-Sehens* („Rot-Grün-Schwäche"), von denen es mehrere unterschiedliche Subtypen gibt.

Später wurde dieser Erbgang auch für diejenigen schweren Erbkrankheiten gefunden, deren verursachende Gene im X-Chromosom des Menschen liegen.

10.5.4. Reverser Erbgang

Bei mehreren Tiergruppen, so bei Vögeln und bei Schmetterlingen, ist das chromosomale Geschlechtsbestimmungs-System im Vergleich zum XX-XY-Typ revers: die Männchen sind homogametisch, und die Weibchen sind heterogametisch. Dieses Bestimmungssystem wird nach einer Schmetterlingsgattung als *Abraxas*-Typ bezeichnet. Zur Unterscheidung vom XX-XY-Typ bezeichnet man die Geschlechtschromosomen in diesen Fällen als: ♂ ZZ, ♀ ZW.

Bei Hühnern wurde für einen Unterschied in der Gefiederfärbung (gestreift – einheitlich dunkel) ein Geschlechtschromosomen-gebundener Erbgang mit entsprechend reverser Geschlechterverteilung (verglichen mit *Drosophila*) gefunden.

10.6. Intrachromosomale Rekombination bei Haplonten

Schon kurz nach der Wiederentdeckung der Mendelschen Gesetze hat Boveri (1903) aus allgemeinen genetischen Erwägungen und cytologischen Arbeiten die Hypothese aufgestellt, dass in jedem Chromosom eines Organismus sehr viele verschiedene Gene liegen müssen. Diese Hypothese wurde in der Folgezeit – zuerst von der *Drosophila*-Forschungsgruppe Morgan-Sturtevant-Bridges (1911–1913) – klar bewiesen. Bereits vor bzw. um die Jahrhundertwende formulierten Weismann (1883) und Boveri (1903) aus genetischen Erwägungen sowie Rückert (1892) und Janssens (1909) auf Grund cytologischer Untersuchungen die Vorstellung, dass es im Verlaufe der **Meiose zu Austauschvorgängen** zwischen **gepaarten homologen Chromosomen** kommt, in deren Verlauf unterschiedliche Allele zwischen homologen Chromosomen bzw. Chromatiden ausgetauscht werden. Derartige intrachromosomale Rekombinationsvorgänge durch **Crossing-over** erfolgen regelmäßig während der Meiose bei (fast) allen Organismen, bei Haplonten und Diplonten.

Besonders gut analysierbar sind diese Vorgänge bei solchen Haplonten, wie z. B. *Neurospora crassa*, bei denen alle Produkte der Meiose (Ascosporen) in geordneter Lage (im Ascus) erhalten bleiben und so auswertbar sind. Die Untersuchungen derartiger vollständiger Gruppen von Meioseprodukten werden als *Tetradenanalyse* bezeichnet, weil die Meiose in einer diploiden Zelle zu 4 Gonen führt (Tetrade), ihre Anzahl wird bei *Neurospora crassa* durch eine anschließende Mitose verdoppelt (demgegenüber liegen z. B. bei *Neurospora tetrasperma*, *Chlamydomonas* und Moosen sowie bei wenigen geeigneten Blütenpflanzen zusammenhaftende Gonentetraden vor). – Im folgenden werden zunächst die Crossing-over-Vorgänge bei *Neurospora crassa* dargestellt.

10.6.1. Tetradenanalyse bei monohybrider Spaltung

Im Vierstrangstadium der Meiose kommt es zu reziproken Austauschvorgängen jeweils zwischen zwei Nichtschwesterchromatiden; dadurch werden Chromatidenstücke mit den darin liegenden Genen ausgetauscht und kommen in Verbindung mit dem anderen Centromer (Abb. 10.15.).

Im Verlauf der Anaphase I der Meiose werden die gepaarten, aber ungeteilten Centromere voneinander getrennt und zu den beiden Zellpolen transportiert. Erst in Anaphase II werden die Centromere geteilt und Chromatiden zu den Zellpolen transportiert.

(a) Ereignet sich in einem Bivalent kein Crossing-over zwischen Centromer und dem untersuchten Gen, so gelangen in der 1. meiotischen Teilung die beiden Chromatiden mit den mütterlichen Allelen zu dem einen und die mit den väterlichen Chromosomen zum anderen Pol. Die Allele bleiben mit ihrem ursprünglichen Centromer gekoppelt und

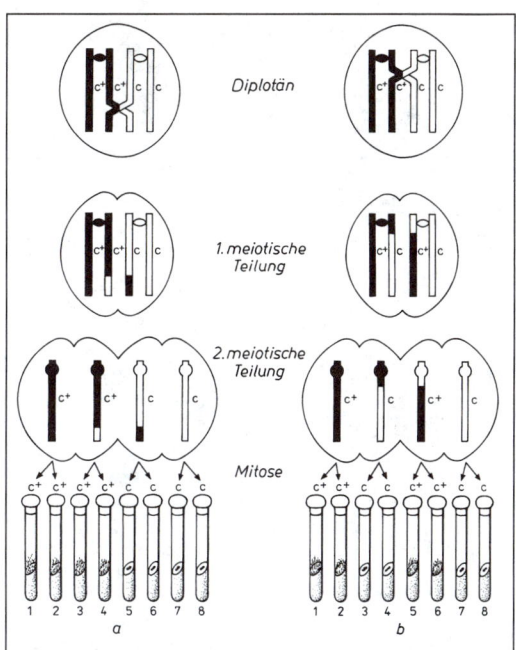

Abb. 10.15. Präreduktive (links) oder postreduktive Allelenspaltung (rechts) für c⁺ und c in Abhängigkeit von der Lage eines Crossing-overs im betreffenden Bivalent (c steht für col). Aus Hagemann et al. 1978.

werden (wie das Centromer) **präreduziert** (Abb. 10.15., linke Seite). Bei *Neurospora crassa* kann diese Allelverteilung direkt an der Lage der zwei Typen genetisch unterschiedlicher Ascosporen (z. B. *col⁺* bzw. *col*) festgestellt werden; man beobachtet eine 4:4-Verteilung (Phänotypen von *col⁺* und *col*; vgl. Abb. 10.3.).

(b) Kommt es während der Meiose zu einem Crossing-over zwischen Centromer und dem untersuchten Gen, so werden zwar im Verlaufe der 1. meiotischen Teilung die beiden Centromere normal verteilt (präreduziert), aber beide zu den Polen gezogenen Chromosomen sind heteroallel (sie enthalten je ein vom Vater und ein von der Mutter stammendes Allel). Erst im Verlaufe der 2. meiotischen Teilung werden die verschiedenen Allele voneinander getrennt und zu verschiedenen Polen transportiert. Hier werden die unterschiedlichen Allele **postreduziert** (Abb. 10.15., rechte Seite). Dies zeigt sich in den Asci an einer 2:2:2:2-Verteilung der Sporen mit verschiedenen Allelen.

(c) Beide Allelverteilungen (bei Präreduktion und bei Postreduktion) sind besonders einfach zu demonstrieren, wenn man Allelunter-

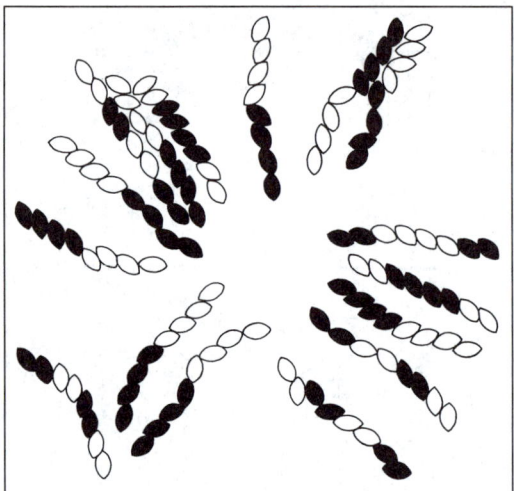

Abb. 10.16. Asci aus der Kreuzung lys⁺ – lys bei *Neurospora crassa*. In den reifen Asci sind die lys⁺-Ascosporen dunkel, die lys-Ascosporen hingegen hell. Man findet sowohl 4:4- als auch 2:2:2:2-Spaltung.

schiede studiert, die als Farbunterschiede direkt an den Ascosporen zu erkennen sind. So führt z. B. der Allelunterschied Lysin-Bildung (*lys⁺*) – Lysin-Mangel (*lys*) zur Ausbildung dunkler (*lys⁺*) bzw. heller Ascosporen (*lys*). Da Stellen, an denen Crossing-over erfolgt, mehr oder weniger zufällig über das gesamte Bivalent verteilt sein können, kann man bei Auswertung einer größeren Anzahl von Asci (Abb. 10.16.) sowohl Asci mit einer Präreduktion für *lys⁺-lys* beobachten (4 dunkle – 4 helle Sorten) als auch Asci mit einer Postreduktion (2:2:2:2-Verteilung von dunklen und hellen Sporen).
(d) Aus der Häufigkeit von Asci mit Prä- und Postreduktion lassen sich Aussagen über die Lage eines Gens im Verhältnis zum Centromer ableiten. – Liegt ein Gen ganz dicht am Centromer, so wird es sehr selten zu einem Crossing-over zwischen Centromer und dem betreffenden Gen-Ort kommen: Man findet überwiegend Asci mit Präreduktion. – Liegt hingegen ein Gen auf dem Chromosom sehr weit vom Centromer entfernt, so kommt es zwischen Centromer und Gen sehr häufig zu Crossing-over; folglich findet man sehr viele Asci mit Postreduktion und nur sehr wenige mit Präreduktion. – Bei einer Tetradenanalyse geordneter Ascosporen (wie bei *Neurospora*) kann man daher bereits bei einer monohybriden Spaltung den genetischen Abstand zwischen Centromer und Gen bestimmen (vgl.10.6.5.).

10.6.2. Ineinandergreifen von inter- und intrachromosomaler Rekombination bei freier dihybrider Spaltung

Die Tetradenanalyse bei einer dihybriden Spaltung von Genen, die in verschiedenen Chromosomen liegen (dargestellt unter 10.2.2.), führt zur Auffindung von drei unterschiedlichen Tetradentypen, die durch das Ineinandergreifen von inter- und intrachromosomaler Rekombination entstehen.
Werden bei *Neurospora crassa* zwei Mutantenstämme (*col⁺ lys* und *col lys⁺*) (vgl. 10.2.2. u. 10.6.1.) miteinander gekreuzt, deren (mu-

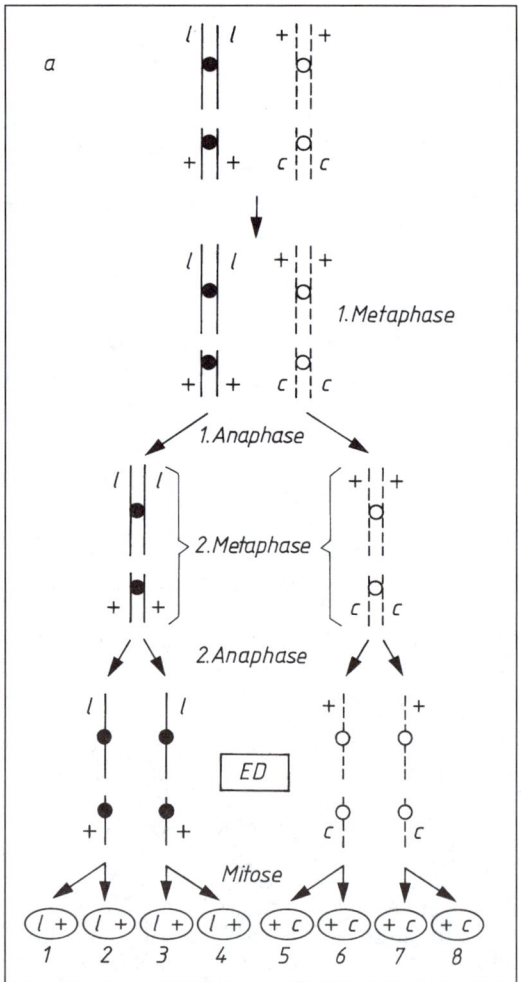

Abb. 10.17. a

tierte) Gene in verschiedenen, nichthomologen Chromosomen liegen, so findet man in der Nachkommenschaft drei verschiedene Tetradentypen (Abb. 10.17.):

(1) *elterlich ditype Tetraden (ED)*: sie enthalten nur zwei Typen von Sporen, und zwar die mit den elterlichen Genkombinationen, 4 *lys col⁺* und 4 *lys⁺col* (Abb. 10.17. a);

(2) *nichtelterlich ditype Tetraden (NED)*: sie enthalten nur zwei Typen von Sporen, und zwar die mit den rekombinanten, also nichtelterlichen Genkombinationen, 4 *lys col* und 4 *lys⁺ col⁺* (Abb. 10.17. b);

(3) *tetratype Tetraden (TT)*: sie enthalten alle vier möglichen Sporentypen in gleicher Häufigkeit, davon 50% Elterntypen und 50% Rekombinanten, also 2 *lys col⁺*, 2 *lys⁺ col⁺*, 2 *lys col*, 2 *lys⁺ col* (Abb. 10.17. c).

Die Abbildung 10.17. zeigt, dass die ED- und NED-Tetraden auf *interchromosomale Rekombination* ohne Crossing-over zwischen den Genen und ihrem jeweiligen Centromer zurückzuführen sind; je nach der zufälligen Verteilung der nichthomologen Chromosomen in der Anaphase I entstehen ED- und NED-Tetraden in gleicher Häufigkeit. Wenn

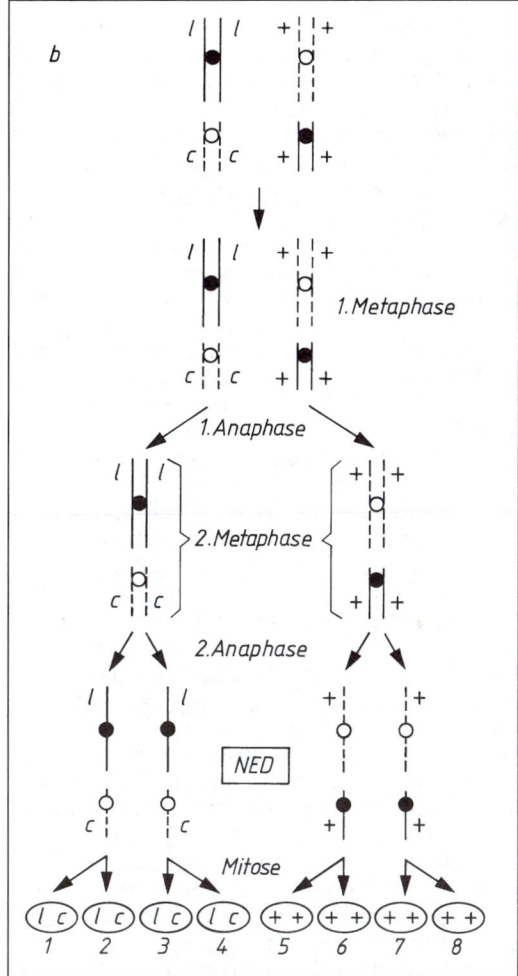

Abb. 10.17. b

Abb. 10.17. c

Abb. 10.17. Dihybride Spaltung bei *Neurospora crassa*. In den drei dargestellten Teilungsfolgen entstehen elterlich ditype Tetraden (ED), nichtelterlich ditype Tetraden (NED) und tetratype Tetraden (TT) als Folge unterschiedlicher Chromosomenverteilung und Crossing-over in einem Bivalent. *l* steht für *lys*, *c* für *col*. Nach Hagemann et al. 1978.

zusätzlich zu dieser interchromosomalen Rekombination auch noch in einem oder in beiden Bivalenten *Crossing-over* (also *intrachromosomale Rekombination*) erfolgt, dann kommt es durch das Ineinandergreifen beider Arten von Rekombination zum Auftreten von tetratypen (TT) Tetraden. Dadurch sind dann in einer Tetrade elterliche und nichtelterliche Sporentypen in gleicher Häufigkeit vorhanden.

(Die in Abbildung 10.4. gezeigten Sporentypen stammen aus zwei Asci; diese können entweder ein ED- und ein NED-Ascus gewesen sein oder zwei TT-Asci. Das Ergebnis ist das gleiche.)

10.6.3. Tetradenanalyse bei dihybrider gekoppelter Vererbung

Gene, die im selben Chromosom liegen, nennt man **gekoppelte Gene**. Alle in einem Chromosom liegenden Gene bilden eine **Kopplungsgruppe.**

Wenn zwei Gene im gleichen Chromosom liegen, können ihre genetisch unterschiedlichen Allele durch Crossing-over in der meiotischen Prophase getrennt und neu kombiniert werden. Bei *Neurospora crassa* kann durch eine genaue Analyse der Ascosporenverteilung nachgewiesen werden, dass Crossing-over im Vierstrangstadium der meiotischen Prophase erfolgt; es besteht im Austausch zwischen Nichtschwesterchromatiden und ist (in der überwiegenden Anzahl der Fälle) reziprok.

Einfach-Crossing-over

Werden die einzelnen geordneten Ascosporen vieler Asci einer bestimmten dihybriden Kreuzung mit Kopplung ($a^+b^+ \times ab$) genau bestimmt, so enthalten z. B. 90% der Asci nur Ascosporen mit der jeweiligen Genkombination (a^+b^+ und ab); in ihren Ascusanlagen fand somit kein Crossing-over zwischen den beiden Genen statt. Die übrigen 10% der Asci enthalten jedoch jeweils 4 Ascosporen vom Elterntyp (2 a^+b und 2 ab) und 4 Ascosporen mit neu kombiniertem Genotyp (2 a^+b und 2 ab^+); hier muß Crossing-over zwischen zwei Nichtschwesterchromatiden stattgefunden haben, so wie in Abbildung 10.18. oben dargestellt. – Niemals findet man als Folge eines Crossing-over 8 Sporen vom Rekombi-

nantentyp, wie zu erwarten wäre, wenn das Crossing-over im Zweistrangstadium erfolgte (also nicht zwischen Chromatiden, sondern zwischen Chromosomen). Mit diesem immer wieder bestätigten Befund wird bewiesen, dass Crossing-over nur im Vierstrangstadium stattfindet.

Aus der Tetradenanalyse geht weiter hervor, dass normales Crossing-over reziprok verläuft: Aus der Kreuzung $a^+b^+ \times ab$ (Abb. 10.18.) entstehen neben den Elterntypen die beiden reziproken Rekombinanten (a^+b und ab^+) in gleicher Häufigkeit.

Zweifach- und Mehrfach-Crossing-over

Während der meiotischen Prophase finden in einem Chromosomenpaar, einem Bivalent, mindestens ein, meistens mehrere Crossing-over-Ereignisse statt. Erfolgen in einem Bivalent zwischen zwei Genen zwei Crossing-over („Doppelaustausch"), so können dieselben oder verschiedene Chromatiden daran beteiligt sein (Abb. 10.18.). Danach unterscheidet man zwischen 2-Strang-Doppelaustausch, 3-Strang-Doppelaustausch und 4-Strang-Doppelaustausch. (Für *Neurospora crassa* fasst man bei derartigen Betrachtungen das genetisch gleiche, durch die auf die Meiose folgende Mitose entstandene Ascosporenpaar zusammen und spricht von einer Tetrade, obwohl 8 Ascosporen vorliegen.)

Beim **2-Strang-Doppelaustausch** hebt der zweite Austausch die Wirkung des ersten wieder auf; in Bezug auf die beiden Markierungsgene a und b (die links und rechts außerhalb der Region des Doppelaustausches liegen) entstehen keine Rekombinanten (Abb. 10.18., 2. Spalte von oben). Ein entsprechender Ascus von *Neurospora* (oder eine „Dauerspore" von *Chlamydomonas*) enthält nur die beiden Elterntypen (a$^+$b$^+$ und ab; daher: *„elterlich ditype Tetrade", ED*).

Wenn am Doppelaustausch je zwei Nichtschwesterchromatidenpaare mit Einzelaustausch beteiligt sind, dann liegt ein **4-Strang-Doppelaustausch** vor; dieser führt ausschließlich zu Rekombinanten (Abb. 10.18., 3. Spalte von oben), von denen zwei Typen auftreten (a$^+$b und ab$^+$; daher *„nichtelterlich ditype Tetrade", NED*).

Beim **3-Strang-Doppelaustausch** sind 3 von den 4 Chromatiden an den beiden Austauschen beteiligt (zwei Chromatiden je einmal und eine Chromatide zweimal). Dadurch entstehen vier verschiedene Typen von Gonen

(a^+b^+, ab, a^+b, ab^+; daher: „tetratype Tetrade", TT), von denen die Hälfte Rekombinanten sind (Abb. 10.13., 4. und 5. Spalte).
Es können somit, wie in den Abschnitten 10.6.2. und 10.6.3. gezeigt, nach dihybriden Kreuzungen die drei Tetradentypen ED, NED und TT durch zwei ganz unterschiedliche Mechanismen entstehen: entweder durch Ineinandergreifen von inter- und intrachromosomaler Rekombination bei Lage der beiden Gene in verschiedenen Chromosomen (vgl. 10.6.2.) oder durch Doppelaustausch bei Lage der beiden Gene im selben Chromosom (s. o.).

Auf Grund derselben Gesetzmäßigkeit vollziehen sich weitere Crossing-over-Vorgänge (Dreifach-, Vierfach- und Mehrfachaustausch) und führen – da zunehmend mehr Gene einbezogen werden – entsprechend zu komplizierten Rekombinantentypen.

	Gonen	Anteil rekombinierter Chromatiden	Tetradentyp
Einfachaustausch			
	$a^+ \; b^+$		
	$a^+ \; b$		
	$a \;\; b^+$	0,5	TT
	$a \;\; b$		
Doppelaustausch			
2-Strang-Doppelaustausch	$a^+ \; b^+$		
	$a^+ \; b^+$		
	$a \;\; b$	0	ED
	$a \;\; b$		
4-Strang-Doppelaustausch	$a^+ \; b$		
	$a^+ \; b$		
	$a \;\; b^+$	1,0	NED
	$a \;\; b^+$		
3-Strang-Doppelaustausch	$a^+ \; b^+$		
	$a^+ \; b$		
	$a \;\; b$	0,5	TT
	$a \;\; b^+$		
3-Strang-Doppelaustausch	$a^+ \; b$		
	$a^+ \; b^+$		
	$a \;\; b^+$	0,5	TT
	$a \;\; b$		

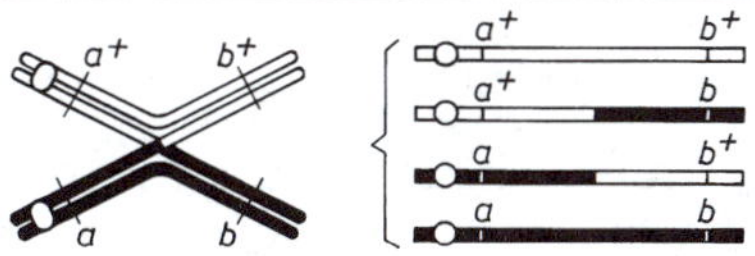

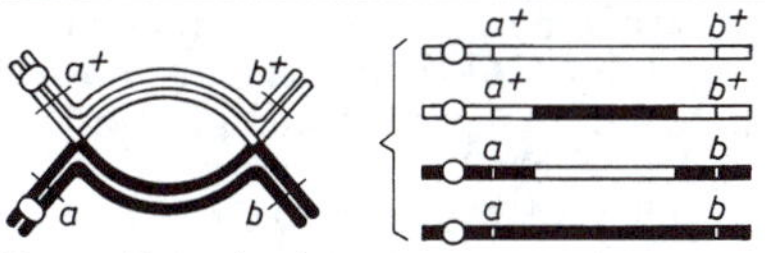

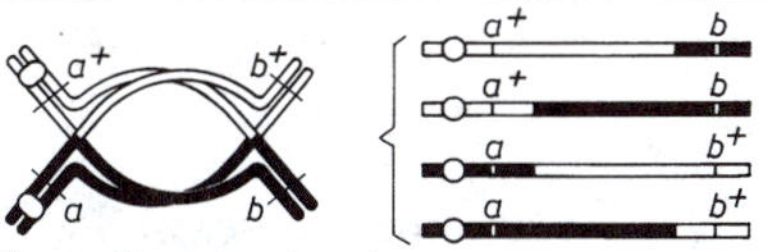

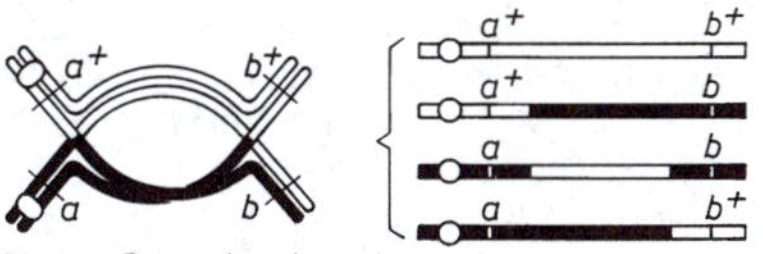

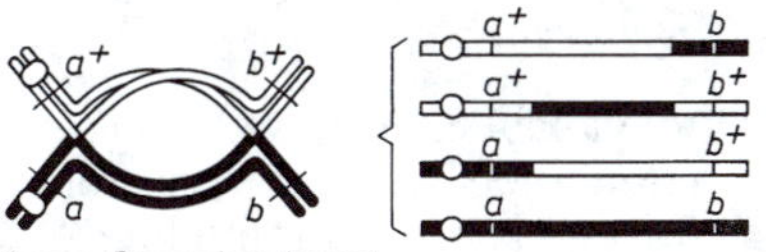

Abb. 10.18. Cytogenetische Folgen von einem bzw. zwei Crossing-over-Ereignissen zwischen 2 Genen in einem Bivalent: 2-Strang-, 3-Strang- und 4-Strang-Doppel-Crossing-over.

10.6.4. Freispor-Analyse – quantitative Auswertung der Crossing-over-Vorgänge und Konstruktion genetischer Chromosomenkarten

Die zahlenmäßige Analyse der nach bestimmten Kreuzungen auftretenden Rekombinantentypen sowie der entsprechenden Elterntypen liefert wesentliche Einsichten in die Rekombinationsvorgänge sowie in die Lagebeziehungen der Gene in den Chromosomen. Das Prinzip der nummerischen Analyse sei an der Nachkommenschaft der folgenden Kreuzung bei *Neurospora crassa* dargestellt:

$$A\ ad\ v \times a\ ad^+\ v^+.$$

A – *a* symbolisieren die beiden bei *Neurospora* vorhandenen Paarungstypen (neueres Symbol: *mt*); nur Mycelien verschiedenen Paarungstyps können Sexualvorgänge einleiten und Asci bilden; *ad* – *ad*$^+$ symbolisiert Adeninmangel bzw. Adeninsynthese (= *ad*-5); *v* – *v*$^+$ kennzeichnet einen Unterschied im Wachstum: *v* bedeutet „visible slow growth", sichtbar langsames Wachstum; *v*$^+$ bezeichnet normales Wachstum.

Von dieser Kreuzung wurden (von Howe 1956) 1.161 komplette Asci mit insgesamt 9.288 Ascosporen auf ihre genetische Konstitution hin untersucht. Bei der dargestellten Analyse wird nicht berücksichtigt, ob zwei Ascosporen aus demselben oder aus verschiedenen Asci stammen. Dieses Verfahren wird als „**Freispor-Analyse**" bezeichnet. Es ist technisch wenig aufwendig, weil man z. B. eine Sporenaufschwemmung aus sehr vielen Asci bzw. Perithecien derselben Kreuzung durchführen und so sehr viele Sporen gewinnen kann. Außerdem ist das Verfahren sehr breit anwendbar, weil die Methodik auf alle Meioseprodukte anwendbar ist, mögen sie ursprünglich geordnet oder ungeordnet vorgelegen haben.

Aus den Ergebnissen dieser Freispor-Analyse ist eine Reihe von allgemeinen Erkenntnissen und Gesetzmäßigkeiten abzuleiten, die im folgenden in mehreren Schritten dargestellt werden.

(a) Rekombination zwischen *A* und *ad*

Von den Ascosporen haben 8.896 die elterlichen Genkombinationen, d. h. sie sind zur Hälfte *A ad*

und zur Hälfte *a ad*$^+$. Demgegenüber sind 392 Ascosporen (= 4,2%) Rekombinanten; sie sind je zur Hälfte *A ad*$^+$ bzw. *a ad*. Nummerisch ausgedrückt: 4,2% der Ascosporen enthalten rekombinante Chromosomen (sie sind das Ergebnis von Crossing-over in den Ascusanlagen); hingegen haben 95,8% der Ascosporen Chromosomen mit den elterlichen Genkombinationen. Gene, die zu einem hohen Prozentsatz gemeinsam, **gekoppelt**, vererbt werden, liegen auf demselben Chromosom. Dies ist hier der Fall; denn in 95,8% der Fälle werden die Gene gekoppelt vererbt, die elterlichen Allelkombinationen bleiben erhalten. Den Wert 4,2% bezeichnet man als die Rekombinantenhäufigkeit (oder Rekombinationshäufigkeit).

Als Maßeinheit für die Häufigkeit von Rekombination (Crossing-over) dient in der Genetik die nach T. H. Morgan benannte Einheit „**Centi-Morgan**" (engl. auch „crossover unit" oder „map unit"): Crossing-over in 1% der ausgewerteten Chromosomen (von Gonen) ist 1 Centi-Morgan. Auf unser Beispiel übertragen heißt dies: Die Gene *A* und *ad* sind 4,2 Centi-Morgan auf dem Chromosom voneinander entfernt. Daraus lässt sich eine einfache „genetische Chromosomenkarte" aufstellen.

(b) Rekombination zwischen *ad* und *v*

Von den Ascosporen haben 8.544 die elterlichen Genkombinationen *ad v* und *ad*$^+$ *v*$^+$ (je zur Hälfte), d. h. 92,0%. Hingegen sind 744 Ascosporen rekombinant (*ad v*$^+$ bzw. *ad*$^+$ *v*), d. h. 8,0%. Daraus folgt, dass auch die Gene *ad* und *v* miteinander gekoppelt sind. Aus den Werten ergibt sich die „genetische Chromosomenkarte":

(c) Rekombination zwischen *A* und *v*

Wenn *A* mit *ad* gekoppelt ist und *ad* mit *v*, dann muss auch *A* mit *v* gekoppelt sein. Von den untersuchten Ascosporen haben 8.200 die elterlichen Genkombination *A v* und a*v*$^+$; dies sind 88,3%. Dagegen haben 1.088 Ascosporen die rekombinanten Genkombinationen *A v*$^+$ bzw. *a v*; dies sind 11,7%. Aus der Auswertung der Rekombination zwischen diesen drei Genen ergeben sich wichtige allgemeine Schlüsse.

Vergleicht man die bei diesen Auswertungen erhaltenen Werte für die Rekombinantenhäufigkeit, so wird unmittelbar deutlich, dass der Wert von 11,7% weitgehend mit der Summe der beiden Crossing-over-Werte (für *A*-*ad*) 4,2 + (für *ad*-*v*) 8,0 = 12,2 übereinstimmt. Dieser Befund hat sich bei Rekombinationsanalysen immer wieder ergeben: Zwischen Einzelaustauschwerten lässt sich eine weitgehende Additionsbeziehung feststellen. Aus dieser **Additionsbeziehung** hat Sturtevant schon 1911 die Schlussfolgerung abgeleitet, dass die Gene in einem Chromosom linear angeordnet sind (Theorie von der linearen Anordnung der Gene in einem Chromosom).

Die Rekombinationshäufigkeiten zwischen verschiedenen Genen erlauben – auf der Basis von Additions- (oder Subtraktions-)-Beziehungen – die Aufstellung „genetischer" **Chromosomenkarten**.

Für die drei Gene A, ad und v (in Kopplungsgruppe I, Abb. 10.14.) ergibt sich somit folgende Karte:

$$A \xleftrightarrow{\text{4,2}} ad \xleftrightarrow{\text{8,0}} v$$
$$\xleftrightarrow{\hspace{3cm} 11,7 \hspace{3cm}}$$

Das Wesentliche an diesem Verfahren ist, dass aus rein genetischen Daten – nämlich der Häufigkeit von Rekombinanten – auf die Lage der Gene in einem bestimmten Chromosom geschlossen wird. (Dieses Chromosom muß man dazu cytologisch in keiner Weise analysieren; dies erfolgt erst bei der später zu besprechenden Aufstellung cytogenetischer Chromosomenkarten.) Auf dieser Grundlage wurden für alle sieben Chromosomen von *Neurospora* (und ebenso für andere Objekte, wie Hefe, *Chlamydomonas* usw.) genetische Chromosomenkarten aufgestellt (Abb. 10.19.).

Alle Gene, die auf einem Chromosom liegen, bilden eine Kopplungsgruppe. Auf der genetischen Chromosomenkarte dieser Kopplungsgruppe hat jedes Gen eine definierte Position. Sie ist durch die Lagebeziehungen zu anderen Genen bestimmt; so liegt z. B. der Gen-Ort oder **Gen-Locus** von ad zwischen den Loci von A und v.

Wenn eine neue Mutante (z. B. *his-3*) aufgetreten ist und es sich zeigt, dass diese Mutante in einem bisher noch nicht erfassten Gen mutiert ist, so wird überprüft, mit welchem bereits bekannten und auf der genetischen Karte enthaltenen Gen dieses neue Gen gekoppelt ist (z. B. *ad-5*). Danach prüft man die Rekombinantenhäufigkeit mit einem anderen, zur selben Kopplungsgruppe gehörenden Gen (z. B. *thi-1*). Die aus beiden Experimenten erhaltenen Ergebnisse erweisen sich entweder als Summe oder als Differenz. Danach lässt sich einfach entscheiden, ob das

neu erfasste Gen zwischen den bereits bekannten Genen oder ob es links oder rechts von ihnen liegt. Ist der Locus eines neu erfassten Gens auf der Chromosomenkarte auf diese Weise festgelegt, so hat man auch dieses Gen genetisch **lokalisiert** (Abb. 10.19., Kopplungsgruppe I).

Aus der genetischen Karte für die Gene A, ad und v geht hervor, dass die Summe der Einzel-Rekombinationswerte (= Einzel-Austauschwerte) etwas höher ist (4,2 + 8,0 = 12,2) als der experimentell direkt ermittelte Gesamt-Rekombinationswert zwischen den am weitesten entfernt liegenden Genen (11,7%). Dies ist eine generelle Erscheinung der genetischen Rekombination. Die Ursache dafür liegt in der bereits in Abschnitt 10.6.2.2. besprochenen Erscheinung des Zweifach- und Mehrfach-Crossing-over. Wenn zwischen dem Gen A und dem Gen v ein Zweistrang-Doppelaustausch erfolgt (z. B. 1 Austausch zwischen A und ad sowie 1 Austausch zwischen ad und v), dann ist – wenn man nur die Gene A und v betrachtet und ad unberücksichtigt lässt – zwischen A und v keine Rekombination nachweisbar; solche Ascosporen (Av bzw. av^+) werden daher als Elterntypen klassifiziert (obwohl in Wirklichkeit zwischen A und v zwei Crossing-over-Ereignisse stattgefunden haben). Beim Zweistrang-Doppelaustausch wird die Wirkung des ersten Crossing-over durch das zweite Crossing-over wieder aufgehoben (Abb. 10.18., 2. Spalte). Erst wenn man ein drittes Gen analysieren kann, das zwischen den beiden Genen (z. B. zwischen a^+ und b^+ in Abb. 10.18.) liegt, kann man den Doppelaustausch nachweisen. Genau dies ist aber für die Gene A, ad und v der Fall, wenn man ad mitberücksichtigt. Es wird später noch gezeigt werden, dass unter den Ascosporen der Konstitution $A\ v$ und $a\ v^+$ (den „Elterntypen") eine ganze Anzahl von Sporen enthalten ist, die auf derartigen Doppelaustausch zurückzuführen sind. Ein solcher Nachweis erfordert spezielle und arbeitsaufwendige Techniken und ist im Einzelfall oft nicht durchführbar.

Die Häufigkeit des Doppel-Crossing-over lässt sich aber rechnerisch abschätzen. Wenn zwischen A und ad 4,2% Einfachaustausch auftritt und zwischen ad und v 8,0%, dann ergibt sich für das Auftreten von Doppelaustausch, d. h. von Austausch sowohl zwischen A und ad als auch zwischen ad und v, die Wahrscheinlichkeit von 4,2% × 8,0% = 0,3%.

Der Gesamtaustauschwert zwischen *A* und *v* ist somit nicht nur 11,7%; er erhöht sich bereits durch die Berechnung des Doppelaustausches auf 12,0%. Damit nähern sich die beiden Werte (12,2 und 12,0) praktisch an. (Dabei ist ein Mehrfachaustausch noch gar nicht mit berücksichtigt.)

Allgemein: Der experimentell direkt bestimmte Gesamtaustauschwert (= Häufigkeit von Rekombinanten) für zwei weiter entfernt liegende Loci ist ohne Berücksichtigung der zwischen ihnen liegenden Gene immer kleiner als die Summe der Einzelaustauschwerte. Die Differenzen zwischen Gesamtaustauschwert und Summe der Einzelaustauschwerte ist umso größer, je weiter zwei Gene voneinander entfernt liegen. (Es wird später noch bewiesen, dass der Gesamtaustauschwert zwischen zwei Genen einen oberen Grenzwert von 50% nicht überschreiten kann.) Bei den

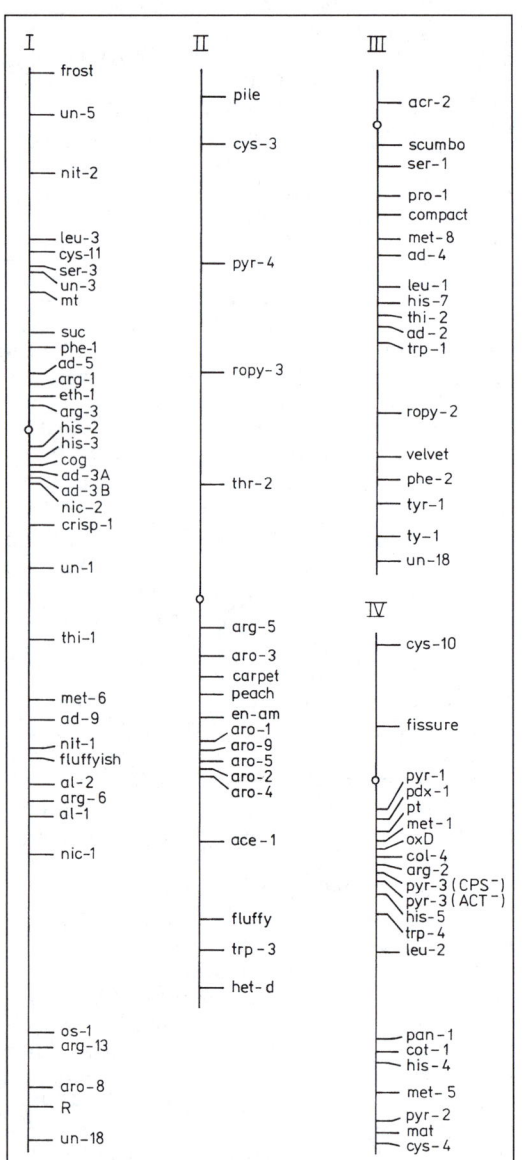

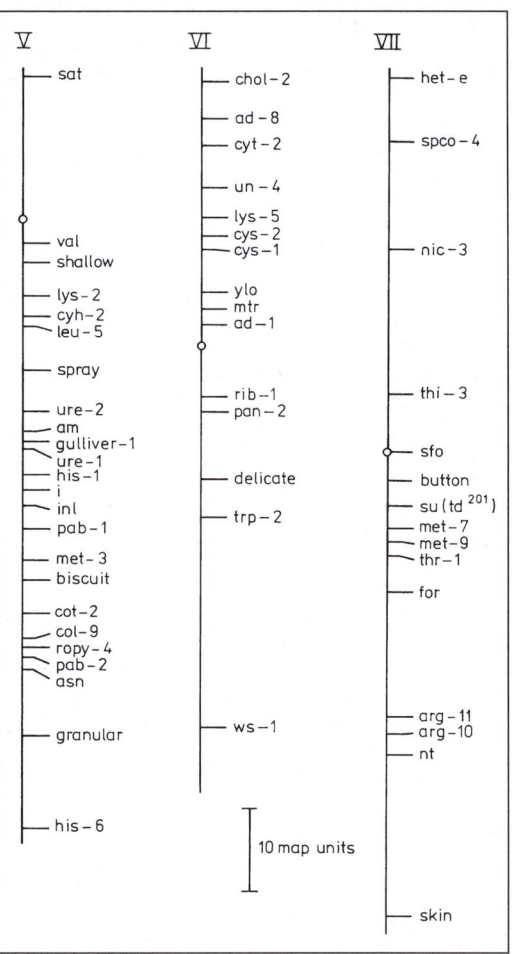

Abb. 10.19. Kopplungsgruppen von *Neurospora crassa*. Nach Fincham, Day und Radford 1979.

bisherigen Betrachtungen wurden die einzelnen Typen von Ascosporen einzeln betrachtet; es wurde unberücksichtigt gelassen, ob sie zusammen mit anderen aus demselben Ascus stammen oder nicht. Damit liefert diese Art der Analyse prinzipiell dieselben Aussagen, wie sie auch aus der Analyse z. B. von Kreuzungen bei *Drosophila* oder der Tomate erhalten werden können. Bei diesen Objekten kann aus prinzipiellen Gründen ebenfalls nicht festgestellt werden, ob z. B. zwei Gameten bzw. zwei Gonen als Ergebnis der meiotischen Teilung einer Zelle oder zweier verschiedener Zellen gebildet wurden.

10.6.5. Tetradenanalyse geordneter Ascosporen

Bei Formen mit geordneten Ascosporen, wie z. B. bei *Neurospora crassa*, lässt sich durch eine sehr arbeitsaufwendige Analyse – nämlich die individuelle Auswertung der geordneten Ascosporen aus einzeln geprüften Asci

(= „Tetradenanalyse geordneter Ascosporen") – noch eine ganze Anzahl weiterer Daten erhalten.

(a) Tetraden mit Einfach- und Doppelaustausch

In Tabelle 10.3. sind die Daten der Tetradenanalyse der Kreuzung $A\ ad\ v \times a\ ad^+\ v^+$ zusammengefasst. Sie zeigt insgesamt 15 unterschiedliche, theoretisch mögliche Ascus-Typen; für die meisten wurden auch entsprechende Vertreter aufgefunden. Die erfassten Ascus-Typen sind nach ihrer Häufigkeit sehr einfach zu drei Gruppen zusammenzufassen: Der Ascus-Typ 1 ist zahlenmäßig überwiegend (888 von 1.161 Asci). Bei ihm ist zwischen *A*, *ad* und *v* überhaupt kein Crossing-over erfolgt: „Nicht-Austausch-Asci". Ihre große Häufigkeit belegt klar, dass diese drei Gene auf einem Chromosom liegen. – Die zweite Gruppe von Asci bilden die Ascus-Typen 2, 3 und 4. Sie sind relativ häufig (126, 85, 43) und gehen auf 1 Crossing-over in der betrachteten Chromosomenregion zurück: „Einfach-Austausch-Asci". Schon aus ihnen allein können die Gen-Reihenfolge und ihre Lage in

Tab. 10.3. Spaltung für 3 gekoppelte Gene in Asci von *Neurospora crassa*. Nach Howe 1956.

	Ascus-Typen				
	1	2	3	4	5
	A ad v	A ad v	A ad v	A ad v	A ad v
	A ad v	a ad v	a + v	A ad +	A + v
	a + +	A + +	A ad +	a + v	a ad +
	a + +	a + +	a + +	a + +	a + +
Anzahl der Asci	888	85	43	126	0
	6	7	8	9	10
	A ad v	A + v	A ad +	A ad v	A ad v
	a + v	a ad v	A + +	a + +	a + +
	A + +	A ad +	a ad v	A ad v	A ad +
	a ad +	a + +	a + +	a + +	a + v
Anzahl der Asci	0	0	1	2	2
	11	12	13	14	15
	A ad +	A ad v	A ad v	A ad +	A ad +
	a + v	a ad +	a ad +	a ad v	a ad v
	A ad +	A + v	A + +	A + v	A + +
	a + v	a + +	a + v	a + +	a + v
Anzahl der Asci	2	3	5	3	1

A (a) Paarungstyp; *ad* Adenin-Bedürftigkeit; *v* sichtbar langsames Wachstum (= visible slow growth).

unterschiedlichen Chromosomenarmen bestimmt werden (s. u.). – Die dritte Gruppe von Asci (Ascus Typen 5 bis 15) repräsentieren Asci mit Doppelaustausch. Sie sind entsprechend sehr selten; z. T. fehlen sie in der vorliegenden Stichprobe ganz. – Asci mit mehr als zwei Austauschen wurden im vorliegenden Fall nicht gefunden.

(b) Der Abstand der Gene vom Centromer

Bei der Tetradenanalyse geordneter Ascosporen lässt sich – wie bereits in Abschnitt 10.6.1. dargestellt – einfach bestimmen, wie viele Asci für ein bestimmtes Gen Präreduktion zeigen und wieviele Postreduktion. Daraus ergibt sich, in welchen Asci zwischen dem betrachteten Gen und dem Centromer ein Crossing-over erfolgt ist. In den 1.161 analysierten Asci wurden für die drei Gene A, ad und v folgende Häufigkeiten für Prä- und Postreduktion gefunden:

für $A – a$ Postreduktion in 146 Asci, d. h. in 12,6% der Asci;

für $ad – ad^+$ Postreduktion in 50 Asci, d. h. in 4,3% der Asci;

für $v – v^+$ Postreduktion in 144 Asci, d. h. in 12,4% der Asci

(die jeweiligen Differenzen zu 100% ergeben die Werte für Präreduktion).

Aus diesen Werten lässt sich unmittelbar der Abstand des betrachteten Gens vom Centromer bestimmen, und zwar auf Grund folgender Überlegung: Wenn z. B. in 12,6% aller Ascusanlagen zwischen A und dem Centromer ein Crossing-over erfolgt, dann ist in diesen Asci die Hälfte der Ascosporen rekombinant und die andere Hälfte nichtrekombinant; denn an einem Crossing-over sind von den 4 Chromatiden eines Bivalentes immer nur zwei beteiligt. Folglich sind beim Vorliegen von 12,6% Postreduktionsasci 6,3% aller Ascosporen (nämlich 50% von 12,6%) rekombinant. Allgemein ausgedrückt: Aus dem Anteil der Postreduktionsasci lässt sich unmittelbar der Prozentsatz rekombinanter Ascosporen (= Rekombinantenhäufigkeit) berechnen: Rekombinantenhäufigkeit = Anteil von Postreduktionsasci: 2. Somit ergeben sich aus der Bestimmung der Häufigkeit von Postreduktionsasci folgende Genabstände vom Centromer:

Centromer – $A(a)$ = 6,3 Centi-Morgan
Centromer – $ad(ad^+)$ = 2,2 Centi-Morgan
Centromer – $v(v^+)$ = 6,2 Centi-Morgan

Diese Aussage ist nur bei einer Tetradenanalyse möglich.

(c) Die Lage der Gene im gleichen oder in verschiedenen Chromosomenarmen

Aus der Analyse der verschiedenen Tetradentypen lassen sich Aussagen gewinnen über die Lage der Gene in bestimmten Chromosomenarmen. Aus Tabelle 10.3. ist – unter Berücksichtigung der Genabstände vom Centromer – folgendes abzuleiten: Ob das Gen v Prä- oder Postreduktion zeigt, hat keinerlei Auswirkungen auf das Vorliegen von Prä- oder Postreduktion von ad oder A: in den Ascus-Typen 3 und 8 wird ad postreduziert, v jedoch präreduziert. Der Locus von ad liegt aber näher am Centromer als v. Wenn ad und v im selben Chromosomenarm liegen würden, müßte – wenn ad postreduziert wird – v (meistens) auch postreduziert werden; das ist nicht der Fall. Folglich liegen v und ad in verschiedenen Chromosomenarmen.

Wenn A postreduziert wird, kann ad dennoch Präreduktion zeigen (Ascus-Typen 2, 12, 13, 14, 15). Wird hingegen ad postreduziert, dann wird (meistens) auch A postreduziert (Ascus-Typen 3, 9, 10, 11). Demnach liegen A und ad auf demselben Chromosomenarm, und zwar liegt A weiter vom Centromer entfernt als ad. Wenn bei dieser Lage ein Crossing-over zwischen A und ad erfolgt, dann wird ad weiterhin präreduziert, jedoch A postreduziert (s. o.).

Aus den Ergebnissen der Ascosporen-Auswertung und aus der Bestimmung der Häufigkeit von Post- und Präreduktion ergibt sich somit folgende genetische Karte:

Man erkennt klar, wie gut sich alle Werte zu einem Gesamtbild zusammenfügen (man bedenke bereits die nötigen Auf- und Abrundungen).

10.6.6. Verhältnis von Rekombinantenhäufigkeit und Crossing-over-Häufigkeit

Wenn in einer Zelle, welche eine Meiose durchläuft, zwischen 2 Genen 1 Crossing-over erfolgt, so werden 2 von 4 Chromatiden rekombiniert. Bei *Neurospora* sind nach einem Crossing-over 4 der 8 Ascosporen rekombinant (Abb. 10.15., 10.18.). Wenn in 10% aller Ascusanlagen je 1 Crossing-over zwischen 2 bestimmten Genen erfolgt, dann sind $0,5 \times 10\%$ aller Sporen rekombinant. Es waren somit 5% aller Chromatiden an Crossing-over-Vorgängen beteiligt. Die Rekombinantenhäufigkeit (angegeben in Centi-Morgan) ist somit gleich der halben Crossing-over-Häufigkeit.

Diese Proportionalität zwischen Crossing-over-Häufigkeit und Rekombinantenhäufigkeit gilt jedoch nur bei relativ eng gekoppelten Genen (< 10 Centi-Morgan), zwischen denen Doppelaustausch sehr selten ist. Mit zunehmender Entfernung zweier Gene ist die Rekombinantenhäufigkeit nicht mehr der Crossing-over-Häufigkeit proportional.

Wenn zwischen zwei Genen Doppelaustausch stattfindet (vgl. Abb. 10.18.), so hängt die Rekombinantenhäufigkeit vom Doppelaustauschtyp ab. Bei Zweistrang-Doppelaustausch treten gar keine Rekombinanten auf (0%), dagegen bei Vierstrang-Doppelaustausch nur Rekombinanten (100%); Dreistrang-Doppelaustausch liefert 50% Rekombinanten. Aus 10% meiotischer Zellen mit Crossing-over zwischen Genen entstehen somit 5% Rekombinanten. (Das gleiche Ergebnis liefert aber auch schon 1 Crossing-over). Die Rekombinantenhäufigkeit ist demnach nicht der Anzahl der Crossing-over-Ereignisse in einem Chromosomenabschnitt proportional, sondern eher der Wahrscheinlichkeit, dass zwischen diesen beiden Genen überhaupt Austausch stattfindet.

Wenn zwei Gene sehr weit auseinanderliegen, so erfolgen Einfach-, Zweifach-, Dreifach- und Mehrfachaustausche. (Ihre Häufigkeit kann mathematisch berechnet werden.) Die Häufigkeit von Rekombinanten ist bei jeder Crossing-over-Anzahl gleich und hängt nur von der Wahrscheinlichkeit ab, wie oft überhaupt Austausch zwischen zwei Genen eintritt. Wenn somit mehrere Crossing-over-Ereignisse zwischen zwei Genen erfolgen, so nähert sich die Rekombinantenhäufigkeit dem **oberen Grenzwert von 50%** an – und entspricht damit der freien Rekombination ungekoppelter Gene.

Aus dieser Tatsache ergibt sich eine sehr wichtige **allgemeine Konsequenz**: *Das (dritte) Mendelsche Gesetz* von der freien Rekombination der Gene gilt nicht nur für Gene, die in verschiedenen, nichthomologen Chromosomen liegen, sondern *auch für gekoppelte Gene, wenn sie mindestens*

50 Morgan-Einheiten voneinander entfernt liegen. Sein Geltungsbereich ist somit nicht auf die interchromosomale Rekombination beschränkt, sondern ist auf die intrachromosomale Rekombination zwischen entfernt liegenden, gekoppelten Genen ausgedehnt.

10.6.7. Tetradenanalyse ungeordneter Ascosporen

Bei einer Vielzahl von Haplonten sind die aus einer Meiose hervorgehenden Gonen nicht – wie bei *Neurospora crassa* – geordnet, sondern sie sind ungeordnet (± kugelförmig zusammengepackt, wie bei *Chlamydomonas*, bei *Saccharomyces* oder der Blütenpflanze *Salpiglossis*, oder unregelmäßig verteilt, so bei Basidiomyceten wie *Ustilago* oder *Coprinus*). Bei diesen Formen ist zwar feststellbar, welche Gonen gemeinsam aus einer meiotischen Teilung hervorgegangen sind (dies erlaubt präzisere Aussagen als die Freispor-Analyse), aber die Aussage, welche Erbanlagen in der ersten, und welche in der zweiten meiotischen Teilung getrennt wurden, ist nicht möglich (dies ist ein Nachteil gegenüber der Tetradenanalyse geordneter Sporen). Somit steht in ihrer Aussagekraft die Tetradenanalyse ungeordneter Sporen zwischen der Freispor-Analyse und der Tetradenanalyse geordneter Sporen.

Dadurch, dass bei diesem Analyseverfahren feststellbar ist, welche Gonen aus einer sich meiotisch teilenden Zelle hervorgegangen sind, kann bestimmt werden, ob eine ED-, eine NED- oder eine TT-Tetrade vorliegt. So können alle die Erkenntnisse angewandt werden, die bei der Tetradenanalyse geordneter Sporen aus den Häufigkeitsverteilungen von ED-, NED- und TT-Tetraden abgeleitet werden konnten (vgl. 10.6.2. und 10.6.4.). Aus Abbildung 10.18. ist zu ersehen, dass ED keine Rekombinanten enthalten, hingegen NED ausschließlich Rekombinanten; die TT haben zur Hälfte Elterntypen und zur Hälfte Rekombinanten. Somit ergibt sich für die

$$\text{Rekombinantenhäufigkeit } R = \frac{NED + 0,5 \, TT}{ED + NED + TT}$$

Werden viel mehr ED als NED gefunden, so liegt Kopplung der betrachteten Gene vor. Sind hingegen ED und NED gleich häufig, so zeigen die betrachteten Gene freie Rekombination.

Bei freier Rekombination (d. h. 50% Elterntypen und 50% Rekombinanten) sind zwei Fälle möglich:

(1) Die beiden betrachteten Gene liegen in zwei verschiedenen Chromosomen: Durch interchromosomale Rekombination (evtl. verknüpft mit intrachromosomaler Rekombination, vgl. 10.6.3.) kommt es zum Auftreten von 50% Elterntypen und 50% Rekombi-

nanten. Liegt der Extremfall vor, dass jedes der beiden Gene sehr dicht an seinem Centromer liegt (also kaum Crossing-over zwischen Centromer und dem Gen erfolgt), so kommt es bereits in Anaphase I (nahezu 100%ig) zur Allelenspaltung. Daher findet man (fast) nur ED und NED (wie in Abb. 10.18. dargestellt) und (nahezu) keine TT. Für ED : NED = 1 : 1 wird die o. g. Gleichung eingesetzt.

$$R = \frac{NED + 0,5\ TT}{ED + NED + TT} = \frac{1 + 0,5\ TT}{1 + 1 + TT}$$

$$= \frac{1 + 0,5\ TT}{2(1 + 0,5\ TT)} = 0,5$$

(2) Es ist aber auch möglich, dass die beiden betrachteten Gene im gleichen Chromosom liegen, d. h. zur selben Kopplungsgruppe gehören, aber sehr weit voneinander entfernt sind. Dann erfolgt zwischen ihnen sehr oft Crossing-over (Einfach-, Zweifach- usw. -Crossing-over), und es treten sehr viele TT-Tetraden auf. Genaue Kalkulationen führen zu dem Resultat, dass unter diesen Umständen der Anteil der TT bis auf 67% ansteigen kann und das Verhältnis TT : NED nicht unter 4 : 1 fällt.

Die Art derartiger Analysen sei an folgenden Beispielen von *Neurospora crassa* demonstriert:

Paarungstyp (*A–a*) – Riboflavinsynthese bzw. -mangel (*r*$^+$–*r*)
Paarungstyp (*A–a*) – normales bzw. langsames Wachstum (*v*$^+$–*v*)

Kreuzung	ED	NED	TT	ED : NED	TT : NED
Ar × *ar*$^+$	475	521	165	475 : 521 = 0,91	165 : 521 = 0,32
Av × *av*$^+$	893	4	264	893 : 4 = 223	264 : 4 = 66

Aus den Daten wird klar, dass die Gene *A*(*a*) und *r*$^+$(*r*) freie Rekombination zeigen (ED : NED ≈ 1 : 1). Sie liegen in verschiedenen Chromosomen; die geringe Anzahl von TT schließt die Lage im selben Chromosom bei sehr weitem Abstand der Gene voneinander aus. Demgegenüber liegen die Gene *A*(*a*) und *v*$^+$(*v*) im selben Chromosom. Das Verhältnis ED : NED belegt dies klar. (Wie aus Tabelle 10.2. zu ersehen ist, gehen die 4 NED auf Doppelaustausch zurück.)
Durch dieses Auswerteverfahren – sowie eine ganze Reihe weiterer spezieller statistischer Analysemethoden (vgl. Fincham, Day und Radford 1979 sowie Esser und Kuenen 1965) – erreicht die Tetradenanalyse ungeordneter Sporen eine ganze Anzahl wesentlicher Aussagen über die Rekombinationsvorgänge.

In den vorhergehenden Abschnitten wurden die Rekombinationsvorgänge bei Haplonten aus didaktischen Gründen nahezu ausschließlich an *Neurospora crassa* dargestellt; bei diesem Objekt lässt sich die Aussagekraft der unterschiedlichen Analyse-Verfahren (Analyse geordneter Tetraden und ungeordneter Tetraden sowie die Freisporanalyse) besonders übersichtlich und zusammenhängend schildern.
Im Verlaufe des letzten Jahrzehnts hat jedoch die **Hefe-Genetik** sehr große Fortschritte gemacht und weltweit eine stürmische und sehr breite Entwicklung genommen.
Diejenigen Leser, die sich besonders für die Hefen interessieren, seien auf das einführende Kapitel von Philippsen „Hefe als genetisches System" in Knippers et al. (1990) und auf das Kapitel 8 in Brown (1993) verwiesen sowie auf die Bücher von Esser und Kuenen (1965), Fincham, Day und Radford (1979), Guthrie und Fink (1991), Sherman, Fink und Hicks (1986) sowie Strathern, Jones und Broach (1981, 1982); vgl. Literaturverzeichnis zu den Kapiteln 8, 9, 10 sowie (1.).

10.7. Intrachromosomale Rekombination bei Diplonten

Die Vorgänge der intrachromosomalen Rekombination (des Crossing-over) sind bei allen Eukaryoten prinzipiell gleich, mögen sie Haplonten oder Diplonten sein. Der Unterschied zwischen Haplonten und Diplonten bezieht sich vor allem auf die methodischen Aspekte der Erfassung der Rekombinanten.
(a) Im allgemeinen können die haploiden Gonen höherer Pflanzen und Tiere nicht als Merkmalsträger direkt analysiert werden. (Es gibt nur wenige Ausnahmen, z. B. die Stärkebildung oder Anthocyanbildung in haploiden Pollen höherer Pflanzen oder bestimmte Enzyme in Spermien von Wirbeltieren.) – Außerdem ist eine Tetradenanalyse kaum möglich. (Eine Ausnahme bildet die zu den Solanaceen gehörende Trompetenzunge *Salpiglossis variabilis*, deren große Pollentetraden eine Zeitlang zusammenhaften und so einzeln genetisch analysiert werden können.)

(b) Bei Diplonten (höheren Pflanzen und Tieren) werden daher normalerweise erst die diploiden Individuen, die aus der Verschmelzung zweier Gameten hervorgehen, bezüglich ihrer Merkmale ausgewertet.

Bei Versuchen mit Tieren und höheren Pflanzen werden bei der Analyse von Spaltungszahlen dem statistischen Test zunächst die Spaltungsverhältnisse zugrunde gelegt, die bei freier Rekombination von Markierungsgenen zu erwarten wären; eine signifikante Abweichung von diesen Spaltungen gibt dann Hinweise bzw. Beweise für das Vorliegen von Kopplung.

10.7.1. Absolute und partielle Kopplung

Bei *Drosophila melanogaster* wurde schon in den ersten Jahrzehnten nach 1900 Kopplung von Genen gefunden. Als Beispiel dienen die in den Abbildungen 10.20. und 10.21. dargestellten reziproken Kreuzungen einer Doppelmutante, die schwarze Körperfarbe hat ($b\ b$; *black*) und stummelflügelig ist (vg; *vestigial*), mit einer Wildtyp-Fliege (graue Körperfarbe: b^+b^+ und normalflügelig: vg^+ vg^+). Die F_1 aus dieser Kreuzung ist doppelt heterozygot ($b^+b\ vg^+vg$), aber phänotypisch normal, weil jeweils die Wildtyp-Allele (b^+ und vg^+) dominant sind.

(a) Benutzt man F_1-Männchen für eine Rückkreuzung mit einem doppelt rezessiven Weibchen (Abb. 10.20.), so findet man in der Folgegeneration nur zwei Phänotypen-Klassen, welche die beiden elterlichen Genkombinationen enthalten (einerseits $b\ vg$, andererseits $b^+\ vg^+$). In den F_1-**Männchen** von *Drosophila* liegt somit **absolute Kopplung** vor, d. h. stets gemeinsame Übertragung der in einem Chromosom liegenden Gene auf die nächste Generation.

(b) Verwendet man hingegen F_1-Weibchen für eine Rückkreuzung mit einem doppelt rezessiven Männchen (Abb. 10.21.), so findet man in der Folgegeneration zwar vier Phänotypen-Klassen (wie bei einer dihybriden mendelnden Rückkreuzung), aber diese vier Klassen treten nicht mit gleicher Häufigkeit auf, sondern die bei-

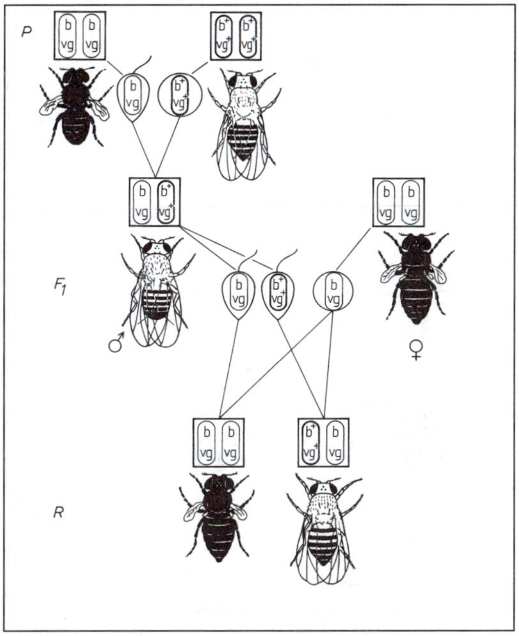

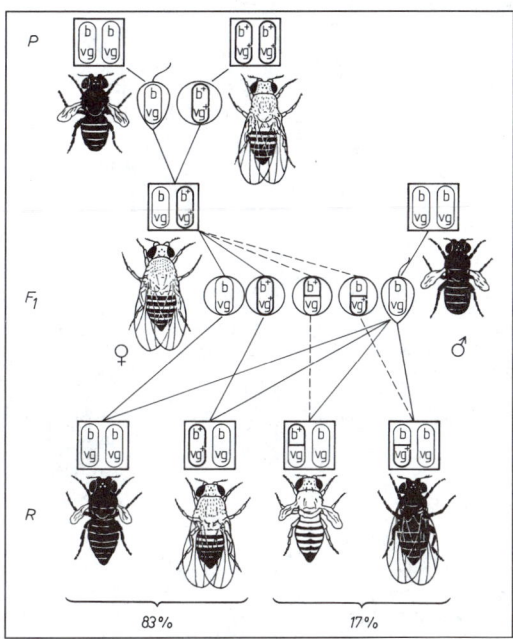

Abb. 10.20. Absolute Koppelung zweier Gene bei *Drosophila melanogaster*. Das Gen *b* beeinflußt die Körperfarbe (*b* schwarz – black, b^+ normal graubraun). Das Gen *vg* beeinflußt die Flügelform (*vg* stummelflügelig – vestigial, vg^+ normalflügelig). In den Männchen von *Drosophila* erfolgt kein Crossing-over.

Abb. 10.21. Partielle Koppelung zweier Gene bei *Drosophila melanogaster* (Gensymbole s. Abb. 10.20.). In den Weibchen (F_1) erfolgt Crossing-over. Dadurch entstehen bei Vorliegen von Koppelung in einem bestimmten Prozentsatz (hier 17%) Austauschtiere; es überwiegen aber deutlich die Nichtaustauschtiere (83%). Nach Kühn 1965, verändert.

den Klassen mit der elterlichen Merkmalskombination überwiegen sehr stark (83%), während die beiden Klassen mit Neukombinationen seltener auftreten (17%). In den **Weibchen** von *Drosophila* findet man nur eine **partielle Kopplung** von Genen, die mit dem Auftreten von **Crossing-over** zusammenhängt.

Es war für die genetische Analyse ein glücklicher Zufall, dass in *Drosophila*-Männchen (wie später festgestellt, auch in den Weibchen des Seidenspinners *Bombyx mori*) kein Crossing-over erfolgt und dadurch absolute Kopplung erfasst werden konnte. Dies hat das Verständnis der Kopplungserscheinungen sehr gefördert. Allerdings ist das unter den zahlreichen genetischen Objekten ein ganz seltener Ausnahmefall.

Der bei den allermeisten Objekten vorliegende Regelfall ist die partielle Kopplung der in einem Chromosom liegenden Gene; er wird durch das regelmäßige Auftreten von Crossing-over charakterisiert.

10.7.2. Chromatiden-Stückaustausch als Basis des Crossing-over

Wissenschaftsgeschichtlich hat die Rekombinationsforschung an Diplonten (*Drosophila* und Mais) im Jahre 1931 zu einem sehr wichtigen Resultat geführt, das auch die Rekombinationsforschung an Haplonten stark gefördert und auf eine feste Basis gestellt hat: In parallelen, voneinander völlig unabhängigen

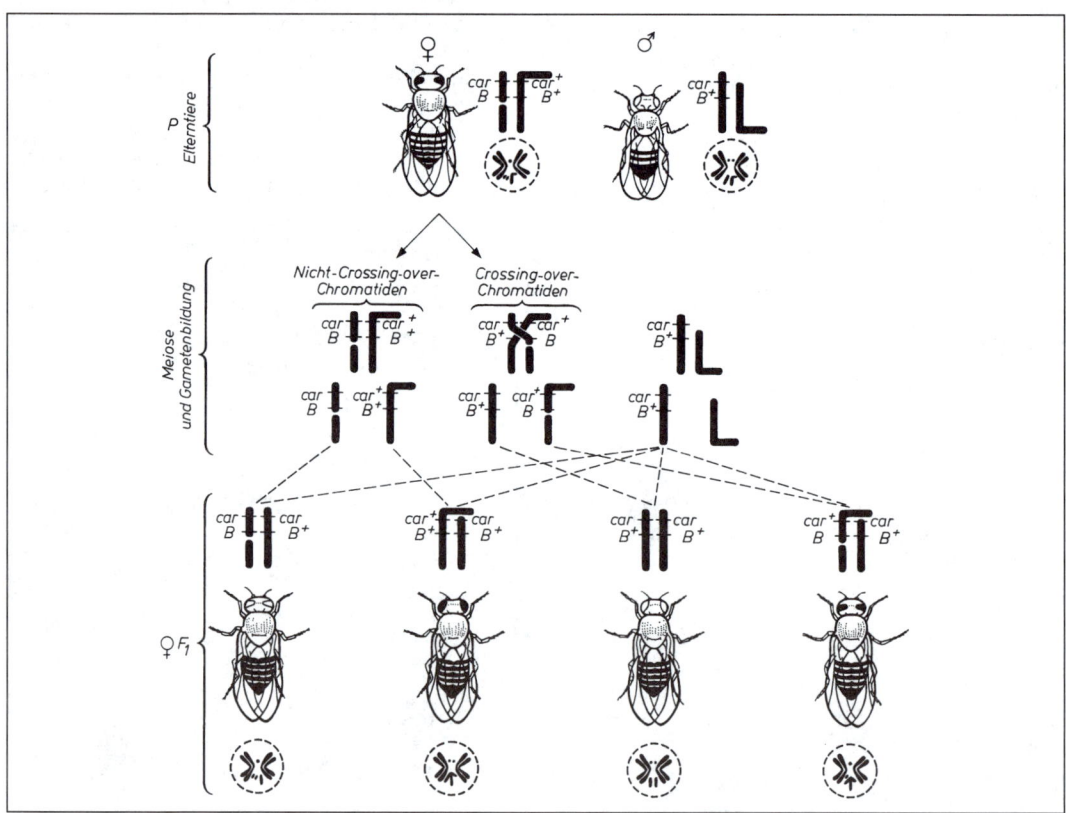

Abb. 10.22. Versuch von Curt Stern (1931) zum Nachweis des Chromatidenstückaustausches, der dem genetischen Faktorenaustausch zugrunde liegt. Die zum Versuch verwendeten Weibchen besitzen ein doppelt heteromorphes Paar von X-Chromosomen: Ein X-Chromosom ist (durch eine Translokation mit dem 4. Chromosom) „zweigeteilt", an das andere X-Chromosom ist (durch eine Translokation) ein Teil eines Y-Chromosoms angelagert. Als Markierungsgene wurden verwendet: *car* fleischrote Augen (carnation), *car*+ normal dunkelrote Augen; *B* bandförmige Augen (Bar), *B*+ normale Augen. – Die Analyse der F$_1$-Weibchen zeigte, daß Tiere, die auf Faktorenaustausch im Bereich zwischen *car* und *B* zurückgehen, cytologisch faßbare neue Typen von X-Chromosomen besitzen. Dagegen haben Tiere, die keinen Faktorenaustausch zwischen *car* und *B* zeigen, dieselben Chromosomen wie ihre Eltern. Nach Sinnott, Dunn und Dobzhansky 1958 aus Hagemann et al. 1978.

Untersuchungen erbrachten Curt Stern an *Drosophila* sowie Creighton und McClintock am Mais den Nachweis, dass der reziproke materielle Austausch von Stücken zwischen Nichtschwesterchromatiden während der meiotischen Prophase die cytogenetische Basis des Crossing-over ist. Die Abbildung 10.22. zeigt die genetische und cytologische Basis sowie die Durchführung des entscheidenden Versuches von Curt Stern mit einem doppelt heteromorphen Chromosomenpaar bei *Drosophila melanogaster*.

10.7.3. Genetische Chromosomenkarten und Interferenz

Die Auswertung der Kopplungs- und Crossing-over-Vorgänge in Organismen, die für mehr als zwei Gene heterozygot sind, führt zur Aufstellung genetischer Chromosomenkarten. Aus derartigen „3-Faktor"- (oder 4-Faktor- oder 5-Faktor- usw.) Kreuzungen

wurden zuerst bei *Drosophila melanogaster* genetische Chromosomenkarten abgeleitet (Sturtevant 1913). In Abbildung 10.23. sind die Ergebnisse einer 3-Faktor-Kreuzung dargestellt, welche die drei im X-Chromosom von *Drosophila* liegenden Gene *sc*, *ec* und *cv* umfasst; *sc* = scute (fehlende Borsten auf dem Thorax), *ec* = echinus (rauhe, stachelige Augenoberfläche), *cv* = crossveinless (fehlende Queradern auf den Flügeln). Da diese Gene im X-Chromosom liegen, treten sie zwar in den Weibchen (mit zwei X) zweimal auf, in den Männchen (XY), wo sie **hemizygot** vorliegen, jedoch nur einfach (vgl. 8.5.2.).

Aus dem Schema in Abbildung 10.23. geht hervor, dass in 80,4% der Gameten kein Crossing-over in der analysierten Region erfolgt ist; die drei Gene *sc*, *ec* und *cv* sind somit eng gekoppelt. Am häufigsten wurde Austausch (= Crossing-over) zwischen *sc* und *cv*, und zwar in 19,5% der Gameten gefunden; diese beiden Gene liegen demnach am weitesten auseinander.

Das Gen *ec* liegt zwischen *sc* und *cv*, und zwar 9,1 Centi-Morgan (= 9,1% Austausch-Individuen) von *sc* entfernt und 10,6 Centi-Morgan (= 10,6% Austausch-Individuen) von *cv* entfernt. Außer der über-

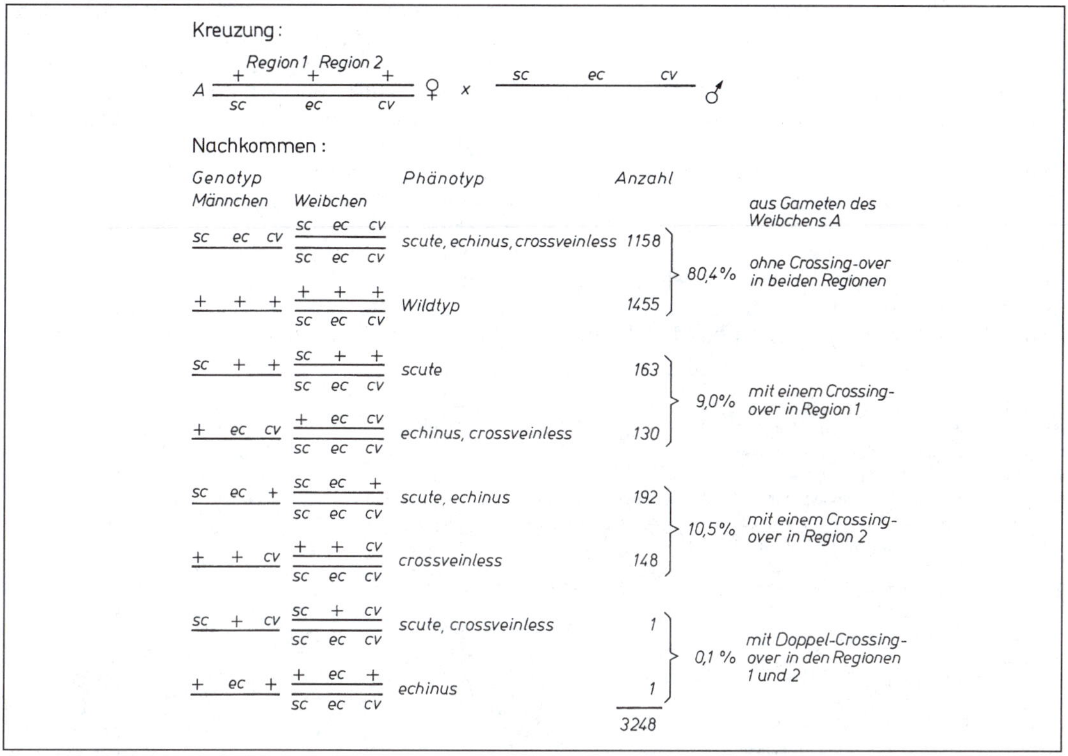

Abb. 10.23. Schema einer 3-Faktor-Kreuzung bei *Drosophila melanogaster* und die Häufigkeit unterschiedlicher Austauschtypen. Nach Crow 1963 aus Hagemann et al. 1978.

wiegenden Anzahl von Einfach-Crossing-over ist (vgl. Abb. 10.18.) selten auch Doppel-Crossing-over erfolgt. Aus den erhaltenen Werten lässt sich folgende genetische Chromosomenkarte aufstellen:

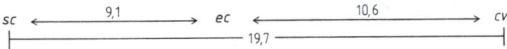

Die Häufigkeit von Doppel-Crossing-over weist auf eine zusätzliche genetische Erscheinung hin: das Auftreten **positiver Interferenz**. Der Erwartungswert für das Auftreten von Doppel-Crossing-over ist das Produkt der Einzelaustausch-Häufigkeiten. Sind die Gene *sc* und *ec* 9,1 Centi-Morgan und die Gene *sc* und *cv* 10,6 Centi-Morgan voneinander entfernt, so wäre ein Doppelaustausch in 9,1% von 10,6% zu erwarten, d. h. in (9,1% × 10,6% =) 0,965%, also in annähernd 1% aller Gameten.

Im vorliegenden Fall ist aber die beobachtete Anzahl von Doppel-Crossing-over etwa 10 mal niedriger als berechnet (0,1% statt 1%). Hier liegt sog. **positive Interferenz** vor: das Auftreten eines Crossing-over **hemmt** das Auftreten eines weiteren Crossing-over in seiner unmittelbaren Nachbarschaft.

Den Quotient

$$C = \frac{\text{beobachtete Anzahl von Doppel Crossing-over}}{\text{Produkt der Einzel-Crossing-over Häufigkeiten}}$$

bezeichnet man als *Koinzidenz-Koeffizient*. Ist er kleiner als 1, so liegt positive Interferenz vor – wie im Beispiel Abbildung 10.23. (C = 0,103).

Bei sehr vielen genetischen Objekten wurde positive Interferenz gefunden, so bei *Drosophila*, Mais, der Tomate, auch bei der Bäcker-hefe *Saccharomyces cerevisiae*; sie alle besitzen im Zygotän/Pachytän einen voll ausgebildeten synaptonemalen Komplex (vgl. 10.8. und Abb. 10.26.), der die gepaarten homologen Chromosomen in einer festen Struktur hält. Im Gegensatz dazu zeigt sich bei der Spalthefe *Schizosaccharomyces pombe* keine Interferenz; sie besitzt auch keinen synaptonemalen Komplex. Daher liegt es nahe, einen Zusammenhang zwischen beiden Erscheinungen anzunehmen.

Bei Phagen, einigen Pilzen und auch *Drosophila* hat man innerhalb extrem kleiner Abstände zwischen Genen bzw. Mutationsorten „negative Interferenz" gefunden: Hier ist C größer als 1; es treten mehrere Crossing-over-Ereignisse nebeneinander auf.

10.7.4. Mitotisches Crossing-over

Die Mitose garantiert in ihrem Ablauf die gleichmäßige Verteilung der Chromatiden und ihrer Gene auf die Tochterzellen. Dennoch kann es in mitotisch sich teilenden Zellen gelegentlich zu Veränderungen kommen, die mit Rekombinationsvorgängen zusammenhängen. In Abschnitt 7.1.6. wurde bereits über das Auftreten von Schwesterchromatidenaustausch berichtet. Da Schwesterchromatiden (nahezu) immer gleiche genetische Information tragen, hat exakter Schwesterchromatidenaustausch keine genetischen Veränderungen zur Folge; anders ist dies bei mitotischem Crossing-over.

In mitotisch sich teilenden Zellkernen bzw. Zellen konnten bei mehreren eukaryotischen Organismen Crossing-over-Vorgänge nachge-

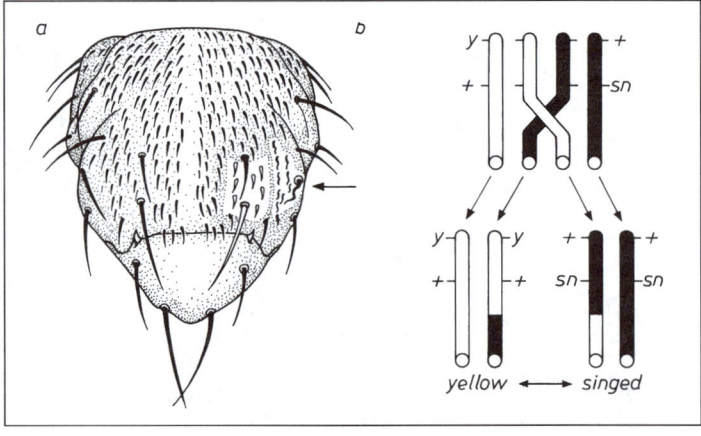

Abb. 10.24. Mitotisches Crossing-over bei *Drosophila melanogaster*, das zum Auftreten von Zwillingsflecken führt. *a* Thorax einer für yellow (*y*) und singed (*sn*) heterozygoten Fliege von Wildtyp-Phänotyp mit eingelagerten Zwillingsflecken, in denen jeweils ein rezessives Allel manifest ist. Im linken Fleck stehen auf hellem Grund 7 gelbe Haare und eine gelbe Borste (yellow homozygot, aber singed⁺). Der rechte Fleck ist wildfarbig pigmentiert, trägt aber 10 Haare und 1 Borste vom singed-Phänotyp (singed homozygot, aber yellow⁺). *b* Die angegebene Chromatidenverteilung in einer Mitose, nachdem mitotisches Crossing-over erfolgt ist, führt nach weiteren Zellteilungen zu dem abgebildeten Zwillingsfleck. Nach Hadorn 1955.

wiesen werden. Zuerst gelang dies bei *Drosophila melanogaster* (Curt Stern 1936). In doppelt heterozygoten Tieren wurden „Zwillingsflecken" gefunden, die jeweils eines der Mutantenmerkmale zeigten, für welche die Tiere ursprünglich heterozygot waren. Das mitotische Crossing-over ereignet sich – wie auch das meiotische Crossing-over – im Vierstrangstadium zwischen zwei Nichtschwesterchromatiden. Wie in Abbildung 10.24. dargestellt, werden bei einer bestimmten Lage des Crossing-over (zwischen dem Centromer und dem Gen *singed*) und einer bestimmten Chromatidenverteilung während der Mitose zwei Tochterzellen gebildet, die sich erblich voneinander unterscheiden und jeweils für ein Mutantenallel homozygot sind (die eine Zelle für *y*, die andere für *sn*). Dadurch entstehen phänotypisch fassbare „Zwillingsflecke". Eine andere Lage des Crossing-over führt zu vergleichbaren Einzelflecken. – In jüngster Zeit ist das Vorkommen von mitotischem Crossing-over auch bei der Sojabohne (*Glycine*) und bei der Maus (*Mus*) berichtet worden.

Mitotisches Crossing-over wurde auch bei mehreren Pilzarten (z. B. der Gattung *Aspergillus*) nachgewiesen. Bei diesen Formen vollzieht sich ein **„parasexueller Zyklus"** (Abb. 10.25.), bei dem drei Vorgänge ineinandergreifen: (1) eine Verschmelzung haploider vegetativer Zellkerne u. U. verschiedener erblicher Konstitution (spontane „Diploidisierung"), (2) mitotisches Crossing-over in diploiden heterozygoten Kernen, als dessen Folge erblich unterschiedliche Kerne entstehen, und (3) eine spontane „Haploidisierung" ursprünglich diploider Kerne. Bei mehreren „imperfekten Pilzen" hat dieser parasexuelle Zyklus den „sexuellen Zyklus" (mit Meiose und meiotischem Crossing-over) vollständig ersetzt. Er gestattet auch diesen imperfekten Taxa die genetische Rekombination und die genetische Anpassung an veränderte Umweltbedingungen. – Die Analyse des mitotischen Crossing-over erlaubte die Aufstellung genetischer Chromosomenkarten, die bezüglich der Gen-Reihenfolge mit den genetischen Chromosomenkarten auf der Basis des meiotischen Crossing-over vollständig übereinstimmen (*Aspergillus nidulans*).

10.8. Cytologische Basis und genetische Kontrolle des Crossing-over

Die *lichtmikroskopische Untersuchung* meiotischer Zellen hat genaue Einsichten in die Vorgänge der meiotischen Prophase vermittelt, während der die mit dem Crossing-

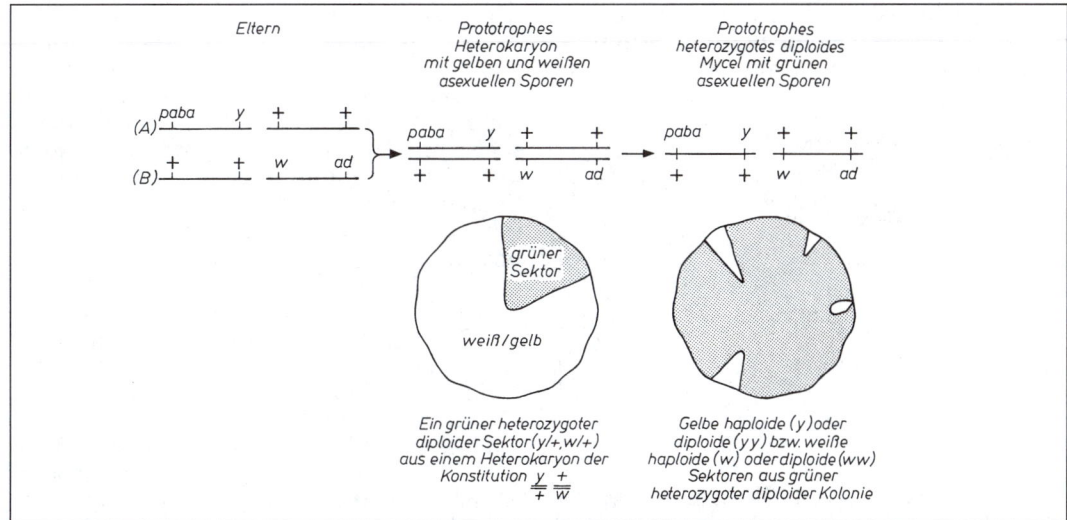

Abb. 10.25. Abläufe des parasexuellen Zyklus von *Aspergillus nidulans*: Die Fusion zweier genetisch unterschiedlicher Mycelien führt zu einem prototrophen Heterokaryon. Durch Kernfusion entsteht daraus ein prototrophes diploides grünes Mycel („Diploidisierung"), in dem weiße oder gelbe Sektoren auftreten, die zum größeren Teil (etwa 85 %) auf mitotisches Crossing-over in diploiden Kernen und zum kleineren Teil (etwa 15 %) auf „Haploidisierung" zurückzuführen sind. Nach Sager und Ryan 1961.

over zusammenhängenden Vorgänge ablaufen (vgl. Kap. 2). Im Zygotän beginnt die Paarung der homologen Chromosomen, die bereits aus zwei Chromatiden bestehen (im cytologischen Bild erscheinen sie aber noch als ein Strang). Im Pachytän ist die Paarung der Homologen vollzogen; es liegen Bivalente vor (Abb. 2.5.). Im Diplotän wird die Homologenpaarung wieder gelöst; die Homologen bleiben durch die Chiasmen miteinander verbunden. Im Diplotän ist – besonders gut im Bereich der Chiasmen – zu erkennen, dass jedes Chromosom aus zwei Chromatiden besteht (Bivalent = Chromatidentetrade); ein Chiasma ist, cytologisch ausgedrückt, die Stelle des Partnerwechsels von zwei Nichtschwesterchromatiden. Da ein Chiasma die Folge eines Crossing-over-Ereignisses ist, muss das Crossing-over in der meiotischen Prophase zeitlich vor dem Diplotän erfolgt sein.

Die *elektronenmikroskopische Analyse* der meiotischen Prophase hat weitere wichtige Feststellungen gebracht: Die Rekonstruktion ganzer prophasischer Zellkerne aus Serienschnitten zeigte, dass alle Chromosomen mit ihren beiden Enden (Telomeren) an der Kernmembran festhaften. Weiter ist der Nukleolenbildungsort direkt mit dem Nukleolus verbunden, der seinerseits meist Kontakt mit der Kernmembran hat. – Eine wesentliche Bedeutung für das Crossing-over hat eine bei der Chromosomenpaarung (nahezu) aller Eukaryoten nachweisbare Struktur: der **synaptische** (= **synaptonemale**) **Komplex** (Abb. 10.26.). Er besteht aus zwei seitlichen

Komponenten, zwischen denen ein weniger elektronendichter, zentraler Raum liegt; in dessen Mitte befindet sich die sog. Zentralkomponente. Die seitlichen Komponenten haben einen Abstand von ca. 90–120 nm; die Zentralkomponente ist 10–30 nm dick. Durch den synaptischen Komplex werden die gepaarten homologen Chromosomen in einem konstanten Abstand voneinander gehalten. Offenbar befinden sich in dem zentralen Raum Moleküle chromosomaler DNA. An der Zentralkomponente wurden kugelartige Körperchen („recombination nodules") gefunden, die in ihrer Häufigkeit in etwa mit der Anzahl der später beobachteten Chiasmen korrelieren. Solche „nodules" fehlen völlig bei solchen Formen, bei denen kein Crossing-over auftritt (z. B. in Männchen von *Drosophila* und in Weibchen von *Bombyx*). Der synaptische Komplex ist über die gesamte Länge der gepaarten Chromosomen vorhanden.

Die Vorgänge der Chromosomenpaarung und des Crossing-over – wie der gesamte Meioseablauf – stehen unter strikter genetischer Kontrolle.

Dies wird dadurch offenkundig, dass im Laufe der Zeit immer mehr Gene erfasst werden, deren Mutation (oder deren Fehlen) zu jeweils sehr spezifischen Defekten im Meioseablauf führen. – Durch mutierte Gene kann die Homologenpaarung ganz verhindert (Asynapsis) oder zu zeitig wieder gelöst werden (Desynapsis).

Andere Mutationen reduzieren die Häufigkeit von meiotischer Rekombination merklich, drastisch oder völlig; dabei beeinflussen bestimmte Mutationen die Rekombination zwischen verschiedenen Genen, während andere die Rekombination innerhalb eines Gens unterdrücken; wieder andere Mutationen verschieben das Verhältnis von reziproker zu nichtreziproker Rekombination (= Konversion, vgl. 10.9.). Auch die Tatsache, dass bei mehreren Arten deutliche Unterschiede in der Crossing-over-Häufigkeit zwischen männlichem und weiblichem Geschlecht bestehen (bei Ratten, Mäusen, Heuschrecken) oder das Crossing-over in einem Geschlecht völlig ausfällt (*Drosophila*-Männchen, *Bombyx*-Weibchen), ist genetisch festgelegt. Störungen im Zusammenwirken genotypischer und plasmotypischer Erbanlagen – z. B. nach Art- oder Gattungskreuzungen – können den Meioseablauf drastisch beeinträchtigen. Auch Chromosomenmutationen können eine spezifische

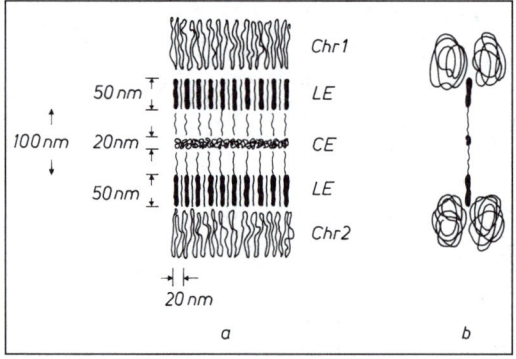

Abb. 10.26. Schematische Zeichnung des synaptischen Komplexes des Pilzes *Neotiella* zwischen zwei homologen Chromatidenpaaren (Chr 1 und Chr 2). Die lateralen Elemente (LE) zeigen Bänderung, was bei vielen anderen Organismen nicht der Fall ist. *CE* Zentralelement. *a* Längsschnitt, *b* Querschnitt im Pachytän. Nach Westgaard und v. Wettstein aus Catcheside 1977.

Wirkung auf die Rekombinationshäufigkeit ausüben.

Sehr aufschlussreiche Ergebnisse über die genetische Kontrolle der Paarungsvorgänge konnten im Verwandtschaftskreis des Weizens erhalten werden (vgl. Abb. 7.16. u. 7.21.)

Der hexaploide Kulturweizen *Triticum aestivum* (2n = 6x = 42) besitzt drei Genome unterschiedlicher Herkunft: das A-Genom von *Triticum urartu*, das B-Genom von *T. searsii* und das D-Genom von *T. tauschii* (= *Aegilops squarrosa*). Die einander entsprechenden Chromosomen der unterschiedlichen Genome (z. B. Chromosomen 1A, 1B und 1D) werden als „homoeolog" bezeichnet; nur die beiden Chromosomen 1A des hexaploiden Satzes sind streng „homolog", genauso die beiden 2A oder 3A usw. Im Verlauf der Meiose von *T. aestivum* paaren nur die homologen Chromosomen: 1A mit 1A, 1B mit 1B, 1D mit 1D, 2A mit 2A usw.; Homoeologenpaarung, z. B. 1A mit 1B, findet man praktisch nicht. (In englischen Texten steht oft homeologous statt homoeolog(ous) = homöolog.)

Intensive cytogenetische Untersuchungen mit Hilfe von Monosomen und Nullisomen (vgl. 7.2.3.) haben zur Erkenntnis geführt, dass diese strenge Homologenpaarung unter genauer genetischer Kontrolle steht. Im langen Arm des Chromosoms 5B liegt das Gen *Ph*, welches die strenge Homologenpaarung bewirkt (vgl. 7.2.1.). Ist dieses Gen im Weizengenom nicht wirksam – weil z. B. in 5B-Nullisomen die beiden 5B-Chromosomen fehlen oder die entsprechenden Chromosomenarme fehlen oder vom Gen *Ph* nur ein nichtwirksames Allel vorliegt – dann kommt es sofort zu einer deutlichen Anzahl von Homoeologenpaarungen, z. B. 1A mit 1D oder 2B mit 2D oder 3A mit 3B usw. sowie zu Multivalentbildungen innerhalb der Homoeologen-Klassen. Die bisherigen Untersuchungen führten u. a. zur Hypothese, dass in der prämeiotischen Interphase und in der beginnenden meiotischen Prophase alle (6) jeweils homoeologen Chromosomen in einer gewissen (nahen) Distanz zueinander liegen und dass sich bei Paarungsbeginn unter dem Einfluss des Gens *Ph* jeweils nur streng Homologe paaren, während bei Abwesenheit dieses Gens sich die Homoeologen mehr oder weniger zufällig paaren. – Später wurde gefunden, dass auch noch andere Gene die Wirkung des Gens *Ph* unterstützen, so z. B. Gene in den Chromosomen 3A, 3D und 4D.

Alle diese Befunde belegen die strenge genetische Kontrolle über die Prozesse von Paarung und Rekombination. In jüngster Zeit sind insbesondere bei der Hefe zahlreiche Gene erfasst worden, deren Mutation in ganz spezifischer Weise die Rekombinationsprozesse während der Meiose verändert, stört oder blockiert.

Der Meioseablauf, die Chromosomenpaarung und das Crossing-over können auch durch Umweltverhältnisse merklich beeinflusst und verändert werden. Durch Veränderungen der Temperatur, des Alters der Organismen, der Ernährung und vergleichbare Einflüsse kann die Rekombinationshäufigkeit verändert werden.

10.9. Molekulare Mechanismen der Rekombination und Konversion

Es besteht heute Einmütigkeit darüber, dass eine Chromatide (eines Prophasechromosoms) von einer kontinuierlichen DNA-Doppelhelix durchzogen wird, die durch Verbindung mit Nukleosomen spezifisch verpackt und durch Spiralisierung höherer Ordnung die „normale" Form einer Chromatide erhält (vgl. Kap. 2). Die meiotische Rekombination, das Crossing-over, vollzieht sich somit zwischen DNA-Doppelhelices.

Biochemische Untersuchungen haben genaue Einsichten in den Ablauf der DNA-Synthese während der prämeiotischen S-Phase und der Meiose erbracht. Die DNA-Synthese in der prämeiotischen S-Phase dauert deutlich länger als in einer prämitotischen S-Phase, aber sie ist unvollständig; z. B. bei *Lilium* wird ca. 0,3 % der Chromosomen-DNA in der prämeiotischen Interphase nicht repliziert. Andererseits aber liegen ungewöhnlicherweise in der meiotischen Prophase zwei kleinere Gipfel von neu einsetzender DNA-Synthese, einer im Zygotän und einer im Pachytän. Es wird vermutet, dass einer oder beide dieser Gipfel mit den biochemischen Prozessen des meiotischen Crossing-over im Zusammenhang stehen.

Über die molekularen Mechanismen gibt es eine Reihe von Beobachtungen und zahlreiche Modellvorstellungen, die im Abschnitt 8.5. ausführlich dargestellt worden sind. Sie beziehen sich auch auf die Rekombinationsvorgänge bei Eukaryoten.

Wie in Abschnitt 10.6. und Abbildung 10.15. –10.17. im Detail dargestellt wurde, **ist das Crossing-over in der Regel reziprok.** Dies ist bei Tetradenanalysen als Regelfall immer wieder beobachtet worden (vgl. Tab. 10.3.).

Aber von dieser Regel gibt es bemerkenswerte Ausnahmen, nämlich **nicht reziproke Rekombination: Gen-Konversion.**

Bei der Tetradenanalyse monohybrider Spaltungen von Pilzen wurden – neben überwiegend auftretenden 4:4- bzw. 2:2:2:2-Spaltungen (vgl. 10.6.1.) – selten, aber doch mit einer gewissen Regelmäßigkeit Asci gefunden, die Abweichungen in der monohybriden Spaltung aufweisen (Wildtyp: +; Mutante: m), und zwar folgende: Bei Formen mit 8 Ascosporen (wie *Neurospora, Ascobolus, Sordaria*) 6+:2m, 5+:3m, 3+:5m, 2+:6m und bei Formen mit 4 Sporen (wie Saccharomyces) 3+:1m und 1+:3m. In diesen Fällen ist die Rekombination nicht streng reziprok; man bezeichnet diese Erscheinung als (Gen-)-Konversion.

Die Konversion ist durch folgende Eigenschaften zu kennzeichnen:

- Das Auftreten von nichtreziproker Rekombination (= Konversion) in einem Gen ist oft korreliert mit dem Auftreten von reziproker Rekombination (Crossing-over) für die gleichzeitig mitgeprüften Außenmarkierungen zu beiden Seiten dieses Gens.

- In einer Reihe von Fällen scheint die Rekombination innerhalb eines Gens zum großen Teil nichtreziprok, somit eine Konversion zu sein (z.B. bei *Ascobolus immersus*).

- Bei einigen Genen bestimmter Objekte (z.B. *Ascobolus immersus*) ist die Konversion innerhalb eines Gens polar, d.h. bei Kombination von zwei Mutationsorten eines Gens in einer Heterozygoten tritt nach Rekombination ein Mutationsort in den Asci zahlenmäßig bevorzugt auf, der andere hingegen seltener (z.B. 6:2), und zwar je nach der Lage innerhalb des Gens, wodurch ein Polaritätsgefälle hervorgerufen wird.

Ausgangspunkt für das Auftreten von Konversion ist zweifellos die Entstehung von Heteroduplexregionen im Prozess der Rekombination (vgl. 8.5.). – Geht man davon aus, dass im Verlaufe der Rekombination (z.B. nach dem Modell von Szostak oder Holliday) in dicht benachbarten Bereichen zweier Nichtschwesterchromatiden zwei Heteroduplexregionen entstanden sind (Abb. 8.27. u. 8.28.), so lassen sich die unterschiedlichen Typen von Konversions-Asci in

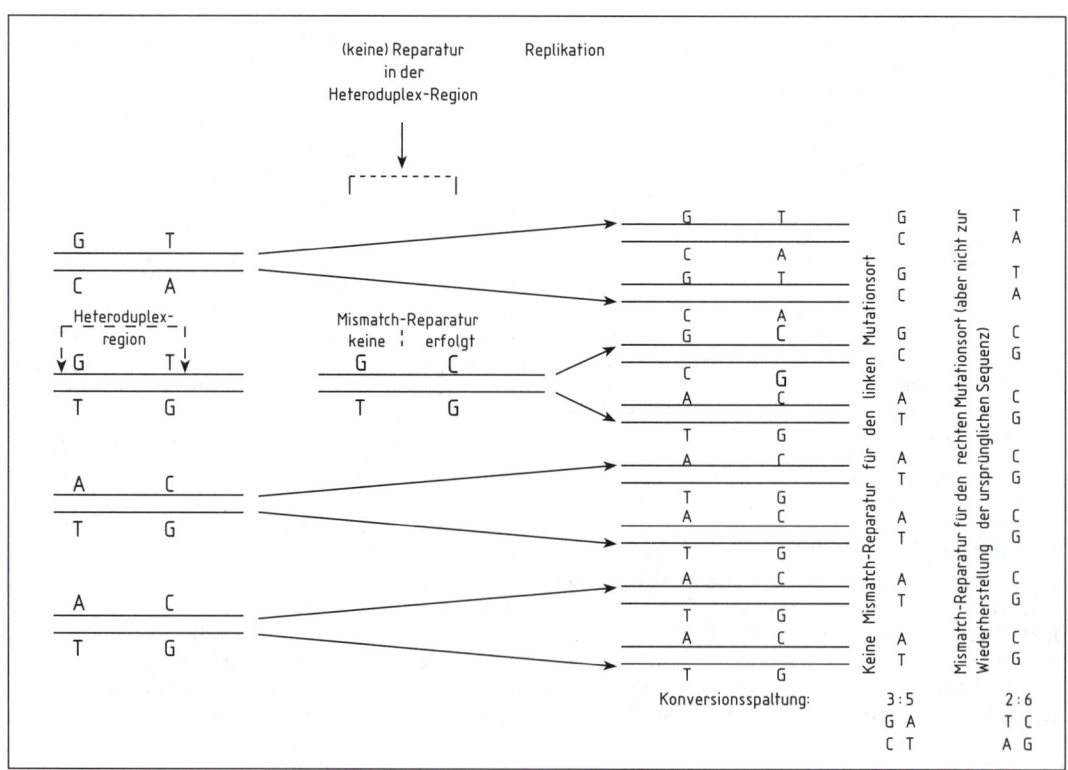

Abb. 10.27. Schema für das Zustandekommen von Gen-Konversion mit oder ohne Mismatch-Reparatur.

folgender Weise erklären: Wird die Heteroduplexregion nicht durch Reparatur beseitigt, sondern erst im Verlaufe der beiden meiotischen und der anschließenden mitotischen Teilungen bis zur Sporenbildung aufgelöst, so kommt es – wie im Schema der Abbildung 10.27. dargestellt – zu einer 5+:3m- oder 3+:5m-Spaltung. Wird hingegen das „falsche Basenpaar" (z. B. T-G) durch Reparatur in ein korrekt paarendes Basenpaar (z. B. C-G) umgewandelt, das aber dem ursprünglichen Basenpaar (T-A) nicht entspricht, so kommt es zu einer 2+:6m- oder 6m:2+-Aufspaltung. Beide Aufspaltungen repräsentieren eine Konversion.

Die Konversion ist ziemlich weit verbreitet; so konnte sie nicht nur bei vielen Pilzen, wie *Saccharomyces, Neurospora, Ascobolus* und *Sordaria*, sondern auch bei der Fruchtfliege *Drosophila melanogaster* nachgewiesen werden. Ihr Auftreten hat die Entwicklung und Ausarbeitung der unterschiedlichen Modelle für den molekularen Mechanismus der Rekombination stark gefördert, weil diese Modelle in der Lage sein müssen, das Auftreten von reziproker wie auch nichtreziproker Rekombination gleichermaßen verständlich zu machen.

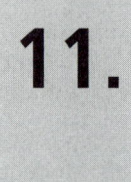

11. Übertragung und Rekombination extranukleärer Erbanlagen bei Eukaryoten – plasmatische Vererbung

Bei den Eukaryoten liegen Erbanlagen nicht nur in den Chromosomen des Zellkerns (Genotypus), sondern auch in plasmatischen Zellbestandteilen, den Plastiden, den Mitochondrien (vielleicht auch noch in anderen Zellbestandteilen, z. B. den Centriolen?); diese extranukleären Erbanlagen bilden den **Plasmotypus**.

Der erste Schritt zum Studium der plasmatischen Vererbung ist der sichere Nachweis für das Vorliegen eines extranukleären Erbganges des Merkmalsunterschiedes. Dieser Nachweis beruht hauptsächlich auf drei Kriterien:

(1) Dem *Nicht-Mendeln*: Der untersuchte Merkmalsunterschied folgt nicht den Mendelschen Gesetzen für den mono-, di-, tri-, oder polyhybriden Erbgang.

(2) Dem Auftreten von *Reziprokenunterschieden*: In fast allen Fällen treten nach reziproken Kreuzungen Unterschiede auf, und zwar in der Weise, dass (meist) der mütterliche Elter einen (quantitativ) stärkeren Einfluss auf die Merkmalsbildung nimmt als der väterliche.

(3) Der *Entmischung* der Erbträger: Wenn Zellen erblich unterschiedliche plasmatische Erbträger besitzen, so kommt es im Verlaufe der mitotischen Zellvermehrung sehr oft zur Entmischung der erblich unterschiedlichen Erbträger.

Der Nachweis des Vorliegens plasmatischer Vererbung auf der Basis dieser drei Kriterien wird ergänzt durch den Ausschluss von Fehlermöglichkeiten, wie: Scheinvererbung, Besonderheiten in der Vermehrungsweise, Prädetermination und andere Sonderfälle der chromosomalen Vererbung sowie Dauermodifikationen (Hagemann 1964).

Der zweite Schritt in der Analyse der extranukleären Vererbung ist die Zuordnung der erfassten extranukleären Erbanlagen zu bestimmten Erbträgern, d. h. den Plastiden oder den Mitochondrien.

11.1. Plastidenvererbung

Die Plastiden der Pflanzen sind Träger primärer genetischer Information. Die Gesamtheit ihrer Erbanlagen heißt das **Plastom**. Das Plastom ist verankert in der Plastiden-DNA (= Chloroplasten-DNA).

11.1.1. Plastidenvererbung bei höheren Pflanzen

Bei Blütenpflanzen gibt es drei Typen von Vererbungs-Modi der Plastiden: (1) uniparental mütterliche, (2) biparentale und (3) uniparental väterliche Plastiden-Vererbung.

Die Mehrzahl der Angiospermen-Arten zeigt einen *uniparental mütterlichen* Erbgang der erblichen Plastidenunterschiede.

Die bei *Antirrhinum, Arabidopsis, Epilobium, Hordeum, Lycopersicon, Mirabilis, Nicotiana, Primula, Triticum* u. a. auftretenden gescheckten Pflanzen übertragen den Merkmalsunterschied grün-weiß (oder grün-gelb) uniparental ausschließlich durch die Mutter: Grüne Äste geben nur grüne Nachkommen, weiße Äste geben nur weiße Nachkommen; gescheckte Äste liefern grüne, weiße und gescheckte Pflanzen (Abb. 11.1). Kreuzungen führen zum selben Resultat wie Selbstbestäubungen; die Herkunft des Pollens von verschiedenen Ästen hat keinen Einfluss auf die Zusammensetzung der Nachkommenschaft.

Ein *biparentaler* Erbgang von elterlichen Plastidenunterschieden wurde bei relativ wenigen Gattungen von Angiospermen nachgewiesen, dort aber als regelmäßiger Vorgang. Bei ihnen übertragen sowohl die Eizellen als auch die Spermazellen des Pollens Plastiden

Abb. 11.1. Durch Plastidenentmischung gescheckte Pflanze von *Antirrhinum majus* mit verschiedenfarbigen Ästen (rein grün, rein weiß, grün-weiß gescheckt). Nach Hagemann 1964.

in die Zygote, d. h. hier gelangen mütterliche und väterliche genetische Plastideninformationen in die nächste Generation.

Innerhalb dieser Gattungen lassen sich drei Untergruppen unterscheiden:

(1) In den Gattungen *Oenothera* und *Hypericum* zeigt sich nach reziproken Kreuzungen ein klares Übergewicht der Mutter: Kreuzung ♀ grün × ♂ weiß ergibt viele grüne, außerdem gescheckte und fast keine weißen Keimlinge; hingegen ergibt ♀ weiß × ♂ grün viele weiße, zahlreiche gescheckte und fast keine grünen Keimlinge.

(2) In der Gattung *Pelargonium* sind die Plastiden-Beiträge von Mutter und Vater etwa gleich, auch wenn es in unterschiedlichen Kreuzungskombinationen sehr große Schwankungen gibt.

(3) Diejenigen Fälle, in denen ein sehr starkes Übergewicht des Vaters bei der Plastiden-Übertragung erfolgt, sind bei Angiospermen sehr selten (Beispiel: *Medicago sativa*, Luzerne), bei Gymnospermen aber häufiger. Bei *Cryptomeria japonica* (*Iaxodiaceae*)

wurden starke Reziproken-Unterschiede mit massivem väterlichen Übergewicht beobachtet:
grün × weiß: 111 grüne, 284 gescheckte, 3.386 weiße Keimlinge, aber
weiß × grün: 22 weiße, 49 gescheckte, 8.618 grüne Keimlinge.

Eine *uniparental väterliche* Vererbung der Plastiden wurde bisher nur für eine Angiospermen-Gattung berichtet, für *Actinidia* (zu ihr gehört *A. deliciosa*, die Kiwi-Pflanze); hingegen für mehrere Gymnospermen-Gattungen (*Pinus, Larix, Pseudotsuga*).
Diese Mitteilungen basieren jedoch nur auf der Analyse von Restriktionsmustern der Plastiden-DNA von F_1-Pflanzen und nicht auf Kreuzungsergebnissen. Daher erscheint es nicht ausgeschlossen, dass zumindest bei einem Teil der Fälle in Wirklichkeit eine biparentale Plastiden-Vererbung mit stark väterlichem Übergewicht vorliegt.

Cytologische Grundlagen der Plastiden-Vererbung: Bei den Arten mit uniparental mütterlicher Plastiden-Vererbung wurden drei unterschiedliche Mechanismen erfasst (Tab. 11.1.). Bei vielen Arten (*Lycopersicon, Gossypium*) werden im Laufe der Pollenreifung die Plastiden aus der generativen Zelle ausgeschlossen, bei anderen (*Solanum*) in den generativen Zellen abgebaut, dadurch entstehen Spermazellen ohne Plastiden. Bei anderen Arten (*Triticum*) werden die Plastiden (und Mitochondrien) beim Befruchtungsvorgang vom Spermakern abgestreift und gelangen so nicht in die Zygote.
Demgegenüber sind bei den Arten mit biparentaler oder väterlicher Plastiden-Vererbung in den Spermazellen, welche die Eizelle befruchten, zahlreiche Plastiden (und Mitochondrien) vorhanden (Tab. 11.1.).
Bei den allermeisten Angiospermen enthalten die Eizellen zahlreiche Plastiden. Bei einigen Gymnospermen haben elektronenmikroskopische Untersuchungen eine starke Reduktion der Plastiden in den Eizellen erwiesen, gelegentlich sogar das (fast) vollständige Fehlen.

Plastiden-Entmischung, Mischzellen: Gescheckte Pflanzen (Abb. 11.1.) entstehen aus Zygoten, die zwei erblich verschiedene Plastidensorten enthalten: normale ergrünungsfähige („grüne") und mutierte, nicht normal ergrünungsfähige („bleiche") Plastiden. Bei den Zellteilungen der zum Embryo und schließlich zur vollentwickelten Pflanze auswachsenden Zygote werden die Plastiden zufallsgemäß auf die Tochterzellen verteilt. Dabei kommt es zu Entmischungen, zur Entstehung rein grüner und rein weißer Zellbezirke neben noch gescheckten Bereichen (Theorie der Plastidenentmischung, Baur 1909).

Tab. 11.1. Plastiden-Gehalt in generativen und Sperma-Zellen von Angiospermen und der Modus der Plastiden-Vererbung. Nach Hagemann 1992.

Art	GZ	SZ	VM
Lycopersicon-Typ			
Antirrhinum majus	–	–	um
Beta vulgaris	–	–	um
Chlorophytum comosum	–		um
Gossypium hirsutum	–	–	um
Lycopersicon esculentum	–		um
Mirabilis jalapa	–		um
Petunia hybrida	–		um
Solanum-Typ			
Convallaria majalis	(–)		
Epilobium spec.			um
Fritillaria imperialis	(–)		
Hosta ventricosa	(–)		
H. japonica	(–)		um
Solanum chacoense	(–)		
S. tuberosum	(–)		
Triticum-Typ			
Hordeum vulgare	+	+	um
Triticum aestivum	+	+	um
Pisum sativum	+	+	um
Zea mays		+	um
Pelargonium-Typ			
Oenothera erythrosepala	+	+	b
Oe. hookeri	+	+	b
Pelargonium zonale	+	+	b
Plumbago zeylanica	+	+	b
Rhododentron spec.	+	+	b
Medicago sativa	+	+	b

Dies ist ein Auszug aus der Tabelle 1 von Hagemann und Schröder (1989), welche die Namen und Zitate der Autoren enthält, welche die einzelnen Arten bearbeitet haben.

GZ   generative Zelle
SZ   Spermazelle
VM   Vererbungsmodus
um   uniparental mütterliche Vererbung
b   biparentale Vererbung
–   keine Plastiden gefunden
+   Plastiden vorhanden
(–)   Plastiden in jungen Zellen vorhanden, aber in reifen generativen Zellen fehlend

Bei der Plastidenentmischung sind neben Zellen mit nur ergrünungsfähigen Plastiden und nur nicht ergrünungsfähigen Plastiden meist auch noch Zellen vorhanden, in denen ohne vermittelnde Übergänge ergrünte Chloroplasten und bleiche Plastiden nebeneinander vorkommen: Mischzellen. Solche Mischzellen wurden licht- und elektronenmikroskopisch bei einer ganzen Reihe von Arten zweifelsfrei nachgewiesen (Abb. 11.2.).

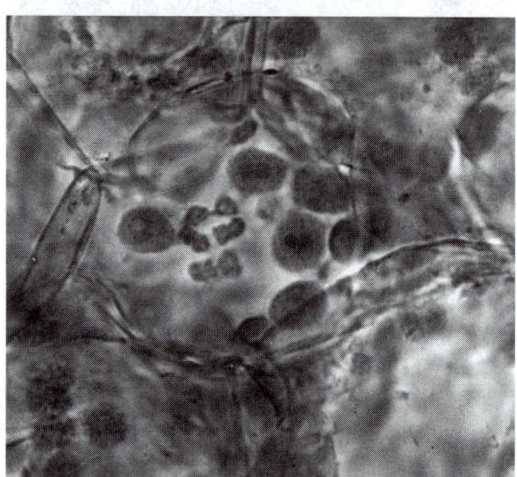

Abb. 11.2. „Mischzelle" von *Antirrhinum majus* mit großen, normal grünen Plastiden (die z. T. Stärkekörner enthalten) und kleineren, mutierten weißen Plastiden (oft mit Vakuolen) innerhalb derselben Zelle. Nach Hagemann 1964.

Entmischungsmuster: Pflanzen, deren Scheckung auf Plastidenentmischung zurückgeht, weisen ein typisches Entmischungsmuster auf, dessen Erscheinungsformen sich im Laufe der Individualentwicklung wandeln (Abb. 11.1.): Die ersten Blätter zeigen eine feine mosaikartige Scheckung, die sich in einigen Trieben bis in die Blütenregion erhalten kann (bei uniparental mütterlicher Vererbung sind nur von Blüten solcher Triebe wieder gescheckte Nachkommen zu erhalten). Bald treten größere, einfarbige, grüne oder bleiche Bezirke auf, schließlich rein grüne und rein bleiche Triebe (Abb. 11.1.) sowie Äste, die Sektorial- oder Periklinalchimären sind. – In Infloreszenzen sind die Samen, die grüne, gescheckte oder weiße Nachkommen liefern, gruppenweise verteilt; die Samen, die gescheckte Keimlinge ergeben, liegen bevorzugt an den Grenzen zwischen grünen (Nachkommen grün) und bleichen Bezirken

(Nachkommen bleich). Diese Gruppenbildung ist auf Grund der Plastidenentmischungstheorie zu erwarten. – Die Geschwindigkeit der realen Plastidenentmischung stimmt größenordnungsmäßig mit den Resultaten von statistischen Berechnungen wie auch von Modellversuchen überein, die von einer zufälligen Entmischung der Erbträger und von einer Anzahl von Erbträgern je Zelle ausgehen, die der Anzahl der Plastiden in den Zellen entspricht (vgl. Hagemann 1964).

In jüngster Zeit ist es gelungen, teilungsfähige „Mischzellen" durch die Fusion von Protoplasten somatischer Pflanzenzellen mit erblich unterschiedlichen Plastiden (z. B. einerseits normal grünen, andererseits mutierten weißen) zu erzeugen. Derartige „somatische Bastardzellen" (vgl. 12.9.) können zu ganzen Pflanzen regenerieren, welche durch die Plastidenentmischung gescheckt werden.

11.1.2. Plastidenvererbung bei *Chlamydomonas reinhardtii*

Bei dem einzelligen Flagellaten *Chlamydomonas reinhardtii* wurde eine Vielzahl von spontan aufgetretenen oder experimentell induzierten extranukleären Mutationen isoliert (vgl. 7.3.1.), die Plastidenmutationen sind. Sie bewirken Photosynthesedefekte, Herbizidresistenzen oder Antibiotikaresistenzen. Die Zellen dieser *Chlamydomonas*-Art besitzen nur *einen* Chloroplasten.

Bezüglich ihres normalen Individualzyklus ist diese Art ein „reiner Haplont". Sie bildet Isogameten, d. h. morphologisch gleichaussehende Gameten, die aber genetisch zu einem von zwei Paarungstypen gehören, welche zwei Geschlechtern vergleichbar sind (Abb. 11.3.). Diese beiden Paarungstypen werden durch die beiden Allele des Kerngens *mt* bestimmt: der Paarungstyp (+) durch das Allel mt^+ (= mating type +) und der Paarungstyp (–) durch das Allel mt^-. In gewissem Sinne könnte man mt^+ als weiblich und mt^- als männlich bezeichnen. Durch Verschmelzung eines mt^+ – und eines mt^--Isogameten entsteht die diploide Zygote; diese durchläuft normalerweise eine Reifeperiode, in der auch die Meiose abläuft. Danach werden 4 Gonosporen freigesetzt, von denen 2 mt^+ und 2 mt^- sind. (Als normaler Nebenweg kann die diploide Zygote – ohne Meioseablauf – zu einer vegetativen diploiden Zelle auswachsen, aus der durch Zellteilungen ein Klon diploider Zellen hervorgeht.)

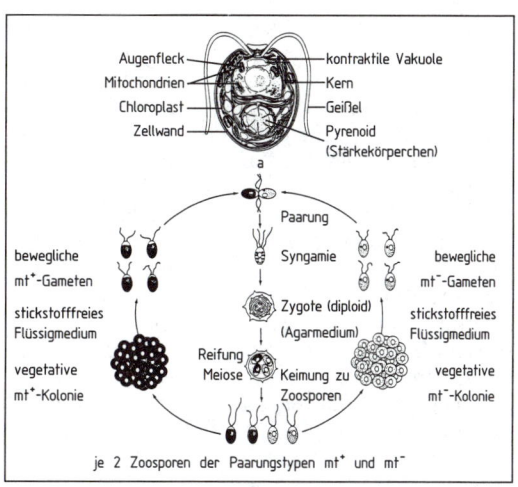

Abb. 11.3. Schema für den zellulären Bau und den Individualzyklus von *Chlamydomonas reinhardtii*. Nach Strickberger 1988.

Kreuzungen zwischen Wildtypzellen und Plastidenmutanten führen in der Regel zu klaren Reziprokenunterschieden unter den haploiden Nachkommen. In den Nachkommenschaften tritt im „Normalfall" jeweils nur das Merkmal auf, dessen Anlage von der mt^+-Zelle („weiblich") in die Zygote übertragen wird, während die vom mt^--Elter („männlich") übertragene Anlage in den Nachkommen nicht mehr erscheint (Abb. 11.4.). Ein solcher *uniparentaler* „**weiblicher**" Erbgang über den mt^+-Elter wurde für folgende Typen von plastidal kontrollierten Merkmalen fest-

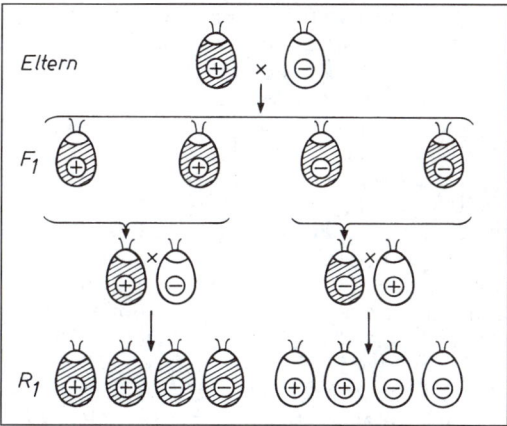

Abb. 11.4. Normaler uniparentaler Erbgang für den extranukleär vererbten Plastidenunterschied Streptomycinresistenz (schraffiert) bzw. Streptomycinempfindlichkeit (weiß) bei *Chlamydomonas reinhardtii*. Es werden nur diejenigen Plastiden-Erbanlagen auf die F₁ bzw. R₁ übertragen, die von dem Elter mit dem Paarungstyp + (mt^+) stammen. Nach Hagemann 1964.

gestellt: Resistenzen gegen eine ganze Reihe von Antibiotika (Streptomycin, Erythromycin, Neamin, Carbomycin, Spiramycin, Cleomycin, Oleandomycin, Spectinomycin) sowie die jeweiligen Sensibilitäten, außerdem Temperatursensibilitäten, Acetat- und Streptomycinabhängigkeiten bzw. -unabhängigkeiten sowie zahlreiche Photosynthesedefekte und Herbizidresistenzen.

Dieser uniparentale Erbgang wird jedoch selten spontan, regelmäßig aber nach UV-Bestrahlung des mt^+-Elters durchbrochen und durch einen biparentalen Erbgang der Plastiden-Erbanlagen ersetzt. *Biparental* vererbende Zygoten enthalten die plastidalen Erbanlagen von beiden Eltern und geben sie an die durch Meiose entstehenden haploiden Gonosporen weiter. Die so gebildeten Gonosporen sind zum Teil noch heterozygot für die verschiedenen Plastidengene. Dann kommt es im Verlaufe der zur vegetativen Vermehrung führenden mitotischen Teilungen regelmäßig zu Entmischungen und damit zu Aufspaltungen für die allelen plastidalen Erbanlagen; so wurden z. B. für den Unterschied Acetatabhängigkeit (*ac1*) bzw. -unabhängigkeit (*ac1*$^+$) Aufspaltungen von etwa 1:1 unter den vegetativen haploiden Nachkommen gefunden. Sehr starke UV-Bestrahlung des mt^+-Elters kann zur völligen Inaktivierung der von diesem Elter normalerweise übertragenen („mütterlichen") plastidalen Erbanlagen führen und damit zu einer „**väterlichen**" Plastiden-Vererbung führen.

Im Regelfall werden bei *Chlamydomonas reinhardtii* – wie oben dargestellt – nur die „mütterlichen" Plastiden-Gene in die Nachkommenschaft übertragen. Bei diesen Vorgängen des Ausschlusses der „väterlichen" Plastiden-Gene spielt offenbar der Paarungstyp-Locus *mt* eine Schlüsselrolle. Er codiert Funktionen, die nur in den Zygoten aktiviert werden; dabei bewirkt das Allel mt^+ einen Schutz der („mütterlichen") vom mt^+-Elter kommenden Plastiden-DNA und gleichzeitig den Abbau der („väterlichen") vom mt^--Elter stammenden Plastiden-DNA. Durch UV-Bestrahlung wird dieser Abbau-Mechanismus abgeschwächt oder ganz ausgeschaltet; dadurch kommt es zu einer biparentalen oder gar „väterlichen" Plastiden-Vererbung.
(Auf die Mitochondrien wirkt dieses mt^+-mt^--Abbausystem gerade umgekehrt; es werden im Regelfall die Mitochondrien-Erbanlagen vom mt^--Elter übertragen.)

Cytologisch-elektronenmikroskopische Untersuchungen haben ergeben, dass es nach der Verschmelzung der mt^+- und mt^--Gameten in den Zygoten von *Chlamydomonas* nicht nur zu einer Kernverschmelzung, sondern auch zu einer Verschmelzung der von den Gameten mitgeführten beiden Chloroplasten zu einem fusionierten Chloroplasten kommt; nach einer gewissen Zeit teilt sich dieser fusionierte Chloroplast wieder, teilt sich danach nochmals, so dass dann jede aus der Meiose hervorgehende Gonospore je einen Chloroplasten enthält. Diese **Chloroplastenfusion** schafft die Möglichkeit, daß die Plastiden-DNAs der beiden Kreuzungspartner, die unterschiedliche genetische Information tragen, direkt miteinander in Kontakt kommen und Rekombinationsvorgänge durchlaufen.

Tab. 11.2. Experimente zum Nachweis von Rekombination von Plastidengenen bei *Chlamydomonas reinhardtii*. Nach Hagemann et al. 1991.

(1) ac2$^+$, ac1, sm3$^+$, sm2$^+$ × (2) ac2, ac1$^+$, sm3, sm2. Nach Sager und Ramanis 1970.

Kreuzungsnachkommenschaft

				Anzahl	
ac2$^+$	ac1	sm3$^+$	sm2$^+$	107	Elterntyp 1
ac2	ac1$^+$	sm3	sm2	100	Elterntyp 2
ac2$^+$	ac1	sm3	sm2	20	
ac2	ac1$^+$	sm3$^+$	sm2$^+$	35	
ac2$^+$	ac1	sm3	sm2$^+$	13	
ac2	ac1$^+$	sm3	sm2$^+$	21	
ac2$^+$	ac1$^+$	sm3	sm2	9	
ac2$^+$	ac1$^+$	sm3$^+$	sm2$^+$	8	
ac2$^+$	ac1$^+$	sm3	sm2$^+$	2	

(1) ery2$^+$, nr$^+$, spr$^+$, sm2 × (2) ery, nr, spr, sm2$^+$. Nach Harris et al. 1977.

Kreuzungsnachkommenschaft

				Anzahl	
ery$^+$	nr$^+$	spr$^+$	sm2	3 257	Elterntyp 1
ery	nr	spr	sm2$^+$	2 208	Elterntyp 2
ery	nr$^+$	spr$^+$	sm2	72	
ery$^+$	nr	spr	sm2$^+$	84	
ery	nr$^+$	spr$^+$	sm2$^+$	85	
ery$^+$	nr$^+$	spr$^+$	sm2$^+$	649	
ery$^+$	nr	spr	sm2	1	
ery	nr	spr	sm2	1	

(Die anderen möglichen Rekombinationstypen traten in diesem Versuch nicht auf)

11.1.3. Rekombination plastidaler Gene bei *Chlamydomonas*

Die Kreuzung von *Chlamydomonas*-Mutantenlinien mit unterschiedlichen plastidalen Erbunterschieden und die anschließende genetische Analyse führte zur Entdeckung von Kopplung und Rekombination plastidaler Gene.

In den entsprechenden Experimenten wurden von den Arbeitsgruppen von Sager (1972) sowie Gillham und Boynton (1979, 1991) folgende Merkmalsunterschiede verwendet (dabei bezeichnet das Mutantensymbol jeweils die Mutante und das Symbol + den entsprechenden Wildtyp bzw. die Antibiotikasensibilität): *ac1* und *ac2* Acetatbedürftigkeit; *sm2* Resistenz gegen hohe und *sm3* Resistenz gegen niedrigere Dosen von Streptomycin; *ery*, *nr* und *spr* Resistenz gegen Erythromycin, Neamin und Spectinomycin.

In Tabelle 11.2. sind die Ergebnisse von zwei Kreuzungsexperimenten zusammengestellt, welche klar die Rekombination von Plastidengenen demonstrieren: Neben den beiden Elterntypen treten in unterschiedlichen Häufigkeiten die verschiedenen Rekombinantentypen auf. – Aus den zahlreichen bisher durchgeführten Kreuzungsanalysen ergaben sich folgende allgemeine Kennzeichen der Rekombination von Plastidengenen bei *Chlamydomonas*, dem bisher einzigen Objekt, bei dem regelmäßige Rekombination von Plastidengenen nachgewiesen werden konnte:

- Aus der Häufigkeit, mit der die verschiedenen Typen von Rekombinanten auftreten, lassen sich (auf der Basis der prinzipiell gleichen Voraussetzungen, die auch der Konstruktion genetischer Chromosomenkarten von Kerngenen zugrunde liegen) genetische Chromosomenkarten für die verschiedenen Plastidengene aufstellen.

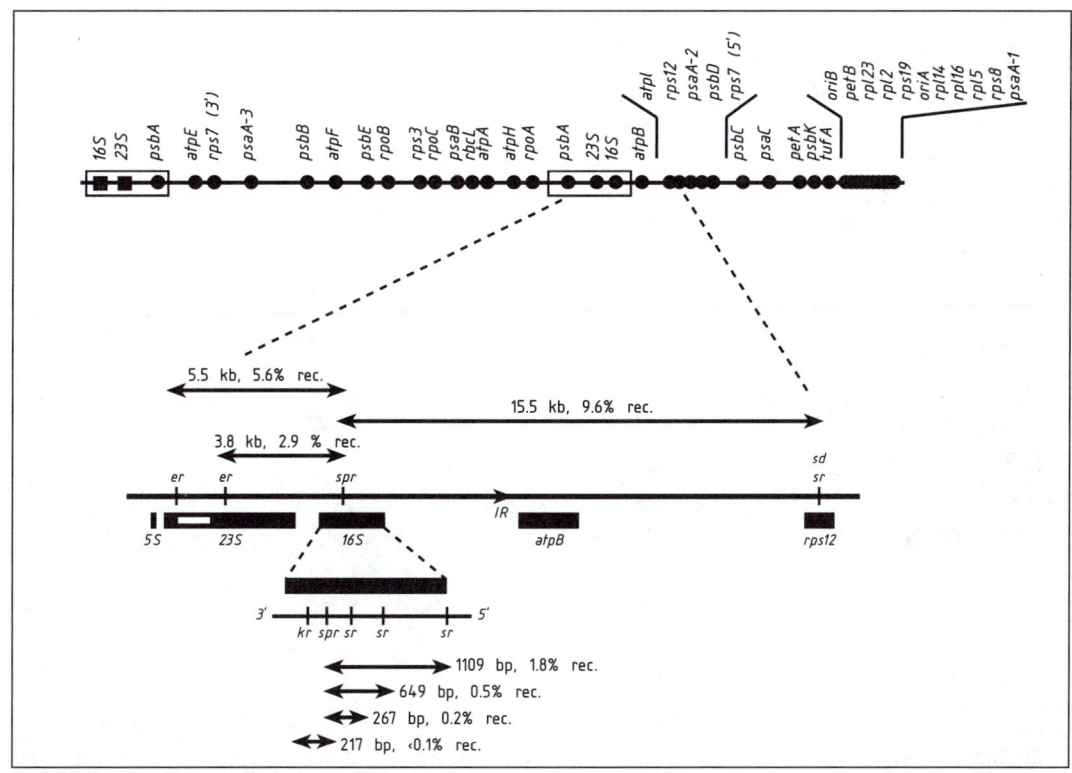

Abb. 11.5. *Oben*: Physische Karte des Plastiden-Genoms von *Chlamydomonas reinhardtii* mit wichtigen Genen. *Unten*: Ein Kartenabschnitt mit der Lage der Mutationsorte für die Antibiotika-Resistenzen gegen Erythromycin (*er*), Kanamycin (*kr*), Spectinomycin (*spr*), Streptomycin (*sr*) sowie Streptomycin-Abhängigkeit (*sd*) und das ATPase-Gen *B* (*atpB*), die Gene für die 5S-, 23S- und 16S-rRNA und *rps12*. Angegeben sind die Rekombinationshäufigkeiten (= rec.) zwischen verschiedenen Mutationsorten. Der dick gezeichnete und mit dem Pfeil endende Strich bezeichnet das „Inverted Repeat". Nach Harris und Boynton aus Hagemann 1993, verändert.

- Die Rekombinationsprozesse verlaufen zum großen Teil reziprok; es gibt aber auch nicht-reziproke Rekombination (Konversion bzw. Site-spezifische Transposition) zwischen Plastiden-Genen.
- Mit der zunehmenden Anzahl der in die Analysen einbezogenen Plastiden-Gene wurde die Aufstellung längerer Plastiden-Chromosomen-Karten möglich. Die in den Rekombinationsversuchen verwendeten Antibiotika-Resistenz-Gene konnten auf einer linearen Chromosomenkarte angeordnet werden (vgl. Abb. 11.5.).

- Die Einordnung der o. g. Plastiden-Gene in die physische Karte der Plastiden-DNA von *Chlamydomonas* zeigte, dass die Gruppe der kartierten Gene im „Invertierten Repeat" (IR) der Plastiden-DNA liegt, und zwar im Bereich der rRNA-Gene und der benachbarten Gene *psbA, atpB* und *rps12*. In diesem Abschnitt konnten die genetische und die physische Karte direkt miteinander korreliert werden. Sie zeigen gute Übereinstimmung (Abb. 11.5.).

Tab. 11.3. Dichte, GC-Gehalt, Konturlänge und Größe der Plastiden-DNA ausgewählter Species

Species	Dichte $(g \cdot cm^{-3})$	GC (mol %)	Kontur-länge (µm)	kbp
Flagellaten und Algen				
Euglena gracilis	1,685	25,5	44,5	143,2
Clamydomonas reinhardtii	1,695	35,7	62,0	204,0
Chlamydomonas moewusii	1,695	–	–	292,0
Codium fragile	–	–	–	85,0
Acetabularia spec.	–	–	–	400,0
Vaucheria sessilis	1,695	35,7	36,0	118,5
Pavlova lutherii	–	–	–	115,0
Pylaiella litoralis	–	–	–	133,0 + 58,0
Moose				
Marchantia polymorpha	1,695	35,0	32,0	121,0
Sphaerocarpes donnellii	–	–	38,5	144,0
Farne				
Asplenium nidus	–	–	44,0	144,8
Pteris vittata	–	–	43,0	141,5
Osmunda regalis	–	–	44,0	144,0
Angiospermen				
Monocotyledonen				
Oryza sativa	1,695	35,7	44,0	134,5
Triticum vulgare	1,698	38,8	–	135,0
Zea mays	1,698	38,8	–	140,4
Avena sativa	1,698	38,8	42,4	139,6
Allium cepa	1,6964	37,1	–	
Narcissus pseudonarcissus	1,697	37,8	44,2	145,5
Dicotyledonen				
Nicotiana tabacum	1,697	37,8	44,0	155,8
Spinacia oleracea	1,696	36,7	43,8	152,3
Vicia faba	1,697	37,8	–	–
Lactuca sativa	1,697	37,8	46,3	152,3
Antirrhinum majus	1,697	37,8	45,9	151,0
Beta vulgaris	1,697	37,8	44,9	147,7
Oenothera hookeri	1,697	37,8	45,2	148,8
Pisum sativum	1,6975	38,3	42,7	140,6
Pelargonium zonale	1,697	37,8	–	217,0

11.1.4. Aufklärung der molekularen Struktur und Codierungskapazität der Plastiden-DNA

11.1.4.1. Struktur und Organisation

Die Plastiden, die cytologische Kontinuität als Organellen haben, enthalten spezifische DNA, die Plastiden-DNA (Tab. 11.3.), in der die genetische Information der Plastiden, das Plastom, verankert ist. Die Plastiden-DNA (= ptDNA) ist ringförmig (vgl. Abb. 4.21.) und wird semikonservativ repliziert. Die Plastiden-DNA der allermeisten Pflanzen enthält wenig oder gar kein 5-Methyl-Cytosin. Nach Hitzedenaturierung (90 °C) renaturiert sie nach Abkühlung auf 60 °C schneller als KernDNA und nahezu vollständig; dies ist ein wichtiges Unterscheidungsmerkmal zur KernDNA.
Die Einwirkung von Restriktionsenzymen (der Klasse II) auf Plastiden-DNA führt zu definierten Fragmenten, deren Lage auf den **Restriktionskarten** (Abb. 11.6.) ausgewiesen wird. Durch molekulare Hybridisierung der ptDNA-Fragmente mit unterschiedlichen plastidalen RNA-Molekülen (rRNA, tRNA, mRNA) sowie definierten DNA-Sonden wurde die Konstruktion **physischer Karten** (engl.: physical maps) möglich, auf denen zahlreiche Plastiden-Gene bestimmten Fragmenten zugeordnet werden konnten.
Bisher konnten drei unterschiedliche Struktur- und Organisationsformen der Plastiden-DNA (Abb. 11.6.) charakterisiert werden (die sich noch weiter untergliedern lassen):
(1) Die häufigste Strukturform ist eine Plastiden-DNA mit einem „Invertierten Repeat" (IR) sowie einer großen und einer kleinen unikalen Sequenz (large bzw. small single copy region, LSC und SSC).
Die ptDNAs der meisten Taxa zeigen diese Struktur: *Marchantia, Nicotiana, Oryza, Zea, Chlamydomonas, Pelargonium* u. a. (Abb. 11.6., 11.7.).
Im IR liegen vor allem die Sequenzen für die plastidalen rRNAs (16S, 23S, 4,5S, 5S), außerdem Gene für tRNAs und Polypeptide. Die ptDNA von *Chlamydomonas reinhardtii* ist deutlich größer als die ptDNAs der meisten anderen Arten, außerdem ist die SSC fast so groß wie die LSC. Demgegenüber ist bei *Pelargonium zonale* das IR durch Einbeziehung vieler Protein-Gene stark vergrößert, die LSC stark verkleinert und die SSC fast verschwunden. Bei *Pinus thunbergii* ist demgegenüber das IR auf ganz kleine Abschnitte reduziert.
(2) Bei einigen Leguminosen, so *Vicia faba* und *Pisum sativum*, ist in der Evolution eine der beiden invertierten Sequenzen verloren gegangen; sie besitzen nur noch eine derartige Sequenz (Abb. 11.6.).
(3) Die ptDNA des grünen Flagellaten *Euglena gracilis* und der Rotalge *Porphyra purpurea* hat eine deutlich andere Struktur: keine „invertierten Repeats", sondern eine Tandem-Anordnung der rRNA-Operonen (2× in *P. purpurea*; 3,5 oder 5× in *E. gracilis*). Eine Untergliederung in LSC, IR und SSC ist hier hinfällig (Abb. 11.6.).

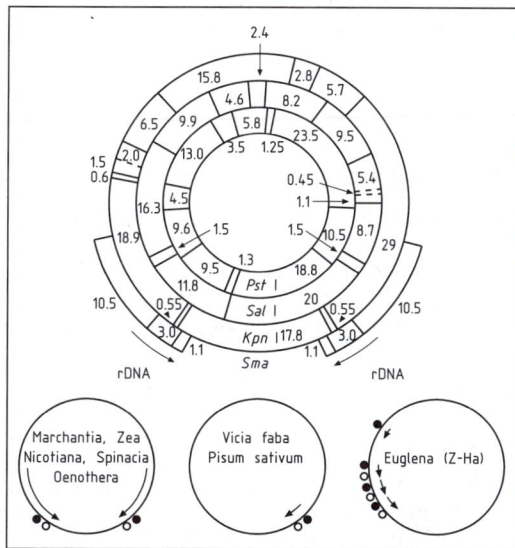

Abb. 11.6. *Oben:* Restriktionskarte der Plastiden-DNA von *Oenothera parviflora* (Plastom IV) nach dem Zerschneiden der ptDNA mit den drei Restriktionsenzymen. *Unten:* Unterschiedliche Strukturformen der ptDNA. Die schwarzen bzw. weißen Punkte markieren die Gene für die 16S- und 23S-rRNA. Nach Hagemann 1993, verändert.

11.1.4.2. Totalsequenz und Codierungskapazität der Plastiden-DNA

Einen sehr wichtigen Fortschritt bei der Aufklärung von Struktur und Codierungskapazität der Plastiden-DNA brachte die im Jahre

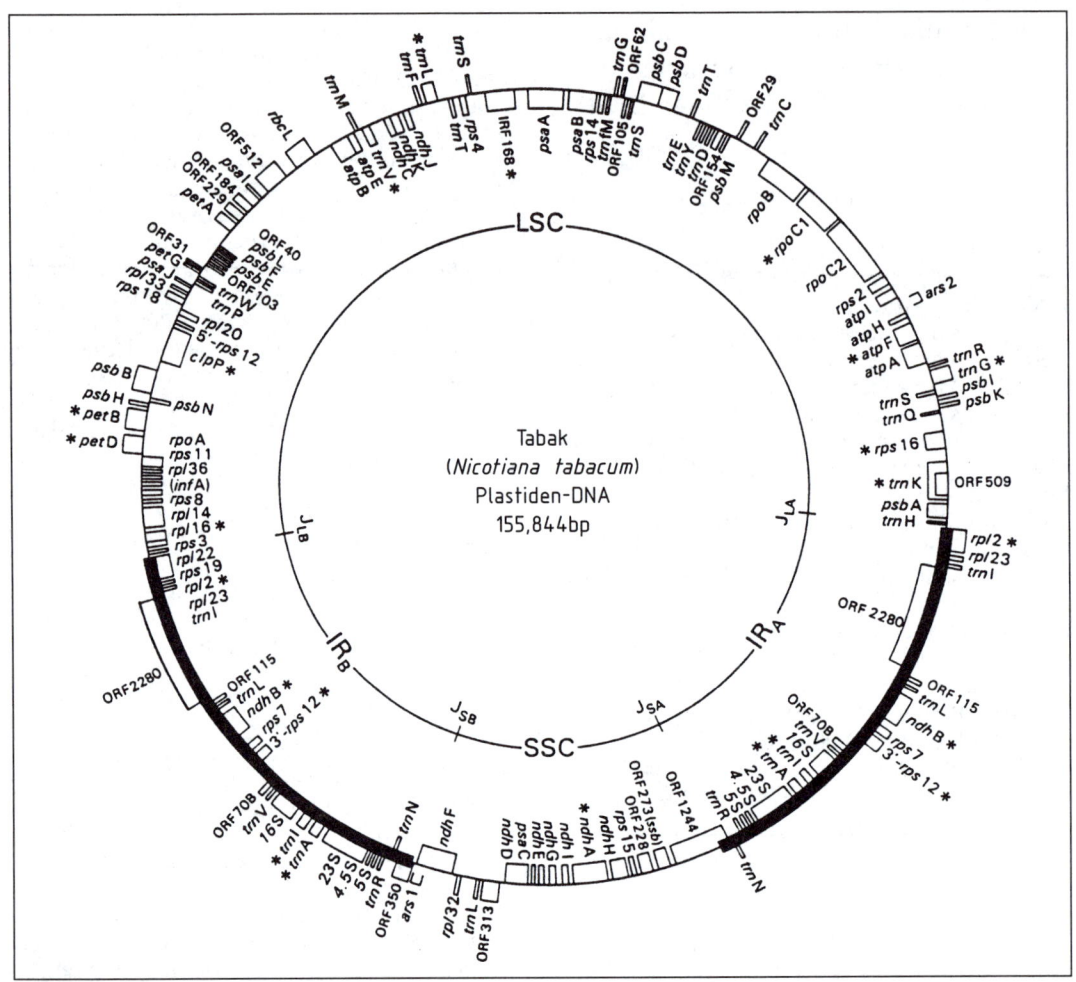

Abb. 11.7. Physische Karte der vollständig sequenzierten Plastiden-DNA des Tabaks, *Nicotiana tabacum*. Nach Sugiura 1992.

1986 erfolgte erste vollständige Sequenzaufklärung der ptDNA von zwei Landpflanzen: dem Lebermoos *Marchantia polymorpha* und des Tabaks *Nicotiana tabacum* (Abb.11.7.). Seitdem wurden die ptDNAs weiterer Arten von Landpflanzen und unterschiedlichen Algen vollständig sequenziert (Tab. 11.4).

Damit wurde die Ausarbeitung kompletter physischer Karten möglich. In ihnen ist die Lage der zahlreichen Plastiden-Gene für rRNAs, tRNAs und Polypeptide genau bezeichnet. Ein Teil der Plastiden-Gene konnte definierten Polypeptiden gegenwärtig noch nicht zugeordnet werden; deshalb werden sie noch als URFs (unidentified reading frames) oder ORFs (open reading frames) bezeichnet.

Die ptDNA der Landpflanzen ist in ihrer Codierungskapazität sehr einheitlich. Sie codiert alle plastidalen rRNAs, tRNAs sowie eine Vielzahl von Proteinen. (Jedoch wird ein anderer, beträchtlicher Teil der plastidalen Proteine vom Zellkern codiert, im Cytoplasma synthetisiert und dann in die Plastiden transportiert.)

Die ptDNA der Landpflanzen codiert

- alle rRNAs der Plastiden (16S, 23S, 5S und oft auch noch 4,5S)
- die tRNAs der Plastiden: 27 bis 32 verschiedene tRNAs
- zahlreiche plastidale Proteine (Tab. 11.5); dabei handelt es sich um viele „Photosynthese-Gene" und um „Genetische System"-Gene (für RNA-Polymerasen, Initiations- und Elongationsfaktoren).

Tab. 11.4. Charakteristika der 11 total sequenzierten Plastiden-DNAs

Art	Gesamt-Basenpaare	LSC	SSC	IR je	tRNA-Gene	rRNA-Gene	Protein-Gene Identifiziert	insgesamt (geschätzt)
Angiospermae:								
Nicotiana tabacum	155 844	86 684	18 482	25 339	30	4	44	80–100
Oryza sativa	134 525	80 592	12 335	20 799	30	4		80–100
Zea mays	140 387	82 335	12 536	22 748	30	4	70	80–100
Epiphagus virginiana	70 028	19 799	4 759	22 735	17	4	21	
Gymnospermae:								
Pinus thunbergii	119 707	65 696	53 021	495	32	4	62	80–100
Bryophyta:								
Marchantia polymorpha	121 024	81 095	19 813	10 058	32	4	44	80–100
Chlorophyta:								
Chlorella vulgaris	150 613	–	–	keine IRs	31	3	77	80–100
Euglenophyta:								
Euglena gracilis	143 170	–	–	keine IRs	27	3	52	80–100
Rhodophyta:								
Porphyra purpurea	191 028	–	–	keine IRs	35	3	213	213–230
Cyanophora paradoxa	135 599	94 946	18 083	11 285	36	3	1 889	189–210
Chromophyta:								
Odontella sinensis	119 704	65 346	38 908	7 725	29	3	143	143–160

Tab. 11.5. Die von der Plastiden-DNA codierten Gene (bei *Marchantia, Nicotiana, Oryza, Zea*)

Photosynthese-Gene für
– Photosystem I-Proteine — psa A, B, C, I, J
– Photosystem II-Proteine — psb A, B, C, D, E, F, G, H, I, K, L, M, N
– Elektronentransport-Proteine — pet A, B, D, G
– H^+-ATPase-Untereinheiten — atp A, B, E, F, H, I
– große Untereinheit der RuBisCo — rbc L

Gene für Bestandteile der Plastiden–Ribosomen
– ribosomale RNAs — 16S, 23S, 4,5S, 5S
– ribosomale Proteine für die kleine Ribosomen-Untereinheit — rps 2, 3, 4, 7, 8, 11, 12, 14, 15, 16, 18, 19
– ribosomale Proteine für die große Ribosomen-Untereinheit — rpl 2, 14, 16, 20, 21, 22, 23, 32, 33, 36

Gene für plastidale tRNAs — 30 bzw. 31 tRNAs

Gene für die plastidale NADH-Dehydrogenase — ndh A, B, C, D, E, F, G, H, I, frxB

Gene für Replikation, Transkription und Translation
– RNA-Polymerase — rpo A, B, C1, C2
– Initiationsfaktor IF-1 — inf A
– Elongationsfaktor EF-Tu (bei *Chlamydomonas*) — tuf A
– ATP-abhängige Protease — clp P
– Intron-Maturase (bei *Epifagus*) — mat K

Nach gut begründeten Schätzungen codiert die ptDNA der Landpflanzen und von *Euglena gracilis* etwa 100 plastidale Proteine. Demgegenüber besitzen die (total sequenzierten) Plastiden-DNAs der Algen eine deutlich größere Codierungskapazität (Tab. 11.4.). Das sehr große Plastiden-Genom von *Porphyra purpurea* (191 kbp) enthält 251 Gene und ORFs; das sind mehr als doppelt so viele Gene wie die Landpflanzen-ptDNA hat. Diese größere Gen-Zahl hat folgende Gründe:

(1) Von den Gen-Gruppen, die auch in Landpflanzen-Plastiden vorkommen, sind mehr Gene in den Plastiden vorhanden: für Photosystem I (6 → 11), ribosomale Proteine (22 → 47), RuBisCo (nicht nur rbcL, auch rbcS, also beide Untereinheiten).

(2) Die Algen-Plastiden-DNA enthält Gen-Gruppen für die Kontrolle der DNA-Replikation und Genexpression sowie für mehrere Biosynthesefunktionen, die bei den Landpflanzen in der Kern-DNA liegen (vgl. Tabelle in Hagemann et al. 1997).

Auch die Plastiden-DNA von *Cyanophora paradoxa* und *Odontelle sinensis* besitzt deutlich mehr Gene als die Landpflanzen.

Dies spricht dafür, dass die Algen-Plastiden evolutionär ursprünglicher sind und deshalb noch mehr Gene enthalten, von denen während der Evolutionsprozesse bis zu den Landpflanzen viele in den Zellkern transferiert worden sind.

11.1.4.3. Transkription, RNA-Prozessing und Translation in Plastiden

Die Transkription der ptDNA erfolgt durch eine ptDNA-codierte RNA-Polymerase *und* durch eine Kern-codierte RNA-Polymerase. Sehr viele Plastiden-Gene sind in Operonen vereinigt und werden polycistronisch transkribiert. Allerdings wird – im Gegensatz zu den Prokaryoten – die polycistronische mRNA in kleinere (oft monocistronische) RNAs zerlegt und dann in Polypeptide übersetzt.

Viele Plastiden-Gene haben eine Exon-Intron-Struktur (vgl. Kap. 15). Sie enthalten Intronen der Gruppen I, II oder III.

Im Verlaufe der RNA-Reifung (Prozessierung) vollziehen sich an den Vorläufer-RNAs (prä-RNAs) Prozesse des **Spleißens** und zwar des Cis-Spleißens und des Trans-Spleißens. Beim

Tab. 11.6. Editing-Ereignisse in Plastiden (ausgewählte Beispiele)

Art	Gen	Editing-Ereignis		Nukleotid-Position in der mRNA	Publikation
Zea mays	rpl 2	ACG	→ AUG (Startcodon, F-Met)	2	Hoch, B. et al.: Nature 353 (1991) 178–180
	ndh B	CCA (Pro)	→ CUA (Leu)	467	Maier, R. et al.: Nucleic Acids Res. 20 (1992) 6189–6194
		CAU (His)	→ UAU (Tyr)	586	
		UCA (Ser)	→ UUA (Leu)	611	
		CCA (Pro)	→ CUA (Leu)	637	
		UCA (Ser)	→ UUA (Leu)	1 534	
		CCA (Pro)	→ CUA (leu)	2 184	
Nicotiana tabacum	psb L	ACG	→ AUG (Startcodon, F-Met)	2	Kudla, J. et al.: EMBO Journ. 11 (1992) 1099–1103
Spinacia oleracea	psb L	ACG	→ AUG (Startcodon, F-Met)	2	Bock, R. et al.: Molec. Gen. Genet. 240 (1993) 238–244
	psb F	UCU (Ser)	→ UUU (Phe)	77	

Cis-Spleißen werden aus einer Vorläufer-RNA, die eine Exon-Intron-Exon-usw.-Struktur besitzt, die Intronen herausgeschnitten. Beim *Trans-Spleißen* werden zunächst – von unterschiedlichen ptDNA-Abschnitten oder vom komplimentären DNA-Strang transkribiert – mehrere RNA-Moleküle gebildet, die danach (durch Trans-Spleißen) zu einem reifen RNA-Molekül zusammengefügt werden (vgl. 11.2.5.5. über entsprechende Prozesse in Mitochondrien, dort auch Abbild.).

An der mRNA zahlreicher Plastiden-Gene wurde – als neuer Vorgang der RNA-Prozessierung – **RNA-Editing** beobachtet. Sein Hauptcharakteristikum ist die sekundäre Veränderung der Nukleotid-Sequenz einer prä-mRNA; dadurch wird die primäre Nukleotidsequenz der prä-mRNA, die ein nichtfunktionelles Polypeptid codieren würde, in eine „edierte" sekundäre Sequenz umgewandelt, die ein funktionelles Polypeptid codiert (Tab. 11.6). Dieser Vorgang läuft unmittelbar nach der Synthese der prä-mRNA ab, noch vor den anderen Prozessierungsprozessen. Bei dem in den Plastiden ablaufenden RNA-Editing wird stets ein Cytosin (C) in ein Uracil (U) umgewandelt. Durch das RNA-Editing werden funktionsfähige Start-Codonen geschaffen sowie Codonen für funktionell wichtige Aminosäuren innerhalb eines Proteins.

11.1.5. Zusammenwirken von Genotyp und Plastom

Voll ausdifferenzierte und funktionsfähige Chloroplasten können nur durch das Zusammenwirken, die Interaktion, von Kern-Genen und Plastiden-Genen entstehen; denn nur ein Teil der plastidalen Proteine wird vom Plastom codiert, der andere Teil vom Genotyp (Zellkern).

- Das Schlüsselenzym des Calvin-Zyklus der Photosynthese ist die RuBisCo (= Ribulose-1,5-Bisphosphat-Carboxylase/Oxygenase oder Fraktion-I-Protein). Es besteht aus 8 (identischen) kleinen und 8 (identischen) großen Untereinheiten. Nach Artkreuzungen in der Gattung *Nicotiana* zeigte sich, dass die zwischen verschiedenen Arten bestehenden Unterschiede bezüglich der kleinen Untereinheit nach den Mendelschen Gesetzen spalten, somit – generell bei den Landpflanzen – Kern-codiert sind. Demgegenüber zeigen die Unterschiede in der großen Untereinheit einen

nichtmendelnden, uniparental mütterlichen Erbgang; sie werden extranukleär vererbt, durch die Plastiden-DNA.

- Auch von den Protein-Komplexen für das Photosystem I und für das Photosystem II, für den Cytochrom b/f-Komplex wie auch für die H^+-ATPase werden jeweils bestimmte Untereinheiten (Polypeptide) von der Plastiden-DNA (Plastom) und andere von der Kern-DNA (Genotyp) codiert. Erst ihr korrekter Zusammenbau in den Plastiden führt zur Funktionsfähigkeit.

- Plastom-Unterschiede können im Zusammenwirken mit dem Zellkern zu diplontischen Disharmonien führen. Verschiedene *Oenothera*-Arten unterscheiden sich in ihrem Plastom. Die Plastomunterschiede äußern sich so, dass bestimmte Plastidentypen mit bestimmten fremden Genomkombinationen nicht normal ergrünen können (diplontische Disharmonie), während mit dem eigenen Genom normal grüne Chloroplasten entstehen. – In der Untergattung *Euoenothera* wurden 5 genetisch verschiedene Plastiden-Wildtypen erfasst. Die verschiedenen Formen von Disharmonie zwischen Plastom und fremdem Genotyp äußern sich als „*Bastardbleichheit*", d. h. im Auftreten von hellgrünen, gelben, gelblich-weißen oder weißen Blättern, gelegentlich sogar in sofortiger Letalität von Embryonen. Diese Plastomterschiede sind die Folge von „Differenzierungsmutationen" in der Evolution der genetischen Plastideninformation. – Ähnliche Fälle von Bastardbleichheit wurden auch nach Artkreuzungen in den Gattungen *Pelargonium* und *Hypericum* erfasst.

- Genetisch unterschiedliche Plastidensorten zeigen bei *Oenothera* und *Pelargonium* bei Konkurrenz eine unterschiedliche Vermehrungsrate, als deren Folge sich eine Plastidensorte gegenüber einer anderen nach einiger Zeit durchsetzt. Diese unterschiedliche Durchsetzungs- bzw. Vermehrungsrate wird durch ein Zusammenwirken von Zellkern- und Plastiden-Information bestimmt. In bestimmten Fällen (bei *Oenothera*) hat dabei die Wirkung der Plastiden-DNA das Übergewicht, in anderen Fällen (bei *Pelargonium*) die Kern-DNA.

- Verschiedene Plastome unterscheiden sich auch in ihrer Wirkung auf die Haplophase, denn sie können im Zusammenwirken mit verschiedenen Genotypen zu einer Polleninaktivierung führen. So bewirken bei *Euoenothera* die Plastiden von *Oenothera parviflora* (Typ IV) in Kombination mit dem Genomkomplex *flavens* (von *Oe. suaveolens*) völlige Polleninaktivität (und damit Sterilität im männlichen Geschlecht), während *Oe. suaveolens*-Plastiden (Typ II) mit demselben Komplex voll befruchtungsfähige Pollen ergeben.

- Die Analyse der Nachkommenschaften von Artkreuzungen zwischen *Oenothera berteriana* und *Oe. odorata* (Untergattung *Munzia*) hat zur Feststellung geführt, dass vom Plastom auch einige extraplastidale Merkmale kontrolliert bzw. beeinflusst werden, und zwar die Blattzähnung (stark oder schwach gezähnt) in den B·I-Bastarden, die Länge der Blütenröhren (Hypanthien), das Längenwachstum des Stengels, die Affinität zwischen unterschiedlichen Gametensorten im Zusammenhang mit den bei diesen Formen gefundenen Prozessen der selektiven Befruchtung und die Inaktivierung des Blüten-Tupfungsgens *T* von *Oe. berteriana* unter dem Einfluss der Plastiden von *Oe. odorata* (genaue Details bei Hagemann 1964).

11.2. Mitochondrienvererbung

Die Mitochondrien der Eukaryoten sind Träger primärer genetischer Information. Die Gesamtheit ihrer Erbanlagen wird als **Chondrom** bezeichnet. Das Chondrom ist in der Mitochondrien-DNA verankert. Besonders geeignete Objekte der Mitochondriengenetik sind Pilze, insbesondere die Bäckerhefe *Saccharomyces cerevisiae* und der rote Brotschimmel *Neurospora crassa*, weil sie auch mit veränderten und in ihrer Funktion gestörten, oft atmungsdefekten Mitochondrien mit Hilfe der Gärung weiterleben können. Außerdem besitzen Pilze keine Plastiden, so dass die Zuordnung extranukleärer Mutationen zu den Mitochondrien leichter ist. Auch beim Pantoffeltierchen *Paramecium aurelia* werden genetische Mitochondrienunterschiede analysiert. Demgegenüber richtet sich die molekulargenetische Analyse der Mitochondrien-DNA – mit Einschluss der Restriktionskartierung, physischen Kartierung, der elektronenmikroskopischen Analyse und DNA-Sequenzierung – auf Mitochondrien-DNA unterschiedlicher Herkunft, vor allem auch aus menschlichen Geweben, von niederen und höheren Tieren sowie Pflanzen.

11.2.1. Atmungsdefekte als Folge von Mitochondrienmutationen

Bei *Neurospora crassa* wurden mehrere Cytochromdefekte erfasst, die zu Atmungsdefekten führen; sie werden extranukleär, uniparental mütterlich vererbt. Bisher wurden

drei Gruppen derartiger Mitochondrienmutanten isoliert; ihnen fehlen die Cytochrome a und a3, meist auch noch b. Sie sind atmungsdefekt und zeigen langsames, gehemmtes Wachstum. Der Nachweis, dass diese Defekte auf Mitochondrienmutationen beruhen, wurde durch die Isolierung der mutierten Mitochondrien und ihre Einführung durch Mikroinjektion in normale Mycelien erbracht, die daraufhin die Mutantenmerkmale zeigten.

Bei der Bäckerhefe *Saccharomyces cerevisiae* gibt es zahlreiche Mitochondrienmutanten. Eine Gruppe davon sind die sog. „*petite*"-Mutanten, die atmungsdefekt sind. Diese Mutanten bilden, da sie ihre Energie nur aus Gärung gewinnen können, kleine Kolonien (petite = klein), im Gegensatz zum Wildtyp, der normal große Kolonien ausbildet. „Petite"-Mutanten entstehen bei Hefe in geringer Häufigkeit (1%) regelmäßig spontan; sie können aber auch in größerer Zahl durch unterschiedliche Mutagene induziert werden (vgl. 7.3.2.). Von extranukleär vererbten petite-Mutationen gibt es zwei genetisch unterschiedliche Gruppen:

(1) Nach Kreuzung zwischen Wildtyp-Hefen und „neutralen petites" verschwindet der Atmungsdefekt in der Nachkommenschaft vollständig und spaltet nicht wieder heraus.

(2) Dagegen setzen sich bei der Kreuzung zwischen Wildtyp und sog. „suppressiven petites" in der Nachkommenschaft die mutierten Mitochondrien gegenüber den normalen durch; nach sofortiger Sporulation ergeben die Ascosporen praktisch nur petite-Mutanten.

Die extranukleären petite-Mutationen verändern die genetische Information der Hefe-Mitochondrien drastisch. Viele von ihnen führen zu kleineren, oft aber größeren Deletionen in der Mitochondrien-DNA (*rho*⁻ Mutanten) und zu Veränderungen ihrer Dichte (Zunahme des A+T-Gehaltes). Einige petite-Mutanten haben offenbar (eventuell bis auf geringe Reste?) die gesamte Mitochondrien-DNA verloren (*rho*⁰ Mutanten; vgl. 7.3.2.). Das Vorliegen von mehr oder weniger großen Deletionen in petites zeigt sich darin, dass – in Kreuzungsversuchen mit anderen Mutanten (vgl. unten) – jeweils nur noch wenige petites einzelne Mitochondrien-Markierungsgene besitzen.

11.2.2. Antibiotikaresistenzen und Protein(synthese)-Veränderungen als Folge von Mitochondrienmutationen

Außer den atmungsdefekten Mitochondrienmutanten wurden seit 1968 bei der Hefe *Saccharomyces cerevisiae* noch andere Typen von Mutanten erfasst. Eine sehr wichtige Klasse bilden die Resistenzen gegen Antibiotika und Hemmstoffe (allgemeines Symbol: *ant*^{r}), und zwar im einzelnen gegen: Chloramphenicol (*cap*^{r}), Erythromycin (*ery*^{r}), Spiramycin (*spi*^{r}), Paromomycin (*par*^{r}), Neomycin (*neo*^{r}), Oligomycin (*oli*^{r}), Venturidin (*ven*^{r}), Funiculosin (*fun*^{r}), Antimycin (*ana*^{r}), Diuron (*diu*^{r}), Mucidin (*muc*^{r}).
Eine weitere Klasse bewirkt Defekte in der Atmungskette und in der oxidativen Phosphorylierung; sie weisen überwiegend Mutationen in einzelnen Nukleotiden auf und bewirken vorzeitigen Kettenabbruch in der Polypeptidsynthese oder Aminosäureaustausche. Sie werden als mit$^-$-Mutanten bezeichnet.
Noch eine andere Klasse von Mitochondrien-Mutanten weist Störungen im Ablauf der mitochondrialen Proteinsynthese auf; man bezeichnet sie als *syn*$^-$-Mutanten.
Alle diese verschiedenen Mutanten bieten ausgezeichnete Ansatzpunkte für die experimentelle Aufklärung der genetischen und molekularen Struktur der Mitochondrien-DNA sowie der Prozesse der Biogenese unterschiedlicher Mitochondrienfunktionen. Vor allem aber eröffnen sie die Möglichkeit, die Entmischung unterschiedlicher mitochondrialer Erbanlagen und ihre Rekombination zu untersuchen.

11.2.3. Kreuzungen mit Mitochondrienmischung und -entmischung

Bei *Paramecium aurelia* kann eine Konjugation zwischen Tieren verschiedener Linien erfolgen, die sich in der erblichen Konstitution ihrer Mitochondrien unterscheiden; eine Linie kann z. B. resistent sein gegen Erythromycin, aber sensibel gegen Chloramphenicol (*ery*^{r}, *cap*^{s}), die andere hingegen sensibel gegen Erythromycin, aber resistent gegen Chlor-

amphenicol (*ery*^{s}, *cap*^{r}). Bei normalem Ablauf der Konjugation bleibt der eine Exkonjugant bezüglich seiner Mitochondrien *ery*^{r}, *cap*^{s}, der andere Exkonjugant *ery*^{s}, *cap*^{r}. Es gibt aber auch Konjugationsabläufe, in deren Verlauf es zu einem massiven Plasmaaustausch zwischen den Konjugationspartnern kommt. Als dessen Folge können Plasma- und damit auch Mitochondrienmischungen auftreten, durch die in einem Tier zwei Mitochondrientypen nebeneinander vorhanden sind: *ery*^{r}-*cap*^{s}-Mitochondrien und *ery*^{s}-*cap*^{r}-Mitochondrien. – Dasselbe Ergebnis kann bei *Paramecium* erzielt werden, indem Mitochondrien aus antibiotikaresistenten Paramecien isoliert und mit Hilfe einer Mikropipette in antibiotikasensible Tiere injiziert werden.
In der Nachkommenschaft derartiger „Mitochondrien-Mischzellen", welche erblich unterschiedliche Mitochondrientypen in einem Plasma gemischt enthalten, kommt es regelmäßig durch die zufällige Verteilung der Mitochondrien während der aufeinanderfolgenden mitotischen Teilungen zur Entmischung der beiden Mitochondrientypen. Diese Entmischungsvorgänge können dadurch beeinflusst werden, dass man die Tiere in einem definierten antibiotikahaltigen (z. B. Erythromycin) Medium kultiviert und auf diese Weise diejenigen Entmischungstypen selektiert, welche an entsprechenden antibiotikaresistenten (z. B. *ery*^{r}) Mitochondrien enthalten. (Weitergehende Vorgänge, die z. B. zu einer Rekombination von Mitochondrien-Markierungsgenen führen könnten, wurden bei *Paramecium* bisher nicht gefunden.)
Auch bei *Saccharomyces cerevisiae* kommt es nach Kreuzung von Zellen mit unterschiedlicher Mitochondrienausstattung zur Mischung erblich verschiedener Mitochondrien in einer Zelle. Die Kreuzung, z. B. zwischen Zellen mit erythromycinresistenten (*ery*^{r}) und erythromycinsensiblen (*ery*^{s}) Mitochondrien, liefert Zygoten, deren zygotische Klone eine Mischung von *ery*^{r}- und *ery*^{s}-Zellen enthalten; deren weitere Subklonierung führt zur Entmischung in reine *ery*^{r}- und reine *ery*^{s}-Klone. – Aber bei Hefe bleibt es nicht bei einer Mischung und Entmischung von Mitochondrien.

11.2.4. Rekombination mitochondrialer Gene bei Hefe

Das mutative Auftreten, die Selektion und die Verwendung der verschiedenen Typen von Mitochondrienmutationen gab bei *Saccharomyces cerevisiae* die Möglichkeit, Kreuzungen zwischen verschiedenen Linien durchzuführen, die sich hinsichtlich verschiedener Mitochondrienmutationen unterscheiden. Nach Verschmelzung haploider Hefezellen kommt es zur Mischung der Mitochondrien beider Elternzellen. Bei Hefe kommt es – im

Gegensatz zu *Paramecium* – zu einer Verschmelzung, Fusion unterschiedlicher (von verschiedenen Eltern stammenden) Mitochondrien. Dadurch kommen Mitochondrien-DNA-Moleküle mit verschiedenen Erbanlagen direkt in Kontakt und können rekombinieren. – Der Nachweis und die Analyse der **Rekombination von Mitochondriengenen** bei Hefe führte zu wichtigen Fortschritten in der Erkenntnis der Struktur und Funktion der mitochondrialen Erbinformation.

Die Analyse der Rekombinationsvorgänge bei Hefe führte unter Nutzung auch anderer genetischer, molekularbiologischer und gentechnologischer Methoden zur Aufstellung detaillierter Chromosomenkarten der Mitochondrien-DNA. Es wurden vor allem folgende Verfahren angewandt:

11.2.4.1. Deletionskartierung

Als ein sehr erfolgreicher Weg der Kartierung des gesamten Mitochondrienchromosoms erwies sich die sog. „Deletionskartierung". Durch größere Deletionen, die zu *rho*⁻-Mutanten führen, gehen benachbarte Gene bzw. Mutationsorte gemeinsam verloren; durch Prüfung von *rho*⁻-Mutanten aus Stämmen mit mehreren Antibiotikaresistenzen lässt sich feststellen, welche Antibiotikaresistenzen durch eine bestimmte Deletion gemeinsam verloren gingen oder noch gemeinsam vorhanden sind.

Das Verfahren der Deletionskartierung geht von zwei einleuchtenden Annahmen aus: (1) Zwei Gene werden umso häufiger in einer *rho*⁻-Mutante noch gemeinsam vorhanden oder gemeinsam verloren worden sein, je enger sie auf dem Mitochondrien-Chromosom beieinander liegen. (2) Die Wahrscheinlichkeit für das Auftreten *einer* Deletion in der mitDNA ist viel wahrscheinlicher als das Auftreten von *zwei* unabhängigen Deletionsereignissen. In Abbildung 11.8. ist ein derartiges Experiment dargestellt. Ausgegangen wird von einer mitDNA mit den 4 Genen P, C, O und T. Diese Gene können theoretisch in drei verschiedenen Anordnungen in der mitDNA liegen. Der Vergleich der erhaltenen Versuchsergebnisse mit den sich aus den eben genannten Annahmen ergebenden Erwartungen führt zur Schlussfolgerung, dass die in Abbildung 11.8. unter (a) skizzierte Gen-Anordnung die zutreffende ist.

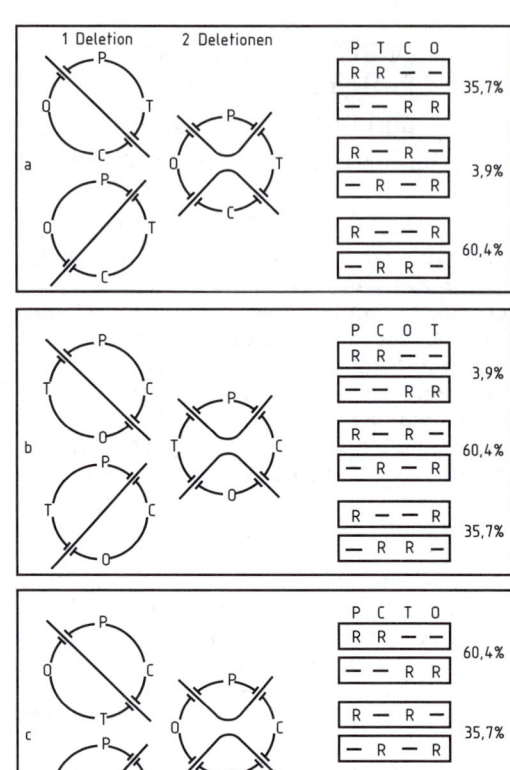

Abb. 11.8. Schema für das Prinzip der Deletionskartierung mitochondrialer Gene (der Hefe). Die betrachteten Gene bestimmen Resistenz gegen die Antibiotika Paramomycin (*P*), Chloramphenicol (*C*), und Oligomycin (*O*) sowie einen temperatursensiblen Atmungsdefekt (*T*). R: Gen vorhanden; –: Gen verloren. Details vgl. Text. Nach Kaudewitz 1984.

Durch die Einbeziehung zusätzlicher Markierungsgene und zahlreicher unterschiedlicher Deletionen ist mit diesen genetischen Verfahren eine relativ schnelle und effektive Grobkartierung des Mitochondrien-Genoms möglich.

11.2.4.2. Rekombinationskartierung

Der regelmäßige Prozess der Rekombination von Mitochondrien-Genen bei Hefe erlaubt die Durchführung von Zwei-Gen-, Drei-Gen- und Multiple-Gen-Kreuzungen mit der Bestimmung von Austauschhäufigkeiten und der Konstruktion genetischer Karten – wie das für Kern-Gene seit langem durchgeführt wird (vgl. Kap. 10). Dadurch ist eine Feinkartierung von Mitochondrien-Genom-Abschnitten gut möglich.

Die Drei-Gen-Kreuzung spi^s, ery^s, $par^r \times spi^r$, ery^r, par^s (Spiramycin-, Erythromycin- und Paromycinresistenz bzw. -sensibiltiät) liefert – hier als Beispiel verwendet – nicht nur die beiden Elterntypen, sondern auch die sechs möglichen Rekombinanten spi^s ery^s par^s; spi^r ery^r par^r; spi^r ery^s par^r; spi^r ery^s par^s; spi^s ery^r par^s und spi^s ery^r par^r. Aus den verschiedenen Häufigkeiten, mit denen die einzelnen Rekombinanten in geeigneten Kreuzungen auftreten, lassen sich die relative Lage der Gene zueinander und ihre Abstände voneinander berechnen. – Die Auswertung vieler derartiger Kreuzungen führte unter Einbeziehung unterschiedlicher Mutantentypen u. a. auch von petite-Deletionsmutanten, zu wichtigen **allgemeinen Kennzeichen** der Vererbung und Rekombination der Mitochondriengene:

Oft zeigt sich in Kreuzungen eine **Polarität der Übertragung** der Mitochondriengene in die Zygote. Der Beitrag der Zellen mit dem Paarungstyp a übertrifft quantitativ oft den der Zellen mit dem Paarungstyp α. Als Folge davon sind die von dem im Beitrag überwiegenden Elter stammenden Mitochondriengene in der Nachkommenschaft häufiger nachweisbar.

Noch viel deutlichere Wirkungen hat die **Polarität der Rekombination** in unterschiedlichen Kreuzungen. Die Mitochondrien-DNA verschiedener Hefestämme enthält ein spezifisches Segment, Omega (sie sind ω^+); andere Stämme enthalten dies nicht (sie sind ω^-). Omega (griechisch: ω) ist ein transponibles Insertionselement von 1 kbp.

Kreuzungen, bei denen beide Partner das Segment ω enthalten ($\omega^+ \times \omega^+$), oder bei denen beiden Partnern das Segment fehlt ($\omega^- \times \omega^-$), nennt man „homosexuelle" Kreuzungen; bei ihnen treten die unterschiedlichen Mitochondriengene beider Eltern in der Nachkommenschaft in etwa gleicher Häufigkeit auf. Umgekehrt treten in „heterosexuellen" Kreuzungen ($\omega^+ \times \omega^-$) die Gene des ω^+-Kreuzungspartners viel häufiger auf (Tab. 11.7.). (Inhaltlich sind die beiden Bezeichnungen „homo"- und „heterosexuell" in diesem Zusammenhang völlig unzutreffend; aber sie haben sich eingebürgert.) Aus „homosexuellen" Kreuzungen können daher viel deutlicher bestimmte Rekombinationshäufigkeiten zur Aufstellung genetischer Karten gewonnen werden. Offenbar ist die Rekombination zwischen ω^+-Mitochondrien-DNA-Molekülen und ω^--Molekülen nicht reziprok, weil das ω-Segment der Ausgangspunkt für Gen-Konversion zugunsten des Mitochondrien-DNA-Moleküls mit ω ist. Die Polarität heterosexueller Mitochondrienkreuzungen ist allerdings nicht immer gleich stark. Sie betrifft am stärksten diejenigen Gene bzw. Mutationsorte, die dem Segment ω benachbart sind (Tab. 11.7., ery und cap, Zeilen 1–4). Dagegen ist kaum noch Polarität für Gene fassbar, die von ω weit entfernt liegen (Tab. 11.7., oli und par).

Die Deletions- und Rekombinationskartierung hatte noch nicht zur Aufstellung kompletter mitochondrialer Chromosomenkarten geführt, als die Analyse der Mitochondrien-DNA (DNA-Sequenzierung, Restriktions- und physische Kartierung) sehr schnell zu

Tab. 11.7. Rekombination mitochondrialer Gene bei der Bäckerhefe. Nach Beale und Knowles 1978.

Kreuzung	Eltern	Nachkommen (in %)				Grad der Polarität
		Elterntypen		Rekombinationstypen		
		cap^r ery^s	cap^s ery^r	cap^s ery^s	cap^r ery^r	
1 heterosexuell	ω^- cap^r $ery^s \times \omega^+$ cap^s ery^r	8	54	38	0,13	stark polar
2 heterosexuell	ω^+ cap^r $ery^s \times \omega^-$ cap^s ery^r	79	3,5	0,4	17,5	stark polar
3 homosexuell	ω^- cap^r $ery^s \times \omega^-$ cap^s ery^r	47,5	41,5	6	5	unpolar
4 homosexuell	ω^+ cap^r $ery^s \times \omega^+$ cap^s ery^r	44	44,5	7	4,5	unpolar
		oli^r par^s	oli^s par^r	oli^s par^s	oli^r par^r	
5 heterosexuell	ω^+ oli^r $par^s \times \omega^-$ oli^s par^r	31,3	42,6	15,4	10,5	schwach polar

umfassenden Einsichten und zur Lösung vieler Detailfragen führte. Auf diese wird im Folgenden eingegangen.

11.2.4.3. Restriktionskartierung und physische Kartierung

Ergänzt werden diese genetischen Verfahren sehr wirkungsvoll durch die Restriktionskartierung und „physische Kartierung" der Mitochondrien-DNA.

Der Einsatz unterschiedlicher Restriktionsendonukleasen, welche die Mitochondrien-DNA jeweils an unterschiedlichen Stellen zerschneiden, ermöglichte die Aufstellung von **Restriktionskarten**, in denen die Anordnung der einzelnen mitDNA-Fragmente eindeutig ausgewiesen ist. Die Zuordnung definierter Gene zu einzelnen Restriktionsfragmenten gestattete die Aufstellung **physischer Karten** des Chondroms. Zuerst wurden die Gene für die mitochondriale rRNA sowie die mitochondrialen tRNA-Sorten lokalisiert. Durch die Restriktionsanalyse von Mitochondrien-DNA aus *rho⁻*-petite-Mutanten gelang sehr einfach die Feststellung des in den Mutanten jeweils noch vorhandenen DNA-Abschnittes und damit – durch Kombination mit den genetischen Methoden der Rekombinations- und Deletionskartierung – die Lokalisierung der mitochondrialen Markierungsgene. Schließlich erlaubt die Klonierung definierter Mitochondrien-DNA-Fragmente, und danach einerseits ihre Hybridisierung mit Mitochondrien-DNA, andererseits ihr Einsatz in kombinierten Transkriptions-Translations-Systemen die Bestimmung zahlreicher Mitochondriengene. Als Hauptergebnis dieser Untersuchungen ergab sich die Erkenntnis, dass die Chromosomenkarte der mitochondrialen Gene bei Hefe **ringförmig** ist (Abb. 11.9.). Entsprechendes gilt auch für die Mitochondrien-Genome vieler anderer Spezies.

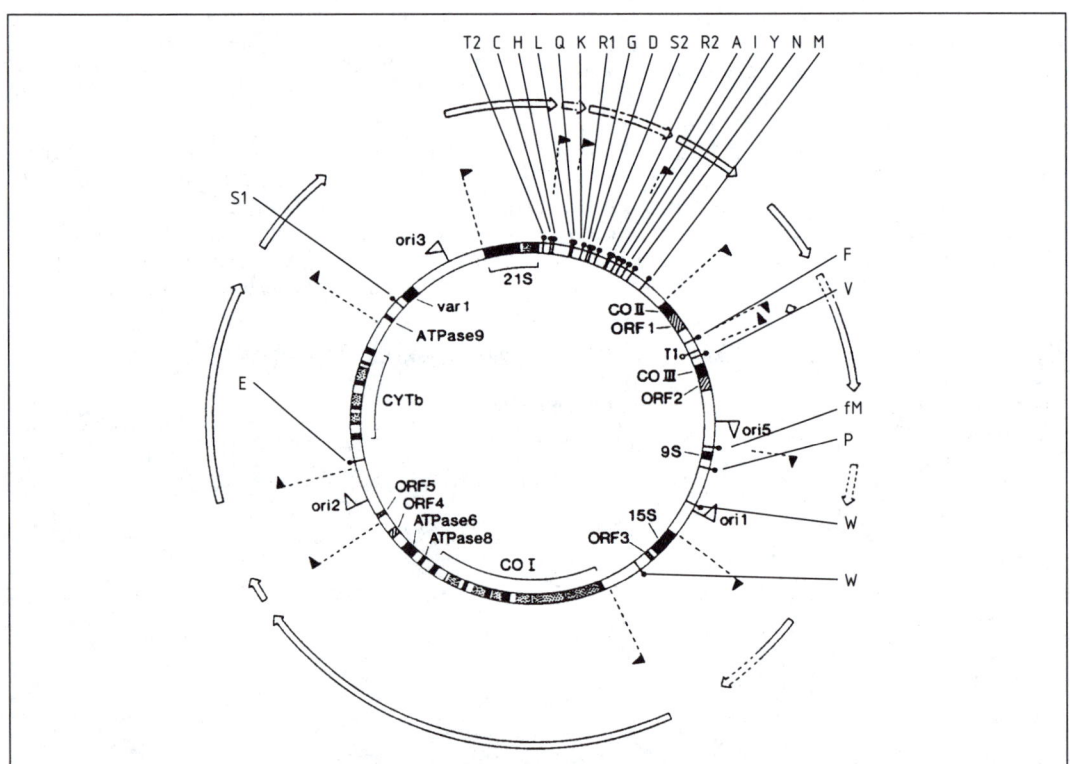

Abb. 11.9. Physische Karte der Mitochondrien-DNA der Hefe *Saccharomyces cerevisiae*. Wegen der Gen-Symbole vgl. Tab. 11.11. Die tRNA-Gene sind mit dem Einbuchstaben-Code der entsprechenden Aminosäuren gekennzeichnet. Die weißen Pfeile außen markieren die Transkriptionseinheiten. Die schwarzen Fähnchen kennzeichnen die Transkriptions-Startpunkte, die weißen Fähnchen die Startpunkte (Origins) der Replikation. Nach Attardi und Schatz 1988, verändert.

Bis vor wenigen Jahren war über Rekombination extranukleärer Erbanlagen nichts bekannt. Die detaillierte Analyse der Kopplung und Rekombination von Mitochondriengenen bei Hefe (und ebenso von Plastidengenen bei *Chlamydomonas*) stellt eine ganz wesentliche Bereicherung der Eukaryoten-Genetik dar.

11.2.5. Struktur und Codierungskapazität der Mitochondrien-DNA

11.2.5.1. Form, Größe und Struktur

Die Mitochondrien haben cytologische und genetische Kontinuität als Organellen. Ihre genetische Information ist in der spezifischen Mitochondrien-DNA (= mitDNA) verankert. Die mitDNA ist doppelsträngig, hat Membranbindung und wird semikonservativ repliziert. Hinsichtlich ihrer Größe und Form zeigt sie eine große Heterogenität.

Die mitDNA der meisten Arten ist ringförmig. Für wenige Gattungen und Arten wurden lineare mitDNA-Moleküle beschrieben (Tab. 11.8.).

Bezüglich der Größe der mitDNA existieren dramatische Unterschiede; sie reichen von 13,8 kbp bis 2.400 kbp (Tab. 11.8. u. 11.10).

Vertebraten: Innerhalb der Säuger zeigen die mitDNAs große Übereinstimmung. Ihre Größe liegt zwischen 16,3 und 17,6 kbp, und sie weisen eine sehr kompakte Genanordnung auf (Abb. 11.11.). Auch die mitDNAs von Vögeln, Lurchen und Fischen haben annähernd dieselbe Größe.

Invertebraten: Insekten, Echinodermen und Würmer haben andere DNA-Größen und Gen-Anordnungen; ebenso sind die Unterschiede nicht sehr groß. Menschen- und *Drosophila*-mitDNA weisen im Vergleich drei Inversionen auf. Demgegenüber bestehen zwischen den mitDNAs von Mensch und *Ascaris suum* kaum noch Übereinstimmungen.

Pilze: Sie zeigen eine beträchtliche Größenvariabilität (18,9 bis 176,0 kbp). Diese findet man selbst innerhalb einer Art, z. B. der Bäckerhefe; sie betrifft aber nur repetitive Sequenzen, zwischen-genische Regionen und Introns.

Protozoen und Algen: Die Grünalge *Chlamydomonas reinhardtii* hat eine sehr kleine (15,8 kbp) und lineare mitDNA. Bei den Protozoen *Paramecium* und *Tetrahymena* liegt ihre Größe zwischen 41 und 55 kbp.

Moose und Farne: Durch die Totalsequenzierung der mitDNA von *Marchantia polymorpha* wurde die genaue Größe von 186.608 bp bestimmt

(Abb. 11.12.). Für andere Moose sowie Farne wurden Größen zwischen 200 und 300 kbp berichtet.

Blütenpflanzen: Ganz außergewöhnlich sind Größenvariabilität, Struktur und Umbau-Variationen

Tab. 11.8. Größe und Struktur der Mitochondrien-DNA unterschiedlicher Taxa

Lineare mitDNA	kb
Chlamydomonas reinhardtii	15,8
Tetrahymena thermophila	55,0
Zirkuläre mitDNA	
Tiere	
Ascaris suum	14,3
Plactopecten magellanicus	32,1–39,3
Pilze	
Schizosaccharomyces pombe	17,6
Saccharomyces exiguus	23,7
Blastocladiella emersonii	35,5
Saccharomyces cerevisiae	68,0–81,0
Agaricus bitorquis	176,0
Protisten und Algen	
Chlamydomonas eugametos	24,0
Paramecium aurelia	40,5
Bryopsis spec.	220,0
Moose und Farne	
Physcomitrella patens	200,0
Equisetum arvense	200,0
Höhere Pflanzen	
Brassica hirta (Kohl)	208,0
Raphanus sativa (Raps)	242,0
Spinacia oleracea (Spinat)	327,0
Triticum aestivum (Weizen)	430,0
Zea mays (Mais)	570,0
Cucumis melo (Melone)	2 400,0

In dieser Tabelle nicht aufgeführt sind Arten mit vollständig sequenzierter mitDNA. Sie finden sich in Tab. 11.10.

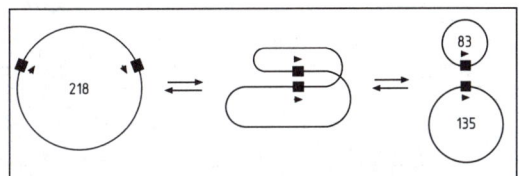

Abb. 11.10. Schema für die intramolekulare Rekombination im Master-Molekül der mitDNA von *Brassica campestris* (218 kbp). Die Paarung von 2 gleichgerichteten repetitiven Sequenzen und Rekombination führen zu zwei kleineren Molekülen von 135 kbp und 83 kbp; dieser Vorgang ist reversibel. Nach Hemleben sowie Palmer und Shields aus Hagemann 1995.

bei Angiospermen. Die Größenwerte liegen zwischen 208 und 2.400 kbp. Bei *Brassica* und *Zea* wurden die Ursachen einer Größenheterogenität und Flexibilität aufgeklärt (Abb. 11.10.): Innerhalb der kompletten „Master"-mitDNA-Moleküle gibt es gleichgerichtete repetitive Sequenzen, zwischen denen intramolekulare Rekombination erfolgen kann. Dadurch entstehen kleinere mitDNA-Moleküle (bei *Brassica*: 2, bei *Zea*: bis 5), die aber auch wieder zu einem Master-Molekül zusammenrekombinieren können. Generell vollziehen sich an den großen mitDNA-Molekülen der Angiospermen offenbar starke Umbauten, so dass selbst innerhalb der selben Art zwar der Gengehalt gleich ist, aber zahlreiche Rearrangements innerhalb der mitDNA erfolgt sind. Durch diese Umbauten können gelegentlich auch ganz neue Gene entstehen, die z. B. zum Auftreten von Pollensterilität führen.

Ein weiteres Kennzeichen höherer Pflanzen – aber auch der Pilze – ist das *Vorkommen mitochondrialer DNA-Plasmide*, die neben den mitDNA-Mastermolekülen in den Mitochondrien vorkommen. Ihr Vorhandensein kann zu speziellen phänotypischen Effekten führen, z. B. zu „Seneszenz" (bei Pilzen).

11.2.5.2. Vollständige Sequenzierung von mitDNAs

Ein großer Durchbruch in der molekularen Mitochondrien-Forschung war die Totalsequenzierung der mitDNA des Menschen durch die Forschungsgruppe von F. Sanger im Jahre 1980. Dadurch wurde nicht nur die Mitochondrien-Genetik auf eine feste Basis gestellt, sondern es wurden auch die Gewichte innerhalb der Genetik der Mitochondrien, die bis dahin fast vollständig auf Ergebnissen an Pilzen beruhte, verschoben. Die mitDNA des Menschen besteht aus 16.569 Basenpaaren (bp) (Abb. 11.11.). Sogleich nach der Sequenzierung konnte für gut die Hälfte des mitochondrialen Genoms die Codierung definierter RNAs und Polypetide erwiesen werden. Es blieben damals noch eine ganze Reihe von URFs (unidentified reading frames) in ihrer Codierung offen. Aber bereits 1986 war die menschliche mitDNA vollständig decodiert (Tab. 11.9.). Damit war die Mitochondrien-DNA des Menschen der erste genetische eukaryotische Informationsträger, der vollständig sequenziert und decodiert wurde.

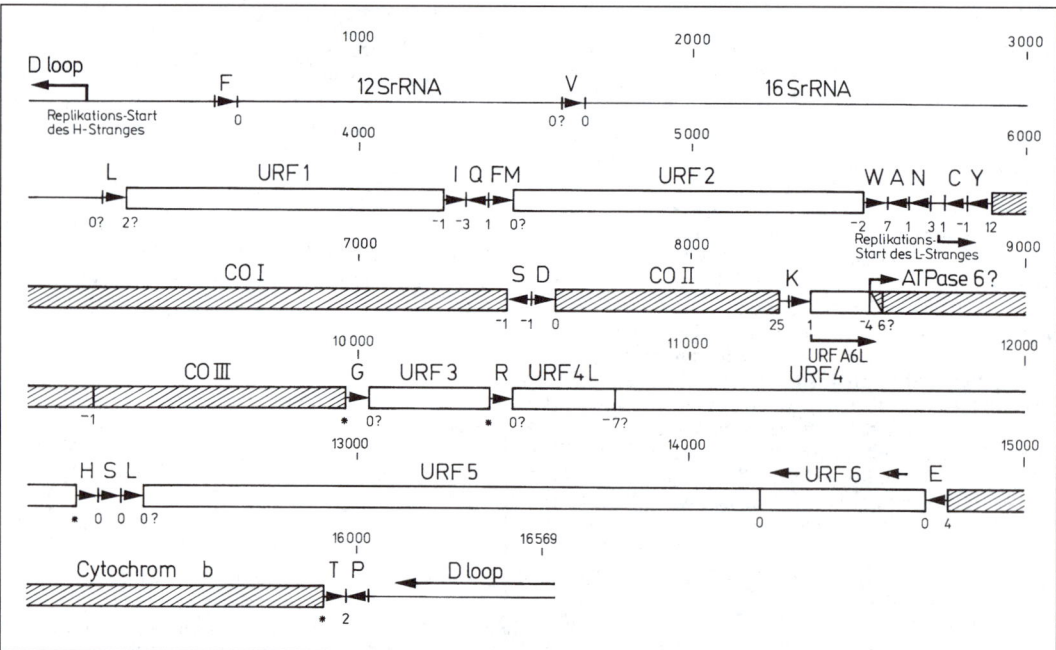

Abb. 11.11. Physische Karte der vollständig sequenzierten mitDNA des Menschen (Stand von 1980). URF = unidentified reading frames, Bezeichnungen s. Tab. 11.11. Die tRNA-Gene sind mit dem Einbuchstaben-Code der entsprechenden Aminosäuren gekennzeichnet. Die Zahlen über den Genen geben die Nukleotidzahl an, die Zahlen darunter die Anzahl der Nukleotide zwischen den Genen. Nach Barrell et al. 1980.

Tab. 11.9. Mitochondrial codierte Proteine des Menschen (Molekülgröße und Aminosäuresequenz aus der DNA-Sequenz abgeleitet; AS = Aminosäure). Nach Eimert 1988.

Name			Länge (AS)	MM (kDa)
Cytochrom-c-Oxidase	Untereinheit I		513	57,0
Cytochrom-c-Oxidase	Untereinheit II		227	25,5
Cytochrom-c-Oxidase	Untereinheit III		261	30,0
Cytochrom b			380	42,7
ATPase	Untereinheit 6		226	24,8
ATPase	Untereinheit 8	(URFA6L)	68	7,9
*NADH-Dehydrogenase	Untereinheit 1	(URF1)	318	35,6
*NADH-Dehydrogenase	Untereinheit 2	(URF2)	347	38,9
*NADH-Dehydrogenase	Untereinheit 4L	(URF4L)	98	10,7
*NADH-Dehydrogenase	Untereinheit 4	(URF4)	459	51,9
*NADH-Dehydrogenase	Untereinheit 5	(URF5)	603	66,6
*NADH-Dehydrogenase	Untereinheit 6	(URF6)	174	18,6

* = Komplex I in den Veröffentlichungen von Chomyn et al. 1985 und 1986

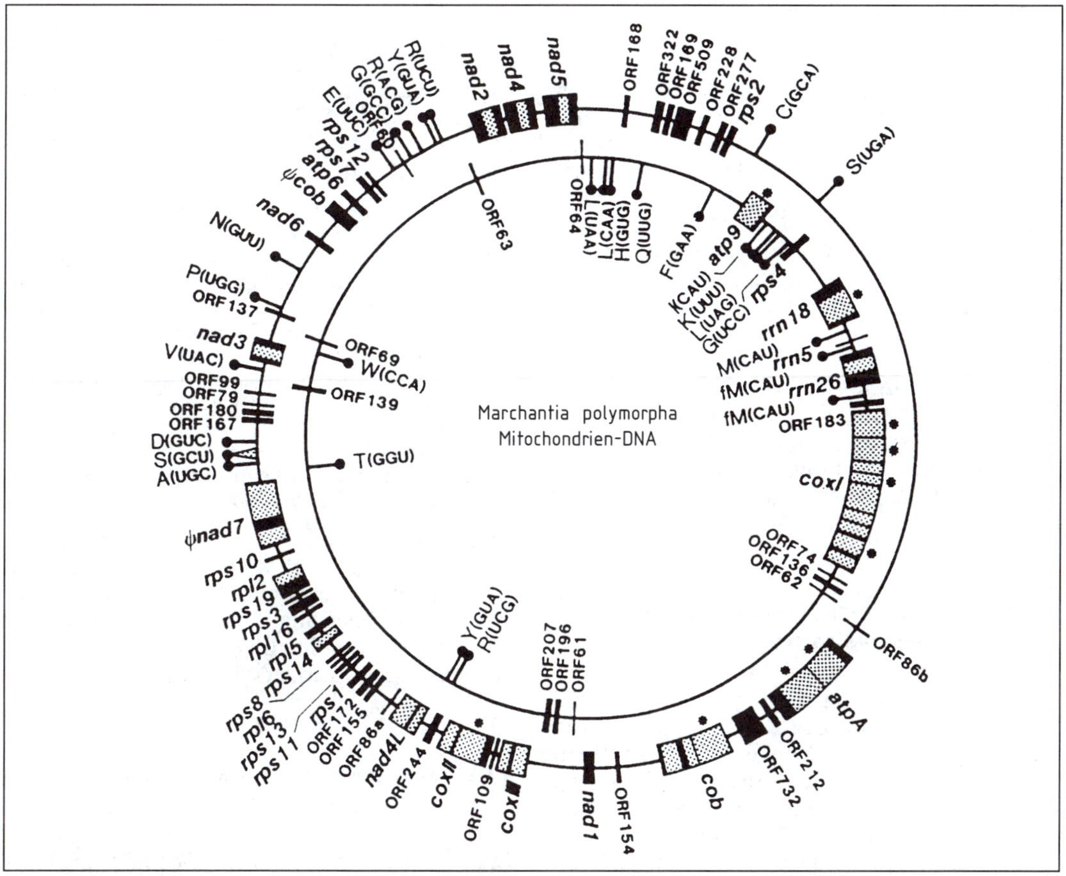

Abb. 11.12. Physische Karte der vollständig sequenzierten mitDNA des Lebermooses *Marchantia polymorpha*. Die innen gezeichneten Gene werden im Uhrzeigersinn, die außen gezeichneten Gene im Gegen-Uhrzeigersinn transkribiert. Wegen der Gen-Bezeichnungen s. Tab. 11.11. Nach Oda et al. 1992.

Tab. 11.10. Die Größe vollständig sequenzierter mitDNAs

Spezies	Anzahl bp	Arbeitsgruppen
Homo sapiens	16 569	Anderson et al. 1981
Bos taurus	16 338	Anderson et al. 1982
Mus musculus	16 295	Bibb et al. 1981
Rattus norvegicus	16 298	Gadaletta et al. 1989
Gallus domesticus	16 775	Desjarins et al. 1990
Xenopus laevis	17 553	Roe et al. 1985
Apis mellifera	16 343	Crozier et al. 1993
Drosophila yakuba	16 019	Clary et al. 1985
Paracentrotus lividus	15 592	Cantatore et al. 1989
Strongylocentrotus purpurateus	16 650	Jacobs et al. 1988
Ascaris suum	14 284	Okimoto et al. 1992
Caenorhabditis elegans	13 794	Okimoto et al. 1992
Paramecium aurelia	40 469	Pritchard et al. 1990
Reclinomonas americana	69 034	Lang et al. 1997
Podospora anserina	94 192	Cummings et al. 1990
Marchantia polymorpha	186 608	Oda et al. 1992
Arabidopsis thaliana	366 924	Unseld et al. 1997

(Literaturangaben in Seyffert et al. 1998, Tab. 5–9)

Seitdem sind in immer schneller werdender Folge die mitDNAs zahlreicher Tiere und Pflanzen vollständig sequenziert worden (Säuger, Vögel, Amphibien, Fische, Insekten, Echinodermen, Mollusken, Würmer, Protozoen; Pilze, Algen sowie das Lebermoos *Marchantia polymorpha*) und die Angiosperme *Arabidopsis thaliana* (Tab. 11.10.; Abb. 11.12.).

Damit sind nunmehr komplette physische Karten der mitDNA zahlreicher Organismen verfügbar. In ihnen ist die Lage der Mitochondrien-Gene für rRNAs, tRNAs und zahlreiche Polypeptide im Detail verzeichnet. Mehrere Gene sind momentan noch ORFs (open reading frames), deren Genprodukte aber zunehmend aufgeklärt werden.

11.2.5.3. Veränderter genetischer Code in Säuger-Mitochondrien

Nach der vollständigen Sequenzierung und Decodierung der mitDNA des Menschen und des Vergleichs der DNA-Sequenz mit den entsprechenden Protein-Sequenzen wurde deutlich, dass der genetische Code, den man bis dahin als universell gültig betrachtet hatte, in den Mitochondrien verschiedener Arten – besonders des Menschen und anderer Säuger, aber auch mehrerer Pilze – in bestimmten Positionen verändert ist. In den Mitochondrien werden zum Teil andere Codonen benutzt als im „universellen" Code. Der genetische Code der humanen mitDNA weist folgende Unterschiede auf (vgl. Abschn. 16.1. u. Tab. 16.2.):

- Internes Methionin wird von zwei Codonen festgelegt: Nicht nur von AUG (wie im „universellen" Code), sondern auch von AUA (das im „universellen" Code Isoleucin bestimmt).
- N-Formyl-Methionin (als Startaminosäure) wird codiert von der Vier-Synonyma-Gruppe AUG, AUA, AUU und AUC.
- Das Codon UGA (im „universellen" Code ein Stopp-Codon) codiert Tryptophan (so wie auch UGG).
- Die Codonen AGA und AGG (im „universellen" Code bestimmen sie Arginin) wirken in den Mitochondrien als Stopp-Codonen.

Insgesamt erscheint der Mitochondrien-Code der Säuger (wie auch anderer Taxa) einfacher, mit weniger Unregelmäßigkeiten. Ob er daher evolutionär ursprünglicher ist oder als sekundär abgeleitet betrachtet werden muss, wird gegenwärtig kontrovers diskutiert.

11.2.5.4. Codierungskapazität der Mitochondrien-DNA

Die Sequenzierung und Decodierung der mitDNA des Menschen lieferte ein vollständiges Bild der Codierungskapazität der humanen mitDNA.

Die große Heterogenität in der Größe der mitDNA bei verschiedenen Tieren und Pflanzen äußert sich auch in deutlichen Unterschieden der Codierungskapazität.

Ein Minimum der Codierungskapazität zeigen die mitDNAs von *Chlamydomonas reinhardtii* und *Plasmodium falciparum* (Tab. 11.11.). Die mitDNA der Vertebraten hat einen deutlich größeren Gengehalt; die humane mitDNA weist dies aus. Die Pilze (z. B. *Podospora anserina*) gleichen dem stark; allerdings besitzt die mitDNA der Hefe mehrere Gene für RNA-Reifung (Maturasen), die den Vertebraten fehlen.

Die größte Codierungskapazität der mitDNA haben Blütenpflanzen (*Arabidopsis thaliana*) und Moose (*Marchantia polymorpha*) sowie mehrere Algen (Tab. 11.11.). Diese pflanzlichen mitDNAs besitzen Gene für viele Proteine der Mitochondrien-Ribosomen sowie für die Cytochrom-c-Biogenese, die der Vertebraten- und Pilz-mitDNA vollständig fehlen (bei ihnen liegen diese Gene im Zellkern).

11.2.5.5. Transkription und RNA-Prozessing in Mitochondrien

Die Mitochondrien-Gene sind – wie auch die Plastiden-Gene – zu größeren polycistronischen Transkriptionseinheiten (Operonen) zusammengefasst. An den Spaltprodukten dieser Transkripte erfolgt die Polypeptidsynthese innerhalb der Mitochondrien.

Bezüglich dieser Prozesse bestehen zwischen Säugern und Pilzen deutliche Unterschiede.

Prozessierung:

Die Mitochondrien-Gene der Säuger sind außerordentlich dicht gepackt. Die komplementären mitDNA-Stränge, der H-Strang und der L-Strang, werden beide symmetrisch in je eine große polycistronische RNA transkribiert. Dabei trägt das H-Transkript die Information für die meisten Proteine, die rRNAs und 14 tRNAs, während der L-Strang nur ein Protein-Gen (*nad6*) und mehrere tRNAs codiert.

Die langen präRNA-Moleküle werden durch spezifisches Prozessieren an den 5'- und 3'-Enden dazwischenliegender Spacer-tRNA-Moleküle gespalten. An den 3'-Enden der so entstandenen mRNAs werden PolyA-Sequenzen angehängt. Bei mehreren Genen, z. B. *coxIII*, *cytb*, *nad2*, *nad3* und *nad4*, endet die

mRNA primär mit einem U; bei *nad1* und *atp6* endet sie mit UA. Erst durch das Anfügen der PolyA-Sequenz entstehen überhaupt die notwendigen Stopp-Codonen (UAA) am Ende der mRNAs. – Eine derartige Ökonomisierung des genetischen Materials ist außerordentlich ungewöhnlich.

Im Gegensatz zu der Säuger-mitDNA weist die deutlich größere mitDNA von Hefe eine große Anzahl unabhängiger Transkriptionseinheiten (mit mindestens 13 Promotoren) auf (vgl. Abb. 11.9.). Außerdem sind in der mitDNA zahlreiche Spacer vorhanden.

Cis- und Trans-Spleißen:

Die dichtgepackten Mitochondrien-Gene der Säuger enthalten keine Introns. Demgegenüber haben bei Pilzen und bei höheren Pflanzen viele Gene eine **Exon-Intron-Struktur**; die Introns gehören zu Gruppe I oder II.

Introns in der mitDNA werden durch Cis-Spleißen oder Trans-Spleißen ausgeschnitten.

Besonders intensiv untersucht wurden die Spleiß-Vorgänge bei Pilzen. Für die Introns wurde in vielen Fällen ein Selbst-Spleißen in vitro beobachtet; in anderen Fällen wurde die Mitwirkung von Proteinen, „Maturasen", nachgewiesen.

Sehr aufschlussreich sind die Fälle, bei denen das Cis-Spleißen mit Hilfe von Proteinen erfolgt, an deren Codierung diejenigen Intronsequenzen beteiligt sind, welche anschließend durch diese Maturasen selbst ausgeschnitten werden (vgl. Hagemann 1995).

An der mitDNA von höheren Pflanzen wurden Vorgänge des **Cis-Spleißens** und des **Trans-Spleißens** sowie ihr Ineinandergreifen festgestellt. Bei der Expression des *nad5*-Gens von *Oenothera* und *Arabidopsis* entstehen drei prä-mRNAs (Abb. 11.13.). An den prä-mRNAs 1 und 3 erfolgt ein Cis-Spleißen; anschließend (oder gleichzeitig) werden Abschnitte dieser drei prä-mRNAs durch Trans-Spleißen zu einer reifen *nad5*-mRNA verknüpft.

RNA-Editing:

In den Kinetoplasten von Protisten (die den Mitochondrien homolog sind) und in den Mitochondrien höherer Pflanzen wurde zahlreiche Fälle von **RNA-Editing** nachgewiesen (später auch in Plastiden; vgl. Tab. 11.6.). Als RNA-Editing bezeichnet man sekundäre Veränderungen der Nukleotidsequenz einer prä-

Tab. 11.11. Codierungskapazität der mitDNAs unterschiedlicher Taxa

	At	Mp	Pw	Cc	Pa	Hs	Cr	Pf
Komplex I	+	+	+	+	+	+	+	–
nad1	+	+	+	+	+	+	+	–
nad2	+	+	+	+	+	+	–	–
nad3	+	+	+	+	+	+	+	–
nad4	+	+	+	+	+	+	–	–
nad4L	+	+	+	+	+	+	+	–
nad5	+	+	+	+	+	+	+	–
nad6	+	+	+	+	+	+	+	–
nad7	+	ψ	+	–	–	–	–	–
nad9	+	+	+	–	–	–	–	–
Komplex II								
sdhB	–	–	–	+	–	–	–	–
sdhC	–	+	–	+	–	–	–	–
sdhD	–	+	–	+	–	–	–	–
Komplex III								
cob	+	+	+	+	+	+	+	+
Komplex IV								
cos1	+	+	+	+	+	+	+	+
cos2	+	+	+	+	+	+	–	–
cox3	+	+	+	+	+	+	–	+
Komplex V								
atp1	+	+	+	–	–	–	–	–
atp6	+	+	+	+	+	+	–	–
atp8	–	–	–	–	+	+	–	–
atp9	+	+	+	+	+	–	–	–
Cytochrom-c-Biogenese								
ccb206	+	+	–	–	–	–	–	–
ccb256	+	+	–	–	–	–	–	–
ccb452	+	+	–	–	–	–	–	–
ccb382	+	+	–	–	–	–	–	–
ccb203	+	+	–	–	–	–	–	–
Ribosomale Proteine								
rpl2	+	+	–	–	–	–	–	–
rpl5	+	+	+	–	–	–	–	–
rpl6	–	+	+	–	–	–	–	–
rpl16	+	+	+	+	–	–	–	–
rps1	–	+	–	–	–	–	–	–
rps2	–	+	+	–	–	–	–	–
rps3	+	+	+	+	–	–	–	–
rps4	+	+	+	–	–	–	–	–
rps7	+	+	+	–	–	–	–	–
rps8	–	+	–	–	–	–	–	–
rps10	–	+	+	–	–	–	–	–
rps11	–	+	+	+	–	–	–	–
rps12	+	+	+	+	–	–	–	–
rps13	–	+	+	–	–	–	–	–
rps14	ψ	+	+	–	–	–	–	–
rps19	ψ	+	+	–	–	–	–	–

Tab. 11.11. (Fortsetzung)

	At	Mp	Pw	Cc	Pa	Hs	Cr	Pf
Ribosomale RNAs								
rrn5	+	+	+	–	–	–	–	–
rrn18[g]	+	+	+	+	+	+	+	+
rrn26[g]	+	+	+	+	+	+	+	+
Transfer RNAs	22	29	26	23	27	22	3	–
Intronic orfs[h]	0/1	2/8	2/0	–	6/0	–	1	–

At = *Arabidopsis thaliana*
Mp = *Marchantia polymorpha*
Pw = *Prototheca wickerhamii*
Cc = *Chondrus crispus*
Pa = *Podospora anserina*
Hs = *Homo sapiens*
Cr = *Chlamydomonas reinhardtii*
Pf = *Plasmodium falciparum*

nad = NADH-Dehydrogenase (= ND in Abb. 11)
sdh = Succinat-Dehydrogenase
cob = Cytochrom b
cox = Cytochrom-c-Oxidase
rpl bzw. rps = ribosomale Proteine der großen (l) bzw. kleinen (s) Untereinheit

(Aus Unseld et al., Nature Genetics 15: 57–61, 1997)

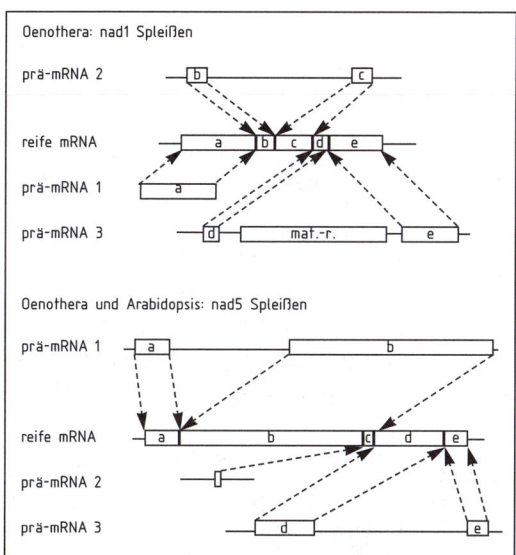

Abb. 11.13. Schema für den Zusammenbau reifer mitochondrialer mRNAs für die 1. und 5. Untereinheit der NADH-Dehydrogenase (*nad1* und *nad5*) von *Oenothera* und *Arabidopsis* durch Cis-Spleißen und Trans-Spleißen. Nach Wissinger et al. 1992.

RNA. Der biologische Sinn des RNA-Editing für Protein-codierende Gene besteht darin, dass von der primären Nukleotidsequenz in der mitDNA und der unreifen, noch nicht editierten präRNA ein nichtfunktionelles Polypetid codiert würde; erst nach dem Editing entsteht der Leseraster für das funktionsfähige aktive Polypeptid (vgl. Tab. 11.6.). In diesem Sinne wird das RNA-Editing oft als „funktionelle Reparatur" des Informationsgehaltes einer präRNA oder „Regeneration eines richtigen Sinnes" bezeichnet.

Bei **höheren Pflanzen** ist die häufigste durch RNA-Editing bewirkte Basenveränderung die von Cytosin in Uracil (C → U). Sehr selten tritt auch die entgegengesetzte Veränderung (U → C) auf. Das RNA-Editing in den Mitochondrien höherer Pflanzen erfolgt regelmäßig; in allen bisher genau untersuchten proteincodierenden mRNAs wurde Editing festgestellt. Sehr viele offene Fragen gibt es aber bezüglich des molekularen Mechanismus des Editing und hinsichtlich des Problems, wie die zu edierenden Stellen in der präRNA gefunden werden.

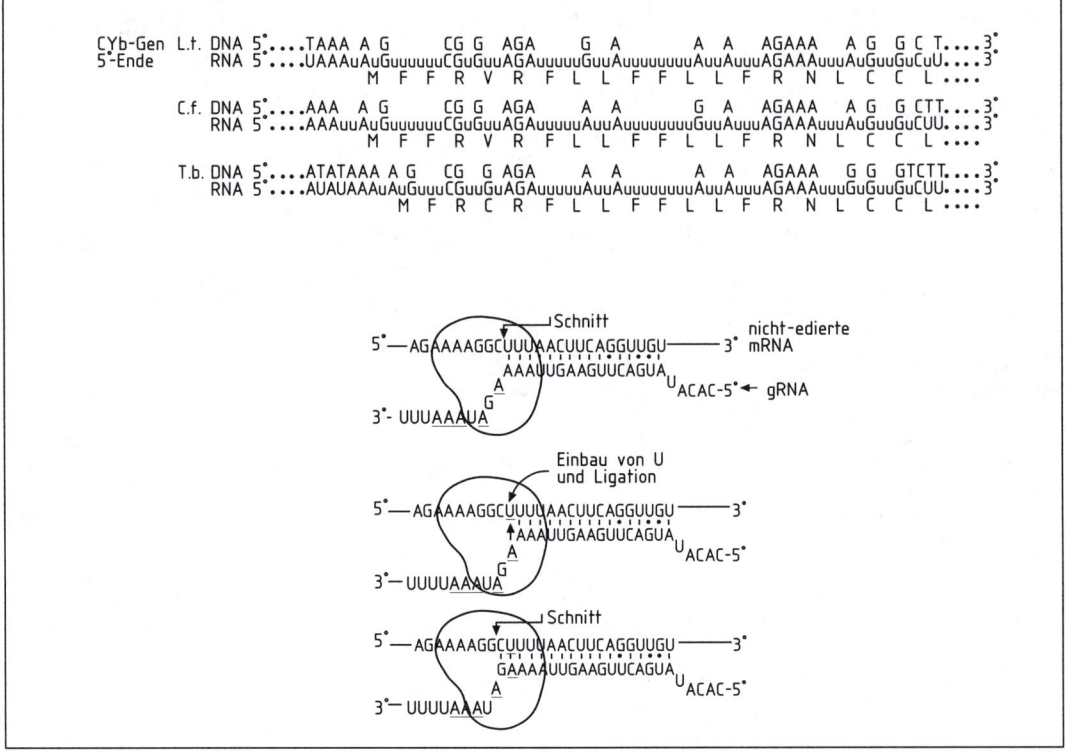

Abb. 11.14. RNA-Editing in Kinetoplasten. *Oben*: Vergleich der Sequenzen von Kinetoplasten-DNA und entsprechender reifer mRNA des Cytochrom-b-Gens von *Leishmania tarentolae* (L. t.), *Crithidia fasciculata* (C. f.) und *Trypanosoma brucei* (T. b.). Es wird deutlich, in welchem Ausmaß durch Einfügen vieler Uracil-Nukleotide (u) neue, in der mitDNA-Sequenz nicht codierte Aminosäuren in das Protein eingebaut werden. *Unten*: Modell für das Editing: Setzen von Schnitten an der Grenze Einzelstrang/Doppelstrang; Einbau eines Uracil-Nukleotids und Ligation; neuer Schnitt; danach Einbau eines weiteren Uracil-Nukleotids und Ligation usw. Nach Simpson und Shaw sowie Blum et al. aus Knippers et al. 1990.

In den Kinetoplasten von **Trypanosomen** wurde das RNA-Editing erstmals gefunden (1986). In die aus der Transkription hervorgegangenen prä-RNAs, z. B. des Cytochrom-b-Gens, werden bei Trypanosomen in erstaunlicher Anzahl Uracil-Nukleotide eingefügt (Abb. 11.14.); dadurch entstehen völlig neue reife mRNAs, die in ihrer Sequenz drastisch von der sie codierenden mitDNA abweichen. Zum Teil werden Start-Codonen überhaupt erst durch das Editing geschaffen.

Bei den Trypanosomen wurden überdies interessante Hinweise auf einen Editing-Mechanismus gefunden: Es gelang die Isolierung kleiner sog. „guide-RNA-Moleküle" (gRNAs). Diese sind bestimmten Abschnitten der mitochondrialen präRNA komplementär, besitzen aber direkt daneben Abschnitte, die den Ablauf des Editing bestimmen (Abb. 11.14.). Sie dirigieren den Einbau zusätzlicher Nukleotide, indem sie Schnitte in die präRNA setzen; in diese aufgeschnittenen Stellen werden zusätzliche Nukleotide eingebaut, die den Nukleotiden der „guide-RNA" komplementär sind. Dieser Vorgang kann sich mehrmals – auch unmittelbar hintereinander – wiederholen.

11.2.5.6. Wechselwirkungen zwischen Mitochondrien-DNA und Kern-DNA

Nur etwa 5% der Mitochondrien-Proteine werden von der mitDNA codiert und in den Mitochondrien synthetisiert. Somit wird die große Mehrheit der mitochondrialen Proteine im Zellkern codiert, im Cytoplasma als Vorläufer-Proteine synthetisiert und danach in die Organellen transportiert. Der Prozess des Proteintransportes in die Mitochondrien umfasst zahlreiche Einzelvorgänge.

Bei den an den Atmungsprozessen entscheidend beteiligten Komplexen der Cytochrom-c-Oxidase und der H$^+$-ATPase werden jeweils einige Untereinheiten von der mitDNA und andere von der Kern-DNA codiert. Die Wechselwirkungen zwischen mit- und Kern-DNA reichen somit bis in den molekularen Bereich des Aufbaues einzelner Proteinkomplexe. Auch für die Mitochondrien-Ribosomen wird ein Teil der ribosomalen Proteine von der mitDNA, ein anderer Teil von der Kern-DNA codiert (vgl. Tab. 11.11.).

Die Wechselwirkungen zwischen Mitochondrien und dem Kompartiment Zellkern/Cytoplasma reichen aber über den Proteintransport und das Ineinandergreifen zahlreicher Stoffwechselprozesse hinaus. Für *Chlamydomonas* und mehrere Blütenpflanzen wurde nachgewiesen, dass die mitDNA nicht alle für die Proteinsynthese innerhalb der Organelle erforderlichen tRNAs codiert (die mitDNA von *Chlamydomonas reinhardtii* codiert nur 3 tRNAs). Dies bedeutet: Bei vielen Organismen werden kerncodierte tRNAs aus dem Kompartiment Kern/Cytoplasma in die Mitochondrien transportiert („tRNA-Trafficking"), um dann an der intramitochondrialen Proteinsynthese mitzuwirken.

Auf komplexere Interaktionen zwischen genetischer Kern- und Mitochondrien-Information wird in Kapitel 22 eingegangen.

11.2.6. Mutationen in der Mitochondrien-DNA als Ursache menschlicher Erbkrankheiten

Jahrzehntelang bestand in der Humanmedizin die Auffassung, dass die Mitochondrien als genetische Ursache von Krankheiten beim Menschen keine Rolle spielen. Hier hat sich seit 1985 ein deutlicher Wandel vollzogen. Nachdem im Jahre 1980 durch F. Sangers Gruppe die mitDNA des Menschen vollständig sequenziert worden war (Abb. 11.11.), bot sich die Möglichkeit, die mitDNA von Patienten mit bestimmten Krankheitssyndromen (und ihrer mütterlichen „Weitergabe") mit der Wildtyp-Sequenz zu vergleichen. Inzwischen sind mehrere Syndrome humangenetisch charakterisiert und molekulargenetisch analysiert worden, die auf Mutationen in der mitDNA zurückzuführen sind (Abb. 11.15.). Genauer

geschildert wird an dieser Stelle das „Leber-Syndrom" (LHON); weitere Informationen gibt Tabelle 11.12.

Das **Leber-Syndrom**, Opticus-Atrophie (LHON: Leber's hereditary optic neuropathy) ist eine mütterlich vererbte Sehnerv-Degeneration, die zur Opticus-Atrophie führt; die Folge ist eine progrediente Verschlechterung des Sehvermögens bis zur bilateralen Blindheit. Herz-Dysrhythmie und peripapilläre Mikroangiopathie werden häufig bei präsymptomatischen Probanden beobachtet. Die Erkrankung kann vom Erreichen des Erwachsenenalters bis zum späten Erwachsenenalter auftreten. Die molekulargenetische Analyse der mitDNA von LHON-Patienten führte zur Feststellung, dass bei diesem Syndrom eine genetische Heterogenität vorliegt (Tab. 11.12.). Bei der in der Population häufigsten Mutation ist in der Nukleotid-Position 11778 der humanen mitDNA ein Guanin durch ein Adenin ersetzt (G → A). Diese Transition führt im Codon 340 der Untereinheit 4 der NADH-Dehydrogenase zum Ersatz eines (bei vielen Organismen konservierten)

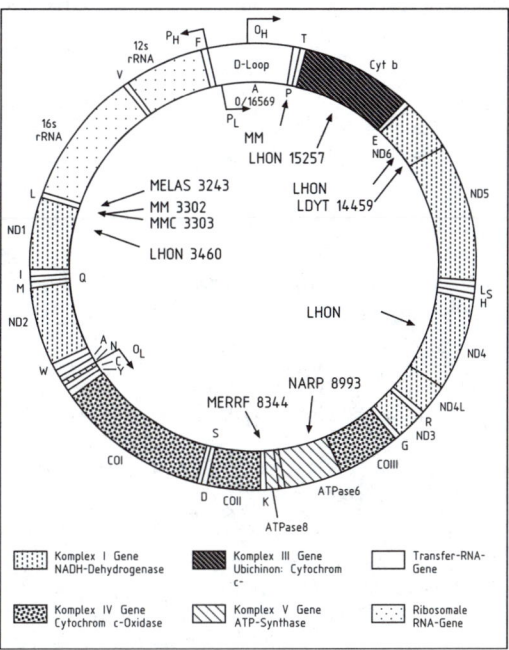

Abb. 11.15. Physische Karte der mitDNA des Menschen mit Angabe der Mutationsorte für Erbkrankheiten. Wegen der Abkürzungen vgl. Tab. 11.11. Die codierten Proteine gehören zu den unten angegebenen Komplexen. Die tRNA-Gene sind durch den Einbuchstaben-Code der entsprechenden Aminosäuren gekennzeichnet. Nach Wallace 1994, verändert.

Arginins durch ein Histidin (Tab. 11.12.). Diese Mutation in der mitDNA ist eine „milde" Missense-Mutation, die meistens „homoplasmatisch", d. h. in allen mitDNA-Molekülen des Patienten vorhanden ist.

Die zweithäufigste Mutation betrifft die Untereinheit 1 der NADH-Dehydrogenase. An Position 3460 ist eine Transition G → A erfolgt, die dazu führt, dass in der Untereinheit 1 ein Alanin durch ein Threonin ersetzt ist (Tab. 11.12.).

Die NADH-Dehydrogenase ist durch diese Mutationen in ihrer Funktion nicht ausgeschaltet; vielmehr führt der Ersatz des Arginins durch Histidin bzw. des Alanins durch Threonin zu einer reduzierten Effizienz des Elektronentransportes. Als Konsequenz wird die ATP-Produktion in den optischen Nervenzellen gesenkt und durch das allmähliche Absinken der Zelltod bewirkt.

Fünf weitere Erbkrankheiten, die durch Mutationen in der mitDNA verursacht werden, sind in Tabelle 11.12. genau gekennzeichnet. In diesen Fällen liegt fast immer eine Mischung von mutierten und normalen Mitochondrien vor.

Außer den in Tabelle 11.12. genannten Krankheitssyndromen gibt es mehrere andere Erkrankungen, bei deren Auftreten größere genetische Veränderungen in der mitDNA eine Rolle spielen und zwar Deletionen. In diesen Fällen liegt auch in den Zellen eine Mischung normaler und mutierter Mitochondrien vor, so dass die Schwere der Erkrankungen vom Verhältnis der mutierten zu normalen Mitochondrien abhängt.

Tab. 11.12. Mutationen in der Mitochondrien-DNA des Menschen (Basenpaar-Substitutionen) als Ursache von Erbkrankheiten. Nach Wallace 1993 und 1995.

Krankheit	Position der Mutation in mitDNA	Art der Basensubstitution	Art des Aminosäure-Austausches
LHON	ND1	3460 G → A	Ala → Thr
LEBER-Syndrom, Juvenile Opticus-	ND4	11778 G → A	Arg → His
Atrophie(Leber's hereditary optic	ND6	14459 G → A	Ala → Val
neuropathy)	ND6	14484 T → C	Met → Val
	cyt b	15257 G → A	Asp → Asn
NARP	ATPase6	8993 T → G	Leu → Arg
Neurogene Muskelschwäche, Ataxia	ATPase6	8993 T → C	Leu → Pro
und Retinitis pigmentosa			
MELAS	tRNA$^{Leu(UUR)}$	3243 A → G	tRNA-Veränderung
Mitochondriale Encephalomyopathie,			
Laktacidose (und Schlag-ähnliche Anfälle)			
MM	tRNA$^{Leu(UUR)}$	3250 T → C	tRNA-Veränderung
Mitochondriale Myopathie	tRNA$^{Pro(UGG)}$	15990 G → A	tRNA-Veränderung
MMC	tRNA$^{Leu(UUR)}$	3260 A → G	tRNA-Veränderung
Mütterliche Myopathie und	tRNA$^{Leu(UUR)}$	3303 C → TA	tRNA-Veränderung
Cardiomyopathie			
MERRF	tRNA^{Lys}	8344 A → G	tRNA-Veränderung
Myoklonus-Epilepsie (Myoclonus			
epilepsy and ragged red muscle			
fiber disease)			
MERRF/MELAS	tRNA^{Lys}	8356 T → C	tRNA

11.2.7. Genetische Variabilität und Evolution der menschlichen Mitochondrien-DNA

Die Mitochondrien (und ihre mitDNA) werden beim Menschen rein mütterlich (uniparental maternal) vererbt.

Ein besonderes Kennzeichen der humanen mitDNA ist der „D-Loop" (Abb. 11.15. oben). In ihm liegen der Startpunkt (Origin) für die Replikation des schweren Stranges (O_H) sowie die Transkriptions-Startpunkte für den schweren (Promotor P_H) und den leichten Strang (Promotor P_L). Aber der D-Loop codiert keine RNAs bzw. Proteine.

Insgesamt weist die mitDNA eine deutlich höhere Mutabilität auf als die Zellkern-DNA; sie liegt schätzungsweise 10mal höher. Daran hat der D-Loop einen hohen Anteil; er ist 1121 bp lang und enthält die beiden hypervariablen Regionen HVRI und HVRII. Da der D-Loop keine RNAs bzw. Proteine codiert, erfolgt keine starke Selektion gegen Punktmutationen in diesen Regionen. Diese Eigenschaft bietet zwei wesentliche Forschungsansätze:

(1) Die Variabilität des D-Loop ist so groß, dass sie es möglich macht, *eine Person von einer anderen Person* (die nicht in der mütterlichen Linie liegt) aufgrund der Basensequenz zu *unterscheiden* und zu kennzeichnen. Für diese Prüfung genügen Mitochondrien bzw. mitDNA aus sehr wenig Material (Blutzellen, Zellen der Mundhöhlen-Schleimhaut, einzelne Zähne, einzelne Haare).

(2) Die Sequenzierung sehr vieler mitDNA-Proben von Personen ganz unterschiedlicher Rassen, Völker, Stämme, Bevölkerungsgruppen hat zu ziemlich genauen Aussagen über die **Evolution der Menschheit** und über Wanderungsbewegungen während der Menschheitsgeschichte geführt: Aus zahlreichen Analysen der mitDNA ergibt sich, dass der moderne rezente *Homo sapiens* vor etwas mehr als 100.000 Jahren in Afrika entstand. Die urtümliche mitDNA stammt von einer relativ kleinen Gruppe von Frauen („Eva-Hypothese"). Von dort verbreitete sie sich über die ganze Welt. Die genaue Analyse der Mutationsverteilung in der (rein mütterlich vererbten) mitDNA erlaubte Aussagen über den genetischen Abstand unterschiedlicher Menschen-Gruppen und damit über die Ausbreitung des *Homo sapiens* im Verlaufe der vergangenen 100.000 Jahre über die einzelnen Erdteile (Abb. 11.16.).

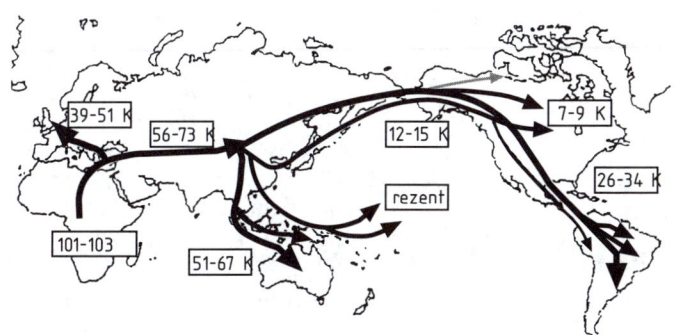

Abb. 11.16. Schema für die Wanderung des modernen Menschen (*Homo sapiens sapiens*) aus Afrika in die anderen Erdteile auf der Basis der Sequenzanalyse spezifischer Abschnitte der Mitochondrien-DNA. *K* Tausend Jahre vor der Jetztzeit. Nach Wallace 1994.

12. Zellbiologische Manipulationen an Eukaryoten

In den vergangenen Jahren wurden mehrere zellbiologische Verfahren entwickelt, welche eine gezielte Beeinflussung der „normalen" Befruchtungs- und Entwicklungsprozesse erlauben. Darüber hinaus sind neuartige Wege zur Übertragung und Rekombination von Erbanlagen bei Eukaryoten erschlossen worden. Alle diese Methoden wurden in letzter Zeit zu wichtigen und wertvollen zellgenetischen Forschungsverfahren.

Aus sachlichen und didaktischen Gründen wird in diesem Buch das Gesamtgebiet, das gezielte Eingriffe in Zellen und deren Erbinformation umfasst, in mehreren Kapiteln dargestellt. In diesem Kapitel geht es um cytologische Eingriffe, „Manipulationen" an und *mit lebenden Zellen bzw. Zellorganellen* und den sich daraus entwickelnden Organismen. Die Einführung definierter, gentechnologisch umgebauter Nukleinsäuremoleküle in Zellen und die damit zusammenhängenden gentechnologischen Verfahren und Eingriffe werden in Kapitel 13 (und weiteren Kapiteln) behandelt.

12.1. Künstliche Besamung (Artifizielle Insemination)

In der Haustierzüchtung (besonders bei Rindern, auch bei Schweinen) ist im Laufe der vergangenen 25 Jahre die künstliche Besamung zu einer Routinemethode entwickelt worden. Von Hochleistungsbullen, deren besonders geeignete genetische Konstitution durch genaue Nachkommenschaftsprüfung festgestellt worden ist, wird Sperma gewonnen – oft eingefroren und bei Bedarf wieder aufgetaut – und zur künstlichen Besamung geeigneter weiblicher Tiere verwendet. Mit diesem Verfahren konnte der Züchtungsfortschritt bei Rindern und Schweinen in vielen Ländern bedeutend beschleunigt werden.

Diese Methoden können auch bei anderen Säugetieren eingesetzt werden. Beim Menschen wird bereits seit längerer Zeit „homologe" Insemination (mit Sperma des Ehemannes) und „heterologe" Insemination (mit Sperma eines Spenders) zur Überwindung der Kinderlosigkeit in bestimmten Familien erfolgreich angewandt.

12.2. Embryo-Transfer („Ei-Transplantation")

Bei mehreren Säugetieren (bei Mäusen, auch bei Rindern) ist es gelungen, befruchtete Eizellen – also: junge Embryonen – aus dem Eileiter bzw. dem Gebärmutterhorn zu entnehmen und in den Uterus anderer, scheinträchtig gemachter weiblicher Tiere zu übertragen. Dort können sie sich normal weiterentwickeln und von den „Ammen-Müttern" geboren werden. In der Rinderzüchtung wurde dieses Verfahren in folgenden Teilschritten optimiert:

- Auswahl der geeignetsten Spender- und Empfängertiere nach tierzüchterischen Gesichtspunkten;
- Synchronisierung des Geschlechtszyklus von Spender und Empfänger („Brunst-Synchronisation");
- Auslösung von Superovulation (Freisetzung mehrerer Eizellen) und künstliche Besamung der Spenderkuh;
- Gewinnung der befruchteten Eizellen (= jungen Embryonen) auf chirurgischem oder nichtchirurgischem Wege (Ausspülung der Embryonen aus der Gebärmutter);
- Auswahl der zum Transfer vorgesehenen Embryonen in vitro (möglicherweise Geschlechtsbestim-

mung durch Chromosomenanalyse oder gentechnischem Nachweis geschlechtsdeterminierender DNA-Sequenzen);

- Falls gewünscht oder nötig, kurz-, mittel- oder langfristige Konservierung der Embryonen (durch Tiefgefrieren: Kryo-Konservierung in Embryonen-Banken);
- Transport der Embryonen z. T. über sehr große Entfernungen;
- Übertragung (Transfer) der Embryonen in vorbereitete, „scheinträchtige" Empfängertiere („Ammen-Mütter") auf chirurgischem oder nichtchirurgischem Wege;
- Trächtigkeitsuntersuchungen und Überwachung von Trächtigkeit und Geburt.

Während man unter normalen Zuchtbedingungen von einer Elite-Kuh kaum mehr als 3–5 Nachkommen erhalten kann, lassen sich nach einer Superovulation 4–8 befruchtete Eizellen gewinnen; darüber hinaus kann die Superovulation mehrfach ausgelöst werden. So können mit der Methode des Embryo-Transfers von einer Elite-Kuh bis zu 80 oder 100 Nachkommen erhalten werden. Dadurch ist eine schnelle Ausbreitung wertvoller Erbanlagen von Mutter- und Vatertieren zu erreichen.

Prinzipiell ist dieses Verfahren auf andere Säugetiere übertragbar.

12.3. In-vitro-Befruchtung bei Tier und Mensch

In den letzten Jahren sind effektive Methoden ausgearbeitet worden, um bei Säugern befruchtungsfähige Eizellen aus dem weiblichen Genitaltrakt (nach hormoneller Stimulation von Superovulation) zu gewinnen und sie anschließend außerhalb des Körpers – in vitro – von Spermien befruchten zu lassen („in-vitro-Befruchtung"). Die sich zunächst in vitro entwickelnden Embryonen können cytologisch und chromosomal analysiert – wenn nötig auch konserviert – und dann scheinträchtig gemachten weiblichen Individuen in den Uterus transplantiert werden (wie beim Embryo-Transfer; vgl. 12.2.), wo sie sich normal weiterentwickeln können.

Mit diesem Verfahren kann man z. B. auch Frauen helfen, die durch Tubenverschluss keine Kinder bekommen können. Beim Menschen ist eine in-vitro-Befruchtung und an-

schließende Implantation der Embryonen in den letzten Jahren in zahlreichen Fällen erfolgreich durchgeführt worden (vgl. Zeittafel 1977).

In der Tierzüchtung (Rinder-, Schweine- und Schafzüchtung) kann neben dem Embryo-Transfer auch die in-vitro-Befruchtung mit anschließender Implantation des Embryos zur Erzeugung von Hochleistungstieren eingesetzt werden. In der Entwicklungsbiologie der Tiere eröffnet dieses Verfahren zahlreiche experimentelle Forschungsperspektiven.

Beim Menschen ist das Verfahren der in-vitro-Befruchtung durch das ICSI-Verfahren noch weiter vorangetrieben worden (ICSI = intracelluläre Spermien Injektion): Von Männern, die keine reifen Spermien bilden können, gewinnt man unreife Spermien-Vorstufen; diese werden dann in die befruchtungsfähigen Eizellen (der Ehe-Frau) injiziert. Auf diese Weise kann dem Kinderwunsch bestimmter Familien entsprochen werden.

12.4. Kerntransplantation

In den fünfziger Jahren wurde bei Fröschen das Verfahren entwickelt, aus reifen unbefruchteten Eizellen den haploiden Zellkern zu entfernen bzw. ihn zu zerstören und danach – mit Hilfe eines Mikromanipulators – einen diploiden Zellkern aus einer somatischen Zelle zu entnehmen und ihn in die (vorher kernlos gemachte) Eizelle zu transplantieren. Auf diese Weise konnten Zellkerne aus Darmepithelzellen von Kaulquappen der Art *Xenopus laevis* in Eizellen transplantiert werden. Diese diploiden somatischen Zellkerne im Plasma der Eizelle ermöglichten eine normale Individualentwicklung; als Ergebnis einer solchen Kerntransplantation entstanden normale Frösche (Abb. 12.1.). Diese Versuche zeigen, dass die transplantierten Kerne noch **totipotent** waren und eine Normalentwicklung bis zum geschlechtsreifen fertilen Tier bestimmten.

In der Folgezeit wurden mit diesem Verfahren auch somatische Zellkerne einer Art (z. B. *Xenopus laevis*) in das Eiplasma einer anderen Art (z. B. *Xenopus tropicalis*) eingelagert. Auf diese Weise kann das Zusammenwirken

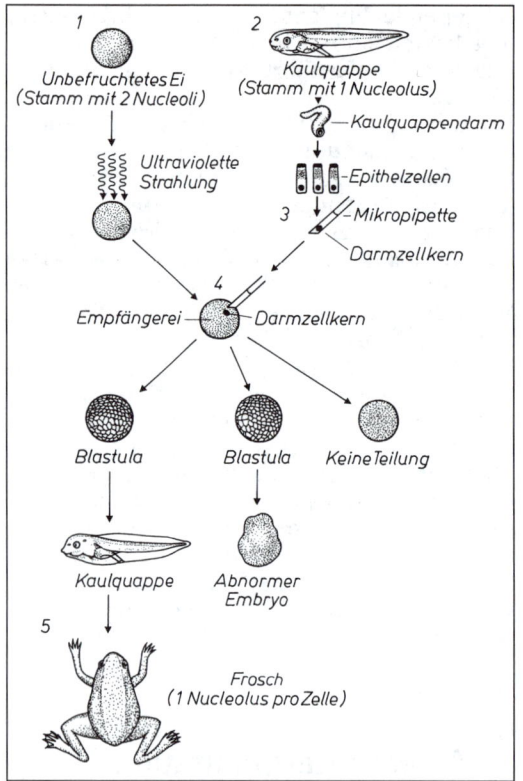

Abb. 12.1. Kerntransplantation bei *Xenopus laevis*. In einem unbefruchteten Ei wird der Zellkern durch UV-Strahlung zerstört. Mit einer Mikropipette wird aus einer Darmepithelzelle einer Kaulquappe der Zellkern entnommen und in das (kernlos gemachte) Empfänger-Ei transplantiert. Nach Mohr und Sitte 1971.

von Zellkern und plasmatischen Organellen (z. B. Mitochondrien) zweier verschiedener Arten studiert werden.

Anknüpfend an diese Experimente mit Fröschen wurde versucht, auch bei Säugern (Mäusen) haploide und diploide Zellkerne zu transplantieren oder zu ersetzen und so ihre Entwicklungspotenzen zu erforschen. Mitteilungen über erfolgreiche Kerntransplantationen bei Mäusen (nach prinzipiell demselben Verfahren wie bei *Xenopus laevis*) konnten bei kritischer Nachprüfung nicht bestätigt werden.

In weiteren Experimenten zeigte sich, dass für eine normale Entwicklung von Säugern das Vorhandensein eines (haploiden) väterlichen *und* eines (haploiden) mütterlichen Kernes (bzw. Vorkernes) in der Zygote und in den aus ihr hervorgehenden Zellen unbedingt erforderlich ist.

Durch Entfernen des männlichen Vorkerns (Abb. 12.2. b.) oder des weiblichen Vorkerns (Abb. 12.2. c.) aus dem befruchteten Ei und der Diploidisierung des jeweils verbleibenden Vorkerns entstehen gynogenetische bzw. androgenetische homozygote, diploide Embryonen. Solche Embryonen sind aber nicht lebensfähig. Bei gynogenetischen Embryonen entwickelt sich der Embryo anfangs fast normal; Trophoblast und Dottersack aber zeigen starke Entwicklungsstörungen. Bei androgenetischen Embryonen (Abb. 12.2. c.) entwickelt sich umgekehrt der Trophoblast anfangs gut, der Embryo aber bleibt auf einem frühen Entwicklungsstadium stehen. Dass das Absterben der Embryonen nicht durch den schwerwiegenden technischen Eingriff bedingt ist, zeigen Untersuchungen, bei denen jeweils ein Vorkern entfernt und durch einen anderen Vorkern des gleichen Geschlechtes ersetzt wurde (Abb. 12.2. d., 12.2. e.). Die Embryonen entwickeln sich völlig normal.

Diese Versuche beweisen, dass väterliches *und* mütterliches Genom, die offenbar unterschiedliches Imprinting und unterschiedliche Genaktivierung aufweisen, zur Normalentwicklung zusammenwirken müssen.

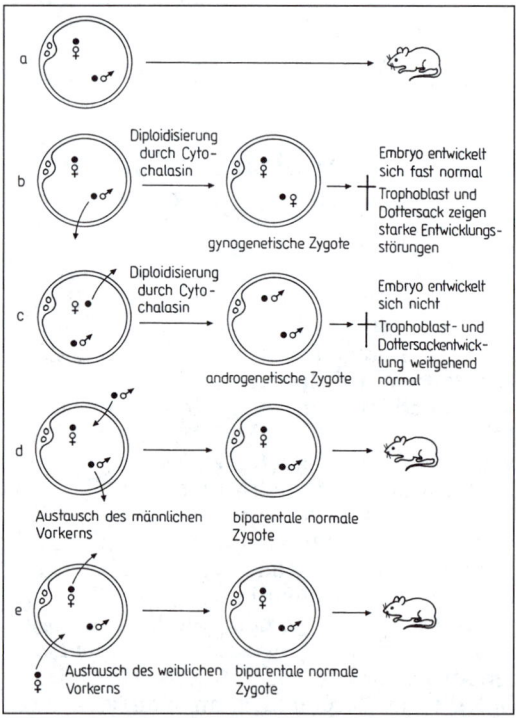

Abb. 12.2. Versuche zur Herstellung androgenetischer und gynogenetischer Embryonen bei der Maus. Wegen der einzelnen Experimente vgl. Text. Nach Petzoldt 1988, verändert.

12.5. Cybrid-Erzeugung bei Säugern

Die Forschung über mögliche Kerntransplantationen bei Säugern hat 1997 durch Veröffentlichungen über das Schaf „Dolly" Auftrieb erhalten und großes öffentliches Interesse erregt. Das Experiment verlief folgendermaßen:
Einem Schaf (Nr. 1: Kernspender) werden diploide Euterzellen entnommen. Diese Zellen befanden sich in G0 (dauernde Ruhephase); sie wurden durch Übertragung in ein spezielles Nährmedium aus der G0-Phase „erweckt" und zur Aktivierung ihrer Gene veranlasst. (b) Einem anderen Schaf (Nr. 2: Ei-Mutter) wurden haploide Eizellen entnommen. Aus diesen Eizellen wurde jeweils der Zellkern durch Absaugen entfernt. (c) Im entscheidenden Schritt des Experimentes wurde eine der aktivierten Euterzellen (als ganze Zelle) durch Elektrofusion mit einer kernlos gemachten Eizelle fusioniert. Diese durch Fusion entstandene Zelle enthält einen diploiden Zellkern der Euterzelle (von Schaf Nr. 1); ihr Cytoplasma ist ein Misch-Plasma, welches Mitochondrien aus der Euterzelle (Nr. 1) und der kernlos gemachten Eizelle (von Schaf Nr. 2) enthält. In der strengen Terminologie der somatischen Zellgenetik bezeichnet man eine solche Zelle (und den sich daraus entwickelnden Organismus) als einen „Cybrid": Die Zelle enthält den Zellkern von einem Elter, aber plasmatisches (mitochondriales) Erbgut von zwei Eltern (ein cytoplasmatischer Cybrid). (d) Die durch die Fusion entstandene Zelle begann sich zu teilen. (e) Der heranwachsende Embryo wurde zunächst in vitro kultiviert und danach in die Gebärmutter eines hormonell scheinträchtig gemachten Schafes (Nr. 3: „Leihmutter") eingepflanzt. (f) Nach einer normalen Tragzeit wurde das Schaf „Dolly" geboren, das in seinem Genotyp (= seiner genetischen Zellkern-Information) dem Schaf Nr. 1 gleicht.
Dieses Forschungsergebnis ist z. T. mit Enthusiasmus begrüßt, z. T. mit Befürchtungen zur Kenntnis genommen worden, z. T. wurden Zweifel ausgedrückt. Was gegenwärtig erfolgt, ist eine Bestätigung solcher Experimente durch andere Labore.

In vielen Veröffentlichungen seit 1997 wird die Erzeugung des Schafes „Dolly" und vergleichbar erzeugter Tiere (Schafe, Rinder, Mäuse) als „Klonen" bezeichnet (vgl. Petzoldt 1998). Dies ist – wenn die bisher übliche Terminologie konsequent angewendet würde – nicht richtig. Im folgenden Abschnitt 12.6. wird dargestellt, dass Klonen die vegetative Vermehrung einer Zelle oder Zellgruppe ist (vgl. Abb. 12.3.); dabei stammen alle Zellbestandteile, die genetische Information tragen, von einer Ausgangszelle ab. Dies ist beim Schaf „Dolly" nicht der Fall; denn seine Mitochondrien stammen von zwei verschiedenen Elterntieren. – Andererseits aber benutzen populärwissenschaftliche Veröffentlichungen und allgemeine Presseorgane sowie Rundfunk und Fernsehen gegenwärtig allgemein den Begriff „Klon" oder „Klonen" in dem weiten Sinne, der die Sachverhalte der Abschnitte 12.5. und 12.6. umfasst. – Der Leser bzw. Hörer möge darauf achten, in welcher Bedeutung ein Autor den Begriff „Klon" oder „Klonen" verwendet, und außerdem davon das gentechnologische „Klonieren" unterscheiden (vgl. Kap. 13). Begriffs-Verwirrung führt oft auch zu Sinn-Verwirrung.

12.6. Klonen, Blastomeren-Trennung

Unter einem Klon versteht man eine Zellpopulation oder einen Organismus, der sich durch mitotische Teilungen – vegetativ – von einer Ausgangszelle oder Zellgruppe herleitet. Von unseren Kulturpflanzen werden Erdbeeren, Nelken, Kartoffeln durch Klonen (vegetativ) vermehrt.
Klonen (oder Klonierung) gibt es auch bei Tieren. Bei Gürteltieren der Gattung *Dasypus* kommt es im Verlaufe der sexuellen Fortpflanzung regelmäßig zu eineiiger Mehrlingsbildung (zu Vierlingen).
Experimentell hat Spemann bereits zu Beginn des 20. Jahrhunderts bei Molchen erbgleiche Zwillinge erzeugt, indem er ein frühes Embryonalstadium mit einer feinen Haarschlinge allmählich vollständig durchschnürte (Abb. 12.3.).
Da die Zellen einer Säuger-Morula bis zum 8-Zellstadium noch nicht differenziert sind (Abb. 12.4.), besteht die Möglichkeit, diese Zellen (Blastomeren) zu vereinzeln und getrennt wieder zur Teilung und damit zur Weiterentwicklung zu kompletten Embryonen zu bringen. Auf diese Weise ist es möglich, Säugetiere zu klonen (klonieren) und eineiige Mehrlinge (bis zu Achtlingen) zu erzeugen.

Technisch ist man in der Lage, an einer der Zellen das Geschlecht zu bestimmen (mit PCR und geschlechtschromosomenspezifischen Sonden) und damit bestimmte Morulae zur Weiterentwicklung zu nutzen (z. B. um in der Rinderzucht weibliche Tiere zu erhalten).

Es sei hier betont, dass diese Prozesse der Blastomeren-Trennung nicht „unnatürlich" sind; denn die Entstehung eineiiger Mehrlinge, d. h. eineiiger Zwillinge, Drillinge, Vierlinge, Fünflinge, vollzieht sich beim Menschen und verschiedenen Säugetieren durch prinzipiell die gleichen Prozesse (Abb. 12.4.).

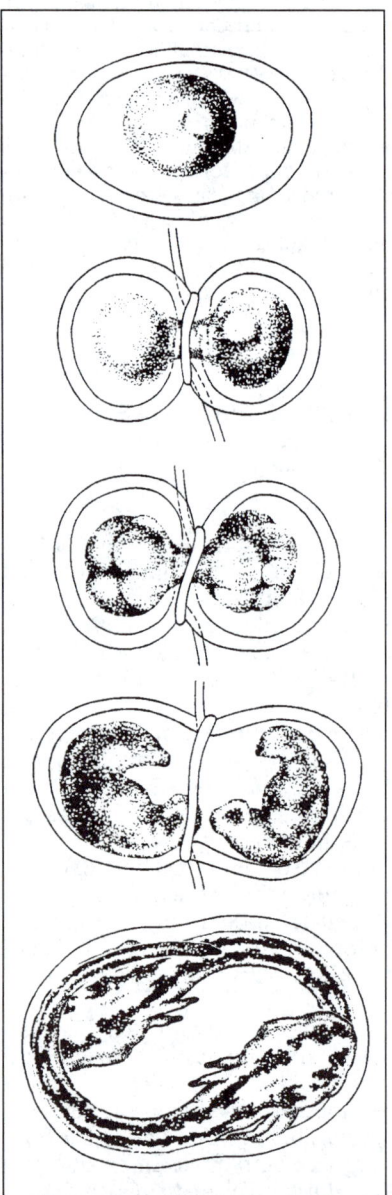

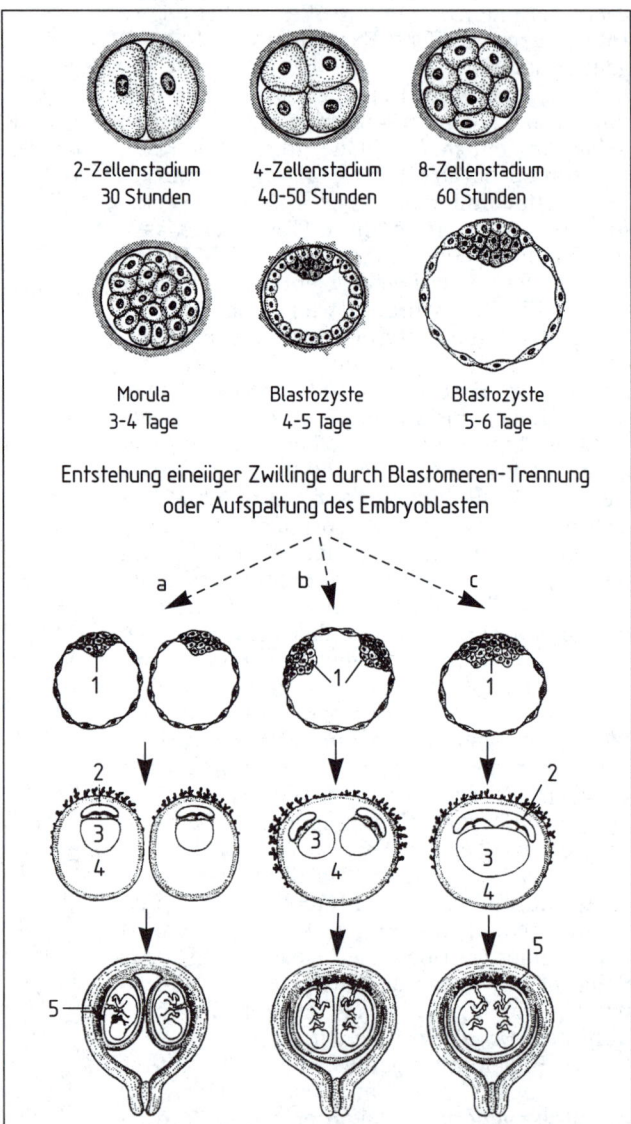

Abb. 12.4. Embryonalentwicklung beim Menschen. *Oben*: Die ersten Furchungsstadien bis zur Blastozyste. *Unten*: Entstehung eineiiger Zwillinge durch Blastomeren-Trennung oder Aufspaltung des Embryoblasten. Unterschiede bezüglich Decidua capsularis, Chorion und Amnion. *1* Embryoblast, *2* Amnionhöhle, *3* Dottersack, *4* Chorionhöhle, *5* Placenta. Nach Schumacher 1977.

Abb. 12.3. Experimentelle Erzeugung eineiiger Molch-Zwillinge durch Schnürung des Keims. Nach Spemann aus Lotze 1937, verändert.

12.7. Blastomerenmischung und Zelltransplantation

Bei Versuchen mit Mäusen, aber auch mit Kaninchen und Schafen, ergab sich die Möglichkeit, ganz frühe Embryonalstadien aus relativ wenigen Blastomeren zusammenzupressen und damit die Entstehung *einer* Morula zu erreichen. Aus einer derartigen Mischmorula (aus zwei genetisch unterschiedlichen Zellsorten) entwickelte sich ein Tier, eine Maus, die eine *Chimäre* darstellt (Abb. 12.5., linker Teil) und vier Eltern (!) hat. In Weiterführung dieser Experimente gelang bei der Maus sogar die Erzeugung von Chimärentieren mit sechs Eltern. (Da das Immunsystem bei diesen Tieren sich erst später ausbildet, werden alle diese genetisch unterschiedlichen Zellen als „eigene Zellen" betrachtet; es kommt nicht zu Abstoßreaktionen.) Eine andere Art derartiger Mischexperimente besteht in der mikrochirurgischen Transplantation einzelner fremder Blastomerenzellen (Abb. 12.5., rechter Teil) in einen sich entwickelnden Embryo (und zwar in den Embryoblasten der Blastocyste). Wenn Empfängerzellen und transplantierte Zellen durch unterschiedliche Erbanlagen klar markiert sind, lässt sich später die Verteilung der beiden genetisch unterschiedlichen Zelltypen in dem Chimärentier eindeutig nachweisen. Auf diesem Wege konnten bei der Maus einzelne Zellen einer Krebslinie (eines Teratokarzinoms) in die Blastocyste eines gesunden Tieres transplantiert werden. Die Teratokarzinomzellen wurden in die Gewebe des sich entwickelnden Tieres eingefügt und auf diese Weise „geheilt"; in einigen Fällen gelangten sie sogar in die Keimbahn und führten zur Entstehung „gesunder" Gameten und Nachkommen.

Außer den in den vorangegangenen Kapiteln geschilderten „normalen", auf natürlichen sexuellen oder parasexuellen Vorgängen beruhenden Wegen der Übertragung und Rekombination von Erbanlagen bei Eukaryoten, wurde in den letzten Jahren eine ganze Reihe von neuartigen zellgenetischen Verfahren experimentell erschlossen, die über die zellbiologische Kombination von Zellen (wie sie in den vorhergehenden Abschnitten beschrieben wurden) hinausgehen und zur Übertragung und Neukombination der Erbanlagen verschiedener Objekte führen. Diese werden im Folgenden geschildert.

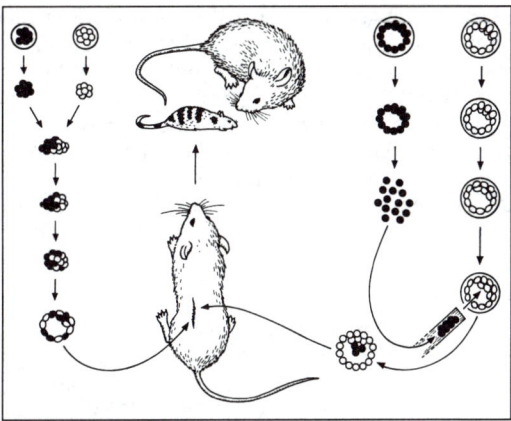

Abb. 12.5. Herstellung von Chimärentieren der Maus durch Blastomerenmischung (*links*) oder Blastomereninjektion in Blastocysten (*rechts*). Nach McLaren 1976, stark verändert.

12.8. Fusion somatischer tierischer und menschlicher Zellen

Tierische und menschliche somatische Zellen können in vitro mit mikrobiologischen Techniken kultiviert werden. Dabei wurden spontane Fusionen somatischer Zellen festgestellt. Durch Behandlung mit Präparaten inaktivierter Sendai-Viren, durch Anwendung geeigneter, die Zellfusion fördernder Chemikalien (z. B. Polyethylenglykol), durch physikalische Beeinflussung der Zellmembran (Elektrofusion) und durch Verwendung von Kulturbedingungen, welche das Wachstum fusionierter Zellen selektiv fördern, können gezielt Fusionen somatischer Zellen erreicht werden. Während man anfangs Zellen einer bestimmten Art fusionierte (z. B. verschiedene Linien von Mauszellen), gelang bald auch die Verschmelzung somatischer Zellen von verschiedenen Arten, Gattungen, Familien, Ordnungen, ja Klassen, zwischen denen sexuell keine Kreuzungen möglich sind, so z. B. Maus-Ratte, Maus-Hamster, Mensch-Maus, Mensch-Ratte, Mensch-Hamster, Mensch-Kaninchen, Mensch-Huhn, Kaninchen-Huhn.

In **Heterokaryonen** liegen in einem gemeinsamen Plasma die beiden Zellkerne nebeneinander vor (Abb. 12.6.). Dies gibt die Möglichkeit, interessante Fragen über die Realisierung der genetischen Information, über die Stabilität ontogenetischer Differenzierungen u.ä. experimentell zu untersuchen und zu beantworten.

Bei den echten **somatischen Bastarden** ist es nach der Verschmelzung der Plasmen auch zur Verschmelzung der somatischen Zellkerne gekommen. Durch geeignete zytologi-sche Methoden (Chromosomen-Banding-Techniken oder DNA-DNA- sowie DNA-RNA-Hybridisierung) können in den Zellkernen dieser somatischen Bastarde die einzelnen Chromosomen identifiziert und so ihre Herkunft von der betreffenden Art demonstriert werden (z. B. in entsprechenden Mensch-Maus-Bastardzellen).

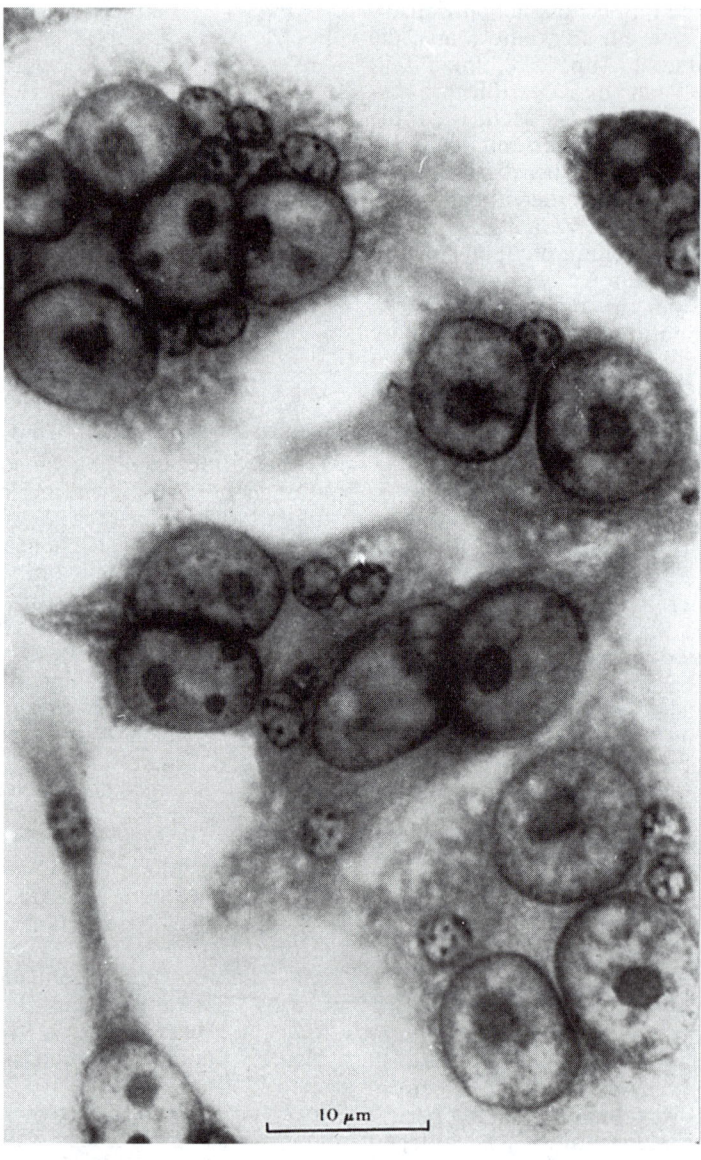

Abb. 12.6. Ein Heterokaryon mit Zellkernen von HeLa-Krebszellen des Menschen (*große* Zellkerne) und von Hühner-Erythrocyten (*kleine* Kerne). Nach einem Foto von Harris 1968.

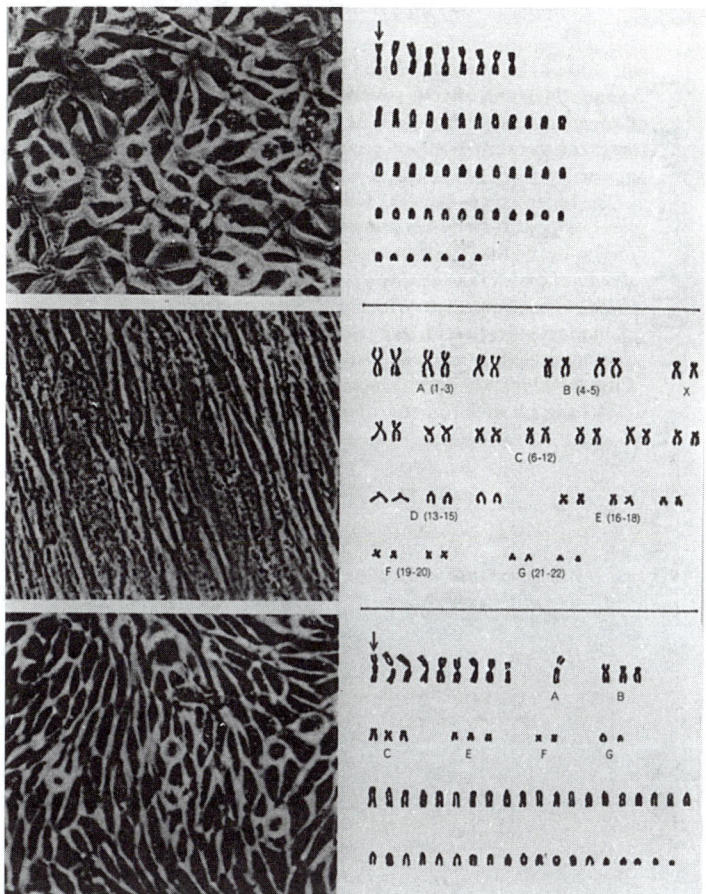

Abb. 12.7. Somatische Bastardierung zwischen Mensch und Maus. Zellkulturen und Chromosomensätze der Maus (*oben*), des Menschen (*Mitte*) und einer Mensch-Maus-Bastardlinie nach mehreren Passagen (*unten*); es wurden zahlreiche menschliche Chromosomen verloren. Nach Ephrussi 1972.

In somatischen Bastarden (Abb. 12.7.) spielen sich eine Reihe von Veränderungen ab, die zur Rekombination der genetischen Information führen:

- In den Bastardzellen kommt es nach mehreren Passagen zu Chromosomenverlusten, die in einer bestimmten Kombination besonders jeweils eine Art betreffen; Mensch-Maus-Bastardzellen verlieren z. B. menschliche Chromosomen. So entstehen Zellen, die im Extremfall außer den Maus-Chromosomen nur noch ein bestimmtes menschliches Chromosom enthalten. Auf diese Weise ist die Zuordnung von Genen für definierte Proteine zu einem bestimmten Chromosom möglich. Die Verwendung derartiger Bastardzellen hat die Kenntnis von der Lokalisierung menschlicher Gene in bestimmten Chromosomen entscheidend vorwärts gebracht. Erst die Auswertung zahlreicher somatischer Bastardzellen, die nur noch jeweils ein menschliches Chromosom enthalten, erlaubte die Aufstellung vollständiger Chromosomenkarten des Menschen mit der Zuordnung zahlreicher Gene zu definierten Chromosomen (Abb. 12.8.).

- In den Bastardzellen kann es durch Chromosomenbrüche und anschließende Verschmelzung von Chromosomenstücken zur Entstehung von „Bastardchromosomen" kommen, die genetische Information von verschiedenen Arten (z. B. des Menschen und der Maus) in sich vereinigen.

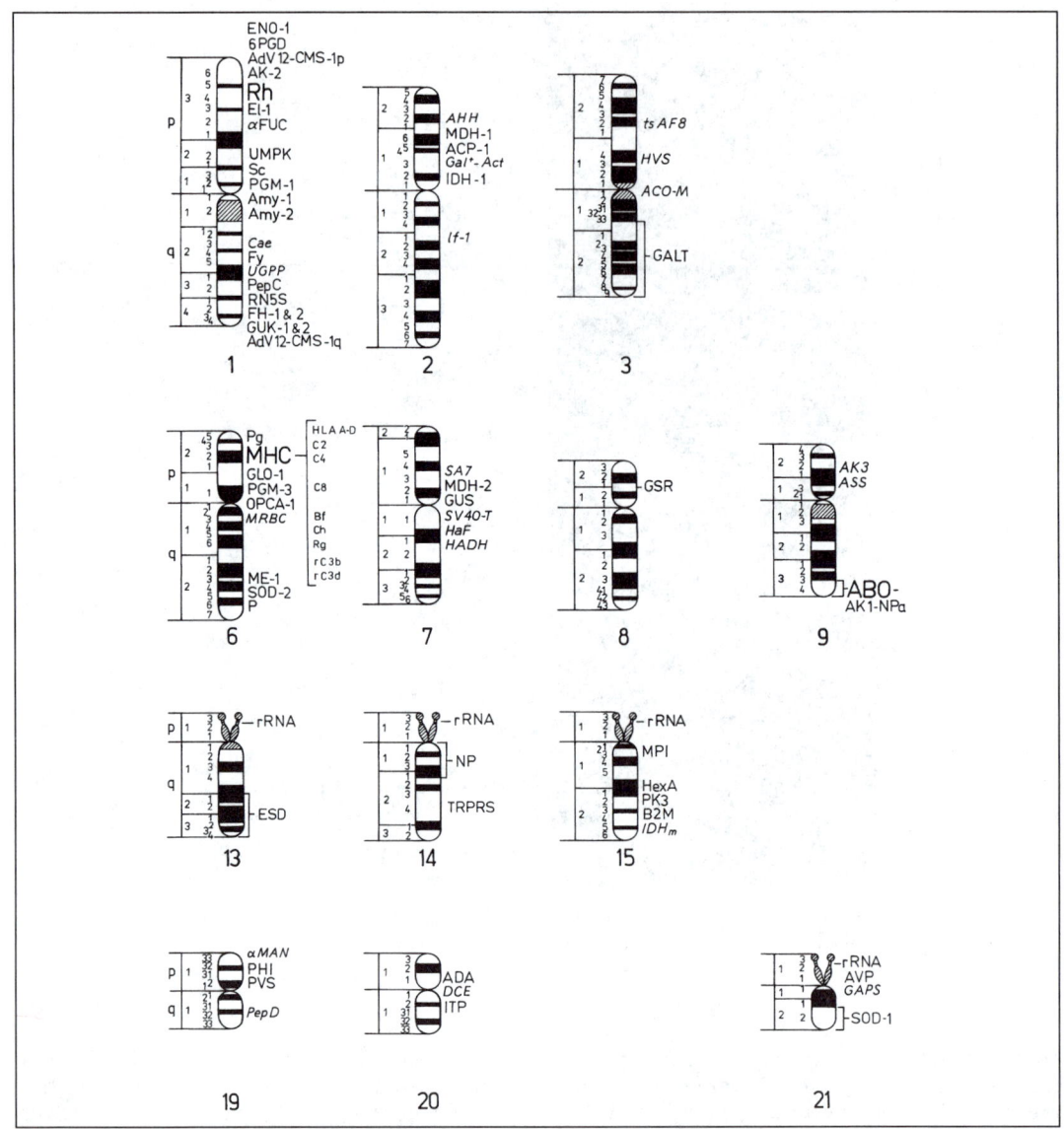

Abb. 12.8

In einigen Bastardzellen ist eine „Pulveri-sation" der Chromosomen der einen Art beobachtet worden (so der Hühnerchro-mosomen in Maus-Huhn-Bastardzellen); danach kann genetisches Material dieser pulverisierten Chromosomen in die intak-ten Chromosomen der anderen Art ein-gebaut werden. Auch so ist ein Transfer von genetischer Information von einer Art (der Klasse Vögel) in eine andere Art (der Klasse Säuger) möglich.

Alle somatischen menschlichen und tieri-schen Bastardzellen sind nur in vitro kulti-vierbar. Eine Regeneration zu ganzen Gewe-ben oder gar Gesamtorganismen ist nicht möglich. Dennoch gelang bereits die Einfüh-rung von Zellen aus somatischen Fusionen in Säugerorganismen. Mensch-Maus-Bastardzel-

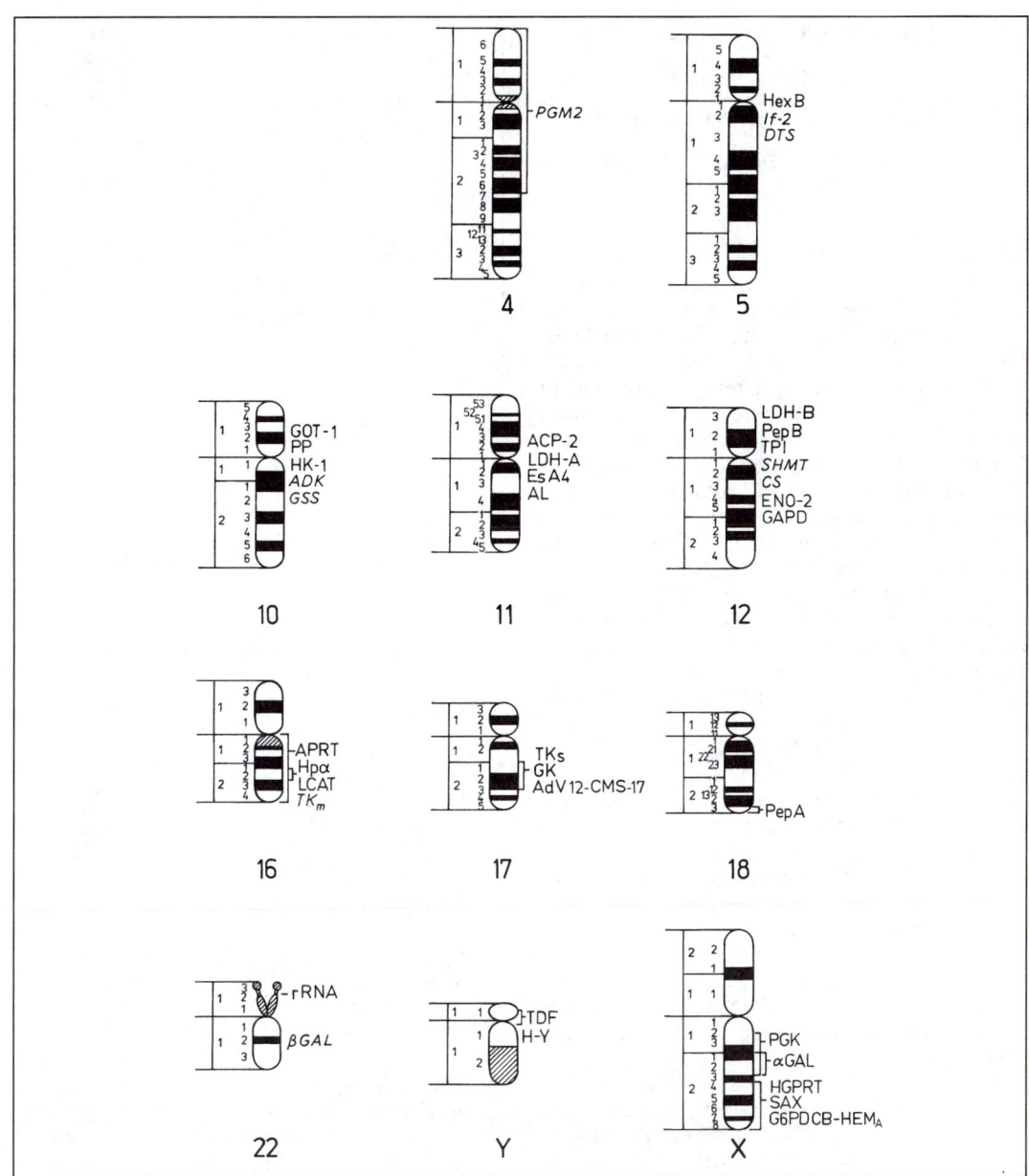

Abb. 12.8. Chromosomenkarten des menschlichen Genoms mit Giemsa-Banden und der Zuordnung zahlreicher Gene zu definierten Chromosomenabschnitten. Nach McKusick 1977.

len verlieren – wie erwähnt – menschliche Chromosomen, so dass Zellen mit z. B. nur noch einem menschlichen Chromosom neben den Maus-Chromosomen entstehen. Derartige Zellen wurden mittels Zelltransplantationen (vgl. 12.5.) in Mausblastocysten injiziert. Auf diese Weise entstanden Mäuse, die in einem Teil ihrer Zellen ein Chromosom des Menschen enthalten.

12.9. Fusion somatischer pflanzlicher Zellen und ihre Regeneration zu somatischen Bastardpflanzen

Die Zellen vieler Pflanzen können in vitro kultiviert werden. In solchen Zell-, Gewebe- und Organkulturen kann es spontan oder durch Variation der Kulturbedingungen (z. B. Hormonzusammensetzung des Nährmediums) zu Regenerationsprozessen kommen, in deren Verlauf u. U. aus einer einzelnen somatischen Zelle eine ganze Pflanze entsteht.

Behandelt man bestimmte pflanzliche Gewebe oder die Zellen einer in-vitro-Kultur mit speziellen zellwandverdauenden Enzymen, so entstehen Protoplasten, d. h. Zellen, die keine Zellwand mehr besitzen und deshalb eine kugelige Gestalt annehmen. Diese Protoplasten können unter bestimmten Bedingungen (z. B. hohe Ca^{2+}-Konzentrationen, Einwirkung von Polyethylenglykol oder kurzzeitigen elektrischen Feldimpulsen, „Elektrofusion") verschmelzen und stabile Heterokaryonen und somatische Bastardzellen bilden.

Aus solchen Zellen erhielt man durch Regeneration vitale **somatische Bastardpflanzen**, zunächst beim Tabak, später auch bei anderen Gattungen (*Datura*, *Petunia*).

In einigen Fällen konnten durch somatische Fusion und Bastardierung Arten miteinander kombiniert werden, die auch sexuell kreuzbar sind (z. B. *Nicotiana glauca* und *N. langsdorffii*); hier konnte die Gleichheit der durch sexuelle Kreuzung und durch somatische Bastardierung erhaltenen amphidiploiden Hybriden aufgezeigt werden.

Der besondere Wert der somatischen Fusion und somatische Bastardierung besteht aber vor allem darin, dass das Erbgut von Sippen miteinander kombiniert werden kann, die sexuell nicht kreuzbar sind (Abb. 12.9.). In den letzten Jahren konnte eine Vielzahl von somatischen Bastarden zwischen verschiedenen Arten wie auch verschiedenen Gattungen erzeugt werden (Tab. 12.1.). Derartige Pflanzen sind wertvolles Material für die Klärung von Problemen der Grundlagenforschung, vor allem aber auch für die Pflanzenzüchtung.

Andere Aufgabenstellungen sind darauf gerichtet, den Zellkern einer Art mit den Mitochondrien und/oder Plastiden einer anderen

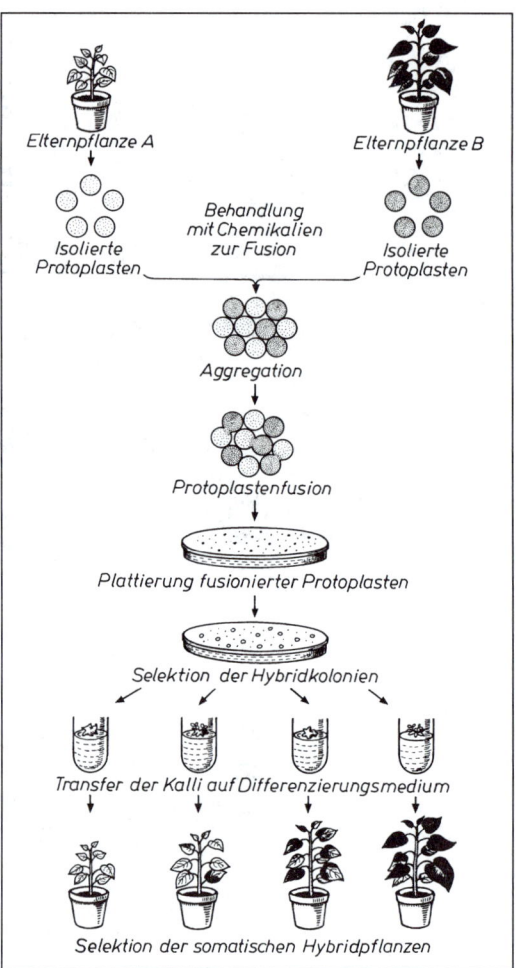

Abb. 12.9. Diagramm für die Fusion von Protoplasten höherer Pflanzen und die Regeneration somatischer Hybridpflanzen. Die Elternpflanzen unterscheiden sich in der Blattfarbe (hell oder dunkelgrün). Nach Reinert und Bajaj 1977, verändert.

Art zu kombinieren. Dies erreicht man durch Fusion (z. B. Elektrofusion) eines vollständigen Protoplasten der einen Art mit einem kernlos gemachten Protoplasten der anderen Art. So entsteht ein „**Cybrid**" mit einer Mischung plasmatischer Erbträger von beiden Arten (vgl. 12.5.). Durch Entmischung der plasmatischen Organellen kann man die gewünschte Kombination (z. B. Zellkern der einen Art und Mitochondrien der anderen Art) gewinnen.

Gegenwärtig sind intensive Bestrebungen im Gange, die Verfahren der somatischen Bastardierung auf möglichst viele landwirtschaftlich wichtige Arten und Gattungen anzuwenden

Tab. 12.1. Fusionen von Protoplasten verschiedener Gattungen

Fusionierte Arten	Fusion durchgeführt von
Hordeum vulgare + *Glycine max*	Kao und Michayluk 1974
Zea mays + *Glycine max*	Kao et al. 1974
Pisum sativum + *Vicia hajastana*	Kao et al. 1974
Pisum sativum + *Gylcine max*	Constabel et al. 1975
Melilotus alba + *Glycine max*	Constabel et al. 1975
Medicago sativa + *Glycine max*	Constabel et al. 1975
Caragana arborescens + *Glycine max*	Constabel et al. 1975
Brassica napus + *Glycine max*	Kartha et al. 1974
Nicotiana tabacum + *Glycine max*	Constabel et al. 1976
Nicotiana glauca + *Glycine max*	Constabel et al. 1976
Nicotiana rustica + *Glycine max*	Constabel et al. 1976
Colchicum autumnale + *Daucus carota*	Dudits et al. 1976
Hordeum vulgare + *Daucus carota*	Dudits et al. 1976
Arabidopsis thaliana + *Brassica campestris*	Gleba und Hoffmann 1978
Datura innoxia + *Atropa belladonna*	Schieder und Krumbiegel 1978
Lycopersicon esculentum + *Solanum tuberosum*	Melchers et al. 1978

und so neues Ausgangsmaterial für die Züchtung zu schaffen.

Sicher nur von Wert für die Grundlagenforschung sind erfolgreiche Experimente zur somatischen Fusion menschlicher Zellen und Pflanzenzellen (z. B. von *Haplopappus*).

12.10. Ein „natürliches Gentransfer-System" – *Agrobacterium* und dikotyle Pflanzenzellen

Bei vielen Arten dikotyler Pflanzen kann *Agrobacterium tumefaciens* das Auftreten von **Pflanzenkrebs** auslösen; es entsteht an verwundeten Stellen ein sog. Wurzelhals-Tumor („crown gall tumor"). Das Zusammenwirken eines Bakteriums (*Agrobacterium tumefaciens*) mit Zellen höherer Pflanzen, das zur Entstehung von Pflanzenkrebs führt, ist als ein seit Jahrhunderten existierendes natürliches Gentransfer-System zu betrachten.

Die krebsauslösenden Zellen von *A. tumefaciens* enthalten außer ihrem „normalen" Bakterienchromosom noch ein ca. 200 kb großes Plasmid, das als Ti-Plasmid (Ti = tumor inducing) bezeichnet wird. Abbildung 12.10. zeigt einen Typ dieses Plasmids. Es enthält u. a. zwei für den Infektionsprozess wichtige gene-

tische Komponenten, die T-Region und die Virulenz-Region (Vir = D in Abb. 12.10.).

(1) Die T-DNA ist ca. 24 kb groß und wird durch zwei meist 25 bp große direkte Repeats an ihren Enden begrenzt, die „T-DNA borders" (Abb. 12.12.). Nach Schaffung eines Zellkontaktes zwischen dem *Agrobacterium* und einer Pflanzenzelle wird die T-DNA in diese Zelle übertragen und kann dort stabil in die Kern-

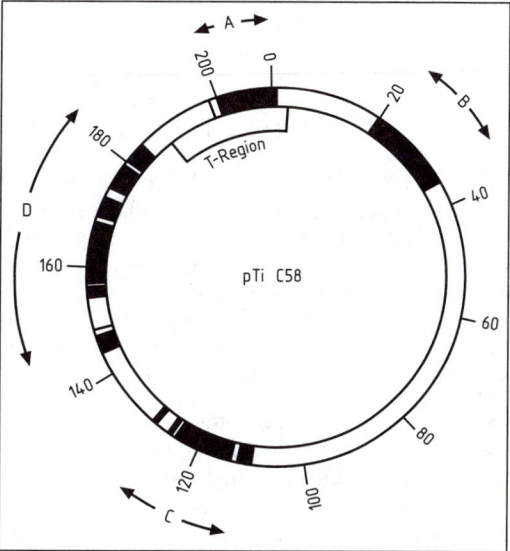

Abb. 12.10. Zirkuläre Karte des Nopalin-*Ti*-Plasmids *pTiC58*. Die Karten-Koordinaten sind in kb angegeben; Startpunkt ist der Smal-Schnittpunkt in der T-Region. Die Funktionen der Regionen A, B, C, D sind im Text erläutert. Nach Gheysen et al. 1985.

DNA eingebaut werden. Die Transformation von Pflanzenzellen durch die T-DNA verläuft polar vom rechten zum linken Border. Fehlt die rechte Bordersequenz, findet keine Transformation statt.
(2) Die T-DNA wird in die Pflanzenzelle übertragen durch die Wirkung von Genen, die in einem anderen Abschnitt des Ti-Plasmids liegen, der Virulenz- (= Vir-)Region mit mindestens 6 Genen.

Verwundete Pflanzenzellen scheiden niedermolekulare phenolische Verbindungen, z. B. Acetosyringon, aus, die von *Agrobacterium* als Signale erkannt werden und die Virulenz-Gene des Ti-Plasmids zur Aktivität induzieren. Das von der verwundeten Pflanzenzelle ausgeschiedene Signal muss vom *Agrobacterium* extrazellulär erkannt und intrazellulär beantwortet werden.
Die Erkennung erfolgt durch das *VirA*-Genprodukt, ein membranassoziiertes Protein, das das extrazelluläre Signal überträgt und zur intrazellulären Aktivierung von *Vir6* führt. Das *Vir6*-Genprodukt kontrolliert positiv die Transkription mehrerer *Vir*-Sequenzen. Das *VirA*-Produkt tritt als Rezeptor mit den phenolischen Verbindungen in Wechselwirkung und bewirkt, dass sich die Agrobacterien auf die Wundstelle zubewegen und sich dort anheften (Abb. 12.11.). Dadurch kommt es zur Mobilisierung der T-DNA: Sie wird durch Einschnitte an den Enden der beiden Repeats aus dem Ti-Plasmid herausgeschnitten und danach über eine Brücke zwischen *Agrobacterium* und Pflanzenzelle in diese übertragen (Abb. 12.10. u. 12.11.). Dabei ist das rechte Repeat (Abb. 12.12.) sowohl für das Herausschneiden aus dem Ti-Plasmid als auch für die Verknüpfung mit der Pflanzen-DNA von besonderer Bedeutung.

Wenn die T-DNA in die pflanzliche Kern-DNA eingebaut worden ist, werden ihre Gene aktiviert und führen letzlich zur Umwandlung dieser Pflanzenzellen in Krebszellen von Pflanzen-Tumoren.
Die T-DNA bewirkt in den Pflanzenzellen die Synthese spezifischer Opine (spezieller Arginin-Derivate wie Octopin, Nopalin, Agrocinopin u. a.), die von den Agrobakterien als Kohlenstoff- sowie als Stickstoff- und Energiequelle genutzt werden können. Danach teilt man die Ti-Plasmide ein in Octopin-Ti-Plasmide und Nopalin-Ti-Plasmide (Abb. 12.10.). Die unterschiedlichen Ti-Plasmide stimmen aber in ihrem wesentlichen Gen-Gehalt überein (Abb. 12.10.): Die Region A (in der T-DNA) bewirkt die Oncogenität, die Umwandlung normaler Pflanzenzellen in Krebszellen; D ist die Virulenz-Region (Vir); die Gene der B-Region kontrollieren die Replikation des Ti-Plasmids, und die C-Region codiert die Funktionen für den konjugativen Transfer.

Die T-DNA ist bezüglich der Anordnung ihrer Gene und deren Funktionen sehr genau analysiert. Die Abbildung 12.12. kennzeichnet sie für ein Nopalin-Ti-Plasmid.
Wenn die T-DNA in die pflanzliche Kern-DNA eingebaut worden ist, erfolgt die Transformation zu einer pflanzlichen Tumorzelle. Ist diese Transformation einmal erfolgt, ist sie irreversibel. Ti-Plasmid tragende Agrobakterien sind dann zur Aufrechterhaltung des Tumorstatus nicht mehr erforderlich.

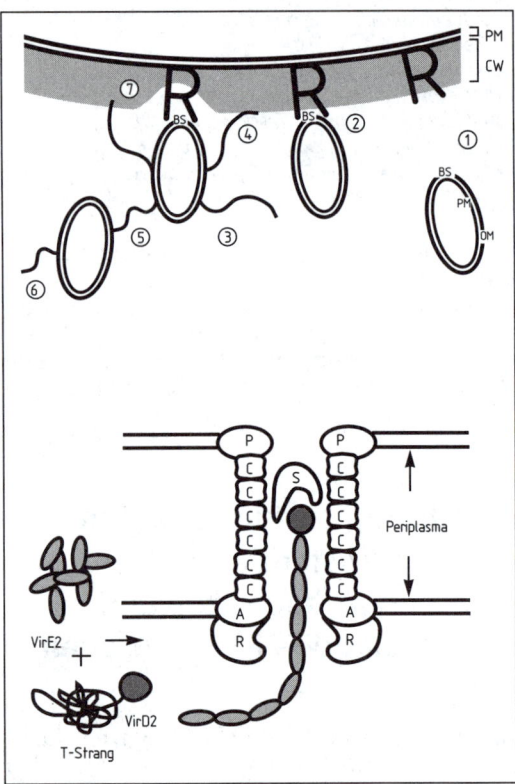

Abb. 12.11. Schema für die Anlagerung einer Zelle von *Agrobacterium tumefaciens* an eine Möhrenzelle und die Überführung der T-DNA in diese Zelle. *Oben:* Eine Zelle von *A. tumefaciens* (*1*) nähert sich einer Rezeptorenstelle der Möhrenzelle (R). Nach dem Andocken (*2*) bildet die Bakterienzelle Zellulose-Fibrillen (*3*), mit denen sie sich an der Pflanzenzellwand verankert (*4*); gleichzeitig werden andere Bakterien angelockt (*5*,*6*). Die angelagerten Bakterien scheiden Enzyme, wie z. B. Pektinase, aus und ermöglichen damit der Bakterienzelle den Zugang zum Plasmalemma für den Transfer der T-DNA in der Pflanzenzelle. *OM* Außenmembran, *PM* Plasmamembran, *CW* Zellmembran, *BS* Bindungsstelle, *R* Rezeptor. *Unten:* Durch die Gene der Virulenz-Region wird ein Kanal für den Transport der T-DNA durch das Plamalemma der Pflanzenzelle bewirkt. Mit dem Shuttle-Protein (S) gelangt die T-DNA in die Zelle. *R* = T-Komplex Rezeptor, *A* = ATPase, *P* = Pflanzenzell-Bindungsprotein, *C* = Kanal-Protein. Nach Matthysee 1984 und Zambryski 1992.

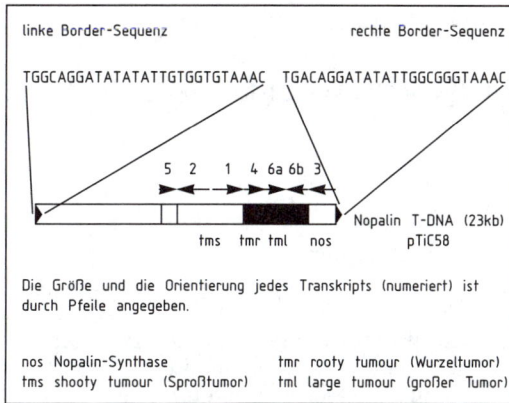

Abb. 12.12. Gen-Anordnung in der *T*-Region des Nopalin-*Ti*-Plasmids *pTiC58*. Nach Old und Primrose 1992, verändert und ergänzt.

Zellen der Art *Agrobacterium rhizogenes* tragen ein Ri-Plasmid (Ri = root inducing), das dem Ti-Plasmid sehr ähnlich ist und eine Tumorbildung an Wurzeln der befallenen Wirtspflanze bewirkt. Das Ri-System zeigt viele Übereinstimmungen mit dem Ti-System von *A. tumefaciens*.

Die Ti-Plasmide und die von ihnen infizierten dikotylen Pflanzen bilden ein „natürliches Gentransfer-System". Dieses ist besonders interessant und aufregend, weil hier regelmäßig und gezielt genetische Information aus einem Prokaryoten in einen Eukaryoten übergeführt und dort stabil in eukaryotische Chromosomen eingebaut wird.

Die Ti-Plasmide und ihre T-DNA werden in ausgedehntem Maße für gentechnologische Arbeiten verwendet. Es ist mit gentechnologischen Verfahren gelungen, die tumorinduzierenden Sequenzen in der T-DNA zu entfernen und in diese T-DNA stattdessen ausgewählte und „maßgeschneiderte" DNA einzubauen, die dann in die pflanzliche DNA inkorporiert und dort exprimiert werden.

Auf die vielfältige Nutzung der Ti-Plasmide und ihrer gentechnologisch veränderten T-DNA zum Zwecke des Gentransfers in Pflanzen wird im Kapitel 13 ausführlicher eingegangen.

13. Methoden und Verfahren der Gentechnologie

Seit 1972 wurden genetisch-molekularbiologische Verfahren entwickelt, deren Gesamtheit als „Gentechnologie"; „Gentechnik", „Genmanipulation", „genetic engineering" oder „rekombinante-DNA-Technik" bezeichnet wird. Damit ist eine neue Etappe in der Entwicklung der Genetik und Molekularbiologie eingeleitet worden, die zu einem gewaltigen Erkenntnisschub geführt hat. (Ausführliche Darstellungen, die weit mehr ins Detail gehen als es in diesem Kapitel möglich ist, geben Winnacker (1990), Brown (1993), Old und Primrose (1992) sowie Gassen und Minol (1996).

Die gentechnologischen Verfahren beinhalten gezielte Eingriffe in das Erbgut von Organismen, den Umbau von DNA-Molekülen, die in-vitro-Kombination von DNA-Molekülen verschiedener Herkunft, ihre Einführung und starke Vermehrung in Wirtszellen („DNA-Klonierung") und damit die Gewinnung definierter DNA-Sequenzen in großer Menge und Homogenität zur Verwendung für vielfältige Zwecke der Forschung und Anwendung in Medizin, Landwirtschaft, Industrie und Ökologie.

13.1. Prinzip der DNA-Klonierung

Die DNA-Klonierung umfasst den Einsatz verschiedenartiger biologischer Moleküle und experimenteller Schritte:
(a) Einsatz von Enzymen für Synthese, Abbau und Verknüpfung von DNA-Molekülen bzw. -Molekülfragmenten
(Dies sind: DNA-Polymerasen, Restriktasen, Exo- und Endonukleasen, Revers-Transkriptasen (= Umkehrtranskriptasen), terminale Transferasen, Ligasen.);
(b) Verfahren zur Gewinnung bzw. Herstellung von DNA-Fragmenten (Donoren), die in Vektoren eingebaut werden sollen;
(c) Auswahl und Umkonstruktion von Klonierungs-Vektoren: kleine (meist ringförmige) DNA-Moleküle, in die DNA-Fragmente eingebaut werden;
(d) Methoden zur Verknüpfung von Vektor und DNA-Fragment (=Donor) zu einem „rekombinanten DNA-Molekül";
(e) Methoden der Einschleusung rekombinanter DNA-Moleküle (Vektor + Donor) in Wirtszellen („Transformation von Wirtszellen"): Zellen von E. coli, anderen Bakterien oder Hefen; Pflanzenzellen; tierische oder menschliche Zellen;
(f) Verfahren zur Selektion von Wirtszellen mit den gesuchten rekombinanten Vektoren;
(g) Vermehrung der transformierten Wirtszellen zu einem Zell-Klon, von dem jede Zelle zahlreiche Kopien des rekombinanten DNA-Moleküls enthält.

13.2. Enzyme für Synthese, Abbau und Verknüpfung von DNA-Molekülen

Die meisten der bei der DNA-Klonierung und weiteren gentechnologischen Verfahren einzusetzenden Enzyme sind in den vorherigen Kapiteln bereits in ihrer prinzipiellen Wirkung gekennzeichnet worden: die DNA-Polymerasen in den Abschnitten 3.3. und 3.4. (DNA-Replikation) und in Kapitel 5 (Reparatur von DNA-Schäden); die Restriktionsenzyme in Abschnitt 3.5. (Restriktion); die Exo- und Endonukleasen sowie die Umkehr-Transkriptase in Abschnitt 4.1.4. Auf Enzymwirkungen von terminalen Transferasen und anderen Enzymen wird an den spezifischen Stellen eingegangen.

13.3. Gewinnung bzw. Herstellung von DNA-Fragmenten

Für die Gewinnung von klonierbaren DNA-Sequenzen sind verschiedene Methoden erarbeitet worden.

- DNA-Fragmente von Bakterien, Pilzen, von höheren Pflanzen und Tieren sowie dem Menschen kann man direkt gewinnen, indem ihre DNA mit Restriktionsenzymen in Fragmente zerschnitten und danach in Fraktionen aufgetrennt wird. Besonders geeignet hierfür sind diejenigen Restriktionsfragmente der Klasse II, welche in den beiden komplementären Strängen der DNA gegeneinander versetzt schneiden (wie z. B. *Eco* RI, *Bam* HI u. v. a.). Dadurch entstehen sog. „klebrige Enden" (sticky ends, vgl. 3.5.).
- Man kann reife mRNA durch Umkehr-Transkriptase (Revertase) in DNA kopieren und die so entstandene doppelsträngige „cDNA" mit dem Vektor verknüpfen (vgl. Abschn. 4.1.4.).
- Es können auch DNA-Abschnitte auf rein chemisch-synthetischem Weg synthetisiert und dann in einen Vektor eingebaut werden. Dabei kann dieser DNA-Abschnitt entsprechend dem genetischen Code für die Synthese eines gewünschten (Poly-)Peptids konstruiert werden.

In zunehmendem Maße werden diese unterschiedlichen Methoden kombiniert eingesetzt, um so DNA-Fragmente „nach Maß" herzustellen und sie in Wirtszellen (Bakterien, Hefen, pflanzliche, tierische oder menschliche Zellen) mit hoher Effizienz einzubauen und/oder zu klonieren.
Eine sehr wichtige Rolle für diese Arbeiten spielen effektive Methoden der Trennung von DNA-Fragmenten unterschiedlicher Struktur und Molmasse.
Durch Gelelektrophorese an Agarose oder Polyacrylamid (PAA) werden die DNA-Fragmente vorrangig nach ihrer Molmasse getrennt. Gleiches gilt für die Saccharose-Gradienten in der Ultrazentrifuge. Durch Fraktionierung der Gradienten bzw. die Elution der DNA-Fragmente aus Gelen stehen die gereinigten Fragmente für die weitere Arbeit zur Verfügung.
Mit der Ultrazentrifuge, in einem CsCl-Gradienten kann man lineare und zirkuläre

DNA-Moleküle voneinander trennen. Die Zugabe interkalierender Substanzen, wie Ethidiumbromid, erhöht dabei die Trennschärfe. Auch Moleküle, die sich nur in ihrer Dichte unterscheiden, sind im CsCl-Gradienten trennbar. So lässt sich von eukaryotischer Gesamt-DNA häufig eine sogenannte Satelliten-DNA mit geringer oder höherer Dichte abzentrifugieren. Sie wird durch repetitive Sequenzen (z. B. rRNA) gebildet.
Gegenwärtig wird zunehmend die „Polymerase Chain Reaction" PCR (vgl. 13.6.) zur Gewinnung klonierbarer DNA-Stücke verwendet.

13.4. Verknüpfung der DNA von Vektoren und Donoren

Ein entscheidener Schritt gentechnologischer Arbeit ist die Verknüpfung von Donor- und Vektor-DNA. Die verschiedenen Wege zur Gewinnung von Donor-DNA wurden im vorigen Abschnitt gekennzeichnet. Als Vektoren dienen Plasmide, Phagen- und Virus-DNA, transponible Elemente, Misch-Konstrukte aus diesen Vektor-Typen und künstliche Chromosomen.
Die für die einzelnen prokaryotischen und eukaryotischen Wirte verwendeten, angepassten bzw. konstruierten Vektoren und die Wege ihrer Einführung in die Wirtszellen werden im nächsten Abschnitt (13.5.) genau charakterisiert.
Im Folgenden werden die prinzipiellen gentechnologischen Verfahren zur Verknüpfung von Donor- und Vektor-DNA dargestellt.

Verknüpfung von „klebrigen" DNA-Enden (sticky ends)

Unter den Restriktionsenzymen der Klasse II gibt es viele, die „klebrige" Enden erzeugen (vgl. 3.5. u. 13.3.).
Die Einwirkung eines bestimmten Restriktionsenzyms dieses Typs auf doppelsträngige DNA erzeugt stets nur zwei Sorten „klebriger" Enden, die einander komplementär sind und sich daher durch Wasserstoffbrücken miteinander verbinden können (daher „klebrig").
Wenn man durch ein bestimmtes Restriktionsenzym DNA-Moleküle von Donor und Vektor fragmentiert, dann entstehen Fragmentenden (1) mit identischen und (2) mit spiegelbildlich komplementären Einzelstrangstücken. Eine Mischung derartiger auf-

geschnittener Vektor- und Donormoleküle unter renaturierenden Bedingungen kann zu DNA-Hybridmolekülen von chimärischer Struktur führen: Sie enthalten Abschnitte vom Donor und vom Vektor (Abb. 13.1.).

Durch Einwirkung von Ligase entstehen kovalent geschlossene chimärische Ringmoleküle. Auf diese Weise gelingt es, DNA-Fragmente ganz unterschiedlicher Objekte mit Vektor-DNA zu kombinieren bzw. diese in Vektormoleküle einzubauen. So wurde bakterielle Plasmid-DNA mit Bakterien-, Phagen-, Hefe-, Pflanzen-, Tier- und menschlicher DNA verknüpft. Ebenso wurde tierische und menschliche DNA in tierische Viren (SV 40) eingebaut.

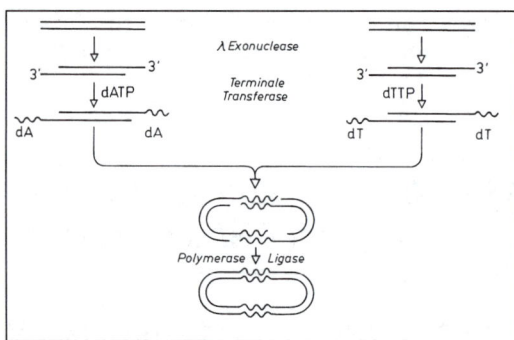

Abb. 13.2. Verknüpfung von DNA unterschiedlicher Herkunft durch die Connector-Methode (TTT.. – AAA.. oder CCC.. – GGG..). Nach Helling 1975.

Verknüpfung „glatter" Enden

Unter bestimmten experimentellen Bedingungen ist es möglich, auch „glatte" DNA-Schnittenden („blunt ends", „flush ends") unterschiedlicher Donor- und Vektormoleküle durch Einwirkung von T4-Ligase unmittelbar und direkt zu verknüpfen.

Verknüpfung durch synthetische „Linker"

Zunehmend verwendet man für die Verknüpfung von Vektor- und Donor-DNA auch synthetische Verbindungsstücke („Linker").

Diese kurzen, chemisch synthetisierten, doppelsträngigen DNA-Stücke enthalten eine Schnittstelle für ein oder mehrere Restriktionsenzyme, z. B. für *Eco* RI. Die „Linker" werden durch Verbindung der glatten Enden mit der Donor-DNA verknüpft. Durch Einwirkung des in Frage kommenden Restriktionsenzyms (z. B. *Eco* RI) werden nun in Vektor und Linker „klebrige" Enden erzeugt, die dann miteinander verknüpft werden.

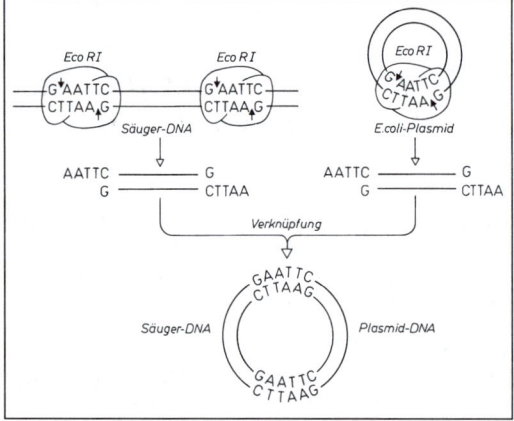

Abb. 13.1. Schema für die gentechnologische Verbindung von Plasmid- und Säuger-DNA durch die Verknüpfung „klebriger Enden", die durch Restriktionsenzyme erzeugt wurden.

Verknüpfung mit Hilfe der Connector-Methode

Wenn Vektor- und Donor-DNA primär keine komplementären Enden besitzen, lassen sich diese enzymatisch schaffen:

Das Enzym „Terminale Transferase" synthetisiert nur an die 3′-Enden von DNA-Fragmenten Nukleotide an. (Davor werden die DNA-Fragmente z. B. durch λ-Exonuklease in 5′-3′-Richtung teilweise abgebaut.) So kann man z. B. an die DNA von Donorfragmenten spezifisch Desoxy-Adenosin-Phosphate ansynthetisieren, während man an die Vektor-DNA-Enden Thymidin-Phosphate ansynthetisiert (Abb. 13.2.). Nach Mischung der Donor- und Vektor-DNA-Moleküle unter renaturierenden Bedingungen kommt es zu einer Basenpaarung zwischen den Poly-dA- und Poly-dT-Enden und damit zu einer Verknüpfung der beiden DNA-Molekülsorten. (Ebenso lässt sich die Verknüpfung von Poly-dG- mit Poly-dC durchführen.) Anschließend werden in diesen Chimärenmolekülen Lücken durch DNA-Polymerase gefüllt und die Ringe durch Ligase kovalent geschlossen.

Verknüpfung von Donor-DNA-Molekülen mit transponiblen Elementen

Transponible Elemente sind in Bakterien, Hefen, höheren Pflanzen und Tieren nachgewiesen worden (vgl. Kap. 9). In Transposons von Bakterien sind oft Gene eingelagert (oft Resistenzgene, die als Marker dienen können), die mit dem Transposon verlagert werden können, und zwar entweder von einem Plasmid in das Bakterienchromsom bzw. von diesem in ein Plasmid oder von einer Position im Bakterienchromosom an eine andere Stelle. Mit den oben genannten Verknüpfungsmethoden kann man bestimmte Eukaryotengene in ein Transposon oder Teile eines Transposons einbauen (z. B. in das Ampicillin-Transposon von *E. coli* Histongene von *Xenopus laevis*) und diese in *E. coli* vermehren.

Als ein für gentechnologische Arbeiten besonders geeignetes transponibles Element hat sich das P-Element von *Drosophila melanogaster* (vgl. 9.3.2.1.) erwiesen. In das P-Element, das mit einem geeignetem Plasmid (pBR322 oder pUC) gentechnologisch kombiniert wurde, können spezifische *Drosophila*-Gene eingebaut werden; sie werden dann von dem umgebauten P-Element in ein *Drosophila*-Chromosom inkorporiert.

13.5. Auswahl und Umkonstruktion von Vektoren und ihre Einführung in Wirtszellen

Ein wichtiger Schritt gentechnologischer Verfahren ist der Einbau von DNA-Fragmenten in bestimmte geeignete Vektor-Moleküle. Ein Vektor ist ein ringförmiges oder lineares DNA-Molekül, das in prokaryotischen und/oder eukaryotischen Wirtszellen gut vermehrungsfähig ist; durch seine Vermehrungs-(Replikations-) Fähigkeit in den Wirtszellen werden die in den jeweiligen Vektor eingebauten DNA-Fragmente mit repliziert und stark vermehrt. Dadurch können spezifische DNA-Sequenzen, z. B. bestimmte Gene, Genabschnitte, regulatorisch wirkende Sequenzen, in reiner Form und in beträchtlichen Mengen gewonnen werden (an die vor der Ära der Gentechnologie nicht zu denken war).

Prinzipiell unterscheidet man zwei Typen von Vektoren (a) *Nicht-integrative Vektoren* vermehren sich autonom im Plasma der Wirtszelle; (b) *Integrative Vektoren* werden in ein Wirtschromosom eingebaut, integriert, und gemeinsam mit der chromosomalen DNA repliziert. **Nicht-integrative** Vektoren tragen einen Replikations-Origin, der die autonome Replikation des Vektors in der Wirtszelle ermöglicht; „Shuttle"-Vektoren besitzen sogar zwei Origins, z. B. einen bakteriellen und einen Hefe-Replikations-Origin. **Integrative** Vektoren besitzen Sequenzen, welche bestimmten Wirtssequenzen homolog sind und ihnen den Einbau in das Wirtsgenom erlauben; so erfolgt die Vermehrung des Vektors zusammen mit dem Wirtschromosom, in das er integriert wurde.

Für Wirtszellen unterschiedlicher Taxa werden unterschiedliche Vektoren verwendet, die im Folgenden genauer charakterisiert werden.

13.5.1. Vektoren für Bakterienzellen

Für Bakterien werden vor allem drei Arten von Vektoren benutzt:
Plasmide und Bakteriophagen-Genome sowie Vektor-Neukonstruktionen auf der Basis beider.

Plasmide sind kleine, unabhängig vom Chromosom vorkommende DNA-Moleküle, die autonom in der Zelle vorliegen und sich selbständig replizieren. Die für die Gentechnologie verwendeten Plasmide haben definierte Schnittstellen für bestimmte Restriktionsenzyme (meist nur jeweils eine Schnittstelle für je ein Restriktionsenzym: „unikale Schnittstelle"; vgl. 3.5.) und besitzen außerdem charakteristische Marker (meist Antibiotika-Resistenz-Marker), auf die einfach selektiert werden kann.

Einer der bekanntesten Vektoren ist das **Plasmid pBR322** (Abb. 13.3.). Es ist durch Umkonstruktion von (mindestens drei) verschiedenen Plasmiden zusammengeführt worden: sein Ampicillin-Resistenz-Gen *ampR* stammt aus dem Antibiotika-Resistenz-Plasmid R1 von *E. coli* und sein Tetracyclin-Resistenz-Abschnitt *tetR* aus dem Plasmid pSC101; der Replikations-Origin ist vom Plasmid pMB1 (verwandt mit Col1E1). Im *ampR*-Gen trägt pBR322 u. a. einen Schnittort des Restriktionsenzyms *Pst* I und einen von *Pvu* I; in der *tetR*-Region ist u. a. ein Schnittort von *Bam* HI und einer von *Sal* I.

(Die Gesamtsequenz besitzt noch zahlreiche Schnittorte anderer Restriktionsenzyme, vgl. 8.4.1.2. u. Abb. 8.12.).

Eine *E. coli*-Zelle mit pBR322 trägt ca. 15 Plasmid-Moleküle. Durch Einwirkung von Chloramphenicol (dadurch Hemmung der Translation) kann man in den Bakterienzellen eine Plasmid-Amplifikation auf 1.000 bis 3.000 Plasmide pro Zelle auslösen. Dadurch erzielt man eine hohe Ausbeute an einfachen oder rekombinanten pBR322 Molekülen.

Zum Einbau von Fremd-DNA kann pBR322 mit *Pst* I geschnitten werden. In die Schnittstelle im *ampR*-Gen wird das fremde DNA-Fragment eingebaut; damit ist der Verlust der Ampicillin-Resistenz verbunden.

Nach der Transformation der Wirtszelle (*E. coli*) mit dem rekombinanten pBR322-Plasmid können die transformierten *E. coli*-Zellen daran erkannt werden, dass sie noch gegen Tetracyclin resistent, aber gegen Ampicillin sensibel sind. (Schneidet man pBR322

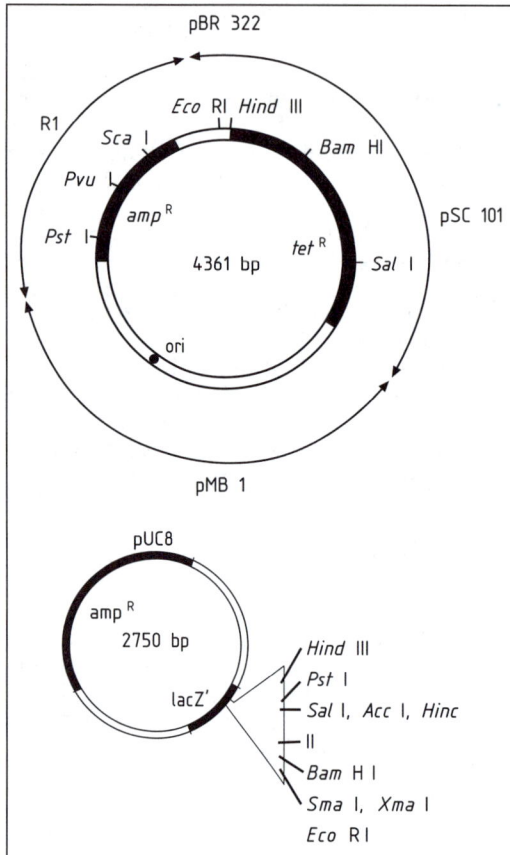

Abb. 13.3. Physische Karten der Plasmide *pBR322* und *pUC8*. *pBR322*: Die DNA stammt von drei Plasmiden; gekennzeichnet sind die von *pSC101*, *pMB1* und *R1* (bzw. *RSF2124*) stammenden Teile sowie wichtige Restriktions-Schnittorte; vgl. Text und Abb. 8.12. *pUC8*: Wichtig ist die multiple Klonierungsstelle im *lacZ'* Gen, welche die Verwendung zahlreicher Restriktasen mit spezifischen Schnittorten gestattet.

jedoch mit *Bam* HI im Gen *tetR* auf, so sind die gesuchten Transformanten resistent gegen Ampicillin, aber sensibel gegen Tetracyclin). In beiden Fällen bietet das veränderte Resistenz-Muster der transformierten Bakterien die Möglichkeit, die gesuchten Transformanten zu selektieren.

Während der vergangenen Jahre wurden immer neue, geeignetere Vektoren konstruiert. Ziel war vor allem die schnelle, direkte Erkennung erfolgreich transformierter Wirtszellen (z. B. pUC8, Abb. 13.3.)

Außer den Plasmid-Vektoren gibt es Vektoren auf der Basis von Bakteriophagen. Häufig verwendet werden die lambda-(λ) Vektoren und die M13-Vektoren.

Bei den λ-**Vektoren** wird die Fremd-DNA in den nicht lebenswichtigen Teil der Phagen-DNA eingebaut. Der große Vorzug dieser Vektoren besteht darin, dass in sie viel größere Fremd-DNA-Abschnitte (bis zu 25 kbp) eingebaut werden können (als z. B. in pBR322). Mit ihnen kann man „genomische Bibliotheken" anlegen, die – im Idealfall – ein gesamtes eukaryotisches Genom enthalten.

Cosmide sind Vektoren mit Teilen von Plasmiden und des Phagen λ. Von λ stammt der cos-Abschnitt (cos = cohesive end site), die Stelle, an der bei der normalen Phagen-Reifung die kohäsiven Enden entstehen (vgl. Abschn. 4.3.2. und 8.2.4.). Zwischen zwei endständigen cos-Abschnitten befindet sich Plasmid-DNA (z. B. von pBR322) und ersetzbare Phagen-DNA, die durch Fremd-DNA ersetzt werden kann. Mit den Cosmiden können Fragmente bis zu 40 kbp kloniert werden.

Die **M13-Vektoren** (Abb. 13.4.) sind wichtig, weil ein mit M13 (f1) infiziertes Bakterium laufend M13-Phagenpartikeln freisetzt, die ein einzelsträngiges M13-Genom enthalten. Wenn in M13 Fremd-DNA eingebaut wurde, kann man diese aus dem M13-Genom einzelsträngig, z. B. für die Sequenzierung, gewinnen.

Sehr viel verwendet werden sog. pBLUE-SCRIPT-Vektoren. Sie leiten sich von den pUC-Vektoren ab, die u. a. pBR322 als Vorgänger haben, und von M13 (f1).

Ihre besonderen Vorzüge sind:

- Sie replizieren mit hoher Kopienzahl pro Wirtszelle (< 100).
- Sie tragen das β-Laktamase-Gen, das Ampicillin-Resistenz bewirkt, als Marker für die Transformation.
- Sie besitzen ein funktionsfähiges Laktose-z-Gen, in das eine lange Polylinker-Sequenz (MCS = multiple cloning site) mit mehreren unikalen, singulären Restriktionsschnittstellen für die Insertion einer Fremdsequenz eingebaut ist (Abb. 13.4.).

Dieses Konstrukt erlaubt eine effektive Selektion rekombinanter Sequenzen:

- Das Laktose-z-Gen (*lac z*) codiert β-Galaktosidase, die Laktose in Glucose und Galaktose spaltet (vgl. Kap. 19). Man testet die Funktionsfähigkeit von *lac z* durch das Laktose-Analogon X-Gal (= 5-Brom-4-chlor-3-indolyl-β-D-galaktopyranosid), das von der β-Galaktosidase zu einem blauen Produkt abgebaut wird. Blaufärbung der Bakterienkolonie bedeutet: *lac z* ist aktiv; weiße Kolonien zeigen an: *lac z* ist inaktiv, weil fremde DNA in *lac z* eingebaut worden ist.

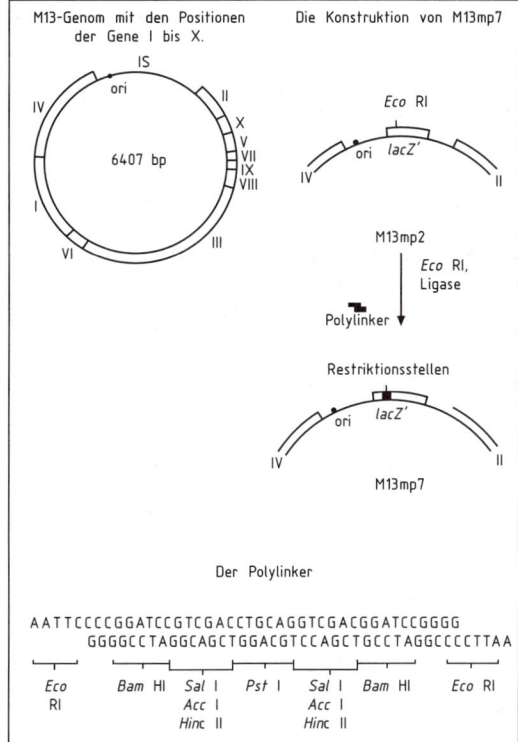

Abb. 13.4. Struktur, Konstruktion und Vorzüge der *M13*-Vektoren. *Oben* links: Genanordnung; rechts: Einbau von *lacZ'* zwischen die Gene *IV* und *II*; in *lacZ'* wird eine multiple Klonierungsstelle eingebaut. *Unten*: Molekulare Sequenz eines derartigen Polylinkers mit den Schnittorten vieler gebräuchlicher Restriktasen. Nach Brown 1993, stark verändert.

- Neben der MCS liegen noch Promotoren der T3- bzw. T7-Phagen, wodurch eine starke in-vitro-Transkription des insertierten DNA-Abschnittes möglich ist.
- Außerdem ist der Replikations-Origin des Phagen M13 (f1) im Vektor enthalten. Dadurch können mit Hilfe von Helferphagen DNA-Einzelstränge erzeugt werden, z. B. für die Sequenzierung.

Bereits erwähnt wurden „**Shuttle-Vektoren**", die sowohl in den prokaryotischen Bakterien als auch in den eukaryotischen Hefezellen vermehrt werden können; denn sie besitzen sowohl einen bakteriellen Replikations-Startpunkt (Origin) als auch einen Hefe-Replikations-Startpunkt. Auf diese Weise können Vektoren, in die in Bakterien bestimmte Fremdsequenzen eingebaut wurden, direkt in Hefezellen transformiert werden und dort weiter kloniert oder auch exprimiert werden.
Einführung in Wirtszellen: Bei *E. coli* sind effektive Methoden erarbeitet worden, um chimärische DNA-Moleküle (= Vektor- und Donor-DNA) in restriktionsinaktive *E. coli*-Zellen einzuführen. Dies sind: Einwirkung von Calciumionen oder von hohen oder tiefen Temperaturen; auch Elektroporation (Bildung von Poren in der Zellmembran nach Applikation elektrischer Feldimpulse).
Nach erfolgter „Transformation" von *E. coli* mit rekombinanter DNA werden noch vorhandene Lücken in der DNA der Chimären-moleküle kovalent geschlossen. Danach kann eine sehr starke Vermehrung der mit Donor-DNA beladenen Vektoren erfolgen: die Chimären-DNA wird „kloniert".
Das Einführen von „nackter" normaler, aber auch rekombinanter Phagen-DNA erfolgt in ähnlicher Weise wie eben geschildert; man nennt das Verfahren „Transfektion".
Rekombinante λ-DNA kann aber auch in vitro in die Kopf-Schwanz-Struktur von λ-Phagen verpackt werden. Diese in vitro erzeugten Phagen-Partikeln infizieren Wirtszellen, in denen die Donor-Vektor-Konstrukte vermehrt werden.

13.5.2. Vektoren für Hefezellen

Die Bäckerhefe *Saccharomyces cerevisiae* hat sich in den letzten Jahren zu einem der bedeutendsten eukaryotischen Objekte der Molekularbiologie entwickelt. Hefen lassen sich in ähnlicher Weise kultivieren wie Bakterien. Sie werden sehr oft für DNA-Klonierungen benutzt.
In Hefezellen wurde ein autonom replizierendes 2-μm-Plasmid gefunden, das 6 kbp groß ist und in einer Kopienzahl von 70–200 pro Zelle vorkommt. Aus ihm wurden die sog. YEp-Vektoren entwickelt (<u>y</u>east <u>e</u>pisomal <u>p</u>lasmid). Einige dieser autonom replizierenden (also: nicht integrativen) YEp-Vektoren besitzen als Marker Resistenz-Gene gegen Methotrexat oder Kupfer. Andere tragen das *leu2*-Gen für die Synthese der Aminosäure Leucin, das für Hefezellen, die selbst kein Leucin synthetisieren können, lebensnotwendig ist und daher ein sehr gutes Selektionsmittel für Transformanten mit YEp darstellt. YEps können als Shuttle-Vektoren zwischen Hefe und *E. coli* verwendet werden, wenn sie außer dem Hefe-Replikations-Startpunkt auch noch einen *E. coli*-Replikations-Origin tragen.
Ein anderer Vektortyp sind die integrativen YIps (<u>y</u>east <u>i</u>ntegrative <u>p</u>lasmids). Sie werden

durch homologe Rekombination zwischen einem Hefe-Gen in dem Vektor und dem homologen Gen in einem Hefe-Chromosom in dieses Chromosom integriert, wobei die zu klonierende DNA mit inkorporiert wird.

Eine große und laufend noch zunehmende Bedeutung für die Gentechnologie, Genomforschung und auch die Humangenetik haben die **künstlichen Hefechromosomen, YACs** (yeast artificial chromosomes). Ein YAC trägt wichtige Sequenzen eines normalen Hefechromosoms, nämlich Telomer- (TEL)- und Centromer- (CEN)-Sequenzen, außerdem Regionen für autonome Replikation (ARS) und einen oder mehrere Selektionsmarker (z. B. *leu2* (s.o.)) sowie die sehr wichtige Region für den Einbau von zu klonierender Fremd-DNA (Abb. 13.5.).

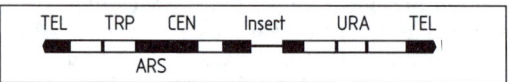

Abb. 13.5. Ein künstliches Hefe-Chromosom (*YAC*), in das ein großes Fragment von Fremd-DNA („Insert") eingebaut werden kann. Der *YAC*-Vektor besitzt die Elemente *TEL* (Hefe-Telomer), *CEN* (Centromer von Chromosom 4); *ARS1* (autonom replizierende Sequenz 1) sowie die Hefe-Markierungsgene *TRP* (für Tryptophan-Synthese) und *URA* (für Pyrimidinsynthese). Nach Old und Primrose 1992, verändert.

YACs können sehr große intakte Stücke von Fremd-DNA (bis zu 150 kbp) einbauen. Sie werden wie normale Hefechromosomen vermehrt und bei den Zellteilungen verteilt. Daher eignen sich YACs sehr gut zur Klonierung und gentechnologischen Analyse sehr großer eukaryotischer Gene oder Gengruppen und vor allem zur Schaffung kompletter Genom-Bibliotheken von Eukaryoten. Für eine komplette genomische Bibliothek des Menschen benötigt man etwa 500.000 λ-Klone oder 250.000 Cosmid-Klone, aber nur 60.000 YAC-Klone (mit je 150 kbp).

Einführung in Wirtszellen: Um Vektoren und Vektor-Donor-Konstrukte in Hefezellen einzuführen, behandelt man diese Zellen mit Lithiumchlorid oder Lithiumacetat und erreicht so die Aufnahme der DNA in die Hefezellen, ihre „Transformation".

13.5.3. Vektoren für Pflanzenzellen

Zur gentechnischen Veränderung von Pflanzen stehen spezifische Vektoren zur Verfü-

gung. Die meisten dieser Vektoren leiten sich vom Ti-Plasmid ab. Das Ti-Plasmid ist in seinen natürlichen Eigenschaften im Abschnitt 12.8. gekennzeichnet worden (vgl. Abb. 12.10., 12.11. u. 12.12.). Für den Einsatz als gentechnologische Vektoren werden die Ti-Plasmide „entwaffnet", d. h. es werden die tumorinduzierenden *onc*-Sequenzen der T-DNA herausgeschnitten und dafür Fremd-DNA eingebaut, die in die Pflanzenzellen inkorporiert werden soll (Abb. 13.6.).

Der gentechnologische Umbau des Ti-Plasmids erfolgt an den kultivierten Zellen von *Agrobacterium tumefaciens*. Einerseits lässt sich das Ti-Plasmid in vitro mit Hilfe der entsprechenden Enzyme (Restriktasen, Polymerasen, Nukleasen, Ligasen) umbauen und dann wieder in *Agrobacterium* einführen. Andererseits kann man genetisch geeignete Plasmide aus *E. coli* mit pBR322-Abschnitten in *Agrobacterium* einführen (Abb. 13.6. links). Dort kommt es zu Rekombination zwischen diesen Plasmiden und dem

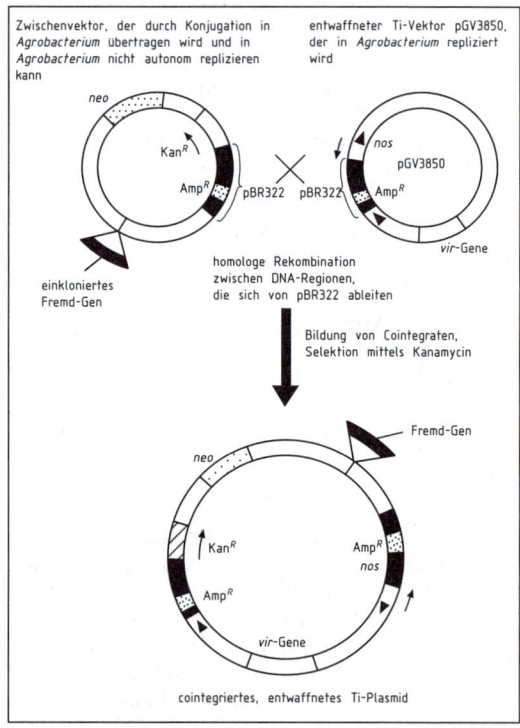

Abb. 13.6. Konstruktion eines „entwaffneten" *Ti*-Plasmids von *Agrobacterium tumefaciens* durch Rekombination zwischen zwei (bereits genetisch veränderten) *Ti*-Plasmiden. Dem „entwaffneten" Plasmid fehlen die Pflanzenkrebs-auslösenden Sequenzen; es trägt ein Fremd-Gen und kann Pflanzenzellen infizieren. Nach Old und Primrose 1992.

Ti-Plasmid und zur Inkorporation entsprechender Sequenzen (z. B. von Transposonen mit zu transferierenden Kontroll- und Strukturgenen) in das Ti-Plasmid bei gleichzeitiger Zerstörung oder dem Ausbau der tumorinduzierenden Sequenzen (Abb. 13.6. unten). Danach werden die Agrobacterien mit den genetisch veränderten Ti-Plasmiden zur Infektion von Pflanzenzellen eingesetzt. Die Agrobacterien führen ihren „normalen" Infektionsvorgang durch (vgl. Abb. 12.11.) und transferieren so die genetisch veränderte und mit Fremd-DNA versehene T-DNA in den Zellkern der Pflanzenzelle.

Gentechnologisch veränderte Ti-Plasmide werden in einem sehr großen Maße bei der „genetischen Manipulation" von Pflanzen eingesetzt. Ein gewisses Hemmnis für die sehr weiten Einsatz ist die Tatsache, dass *Agrobacterium tumefaciens* dikotyle Pflanzen infizieren kann, hingegen Monokotyle (vielleicht mit Ausnahme einiger Liliaceen) schwer oder gar nicht.

Aber auch andere Vektoren wurden erprobt und entwickelt. Das Cauliflower Mosaic Virus (CaMV, Blumenkohl-Mosaik-Virus vgl. 4.4.3.3.), ein Virus mit doppelsträngiger DNA, wurde gentechnologisch bearbeitet und zum Gen-Transfer in Pflanzen (z. B. *Brassica*) eingesetzt.

Erprobt wird auch der Einsatz von Gemini-Viren; dies sind Viren mit kleinen Genomen (5-6- kbp), die aus zwei DNA-Molekülen bestehen. Sie sind potentiell auch zum Gen-Transfer bei Getreiden geeignet.

Einführung in Wirtszellen: Beim Ti-Plasmid kann man sich den „normalen" Infektionsprozess von *Agrobacterium tumefaciens* zunutze machen (vgl. 12.10. und Abb. 12.11.).

Außerdem wurde eine ganze Anzahl spezieller Verfahren entwickelt, welche den Gentransfer in Pflanzenzellen ermöglichen:

- Co-Kultivierung kleiner Blattstückchen („leaf discs") mit *A. tumefaciens*; nach Infektion der Schnittstellen Regeneration von Ganzpflanzen aus den Blattstückchen (Dadurch ist die Übertragung der „rekombinanten" T-DNA ohne Verwendung von Protoplasten möglich.);
- Fusion von Zellen und /oder Protoplasten mit Liposomen, künstlichen sphärischen Lipidvesikeln, in die [Vektor + Donor-DNA] eingelagert wurde;
- Mikroinjektion von [Vektor + Donor-DNA] durch Mikrokapillaren in Protoplasten (z. B. von Tabak) bzw. in deren Zellkern;
- Mikroinjektion von [Vektor + Donor-DNA] in junge Samenanlagen von Kulturpflanzen;

- Elektroporation (Elektrotransfektion): Applikation elektrischer Feldimpulse auf Protoplasten; durch die kurzzeitig entstehenden Membranporen kann linearisierte oder zirkuläre DNA rekombinanter Vektoren aufgenommen werden;
- Behandlung von Protoplasten mit chemischen Fusogenen, wie z. B. Polyethylenglykol, PEG, in Anwesenheit von Lösungen mit rekombinanten Vektoren; dadurch erfolgt Transformation von Protoplasten, die zu Ganzpflanzen regeneriert werden können;
- Behandlung getrockneter Pflanzensamen oder Pollen mit Lösungen rekombinanter Vektoren; dadurch Transformation;
- Zunehmende Bedeutung gewinnt der Einsatz der „Partikelkanone" für den Gentransfer in Pflanzenzellen oder Protoplasten: Wolfram- oder Goldpartikeln werden außen mit rekombinanter DNA beschichtet. Die Partikeln werden in die Protoplasten (Zellkern, Mitochondrien, Plastiden) oder in embryonale Zellen geschossen und die anhaftende DNA dann (z. T.) in die Kern-, Mitochondrien- oder Plastiden-DNA stabil eingebaut. So ist ein reproduzierbares Verfahren für den Gentransfer in Zellen niederer und höherer Pflanzen verfügbar (Hagemann, Bock, Hagemann 1996).

13.5.4. Vektoren für *Drosophila melanogaster*

Ausgedehnte und erfolgreiche gentechnologische Untersuchungen werden an *Drosophila melanogaster* durchgeführt. Die dabei verwendeten Vektoren basieren zum großen Teil auf transponiblen Elementen, vor allem auf dem P-Element (vgl. Kap. 9, Abschn. 9.3.2.1.). Durch Kombination eines P-Elementes mit einem pBR322-Plasmid konnten hocheffektive Vektoren entwickelt werden.

In diesen Vektoren können zwischen den „invertierten Repeats", welche das normale P-Element begrenzen, große Teile der P-DNA durch „Fremd-DNA" ersetzt werden, die in das *Drosophila*-Genom transferiert werden soll (*Drosophila*-Wildtyp-Gene oder Markierungsgene). Die beiden „inverted Repeats" ermöglichen den Einbau der zwischen ihnen liegenden Sequenzen in das *Drosophila*-Genom.

Bereits 1982 konnte mit Hilfe eines speziell konstruierten Vektors (pry1, Abb. 13.7.) das $rosy^+$-Gen (für Xanthin-Dehydrogenase, rote Augenfarbe) in $rosy^-$ Mutanten (bräunliche Augen) erfolgreich übertragen werden (vgl. auch Abb. 13.8.).

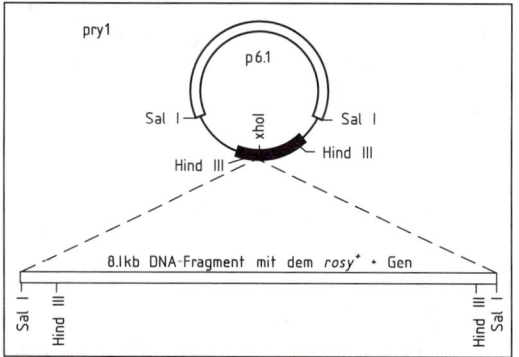

Abb. 13.7. Der Vektor *pry1* von *Drosophila melanogaster* wurde konstruiert durch die Kombination des Plasmids *p6.1* (welches großenteils *pBR322*-Sequenzen enthält) mit einem 1,2 kbp *P*-Element (dickschwarz gezeichnet). In das *P*-Element wurde das Fremd-DNA-Fragment mit dem Gen *rosy⁺* eingebaut. Nach Rubin und Spradling 1982.

Später wurde das Gentransfer-Verfahren bei *Drosophila* durch eine Kombination von zwei unterschiedlichen P-Elementen (einem Helfer-Element und einem rekombinanten Element) optimiert: Das Helfer-P-Element (Abb. 13.8. links) besitzt noch alle Gene für die Transposition und die Inkorporation von Genen in das *Drosophila*-Genom; es kann aber selbst nicht eingebaut werden, weil ihm Teile eines „invertierten Repeats" fehlen (Deletion im rechten Inverted Repeat, Abb. 13.8.).

Das rekombinante P-Element mit dem Fremdgen besitzt kein eigenes Transposase-

Gen mehr; kann somit nur mit Hilfe des „Helferelementes" eingebaut werden. Durch Co-Injektion beider Elemente in die Polzellen-Region des Embryos wird ein stabiler Einbau in die Keimbahn-Zellen erreicht.

Außer dem als Vektor benutzten P-Element können auch andere transponible Elemente verwendet werden, so das Element „Mariner" (vgl. Kap. 9).

Einführen in Wirtsorganismen: Die Gentransfer-Experimente an *Drosophila* sind darauf gerichtet, die rekombinanten Vektoren in die Keimzellen und damit auch in die Folgegenerationen zu übertragen. In frühen Embryonalstadien von *Drosophila* (syncytiales sowie zelluläres Blastoderm) liegen posterior die Polzellen, aus denen die Keimzellen entstehen. Durch die Co-Injektion der beiden P-Element-Typen (Abb. 13.8.) konnten mehrere Gene (allgemeines Symbol: X), nämlich u. a. das *rosy⁺*-Gen für Xanthin-Dehydrogenase, das Gen für Alkoholdehydrogenase und das Gen für Dopa-Decarboxylase, stabil in das *Drosophila*-Genom eingebaut und auf die Nachkommenschaft übertragen werden.

13.5.5. Vektoren für Säugerzellen

Gentransferversuche an Säugern haben im Prinzip zwei unterschiedliche Ziele:

(1) Einführung von Fremdgenen in die Keimbahn von Säugern, deren stabiler Einbau in das Genom und deren Weitergabe in der Generationenfolge (bei Mäusen, Schweinen u. a. Haustieren).

(2) Einführung von Fremdgenen in somatische Zellen als Modelle für eine somatische Gentherapie beim Menschen. Für diese Zielstellung wurden unterschiedliche Vektoren und Transfer-Verfahren entwickelt.

Zur Erzeugung transgener Mäuse hat die **Mikroinjektion** von rekombinanter Vektor-DNA in den männlichen Pronukleus einer befruchteten Mauseizelle geführt.

Kurz nach der Befruchtung ist der männliche Pronukleus (vgl. Abb. 12.2. u. 13.9.) größer als der weibliche. In ihn werden ca. 2 pl (Pikoliter) einer Vektor-DNA-Lösung injiziert. Danach verschmelzen die beiden Pronuklei zum diploiden Zygotenkern.

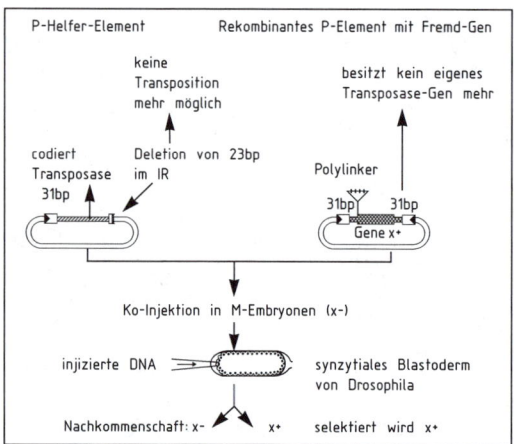

Abb. 13.8. Gen-Transfer in die Keimbahn von *Drosophila melanogaster* durch das Zusammenwirken eines *P*-Helferplasmids und eines rekombinanten *P*-Elementes mit einem Fremd-Gen. Weitere Details im Text. Nach Gehring 1984 aus Old und Primrose 1992, verändert.

Die so entstehenden Embryonen werden bis zum Morula- oder Blastula-Stadium in vitro kultiviert und danach hormonell scheinträchtig gemachten Ammen-Müttern eingepflanzt (vgl. Abschn. 12.2. und 12.3.). Bei diesen

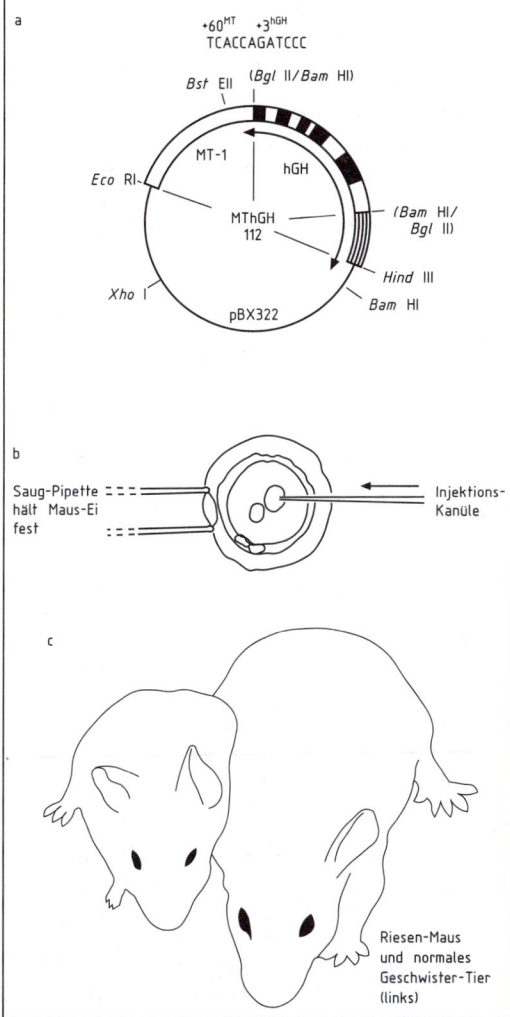

Abb. 13.9. Experiment zur Erzeugung von „Riesenmäusen". *a* Struktur des Vektors: In dem Vektor *MThGH112* befindet sich die Sequenz für das menschliche Wachstumshormon (hGH human growth hormone); ihre Exonen sind als dunkle Balken gekennzeichnet. Links vor der *hGH*-Sequenz liegt der Promotor des Metallothionein-Gens der Maus (*MT-1*). Hinter der *hGH*-Sequenz liegt ein Abschnitt von Lambda-DNA (λ, gestreift gezeichnet). Darauf folgt (als dünne Linie dargestellt) eine lange *pBR322*-Sequenz, die – weil sie zusätzlich einen *XhoI*-Schnittort enthält – als *pBX322* bezeichnet ist. *b* Injektion der Vektor-DNA in den männlichen (größeren) Pronukleus. *c* Riesenmaus im Vergleich zu einem normalen Tier des gleichen Stammes. Nach Palmiter und Brinster 1981, 1982, 1985.

Transferexperimenten enthielten 40% der aus diesen Embryonen entstandenen Mäuse Kopien der transferierten DNA, z. T. sehr viele Kopien, z. T. wenige, z. T. nur eine Kopie.

Daraus wurden Mäuse-Stämme entwickelt, die homozygot für eine Kopie des transferierten Fremdgens waren.

In den damals sensationellen Experimenten von Palmiter, Brinster und Mitarbeitern (1981, 1982, 1985) wurde folgende Vektor-Konstruktionen verwendet (Abb. 13.9.): In das Plasmid pBR322 wurde das Gen für das Wachstumshormon der Ratte (*rGH*) oder des Menschen (*hGH*) zusammen mit der regulatorischen Region (Promotor) des Metallothionein-Gens der Maus eingebaut. Dieses Gesamtkonstrukt wurde nach der geschilderten Methode in den männlichen Pronukleus injiziert.

Besonders günstig erwies sich die Tatsache, dass das Metallothionein-Gen durch Schwermetall-Ionen von Cadmium oder Zink aktiviert wird. Verabreicht man den transgenen Mäusen mit dem Trinkwasser Cadmium oder Zink, so wird die regulatorische Region aktiviert und das damit verbundene Wachstumshormon-Gen aktiviert; das *rGH*- oder *hGH*-Gen wird „eingeschaltet" und erzeugt Wachstumshormon.

Fehlen im Trinkwasser die Ionen, bleibt (oder wird) das Wachstumshormon ausgeschaltet. Auf diese Weise wurden die sog. Riesen-Mäuse erzeugt, die nahezu das doppelte Gewicht von Normaltieren desselben Mäusestammes hatten; sie wuchsen 2 bis 3 mal so schnell wie ihre (nicht transgenen) Geschwister. Inzwischen wurde die oben geschilderte Vektorkonstruktion verändert (durch Reduktion des bakteriellen Vektoranteils), und es wurden mehrere andere Gene mit diesem Verfahren in Mäuse transferiert und ihre Expression in unterschiedlichen Geweben studiert.

Darüber hinaus wurde das prinzipielle Verfahren – die Mikroinjektion von rekombinanter Vektor-DNA in kurz vorher befruchtete Eizellen auch auf Haustiere, insbesondere Schweine, Schafe und Kaninchen angewandt. Auch bei ihnen gelang der Transfer von Fremdgenen, z. B. eines Gens für Influenza-Resistenz aus Mäusen in Schweine (Brem 1991, 1997).

Auch andere Vektoren wurden zum Einschleusen fremder Gene in Mäuse verwendet. Eine Klasse von Vektoren leitet sich ab vom Virus SV40 (vgl. 4.3.3.2.); im SV40-Genom wird hinter dem „späten" Promotor das zu klonierende Fremdgen eingesetzt (das die „späten" Gene von SV40 ersetzt). Dieses Konstrukt wird gemeinsam mit einem SV40-

Helfer-Virus durch Transfektion in Maus-Zellen eingeführt.

Auch andere Mitglieder der Papova-Virus-Gruppe, zu denen SV40 gehört, sind als Vektoren erprobt und eingesetzt worden, so das Polyoma-Virus und Papillom-Viren, z. B. die Rinder-Papillom-Viren vom Typ I (BPV-1) und vom Typ II (BPV-2). Auch von Vaccinia-Viren, Adeno-Viren, Adeno-assoziierten Viren (AAV) sowie Herpes-Viren wurden Vektoren entwickelt und erprobt (Abb. 13.10.).

Andere Vektor-Typen leiten sich von Retroviren ab (vgl. 4.1.1.), z. B. vom Moloney-Mäuse-Leukämie-Virus; es wurde hinsichtlich seiner krebsauslösenden Wirkung „entwaffnet", indem die Gene *gag, env* und *pol* durch das *lac-z*-Gen von *E. coli* als Marker-Gen ersetzt wurden (Abb. 13.10.).

Der Transfer dieser rekombinanten Konstrukte in das Maus-Genom kann durch das o. g. Verfahren der Mikroinjektion erfolgen. Es wurden aber auch andere Methoden entwickelt:

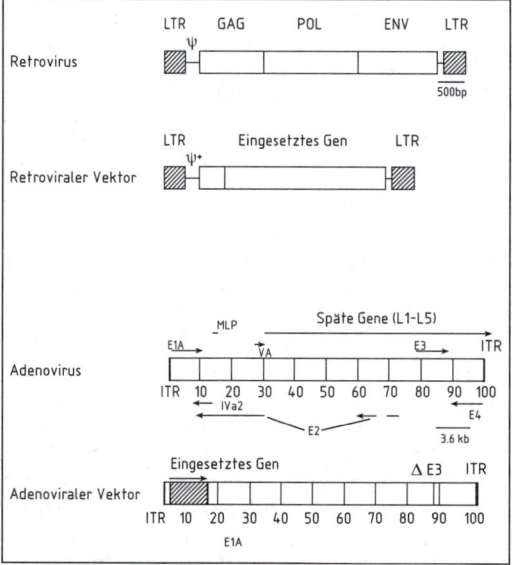

Abb. 13.10. Konstruktion von Vektoren aus Retroviren und Adenoviren. Aus dem Retrovirus werden die krebsauslösenden Gene *gag, pol* und *env* (vgl. auch Abb. 4.5.) entfernt und durch das *lacZ*-Gen von *E. coli* ersetzt, in welches dann das zu transferierende Fremd-Gen eingebaut wird. Bei dem Adenovirus werden die Transkription der frühen viralen Gene und die Replikation durch das Gen-*E1* aktiviert. Zur Erzeugung von Vektoren wird das *E1*-Gen deletiert und an seine Stelle Fremd-DNA zum Gentransfer eingebaut; diese steht unter der Kontrolle des verbliebenen *E1*-Promotors. Dadurch wird das eingesetzte Fremd-Gen ausreichend exprimiert. *ITR* – Inverted terminal repeat. Nach Morgan und Anderson 1993.

* Einführen der Vektoren durch Transfektion in embryonale Stammzellen und deren Injektion in das Blastocoel sich entwickelnder Maus-Embryonen (vgl. 12.5.).
* Inkubation und Infektion der Embryonen mit Viren (z. B. „entwaffneten" Retroviren oder SV40-Viren).
* Gentransfer über Liposomen. Die Liposomen werden in des Blastocoel von Embryonen injiziert.
* Einschleusen von Vektoren durch Elektroporation in embryonale Stammzellen, die dann in das Blastocoel injiziert werden.
* Erprobt wird auch die Inkubation von Samenzellen der Maus in DNA-Lösungen mit einem rekombinanten Vektor und die Befruchtung von Eizellen durch diese Samenzellen.

Ein Großteil dieser Verfahren (mit Ausnahme der Injektion in Eizellen) kann auch eingesetzt werden zum Einschleusen von Genen in *somatische Gewebe* von Säugern, insbesondere auch des Menschen. Seit mehr als einem Jahrzehnt laufen Bemühungen, Erbkrankheiten des Menschen, die mit konventionellen medizinischen Methoden unheilbar sind, durch gentechnische Einwirkung auf somatische Gewebe in ihrer Wirkung abzuschwächen oder sogar weitgehend zu kompensieren.

Als Vektoren für Versuche zur **somatischen Gentherapie** beim Menschen wurden bisher erprobt: Vaccinia-Viren, Adeno-Viren, Adenovirus-assoziierte Viren, Retroviren und Liposomen. Zielzellen waren (und sind): Somatische Zellen von Patienten mit cystischer Fibrose, familiärer Hypercholesterinämie, Tyrosinämie, Lesh-Nyhan-Syndrom, Phenylketonurie, Citrullinämie, Hämophilie A u. a. Im Einzelnen werden bearbeitet: Hautfibroblasten, Leberzellen (Hepatocyten), Epithelzellen, Myoblasten, Gewebe-infiltrierende Lymphocyten, T-Zellen, B-Zellen und embyonale Stammzellen (der Maus).

Als sehr hilfreich für dieses Forschungsgebiet erwiesen sich **Tiermodelle** mit homologen Erbkrankheiten:Hämophile Hunde, hyperlipidämische Kaninchen („Watanabe-Kaninchen"), Mäuse mit Tyrosinämie oder mit Cystischer Fibrose. An diesen Tieren können ausgedehnte und vielfältig variierte Experimente zur Gentherapie durchgeführt werden.

Ein neuer effektiver Weg zur Erzeugung spezifischer Mutationen in definierten Genen ist das „**Gene Targeting**" (Zielen auf bestimmte

Gene): Durch gentechnologische Verfahren wird eine Mutation in ein definiertes Gen eingebaut und dieses Gen dadurch inaktiviert. (Am besten ausgebaut ist dieses Verfahren bei der Maus.)

Ausgangspunkt der Methodik sind speziell konstruierte Vektoren (Insertions- oder Austausch-Vektoren); sie enthalten Gene oder Gen-Abschnitte, welche an definierten Stellen eine veränderte DNA-Sequenz aufweisen, die sich im Gen als Mutation („Null-Mutation") auswirkt. Dieser Vektor wird in embryonale Stammzellen (= ES) der Maus eingeschleust. Durch *homologe Rekombination* zwischen der Vektor-Sequenz und der Maus-Gen-Sequenz kommt es zum rekombinativen Einbau der veränderten Mutationssequenz und das Zell-Gen. Das Auffinden des rekombinanten Gens und seine Selektion wird durch geeignete Marker ermöglicht.

Die selektierten transformierten ES-Zellen werden in Blastocysten injiziert (vgl. Abb. 12.5. rechts). Daraus können in den Folgegenerationen Mäuse entstehen, die das mutierte Gen homozygot enthalten. Mäuse, bei denen das betroffene Gen gezielt inaktiviert wurde („k. o." rekombiniert wurde), nennt man „**Knock-out-Mäuse**".

Bisher wurden „Knock-out-Mäuse" erzeugt, die folgende – dem Menschen homologe – Krankheitssyndrome zeigen: Cystische Fibrose, β-Thalassämie, Hypercholesterinämie und Atherosklerose, Gaucher-Krankheit u. a. (vgl. Strachan und Read 1996).

Wesentlich an dem Verfahren des „Gene Targeting" ist, dass es natürlich auch in der entgegengesetzten Richtung eingesetzt werden kann: zum Ersatz eines mutierten Gens (in einem Säuger) durch ein intaktes Normalallel, welches mit Hilfe eines Vektors in die mutierten Zellen eingeschleust und in sein Genom hinein rekombiniert werden kann. Dies ist ein Weg der gentechnologischen Gentherapie.

Gegenwärtig laufen zahlreiche Projekte zur Korrektur oder Kompensation genetischer Defekte in somatischen Human-Zellen. Die meisten befinden sich noch im Zustand der Erprobung.

In (bisher) wenigen Fällen wurden nach Experimenten an Zellkulturen oder Tiermodellen auch erste Versuche an (freiwilligen) Patienten durchgeführt:

- Adenosin-Desaminase-(ADA)-Mangel führt zu einer schweren Immunschwäche; ohne Behandlung erreichen die Kinder nicht das zweite Lebensjahr. Durch Einschleusen eines „entwaffneten" Retrovirus mit dem normalen ADA-Gen in T-Lymphocyten und deren regelmäßige Injektion konnten zwei erbkranke Kinder mit gutem Erfolg über viele Monate behandelt werden.
- Familiäre Hypercholesterinämie wird verursacht durch Mutationen im LDL-Rezeptor-Gen (LDL = low density lipoprotein). Nach einer partiellen Leberresektion wurden Hepatocyten einer Patientin in vitro von einem „entwaffneten" Retrovirus mit dem normalen LDL-Rezeptor-Gen infiziert, wenige Tage weiter kultiviert und danach über die Pfortader wieder in die Leber eingebracht, wo sich diese Zellen wieder ansiedelten und dort über viele Monate normalen LDL-Rezeptor bildeten.
- Bei Patienten mit Cystischer Fibrose (= Mukoviszidose) wurden erfolgreich Versuche durchgeführt, um in Aerosolen Liposomen mit der normalen CFTR-Gen-DNA in das Nasenepithel einzuführen (Ziel ist, diese Versuche an Lungenepithelzellen weiterzuführen).

An Zellkulturen wurden noch mehrere andere Applikationsformen erprobt (Abb. 13.11.).

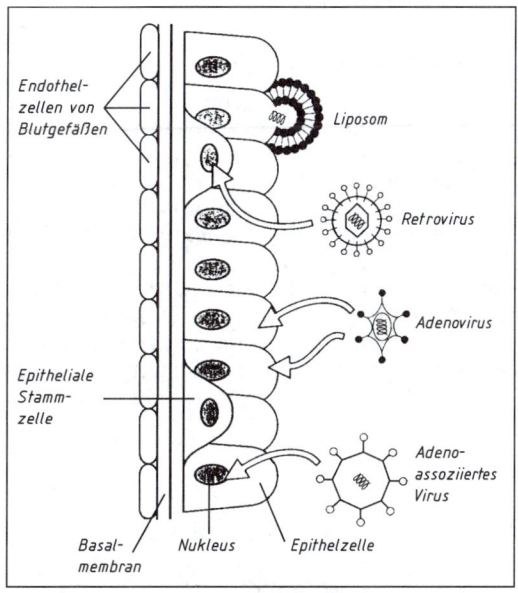

Abb. 13.11. Schema für verschiedene bisher bereits experimentell erprobte Wege der Einführung von Vektoren mit Fremd-DNA in Säugerzellen (entworfen für Varianten der somatischen Gentherapie von Cystischer Fibrose; aber auch auf andere Erbkrankheiten übertragbar). Nach Colledge 1994.

Parallel zu (eben geschilderten) Experimenten zur somatischen Gentherapie definierter vererbter Gen-Defekte laufen ausgedehnte Versuche zur gentechnologischen Therapie von Krebserkrankungen des Menschen. Auf diese intensiven und von vielen experimentellen Ansätzen ausgehenden Forschungen kann hier nicht genauer eingegangen werden (vgl. Strachan und Read 1996, Strauss und Barranger 1997).

13.6. Nachweis der transferierten DNA

Wenn ein Experiment zum Einschleusen eines mit Fremd-DNA „beladenen" Vektors in die Wirtszellen durchgeführt worden ist, kommt es darauf an, diejenigen Wirtszellen (Kolonien, Linien) bzw. Wirtsorganismen herauszufinden, die das transferierte DNA-Segment enthalten und es auch vermehren.

Es ist eine Vielzahl von Verfahren verfügbar, diesen Nachweis zu führen (vgl. Singer und Berg 1992, Watson et al. 1993, Strachan und Read 1996). Die Prinzipien, die ihnen zugrunde liegen, sind:

Phänotypischer Nachweis

Auffinden der transferierten Markergene durch die Ausprägung der entsprechenden phänotypischen Merkmale und Selektion der merkmalstragenden Zellen, Kolonien, Organismen, Stämme (Antibiotika-Resistenzen, Syntheseleistungen, Farbreaktionen (X-Gal) bei Bakterien und Hefen; Ausprägung definierter Augenfarbgene bei *Drosophila;* Resistenzen, Färbung, Luciferase-Reaktionen von Pflanzen; Resistenzen und Enzymreaktionen an tierischen oder menschlichen Zellkulturen);

DNA-Nachweis

Die transferierte „Fremd-DNA" kann nachgewiesen werden durch
Southern-Blotting: Nachweis spezifischer DNA-Moleküle, die durch Elektrophorese aufgetrennt und auf eine Membran transferiert worden sind, durch Hybridisierung mit markierten DNA-Sonden;
Dot-Blotting: Nachweis von unfraktionierten DNA-Molekülen, die an eine Membran gebunden sind, durch Hybridisierungs-Sonden;
Kolonie/Plaque-Blotting: Nachweis von DNA-Molekülen, die nach der Lyse von Bakterien oder Phagen an eine Membran gebunden wurden, durch Hybridisierungs-Sonden;
PCR-Methode (Polymerase-Kettenreaktion, polymerase chain reaction): Durch Einsatz sequenzspezifischer Primer und einer gezielten, vielfachen Replikation der speziellen Sequenz wird das Vorhandensein einer bestimmten Sequenz nachgewiesen.

RNA-Nachweis

Northern Blotting: Nachweis spezifischer RNA-Moleküle, die durch Elektrophorese aufgetrennt und an eine Membran transferiert wurden, durch Hybridisierung mit markierten DNA-Sonden.

Protein-Nachweis

Western-Blotting (Immun-Blotting): Identifizierung spezifischer Proteine als Produkte transferierter Gene nach Größen-Fraktionierung und mit Hilfe spezifischer Antikörper.

Unterscheidung zwischen transienter Ausprägung transferierter Gene und stabilem Einbau in Wirtschromosomen.

Zytologischer Nachweis transferierter DNA-Abschnitte durch in-situ-Hybridisierung an den Chromosomen von Wirtszellen (FISH- und vergleichbare Techniken).

14. Realisierung der genetischen Information bei Prokaryoten

Die primäre genetische Information für die Aminosäuresequenz der Proteine liegt als Sequenz von vier verschiedenen Nukleotiden bei allen Organismen in der DNA, bei einem Teil der Viren und Phagen in der RNA, verschlüsselt. Die vier Nukleotide unterscheiden sich voneinander durch ihren Basenanteil (in der DNA entweder Thymin, Adenin, Guanin oder Cytosin). Im Prozess der Realisierung der genetischen Information wird diese Information zunächst in die Nukleotidsequenz der mRNA (Messenger-RNA, Boten-RNA) übertragen (**Transkription**). Die Nukleotidsequenz der mRNA wird dann im Prozess der Proteinsynthese (**Translation**) in die Aminosäuresequenz der Proteine übersetzt. Dieses Grundprinzip des einseitigen Informationsflusses (DNA → RNA → Proteine) wird als **Zentralschema oder „Zentraldogma" der Molekularbiologie** bezeichnet.

Es gibt **Ausnahmen** von diesem Schema. Bei Viren und Phagen, die RNA als primäre Informationsträger besitzen (vgl. 4.1.), wird Information von RNA auf RNA übertragen bzw. die Informationsrealisierung besteht nur im Prozess der Translation. – Zunächst bei onkogenen Viren, später auch in virusfreien Zellen hat man gefunden, dass auch eine RNA-abhängige DNA-Synthese vorkommt (vgl. 4.1.4.). Das Enzym, das die Informationsübertragung von RNA auf DNA katalysiert, wird als Umkehrtranskriptase (reverse Transkriptase, Revertase) bezeichnet. Doch einen Informationsfluss von Proteinen zur DNA oder RNA gibt es nicht, daher ist die Hauptaussage des „Zentraldogmas" von der Einseitigkeit der Informationsrealisierung unverändert richtig.

Während man nach der Entdeckung der Prinzipien des genetischen Codes, der Transkription und Translation zunächst davon ausging, dass sich aus der Kenntnis der Nukleotidsequenz des offenen Leserahmens (vom Startcodon der Translation bis zum Stopcodon) eines Gens auch exakt die Aminosäuresequenz des codierten Proteins ableiten lässt, haben spätere Forschungsergebnisse gezeigt, dass dies nur für einen Teil der Gene gilt. Bei anderen Genen führen im Verlauf der Realisierung der genetischen Information bestimmte Prozesse zum Verlust und/oder der Veränderung von Nukleotidsequenzen auf dem Niveau der RNA (Splicing, Editing, vgl. 15.2.) und/oder zum Verlust von Aminosäuresequenzen auf dem Niveau des Proteins (Proteinsplicing, vgl. 15.5.).

Im Prinzip verläuft der Prozess der Realisierung der genetischen Information bei Eukaryoten und Prokaryoten gleich. Doch aus der komplizierten Organisation der eukaryotischen Zelle ergeben sich auch Unterschiede. Ein wesentlicher Unterschied besteht darin, dass bei Prokaryoten (und auch bei den Chloroplasten und Mitochondrien der eukaryotischen Zelle) *Transkription und Translation räumlich und zeitlich eng gekoppelt* ablaufen. Noch während die mRNA an der DNA transkribiert wird, kann an dieser mRNA bereits die Translation beginnen. Das ist im nukleocytoplasmatischen Kompartiment der Eukaryoten durch die Trennung von Transkriptionsort (Zellkern) und Translationsort (Cytoplasma) nicht möglich. Zwischen Transkription und Translation sind hier *komplizierte Schritte des Transportes und der Funktionalisierung der mRNA* eingeschaltet.

Aus diesen sachlichen Gründen und auch aus didaktischen Erwägungen wird in diesem Kapitel auf die Realisierungsprozesse bei Prokaryoten eingegangen. Erst im darauffolgenden Kapitel 15 werden die komplizierteren Prozesse bei Eukaryoten dargestellt.

14.1. Transkription

14.1.1. RNA-Polymerasen

Die Transkription der genetischen Information wird von Enzymen durchgeführt, die als

Tab. 14.1. Eigenschaften der RNA-Polymerase aus *E.coli*

Funktion	Hemmung durch		Molekülmasse der Untereinheiten (kDa)
	α-Amanitin	Rifamycin	
Transkription aller Gene	nein	ja	155,2 (β') 150,6 (β) 36,5 (α) 0,3 (σ 70)

DNA-abhängige RNA-Polymerasen (RNA-Polymerasen, Transkriptasen) bezeichnet werden. Für den exakten Ablauf der Transkription sind weiterhin bestimmte Transkriptionsfaktoren nötig.

Die RNA-Polymerase von Eubakterien besteht aus 4 Untereinheiten (2α, β', β), die das sog. „Core-Enzym" bilden. Nur für den Start der Transkription wird eine weitere Untereinheit, der σ-(**Sigma-**)**-Faktor**, benötigt. Die aus 5 Untereinheiten bestehende RNA-Polymerase wird als „Holoenzym" bezeichnet (vgl. Tab. 14.1.). Die bisherigen Untersuchungen lassen folgende Interpretation für die Funktion der Untereinheiten zu: Die α-Untereinheit spielt eine Rolle im Zusammenbau des Enzyms, bei der Spezifität der Genexpression und bei der Initiation der Transkription. Die β'-Untereinheit ist an der Bindung der RNA-Polymerase an die DNA beteiligt und an der Wechselwirkung des Core-Enzymes mit dem σ-Faktor. Die β-Untereinheit hat eine Aufgabe bei der Substratbindung. Sie wird benötigt für die Katalyse der Inititation und Elongation sowie die Terminatorerkennung. Sie trägt Bindungsstellen für die α-Untereinheit sowie für die Antibiotika Rifamycin und Streptolydigin. Beide Antibiotika hemmen die Transkription in Eubakterien (z. T. in Chloroplasten), nicht aber im Zellkern eukaryotischer Zellen.

14.1.2. Der Transkriptionsprozess bei Eubakterien (*E. coli*)

Den Ablauf der Transkription kann man in die folgenden vier Etappen gliedern: (1) Bindung der RNA-Polymerase an die DNA, (2) Initiation, (3) Elongation und (4) Termination.

Bindung der RNA-Polymerase: Die Bindungsstellen der RNA-Polymerasen in der DNA werden **Promotoren** genannt. Die Nukleotidsequenz vieler Promotorregionen ist aufgeklärt worden. Bei den Genen dieser Regionen von Phagen, *E. coli* und auch anderen Bakterien wurden charakteristische Folgen von Nukleotiden („Consensussequenzen") gefunden (Abb. 14.1. u. 14.2.). Im Promotorbereich vieler Gene wurde eine Nukleotidsequenz etwa 35 Nukleotidpaare vor Beginn der Transkription gefunden („–35-Region"), die für das Erkennen des Promotors durch die RNA-Polymerase wichtig ist. Eine AT-reiche Sequenz von 16–20 (im Durchschnitt 17) Nukleotiden trennt diese Erkennungsstelle von der eigentlichen Bindungsstelle, die ebenfalls reich an den Nukleotiden A und T ist. Im Bereich der Bindungsstelle (= „–10-Region" oder „Pribnow-Schaller-Box") kommt es zur Ausbildung eines stabilen Komplexes von DNA und RNA-Polymerase. Der Startpunkt der Transkription ist noch einige Nukleotide (im Durchschnitt 7) von der Bindungsstelle entfernt. Nicht alle Promotorbereiche weisen die in Abbildung 14.1. gezeigte Struktur auf. Offensichtlich können auch andere Nukleotidsequenzen als Erkennungsstelle für die RNA-Polymerase fungieren. Dies wird durch die Existenz unterschiedlicher Sigmafaktoren erklärbar.

Für ihre Interaktion mit der Promotorregion benötigt die RNA-Polymerase einen **Sigmafaktor**. Bakterien besitzen mehrere Sigmafaktoren. Die meisten Promotoren von *E. coli* werden durch das Holoenzym mit dem „Sigmafaktor 70" (σ^{70}; Tab. 14.1) erkannt. Für diese Promotoren gelten die Konsensussequenzen der Abbildung 14.1. Gene, die als Folge eines „Hitzeschocks" oder Stickstoffmangels in *E. coli*-Zellen aktiviert werden, auch Gene für die Flagellenbildung, besitzen Promotoren mit abweichenden Konsensusse-

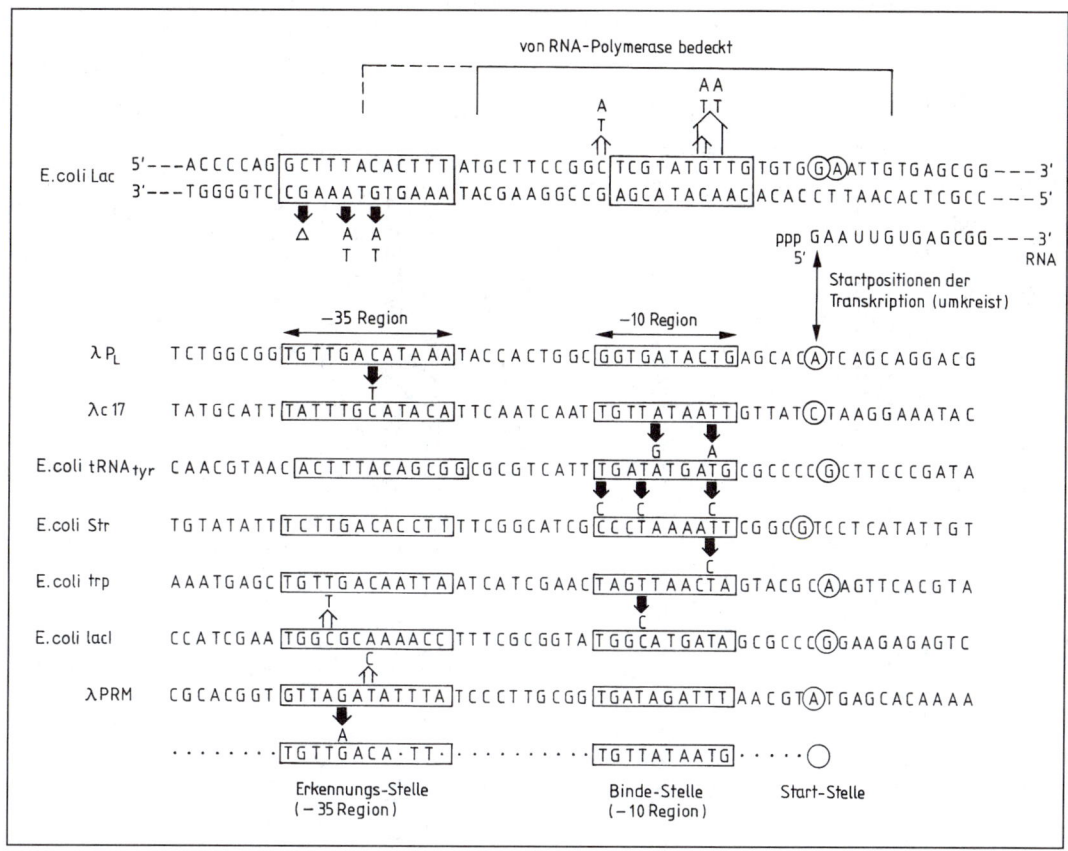

Abb. 14.1. Nukleotidsequenzen (5'-3') von Bakterien- und Phagenpromotoren, die alle von der RNA-Polymerase von *E. coli* erkannt werden. Die in der untersten Zeile dargestellte „Consensussequenz" zeigt die charakteristischen Sequenzeigenschaften: Vor dem Transkriptionsstartpunkt (+1) liegt die Bindungsstelle der RNA-Polymerase („−10 Region" = Pribnow-Schaller-Box"). Davor befindet sich die Erkennungsstelle („−35 Region"), an der die RNA-Polymerase die Promotorregion erkennt und dann daneben an die DNA bindet. Nach Kössel 1982.

quenzen. An diese Promotoren bindet die RNA-Polymerase mit Hilfe jeweils anderer Sigmafaktoren. Generell ist die spezifische Sequenz eines Promotors wichtig für die Regulation der Genaktivität (Kap. 19).

Initiation: Nach der Bindung des Polymerase-Holoenzyms an die DNA erfolgt an einer bestimmten Nukleotidsequenz, der Initiationsstelle, der Beginn (Initiation) der Transkription. Die Polymerase bildet zunächst mit der DNA im Promotorbereich einen geschlossenen Komplex. Dann werden am Startpunkt der Transkription die Wasserstoffbrückenbindungen zwischen den Basen der beiden DNA-Stränge gelöst: Es entsteht der offene Promotorkomplex (umfasst die Nukleotide −12 bis +4, wobei Nukleotid +1 das erste transkribierte Nukleotid darstellt). Während

bei der Replikation der DNA an beiden komplementären Strängen der DNA durch die DNA-Polymerase neue DNA synthetisiert wird, liest die RNA-Polymerase im Transkriptionsprozess nur *einen* der beiden DNA-Stränge ab (Abb. 14.3.). Dieser Strang wird häufig als *codogener* Strang bezeichnet (die Benennung der Stränge ist in der Literatur leider nicht einheitlich; teilweise wird auch der nicht abgelesene Strang als der codogene bezeichnet). Diese Bezeichnung gilt in jedem Fall nur für einen bestimmten Abschnitt (ein oder mehrere Gene bzw. Operonen) des Chromosoms; denn in einem anderen Abschnitt kann durchaus der andere Strang als codogener Strang für die RNA-Synthese benutzt werden. Der σ-Faktor unterstützt die Bindung der Polymerase und die Initiation.

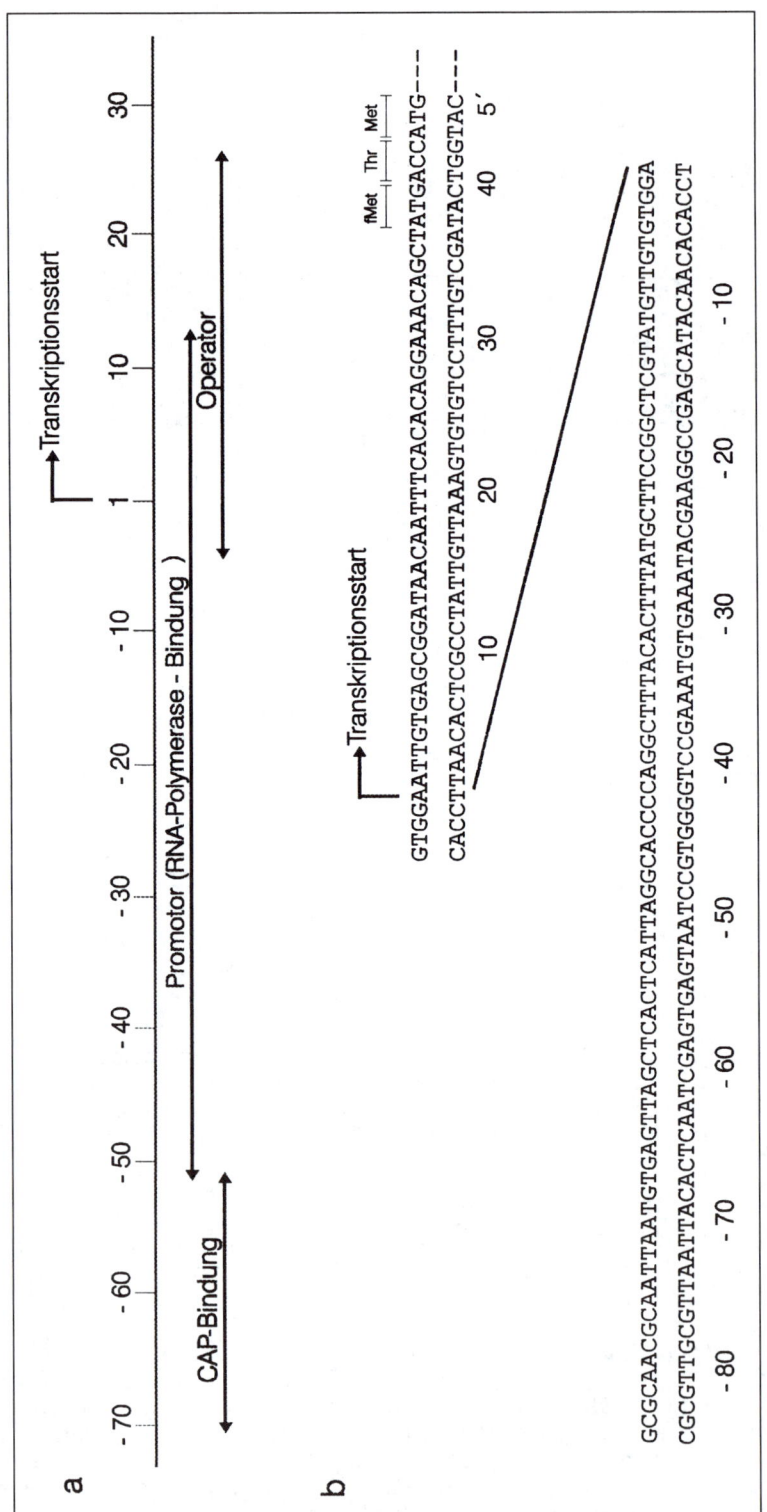

Abb. 14.2. Die Struktur (*a*) und die Nukleotidsequenz (*b*) der Kontrollregion des *lac*-Operons. Nach Bielka und Börner 1995, verändert.

Die RNA-Synthese beginnt mit dem Knüpfen der Phosphodiesterbindung zwischen den beiden ersten Nukleotiden der zu synthetisierenden RNA unter Freisetzung von Pyrophosphat. Das erste Nukleotid ist meist ATP, seltener GTP.

Elongation: Nach dem Start der RNA-Synthese gleitet die RNA-Polymerase den DNA-Doppelstrang entlang, wobei sie die Basenpaarung zwischen den beiden DNA-Strängen am Ort der Synthese löst. Nachdem die RNA-Polymerase weitergewandert ist, wird der DNA-Doppelstrang wieder geschlossen. Die RNA-Polymerase liest den codogenen Strang in 3'-5'-Richtung ab. Die RNA wird in antiparalleler Weise mit dem 5'-Ende beginnend in 5'-3'-Richtung synthetisiert (Abb. 14.3.). Entsprechend der Basen- bzw. Nukleotidsequenz des codogenen Stranges wählt die RNA-Polymerase nach dem Prinzip der komplementären Basenpaarung aus dem Nukleotidpool die passenden Nukleotide für die RNA-Synthese aus:

Base im codogenen Strang	bedingt	Einbau der Base in RNA
Adenin (A)		Uracil (U)
Thymin (T)		Adenin (A)
Guanin (G)		Cytosin (C)
Cytosin (C)		Guanin (G)
Sequenz im codogenen Strang	bedingt	Sequenz in RNA
3'-U-A-G-T-A-A-C-5'		5'-A-U-C-A-U-U-G-3'

Die exakte Feststellung der möglichen Basenpaare garantiert, dass die neu synthetisierte RNA eine genaue Kopie der genetischen Information des transkribierten DNA-Abschnittes enthält. Nachdem ein kurzes RNA-Stück (bei *E. coli* etwa 12 Nukleotide) synthetisiert worden ist, wird der σ-Faktor aus dem Holoenzym abgespalten. Er kann sich mit einem neuen Core-Enzym verbinden. Die Elongation der RNA wird also vorwiegend vom Core-Enzym vorgenommen.

Termination: Die Transkription der genetischen Information erfolgt solange, bis ein oder mehrere Stoppsignale (Terminatorsequenzen, Terminatoren) zur Termination führen. Die Präsenz der Terminatoren ist notwendig, damit bei *E. coli* der Terminationsfaktor Rho mit dem DNA-RNA-Komplex in Wechselwirkung treten kann. Rho ist ein Protein. Aus in-vitro-Transkriptionsstudien hat man abgeleitet, dass Rho mit Hilfe einer RNA-abhängigen ATPase-Aktivität Energie aus der ATP-Spaltung gewinnt, um mit seiner Helicase-Aktivität den RNA-DNA-Duplex in der Nähe des Terminators aufwinden zu können und dadurch das Ablösen des Transkriptes von der DNA zu ermöglichen. Es werden auch Gene mit sogenannten „starken" Terminatoren gefunden, die ohne Hilfe des Rho-Faktors die Transkriptionstermination ermöglichen. Terminatoren sind meist durch GC-reiche Palindromsequenzen gekennzeichnet. Das sind spiegelbildlich repetitive Sequenzbereiche, die nach ihrer Transkription dazu führen, dass die RNA partiell doppelsträngige „Haarnadelstrukturen" ausbilden kann (vgl. Abb. 19.3.). Sie verursachen den Stopp der Transkription. Eine in der DNA folgende A-reiche Sequenz führt mit der entsprechenden U-reichen RNA-Sequenz zur Ausbildung eines relativ instabilen DNA-RNA-Duplexes, der das Ablösen der RNA von der DNA er-

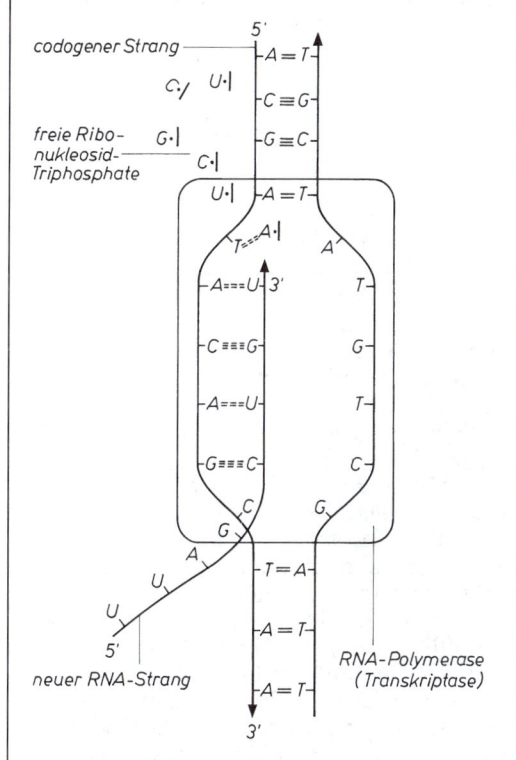

Abb. 14.3. Schematische Darstellung der Transkription des codogenen Stranges in RNA. Die Pfeile geben die Syntheserichtung an. Nach Parthier et al. 1971.

leichtert. Die Termination wird durch weitere Proteine unterstützt.

Im Prozess der Transkription werden nach dem DNA-Muster verschiedene RNA-Sorten synthetisiert, von denen drei in ihrer Funktion sehr gut bekannt sind: mRNA, rRNA, tRNA. Die *rRNAs* und *tRNAs* bei den *Prokaryoten* werden nicht in ihrer funktionell aktiven Form synthetisiert, sondern durchlaufen einen Prozess der Funktionalisierung, das **Processing.** Dabei werden von den Präkursoren (Vorstufen) der aktiven RNA-Moleküle Nukleotidsequenzen abgespalten, z. T. neue Sequenzen angefügt und bestimmte Nukleotide modifiziert. (Diese Processing-Vorgänge spielen bei Eukaryoten eine sehr große Rolle und werden dort ausführlich behandelt; vgl. 15.2.)

Die bakteriellen rRNAs und tRNAs werden als Vorläufermoleküle – prä-rRNA und prä-tRNA – transkribiert und anschließend processiert (RNA-Processing).

Das Processing der prä-rRNA verläuft bei Bakterien ähnlich wie bei Eukaryoten (vgl. 15.2.3.). Die Gene für die 16S-, 23S- und 5S-RNA bilden eine Transkriptionseinheit, in die neben Spacer-Sequenzen zusätzlich noch tRNA-Gene (häufig für tRNA^{Ile} und tRNA^{Ala}) eingeschlossen sind. Diese Transkriptionseinheit existiert mehrfach auf dem Bakterienchromosom (bei *E. coli* bis zu 7fach). Im Gegensatz zur Situation in der eukaryotischen Zelle ist allerdings bei *E. coli* ein großes gemeinsames Transkript nicht nachweisbar, da das Processing durch Endonuklease-Schnitte bereits während der Transkription beginnt. Bakterielle tRNAs werden als höhermolekulare prä-tRNAs synthetisiert. Es treten u. a. Vorstufen auf, die Nukleotidsequenzen von zwei oder mehr tRNAs enthalten. Während des Processing werden überzählige Sequenzen abgespalten. Das geschieht am 5′-Ende durch die Ribonuklease P, einem Ribonukleoprotein, dessen RNA-Untereinheit für die enzymatische Aktivität verantwortlich ist. Am 3′-Ende wird die Abspaltung von der Ribonuklease D übernommen. Viele Basen werden modifiziert, vor allem durch Methylierung. Die tRNA enthält daher neben den „normalen" Basen Adenin, Guanin, Cytosin und Uracil eine Reihe sog. seltener Basen, wie z. B. 5-Methylcytosin, Inosin und Pseudouridin (vgl. Abb. 14.5.)

14.2. Translation

Im Translationsprozess wird die genetische Information aus der Basensequenz der mRNA in die Aminosäuresequenz der Proteine übersetzt. Die Translation findet an kleinen Zellpartikeln, den Ribosomen, statt. Sie verbinden sich mit der die genetische Information tragenden mRNA. Das geschieht bei den Prokaryoten bereits während der Transkription. Eine bestimmte Folge von 3 Basen (**Triplett**) in der mRNA stellt das Codon für jeweils eine der 20 (bzw. 21 unter Einbeziehung des nur in einigen Proteinen vorkommenden Selenocysteins) proteinogenen Aminosäuren dar. Die Aminosäuren werden durch spezifische tRNA-Moleküle zum mRNA-Ribosomen-Komplex gebracht und in das entstehende Proteinmolekül eingebaut. Anticodonen in den tRNA-Molekülen, die ebenfalls Basentripletts darstellen, sorgen durch Codon-Anticodon-Wechselwirkung dafür, dass die Verknüpfung der Aminosäuren zum Protein in der durch die Basen-(= Nukleotid-) Sequenz der mRNA festgelegten Reihenfolge abläuft. Dieser **Codon-Anticodon-Mechanismus** folgt wieder dem bereits beschriebenen Prinzip der komplementären Basenpaarung. Die *wichtigsten Komponenten des Translationsprozesses* sind **mRNA, Ribosomen** und **tRNA.**

14.2.1. Komponenten des Translationsprozesses

14.2.1.1. Messenger-RNA

Die mRNA trägt die Information für die Aminosäuresequenz der Proteine. Bei Bakterien kommt es häufig vor, dass ein mRNA-Molekül die Information für mehrere Proteine enthält. Man spricht dann von einer *polycistronischen mRNA*, d. h. mehrere Cistronen (Gene) werden als eine Transkriptionseinheit von der RNA-Polymerase abgelesen (Kap. 19). Da die mRNA-Population einer Zelle die Information für sehr viele verschiedene Proteine trägt, haben die einzelnen Moleküle sehr unterschiedliche Größen, d. h. die mRNA ist in ihrer Molmasse inhomogen. Die individuellen mRNA-Moleküle existieren bei Bakterien nur sehr kurze Zeit. Ein Processing der mRNA findet bei Bakterien nicht statt. Allerdings tragen bis zu 20% der bakteriellen mRNA am 3′-Ende posttranskriptionell angefügte Poly(A)-Stränge (bis zu 50 AMP-Reste), die für den Abbau der mRNAs Bedeutung haben.

14.2.1.2. Ribosomen

Ribosomen sind submikroskopisch kleine Zellpartikeln. Sie bestehen aus den ribosomalen Proteinen und aus rRNA. Ihre Größe wird allgemein in S-Werten angegeben (S = Sedimentationskoeffizient; Geschwindigkeit, mit der die Ribosomen im Schwerefeld der Zentrifuge wandern).
Es gibt zwei Grundtypen von Ribosomen:

1. 70S-Ribosomen (relative Molekülmasse etwa 3×10^6) der Prokaryoten; eine Bakterienzelle enthält etwa 10 000 Ribosomen.
2. 80S-Ribosomen (relative Molekülmasse etwa 4×10^6) im Cytoplasma der Eukaryoten; eine Leberzelle enthält etwa 6 Millionen Ribosomen im Cytoplasma.

Der Aufbau beider Ribosomentypen ist prinzipiell gleich. Jedes Ribosom besteht aus einer großen und einer kleinen Untereinheit. Beide Ribosomentypen unterscheiden sich u. a. in der Größe der Untereinheiten, Anzahl der Proteine pro Untereinheit, Größe der rRNA-Moleküle und Empfindlichkeit gegenüber bestimmten Antibiotika (Translationsinhibitoren, Tab. 14.2.). Auch in der Aminosäuresequenz der ribosomalen Proteine, in deren immunologischen Eigenschaften und in der Nukleotidsequenz der rRNA zeigen prokaryotische und eukaryotische Ribosomen kaum Gemeinsamkeiten, während sich die Ribosomen eines Typs verschiedener Organismen sehr gleichen.

Die Ribosomen der Chloroplasten und Mitochondrien gehören zum prokaryotischen Typ, wobei die Mitochondrienribosomen verschiedener Organismen in ihrer Größe, in der Zahl der ribosomalen Proteine und der Größe der ribosomalen RNAs sehr große Unterschiede zeigen.

Ribosomale RNA

Die 70S-Ribosomen bestehen etwa zu zwei Dritteln aus rRNA und zu einem Drittel aus Proteinen.
Die rRNA bildet den größten Teil der Gesamt-RNA einer Zelle. Bei Prokaryoten werden die rRNAs als höhermolekulare Vorstufen transkribiert, aus denen im Verlauf des Processing durch Abspalten von Nukleotidsequenzen und Methylierung die im 70S-Ribosom vorliegenden RNA-Klassen hervorgehen (vgl. Tab. 14.2.): 23S-, 16S- und 5S-rRNA.
Die kodierenden Sequenzen für alle drei rRNAs liegen in der DNA unmittelbar benachbart und bilden ein „Gencluster". Sie werden von einem gemeinsamen Promotorbereich aus transkribiert. Bei *E. coli* gibt es wohl dennoch keinen gemeinsamen Präkursor für alle 3 rRNA-Arten. Sofort nach der Transkription lassen sich infolge spezifischer RNase-Aktivität 3 prä-rRNAs nachweisen. *E. coli* enthält 7 rRNA-Gencluster. Bereits während des Processing werden ribosomale Proteine an die prä-rRNA-Moleküle gebunden.

Tab. 14.2. Einige Eigenschaften von Ribosomen in Prokaryoten und Eukaryoten. Nach Bielka und Börner 1995. (S = Sedimentationskoeffizient, n = Anzahl)

	Prokaryoten (*E. coli*)	Mitochondrien	Eukaryoten Plastiden	Cytoplasma
Monomere (S)	70	55^1, 73^2	70	80
Untereinheiten (S)	30 u. 50	30^1, 40^1 37^2, 50^2	30 u. 45–50	40 u. 60
RNA (S)	16, 23, 5	12^1, 16^1 16^2, 21^2 18^3, 25^3, 5^3	16, 23, 5, 4,5	18, 28 5, 5,8
Proteine (n)	55	60–70	60	75
Translationshemmung durch				
Chloramphenikol	ja	ja	ja	nein
Cycloheximid	nein	nein	nein	ja

[1] Mitochondrien tierischer Zellen
[2] Hefemitochondrien
[3] Pflanzenmitochondrien

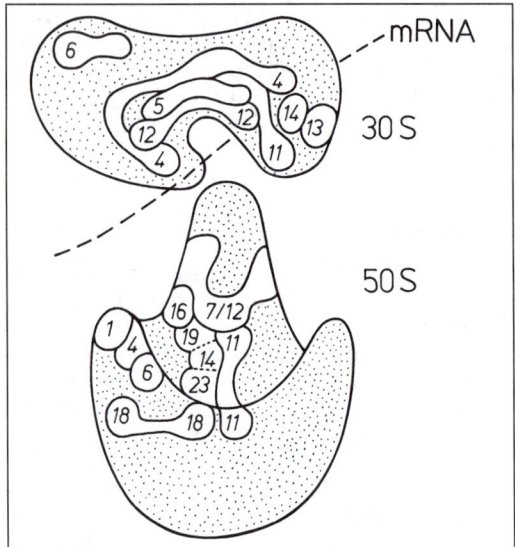

Abb. 14.4. Raummodelle der beiden Untereinheiten des Ribosoms von *E. coli*. Eingezeichnet sind die Positionen verschiedener Ribosomenproteine in der kleinen und großen Untereinheit. Nach Nover et al. 1978.

Ribosomale Proteine

E. coli-Ribosomen enthalten 34 Proteine in der großen und 21 Proteine in der kleinen Untereinheit. Die meisten ribosomalen Proteine gehören zu den basischen Proteinen, was durch ihren relativ hohen Gehalt an den basischen Aminosäuren Arginin, Lysin und Histidin bedingt wird. Ihre Molekülmassen liegen, bis auf wenige Ausnahmen, im Bereich von 9.000–40.000 Da. Die Primärstruktur der ribosomalen Proteine von *E. coli* ist aufgeklärt worden. Die meisten Proteine sind voneinander sehr verschieden.

Durch immunologische Untersuchungen in Verbindung mit Elektronenmikroskopie, durch Rekonstruktion von Ribosomen aus ihren isolierten Bausteinen und Einsatz von Hemmstoffen konnte vor allem bei den *E. coli*-Ribosomen die Lokalisierung und z. T. die Funktion vieler Proteine sowie die strukturelle Organisation der Ribosomen aufgeklärt werden. Abbildung 14.4. zeigt ein räumliches Modell des *E. coli*-Ribosoms und die Lage einzelner Proteine im Ribosom.

14.2.1.3. Transfer-RNA

Die tRNA transportiert im Translationsprozess die Aminosäuren zu den Ribosomen. Für nahezu jede der 20 proteinogenen Aminosäuren gibt es pro Zelle mehrere verschiedene tRNA-Moleküle. So enthält die *E. coli*-Zelle etwa 60 verschiedene tRNAs.

Bereits 1965 war es Holley und Mitarbeitern gelungen, die Nukleotidsequenz einer Alaninspezifischen tRNA (Ala-tRNA) aufzuklären. In der Zwischenzeit wurde die Primärstruktur vieler weiterer tRNAs ermittelt. Es handelt sich um durchweg kleine Moleküle (etwa 4S, relative Molekülmasse etwa 25.000), die aus 73–88 Nukleotiden bestehen.

Aus der Nukleotidsequenz der verschiedenen tRNA-Spezies wurde das „Kleeblattmodell" für die Sekundärstruktur entwickelt (Abb. 14.5.). Die Kleeblattstruktur wird durch doppelsträngige und einsträngige Abschnitte sowie einsträngige Schleifen gebildet. Die Kristallisation von tRNA machte Röntgenstrukturanalysen der tRNA möglich. Aus den dabei erhaltenen Angaben wurde ein räumliches Modell (Tertiärstruktur) des tRNA-Moleküls abgeleitet, das ungefähr die Form eines L hat. Die beiden Enden des L werden von der Anticodonschleife und dem CCA-Ende gebildet (Abb. 14.6.).

Zwei Regionen des tRNA-Moleküls können eindeutig bestimmten Funktionen zugeordnet werden (Abb. 14.5.):

- Eine Schleife enthält das Basentriplett, das im Translationsprozess als Anticodon mit dem entsprechenden Codon der mRNA in Wechselwirkung tritt (Anticodonschleife). Dieses Triplett muss für jede tRNA-Spezies spezifisch sein.
- Allen tRNA-Arten gemeinsam ist die Basensequenz C-C-A am 3'-Ende. Das endständige Adenosin fungiert als Bindungsstelle für die Aminosäure.

Einem bestimmten Anticodon ist immer die gleiche Aminosäure zugeordnet. Da die Bindungsstelle für die Aminosäure bei allen tRNAs gleich ist, sind es andere Sequenzen im tRNA-Molekül, die der Aminoacyl-tRNA-Synthetase (dem Enzym, das tRNA und Aminosäure verbindet, s. u.) „Auskunft" über die Art der tRNA gibt. Unterschiedliche Stellen des tRNA-Moleküls können als Erkennungssignal dienen. Bereits der Austausch einzelner Nukleotide führte in mehreren analysierten Fällen zum Beladen der tRNA mit einer anderen, d. h. nach dem genetischen Code nicht zum Anticodon passenden Aminosäure.

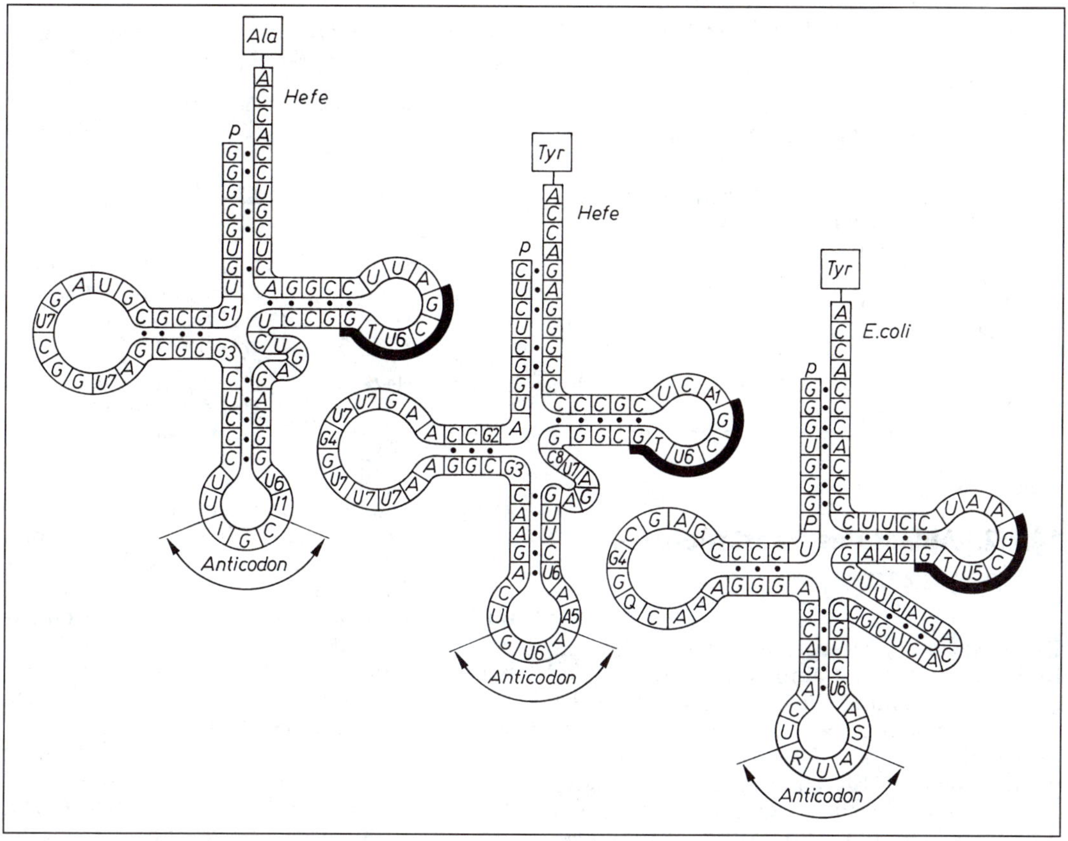

Abb. 14.5. Primärstruktur (Nukleotidsequenz) und Sekundärstruktur (Kleeblattmodell) von drei verschiedenen tRNA-Molekülen von Hefe, *Saccharomyces cerevisiae*, und *E.coli*. In den tRNA-Molekülen kommen viele ungewöhnliche Basen vor: *I* Inosin, *GI* 1-Methylguanin, *AI* 1-Methyladenin, *I1* 1-Methylinosin, *G2* N^2-Methylguanin, *G3* N^2-Dimethylguanin, *G4* 2'-O-Methylguanosin, *A5* N^6-(I^{2}Isopentyl)-Adenin, *U6* Pseudo-Uridin, *U7* 4,5-Dihydro-Uracil, *C8* 5-Methylcytosin, *T* Ribothymidin, *P, Q, R, S* verschiedene andere Basen. Nach Bresch und Hausmann 1972.

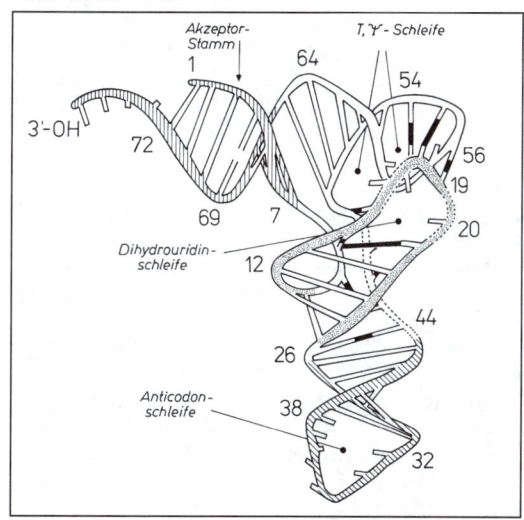

Abb. 14.6. Tertiärstruktur-Modell der tRNA. Nach Kim, Quigley and Rich aus Nover et al. 1978.

Aktivierung der Aminosäuren

Die Zellen enthalten für jede Aminosäure mindestens eine, in der Regel mehrere spezifische Aminoacyl-tRNA-Synthetasen (= L-Aminosäure: tRNA-Ligasen). Diese Enzyme sind an zwei Reaktionen beteiligt:

(1) Eine freie Aminosäure wird unter Beteiligung von ATP aktiviert.
(2) Die aktivierte Aminosäure wird an das tRNA-Molekül gebunden, das ein zu dieser Aminosäure gehörendes Anticodon trägt.

Die Erkennungsreaktion durch die Synthetase ist also äußerst wichtig für den exakten Ablauf der Proteinsynthese. Die Verknüpfung von tRNA und Aminosäure erfolgt über eine Esterbindung zwischen der Ribose des Adenosins am 3'-Ende der tRNA und der Carboxylgruppe der Aminosäure. Die mit einer Aminosäure beladene tRNA wird als Aminoacyl-tRNA bezeichnet.

Schema der Aminosäureaktivierung

(1) Aminosäure + ATP + Enzym → Aminoacyl-AMP-Enzym-Komplex + PP (Pyrophosphat)
(2) Aminoacyl-AMP-Enzym-Komplex + tRNA → Aminoacyl-tRNA + AMP + Enzym

Aminosäure + ATP + tRNA → Aminoacyl-tRNA + AMP + PP

Tab. 14.3. Initiationsfaktoren (IF) der Proteinbiosynthese bei Prokaryoten. Nach Bielka und Börner 1995.

Faktor	Molekülmasse in kDa	Funktionen
IF-1	ca. 9	GDP/GTP-Austauschfaktor an IF-2; Ribosomendissoziation
IF-2	90–118	Bindung der Initiator-tRNA im Komplex mit GTP an die kleine Ribosomenuntereinheit
IF-3	21–23	Bindung der mRNA an die kleine Ribosomenuntereinheit

14.2.2. Ablauf des Translationsprozesses

Die Translation, die wie die Transkription in Initiation, Elongation und Termination gegliedert werden kann, verläuft bei Prokaryoten und Eukaryoten im wesentlichen gleich. Unterschiede sind bei der Initiation gefunden worden, wo als Startaminosäure bei Bakterien sowie in Plastiden und Mitochondrien N-Formyl-Methionin (fMet) und im Cytoplasma der Eukaryoten dagegen Methionin (Met) fungiert. Neben den besprochenen Komponenten des Translationsprozesses (Ribosomen, mRNA, Aminoacyl-tRNA) sind für den exakten Ablauf der Proteinsynthese am Ribosom bestimmte Proteinfaktoren verantwortlich, die sich bei Pro- und Eukaryoten unterscheiden (Tab. 14.3.). Im folgenden wird der Ablauf der Translation bei *E. coli* dargestellt.

Initiation: Die Translation der genetischen Information beginnt am 5′-Ende der mRNA und schreitet zum 3′-Ende fort. Da das 5′-Ende bei der Transkription zuerst synthetisiert wird, kann die Translation bei den Prokaryoten bereits an der entstehenden mRNA beginnen. Zum Start der Translation bilden fMet-tRNA, mRNA und die kleine Untereinheit des Ribosoms unter Beteiligung von GTP und den Initiationsfaktoren den **Initiationskomplex** (Abb. 14.9. links). Auf der mRNA befindet sich kurz vor dem Startsignal AUG eine bestimmte Nukleotidsequenz (5′ UAAGGAGGU 3′, Shine-Dalgarno-Sequenz), die unter Beteiligung des ribosomalen Proteins S 1 der

kleinen Untereinheit mit einer entsprechenden Sequenz (5′ ACCUCCU 3′) am 3′-Ende der 16S-rRNA in Wechselwirkung tritt (Abb. 14.7.). Durch die Wechselwirkung mRNA-rRNA kommt es zu einer exakten Bindung der mRNA an die kleine Untereinheit des Ribosoms. Als Startcodon auf der mRNA und damit als Bindungsstelle für die erste Aminoacyl-tRNA fungiert das Triplett AUG. Das entsprechende Anticodon wird nur von 2 Aminoacyl-tRNAs getragen, der fMet-tRNA und der Met-tRNA. Auch GUG, das in der Elongation Valin codiert, kann bei Bakterien als Startcodon fungieren. Bei *E. coli* kann sich nur die fMet-tRNA mit mRNA und kleiner Untereinheit zum Initiationskomplex vereinigen. Für den normalen Ablauf des Vorganges wird eine Reihe von Proteinen benötigt, die **Initiationsfaktoren.** Die Initiationsfaktoren IF-1, -2 und -3 (Tab. 14.3.) sind auch am Unterscheidungsmechanismus zwischen fMet-tRNA und den anderen Aminoacyl-tRNAs beteiligt.

Die Bildung des Initiationskomplexes verlangt Energie, die aus der Spaltung von GTP gewonnen wird. Erst nach der Bildung des Initiationskomplexes wird das Ribosom durch die große Untereinheit komplettiert (Abb. 14.8., 14.9.).

Elongation: Das Ribosom hat zwei Bindungsstellen für tRNA, den *Akzeptorort* (auch: Aminoacylort) und den *Donorort* (auch: Peptidylort) (Abb. 14.8.), die für Initiation und Elongation wichtig sind. Bei der Initiation befindet sich die fMet-tRNA sofort am Donorort (Abb. 14.9.). Die nächste Aminoacyl-tRNA (die Auswahl wird durch das beschriebene Codon-Anticodon-Prinzip festgelegt)

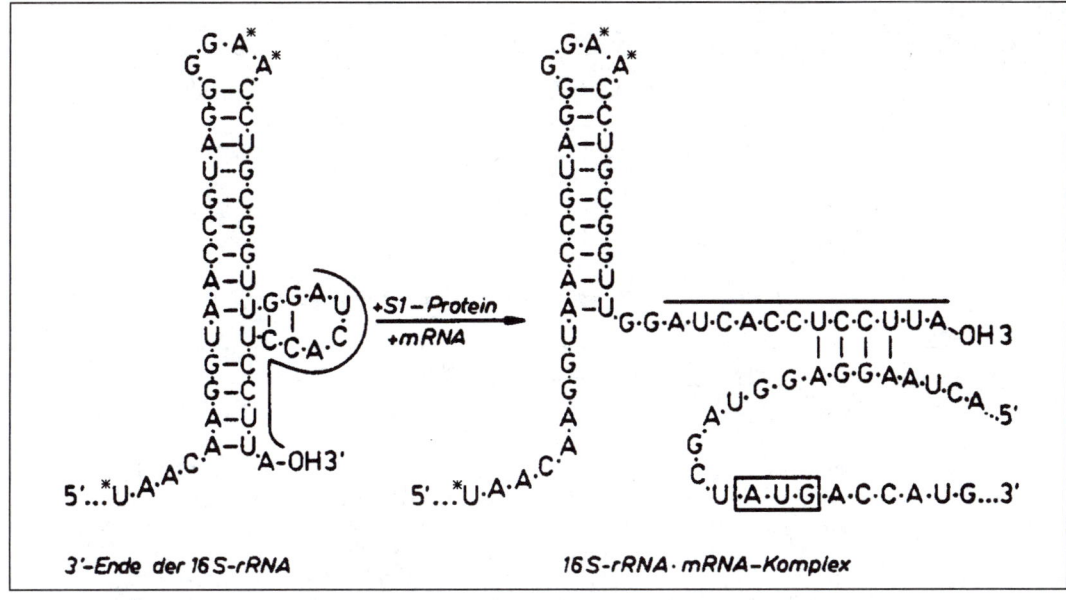

Abb. 14.7. Bildung eines 16S-rRNA-mRNA-Komplexes während der Translations-Initiation bei *E. coli.* Nach Nover et al. 1978, verändert.

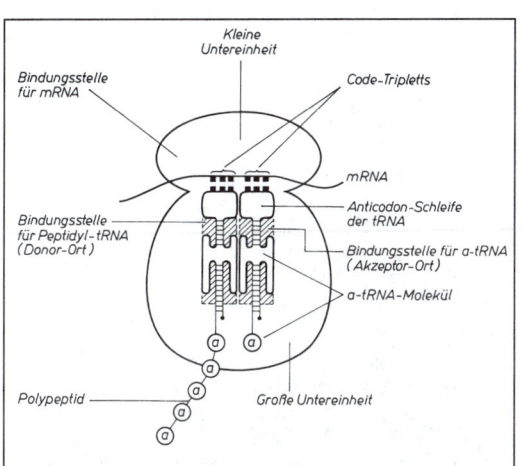

Abb. 14.8. Prinzip des Baues eines Ribosoms und die Zuordnung wichtiger Ribosomenfunktionen. Nach Parthier et al. 1971.

bildet einen Komplex mit GTP und dem **Elongationsfaktor** EF-Tu (Tab. 14.4.). Dieser Komplex wird an den Akzeptorort gebunden, wobei die dafür benötigte Energie durch Spaltung des GTP gewonnen und ein GDP-EF-Tu-Komplex freigesetzt wird. Der Elongationsfaktor EF-Ts verdrängt GDP aus dem Komplex, wodurch EF-Tu für eine neue Bindung bereitsteht.

Jetzt sind beide Bindungsstellen des Ribosoms mit Aminoacyl-tRNA besetzt. Die Startaminosäure, fMet, wird von der tRNA gelöst. Zur gleichen Zeit wird durch das Enzym Peptidyltransferase zwischen der Carboxylgruppe des fMet am Donorort und der α-Aminogruppe der zweiten Aminosäure am Akzeptorort eine Peptidbindung hergestellt. Die Peptidyltransferase ist eines der Proteine der großen Untereinheit des Ribosoms. Die nunmehr mit zwei Aminosäuren beladene tRNA rückt in

Tab. 14.4. Elongationsfaktoren (EF) der Proteinbiosynthese. Nach Bielka und Börner 1995.

	Prokaryoten	Eukaryoten
1. Aminoacyl-tRNA-Bindung		
Bindungsfaktoren	EF-Tu (47 kDa)	EEF-1α (ca. 50 kDa)
GDP/GTP-Austauschfaktoren	EF-Ts (34 kDa)	EEF-1β (30 kDa)
2. Translokation	EF-G (83 kDa)	EEF-2 (ca. 100 kDa)

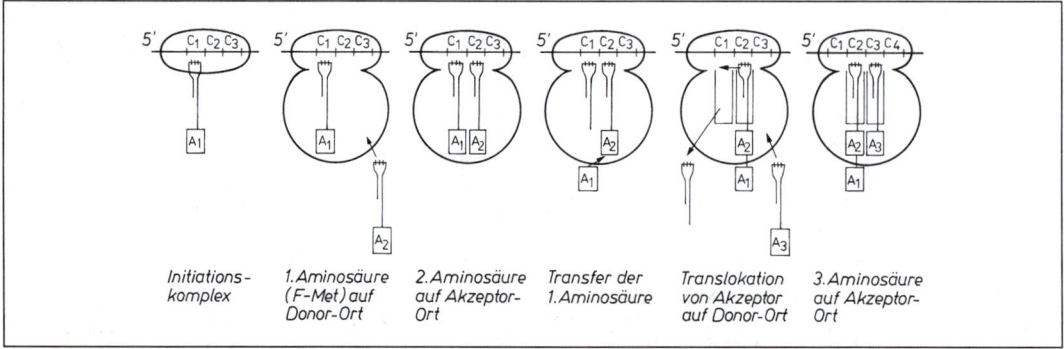

Abb. 14.9. Schema für die einzelnen Schritte bei der Initiation und (beginnenden) Elongation der Translation. Nach Hagemann et al. 1978.

der Translokationsreaktion vom Akzeptorort auf den Donorort, wobei die „entladene" tRNA freigesetzt wird. Das Ribosom bewegt sich dabei relativ zur mRNA um ein Triplett in Richtung 3'-Ende weiter. Für diese Translokation wird der Faktor EF-G und Energie aus der Spaltung eines Moleküls GTP benötigt. Die drei Etappen der Elongation (Bindung einer Aminoacyl-tRNA an den Akzeptorort des Ribosoms, Transfer der wachsenden Peptidkette von der tRNA am Donorort auf die Aminosäure der tRNA am Akzeptorort unter Knüpfen einer Peptidbindung und Translokation der nun die Peptidkette tragenden tRNA von Akzeptorort zum Donorort) wiederholen sich solange, bis das gesamte Protein synthetisiert ist (Abb. 14.9.). Ein Stoppsignal auf der mRNA führt dann zum Syntheseabbruch (Abb. 14.10.).

Sobald das erste Ribosom das Startsignal verlassen hat, kann sich hier ein neuer Initiationskomplex bilden. Auf diese Weise entsteht durch die Bindung vieler Ribosomen an ein mRNA-Molekül ein sogenanntes *Polysom* (Abb. 14.10.), wobei an jedem der Ribosomen ein Proteinmolekül synthetisiert wird.

Termination: Als Terminationssignale (Stoppsignale) auf der mRNA wirken die **Nichtsinncodonen** (Nonsense-Codonen, Stoppcodonen, Terminationscodonen) UAA (aus historischen Gründen als ochre = ocker bezeichnet), UAG (amber = bernsteinfarben) und UGA (opal). Sie codieren keine Aminosäure, d. h. es gibt (im Wildtyp) keine tRNA mit einem entsprechenden Anticodon (daher die Bezeichnung Nichtsinncodon). Erreicht der Akzeptorort eines Ribosoms ein Nichtsinncodon auf der mRNA, so bricht sofort die

Proteinsynthese ab. Das fertige Protein, die letzte tRNA und das Ribosom werden freigesetzt. Das Ribosom dissoziiert unter Beteiligung eines Dissoziationsfaktors (identisch mit IF3) in seine beiden Untereinheiten.

Für die Termination der Translation sind ebenfalls mehrere Proteinfaktoren notwendig. Bei Bakterien sind 3 **Terminationsfaktoren** bekannt, RF1, RF2 und RF3. RF1 und RF2 unterscheiden sich in ihrer Spezifität bezüglich Stoppcodonen. RF1 ist an der Termina-

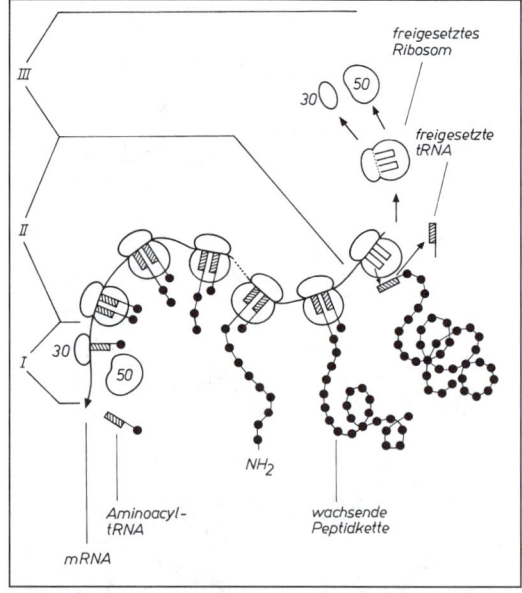

Abb. 14.10. Ablauf der Translation in einem Polysom. *I* Initiation, *II* Elongation, *III* Termination und Ablösung des Polypeptids und der tRNA vom Ribosom sowie dessen Zerlegung in die beiden Untereinheiten. Nach Parthier et al. 1971.

tion bei UAA und UAG beteiligt, RF2 wirkt bei den Codonen UAA und UGA. RF3 unterstützt die Wirkung der beiden anderen Terminationsfaktoren.

Bei *E. coli* wird oft die Formylgruppe oder das ganze Formyl-Methionin vom fertig synthetisierten Polypeptid nachträglich wieder abgespalten.

Sekretorische Proteine haben eine zusätzliche Sequenz am N-Terminus, die im Verlauf des Transportes aus der Zelle abgespalten wird (vgl. 15.4.).

14.3. Realisierung der genetischen Information in Chloroplasten und Mitochondrien

Plastiden (Chloroplasten) und Mitochondrien der eukaryotischen Zellen stammen von Eubakterien ab. Sie besitzen ihre eigene genetische Information (vgl. Kap. 11 und Abschn. 3.12.) und ihren eigenen Apparat zur Realisierung dieser Information. Dazu gehören spezifische RNA-Polymerasen, Ribosomen, tRNAs, tRNA-Synthetasen, Translationsfaktoren usw. Die einzelnen Komponenten werden teils durch Gene der Organellen-DNA, teils durch Gene der Kern-DNA codiert (vgl. Kap. 11). Bei den Chloroplasten haben die meisten (alle?) dieser Komponenten ihren prokaryotischen Charakter bewahrt und können in in-vitro-Experimenten häufig durch entsprechende Komponenten aus *E. coli* ersetzt werden (z. B. sind „Chimären-Ribosomen" aus *E. coli*- und Chloroplasten-Untereinheiten translationsaktiv). Chloroplasten besitzen offenbar zwei RNA-Polymerasen, von denen eine sehr den eubakteriellen RNA-Polymerasen, die andere der mitochondrialen RNA-Polymerase gleicht.

Die Mitochondrien dagegen haben im Verlauf der Evolution zum beträchtlichen Teil ihre prokaryotischen Züge verloren. Ihre Komponenten der Transkription und Translation unterscheiden sich aber ebenso von den eukaryotischen Komponenten des Kern-Cytoplasma-Raumes, und es treten große Unterschiede zwischen den Mitochondrien von Pilzen, Pflanzen, Tieren und sogar innerhalb

dieser Taxa auf. Es gibt viele Besonderheiten in der Transkription und Translation, die nur für die Mitochondrien bestimmter Eukaryoten gelten. So wird z. B. die gesamte Information jeweils eines Stranges der Mitochondrien-DNA der Säugetiere zunächst in eine große RNA transkribiert. Die in dieser RNA verstreut liegenden tRNAs markieren die Schnittstellen, an denen das Primärtranskript durch eine RNAse in die einzelnen tRNAs, rRNAs und mRNAs zerlegt wird. Die RNA-Polymerase der Mitochondrien ist sehr einfach aufgebaut. Zwei Untereinheiten genügen für die Promotorerkennung und Transkription. Eine Untereinheit (das „core-Enzym") trägt die Polymeraseaktivität und ähnelt den RNA-Polymerasen der Bakteriophagen T3 und T7, die nur aus einem Polypeptid bestehen.

Die speziellen Charakteristika der Informationsrealisierung und ihrer Regulation bei Plastiden und Mitochondrien sind in mehreren Abschnitten des Kapitels 11 dargestellt.

14.4. Spezifika des Genexpressionssystems der Archaea

Wie in Abschnitt 2.1.2. (Archaea) bereits betont, bestehen zwischen Eubakterien und Archaea (Archaebakterien) so wesentliche Unterschiede, dass man beide Taxa als separate evolutionäre Entwicklungszweige ansehen muss (Abb. 2.1.). Dies zeigt sich insbesondere auch beim Vergleich der Genexpressionssysteme. Besonders auffallend ist die Tatsache, dass das archaeale Expressionssystem große Übereinstimmungen mit dem der Eukaryoten aufweist.

Der Transkriptionsapparat der Archaea besitzt eine typische TATA-Box (wie sie als Kennzeichen eukaryotischer Promotoren, die von der RNA-Polymerase II transkribiert werden, wohl bekannt ist; vgl. Abschn. 15.1. und Abb. 15.1. sowie 15.2.), außerdem die TATA-bindenden Transkriptionsfaktoren TBP und TFIIB. Bei bestimmten Archaea, z. B. *Methanococcus*, kann ein eukaryotisches TBP aus Hefe oder dem Menschen das archaeale TBP voll ersetzen. Auch die Zusammensetzung der archaealen RNA-Polymerase ist den Eukaryoten sehr ähnlich (Thomm 1996).

Aus dem Archaeon *Sulfolobus shibatae* wurde ein Enzym isoliert, das an die tRNAs das CCA-Ende anfügt wie bei den Eukaryoten (vgl. 15.2.3.). In anderen Fällen wurden jedoch andere Feststellungen gemacht: Die archaealen Enzyme, die für DNA-Replikation, DNA-Reparatur, Translations-Initiation und Proteinprocessing verantwortlich sind, liegen bezüglich der Anzahl der sie zusammensetzenden Proteine zahlenmäßig etwa in der Mitte zwischen Eubakterien und Eukaryoten (Forterre 1997).

Insgesamt also repräsentieren die Archaea hinsichtlich ihres genetischen Systems einen eigenen ursprünglichen Entwicklungszweig (Abb. 2.1.). Es spricht vieles dafür, dass man von dieser Organismengruppe aus der Rekonstruktion des „last universal common ancestor" (LUCA) des gesamten Organismenreiches am ehesten nahe kommen wird.

15. Besonderheiten der Realisierung der genetischen Information bei Eukaryoten

Transkription und Translation der genetischen Information laufen bei Prokaryoten und Eukaryoten auf prinzipiell gleiche Weise ab. Die Besonderheiten der eukaryotischen Organisationsform (z. B. die Kompartimentierung der Zellen, der viel größere Umfang der genetischen Information) bedingen aber auch Unterschiede. Die wesentlichsten Unterschiede werden in diesem Kapitel dargestellt.

15.1. Transkription

Die eukaryotische Zelle benötigt für die Transkription ihrer Gene im Zellkern mindestens 3 RNA-Polymerasen, die als RNA-Polymerasen I, II und III bezeichnet werden. Daneben existieren spezifische RNA-Polymerasen für die Transkription der Mitochondriengene und Plastidengene (vgl. 12.3.). Die Polymerasen des Zellkerns sind komplizierter aufgebaut als die bakterielle RNA-Polymerase (Tab. 15.1.).
RNA-Polymerase I wird im Nukleolus gefunden, dem Ort des Zusammenbaus der Ribosomen. Die DNA enthält in dieser Region die Gene für die 25-28S-, 18S- und 5,8S-rRNA, die von der RNA-Polymerase I transkribiert werden. Die **RNA-Polymerase II** liest die proteincodierenden Gene ab, ist also für die Synthese der mRNA verantwortlich. Die **RNA-Polymerase III** transkribiert die tRNA-Gene sowie die Gene für die 5S-RNA der Ribosomen. Die Polymerasen II und III lesen weitere Gene ab, die kleine RNA-Moleküle codieren, z. B. die 7S-RNA des SRP (vgl. 15.4.) und snRNAs, die am Spleißen der prä-mRNA mitwirken (vgl. 15.2.4.). Die RNA-Polymerasen der eukaryotischen Zelle benötigen wie die bakteriellen RNA-Polymerasen spezifische Sequenzen auf der DNA, um fest

an die DNA binden und die Gene transkribieren zu können.
*Diese **Promotorsequenzen** sind für die 3 RNA-Polymerasen unterschiedlich strukturiert.* Die Promotoren für die RNA-Polymerase II ähneln am ehesten den bakteriellen Promotoren (Abb. 15.1.). Etwa 30 Nukleotide „stromaufwärts" vom Transkriptionsstart wird eine Consensussequenz gefunden, die **„TATA"-Box** oder **„Hogness"-Box**. Weiter „stromaufwärts" um die Position −60 wird eine weitere Consensussequenz gefunden, die allerdings nur bei einem Teil der proteincodierenden Gene auftritt und in ihrer Sequenz bei verschiedenen Organismengruppen unterschiedlich ist. Auch für die RNA-Polymerase I liegt der Promotorbereich in Transkriptionsrichtung vor dem Gen. Die für die Bindung der RNA-Polymerase III verantwortlichen Sequenzen können dagegen sowohl innerhalb der Gene liegen (und werden daher mittranskribiert) oder befinden sich „konventionell" stromaufwärts vor dem Gen (Abb. 15.1.).
Die bisher genannten Consensussequenzen sind für die Transkription essentiell.
Weiterhin gibt es vor den meisten Genen Sequenzmotive, an die Aktivatoren bzw. Repressoren binden, d. h. die für die Regulation der Genaktivität benötigt werden. Es handelt sich häufig um sehr viele solcher Bindungsstellen für verschiedene regulatorische Proteine, die z. T. bis weit über 1000 Nukleotide vom Startpunkt der Transkription entfernt liegen können. Sie sorgen u. a. für die gewebespezifische Expression der Gene (vgl. Kap. 17). Sequenzmotive, die eine Genaktivierung bewirken können, werden häufig als „enhancer" bezeichnet. **Enhancer** erhöhen erheblich die Transkription des entsprechenden Gens und zwar unabhängig von ihrer Orientierung, d. h. sie können, in beiden möglichen Richtungen in die DNA eingebaut, wirksam werden. Sie wirken noch in einer Entfernung von über 1000 Nukleotiden vom Transkriptionsstart, auch wenn sie sich „stromabwärts" befinden, also innerhalb eines Introns des Gens oder „hinter" dem Gen. Sequenzmotive, die reprimierend auf die Tran-

Tab. 15.1. Charakteristika der RNA-Polymerasen des Zellkerns der Hefe (*Saccharomyces cerevisiae*)

Bezeichnung	Lokalisierung	Funktion	Hemmbarkeit durch α-Amanitin	Molekülmasse (kDa) der Untereinheiten
RNA-Polymerase I	Nukleolus	Synthese von prä-rRNA	–	185 000
				137 000
				48 000
				44 000
				41 000
				36 000
				28 000
				24 000
				20 000
				14 500
				12 300
RNA-Polymerase II	Nukleoplasma	Synthese von prä-mRNA	+	205 000
				145 000
				46 000
				33 500
				28 000
				24 000
				18 000
				14 500
				12 500
RNA-Polymerase III	Nukleoplasma	Synthese von prä-5S-RNA und prä-tRNA	–	160 000
				128 000
				82 000
				41 000
				34 000
				28 000
				24 000
				20 000
				14 500
				11 000

skription des Gens wirken, werden als „**Silencer**" bezeichnet (vgl. 20.2.2.).

Die Initiation der Transkription durch die RNA-Polymerase II (ähnlich auch bei I und III) beginnt mit der Bindung mehrerer Transkriptionsfaktoren („allgemeine Transkriptionsfaktoren") an die TATA-Box. Erst dann kann die RNA-Polymerase ebenfalls binden und bildet gemeinsam mit den allgemeinen Transkriptionsfaktoren im Bereich der TATA-Box und dem Startpunkt der Transkription den Inititiationskomplex (Abb. 15.2.). Die allgemeinen Transkriptionsfaktoren dienen also der Erkennung des Promotors, insbesondere das „TATA-Box-bindende Protein (TBP)", das mit weiteren Polypeptiden den allgemeinen Transkriptionsfaktor TFIID bildet. Sie vermitteln weiterhin die Bindung der Polymerase und unterstützen den Transkriptionsstart. So besitzt z. B. TFIIH Helikaseaktivität, die für das Aufwinden des DNA-Doppelstranges benötigt wird.

Für die Termination der Transkription durch die RNA-Polymerase I und III kennt man spezifische Terminatorsequenzen am 3′-Ende der Gene. Die Termination im Fall der RNA-Polymerase II ist noch nicht völlig verstanden. Das Enzym transkribiert i. d. R. weit über die codierende Sequenz und das spätere 3′-Ende der mRNA hinaus. Für einige Gene wurden Primärtranskripte mit unterschiedlichen Enden gefunden. Offenbar gibt es mehrere schwache Terminatoren, die zum Transkriptionsabbruch führen. Das Ende der reifen, funktionsfähigen mRNA wird im Verlauf des Processings gebildet (s. u.).

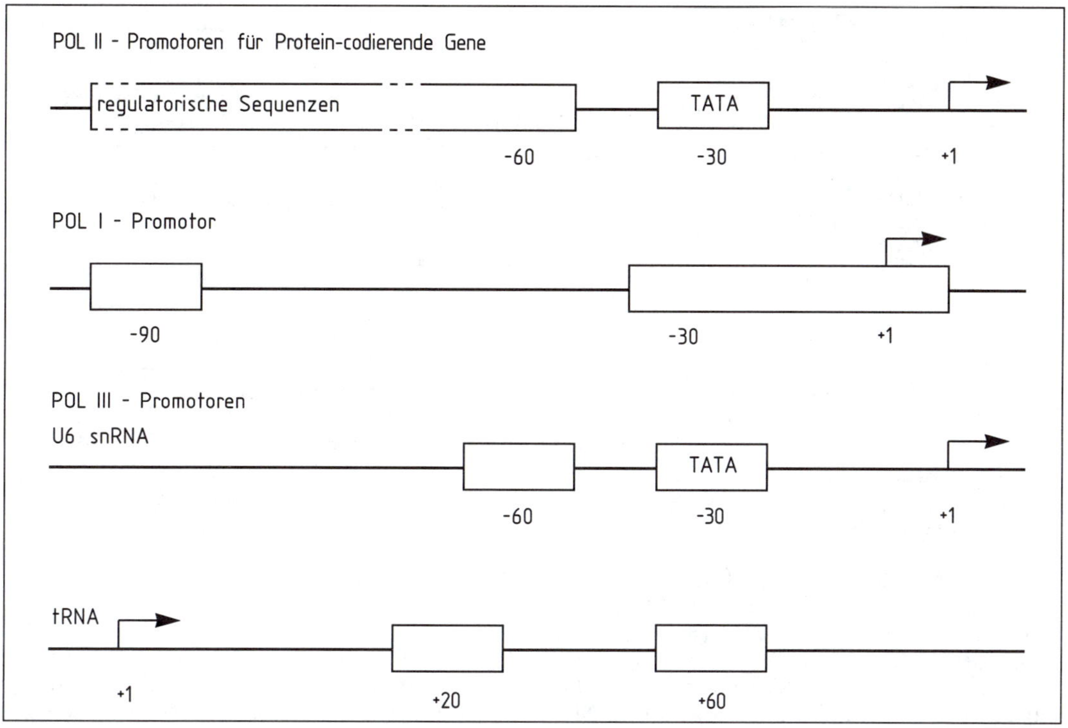

POL II - Promotoren für Protein-codierende Gene

regulatorische Sequenzen		TATA	

                                    -60   -30   +1

POL I - Promotor

                    -90   -30   +1

POL III - Promotoren
U6 snRNA

                                              TATA

                              -60   -30   +1

tRNA

        +1   +20   +60

Abb. 15.1. Vergleich von Promotoren für die RNA-Polymerasen I, II und III (POL I, II, III). Consensussequenzen, die für die Bindung der Polymerasen wichtig sind, sind als Boxen in ihrer relativen Position zu den Startpunkten der Transkription dargestellt. Nach Bielka und Börner 1995, verändert.

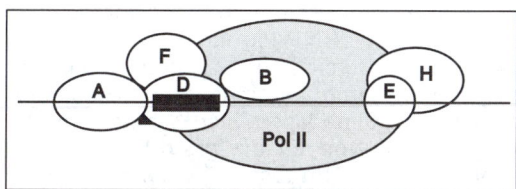

Abb. 15.2. Modell des Initiationskomplexes aus RNA-Polymerase II (Pol II) und den Transkriptionsfaktoren *TFIIA, B, D, E, F* und *H. TFIID* ist an die TATA-Box (schwarze Box) gebunden. Nach Bielka und Börner 1995.

15.2. Posttranskriptionale Prozesse

15.2.1. mRNA-Processing

Bei den Eukaryoten werden die mRNA-Moleküle nicht (wie bei Bakterien) in der funktionell aktiven Form transkribiert, sondern zunächst als größere Vorläufer (**Präkursoren**). Diese prä-mRNA-Moleküle gehören zur Fraktion der „hochmolekularen Kern-RNA" (**hnRNA**). Prä-mRNAs haben am 5'-Ende und am 3'-Ende Sequenzen, die keine proteincodierende Funktion haben. Das Processing umfasst das posttranskriptionale Anknüpfen neuer Nukleotide und die Modifizierung (z. B. Methylierung) bestimmter Nukleotide. Fast alle bisher untersuchten mRNAs aus dem Nukleocytoplasma der eukaryotischen Zelle (z. B. aber nicht Histon-mRNAs) erhalten eine zusätzliche Sequenz am 3'-Ende, deren Nukleotide ausschließlich Adenylreste sind (poly(A)-Sequenz). Diese Polyadenylierung beginnt mit dem Schnitt einer Endonuklease, die in der Nähe ihres Schnittortes ein bestimmtes Sequenzmotiv (Consensussequenz: AAUAAA) erkennt. An das so gebildete 3'-Ende der prä-mRNA werden durch eine Polynukleotidtransferase (poly(A)-Synthetase) durchschnittlich 200 Adenylsäurereste angeknüpft (Abb. 15.3.). Dieser *poly(A)-Schwanz* wird vor der Translation etwas verkürzt. Er erhöht die Lebens-

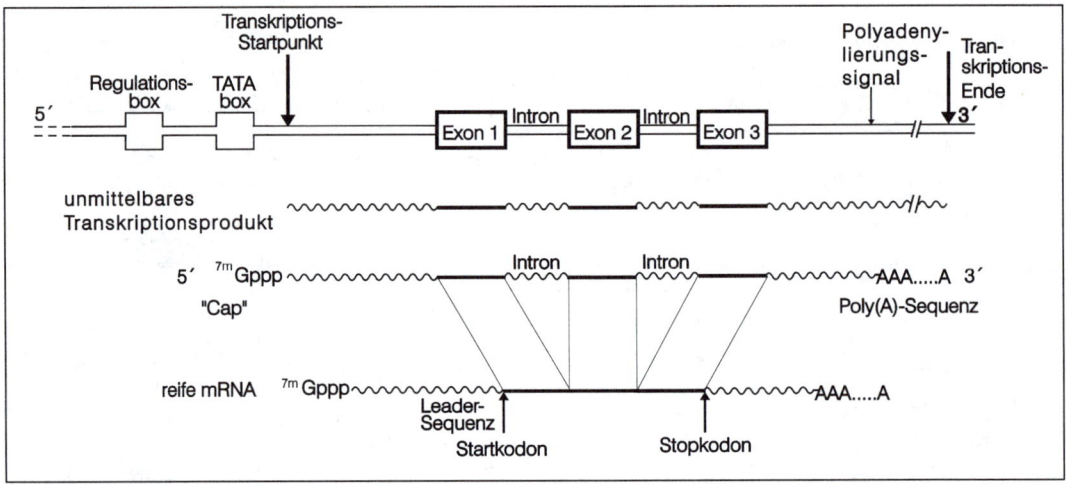

Abb. 15.3. Schematische Darstellung eines eukaryotischen Gens mit 3 Exonen und 2 Intronen und der Prozessierung des Transkripts. Nach Bielka und Börner 1995.

dauer des Moleküls und die Translationsrate. Am 5′-Ende der prä-mRNA führt Modifizierung zur Bildung eines Cap (Kappe). Das „*Cap*" entsteht durch Verknüpfung eines Guanosins über ein 5′5′-Triphosphat an das Guanin am 5′-Ende des Messengers und Methylierung des einen Guanosins im Basenteil und des anderen Guanosins in der Ribose (Abb. 15.4.). Die Bildung des „Cap" schützt die mRNA vor dem Abbau durch Nukleasen am 5′-Ende und spielt eine Rolle in der Wechselwirkung zwischen mRNA, Ribosom und Initiationsfaktoren bei der Initiation der Translation. Ohne „Cap" wird eukaryotische mRNA nicht translatiert.

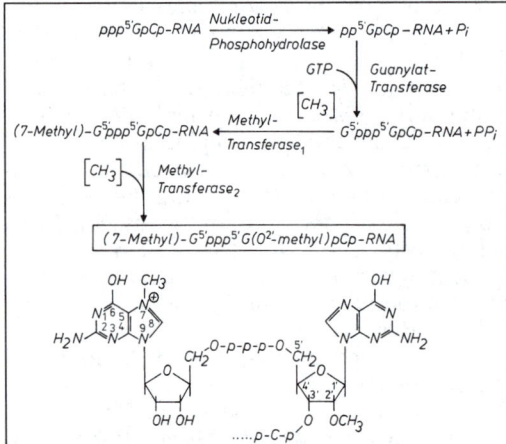

Abb. 15.4. Syntheseschritte zur Bildung des Cap. Im Cap der mRNA ist ein m^{7}G durch ein 5′5′-Triphosphat an ein Guanin mit einer 2′-0-Methylgruppe gebunden. Nach Nover et al. 1978.

15.2.2. mRNA-Transport

In der eukaryotischen Zelle muss die mRNA von ihrem Syntheseort, den Chromosomen des Kerns, zum Ort der Translation, den Ribosomen im Cytoplasma, transportiert werden. Um den Transport zu bewerkstelligen und die RNA dabei vor Abbau durch Nukleasen zu schützen, verbindet sich die mRNA mit bestimmten Proteinen zu Ribonukleoprotein-Partikeln (RNP-Partikeln), die, solange sie sich im Bereich des Zellkerns befinden, als *Informoferen* bezeichnet werden. Informoferen-Proteine lagern sich bereits während der Transkription an die prä-mRNA an. Zu ihnen gehören Proteine, die eine Rolle im Processing spielen. Im Elektronenmikroskop sind die Informoferen als 30–50 nm große Aggregate sichtbar. Sie machen beim Durchtritt durch die Kernmembran einen Gestaltswechsel durch. Auch im Cytoplasma liegen die mRNAs noch als RNP-Partikel vor, die man jetzt Informosomen nennt. Die *Informosomen*-Proteine unterscheiden sich von den Proteinen der Informoferen.

15.2.3. Prä-rRNA- und prä-tRNA-Processing

Die Gene für die rRNA liegen bei den Eukaryoten in vielen Kopien vor. Die Transkriptionseinheit umfasst: Spacer – 18S-DNA –

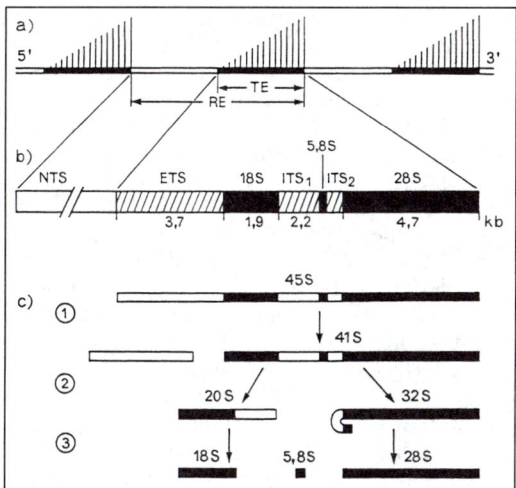

Abb. 15.5. Schematische Darstellung der Organisation der ribosomalen DNA des Menschen (HeLa-Zellen) sowie des Processings der rRNA. *a* Transkription der repetitiven rDNA, RE – Repetitionseinheit, TE – Transkriptionseinheit; *b* feinstrukturelle Gliederung einer Repetitionseinheit. NTS – nichttranskribierter „spacer". ETS – externer transkribierter „spacer", ITS$_1$ und ITS$_2$ – interne transkribierte „spacer"; *c* Umwandlung der 45S-prä-rRNA in die nativen rRNA-Fraktionen. Nach Perry aus Bielka 1985.

Spacer – 5,8S-DNA – Spacer – 25 bis 28S-DNA. Die *Spacer* werden durch das Processing entfernt (Abb. 15.5.). Da sie zunächst zusammen mit den codierenden Sequenzen transkribiert werden, werden sie je nach Position als externe transkribierte Spacer (ETS) oder interne transkribierte Spacer (ITS) bezeichnet. *Die gesamte Sequenz ist bei Eukaryoten als primäre prä-rRNA isolierbar.* Die reifen rRNAs sind 18S-rRNA (in der kleinen Untereinheit der Ribosomen), 25S- bis 28S-rRNA und 5,8S-rRNA sowie die getrennt durch die RNA-Polymerase III transkribierte 5S-RNA (in der großen Untereinheit der Ribosomen).

Die eukaryotischen tRNAs werden wie bei den Bakterien als größere prä-tRNAs transkribiert. Das Processing beinhaltet ebenso das *Verkürzen* der prä-tRNAs durch RNasen sowie das *Modifizieren von Basen.* Hinzu kommt das *Anknüpfen der C-C-A-Sequenz* am 3'-Ende, die bei Prokaryoten im Gen bereits enthalten ist.

15.2.4. Spleißen

Viele prä-mRNAs der Eukaryoten haben nicht nur zusätzliche Nukleotidsequenzen an den Enden. Der Großteil der Gene höherer Eukaryoten setzt sich zusammen aus proteincodierenden Sequenzen („**Exonen**") und aus Sequenzen, die nicht die Aminosäurefolge des betreffenden Proteins codieren („**Intronen**" oder „intervening sequences"). Derartige „zusammengesetzte" Gene sind bei niederen Eukaryoten, wie der Bäckerhefe, seltener und werden bei Bakterien extrem selten beobachtet. Keine Intronen wurden auch bei höheren Eukaryoten in den Histongenen gefunden. Dagegen gibt es Gene mit extrem vielen Intronen und Exonen (vgl. Kap. 18). So besitzt z. B. das Kollagen-Gen von Säugern 50 Intronen. Die Gesamtlänge der Intronen eines Gens übertrifft häufig die Gesamtsequenz der Exonen (vgl. Abb. 18.2.).

Die Intronen werden zunächst mittranskribiert und dann in einem Prozess, den man Spleißen (splicing) nennt, aus dem prä-RNA-Molekül herausgeschnitten, wobei die Exonen miteinander verbunden werden (Abb. 15.3.).

Für das Spleißen im Fall der prä-mRNA im Zellkern von Eukaryoten ist die Bildung von Nukleoproteinkomplexen („Spliceosomen") notwendig. Einbezogen in diese Komplexe sind die U1, U2, U4, U5 und U6 snRNAs („small nuclear RNAs"), das Intron mit den Übergangsregionen zu den angrenzenden Exonen (hier sind kurze Consensussequenzen von Bedeutung) sowie eine Reihe verschiedener Proteine. Die Spliceosomen entsprechen in ihrer Größe ungefähr den Untereinheiten von Ribosomen. Aus in-vitro-Studien wurde folgende Modellvorstellung für das Spleißen abgeleitet (Abb. 15.6.): An der 5'-Grenze werden Exon und Intron getrennt und das phosphorylierte 5'-Ende des Introns (ein G) wird mit dem 2'-OH eines A verknüpft, das sich in der sogenannten Verzweigungsregion des Introns, etwa 20–40 Nukleotide stromaufwärts vom 3'-Ende, befindet. Es entstehen als Intermediate der 5'-Teil der prä-mRNA und davon getrennt der 3'-Teil mit dem Intron (das eine „Lasso"-ähnliche Struktur bildet). Es erfolgt ein zweiter Schnitt am 3'-Ende des Introns, das damit von der prä-mRNA abgetrennt wird, und die beiden Exonen werden miteinander ligiert. Das herausgeschnittene Intron (als „Lasso-Struktur") wird in der Regel schnell abgebaut.

Es gibt neben den Intronen in proteincodierenden Genen auch Intronen in rRNA- und tRNA-Genen des Zellkerns. Die Intronen, auch in Genen der Mitochondrien und Plasti-

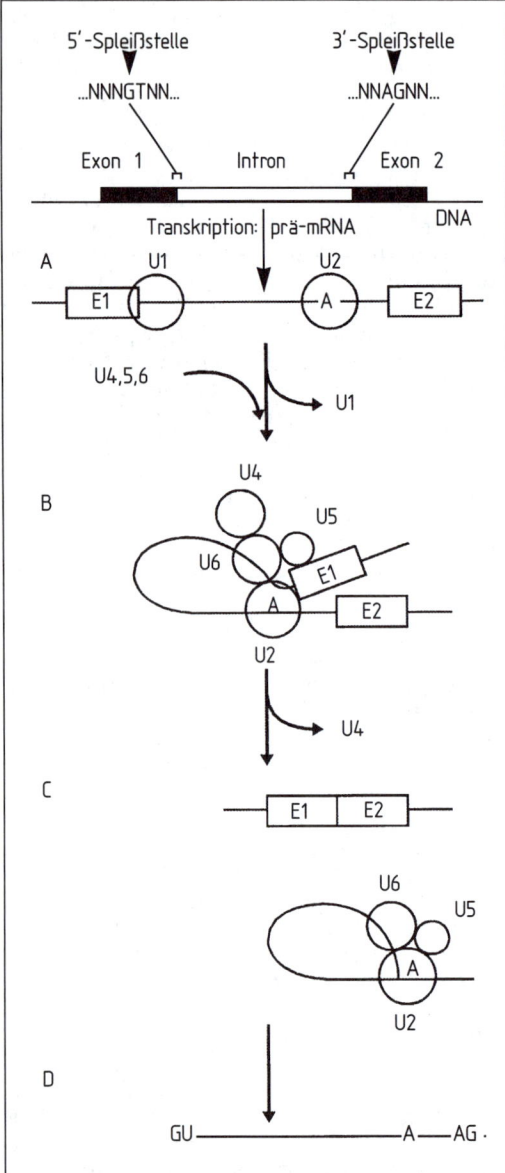

Abb. 15.6. Schema für die Prozesse des Spleißens nukleärer prä-mRNA. *Oben:* Exon-Intron-Struktur der DNA mit charakteristischen Spleiß-Sequenzen und Transkription. *Darunter A–D:* Das Spleißen der Kern-prä-mRNA unter Beteiligung der snRNAs U1, 2, 4, 5, 6. *A* U1 bindet an den 5'-Spleißort und U2 an die Verzweigungsstelle. *B* Im kompletten Spleißosom sind U2, 4, 5 und 6 enthalten; U2 und U6 sind Bestandteil des katalytischen Zentrums; U5 bindet zunächst an das 5'-Exon (E1) und fördert nachfolgend die Verbindung von E1 und E2. *C* 5'- und 3'-Exon sind verbunden; das Intron wird als Lasso-Struktur mit U2, 5 und 6 freigesetzt. *D* Das Intron ist linearisiert und frei von snRNAs. Nach Bielka und Börner 1995, erweitert.

den, gehören vorwiegend zu den sogenannten Gruppe-I- und Gruppe-II-Intronen (s. u.), die ganz vereinzelt auch in Bakteriengenen nachgewiesen worden sind.

Das Spleißen der Gruppe-I-Intronen und Gruppe-II-Intronen folgt einem ähnlichen (Gruppe I) bzw. identischen (Gruppe II) Grundprinzip, ist im Detail aber vom Spleißen der Kern-prä-mRNA verschieden (Abb. 15.7., vgl. Kap. 11). Spliceosomen wurden hierbei nicht gefunden. Einige Intronen beider Gruppen können ihr Spleißen in vitro selbst katalysieren, d. h. ohne Proteine oder weitere RNA-Moleküle (Abb. 15.7.). Ein gut analysiertes Beispiel für eine solche autokatalytische Intron-RNA („Ribozym") ist ein Intron in der prä-rRNA von *Tetrahymena*. Eine Voraussetzung für das autokatalytische Spleißen ist die Fähigkeit aller Gruppe-I- und -II-Intronen zur Ausbildung ganz charakteristischer räumlicher Strukturen, auf deren Basis auch ganz wesentlich die Eingruppierung der Intronen erfolgt. Dieses *selbstkatalytische Spleißen* war möglicherweise der evolutionäre Ausgangspunkt für die komplizierten Spleißvorgänge bei anderen Intronen. Vermutlich wird aber innerhalb der Zelle auch bei selbstspleißenden Intronen das Spleißen durch zusätzliche Fakoren (möglicherweise kleine RNAs, sicher Proteine) unterstützt und beschleunigt. In den Gruppe-I- und II-Intronen einiger mitochondrialer Gene hat man offene Leserahmen (Gene) gefunden, die ein Enzym codieren. Dieses Enzym, „Maturase" genannt, wird für das Spleißen benötigt (vgl. 11.2.5.5.).

Einen Spezialfall des Spleißens stellt das „Trans-Spleißen" (= Transsplicing) dar. **Trans-Spleißen** tritt auf, wenn zwei durch Spleißen zu verbindende Exonen zunächst auf zwei verschiedenen prä-mRNAs lokalisiert sind. Es wurde zuerst bei den Transkripten einiger mitochondrialer (vgl. Abb. 11.13.) und plastidaler Gene beobachtet. Alle experimentellen Daten sprechen dafür, dass es sich hierbei nur um eine Variante des oben geschilderten Spleißen (im Unterschied zum Trans-Spleißen auch „Cis-Spleißen" genannt) handelt, die sich nach mutativ bedingtem Trennen eines Gens mit seinen Intronen in zwei oder sogar mehr separate Gene herausgebildet hat. Dieser Form des Trans-Spleißens ähneln ebenso bezeichnete Prozesse, die Transkripte im Zellkern von Nematoden und Trypanosomen durchlaufen (vgl. Kap. 11).

Die Exon-Intron-Struktur der Gene ist für de-

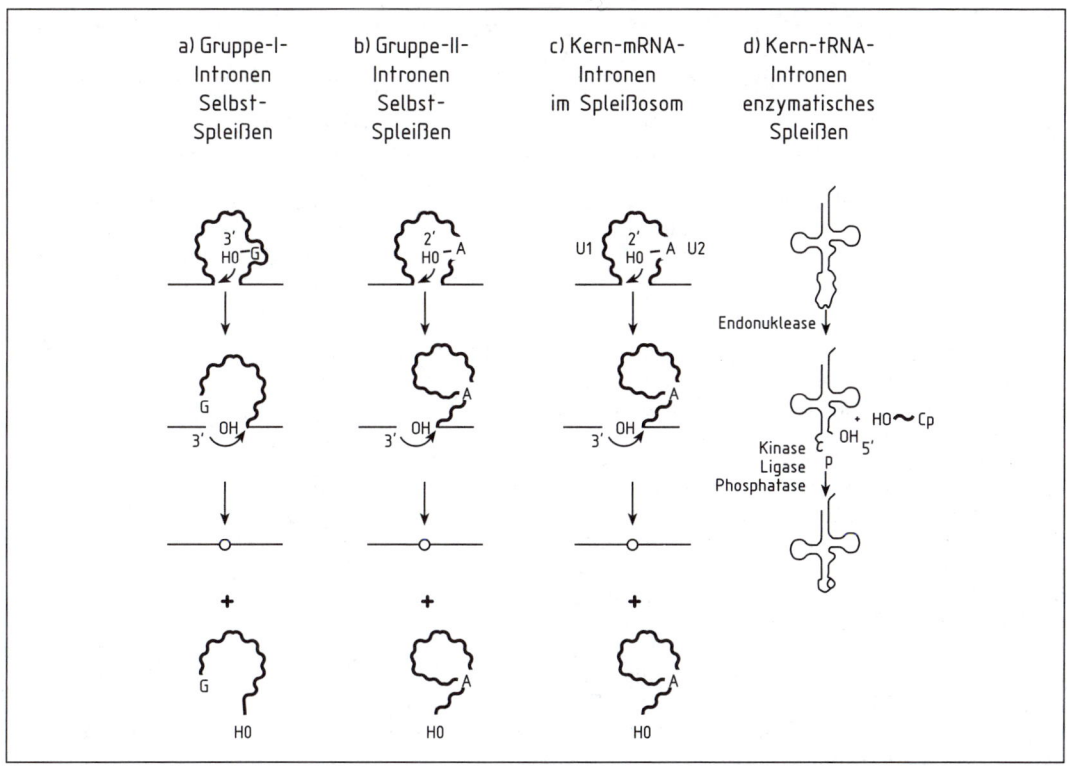

Abb. 15.7. Schema für die Spleiß-Vorgänge für vier Intron-Gruppen, darunter die Gruppe-I- und die Gruppe-II-Intronen in Organellen-DNA. Nach Cech 1990 aus Hagemann 1993.

ren Evolution von Bedeutung: Häufig tragen die Exonen die genetische Information für funktionelle Domänen der codierten Proteine. Es gibt viele Beispiele dafür, dass neue Gene durch Kombination von Exonen verschiedener Gene entstanden sind. Die Genprodukte haben dann entsprechende neue Kombinationen von Domänen und Funktionen.

Durch **alternatives Spleißen** können von einem Gen zwei oder mehrere verschiedene Proteine gebildet werden. Von alternativem (oder differentiellem) Spleißen spricht man, wenn, von identischen prä-mRNAs ausgehend, in unterschiedlichen Geweben verschiedene reife mRNAs gebildet werden. Dies geschieht, indem unterschiedliche Intronen, z. T. auch Exonen, entfernt werden (vgl. Kap. 18 u. Abb. 20.11.). Bei Säugern unterliegen etwa 5% aller prä-mRNAs dem alternativen Spleißen. Bei *Drosophila melanogaster* hängt u. a. die Geschlechtsausprägung vom korrekten alternativen Spleißen von Transkripten ab.

15.2.5. Editing

Ebenso wie das Spleißen ist das Editing ein posttranskriptionaler Prozess, der dazu führt, dass die Nukleotidsequenzen des Gens und der reifen mRNA nicht übereinstimmen. Der Begriff Editing (Edieren) wird verwendet, wenn einzelne Basen durch enzymatische Modifizierung in neue Basen umgewandelt werden oder einzelne Nukleotide der prä-RNA (meist mRNA, seltener tRNA oder rRNA) deletiert oder hinzugefügt werden (Tab. 15.2.). In den meisten Fällen ist das Edieren ein notwendiger Korrekturprozess. Nicht edierte RNA würde in der Translation funktionell nicht aktiv sein bzw. das Genprodukt (Protein) würde eine Aminosäuresequenz erhalten, die zu Nicht- oder Fehlfunktion führen würde. Editing tritt bei vielen Organismen in den Mitochondrien und Plastiden auf, während es für Kern-Transkripte bisher als seltene Ausnahme gilt.

Tab. 15.2. Überblick über Vorkommen und mögliche Mechanismen des RNA-Editing

Genom	Veränderung	Wahrscheinlicher Mechanismus
Kern (Säuger)	Umwandlung C → U	Enzymatische Desaminierung von C
Mitochondrien (Trypanosomen)	Insertion und Excision von U	„Editosom" mit Guide-RNA u. Proteinen
Mitochondrien höherer Pflanzen	Umwandlung C → U; selten U → C	Enzymatische Desaminierung von C; Enzymatische Aminierung von U
Chloroplasten	Umwandlung C → U	Enzymatische Desaminierung von C
Viren	Insertion von G und A	Einbau durch RNA-Polymerase

Ein Beispiel für Editing eines Kern-Transkriptes ist das Apolipoprotein B-48 des Menschen. In der menschlichen *Leber* wird die Apo-mRNA in ihrer ganzen Länge in das Apolipoprotein B-100 translatiert; es besteht aus 4.357 Aminosäuren. Demgegenüber wird im *Dünndarm* des Menschen an Codon-Position Nr. 2.153 im ursprünglichen Codon CAA (für Glutamin) durch Editing das Cytosin (C) in Uracil(U) umgewandelt; dadurch wird aus CAA das Stopp-Codon UAA: Die Polypeptidsynthese bricht in Codon-Position 2.152 ab, und es entsteht das viel kürzere Apolipoprotein B-48 mit 2.152 Aminosäuren. Das Editing-Enzym, das diesen Prozess katalysiert, ist bereits sehr gut charakterisiert.

15.3. Translation

Die Translation verläuft bei den Eukaryoten getrennt von der Transkription an den Ribosomen im Cytoplasma. Die **eukaryotischen Ribosomen (80S)** sind größer als die prokaryotischen 70S-Ribosomen. In der großen 60S-Untereinheit werden 40–45, in der kleinen 40S-Untereinheit etwa 30 verschiedene, vorwiegend basische Proteine gefunden (Abb. 15.8. u. Tab. 14.2.).
Der Translationsprozess selbst ist von der prokaryotischen Proteinsynthese nur wenig verschieden (Abb. 15.9.). Die Eukaryoten besitzen in ihrer 18S-rRNA keine Sequenz, die komplementär zu Sequenzen in der 5'-leader-Region der mRNA ist. (Solche Sequenzen unterstützen die korrekte Translationsinitiation bei den Prokaryoten; vgl. Kap. 14). Für die Initiation der Translation bei den Eukaryoten sind das „Cap" der mRNA und eine Vielzahl von Initiationsfaktoren wichtig, deren Funktionen in Tabelle 15.3. aufgelistet sind. Als

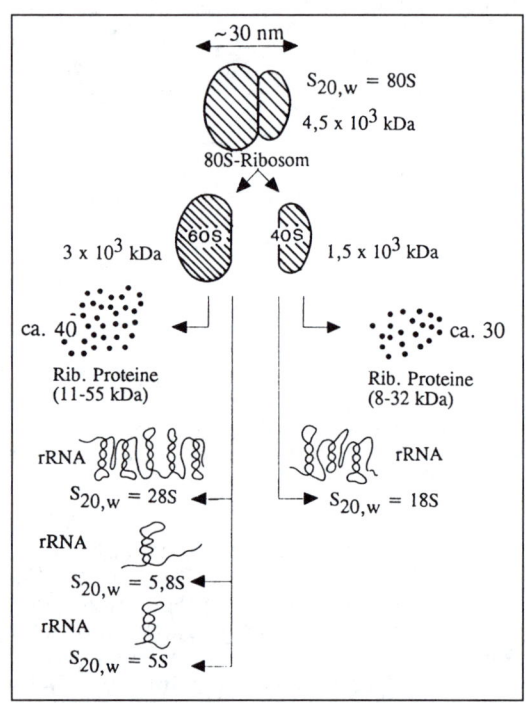

Abb. 15.8. Übersicht über Struktur und chemische Zusammensetzung eines eukaryotischen 80S-Ribosoms und seiner Untereinheiten. Erläuterungen im Text. Nach Bielka und Börner 1995.

Startcodon fungiert AUG, an das die mit Methionin (im Gegensatz zu Bakterien *nicht* formyliert) beladene Initiator-tRNA bindet.

15.4. Proteintransport

Alle an den cytoplasmatischen Ribosomen der eukaryotischen Zelle synthetisierten Proteine, die ihre Funktion nicht im Cytoplasma selbst ausüben, müssen durch Membranen

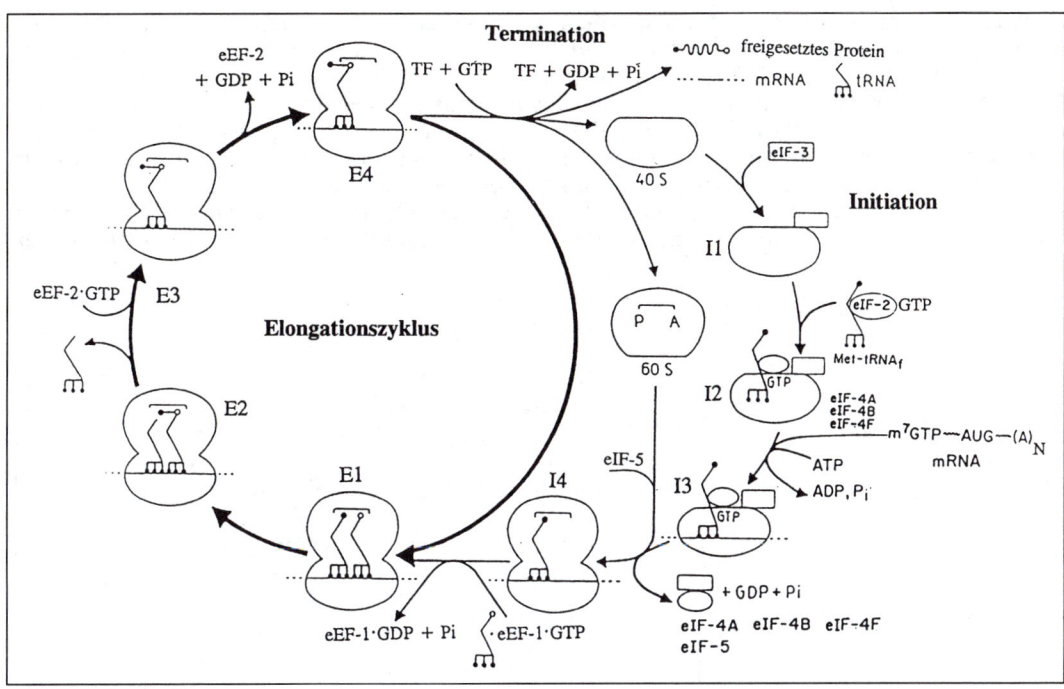

Abb. 15.9. Schema der eukaryotischen Proteinbiosynthese. *I* Initiationsvorgänge; *IF* Initiationsfaktoren; *E* Elongationsvorgänge; *EF* Elongationsfaktoren; *T* Termination; *TF* Terminationsfaktor; *A* Akzeptorort; *P* Peptidyl-tRNA-Bindungsort; *e* eukaryotisch. Weitere Erläuterungen s. Text. Nach Bielka und Börner 1995.

: Initiator-tRNA   :Aminoacyl-tRNA   : deacylierte tRNA.

Tab. 15.3. Initiationsfaktoren (IF) der Proteinbiosynthese in Eukaryoten (tierische Gewebe). Nach Bielka und Börner 1995.

Faktor	Molekülmasse in kDa	Funktionen
eIF-1	15	stimuliert Ausbildung von Initiationskomplexen
eIF-1A	18	Ribosomendissoziation (frühere Nomenklatur: eIF-4C)
eIF-2	36 (α), 38 (β), 55 (γ)	GTP-abhängige Bindung von Met-tRNA an die kleine Ribosomenuntereinheit
eIF-2B	26 (α), 39 (β), 58 (γ)	GTP/GDP-Austausch an eIF-2 (synonym: GEF)
eIF-3	8 Untereinheiten (35–170)	Ribosomendissoziation
eIF-4A	44	RNA-abhängige ATPase (mRNA-Helikase); mRNA-Bindung (= eIF-4β)
eIF-4B	80	mRNA-Bindung (mRNA-Helikase)
eIF-4C	18	s. eIF-1A
eIF-4D	15	s. eIF-5A
eIF-4E	25	cap-Bindung (= eIF-4α)
eIF-4F-Komplex	25 (α) (= eIF-E)	cap-Bindung
	44 (β) (= eIF-A)	mRNA-abhängige Helikase
	220 (γ) (= p220)	mRNA-Bindung an kleine Ribosomenuntereinheiten
eIF-5	60	Freisetzung gebundener Initiationsfaktoren; Hydrolyse von eIF-2 gebundenem GTP; Assoziation der Ribosomenuntereinheiten
eIF-5A	15	stimuliert Assoziation der Ribosomenuntereinheiten (früher: eIF-4D)

hindurch an ihren Funktionsort transportiert werden. Dies gilt für Proteine der Mitochondrien, der Plastiden, des Zellkerns, anderer Organellen sowie für sekretorische Proteine (hier auch der Prokaryoten), die aus der Zelle ausgeschleust werden müssen. Vermittelt und ermöglicht wird dieser Transport durch Aminosäuresequenzen am N-Terminus des Proteins. Sie werden im Gen also durch eine Nukleotidsequenz codiert, die dem Startcodon folgt. Die Spezifik der Aminosäuresequenz determiniert den Bestimmungsort des Proteins innerhalb der Zelle bzw. seine Sekretion. Diese Sequenz wird häufig als **„Transitpeptid"** bezeichnet. Muss ein Protein mehrere Membranen durchqueren (z. B. um aus dem Cytoplasma durch die Membranen der Chloroplastenhülle in das Stroma der

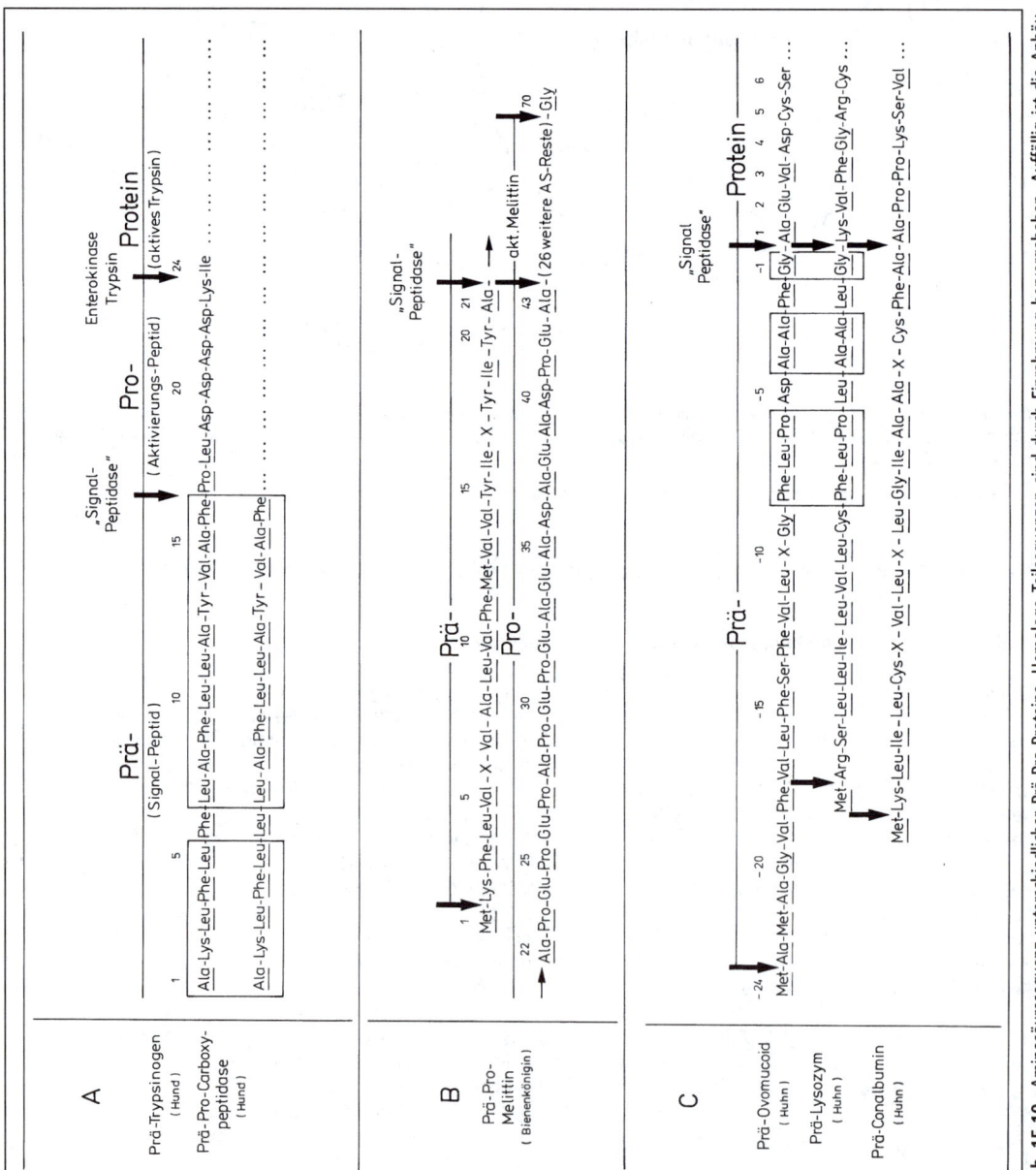

Abb. 15.10. Aminosäuresequenz unterschiedlicher Prä-Pro-Proteine. Homologe Teilsequenzen sind durch Einrahmung hervorgehoben. Auffällig ist die Anhäufung von hydrophob wirkenden Aminosäureseitenketten (Leu, Ile, Val, Phe, Ala) in den Präpeptiden („Signal"-Peptiden). Nach Zwilling 1978.

Chloroplasten und von da in den Innenraum der Chloroplastenthylakoide zu gelangen), besitzt es eine komplexe Transitsequenz. Sie entspricht zwei Transitpeptiden, die beim jeweiligen Transport durch die einzelnen Membranen von spezifischen Proteasen abgeschnitten werden. Proteine mit Transitpeptid werden als **Präproteine** bezeichnet.

Der Prozess der **Sekretion** von Proteinen aus Säugerzellen ist intensiv untersucht worden. Das Transitpeptid wird hier „**Signalpeptid**" genannt. Es besteht bei den verschiedenen sekretorischen Proteinen aus unterschiedlichen Sequenzen von 15–25 Aminosäuren (Abb. 15.10.).

Charakteristisch ist die Häufung hydrophober Aminosäuren. Während der Synthese des Proteins wird zunächst das Signalpeptid gebildet. Es wirkt als Signal für einen RNA-Protein-Komplex, das „signal recognition particle" (SRP). Das SRP besteht aus einer 7S-RNA und aus 6 Proteinen. Es bindet an die Signalsequenz und bewirkt einen vorläufigen Stopp der Proteinsynthese. Das bis dahin freie Ribosom wird über das SRP an ein Rezeptorprotein („docking protein", „SRP-Rezeptor") gebunden, das sich in der Membran des endoplasmatischen Reticulums (ER) befindet (Abb. 15.11.). Das Ribosom ist damit auf der Oberfläche des ER fixiert. Gleichzeitig wird dadurch gewährleistet, dass das sekretorische Protein durch die ER-Membran transportiert wird. Mit der Bindung an den Rezeptor wird der Stopp der Proteinsynthese wieder aufgehoben. Anschließend wird die Bindung der Signalsequenz an das SRP gelöst. Die Signalsequenz bindet darauf an ein internes, glykosiliertes Membranprotein, den „signal sequence receptor" (SSR). Das SRP wird freigesetzt. Das Protein wird fertig synthetisiert und *cotranslational*, d. h. während der Translation durch die Membran ge-

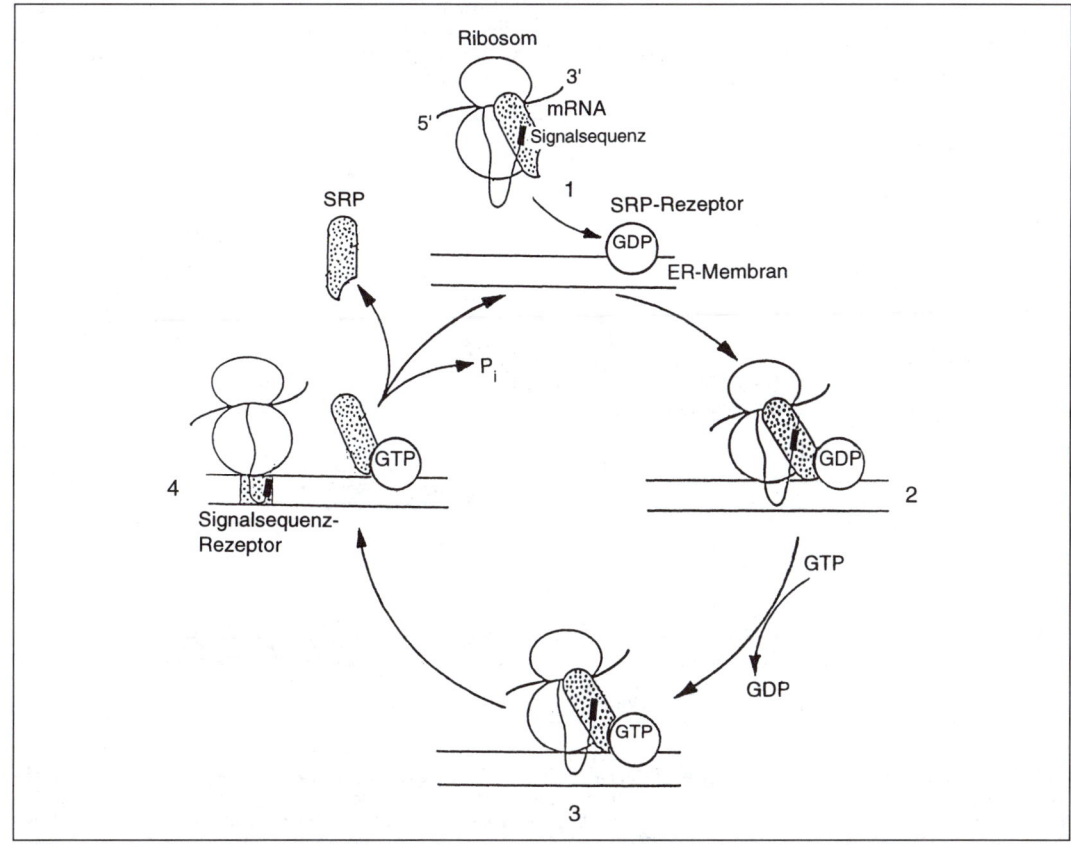

Abb. 15.11. Strukturen und Mechanismen des kotranslationalen Transports signalsequenzhaltiger Proteine durch die Membran des endoplasmatischen Retikulums. Erläuterungen im Text. Nach Rapoport aus Bielka und Börner 1995.

schleust. Für diesen Zweck wird ein „Proteintunnel" durch die ER-Membran gebildet. Eine „Signalpeptidase" schneidet die Signalsequenz vom Präprotein ab (Abb. 15.10. und Abb. 15.11.). Das Sekretprotein, das sich nun im Lumen des ER befindet, wird aus der Zelle ausgeschleust, ohne selbst weitere Membranen durchqueren zu müssen. Das ER bildet Vesikel. In den Vesikeln erfolgt der weitere Transport zunächst zum Golgi-Apparat und von dort wiederum in Vesikeln zur Zellmembran. Die Vesikel fusionieren mit der Zellmembran. Dabei wird ihr Inhalt, die sekretorischen Proteine, nach außen abgegeben. Über das ER erfolgt auch der Transport von Proteinen für ER, Golgi-Apparat, Kernhülle und Lysosomen.

Das Ausschleusen sekretorischer Proteine aus bakteriellen Zellen sowie der Transport von Präproteinen innerhalb der eukaryotischen Zellen in die Mitochondrien, Plastiden, Peroxisomen und in den Zellkern hinein sind dagegen *posttranslationale* Prozesse. Die entsprechenden Präproteine werden an freien, nicht ER-gebundenen Cytoplasmaribosomen zunächst synthetisiert und erst danach,

verbunden mit Chaperonen, zu ihren Bestimmungsorten transportiert.

Alle Transportprozesse, cotranslationale und posttranslationale, haben neben der Notwendigkeit von Transitsequenzen weitere Gemeinsamkeiten, die auf evolutionäre Verwandtschaft hindeuten.

15.5. Protein-Spleißen

Sowohl bei Eukaryoten als auch bei Eu- und Archaebakterien sind einige Proteine bekannt geworden, die nach der Translation noch einen Prozess durchlaufen, der dem Spleißen von RNA (vgl. 15.2.4.) sehr ähnelt und als Protein-Spleißen (Proteinsplicing) bezeichnet wird. Durch einen autokatalytischen Prozess (es handelt sich also um „Selbstspleißen") wird eine Aminosäuresequenz aus dem Inneren des Proteins, das **Intein**, herausgeschnitten und die beiden flankierenden Sequenzen (die **Exteine**) miteinander verknüpft. Die beiden miteinander verbundenen Exteine bilden das reife, funktionsfähige Protein. Ein Beispiel für diesen Pro-

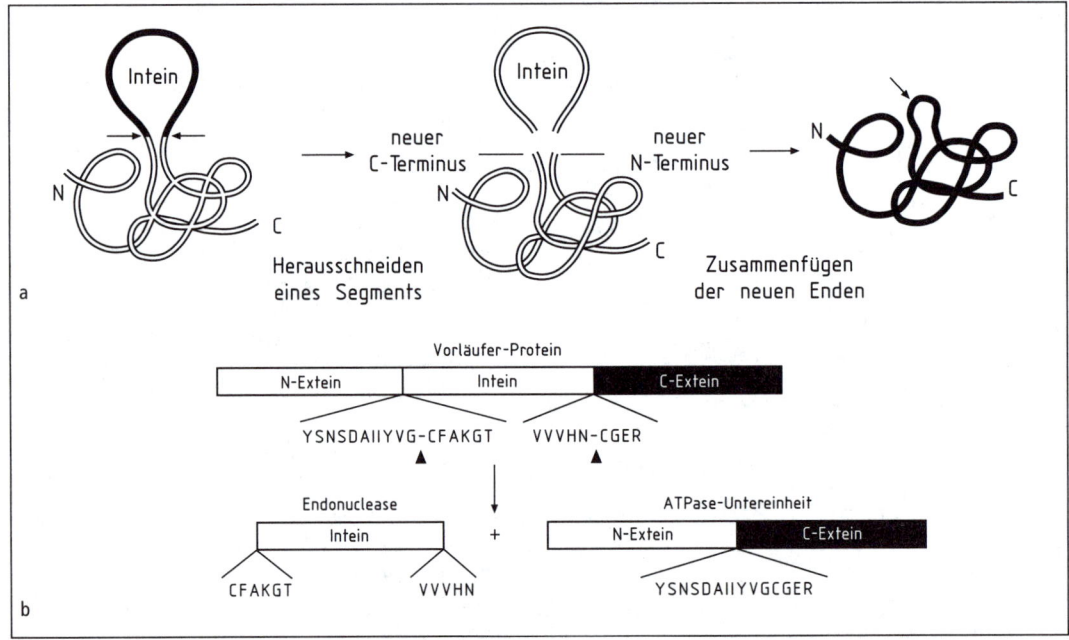

Abb. 15.12. Aufbau und Ablauf des Protein-Spleißens am TFP1-Genprodukt der Bierhefe. Aus dem Vorläuferprotein mit der Molekülmasse von 119 Kilodalton (*oben*) wird ein 50 kDa umfassender Proteinabschnitt – das Intein – herausgeschnitten; danach werden die Schnittstellen (*Pfeile*) der flankierenden Abschnitte – N- und C-Extein – zu einem neuen Protein verbunden: der 69 kDa schweren ATPase-Untereinheit. Die Schnittstellen (*unterer Abb.-Teil*) sind genau definiert; die Aminosäuren sind mit dem Einbuchstaben-Code gekennzeichnet (siehe Tab. 16.1.). Außer der ATP-Untereinheit aus den Extein-Teilen entsteht noch aus dem Intein eine Endonuklease. Nach Lodish et al. 1996 und Groß 1997, verändert.

zess liefert das *TFP1*-Gen der Bäckerhefe. Die beiden verbundenen Exteine codieren zusammen eine ATPase-Untereinheit. Alle bekannten Fälle von selbstspleißenden Proteinen haben Gemeinsamkeiten. Sie betreffen die Konsensussequenzen in der Aminosäurekette an den Übergängen zwischen Exteinen und Inteinen (Abb. 15.12.) und dass die Inteine bestimmte Aminsoäuremotive tragen, die charakterisitisch für Endonukleasen sind. Tatsächlich hat man u. a. beim vom *TFP1*-Gen codierten Intein eine Endonukleaseaktivität nachgewiesen (das Gen codiert demnach zwei separate Proteine mit ganz unterschiedlicher Funktion!). Diese Endonuklease erkennt eine ganz spezifische Schnittstelle im *TFP1*-Gen, die nur auftritt, wenn diesem Gen die Intein-codierende Nukleotidsequenz fehlt. Das

Schneiden der DNA an dieser Stelle ist verbunden mit einem Reparatur- und Rekombinationsprozess, durch den die Kopie der Intein-codierenden Sequenz von einem anderen Gen in die Schnittstelle eingebaut wird. Vergleichbare Vorgänge sind auch bei einigen anderen Intein-codierenden Genen gezeigt worden. Auf diese Weise kann sich demnach eine Intein-codierende DNA-Sequenz vermehren. Übrigens hat auch dieser Prozess Parallelen in den Intronen von RNA. Von einigen Intronen ist bekannt, dass sie sich im Genom ausbreiten können, also wie die Transposonen zu den mobilen genetischen Elementen gehören. Weiterhin ist bekannt, dass die von einigen Intronen codierten „Maturasen" (vgl. Kap. 14.2.) auch Endonukleaseaktivität aufweisen.

16. Genetischer Code und molekulare Folgen von Punktmutationen

16.1. Genetischer Code

Die genetische Information ist in der Basenfolge der Nukleinsäuren verschlüsselt. Im Zuge der Informationsübertragung wird ein wesentlicher Teil der genetischen Information zur Synthese spezifischer Proteine verwendet. Da die natürlich vorkommenden Polypeptide und Proteine aus etwa 20 verschiedenen Aminosäuren zusammengesetzt sind, ergibt sich die Frage, wie mit Hilfe der 4 Nukleinsäurebasen der DNA bzw. RNA die spezifische Kombination von 20 Aminosäuren in den zu bestimmenden Proteinen festgelegt wird.

Die Spezifität eines Nukleinsäuremoleküls und damit sein Informationsgehalt liegt in der Reihenfolge der Nukleotidbasen; denn das Gerüst Pentose-Phosphat-Pentose usw. ist einförmig und daher ohne Informationsgehalt. Wenn 1 Nukleotidbase allein eine einzelne Aminosäure codieren würde, könnten nur 4 Aminosäuren bestimmt werden. Auch 2 aufeinanderfolgende Basen reichen zur Bestimmung einer Aminosäure nicht aus; denn sie erlauben nur $4^2 = 16$ verschiedene Kombinationen, d.h. die Verschlüsselung von höchstens 16 Aminosäuren. Zur Bestimmung von 20 Aminosäuren (Tab. 16.1.) sind somit mindestens 3 Nukleotide erforderlich. Die Kombination von 3 Nukleotid-Basen ergibt $4^3 = 64$ verschiedene Codewörter.

Tatsächlich hat die sehr intensive Bearbeitung des genetischen Codes in den Jahren 1961–1966 zur Erkenntnis geführt, dass eine Aminosäure durch eine Dreiergruppe von Basen festgelegt wird: Ein Codewort für eine Aminosäure, ein **Codon,** ist ein Basentriplett. Diese Erkenntnis ergab sich aus in-vitro- und in-vivo-Untersuchungen zur Aufklärung des genetischen Codes. Die *in-vitro-Arbeiten* begannen mit dem Einsatz von Homopolynukleotiden und von Mischpolynukleotiden mit zufälliger Basenfolge in zellfreien Proteinsynthesesystemen. An sie schloss sich die Verwendung von Trinukleotiden mit definierter Basensequenz an sowie der Einsatz von Polynukleotiden mit alternativer Basensequenz (z. B. UCUCUC... oder AAGAAGAAGAAG... usw.). Dadurch gelang die Aufklärung fast aller Codonen in einem Zeitraum von etwa 7 Jahren.

Parallel dazu liefen *in-vivo-Arbeiten* zur Aufklärung des genetischen Codes. Sie bestanden vor allem in der Analyse von Aminosäureaustauschen, die durch Punktmutationen verursacht waren (z. B. beim TMV) sowie in der Untersuchung von Rasterverschiebungsmutationen und ihrer Reversion, vor allem

Tab. 16.1. Die wichtigsten proteinogenen L-Aminosäuren

Aminosäure	Dreibuchstaben-Abkürzung	Ein-Buchstaben-Code
Alanin	Ala	A
Arginin	Arg	R
Asparagin	Asn	N
Asparaginsäure	Asp	D
Cystein	Cys	C
Glutamin	Gln	Q
Glutaminsäure	Glu	E
Glycin	Gly	G
Histidin	His	H
Isoleucin	Ile	I
Leucin	Leu	L
Lysin	Lys	K
Methionin	Met	M
Phenylalanin	Phe	F
Prolin	Pro	P
Serin	Ser	S
Threonin	Thr	T
Tryptophan	Trp	W
Tyrosin	Tyr	Y
Valin	Val	V

beim Bakteriophagen T4. Im folgenden werden die wesentlichsten Eigenschaften des genetischen Codes geschildert (Tab. 16.2.).

- Der genetische Code ist ein Triplett-Code: Ein Basentriplett (bzw. ein Nukleotidtriplett) legt eine Aminosäure fest.
- Alle $4^3 = 64$ Codonen werden zur Verschlüsselung und zur Ausprägung der genetischen Information verwendet. 61 Codonen bestimmen Aminosäuren.
- Der genetische Code ist degeneriert, d. h. meist wird eine Aminosäure durch mehrere Codonen („Synonym-Codonen") festgelegt. Lediglich 2 Aminosäuren (Met, Try) werden nur durch je ein Codon bestimmt. 10 Aminosäuren (Phe, Tyr, His, Gln, Asn, Lys, Asp, Glu, Cys, Ser) werden durch je zwei Synonymtripletts codiert. Ile wird durch 3 Codonen festgelegt. 5 Aminosäuren (Pro, Thr, Val, Ala, Gly) werden durch je 4 Synonym-Codonen bestimmt, und 3 Aminosäuren (Leu, Ser, Arg) werden durch je 6 Tripletts codiert.
- Die Degeneration des genetischen Codes ist nicht zufällig. Die Codonen können gut in Vierergruppen zusammengefasst werden (vgl. die Code-Tabelle 16.2.).

- Dabei zeigt sich, dass meist die ersten beiden Positionen der Codonen gleich sind; nur in der dritten Position stehen unterschiedliche Basen. Bei den 2-Synonym-Gruppen (wie Phe, Tyr, Cys, His, Lys, Glu) ist die dritte Base entweder nur ein Pyrimidin oder nur ein Purin. Die 4-Synonym-Codonen stimmen in den ersten beiden Positionen überein; in der dritten Position ist jede der vier Basen vertreten.
- Dies hat zur Hypothese geführt, dass im Zuge der Evolution sogleich ein Triplett-Code entstanden ist, dass aber in den Frühstadien der Lebensentwicklung nur die ersten beiden Positionen des Tripletts für die Codierung der Aminosäuren benutzt wurden. Erst später wurde schrittweise die dritte Position zur spezifischen Codierung mit einbezogen (die vorher nur eine Art Komma-Funktion hatte).

- Der genetische Code besitzt bestimmte **Startcodonen** (oder **Initiationscodonen**). Diese sind bei Prokaryoten AUG oder GUG; sie codieren beim Translationsstart stets N-Formyl-Methionin. Bei Eukaryoten ist das Startcodon fast immer AUG, das Methionin codiert (in sehr seltenen Fällen auch GUG, das Methionin codiert).
- Der genetische Code hat drei **Stoppcodonen** (= Nichtsinncodonen), welche den Abbruch der Polypeptidsynthese bewirken.

Tab. 16.2. Der (‚universelle') genetische Code. Die Angaben beziehen sich auf die in der mRNA enthaltenen Codonen. In der DNA enthalten die entsprechenden Codonen Thymin anstelle von Uracil.

Erstes Nukleotid		Zweites Nukleotid								Drittes Nukleotid
		Uracil		Cystosin		Adenin		Guanin		
	Uracil	UUU	Phe	UCU	Ser	UAU	Tyr	UGU	Cys	Uracil
		UUU	Phe	UCC	Ser	UAC	Tyr	UGC	Cys	Cytosin
		UUA	Leu	UCA	Ser	UAA	ochre	UGA	opal	Adenin
		UUG	Leu	UCG	Ser	UAG	amber	UGG	Try	Guanin
	Cytosin	CUU	Leu	CCU	Pro	CAU	His	CGU	Arg	Uracil
		CUC	Leu	CCC	Pro	CAC	His	CGC	Arg	Cytosin
		CUA	Leu	CCA	Pro	CAA	Gln	CGA	Arg	Adenin
		CUG	Leu	CCG	Pro	CAG	Gln	CGG	Arg	Guanin
	Adenin	AUU	Ile	ACU	Thr	AAU	Asn	AGU	Ser	Uracil
		AUC	Ile	ACC	Thr	AAC	Asn	AGC	Ser	Cytosin
		AUA	Ile	ACA	Thr	AAA	Lys	AGA	Arg	Adenin
		AUG	Met	ACG	Thr	AAG	Lys	AGG	Arg	Guanin
	Guanin	GUU	Val	GCU	Ala	GAU	Asp	GGU	Gly	Uracil
		GUC	Val	GCC	Ala	GAC	Asp	GGC	Gly	Cytosin
		GUA	Val	GCA	Ala	GAA	Glu	GGA	Gly	Adenin
		GUG	Val	GCG	Ala	GAG	Glu	GGG	Gly	Guanin

Dies sind UAA (ochre), UAG (amber) und UGA (opal).

- Für die Codonen AUG und GUG ist bei Prokaryoten der genetische Code zweideutig. Als Startcodonen bestimmen sie beide N-Formyl-Methionin. In der Genmitte codiert AUG Methionin und GUG Valin.
- Der genetische Code ist nahezu vollständig universell gültig. Bei den genetischen Objekten von den Bakterien, den Phagen und Viren bis zu den höchstentwickelten Pflanzen, Tieren und dem Menschen legen die Codonen dieselbe Aminosäure fest.

Es gibt aber doch eine Reihe bemerkenswerter Abweichungen von der Universalität des genetischen Codes (nur zwei seien genannt):
Codierung von Selenocystein: In allen Organismenreichen (bei methanogenen Archaea, grampositiven Bakterien, Pflanzen, Tieren und Menschen) gibt es einzelne Proteine, die an bestimmten Stellen Selenocystein anstelle von Cystein enthalten (das Schwefelatom ist bei SeCys durch Selen ersetzt): Glutathionperoxidase und Tetraiodothyronin-Deiodase des Menschen, Formiat-Dehydrogenasen H, N, O von *E. coli* und Glycinreduktase von *Clostridium sticklandii.*
Die Codierung dieser ungewöhnlichen Aminosäuren erfolgt erstaunlicherweise durch das Triplett UGA (das im „universellen Code" ein Stoppcodon ist).
Veränderter Code in den Mitochondrien von Säugern, Insekten und Pilzen: Gewisse Ausnahmen – die nur wenige Codonen betreffen – wurden in den Mitochondrien von Säugern, Hefen und *Neurospora* gefunden: Bei der Realisierung der Mitochondrien-Information codiert UGA die Aminosäure Tryptophan und wirkt nicht als Nichtsinncodon. In den Säugermitochondrien codieren außerdem die Codonen AUG und AUA (also die mit einem Purin in dritter Position) Methionin, während nur AUU und AUG (mit einem Pyrimidin in dritter Position) Isoleucin codieren. In den Hefemitochondrien codiert die 4-Synonym-Gruppe CUU, CUC, CUA, CUG Threonin (anstatt Leucin). Somit scheinen die Mitochondrien z. T. einen partiell anderen (altertümlicheren) Code konserviert zu haben (vgl. Vaas 1994).

Charakteristik des Translationsprozesses

Die Ausprägung der genetischen Information, die aus der DNA in die mRNA transkibiert wurde, erfolgt auf der Basis des genetischen Codes im Verlaufe des Translationsprozesses. Einige Eigenschaften des Translationsprozesses sind dabei für die richtige Übersetzung der genetischen Information essentiell. (Sie werden in vielen lehrbuchartigen Darstellungen als Eigenschaften des genetischen Codes bezeichnet; sie sind aber Kennzeichen des Translationsprozesses.) Dies sind:

- Die Translation beginnt an einem definierten Translationsstartpunkt, der durch ein Startcodon gekennzeichnet ist, vor dem in definierter Entfernung die Ribosomenanlagerungsstelle (z. B. AGGA) liegt (bei Prokaryoten die „Shine-Dalgarno"- Sequenz …UAAGGAGG…, vgl. Abb. 14.7.).
- Beginnend vom Translationsstartpunkt verläuft die Translation kontinuierlich, indem der Messenger in 5′ → 3′-Richtung in Dreiergruppen (Tripletts) abgegriffen und kommafrei und nicht überlappend in ein Polypeptid übersetzt wird, bis zum Stoppcodon, welches die Translation dieses Polypeptids beendet.
- Bei allen zellulären Objekten und auch den meisten Phagen und Viren wird ein Abschnitt einer DNA-Doppelhelix nur in eine RNA transkribiert, und diese wird in ein Polypeptid bzw. in mehrere hintereinander translatierte Polypeptide übersetzt. In diesem Sinne wird die Information nicht überlappend in ein oder mehrere Polypeptide übersetzt.
- Lediglich bei den einsträngigen DNA-Phagen φX174 und G4 sowie bei dem krebsauslösenden doppelsträngigen DNA-Virus SV40 (Affenvirus 40) wurde eine beträchtliche **Gen-Überlappung** nachgewiesen (vgl. 4.5.). Bei diesen Objekten wird eine bestimmte mRNA von zwei (oder drei) unterschiedlichen Translationsstartpunkten beginnend in unterschiedlichen Translationsrastern in verschiedene Polypeptide übersetzt. Hier sind somit in einem DNA-Molekül und in einer mRNA überlappend unterschiedliche genetische Informationen verankert. Diese werden dann im Zuge der Translation von jeweils einem Translationsstartpunkt aus aufeinanderfolgend, kommalos und nichtüberlappend in Polypeptide übersetzt (vgl. Kap. 4).

- Eine geringe Gen-Überlappung wurde auch in mehreren anderen Fällen gefunden, so bei bestimmten Mitochondrien-Genen (Gene für ATPase 8 und ATPase 6 des Menschen) und Plastiden-Genen (Gene für die Photosystem-II Proteine PsbD und PsbC bei *Anthirrhinum* und anderen Arten). In allen Fällen wird diese von *einem* DNA-Strang der Doppelhelix transkribierte mRNA von unterschiedlichen Translations-Startpunkten aus übersetzt. Im Gegensatz hierzu steht die „komplementäre" Gen-Überlappung, bei der das eine Gen von einem DNA-Strang transkribiert wird, während vom *komplementären DNA-Strang* eine oder mehrere mRNAs für ganz andere Proteine gebildet werden. So wird beim Menschen im Chromosom 17q von dem einen DNA-Strang das 40kbp große Gen NF1 (Neurofibrimatose-Typ 1) codiert, während vom komplementären Strang mRNAs von mindestens drei kleinen Genen (OGMP, EVIZA und B) transkribiert werden (vgl. Abschn. 18.3.2.).

• Beim Translationsvorgang erfolgt bei der komplementären Wechselwirkung zwischen dem Codon in der mRNA und dem Anticodon in der tRNA eine korrekte, strenge Basenpaarung nur zwischen den ersten beiden Basen des Codons und den letzten beiden Basen des Anticodons. (Man beachte die Antiparallelität von Codon und Anticodon!) Bei der Paarung der 3. Base des Codons mit der 1. Base des Anticodons sind gewisse Abweichungen von den strengen Regeln der Basenpaarung möglich; es kommt in der 3. Position des Codons oft zu einer „unscharfen" Paarung, einem „*Wobble*" (to wobble = schwanken). Charakteristischerweise kommen häufig in der 1. Position des Anticodons in der tRNA seltene Nukleotide mit besonders toleranten Paarungseigenschaften vor, wie z. B. I (= Inosin, Nukleotid des Hypoxanthins).

Die 1. Base im Anticodon paart mit der 3. Base im Codon

A —— U
C —— G
G —— C oder U
U —— A oder G
I —— U oder C oder A

Aus dem „Wobble" in der 3. Position eines Codons erklärt sich die Tatsache, dass *nicht für jedes Codon eine eigene tRNA existieren muss;* denn das Anticodon mancher tRNA passt an mehrere Codonen (Abb. 16.1.).

In den letzten Jahren wurden viele Gene in ihrer DNA- bzw. RNA-Sequenz bestimmt. Daraus lässt sich genau ersehen, welche Codonen in vivo für die Synthese eines bestimmten Polypeptids verwendet werden. Dabei zeigt sich, dass die verschiedenen Synonymcodonen für eine Aminosäure nicht gleichmäßig häufig benutzt werden; es gibt vielmehr stark benutzte und schwach benutzte Codonen. Hier besteht ein Zusammenhang zu der Menge der in der Zelle verfügbaren unterschiedlichen tRNA-Moleküle für eine Aminosäure.

In letzter Zeit wurden in Einzelfällen Abweichungen vom normalen Translationsmodus beobachtet: programmierte +1- oder –1-Leserahmenverschiebung sowie sog. „ribosomales Hüpfen".
Programmierte +1-Leserahmenverschiebung erfolgt bei der Expression des Gens für den Releasefaktor RF2 von *E. coli*, der an der Termination der Polypeptidsynthese beteiligt ist. Wenn die Konzentration von RF2 zu gering ist, wird an dem ersten UGA-Codon die Translation nicht beendet, sondern durch eine +1-Leserrahmenverschiebung an dieser Stelle das gesamte RF2 synthetisert.
Programmierte -1-Leserahmenverschiebung wurde bei einigen Retroviren gefunden, so beim HIV und MMTV (Mäuse-Mamma-Tumor-Virus). In bestimmter Häufigkeit (23% und 8%) kommt es an den Übergängen zwischen den Genen für Hüllprotein (*gag*), Protease (*pro*) und Revers-Transkriptase (*pol*) zu –1-Verschiebungen des Translationsrasters und dadurch zu Proteinfusionen (vgl. Abschnitt über Retroviren).
Ein *Ribosomen-Hüpfen* vollzieht sich bei der Expression des Gens 60 für die DNA-Topoisomerase des *E. coli*-Phagen T4. In ihrer mRNA bildet sich hinter einem Stopp-Codon UGA eine Haarnadelschleife. An dieser Stelle überspringt der Ribosomen-Komplex mit 100%iger Effektivität 50 RNA-Nukleotide. Wesentlich ist dabei, dass das „Absprung-Codon" (für Glycin), das vor dem Stopp-Codon und der Haarnadelschleife liegt, dem „Lande-Codon" gleich ist (vgl. Wilting und Böck 1996).

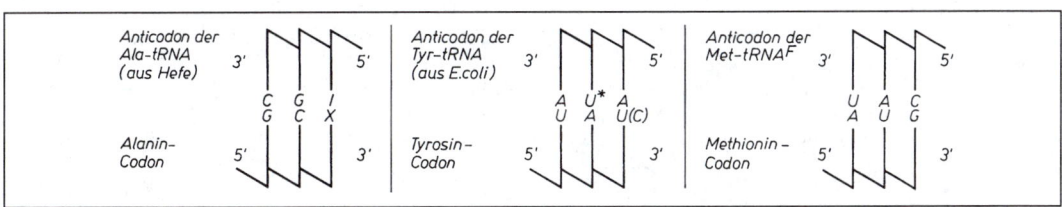

Abb. 16.1. Paarung zwischen Codon (in der mRNA) und Anticodon (in der tRNA). Inosin (I) kann mit A, U und C paaren; Pseudouracil (U+) paart wie Uracil. Nach Knippers 1975.

16.2. Gen-Polypeptid-Beziehungen und ihre Veränderung durch Mutationen („Vorwärtsmutationen")

Die molekularen Beziehungen zwischen Gen und Polypeptid wurden an vielen Objekten und vielen Genen bzw. Enzymen analysiert. Hier sollen im folgenden die Verhältnisse dargestellt werden, die vor allem von Yanofsky und Mitarbeitern an der Tryptophansynthetase von *E. coli* festgestellt wurden. Das Enzym Tryptophansynthetase ist ein Molekültetramer aus je zwei Molekülen des A-Proteins und zwei Molekülen des B-Proteins. Das A-Protein ist das kleinere Molekül; es besteht aus 268 Aminosäuren, deren Sequenz aufgeklärt ist (Tab. 16.3.). Das B-Protein ist das größere Molekül; es besteht aus 396 Aminosäuren, deren Sequenz ebenfalls aufgeklärt ist. Die Gene A und B für die beiden Polypeptide der Tryptophansynthetase liegen im

Tryptophan-Operon direkt nebeneinander. Von beiden Genen wurde eine große Anzahl von (primären) Mutanten isoliert, die keine normale A- bzw. B-Enzymaktivität mehr zeigen; daraus wurden viele sekundäre und tertiäre Mutanten erhalten (Abb. 16.3.). Die veränderten Polypeptide in diesen Mutanten wurden biochemisch genau charakterisiert.

Im folgenden werden Mutanten des A-Gens als Beispiele für die Veränderung der Gen-Polypeptid-Beziehungen verwendet, weil an diesem Polypeptid und an bestimmten Stellen dieses Polypeptids (z. B. seiner Aminosäure 211) außerordentlich viele und sehr genaue Analysen durchgeführt worden sind.

In einem Gen können sich verschiedenartige mutative Veränderungen ereignen (vgl. Kap. 5). Sie können sehr unterschiedliche Auswirkungen auf das von dem Gen codierte Polypeptid haben. Transitionen und Transversionen (vgl. 5.3.1.) führen zu Basen-(paar)austauschen in der DNA (sowie in der primäre Information tragenden RNA). Ein Basenpaaraustausch verändert ein Codon an einer Stelle. Dabei hängt es von der Art und

Tab. 16.3. Primärstruktur des A-Proteins der Tryptophansynthetase von *E. coli*. Aus Yanofsky 1973.

1 Met	– Gln	– Arg	– Tyr	– Glu	– Ser	– Leu	– Phe	– Ala –
21 Pro	– Phe	– Val	– Thr	– Leu	– Gly	– Asp	– Pro	– Gly –
41 Ile	– Glu	– Ala	– Gly	– Ala	– Asp	– Ala	– Leu	– Glu –
61 Gly	– Pro	– Thr	– Ile	– Gln	– Asn	– Ala	– Thr	– Leu –
81 Cys	– Phe	– Glu	– Met	– Leu	– Ala	– Leu	– Ile	– Arg –
101 Met	– Tyr	– Ala	– Asn	– Leu	– Val	– Phe	– Asn	– Lys –
121 Val	– Gly	– Val	– Asp	– Ser	– Val	– Leu	– Val	– Ala –
141 Gln	– Ala	– Ala	– Leu	– Arg	– His	– Asn	– Val	– Ala –
161 Asp	– Leu	– Leu	– Arg	– Gln	– Ile	– Ala	– Ser	– Tyr –
181 Gly	– Val	– Thr	– Gly	– Ala	– Glu	– Asn	– Arg	– Ala –
201 Lys	– Glu	– Tyr	– Asn	– Ala	– Ala	– Pro	– Pro	– Leu –
221 Lys	– Ala	– Ala	– Ile	– Asp	– Ala	– Gly	– Ala	– Ala –
241 Ile	– Glu	– Gln	– His	– Asn	– Ile	– Glu	– Pro **(268)**	– Glu –
261 Pro	– Met	– Lys	– Ala	– Ala	– Thr	– Arg	– Ser	

der Position der Veränderung ab, zu welchen Effekten dies führt. Durch Veränderung eines Basenpaares im Gen (bei gleichbleibender Nukleotidanzahl) kann es zu stillen Mutationen, Sinn-, Fehlsinn- oder Nichtsinnmutationen kommen. – Mutativ können aber auch Rasterverschiebungen (vgl. 5.3.2.) auftreten, welche zum Verlust oder zur Hinzufügung von Nukleotidpaaren in der DNA führen und damit die Anzahl der Nukleotidpaare eines Gens verändern.

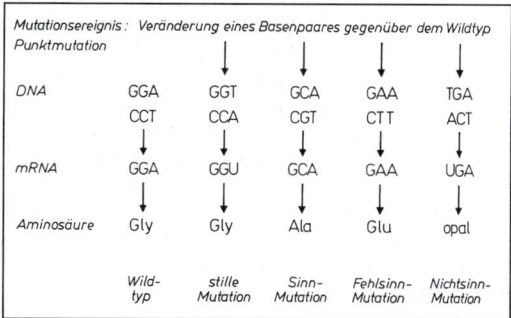

Abb. 16.2. Mutative Veränderung eines Basenpaares in der DNA und die sich daraus ergebenden Konsequenzen für die von dem entsprechenden Triplett codierten Aminosäuren: Entstehung einer stillen Mutation oder einer Sinn-, Fehlsinn- oder Nichtsinnmutation.

16.2.1. Stille Mutationen

Da es für die meisten Aminosäuren mehrere synonyme Codonen gibt, können einige Basenpaaraustausche ohne Einfluss auf die Aminosäuresequenz bleiben. Dies ist der Fall, wenn durch die Mutation ein synonymes Codon entsteht. Wenn z.B. das Glycin-Codon GGA (Abb. 16.2.) verändert wird in GGC oder GGU oder GGG, so wird durch das mutativ veränderte Codon immer noch Glycin codiert. Derartige, zu Synonymcodonen füh-

rende, Mutationen nennt man stille Mutationen (silent mutations). Sie können aber doch zu gewissen Effekten führen, weil die synonymen Codonen z.T. mit unterschiedlichen tRNA-Sorten am Ribosom paaren und daher eine unterschiedliche Effektivität der Translation zustande kommen kann. – Derartige Veränderungen sind eine Basis der für die Evolution bedeutsamen „neutralen Mutationen".

10									20
Gln	– Leu	– Lys	– Glu	– Arg	– Lys	– Glu	– Gly	– Ala	– Phe	– Val
30									40
Ile	– Glu	– Gln	– Ser	– Leu	– Lys	– Ile	– Ile	– Asp	– Thr	– Leu
50									60
Leu	– Gly	– Ile	– Pro	– Phe	– Ser	– Asp	– Pro	– Leu	– Ala	– Asp
70									80
Arg	– Ala	– Phe	– Ala	– Ala	– Gly	– Val	– Thr	– Pro	– Ala	– Gln
90									100
Gln	– Lys	– His	– Pro	– Thr	– Ile	– Pro	– Ile	– Gly	– Leu	– Leu
110									120
Gly	– Ile	– Asp	– Glu	– Phe	– Tyr	– Ala	– Gln	– Cys	– Glu	– Lys
130									140
Asp	– Val	– Pro	– Val	– Gln	– Glu	– Ser	– Ala	– Pro	– Phe	– Arg
150									160
Pro	– Ile	– Phe	– Ile	– Cys	– Pro	– Pro	– Asn	– Ala	– Asp	– Asp
170									180
Gly	– Arg	– Gly	– Tyr	– Thr	– Tyr	– Leu	– Leu	– Ser	– Arg	– Ala
190									200
Ala	– Leu	– Pro	– Leu	– Asn	– His	– Leu	– Val	– Ala	– Lys	– Leu
210									220
Gln	– Gly	– Phe	– Gly	– Ile	– Ser	– Ala	– Pro	– Asp	– Gln	– Val
230									240
Gly	– Ala	– Ile	– Ser	– Gly	– Ser	– Ala	– Ile	– Val	– Lys	– Ile
250									260
Lys	– Met	– Leu	– Ala	– Ala	– Leu	– Lys	– Val	– Phe	– Val	– Gln

In den meisten Fällen aber führt ein Basenpaaraustausch zu einem Codon, das den Einbau einer anderen Aminosäure in eine gegebene Position bewirkt. Je nach der Art der „neuen" Aminosäure und ihrer chemischstrukturellen Ähnlichkeit bzw. Verschiedenheit zur ursprünglich in dieser Position vorhandenen Aminosäure können die in ihrer Aminosäuresequenz veränderten Polypeptide mehr oder weniger große Unterschiede in der Enzymaktivität aufweisen.

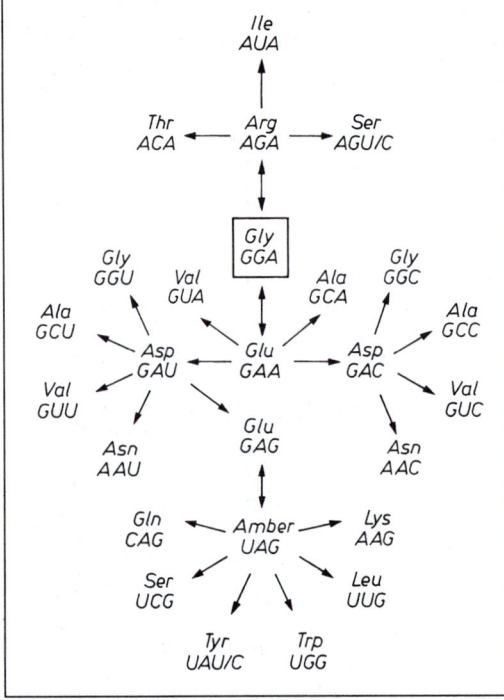

Abb. 16.3. Mutativ bedingte Aminosäureaustausche im A-Protein der Tryptophansynthetase von *E. coli.* Die in Position 211 erfolgten Aminosäureaustausche werden durch einzelne Basen(paar)austausche in der DNA erklärt (benutzt werden hier die in Tab. 16.2. zusammengestellten Codonen in der mRNA). Nach Yanofsky und Murgola 1974 aus Hagemann et al. 1978.

16.2.2. Sinnmutationen

In bestimmten Fällen kann die „neue" Aminosäure in ihrer Wirkung im Polypeptid die ursprüngliche Aminosäure voll ersetzen. Wenn z. B. in Position 211 Glycin durch die chemisch ähnlichen Aminosäuren Alanin, Serin oder Leucin ersetzt wird, dann bleibt die Enzymaktivität des A-Proteins praktisch unverändert. Codonveränderungen, die zu solchen „voll tragbaren" Aminosäureaustauschen führen (Abb. 16.2., Tab. 16.4.) sind „Sinnmutationen" (sense mutations).

Tab. 16.4. Bisher analysierte Aminosäureaustausche an Position 211 des A-Proteins der Trypophansynthetase von *E. coli.* Nach Murgola und Yanofsky 1974.

Aminosäuren, die in Position 211 für das A-Protein	
volle oder partielle Funktionsfähigkeit bewirken	**den Ausfall der Funktionsfähigkeit bewirken**
Glycin (Wildtyp)	Arginin
Alanin	Glutaminsäure
Serin	Asparaginsäure
Threonin (partielle)	Lysin
Valin (partielle)	Glutamin
Isoleucin (partielle)	Tyrosin
Leucin	Tryptophan
Asparagin (partielle)	

16.2.3. Fehlsinnmutationen

Oft führt ein Aminosäureaustausch zu einer deutlich herabgesetzten oder ganz ausfallenden Enzymaktivität. Der Ersatz von Glycin in Position 211 durch Threonin, Valin, Isoleucin oder Asparagin setzt die Enzymaktivität deut-

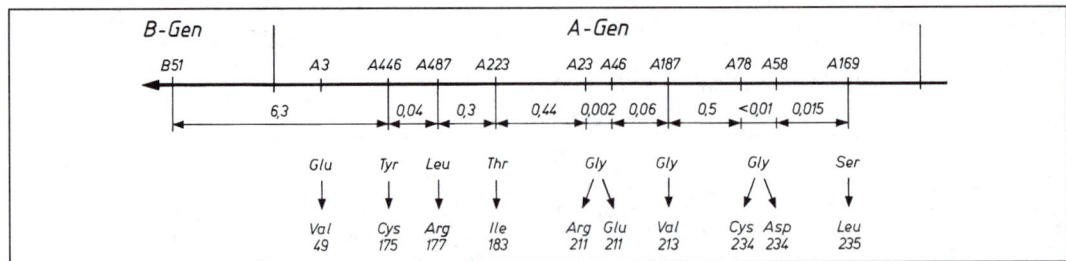

Abb. 16.4. Kolinearität der Mutationsorte (sites) im A-Gen und der Aminosäureaustausche im A-Protein der Tryptophansynthetase von *E. coli.* Nach Yanofsky 1964, 1967 aus Hagemann et al. 1978.

lich herab; der Ersatz durch Arginin, Glutaminsäure, Asparaginsäure, Glutamin, Lysin, Tyrosin oder Tryptophan (Tab. 16.4.) bewirkt den völligen Ausfall der Funktionsfähigkeit des A-Proteins (Abb. 16.2.). Derartige Mutationen nennt man Fehlsinnmutationen (missense mutations). Bei ihnen ist im serologischen Test das genspezifische Polypeptid voll nachweisbar; sie sind CRM$^+$ (besitzen „cross reacting" material), d. h. positiv für kreuzreagierendes Material, aber ohne Enzymaktivität.

16.2.4. Nichtsinnmutationen

Durch den Basenpaaraustausch kann es auch zum Auftreten von Nichtsinncodonen = Stoppcodonen kommen, d. h. zur Entstehung von UAA ochre, UAG amber oder UGA opal anstelle eines aminosäurecodierenden Tripletts (vgl. Abb. 16.2., Tab. 16.2.). Diese Stoppcodonen bewirken den vorzeitigen Translationsstopp und damit den Abbruch der Synthese der Polypeptidkette an der Mutationsstelle. Sie werden als Nichtsinnmutationen (nonsense mutations) bezeichnet. Sie enthalten entweder überhaupt kein nachweisbares genspezifisches Protein mehr oder ein so stark verändertes, verkürztes Polypeptid, dass es mit den spezifischen neutralisierenden Antikörpern nicht mehr reagiert; sie sind CRM$^-$.

16.2.5. Rasterverschiebungsmutationen

Außer Basenpaaraustauschmutationen, welche die Anzahl der Nukleotide unverändert lassen, ereignen sich in einem Gen auch sog. Rasterverschiebungsmutationen (frame shift mutations), welche die Anzahl der Nukleotide eines Gens entweder verringern oder erhöhen. Solche Rasterverschiebungsmutationen bewirken, dass vom Ort der Mutation an andere „falsche" Aminosäuren in das Polypeptid eingebaut werden, weil der Translationsraster, in dem die mRNA in Tripletts abgegriffen wird, verändert wurde. Diese Polypeptide sind nicht funktionsfähig, wenn der Bereich mit den „falschen" Aminosäuren eine bestimmte Größe erreicht.

Derartige „Rasterverschiebungen" konnten molekular dann besonders gut analysiert werden, wenn die „erste" Rasterverschiebungsmutation in ihrer Wirkung durch eine dicht benachbart erfolgende „zweite" Rasterverschiebungsmutation wieder aufgehoben wurde (z. B. 1. Mutation: Verlust eines Nukleotids; 2. Mutation: Hinzufügung eines Nukleotids (Abb. 16.5.). *Oder* 1. Mutation: Hinzufügung von 2 Nukleotiden; 2. Mutation: Hinzufügung von 1 weiterem Nukleotid; damit wieder Original Translationsraster, wenn auch Hinzufügung einer Aminosäure).

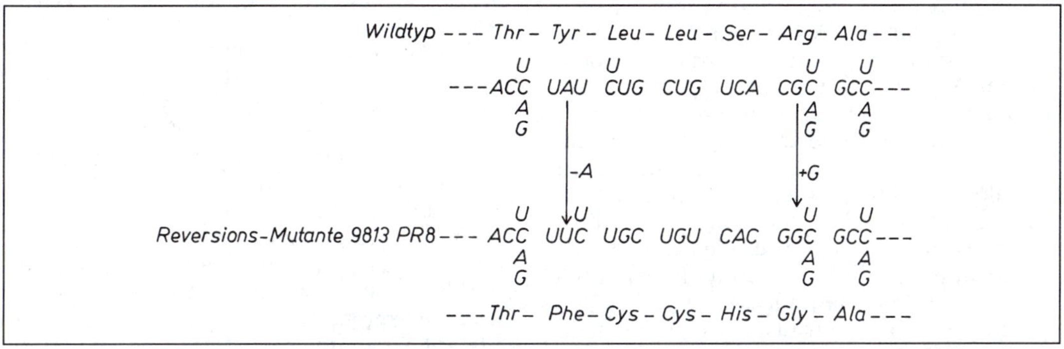

Abb. 16.5. Rasterverschiebungsmutationen im A-Gen der Tryptophansynthetase. *Oben*: die Aminosäuresequenz eines Polypeptidabschnittes und die daraus abgeleitete Nukleotidsequenz in der mRNA. *Unten*: Durch eine Rasterverschiebungsmutation wird das Nukleotid A (bzw. das Basenpaar A–T) aus der Nukleinsäure entfernt und damit eine völlig neue Aminosäuresequenz des codierten Polypeptids verursacht; diese wäre funktionslos und damit letal für die Zelle. Durch eine zweite kompensierende Rasterverschiebungsmutation – Hinzufügen eines Nukleotids G (bzw. des Basenpares G–C) – wird die erste Rasterverschiebung aufgehoben und damit der normale Translationsraster wieder hergestellt. Nach Brammer et al. 1967.

16.3. Restaurierende und Suppressormutationen

Der durch eine Mutation („Vorwärtsmutation", „Hinmutation"; forward mutation) in einem Gen bewirkte Verlust der Aktivität eines bestimmten Proteins kann durch eine zweite Mutation teilweise oder vollständig wieder aufgehoben werden; diese zweite Mutation kann entweder im selben Gen erfolgen wie die erste Mutation (dann ist dies eine restaurierende Mutation) oder in einem anderen Gen (dann spricht man von einem intergenischen Suppressor).

Durch **restaurierende Mutationen** im selben Gen kann der durch eine Fehlsinnmutation bewirkte Verlust der Aktivität eines bestimmten Enzyms teilweise oder vollständig wieder behoben werden (PR = partielle Reversion; FR = volle Reversion).

Dabei sind folgende Möglichkeiten verwirklicht:

- Restauration durch Rückmutation: Es wird die Aminosäuresequenz des Wildtyps wiederhergestellt, entweder durch das ursprüngliche Codon oder ein Synonymcodon (Abb. 16.3.; in den FR mit Gly in Position 211, das Codon GGA oder die Synonym-Codonen GGU u. GGC).
- Restauration durch Entstehung eines Codons, das zum Einbau einer „voll tragbaren" Aminosäure führt (Abb. 16.3.; Einbau von Ser oder Ala in Position 211 anstelle von Gly).
- Restauration durch eine Mutation in einem anderen Codon. Ein Aminosäureaustausch an einer anderen Position im selben Polypeptid kann im Zusammenwirken mit dem durch die erste Mutation bewirkten Aminosäureaustausch zur teilweisen oder vollständigen Wiederherstellung der Enzymaktivität führen, indem beide zusammen strukturell der Normalsituation ähnliche Bedingungen schaffen (z. B. die richtige Faltung des Polypeptids ermöglichen).
- Restauration einer Rastermutation durch eine zweite Rastermutation, welche den richtigen Translationsraster wieder herstellt (Abb. 16.5.).

Eine Mutation in einem Gen kann auch durch Mutationen in anderen Genen kompensiert werden; derartige Veränderungen nennt man (intergenische) **Suppressormutationen.**

Den wichtigsten Typ solcher Suppressormutationen stellen mutative Veränderungen der Gene für bestimmte tRNA-Sorten dar. Da die tRNA Spezifität zu Codonen und zu aminosäureaktivierenden Enzymen besitzt, sind mutative Veränderungen beider Eigenschaften möglich. In einer tRNA-Sorte kann durch eine Mutation das Anticodon-Triplett in seiner Sequenz oder in seiner Wirkung so verändert werden, dass diese an die Stelle eines Stoppcodons in der mRNA eine Aminosäure zum Einbau in die Polypeptidkette bringt. So wird z. B. bei einer tRNA^{Tyr} das normale Anticodon (3') AUG (5') mutativ in AUC verändert; AUC ist nunmehr komplementär dem Stoppcodon UAG, d. h. es bringt an diese Stelle ein Molekül Tyrosin. Auf diese Weise wird eine **Nichtsinnmutation** unterdrückt (**Nichtsinnsuppression**).

Durch eine Mutation kann auch bewirkt werden, dass eine tRNA-Sorte gelegentlich nicht mit ihrer „zugehörigen" Aminosäure beladen wird, sondern mit einer anderen, „falschen". So wird z. B. durch eine Mutation in *E. coli* eine tRNA^{Arg} gelegentlich nicht mit Arginin, sondern mit Glycin beladen. In der Mutante A23 (Abb. 16.3. u. 16.4.), in der mutativ das Codon für Glycin durch das für Arginin ersetzt ist (Fehlsinnmutation in Position 211), erfolgt daher gelegentlich in Position 211 ein Einbau von Glycin (anstelle von Arginin) und damit die Synthese eines Polypeptids mit Wildtyp-Aminosäuresequenz und voller Enzymaktivität (**gelegentliche Fehlsinnsuppression**).

Genetisch (oder phänotypisch durch Streptomycin) veränderte Ribosomen können bewirken, dass der an sich eindeutige (wenn auch degenerierte) Code zwei- oder vieldeutig gelesen wird: Durch mutative Veränderungen der Ribosomenstruktur oder unter Streptomycineinfluss führen die Ribosomen die Translation nicht mehr korrekt durch. So bewirkt z. B. Poly-U als Messenger im zellfreien System die Synthese eines Polypeptids, das außer Phenylalanin auch noch andere Aminosäuren enthält. Ähnlich wie hier normale Tripletts falsch interpretiert werden, können andererseits auch mutativ veränderte Tripletts falsch abgelesen werden und damit im günstigsten Fall versehentlich zum Einbau der richtigen (Wildtyp-) Aminosäure führen und so die Mutation kompensieren.

17. Feinstruktur des Gens

Jede naturwissenschaftliche Disziplin hat bestimmte Grundbegriffe, die in ihr eine zentrale Stellung einnehmen, so z. B. die Begriffe Atom, Molekül und Element in Physik und Chemie. Ein solcher Grundbegriff ist in der Genetik der Begriff „Gen". Seit diese Bezeichnung 1909 von Johannsen geprägt wurde, gab es immer wieder Bemühungen um die beste, dem Stand der genetischen Erkenntnisse entsprechende Definition dieses Begriffes.

17.1. Gen (Cistron), Muton, Recon

Das Gen ist allgemein durch drei Eigenschaften zu charakterisieren: (1) durch die Ausübung einer bestimmten Funktion, (2) durch die Erscheinung der Rekombination und (3) durch die Mutabilität.

Ein bestimmtes Gen ist durch die **Ausübung einer bestimmten Funktion** gekennzeichnet. Die von einem Gen kontrollierte Funktion wird im Verlaufe der genetischen Analyse fassbar, bei der im einfachsten Falle der durch ein Allelenpaar bedingte Merkmalsunterschied zutage tritt. Der so analysierte Merkmalsunterschied weist auf die vom Gen ausgeübte Funktion hin, die sich in der *Ausbildung eines Merkmals oder Merkmalskomplexes* äußert. Durch Mutationen des Gens kommt es zu Veränderungen in der spezifischen Ausübung dieser Funktion, die zu Merkmalsveränderungen führen. Die auf diese Weise erfassten Genfunktionen können die unterschiedlichsten Merkmale und Eigenschaften eines Organismus betreffen, z. B. die Färbung von Blüten, die Form von Blättern, das Längenwachstum von Pflanzen, die Synthese bestimmter Aminosäuren bei Bakterien und Pilzen, die Fellfarbe von Tieren, die Blutgruppen des Menschen usw.

Ein Gen ist weiter gekennzeichnet durch die Erscheinung der **Rekombination.** Die Allele eines Gens werden bei der Meiose voneinander getrennt und bei der Befruchtung neu kombiniert. Durch Rekombination werden verschiedene Gene, die in unterschiedlichen Chromosomen liegen, bei der zufälligen Verteilung der Chromosomen während der Meiose und Befruchtung neu kombiniert. Diejenigen Gene, die im gleichen Chromosom liegen, können durch Faktorenaustausch (Crossing-over) voneinander getrennt und so ebenfalls rekombiniert werden.

Ein weiteres wichtiges Kennzeichen der Gene ist die **Mutabilität.** Durch Mutationen entstehen *neue Allele* eines Gens, die zu *veränderter Merkmalsausbildung* führen. Erst auf diese Weise sind einzelne Gene fassbar und ihre jeweilige Funktion analysierbar.

Mit der bloßen Aufzählung dieser Kennzeichen ist aber das Gen noch nicht hinreichend definiert. Es müssen noch die Kriterien, die experimentellen Verfahren, genannt werden, welche im konkreten Einzelfall die Entscheidung gestatten, ob mehrere Mutationen ein und dasselbe Gen betreffen oder mehrere verschiedene Gene. Die experimentellen Verfahren, die dies erlauben, sind der Allelie-Test und der Cis-Trans-Test.

Das bekannteste und sehr allgemein anwendbare Verfahren zur Zuordnung von Erbunterschieden zu bestimmten Genen ist der **Allelie-Test.**

Der Allelie-Test soll an einem Beispiel aus der *Drosophila*-Genetik erläutert werden: Der Wildtyp von *Drosophila* hat die für Insekten typischen Komplexaugen mit vielen einzelnen Facetten. Im Verlaufe der Zeit wurde eine ganze Anzahl von Mutanten mit veränderter Augenstruktur gefunden; eine Gruppe von diesen zeigt als typische Veränderungen: eine

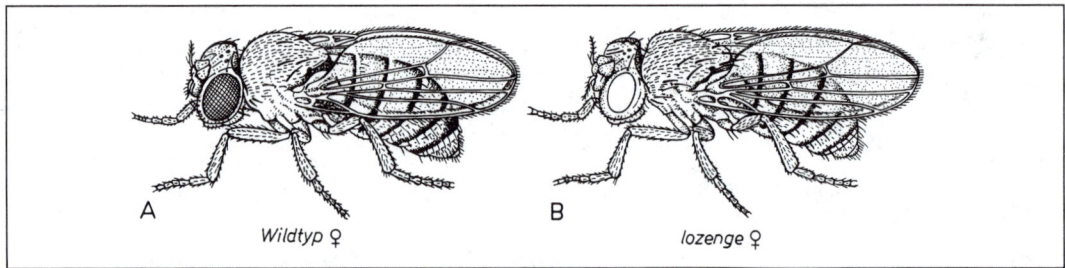

A   Wildtyp ♀

B   lozenge ♀

Abb. 17.1. Veränderung der Augenstruktur durch die Mutation *lozenge* von *Drosophila melanogaster*. A Wildtyp-Weibchen, B ein homozygotes *lozenge*-Weibchen. Nach Muller und King aus Hagemann et al. 1978.

Verkleinerung des Auges sowie eine gestörte Anordnung der Facetten oder ihr völliges Fehlen (bei einem Teil der Mutanten liegen gleichzeitig Defekte am weiblichen Geschlechtsapparat vor sowie eine Rudimentation der Tarsalkrallen). Die erste Mutante mit diesen Merkmalen erhielt die Genbezeichnung *lozenge (rauten*-förmig), Symbol *lz* (Abb. 17.1. u. 22.8.). Alle diese Mutanten erwiesen sich als rezessiv gegenüber dem Wildtyp.

Die zu lösende Frage ist: Beruhen diese verschiedenen Mutanten, die alle einen ähnlichen, vom Wildtyp abweichenden Phänotyp zeigen, auf Veränderungen *desselben* Gens; mit anderen Worten: sind diese Mutanten einander allel? Oder gehen sie auf Mutationen in *verschiedenen* (möglicherweise an ganz unterschiedlichen Stellen im Genom liegenden) Genen zurück?

Hier ist der Allelie-Test anzuwenden: Kreuzung der verschiedenen gegeneinander zu testenden Mutanten und anschließende Analyse der F_1 (sowie der F_2).

Für drei dieser Mutanten wurde folgendes Ergebnis erhalten (Abb. 17.2.):

Kreuzung Mutante 1×Mutante 2: Die F_1-Tiere haben defekte Augen (*lozenge);* die F_2 besteht (zu über 99%) aus Tieren mit defekten Augen.

Kreuzung Mutante 1×Mutante 3: Die F_1-Tiere haben normale Facettenaugen; die F_2 spaltet im Verhältnis 9 normaläugig : 7 defektäugig.

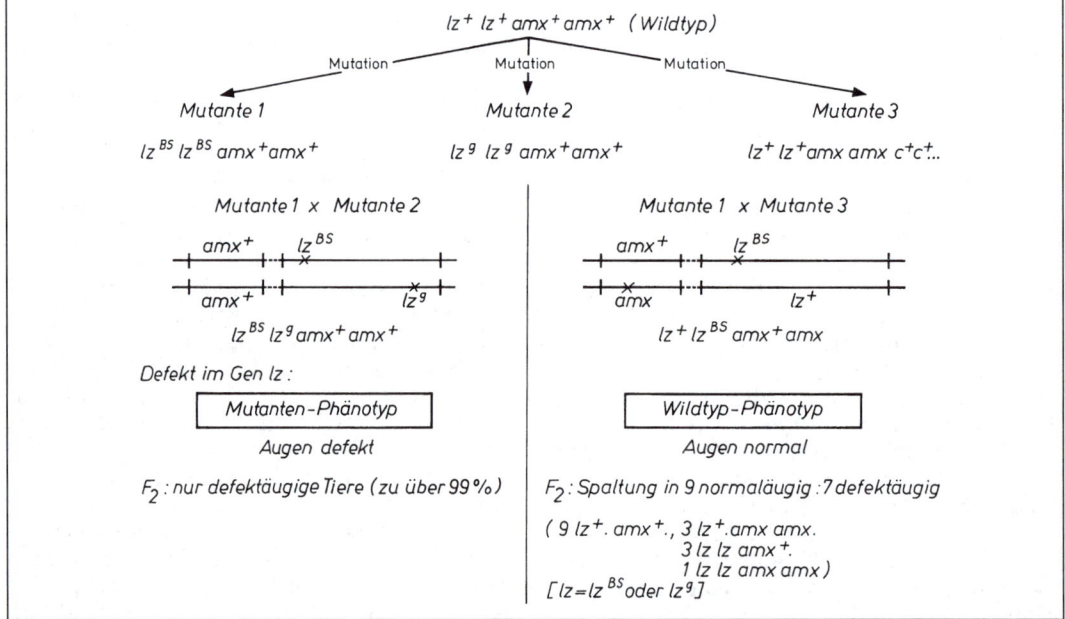

Abb. 17.2. Schema für den Allelietest am Beispiel der Mutationen lz^{BS}, lz^{g} und *amx* von *Drosophila melanogaster*. Nach Hagemann et al. 1978.

Kreuzung Mutante 2×Mutante 3: Die F_1-Tiere haben normale Facettenaugen; die F_2 spaltet im Verhältnis 9 normaläugig: 7 defektäugig.

Die gestellte Frage wird durch diesen Allelie-Test folgendermaßen beantwortet:

Die Mutanten 1 und 2 sind einander allel, sie sind im gleichen Gen mutiert; denn in der F_1 wurde durch die Kreuzung ein defektes Gen der Mutante 1 mit einem ebenfalls defekten gleichen Gen der Mutante 2 kombiniert. Die F_1 besitzt daher kein normales Allel dieses Gens. Deshalb kann die normale Funktion nicht ausgeübt werden, die dieses Gen im Wildtyp erfüllt, nämlich am Aufbau normaler Facettenaugen mitzuwirken. Bei beiden Mutanten (1 und 2) ist dieselbe Funktion defekt. Die Mutanten 1 und 2 sind Mutanten desselben Gens, das als *lozenge* bezeichnet wurde; sie erhielten die Bezeichnung *lozenge^{BS}* (*lz^{BS}*) und *lozenge^g* (*lz^g*). Die Allelbezeichnungen sind mehr oder weniger willkürlich gewählt, sie können z. B. in Abkürzung den Namen des Erstbeschreibers bezeichnen oder einen zur Nummerierung verwendeten Buchstaben oder eine Zahl.

Die Mutante 3 hingegen ist in einem anderen Gen mutiert als die Mutanten 1 und 2. Sie ist nicht allel mit Mutante 1 und 2, denn die F_1-Tiere bilden normale Facettenaugen. Durch die Kreuzungen wurde von jedem Elter jeweils ein unterschiedlich defektes Gen auf die F_1 übertragen. Aber der andere Elter übertrug jeweils ein dominantes Wildtyp-Allel des vom anderen Elter übertragenen defekten rezessiven Mutanten-Allels. Dadurch entstand eine für zwei verschiedene Gene heterozygote F_1, die aber normalen Phänotyp hat, weil die jeweiligen Wildtyp-Allele dominant wirken. – Die Mutante 3 ist dem Gen *lozenge* nicht allel. Ihr mutiertes Gen erhielt die Bezeichnung *almondex* (mandelförmig), *amx*.

Die in entsprechenden F_2-Generationen festgestellte Zusammensetzung (praktisch ausschließlich *lozenge*-Tiere bei allelen Mutanten bzw. eine dihybride 9 : 7-Spaltung in Tiere mit normalen oder mit defekten Augen im Falle nichtalleler Mutanten) bestätigte die aus der Analyse der F_1 gezogenen Schlussfolgerungen.

Der Allelie-Test, so wie er hier an einem Beispiel dargestellt wurde (Abb. 17.2.), ist auf die meisten genetischen Objekte anwendbar, nämlich auf alle Objekte, für die ein diploider oder diploidähnlicher Zustand zu verwirklichen ist.

Dieser Allelie-Test ist ganz eindeutig ein **Funktions-Test.** Er prüft, ob zwei unabhängig voneinander entstandene Mutationen dieselbe genetische Funktion in einem Organismus verändern oder zwei verschiedene. Das operational durch den Allelie-Test erfasste und definierte Gen ist somit das **Gen als Funktionseinheit.**

Das Auftreten von innergenischem (interallelem) Crossing-over zwischen unterschiedlichen Mutationsorten: Eine diploide Form, die zwei verschiedene Mutanten-Allele desselben Gens enthält, wird als **Compound** bezeichnet. Die beim Allelie-Test in der F_1 entstandenen defektäugigen $lz^{BS}lz^g$-Tiere sind ein solcher Compound. Green konnte 1949 zeigen, dass in (sehr umfangreichen) Nachkommenschaften von *lozenge*-Compounds in sehr geringer Anzahl, aber doch regelmäßig Tiere mit normaler Wildtyp-Augenstruktur auftreten (Tab. 17.1.). Er bewies, dass die in diesen Tieren vorhandenen *lozenge^+*-Allele (Wildtyp-Allele) als Folge von Crossing-over innerhalb des *lozenge*-Gens entstehen.

Die vier *lozenge*-Allele lz^{BS}, lz^k, lz^{46} und lz^g sind durch Mutationen innerhalb des *lozenge*-Gens entstanden. Aber die Mutationsorte dieser vier Mutationen liegen an verschiedenen Stellen des *lozenge*-Gens und können daher durch innergenisches Crossing-over rekombiniert werden.

Das Prinzip dieser Analyse des innergenischen Crossing-over ist in Abbildung 17.3. dargestellt. Sie führte zum Ergebnis, dass es möglich ist, eine lineare Karte des *lozenge*-Gens von *Drosophila* aufzustellen, und zwar nach demselben Prinzip, mit dem auch die genetischen Chromosomenkarten aufgestellt werden.

Die vier Mutationen lz^{BS}, lz^k, lz^{46} und lz^g erweisen sich nach Kreuzungen als allel; sie sind alle in Bezug auf dieselbe Funktion de-

Tab. 17.1. Nachweis von innergenischem Crossing-over im Gen *lozenge* des X-Chromosoms von *Drosophila melanogaster*. Nach Green 1949 und 1961.

Zusammensetzung	Anzahl der Nachkommen	Ausnahme-Typen	Crossing-over-Häufigkeit
$lz^{BS}lz^{46}$	20 554	9 lz^+, 5 lz^S-ähnlich	0,09%
$lz^{BS}lz^g$	16 225	13 lz^+, 5 lz^S-ähnlich	0,14%
$lz^{46}lz^g$	16 098	4 lz^+, 3 lz^S-ähnlich	0,06%

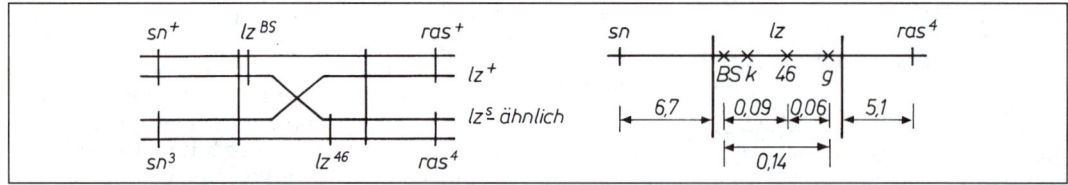

Abb. 17.3. Die Auswertung der Kreuzungen lz^{BS}/lz^{g} und lz^{46}/lz^{g} ergab, daß lz^{g} rechts von lz^{46} liegt. 1961 wurde als 4. Mutationsort lz^{k} gefunden: Er liegt zwischen lz^{BS} und lz^{46}. Nach Hagemann et al. 1978.

fekt, deren Ausfall zum *lozenge*-Phänotyp führt. Diese Mutationen gehen aber auf Veränderungen an vier verschiedenen Mutationsorten zurück, die an verschiedenen Stellen desselben Chromosoms liegen, wenn auch ganz dicht benachbart. Die Funktionseinheit *lozenge*, das Gen *lozenge*, ist also nicht ein bestimmter Punkt auf dem Chromosom, sondern ein kleiner Abschnitt mit einer bestimmten Länge, innerhalb dessen von Green schon 1961 vier verschiedene Mutationsorte (sites) erfasst und durch die Häufigkeit des innergenischen Crossing-over auch kartiert werden konnten. *Ein Gen, eine Funktionseinheit, umfasst somit verschiedene Mutationsorte, die durch innergenische Rekombination neu kombiniert werden.*

Das Auftreten von innergenischem Crossing-over gestattete die Weiterentwicklung des Allelie-Testes zum **Cis-Trans-Test.** Nach Kreuzung der beiden homozygoten $lz^{BS}lz^{BS}$- und $lz^{g}lz^{g}$-Mutanten entsteht der Compound $lz^{BS}lz^{g}$, in dem die beiden Mutationsorte lz^{BS} und lz^{g} auf zwei verschiedenen homologen Chromosomen liegen; diese Stellung der zwei Mutationsorte bezeichnet man als die *Trans-Stellung*. Durch innergenisches Crossing-over können beide Mutationsorte in dasselbe Chromosom rekombiniert werden, sie sind DNA in *Cis-Stellung*. Dadurch entsteht gleichzeitig auch ein Gen, das keinen Mutationsort mehr trägt und daher Wildtyp-Konstitution hat (Abb.17.4.).

Den sich im Phänotyp ausprägenden Unterschied zwischen der Trans- und der Cis-Stellung zweier Mutationsorte bezeichnet man

als den Cis-Trans-Effekt. Der Effekt kommt zustande, weil der hier erfasste Chromosomenabschnitt zur Ausübung seiner normalen Funktion in der Zelle zumindest einmal vollkommen intakt vorhanden sein muss. Das ist nur bei der Cis-Stellung der Fall (daher entsteht hier der Wildtyp-Phänotyp). Bei der Trans-Stellung der zwei Mutationsorte sind beide homologen Abschnitte in der Zelle defekt (deshalb entsteht ein Mutanten-Phänotyp).

Den Cis-Trans-Effekt zeigen nur diejenigen Mutationsorte, die in einem Chromosomenabschnitt mit der gleichen Funktion liegen, d. h. in einer Funktionseinheit, in einem Gen. Für diese **Funktionseinheit,** die durch das Auftreten eines Cis-Trans-Effektes gekennzeichnet ist, hat Benzer den Begriff **Cistron** (= Cis-Tr-on) geprägt. Er stimmt völlig überein mit dem von uns definierten Begriff des Gens als Funktionseinheit.

In Abbildung 17.5. ist schematisch dargestellt, wie man mit Hilfe des Cis-Trans-Testes, d. h. durch die Prüfung, ob ein Cis-Trans-Effekt auftritt oder nicht, zu einer Bestätigung und Weiterentwicklung des Allelie-Testes kommt. Mit dem Allelie-Test und dem Cis-Trans-Test wird somit operational die Funktionseinheit des genetischen Materials erfasst, d. h. das Gen, das Cistron.

Das innergenische Crossing-over, das den Cis-Trans-Test erlaubt, führt zu der Erkenntnis, dass innerhalb eines Gens mehrere verschiedene Mutationsorte vorliegen, welche durch innergenisches Crossing-over voneinander trennbar und dadurch genetisch analysierbar sind. Die genetische Funktionseinheit, das Gen, ist damit eindeutig beschrieben.

Wie sind nun die Mutationseinheit und die Rekombinationseinheit zu definieren? Als **Mutationseinheit (Muton,** nach Benzer) bezeichnet man das kleinste Element eines Chromosoms, das unabhängig von einem anderen verändert werden kann und das in seiner veränderten Form einen veränderten, mutierten Phänotyp bewirkt.

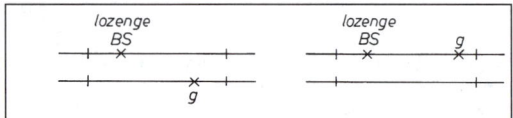

Abb. 17.4. Lage der Mutationsorte in Trans- oder in Cis-Stellung. Die Mutationsorte in Trans-Stellung führen zum Mutanten-Phänotyp (defekte Augen); die Mutationsorte in Cis-Stellung bewirken den Wildtyp-Phänotyp. Nach Hagemann et al. 1978.

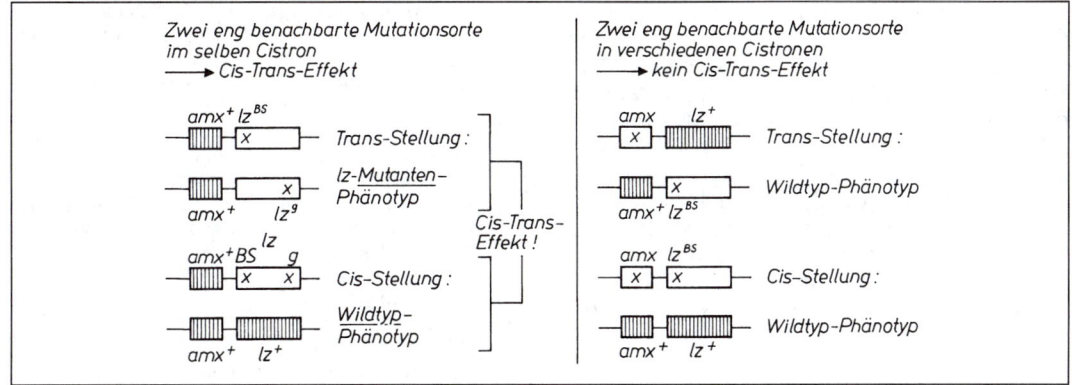

Abb. 17.5. Schema für den Cis-Trans-Test als Weiterführung des Allelietestes am Beispiel der Mutationen *lz*^{BS}, *lz*^{g} und *amx* von *Drosophila melanogaster.* Nach Hagemann et al. 1978.

Wie in Abschnitt 6.3. ausführlich beschrieben wurde, ist ein Nukleotid die Mutationseinheit; denn ein Nukleotid ist unabhängig von einem anderen veränderbar und seine Veränderung bzw. sein Austausch wie auch sein Verlust kann zu einem deutlich veränderten Phänotyp führen.

Als **Rekombinationseinheit (Recon,** nach Benzer) bezeichnet man das kleinste Segment eines Chromosoms, das durch genetische Rekombination, durch Crossing-over, austauschbar ist. Zumindest bei Mikroorganismen ist die Rekombinationseinheit auch gleich einem Nukleotid; denn ein einzelnes Nukleotid ist durch innergenisches Crossing-over austauschbar (rekombinierbar). Ob die Rekombinationseinheit bei bestimmten höheren Organismen größer sein könnte, ist gegenwärtig noch unklar.

Die Definition der Mutationseinheit darf nicht zu dem Fehlschluss führen, dass jedes Mutationsereignis jeweils nur ein Nukleotid betreffe. Eine Mutation kann vielmehr – wie im einzelnen dargelegt – ganz verschiedene Ausmaße haben; sie kann nur ein Nukleotid betreffen oder mehrere Nukleotide oder große Genbereiche mit hunderten von Nukleotiden oder ein gesamtes Gen oder mehrere Gene gleichzeitig. Dessen ungeachtet ist die Mutationseinheit, das kleinste veränderbare Element, ein einzelnes Nukleotid. Entsprechendes gilt für die Rekombinationseinheit.

Die Untersuchungen über die Feinstruktur der Gene wurde bei *Drosophila melanogaster* (an den Genen *lozenge, white* u.a.) begonnen. Aber je genauer solche Untersuchungen sein sollen, umso größer muss die Anzahl der bei Rekombinationsanalysen auswertbaren Individuen sein. Deshalb haben Feinstrukturanalysen an Bakterien und Bakteriophagen besonders genaue Einsichten gebracht und grundlegende Erkenntnisse geliefert.

In den letzten Jahren ist die Analyse der Feinstruktur von Genen vor allem durch drei genetische und molekularbiologische Verfahren sehr stark gefördert worden:

(1) durch den sehr effektiven Ausbau der Methodik der Feinkartierung von Genen durch die Verfeinerung der Rekombinationsanalysen, besonders den Einsatz der Deletionskartierung.

(2) durch die Aufklärung der vollständigen Aminosäuresequenz von Proteinen und damit der molekularen Analyse von Mutationsereignissen bis auf die Ebene einzelner Aminosäureaustausche bzw. des Syntheseabbruches bei bestimmten Aminosäuren, und

(3) durch die Aufklärung der Nukleotidsequenz von RNA- und vor allem von DNA-Molekülen bis zur vollständigen Sequenzaufklärung ganzer Gene und ihrer Kontrollregionen und sogar ganzer Genome.

Die gegenwärtig verfügbaren neuen, sehr rationellen und wenig zeitaufwendigen Methoden der DNA-Sequenzierung haben zu einem ungeahnten Durchbruch bei der Aufklärung der Basenfolge und damit der primären genetischen Information im Erbmaterial geführt. Die DNA-Sequenzierung ist gegenwärtig oft einfacher und zeitsparender als die Aufklärung der Aminosäuresequenz der entsprechenden codierten Proteine.

Mit Hilfe dieser Verfahren konnte an vielen Genen von Prokaryoten und auch Eukaryoten der genaue Zusammenhang zwischen DNA-Sequenz, mRNA-Sequenz, Aminosäuresequenz und der Funktion bestimmter Proteine sowie die molekularen Folgen von Mutationen aufgeklärt werden. Dabei hat sich immer deutlicher herausgestellt, dass sich prokaryotische Gene in einer ganzen Reihe wesentlicher Eigenschaften von eukaryotischen Genen unterscheiden. Aus diesem Grund wird im folgenden zunächst die Feinstruktur prokaryotischer Gene und danach diejenige eukaryotischer Gene behandelt.

17.2. Feinstruktur prokaryotischer Gene

Am Beispiel des Strukturgens für den Lactose-Repressor *(lac-I-Gen) von E. coli* soll die Feinstruktur prokaryotischer Gene näher erläutert werden.

Die Enzyme β-Galactosidase und β-Galactosidpermease des Bakteriums *E. coli* dienen der Verwertung von außen der Zelle angebotener Lactose (Milchzucker). Sie werden von den Genen *lac-z* und *lac-y* codiert. Diese Gene bilden – zusammen mit dem Gen *lac-a* für die Thiogalactosidtransacetylase – das *Lactose-Operon*, eine Gruppe gemeinsam regulierter Gene (vgl. Kap. 19). Das Lactose-Operon wird in seiner Ausprägung zu einem wesentlichen Teil von dem Lactose-I-Gen *(lac-I)* kontrolliert, welches das Lactose-Repressorprotein codiert. Der freie, aktive Repressor unterbindet die Ausprägung der Gene des Lactose-Operons; die Verbindung des Repressors mit einem Effektor (z. B. einem Lactose-Abkömmling) inaktiviert ihn und erlaubt dadurch die Ausprägung des Operons. Das Strukturgen für den Repressor *lac-I* dient hier als Beispiel für die Feinstruktur eines prokaryotischen Gens.

Innergenische Rekombination

Für das *lac-I-Gen* wurden im Laufe der Zeit viele hundert Mutationen gefunden. Es kam nun darauf an, die Mutationsorte für diese unterschiedlichen Genmutationen festzulegen und sie im Verhältnis zu anderen Mutationsorten (engl. = sites) zu lokalisieren. Dazu gibt es vor allem vier Verfahren.

(a) *Die Bestimmung der Häufigkeit von innergenischem Crossing-over.* Wie zwischen den einzelnen *lozenge*-Mutationen, so kann auch zwischen verschiedenen *lac-I* -Mutationen die Häufigkeit von innergenischer Rekombination (z. B. an der Häufigkeit von Wildtyp-Rekombi-

nanten) bestimmt werden. Je höher die Rekombinationswerte von zwei Mutationsorten innerhalb eines Gens sind, desto weiter voneinander entfernt liegen sie; je niedriger sie sind, desto näher liegen sie beieinander. Auf diese Weise kann eine einfache Karte des Gens *lac I* aufgestellt werden. Je mehr Mutationen jedoch isoliert und erfasst werden können, desto schwieriger würde das Vorhaben, alle Mutationsorte durch paarweise Kreuzungen und Bestimmungen der Rekombinantenhäufigkeit zu lokalisieren. – Eine andere Methode erwies sich hier als bedeutend effektiver:

(b) *Die Deletionskartierung innerhalb des Gens.* Neben Punktmutationen (Veränderung einzelner DNA-Basen) treten regelmäßig auch Deletionen unterschiedlicher Größe innerhalb eines Gens auf. Wenn der Mutationsort einer Mutante in dem Bereich liegt, der bei einer anderen Mutante durch eine Deletion verloren worden ist, dann können durch Rekombination

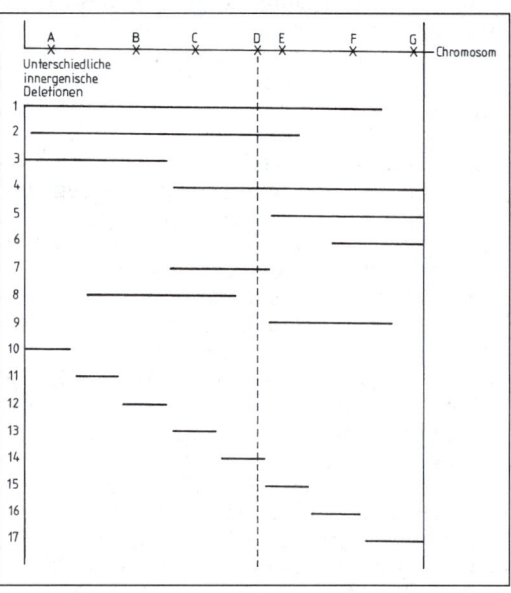

Abb. 17.6. Schema für die Kartierung von unterschiedlichen Mutationsorten (A, B, C...G) mit Hilfe verschiedener innergenischer Deletionen (1, 2, 3, ...17). Die als Beispiel gewählte Punktmutation D kann nach Kreuzung mit folgenden Deletionsmutanten **Wildtyp-Rekombinanten** ergeben; d. h. diese Deletionen überlappen den Mutationsort D nicht: 3, 5, 6, 8, 9, 10–13, 15–17. Demgegenüber liefert die Punktmutation D nach Kreuzung mit folgenden Deletionsmutanten **keine** Wildtyp-Rekombinanten; d. h. diese Deletionen **überlappen** den Mutationsort D: 1, 2, 4, 7, 14. Für die anderen Mutationsorte ist eine entsprechende Zusammenstellung von überlappenden und nicht überlappenden Deletionen in gleicher Weise wie für D einfach möglich. Damit läßt sich ein Mutationsort einem bestimmten Genabschnitt zuordnen. Insbesondere erlaubt die Verwendung der Batterie kleiner Deletionen für aufeinanderfolgende Genabschnitte (10–17) sehr schnell die Lokalisierung eines bestimmten Mutationsortes auf einen sehr kleinen Genabschnitt.

zwischen dieser Punktmutante und der Deletionsmutante keine Wildtyp-Rekombinanten auftreten. Liegt jedoch der Mutationsort einer Punktmutation außerhalb des Bereiches dieser Deletion, so treten Wildtyp-Rekombinanten auf. Durch die Verwendung einer ganzen „Batterie" unterschiedlich großer und innerhalb des Gens an unterschiedlichen Stellen liegender Deletionen lässt sich deshalb sehr leicht eine neu aufgetretene Mutation innerhalb des Gens lokalisieren (Abb. 17.6.). So existiert für das Gen lac I inzwischen ein ausgefeiltes System unterschiedlich liegender Deletionen. Auf diese Weise konnten viele Mutationsorte mit definierten Effekten auf die Wirkung des Repressorproteins lokalisiert werden.

(c) *Bestimmung der Aminosäuresequenz des von dem betreffenden Gen codierten Proteins.*

(d) *Bestimmung der DNA-Nukleotidsequenz des betreffenden Gens.*

Auf die Verfahren (c) und (d) wird im folgenden näher eingegangen.

Aminosäuresequenz des Repressors und Nukleotidsequenz des *lac-I*-Gens sowie der *lac-I*-mRNA

Die molekularbiologische Analyse des *lac-I-Gens* ist in den letzten Jahrzehnten weit vorangekommen und hat sehr klare Einsichten gebracht: (a) Der DNA-Abschnitt, welcher das *lac-I*-Gen enthält, konnte 1978 vollständig in seiner DNA-Nukleotidsequenz aufgeklärt werden. Damit ist die Basis der primären genetischen Information für den *lac*-Repressor bekannt. (b) In detaillierten Analysen wurde die Nukleotidsequenz der mRNA im vorderen Genteil unabhängig von der DNA-Sequenz bestimmt. Die Ergebnisse beider Sequenzanalysen stimmen überein (bis auf den Ersatz von Thymin durch Uracil in der mRNA). (c) Seit 1973 ist die Aminosäuresequenz des Repressorproteins vollständig bekannt. (d) Durch entsprechende Strukturanalysen sind auch die Sekundär- und Tertiärstruktur des Repressorproteins bestimmt worden. (e) In ausgedehnten Untersuchungen wurde eine Vielzahl von Mutationen im *lac-I*-Gen lokalisiert und in ihren molekularen Auswirkungen (Aminosäureaustausche = Fehlsinn- und Nichtsinnmutationen sowie zahlreiche spezifische Mutationstypen) genau charakterisiert. – Auf einen Teil dieser Mutanten wurde bereits in den Abschnitten 6.5.4. und 6.7.2. eingegangen.

Die *detaillierte molekulargenetische Analyse* des *lac-I*-Gens erbrachte folgende allgemeinen Resultate:

(1) Die den Lactose-Repressor codierende DNA-Sequenz umfasst 1080 Nukleotidpaare; diese legen eine definierte Sequenz von (1080 : 3 =) 360 Aminosäuren fest. Der Startpunkt der Transkription liegt 28 Nukleotide vor dem ersten aminosäure-codierenden Triplett (in Position +1; vgl. Abb. 17.7.). Die ca. 50 Nukleotid(paare) umfassende Region (von –1 bis –50) vor dem Startpunkt der Transkription repräsentiert die Promotor-Region (vgl. Kap. 14) für das *lac-I*-Gen; sie enthält in der sog. „(–30)-Region" eine Sequenz von 10 Nukleotidpaaren, welche die RNA-Polymerase-Erkennungsregion darstellt. Weiter zum Transkriptionsstartpunkt zu liegt die sog. „(–10)-Region", eine Gruppe von 7 Nukleotidpaaren, welche die RNA-Polymerase-Anheftungsstelle ist (sie wird auch als „Pribnow-Schaller-Box" bezeichnet und hat im (+)-Strang des *lac-I*-Promotors die Sequenz CATGATA; vgl. 14.1.).

(2) Die mRNA-Sequenz legt die Aminosäure(AS)-Sequenz des Repressormoleküls fest. Das Protein wirkt in dieser AS-Sequenz als aktives Respressormolekül beim Prozess der Regulation der Aktivität des Lactose-Operons. Daraus ergibt sich, dass die DNA- (sowie mRNA-)Sequenz und die AS-Sequenz des Proteins **kolinear** sind (vgl. auch Abb. 16.4.).

(3) Innerhalb des *lac-I-Gens* wurden für mehr als 1000 unabhängig voneinander aufgetretene Mutationen mehr als 100 verschiedene Mutationsorte erfasst, ihre gegenseitige Lage innerhalb des Gens bestimmt und kartiert. Dabei zeigen sich unterschiedlich oft mutierende Stellen (sog. „hot spots") und andererseits Stellen, die kaum mutativ verändert werden. In Abbildung 17.8. ist die entsprechende Verteilung von 90 Mutationsorten von Nichtsinnmutationen zu sehen.

Das *lac-I-Gen* von E. coli zeigt diejenigen Kennzeichen, die für sehr viele prokaryotische Gene (von Bakterien, Phagen und Viren mit DNA als Informationsträger) gelten. Es kann somit als allgemeines Beispiel eines prokaryotischen Gens dienen. Für die meisten anderen Gene ist die genetische und molekularbiologische Analyse nicht so weit vorangekommen wie für das *lac-I* Gen, für das durch die vollständige Kenntnis der DNA-Sequenz (damit auch der mRNA-Sequenz), der Aminosäuresequenz des Repressorproteins sowie einer Sekundär- und Tertiärstruktur und der molekularen Kennzeichen und Folgen zahlreicher Mutationen die genetische Detailaufklärung erfreulich weit fortgeschritten ist. *Dabei ist die strenge Kolinearität von DNA-Sequenz, mRNA-Sequenz und Aminosäuresequenz ein ganz wesentliches Resultat.*

"–30-Region" "–10-Region" *Transkriptionsstart*

RNA-P-Erkennungsregion RNA-P-Anheftungsregion

-50   -40   -30   -20   -10   -1+1   10

GACACCACTCGAATTGGGCGAAAACCTTTTCGCGTATGGCATGATAAGCCGCGGAAGAGAGTCAATTCAGGGTGGTGAAT
CTGTGGTAGCTTACCCGCTTTTGGAAGCGCCATACTCGTACTATTCGGCGGCCTTCTCTCAGTTAAGTCCCACCACTTA

HPAII   MBoII

NH₂–
MET LYS PRO VAL THR LEU TYR ARG ASP VAL ALA GLU TYR ARG ALA GLY VAL SER TYR ARG GLN THR ARG VAL ALA ASN GLN ALA LEU SER HIS VAL SER ALA LYS THR ARG ARG GLU LYS VAL GLU LEU VAL ALA

20   30   40

50   100

GTGAAACCAGTAACGTTATACGATGATGTCGCAGAGTAGTGCGGTGTCTCTTATCAGACCGTTTCCCGCGTGGTGAACCAGGCAGCCACGTTTCTGGAAAAGCGGGAAAAAGTGGAAGCG
CACTTTGGTCATTGCAATATGCTACAGGTCTCATACGGCGGCCACAGAGAATAGTCTGGCAAAGGGCGCACCAGTTGGTCCGTCGGTGCAAAGACGCTTTGCGCCCTTTTTCACCTTCGC

HPAII   HAEIII   HAEIII

50   60   70   80

ALA MET ALA GLU LEU ASN TYR ILE LEU PRO ASN ARG VAL VAL ALA GLY ASN LEU ASN GLY LEU ASN LEU ALA GLY LYS GLN ASN SER LEU LEU ILE LE GLY VAL ALA ALA THR SER SER LEU ALA LEU ALA LEU HIS ALA PRO SER GLN ILE ASN ILE GLU VAL

150   200   250

ALUI

90   100   110   120

ALA ALA LA ILE LEU LYS SER ARG ALA LA ASP GLN LEU GLY LY ALA SER ER VAL VAL VAL SER ER MET VAL GLU ARG SER ER GLY LY VAL GLU LA CYS LYS ALA ALA VAL ALA VAL HIS ASN LEU LEU LEU ALA GLY LN ARG VAL SER

300   350

GCGGGGGAGCTGAATTACACCAACCGCGTGGGGACAAACAACTGGCGGGCAAACAGTCGTTGGTTGGTGATGGTAGAACGAAGGCGGTCGAAGCCTGTAAAGGCGGCGTTGCACAATCTTCTGCGGCCAACGGCGTCAGT
CGCTACCGGCCTCGACTTAATGTAAGGGTTGGCGCACCGGTTGTCAGCAACGACTAACCGCAACGGTGGATGTTGCACCACCACCACTTTGCTTCGCCACGTTTGCGACATTCGCAGGCACGTGTTAGAAGAGCGGCGTTGCGCAGTCA

TAQI   TAQI   MBoII

130   140   150   160

GLY LEU ILE LE ILE ASN TYR PRO LEU ALA ASP PRO ASP GLN LEU ASN ASP ALA ALA ILE LE ALA VAL GLU VAL ALA VAL ALA CYS THR ARG ASN VAL PRO ALA LEU GLU PHE LEU ALA ASP VAL SER ARG ASP GLN THR ARG PRO ILE LE ASN SER ILE ILE

400   450   500

GGGGCTGATCATTAACTATCCGCTGATGACAGAGATGCCATTGCTGTGGAAGCTGCCTGCATTAATGTCCTGGCGGTTATTTCTTGATGTCTGACCAGGACACCCATCAACAGTATTATT
CCCGACTAGTAGTTGATAGGCGACTACTGGTCCTACGGTAACGACACCTTCGACGGACTTAGTAGTTACAGGCGCAATAAAGAACTACAGAGACTGGTCTGTGGTAGTTGTCATAATAA

ALUI   HPAII

170   180   190   200

PHE SER HIS GLU ASP GLY THR ARG ARG LEU GLY LY VAL GLU HIS VAL GLU HIS VAL ALA LEU ALA LEU GLY HIS GLN LEU ASN GLN ILE LE ALA LEU ALA LEU LEU ALA GLY LY PRO LEU SER ER SER VAL SER ER ALA LA ARG LEU ALA ARG LEU ALA GLY LY

Abb. 17.7. DNA-Sequenz des *lac-I*-Gens aus *E. coli* und die von ihr codierte Polypeptidsequenz. Nach Miller 1980.

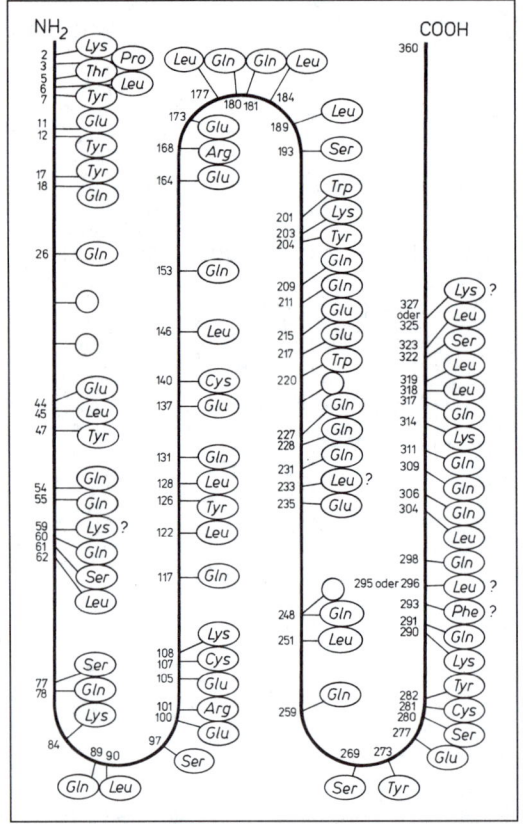

Abb. 17.8. Lage von 90 Aminosäure-codierenden Tripletts im *lacI*-Gen von *E. coli*, die zu Nichtsinncodonen mutiert sind. Nach Miller 1980.

17.3. Feinstruktur eukaryotischer Gene

Die Feinstrukturanalyse eukaryotischer Kern-Gene hat drei Schwerpunkte

(a) Rekombinationsfeinanalyse: sie wird insbesondere bei Pilzen intensiv durchgeführt.

(b) DNA Sequenzierung: Sie gewinnt einen immer größeren Umfang und liefert ein immenses Fakten-Material. Das Kern-Genom der Bäckerhefe *Saccharomyces cerevisiae* wurde 1997 vollständig sequenziert; das des Nematoden *Caenorhabditis elegans* ist Ende des Jahres 1998 total sequenziert worden. Das „Menschliche-Genom-Projekt" (HUGO oder HGP: Human Genome Project) soll im Zeitraum 2003 bis 2005 erfolgreich mit der Totalsequenzierung der DNA aller menschlichen Chromosomen abgeschlossen werden.

(c) Bestimmung der Aminosäuresequenz des codierten Proteins und seiner Funktion sowie der mutativ bedingten Aminosäureveränderungen und ihrer Folgen.

Diese Arbeitsschwerpunkte haben in den letzten Jahren sehr genaue Einsichten in die Feinstruktur eukaryotischer Gene geliefert.

Die Struktur der (meisten) eukaryotischen Gene sowie die Prozesse ihrer Realisierung sind viel komplizierter als die bei prokaryotischen Genen. Eukaryotische Gene sind viel größer; sie enthalten vor dem strukturcodierenden Bereich einen ausgedehnten Kontrollbereich. Die proteincodierenden Gene werden bei der Transkription zunächst in sehr große prä-mRNA-Moleküle umgeschrieben. Der exakte Sequenzvergleich von DNA, prä-mRNA und reifer mRNA führte zu der ganz wesentlichen Erkenntnis, dass die (meisten) eukaryotischen Gene und die von ihnen transkribierte prä-mRNA neben den codierenden Abschnitten (den „Exonen") noch ausgedehnte nichtcodierende Bereiche (die „Intronen") enthalten, die während der „Reifungsprozesse" aus der prä-mRNA herausgeschnitten werden (vgl. 15.2.1.). An diese Funktionalisierungsprozesse an der RNA – dem „**RNA-Processing**" – schließen sich nach der Proteinsynthese Vorgänge des „**Protein-Processing** an, durch welche die Proteine in ihre Funktionsform gebracht werden.

In diesem Kapitel soll die Feinstrukturanalyse am Beispiel dreier menschlicher Gene dargestellt werden; dies sind

– das CFTR-Gen: Cystic-fibrosis-transmembrane-conductance-regulator-Gen, dessen Mutationen zur schweren Erbkrankheit der Cystischen Fibrose (= Mukoviszidose) führt (vgl. 10.3.4.)
– das Metallothionein-Gen, insbesondere seine 5′ regulatorische Region und
– das Insulin-Gen.

17.3.1. Das CFTR-Gen des Menschen

Das CFTR-Gen, welches das „Cystic fibrosis transmembrane conductance regulator" – Protein codiert, wurde im Jahre 1985 auf dem Chromosom Nr. 7 in Position 7q31-32 lokali-

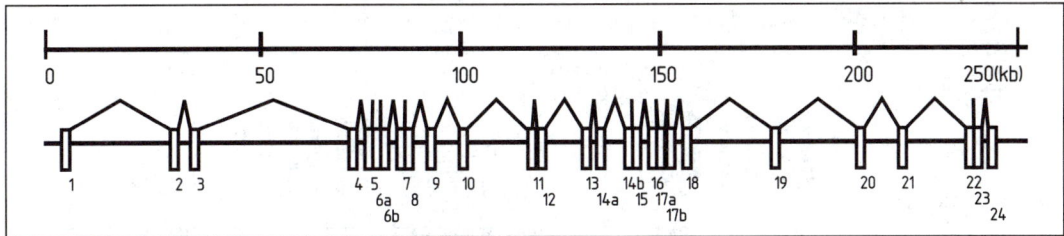

Abb. 17.9. Diagramm der Exon-Intron-Struktur des CFTR-Gens des Menschen. Nach Zielenski et al. 1991.

siert. Mutationen im CFTR-Gen führen zu „Cystischer Fibrose" (= Mukoviszidose; vgl. 10.3.4.). 1991 wurde die DNA-Sequenz der proteincodierenden Gen-Teile vollständig (22.708 bp) bestimmt. Das gesamte CFTR-Gen überspannt einen DNA-Bereich von 250 kbp; es enthält 27 Exonen (Zielinski et al. 1991). Diese Exonen machen insgesamt aber nur 2,4% der codierenden Gesamtsequenz aus (Abb. 17.9. u. 18.2.).

Die Gen-Struktur

Das CFTR-Gen besteht aus einer ausgedehnten 5'-Region mit *regulatorischen Sequenzen* und dem großen proteincodierenden Gen-Teil.

Das CFTR-Gen besitzt eine ca. 3,5 kbp große Promotor-Region; diese trägt in den ersten 500 Basenpaaren vor („upstream") dem Haupt-Transkriptions-Startpunkt weder eine TATA- noch eine CAAT-Box (vgl. Abb. 15.1.). In der Promotor-Region wurden Bindungsstellen identifiziert für den Transkriptionsfaktor SP1 und die Transkriptionsfaktoren AP-1 und AP-2, sowie für cAMP- und Glykocorticoid-„response Elemente". Daraus ergibt sich die Schlussfolgerung, dass das CFTR-Gen in mannigfaltiger Weise reguliert wird. Darüber hinaus wurden neben dem Haupt-Transkriptions-Startpunkt noch multiple Minor-Transkriptions-Startpunkte identifiziert. Unterschiedliche Expressionsmuster in unterschiedlichen Geweben werden durch diese Mannigfaltigkeit der Regulationsmöglichkeiten leicht verständlich.

Vom *proteincodierenden Teil* des CFTR-Gens wird nach dem Spleißen aus den 27 Exonen eine reife mRNA aus 6129 Nukleotiden gebildet, von der ein Protein mit 1480 Aminosäuren translatiert wird. Dieses „Cystic fibrosis transmembrane conductance regulator"-Protein ist ein Transmembranprotein mit 12 membranüberspannenden Regionen (TM1–TM12), 2 ATP-bindenden Regionen (NBF1 und NBF2) und einer Regulatorischen Domäne, der R-Domäne (Abb. 17.10.). Dieses Protein bildet einen *Chloridkanal* in der Zellmembran. Von den membranüberspannenden Helices wird eine Pore gebildet, durch die Anionen (vor allem Cl⁻), Wasser und möglicherweise auch Makromoleküle transportiert werden. Die Öffnung des Kanals wird reguliert durch Phosphorylierung von spezifischen Stellen der Regulatorischen Domäne unter Bindung von ATP an die ATP-Bindungs-Regionen.

Mutationen im CFTR-Gen

Homozygot rezessive Mutationen in diesem Gen bewirken das Krankheitsbild der Cystischen Fibrose oder Mukoviszidose. (Die Störung der Chloridkanäle bewirkt: zähflüssigen Schleim im Atmungstrakt, darin Ansiedlung von Bakterien, Zerstörung der engen Atemwege; Störung der exokrinen Funktion der Bauchspeicheldrüse, ihre zunehmende Fibrose; auch fibrotische Leberschäden; bei Männern Infertilität durch Azoospermie.)

Durch das Zusammenwirken von über 90 Laboratorien aus 26 Ländern konnte das „Cystic Fibrosis Genetic Analysis Consortium" bis jetzt über 300 Sequenzveränderungen (gegenüber der „Normal"-DNA-Sequenz) identifizieren; mindestens 230 dieser Mutationen verursachen die Erbkrankheit „Cystische Fibrose", CF (= Mukoviszidose).

Alle Exonen können von Mutationen betroffen sein. Abbildung 17.10. zeigt die Verteilung der einzelnen Mutations-Typen und ihre Häufigkeit in den einzelnen Exonen. Man sieht daraus, dass die unterschiedlichen Mutationen (Fehlsinn-, Nichtsinn-, Rasterverschiebungs-Mutationen, aber auch Deletionen und Spleiß-Defekte) in diesem Gen vorkommen (vgl. Kap. 6). Ein eigenartiges Charakteristikum der Mutationen im CFTR-Gen ist das außerordentlich häufige Vorkommen einer spezifischen 3-Basenpaar-Deletion

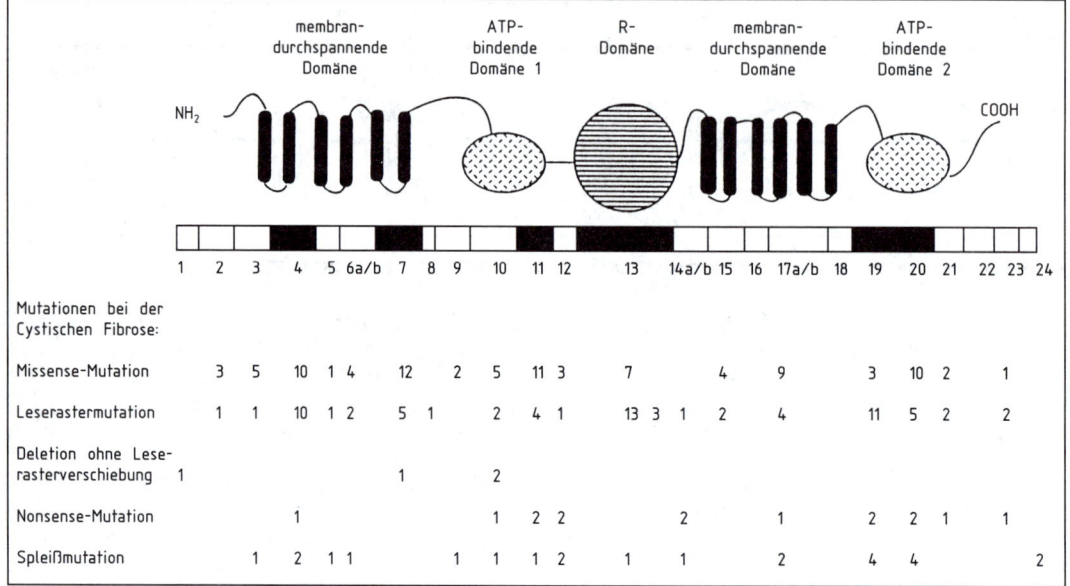

| | membran-durchspannende Domäne | ATP-bindende Domäne 1 | R-Domäne | membran-durchspannende Domäne | ATP-bindende Domäne 2 |

Exonen: 1 2 3 4 5 6a/b 7 8 9 10 11 12 13 14a/b 15 16 17a/b 18 19 20 21 22 23 24

Mutationen bei der Cystischen Fibrose:

	1	2	3	4	5	6a/b	7	8	9	10	11	12	13	14a/b	15	16	17a/b	18	19	20	21	22	23	24
Missense-Mutation	3	5		10	1	4		12	2	5	11	3	7	4		9				3	10	2		1
Leserastermutation	1	1		10	1	2		5	1	2	4	1		13	3	1		2		4	11	5	2	2
Deletion ohne Leserasterverschiebung	1							1		2														
Nonsense-Mutation				1						1	2	2		2			1			2	2	1		1
Spleißmutation				1		2	1	1			1	1	1	2	1		1	2		4	4			2

Abb. 17.10. Domänen-Struktur des CFTR-Proteins und die sie codierenden Exonen sowie die in den einzelnen Exonen erfaßten Mutations-Typen. Nach Santis 1995, verändert und ergänzt.

im Exon 10; sie führt zum Verlust des Phenylalanins (F) in der Aminosäure-Position 508 des CFTR-Proteins (sie heißt daher Delta, ΔF 508).

Diese Mutation macht ca. 65–70% aller CF-Mutationen in der mitteleuropäischen Bevölkerung aus. Allerdings weist die Häufigkeit von ΔF 508 große Schwankungen auf: in Dänemark macht sie 90% aller CF-Mutationen aus, in Mailand 55%, unter Askenazi-Juden in Jerusalem 22%, in Japan beträgt sie weniger als 1%.

Da die Cystische Fibrose die in Mitteleuropa häufigste schwere Erbkrankheit ist, laufen gegenwärtig international intensive Bemühungen, um mit gentechnologischen Methoden eine Therapie dieser schweren Stoffwechselstörung zu erreichen (vgl. Abschn. 13.5.5.).

17.3.2. Das Metallothionein-Gen des Menschen

Metallothionein ist ein cysteinreiches Protein, welches die Konzentration von Schwermetallen in der Zelle kontrolliert und sie vor überhöhter Konzentration von Schwermetallen (Cadmium, Zink u. a.) schützt. Es bindet das Metall und entfernt es auf diese Weise aus der Zelle. Das Metallothionein-Gen wird auf einem relativ niedrigem Grundniveau exprimiert; durch Schwermetall-Ionen (von Cadmium und Zink) oder durch Glucocorticoide wird eine höhere Expression induziert.

Die 5′ (upstream) liegende *regulatorische Genregion* ist bezüglich ihrer Promotor- und Enhancer-Sequenzen sehr genau analysiert worden. Sie soll als Beispiel einer auf vielfältige Weise regulierbaren Steuerregion beschrieben werden. Abbildung 17.11. zeigt die mehr als 260 bp große Region im Detail. Sie enthält mehrere unterschiedliche regulatorische Elemente (Lewin 1991):

- TATA- und GC-Box: die TATA-Box ist ein bei Eukaryoten regelmäßig vorkommendes Element (vgl. 15.1.). Die GC-Box enthält Varianten der Consensus-Sequenz GGGCGG und ist charakteristisch für „Haushalts-Gene" (housekeeping genes), d. h. für Gene, die konstitutiv wichtige Grundfunktionen der Zelle aufrechterhalten. An die GC-Box bindet der Transkriptionsfaktor SP1. Diese beiden Promotor-Elemente liegen beim Metallothionein-Gen nahe am Startpunkt der Transkription – so wie bei anderen Genen auch.

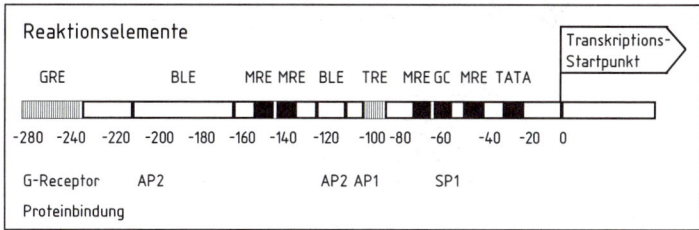

- BLE (basal level element): Die konstitutive Gen-Expression auf Grundniveau wird von den beiden in der regulatorischen Region vorhandenen BLE-Elementen gewährleistet. Die BLE-Sequenz ist der Sequenz mehrerer Enhancer verwandt, z. B. SV40-Enhancer.
- TRE (TPA response element): Die TRE-Consensus-Sequenz besitzt eine Bindungsstelle für die transaktiven Transkriptionsfaktoren AP1 und AP2. Außerdem vermittelt es eine Reaktion auf Phorbolester (wie TPA, ein Tumor-förderndes Agens).
- GRE (Glucocorticoid-Reaktions-Element): Dieses Element ist verantwortlich für die Reaktion des Gens auf Glucocorticoide. Es liegt sehr weit (ca. 250 bp) „upstream", hat keinen Einfluss auf das basale Expressionsniveau des Gens, ist aber absolut nötig für die Reaktion auf Steroide.
- MRE (Metall-Reaktions-Element): Verschiedene MREs vermitteln die Induktionsreaktion auf Metalle. Eine MRE-Sequenz gibt der Zelle die Fähigkeit, auf erhöhte Konzentration von Schwermetall-Ionen mit einer verstärkten Transkription und Translation zu reagieren. Auf diese Eigenschaft der MRE-Elemente im Metallothionein-Promotor wurde bereits im Abschnitt 13.5.5. im Zusammenhang mit der Aktivierung des Gens für das menschliche Wachstumshormon in („Riesen"-)Mäusen hingewiesen.

Das Wesentliche an der hier geschilderten Struktur der 5′ regulatorischen Region des Metallothionein-Gens ist die Tatsache, dass in dieser Region unterschiedliche Module liegen, die jedes für sich fähig sind, das Gen in seiner Expression zu aktivieren. Dabei reagiert das jeweilige Modul auf ganz unterschiedliche aktivierende Faktoren (Steroide, Phorbolester, Schwermetall-Ionen). Auf diese Weise führen verschiedene interne und externe Agenzien zur Aktivierung eines

bestimmten eukaryotischen Gens. Bei anderen Genen können noch andere Elemente die Transkription beeinflussen (Lewin 1996).

17.3.3. Das Insulin-Gen des Menschen

Von dem das Insulin codierenden DNA-Abschnitt im Zellkern des Menschen sind die Sequenz der DNA (und damit auch der prä-mRNA) sowie die der reifen mRNA aufgeklärt worden, außerdem die Aminosäuresequenz des Prä-Pro-Insulins sowie des reifen Insulins. Die vorliegenden Daten sind in Abbildung 17.12. zusammengestellt. Die prä-mRNA für das Insulin des Menschen umfasst 1430 Nukleotide. 23 Nukleotide vor dem Transkriptions-Startpunkt beginnt die sog. Hogness-Box TATAAAG im Plus-Strang der DNA, die Anheftungsstelle der transkribierenden RNA-Polymerase an der DNA.

Processing der prä-mRNA

Die Spleißvorgänge an der prä-mRNA haben einen beträchtlichen Umfang: Im vorderen, 5′ untranslatierten Bereich wird ein Intron von 179 Nukleotiden ausgeschnitten; im Bereich der mRNA des (späteren) C-Peptids wird ein Intron von 786 Nukleotiden ausgespleißt. Es liegt „im" Codon GUG (für Valin) der reifen mRNA zwischen G und UG.
Aus der prä-mRNA von 1430 Nukleotiden entsteht durch das Spleißen eine reife mRNA von 465 Nukleotiden (Abb. 17.12.).

Translation der reifen mRNA

Nach der prä-mRNA-Reifung und dem Transport der mRNA aus dem Zellkern ins Cytoplasma beginnt die Polypeptid-Synthese. Der Startpunkt der Polypeptidsynthese liegt bei Position 60 der reifen mRNA mit dem Nukle-

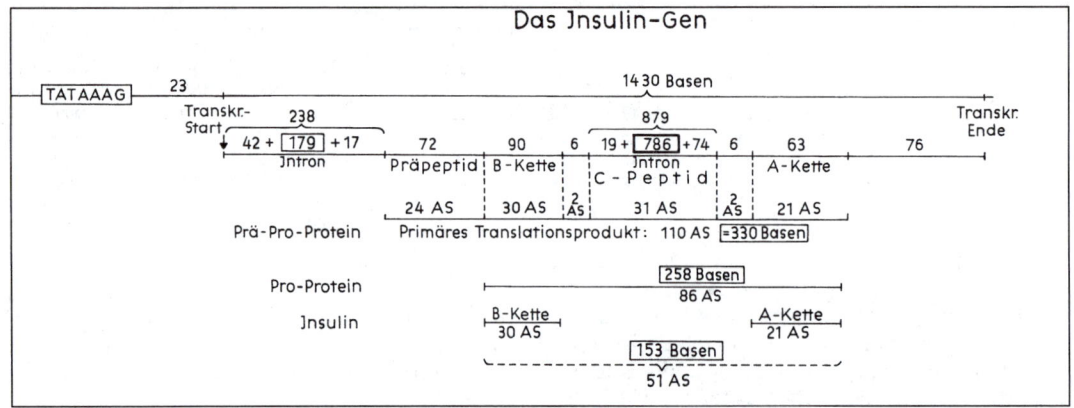

Abb. 17.12. Insulin-Gen des Menschen, prä-mRNA und ihr Processing, Prä-Pro-Protein und sein Processing.

otid A des Startcodons AUG (für Methionin). Die ersten 72 Nukleotide codieren das Prä-peptid des Insulins. Die folgenden 90 Nukleotide codieren die B-Kette des Insulins. Daran schließen sich 6 Nukleotide an, die zwei zwischengeschaltete Aminosäuren bestimmen. Hierauf folgt der Bereich des C-Peptids des Pro-Prä-Insulins. Darauf folgen wieder 6 Nukleotide, welche zwei dazwischengeschaltete Aminosäuren codieren. Die folgenden 63 Nukleotide codieren die A-Kette des Insulins. Die letzten 76 Nukleotide bis zum Transkriptionsende werden nicht übersetzt. Somit entsteht als primäres Translationsprodukt aus 330 Basen der reifen mRNA ein Insulin-Vorläufer-Protein von 110 Aminosäuren (Abb. 17.11.).

Protein-Processing

Die im Cytoplasma gebildeten Insulin-Vorläuferproteine (= „Prä-Pro-Proteine") werden zunächst in die Cisternen des endoplasmatischen Reticulums transportiert. Dieser Transport erfolgt mit Hilfe des 24 Aminosäuren langen, am NH_2-Ende liegenden *Signalpeptids* (oder Prä-peptids), welches den Durchtritt durch die Membran des endoplasmatischen Reticulums ermöglicht und dabei vom Vorläuferprotein abgespalten wird. Das so entstandene Pro-Protein erlangt nunmehr bereits seine Sekundär- und Tertiärstruktur; es werden z. B. bestimmte S-S-Brücken zwischen definierten Cysteinmolekülen der späteren Ketten A und B geknüpft (Abb. 17.13.). Im letzten Abschnitt des Protein-Processing wird aus dem 86 Aminosäuren großen Pro-Protein das mittlere Stück, das sog. *C-Peptid*

(31 AS), und die je zwei davor und dahinter liegenden Aminosäuren herausgeschnitten. Damit ist das – nunmehr – aus je einer A-Kette und einer B-Kette bestehende Insulin des Menschen in seiner aktiven Form gebildet worden (Abb. 17.12.).
Es entsteht also aus dem 1430 Nukleotide langen primären Transkript (das rein rechnerisch 476 Aminosäuren codieren könnte) ein aus zwei Ketten bestehendes aktives Insulin von (30 + 21 =) 51 Aminosäuren; dies entspricht 153 codierenden Nukleotiden. Alle anderen 1277 Nukleotide enthalten zwar bestimmte Informationen für die Bildung des Insulinmoleküls (Translationsstart, Membrandurchtritt, Faltung des Proteins, Herausschneiden von Aminosäuren zur endgültigen Funktionalisierung usw.), aber sie codieren nicht die Aminosäuresequenz des aktiven Moleküls. Ohne sie ist aber die Synthese nicht möglich. *Der Teil des Protein-Struktur-Gens der Eukaryoten, der die Aminosäuresequenz des funktionsfähigen Proteins codiert, macht nur einen relativ kleinen Teil der für die Bildung dieses Proteins erforderlichen genetischen Gesamtinformation aus.*
Es muss noch vermerkt werden, dass das Vorkommen von nur ein oder zwei Intronen in einem Eukaryoten-Gen keineswegs die Regel ist. So enthält z. B. das Ovalbumin-Gen des Huhns 7 Intronen; das Conalbumin-Gen des Huhns hat 16 Intronen und das Serumalbumin-Gen der Ratte 13 Intronen; das Gen für das α-Kollagen des Menschen enthält sogar 50 Intronen (vgl. Abb. 18.2.).
Das in diesem Kapitel als weiteres Beispiel gewählte CFTR-Gen enthält 27 Intronen (vgl. Abb. 17.9.).

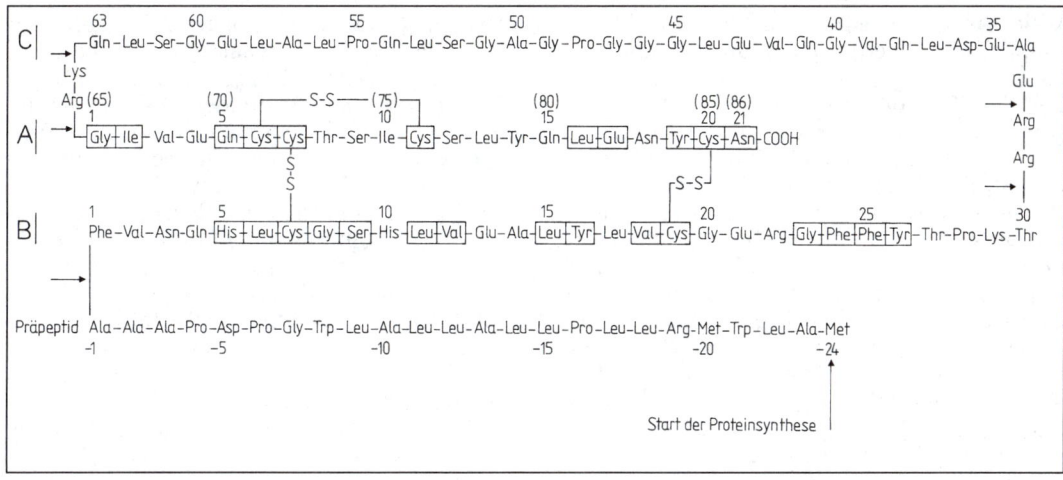

Abb. 17.13. Aminosäuresequenz des Prä-Pro-Insulins des Menschen und Veränderungen beim Processing (Abspaltung des Präpeptids = Signalpeptids; Herausschneiden des C-Peptids). Nach Bell et al. 1980 und Sures et al. 1980.

17.4. Definition des Gens

Unter Berücksichtigung der vor allem an Prokaryoten erhobenen Befunde haben wir im Jahre 1976 folgende allgemeine Gendefinition gegeben: „Ein Gen ist die durch den Allelie- und den Cis-Trans-Test erfaßte und abgegrenzte **Funktionseinheit** des genetischen Materials, die in Beziehung zu anderen Funktionseinheiten rekombiniert werden kann, die aber selbst in zahlreichen Mutationsorten zu verändern ist und aus zahlreichen Rekombinationseinheiten besteht."

Diese Gendefinition ist auch heute noch in dieser allgemeinen Form richtig. Sie bedarf aber in ihrer Anwendung auf Gene unterschiedlicher Funktionen noch bestimmter Spezifizierungen.

Die Aufgaben der verschiedenartigen genetischen Funktionseinheiten in einer Zelle und in einem Organismus können sehr verschiedenartig sein.

(a) Sehr oft teilt man die Gene ein in **Strukturgene,** welche die Sequenz und Struktur von Proteinen und RNA-Molekülen (tRNA, rRNA) bestimmen, und in **Kontrollgene,** welche die Aktivität anderer Gene kontrollieren (Promotoren sowie Operatoren und Regulatorgene bei Prokaryoten). Allerdings ist diese Unterscheidung unscharf, weil es Überschneidungen gibt; z. B. üben die Regulatorgene der Prokaryoten ihre kontrollierende Funktion auf Operonen dadurch aus, dass sie ein spezifisches Protein, den Repressor, codieren. Sie sind somit zugleich Kontrollgen und Strukturgen.

(b) Man kann die Gene auch hinsichtlich ihrer Transkription und Translation sowie bezüglich der von ihnen codierten Makromoleküle unterscheiden.

Einige genetische Kontrolleinheiten werden gar nicht transkribiert (die Promotoren oder zumindest Teile davon). – Andere genetische Einheiten werden wohl transkribiert, aber nicht übersetzt: die Operatoren der Prokaryoten und die Gene für die verschiedenen Sorten von tRNA und rRNA. – Der größere Teil der Gene codiert Proteine. Im einzelnen sind dies Enzym- und Strukturproteine sowie regulatorisch wirkende Proteine (z. B. Repressoren und Induktoren bei Prokaryoten).

(c) Besonders wichtig sind die Spezifizierungen des Genbegriffes hinsichtlich der tiefgreifenden Unterschiede in der Genstruktur zwischen Eubakterien und Eukaryoten.

Bei den **Eubakterien** besteht zwischen DNA, mRNA und codiertem Protein eine strenge Kolinearität (vgl. Kap. 14). Ein gewisses RNA-Processing ist an den Enden der mRNA möglich, besonders am 3'-Ende; ein Herausschneiden von RNA-Stücken (Intronen) aus der Mitte des RNA-Moleküls gibt es nicht. Für die Gene, die nur RNA (aber keine Proteine) codieren, erfolgt an den durch Transkription entstandenen tRNA- und rRNA-Molekülen ebenfalls ein gewisses Processing.

Viele Strukturgene der Eubakterien sind zu (multicistronischen) Operonen zusammengefasst. Unabhängig und klar abgrenzbar von ihnen sind Kontrollgene, welche ihre Aktivität regulieren: Operator, Promotor, Regulatorgen.

Bei den **Eukaryoten** sind die proteincodierenden Strukturgene *nicht* zu Operonen zusammengefasst, sondern liegen meistens monocistronisch vor. Ein Gen besteht nicht nur aus einem proteincodierenden **Strukturbereich,** sondern hat außerdem einen **Regulationsbereich**, in dem sich die Signale für das Erkennen und das Anheften der RNA-Polymerase und für die Anlagerung regulatorischer Proteine befinden.

Diese vielfältigen Regulations-Sequenzen liegen zum größten Teil „upstream" (5′) des Strukturbereiches, zum geringen Teil aber auch im Strukturbereich oder in der „downstream" (3′)-Region. Sie werden je nach ihrer Wirkung als „Enhancer" oder „Aktivator" bzw. als „Silencer" (silence = Still-Schweigen) bezeichnet. Allerdings sind diese Regulationsbereiche nicht streng abgegrenzt, so dass auf sie der Genbegriff nicht anwendbar ist.

Transkribiert wird ein Teil des Regulationsbereiches und der Strukturbereich eines Gens. Die Kolinearität zwischen DNA, RNA und codiertem Protein wird durch das Vorhandensein von Introns, die aus der prä-mRNA ausgeschnitten werden, modifiziert: Es gibt DNA-Abschnitte im Strukturbereich, deren Information im funktionsfähigen Protein nicht ausgeprägt ist.

Es ist aber nicht möglich, den Genbegriff nur auf die DNA-Codonen einzuengen, die im funktionsfähigen Protein ausgeprägt

werden. Dann müßte man z. B. von den 1.430 DNA-Nukleotidpaaren, die in die Insulin-prä-mRNA transkribiert werden, nur die 153 auf zwei Stellen in der DNA verteilten codierenden Nukleotidpaare als Insulin-Gen (oder Gene) bezeichnen. Die beiden Insulinketten A und B können ihre Tertiärstruktur ohne die Anwesenheit des C-Peptids nicht erlangen, das somit für die Funktion notwendig ist. Und ohne das Signalpeptid ist der Transport in das endoplasmatische Reticulum nicht möglich. Es wäre auch unlogisch, die durch das Protein-Processing abgespaltenen Peptide in die Definition des Genbegriffes hineinzunehmen, aber die durch das RNA-Processing ausgeschnittenen Teile, d. h. die Introns, herauszulassen. Es erscheint daher fraglos am sinnvollsten, das (monocistronische) Eukaryoten-Gen als den *DNA-Abschnitt zu definieren, der in die prä-RNA transkribiert wird.* Dieser Abschnitt ist eine Funktionseinheit des genetischen Materials, wie oben in der allgemeinen Definition des Gens formuliert wurde.

Diese Definition ist sinngemäß auch auf die tRNA- und rRNA-codierenden Gene anwendbar. Bestimmte Spezialfälle (z. B. der Fall, dass ein primäres Transkript in zwei rRNA-Moleküle und eine dazwischenliegende tRNA gespalten wird, also zu drei RNA-Molekülen unterschiedlicher Funktion) lassen sich auf der Basis der Definition des Gens als Funktionseinheit im Einzelfall unschwer beantworten und in das Gesamtbild einordnen.

18. Das menschliche Genom

Das Genom des Menschen ist durch das „Menschliche-Genom-Projekt" für die Totalsequenzierung der chromosomalen DNA (das bis 2003/2005 abgeschlossen sein soll; vgl. 17.3. u. 18.5.) und durch viele zellbiologische und gentechnologische Ergebnisse der Humangenetik und Humanbiologie so stark in das Blickfeld der Allgemeinen Genetik wie auch der breiten Öffentlichkeit gekommen, dass ein spezielles Kapitel zu diesem Thema sinnvoll ist.

Bereits im Jahre 1980 wurde mit der Totalsequenzierung der Mitochondrien-DNA des Menschen ein erster wesentlicher Schritt zur Aufklärung der genetischen Information des Menschen getan. (Diese Ergebnisse sind im Kapitel 11 ausführlich dargestellt.)

Schon seit den fünfziger Jahren hat die Humangenetik und -cytogenetik in kontinuierlicher Forschungsarbeit wesentliche Einsichten in Struktur, Expression und Mutabilität des menschlichen Kern-Genoms erarbeitet, welche die Basis für die Inangriffnahme des „Menschlichen-Genom-Projektes" bilden.

Tab. 18.1. Größe der DNA-Moleküle in menschlichen Chromosomen

Chromosomenzahl	DNA-Gehalt (kb)
1	250 000
2	240 000
3	190 000
4	180 000
5	175 000
6	165 000
7	155 000
8	135 000
9	130 000
10	130 000
11	130 000
12	120 000
13	110 000
14	105 000
15	100 000
16	85 000
17	80 000
18	75 000
19	70 000
20	65 000
21	60 000
22	55 000
X	140 000
Y	60 000

18.1. Chromosomenzahl und DNA-Gehalt des menschlichen Genoms

Im Jahre 1956 stellten Tijo und Levan fest, dass die korrekte Chromosomenzahl des Menschen 2n = 46 ist. (Vorher hatte man jahrzehntelang 48 für die 2-n-Anzahl gehalten.)

Das haploide Genom des Menschen umfasst ca. 3 Millionen kbp, verteilt auf die 23 Chromosomen. Wie in Tabelle 18.1. im einzelnen aufgeführt, hat das größte Chromosom (Nr. 1) 250.000 kbp DNA, das kleinste (Nr. 22) 55.000 kbp.

18.2. Molekulare Heterogenität des menschlichen Genoms

Wie das Genom anderer, insbesondere höherer Eukaryoten (vgl. Kap. 4), so weist auch das menschliche Genom eine beträchtliche molekulare und funktionelle Heterogenität auf. Sie ist in Abbildung 18.1. genau dargestellt.

Nur ca. 20–30% der DNA entfällt auf Gene und genähnliche Sequenzen. Hingegen sind 70–80% extragene DNA.

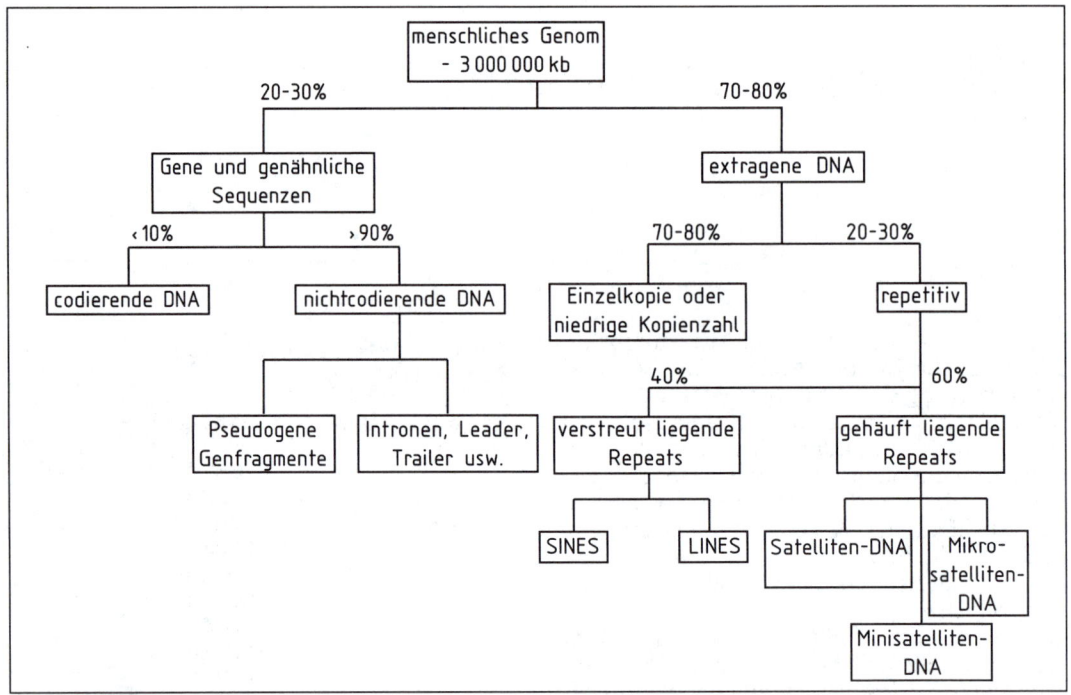

Abb. 18.1. Anteile verschiedener Typen unikaler und repetitiver DNA-Sequenzen im menschlichen Genom. Nach Brown 1993 aus Bielka und Börner 1995.

18.3. Gene und genähnliche Sequenzen

Die Gene und genähnlichen Sequenzen enthalten ihrerseits nur zu etwa 10% codierende DNA, während mehr als 90% nicht codierende DNA sind.

18.3.1. Die menschlichen Gene

Die (echten) Gene des Menschen kann man nach ihrer Größe und ihrem Exonen-Gehalt grob in drei Gruppen einteilen (Abb. 18.2.): Die erste Gruppe umfasst kleine Gene mit einer Größe unter 10 kbp. Die zweite Gruppe enthält mittelgroße Genen zwischen 10 und 100 kbp. Zur dritten Gruppe gehören die sehr großen Gene mit DNA über 100 kbp.
Die erste Gruppe enthält einige wenige Gene, die keine Introns besitzen. Aber die allermeisten Gene weisen eine Exon-Intron-Struktur auf, wie sie bereits in den Kapiteln 15 und 17 gekennzeichnet wurde. Generell ist der Anteil von Exonen an der Gesamtsequenz umso niedriger, je höher die Gengröße ist. Hat das β-Globin-Gen bei einer Größe von ca. 1,6 kbp 38% Exonen, so hat das Dystrophin-Gen mit über 2.400 kbp nur noch 0,6% Exon-Sequenzen; über 99% der Sequenz sind Introns.
Abbildung 18.3. zeigt im Schema das menschliche β-Globin-Gen mit den Strukturen und ihren Bezeichnungen, die für die Genexpression erforderlich sind (Leader- bzw. Trailer-Sequenz: untranslatierte Abschnitte am 5'- bzw. 3'-Ende).

18.3.2. Gene und Genprodukt

Im Regelfall codiert *ein* Gen ein bestimmtes Genprodukt: Das β-Globin-Gen codiert β-Globin, und das CFTR-Gen codiert das „Cystic fibrosis transmembrane conductance regulator"-Protein. Wenn in dem betroffenen Gen eine Mutation erfolgt, dann ist das Gen-

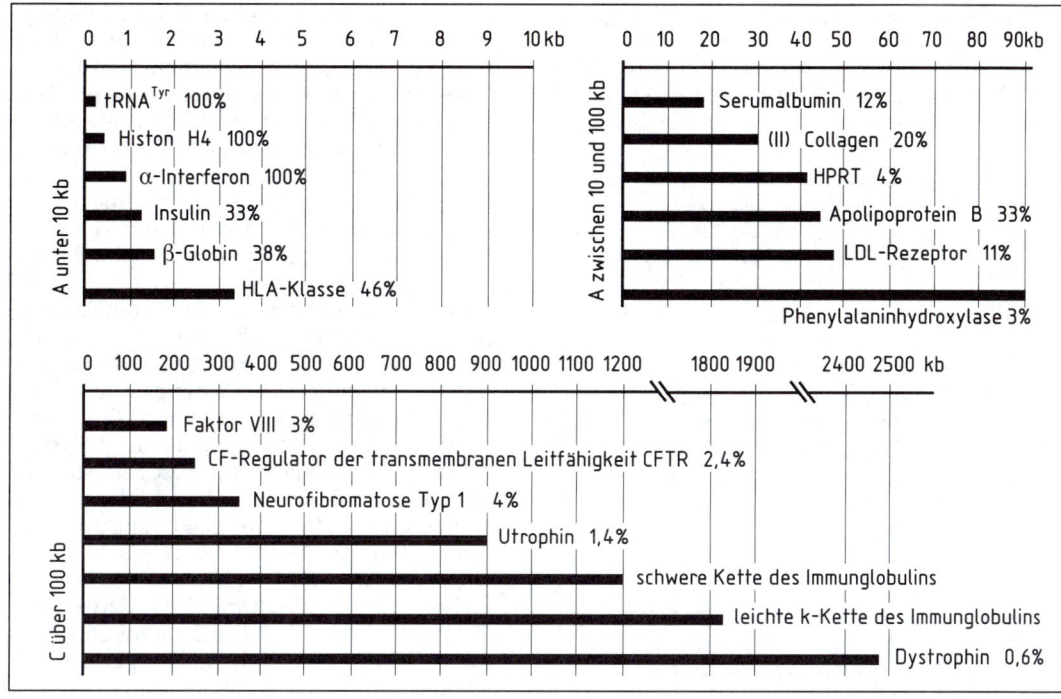

Abb. 18.2. Die unterschiedlichen Größen menschlicher Gene und ihr Exonen-Anteil. Die Gene sind in drei Gruppen eingeteilt. Der Exonenanteil ist in Prozent der Genlänge angegeben. *HPRT* Hypoxanthin-Phosphoribosyl-Transferase; *CFTR* Transmembranregulator des Gens der Cystischen Fibrose; *NF1* Neurofibromatose Typ 1. Wegen des komplizierten Zusammenbaumechanismus der Immunglobulin-Gene ist eine Prozentangabe der Exonen nicht möglich. Nach Strachan und Read 1996.

produkt defekt, und dies äußert sich – wenn die Mutation homozygot vorliegt – als Erbkrankheit: als Hämoglobinopathie bzw. als Krankheitsbild der Cystischen Fibrose.

Aber es gibt beim Menschen kompliziertere Fälle, bei denen ein Gen, eine bestimmte DNA-Sequenz, mehrere Genprodukte codiert. Hier seien 5 Möglichkeiten komplizierterer Genexpressionen gekennzeichnet (vgl. Strachan und Read 1996).

1. Möglichkeit: Durch *RNA-Editing* in bestimmten Geweben entstehen in verschiedenen Geweben verschiedene Genprodukte: In der Leber wird (da kein Editing erfolgt) das große Apolipoprotein B100 (aus 4537 Aminosäuren) gebildet; im Dünndarm entsteht – durch Editing – in Codon-Position 2153 ein Nichtsinncodon; dadurch wird das kürzere Apo B48 gebildet (vgl. 15.2.5.).

2. Möglichkeit: Durch Transkriptions-Start an *unterschiedlichen Promotoren* entstehen verschieden lange Transkripte und somit verschieden lange Proteine. Im Dystro-

phin-Gen liegen 7 unterschiedliche Promotoren hintereinander angeordnet. In verschiedenen Geweben wird von bestimmten Promotoren aus transkribiert; so entstehen unterschiedlich lange Proteine (Abb. 18.4.).

3. Möglichkeit: Durch *unterschiedliches Spleißen* und *Polyadenylieren* entstehen verschiedene mRNAs und Proteine: Vom Calcitonin-Gen werden aus einer prä-mRNA bestimmte Exonen (und Intronen) ausgeschnitten. Dadurch entstehen in verschiedenen Geweben unterschiedliche reife mRNAs und Proteine (Abb. 20.11.): in der Schilddrüse wird Calcitonin (aus Exon 1–4) synthetisiert, im Nervengewebe das Calcitonin-verwandte Peptid GRP (aus den Exonen 1, 2, 3, 5 a, 5 b).

4. Möglichkeit: In der *komplementären Sequenz* bestimmter Intronen können selbstständige kleine Gene liegen: Im Neurofibromatose-Gen liegt zwischen den Exonen 26 und 27 das Intron 26. Im komplementären Strang des Introns 26 liegen drei kleine Gene, die unabhängig vom Neurofibromatose-Gen exprimiert werden: die Gene

OGMP, EVIZA, EVIZB. OGMP codiert ein Glykoprotein für das Myelin der Oligodendrocyten; *EVIZA* und *B* sind menschliche Homologe zu Mäuse-Genen, die wohl an der Entstehung von Leukämie beteiligt

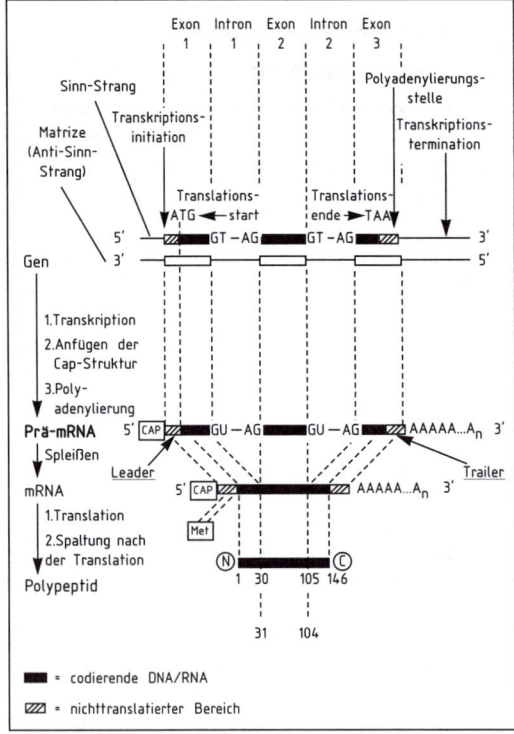

Abb. 18.3. Schema für den Bau eines Eukaryoten-Gens und seiner Expression mit Einschluß der Processing-Vorgänge, dargestellt am Beispiel des menschlichen β-Globin-Gens. Nach Strachan 1994, verändert.

sind. (Neurofibromatose führt zu schmerzhaften Neurinomen der peripheren Nerven sowie des Zentralnervensystems.) Auch im Gen für den Blutgerinnungsfaktor VIII (mutiertes Allel führt zu Hämophilie A) liegen im Intron 22 die zwei kleinen Gene *F8A* und *F8B*.

5. Möglichkeit: Als Genprodukt entsteht ein *Poly-Protein.* Es wird durch differentielles Protein-Processing in unterschiedlicher Weise gespalten, so dass verschiedenartige Polypeptide entstehen: Als Translationsprodukt einer Hypophysen(vorderlappen)-mRNA entsteht das Pro-Opiomelanocortin (auch bezeichnet als Corticotropin-β-lipotropin-Polyprotein), das durch Proteolyse schrittweise in unterschiedliche Polypeptidhormone zerlegt wird: in ACTH Adrenocorticotropes Hormon, MSH Melanocytenstimlierendes Hormon, LPH Lipotropin β-Endorphin u. a. (Abb. 18.5.).

Diesen Prozessen vergleichbar – nur einfacher – ist die in Kapitel 17 dargestellte Zerlegung des Prä-Pro-Insulins in das reife funktionsfähige Insulin (vgl. Kap. 17, Abb. 17.12.).

18.3.3. Multigen-Familien

Außer den unikalen Gene, die bisher behandelt wurden, gibt es im Human-Genom viele Genfamilien. Dabei unterscheidet man RNA-codierende und proteincodierende Genfamilien.

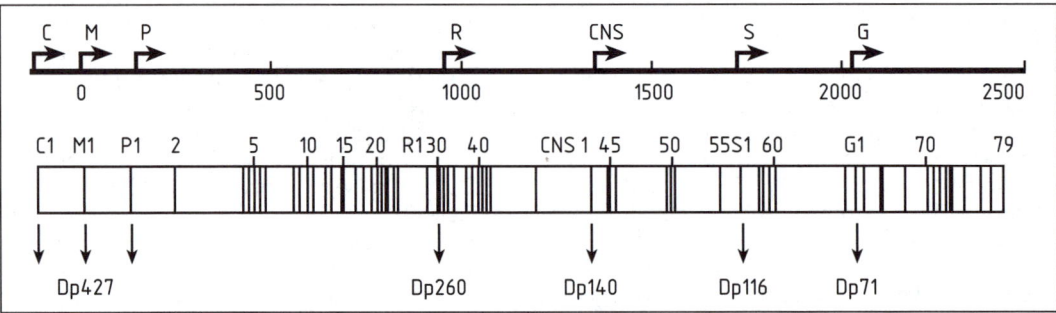

Abb. 18.4. Das Dystrophin-Gen des Menschen; es zeigt eine zellspezifische Expression, indem es sieben unterschiedliche Promotoren besitzt (im Bild ganz oben angegeben: *C, M...*) Die Zahlen über dem symbolisierten Gen bezeichnen die Exonen (...79). Die Buchstaben kennzeichnen folgende Gewebe: *C* Cortex, *M* Muskel, *P* Purkinje-Zellen, *R* Retina, *CNS* Zentralnervensystem, *S* Schwannsche Zellen, *G* Glia-Zellen. Die C-, M- und P-Dystrophine benutzen jeweils nur eines der drei ersten Exonen (*C1, M1* oder *P1*), danach alle folgenden Exonen. Die Transkriptionsrichtung geht immer in die durch die Pfeile angegebene Richtung. Nach Strachan und Read 1996.

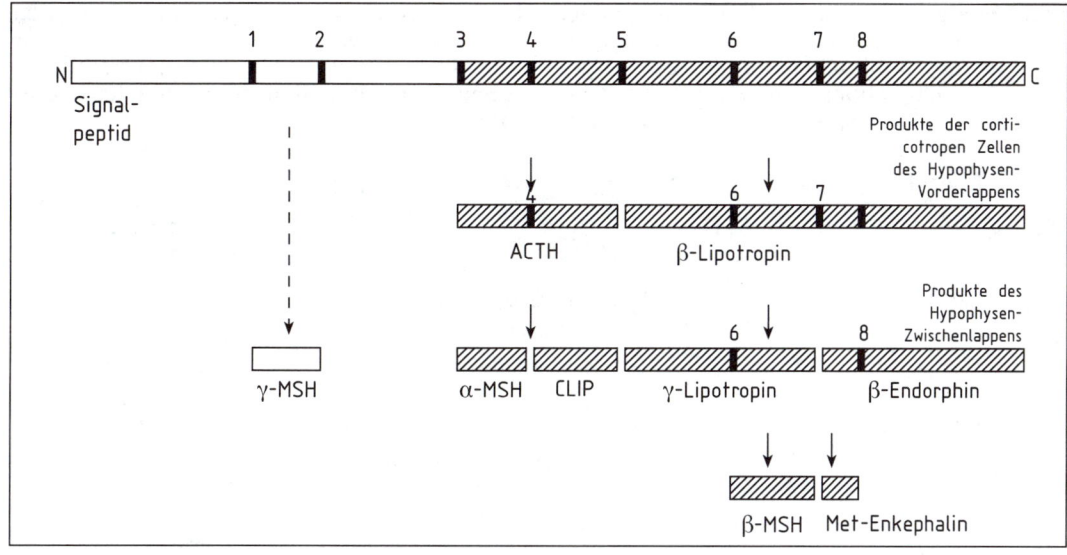

Abb. 18.5. Die Genprodukte eines Gens und eines Polyproteins. Das Pro-Opiomelanocortin (oder auch: Corticotropin-β-Lipotropin-Vorläuferprotein) entsteht als ein Polyprotein als Produkt **eines** Gens. Dieses Polyprotein enthält mehrere Stellen für eine proteolytische Spaltung (in der Abbildung mit 1,2 ... 7,8 bezeichnet); dies sind die Aminosäure-Folgen Arg-Lys oder Lys-Arg oder Lys-Lys. Durch die Protease-Wirkung entstehen aus diesem Polyprotein bis zu acht distinkte Hormone. Aber nicht alle werden von demselben Zelltyp gebildet. Im Hypophysen-*Vorderlappen* (2. Zeile) entstehen unter der Wirkung von CRH (Corticotropin-Releasing Hormon) und mit Unterstützung durch Arginin-Vasopressin und Angiotensin II: ACTH (Adrenocorticotropes Hormon) und β-Lipotropin. Hingegen entstehen im Hypophysen-*Zwischenlappen* (3. Zeile) durch weitere proteolytische Aufspaltung: α- und γ-MSH (Melanocyten-stimulierendes Hormon), CLIP (Corticotropin-ähnliches intermediäres Peptid), γ-Lipotropin und β-Endorphin, aus denen durch nochmalige Spaltung: β-MSH und Met-Enkephalin gebildet werden. Nach Devlin 1997, verändert.

RNA-codierende Multigen-Familien

Die Gengruppe für die ribosomalen RNAs 18S – 5,8S – 28S liegt (in identischer Struktur) in 5 verschiedenen Chromosomen (Nr. 13, 14, 15, 21, 22) im Bereich der Nukleolusorganisatoren in mehr als 300 Kopien vor. Diese drei Gene werden als eine Transkriptionseinheit („Operon") abgelesen; sie hat folgende Struktur: ETS – 18S – ITS1 – 5,8S – ITS2 – 28S; Größe 13 kbp (ETS und ITS heißt: extern und intern transkribierte Spacer, die im Laufe des Processing herausgeschnitten werden). Auf die Transkriptionseinheit von 13 kbp folgt ein Spacer von ca. 27 kbp; darauf wieder eine Transkriptionseinheit von 13 kbp usw. (vgl. Abb. 15.5.).

Die ribosomale 5S-RNA wird von Genen einer großen Genfamilie transkribiert; sie liegt als Cluster zahlreicher hintereinanderliegender Transkriptionseinheiten auf dem langen Arm des Chromosoms 1.

Die Gene für die tRNAs liegen in vielen Unterfamilien über viele Chromosomen verstreut in ca. 1.600 Kopien vor.

Proteincodierende Multigen-Familien

Es gibt zahlreiche, unterschiedlich große Genfamilien für Proteine (Tab. 18.2.). In einigen Fällen sind die Mitglieder einer Familie in ihrer Sequenz praktisch identisch, so bei der Histon-Genfamilie. Die Gene für die Histone H1, H3, H2B, H2A und H4 sind zu Gruppen zusammengefasst und kommen in Tandem-Anordnung gehäuft an wenigen Chromosomenorten vor, insbesondere in Position Chromosom 1p21, aber auch in den Chromosomen 6 und 12 (insgesamt mehr als 100 Kopien). Bei Seeigeln und Molchen geht der Repetitionsgrad bis 600 bzw. 800 Kopien pro Zellkern.

Bei anderen Genfamilien mit mehreren Kopien (vgl. Tab. 18.2.) entwickelten sich im Laufe der Evolution Sequenz- und Funktionsunterschiede, so dass einerseits noch identische Kopien vorliegen, andererseits aber zusätzlich veränderte Kopien (vgl. Tab. 18.2.); diese können veränderte Struktur und Funktion haben, oder aber funktionslos sein, wie Pseudogene oder Genfragmente (vgl. 18.3.4.).

Eine sehr gut untersuchte Multigen-Familie, in der derartige Unterschiede vorhanden sind, ist die Globin-Genfamilie. Sie wird gegliedert in die β-Globin-Unterfamilie in Chromosom 11 (11p15.5) und in die α-Unterfamilie in Chromosom 16 (16p13.3.). In jeder Unterfamilie befinden sich, wie in Abbildung 18.6. gezeigt, embryonal, fetal oder adult exprimierte Globin-Gene und auch funktionslose Pseudogene.

Tab. 18.2. Beispiele für Genfamilien des Menschen

Familie	Kopienzahl	Organisation	Ort auf den Chromosomen
Komplementfaktor C4	2	Tandemwiederholungen, etwa 30 kb lang	6p21.3
Aldolase	5	verstreut, drei funktionsfähige Gene und zwei Pseudogene	3, 9q, 10, 16q, 17
Wachstumshormongruppe	5	gehäuft in 67 kb, ein Pseudogen	17q22–24
Ferritin, schwere Kette	>15	verstreut, meist Pseudogene, aber mindestens ein aktives Gen auf Chromosom 11	viele
Glycerinaldehyd-3-phosphat-Dehydrogenase	>18	versteut, ein funktionsfähiges Gen auf 12 p, viele Pseudogene	viele
HLA Klasse I, schwere Kette	etwa 20	gehäuft in 2 Mb; mindestens vier werden exprimiert; Genfragmente und Pseudogene	6p21.3
Aktin	>20	verstreut, vier funktionsfähige Gene und viele Pseudogene	viele
β-Tubulin	20–30	verstreut, drei funktionsfähige Gene und viele Pseudogene	viele
Histone	>100	gehäuft an wenigen Stellen, besonders auf 1p21	1p21, 6, 12q

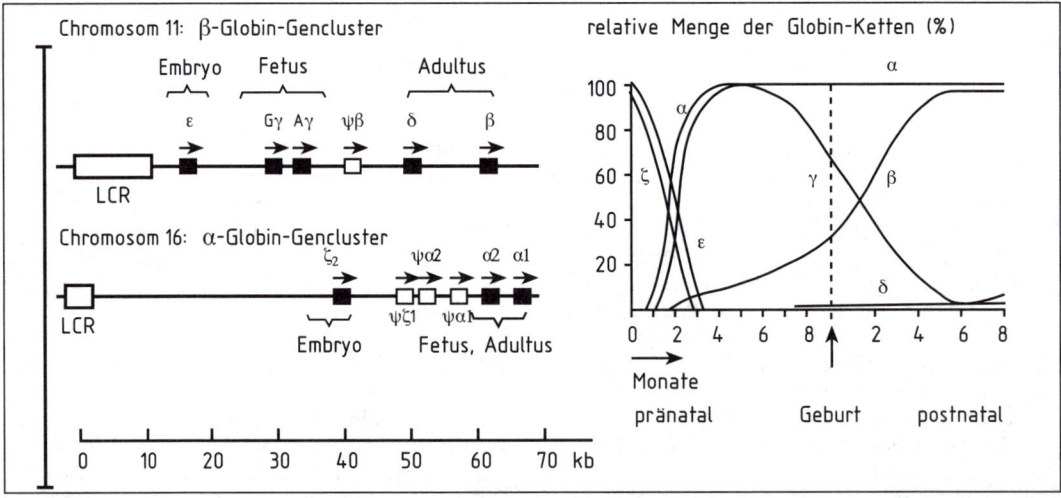

Abb. 18.6. Struktur und Ausprägung der Globin-Multigenfamilie. Die β-Globin-Gencluster in Chromosom 11 und der β-Globin-Gencluster in Chromosom 16 des Menschen stehen unter der Kontrolle von LCR-Sequenzen (Locus Control Region; vgl. Abschn. 20.2.2.). Die einzelnen Gene werden in unterschiedlichen Ontogenese-Abschnitten exprimiert. ψ bedeutet Pseudogen. Im unteren Abbildungsteil ist die Ausprägung einzelner Gene im Ontogenese-Ablauf dargestellt. Nach Watson et al. 1987, Strachan 1994 und Knippers 1990, verändert.

Ein Hämoglobin ist ein Tetramer, welches jeweils aus zwei Paaren ungleicher Globin-Polypeptidketten besteht. Jedes Globin ist kovalent mit einer Häm-Gruppe verbunden. Die unterschiedlichen Hämoglobine können folgende Globin-Polypeptide enthalten: α (alpha), β (beta), γ (gamma), δ (delta), ε (epsilon), ζ (zeta).

Das α-Globin besteht aus 141 Aminosäuren, das β-Globin aus 146 Aminosäuren (vgl. Abb. 18.3.); Herrmann und Herrmann (1979).

Während der Ontogenese des Menschen vollzieht sich ein markanter Wechsel in der molekularen Zusammensetzung des Hämoglobins. Menschliche Embryonen, Feten, Neugeborene und Erwachsene enthalten Hämoglobine unterschiedlicher Zusammensetzung (vgl. Abb. 18.5., unten).

Embryonen: zuerst überwiegend embryonales Hb ($\zeta_2\varepsilon_2$), Feten im 6. Monat über 80% HbF ($\alpha_2\gamma_2$), Neugeborene 70–80% HbF und 20–30% HbA ($\alpha_2\beta_2$), Erwachsene besitzen 97,5% HbA ($\alpha_2\beta_2$) und 2,5% HbA$_2$ ($\alpha_2\delta_2$).

Weitere proteincodierende Multigen-Familien sind in Tabelle 18.2. charakterisiert.

18.3.4. Pseudogene und Genfragmente

Pseudogene sind DNA-Sequenzen, die eine große Sequenzhomologie zu funktionellen Genen aufweisen, selbst aber keine Funktion haben. Man kann unterschiedliche Typen unterscheiden:

• Konventionelle Pseudogene sind nicht mehr funktionstüchtige Kopien eines Gens mit Defekten (Deletionen, Insertionen) im Promotor oder mit Stopp-Codonen in Exonen.

• Weiterverarbeitete (processierte) Pseudogene enthalten nicht funktionsfähige Exon-Sequenzen eines aktiven Gens; sie werden nicht ausgeprägt, weil sie keine Promotoren haben. (Sie sind vermutlich durch eine Umkehrtranskriptase aus reifer mRNA oder mRNA-Fragmenten erzeugt worden.)

Verwandt mit Pseudogenen (und auch nicht scharf davon zu trennen) sind *verkürzte Gene und Genfragmente*, die einem Genstück homolog sind – dem 5'-Fragment, einem Mittelstück des Gens oder dem 3'-Fragment – aber nicht exprimiert werden.

18.4. Extragene DNA

Etwa 70–80% der DNA des menschlichen Genoms ist extragene DNA (also DNA, die nicht zu Genen oder genähnlichen Sequenzen gehört).

Ein beträchtlicher Teil der extragenen DNA besteht aus Einzelkopien oder Sequenzen mit niedriger Kopien-Anzahl (70–80%), deren biologische Bedeutung unbekannt ist. Hingegen sind die verbleibenden DNA-Sequenzen schwach- oder hochrepetitiv; diese Sequenzwiederholungen liegen in den Chromosomen entweder verstreut oder geclustert.

18.4.1. Geclustert (gehäuft) liegende extragene DNA

Im humanen Genom befinden sich ausgedehnte Bereiche mit Sequenzwiederholungen in Tandemanordnung; von ihnen unterscheidet man drei Kategorien (vgl. Tab. 18.3.):

(a) Die **Satelliten-DNA** besteht aus Sequenzwiederholungen mit Größen zwischen 100 und 5.000 kbp. Die Länge der Wiederholungseinheit liegt zwischen 5 und 171 kbp. Die Satelliten-DNA kommt in einer so hohen Anzahl von Einheiten vor (10^4–10^5), dass sie in der Ultrazentrifuge durch eine von der Hauptbande der menschlichen DNA abweichende Dichte von dieser zu trennen ist („Satelliten-Banden", daher der Name). Während die Hauptbande eine Dichte von $1{,}701\ \mathrm{g} \cdot \mathrm{cm}^{-3}$ aufweist, haben die drei Satelliten-Banden Dichten von $1{,}697$ bzw. $1{,}693$ bzw. $1{,}687\ \mathrm{g} \cdot \mathrm{cm}^{-3}$. Die letztgenannten beiden Satelliten-DNAs enthalten die tandemartig wiederholte Sequenz ATTCC.
Wie in Tabelle 18.3. im einzelnen aufgeführt, sind Satelliten-Sequenzen vor allem im Heterochromatin oder in den Centromeren der Chromosomen (so der Alpha-Typ) gehäuft vorhanden.

(b) Die **Minisatelliten-DNA** besteht aus mittelgroßen Sequenzgruppen zwischen 20 und 100 kbp. Eine Fraktion ist die „Telomer-Familie", die an den Chromosomenenden liegt; in ihr ist besonders die Sequenz TTAGGG vorhanden.

Tab. 18.3. Die wichtigsten Klassen repetitiver DNA außerhalb der Gene

Klasse	Länge der Wiederholungseinheit (bp)	Gesamtzahl der Einheiten	wichtigste Chromosomenposition
Tandemwiederholung			
1 Satelliten-DNA			*Heterochromatin*
einfache Sequenz	5–25[a]	?	von 1q, 9q, 16q, Yq
Alpha (alphoide DNA)	171[a]	8×10^5	der Centromere aller Chromosomen
Beta (*Sau*3A-Familie)	68[a]	5×10^4	von 9, 13, 14, 15, 21, 22
2 Minisatelliten-DNA			
Telomerfamilie	6	$2-3 \times 10^4$	Telomere
hypervariable Familie	9–64	3×10^4	alle Chromosomen oft nahe beim Telomer
3 Mikrosatelliten-DNA			
$(A)_n/(T)_n$	1	10^7	alle Chromosomen
$(CA)_n/(TG)_n$	2	7×10^6	alle Chromosomen
$(CT)_n/(AG)_n$	2	3×10^6	alle Chromosomen

Besonders interessant und in der Medizin vielseitig einsetzbar ist die „*hypervariable*" Minisatelliten-Familie, die in über 1000 Gruppen kurzer 0,1 bis 20 kbp großer Tandem-Wiederholungen mit einer Kernsequenz GGGCAGGAXG vorkommt (X ist A, G, T oder C).

Diese DNA-Familie weist eine so große Variabilität auf, dass nahezu jedes Individuum (mit Ausnahme eineiiger Zwillinge) von einem anderen unterschieden werden kann. Die „Individuellen Fingerabdrücke" (finger printings) werden durch Hybridisierung einer ausgewählten Kernsequenz der Minisatelliten-DNA mit geeignet gespaltener DNA unterschiedlicher Personen erstellt. Damit lassen sich gesuchte Personen eindeutig identifizieren und von anderen klar unterscheiden (bei Verbrechensnachweis, beim Vaterschaftsnachweis u. ä.). Abbildung 18.7. zeigt ein Beispiel.

(c) Die **Mikrosatelliten-DNA** enthält sehr kurze Nukleotid-Anordnungen von 1–4 bp in sehr großen Wiederholungen: $(A/T)_n$ oder $(CA)_n/(TG)_n$ oder $(CT)_n/(AG)_n$ (Tab. 18.3.). Sie macht 0,3 % des Gesamtgenoms aus.

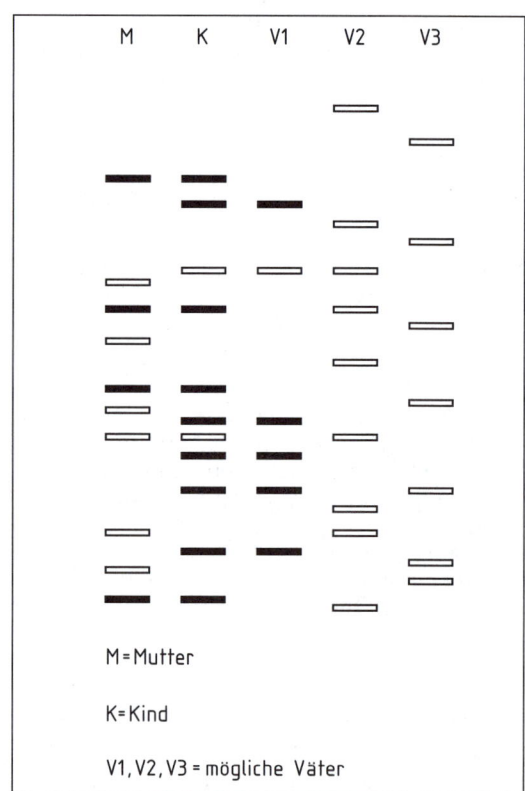

M = Mutter

K = Kind

V1, V2, V3 = mögliche Väter

Abb. 18.7. DNA-„Fingerabdrücke" unter Verwendung hypervariabler Minisatelliten-DNA für den Vaterschaftsnachweis. *M* Mutter; *K* Kind; mögliche Väter *V1*, *V2* und *V3*. *V1* erweist sich aufgrund der Bandenverteilung als der tatsächliche Vater.

18.4.2. Verstreut liegende extragene DNA

In diese Kategorie gehören zwei wichtige Familien repetitiver Sequenzen:

- die LINEs – long interspersed nuclear elements und
- die SINEs – short interspersed nuclear elements

mit der bekannten Alu-Familie.
Diese Elemente sind bereits im Kapitel 9 behandelt worden (vgl. 9.3.4).

18.5. Menschliches-Genom-Projekt

Seit den fünfziger Jahren hat die Humangenetik durch cytologische, genetische und molekularbiologische Forschungen kontinuierliche Fortschritte gemacht; dabei hat sich im letzten Jahrzehnt das Tempo des Erkenntnisfortschrittes durch Einsatz immer neuer molekulargenetischer Methoden beschleunigt.
Parallel hierzu wurden auch an mehreren anderen Objekten, vor allem durch immer effektivere DNA-Sequenzierungsverfahren, wesentliche Einsichten in die Genomstruktur auf molekularer Ebene erzielt. Schon in den siebziger Jahren wurden die Genome von RNA-Phagen (MS2, 1976), DNA-Phagen (ϕX174, 1977) und DNA-Viren (SV40, 1976) vollständig sequenziert. Nachdem seit 1980 Organell-DNAs eukaryotischer Organismen in immer schnellerer Folge total sequenziert werden (Mitochodrien- und Plastiden-DNAs, vgl. Kap. 11), werden seit 1995 die vollständigen DNA-Sequenzen von zunehmend mehr Eubakterien sowie Cyanobakterien und auch Archaebakterien veröffentlicht (Tab. 4.2.). Schließlich wurde 1996 die gesamte DNA-Sequenz aller 16 Hefe-Chromosomen bestimmt; 1998 die von Caenorhabditis.
Bei dieser Sachlage und der besonderen Bedeutung der Kenntnisse über normale und Krankheiten auslösende, mutierte menschliche Gene wurde seit 1985 über die Etablierung des menschlichen Genomprojektes diskutiert. Am 1. Oktober 1990 wurde von der National Academy of Sciences der USA das „Human Genome Project" (HGP oder

HUGO) in Gang gesetzt. Diesem Projekt haben sich sehr bald weitere Länder angeschlossen.
Gegenwärtig arbeiten zahlreiche Laboratorien vieler Länder daran, die Sequenz des gesamten menschlichen Kern-Genoms, d. h. aller 24 Chromosomen (22A + X + Y) zu bestimmen. Als Abschlusstermin ist der Zeitraum 2003 bis 2005 ins Auge gefasst. Nach dem bisherigen Ablauf zu schließen, ist dieser Termin realistisch, zumal laufende Verbesserungen der automatischen DNA-Sequenzierung und der Computer-Bearbeitung der erhobenen Daten erfolgen (McKusick 1997).
Selbstverständlich ist die Totalsequenzierung des menschlichen Kern-Genoms nur eine wichtige Etappe in der Aufklärung der menschlichen Gene. Denn die Tatsache, dass nur 20–30% der DNA auf Gene und genähnliche Sequenzen entfällt und davon wiederum nur 10% codierende DNA ist, zeigt die sich anschließenden Aufgabenstellungen: genaue Kennzeichnung der Gene, ihrer Wirkung und der Regulation ihrer Expression und ihres Zusammenwirkens.
Parallel zu den Arbeiten des Human-Genom-Projektes vollzieht sich bereits seit Jahren eine intensive internationale Diskussion über die ethischen Aspekte des Projektes, um Mißbrauch der Daten und kommerzielle Nutzung mit ihnen auszuschließen und so die Würde des einzelnen Menschen zu garantieren.

18.6. Die Mitochondrien-DNA des Menschen

Die mitDNA des Menschen wurde bereits 1980 total sequenziert, und seitdem wurden zahlreiche Erbkrankheiten erfasst, die auf Mutationen in der Mitochondrien-DNA zurückzuführen sind; diese Erkenntnisse sind in Kapitel 11 ausführlich dargestellt (vgl. 11.2.6.). Dort ist auch geschildert, dass man die Sequenzen des sehr heterogenen D-Loops der mitDNA zur *Charakterisierung einzelner Personen* verwenden kann – in ganz ähnlicher Weise, wie das im Abschnitt 18.4.1. für die hypervariable Minisatelliten-Familie beschrieben wurde. Außerdem lassen sich aus der Sequenz der mitDNA wichtige Schlussfolgerungen über die *Evolution der Menschheit* ziehen (vgl. 11.2.7.).

19. Regulation der Genaktivität bei Prokaryoten

Es gibt Proteine, die von der Zelle zu jeder Zeit benötigt werden und stets in etwa derselben Konzentration vorliegen, die sogenannten *konstitutiv* gebildeten Proteine. Es existieren Mechanismen, die dafür sorgen, dass diese Proteine in der für ihre Funktion geeigneten Menge vorhanden sind. Es gibt aber auch andere Proteine, die nur unter bestimmten Bedingungen nötig sind. So werden die Enzyme eines Abbauweges (z. B. des Lactose-Abbaus) nur dann benötigt, wenn die abzubauende Substanz tatsächlich vorliegt. Es ist deshalb für die Zelle von Nutzen, wenn sie Regulationsmechanismen hat, die bewirken, dass Proteine nur dann und in der entsprechenden Menge synthetisiert werden, wenn sie tatsächlich zum Einsatz kommen können. Noch deutlicher wird die Notwendigkeit von *Regulationsmechanismen* bei vielzelligen Organismen, deren Zellen sich in verschiedenen Geweben auf besondere Aufgaben spezialisiert haben. Nach allen bisherigen Erkenntnissen besitzen alle oder die meisten Zellen eines Organismus die gleiche genetische Information. Die Zellen der verschiedenen Gewebe unterscheiden sich aber in ihrer Proteinzusammensetzung sehr deutlich voneinander. Die Spezialisierung der Zellen vielzelliger Organismen hat also zur Voraussetzung, dass jeweils nur ganz bestimmte Proteine in ganz bestimmter Menge gebildet werden. Wieviel von einem Protein in einer Zelle synthetisiert wird, kann auf mehreren Ebenen reguliert werden.

1. Genzahl: Bei Bakterien ist fast jedes Gen nur einmal im Chromosom vorhanden. Eine regelmäßige Ausnahme bilden die rRNA-Gene. Bei Eukaryoten sind viele Gene ebenfalls nur in einer Kopie pro haploidem Genom vorhanden. Es gibt aber auch Fälle, wo mehrere Gene das gleiche Protein codieren (z. B. Histone).
2. Transkription: Prinzipiell unterscheiden sich die Gene voneinander in der Häufigkeit, mit der sie transkribiert werden, was durch die Nukleotidsequenz des Promotors bestimmt wird (starke bzw. schwache Promotoren). Weiterhin ist es möglich, dass die RNA-Polymerase vor Beendigung der Transkription aus der Bindung an die DNA gelöst wird (vgl. Attenuation, *trp*-Operon, s. u.). Ferner gibt es Mechanismen, die bewirken, dass die Transkription der Gene gewissermaßen ein- und ausgeschaltet werden kann.
3. Posttranskriptionale Prozesse: Die Proteinmenge kann auch durch posttranskriptionale Prozesse beeinflusst werden. Durch die Basenzusammensetzung der mRNA kann reguliert werden, wann und wie oft der Messenger translatiert wird und wie schnell sein Abbau erfolgt. Auch die Proteine unterliegen unterschiedlich schnell dem Abbau.

Schließlich kommt bei den Enzymen noch die Regulation ihrer Aktivität hinzu, die sehr schnell in die Stoffwechselprozesse eingreift und nicht die Proteinmenge beeinflusst.

Alle aufgeführten Regulationsmöglichkeiten werden von der Zelle genutzt, entweder, um sich veränderten Bedingungen anzupassen (das trifft vor allem auf einzellige Organismen zu, insbesondere auf Prokaryoten) oder um die Differenzierung in verschiedene Zelltypen zu gewährleisten. Im folgenden soll vor allem auf solche Regulationsvorgänge bei Prokaryoten eingegangen werden, die dafür sorgen, dass bestimmte Gene zu bestimmter Zeit transkribiert werden, zu anderer Zeit dagegen nicht: Regulation der Genaktivität.

19.1. Operon-Modell

Auf der Grundlage von Ergebnissen, die an Mutanten von *E. coli* mit defekter Regulation gewonnen wurden, schlugen Jacob und Monod 1961 ein Regulationsmodell vor, das durch die Forschung der folgenden Jahre bestätigt und präzisiert werden konnte. Die Regulation der Genaktivität nach dem Operon-Modell wird bei Bakterien und Bakteriophagen gefunden.

Das Operon-Modell der Regulation der Genexpression trifft auf viele Gene von *E. coli* und anderen Bakterien zu. Auch in den Chromosomen von Archaebakterien, Mitochondrien und Plastiden können Gene in Operonen organisiert sein. Nach diesem Modell werden mehrere benachbarte Gene gemeinsam reguliert. Es gibt daneben aber auch einzelne Gene, die einer solchen Regulation unterliegen. Im folgenden wird auf die Regulation der Genexpression durch das Operonmodell eingegangen sowie auf eine übergelagerte Regulation durch vorzeitige Termination (Attenuation). In den Regulationsprozess nach dem Operonmodell sind verschiedene Elemente einbezogen, die zunächst charakterisiert werden sollen.

Strukturgene: Die Gene, welche die genetische Information für Proteine tragen und deren Aktivität reguliert wird, werden als Strukturgene bezeichnet. Nach dem klassischen Operon-Modell unterliegt eine Gruppe von Strukturgenen, die hintereinander auf der DNA liegen, einer gemeinsamen Kontrolle. Die Strukturgene eines Operons werden in eine gemeinsame mRNA transkribiert, die deshalb als **polycistronische mRNA** bezeichnet wird. Polycistronische Messenger sind für die prokaryotische Organisationsstufe charakteristisch und wurden als Transkriptionsprodukte der genetischen Information im Zellkern von Eukaryoten bisher nicht nachgewiesen. Die gemeinsam regulierten Strukturgene codieren Enzyme, die an einem bestimmten Stoffwechselprozess mitwirken und daher entweder gleichzeitig gemeinsam benötigt oder nicht benötigt werden.

Operator: Der Operator ist ein DNA-Abschnitt mit Kontrollfunktion, der in Ableserichtung vor den Strukturgenen liegt. An den Operator bindet bei negativer Kontrolle (s. u.) das Regulatorprotein (Repressor).

Promotor: Der Promotor ist die Ansatzstelle der RNA-Polymerase auf der DNA (vgl. 14.1.). Auch dieser DNA-Bereich hat daher eine Kontrollfunktion. Er liegt ebenfalls in Ableserichtung vor den Strukturgenen und vor dem Operator. Operator- und Promotorbereich überlappen einander sehr oft. Ihre Lage auf der DNA wurde durch Mutationen, die zum Ausfall ihrer Funktion führen, bestimmt. Ihre Größe konnte dadurch ermittelt werden, dass man isolierte DNA, an die das Regulatorprotein bzw. die RNA-Polymerase gebunden war, mit Hilfe von DNase abbaute. DNA-Bereiche, an die Protein angelagert ist, sind vor Abbau geschützt (vgl. Abb. 19.5.) und können so von anderen DNA-Regionen getrennt und näher charakterisiert werden. Auf diese Weise wurde auch die DNA für die Aufklärung von Basensequenzen von Promotor-Operatorbereichen gewonnen.

Regulatorgen: Das Regulatorgen trägt die Information für das Regulatorprotein. Es kann in der Nähe des Operons liegen (z. B. beim *lac*-Operon) oder an einer ganz anderen Stelle des Genoms (z. B. beim *trp*-Operon).

Regulatorprotein: Das Regulatorprotein ist im klassischen Operon-Modell ein **Repressor**, der durch Anlagerung an den Operator die Transkription der Strukturgene verhindert („negative Kontrolle"). Im Fall der „positiven Kontrolle" der Genaktivität kann das Regulatorprotein als **Aktivator** durch Anlagerung an eine Kontrollregion der DNA die Transkription der Strukturgene stimulieren.

Effektor: Die Effektoren sind in der Regel kleinere Moleküle; sie kontrollieren die Funktion des Repressors, indem sie sich mit ihm verbinden. Die Effektor-Regulatorprotein-Bindung führt entweder zum Ablösen des Regulatorproteins vom Operator (bei „Enzyminduktion") oder ermöglicht erst die Anlagerung des sonst inaktiven Regulatorproteins an den Operator (bei „Enzymrepression"). Im ersteren Fall wird der Effektor auch als „Induktor", im letzteren Fall als „Corepressor" bezeichnet.

Terminator: Der Terminator ist eine bestimmte Sequenz von Basen, die veranlasst, dass die RNA-Polymerase die Transkription beendet und sich von der DNA löst. Der Terminator liegt daher in Ableserichtung hinter den Strukturgenen. Basensequenzen, die zum Abbruch der Transkription führen, können aber auch an anderen Stellen lokalisiert sein und haben dann auch Kontrollfunktionen (vgl. *trp*-Operon). Der Terminatorbereich wird in der Regel bei Operon-Modellen nicht berücksichtigt.

Operon: Das Operon stellt eine Regulationseinheit dar, die aus den Strukturgenen, dem Promotor und dem Operator (sowie dem Terminator) besteht.

Es gibt verschiedene Regulationsmöglichkei-

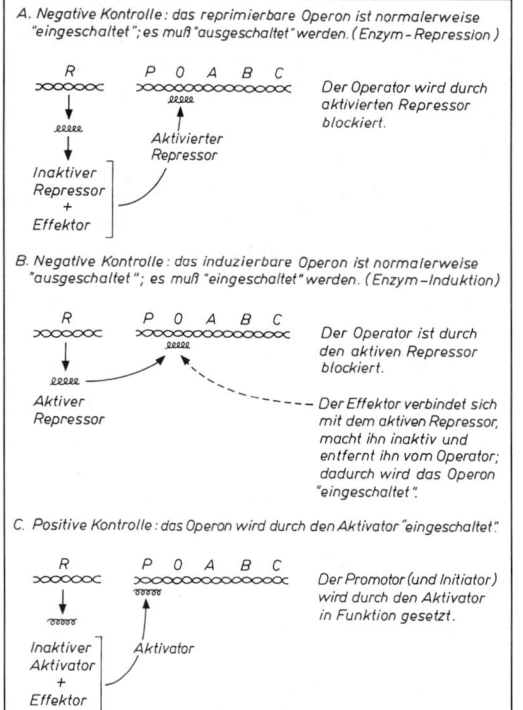

A. Negative Kontrolle: das reprimierbare Operon ist normalerweise "eingeschaltet"; es muß "ausgeschaltet" werden. (Enzym-Repression)

Der Operator wird durch aktivierten Repressor blockiert.

B. Negative Kontrolle: das induzierbare Operon ist normalerweise "ausgeschaltet"; es muß "eingeschaltet" werden. (Enzym-Induktion)

Der Operator ist durch den aktiven Repressor blockiert.

Der Effektor verbindet sich mit dem aktiven Repressor, macht ihn inaktiv und entfernt ihn vom Operator; dadurch wird das Operon "eingeschaltet".

C. Positive Kontrolle: das Operon wird durch den Aktivator "eingeschaltet".

Der Promotor (und Initiator) wird durch den Aktivator in Funktion gesetzt.

Abb. 19.1. Kennzeichnung von Enzymrepression und Enzyminduktion sowie von positiver Kontrolle.

ten des Operons (Abb. 19.1.). Prinzipiell unterscheidet man positive und negative Kontrolle und innerhalb der negativen Kontrolle noch Enzyminduktion und Enzymrepression.

Negative und positive Kontrolle unterscheiden sich in der Funktion des Regulatorproteins. Bei *negativer Kontrolle* verhindert das aktive Regulatorprotein als Repressor durch Anlagerung an den Operatorbereich die Transkription der Strukturgene. Bei *positiver Kontrolle* dagegen ermöglicht erst das aktive Regulatorprotein als Aktivator durch Anlagerung an den Initiatorbereich bzw. an den Promotor die Transkription.

Enzyminduktion und Enzymrepression unterscheiden sich als Formen der negativen Kontrolle in der Funktion der Effektoren. Bei **Enzymrepression** (Abb. 19.1.) kann sich der Repressor allein nicht an die DNA anlagern. Erst die Bindung des Effektors, der hier als Corepressor fungiert, ermöglicht die Anlagerung des Repressors an den Operator und verhindert dadurch die Transkription und damit die Enzymsynthese. Diese Art der Regula-

tion wird vor allem bei Operonen gefunden, deren Strukturgene Enzyme anabolischer Reaktionen codieren. Die Endprodukte anabolischer Reaktionen können als Effektoren die Enzymsynthese reprimieren, wenn genügend Endprodukt in der Zelle vorhanden ist.

Bei der **Enzyminduktion** (Abb. 19.1.) ist der Repressor bereits ohne Effektor aktiv und verhindert durch Anlagerung an den Operator die Transkription. Dagegen führt die Bindung des Effektors an den Repressor zum Lösen der Repressor-Operator-Bindung und somit zur Transkription und Enzymsynthese. Der Effektor induziert die Enzymsynthese und wird daher als Induktor bezeichnet. Enzyminduktion findet man häufig bei Operonen, deren Strukturgene die Information für Enzyme katabolischer Stoffwechselwege tragen. Die Ausgangsprodukte von Abbaureaktionen können als Induktoren die Enzymsynthese stimulieren. Liegen keine abzubauenden Substanzen (= Induktoren) vor, werden die entsprechenden Enzyme nicht benötigt. Der Repressor kann an den Operator binden und verhindert so die Enzymsynthese.

Die Transkription eines Operons wird, auch wenn der Repressor aktiv ist, nie völlig reprimiert. Eine geringe Transkriptionsrate kann immer noch beobachtet werden, und die von dem entsprechenden Operon codierten Proteine sind in geringer Menge nachweisbar. So werden z. B. während der Replikation die Repressoren von der DNA abgelöst; dadurch kann es kurzzeitig zu einer Transkription kommen.

19.2. Attenuation

Die Transkription von Operonen für die Aminosäuresynthese, wie z. B. der *trp-, phe-, his-, thr-* und *leu-*Operonen, wird an zwei Stellen reguliert, der Promotor-Operator-Region und dem Attenuator. Bei den erwähnten Operonen wird die Initiationsrate der Transkription an der Promotor-Operator-Region in Abhängigkeit von der in der Zelle vorhandenen Menge der jeweiligen Aminosäure reguliert.

Der **Attenuator** ist ein DNA-Abschnitt, der zwischen der Promotor-Operator-Region und dem ersten Strukturgen liegt. Am Attenuator wird entweder die Transkription vorzeitig abgebrochen (Termination), noch ehe das erste Strukturgen transkribiert worden ist, oder aber die RNA-Polymerase liest durch, so dass alle nachfolgenden Strukturgene des Operons transkribiert werden. Die Termination am Attenuator wird durch die Konzentration der beladenen tRNA-Sorten für die entsprechende Aminosäure reguliert (tRNA^{trp} beim *trp*-Operon, tRNA^{leu} beim *leu*-Operon usw.). **Attenuation** ist somit die starke Verringerung der Transkription durch vorzeitigen Abbruch der mRNA-Synthese.

Durch den Vergleich aller bisher bekannten Attenuatorregionen haben sich folgende Merkmale als allgemeingültig für den Mechanismus der Attenuation erwiesen (Abb. 19.3.):

1. Meist erfolgt bei den erwähnten Operonen kurz nach der Initiation der Transkription am entsprechenden Promotor der Abbruch der Transkription am Attenuator. Dadurch entstehen statt der langen polycistronischen RNA-Moleküle kurze, etwa 150 Nukleotide lange RNA-Moleküle.

2. Der als Attenuator bezeichnete Ort der vorzeitigen Transkriptionstermination ähnelt in der Struktur den typischen Terminationssequenzen, die am Ende des Operons für den Abbruch der Transkription charakteristisch sind. Die Attenuatorstelle bildet eine charakteristische Haarnadelstruktur aus (Abb. 19.3.). Zwischen dem Ort der Transkriptionsinitiation und dem Attenuator befinden sich weitere für die Regulation der Attenuation wichtige DNA-Abschnitte, die ebenfalls spezifische Haarnadelstrukturen ausbilden können (proximale Haarnadelstrukturen).

3. Innerhalb der „leader"-RNA (d. h. zwischen dem 5'-Ende der mRNA und dem Startcodon für die Translation des 1. Strukturgens) gibt es bereits Translationsstart- und -stoppsignale, so dass ein Peptid in der Größenordnung zwischen 14–28 Aminosäuren gebildet werden kann. Jede „leader"-RNA hat eine Gruppe von 2 oder mehreren Codonen für die Aminosäure, deren Synthese durch das Operon reguliert wird (z. B. *Trp*-Codonen in der „leader"-RNA des *trp*-Operons).

Ob vorzeitiger Transkriptionsabbruch erfolgt oder nicht, hängt von der momentanen Sekundärstruktur der „leader"-RNA ab. Bei Mangel an der betreffenden Aminosäure (und damit dem Mangel an beladener tRNA) bildet sich eine Sekundärstruktur aus, die letztlich zum Durchlesen der RNA-Polymerase führt und so die Transkription aller Strukturgene des Operons ermöglicht. Hingegen bildet sich bei Aminosäureüberschuss (und damit dem Vorhandensein von viel beladener tRNA) die Terminator-Haarnadelstruktur aus, so dass ein Abbruch der Transkription erfolgt. Welche der beiden alternativen Sekundärstrukturen der „leader"-RNA sich herausbildet, hängt somit von der Menge der in der Zelle vorhandenen Aminosäure und der mit ihr beladenen tRNA ab (damit meist von der Geschwindigkeit der Synthese der zu kontrollierenden Enzyme; vgl. Abb. 19.3.).

19.3. Tryptophan-Operon als Beispiel für Enzymrepression und Attenuation

Intensiv bearbeitetes Beispiel für Enzymrepression ist die Tryptophansynthese bei *E. coli*. Die fünf Strukturgene des Tryptophan-(*trp*-) Operons (*trp A–E*) codieren Enzyme für die Tryptophansynthese und werden gemeinsam in ihrer Aktivität reguliert (Abb. 19.2.). Die Regulation erfolgt durch Repression und Attenuation.

Repression: Der den Strukturgenen vorgelagerte Operator *trpO* ist repressibel, d. h. die Transkription der Strukturgene erfolgt solange, wie die Tryptophankonzentration in der Zelle niedrig ist. Erreicht die Tryptophankonzentration ein bestimmtes Niveau, verbindet sich Tryptophan als Corepressor mit dem bis dahin inaktiven Repressor (vgl. Abb. 19.1 u. 19.2.). Der Repressor wird vom Regulatorgen *trpR* codiert, das sich an einer anderen Stelle des Genoms befindet. Der Repressor-Corepressor-Komplex lagert sich an den Operator und verhindert die weitere Transkription des *trp*-Operons. Die spezifische Bindung des Repressors an den *trp*-Operator wird durch spezifische symmetrische Basensequenzen im Operator vermittelt, die vom *trp*-Repressor erkannt werden. In-vitro-Versuche haben gezeigt, dass die Bindung des Repressors an den Operator die Anlagerung des RNA-Polymerase an den Promotor verhindert. Umgekehrt kann der Repressor nicht an den Operator gebunden werden, wenn sich die RNA-Polymerase bereits am Promotor befindet. Es ist wahrscheinlich, dass auch in vivo die Repressorwirkung auf diesem Ausschlussprinzip beruht (vgl. *lac*-Operon, vgl. Abb. 19.5.).

Attenuation: Enthält eine Zelle große Mengen Tryptophan, werden 9 von 10 begonnenen Tran-

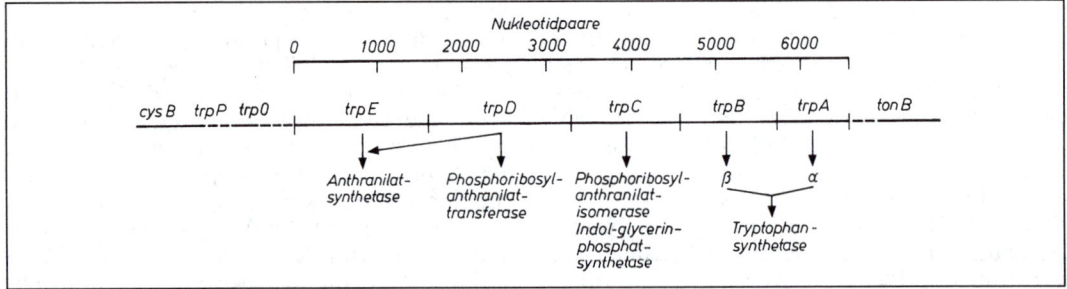

Abb. 19.2. Tryptophan-(*trp*-)Operon von *E. coli* und die von ihm codierten Enzyme für die Tryptophanbiosynthese. Die einzelnen Gene sind entsprechend ihrer absoluten Länge gezeichnet. Nach Jackson und Yanofsky 1973 aus Hagemann et al. 1978.

skriptionen am Attenuator wieder abgebrochen; lediglich eine Transkription führt zu einer mRNA des gesamten *trp*-Operons. Demgegenüber führt bei weitgehender Abwesenheit von Tryptophan in der Zelle praktisch jede Initiation zur vollständigen Transkription des *trp*-Operons.

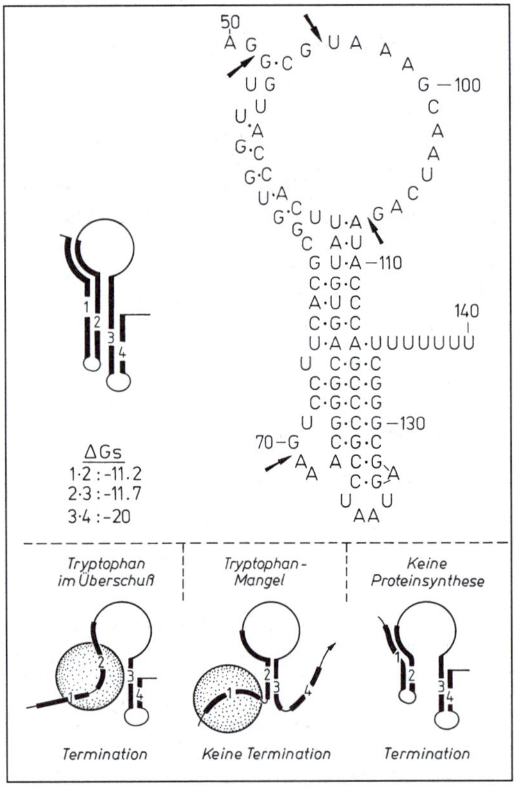

Die Abbildung 19.3. veranschaulicht die beiden alternativen Arten von Sekundärstruktur der *trp*-„leader"-RNA, die zum Transkriptionsabbruch am Attenuator oder zum Durchlaufen der Transkription führen. In der „leader"-Sequenz gibt es vier Regionen, die zur gegenseitigen RNA-Basenpaarung befähigt sind und dadurch in der Lage sind, „Haarnadelstrukturen" zu bilden.

Bei *Tryptophanüberschuss* wird an der sich bildenden „leader"-RNA ein kurzes Peptid synthetisiert. Dazu lagert sich ein Ribosom an die „leader"-RNA und überdeckt die Regionen 1 und 2; dadurch können nur die Regionen 3 und 4 miteinander paaren. Sie bilden eine Terminatorhaarnadelstruktur, welche der RNA-Polymerase den Abbruch der Transkription signalisiert. Bei *Tryptophanmangel* wird die Synthese des „leader"-Peptids verzögert oder unterbrochen, weil für die zwei *trp*-Codonen keine beladene tRNA^{trp} vorhanden ist. Deswegen paaren die Regionen 2 und 3 miteinander und bilden eine Haarnadelstruktur, welche die Paarung der Regionen 3 und 4 verhindert und so die Entstehung der Terminatorstruktur unmöglich macht. Deshalb kann die Synthese der mRNA weiterlaufen und zur Transkription des gesamten Operons führen.

ΔGs
1·2 : -11.2
2·3 : -11.7
3·4 : -20

Tryptophan im Überschuß | Tryptophan-Mangel | Keine Proteinsynthese

Termination | Keine Termination | Termination

Abb. 19.3. Schema für das Zustandekommen der Attenuation im „leader"-Bereich des Tryptophan-Operons. Die „leader"-mRNA-Region enthält 4 Regionen (*1, 2, 3, 4*), die miteinander paaren können. Je nach dem Vorhandensein oder dem Mangel an beladener tRNA^{trp} entstehen Paarungsfiguren, welche entweder eine Termination (Abbruch) der mRNA-Synthese oder ihre Fortsetzung und damit die Transkription des gesamten Operons bewirken. Nach Oxender et al. 1979.

19.4. Lactose-Operon als Beispiel für Enzyminduktion

Das bestuntersuchte Beispiel für Enzyminduktion stellt das Lactose-(*lac*-)Operon von *E. coli* dar. Untersuchungen zur Regulation des Lactoseabbaus führten Jacob und Monod zur Aufstellung ihres Operon-Modells. Da *E. coli* normalerweise Energie aus dem Glucoseabbau gewinnt, sind die dafür notwendigen Enzyme ständig in der Zelle vorhanden. Die Enzyme für den Lactoseabbau müssen dagegen neu synthetisiert werden, sobald den Zellen Lactose anstelle von Glucose als Substrat geboten wird.

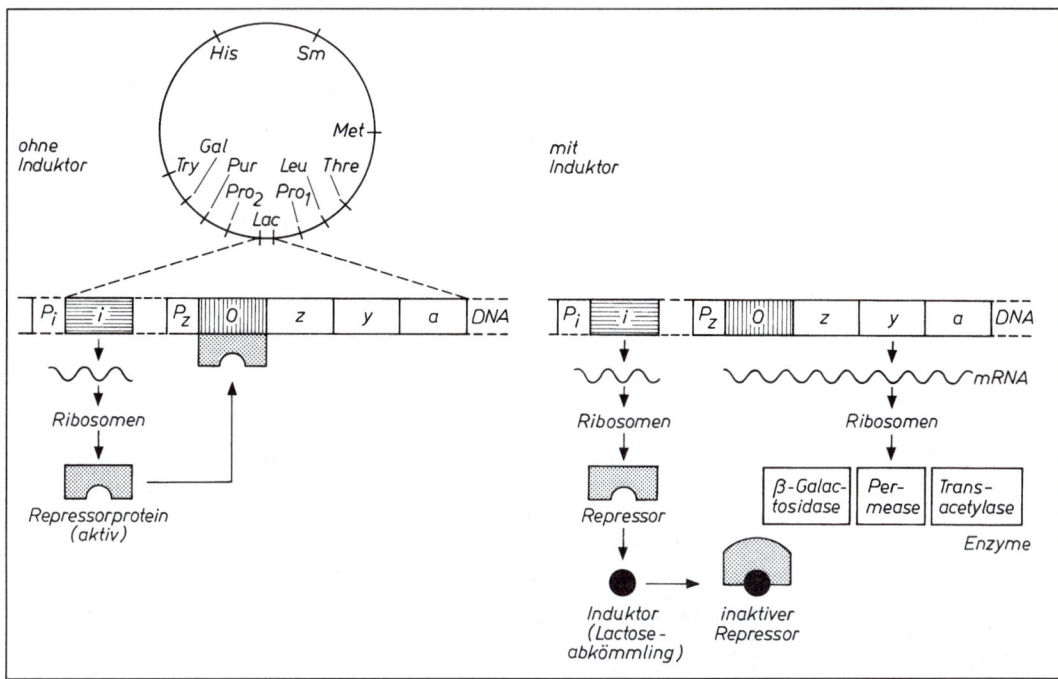

Abb. 19.4. Schema für die Enzyminduktion am Lactose-(*lac*-)Operon von *E. coli*. Nach Parthier et al. 1971.

Das *lac*-Operon enthält neben dem Promotor und dem Operator (sowie dem Terminator) Strukturgene für drei Enzyme, die β-Galactosidase (Gen *z*), die Galactosid-Permease (Gen *y*) und die Thiogalactosidtransacetylase (Gen *a*) (Abb. 19.4.). Die Galactosidpermease katalysiert den Transport von Lactose in die Zelle, die β-Galactosidase vermittelt die Umwandlung von Lactose in Allolactose und spaltet diese in Glucose und Galactose; die in-vivo-Funktion der Transacetylase ist noch nicht genau bekannt.

Negative Kontrolle durch Repressor

Solange den Zellen keine Lactose als Substrat geboten wird, verhindert der *lac*-Repressor weitgehend die Transkription des Operons. Der *lac*-Repressor konnte isoliert und die Aminosäuresequenz des Proteins ermittelt werden (vgl. 17.2.).
Der Repressor ist ein Protein von 150.000 Dalton, das aus vier identischen Untereinheiten von je 38.000 Dalton besteht. Die Bindungsstelle des Repressors (Operator) überlappt mit der Bindungsstelle für die RNA-Polymerase (Promotor) (Abb. 19.5.), so dass angenommen werden kann, dass die Bindung des Repressors an die DNA die gleichzeitige Anlagerung der RNA-Polymerase verhindert und dadurch die Transkription des Operons unterdrückt. Dennoch sind auch im reprimierten Zustand einige Moleküle der vom *lac*-Operon co-

dierten Enzyme in der Zelle vorhanden. – Wird aus dem Nährmedium Glucose entfernt und Lactose zugesetzt, so bewirkt die Permease den Eintritt der Lactose in die Zelle. Die Lactose wird durch die β-Galactosidase in Allolactose umgewandelt. Allolactose verbindet sich als Induktor mit dem *lac*-Repressor. Diese Bindung führt über eine Konformationsänderung des Repressors zu seiner Ablösung von der DNA. Die RNA-Polymerase kann sich nun an den Promotor anlagern und das *lac*-Operon transkribieren.
Die Enzyminduktion führt zu einem 1000fachen Anstieg der Menge der drei Enzyme in der Zelle. Wie bei allen mRNAs beginnt die Transkription nicht erst am Beginn des ersten Strukturgens, sondern ein Stück vorher. Die nichttranslatierte Sequenz des *lac*-Messengers („leader") ist aber weitaus kürzer als die des *trp*-Messengers und enthält keinen Attenuator. Während beim *trp*-Operon der Operator nicht mittranskribiert wird, enthält der *lac*-Messenger einen Teil der Basensequenz des Operators. Das Startcodon (AUG) für die Translation der β-Galactosidase beginnt mit dem 39. Nukleotid des *lac*-Messengers (Abb. 19.5.).

Positive Kontrolle durch cAMP-CAP

Neben der beschriebenen negativen Kontrolle unterliegt das *lac*-Operon auch einer positiven Kontrolle, die bewirkt, dass *von E. coli* bevorzugt Glucose als Substrat verwendet wird. Dieser Kontrolltyp wird im folgenden Abschnitt dargestellt.

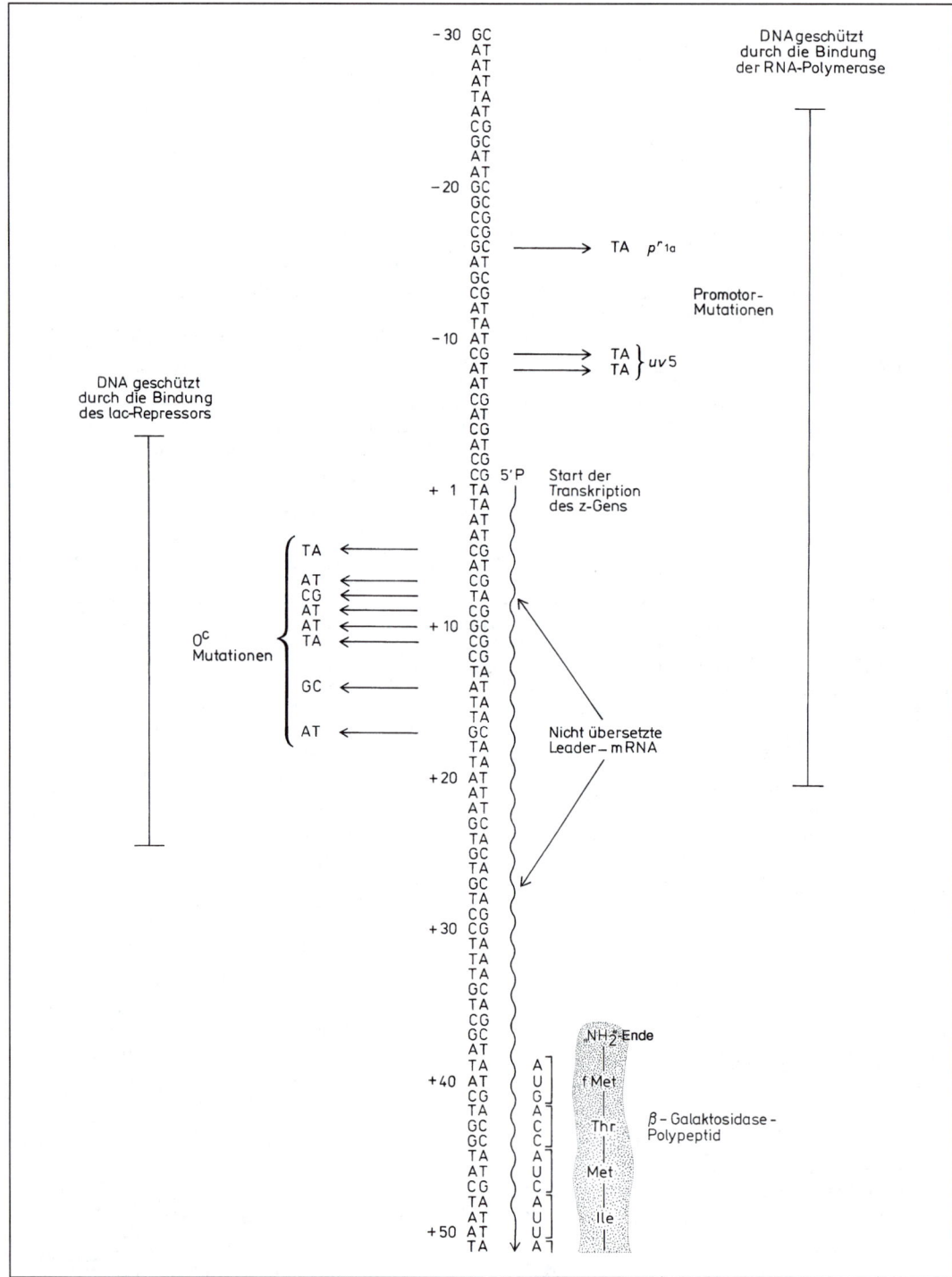

Abb. 19.5. Nukleotidsequenz der Kontrollregion des Lactose-Operons und des Beginns des *z*-Gens. Nach Gilbert und Goodenough 1978.

19.5. Positive Kontrolle der Transkription am Beispiel des *lac*-Operons und des *ara*-Operons

Im Fall der positiven Kontrolle der Transkription ermöglicht ein Regulatorprotein (Aktivator) durch Bindung an die DNA die Transkription. In einigen Fällen (s. u.) verbessert der Aktivator offensichtlich die Affinität des Promotors zur RNA-Polymerase. Die RNA-Polymerase wird besser (häufiger) gebunden und das entsprechende Operon verstärkt transkribiert. In anderen Fällen (positive Kontrolle beim λ-Phagen) wirkt der Aktivator als Antiterminator, d. h. die RNA-Polymerase transkribiert ein längeres Stück der DNA als in Abwesenheit des Aktivators.

Das *lac*-Operon unterliegt sowohl einer negativen (vgl. 19.4.) als auch einer positiven Kontrolle. Diese positive Kontrolle, die nicht nur das *lac*-Operon, sondern noch weitere induzierbare Operonen betrifft (z. B. *gal*, *ara*), erklärt das seit längerer Zeit bekannte Phänomen der *katabolischen Repression (= Glucoseeffekt)*: Wird den Zellen Glucose als Substrat geliefert, deren Abbau energetisch günstiger ist als die Verwertung anderer Substrate, so wird die Synthese von Enzymen verhindert, die andere Zucker (Lactose, Galactose, Arabinose u. a.) abbauen. Das bedeutet, dass z. B. die Enzyme des *lac*-Operons in Gegenwart von Lactose kaum induzierbar sind, wenn zusätzlich Glucose im Medium enthalten ist. Die positive Regulation ist der negativen also übergeordnet. In der positiven Regulation wirken cyclisches AMP (cAMP) und Glucose als Gegenspieler. Glucose beeinflusst über einen mehrstufigen Regulationsprozess die Synthese von cAMP (Abb. 19.6.).

Sinkt der Glucosespiegel der Zelle unter ein bestimmtes Niveau, wird verstärkt cAMP gebildet. Das cAMP verbindet sich mit einem Protein, CAP genannt (<u>c</u>atabolite <u>a</u>ctivator <u>p</u>rotein). Der cAMP-CAP-Komplex wirkt als Aktivator. Nur wenn er sich an eine bestimmte Region des *lac*-Promotors angelagert hat, wird der Promotor befähigt, effektiv die RNA-Polymerase zu binden, welche die Transkription des *lac*-Operons vollzieht.

Auch das Arabinose-(*ara*-)-Operon unterliegt sowohl einer negativen als auch einer positiven Kontrolle. Das *ara*-Operon umfasst 3 Strukturgene (*ara A, B, D*) und die Kontrollregion *ara* I (Initiator), *ara O* (Operator), *ara C* (Regulatorgen) sowie die beiden Promotoren P_{BAD} (für die Transkription der Strukturgene) und P_C (für das Regulatorgen) (Abb. 19.7.). Die Transkription von *A, B* und *D* einerseits und von *C* andererseits erfolgt gegenläufig, d. h. es wird jeweils der andere DNA-Strang als codogener Strang genutzt. Das Genprodukt von *araC* wirkt in Abwesenheit von Arabinose als Repressor, indem es sich mit dem Operator *araO* verbindet. Der Repressor verhindert sowohl die Transkription der Strukturgene als auch die Transkription von *araC* auf dem anderen Strang. Bei Anwesenheit von Arabinose und gleichzeitigem Fehlen von Glucose wird cAMP gebildet. Der cAMP-CAP-Komplex ermöglicht die Transkription von *araC* und *araB, A* und *D*. Das Genprodukt von *araC* wird durch Arabinose aus seiner Repressorform in den Aktivator umgewandelt. Als Aktivator fungiert das Dimere dieses Proteins, als Repressor dagegen die tetramere Form. Der Aktivator ist zusätzlich zum cAMP-CAP-Komplex für die Bindung der RNA-Polymerase am Promotor für die drei Strukturproteine *araA, B* und *D* nötig. Arabinose wirkt also in dem Kontrollgeschehen als Effektor an zwei Stellen, bei der Bildung von cAMP und bei der Umwandlung des Repressors in den Aktivator. Sobald durch den Abbau von Arabinose dessen Konzentration in der Zelle sinkt, wird ein weiterer Abbau durch den Stopp der Transkription des *ara*-Operons verhindert.

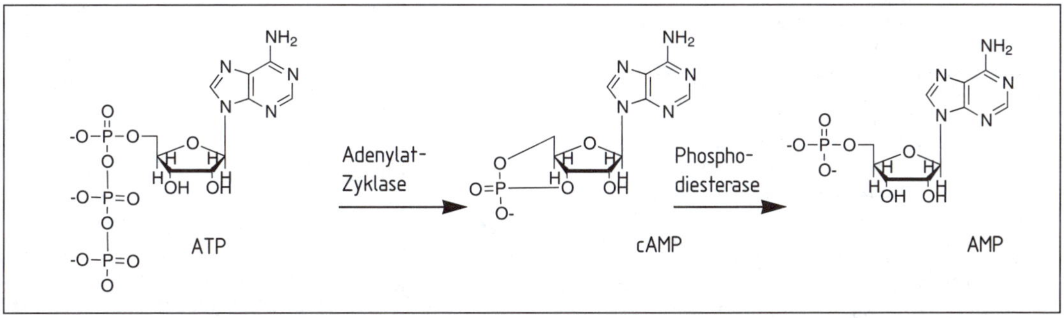

Abb. 19.6. Synthese von zyklischem AMP (cAMP) durch die Adenylatzyklase aus ATP sowie die Umwandlung von cAMP durch Phosphodiesterase zu AMP. Nach Bielka und Börner 1995, verändert.

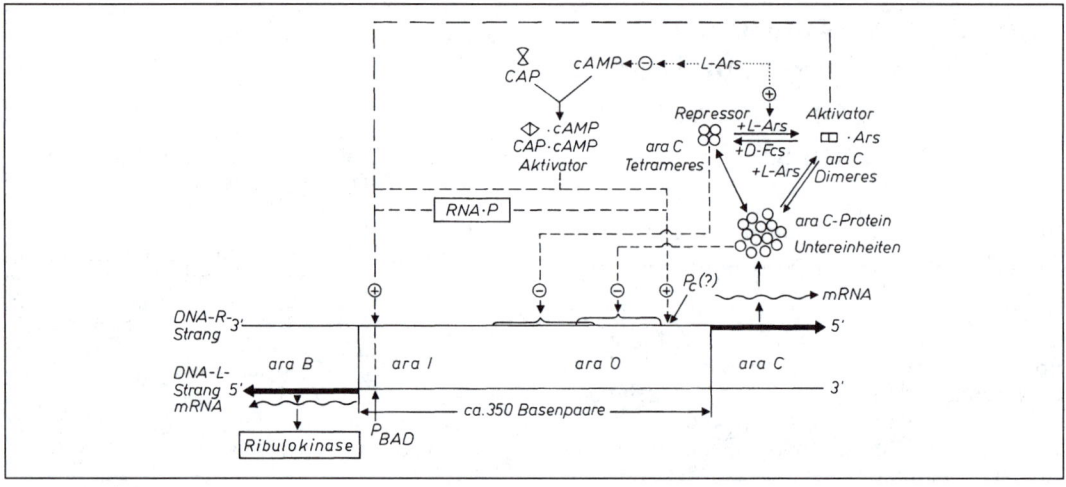

Abb. 19.7. Regulation des Transkriptionsstartes in der 0-I-Region des Arabinose-Operons von *E. coli.* Nach Nover et al. 1978.

19.6. Auswirkungen von Mutationen auf die Funktion des Operons

Die ersten Einsichten in die Funktionsweise des Operons wurden durch die Analyse von regulationsdefekten Mutanten gewonnen. Man hat sich dabei u. a. bestimmter *E. coli*-Stämme bedient, die nicht nur im Bakterienchromosom, sondern auch auf dem F'-Faktor das untersuchte Operon tragen. Im folgenden soll kurz die Wirkung einiger charakteristischer Mutationen behandelt werden.

Mutationen in den Strukturgenen, z. B. Fehlsinn- und Nichtsinnmutationen, führen zu spezifischen Defekten in einzelnen Enzymen (über die Ursachen polarer Mutationen s. u.). Mutationen im Operator und im Regulatorgen haben dagegen Auswirkungen auf die Regulation der Synthese aller Enzyme des betreffenden Operons.

Mutationen im Regulatorgen wirken **trans-dominant**, d. h. sie verursachen Veränderungen der Genaktivität nicht nur im Bereich des eigenen Chromosoms, sondern auch in einem anderen, sich in Transstellung zum Regulatorgen befindlichen, Genombereich (Mutation im Regulatorgen auf dem Bakterienchromosom bewirkt z. B. Veränderungen der Expressivität von *lac*-Strukturgenen auf dem F'-Faktor). Das Produkt des Regulatorgens muss demnach in der Zelle frei diffusibel sein. Es wurde daher postuliert (und später bestätigt), dass es sich bei dem Regulatorgen um ein proteincodierendes Gen handelt. Die Wirkung von Regulatorgen-Mutatio-

nen ist bei negativer und positiver Kontrolle entsprechend der unterschiedlichen Funktion des Regulatorgen-Produkts (Repressor oder Aktivator) verschieden.

Die i⁻-Mutation im *lac*-Regulatorgen führt zu einem inaktiven Repressor, der nicht an den Operator gebunden wird. Die Folge ist konstitutive, nicht reprimierbare Enzymsynthese. Eine vergleichbare Mutation im Regulatorgen des Arabinose-Operons (*araC*; kein Repressor, aber auch kein wirksamer Aktivator) verursacht dagegen die Nichtinduzierbarkeit der Enzymsynthese.

Als Folge der iˢ-Mutation des *lac*-Regulatorgens wird ein Repressor gebildet, der sich nur schlecht mit dem Induktor verbindet: Die Repression des Operons ist nicht aufhebbar. Den entgegengesetzten Effekt (konstitutive, nichtregulierbare Enzymsynthese) hat eine vergleichbare Mutation im *ara*-Regulatorgen (*araCᶜ*, der Aktivator ist auch ohne Induktor wirksam).

Mutationen im Promotor und im Operator wirken **cis-dominant**, d. h. nur auf die direkt benachbarten Strukturgene. Als Folge einer Mutation im Operator kann der Repressor nicht mehr an die Operatorregion gebunden werden. Das führt zur konstitutiven Enzymsynthese im Falle negativer Kontrolle (oᶜ-Mutationen im *lac* Operon) bzw. zur Nichtinduzierbarkeit der Enzymsynthese bei positiver Kontrolle.

In bestimmten Fällen können Mutationen in einem Strukturgen nicht nur zum Ausfall der Synthese des von diesem Gen codierten Proteins führen, sondern auch zum Fehlen der Proteine, die von anderen Strukturgenen des gleichen Operons codiert werden. Diese Mutationswirkung betrifft nur diejenigen Gene, die nicht proximal (in Richtung zum Operator), sondern distal vom Mutationsort liegen (also vom Operator weg, „stromabwärts"). Derartige Veränderungen nennt man **polare Mutationen**. Sie sind u. a. intensiv beim *lac*- und beim *trp*-Operon untersucht worden. Man fand, dass z. B. Mutationen im *z*-Gen des *lac*-Operons neben dem erwarteten Fehlen der β-Galactosidase auch zusätzlich den Wegfall der Permease (Gen *y*) und der Transacetylase (Gen *a*) hervorrufen. In der Wirkung dieser Mutationen auf die Expression des *y*-Gens und *a*-Gens zeigte sich eine vom Mutationsort im *z*-Gen abhängige Polarität: Mutationen, die im *z*-Gen in der Nähe des Operators (des Genanfanges) liegen, führen zur totalen Blockierung der Expression der beiden folgenden Strukturgene. Je entfernter jedoch der Mutationsort vom Operator und je näher er zum *y*-Gen zu liegt (also am Ende des *z*-Gens), desto geringer ist die Wirkung auf die nachfolgenden Gene, d. h. desto mehr Permease und Transacetylase wird synthetisiert (Abb. 19.7.). Solche polaren Mutationen sind somit durch zwei Effekte charakterisiert: Blockierung der Expressivität des mutierten Gens und mehr oder weniger starke Hemmung der Expression der distal, „stromabwärts" vom Mutationsort liegenden Strukturgene.

Polare Mutationen sind Nichtsinnmutationen; sie führen zur Umwandlung eines aminosäurebestimmenden Codons in ein Stoppcodon. In der mRNA erscheint demzufolge

anstelle eines Aminosäurecodons eines der drei Nichtsinncodonen UAA oder UAG oder UGA, was den vorzeitigen Abbruch der Translation durch Ablösen der Ribosomen von der mRNA zur Folge hat. Damit ist erklärt, warum die Expression des mutierten Gens verhindert wird. Für die – je nach der Lage des Nichtsinncodons innerhalb des *z*-Gens – unterschiedlich starke Hemmung der Ausprägung der distal folgenden Strukturgene des Operons gibt es folgende experimentell gestützte Erklärungen: Zum einen verhindert der Abbruch der Polypeptidsynthese am Mutationsort offensichtlich die weitere Translation des polycistronischen Messengers; eine Neuinitiation der Translation am Beginn des folgenden Strukturgens ist aber umso eher möglich, je näher der Mutationsort an diesem Gen liegt. Zum anderen wurde gefunden, dass die mRNA des mutierten Operons einem verstärkten Abbau durch RNasen unterliegt. Normalerweise wird die mRNA durch die Ribosomen vor Abbau geschützt. Dieser Schutz geht aber durch das vorzeitige Ablösen der Ribosomen und die dadurch entstehenden freien (nicht mit Ribosomen besetzten) RNA-Abschnitte verloren.

19.7. Regulon-Modell

Das klassische Operon-Modell der Transkriptionskontrolle wurde bei *E. coli* entwickelt. Bei ihm und anderen Bakterien sind häufig die Strukturgene für die Enzyme eines Stoffwechselweges auf dem Chromosom nebeneinander in Gruppen (Operonen) angeordnet, so dass sie durch eine, in Transkriptionsrichtung vor ihnen liegende Kontrollregion, den Promotor und den Operator, gemeinsam reguliert werden können. Die gemeinsam zu regulierenden Gene können aber auch einzeln oder in mehreren Operonen organisiert sein und über das Chromosom verstreut liegen. So sind z. B. die bei *E. coli* zu Operonen zusammengefassten Gene für die Tryptophan-Synthese (*trp*-Operon mit 5 Genen) und für die Histidin-Synthese (*his*-Operon aus 9 Genen) bei *Pseudomonas aeruginosa* auf 3 bzw. 5 unterschiedliche Chromosomenstellen verteilt. Bei *E. coli* liegen die Gene für den Arabinose-Abbau nicht nur im *ara*-Operon, sondern an insgesamt drei Stellen, die Struk-

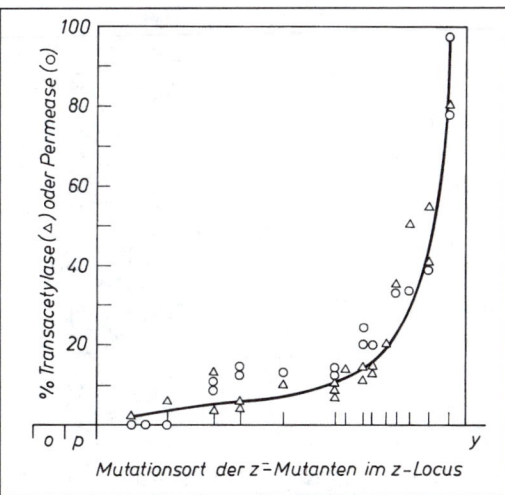

Abb. 19.8. Polarität in *lac*-Operon. Gradient im Ausmaß der Aktivität von Transacetylase und Galactosidpermease in Abhängigkeit von der Lage der Nichtsinnmutationen innerhalb des *z*-Gens. Nach Newton et al. 1965.

turgene für die 8 zur Arginin-Synthese benötigten Enzyme an 6 verschiedenen Stellen.

Die gemeinsame Regulation vertreut liegender Gene und Operonen erklärt das **Regulon**-Modell, wie es beispielsweise im Fall der Argininsynthese bei *E. coli* verwirklicht wird. *Ein Regulon umfasst mehrere über das Chromosom verstreut liegende einzelne Gene oder mehrere getrennte Operonen, die gemeinsam durch das Produkt eines Regulatorgens (Repressor oder Aktivator) kontrolliert werden.* Das bedeutet, dass vor jedem dieser einzelnen Gene (oder vor jeder einzelnen Gengruppe) eine Kontrollregion mit gleicher oder ähnlicher Nukleotidsequenz liegen muss, mit der der Repressor in Wechselwirkung tritt. Die Arginin-Synthese von *E. coli* läuft über 8 enzymkatalysierte Schritte ab. Die Strukturgene für diese Enzyme liegen an 6 verschiedenen Stellen auf dem Chromosom. 4 Strukturgene gehören zu einem Operon, die anderen Strukturgene liegen einzeln, alle gemeinsam bilden das *arg*-Regulon. Die Expression aller Strukturgene des *arg*-Regulons wird durch das wiederum von den Strukturgenen getrennt liegende Regulatorgen *argR* kontrolliert. Das Regulatorgen *argR* codiert einen Repressor, der erst nach Verbindung mit dem Corepressor Arginin aktiv wird (wie in 19.3. für die Repression des *trp*-Operons beschrieben). Hat die Zelle genügend Arginin zur Verfügung, so bindet der Komplex aus Repressor und Corepressor an die Kontrollregionen aller Strukturgene des Regulons und blockiert dadurch die Transkription.

19.8. Protein-DNA-Bindung

Reversible Transkriptionsregulation wird bei Prokaryoten und Eukaryoten durch Regulatorproteine (Aktivatoren, Repressoren) hervorgerufen, die sich an bestimmte DNA-Sequenzen binden müssen, um ihre Wirkung hervorzurufen. Die Bindung der Proteine erfolgt dabei offensichtlich sequenzspezifisch.

Man kennt bestimmte Strukturmotive, die bei DNA-bindenden Proteinen häufig in der Bindungsregion vorhanden sind. Genau analysiert sind vor allem folgende Motive: das „Helix-Turn-Helix (HTH)-Motiv" (= Helix-Knick-Helix), das „Helix-Loop-Helix (HLH)-Motiv" (= Helix-Schlaufe-Helix), das „Zink-

Finger-Motiv", das „Leucin-Zipper-Motiv" und das „β-Faltblatt-Motiv" (vgl. Abb. 19.9.).

Das „Helix-Turn-helix"-Motiv besteht aus der Strukturfolge α-Helix -β-Turn-α-Helix. Eine α-Helix, die „Erkennungshelix" bindet direkt an die DNA-Basen in der großen Furche der DNA-Doppelhelix. Daran schließt die kurze

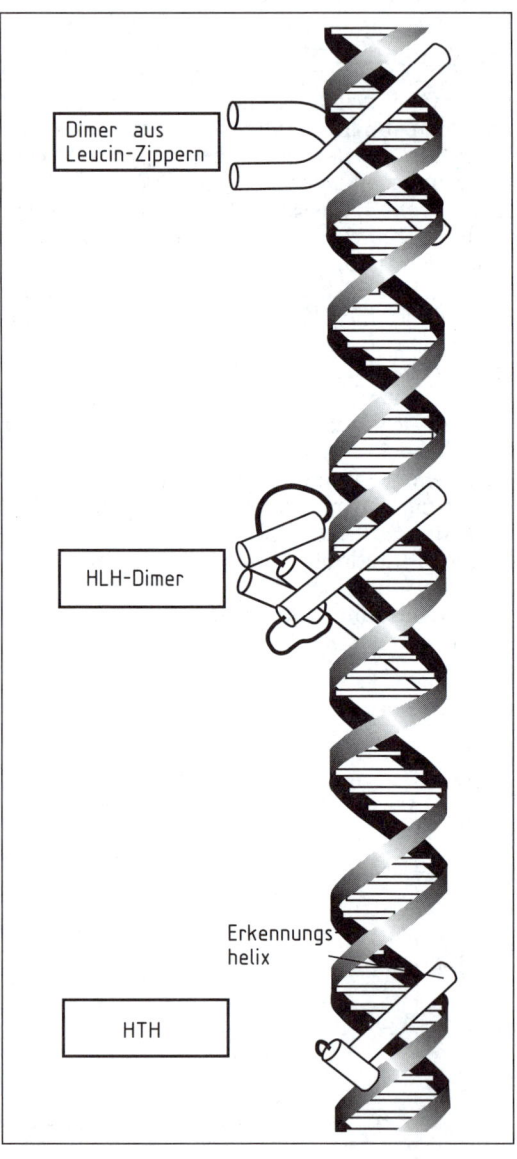

Abb. 19.9. Schema für die Bindung konservierter Strukturmotive von Transkriptionsfaktoren an die DNA-Doppelhelix: HTH = Helix-Turn-Helix-Motiv (= Helix-Knick-Helix), HLH = Helix-Loop-Helix-Motiv (= Helix-Schlaufe-Helix) (als Dimer gezeichnet), Leucin-Zipper (als Dimer gezeichnet); genauere Behandlung im Text. Nach Strachan-Read 1996.

Aminosäuresequenz des β-Turns („Knickes") an. Diese führt zu einer Drehung; dadurch liegt die andere α-Helix quer zur großen Furche und hat unspezifische Kontakte zur DNA (Abb. 19.9.). Dieses Motiv wird in vielen prokaryotischen (u. a. *Lambda*-Repressor, *lac*- und *trp*-Repressor) und eukaryotischen Regulatorproteinen gefunden (u. a. Homöodomäne, vgl. 21.8.4.).

Das „Helix-Loop-Helix"-Motiv besteht aus einer kurzen und einer langen α-Helix, die durch eine längere flexible Schlaufe (Loop) verbunden sind. Diese Flexibilität der Schlaufe ermöglicht es, dass die beiden α-Helices dicht beieinander in parallelen Ebenen liegen und DNA-Bindung haben. Oft wirken sie als Dimere.

Andersartig ist das β-Faltblatt-α-Helix-Motiv, das beim *met*-Repressor von *E. coli* und beim *arc*-Protein des Phagen P22 gefunden wurde. Hier bindet ein zweistreifiges β-Faltblatt an die große Furche der DNA.

Das „Zink-Finger"-Motiv verdankt seinen Namen einer fingerähnlichen Struktur, die durch die Einlagerung von Zink in das Protein hervorgerufen wird. Die Einlagerung geschieht zwischen zwei Paaren Cystein (z. B. beim GALA-Aktivatorprotein und den Steroidhormonrezeptoren, vgl. 20.3.2.3.) oder zwischen 1 Paar Cysteinen und 1 Paar Histidinen (z. B. beim Transkriptionsfaktor TFIIIA, der für die Transkription der 5S-RNA-Gene durch die RNA-Polymerase III benötigt wird) (vgl. Abb. 20.8.).

Der „Leucin-Zipper" (Leucin-Reißverschluss) besteht aus einer α-Helix mit vielen Leucin-Resten. Er bildet leicht Dimere, wobei die hydrophoben Seitenketten der Aminosäuren in eine Richtung weisen. In Dimeren verbinden sich die Monomere über hydrophobe Seitenketten auf einer Strecke dicht zu einem „coiled coil"; außerhalb dieser Strecke streben die beiden Helices auseinander. So entsteht ein Y-ähnliches Dimer, das an die DNA bindet (Abb. 19.9.).

Sehr verbreitet ist bei Pro- und Eukaryoten, dass die regulatorischen Proteine – wie geschildert – nur als Dimer an ihre Bindungsstelle an der DNA binden können. Wichtig für Regulation und Bindung kann die Wechselwirkung mit weiteren DNA-bindenden Proteinen sein. Das können identische Proteine (z. B. *Lambda*-Repressor, s. u.) oder auch andere regulatorische Proteine sein. So kommt es zu „kooperativer Bindung" und/ oder zu „kooperativer Wirkung" der regulato-

rischen Proteine. Die Bindung kann an eng benachbarte oder weiter entfernt liegende Bindungsstellen erfolgen. Die kooperative Wirkung erfordert den engen Kontakt der beteiligten Proteine. Sind ihre Bindungsstellen weiter voneinander entfernt, kann dieser Kontakt zwischen den Proteinen nur hergestellt werden, wenn die dazwischen liegende DNA „ausgestülpt" wird. Auf diese Weise erklärt man auch die Wirkung der Enhancer-Sequenzen bzw. der an sie bindenden Proteine über größere Entfernungen hinweg zum Transkriptionsstart (vgl. 21.3.1.).

Experimentell wurde das Ausstülpen der DNA zwischen Bindungsstellen für regulatorische Proteine überprüft und nachgewiesen, indem man u. a. die eigentlich eng benachbart liegenden Bindungsstellen für den Repressor des Phagen λ, O_R1 und O_R2, auf größeren Abstand gebracht hat (vgl. Abb. 19.10.).

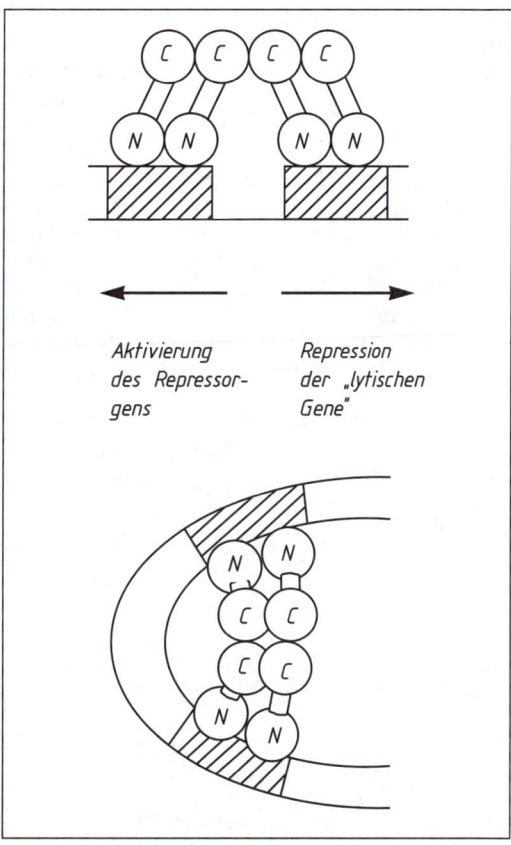

Abb. 19.10. Dimere des Lambda-Repressors binden kooperativ an Operatoren, zwischen denen ganze Zahlen von Helixwindungen liegen. Nach Ptashne und Lewin 1991.

19.9. Regulation durch unterschiedliche Sigmafaktoren

Die Sigmauntereinheiten der RNA-Polymerase sind für die Bindung des Enzymes an den Promotor verantwortlich; sie sind Transkriptionsinitiationsfaktoren (vgl. 14.1.1.). Neben den Hauptsigmafaktoren, die für die Transkription der Mehrheit der Gene benötigt werden, hat man bei intensiv untersuchten Bakterienarten weitere Sigmafaktoren gefunden, die unter bestimmten Umweltbedingungen entweder neu gebildet (σ^{32}, s. u.) oder aktiviert (σ^{54} s. u.) werden (Tab. 19.1.). Sie erkennen jeweils Promotoren, die sich durch von den üblichen Promotoren abweichende Erkennungs- und Bindungssequenzen auszeichnen. So kennt man zusätzlich zum Hauptsigmafaktor ("vegetativer Sigmafaktor" σ^{70}; 70 steht für die Molmasse von ca. 70.000 Da) von *E. coli* z. B. die Faktoren σ^{32} und σ^{54}. Faktor σ^{32} bindet an Promotoren von „Hitzeschock"-Genen, die nur als Antwort auf erhöhte Temperatur transkribiert werden. Promotoren von Genen, die der Stickstoffregulation unterliegen, haben Affinität zu σ^{54}.

Bei *Bacillus subtilis* ist σ^{43} (auch σ^{A}) der Hauptsigmafaktor (vegetativer Sigmafaktor). In sporulierenden Zellen hat man mindestens 6 weitere Sigmafaktoren gefunden. Zweifellos wird die RNA-Polymerase in ihrer Aktivität durch weitere Faktoren moduliert. Man hat z. B. beobachtet, dass das Nukleotid ppGpp die Promotoraktivität von σ^{70} beeinflusst. Starker Aminosäuremangel wirkt als Signal für die schnelle Bildung von ppGpp, das wiederum eine drastische Umstellung im Genexpressionsprogramm verursacht. Solche Effektormoleküle wie ppGpp oder cAMP, die in der Zelle auf eine (extreme) Belastung hin gebildet werden, bezeichnet man auch als „Alarmone".

19.10. Regulation durch Phosphorylierung/ Dephosphorylierung

Im Fall des *lac*-Repressors und des *trp*-Repressors oder des CAP-Proteins erfolgt die Regulation ihrer DNA-Bindefähigkeit durch Bindung kleinerer Moleküle (Allolactose, Tryptophan, cAMP). Eine andere Möglichkeit der Aktivitätskontrolle DNA-bindender Proteine besteht in ihrer Phosphorylierung (erfolgt durch Kinasen) und Dephosphorylierung (durch Phosphatasen). Diese Modifizierung der Regulationsproteine steht häufig am Ende mehrstufiger Signaltransduktionswege, die an mehreren Stellen Phosphorylierung und Dephosphorylierung von Proteinen einschließen können. Dies gilt sowohl für Bakterien als auch für Eukaryoten. Bei Bakterien sind sogenannte Zwei-Komponenten-Systeme weit verbreitet. Sie bestehen aus einer Histidinkinase, die als *Sensorprotein* fungiert, und dem *Regulatorprotein*. Auf ein Signal hin (die Kinasen sitzen teilweise in der Zellmembran und können von der Umwelt Signale aller Art empfangen oder reagieren als intrazelluläre Proteine auf Signale innerhalb der Zelle) übertragen die Kinasen eine Phosphatgruppe zunächst auf ein Histidin in ihrer eigenen Aminosäuresequenz. Diese Phosphatgruppe wird daraufhin auf das dazugehörige Regulatorprotein transferiert, das dadurch zur Bindung an die DNA befähigt wird. Ein seit langem bekanntes Zwei-Komponenten-System bei *E. coli* (und anderen Bakterien) ist in die Regulation der Zellen auf Stickstoffmangel involviert. Es besteht aus den *ntrB*- und *ntrC*-Proteinen. Das *ntrB*-Protein ist die Kinasekomponente, deren Aktivität über mehrere Zwischenschritte durch Stickstoffmangel erhöht wird. Stickstoffman-

---

Tab. 19.1. Sigmafaktoren der RNA-Polymerase von *E. coli* und ihre Erkennungs-Konsensusequenzen im Promotor. Bezeichnung der Faktoren nach ihren Molmasen (in kDA).

Faktor	Gen	Funktion	Konsensussequenz		
			−35		−10
σ^{70}	*rpoD*	genereller Faktor	TTGACA-/	16–18 bp	/-TATAAT
σ^{32}	*rpoH*	Hitzeschock	CCCTTGAA-/	13–15 bp	/-CCCGATNT
σ^{54}	*rpoN*	Stickstoffmangel	CTGGNA-/	6 bp	/-TTGCA
σ^{28}	*fliA*	Flagellenbildung	CTAAA-/	15 bp	/-GCCGATAA

gel führt dadurch spezifisch zur Phosphorylierung des *ntrC*-Proteins, das sich in seiner phosphorylierten Form als Aktivator an die DNA setzt und die Transkription mehrerer Gene, darunter des Gens für die Glutaminsynthetase, drastisch erhöht. Das *ntrB*-Protein verfügt in Kombination mit einem weiteren Protein auch über eine Phosphataseaktivität, die das *ntrC*-Protein dephosphoryliert, wenn genügend Stickstoff vorhanden ist, und damit die Transkription der Gene des Stickstoff-Metabolismus einschränkt.

19.11. Posttranskriptionale Regulation

19.11.1. Stabilität der mRNA

Transkriptionsrate und Abbauprozesse entscheiden über die aktuelle mRNA-Konzentration in der Zelle und damit über die für die Translation verfügbare Zahl der mRNA-Moleküle. Bei Prokaryoten (wie Eukaryoten) verfügen die mRNAs über sehr unterschiedliche Stabilität. Der Abbau der mRNAs vollzieht sich über eine Kombination von Endonuklease- und 3'-Exonuklease-Einwirkung. Bei *E. coli* sind die Endonukleasen RNase III und RNase E, die Exonukleasen RNase II und Polynukleotidphosphorylase (PNPase) sowie weitere RNasen am mRNA-Abbau beteiligt. Die Stabilität der mRNAs hängt ab von ihrer Nukleotidsequenz, Sekundärstruktur, Assoziation mit Ribosomen und Proteinen. Haarnadelstrukturen am 3'-Ende können die mRNA vor Abbau durch 3'-Exonukleasen schützen. (Solche Strukturen fungieren auch als Terminationssignal, vgl. Abb. 14.3.). Das Anknüpfen von poly(A) verringert bei Bakterien die mRNA-Stabilität. Die Beladung der mRNA mit Ribosomen stabilisiert die RNA gegenüber dem Nukleaseangriff.

19.11.2. Codon-Verwendung

Der genetische Code ist degeneriert. Für die meisten Aminosäuren gibt es 2 und mehr Codonen (Kap. 16). Die Benutzung der verschiedenen synonymen Codonen für eine Aminosäure erfolgt ganz offensichtlich nicht mit gleicher Häufigkeit und nicht zufällig. Die einzelnen Organismen unterscheiden sich hinsichtlich ihrer Verwendung synonymer Codonen voneinander. Aber auch zwischen den Genen eines Organismus gibt es Unterschiede. Man hat nachgewiesen, dass die häufige Verwendung von Codonen innerhalb eines Genes, die im Durchschnitt der Gene dieses Organismus nur selten benutzt werden, dazu führt, dass die Translation des entsprechenden Messengers langsam erfolgt und umgekehrt. Dieser Fakt wurde durch gentechnisch veränderte Codonfolge in mRNAs überprüft, die zu den erwarteten Veränderungen in der Translationsgeschwindigkeit führten. Erhöhte oder verlangsamte Translationsgeschwindigkeit wirkt sich auf die synthetisierte Proteinmenge aus. Somit wird auch über die Codonauswahl ein regulativer Einfluss ausgeübt. Es wird allgemein angenommen, dass der Einfluss der Codonen auf die Translationsgeschwindigkeit durch die Menge der entsprechenden tRNAs in der Zelle hervorgerufen wird. Für Codonen, die selten benutzt werden, sind nur wenige tRNA-Moleküle mit dem passenden Anticodon für die Translation verfügbar, so dass sich die Proteinsynthese am Ribosom immer dann verlangsamt, wenn solch ein Codon translatiert werden muss. Es werden aber auch andere Prinzipien diskutiert.

19.11.3. Regulation durch „Antisense-RNA"

Man geht gewöhnlich davon aus, dass nur ein Strang (codogener Strang, vgl. 14.1.2.) an einem gegebenen Ort der DNA-Doppelhelix abgelesen wird. Werden aber beide Stränge abgelesen, entstehen 2 RNA-Moleküle, die „sense"-(Sinn-) RNA (z. B. die eigentliche mRNA) und eine RNA, die als „Antisense-RNA" bezeichnet wird. Beide RNAs können entsprechend den Basenpaarungsregeln miteinander zu einem RNA-Doppelstrang paaren. (In der Regel ist die „sense"-RNA länger, so dass ein nur partiell doppelsträngiges Paarungsprodukt entsteht). Da die „sense"-RNA ihre Funktion in der Zelle als einzelsträngiges Molekül ausübt, kann durch die Paarung mit der Antisense-RNA die Funktion blockiert werden. Es sind bereits mehrere Fälle bei Bakterien und Bakteriophagen bekannt geworden, wo dieses Prinzip zur *Regulation auf dem Niveau der Transkription oder der Translation* ausgenutzt wird. Biologische Aktivitäten, die über Antisense-RNA kontrolliert werden, schließen ein: Phagenentwicklung, Transposition (IS 10), Plasmidreplikation, konjugativer Plasmidtransfer. Die Mechanismen sind im Detail in den einzelnen Fällen sehr unterschiedlich. Als Beispiel wird nachfolgend die *Hemmung der Transkription des Insertionselementes IS 10* von *E. coli* dargestellt (vgl. Tab. 9.1.). Die IS 10-DNA-Sequenz enthält ein Transposase-Gen. Die Transposase bewirkt über Wechselwirkung mit den beiden Endsequenzen von IS 10 dessen Transposition (vgl. Kap. 9.). Die Transposase-mRNA („RNA-IN") wird effektiv translatiert, solange in der Zelle nur 1 Kopie von IS 10 vorhanden ist. Mit zunehmender Kopienzahl nimmt auch die Menge an „RNA-OUT"-Molekülen zu. „RNA-OUT" ist komplementär zum 5'-Ende der „RNA-IN", also eine Antisense-RNA zum Transposase-Messenger. Die „RNA-OUT" wird vom normalerweise nicht codogenen Strang der DNA transkribiert, wofür auf diesem Strang im Bereich des Transposons-Gens ebenfalls ein Promotor existiert. Damit werden von der Region des Transposase-Gens beide RNAs gegenläufig transkribiert: der Transposase-Messenger („RNA-IN") und die Antisense-RNA („RNA-OUT"). Durch Paarung von „RNA-OUT" mit „RNA-IN" wird die Translation von „RNA-IN" verhindert, also mit zunehmender Kopiezahl von IS 10 weniger Transposase synthetisiert. Dieses Phänomen wird als „Multikopie-Hemmung" bezeichnet

und verhindert offenbar eine Zunahme von IS 10-Kopien auf ein Niveau, das für die Zelle schädlich wäre.

19.12. Regulation auf der Ebene der Translation

Es gibt auch auf der Ebene der Translation Regulationsmechanismen, die sehr spezifisch die Synthese bestimmter Proteine kontrollieren. Ein gut untersuchtes Beispiel betrifft die Koordination der Synthese ribosomaler Proteine und ribosomaler RNA bei *E. coli*. Solange genügend freie rRNAs in der Zelle vorhanden sind, bilden sie zusammen mit neu synthetisierten ribosomalen Proteinen die Ribosomenuntereinheiten. Kommt es zu einer Verringerung der rRNA-Synthese, treten ribosomale Proteine kurzzeitig im Überschuss auf. Sie sind dann frei in der Zelle vorhanden und wirken teilweise als Repressoren ihrer eigenen Synthese. Einige der ribosomalen Proteine (z. B. das Protein der großen Untereinheit 14) können nämlich in der Nähe des 5'-Endes an ihre mRNA binden und damit die Translation verhindern. Da es sich um polycistronische mRNAs mit der genetischen Information für mehrere ribosomale Proteine handelt, wird durch dieses Prinzip in der Zelle dafür gesorgt, dass nach Hemmung der Transkription von rRNA auch die Synthese der ribosomalen Proteine schnell eingestellt wird.

20. Regulation der Genaktivität bei Eukaryoten

Wie die Prokaryoten sind auch die eukaryotischen Zellen unterschiedlichen Umweltbedingungen (Temperatur, Nahrung usw.) ausgesetzt, die Umstellungen im Stoffwechsel erfordern. Diese Umstellungen werden durch Hemmung oder Induktion von Enzymaktivitäten auf dem Proteinniveau, aber auch auf der Stufe der Genexpression reguliert. Mit zunehmender Organisationshöhe werden die Eukaryoten immer unabhängiger von den Umweltbedingungen. Mit der Entwicklung der Vielzelligkeit und der sich daraus ergebenden Möglichkeit der Arbeitsteilung durch Zellspezialisierung kommt bei den Eukaryoten eine neue Notwendigkeit zur Regulation der Genaktivität hinzu, die bei den einzelligen Prokaryoten nicht gegeben ist: Die Ausprägung verschiedener Zelltypen in einem Organismus erfordert je nach Zelltyp die Expression unterschiedlicher Gene.

Damit sich eine Zelle auf veränderte Umweltbedingungen, die rasch wechseln können, einstellen kann, muss eine *kurzfristige Regulation* der Genaktivität erfolgen. Die Reprimierung oder Aktivierung bestimmter Gene muss wieder aufgehoben werden können, sobald der die Regulation auslösende Umwelteinfluss verschwunden ist. Die Regulation muss **reversibel** sein.

Anders verhält es sich bei der Differenzierung der Zellen in die Zelltypen der unterschiedlichen Gewebe und Organe höher entwickelter Eukaryoten. Hier muss durch die Regulation der Genaktivität erreicht werden, dass bestimmte Gene *langfristig* ein- bzw. abgeschaltet werden, um die Ausbildung eines bestimmten Zelltyps zu veranlassen. Diese Genaktivität bzw. -inaktivierung muss normalerweise **irreversibel** sein. Ob der kurzfristigen und der langfristigen Regulation der Genaktivität bei Eukaryoten stets verschiedene Mechanismen zugrunde liegen, ist noch unbekannt. Es ist aber sicher, dass durch die Bildung bestimmter regulatorischer Proteine (z. B. Hormone, Nichthistonproteine s. u.) kurzfristige Änderungen der Genaktivität hervorgerufen werden. Andere Mechanismen, wie Polyploidisierung, differentielle Replikation der DNA sowie Heterochromatisierung, führen mit Sicherheit zu stabilen Veränderungen des Genaktivitätsmusters.

Die große Menge an genetischem Material in der eukaryotischen Zelle machte die Evolution von Mechanismen notwendig, um diese langen DNA-Moleküle zu stabilisieren, auf kleinem Raum zu verpacken, bei der Zellteilung geordnet zu transportieren und auf die Tochterzellen zu verteilen. Nicht nur während der Zellteilung, wo in der Regel das gesamte Chromatin in Gestalt der Chromosomen hochkondensiert vorliegt, sondern auch im Interphasekern, sind größere Teile des Chromatins für die Transkription nicht zugänglich. Voraussetzung für die Transkription der Gene ist deshalb nicht nur, dass diese Gene durch spezifische Regulation aktiviert werden, sondern auch, dass sie im Bereich „aktivierten", d. h. aufgelockerten, dekondensierten Chromatins liegen.

Im Folgenden wird deshalb zunächst der Aufbau des Chromatins sowie die Umwandlung von inaktivem in transkriptionsaktives Chromatin beschrieben. Im Anschluss daran wird an Beispielen dargestellt, dass die eukaryotischen Zellen über kurzfristige und langfristige Regulationsmöglichkeiten ihrer Genaktivität verfügen, und dass sie auch durch Vermehrung oder Verlust von Genen sowie durch posttranskriptionale Prozesse die Bereitstellung bestimmter Genprodukte regulieren können.

20.1. Aufbau des Chromatins

Als Chromatin wird die Gesamtheit des im Zellkern befindlichen *Nukleoproteins* bezeichnet. Der Name rührt von der guten Färbbarkeit mit basischen Farbstoffen her. Es besteht aus der DNA des Zellkerns sowie den mit der DNA mehr oder weniger fest verbundenen Proteinen (Histone, Nichthistonproteine). Außerdem werden noch Peptide und RNA gefunden. Durch eine enorme Verdichtung des Chromatins (Chromatinkondensierung) entstehen die in der Regel nur während der Zellteilung zu beobachtenden Chromosomen.

20.1.1. DNA und RNA

Die DNA-Menge eukaryotischer Zellen schwankt beträchtlich. Während Bakterien im Durchschnitt nur 0,007 pg DNA enthalten, werden bei einigen Pflanzen und Salamandern maximale Werte von 100 pg pro haploidem Genom gefunden. Bei Säugern beträgt die DNA-Menge 3–5,8 pg pro haploidem Genom (vgl. Tab. 4.3.). Pro Chromatide kommt nur eine DNA-Doppelhelix vor. Die Länge der DNA-Moleküle ist entsprechend sehr groß: Man hat berechnet, dass das größte menschliche Chromosom eine DNA-Doppelhelix von etwa 7,3 cm Länge enthält. Dieses Molekül muss so stark kondensiert werden, dass es in einem Chromosom von 6,8 µm Länge Platz finden kann.
Durch Hybridisierungsexperimente zwischen DNA und RNA konnte man feststellen, dass nur wenige Prozent der eukaryotischen Genome in die Aminosäuresequenz von Proteinen translatiert werden (vgl. Kap. 18). Der überwiegende Rest der DNA ist in seiner Funktion nicht aufgeklärt. Zweifellos hat ein Teil der DNA-Sequenzen regulatorische Funktion. Die mRNA wird vorwiegend von unikalen Nukleotidsequenzen transkribiert. Der größte Teil der DNA besteht aber aus mittelrepetitiven und hochrepetitiven Sequenzen. Die mittelrepetitiven Sequenzen tragen z. T. Information für RNA, die in großen Mengen transkribiert werden muss, z. B. rRNA, tRNA und mRNA für Histone (vgl. 4.7. und 18.3.). An RNA werden im Chromatin die Vorstufen der bekannten RNA-Sorten gefunden, aus denen durch das Processing die mRNA, rRNA und tRNA entstehen (vgl. Kap. 15). Die Vorstufen der mRNA (= prä-mRNA) sind in einer RNA-Fraktion enthalten, die als hnRNA (heterogene Kern-RNA) bezeichnet wird. Auch eine Fraktion kleiner RNA-Moleküle (snRNA) ist im Chromatin vorhanden.

20.1.2. Histone

Die Histone bauen zusammen mit der DNA die Grundeinheiten des eukaryotischen Chromatins, die *Nukleosomen*, auf. Sie machen den Hauptteil des Proteins im Chromatin aus. Histone wurden auch in Archaebakterien, nicht aber in Eubakterien gefunden.
Es gibt bei Eukaryoten 5 verschiedene *Histonklassen*: H1, H2A, H2B, H3 und H4. Die histoncodierenden Gene kommen in mittelrepetitiven Sequenzen vor. Die Histongene enthalten keine Introns. Durch ihren hohen Gehalt an Lysin und Arginin sind die Histone basische Proteine. Die NH_2-terminalen Molekülenden sind besonders reich an diesen basischen Aminosäuren; sie treten mit der DNA über elektrostatische Wechselwirkungen in Kontakt (vgl. 2.2.2.) Die Histone unterliegen nach ihrer Synthese bestimmten Modifikationen, besonders der Phosphorylierung und Acetylierung, die zu Veränderungen der Chromatinstruktur führen. Die Phosphorylierung erhöht die Affinität der Histone zur DNA, die Acetylierung dagegen schwächt die Histon-DNA-Bindung. Histonphosphorylierung ist in die Kondensierung des Chromatins (z. B. während der Mitose und Heterochromatisierung) einbezogen. Verschiedene Enzyme im Zellkern sorgen für die Acetylierung und Deacetylierung der Histone H2A, H2B, H3, und H4. Es wurden genspezifische und unspezifische Einflüsse der Histonacetylierung auf die Transkription beobachtet. Genspezifische Transkriptionsaktivierung oder -inaktivierung verursachen Histonacetylasen und Histondeacetylasen, die in Verbindung mit bestimmten Transkriptionsfaktoren und Repressoren agieren.

20.1.3. Nichthistonproteine

Spezifisch regulatorisch wirkende Proteine sind in der Fraktion der sog. Nichthistonproteine (NHP) vorhanden. Die NHP sind eine äußerst heterogene Gruppe von Proteinen, die mehr oder weniger stark an die DNA gebunden sind. Durch radioaktive Markierung und empfindliche Trennverfahren konnte man über 500 unterschiedliche Proteine dieser Art nachweisen. Zur Gruppe der NHP gehören u. a. die an der Replikation der DNA beteiligten Enzyme, die RNA-Polymerasen und Enzyme des RNA-Processing, Proteasen, Histon- und NHP-modifizierende Enzyme, Aktin und Tubulin, Transkriptionsfaktoren, Gerüstproteine sowie die sog. „high-mobility-group"-(HMG-)Proteine. Die meisten NHP sind reich an Glutaminsäure und Asparaginsäure und gehören deshalb zu den sauren Proteinen. Es treten aber auch neutrale und basische NHP auf.

20.1.4. Nukleosomenstruktur des Chromatins

Wie bereits geschildert (vgl. 2.2.2.), bilden sphärische Partikeln, die **Nukleosomen**, die perlschnurartig miteinander verbunden sind, die Grundstruktur des Chromatins. Nukleosomen sind Oktamere aus je zwei Molekülen von H2A, H2B, H3 und H4, umwunden von 140–160 Basenpaaren DNA. Die Histone treten mit ihren positiv geladenen basischen NH_2-terminalen Enden in Wechselwirkung mit dem negativ geladenen Phosphat-Zucker-Gerüst der DNA; ihre globulären Anteile hingegen interagieren miteinander und bilden den Histonkern des Nukleosoms. An die DNA zwischen den Nukleosomen wird das Histon H1 wiederum über seine positiv geladenen Molekülteile gebunden. Durch die Verpackung mit Histonen werden 200 Basenpaare, die ausgestreckt eine Länge von ca. 70 nm haben, auf ca. 10 nm gebracht; das Verpackungsverhältnis am Nukleosom ist 7 : 1.
Im Chromatin sind neben den 10-nm-Fibrillen der Nukleosomenkette noch höher organisierte Strukturen vorhanden: einerseits Windungen aus 7–9 Nukleosomen mit einem Durchmesser von etwa 30 nm, die sog. **Solenoide**; andererseits noch komplexere Strukturen von 50–60 nm Durchmesser, die offensichtlich durch eine Spiralisierung der Solenoide zustande kommen (vgl. Abb. 2.10.). Wichtig für die Aufrechterhaltung der Chromatinstruktur ist auch die Bindung der DNA in größeren Abständen an ein Proteingerüst (engl. „scaffold"). Eine Hauptkomponente des Gerüsts ist eine Topoisomerase II.

20.2. Struktur aktiven und inaktiven Chromatins

Von allen oben aufgeführten Strukturen werden im voll transkriptionsaktiven Chromatin nur die Nukleosomenketten gefunden, z. T. auch völlig von Histonen befreite DNA. Bereits der Solenoidzustand verhindert die Transkription. Dass die Transkription an aufgelockerten Chromatinstrukturen stattfindet, wurde bereits vor längerer Zeit durch cytolo-gische Befunde erhellt: Transkriptionsaktiv sind die seitlichen Schleifen der Lampenbürstenchromosomen, die DNA in den Puffs und Balbiani-Ringen der Riesenchromosomen von Insekten und das diffuse Euchromatin im Interphasenkern (vgl. 2.2.3.). Dagegen wird das kondensierte Heterochromatin nicht oder kaum transkribiert. Die DNA im Heterochromatin ist nur schwer durch DNasen angreifbar. Die Auflockerung des Chromatins geht einher mit einer erhöhten Zugänglichkeit für DNase I. DNase-Behandlung von Chromatin ist deshalb eine Methode, um die regionale Kondensierung bzw. Dekondensierung zu überprüfen. DNase-hypersensitive Stellen (DHS) befinden sich im Bereich des Promoters und von Enhancer-Elementen aktiver Gene (vgl. 20.2.2.).
An der Regulation der Umwandlung von nichtaktivem in aktives Chromatin sind auch Histonmodifizierungen beteiligt. Aktiviertes Chromatin enthält mehr acetylierte Core-Histone und weniger H1 als transkriptionsinaktives Chromatin. Methylierte DNA-Abschnitte finden sich dagegen vorwiegend in nichttranskribierten Chromatinregionen. Methylierung von Cytosin in Nachbarschaft zu Guanin (CpG) zu 5′-Methylcytosin wird bei den meisten Eukaryoten beobachtet. Obwohl z. B. bei Hefe und *Drosophila* diese Methylierung nicht auftritt, ist sie für andere Eukaryoten lebenswichtig. Bei Mäusen führte ein experimentell ausgelöstes Fehlen der Methylierung zum Tod bereits während der Embryonalentwicklung. Vor vielen Genen werden Häufungen von CpG in der Nukleotidsequenz gefunden, sog. *CpG-Inseln*. Bei transkriptionsaktiven Genen sind die Cytosine in diesen Inseln nicht oder kaum methyliert. Umgekehrt korreliert eine starke Methylierung mit der Inaktivierung der Gene. Ein Beispiel: Die Transkription des Vitellogenin-Gens wird beim Huhn durch das Steroidhormon Östradiol induziert (Vitellogenin ist ein Vorläufer von Eidotterproteinen). Östradiol führt in mehreren Stufen zur Demethylierung der Cytosine in der CpG-Insel vor diesem Gen. Die Prozesse der Chromatinumwandlung vom transkriptionsaktiven in den inaktiven Zustand und umgekehrt sind bisher im Detail nicht völlig verstanden. Es gibt aber eine Reihe intensiv analysierter Beispiele für Inaktivierung durch Heterochromatisierung bzw. Aktivierung durch Auflockerung des Chromatins, die zumindest Grundprinzipien dieser Prozesse erkennen lassen.

20.2.1. Geninaktivierung durch fakultative Heterochromatisierung

Die Chromosomen der Eukaryoten enthalten euchromatische und heterochromatische Bereiche (vgl. 2.2.2.). Das *Euchromatin* zeigt den typischen Spiralisationszyklus während der Mitose und Interphase (vg. Abb. 2.7.); in ihm erfolgt das Crossing-over. Davon weicht das *Heterochromatin* deutlich ab: Es dekondensiert in der Interphase nicht, es färbt sich intensiv an, und oft wird es spät repliziert; es enthält mittel- und hochrepetitive DNA (vgl. 4.7. und 18.4.). Im Heterochromatin findet (mit wenigen Ausnahmen) keine Transkription statt; auch erfolgt in ihm (fast) nie Crossing-over. Euchromatische Bereiche, die durch Chromosomenumbauten in die unmittelbare Nähe von Heterochromatin gebracht werden, können inaktiviert, transkriptionsgehemmt, werden.

Zwei Arten von Heterochromatin sind bekannt, konstitutives und fakultatives. Das *konstitutive Heterochromatin* liegt immer im kondensierten Zustand vor. Die DNA enthält offenbar keine Strukturgene. Es liegt an bestimmten Chromosomenstellen, z. B. in centromernahen Abschnitten und in Telomeren. Hingegen ist *fakultatives Heterochromatin* ein Zustand, in den euchromatische Chromosomenbereiche entweder unter dem Einfluss konstitutiv heterochromatischer Abschnitte („Positionseffekt", s. u.) oder im Zuge der Differenzierung der Zellen gebracht werden. *Durch Heterochromatisierung werden ganze Chromosomen oder Chromosomenabschnitte stabil inaktiviert.*

Das bekannteste Beispiel für die Heterochromatisierung ganzer Chromosomen ist die Dosiskompensation für die X-Chromosomen der Säuger durch den sog. **Lyon-Mechanismus**. Die Zellen der weiblichen Säugetiere (Eutheria), einschließlich des Menschen, besitzen bekanntlich zwei X-Chromosomen. Ein X-Chromosom stammt vom mütterlichen, das andere vom väterlichen Elter.

Nachdem, z. B. bei der Maus, aus der Zygote nach mehreren Zellteilungen eine Morula entstanden ist, wandelt diese sich zur Blastocyste um. In diesem Stadium der Embryogenese kommt es zur Heterochromatisierung eines der beiden X-Chromosomen und zwar in folgender Weise: Im Trophoblast (vgl. Abb. 12.4.) wird in allen Zellen das väterliche X-Chromosom inaktiviert; das mütterliche X bleibt aktiv. Hingegen erfolgt im Embryoblast (aus der der

Embryo entsteht) die X-Inaktivierung zufällig: In einem Teil der Zellen wird das väterliche X-Chromosom inaktiviert und in einem anderen Teil der Zellen das mütterliche X. So entstehen Zellklone mit aktivem mütterlichem X und andere Zellklone mit aktivem väterlichem X. Unterscheiden sich beide Chromosomen in ihrem Gengehalt, so werden phänotypische Unterschiede deutlich. Diese sind bei der Maus z. B. bezüglich der Ausprägung X-chromosomaler Fellfarbgene deutlich sichtbar (dunkel – hell).

Beim Menschen kann eine entsprechende Scheckung bei Heterozygotie der Frau für die anhidrotische Ektodermal-Dysplasie (= Christ-Siemens-Touraine-Syndrom) aufgezeigt werden.

Bei Hemizygotie oder Homozygotie für dieses Syndrom fehlen Schweißdrüsen auf der Haut, und es kommt zur Bildung anomaler Zähne und Haare. Durch einfache geeignete Färbung lassen sich bei heterozygoten Frauen die normalen und die Schweißdrüsen-losen Hautpartien gut sichtbar machen (Abb. 20.1.).

Auch für Enzymunterschiede, die gut an Einzelzellen feststellbar sind, wie für Glukose-6-Phosphat-Dehydrogenase, ist die Musterbildung durch den Lyon-Mechanismus gut nachweisbar.

In weiblichen Individuen mit mehr als zwei X-Chromosomen (z. B. beim Triple-X-Syndrom des Menschen) werden alle X-Chromosomen außer einem inaktiviert. Diese fakultative Heterochromatisierung tritt nur in den somatischen Zellen auf. Die Zellen der Keimbahn behalten stets zwei euchromatische X-Chromosomen.

Die Heterochromatisierung inaktiviert die Gene des betroffenen Chromosoms. Damit wird die Dosis der an den X-Chromosomen synthetisierten RNA und dadurch auch der entsprechenden Proteine etwa auf das Niveau in den männlichen Organismen gesenkt, die nur ein X-Chromosom haben (man spricht daher von „Dosiskompensation"). Das heterochromatische X-Chromosom ist in cytologischen Präparaten gut färbbar; beim Menschen wird es als „Barr-Körperchen" bezeichnet. In normalen weiblichen Zellen mit zwei X ist ein Barr-Körperchen nachweisbar; in Zellen von Triple-X-Typen entsprechend zwei Barr-Körperchen pro Kern. Die fakultative Heterochromatisierung ist somit ein Mechanismus zur Regulation der Genaktivität auf dem Niveau der Transkription.

Der Lyon-Mechanismus ist nicht der einzige Fall von Inaktivierung (Heterochromatisierung) ganzer Chromosomen. So wird beispielsweise bei den Männchen der Schildlaus *Planococcus* in der frühen Embryogenese der gesamte väterliche Chromosomensatz heterochromatisiert und damit inaktiviert. Auch bei der Trauermücke *Sciara coprophila* werden

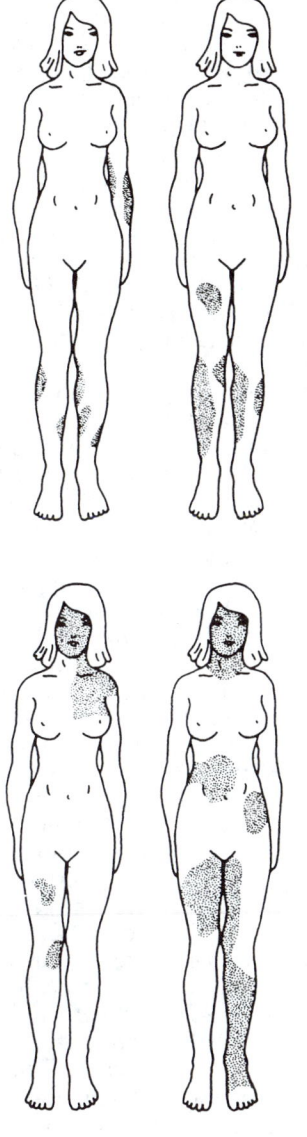

Abb. 20.1. Inaktivierung eines X-Chromosoms (Lyon-Mechanismus) bei der Frau am Beispiel der anhidrotischen Ektodermal-Dysplasie (= Christ-Siemens-Touraine-Syndrom). In Heterozygoten für das mutierte Gen sind bestimmte Hautpartien gekennzeichnet durch das Fehlen von Schweißdrüsen sowie anomale Haare und Zähne (in ihnen ist das Chromosom mit dem Normalallel inaktiviert). Durch einen harmlosen Farbtest können diese Regionen auf der Haut sichtbar gemacht werden. Die übrigen Hautpartien sind normal (bei ihnen ist das Chromosom mit dem mutierten Allel inaktiviert). Die Bilder zeigen, daß die Inaktivierung eines der beiden X-Chromosomen ein Zufallsprozeß ist. (Es kann daraus nicht geschlossen werden, daß die Zellklone in allen Organen so großflächig verteilt sind wie in der Haut.) Nach Novitsky aus Czihak et al. 1992.

die vom Vater stammenden Chromosomen heterochromatisiert.

Welche Prozesse im einzelnen zur Heterochromatisierung führen, weiß man noch nicht. Heterochromatin ähnelt in seinem hohen Kondensierungsgrad dem mitotischen Chromatin, also den Chromosomen. Ganz sicher sind an der Heterochromatisierung, wie an der Kondensierung des Chromatins zu Chromosomen, Modifizierungen der Histone beteiligt. Bei der Differenzierung der Vogelerythrocyten spielt das Histon H5 eine Rolle, das zur Familie der H1-Histone gehört. Bei den Vogelerythrocyten bleibt der Zellkern erhalten, aber in den reifen, funktionsfähigen Zellen ist das Genom durch fakultative Heterochromatisierung inaktiviert worden. Die Heterochromatisierung geht einher mit dem Ersatz des ursprünglich im Chromatin vorhandenen H1 durch stark phosphoryliertes H5, das im Verlauf weiterer Chromatinkondensierung wieder dephosphoryliert wird.

Ein Modell für die genetische und molekulare Analyse der Heterochromatisierung stellt die Inaktivierung des *white*-Genes von *Drosophila* durch den Positionseffekt dar. Als Folge von Chromosomenmutationen, vor allem von Inversionen und Translokationen, können euchromatische Chromosomenabschnitte in unmittelbare Nähe von Heterochromatinbereichen verlagert werden (vgl. Abb. 7.14.). Die transkriptionshemmende Wirkung des Heterochromatins strahlt auf das benachbarte Euchromatin („Spreading effect") aus. Diese Änderung der phänotypischen Wirkung eines Gens durch dessen Verlagerung in die Nähe eines anderen, heterochromatischen Chromosomenabschnittes nennt man **Positionseffekt** (vgl. 7.1.7.). Ist z. B. das *white*⁺-Gen von *Drosophila* als Folge einer Inversion von einem Positionseffekt betroffen (vgl. Abb. 7.14.), so führt dies im Auge zu einer „variegierten" Augenfärbung, weil ein Teil der Facetten gefärbt (durch Ausprägung des Gens), ein anderer Teil jedoch ungefärbt ist (durch Hemmung des Gens); man spricht deshalb von V-Typ Positionseffekt (V = variegiert).

Es konnten bereits eine Reihe von Genen identifiziert werden, die den Positionseffekt auf das *white*-Gen verstärken bzw. abschwächen. Diese Modifikator-Gene für den V-Typ-Positionseffekt (PEV) sind entweder PEV-Suppressoren (sie unterdrücken den Positionseffekt und bewirken somit die Ausbildung roter Augen) oder PEV-Enhancer (sie verstärken den PEV und führen zu weißen Augen).

Solche Gene wirken auf die Chromatinstruktur ein, wobei die Wirkungen im einzelnen durchaus unterschiedlich sein können (vgl. Reuter und Spierer 1992, DeRubertis et al. 1997). Die mutierten Gene: reduzieren die Histon H4-Deacetylierung [Su(var)2-1], verändern die Wirkung der Proteinphosphatase PP1 [Su(var)3-6] oder eines Heterochromatin-assoziierten Zinkfinger-Proteins [Su(var)3-7], verändern die RPD3-Histondeacetylase [E)var)3-64BC] oder wirken auf einen positiven Transkriptionsregulator [E(var)3-93D].

20.2.2. Enhancer, Locus Control Regionen und Silencer

Die meisten Gene liegen im aufgelockerten Euchromatin. Es gibt aber auch Gene, die in kondensierten Bereichen des Chromatins liegen, so dass für ihre Transkription eine regionale Auflockerung erfolgen muss. An solchen Genen, wie dem menschlichen β-Globin-Gen, kann der Prozess der Chromatindekondensierung beispielhaft untersucht werden. Umgekehrt gibt es Genorte, die reguliert durch Chromatinkondensierung „stillgelegt" werden, wie die transkriptionsinaktiven, „stillen" Kopien der Paarungstypgene der Bäckerhefe.

Das β-Globin-Gen des Menschen befindet sich auf dem kurzen Arm des Chromosoms 11. Es wird nur in den Erythroblasten, Vorläuferzellen der Erythrozyten, transkribiert. Zwei Moleküle (Ketten) des β-Globin bilden zusammen mit zwei α- Globinketten und der Hämgruppe das Hämoglobin (vgl. 18.3.3.). Für die optimale Transkription benötigt das β-Globin-Gen drei Enhancer-Elemente, die stromaufwärts (138–164 Nukleotide vor dem Transkriptionsstart; Abb. 18.6.) und stromabwärts vom Gen, aber auch – ein seltenes Phänomen – innerhalb des transkribierten Bereiches (hier im Exon III) lokalisiert sind.

Als **Enhancer** werden bei Eukaryoten Nukleotidsequenzen bezeichnet, die unabhängig von ihrer Position zum Gen (stromaufwärts oder stromabwärts vom Gen oder innerhalb des Gens) und auch unabhängig von der Richtung ihrer Sequenz (d. h. sie wirken auch, wenn sie in umgekehrter Richtung in die DNA eingebaut werden) die Transkriptionsaktivität steigern. Sie entfalten ihre Wirkung über größere Distanzen (viele Tausend bp) hinweg. Dies wird durch Schleifenbildung der DNA ermöglicht (vgl. Abb. 19.10.).

Früher wurden die Enhancer begrifflich abgegrenzt von Aktivator-Bindestellen, die sich in größerer Nähe zum Transkriptionsstartpunkt des Gens befinden. Soweit die oben genannten Eigenschaften aber zutreffen, können Bindestellen auf der DNA für transkriptionsaktivierende Proteine auch dann Enhancer genannt werden, wenn sie in Gennähe liegen.

Zusätzlich zu den Enhancern wird für die Transkription des β-Globingen eine noch viel weiter stromaufwärts (etwa 50 kbp) gelegene Nukleotidsequenz gebraucht, die **Locus-Control-Region (LCR)** (vgl. Abb. 18.6.). Experimente, in denen die LCR und/oder Enhancer-Elemente zusammen mit dem β-Globingen (oder anderen Genen) in Mäuse übertragen wurden, haben Aufklärung über Gemeinsamkeiten und Unterschiede in der Funktion der Enhancer und LCR gebracht (Tab. 20.1.). Wie Enhancer binden auch LCR spezifische Proteine und stimulieren unabhängig von ihrer Position zum Gen dessen Transkription. Die LCR unterscheidet sich aber von Enhancern, indem sie die Transkription unabhängig davon aktiviert, ob das Transgen in den Mäusezellen in heterochromatische oder euchromatische Bereiche eingebaut worden war. Enhancer-Elemente dagegen aktivieren die Transkription nur im Euchromatin. Unabhängig vom Einbauort vom Gen mit LCR im Genom bewirkt die LCR also eine regionale Auflockerung des Chromatins. Die aufgelockerten Regionen werden zu DNase-hypersensitiven Orten.

In gewisser Hinsicht das Gegenstück zur LCR sind **Silencer**-Elemente. Auch sie können stromaufwärts oder stromabwärts vom Gen positioniert sein und wirken über größere Distanzen auf die Transkription des Gens durch Bindung spezifischer Proteine. Ihre Funktion besteht aber in der stabilen Repression (Stillegung, silencing) des Gens durch regionale Kondensierung des Chromatins.

Silencer-Elemente werden u. a. intensiv im Zusammenhang mit der Ausprägung des Paarungstyps der Hefe untersucht. Bei sexueller Vermehrung fusionieren zwei haploide Hefezellen unterschiedlichen Paarungstyps. Ob eine Zelle zum Paarungstyp a oder α gehört, wird durch die Expression von Transkriptionsfaktoren (a- oder α-Faktor) entschieden, welche die Aktivität mehrerer Gene kontrollieren. Auf dem Chromosom III der Hefe befinden sich drei Genorte mit Sequenzen, die potentiell a- oder α-Faktoren codieren können, aber nur der mittlere Genort (MAT-Locus, abgeleitet von *mating type* =

Tab. 20.1. Eigenschaften von Enhancern, Locus-Control-Regionen (LCR) und Silencern

	Enhancer	LCR	Silencer
Bindung spezifischer Proteine	ja	ja	ja
Wirkung über größere Distanz		ja	
	ja	(sehr große Distanz)	ja
Wirkung unabhängig von Position zum Gen	ja	ja	ja
aktiviert Transkription	ja	ja	nein
hemmt Transkription	nein	nein	ja
Wirkung auf Chromatinstruktur	evtl. Auflockerung in unmittelbarer Nähe, keine Wirkung in heterochromatischen Bereichen	Auflockerung eines größeren Bereichs; wirkt in Heterochromatin	Kondensierung euchromatischer Bereiche

Paarungstyp) wird transkribiert. Die beiden in einiger Entfernung rechts und links vom MAT-Locus befindlichen Genorte, HMR bzw. HML, sind dagegen transkriptionsinaktiv, „still". HMR und HML tragen Kopien der Gensequenz für den jeweils entgegengesetzten Transkriptionsfaktor, a oder α. Diese stillen Genkopien werden als „Muster" für den Austausch der Gensequenz am aktiven MAT-Locus benötigt. In jeder Zellgeneration wechselt nämlich der Paarungstyp durch Austausch der Gensequenz am MAT-Locus. Dies geschieht in einem komplizierten Prozess, der die Rekombination zwischen MAT und HMR oder HML und die Konversion von MATa zu MATα oder umgekehrt einschließt. Würden die Genkopien am HMR und HML-Locus transkribiert, könnte wegen der daraus folgenden gleichzeitigen Präsenz der beiden Transkriptionsfaktoren a und α in einer Zelle keiner der beiden Paarungstypen ausgeprägt werden. Für das Stilllegen der HMR und HML-Loci sind Silencer-Elemente verantwortlich. An diese Nukleotidsequenzen binden wiederum mehrere verschiedene Proteine, die teilweise mit den Histonen H3 und H4 interagieren und dafür sorgen, dass das Chromatin an den HMR- und HML-Loci in kondensiertem Zustand vorliegt. Werden die Silencer-Elemente experimentell mit anderen Genen verknüpft, so inaktivieren sie auch diese Gene. Die Zugänglichkeit der DNA für DNase wird in diesen Regionen deutlich verringert.

Für die Transkription der Gene ist eine allgemeine Auflockerung des Chromatins erforderlich, die bis hin zu Veränderungen in der Nukleosomenstruktur reicht. Bei einigen Genen ist beobachtet worden, dass Nukleosomen im Bereich aktiv transkribierter DNA ganz verschwinden, bei anderen Genen ist zumindest eine Verminderung der Stärke der DNA-Histon-Interaktion nachweisbar. Nuk-

leosomen sind nicht nur als Hindernis für die Transkription zu betrachten. In einigen Fällen konnte gezeigt werden, dass die exakte Position von Nukleosomen wichtig für die Bindung von Transkriptionsfaktoren ist, so z. B. beim PHO5-Gen der Bäckerhefe.

Im Fall der Induktion der Transkription des PHO5-Gens sind Veränderungen in der Nukleosomenstruktur im Promoterbereich detailliert untersucht worden. Bei intrazellulärem Phosphatmangel werden mehrere Gene, darunter PHO5, induziert, deren Genprodukte saure Phosphatasen darstellen. Die Phosphatasen werden sekretiert, um die Zelle mit Phosphat aus dem Medium zu versorgen. Die Aktivität des Gens wird u. a. durch zwei Transkriptionsfaktoren, Pho2 und Pho4, reguliert. Pho2 bindet an Pho4, beide gemeinsam binden an zwei spezifische Nukleotidsequenzen (UAS = upstream activating sequence) vor dem Transkriptionsstartpunkt, die von Pho4 erkannt werden. Im reprimierten Zustand ist die Region vor dem PHO5-Gen mit Nukleosomen bedeckt (Abb. 20.2.). Eine Reihe von Experimenten mit mutierten Formen von Pho4 und mutierten UAS-Regionen führten zu folgender Vorstellung über die Aktivierung des PHO5-Gens: Für die Aktivierung der Transkription ist die genaue Position der Nukleosomen wichtig. Ein kurzer Bereich von 80 bp um Nukleotid –360 bleibt von Nukleosomen frei. Hier befindet sich UASp1 – eine der zwei Bindungsstellen für Pho4. Phosphatmangel führt über eine Signaltransduktionskette zur Dephosphorylierung von Pho4. Dephosphoryliertes Pho4 wandert aus dem Cytoplasma in den Zellkern und bindet (vermutlich im Komplex mit Pho2) an UASp1. Der gebundene Transkriptionsaktivator Pho4 interagiert über seine „Aktivierungsdomäne" mit dem noch ungebundenen Holoenzym (Komplex aus RNA-Polymerase II mit allgemeinen Transkriptionsfaktoren), was zur Ablösung oder starken strukturellen Änderung von 4 Nukleosomen (Abb. 20.2.) führt. Als Folge wird ein Bereich von etwa 600 bp hypersensitiv gegenüber DNase. Die zweite Pho4-Bindungsstelle, UASp2 sowie die TATA-Box werden für die Proteinbindung zugänglich. Unterstützt und aktiviert durch Pho4 bindet die RNA-Polymerase II fest an den Promoter und startet die Transkription von PHO5. Die Hemmung der Transkription durch die Nukleosomenstruktur wird auch durch Histon-Gen-Mutanten belegt, die Nukleosomen gar nicht mehr bilden können: Diese Hefemutanten transkribieren das PHO5-Gen konstitutiv.

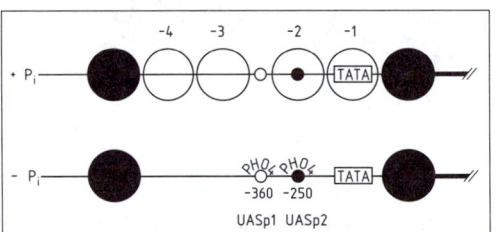

Abb. 20.2. Die Chromatinstruktur am PHO5-Promotor der Hefe bei nicht induzierenden Bedingungen (+ P_i) und bei induzierenden Bedingungen (– P_i). Die Nukleosomen –1, –2, –3 und –4 werden im Zuge der Aktivierung von der Promotor-Region entfernt. Die kleinen Kreise markieren zwei Pho4-Bindungsstellen (UASp1 und UASp2). TATA = TATA-Box. Nach Svaren und Hörz 1997.

20.3. Reversible Regulation der Genaktivität bei Eukaryoten

Alle Möglichkeiten, die Genaktivität auf der Transkriptionsebene reversibel zu regulieren, die bei Bakterien gefunden wurden, können theoretisch auch bei Eukaryoten existieren. Zusätzliche Möglichkeiten sind für die eukaryotische Zelle denkbar, da sie verschiedene RNA-Polymerasen besitzt,Gene in mehreren Organellen (Kern, Mitochondrien, Plastiden) enthält, deren Aktivität aufeinander abgestimmt werden muss, und weil die Chromatinstruktur die Transkription maßgeblich beeinflusst. Hinzu kommt der Signalaustausch zwischen den Zellen eines Gewebes und verschiedener Gewebe bei Mehrzellern, um Entwicklung, Differenzierung sowie den Metabolismus ganz allgemein abzustimmen. Durch äußere Einflüsse induzierte Transkription ist bei Eukaryoten für viele Gene bzw. gemeinsam regulierte Gengruppen (nach dem Prinzip des Regulons; vgl. Kap. 19) gefunden worden, z. B. die Induktion von Hitzestressgenen, Transkription als Antwort auf Infektion (bei Tier und Pflanze), Schwermetalle, oder Verwundung, als Reaktion auf Licht (besonders, aber nicht nur bei Pflanzen) und Substrate (z. B. Galaktose; vgl. 20.3.2.1.). Man kennt viele verschiedene Transkriptionsfaktoren (Aktivatoren, Repressoren) sowie ihre spezifischen Bindungssequenzen auf der DNA, die sich zumeist in Transkriptionsrichtung vor dem Gen („stromaufwärts") befinden. Zwischen der auslösenden Ursache („Agonist") der Transkriptionsänderung durch die Aktion eines DNA-bindenden Regulatorproteins liegen meist Signaltransduktionsketten, die häufig aus vielen Komponenten bestehen und miteinander vernetzt sein können (vgl. 20.3.2.).

20.3.1. Gibt es bei Eukaryoten Operonen?

Nachdem bei Bakterien das Operon-Konzept eindeutig nachgewiesen worden war, erhob sich die Frage, ob dieser Regulationsmechanismus zusammengeschalteter proteincodierender Gene auch bei Eukaryoten verwirklicht ist. Das Ergebnis ausgedehnter Untersuchungen ist bisher negativ: Wenn überhaupt, dann gibt es *Operonen im Kerngenom der Eukaryoten sehr selten*.
Einige Charakteristika eines Operons (benachbarte Lage und gemeinsame Kontrolle) werden von mehreren eukaryotischen Genen erfüllt. „Gen-Cluster", zusammenliegende Gene, deren Produkte in einem gemeisamen Stoffwechselweg agieren, sind bei Pilzen gefunden worden.
Im Hefegenom wurde beispielsweise ein Cluster von Strukturgenen für die Galaktoseverwertung erfasst (Galakto-Kinase, Transferase und Epimerase), die von einem anderen Gen (*GAL4*; vgl. 20.3.2.1.) positiv kontrolliert werden. Aber die Synthese von polycistronischer mRNA (ein typisches Kennzeichen des Operon-Modells bei Prokaryoten) wurde bisher nicht gefunden.
Häufig liegen gemeinsam regulierte Gene verstreut im Kerngenom vor. Ihre koordinierte Regulation wird durch identische Regulatorproteine erreicht (Regulonprinzip; vgl. Kap. 19).

Bei Eukaryoten gibt es eine dem Operon zwar ähnliche, aber im Wesen andere Erscheinung: In Säugerzellen wird z. B. für die Pyrimidinbiosynthese zunächst ein sehr großes Protein synthetisiert (Mr = 215.000). Durch kontrollierte Proteolyse (also eine posttranslationale Veränderung) entstehen daraus drei unterschiedliche Proteine mit drei verschiedenen enzymatischen und regulatorischen Funktionen. – Derartige Situationen sind auch bei Pilzen und Viren mehrfach nachgewiesen worden. Ein Chromosomenabschnitt (Gen) codiert somit die Synthese eines Proteins mit mehreren „funktionellen Domänen", das sekundär in Spaltstücke mit unterschiedlichen Enzymwirkungen zerlegt wird (vgl. Abb. 18.5.). Auf diese Fälle sollte der Operon-Begriff nicht ausgeweitet werden. Dagegen gibt es *Operon-Strukturen durchaus in den Chromosomen der Mitochondrien und Plastiden* (vgl. Kap. 11).

20.3.2. Beispiele für die Regulation der Transkription spezifischer eukaryotischer Gene

20.3.2.1. Metabolitabhängige Regulation: *GAL*-Gene der Bäckerhefe

Auch wenn zweifellos die Regulation der Genaktivität bei Eukaryoten insgesamt betrachtet komplexer ist als bei Bakterien, so gibt es doch genügend experimentelle Hinweise dafür, dass bestimmte Grundprinzipien der Transkriptionsregulation für alle Organismen gelten. Grundlegende Daten dazu wurden am Beispiel der *GAL*-Gene der Hefe *Saccharomyces cerevisiae* erhoben und inzwischen an vielen anderen Regulationssystemen in ähnlicher Form bestätigt.

Mehrere Gene für den Galaktose-Metabolismus der Hefe (*GAL1, GAL7, GAL10*), die auf dem Chromosom II lokalisiert sind, unterliegen einer gemeinsamen Regulation. Sie sind kaum aktiv, wenn sich keine Galaktose im Medium befindet. Nach Zugabe von Galaktose wird die Transkription schnell induziert. Bereits 15 Minuten nach Induktion machen diese *GAL*-Transkripte 1–2% der gesamten mRNA in der Hefezelle aus. Die Regulation der Transkription erfolgt über eine Wechselwirkung zwischen 2 Proteinen, Gal4 und Gal80. Gal4 ist ein Aktivator der Transkription. Er bindet an eine Nukleotidsequenz etwa 250 bp vor dem Transkriptionsstart der *GAL*-Gene. Diese Sequenz wird als UAS$_G$ (*upstream activating sequence*, G steht für Galaktose) bezeichnet. Sie besteht aus 17 bp, die sehr ähnlich vierfach wiederholt vorliegt. Jede 17 bp-Sequenz ist in sich zweifach symmetrisch (was man von vielen Erkennungssequenzen von regulatorischen Proteinen kennt, z. B. vom Operator des Phagen λ). Diese Symmetrie zeigt an, dass der Gal4-Aktivator als Dimer an UAS$_G$ bindet. Die Bindung des Gal4-Dimers an die 17 bp-Sequenz ist die Voraussetzung für die Aktivierung der Transkription des stromabwärts liegenden *GAL*-Gens. Dabei hat die Bindung von Dimeren an alle 4 Bindungsstellen, wie es in der Zelle normalerweise geschieht, eine weitaus stärkere aktivierende Wirkung, als die Bindung nur eines Dimers (Abb. 20.3.).

Das Gal4-Protein ist sehr gut untersucht worden. Man kennt die Aminosäuresequenz, die für die spezifische Bindung an die 17 Basenpaare der UAS verantwortlich ist. Eine ganz andere Domäne des Proteins verursacht die Transkriptionsaktivierung über eine Interaktion mit dem Initiationskomplex aus RNA-Polymerase II und allgemeinen Transkriptionsfaktoren im Bereich der TATA-Box. Ist keine Galaktose im Medium, bindet Gal80 an Gal4, „verdeckt" gewis-

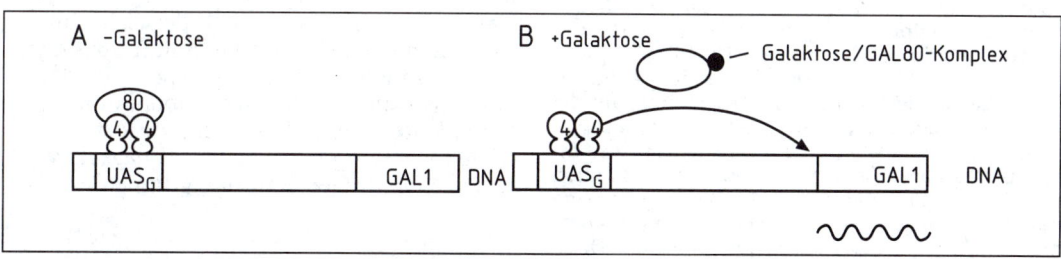

Abb. 20.3. Positive Regulation der Transkription von Genen für die Enzyme des Galaktose-Abbaus (GAL-Regulon) bei der Bäckerhefe. GAL4 (*im Bild:* 4) ist ein Aktivatorprotein, das als Dimer an seine Bindungsstelle UAS$_G$ stromaufwärts (upstream) von mehreren GAL-Genen bindet (hier als Beispiel GAL1). *A* Ist keine Galaktose im Medium, dann bindet GAL80 (*im Bild:* 80) an GAL4, wodurch dessen Aktivatorwirkung unterdrückt wird. *B* Ist Galaktose vorhanden, so bindet sie an GAL80 und verhindert dessen Bindung an GAL4; GAL4 aktiviert die Transkription des Gens GAL1 durch Interaktion mit dem Initiationskomplex im Bereich der TATA-Box (*Pfeil*). Nach Ptashne aus Bielka und Börner 1995.

sermaßen die Aktivierungsdomäne und reprimiert so die Transkription (Abb. 20.3.). Galaktose wirkt als Induktor der Transkription. Seine Bindung an Gal80 (dafür ist eine Region von 20 Aminosäuren zuständig) führt zur Ablösung von Gal4 und verhindert auch eine erneute Anbindung. Gal4 wird somit zum Aktivator.

Viele Transkriptionsregulatoren haben einen ähnlichen Aufbau wie Gal4. Sie besitzen eine DNA-bindende Domäne, eine aktivierende Domäne sowie eine oder mehrere Regionen, durch die das Protein selbst in seiner Aktivität reguliert wird. Diese regulativen Regionen können die Bindung anderer Proteine ermöglichen (wie hier mit Gal80). Transkriptionsregulatoren können in ihrer Aktivität aber auch durch Modifizierung, vor allem Phosphorylierung, reguliert werden. Die einzelnen funktionellen Domänen wirken unabhängig voneinander. Deshalb konnten sie durch Austausch zwischen unterschiedlichen Regulatorproteinen näher untersucht werden.

Die Arbeitsgruppe von Ptashne hat dazu aufschlussreiche Versuche mit Gal4 durchgeführt, die auf gemeinsame Wirkungsprinzipien in der Genregulation hinweisen:

Zunächst wurde die UAS$_G$-Sequenz in unterschiedlicher Entfernung vor ganz verschiedene Hefegene gesetzt. Diese Gene wurden dann in ihrer Aktivität wie die *GAL*-Gene reguliert und waren durch Gal4 aktivierbar. Weiterhin wurde das *GAL4*-Gen in Zellen von Säugern, *Drosophila* und vom Tabak übertragen und dort exprimiert. In den gleichen Zellen wurde vor ein internes Gen die UAS-Region eingebaut. Der Hefe-Gal4-Aktivator erhöhte sehr deutlich die Transkription der entsprechenden tierischen oder pflanzlichen Gene. Die Gen-Spezifität des Aktivators wird also allein über seine Bindung an die UAS-Region erreicht. Dass die Aktivierung offensichtlich recht unspezifisch ist und durch sehr verschiedene Aminosäuresequenzen hervorgerufen werden kann, zeigten folgende Experimente: Das *GAL4*-Gen wurde verkürzt, so dass nur der Teil übrig blieb, der die genetische Information für die UAS-Bindungsdomäne trägt. Bakterien-DNA wurde in Stücke passender Größe mit zufälliger, nicht bekannter Sequenz zerschnitten und mit dem *GAL4*-Genrest verknüpft. Unerwartet viele der so entstandenen chimärischen Proteine aus UAS-Bindungsdomäne und zufälliger Aminosäuresequenz hatten mehr oder weniger starke Aktivatorwirkung auf die *GAL*-Gene (oder andere Gene mit experimentell geschaffener, stromaufwärts gelegener UAS-Region). Nicht unerwartet ist dann der Befund, dass auch chimärische Proteine aus UAS-Bindungsdomäne und Aktivierungsdomäne anderer Aktivatorproteine die Transkription der *GAL*-Gene aktivieren. Diese und andere Versuche haben gezeigt, dass für die korrekte Funktion der Gal4-Aktivierungsdomäne nicht eine bestimmte Aminosäuresequenz benötigt wird, wohl aber gehäuft negativ geladene Aminosäuren und zusätzlich bestimmte strukturelle Voraussetzungen vorhanden sein müssen.

20.3.2.2. Signaltransduktionsketten in der Regulation der Genaktivität

Die eben beschriebene Regulation der *GAL*-Gene der Hefe ist ein ziemlich einfaches Beispiel. Die im folgenden Abschnitt zu schildernde Regulation durch Steroidhormone (vgl. 20.3.2.3.) ist auch relativ übersichtlich. Häufiger, gerade bei höheren Eukaryoten, sind Signaltransduktionsketten, die in vielen Schritten ablaufen, wie für Peptidhormone dargestellt werden wird (vgl. 20.3.2.4.). Vereinfacht bestehen diese Ketten aus dem *Auslöser (Agonist)*, dessen *Rezeptor*, der durch die Interaktion mit dem Agonisten in seiner Aktivität verändert wird, und eine kürzere oder längere, oft verzweigte Signaltransduktionskette auslöst, die schließlich zu einem *DNA-bindenden Regulatorprotein* führt und dessen Aktivität reguliert. Über die spezifische Bindung des Regulatorproteins an seine Bindungsstelle(n) vor einem oder mehreren oder vielen Genen wird die Transkription des Gens oder der Gene aktiviert oder reprimiert.

Agonisten können abiotische und biotische Umweltfaktoren wie Substrate, Temperatur, Licht, Parasiten, Krankheitserreger sein oder endogene Produkte wie Metabolite (z. B. Zucker), Hormone, Wachstumsfaktoren, Vitamine oder Neurotransmitter.

Ihre Rezeptoren können im Cytoplasma lokalisiert sein. Dies trifft z. B. auf die Rezeptoren der tierischen Steroidhormone (vgl. 20.3.2.3.) oder auf die Phytochrome zu, die den Pflanzen als Lichtrezeptoren dienen. Häufiger befinden sich die Rezeptoren in der Plasmamembran (vgl. 20.3.2.4.). Sie bestehen aus einem oder mehreren Polypeptiden und verfügen über eine oder mehrere Domänen, die die Membran durchspannen und den Rezeptor dort „verankern". Ihre Bindungsdomäne für den Agonisten befindet sich außerhalb der Zelle, an der Oberfläche der Plasmamembran. In das Cytoplasma hinein ragt der Rezeptorteil, der in Abhängigkeit von der Agonistenbindung eine Signalkette innerhalb der Zelle auslöst.

Viele Rezeptoren besitzen Kinaseaktivität, d. h. sie übertragen Phosphatgruppen.

20.3.2.3. Regulation der Transkription durch Steroidhormone

Hormone sind vom Organismus selbst gebildete Wirkstoffe, die bestimmte Lebensvor-

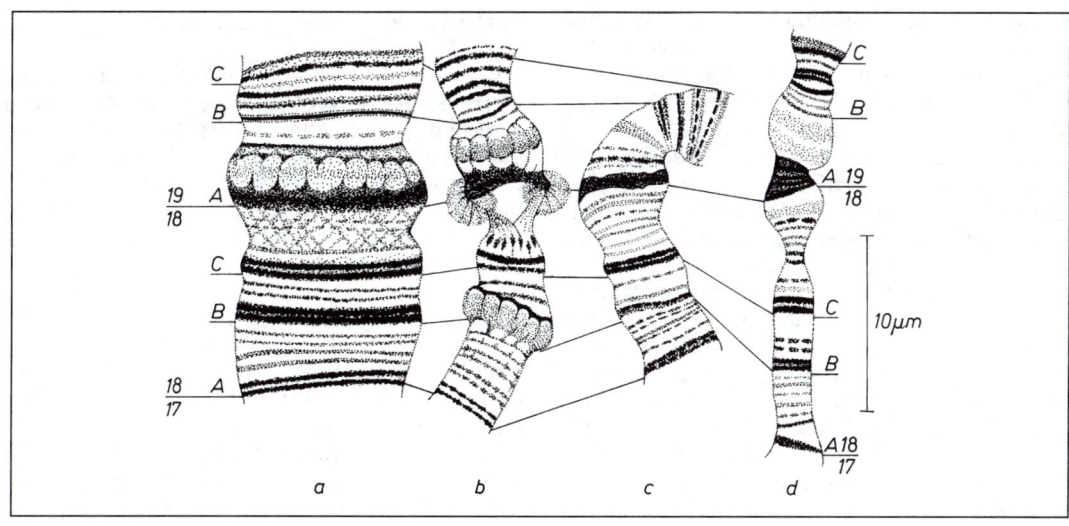

Abb. 20.4. Homologe Riesenchromosomenabschnitte (I. Chrom. 18A–19C) aus verschiedenen Geweben von *Chironomus tentans*. *a* Speicheldrüsen, *b* Malpighigefäße, *c* Rectum, *d* Mitteldarm des gleichen Individuums. Nach Beermann 1952.

gänge steuern. Sie dienen der Kommunikation zwischen den Zellen, sind somit interzelluläre Regulationsstoffe. Ihrer chemischen Struktur nach sind die Hormone: Steroide (Ecdysteroide, Corticoide, Sexualhormone) oder Isoprenoide (Juvenilhormone), Peptide oder Proteine (Peptidhormone), Aminosäuren oder biogene Amine und deren Derivate (Schilddrüsenhormone, Neurotransmitter) und Derivate ungesättigter Fettsäuren (Eicosanoide).

Die Wirkungsweise der Hormone ist im einzelnen sehr unterschiedlich. Dies betrifft die Entfernung zwischen Bildungs- bzw. Freisetzungsort und Wirkort, die Lage und Natur der Hormonrezeptoren sowie den konkreten Wirkungsmechanismus.

Im folgenden wird genauer eingegangen auf die Steroidhormone, im darauffolgenden Abschnitt 20.3.2.4. auf die Peptidhormone und Catecholamine.

Steroidhormone aktivieren in spezifischer Weise die Transkription eukaryotischer Gene. Erste Beweise für die Aktivierung spezifischer Gene durch Steroidhormone wurden an den Riesenchromosomen von Dipteren (Chironomiden, *Drosophila*) erhalten. *Riesenchromosomen* haben besondere Strukturen als Kennzeichen hoher Transkriptionsaktivität: Puffs und Balbiani-Ringe (Abb. 20.4.). Diese mikroskopisch gut sichtbaren Strukturen werden gewebs- und entwicklungsstadienspezifisch aus- und rückgebildet. Sie spiegeln

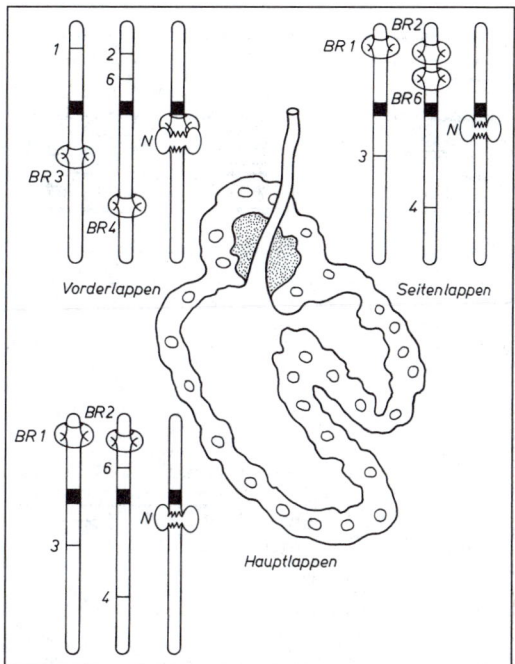

Abb. 20.5. Speicheldrüse des Chironomiden *Acricotopus lucidus*, die in drei Lappen mit unterschiedlichen Sekreten gegliedert ist. Das Lumen des Vorderlappens, der während der Verpuppung ein bräunliches Sekret bildet, ist punktiert. BR 1–6 sind die einzelnen Balbiani-Ringe, welche in den verschiedenen Lappen die Aktivität bestimmter Gene erkennen lassen; die homologen nicht aktiven Stellen sind mit 1–6 beziffert. N Nukleolus. Das Heterochromatin der Centromerregionen ist schwarz dargestellt. Nach Mechelke 1963 aus Bier 1974.

damit die sich regelmäßig während der ontogenetischen Entwicklung und Gewebsdifferenzierung verändernde Transkriptionsaktivität an unterschiedlichen Chromosomenabschnitten, Genen, wider (Abb. 20.5.).
Bei *Chironomus tentans* wurde bereits 1963 gezeigt, dass ein Puff in Position 18C des Chromosoms I eine Schlüsselstellung in den hormonell ausgelösten Genaktivitäten einnimmt.
Bereits 15 Minuten nach Injektion des Häutungshormons Ecdyson in Larven des letzten Stadiums wird ein neuer Puff (Abb. 20.6., II) gebildet. Ihm folgt mit geringer zeitlicher Verzögerung ein weiterer Puff in Chromosom IV, 2–13. Das „Puffing" beider Loci ist von der Ecdyson-Konzentration abhängig. Weitere Puffs reagieren gesetzmäßig auf die Aktivierung des Locus II–18C. Die Ecdysongabe führt zur Synthese neuer RNA-Sorten

(mRNA), die vorher in der Zelle noch nicht zu finden waren.
Bei *Drosophila* wurde mit radioaktiv markiertem Ecdysteroid (einem Ecdysonverwandten pflanzlicher Herkunft) nachgewiesen, dass das Hormon im Cytoplasma an Rezeptormoleküle gebunden wird. Der Komplex wandert in den Zellkern, bindet dort an das Chromatin, woraufhin kurze Zeit später die Puffbildung erfolgt.

Sehr genaue Kenntnisse über den Wirkungsmechanismus der Steroidhormone wurden an Säugern gewonnen. Als Beispiel wird im folgenden der Wirkungsmechanismus der Östrogene geschildert.
Die Östrogene (jetzt häufig auch im Deutschen: Estrogene) sind eine Gruppe weiblicher Sexualhormone. Hauptvertreter ist Östradiol (Estradiol). Schwächer wirksame Metabolite sind Östron (Estron) und Östriol (Estriol). Die Östrogene werden besonders in den Graafschen Follikeln des Ovars (daher auch: Follikelhormon) und im Gelbkörper, während der Schwangerschaft auch in der Plazenta, gebildet.
Ihre Wirkung entfalten die Östrogene durch ihre Bindung an Moleküle des Östrogen-Rezeptors, die in großer Anzahl im Cytoplasma (Cytosol) und Zellkern vorhanden sind. Das Vorkommen der Rezeptoren im Cytoplasma und z. T. im Zellkern ist eine generelle Eigenschaft der Steroidrezeptoren (die sie von den Peptidhormon-Rezeptoren unterscheidet, die in der Zellmembran verankert sind).
Ein Steroid-Rezeptor ist – in seiner allgemeinen Form (Abb. 20.7.) – eine Peptidkette, die

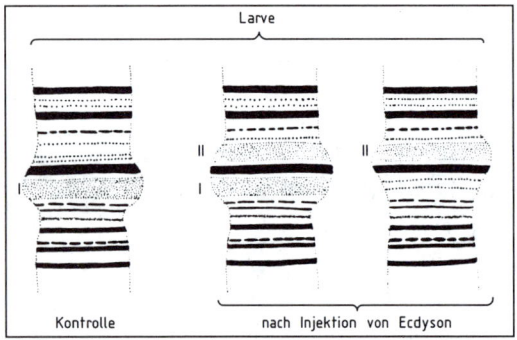

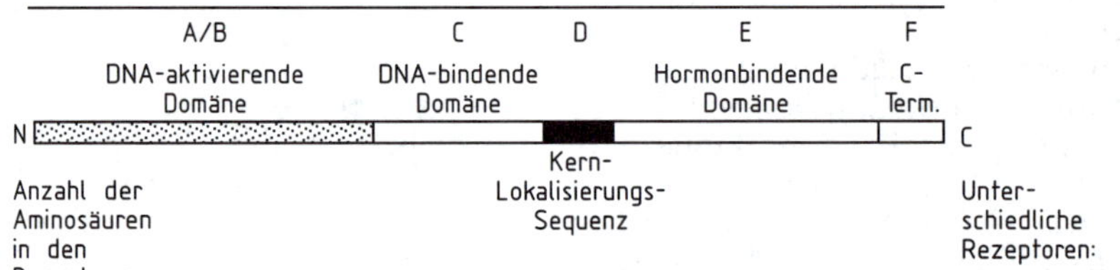

Abb. 20.6. Bei *Chironomus tentans* wird 15 Minuten nach Injektion des Häutungshormons Ecdyson in Larven des letzten Stadiums in Chromosom I, Position 18C, ein neuer Puff (II) gebildet. Nach Clever aus Kühn 1965.

	A/B	C	D	E	F	
	DNA-aktivierende Domäne	DNA-bindende Domäne		Hormonbindende Domäne	C-Term.	
N						C
			Kern-Lokalisierungs-Sequenz			
Anzahl der Aminosäuren in den Rezeptoren:						Unterschiedliche Rezeptoren:
	185	66	64	238	42	hÖR
	421	66	45	245	0	hGR
	603	66	69	246	0	hMR
	558	66	45	249	0	hAR
	88	66	46	220	42	hRARα
	53	68	68	128	173	hTRα

Abb. 20.7. Schema für den molekularen Aufbau von Steroid-Rezeptoren. Dargestellt sind die fünf Domänen und die Anzahl der Aminosäuren, aus denen diese bei verschiedenen Rezeptoren aufgebaut sind. *h* human, vom Menschen; *ÖR* Östrogen-Rezeptor, *GR* Glucocorticoid-Rezeptor, *MR* Mineralcorticoid-Rezeptor, *AR* Androgen-Rezeptor, *RARα* α-Retinsäure-Rezeptor, *TRα* α-Schilddrüsenhormon-Rezeptor. Schema nach Bielka und Börner 1995, verändert; Zahlen nach Singer und Berg 1992.

vier verschiedene Domänen besitzt: die DNA-aktivierende Domäne, die DNA-bindende Domäne, die Kern-Lokalisierungs-Sequenz, die Hormon-bindende Domäne (an die auch das Hsp 90 bindet) und z. T. einen separaten C-Terminus.

Die Moleküle des Östrogen-Rezeptors befinden sich in Abwesenheit des Hormons als inaktiver Rezeptor-Komplex im Cytosol. Der Östrogen-Rezeptor ist dort mit dem als Inhibitor wirkenden Chaperon Hsp 90 assoziiert. (Hsp = heat shock protein, weil es nach Hitzeschock vermehrt gebildet wird). Die (von den Bindungsproteinen freigesetzten) Steroidhormone gewinnen Kontakt zur Zellmembran der Zielzelle und gelangen durch „erleichterte Diffusion" durch die Zellmembran in das Cytoplasma und binden dort an den Östrogen-Rezeptor (an seine hormonbindende Domäne), der sich vom Hsp 90 löst. Die Ablösung von Hsp 90 legt die Kern-Lokalisierungs-Sequenz frei. Mit Hilfe dieses Signals gelangt der Hormon-Rezeptor-Komplex durch eine Kern-Pore in den Zellkern. Im Zellkern bindet der Hormon-Rezeptor-Komplex mit seiner DNA-bindenden Domäne an eine spezifische DNA-Sequenz, und zwar in folgender Weise bzw. aufgrund folgender Zusammenhänge:

Innerhalb der Promotor-Region eukaryotischer Kerngene befinden sich Sequenzabschnitte (Module), die als „Reaktionselemente" oder „Hormone-responsive-elements", HREs, bezeichnet werden (vgl. Kap. 17, Abb. 17.11.). Die Elemente reagieren jeweils mit spezifischen Hormon-Rezeptor-Komplexen oder anderen Agonisten: GRE auf Glucocorticoide, TRE auf Phorbolester, MRE auf Metalle sowie HSE auf Hitzeschock (vgl. Abb. 17.11.). Jedes dieser Reaktionselemente (HRE) für den Östrogen-Rezeptor-Komplex besitzt die palindrome, spiegelbildliche Sequenz: AGGTCA/XXX/TGACCT (jeweils 6 palindrome Basenpaare sind durch drei nahezu beliebige Basenpaare X getrennt).

Entsprechende palindrome Sequenzen für den Thyroid-Rezeptor-Komplex und den Glucocorticoid-Rezeptor-Komplex sind einander sehr ähnlich.

Das Östrogen-Rezeptor-Molekül besitzt als spezifisches Merkmal zwei Zinkfinger-Strukturen (vgl. 19.8.). Jeder dieser „Finger" trägt ein Zink-Atom, das von einer Vierergruppe von Cysteinen umgeben ist (Abb. 20.8.). Die Aminosäure-Sequenz am ersten Zinkfinger bestimmt die Spezifität für Östrogen: C-E-G-C (-Cystein-Glutaminsäure-Glycin-Cystein-).

Die Spezifität für Glucocorticoid des homologen Rezeptors ist: Cystein-Glycin-Serin-Cystein.

Ihre Wirkung auf die Promotor-Region üben die Östrogen-Rezeptor-Moleküle als Dimere aus: Zwei Rezeptorprotein-Hormon-Komplexe verbinden sich durch starke Wechselwirkungen miteinander und ihre Rezeptorproteine lagern sich an die große Furche der DNA an.

Wenn die Östrogen-Rezeptor-Komplexe an das Reaktionselement in der DNA gebunden sind, wird die Promotor-Region aktiviert. Durch das Zusammenwirken des Steroid-Rezeptor-Komplexes mit den Transkriptionsfaktoren TBP und TAF sowie der RNA-Polymerase II wird die Transkription des zu aktivierenden Gens gestartet.

Durch die Östrogene wird während der Ontogenese der Frau die Entwicklung der weiblichen Geschlechtsorgane bewirkt, die Aufrechterhaltung der sekundären weiblichen Geschlechtsmerkmale, sowie im Zusammenwirken mit Progesteron und den Gonadotropinen, der normale Ablauf des Menstruationszyklus.

20.3.2.4. Wirkungsweise von Peptidhormonen und Catecholaminen

Eine gegenüber den Steroidhormonen deutlich unterschiedliche Wirkungsweise haben die Peptidhormone. Zu ihnen gehören so wichtige Hormone wie Somatotropin (Wachstumshormon), Somatostatin, Corticotropin, Thyreotropin, Calcitonin, Insulin, Glukagon u. v. a. Ihnen in der Wirkungsweise

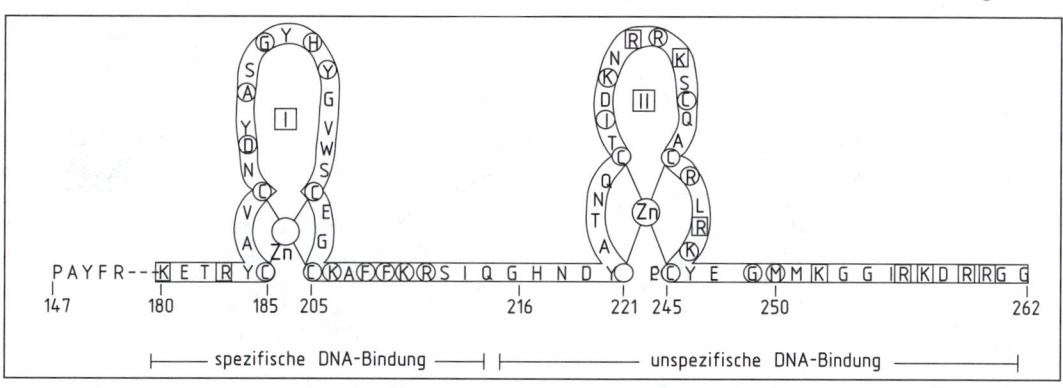

Abb. 20.8. Die zwei Zinkfinger-Strukturen des Östrogen-Rezeptor-Moleküls. Die wichtigsten Aminosäuren (im Einbuchstaben-Code) sind eingekreist. Nach Singer und Berg 1992.

sehr ähnlich sind die Catecholamine Adrenalin und Noradrenalin.

Wesentlich ist die Tatsache, dass die Rezeptoren für diese Hormone plasmamembranständig sind; sie besitzen eine oder mehrere Transmembrandomänen. Die von den einzelnen Hormonen innerhalb der Zelle ausgelösten Wirkmechanismen können durchaus unterschiedlich sein.

Im folgenden wird die Wirkungsweise des Hormons Adrenalin genauer gekennzeichnet.

Das Hormon Adrenalin ist seiner chemischen Struktur nach ein Catecholamin (ein Aminosäurederivat), das aber in seiner Wirkungsweise mit der vieler Peptidhormone übereinstimmt.

Adrenalin und Noradrenalin sind chemisch eng verwandte Hormone des Nebennierenmarkes. Beide werden in einem Mischungsverhältnis von 30–50% Adrenalin, 50–70% Noradrenalin an das Blut abgegeben. Sie haben nur eine kurze Wirkungsdauer, weil sie in den Geweben schnell abgebaut werden. Beide Hormone wirken auch als Transmitter der Sympathicus-Nervenendigungen (dort im Verhältnis 80–90% Noradrenalin und 10–20% Adrenalin).

Adrenalin wird beim Menschen vermehrt ausgeschüttet bei körperlicher Arbeit, Hitze, Verbrennungen, Kälte, Angst, Stress und Ärger. Durch die Hormonausschüttung kommt es zu einer Erhöhung von Blutdruck und Herzschlagfrequenz, zu einer Kontraktion der meisten glatten Muskeln, zu einem Anstieg der Glykogenspaltung unter Freisetzung von Glukose (Glykogenolyse) und zum Abbau der Depotfette.

Insgesamt kommt es dadurch zu einer Erhöhung der Reaktionsbereitschaft des Körpers und einer Steigerung seiner Leistungsfähigkeit, einer „ergotropen" Umstellung des Körpers („Fight-or flight-response").

Adrenalin wirkt vorwiegend auf den Stoffwechsel und mobilisiert die in Form von Glykogen und Fett gespeicherte Energie (Noradrenalin wirkt vorwiegend auf den Sympathicus).

Die Aktivierung der Stoffwechselvorgänge durch Adrenalin vollzieht sich in folgender Weise:

Die Zielzellen für Adrenalin tragen in ihrer Zellmembran sogenannte β-adrenerge Rezeptoren (außerdem noch α-adrenerge Rezeptoren, die im vorliegenden Zusammenhang aber nicht interessieren).

Vor der Einwirkung von Adrenalin auf die Zielzellen befinden sich in bzw. an der Zellmembran drei Sorten von Proteinen, welche an der Signalübertragung mitwirken (Abb. 20.9.): das Adrenalin-Rezeptorprotein (ein Transmembranprotein), eine inaktive Adenylat-Zyklase (auch ein Transmembranprotein) und an der cytosolischen Membranoberfläche das zur Signalübertragung fähige G-Protein. (Als G-Pro-

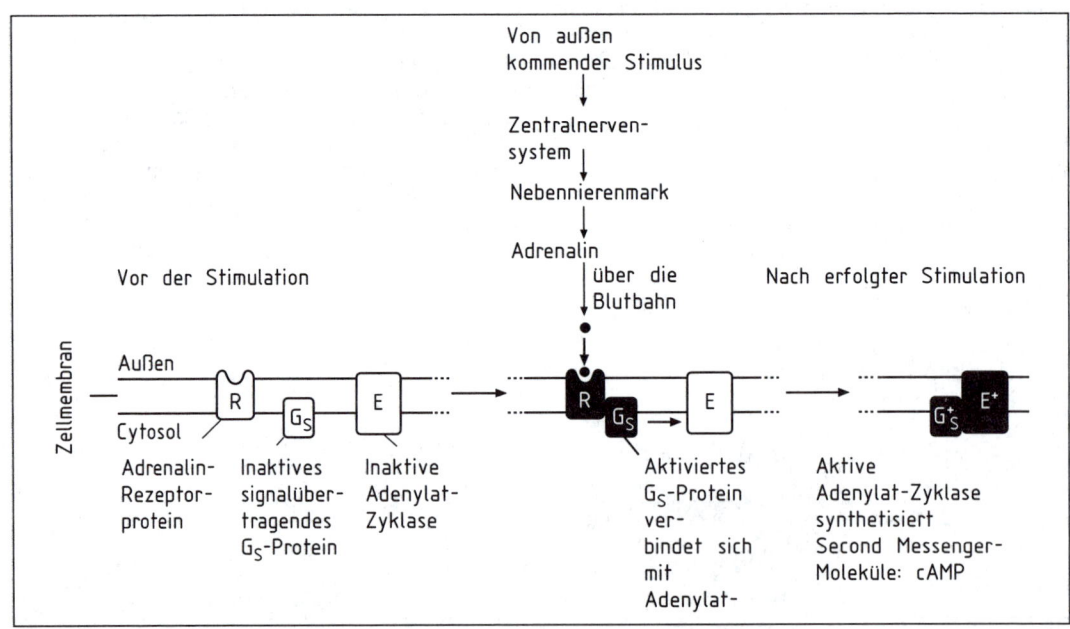

Abb. 20.9. Schema für die Signalübertragungskaskade für Adrenalin vom äußeren Stimulus bis an die Zelle; vgl. Text. Nach Darnell et al. 1994 und Lehninger 1987, verändert.

tein werden allgemein Proteine bezeichnet, die GDP oder GTP – Guanosin-di- bzw. -triphosphat – binden. Die Untergruppe der G_s-Proteine kann die Adenylat-Zyklase aktivieren. In einer nicht von Adrenalin stimulierten Zelle trägt G_s meist GDP.) *Wenn* Adrenalin mit dem Blutstrom die *Zielzelle erreicht* hat und an das Rezeptorprotein gebunden ist, wird eine effektive Signalübertragungskaskade in Gang gesetzt (Abb. 20.9.). Der mit Adrenalin beladene β-adrenerge Rezeptor kommt in Kontakt mit dem G_s-Protein, das dadurch aktiviert wird (GDP wird abgelöst und durch GTP ersetzt). Das G_s-Protein (bzw. seine das GTP-tragende Untereinheit) verbindet sich mit der Adenylat-Zyklase; dieses Enzym wird dadurch aktiviert und initiiert eine intensive Synthese von cAMP (zyklischem Adenosin-3′-5′-monophosphat). Das cAMP ist einer der wichtigsten Boten- bzw. Signalübertragungs-Stoffe bei Pro- und Eukaryoten (Abb. 19.6. zeigt seinen Synthese- und Abbau-Weg). Seine Funktion bei der Regulation eubakterieller Operonen (*lac*- und *ara*-Operon) wurde in Abschnitt 19.5. geschildert. – Im vorliegenden Zusammenhang geht es um die Funktion des cAMP in der eukaryotischen Zelle als „Second Messenger" (= 2. Bote. Als 1. Bote wird das bis an die Zellmembran gelangende Adrenalin betrachtet.). Das cAMP in der Zelle setzt eine Kette biochemischer Prozesse in Gang (Abb. 20.10.). Als

erstes wird eine cAMP-abhängige Proteinkinase aktiviert; indem sich das cAMP an eine hemmend wirkende Molekülkomponente der Proteinkinase anlagert und so die katalytische Kinase-Komponente freisetzt.
Die aktivierte Proteinkinase aktiviert ihrerseits mit Hilfe von ATP eine Phosphorylase-Kinase. Diese Phosphorylase-Kinase aktiviert (wiederum mit ATP) eine Phosphorylase, welche die Spaltung von Glykogen in Glukose-Phosphat bewirkt.

Durch diese komplexe Kaskade von Stoffwechselabschnitten – ausgelöst durch den extrazellulären 1. Boten (Adrenalin) und fortgesetzt durch den intrazellulären 2. Boten (cAMP) – wird das Ziel erreicht, für die Zelle und den Organismus die benötigte Glukose in ausreichender Menge verfügbar zu machen.

Hier sind noch zwei Ergänzungen anzufügen:
(1) Parallel zu dem hier skizzierten Prozess der Glykogenolyse in der Leber laufen weitere durch Adrenalin und cAMP ausgelöste Prozesse ab, so die Hemmung der Glykogensynthese, die Erhöhung der Aminosäureaufnahme, die Umwandlung von Aminosäuren in Glukose, die erhöhte Spaltung von Triglyceriden im Fettgewebe u. a.

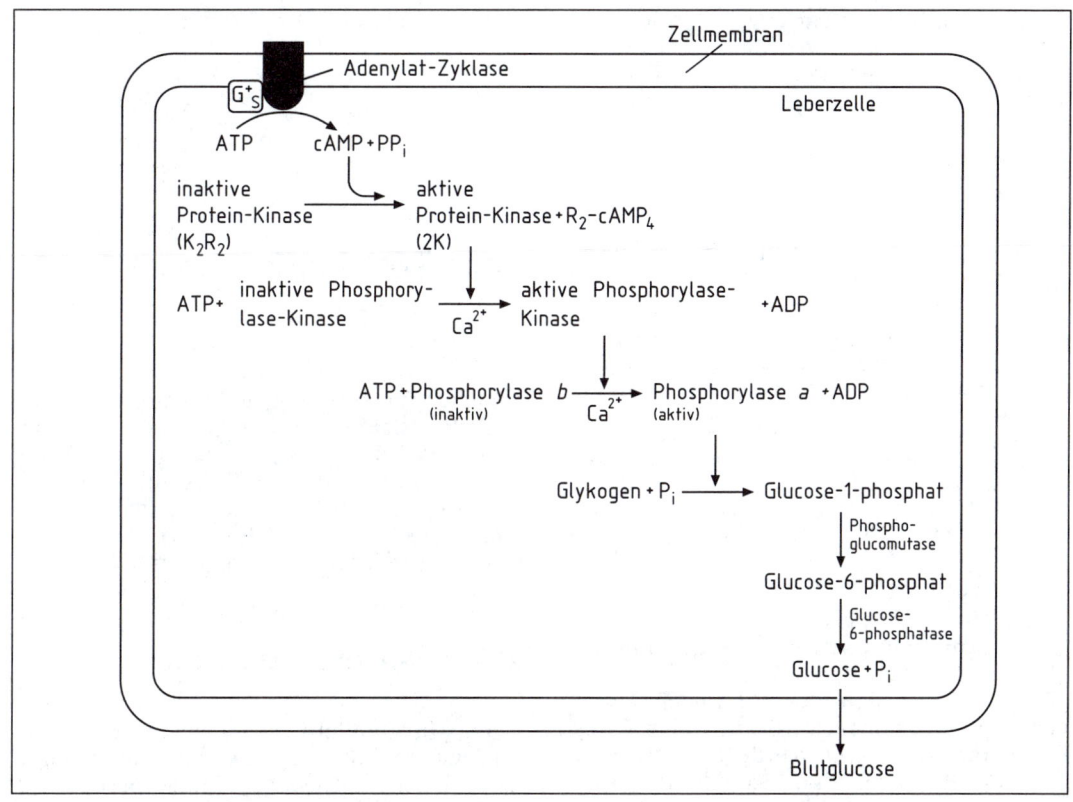

Abb. 20.10. Signalübertragungskaskade des Adrenalins innerhalb der Zelle. Nach Lehninger 1987, verändert.

Tab. 20.2. Unterschiedliche Typen rezeptorvermittelter Signalübertragung. Nach Lodish et al. 1996 und Bielka und Börner 1995.

Rezeptor (= Rez.)-Typ	Beispiele
G-Protein-gekoppelte Rezeptoren	Rez. für Peptidhormone und Catecholamine (ACTH, LH, FSH, Vasopressin, Angiotensin, Somatostatin, Glucagon, Serotonin, Adrenalin Sie erzeugen „sekundäre Messenger"
	Rezeptoren für Neurotransmitter, muskarinerger Acetylcholin-Rez., Rez. für Noradrenalin Sie erzeugen „sekundäre Messenger"
	Rez. für Mediatoren Histamin, Eicosanoide
Guanylat-Zyklase-Rezeptoren	cGMP-regulierte Ionenkanäle, für atriales natriuretisches Hormon, für *E. coli*-Enterotoxin (Darm)
Ionenkanal-Rezeptoren	Acetylcholin-Rez. (an der motorischen Endplatte), Glutamat-Rez., γ-Aminobuttersäure (GABA)-Rez.
Tyrosinkinase-gekoppelte Rezeptoren	Rez. für Wachstumsfaktoren (EGF, HGF, IGF), Interferone, Interleukine, Erythropoietin
Rezeptor-Tyrosinkinase	Rez. für Insulin
Rezeptor-Tyrosinphosphate	Rez. für plasmamembranständiges Antigen von Leukozyten (CD45)
Rezeptor-Serin/Threonin-Kinasen	Rez. für transformierbaren Wachstumsfaktor TGFβ
Rezeptoren für Histidin-Kinase	Ethylen-Rez. (bei Pflanzen)

(2) Der Weg über das cAMP ist nicht der einzige Wirkmechanismus von Peptidhormonen (und Catecholaminen):

- In vielen Zelltypen wirken Ca^{2+}-Ionen als „Second Messenger". In diesen Kaskaden spielen Calmodulin oder Troponin C eine wichtige Rolle.
- Aufnahme von Insulin und Wirkmechanismus des Insulin-Rezeptors verlaufen auf noch andere Weise.
- Die Aktivierung des Gens für das Peptidhormon Somatostatin durch cAMP zeigt hingegen gewisse Ähnlichkeiten mit der Genaktivierung durch Steroidhormone.

Einen Überblick über die unterschiedlichen Wirkungsmechanismen von Peptidhormonen gibt Tabelle. 20.2.
(Wegen der Vielfalt der Wirkmechanismen von Peptidhormonen muss auf weiterführende Literatur verwiesen werden: Lodish et al. 1995, Alberts et al. 1996, Darnell et al. 1994, Bielka und Börner 1995).

20.4. Posttranskriptionale Kontrolle

An die Transkription eukaryotischer Gene schließen sich unterschiedliche posttranskriptionale Prozesse an (vgl. Kap. 15 und 11). Besonders die Abläufe des RNA-Spleißens (vgl. 15.2.4.) und des RNA-Editing (vgl. 15.2.5.) bieten die Möglichkeit für die Erzeugung alternativer reifer translatierbarer mRNAs.

20.4.1. Alternatives Spleißen

Bereits im Kapitel über das menschliche Genom wurde auf unterschiedliches Spleißen in verschiedenen Geweben hingewiesen (vgl. 18.3.2.).

Alternatives Spleißen ist bei zahlreichen genetischen Objekten festgestellt und genau analysiert worden: bei Retroviren, dem SV40- und dem Polyoma-Virus, bei *Drosophila melanogaster* und bei Säugern (z.B. beim Mensch und der Maus).

Das alternative Spleißen kann an identischen kompletten prä-mRNAs erfolgen, kann sich aber auch im Zusammenwirken mit unterschiedlichen Transkriptions-Startpunkten oder verschiedenen Polyadenylierungs-Stellen vollziehen.

Alternatives Spleißen an identischen prä-mRNAs

Das Gen für das Protein Troponin T der schnellen Skelettmuskulatur des Menschen besitzt 18 Exonen. An der kompletten prä-mRNA mit allen 18 Exonen vollziehen sich zwei Typen alternativen Spleißens:

- Die α-Troponin T-mRNA enthält das Exon 16 (nicht aber das Exon 17, das zusammen mit Intronen beim Speißen entfernt wird). Die α-mRNA wird im adulten Muskel ausgeprägt. – Demgegenüber enthält die β-Troponin T-mRNA das Exon 17 (nicht aber das Exon 16); sie liegt als embryonale und adulte mRNA vor.
- Zusätzlich aber vollzieht sich an beiden mRNA-Formen (α und β) im Bereich der Exonen 4 bis 8 eine ganz verblüffende Variabilität von alternativem Spleißen: In einigen mRNA-Molekülen sind alle 5 Exonen (4, 5, 6, 7, 8) noch vorhanden; es wurden nur die Intronen gespleißt. Meist aber wird zusätzlich 1 Exon mit ausgeschnitten (4 oder 5 oder 6 oder 7 oder 8) oder 2 Exonen (4 + 5 oder 5 + 6 oder 7 + 8); es können auch 3 Exonen ausgeschnitten werden (4 + 5 + 6, 6 + 7 + 8) oder 4 Exonen (4 + 5 + 6 + 7, 5 + 6 + 7 + 8, auch 4 + 5 +7 + 8) oder alle 5 Exonen.

Die beiden mRNA-Formen α und β für Troponin T weisen somit eine hohe interne Variabilität hinsichtlich der An- bzw. Abwesenheit der Exonen 4 bis 8 auf, die aber offensichtlich die Funktionsfähigkeit der Troponin T-Moleküle nicht beeinträchtigt.

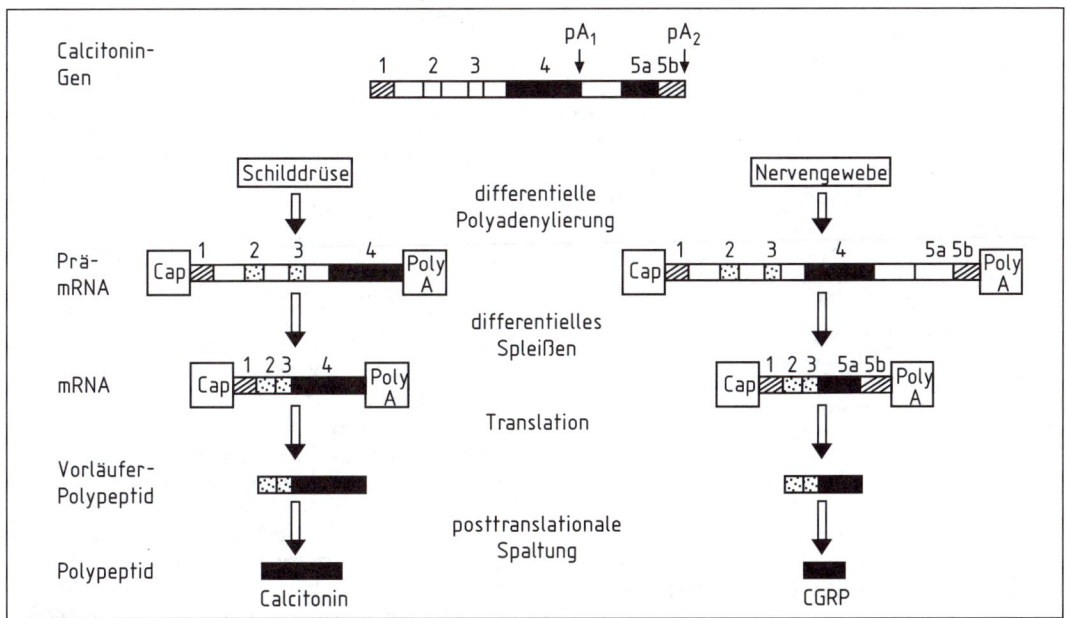

Abb. 20.11. Differentielles Polyadenylieren und Spleißen am Beispiel des Calcitonin-Gens des Menschen. Das Gen hat zwei alternative Polyadenylierungsstellen pA$_1$ und pA$_2$. In der *Schildrüse* wird das erste Signal benutzt, so daß nur die Exonen 1–4 in die prä-mRNA gelangen; Exon 5 wird ausgeschlossen. Gespleißt werden die Intronen zwischen den Exonen 1, 2, 3 und 4. Exon 1 wird nicht translatiert. So entsteht das Proprotein; aus ihm werden durch Protein-Processing die von den Exonen 2 und 3 codierten Teile entfernt. Damit ist das Peptidhormon Calcitonin das Produkt von Exon 4. Demgegenüber wird in *Nervengewebe* die Polyadenylierungsstelle pA$_2$ benutzt. Durch differentielles Spleißen werden außer den Intronen auch das Exon 4 mit ausgeschnitten; Exon 1 und Teilexon 5b werden nicht translatiert: So entsteht aus den Exonen 2, 3 und 5a das CGRP-Proprotein und – nach Proteinprocessing – de facto nur aus Exon 5a das ‚Calcitonin-verwandte Peptid' CGRP. Nach Strachan und Read 1996.

Alternatives Spleißen an unterschiedlich processierten mRNAs

In einigen Fällen greifen Spleiß- und andere Processierungsprozesse ineinander. Das *Calcitonin*-Gen des Menschen (Abb. 20.11.) weist in seiner **3'-End-Region** zwei unterschiedliche Polyadenylierungsstellen auf: pA_1 und pA_2. In der *Schilddrüse* erfolgt die PolyA-Bildung an der pA_1-Stelle der prä-mRNA: Es entsteht eine reife mRNA mit den Exonen 1, 2, 3, 4 (Abb. 20.11. linke Seite); daraus wird das Peptidhormon Calcitonin gebildet, das im Blut eine Erniedrigung des Calcium- und Phosphat-Spiegels bewirkt.

Demgegenüber erfolgt in *Nervengewebe* die Polyadenylierung an der Stelle pA_2; dadurch gelangen die Exonen 5a und 5b (die in der Schilddrüse ausgeschlossen wurden) mit in die mRNA. Durch differentielles Spleißen wird hingegen das Exon 4 zusammen mit den Intronen ausgeschnitten. Von der mRNA im Nervengewebe mit den Exonen 1, 2, 3, 5a, 5b wird schließlich das „Calcitonin-verwandte Peptid" CGRP synthetisiert, das neuromodulierend und trophisch wirkt.

Beim Gen für die *leichte Myosinkette* (MLC, myosin light chain) befinden sich in der **5'-Region** zwei unterschiedliche Promotoren mit einem Abstand von 10 kbp. Beim Transkriptionsstart von dem 5' proximalen Promotor entsteht eine längere prä-mRNA mit den Exonen 1–9; beim Start vom zweiten Promotor entsteht eine kürzere prä-mRNA mit den Exonen 2–9. Durch alternatives Spleißen werden zwei mRNAs für die leichte Myosinkette MLC1 mit den Exonen 1, 4, 5–9 bzw. für MLC2 mit den Exonen 2, 3, 5–9 gebildet. Somit werden aus unterschiedlich langen prä-mRNAs durch differentielles Spleißen zwei verschieden zusammengesetzte, aber etwa gleichlange leichte Myosinketten synthetisiert.

20.4.2. Gewebsspezifische Unterschiede im Editing

Die Prozesse des Editing weisen in bestimmten Fällen gewebsspezifische Unterschiede auf; aber alternatives Editing gibt es nicht. Die Unterschiede bestehen lediglich darin, dass in einem Gewebe an einer bestimmten Stelle einer prä-mRNA ein Editing erfolgt und in einem anderen Gewebe kein Editing stattfindet.

Der beeindruckendste Fall betrifft das Apolipoprotein B des Menschen, der bereits in den Abschnitten 15.2.5. und 18.3.2. im Detail beschrieben wurde: In der Leber erfolgt kein Editing, daher entsteht dort das große (lange) ApoB100. Hingegen kommt es im Dünndarm etwa in der Mitte der prä-mRNA zum Editing eines Nukleotides; es entsteht ein Stopp-Codon und hierdurch kommt es zur Synthese des kürzeren ApoB48.

Vergleichbare Fälle von gewebsspezifischen Unterschieden im Auftreten von Editing wurden in Plastiden und Mitochondrien gefunden (Kap. 11).

20.5. Imprinting

Bei der Analyse der Genwirkungen bei Differenzierungsprozessen wurde deutlich, dass es im Verlaufe der ontogenetischen Entwicklung eine funktionelle Prägung von Genen und Chromosomen gibt: ein Imprinting. Als Imprinting bezeichnet man einen Prozess, durch den in den beiden homologen Chromosomen bestimmte Bereiche bzw. Gene in Abhängigkeit von ihrer Herkunft unterschiedlich ausgeprägt werden. Meist äußert sich das Imprinting so, dass das von einem Elter übertragene Gen aktiv ist, während das vom anderen Elter stammende Gen (bzw. Allel) inaktiv ist („parental imprinting").

In Abschnitt 12.4. wurde geschildert, dass bei Säugern (z. B. der Maus) der väterliche und der mütterliche haploide Kern ein unterschiedliches Imprinting aufweisen, wenn sie in der befruchteten Eizelle vereinigt sind. Dies zeigt sich beim Vergleich androgenetischer und gynogenetischer Embryonen (Abb. 12.2.). Nur väterliches und mütterliches haploides Genom *gemeinsam* können eine normale Embryonalentwicklung gewährleisten. In diesem Fall war nur die generelle Aussage möglich, dass ein Imprinting der haploiden Genome vorlag, das bestimmte Funktionen blockierte, aber andere erlaubte.

Die Forschungsgruppe um Cattanach hat zeigen können, dass bei der Maus das Imprinting nicht das ganze Genom gleichmäßig betrifft, sondern die einzelnen Chromosomen unterschiedlich: Bestimmte Chromosomen werden vom Imprinting gar nicht betroffen (Chromosomen 3, 4, 13, 15, 16, 19), hingegen enthalten andere Chromosomen Bereiche für Imprinting (Chromosomen 2, 6, 7,11, 17).

In einigen Fällen konnte die Analyse bis auf das Niveau einzelner Gene vordringen. Die Maus besitzt die Gene IGFI und IGF2, welche Insulin-ähnliche Wachstumsfaktoren codieren (Insulin-like growth factors IGF). Das Gen IGF2 liegt im Chromosom 7 der Maus und codiert ein 67 Aminosäuren langes Peptid, das während der Embryogenese intensiv synthetisiert wird.

IGF2 ist ein „imprinted gene": Im Embryo bleibt das mütterliche Allel inaktiv (durch Imprinting); nur das väterliche IGF2-Allel wird ausgeprägt. [Von dem mit ihm eng gekoppelten Gen H19 wird umgekehrt nur das mütterliche Allel exprimiert; das väterliche nicht.] Der Insulin-ähnliche Wachstumsfaktor IGF2 bindet an den Rezeptor für IGF2. Das den Rezeptor codierende Gen IGF2R (Insulin-like growth factor 2 receptor) im Chromosom 17 der Maus zeigt auch Imprinting, aber im Gegensatz zu IGF2 ist im Embryo nur das mütterliche Allel aktiv und das väterliche Allel inaktiv.

Das Imprinting ist im Normalfall auf eine Generation (oder Teilabschnitte einer Generation) beschränkt. Die betreffenden Gene werden in ihrer Sequenz nicht verändert, ihnen wird vielmehr beim Durchlaufen der väterlichen oder mütterlichen Generation ein bestimmter Differenzierungszustand „aufgeprägt". Diese Prägung, das Imprinting, wird als „epigenetische Veränderung" bezeichnet. Es spricht vieles dafür, dass bei dieser epigenetischen Veränderung strukturelle Unterschiede im Chromatin und Methylierungs-prozesse eine wichtige Rolle spielen; das Cytosin in CpG-Folgen ist oft zum 5′-Methyl-Cytosin methyliert. (Für die Maus-Gene IGF2 und H19 wurde nachgewiesen, dass die jeweils aktiven Gene unmethyliert, die inaktiven Gene hingegen hochmethyliert sind). Generell gilt, dass die Untermethylierung mit Transkriptionsaktivität verknüpft ist, hingegen starke Methylierung mit Transkriptions-Inaktivität.

Viel Interesse in der Humangenetik haben in Bezug auf Imprinting das Prader-Willi-Syndrom, PWS, und das Angelman-Syndrom, AS, (Syndrom-Beschreibung in Vogel und Motulsky 1997). Betroffen ist bei beiden Syndromen derselbe Chromosomen-Bereich: 15q11–q13. Dort liegen eng gekoppelt mehrere Gene; Mutationen bzw. Deletionen im Centromer-nahen Abschnitt dieses Bereiches führen zum PWS, hingegen im mehr Telomer-nahen Abschnitt zum AS.

Sehr interessant ist das *gegensätzliche Imprinting*-Verhalten für diese beiden Syndrome. Das Prader-Willi-Syndrom (PWS) wird beobachtet, wenn das Chromosom mit einer Deletion in 15q11–13 vom Vater übertragen wird; da durch Imprinting die mütterliche Chromosomenregion inaktiv bleibt und daher nur die vom Vater übertragene Genregion in den Nachkommen aktiv ist, verursacht das vom Vater übertragene Deletions-Chromosom 15 das Krankheitsbild des PWS.

Demgegenüber wird beim Angelman-Syndrom (AS) das Chromosom mit der Deletion von der Mutter übertragen; das vom Vater übertragene Chromosom ist durch Imprinting inaktiviert; deshalb wird der Defekt des mütterlichen Chromosoms ausgeprägt. (In beiden Fällen, PWS und AS, gibt es noch kompliziertere genetische Situationen, auf die nicht näher eingegangen werden soll. Die genetische Analyse von PWS und AS hat zum Ergebnis geführt, dass es in der Chromosomenregion 15q11–q13 ein **Imprinting-Zentrum** gibt, welches das Imprinting reguliert und einen Imprinting-Wechsel („imprint switching") in der Region initiiert.

(Sehr genaue Details in Nicholls et al. 1998 und Chadwick et al. 1998).

20.6. Translationskontrolle

20.6.1. Stabilität der mRNA

Von der Zelle werden verschiedene Möglichkeiten ausgenutzt, die Translation zu regulieren. So besitzen die verschiedenen mRNAs eine unterschiedliche Stabilität gegenüber Abbauprozessen; langlebige mRNAs können viel öfter abgelesen werden als kurzlebige.

Die Translationsgeschwindigkeit verschiedener mRNAs kann unterschiedlich sein, so dass pro Zeiteinheit verschiedene Mengen der betreffenden Proteine synthetisiert werden. Es gibt Proteine, die an viele verschiedene mRNAs binden und diese vor Abbau schützen. Dazu gehören die poly(A)-bindenden Proteine. Andere Proteine destabilisieren viele verschiedene mRNAs, so z. B. Proteine, die an AU-reiche Sequenzen binden, welche im 3′-untranslatierten Bereich vieler unstabiler mRNAs in Säugerzellen gefunden wurden. Wieder andere Proteine stabilisieren oder destabilisieren ganz spezifische mRNAs. So bindet ein stabilisierendes 50-kDa-Protein mit hoher Spezifität an eine kleine Stamm-Schleifen-Struktur im Y-Bereich der Histon-mRNAs.

20.6.2. Silencing von mRNA

Gut bekannt ist die Tatsache, dass mRNA-Moleküle, nachdem sie in das Cytoplasma transportiert worden sind, *nicht in jedem Fall sofort* für die Polypeptidsynthese genutzt werden. Man spricht dann vom „Silencing" der mRNA. Diese „Lagerung" der mRNA bietet eine Möglichkeit, die bereits transkribierte Information verschiedener Gene zu unterschiedlichen Zeiten zu translatieren und die Proteinsynthese sehr schnell zu starten.

Diese Translationskontrolle wird durch Proteine erreicht, die sich mit den mRNA-Molekülen verbinden, und so eine Assoziation der mRNA mit Ribosomen verhindern (cytoplasmatische mRNP-Partikel; RNP = Ribonukleoprotein). Diese Form der Regulation ist vor allem bei Seeigeleiern untersucht worden. Aus unbefruchteten Seeigeleiern lassen sich größere Mengen von mRNP isolieren, ohne dass in diesen Zellen Proteinsynthese stattfindet. Sehr kurze Zeit nach der Befruchtung (zu kurz, als dass bereits umfangreiche Transkription hätte stattfinden können), werden in der Zelle große Mengen an Polysomen sichtbar, an denen eine intensive Proteinsynthese abläuft. Ähnliche Beobachtungen lassen sich an den Eizellen vieler Tiere, auch des Menschen, machen.

Vergleichbare Untersuchungen wurden an *Acetabularia* durchgeführt. Bei diesen großzelligen Algen kann man den Zellkern durch mikrochirurgische Eingriffe entfernen und damit die neue Transkription von mRNA ausschließen. Trotz dieses Eingriffes sind die des Kerns beraubten Zellen fähig, sich zu differenzieren und den Schirm auszubilden. Die Information für diese Differenzierung, d. h. mRNA für die Neusynthese von Proteinen, ist in inaktiver Form bereits in der Zelle vorhanden gewesen (Abb. 20.12.).

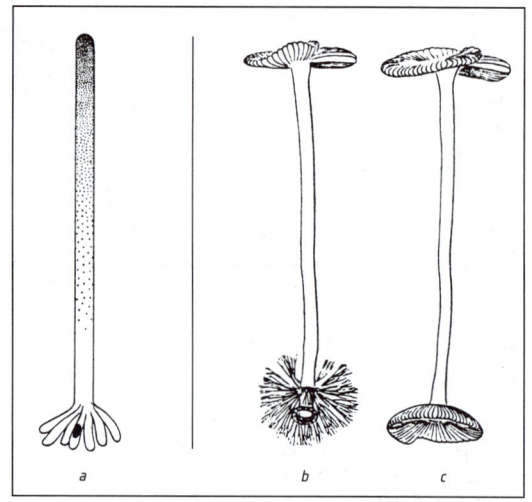

Abb. 20.12. Nachweis von „Formbildungsstoffen" (mRNP-Partikeln) zur Hutbildung bei *Acetabularia mediterranea*. *a* Schema einer *Acetabularia* mit Stiel; der Zellkern im Rhizoid bildet „Formbildungsstoffe", die sich im Stiel ansammeln. Der Konzentrations-Gradient ist durch die Punktierung angedeutet. Dabei handelt es sich um mRNP-Partikeln. *b* und *c* Zeichnungen *kernlos* gemachter Stiele, die mit Hilfe der „Formbildungsstoffe" im Stielplasma apikal einen Hut gebildet haben und die zusätzlich sogar an der basalwärts gerichteten Schnittfläche erst typische Haarwirtel (in *b*) und danach einen Hut (in *c*) bilden. Nach Hämmerling 1934 aus Kühn 1965, verändert.

Silencing kann auch einzelne Arten von mRNAs betreffen. In späten Stadien der Reticulocytenreifung von Säugern wird in diesen Zellen eine 15-Lipoxygenase (LOX) synthetisiert, die am Abbau von Membranen beteiligt ist. Die LOX-mRNA wird aber bereits in frühen Stadien in großen Mengen transkribiert. Die LOX-mRNA hat im 3′-UTR-Bereich eine CU-reiche Sequenz, an die zwei Proteine binden und die Translation verhindern, bis sie in den späteren Stadien entfernt werden.

20.6.3. Spezifische Translationsregulation

Es gibt eine Vielzahl von Beispielen für die Regulation der Synthese ganz spezifischer Proteine an den Ribosomen. Häufig geschieht dies durch Bindung regulativer Proteine an die nichtcodierenden 3′- oder 5′-Bereiche (UTSs) der mRNA. So wird z. B. der Eisenmetabolismus in Säugerzellen durch die Bindung eines eisensensitiven Regulatorproteins an die 5′-UTR der Ferritin-mRNA (Ferritin dient u. a. der Resorption von Eisen durch die Darmmucosa) kontrolliert. Dieses Protein bindet nur, wenn wenig Eisen in der Zelle vorhanden ist. Das Protein stabilisiert eine Stamm-Schleifen-Struktur in der 5'-UTR und verhindert dadurch die Bindung der 40S-Untereinheit der Ribosomen an die mRNA.

Ein gänzlich anderer Mechanismus bewirkt die Regulation der Globinsynthese durch Hämin. Die Bildung der Globine unterliegt nicht nur einer Transkriptionskontrolle (vgl. 20.2.2.). Sie sind auch ein bekanntes Beispiel für eine sehr spezifische Translationsregulation. Die mRNAs für die Polypeptidketten der Globine werden nur translatiert, wenn in der Zelle Hämin vorhanden ist. Hämin bildet zusammen mit den Globinen das Hämoglobin. Fehlt Hämin, läuft eine Folge von Phosphorylierungs- und Dephosphorylierungsreaktionen ab, an deren Ende die Phosphorylierung des Initiationsfaktors eIF-2 steht.

Der phosphorylierte eIF-2 ist nicht aktiv und verhindert die Initiation der Translation. Ist Hämin vorhanden, wird eIF-2 nicht phosphoryliert und die Translation der Globin-Messenger kann stattfinden.

20.7. Posttranslationale Prozesse

Auch nach der Translation können noch sehr effektive Regulationsprozesse stattfinden, die bestimmen, wann ein Protein in seiner aktiven Form gebildet und an seinen Wirkungsort gebracht wird: Protein-Processing. Sehr viele Proteine sind mit Abschluss der Translation noch nicht fertig in dem Sinne, dass sie bereits funktionell aktiv sind. In einer ganzen Reihe von Fällen entstehen bei der Translation sog. *Prä-Pro-Proteine*. Diese tragen (a) Signalsequenzen, welche dem aktiven Transport durch Membranen dienen (z. B. der Membran des endoplasmatischen Reticulums oder den Hüllen von Mitochondrien und Chloroplasten); dabei werden die Signalsequenzen abgespalten, aus dem Prä-Pro-Protein wird das *Pro-Protein*. Oft schließt sich daran ein zweiter Schritt an. (b) Im Darmtrakt oder Blutkreislauf wirksame Enzyme liegen in den sezernierenden Zellen bzw. Vakuolen noch als nichtwirksame Pro-Proteine

vor, z. B. als Pro-Insulin (vgl. Abb. 17.12.), als Pro-Melletin oder Trypsinogen (= Pro-Trypsin; vgl. Abb. 15.10.). Erst die Abspaltung der sog. Pro-Sequenz im Zuge der Ausschleusung zum Wirkungsort führt zum aktiven Hormon oder Enzym (vgl. Kap. 17 bezüglich der Reifung des Insulins aus dem Prä-Pro-Insulin).

20.8. Genetische Basis der Differenzierungsprozesse bei Vielzellern

Die befruchtete Eizelle, die Zygote, der Vielzeller entwickelt sich im Verlaufe der ontogenetischen Entwicklung auf der Basis mitotischer Zellteilungen zum vielzelligen Organismus. Dabei entstehen zahlreiche verschiedene Zelltypen, Gewebe und Organe, die sich nach morphologischen, physiologischen und biochemischen Kriterien unterscheiden und durch unterschiedliche Proteinmuster gekennzeichnet sind. Die Prozesse, die in einer zeitlich und räumlich exakt ablaufenden Folge zur Entstehung unterschiedlicher Zelltypen führen, werden als **Zelldifferenzierung** bezeichnet. Sie vollziehen sich auf genetischer Ebene als Regulationsvorgänge.

Dabei erhebt sich die Frage, ob bei diesen Differenzierungsprozessen die Ausprägung der genetischen Information auf der Basis idiotypisch **totipotent** gebliebener Zellen in einer zelltypspezifischen Form differentiell kontrolliert wird, oder ob aus ursprünglich genetisch identischen Zellen durch **erbliche Veränderungen** Zellen mit unterschiedlichem Erbgut entstehen. Im folgenden wird gezeigt, dass die eukaryotischen Vielzeller von beiden Möglichkeiten Gebrauch machen. Dabei scheint es aber doch so zu sein, dass die Determinationsvorgänge, welche die Zelldifferenzierung einleiten, überwiegend in idiotypisch totipotenten Zellen stattfinden.

20.8.1. Erbliche Totipotenz differenzierter Zellen und Gewebe

Regenerationsexperimente bei Pflanzen unterschiedlicher taxonomischer Stellung haben eine Vielzahl klarer Beweise dafür geliefert, dass differenzierte Zellen noch zur Regeneration zu bringen sind, wobei sich ihre idiotypische Totipotenz erweist. Aus unterschiedlichen Zellen von Moosen erhält man durch Regeneration ganze Pflanzen, ebenso aus Zellen von Farnprothallien; Epidermiszellen von *Begonia* und *Saintpaulia* regenerieren zu Ganzpflanzen. Die Zell- und Gewebekultur hat für zahlreiche Blütenpflanzen, z. B. Tabak, Möhre, Stechapfel u. a., überzeugend den Nachweis erbracht, dass Zellen unterschiedlicher Gewebe über Kalluskulturen und/oder Flüssigkeitskulturen vermehrt und danach wieder zu intakten Ganzpflanzen regeneriert werden können (vgl. Abb. 12.9.). Auch aus haploiden Mikrosporen bzw. Pollenkörnern sind (haploide) Ganzpflanzen zu regenerieren („Antherenkultur", Mikrosporenkultur).

Entdifferenzierungsvorgänge an tierischen Zellen erweisen in vielen Fällen die idiotypische Totipotenz differenzierter Zellen; so können z. B. bei bestimmten *Urodelen* Iriszellen eine neue Augenlinse regenerieren (weiterführende Literatur bei Hagemann 1964; Mohr und Sitte 1971).

Die an Amphibien (vor allem *Xenopus laevis*) erfolgreich durchgeführten Experimente zur Kerntransplantation haben die genetische Totipotenz der Kerne differenzierter Zellen bis ins Kaulquappenstadium bewiesen; denn die Transplantation der Zellkerne aus Darmepithelzellen von Kaulquappen in kernlos gemachte Eizellen führte zur Entwicklung normaler Frösche (vgl. Abb. 12.1.). Durch eine im Prinzip vergleichbare Kern-Transplantation gelang im Jahre 1997 die Erzeugung des Schafes „Dolly" (vgl. Abschn. 12.5.).

Hinweise darauf, dass Differenzierungsvorgänge auf der sehr stabilen Aktivierung bzw. Inaktivierung bestimmter Gene in idiotypisch totipotenten Zellen erfolgen, können auch aus den Ergebnissen der Fusion somatischer Zellen abgeleitet werden. Durch Fusion somatischer menschlicher und tierischer Zellen (vgl. 12.9. und Abb. 12.6.) können Zellen unterschiedlichen Differenzierungsgrades miteinander verschmolzen werden, so z. B. stoffwechselphysiologisch hochaktive HeLa-Zellen des Menschen (mit DNA-, RNA- und Proteinsynthese) und Lymphocyten der Ratte (nur RNA- und Proteinsynthese) oder Erythrocyten des Huhns (nur Proteinsynthese). Bei der Analyse der entsprechenden Fusionsprodukte zeigte sich, dass, z. B. in Heteroka-

ryonen aus HeLa-Zellen und Hühner-Erythrocyten, die in der Nukleinsäuresynthese vollständig blockierten Erythrocytenkerne unter dem Einfluss der stoffwechselaktiven HeLa-Kerne ihre normalerweise stabile Differenzierung durchbrechen und wieder RNA- und schließlich auch DNA-Synthese durchführen können. Die Hühner-Erythrocytenkerne besaßen somit noch die genetische Potenz zu diesen Funktionen; die Fähigkeit dazu war aber stabil blockiert. Erst die Aktivierung durch die somatische Fusion mit den hochaktiven HeLa-Kernen erlaubte die Überwindung dieses Blockes und die Ausprägung der an sich noch vorhandenen genetischen Potenz. – Auch dies spricht für eine ontogenetische Differenzierung auf der Basis idiotypisch totipotenter Zellen.

Die Mechanismen einer stabilen, aber zumindest experimentell reversiblen (d. h. ohne Veränderung der Nukleotidsequenz) Aktivierung bzw. Inaktivierung von Genen sind noch wenig verstanden. Die Prozesse der Kondensierung und Auflockerung des Chromatins (vgl. 20.2.) spielen hierbei eine Rolle. Man hat bei Tieren und Pflanzen auch hierarchische Strukturen in der Regulation der Gene durch Transkriptionsfaktoren erkannt.

Nachfolgend wird an Beispielen gezeigt, dass Differenzierung aber durchaus auch von Veränderungen im Genotyp der Zellen begleitet sein kann.

20.8.2. Genotypische Veränderungen während der ontogenetischen Differenzierung

Langfristige ontogenetische Differenzierungen in pflanzlichen, tierischen und menschlichen Zellen können von genotypischen Veränderungen begleitet sein. Dabei bleibt zunächst offen, ob diese erblichen Veränderungen die Ursache oder nicht vielmehr die Folge von Differenzierungsvorgängen sind; vieles spricht für die letztgenannte Möglichkeit.

Endomitotische Polyploidisierung: In vielen Geweben vollziehen sich nach erfolgter Determination einer bestimmten Differenzierung endomitotische Polyploidisierungen. So erreichen bei Insekten, z. B. bei *Ephestia kühniella*, bestimmte Schuppenzellen des Flügels einen bestimmten Polyploidiegrad:

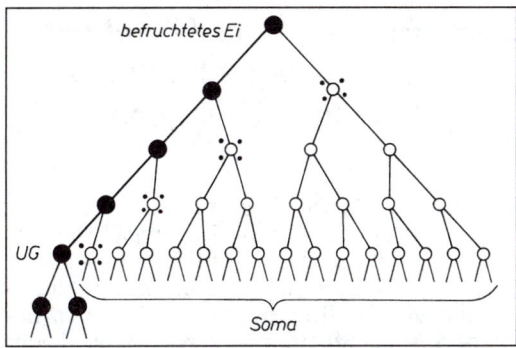

Abb. 20.13. Schema der Furchung des Pferdespulwurms *Parasca-ris equorum* (= *Ascaris megalocephala*, Nematode) zur Demonstration der Keimbahn und der Chromosomendiminution. Diejenigen Zellen, aus denen schließlich die Keimzellen hervorgehen ("Keimbahn"), behalten die kompletten Sammelchromosomen. Hingegen vollzieht sich während der Teilung der Zellen, welche das Soma bilden, die Chromosomendiminution (gekennzeichnet durch die Punkte um die Zellen), *UG* Urgeschlechtszelle. Nach Boveri aus Hartmann 1953.

Deckschuppen (32n), Mittelschuppen (16n), Tiefenschuppen (8n), Schuppenbälge (4n und 2n); einfache Epidermiszellen sind unverändert diploid (2n) (vgl. Abb. 7.18.). Beim Wasserläufer *Gerris lateralis* (Wanzen) sind die Kerne der Ganglien und der Epidermis diploid (2n), die Kerne in den Muskelzellen z. T. 4n, in den Auskleidungen des Samenleiters 8n, den Mitteldarmepithelzellen 16n, in verschiedenen Abschnitten der Malpighigefäße 16n, 32n oder 64n; die verästelten Riesenkerne der Speicheldrüse sind sogar 1024n. Auch bei Blütenpflanzen sind bestimmte Gewebe durch polyploide Zellen ausgezeichnet. So sind die Tapetumzellen in den Antheren regelmäßig polyploid (4n–16n). Die Drüsenhaare einiger Nelkengewächse sind 4n, 8n oder 16n. Bei *Kalanchoe blossfeldiana* findet man in Laubblättern von Pflanzen, die im Langtag wuchsen, 8-n-Mesophyllzellen, während im Kurztag gewachsene Pflanzen mit sukkulenten Blättern 16-n- und 32-n-Mesophyllzellen enthalten.

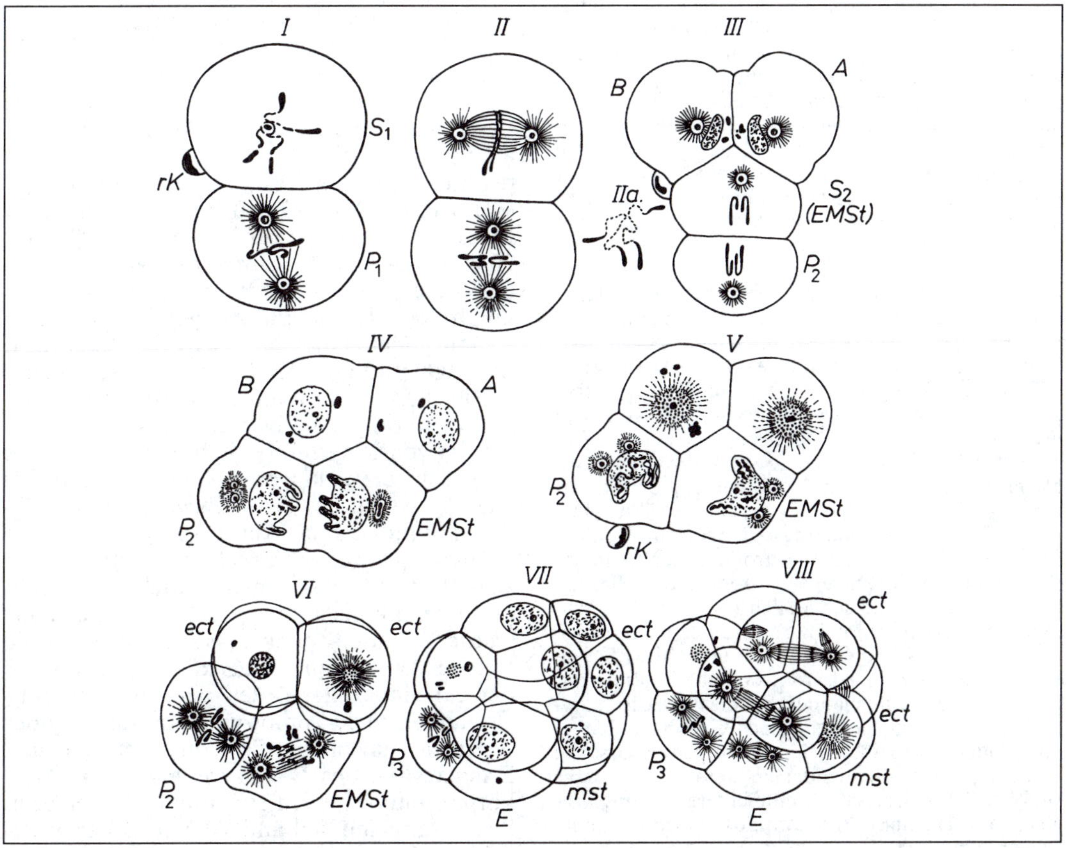

Abb. 20.14. Furchung und Chromosomendiminution bei *Parascaris equorum*. S_1 erste Ursomazelle, S_2 (*EMSt*) zweite Ursomazelle, P_1–P_3 Stammzellen der Geschlechtszellen, *ect* Ektodermanlage, *mst* Anlage von Mesoderm und Stomadäum, *rk* Richtungskörper, *IIa* Chromosomen der Ursomazelle. Nach Boveri aus Hartmann 1953.

Ausbildung polytäner Riesenchromosomen: Bei Dipteren entwickeln sich in Speicheldrüsen, Malpighigefäßen, im Mitteldarm und Enddarm polytäne Riesenchromosomen (vgl. Abb. 2.11.). Ihre Polytänie kann als Polyploidisierung ohne Chromosomentrennung gedeutet werden. Auch bei höheren Pflanzen, z. B. im Embryo-Suspensor von *Phaseolus* und in den Antipoden von *Papaver*, werden Riesenchromosomen gebildet. – Aber auch in diesen Fällen ist die erbliche Veränderung – Polytänisierung – die Folge der ontogenetischen Differenzierung, nicht ihre Ursache.

Chromatindiminution bei *Parascaris equorum:* Beim Pferdespulwurm kommt es im Laufe der Embryonalentwicklung zur Herausbildung auffallender chromosomaler Unterschiede zwischen den prospektiven Keim(bahn)zellen und den Körperzellen (Somazellen). Während z. B. bei der Rasse „univalens" in der Zygote und in den Blastomeren, die zur Keimbahn gehören, pro Zelle (2n =) 2 Sammelchromosomen vorhanden sind und in den mitotischen Teilungen konstant und unverändert weitergegeben werden (Abb. 20.13.), kommt es in denjenigen Zellen, welche den Körper (das Soma) der Tiere aufbauen, zu einer Chromatindiminution (Verringerung): Die großen Sammelchromosomen verlieren während der mitotischen Metaphase ihre großen heterochromatischen Endabschnitte; außerdem zerfällt der Mittelteil dieser Sammelchromosomen in eine größere Anzahl kleiner Einzelchromosomen (Abb. 20.14.). Hier wird somit der Unterschied zwischen Keimbahnzellen und Körperzellen durch den irreversiblen Verlust von Chromosomenmaterial fixiert.

Chromosomenverluste im Verlaufe der Ontogenese: In der Dipterenfamilie der Trauermücken (*Sciaridae*) – besonders gut untersucht bei der Art *Sciara coprophila* – kommt es zu ganz außergewöhnlichen chromosomalen Veränderungen, insbesondere zu mehrmaligen Chromosomenverlusten während der Furchungsteilungen und bei der Geschlechtszellenbildung. Diese komplizierten Vorgänge sollen hier nicht im einzelnen dargestellt werden (vgl. Swanson 1960). Es sei nur erwähnt, dass (a) es während der Furchungsteilungen zur Elimination keimbahnbegrenzter Chromosomen kommt, (b) sich in den Urkeimzellen Chromosomeneliminationen ereignen, und schließlich (c) in den Spermatocytenteilungen regelmäßig Chromosomen verloren werden. In diesem Fall greifen Differenzierungsprozesse und chromosomale Veränderungen so verzahnt ineinander, dass es praktisch unmöglich erscheint, bezüglich der Chromosomeneliminationen und Differenzierungsvorgänge, Ursache und Folge klar voneinander zu trennen. Jedenfalls sind bei *Sciara* ontogenetische Differenzierungsvorgänge auf das engste mit chromosomalen Veränderungen verknüpft.

20.9. Genfusion als Mittel der Genreifung – Bildung der Immunglobulingene

Die höheren Wirbeltiere verfügen über zwei Immunitätssysteme, das *T-System*, welches eine zellvermittelte Immunantwort darstellt, und das *B-System* für die humorale Immunität, das auf der Bildung von Antikörpern beruht. Aus detaillierten Untersuchungen geht klar hervor, dass die Gene, welche die Aminosäuresequenz der Polypeptidketten der Immunglobuline, der Antikörper, von Säugern codieren, in den Keimzellen und damit in der von Generation zu Generation weitergegebenen Keimbahn *nicht* in „fertiger" Form vorhanden sind; *sie entstehen vielmehr erst während der ontogenetischen Entwicklung* bei der Reifung der antikörperbildenden Plasmazellen durch **Gensegmentfusion.**

Die Spezifität der Immunreaktion beruht auf der Variabilität der Immunglobuline, und diese wiederum hat ihren Grund im strukturellen Aufbau dieser Proteine. Alle Immunglobuline sind aus zwei Typen von Polypeptidketten aufgebaut, den leichten Ketten (= **L-Ketten;** $M_r =23.000$) und den schweren Ketten (= **H-Ketten;** M_r zwischen 50.000 und 70.000). Es sind 5 Haupttypen von Immunglobulinen bei Säugern bekannt, die sich durch den Besitz unterschiedlich schwerer Ketten voneinander unterscheiden: IgG, IgA, IgM, IgD und IgE. Am besten untersucht sind die im Serum am häufigsten vorkommenden IgG-Antikörper. Sie bestehen aus zwei leichten, kurzen L-Ketten (L, light chain), und aus zwei schweren, langen H-Ketten (H, heavy chain), die durch Disulfidbrücken miteinander verbunden sind (Abb. 20.15.). Sowohl die leichten als auch die schweren Ketten bestehen jeweils aus einem variablen (V-Teil) und einem konstanten Teil (C-Teil). Der **konstante Teil** aller Ketten desselben Typs hat die gleiche Aminosäuresequenz. Hingegen weist der **variable Teil** bei den einzelnen Immunglobulinen viele Aminosäureaustausche oder -verluste auf; d. h., die von verschiedenen Plasmazellen des B-Systems erzeugten Antikörper unterscheiden sich praktisch immer in ihrem variablen Teil und können daher unterschiedliche Antigene erkennen und binden. Das unterschiedliche Verhalten bezüglich der Aminosäurevariabilität beider Anteile einer

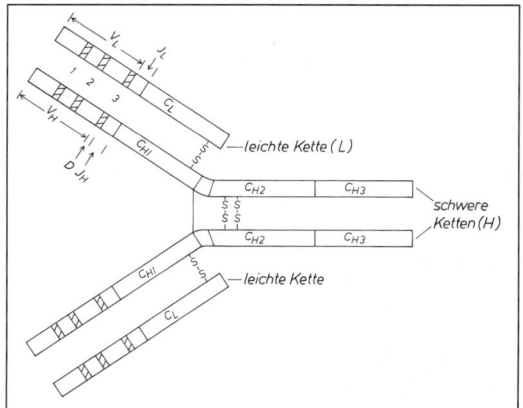

Abb. 20.15. Diagramm für den Bau eines Immunglobulin-G-Moleküls (*IgG*) aus zwei leichten Ketten (*L*) und zwei schweren Ketten (*H*). Die Ketten sind durch S-S-Brücken zwischen Cystein-Molekülen miteinander verbunden. *C* konstante Teile mit ihren Domänen; *V* variable Teile; *D* und *J* „Diversity"- und „Joining"-Segmente; *1, 2* und *3* bezeichnen die hypervariablen Teile, welche die Antigene erkennen und binden. Nach Molgaard 1980.

Polypeptidkette (V-Teil–C-Teil) wird verständlich, wenn man die Struktur der Gene für die Immunglobulinketten betrachtet.

Die Immunglobuline werden von 4 Gensegmentfamilien codiert, von den *lambda(λ)-* *und kappa(κ)*-Genen für die leichten und den Genen für die schweren Ketten.

Die Gen-Segmente für die leichten κ-Ketten liegen im Chromosom Nr. 2 des Menschen; die Gen-Segmente für die leichten lambda-Ketten im Chromosom Nr. 22. Die Gen-Segmente für die schweren Ketten liegen im Chromosom Nr. 14.

Die genaue Sequenzuntersuchung vieler Immunglobulintypen und damit verbundene genetische Analysen führten zu dem Resultat, dass ein Immunglobulintyp zwar in der differenzierten Plasmazelle und ihren Abkömmlingen von einem bestimmten Gen codiert und an einer bestimmten mRNA synthetisiert wird, dass aber in der DNA der Keim- und Embryonalzellen sehr viele Gensegmente für verschiedene Molekülteile vorhanden sind, die erst in einem komplizierten Weg der Genreifung durch Fusion unterschiedlicher Gensegmente zu einem bestimmten Gen zusammengefügt werden.

Für die **leichten Ketten** gibt es drei Typen von Segmenten:
(1) In einem Chromosom liegen hintereinander sehr viele V_L-Segmente, d. h. Gensegmente für den variablen Teil, die prinzipiell die gleiche, aber im einzelnen abgewandelte

Aminosäuresequenz codieren (man vermutet 50 bis zu mehreren 100 solcher homologer Gensegmente). (2) Daran schließen sich – durch einen gewissen Abstand getrennt – mehrere sog. J_L-Segmente, Joining-Segmente, an. (3) Darauf folgen Gensegmente für den C-Teil, die C_L-Segmente (vgl. Abb. 20.15.).

Für die **schweren Ketten** gibt es vier Typen von Segmenten:
(1) die V_H-Segmente, (2) neu hinzu kommen die D_H-Segmente (D steht für „Diversity"), (3) die J_H-Segmente und (4) die C_H-Segmente.

Genreifung durch schrittweise Fusion von Gensegmenten

Die Abläufe der Immunglobulin-Gen-Bildung stellen eine Kaskade von aufeinanderfolgenden Schritten dar, von denen jeder zusätzliche Vielfalt schafft (Abb 20.16.).
Um die Darstellung möglichst übersichtlich zu halten, soll zunächst nur auf die Bildung der Gene für die H-Ketten eingegangen werden. (Die Abläufe für die L-Ketten sind prinzipiell gleich).
Die Variabilität schaffende Kaskade zur Bildung der H-Immunglobulin-Gene kann man in 4 Stufen gliedern:

1. Zufälligkeit der Gen-Segment-Fusion

Als Bau-Elemente für die H-Gene liegen im Chromosom Nr. 14 hintereinander geschachtelt ca. 300 V-Segmente, 10 D-Segmente, 4 J-Segmente und (mindestens) 5 C-Segmente. Die 300 V-Segmente sind einander homolog, stimmen in ihrem Sequenzaufbau prinzipiell überein, unterscheiden sich aber doch in ihrer konkreten DNA-Sequenz eines vom anderen. Dasselbe gilt für die D-Segmente untereinander und für die J-Segmente. Bei der Reifung der B-Lymphocyten wird in einem *1. Fusionsschritt* eines der D-Segmente mit einem der J-Segmente fusioniert, das seinerseits über eine *Spacer-Sequenz* mit einem C-Segment zusammenhängt. Anschließend wird in einem *2. Schritt* die Kombination D + J (+ C) mit einem der 300 V-Segmente fusioniert zum Produkt V + D + J (+ C) (Abb. 20.16.). Dabei ist es – dies sei ausdrücklich betont – zufällig, welches V-Segment mit welchem D und welchem J in einem bestimmten B-Lymphocyten zusammengebaut wird. Eine einfache Kalkulation zeigt, dass es für den Zusammenbau der DNA-Sequenz für eine schwere Immunglobulin-Kette $(300 \times 10 \times 4)$ 12.000 verschiedene Möglichkeiten gibt.
Nun wird aber jede H-Kette eines Immunglobulins noch mit einer L-Kette verbunden, die ihrerseits aus 3 Gen-Segmenten zusammengebaut wird (einem V, einem J und einem C); auch diese Fusion erfolgt zufällig. Dabei gibt es 2 Typen von L-Ketten, die λ- und die κ-Ketten.

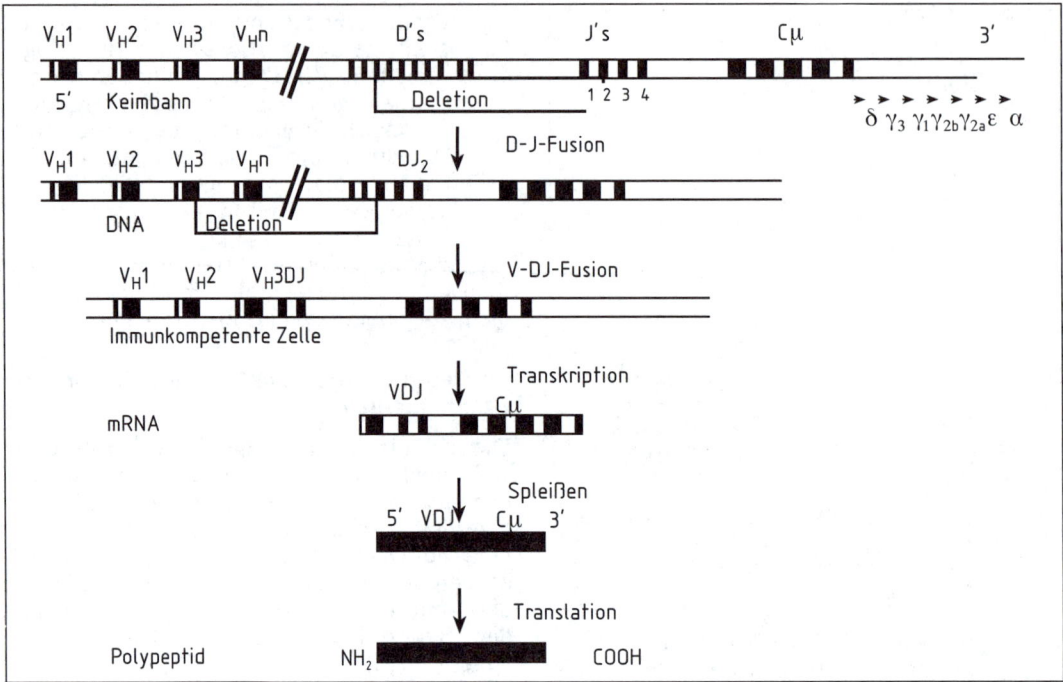

Abb. 20.16. Schematische Darstellung der Rekombinationsvorgänge, die schrittweise zur Bildung eines kompletten Gens für die schwere Kette eines Immunglobulins führen sowie der Prozess zur Bildung der reifen Messenger-RNA und schließlich des Polypeptids. Nach Rajewsky aus Hagemann 1985.

Die Kombination einer bestimmten H-Kette mit einer bestimmten L-Kette zu einem Gesamt-Immunglobulin erhöht die Variabilität der Antikörper nochmals beträchtlich.

2. Unschärfe bei der Gen-Segment-Fusion

Der Vorgang der Gen-Segment-Fusion schafft aber noch mehr Variabilität als die rein rechnerische Kalkulation ergibt: Sie erfolgt nämlich nicht ganz präzise und schafft dadurch zusätzliche Variabilität. Die unpräzise Fusion kann dazu führen, dass in einer Zelle noch ein oder mehrere Nukleotide in das Fusionsprodukt einbezogen werden, während sie in einem anderen Fusionsprodukt ausfallen. Dies schafft zusätzliche Variabilität.

Betrachtet man diese Ergebnisse zusammengenommen, so kann man davon ausgehen, dass in jeder B-Stammzelle eine andere Kombinationsmöglichkeit verwirklicht, d.h. ein anders strukturierter Antikörper gebildet wird.

Die Fusion von DNA-Sequenzen, die im Chromosom ursprünglich weit auseinander lagen, sind als seltene Mutationsereignisse auch von Bakterien und anderen gut untersuchten genetischen Objekten bekannt. Aber dort sind sie ausgesprochene Pannen ohne biologischen Selektionsvorteil. Es ist überraschend und beeindruckend festzustellen, wie die Natur einen in der Evolution bis dahin ziemlich abwegigen und „nutzlosen" Vorgang bei der Antikörper-Bildung ganz gezielt einsetzt zur Schaffung ausgesprochen produktiver Singularitäten, welche das Überleben des Säuger-Organismus gewährleisten.

3. Rekombination/Genkonversion

Eine weitere Quelle zur Schaffung von Antikörper-Vielfalt sind eigentümliche Rekombinationsprozesse, in deren Verlauf ein Fusionsprodukt aus V + D + J (+ C) eine Rekombination durchführt mit einem vorher nicht in die Segmentfusion einbezogenen V-Segment. Auf diese Weise kann z.B. die Hälfte einer V-Sequenz durch die homologe Sequenz eines anderen V-Segmentes ersetzt werden. Dies schafft neue Sequenzen. Dieser Vorgang ist als Genkonversion zu bezeichnen.

4. Die Wirkung somatischer Mutatoren

In den letzten Jahren ist ein weiterer Mechanismus genau analysiert worden, welcher bei der Antikörper-Bildung eine wichtige Rolle spielt. Wenn ein reifer B-Lymphocyt mit entsprechenden Antigenen in Kontakt kommt, so führt dies zu einer sehr starken Proliferation dieser Zelle und ihrer Nachkommen. Bei dieser starken Vermehrung des betreffenden Zellklons können Mutatoren auftreten, d.h. Erbänderungen, welche die Mutabilität in den V-Segmenten der Immunglobulin-Gene sehr stark erhöhen.

Die Analyse der Aminosäure-Sequenzen und auch der DNA-Sequenzen von Immunglobulin-Genen derartiger expandierender B-Lymphocyten-Klone hat eine sehr starke Erhöhung der Mutabilität aufgedeckt. Untersuchungen mehrerer Forschungsgruppen machen eine Erhöhung der Mutationsrate in den V-Segmenten der entsprechenden Immunglobulin-Gene von 10^{-10} auf 10^{-4} (also um das 10^6fache) wahrscheinlich.

In solchen expandierenden Lymphocyten-Klonen werden Mutationen in das antikörperbildende System hineingepumpt, welche die Variabilität sehr stark erhöhen.

Der Wechsel der schweren Ketten („Ig-Switch"):

Es gibt verschiedene Immunglobulin-Klassen (s. o.), die während der Individualentwicklung in einer bestimmten Reihenfolge gebildet werden: IgM, IgD, IgG, IgE und IgA. Diesen unterschiedlichen Ig-Typen liegen verschiedene C_H-Segmente zugrunde, welche in entsprechender Anordnung im Chromosom 14 liegen. Offenbar wird in der Ontogenese der V + D + J-Komplex zunächst immer mit dem Segment C_μ kombiniert; daher entsteht zuerst ein IgM-Molekül. Während der weiteren Individualentwicklung kommt es zu einem Immunglobulin-Wechsel (Ig-Switch), der durch Herausrekombination des C_μ-Segments (und damit seiner Deletion) und der Verknüpfung des V + D + J-Komplexes z. B. mit einem im Chromosom ursprünglich hinter C_μ liegenden $C\gamma$-Segment zustande kommt. Aus einem IgM-Immunglobulin entsteht auf diese Weise ein IgG.

Dieses wiederum kann später durch einen erneuten Rekombinationvorgang in ein IgA umgewandelt werden. Durch aufeinanderfolgende Rekombinationsvorgänge (verbunden mit dem Verlust dazwischenliegender C_H-Segmente) rücken von den im Chromosom hintereinanderliegenden C_H-Segmenten immer neue Segmente „nach vorn" (Abb. 20.16.) und werden mit dem Komplex V + D + J verknüpft. Welches Segment an die Stelle des zuerst ausgeprägten C_μ tritt, hängt von der Größe des herausrekombinierten und damit verlorengehenden DNA-Abschnittes ab.

Die Fusion unterschiedlicher Gene, die bei Prokaryoten und auch bei bestimmten Eukaryotengenen (z. B. den Globingenen) als mutativ bedingte „Panne" erfolgt und zu negativen Effekten führt, ist im Zuge der Evolution bei der Herausbildung des B-Immunsystems der höheren Wirbeltiere zu einem „normalen"

positiven Vorgang geworden, welcher die Basis für die Schaffung des absolut lebensnotwendigen, vielgestaltigen Immunsystems bildet.

20.10. Regulation der Genaktivität auf der Ebene der Replikation

Ein Weg zur Beeinflussung der Aktivität von Genen ist die Veränderung ihrer Anzahl pro Zelle. Diese Veränderung kann dadurch erzielt werden, dass bestimmte Gene entweder häufiger repliziert werden (Überreplikation) oder seltener (Unterreplikation) als normale Gene des Zellkerns. Wenn ein Gen mit einer bestimmten Rate transkribiert wird, dann führt eine höhere Genanzahl pro Kern zu einer höheren Quantität der Genprodukte und eine geringere Genanzahl entsprechend zu einer geringeren Menge von Genprodukten.

Selektive Überreplikation

Genamplifikation: Bei Amphibien, z. B. *Triturus*, werden während des mehrwöchigen Wachstums der Eizellen die repetitiv vorhandenen Gene für die rRNA der Cytoplasmaribosomen unabhängig vom übrigen Chromosom stark repliziert. Es entstehen hunderte von Extrakopien der rRNA-Gene, die als Gruppen vom Chromosom abgelöst werden und als freigesetzte DNA-Abschnitte im Kernplasma in freien Nukleolen große Mengen von rRNA synthetisieren. Dieser Vorgang wird als „Gen-Amplifikation" bezeichnet.

Auf diese Weise können sehr viele Ribosomen gebildet werden, welche für die starke Proteinsynthese nach erfolgter Befruchtung verwendet werden.

Bei der Diptere *Rhynchosciara* werden im letzten Larvenstadium sog. DNA-Puffs gebildet, die größere Mengen von Extra-DNA enthalten. Auch bei der Diptere *Tipula* wird in den Oocyten extrareplizierte DNA, und zwar rDNA, angesammelt. Die Funktionen dieser Extra-DNA ist in diesen Fällen noch unbekannt.

Gen-Magnifikation: Der bobbed-(*bb*-)Locus von *Drosophila melanogaster* enthält repetitive Gene für die rRNA der Cytoplasmaribosomen. Verschiedene *bb*-Allele besitzen eine unterschiedliche Anzahl von rRNA-Genen, wobei die extremen *bb*-Mutantenallele überhaupt keine rRNA-Gene mehr enthalten (Defizienz des gesamten Locus). In Mutanten-Compounds, die in einem Chromosom ein *bb*-Allel mittlerer Stärke (= subnormale Genanzahl) und im anderen Chromosom eine Defizienz des *bb*-Locus enthalten, kommt es durch eine Art „Selbstregulierung" zu einer Überreplikation der rRNA-Gene innerhalb des Chromosoms. Dadurch nimmt in den Zellen die Anzahl der repetitiv angeordneten rRNA-Gene allmählich zu, und der Phänotyp der Tiere verschiebt sich allmählich nach normal hin. Dieser Prozess wird als „Gen-Magnifikation" bezeichnet. Ihr Mechanismus ist noch nicht endgültig geklärt. Es gibt aber Hinweise auf die Beteiligung von Austausch-(Crossing-over-)Vorgängen, z. B. inäqualem mitotischen Schwesterchromatidenaustausch; auch wird die Freisetzung von DNA-Ringen mit rRNA-Genen und ihr anschließender Wiedereinbau am *bb*-Locus diskutiert.

Selektive Unterreplikation

Im Gegensatz zu Überreplikation gibt es auch eine Unterreplikation von Genen bzw. Chromosomenabschnitten. In den Speicheldrüsen von *Drosophila* laufen bei der Bildung der polytänen Riesenchromosomen 8–10 Replikationsrunden ab. Es sind aber nur die euchromatischen Chromosomenabschnitte, welche diese Gesamtzahl von Replikationsrunden durchlaufen; das Heterochromatin wird nicht oder nur am Anfang mitrepliziert. Dadurch zeigt das Heterochromatin in den Riesenchromosomen bildenden Zellen eine Unterreplikation.

Auch die Gene für rRNA werden nicht so häufig repliziert wie das übrige Euchromatin; sie bleiben unterrepliziert.

21. Entwicklungsgenetische Prozesse

21.1. Allgemeines

Die Zygote, die befruchtete Eizelle, der Mehr-zeller entwickelt sich im Laufe der ontogene-tischen Entwicklung zu einem vielzelligen Organismus mit zahlreichen unterschiedlichen Zelltypen, Geweben und Organen, die sich in ihren morphologischen, anatomischen, physiologischen und biochemischen Kennzeichen sehr deutlich unterscheiden und die in einem fein abgestimmten System gegenseitiger Wechselwirkungen die Funktionsfähigkeit des gesamten Organismus gewährleisten.

Es war vielen Biologen und Medizinern schon seit Jahrzehnten klar, dass diese onto-genetischen Entwicklungs-, Determinations- und Differenzierungs-Prozesse unter präziser genetischer Kontrolle ablaufen. Das kommt in den Schriften von Weismann, Boveri, Wilson, Morgan, Kühn und vielen anderen klar zum Ausdruck. Aber es dauerte viele Jahrzehnte – bis in die siebziger Jahre des zwanzigsten Jahrhunderts –, dass sich erfolgreiche experimentelle Ansätze zur Erfassung spezifischer Gene ergaben, welche die ontogenetischen Entwicklungs- und Differenzierungsprozesse kontrollieren.

Arbeiten an der Fruchtfliege *Drosophila* brachten den entscheidenden Durchbruch. Es konnten Gene erfasst werden, welche ganz definierte Entwicklungsabläufe kontrollieren; denn ihr durch Mutationen bedingter Ausfall führt zu charakteristischen Defekten im Ontogenese-Ablauf (Nüsslein-Volhard, Wieschaus, Lewis, Gehring). Sehr bald wurden entsprechende Gene auch bei dem Nematoden *Caenorhabditis elegans* erfasst, später bei dem Zebrafisch (Zebrabärbling) *Danio rerio*, bei der Maus *Mus musculus* und in der Folgezeit bei weiteren geeigneten Versuchsobjekten, so bei der Brassicacee,

Arabidopsis thaliana und der Scrophulariacee *Antirrhinum majus*.

Ein ganz wesentliches – und früher durchaus unerwartetes – Ergebnis dieser Forschungsarbeiten ist die Erkenntnis, dass viele Gene, welche tierische Ontogenese-Abläufe kontrollieren, in der Evolution sehr stark konserviert sind. Untersuchungen an *Drosophila, Caenorhabditis, Danio* und Maus zeigen erstaunliche Übereinstimmungen in den molekularen Mechanismen der Differenzierung und Musterbildung.

21.2. Drosophila melanogaster

21.2.1. Ontogenetische Entwicklungs-stufen

Die ontogenetische Entwicklung von *Drosophila* vollzieht sich – grob eingeteilt – in drei Stufen; in jeder dieser Stufen spielen spezifische Gruppen von Genen eine entscheidende Rolle:

(a) Die **Polaritäts-Gene**: Sie bestimmen die Eipolarität und die räumlichen Koordinaten des Embryos, insbesondere die Polaritätsachsen anterior – posterior (vorn – hinten) sowie dorsal – ventral (oben – unten). Diese Gene sind sog. mütterliche oder maternale Gene, d. h. sie sind während der Ontogenese in der Mutter aktiv, ihre Transkriptionsprodukte (mütterliche mRNA) werden aber erst in der Zygote und im Embryo aktiv und kontrollieren dort frühe Differenzierungsprozesse.

(b) Die **Segmentierungs-Gene**: Sie legen die Anzahl und Polarität der Körper-Segmente (Kopf-, Thorax- und Abdominal-Segmente) fest.

(c) Die **homöotischen Gene**: Sie determinieren die Spezifität, Identität und Reihenfolge der Körper-Segmente.

Die unter (b) und (c) genannten Gene sind – im Gegensatz zu (a) – zygotische Gene, also Gene, die im Genotyp des sich entwickelnden Insektes vorhanden sind.
In diesen drei Klassen sind sog. Homöobox-Gene enthalten. Sie tragen eine Homöobox,

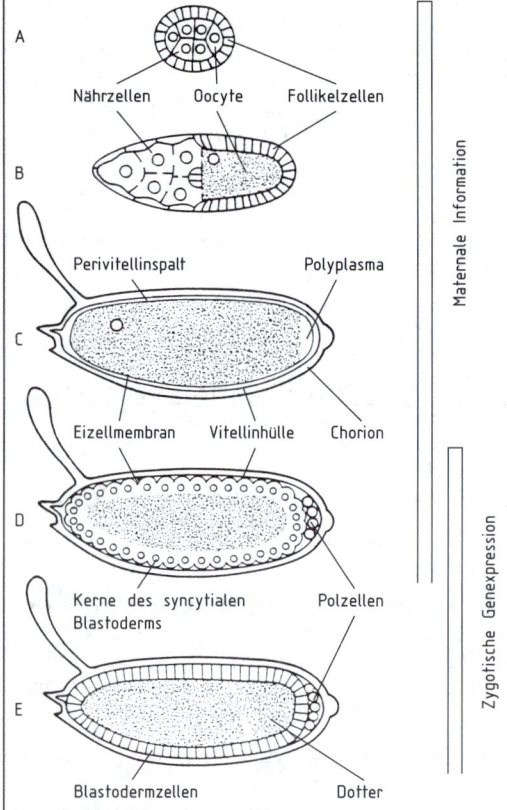

Abb. 21.1. Schematische Darstellung der Oogenese und frühen Embryonalentwicklung von *Drosophila melanogaster. A* Follikel im Stadium 2 der Oogenese. Der Nährzell-Oocyten-Komplex ist noch nicht polarisiert. Er ist von einer Schicht von Follikelzellen umgeben, die vom Mesoderm stammen. *B* Follikel im Stadium 10. Die wachsende Oocyte ist posterior zu dem Komplex aus 15 Nährzellen gelegen. Die Follikelzellen, welche die Oocyte umgeben, sind verdickt. *C* Frisch abgelegtes Ei. Die Eizelle ist von der Vitellinhülle und dem Chorion umhüllt. *D* Embryo im syncytialen Blastodermstadium (ca. 2 h nach Eiablage). In diesem Stadium beginnt die Transkription des embryonalen Genoms. *E* Zelluläres Blastoderm. Erstes zelluläres Stadium des Embryos. Einschichtiges Epithel von 6.000 Zellen, die morphologisch einheitlich sind. Nach Nüsslein-Volhard 1992.

eine charakteristische in der Evolution hoch konservierte DNA-Sequenz von 180 bp; sie codiert eine Polypeptidsequenz von 60 Aminosäuren („Homöodomäne"), die an DNA bindet (Abb. 21.7.).

Im Ovarium von *Drosophila* befinden sich Eikammern. Sie enthalten eine Oocyte und 15 Nährzellen, die miteinander und mit der Oocyte durch cytoplasmatische Brücken in Kontakt stehen. Die Nährzellen liefern den Großteil der mRNA für die Oocyte. In der Eizelle entstehen Gradienten für die maternalen Genprodukte, die in der Zygote als Morphogene für die Embryonalentwicklung wirken (Abb. 21.1.).

Der frühe *Drosophila*-Embryo ist ein Syncytium, in dem keine Membranen den Transport von Makromolekülen behindern. Freie Diffusion ist möglich. (Das ist ein wesentlicher Unterschied zu den späteren Differenzierungsschritten und zur Musterbildung bei Vertebraten.)

Die Abläufe der Embryonalentwicklung von *Drosophila* wurden genau analysierbar, weil die Arbeitsgruppe von Nüsslein-Volhard – und daran anknüpfend viele weitere Forschungsgruppen – zahlreiche Genmutanten, darunter viele embryonal letale Mutanten, isolierten und in ihren Effekten kennzeichneten. Die genaue Charakterisierung dieser unterschiedlichen Mutanten, insbesondere des Zeitpunktes und des Ortes ihrer Wirkung, gestattete sehr präzise Aussagen über die Hierarchie der Wirkungen, die sich während der frühen Embryonalentwicklung vollziehen.

Einige Leser werden über die im folgenden zu nennenden Mutanten und damit Gen-Bezeichnungen verwundert sein, wie knirps, huckebein, Krüppel, spätzle, staufen usw. (Abb. 21.5.). Sie spiegeln baden-württemberger Humor wider und stammen großenteils aus dem Labor von Christiane Nüsslein-Volhard.

Die detaillierten Erkenntnisse sind in vielen Originalpublikationen, in den zusammenfassenden Veröffentlichungen von Nüsslein-Volhard (1992), Johnston und Nüsslein-Volhard (1992), Hess (1988) sowie in mehreren Büchern (Hennig 1998, Wehner und Gehring 1995, Seyffert et al. 1998; dort weitere Literatur) geschildert. Die folgende Darstellung soll nur einen groben Überblick über die Gesamtthematik geben; er ist durch die angegebene Literatur zu ergänzen und auszubauen.

21.2.2. Die maternalen Polaritäts-Gene

Die strukturelle Gliederung des Embryos, die Festlegung seiner bilateralen Symmetrie, wird durch vier unterschiedliche Gruppen maternaler Gene festgelegt. In diesen Gen-Gruppen kann man – nach gegenwärtigem Wissensstand – jeweils ein Haupt-Gen benennen, das eine entscheidende Wirkung ausübt; außerdem gibt es mehrere weitere Gene, die diese Hauptwirkung unterstützen bzw. ermöglichen. Diese vier Gruppen bestimmen:

- die vordere, anteriore Region des Embryos (Kopf, Thorax) (Produkte – mRNA und Protein – des Haupt-Gens *bicoid*)
- die hintere, posteriore Region (Abdomen) (Produkte des Haupt-Gens *nanos*)
- den Acron- und den Telson-Bereich des Embryos: den vordersten und den hintersten nicht-segmentierten Endbereich (Produkt eines noch nicht genau identifizierten Gens *Y*)
- die dorsoventrale Achse des Embryos: oben und unten (Produkte des Haupt-Gens *dorsal*); vgl. Abb. 21.5.

Der Ausfall eines oder mehrerer dieser Gene bewirkt ganz charakteristische Effekte und Defekte. Ein derartiger mutativer Defekt konnte durch Zuführung des fehlenden Genproduktes (durch Plasmatransplantation oder Injektion von mRNA bzw. Protein oder gentechnologisch erzeugter spezifischer DNA) kompensiert werden, wodurch dessen Wirkungsweise genau zu charakterisieren war.

Die Bestimmung der anterior-posterioren Achse

Das Gen *bicoid* (*bcd*) spielt eine Schlüsselfunktion bei der Festlegung der anterior-posterioren Längsachse. Erfasst wurde es durch seinen letalen Maternaleffekt. Embryonen von homozygoten *bcd*-Müttern bilden überhaupt keine Kopf- und Thorax-Strukturen und sterben ab. Das normale *bicoid* (*bcd*$^+$)-Gen wird als mütterliches Gen transkribiert; die mRNA wird von den Nährzellen in die Oocyte und so in die Eizelle gegeben. Die bicoid-mRNA befindet sich konzentriert am anterioren Zellpol. Das nach der Befruchtung davon translatierte bicoid-Protein zeigt ein steiles Konzentrationsgefälle entlang der anterior-posterior-Achse, einen **morphogene-** tischen Gradienten; die höchste Konzentration ist am Vorderpol des Eies. Das bicoid-Protein wirkt als (maternaler) Transkriptionsfaktor (Abb. 21.3. u. 21.5.).

Für die Konzentrierung der *bicoid*-mRNA am vorderen Zellpol sorgen die Produkte der maternalen Gene *exuperantia* (*exu*) und *swallow* (*swa*). Die *exu*- und *swa*-Proteine verankern die bicoid-mRNA am anterioren Pol.

Das Gen *nanos* spielt eine *bicoid* vergleichbare Rolle für die Bestimmung der posterioren Region des Embryos. Es wird auch in den Nährzellen transkribiert, und die mRNA wird im hinteren (posterioren) Teil der Eizelle deponiert; für die Verankerung der *nanos*-mRNA sind die Produkte weiterer Gene (dieser zweiten Gen-Gruppe, s.o.) verantwortlich (Abb. 21.3. u. 21.5.).

Die beiden Gene *bicoid* und *nanos* – bzw. ihre Genprodukte – kontrollieren die Funktion eines weiteren wichtigen Gens, des Gens *hunchback*. Im anterioren Teil des Embryos wird die Aktivität von *hunchback* vom bicoid-Protein-Gradienten positiv bestimmt. – Demgegenüber wirkt im posterioren Teil das *nanos*-Protein als Repressor auf *hunchback*; die Translation der *hunchback*-mRNA wird vom *nanos*-Protein gehemmt.

Die Wirkung von *bicoid* und *nanos* auf *hunchback* ist der erste Schritt einer ganzen Kaskade von Genregulationsschritten zur Differenzierung des *Drosophila*-Eies. – *Hunchback* wirkt als Aktivator bzw. Repressor weiterer Gene (*Krüppel, knirps, giant*). Die aktivierende oder reprimierende Wirkung von *hunchback* hängt von der Konzentration ab. Bei geringer Konzentration wirkt es als Repressor, bei höherer als Aktivator von *Krüppel; knirps* und *giant* werden von *hunchback* reprimiert.

Die Bestimmung der dorsoventralen Achse

Die dorsoventrale Achse wird auf komplexe Weise festgelegt. Daran sind mindestens 12 Gene beteiligt.

Eine wesentliche Rolle spielen die Gene *dorsal* und *Toll*.

Die Festlegung der ventralen Seite des Embryos hat seinen Ausgangspunkt in einem externen Signal, das von ventralen Follikelzellen des Ovars ausgeht. Es trifft auf das Genprodukt von *Toll*, das ein Rezeptor-Transmembran-Protein ist. Dieses Rezeptorprotein leitet das Signal auf das Genprodukt von *dorsal* weiter. Als Folge davon wandert das *dorsal*-Protein im ventralen Teil des Embryos in die Zellkerne ein und wirkt dort als Transkriptionsfaktor für zygotische Gene, welche den ventralen Bereich des Embryos bestimmen (Gene *twist* und *snail*). Das Gen *dorsal* wirkt somit genau wie *bicoid* – als ein Morphogen.

Die Bestimmung der Embryo-Termini Acron und Telson

In ähnlicher Weise wie für die dorsoventrale Achse erfolgt auch die Festlegung der Termini der longitudinalen Achse. Hier liegt ebenfalls ein Signaltransduktionsmechanismus vor. Das Produkt des Gens *torso-like* wird von einer Gruppe von Follikelzellen an den Polen

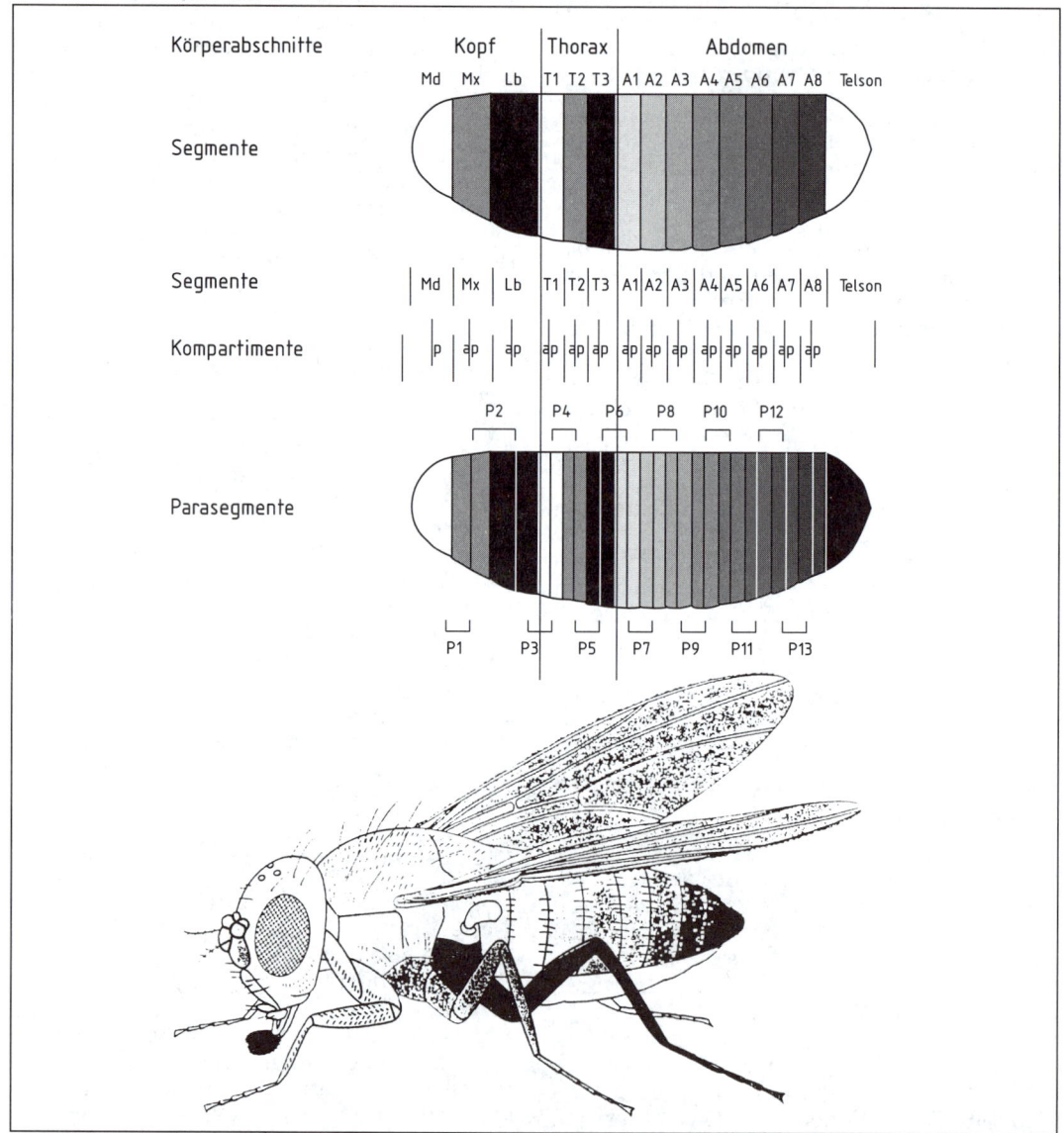

Abb. 21.2. Schema der Segmentierung von *Drosophila*. Obere Reihe: Untergliederung des Embryos in die drei Kopfsegmente, drei Thoraxsegmente und acht Abdominalsegmente + Telson. Darunter die Bezeichnungen und Grenzen der Segmente. In der folgenden Reihe sind die Kompartimente angegeben mit Kennzeichnung der anterioren und posterioren Segmentabschnitte. In der vierten Reihe sind die Parasegmente gesondert angegeben. Ganz unten: Die Segmentierung des adulten Insekts. Nach Hess 1988, verändert.

der Oocyte gebildet. Es trifft als Ligand auf ein Transmembran-Rezeptor-Protein, welches das Genprodukt von *torso* ist. Dieser Rezeptor leitet wohl das Signal auf das Genprodukt des noch wenig charakterisierten Gens Y, welches als Transkriptionsfaktor mehrere zygotische Gene aktiviert (*tailless* und *huckebein*); diese werden für die Bildung von Acron und Telson benötigt.

Mit diesen Vorgängen ist die Achsenpolarität festgelegt. Die dabei wesentlich beteiligten Gene sind „maternal wirkende" Gene.

Danach treten die Segmentierungs-Gene in Aktion.

21.2.3. Die Segmentierungs-Gene

Durch die Polaritäts-Gene werden im Embryo – wie geschildert – Gradienten von Morphogenen aufgebaut. Durch eine komplizierte Kaskade von Wirkungen zygotischer Gene wird auf dieser Basis die Segmentierung des *Drosophila*-Körpers festgelegt. Das Schema der Segmentierung ist in Abbildung 21.2. dargestellt; wesentlich ist dabei u.a. die Tatsache, dass die Segmente durch die Determination sie überlappender Parasegmente ergänzt werden.

Bei den Differenzierungsprozessen wirken – jeweils aufeinander aufbauend – drei Gruppen von Genen: die Lücken-Gene, die Paar-Regel-Gene und die Segmentpolaritäts-Gene.

(a) Die **Lücken-Gene** (oder Gap-Gene) legen die grobe Segmentierung des Embryos in 5 Bereiche fest (Acron, Kopf, Thorax, Abdomen, Telson). Mutationen in den Lücken-Genen führen zum Ausfall ganzer Körperbereiche (Abb. 21.3. u. 21.4.):

- *hunchback:* Verlust von Kopf und Thorax
- *Krüppel:* Verlust von Thorax und vorderen Abdominal-Segmenten
- *knirps:* Verlust des Abdomens
- *giant:* Kopf- und Abdomen-Defekte
- *tailless* und *huckebein:* Defekte der Termini

Diese Lücken-Gene codieren Transkriptionsfaktoren, die auf der Basis der Morphogen-Gradienten wirken, wobei sie miteinander interagieren und einander fördern oder auch reprimieren. Sie bestimmen ihrerseits die Paar-Regel-Gene.

Einen beeindruckenden Effekt zeigt die Mutante *bicaudal*; bei ihr fehlt die gesamte vordere Körperregion von Acron über Kopf- und Thorax-Segmente bis zum Abdominalsegment A3. Demgegenüber sind die Abdominalsegmente doppelt gegeneinander angeordnet: A8 – A4, A4–A8 (Abb. 21.4.).

(b) Die nachfolgend exprimierten **Paar-Regel-Gene** führen zur Feinsegmentierung und bewirken ein periodisches Streifenmuster, welches Anzahl und Polarität der Segmente festlegt: 14 Segmente bzw. 7 Segment-Paare.

Die Paar-Regel-Gene kontrollieren die Ausbildung jedes zweiten Segmentes. Sind sie mutiert und fehlt damit ihr Genprodukt bzw. ihre Funktion, so fallen die von ihnen normalerweise bestimmten Segmente aus. Sehr genau analysiert sind die Wirkungen von Mutationen in folgenden Genen:

even skipped, hairy, runt, fushi tarazu.

Die Mutation dieser Gene führt zum Ausfall bestimmter Segmente. Bei der Mutante *even skipped* fehlen die Segmente T1, T3, A2, A4, A6 und A8; bei der Mutante *odd paired* fehlen demgegenüber die alternierenden Segmente T2, A1, A3, A5, A7.

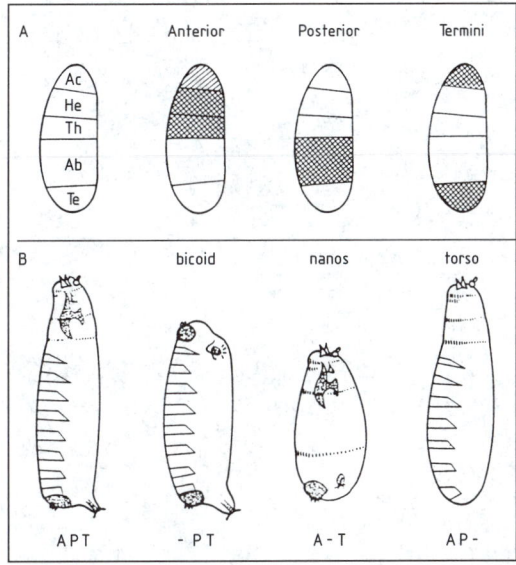

Abb. 21.3. Schematische Darstellung der Phänotypen von Mutanten der drei Systeme für die Determination der antero-posterioren Achse. Jeweils links der Wildtyp. A Anlagenplan. *Ac* Acron, *He* Kopf, *Th* Thorax, *Ab* Abdomen, *Te* Telson, Für die drei Mutanten sind die Teile markiert, die ausgefallen sind. B Phänotypen der drei defekten Mutanten, denen bestimmte Abschnitte fehlen. Nach Nüsslein-Volhard 1992.

Die Mutante *fushi tarazu* (jap.: zu wenig Segmente) besitzt nur 7 Segmente (statt 14). Es fällt jeweils die Hinterhälfte eines Segmentes gemeinsam mit der Vorderhälfte des nachfolgenden Segmentes aus. Aus Abbildung 21.2. ersieht man, dass bei *fushi tarazu* tatsächlich jedes zweite Parasegment fehlt; die übrigbleibenden Segmenthälften verschmelzen miteinander und bilden ein neues Segment.

Durch die Klonierung vieler der bisher behan-

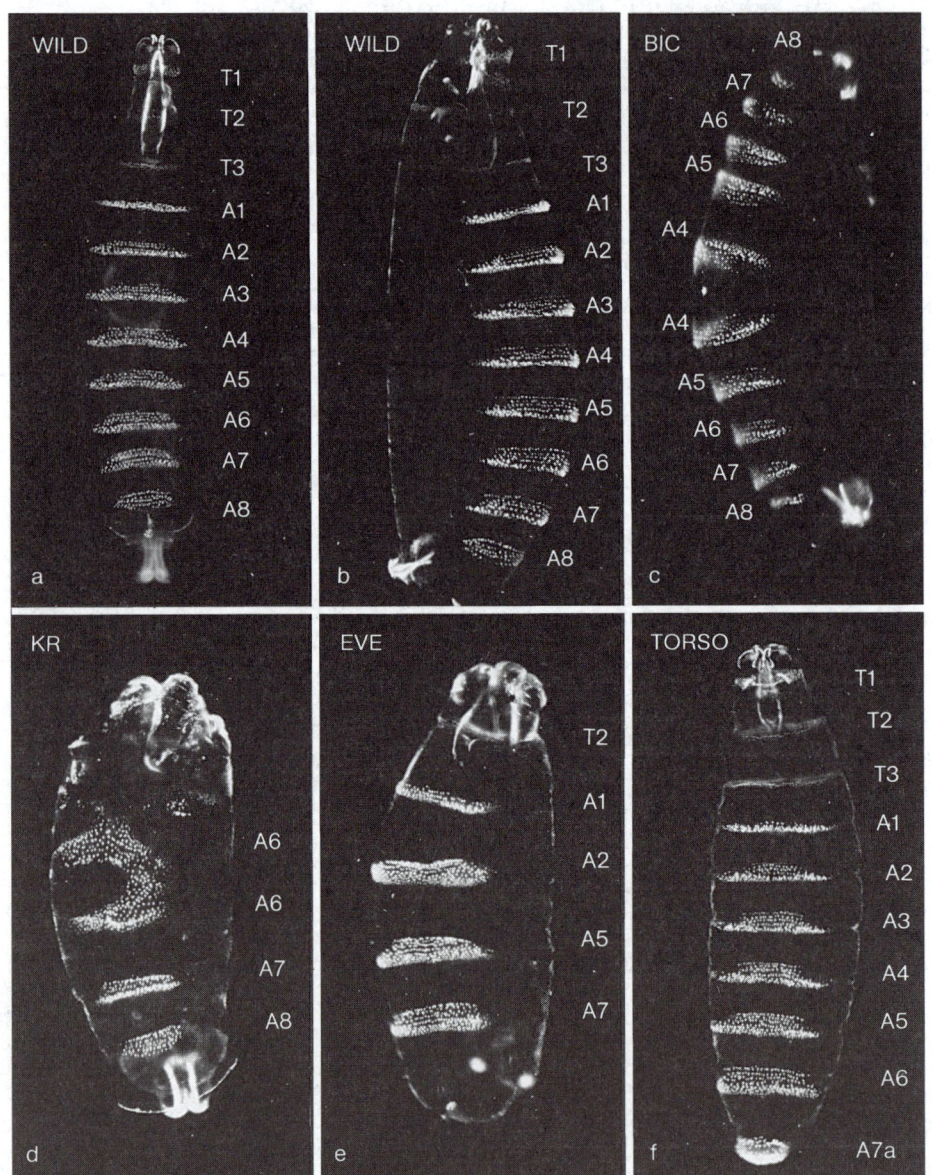

Abb. 21.4. Kutikularstrukturen des dritten Larvenstadiums von *Drosophila melanogaster* vom Wildtyp und verschiedenen Mutanten, denen Segmente fehlen oder die bestimmte Segmente verdoppelt besitzen. *a* und *b* Wildtyp, Ventral- und Seitenansicht. Nummeriert sind die Thorax- und Abdominalsegmente. Mutanten: *c BIC* bicaudal: Deletion von T1–A3, Spiegelbildverdoppelung von A4–A8. *d KR* Krüppel: Deletion der vorderen Segmente bis einschließlich A5. *e EVE* even-skipped: Diese Paar-Regel-Mutante hat Verluste der Segmente T1, T3, A2, A4, A6 und A8. *f TORSO* torso-ähnlicher Phänotyp (Lücken-Gen-Mutante Nasrath): Deletiert sind A7p und A8. Nach Degelmann aus Hess 1988.

delten Gene und den Einsatz der entsprechenden mRNAs (sowie der Antisense-RNA) und der spezifischen Proteine ist das Zusammenwirken der unterschiedlichen Gene und ihrer Produkte auf molekularer Ebene im einzelnen möglich geworden (Abb. 21.5.). Es spielen Aktivierungs- und Repressionswirkungen der einzelnen Gene aufeinander eine wesentliche Rolle, ebenso auch Zellinteraktionen.

(c) Die **Segmentpolaritäts-Gene** bestimmen die interne Segmentdifferenzierung in der Längs- und der Dorsoventral-Achse. Die einzelnen Segmente werden voneinander abgegrenzt und intern untergliedert.

Derartige Gene sind *engrailed, gooseberry, hedgehog, wingless* und *fused*.

Das Gen *engrailed* ist an der Spezifikation der hinteren Segmentkompartimente beteiligt (Abb. 21.2.); bei der Mutante *engrailed* fehlen Halbsegmente, und die verbliebenen Hälften werden verdoppelt. Das Gen *wingless* wird in den posterioren Zellen eines Parasegmentes exprimiert.

21.2.4. Die homöotischen Gene

Die spezifischen Charakteristika der einzelnen Segmente, ihre Identität, wird von den homoeotischen Genen bestimmt (im Deutschen auch homöotisch, neuerdings homeotisch; im Englischen homeotic).

Zwei solche Gen-Komplexe sind bereits seit längerem genau untersucht worden: Bithorax und Antennapedia.

Der Bithorax-Komplex (BX-C)

Dieser Komplex (Chromosom 3, 58.5–58.8) ist ein Gen-Cluster, das die Identität der hinteren Thorax- und der Abdominal-Segmente bestimmt und drei funktionelle Komplementationseinheiten umfasst: *Ultrabithorax (Ubx), abdominal-A (abd-A)* und *Abdominal B (Abd-B)*. In jeder dieser Einheiten wurden zahlreiche Mutationen mit spezifischen Defekten gefunden.

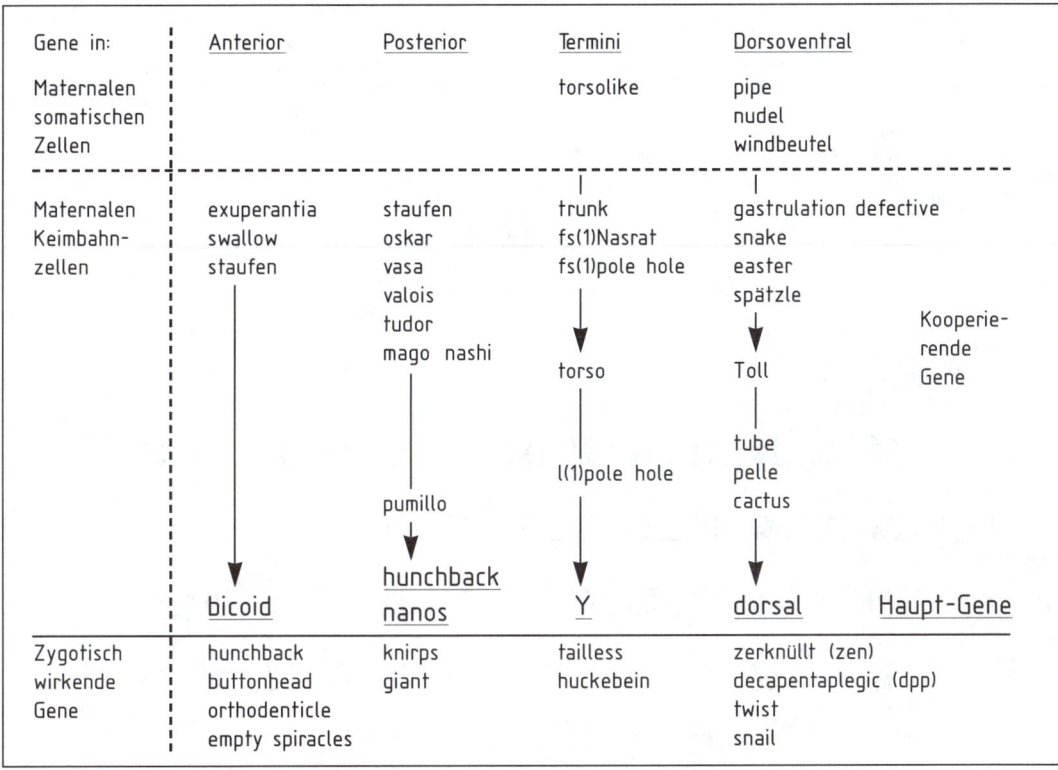

Abb. 21.5. Schema für die Wirkungsweise unterschiedlicher *Drosophila*-Gene während der Embryonalentwicklung und ihre Interaktionen. Nach Tabellen von Johnston und Nüsslein-Volhard 1992 sowie Hennig 1995, stark verändert.

- Die Mutante *bithorax (bx)* in der Ubx-Region wandelt das Metathorax-Segment (T3) in ein Mesothorax-Segment (T2) um; da T2 ein Flügelpaar trägt, besitzt diese Mutante zwei Flügelpaare (vgl.Abb. 22.9.).
- In der Mutante *bithoraxoid (bxd)* der Ubx-Region wird das 1. Abdominal-Segment (A1) in ein Metathorax-Segment umgewandelt; diese Mutante hat demzufolge ein viertes Beinpaar.
- Mutationen in den Regionen abd-A und Abd-B (symbolisiert als *iab*-Mutationen) wandeln die hinteren Abdominal-Segmente in Richtung auf die vorderen Segmente um (A1 ← A2, A2 ← A3 usw.).

Insgesamt weist der BX-Komplex drei Transkripte auf: für *Ubx, abd-A* und *Abd-B*, wobei das Ubx-Transkript noch in kleinere Transkripte zerlegt werden kann. Zusätzlich zu diesen Protein-codierenden Abschnitten besitzt BX-C eine 300 kbp große Region mit vielen Regulationselementen. In der gesamten BX-C-Region befinden sich cis-wirkende Elemente, welche die Expression der Transkriptions-Einheiten kontrollieren.

Der Antennapedia-Komplex (ANT-C)

Relativ dicht neben BX-C liegt der Antennapedia-Komplex (Chromosom 3, 42.5). Er bestimmt die spezifische Differenzierung der Kopf- und Thorakal-Segmente. Zu ihm gehören die Gene *Antennapedia (Antp), Sex comb reduced (Scr), labial (lab), Deformed (Dfd)* und *proposcipedia (pb)*. (In dem ANT-Komplex liegen auch die bereits behandelten Gene *bicoid* und *fushi tarazu*.)

Der namengebende Phänotyp ist dadurch ausgezeichnet, dass die Antennen in (mesothorakale) Beine umgewandelt sind. Insgesamt bezieht sich die Wirkung von ANT-C auf die Parasegmente 1–4, wobei im einzelnen die Kopfregion, Labial- und Mandibular-Regionen sowie die Segmente T1, T2 und T3 betroffen sein können.

Die ANT-Gene verteilen sich über eine Region von 350 kbp, wobei andere Gene dazwischen liegen (s.o.). Die ANT-Region umfasst 8 Exonen, die von zwei unterschiedlichen Promotoren aus transkribiert werden.

Das Gen *Sex combs reduced (Scr)* ist vor allem im Labial-Segment und im T1-Segment

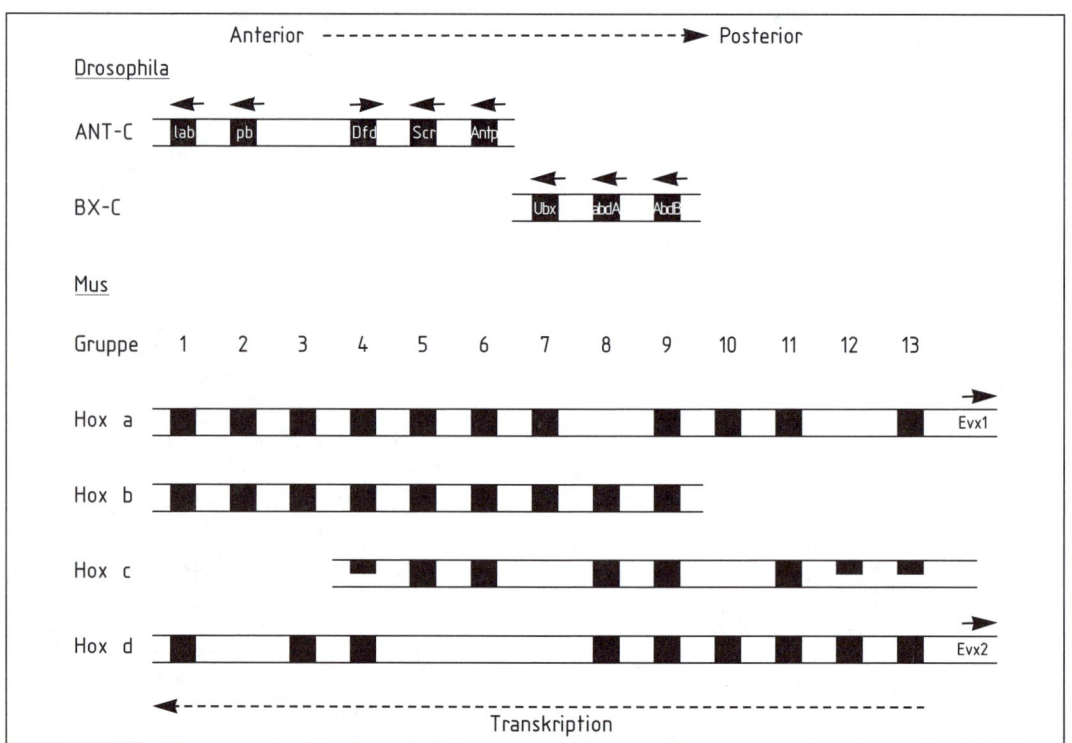

Abb. 21.6. Schema für die Homologie-Beziehungen zwischen den *ANT-C* und *BX-C* Genen von *Drosophila* mit den *Hox*-Genen der Maus. Nach Lewin 1996 und Gruss 1993, verändert.

aktiv. *Antennapedia (Antp)* wird vor allem in T2 exprimiert. Für *Antp* konnte experimentell die Menge von mRNA und Antp-Protein gesteigert werden; auf diese Erhöhung reagierte die Augen-Antennen-Scheibe besonders stark, und es wird die Antennenanlage in ein Mittel-Bein (T2) umgewandelt.

Das Wesentliche an den Komplexen Bithorax und Antennapedia ist, dass sie homöotische Gene enthalten. Diese Gene legen das morphogenetische Schicksal von Zellen und Segmenten fest. Ihre Mutationen bewirken eine Verschiebung des morphologischen Musters; es werden Differenzierungen an „falschen Stellen" gebildet.

Die homöotischen Gene üben ihre genregulatorischen Funktionen mit Hilfe der sog. Homöobox aus.

Die *Homöobox* ist eine DNA-Region, die oft nahe dem 3′-Ende der jeweiligen Transkriptionseinheit liegt (sie wurde zuerst im *Antp*-Gen gefunden). Sie codiert eine Polypeptidsequenz von 60 Aminosäuren, die *Homöodomäne*. Sie bildet ein Helix-Turn-Helix-Motiv und bindet mit hoher Affinität an spezifische Sequenzen in der Kontrollregion des zu regulierenden Gens (vgl. Abb. 19.10.).

Bei einigen Segmentierungsgenen ist als weiteres genregulatorisches Motiv das Zinkfinger-Motiv gefunden worden. An den homöotischen Genen wurden noch zwei, auch evolutionsgenetisch wichtige Erkenntnisse gewonnen:

(a) Der Vergleich der ANT- und BX-Komplexe von *Drosophila* mit den *Hox*-Genen der Maus wies eine ganz erstaunliche Homologie der Gene auf (Abb. 21.6.). Die *Hox*-Gene spielen eine wichtige Rolle bei der regionalen Spezifikation der Wirbelsäule entlang der Körperachse.

Die *Hox*-Gene liegen in vier Gengruppen (*Hox* a, b, c, d) vor, die tandemartig angeordnet sind. Sie werden während der Embryonalentwicklung der Maus in Abhängigkeit von ihrer Position transkribiert und ausgeprägt.

Trotz des großen in der zoologischen Taxonomie zum Ausdruck kommenden phylogenetischen Abstandes (Stamm der *Arthropoda*, Klasse *Insecta* – Stamm der *Chordata*, Klasse *Mammalia*) besteht zwischen den *Drosophila*- und den Maus-Genen eine bemerkenswerte Homologie (Abb. 21.6.). Sie geht soweit, dass es möglich war, mit Hilfe eines gentechnologisch klonierten *Drosophila*-

Abb. 21.7. Vergleich der Homöodomänen unterschiedlicher Organismen, der die außerordentliche Übereinstimmung der Aminosäure-Sequenzen dokumentiert. Nach Wehner und Gehring 1990, verändert.

Gens durch Hybridisierung die *Hox*-Gene der Maus zu „fischen".

(b) Noch beeindruckendere Resultate lieferte der Vergleich der Aminosäuresequenz der Homöodomänen von Genen taxonomisch weit entfernt stehender Objekte – von Seeigel und *Drosophila* bis zum Menschen (Abb. 21.7.).

Die Homöodomänen wurden im Laufe der Evolution auf die Bindung der Proteine an die DNA optimiert: Ihre drei Helices sind so angeordnet, dass Helix 3 in der großen Furche der DNA liegt und Kontakt mit dem Phosphat-Rückgrat und spezifischen Basen hat, während Helix 1 und Helix 2 etwa rechtwinklig zu Helix 3 auf der DNA aufliegen. Insgesamt sind die Unterschiede zwischen den aufgeführten Arten ganz gering.

21.2.5. Determination und Transdetermination

Bei den Dipteren ist die Metamorphose ein tiefgreifender Entwicklungsprozess. Während des Puppenstadiums wird die Larvenform in die Adultform, die Imago, umgebildet. In den Larven werden Imaginalscheiben gebildet, die während der gesamten Larvenentwicklung im undifferenzierten Zustand bleiben.

Während der Metamorphose zerfallen die meisten Larvenorgane. Aus den Imaginalscheiben wird der Fliegenkörper aufgebaut.

Im Normalfall sind die verschiedenen Imaginalscheiben für den Aufbau bestimmter Körperteile und Organe determiniert. Es gibt: Augen-, Antennen-, Flügel-, Bein-, Genital-Imaginalscheiben.

Nach Transplantation von Imaginalscheiben in das Abdomen adulter Fliegen wurde die interessante Erscheinung der „Transdetermination" entdeckt: Wenn man die längere Zeit im Fliegenabdomen „kultivierten" Imaginalscheiben wieder in Larven kurz vor der Metamorphose transplantiert, so kann es zum Teil zur Veränderung der (ursprünglich festgelegten) Determination kommen. Beispielsweise bilden ursprüngliche Genital-Imaginalscheiben jetzt Antennen oder Beine oder Flügel oder Augen aus: Es erfolgt ein Umschlag der Determination, eine Transdetermination (Hadorn 1966).

21.3. *Caenorhabditis elegans*

Ein zweites, sehr genau untersuchtes und wichtiges Objekt der Entwicklungsgenetik ist *Caenorhabditis elegans*, ein im Boden lebender Nematode. Sein Lebenszyklus ist sehr kurz und dauert bei 25 °C etwa 3 Tage. Die Individuen sind sehr klein (0,5 mm lang) und können deshalb unter Laborbedingungen in Petrischalen sehr leicht und in sehr großer Zahl kultiviert werden. Das Genom ist etwa halb so groß wie das von *Drosophila*.

Eine große Hilfe für die genaue genetische Analyse von *C. elegans* ist die Tatsache, dass von ihm sowohl Kern-DNA als auch die Mitochondrien-DNA *vollständig sequenziert* worden sind. Das Kern-Genom ist 10^8 bp groß, und es enthält 3.000 bis 4.000 Gene. Die Mitochondrien-DNA besteht aus 13.784 bp (vgl. Tab. 11.10.).

Caenorhabditis hat 5 Autosomen und als Geschlechtschromosom ein X-Chromosom. Die Geschlechtsbestimmung erfolgt ähnlich wie bei *Drosophila* durch das Verhältnis von Autosomen zu Heterosomen. Formen mit zwei X-Chromosomen sind Hermaphroditen, XO-Formen sind Männchen.

Die Entwicklungslinie jeder Zelle vom befruchteten Ei bis zum adulten Tier kann verfolgt werden. Diese Entwicklung ist bei allen Individuen gleich.

Das wesentliche Prinzip der Differenzierung in verschiedene Zellinien ist die Wechselwirkung von benachbarten Zellen. Welches weitere Schicksal eine Zelle erleidet, hängt dann von der Stärke des empfangenen Signals ab. Welche Signale das im Einzelnen sind, ist z. T. noch unbekannt, z. T. wurden Proteine identifiziert, die dem epidermalen Wachstumsfaktor (EGF, epidermal growth factor) der Vertebraten ähneln. Dementsprechend haben die das Signal empfangenden Zellen EGF-ähnliche Rezeptoren.

Sowohl die entwickelten Larven als auch die adulten Tiere bestehen aus einer konstanten Zahl somatischer Zellen bzw. Zellkerne (Zellkonstanz). Dies ermöglicht das Verfolgen des Schicksals jeder einzelnen Zelle bzw. Zellinie von der Zygote an. Gerade diese Eigenschaft von *Caenorhabditis* hat wesentlich zu den umfangreichen Kenntnissen über die Musterbildung bei diesen Individuen beigetragen. Dies war besonders auf Grund des invarianten Stammbaums der Art möglich.

Die *Caenorhabditis*-Larve besteht aus 558 Zellen. Der adulte Hermaphrodit hat genau 959 somatische Zellkerne, von denen einige in Syncytien vorliegen; das Männchen besitzt 1031 somatische Zellkerne. Jeder Organismus hat darüber hinaus eine unbestimmte Anzahl von Geschlechtszellen. Durch die exakte Zahl von somatischen Zellkernen ist das Schicksal jeder einzelnen Zelle in der Zygote festgelegt und kann sehr genau verfolgt werden. Verluste von Zellen können nicht durch „Umprogrammieren" anderer Zellen ausgeglichen werden.

Die Zygote teilt sich in einem ersten Schritt (Abb. 21.8) asymmetrisch, und es entsteht eine große AB-Zelle (anterior) und eine kleinere P_1-Zelle (posterior).

Die P_1-Zelle ist durch den Gehalt an sog. P-Granula gekennzeichnet. Diese finden sich vor der Teilung gleichmäßig im Zytoplasma der Zygote, konzentrieren sich dann aber unmittelbar vor der Teilung am posterioren Ende. Die P-Granula sind maternalen Ursprungs und spielen später bei der weiteren Entwicklung der P_1-Zelle und deren Abkömmlingen eine wichtige Rolle. In den unmittelbar aus P_1 abgeleiteten Zellen findet sich die gleiche Verteilung der Granula wie in P_1. Vor der Teilung der P_3-Zelle und der damit verbundenen Bildung von P_4 und D lagern sich die Granula an die Kernhülle an. P-Zellen sind somit stets durch das Auftreten von P-Granula gekennzeichnet.

Die ersten vier Teilungen im Zellstammbaum von *Caenorhabditis* werden als Stamm-Zellteilungen bezeichnet. Durch die inäqualen Teilungsschritte entstehen 6 sog. Gründerzellen (AB, MS, E, C, D und P_4), die der Ausgangspunkt für die Entwicklung der verschiedenen Gewebelinien sind (Abb. 21.8).

Aus der Gründerzelle P_4 entstehen alle späteren Keimzellen. Somit kann man die Zell-Linie P_0–P_1–P_2–P_3–P_4 als die Keimbahn von *Caenorhabditis* bezeichnen (vgl. 22.8.2.).

Alle aus den Gründerzellen abgeleiteten Zellen werden nach diesen symbolisiert, wobei das Teilungsmuster durch Kleinbuchstaben dargestellt wird. Hierbei steht p für posterior, a für anterior, l für links und r für rechts liegende Tochterzellen.

Ein Beispiel: Gründerzelle ist MS, diese teilt sich in folgender Sequenz: posterior, rechts, anterior, posterior, anterior, anterior, posterior, posterior, anterior. Diese Folge wäre als MSprapaappa darzustellen.

Auch bei *Caenorhabditis* stellen Mutationen von Entwicklungsgenen ein wertvolles Material zur Aufklärung von Musterbildungsprozessen dar. Bei der Analyse von homoeotischen Mutationen wurden interessante Homologien zu bestimmten *Drosophila*-Entwicklungsgenen gefunden.

Die Mutation *lin-12* führt als dominantes Allel in ABplapaapa und ABprapaapa zur Ausbildung von Ektoblasten, als Wildtypallel in ABprapaapa aber zu Neuroblastenzellen.

Das Genprodukt ist ein Transmembranprotein mit Sequenzwiederholungen, die Homologien zum epidermalen Wachstumsfaktor (EGF) und zum LDL (low density lipopro-

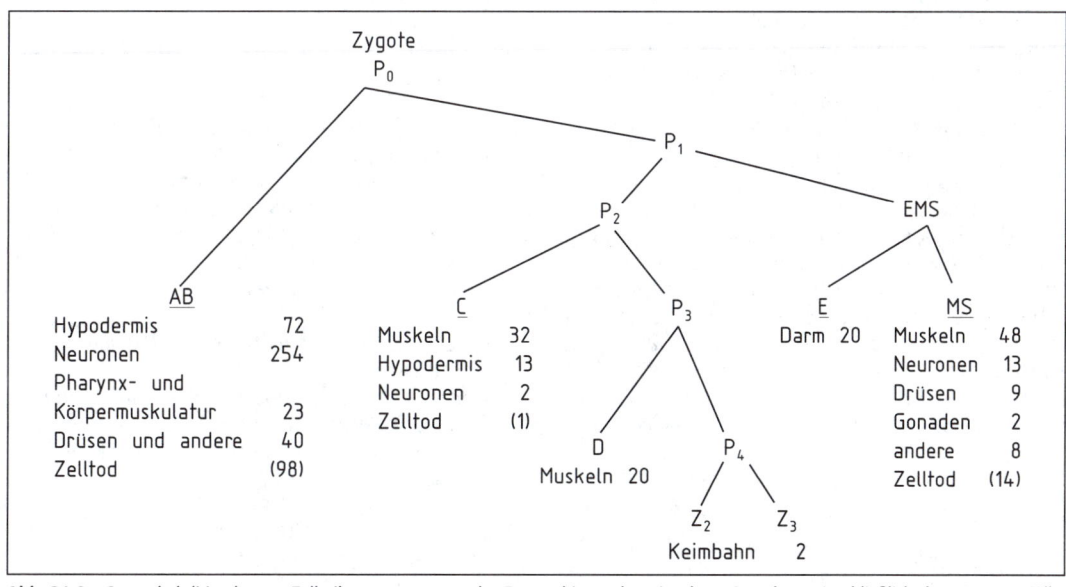

Abb. 21.8. *Caenorhabditis elegans*: Zellteilungsmuster von der Zygote bis zu den einzelnen Geweben, einschließlich der Apoptose-Fälle. Keimbahn von P_0, P_1 ... P_4.

tein)-Rezeptor der Säuger und zum *Notch*-Gen von *Drosophila* aufweisen.

Wahrscheinlich codiert *lin-12* ein Rezeptorprotein. Das *Notch*-Gen bei *Drosophila* dagegen wirkt als direktes Signal. Offensichtlich wirken hier Gene mit starken Sequenzhomologien auf unterschiedliche Art und Weise.

Die Lokalisation musterbildender Determinanten im Zytoplasma (*bicoid, nanos* bei *Drosophila*) und ihr Transfer in andere Zellen konnte bei *Caenorhabditis* ebenfalls, allerdings in geringerem Umfang als bei *Drosophila*, gezeigt werden.

Bei *Caenorhabditis* mit seiner Zellkonstanz wird das Entwicklungsschicksal einer Zelle bzw. Zellgruppe normalerweise durch die Zellteilungsfolge festgelegt. In einer Reihe von Fällen konnte jedoch gezeigt werden, dass nach Abtötung einer Zelle (z. B. durch Laser) eine benachbarte Zelle die eliminierte Zelle ersetzen kann (ohne das Auftreten zusätzlicher Zellteilungen). In anderen Fällen konnten induktive Wechselwirkungen aufgezeigt werden, bei denen eine Zelle das Schicksal einer Nachbarzelle bestimmt.

Ein sehr interessantes Phänomen in der ontogenetischen Entwicklung von *Caenorhabditis elegans* ist der programmierte Tod **bestimmter Zellen** zu einem definierten Zeitpunkt: **Apoptose.** Dieses Absterben findet sich außer in den auf die Gründerzellen E, D und P$_4$ zurückgehenden Zellinien (sie bilden einen Teil der Muskelzellen, der Keimbahn und die Darmzellen) in den *Nachkommen aller anderen Gründerzellen* in unterschiedlichem Ausmaß (Abb. 21.8.).

Insgesamt gehen 131 (von 1.031) Zellen durch diesen programmierten Zelltod zugrunde.

Für die Apoptose sind die Gene *ced-3* und *ced-4* ausschlaggebend. Sind sie aktiv, sterben die Zellen ab. Ob sie aktiv sind, hängt vom Schlüsselgen *ced-9* ab. Ist *ced-9* inaktiviert, werden *ced-3* und *ced-4* exprimiert. Überexpression von *ced-9* verhindert den Zelltod. *Ced-9* ist dem humanen *bcl-2* Protoonkogen homolog. *Bcl-2*-Überexpression führt beim Menschen zu follikulären Lymphomen, einer Krebsart.

Bei der Apoptose kommt es meist aus „inneren" Gründen (autonome Programmierung) zum Zelltod; in anderen Fällen wird eine Zelle durch ihre Nachbarzelle abgetötet.

Auch das Schicksal der abgestorbenen Zellen ist unterschiedlich: In einigen Fällen wird das abgestorbene Material von Nachbarzellen phagozytiert und die DNA durch eine Endodesoxyribonuklease (Genprodukt von *nuc-1$^+$*) abgebaut. In anderen Fällen erfolgt auch Phagozytose, die DNA bleibt aber als zusätzliches, pyknotisches Material in den Nachbarzellen sichtbar.

21.4. Entwicklungsgenetische Untersuchungen an anderen Tieren und Pflanzen

Bei der Aufklärung entwicklungsgenetischer Determinations- und Differenzierungsprozesse waren die beiden Arten *Drosophila melanogaster* und *Caenorhabditis elegans* die „Vorreiter". Inzwischen sind weitere Objekte in entsprechende Untersuchungen einbezogen worden. Auch bei ihnen wurden sehr interessante Ergebnisse erzielt.

Es würde aber den Rahmen dieser Darstellung sprengen, wenn die an ihnen erarbeiteten Resultate ebenfalls ausführlicher dargestellt würden. Der interessierte Leser sei für die einzelnen Objekte auf die zusammenfassenden Bücher von Müller (1997), Russo et al. (1992) und Seyffert et al. 1998 verwiesen, die alle die im folgenden genannten Arten behandeln:

- *Danio rerio* (Zebrafisch, Zebrabärbling)
- *Xiphophorus maculatus* (Zahnkarpfen)
- *Xenopus laevis* (südafrikanischer Krallenfrosch)
- *Mus musculus domesticus* Rutty (Labormaus)
- *Arabidopsis thaliana* (Brassicaceae : Schmalwand)
- *Antirrhinum majus* (Scrophulariaceae: Gartenlöwenmaul).

Wechselwirkungssysteme bei den Prozessen der Merkmalsausbildung

Die Prozesse der Informationsübertragung DNA-RNA-Polypeptid bezeichnet man in der Genetik als die „primäre Genwirkung". Sie stellt nur den ersten Teil der Prozesse zur Ausbildung eines fertigen, phänotypisch fassbaren Merkmals dar. Daran schließt sich ein sehr komplizierter Weg bis zur Ausbildung der meisten Eigenschaften und Merkmale der Organismen an. Dieser an die primäre Genwirkung sich anschließende Weg zum fertigen Merkmal ist gekennzeichnet durch eine Fülle von Wechselwirkungen zwischen verschiedenen Erbanlagen, deren Produkten und den Umweltverhältnissen.

Bei diesen Wechselwirkungen kommt es im Zusammenhang mit der Merkmalsausbildung nur ganz selten vor, dass verschiedene Abschnitte der primären genetischen Information (verschiedene Gene) direkt aufeinander einwirken. Solches Zusammenwirken liegt bei den Systemen der negativen und positiven Kontrolle der Genaktivität auf der Transkriptionsebene vor, bei denen innerhalb eines Operons von dem Promotor, dem Operator und dem Initiator (bzw. Enhancer und Silencer) die Aktivität der unmittelbar benachbarten Strukturgene kontrolliert wird. Das gleiche Prinzip einer direkten Wechselwirkung ist bei den Positionseffekten gegeben, bei denen z. B. heterochromatische Chromosomenabschnitte die Aktivität euchromatischer Bereiche blockieren, die in die Nachbarschaft von Heterochromatin verlagert wurden. In allen anderen Fällen aber erfolgt die Wechselwirkung über die Genprodukte.

Bei einem Typ von Wechselwirkung wirkt das Produkt eines Gens direkt auf eine andere genetische Einheit ein; so tritt das Repressorprotein als Produkt des Regulatorgens direkt mit der Operatorregion eines Operons in Verbindung. Bei den anderen Typen der genetischen Wechselwirkung vollzieht sich das Zusammenwirken auf der Ebene der Genprodukte, d. h. der Proteine, und der von ihnen

kontrollierten Reaktionen sowie deren Produkten.

Diese Wechselwirkungen kann man am besten dadurch verstehen und auch begrifflich fassen, indem man verschiedene Ebenen unterscheidet. Die verschiedenen Ebenen stehen übereinander, wobei während der Merkmalsausbildung die eine in die andere greift. Die Wechselwirkungen sind:

- das Zusammenwirken zwischen verschiedenen Allelen eines Gens,
- das Zusammenwirken zwischen verschiedenen Genen innerhalb des Genotypus (der genetischen Information des Zellkerns),
- das Zusammenwirken zwischen Genotyp und Plasmotyp, d. h. zwischen der Information im Zellkern und der extranukleär verankerten genetischen Information) und
- das Zusammenwirken zwischen Idiotyp (Gesamt-Erbgut) und der Umwelt.

Im folgenden werden diese Wechselwirkungsebenen kurz gekennzeichnet.

22.1. Zusammenwirken zwischen verschiedenen Allelen eines Gens

Das Zusammenwirken verschiedener Allele eines Gens zeichnet sich in den zahlreichen Einzelfällen durch eine außerordentlich große Vielfalt aus.

In relativ seltenen Fällen werden in einem heterozygoten diploiden Individuum die beiden unterschiedlichen Allele weitgehend unabhängig voneinander ausgeprägt; dadurch treten die von beiden Allelen bedingten Eigenschaften nebeneinander auf. Die Bestimmung der Hauptgruppen des AB0-Blutgruppensystems des Menschen ist hierfür ein bekanntes Beispiel, ebenso das M/N-Blutgruppensystem. In einem heterozygoten Individuum der Konstitution $I^{A1} I^B$ werden die beiden Allele gleichzeitig, nebeneinander ausgeprägt; diese Person hat die Blutgruppe A_1B. Entsprechendes gilt für die Heterozygoten $I^{A2} I^B$ oder – beim M/N-System – für die M/N-Heterozygoten (vgl. 10.3.4.). Derartige unabhängig voneinander und gleichzeitig ausgeprägte Allele nennt man **kodominant** (Prokop und Göhler 1976). Kodominante Merkmalsausprägung wurde auch bei sehr vielen Isoenzymen von Mensch, Tieren und Pflanzen beobachtet. Jeweils ein Allel codiert ein bestimmtes Polypeptid, das sich bei der gelelektrophoretischen Charakterisierung und Auftrennung als eine definierte Proteinbande (oder eine Gruppe von Banden) erweist. Ein anderes Allel codiert eine Bande (oder Bandengruppe) mit einer abweichenden Lage im Gel. Heterozygote zeigen gleichzeitig die von beiden Allelen codierten Polypeptidbanden. Durch diese kodominante Merkmalsausprägung ist das Auffinden der entsprechenden Heterozygoten und auch die Verfolgung des Erbganges der einzelnen Polypeptide relativ klar und einfach.

In der Regel aber wirken die unterschiedlichen Allele eines Gens bei der Merkmalsausbildung zusammen; das ist schon seit den Vererbungsexperimenten von Mendel (1866) bekannt. Die ursprünglich zur Kennzeichnung dieses Zusammenwirkens geprägten Begriffe „dominant – rezessiv" oder „intermediär" haben sich inzwischen als nicht mehr ausreichend erwiesen. Denn es gibt in den zahlreichen Einzelfällen alle Übergangsstufen in der Ausprägung zweier Allele in Heterozygoten. Unterschiedliche Allele erweisen sich zueinander als vollständig oder unvollständig dominant, als etwa intermediär oder als unvollständig oder vollständig rezessiv. Bei zahlreichen Objekten sind die phänotypischen Ergebnisse des Zusammenwirkens unterschiedlicher Allele genau beschrieben worden (Serra 1965–1968).

Beim Zusammenwirken bestimmter Allele kann auch die sogenannte *Superdominanz* oder monogen bedingte *Heterosis* auftreten. In diesem Fall wird ein „positiv wirkendes" Allel in Kombination mit einem schwach wirkenden Mutantenallel in einfacher Dosis stärker ausgeprägt als wenn es homozygot vorliegen würde; solche Fälle sind für die

Pflanzenzüchtung von besonderem Interesse (Kuckuck et al. 1985, Stubbe 1966).

Die Wechselwirkungen zwischen verschiedenen Allelen eines Gens vollziehen sich oft auf der Ebene der von ihnen codierten Proteine. Sehr viele Enzyme wirken in ihrer funktionsfähigen Form nicht als Monomere, sondern als Aggregate aus 2, 4, 8 oder noch mehr Monomeren. Diese Aggregate bestehen bei homozygoten Individuen – sofern nichtallele Isozyme fehlen – aus einer Sorte von Monomeren. Bei Heterozygoten jedoch können diese Aggregate, auf Grund des Vorhandenseins der von verschiedenen Allelen codierten Enzymproteine, aus Monomeren mit unterschiedlicher Aminosäuresequenz und damit auch unterschiedlicher Funktionsfähigkeit bestehen (Abb. 22.1.). Die an diesen räumlichen Strukturen sich ergebenden Wechselwirkungen können dazu führen, dass Aggregate mit reduzierter Aktivität auftreten, solche mit etwa gleicher Aktivität, aber auch solche, die zu einer gegenüber dem Wildtyp gesteigerten Aktivität führen. Eine ganze Reihe von Befunden spricht dafür, dass unter

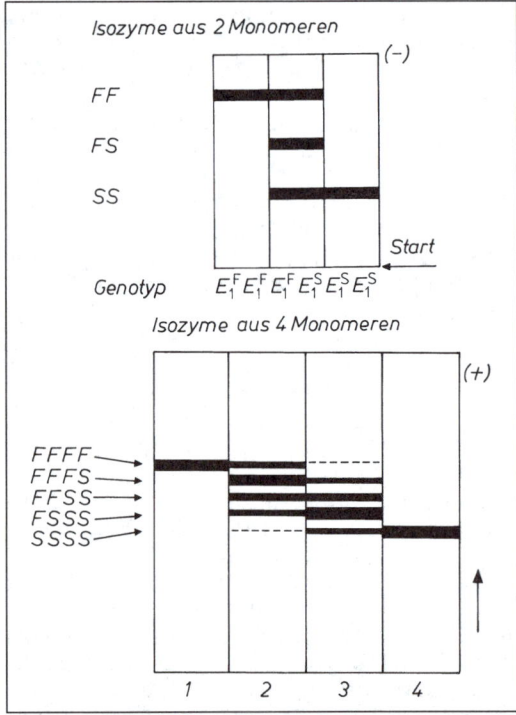

Abb. 22.1. Isoenzyme, die als Aggregate aus 2 oder 4 Monomeren zusammengesetzt sind. *Oben:* Isozyme der pH-7,5-Esterase des Maises. *Unten:* Isozyme der Catalase des Mais-Endosperms. Nach Heß 1968.

den verschiedenen Typen von Heterosis sich auch solche Fälle von Aktivitätssteigerungen durch die Bildung von Hybrid-Enzym-Aggregaten befinden. Modellbeispiele für derartige Effekte sind bei der interallelen Komplementation (vor allem bei Pilzen) im Detail analysiert worden (Fincham et al. 1979).

Auf andere Mechanismen alleler Wechselwirkungen soll hier nicht eingegangen werden.

22.2. Beziehungen zwischen verschieden Genen innerhalb des Genotypus (Gen-Interaktionen)

Der Weg zur Ausbildung eines bestimmten Merkmals oder einer bestimmten Eigenschaft setzt sich meist aus zahlreichen Schritten zusammen. Ein Gen kontrolliert dabei den Ablauf eines Schrittes in dieser Stufenfolge. Der Weg zu einem fertigen Merkmal ist aber keine unverzweigte Kette. Vielmehr gibt es in einer Zelle und in einem Organismus eine erstaunlich große Anzahl von Gen-Wirkketten, die miteinander zu einem *Netzwerk von Gen-Wirkketten* verbunden sind. Je nachdem, wie die verschiedenen Gene eines Organismus mit ihren Genprodukten in diesem Netzwerk zueinanderliegen, gibt es sehr vielfältige Typen des Zusammenwirkens verschiedener Gene, die auch als Gen-Interaktionen bezeichnet werden (Tab. 22.1.).

Bestimmte Gene haben Kontroll- oder Regulatorfunktion und kontrollieren die Aktivität anderer Gene. Ein Gen kann aber auch auf ein anderes eine Suppressor- oder Hemmwirkung ausüben oder als Modifikator wirken. Zwei Gene können durch eine Hintereinanderschaltung im Stoffwechsel komplementär wirken; d.h. jedes Gen bleibt für sich allein ohne Einfluss auf die Merkmalsausbildung, erst durch ihr Zusammenwirken kommt es zur Ausbildung des Merkmals. In anderen Fällen üben verschiedene Gene – gleichsinnig

Tab. 22.1. Zusammenwirken verschiedener Gene – Polygenie

Typen der Genwirkungen	Allgemeine Erläuterungen	Beispiele
Komplementäre Polygenie	Ein Merkmal entsteht nur dann, wenn Gen a^+ die nötige Vorstufe (Genprodukt) bildet, die Gen b^+ zum Merkmal komplementiert	Die Tryptophansynthese bei *Neurospora crassa* erfolgt in mehreren aufeinanderfolgenden Schritten unter der Kontrolle unterschiedlicher Gene. a^+b ist negativ, ab^+ negativ, ab negativ; a^+b^+ ist positiv (Tryptophansynthese). Die Anthocyanfärbung der Hülsen von *Pisum sativum* wird durch (mindestens) 2 komplementär wirkende Gene bestimmt: $a^+.b^+$. violett; $aab^+.$; $a^+.bb$, $aabb$ sind alle anthocyanlos (grün)
Modifikator	Das von Gen c^+ erzeugte Merkmal wird von Gen d^+ abgewandelt (modifiziert)	Blaue Blütenfarbe von *Linaria maroccana* entsteht durch ein Gen (d^+), welches ein rotes, durch das Gen c^+ bedingtes Pigment in seinem Farbton modifiziert. $d^+.c^+.$ blau, $ddc^+.$ rot, d^+cc und $ddcc$ sind weiß
Unselbstständige Genwirkung		
Rezessiver Suppressor	Die Ausbildung des Merkmals ist wieder möglich, wenn ein mutiertes Gen in seiner Wirkung durch ein anderes mutiertes Gen, das als Suppressor ("Unterdrücker") wirkt, ausgeglichen wird	Die durch Mutation try^- blockierte Tryptophansynthese wird bei *Neurospora crassa* wieder möglich durch die Wirkung des Suppressors su-try. Tryptophansynthese möglich in: try^+, $su\text{-}try^+$ (Wildtyp), try^+, $su\text{-}try^-$ und try, $su\text{-}try$ (Suppressorwirkung) Tryptophansynthese blockiert in: try^-, $su\text{-}try^+$ (Tryptophanmangelmutante)

Tab. 22.1. (Fortsetzung)

Typen der Genwirkungen	Allgemeine Erläuterungen	Beispiele
Dominanter Hemmungsfaktor	Liegt das Hemmungsgen H in dominanter Form vor, unterdrückt es die Ausprägung des Wildtypgens g^+	Das weiße Gefieder der Rasse Leghorn von *Gallus domesticus* wird bewirkt durch das dominante Hemmungsgen H, welches ein durchaus vorhandenes Pigmentierungsgen g^+ in seiner Wirkung unterdrückt (HHg^+g^+)
Monarchial gleichsinnige Wirkung	Ein dominantes Allel eines der beiden gleichsinnig wirkenden Gene i^+ und k^+ genügt, um das Merkmal vollständig auszubilden	Bei *Capsella bursa-pastoris* wird die Fruchtform (flach dreieckig) durch zwei gleichsinnig wirkende Gene i^+ und k^+ bestimmt. Ein dominantes Allel allein (i^+ oder k^+) bewirkt das Merkmal auch schon. Eiförmige Früchte (*Capsella heegeri*) entstehen nur beim Genotyp *iikk*; alle anderen Genotypen haben dreieckige Früchte ($i^+.k^+., i^+.kk, iik^+.$)
Additiv gleichsinnige Wirkung (Polymerie)	Die wirksamen Faktoren l^+ und m^+ wirken gleichsinnig, ihre Wirkungen addieren sich	Bei *Avena sativa* bewirkt der Genotyp $l^+l^+m^+m^+$ dunkelgraue Spelzen; llmm hat weiße Spelzen. Je nach Quantität der wirksamen jeweiligen Wildtypallele l^+ und m^+ entstehen verschieden abgestufte Grautöne: dunkelgrau ($l^+l^+m^+m^+$), mittelgrau ($l^+l^+m^+m, l^+lm^+m^+$), hellgrau ($l^+lm^+m, l^+l^+mm, llm^+m^+$) und weißlichgrau ($l^+lmm, llm^+$) oder weiß (*llmm*)
Kompensationswirkung	Die Wirkungen der mutierten Gene n und c sind gegensinnig, ihre Ausbildung hebt sich beim gegenseitigen Zusammentreffen auf (Normalisierung)	Bei *Pisum sativum* bewirkt die Mutation c homozygot konvexe Hülsenform, die Mutation n homozygot konkave Hülsenform. Die Doppelmutante *ccnn* hat gerade Hülsen wie der Wildtyp, weil sich c und n in ihrer Wirkung kompensieren
Kompromißbildung	Die Wirkungen der Gene p^+ und q^+ sind verschiedenartig, ihr Zusammentreffen führt zu einer neuen Merkmalsbildung (Neubildung)	Bei *Gallus domesticus* gibt es Hähne mit Erbsenkamm (p^+p^+) und solche mit Rosenkamm (q^+q^+). Das Zusammenwirken beider dominanter Gene ($p^+.q^+.$) verursacht eine Kompromißbildung, den Walnußkamm. (Den normalen Kamm haben die doppelt rezessiven Formen *ppqq*)
Epistasie Hypostasie	Das Genprodukt des Gens r^+ überdeckt das Genprodukt des Gens t^+; dieses wird nur sichtbar, wenn das Genprodukt von r^+ ausfällt. Das dominante Allel des Gens r^+ ist epistatisch über t^+. Gen t^+ ist hypostatisch	Bei *Phaseolus vulgaris* bewirkt der Genotyp r^+r^+ schwarze, der Genotyp t^+t^+ braune Samenfarbe. Nach Kreuzung zeigen alle Formen mit einem r^+-Allel schwarze Samenfarbe; r^+ ist epistatisch über t^+. Die Braunfärbung wird nur ausgeprägt in rrt^+t^+ oder rrt^+t; r^+ ist epistatisch über t^+; t^+ ist hypostatisch gegenüber r^+

oder additiv wirkend – Effekte aus, die entweder zu weitgehend selbständigen Wirkungen oder zu verschiedenartigen Kompensations- und Kompromisswirkungen führen.

In Tabelle 22.1. sind verschiedene Beispiele des Zusammenwirkens von Genen (= Polygenie, Gen-Interaktionen) als Übersicht zusammengestellt (vgl. Kappert 1953 und Serra 1965–1968, dort viele Beispiele).

Diese außerordentlich vielfältigen Typen polygener Interaktionen sind in ihren phänotypischen sowie genetischen Effekten und zum Teil auch schon in ihren molekularen Mechanismen bei zahlreichen Objekten und für zahlreiche Merkmale und Eigenschaften im Detail aufgeklärt worden, z. B. für sehr viele Vorgänge des Primär- und Sekundärstoffwechsels und ihrer Regulation; darüber hinaus aber auch für zahlreiche morphogenetische Prozesse sowie für die verschiedenartigen Interaktionen bei den unterschiedlichen Typen der genotypischen Geschlechtsbestimmung. In dieser zweiten Ebene genetischer Wechselwirkungen liegt eine ganz außerordentliche Vielfalt von Beziehungen zwischen verschiedenen Genen und deren Produkten vor, die für das Verständnis der Prozesse der Merkmalsausbildung von größter Bedeutung sind.

22.3. Beziehungen zwischen Genotypus und Plasmotypus

Die genetische Information des Zellkerns, der Genotypus, und die extranukleär im Plasma verankerte Erbinformation, der Plasmotypus, stehen bei den eukaryotischen Organismen nicht zusammenhanglos nebeneinander: Sie bilden vielmehr ein in sich geordnetes *genetisches System*, dessen Komponenten in ihren Funktionen aufeinander abgestimmt und eingespielt sind. Die genetischen Arbeiten über plasmatische Vererbung haben zu der Feststellung geführt, dass sehr viele Merkmale und Eigenschaften, insbesondere wohl alle komplexen Merkmale, sowohl vom Erbgut im Zellkern als auch von den plasmatischen Erbanlagen bestimmt bzw. beeinflusst werden. Wenn eine der beiden idiotypischen Komponenten verändert wird – sei es durch eine Mutation oder als Folge einer Artbastardierung,

die einander fremdes genotypisches und plasmotypisches Erbgut miteinander kombiniert – dann kann es zu Störungen des Gesamtsystems kommen, die sich im Auftreten von Merkmalsänderungen äußern (Hagemann 1964, Herrmann 1992, Gillham 1994; Lit. Kap. 11).

Die Wechselwirkungen zwischen der nukleären und der extranukleären Erbinformation sind insbesondere bei höheren Pflanzen für mehrere komplexe Merkmale intensiv bearbeitet und in einem erfreulichen Ausmaß analysiert worden. Dies gilt z. B. für die eng miteinander verbundenen komplexen Merkmale „normale Grünfärbung der Blätter" und „Photosyntheseleistung", die durch zahlreiche Genmutationen (d. h. durch mutative Veränderungen im Zellkern) beeinträchtigt oder ganz unterbunden werden. Der äußerlich gleiche Effekt kann aber auch durch Plastidenmutationen (also durch Veränderungen in der Erbinformation der Plastiden, der Plastiden-DNA) zustande kommen. Dies zeigt die Kontrolle dieser komplexen Merkmale durch die beiden idiotypischen Komponenten. Deren enge Verzahnung kann sich aber noch anders äußern: In mehreren Verwandtschaftskreisen (z. B. bei *Oenothera*, *Hypericum* und *Pelargonium*) ist es durch geeignete Kreuzungen möglich, die erblich voll intakten Plastiden einer Art mit dem Genotypus einer anderen Art (oder mit einem Bastardgenotyp) zu kombinieren. Hierbei kommt es in bestimmten Fällen nicht zu normaler Ergrünung und zu normaler Photosyntheseleistung. Die beiden verschiedenen Erbkomponenten können nicht richtig zusammenwirken, sie sind nicht richtig aufeinander eingespielt, und deshalb treten Störungen auf, die unter dem Begriff „Bastardbleichheit" zusammengefasst werden (vgl. 11.1.5.). Dass es sich hierbei tatsächlich um Störungen in den Wechselwirkungen zwischen einem bestimmten Zellkern und einer nicht voll zu ihm passenden Plastidensorte handelt, kann überzeugend demonstriert werden: Wenn man die (über Generationen) bastardbleich gewesenen Plastiden wieder mit dem zu ihnen passenden Zellkern zusammenbringt, sind die entstehenden Pflanzen wieder vollständig grün und photosynthetisch voll leistungsfähig (Hagemann 1964, 1992).

Diese Wechselwirkungen zwischen Genotyp und Plastom reichen bis in die Codierung einzelner komplexer Plastiden-Enzyme. Die Ribulose-1,5-Bisphosphat-Carboxylase/Oxygenase (= Fraktion-I-Protein) ist als Carboxy-lase das Schlüsselenzym der photosyntheti-schen CO-Bindung und -Reduktion. Es liegt in den Plastiden als Proteinkomplex aus 8 (gleichen) großen und 8 (gleichen) kleinen Untereinheiten vor. Das Interessante an die-sem Komplex-Enzym ist, dass bei allen Land-pflanzen die große Untereinheit von der Plas-tiden-DNA (dem Plastom) codiert und in den Plastiden an den Plastidenribosomen synthe-tisiert wird. Demgegenüber wird die kleine Untereinheit von der Zellkern-DNA (dem Genotyp) codiert und von ihr transkribiert; die kleine Untereinheit wird als Vorstufe im Cytoplasma synthetisiert und danach in die Plastiden transportiert. Dort werden die gro-ße und kleine Untereinheit zum aktiven Komplex-Enzym zusammengefügt. Eine der-artige duale genetische Kontrolle durch Ge-notyp und Plasmotyp wurde auch für die plastidale ATPase nachgewiesen; von den 9 Untereinheiten werden 6 von der Plastiden-DNA codiert, jedoch drei Untereinheiten von der Kern-DNA. Auch diese dual codierten Untereinheiten werden in der Organelle zum funktionsfähigen Komplexprotein zusammen-gebaut (vgl. 11.1.5.). (In gleicher Weise erfolgt für bestimmte Mitochondrien-Komplexpro-teine eine duale genetische Kontrolle durch Zellkern- und Mitochondrien-DNA; vgl. 11.2.5.6.).

Auch die Pollenfertilität höherer Pflanzen wird durch Interaktionen zwischen Genotyp und Plasmotyp entscheidend beeinflusst. (a) Es gibt zahlreiche Genmutationen, welche Pollensterilität bewirken; so sind z. B. bei der Tomate mindestens 50 Gen-Loci erfasst, de-ren Mutation zu Pollensterilität führt. (b) Bei verschiedenen Arten wurden spezifische Plas-men festgestellt, welche Pollensterilität bewir-ken. (c) Nach Art- oder Gattungskreuzungen sind Pflanzensippen entstanden, welche den Genotyp einer Art mit dem Plasmotyp einer anderen Art (oder Gattung) kombiniert ent-halten. Diese Formen sind pollensteril, weil Genotyp und Plasmotyp nicht zusammenpas-

Tab. 22.2. Genotyp – Plasmotyp – Interaktionen bei der Bestimmung von Pollensterilität bzw. -fertilität bei *Zea mays*

Typ der Pollensterilität	Pflanzen		
	Plasmotyp	**Genotyp**	**Phänotyp**
	N (= normal)	Rf^2. oder $rf^2\,rf^2$	pollen-fertil
	$S = ms_2$	$rf^2\,rf^2$	pollen-steril
	$S = ms_2$	$Rf^2 Rf^2$	pollen-fertil (durch Restorer of fertility, Rf^2)
S-Typ			
	$S = ms_2$	$Rf^2 rf^2$	50% der Pollen fertil, 50% der Pollen steril
	Der Restorer Rf^2 wirkt gametophytisch, d.h. nur diejenigen Pollen sind fertil, die nach der meiotischen Allelverteilung den Restorer Rf^2 erhalten.		
	N (= normal)	Rf_1^1. oder $rf_1^1 rf_1^1$ Rf_2^1. oder $rf_2^1 rf_1^1$	pollen-fertil
T-Typ Texas-Typ			
	$T = ms_1$	$rf_1^1 rf_1^1$, $rf_1^1 rf_2^1$	pollen-steril
	$T = ms_1$	$Rf_1^1 Rf_1^1$, $R_2^1 Rf_2^1$	pollen-fertil (durch die Restorer of fertility, Rf_1^1 und Rf_2^1)
	$T = ms_1$	$Rf_1^1 rf_1^1$, $Rf_2^1 Rf_2^1$	pollen-fertil (Dominanz von Rf_1^1 über rf_1^1)

Die Restorer Rf_1^1 und Rf_2^1 wirken sporophytisch vor der Meiose, d.h. auch diejenigen Pollen sind fertil, die – nach der Meiose – den dominanten Restorer Rf_1^1 gar nicht mehr enthalten.

sen, und diese Disharmonie zu Störungen in der normalen Pollenentwicklung führt. In mehreren Fällen wurden spezifische Gene erfasst, welche ein „pollensteriles" Plasma restaurieren und damit die Pollenfertilität wiederherstellen („Restorer-Gene"). Das Zusammenwirken von unterschiedlichen Typen „pollensteriler" Plasmen und Restorer- bzw. Nicht-Restorer-Genen bildet die Basis für Programme der Hybridzüchtung bei verschiedenen Kulturpflanzen (Mais, Zwiebel, Zuckerrübe u. a.).

In Tabelle 22.2. sind für mehrere „plasmatische Pollensterilitäten" von *Zea mays* die Genotyp-Plasmotyp-Interaktionen und die dabei auftretenden phänotypischen Wirkungen zusammengestellt. Für mehrere „plasmatische Pollensterilitäten" des Maises wurden in letzter Zeit wesentliche Einsichten in die molekulare Basis gewonnen. Ursache der Pollensterilitäten sind genetische Veränderungen an der DNA in den Mitochondrien. An der Mitochondrien-DNA haben sich Umbauten (Rearrangements) vollzogen. Dadurch entstand (aus Teilen des Gens für die 26S-rRNA und benachbarter Sequenzen) ein neues Gen (*orf13*), welches die mitochondrial vererbte Pollensterilität vom Texas-Typ verursacht.

Derartige Mitochondrien-DNA-Umbauten, die zu „cytoplasmatischer" Pollensterilität führen, wurden auch bei Raps und Sonnenblumen festgestellt.

Ähnliche Fälle von Genotyp-Plasmotyp-Interaktionen wurden auch für andere Merkmalskomplexe höherer Pflanzen gefunden, so z. B. für Wachstumsweise der Pflanzen, ihre Blütenform, das Antherenverhalten, die Geschlechtsausprägung usw. (Hagemann 1964, 1993, 1995; Lit. Kap. 11).

22.4. Zusammenwirken von Erbanlagen und Umwelt

Die Ausbildung der Merkmale und Eigenschaften eines Organismus hängt nicht nur von bestimmten Genen und von den Wechselwirkungen zwischen den verschiedenen Erbanlagen im Organismus ab, sondern auch vom Zusammenwirken der Erbanlagen mit der Umwelt. Ein Lebewesen ist durch seine Erbanlagen nicht starr in allen Einzelheiten seiner Merkmale, Eigenschaften und Leistun-

gen festgelegt. *Erst im Zusammenwirken von genetischer Information (Idiotyp) mit den äußeren und inneren Bedingungen entsteht der fertige, ausdifferenzierte Organismus.*

Die Eigenschaft eines Lebewesens oder eines seiner Teile, auf bestimmte Bedingungen hin mit bestimmten Veränderungen seiner Entwicklung zu antworten, nennt man **Modifikabilität**. Die verschiedenen Phänotypen, die ein Organismus mit bestimmtem Idiotyp je nach den einwirkenden Bedingungen annehmen kann, werden als **Modifikationen** bezeichnet.

Man kann zwei Formen der Modifikabilität unterscheiden, die fließende und die umschlagende Modifikabilität. Bei der *fließenden (oder fluktuierenden) Modifikabilität* variiert ein bestimmtes Merkmal quantitativ unterschiedlich und stetig abgestuft um einen Mittelwert. Die einzelnen Varianten weichen verschieden stark von diesem Mittelwert ab. Je mehr die Varianten vom Mittelwert abweichen, desto seltener treten sie auf. Diese Art der Verteilung wird in der Zufallskurve oder Binomialkurve zum Ausdruck gebracht. Eine derartige Zufallskurve ist gekennzeichnet durch den Mittelwert und die Streuung (die ein Maß für die Modifikationsbreite ist). Bei der Ausprägung eines Merkmals liegt dann eine fluktuierende Modifikabilität vor, wenn die Ausprägung durch zahlreiche, teils fördernde, teils hemmende Einzelbedingungen beeinflusst wird. Diese Art von Modifikabilität wird sehr oft gefunden (Abb. 22.2.).

Aber nicht immer ist die Modifikabilität fließend. Es kann auch vorkommen, dass es einen Umschlagspunkt für die Merkmalsausbildung gibt. Auf der einen Seite vom Umschlagspunkt reagiert der Organismus mit der einen Merkmalsausbildung, auf der anderen Seite mit einer anderen. In diesen Fällen liegt eine *umschlagende (oder alternative) Modifikabilität* vor. Bekanntes Beispiel hierfür ist die Ausprägung der Fellfarbe beim Himalaja-Kaninchen (unter 34 °C Hauttemperatur: schwarze Fellfarbe, Melaninbildung; über 34 °C: weiße Fellfarbe, keine Melaninbildung, bedingt durch ein temperaturempfindliches Enzym in der Melaninsynthese). Ganz ähnlich ist die Situation bei der Ausbildung der Blütenfarbe einer temperaturempfindlichen Rasse von *Primula sinensis*. Wachsen die Pflanzen bei einer Temperatur unter 30 °C, so sind die Blüten rot; über 30 °C herangezogen, haben die Pflanzen weiße Blüten.

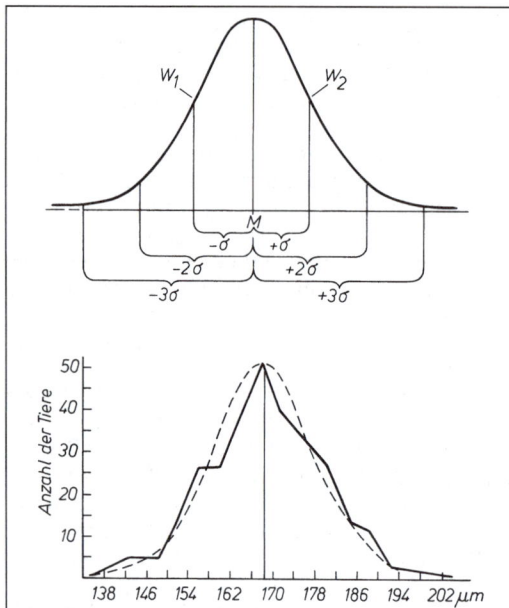

Abb. 22.2. Binomialverteilung von Varianten. *Oben*: Ideale Binomialkurve; *M* Mittelwert, *δ* Streuung, *W₁*, *W₂* Wendepunkte der Kurve. *Unten*: Verteilung der Längen von 300 Paramecien aus einer Zucht (Nachkommen eines einzigen Tieres). Nach Kühn 1965.

Die Merkmalsausbildung durchläuft oft eine kritische oder **sensible Periode**. In ihr wird die Ausprägung des Merkmals durch die während dieses Zeitraumes herrschenden Bedingungen bestimmt. Für die temperaturempfindliche Rasse von *Primula sinensis* liegt z. B. die sensible Periode für die Festlegung der Blütenfarbe 5–8 Tage vor dem Aufblühen der betreffenden Blüte.

Das Studium der Modifikabilität hat zur Erkenntnis geführt, dass fertig ausgeprägte Merkmale (z. B. rote oder weiße Blütenfarbe bei *Primula sinensis*) nicht vererbt werden. **Vererbt werden vielmehr Erbanlagen**. Diese Anlagen (Gene) bestimmen die Fähigkeit zur Verwirklichung einer *Reaktionsnorm*. Durch das Erbgut wird somit die Ausbildung der Merkmale und Eigenschaften nicht in allen ihren Einzelheiten festgelegt. Es wird vielmehr die Art und Weise (die Reaktionsnorm) bestimmt, wie die Organismen in den einzelnen Entwicklungsstadien auf die inneren und äußeren Entwicklungsbedingungen reagieren.

Ein weiteres, sehr wichtiges Resultat genetischer Forschung ist die Erkenntnis, dass für verschiedene Merkmale und Eigenschaften eines Organismus der Anteil von Erbanlagen und Umwelt bei der Merkmalsbestimmung unterschiedlich groß ist; es gibt **umweltstabile** und **umweltlabile** Merkmale.

Die Humangenetik hat in der Zwillingsforschung aussagekräftige Methoden zur Bestimmung des Anteils von Erbgut und Umwelt an der Ausbildung der Merkmale und Eigenschaften des Menschen entwickelt (Stern 1968, Lenz 1978, 1983). Bei diesen Untersuchungen werden einerseits eineiige und zweieiige Zwillinge (sowie andere Geschwister) miteinander verglichen, andererseits wird berücksichtigt, ob diese unter gleichen oder unter verschiedenen Umweltbedingungen aufgewachsen sind. Die kritische Analyse ergab eine ganze Fülle klaren und überzeugenden Untersuchungsmaterials, das die unterschiedliche Umweltabhängigkeit verschiedener Merkmale belegt.

Es gibt Merkmale und Eigenschaften des Menschen, die in ihrer Ausbildung praktisch völlig von den Erbanlagen festgelegt sind und von der Umwelt nicht abgeändert werden; sie sind *umweltstabil*. Für viele Blut- und Serumgruppen des Menschen ist diese Umweltstabilität zweifelsfrei erwiesen. Deswegen werden solche Merkmale z. B. in der forensischen Medizin für den Vaterschaftsnachweis verwendet (Prokop und Göhler 1976). Im Falle der Blut- und Serumgruppen ist der Weg vom Gen zum analytisch fassbaren Merkmal sehr kurz.

Für sehr viele andere, vor allem komplexere Merkmale ist eine geringere Umweltstabilität bzw. eine ausgesprochene Umweltlabilität nachgewiesen worden. Bei den Körpermerkmalen sind für die Kopflänge und Kopfbreite sehr starke Einflüsse der Erbanlagen nachweisbar; auch für die Körpergröße zeigt sich ein starker Einfluss des Erbgutes. Demgegenüber ist für das Körpergewicht eine beträchtliche Umweltlabilität festzustellen (Tab. 22.3.).

Dasselbe gilt für verschiedene physiologische Funktionen sowie für die Anfälligkeit gegenüber Krankheiten (Abb. 22.3.). Während z. B. für die Anfälligkeit gegenüber den Masern der Einfluss des Erbgutes sehr gering ist, d. h. faktisch fehlt, ist für andere Krankheiten, etwa Rachitis oder Schizophrenie, ein deutlicher Einfluss einer erblichen Veranlagung erkennbar. Für sportliche Höchstleistungen ist nicht nur ein entsprechend intensives Training, sondern auch eine genetisch determinierte Veranlagung erforderlich. In allen diesen Untersuchungen hat sich immer wieder gezeigt, dass zwischen eineiigen Zwillingen geringere Unterschiede viel häufiger sind als zwischen

Tab. 22.3. Rolle von Erbgut und Umwelt bei der Bestimmung von fünf Merkmalen des Menschen. Angegeben sind die Differenzen, die zwischen eineiigen (EZ), zweieiigen Zwillingen (ZZ) und Geschwistern unter gleichen oder verschiedenen Umweltbedingungen gefunden wurden. Je kleiner die Differenzen, desto größer ist der Erbeinfluß. Nach Sinnott, Dunn und Dobzhansky 1958

Merkmale	Differenzen der absoluten Werte in Bezug auf Umweltbedingungen			
	EZ gleiche	EZ verschiedene	ZZ gleiche	Geschwister gleiche
Körpergröße (cm)	1,7	1,8	4,4	4,5
Körpergewicht (kg)	1,9	4,5	4,5	4,6
Schädellänge (mm)	2,9	2,2	6,2	–
Schädelbreite (mm)	2,8	2,9	4,2	–
Intelligenzquotient (Rohwerte aus Intelligenztests)	5,9	8,2	9,9	9,8

zweieiigen und dass der Grad der Umweltstabilität bzw. Umweltlabilität für jedes einzelne Merkmal in exakten Untersuchungen festgestellt werden muss.

Durch zahlreiche Studien ist auch die Tatsache einer deutlichen erblichen Komponente für Intelligenzleistungen des Menschen sicher belegt. Hierfür waren einerseits Stammbaumuntersuchungen in bestimmten Familien bzw. Verwandtschaftskreisen von großem Wert. Andererseits aber waren Zwillingsuntersuchungen besonders wertvoll und lieferten auch Resultate für eine quantitative Abschätzung des Einflusses von Erbgut und Umwelt. Die entsprechenden Ergebnisse (Tab. 22.3.) zeigen, dass die Intelligenz eines Menschen (gemessen in Intelligenztests) deutlich umweltstabiler ist als z. B. sein Körpergewicht, d. h. in stärkerem Maße als dieses durch das Erbgut bestimmt wird. Die Intelligenz eines Menschen entwickelt sich als Resultante von Wechselwirkungen, zu denen einerseits die vielfältigen Umwelt- und Erziehungsfaktoren gehören, andererseits aber eine klar fassbare erbliche Komponente (Hagemann 1987).

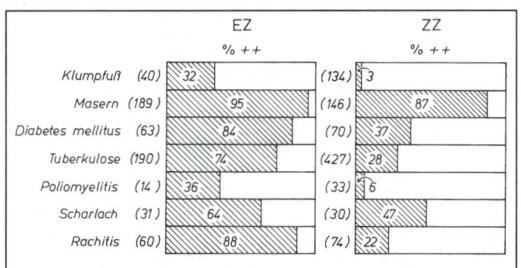

Abb. 22.3. Konkordanz und Diskordanz bei eineiigen *(EZ)* und zweieiigen Zwillingen *(ZZ)* im Hinblick auf Anomalien und Infektionskrankheiten. Nach Stern 1968.

Zusammenfassend lässt sich zum Problemkreis der Informations-Realisierung feststellen, dass die Ausprägung der primären genetischen Information bis hin zum fertigen Merkmal in den meisten Fällen durch ein komplexes System von Wechselwirkungen erfolgt. Die hier charakterisierten Wechselwirkungen überlagern und durchdringen sich und bilden ein reich gegliedertes und vernetztes System.

22.5. Systeme der Geschlechtsbestimmung als Beispiele für Interaktionen zwischen Erbanlagen, inneren und äußeren Bedingungen

Die Bestimmung des Geschlechtes bei Eukaryoten vollzieht sich bei verschiedenen Taxa in unterschiedlicher Weise. Hier seien einige wichtige Typen gekennzeichnet. Sie gehören – wie sich zeigen wird – verschiedenen der unter 22.1.–22.4. gekennzeichneten Wechselwirkungen an.

22.5.1. XX/XY-System der genotypischen Geschlechtsbestimmung

Bei zahlreichen Tieren und Pflanzen ganz unterschiedlicher Verwandtschaftskreise erfolgt die Geschlechtsbestimmung durch die Verteilung spezifischer Geschlechtschromosomen (Heterosomen). Die Geschlechtschromosomen tragen Geschlechtsrealisatoren, welche die Zellen bzw. die Organismen (die potentiell bisexuell ausgestattet sind) nach der weiblichen oder männlichen Seite hin determinieren. Der häufigste Typ ist dabei derjenige, bei dem die Weibchen durch den Besitz von 2 X-Chromosomen (und die übrigen Autosomen),

hingegen die Männchen durch 1 X- und 1 Y-Chromosom (und die Autosomen) gekennzeichnet sind. Dieser XX (♀)/XY (♂)-Typ liegt bei der Fruchtfliege *Drosophila melanogaster* (vgl. Abb. 10.11.) vor, bei der Maus *Mus musculus* und wohl allen anderen Säugern einschließlich des Menschen *Homo sapiens*, jedoch auch bei der weißen Lichtnelke *Silene alba* (früher: *Melandrium album*).

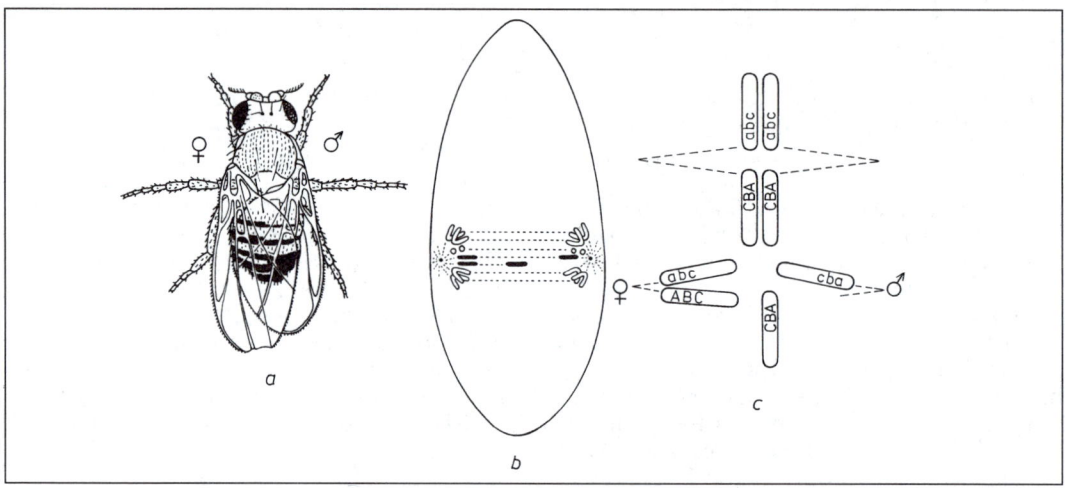

Abb. 22.4. Halbseitenzwitter von *Drosophila melanogaster. a* Ein Tier, das links weiblich und rechts männlich ist. Auf der männlichen Seite sind rezessive geschlechtsgebundene Mutantenmerkmale ausgeprägt (breitflügelig, helläugig, abnorme Borsten) infolge des Verlustes des einen X-Chromosoms mit den dominanten Allelen des Bastards. Auf der weiblichen Seite sind die dominanten Allele ausgeprägt. *b* Schema des X-Chromosomen-Verlustes bei der ersten Mitose im befruchteten Ei. *c* Schema des Allelverlustes auf der männlichen Seite. Nach Kühn 1965. Vergleiche Titelbild des Buches!

Tab. 22.4. Einfluß der chromosomalen Konstitution von *Drosophila melanogaster* auf die Geschlechtsbestimmung

Sätze von Autosomen (A) und Anzahl der Heterosomen (X und Y)	Verhältnis der X-Chromosomen zu den Autosomensätzen	Geschlecht
3 X + 3 A	3 : 2 = 1,5	Überweibchen
4 X + 4 A	4 : 4 = 1	
3 X + 3 A	3 : 3 = 1	
3 X + 3 A + 1 Y	3 : 3 = 1	
2 X + 2 A	2 : 2 = 1	Normale Weibchen
2 X + 2 A + 1 Y	2 : 2 = 1	
2 X + 2 A + 2 Y	2 : 2 = 1	
2 X + 3 A + 1 Y	2 : 3 = 0,67	
2 X + 3 A	2 : 3 = 0,67	Intersexe
2 X + 3 A (– 1 Y)	~ 2 : 3 = 0,67	
1 X + 2 A + 1 Y	1 : 2 = 0,5	
1 X + 2 A + 2 Y	1 : 2 = 0,5	Männchen
1 X + 2 A	1 : 2 = 0,5	
1 X + 3 A	1 : 3 = 0,33	Übermännchen

Im einzelnen haben sich jedoch interessante Unterschiede zwischen diesen Formen ergeben, insbesondere hinsichtlich der Funktion des Y-Chromosoms.

Drosophila melanogaster

Bei *Drosophila* spielt das Y-Chromosom bei der Geschlechtsbestimmung praktisch keine Rolle (Hingegen ist es sehr von Wichtigkeit für die Fertilität der Männchen; Männchen ohne Y sind völlig steril.). Diese Erkenntnis ergab sich aus folgenden Befunden:

» X0-Tiere (die z. B. als Ausnahmetiere bei der geschlechtsgebundenen Vererbung erfasst wurden; vgl. 10.5.2.) sind Männchen, obwohl sie kein Y-Chromosom besitzen (vgl. Abb. 10.8.).
» Bei *Drosophila* treten – als Folge von Störungen *während* der ersten Mitose der Zygote – Halbseitenzwitter (Gynandromorphe) auf. Bei ihnen erhielt ein Tochterkern nur 1 X-Chromosom, der andere hingegen 2 X-Chromosomen. Da bei Insekten die Geschlechtsbestimmung zellgebunden verläuft, entwickeln die Gewebe mit nur 1 X einen männlichen Phänotyp, die mit 2 X jedoch einen weiblichen. Die Grenze verläuft oft entlang der Symmetrieebene des Körpers (Abb. 22.4. und Umschlagbild).
» Die Analyse aneuploider und polyploider Formen führte zur Feststellung, dass bei *Drosophila* die Geschlechtsbestimmung erfolgt durch das quantitative Verhältnis von X-Chromosomen zu Autosomensätzen (A) in der Zelle (Tab. 22.4.).

Nach allen diesen Ergebnissen trägt das X-Chromosom von *Drosophila* weiblich-bestimmende Geschlechtsrealisatoren, während die männlich-bestimmenden Geschlechtsrealisatoren auf die Autosomen verteilt sind. Das Y-Chromosom enthält keine Geschlechtsrealisatoren, aber Gene für die männliche Fertilität.

Unter „normalen" Bedingungen (intaktem Genotyp) erfolgt die Geschlechtsbestimmung bei *Drosophila* so wie eben geschildert. In Sonderfällen kann es aber zu einer vom „Chromosomalen Geschlecht" abweichenden Differenzierung kommen. Bei *Drosophila* gibt es ein autosomales rezessives Gen *„transformer"* (*tra*). Chromosomal weiblich angelegte Tiere (XX) entwickeln sich, wenn sie homozygot für die Mutation *transformer* sind (*tra tra*), zu Männchen (die allerdings steril sind).

Beim Sauerampfer *Rumex acetosa* liegt ein ähnliches Geschlechtsbestimmungssystem vor wie bei *Drosophila*; entscheidend ist das Verhältnis von (weiblich-wirkenden) X-Chromosomen zu (mehr männlich determinierenden) Autosomen.

Homo sapiens und Mus musculus

Bei Säugern spielt im Gegensatz zu *Drosophila* das Y-Chromosom eine entscheidende männlich-bestimmende Rolle. Individuen mit einem Y-Chromosom sind männlich, solche ohne Y-Chromosom sind weiblich.

Beim Menschen sind u. a. folgende chromosomale Abnormitäten aufgefunden worden (vgl. Tab. 7.3.):

X0-Abnormität – Turner-Syndrom: weiblich, Häufigkeit ca. 1 : 3.000 ♀, Sterilität, etwas kleinwüchsig, z. T. herabgesetzter IQ.

XXX-Abnormität – Triplo-X-Syndrom: weiblich, Haufigkeit ca. 1 : 1.600 ♀, relativ geringe phänotypi-

---

Tab. 22.5. Einfluß der Chromosomenverhältnisse von *Silene alba* (= *Melandrium album*) auf das Geschlecht

Sätze von Autosomen und Anzahl der Heterosomen (X und Y)	Verhältnis von X : Y	Geschlecht
2 A + 1 X + 2 A	1 : 2 = 0,5	männlich
2 A + 1 X + 1 Y	1 : 1 = 1	
3 A + 1 X + 1 Y	1 : 1 = 1	männlich
4 A + 1 X + 1 Y	1 : 1 = 1	
4 A + 2 X + 2 Y	2 : 2 = 1	
4 A + 3 X + 2 Y	3 : 2 = 1,5	männlich
2 A + 2 X + 1 Y	2 : 1 = 2	
3 A + 2 X + 1 Y	2 : 1 = 2	männlich (selten
4 A + 2 X + 1 Y	2 : 1 = 2	zwittrige Blüten)
4 A + 4 X + 2 Y	4 : 2 = 2	
3 A + 3 X + 1 Y	3 : 1 = 3	männlich (selten
4 A + 3 X + 1 Y	3 : 1 = 3	zwittrige Blüten)
4 A + 4 X + 1 Y	4 : 1 = 4	zwittrig (selten männliche Blüten)

sche Unterschiede zu normalen Frauen, oft mit leichtem Schwachsinn verbunden.
XXY-Abnormität – Klinefelter-Syndrom: männlich, Häufigkeit ca. 1 : 500 ♂, relativ hoher Wuchs, besonders große Beinlänge, mäßige Gynäkomastie, meist mit herabgesetztem IQ.
XYY-Abnormität: männlich, Häufigkeit ca. 1 : 1.600 ♂, relativ hoher Wuchs, oft Verringerung geistiger Fähigkeiten; seit 1965 wird der Verdacht diskutiert, dass XYY-Männer zu impulsiver Gewalttätigkeit neigen und unter Gewaltverbrechern häufiger sind als unter der Gesamtbevölkerung.

Auch bei Mäusen und anderen Säugern sind chromosomale Abnormitäten aufgetreten, die das entsprechende Geschlecht haben. Die *entscheidende männlich-bestimmende Rolle des Y-Chromosoms* ist dabei ganz deutlich geworden.
Silena alba (= *Melandrium album*):
Bei *Silena alba* ist das Y-Chromosom sehr stark männlich-bestimmend (wie bei Mensch und Maus). Durch Polyploidisierung und verschiedenartige Kreuzungen konnten unterschiedliche Zahlenverhältnisse von Autosomen, X- und Y-Chromosomen erhalten werden. Dabei zeigte sich, dass Formen mit einem Y männlich sind, hingegen solche ohne Y weiblich (Tab. 22.5.). Erst beim Verhältnis 4X : 1Y treten zwittrige Pflanzen auf, d. h. ein Y-Chromosom ist etwa viermal so stark männlich-bestimmend wie ein X weiblich-bestimmend ist.

22.5.2. ZZ/ZW-Schema

Bei einer Gruppe von Tieren, und zwar bei Vögeln und Schmetterlingen, liegt ein dem XX/XY-System vergleichbares, aber inverses Geschlechtsbestimmungssystem vor. Bei diesen Formen sind die Weibchen heterogametisch und die Männchen homogametisch. Um Verwechslungen mit dem XX/XY-Schema zu vermeiden, spricht man bei diesen Formen von ZZ (Männchen)/ZW (Weibchen)-Schema. Daraus erklärt sich die inverse Verteilung weiblicher und männlicher Tiere und ihrer Merkmalsausprägung z. B. bei der geschlechtschromosomengebundenen Vererbung bei Hühnern oder dem Seidenspinner *Bombyx mori* (vgl. 10.5.4.).

22.5.3. Geschlechtsbestimmung beim Menschen

Chromosomales Geschlecht – phänotypisches Geschlecht

Bei Säugern (z. B. Mensch und Maus) legt das chromosomale Geschlechtsbestimmungssystem noch nicht automatisch das phänotypisch ausgeprägte Geschlecht fest; denn die Geschlechtsbestimmung wird unter chromosomaler Kontrolle mit Hilfe von Hormonen vollzogen. Treten Störungen in der Hormonwirkung oder in der Reaktion der Gewebe auf Hormone auf, so kann das phänotypisch ausgeprägte Geschlecht sich von dem chromosomal festgelegten unterscheiden.
Die Abläufe der Geschlechtsbestimmung beim Menschen vollziehen sich auf verschiedenen Ebenen.

(a) Chromosomales Geschlecht

Das chromosomale Geschlecht wird bei der Befruchtung festgelegt (Abb. 22.5.): Wird eine Eizelle (X+22) von einem weiblich bestimmenden Spermium (X+22) befruchtet, entsteht eine chromosomal weibliche Zygote (XX+44). Wird hingegen eine Eizelle von einem männlich bestimmenden Spermium (Y+22) befruchtet, so entsteht eine chromosomal männliche Zygote (XY+44). Wenn alle Gene des Genotyps intakt sind, ist damit die Geschlechtsbestimmung entschieden. Das ist aber (s.o.) nicht immer der Fall.

(b) Gonadales Geschlecht

Die Geschlechtsdifferenzierung setzt an der (zunächst noch indifferenten) Genitalleiste an, in die die Urkeimzellen einwandern. Ihre Weiterentwicklung hängt davon ab, ob als Genprodukt des Y-Chromosoms *TDF* (= Testis-determinierender-Faktor) gebildet wird. Wirkt TDF auf die Genitalleiste ein, so wird die Entwicklung in männliche Richtung festgelegt: Das Mark der Genitalleiste entwickelt sich zum Hoden.
Wirkt kein TDF auf die Genitalleiste ein, so läuft die Entwicklung in weibliche Richtung: Aus der Rinde der Genitalleiste entsteht das Ovarium (Abb. 22.5.).

(c) Somatisches Geschlecht

Die Festlegung des gonadalen Geschlechtes hat auch die Ausbildung des somatischen Geschlechtes zur Folge. Im Zuge der männlichen Entwicklung produziert der Hoden das Anti-Müller-Hormon (AMH) und Androgene (A).
Durch das AMH wird die Entwicklung des Müllerschen Ganges zum Eileiter, Uterus und Teilen der Vagina blockiert. Durch die Produktion von Androgenen (A) wird der Wolffsche Gang zum *Ductus deferens* (Abb. 22.5. rechte Seite).

Zur weiblichen Entwicklung kommt es, wenn keine AMH und keine Androgene gebildet werden (Abb. 22.5. linke Seite).

Durch Mutationen in verschiedenen Genen, die an der Ausbildung des männlichen Geschlechtes mitwirken, können die Abläufe gestört und verändert werden. Dabei gibt es verschiedene Möglichkeiten:

- Wenn das TDF-bildende Gen mutiert ist und kein wirksames TDF synthetisiert wird, verläuft die Entwicklung trotz des XY-Chromosomensatzes in weiblicher Richtung.
- Bei der „Testikulären Feminisierung" des Menschen wird der TDF normal synthetisiert, ebenso Androgene (wie z. B. Testosteron). Aber durch eine Mutation im X-chromosomalen Androgen-Rezeptor-Gen sprechen die Körperzellen nicht auf das männliche Geschlechtshormon Testosteron an. Dadurch verläuft die Entwicklung in weiblicher Richtung. Diese Individuen haben weibliche Geschlechtsmerkmale (äußeres weibliches Genitale, weibliche Brustentwicklung, auch weibliche Psyche). Sie sind aber steril; denn sie besitzen keine Eierstöcke, sondern Leisten- oder Bauchhoden (Lenz 1983).
- In wieder anderen Fällen können, als Folge einer autosomal rezessiven Mutation, aus Cholesterin keine Steroide gebildet werden, somit kein Testosteron. Folglich entstehen auch dadurch bei den betroffenen Personen äußere weibliche Genitale (Lenz 1983).

Die Suche nach dem Strukturgen für den TDF

Schon in den sechziger und siebziger Jahren wurde durch cytogenetische Untersuchungen erkannt, dass der *kurze Arm des Y-Chromosoms* für die Bestimmung des männlichen Geschlechtes entscheidend ist (Personen mit Isochromosom des kurzen Y-Arms sind männlich; Personen mit Isochromosom des langen Y-Arms sind weiblich). In der Folgezeit wurde (Abb. 22.6.) schrittweise der Bereich eingegrenzt, in dem das Gen *SRY* (Sex Reversal Gene on Y bzw. Sex Determining Region of Y) liegt, welches den Testis-determinierenden Faktor TDF codiert.

Am distalen Ende des kurzen Arms des Y-Chromosoms (Yp) liegt die pseudoautosomale Paarungsregion, die mit einem homologen Bereich des X-Chromosoms paart (und so für eine geordnete Verteilung von X- und Y-Chromosom während der Meiose sorgt). Direkt proximal davon konnte in langwieriger Arbeit die entscheidende Region erfasst werden. Dabei gingen cytogenetische Untersuchungen und molekulargenetische Arbeiten Hand in Hand; sie wurden wirkungsvoll durch parallele Untersuchungen am homologen Gen der Maus unterstützt.

Vorher wurden zwei Y-chromosomale Gene ausgeschieden, die man längere Zeit für die

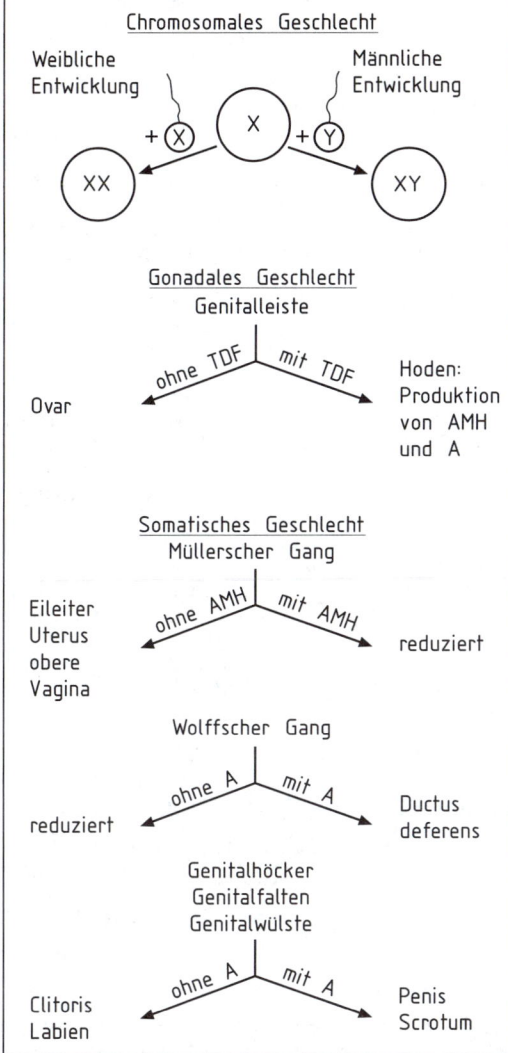

Abb. 22.5. Schematische Darstellung der Determination der inneren und äußeren Geschlechtsmerkmale des Menschen aus undifferenzierten Anlagen. *TDF* Testis-determinierender Faktor; *AMH* Anti-Müller-Hormon; *A* Androgene. Nach Petzoldt 1992, verändert.

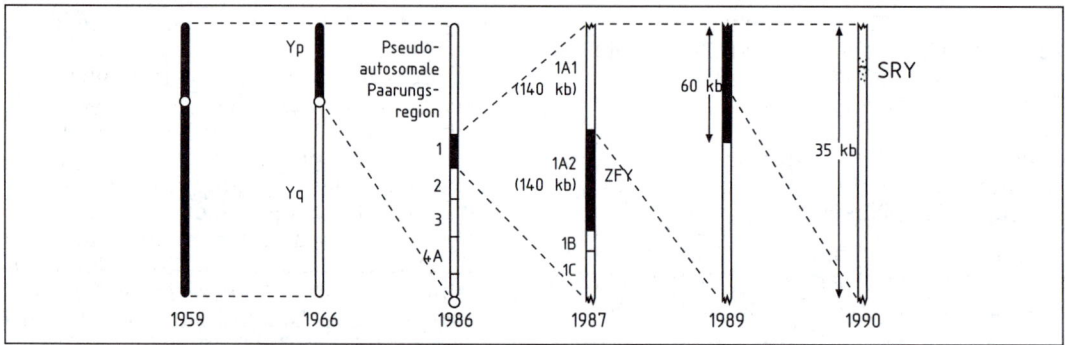

Abb. 22.6. Zeitlicher Ablauf der Erfassung, Lokalisierung und Charakterisierung des Gens SRY für den Testis-determinierenden Faktor (*TDF*) beim Menschen. Nach McLaren 1990, verändert.

TDF-bestimmenden Gene gehalten hatte: das Gen für das H-Y-Antigen und das *ZFY*-Gen (Zinkfinger-Gen). Schließlich wurde 1990 das *SRY*-Gen in einem 35 kb großen Bereich lokalisiert (Abb. 22.6.).

Das *SRY*-Gen codiert ein Protein, das als zentrale Domäne eine „high mobility group" (HMG)-Box von 78 Aminosäuren enthält und an DNA bindet.

Die geschlechtsbestimmende Rolle von *SRY* konnte dadurch überzeugend nachgewiesen werden, dass es als Transgen in XX-Mäuse-Zygoten übertragen werden konnte, die durch *SRY* eine Geschlechtsumkehr erfuhren und zu Männchen wurden (Petzoldt 1992, Vogel und Motulsky 1997). Abschließend ist zu betonen, dass außer dem Gen *SRY* noch eine ganze Anzahl weiterer Gene bei der Geschlechtsbestimmung des Menschen mitwirken und wichtige Schritte bestimmen (Graves 1998).

22.5.4. Geschlechtsbestimmung bei Hymenopteren (Bienen, Schlupfwespen)

Bei der Honigbiene wurde folgendes Geschlechtsbestimmungssystem festgestellt: Die Königin, die diploid (2n = 32) ist, legt Eier (n = 16), welche entweder befruchtet werden oder sich parthenogenetisch entwickeln können. Aus den befruchteten, diploiden Eiern entstehen entweder Arbeiterinnen oder wieder eine Königin (Die Entscheidung darüber wird durch die Art des Futters bestimmt – „Königinnen"- oder „Arbeiterinnen"-Futter – und erfolgt somit modifikativ.). Aus den unbefruchteten Eiern entwickeln sich männliche Tiere, Drohnen, deren Körperzellen zwar durch Autopolyploidisierung

auch diploid werden, deren Keimbahn und Keimzellen aber haploid bleiben.

Erst die genetische Bearbeitung der Schlupfwespen hat das Wesen dieser Art von Geschlechtsbestimmung zu erkennen gestattet. Schlupfwespen haben (mindestens) zwölf verschiedene Allele des geschlechtsbestimmenden Gens. Werden unterschiedliche Allele bei der Befruchtung kombiniert, so entsteht in der Zygote Heterozygotie für dieses Gen, und dieser Zustand determiniert ein Weibchen. Werden jedoch zwei gleiche Allele in einer Zygote vereinigt, so bestimmt der homozygote Zustand ein Männchen.

Da die Körperzellen der Drohnen der Honigbiene durch Autopolyploidisierung (homozygot) diploid werden, sind sie Männchen. Umgekehrt entstehen durch die Befruchtung bei der Honigbiene meist heterozygote Zygoten, und diese entwickeln sich in weibliche Richtung zu Königinnen oder Arbeiterinnen. (Aus Befruchtung hervorgehende homozygote Zygoten scheinen abzusterben.) Das Geschlechtsbestimmungssystem der Honigbiene (und der Schlupfwespen) ist also im Wesen nicht bestimmt durch den Gegensatz haploid (männlich) – diploid (weiblich), sondern durch die Alternative homozygot (männlich) – heterozygot (weiblich)!

22.5.5. Geschlechtsbestimmung und Geschlechtsverschiebungen bei Streptocarpus als Folge von Genotyp-Plasmotyp-Interaktionen

Die Arten der Gesneriaceen-Gattung *Streptocarpus* haben zwittrige Blüten. Nach reziproken Kreuzungen zwischen den Arten *Str. rexii* und *Str. wendlandii* traten auffällige Reziprokenunterschiede bezüglich der Geschlechtsausbildung auf. In den Rückkreuzungsgenerationen mit *rexii*-Plasma kam es zu

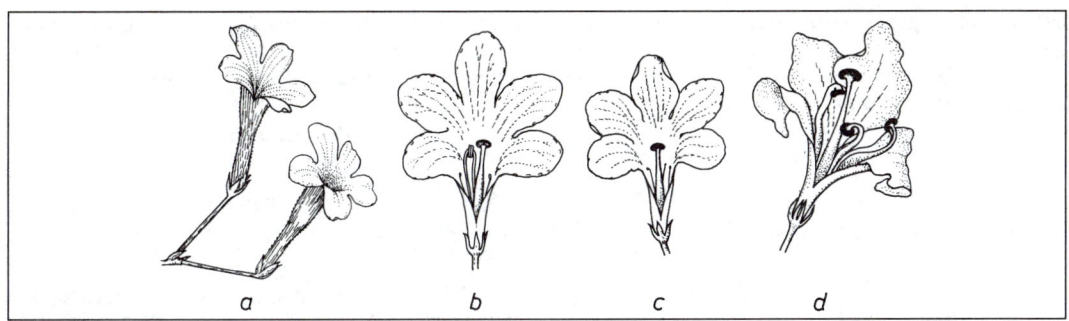

Abb. 22.7. Blüten von *Streptocarpus*-Artbastarden. Geschlechtsverschiebung (in *b*, *c* und *d* ist die Kronröhre aufgeschnitten). *a* Normale sympetale Blüten, *b Str.* (*rexii* × *wendlandii*): 2 normal fertile Antheren, außerdem 3 Staminodien (eines verdeckt) wie bei *Str. rexii* und *Str. wendlandii*, *c Str.* (*wendlandii* × *rexii*): Staubgefäße in Staminodien umgewandelt, *d Str.* [(*wendlandii* × *rexii*) × *rexii*]: Überweibchen, Staminodien sind in Griffel umgebildet. Nach Oehlkers 1938 aus Hagemann 1964.

einer *Vermännlichung* (bis zur Verkümmerung der Samenanlagen). In den Rückkreuzungsgenerationen mit *wendlandii*-Plasma war eine deutliche *Verweiblichung* zu beobachten; sie ging bis zu „Überweibchen", bei denen die Staubgefäße in zusätzliche Griffel (weibliche Organe) umgewandelt worden sind (Abb. 22.7.). Oehlkers konnte wahrscheinlich machen, dass die Geschlechtsbestimmung in den zwittrigen Elternarten auf einem Zusammenwirken von geschlechtsbestimmenden Erbanlagen im Zellkern und im Plasma beruht; dabei haben diese Anlagen verschiedene Stärken, sind aber in den Wildarten gut aufeinander abgestimmt.

Nach den Artkreuzungen zwischen *Str. rexii* und *Str. wendlandii* kommt es zu Verschiebungen in der Stärke der geschlechtsbestimmenden Anlagen. Da bei *Str. wendlandii* das Plasma stark weiblich bestimmend wirkt, kommt es in den Nachkommen mit *wendlandii*-Plasma zur Verweiblichung. Hingegen wirkt das *rexii*-Plasma stärker männlich bestimmend; deshalb kommt es in den Rückkreuzungsgenerationen mit *rexii*-Plasma zu Vermännlichungserscheinungen.

Das Wesentliche an diesen Untersuchungen ist der Nachweis, dass in bestimmten Fällen die Geschlechtsbestimmung nicht nur durch Interaktionen zwischen unterschiedlich wirkenden Kerngenen zustande kommt – wie dies in den vorstehenden Abschnitten gezeigt wurde – sondern dass auch Wechselwirkungen zwischen Genotyp und Plasmotyp bei Geschlechtsbestimmungsvorgängen beteiligt sein können.

22.5.6. Modifikative Geschlechtsbestimmung als Folge innerer oder äußerer Bedingungen

Bei einer großen Anzahl von Arten erfolgt die Geschlechtsbestimmung auf der Basis eines gleichbleibenden Idiotyps modifikativ. **Innere Bedingungen** im Organismus legen fest, welche Zellen in welchem Gewebe und an welchem Ort im Organismus zu männlichen oder zu weiblichen Zellen differenziert werden. So bestimmt z. B. die Lage innerhalb der zwittrigen Angiospermenblüte, welche Zellen zu (weiblichen) Eizellen und welche zu (männlichen) Spermazellen werden. Ebenso bestimmt die Pflanzendifferenzierung, wo an einer einhäusigen (monözischen) Pflanze die männlichen und wo die weiblichen Blüten gebildet werden. Auch bei den unterschiedlichen Formen zwittriger Tiere wird entwicklungsgeschichtlich festgelegt, wo die männlichen und wo die weiblichen Sexualorgane entstehen bzw. in welcher Reihenfolge im Verlauf der Ontogenese sie gebildet bzw. reif werden. Bei dem Polychäten *Ophryotrocha puerilis* bestimmt die Segmentzahl das Geschlecht: Junge Tiere sind bis zu 15–20 Parapodiensegmenten männlich. Nach Bildung von mehr als 20 Segmenten wandeln sie sich in Weibchen um; Amputation von Segmenten oder Hunger verwandelt sie wieder in Männchen.

Auch **äußere Faktoren** können (im Zusammenspiel mit inneren Bedingungen) das Geschlecht modifikativ bestimmen. Bei dem Igelwurm *Bonellia viridis* (*Echiurida*) entwickeln sich diejenigen Larven, die sich an den Rüssel eines reifen Weibchens anheften, zu (Zwerg-) Männchen, welche schließlich im Uterus des Weibchens parasitisch leben. Entwickeln sich hingegen die Larven frei im Meer, ohne Kontakt mit einem reifen Weibchen, so entstehen aus ihnen Weibchen. (Durch experimentelle Variation des Kontaktzeitraumes mit dem Rüssel lassen sich Intersexe erzeugen.)

Einen sehr guten Überblick über die Vielgestaltigkeit der Geschlechtsbestimmungssys-
teme geben Hartmann (1956) sowie Laviolette und Grasse (1971).

22.6. Allgemeine Beziehungen zwischen Erbanlage und Merkmal

Beim Studium der Merkmalsbildung wurde
eine ganze Reihe von Kennzeichen der allgemeinen Beziehungen zwischen Erbanlagen
und phänotypisch ausgeprägtem Merkmal er-

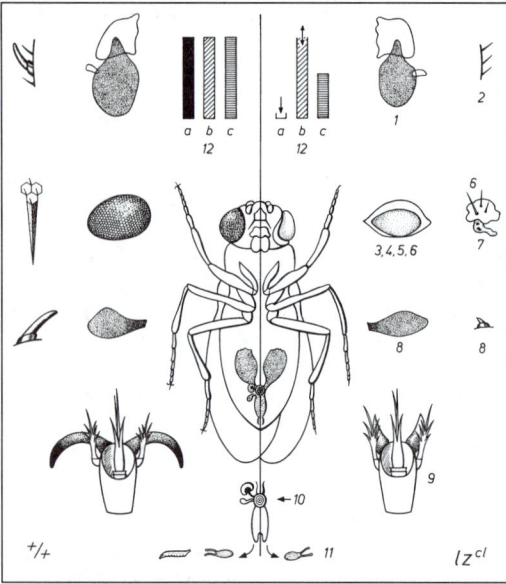

Abb. 22.8. Pleiotropes Wirkungs- und Schädigungsmuster der
Mutante *lozenge-clawless* (*lz^cl*) von *Drosophila melanogaster.* Die
in der rechten Hälfte dargestellten abnormen Phäne (*1–12*) zeichnen die Mutante aus, links ist zum Vergleich die normale Organisation der entsprechenden Strukturen des Wildtyps gezeichnet.
Die pleiotrop veränderten Phäne sind: (*1*) Verkleinerung und
Formveränderung des dritten Antennengliedes, (*2*) Ausfall von
Sinnesorganen auf dem dritten Antennenglied, (*3*) Verkleinerung
der Augen zur Rautenform (Name der Mutante), (*4*) bernsteinfar-
bige Augen, (*5*) Pigmentkonzentration am Augenrand, (*6*) Fehlen
der Facettenstruktur und Verlängerung einzelner Haare auf der
Augenoberfläche, (*7*) Verklumpung des Augenpigments, (*8*) Rudimentation der Sensilla basonica auf den Maxillarpalpen, (*9*) Miß-
bildung der Endglieder der Tarsen und weitgehende Rudimentation der Krallen (Name der Mutante), (*10*) Fehlen der Sperma-
theken und Parovarien am weiblichen Geschlechtsapparat, (*11*)
Sterilität der homozygoten Weibchen, (*12*) Unterschiede in mindestens drei fluoreszierenden Stoffgruppen. Nach Hadorn 1955.

fasst. Diese Charakteristika werden im folgenden kurz beschrieben und an Hand typischer
Beispiele erläutert.

Pleiotropie (= Polyphänie)

Durch ein Allel (bzw. ein Gen) werden
gleichzeitig mehrere verschiedene Merkmale
eines Organismus beeinflusst bzw. verändert.

Beispiel: Tiere von *Drosophila melanogaster*, die
homozygot für die Mutation *lozenge^{clawless}* (*lz^{cl}*)
sind, weichen in mehreren verschiedenen Merkmalen von der Kontrolle, dem Wildtyp, ab
(Abb. 22.8.):

Heterogenie gleicher Phäne

Gleiche oder sehr ähnliche Merkmale werden
durch verschiedene Gene bedingt, die an
ganz unterschiedlichen Stellen verschiedener
Chromosomen liegen können.

Beispiele: Bei der Tomate, *Lycopersicon esculentum*, gibt es eine ganze Anzahl verschiedener Chlo-
rophyllmutanten, die alle gelbe oder gelblichweiße
Keimblätter haben (gleiche Phäne). Diese Mutanten
sind aber nicht allel (wie der Allelie-Test zeigt); die
Mutation ist also jeweils in verschiedenen Genen
erfolgt (Heterogenie). – Die selbe Situation zeigen
zahlreiche, beim selben Objekt gefundenen pollenste-
rile Mutanten, die als *ms-1*, *ms-2* usw. bezeichnet
werden und die in ganz unterschiedlichen Genen
mutiert sind.
Bei *Drosophila melanogaster* gibt es die heterogene *Minute*-Gruppe, dominante Mutationen an ganz
unterschiedlichen Loci, die denselben Mutanten-
Phänotyp bewirken.

Phänokopie

Durch die Einwirkung bestimmter Außenfak-
toren (z. B. abnorm hohe Temperaturen) wird
die normale Merkmalsausbildung verändert
und das Auftreten von Phänotypen bewirkt,
die denen von bestimmten Mutanten gleichen. Durch eine solche Modifikation wird
somit ein Mutantenphänotyp kopiert. Für
viele Phänokopien hat sich nachweisen lassen, dass sie nur dann auftreten, wenn der
Außeneinfluss ein ganz bestimmtes Entwicklungsstadium trifft.

Beispiel: Wenn Eier von *Drosophila melanogaster*
nach 2- bis 3stündiger Entwicklung für 4 Stunden
einer Temperatur von 35 °C ausgesetzt werden, so
wird ein Phänotyp induziert, welcher der Mutante
tetraptera gleicht („vierflügelig" = die beiden
Schwingkölbchen sind zu kleinen Flügeln umgebildet; Abb. 22.9.).

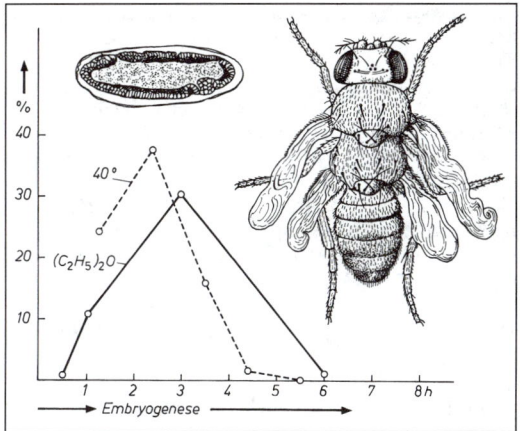

Abb. 22.9. Sensible Phase für die *tetraptera*-Phänokopie von *Drosophila melanogaster. Ausgezogene Kurve*: Prozentuale Ausbeute (*Ordinate*) an Phänokopien nach Etherbehandlung verschiedener Embryonalstadien (Alter in Stunden nach Eiablage; *Abszisse*). *Unterbrochene Kurve*: Phänokopierate in Prozent nach Behandlung mit Hitzeschocks. *Links oben*: Schnitt durch einen Embryo des Blastomerenstadiums im Alter von 3½ Stunden, d. h. kurz nach dem Abschluß der sensiblen Phase. *Rechts oben: tetraptera*-Phänokopie; da die Fliege aus dem Puparium herauspräpariert wurde, sind die Flügel nicht entfaltet. Nach Hadorn 1955.

Prädetermination

Zu einem Zeitpunkt vor der Funktionstüchtigkeit einer Fortpflanzungszelle (z. B. einer Eizelle) wird in ihrem Plasma eine Spezifität erzeugt, welche später die Merkmalsausbildung beeinflusst (auch wenn die Erbanlage, welche die Spezifität schuf, überhaupt nicht mehr einwirkt).

Beispiel: Bei der Schlammschnecke *Limnaea peregra* gibt es Formen mit rechtsgewundener und solche mit linksgewundener Schale. Dieser Unterschied wird durch das Allelenpaar *R* (für Rechtswindung) und *r* (für Linkswindung) bestimmt. *Entscheidend* für die Merkmalsausbildung ist aber nicht der Genotyp des betreffenden Tieres, sondern der *Genotyp seiner Mutter*; denn der mütterliche Genotyp bestimmt, wie später in der Zygote die Kernteilungsspindel der ersten Furchungsteilung orientiert ist. Damit wird entschieden, ob die Schneckenschale rechts- oder linksgewunden wird. Aus dieser Situation ergibt sich ein eigenartiger Erbgang, bei dem die Ausbildung des rezessiv bedingten Merkmals um eine Generation hinausgeschoben wird (Abb. 22.10.). – Eine Prädetermination wurde auch für die Augen- und Hautfärbung der Raupen des Schmetterlings *Ephestia kühniella* und für die Pollenfärbung bei höheren Pflanzen gefunden.

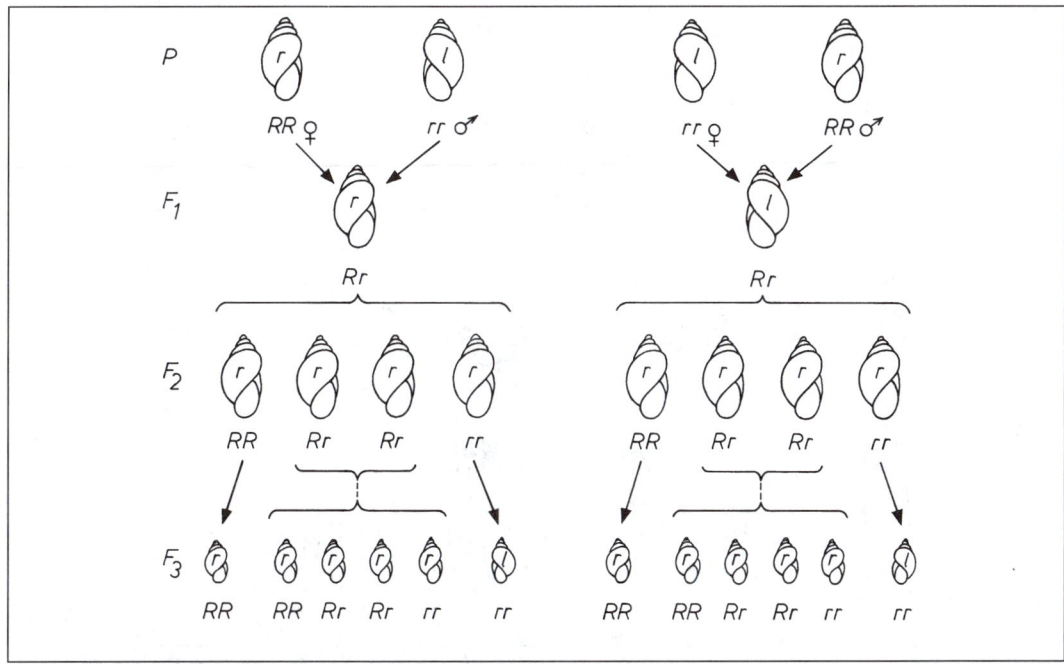

Abb. 22.10. Prädetermination der Schalenwindung bei der Schlammschnecke *Limnaea peregra*: Erbgang der Rechts-Links-Windung der Schneckenschale. Die Buchstaben *r* und *l* in den Schalen bedeuten rechts- bzw. linksgewunden. Von den darunterstehenden Symbolen bezeichnet *R* das Allel für Rechtswindung, *r* das Allel für Linkswindung. Nach Plagge 1938 aus Hagemann 1964.

Konstante und variable Manifestierung von Genen

Wenn man verschiedene Mutanten mit dem Wildtyp vergleicht, so ist festzustellen, dass die Unterschiede zwischen beiden ein sehr unterschiedliches Ausmaß haben können.

Konstante Manifestierung: Es gibt viele Fälle, in denen der Unterschied zwischen dem Wildtyp und dem Mutantenstamm konstant ist. Die dominante Mutation *Bar* (bandäugig) wird konstant ausgeprägt. In der Merkmalsausprägung zeigt sich nur eine sehr geringe Variabilität (Abb. 22.11. oben).

Variable Manifestierung: In zahlreichen anderen Fällen äußern sich die Unterschiede zwischen Mutantenstamm und Wildtyp nur an einem Teil der Individuen, und auch an diesen wieder in unterschiedlicher Stärke. Derartige Mutantenallele manifestieren sich variabel.

Beispiel 1: Die Mutanten *eyeless* (augenlos) von *Drosophila melanogaster* zeigen eine sehr variable Manifestierung. Es kommen innerhalb desselben Stammes sowohl augenlose Individuen vor als auch Tiere, die fast normal ausgebildete Augen haben, außerdem alle möglichen Zwischenformen. Darüber hinaus besteht keine Symmetrie bezüglich der Manifestierung; es treten Formen auf, bei denen ein Auge fast normal ist, während das andere ganz fehlt (Abb. 22.11.).

Beispiel 2: Die Mutante *vti* von *Drosophila funebris* zeigt in variabler Ausprägung Unterbrechungen der Queradern auf den Flügeln (*vti = venae transversae incompletae*).

Bei der Beschreibung dieser Variabilität gibt man an:

- Die *Penetranz* der Manifestierung, d. h. die Häufigkeit, mit der das Mutantenmerkmal überhaupt ausgeprägt wird. So zeigen z. B. vom Stamm I nur 41,1% der *vti*-Tiere überhaupt Queraderunterbrechungen (Penetranz 41,1%); vom Stamm IV haben alle Tiere Queraderunterbrechungen (Penetranz 100%).

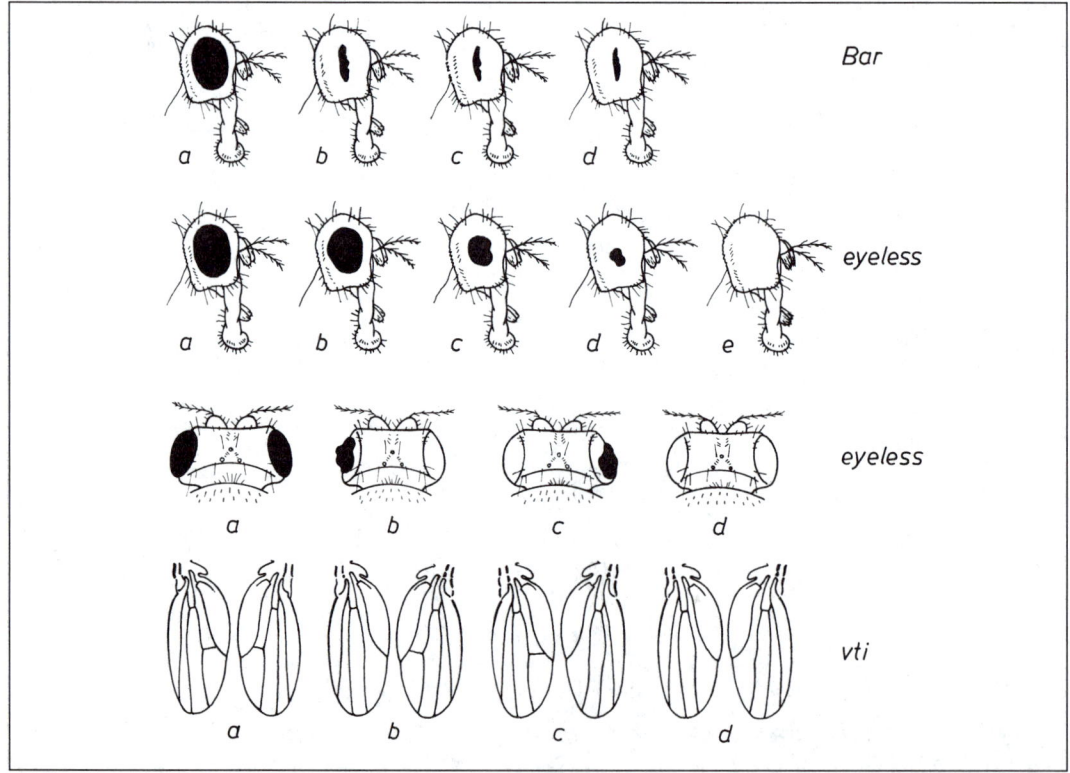

Abb. 22.11. Konstante bzw. variable Manifestierung von Genen. *1. Zeile*: Konstante Ausprägung der dominanten Mutation *Bar* (bandäugig). *2. Zeile*: Variable Ausprägung der rezessiven Mutation *eyeless* (augenlos). *3. Zeile*: Es besteht keine Symmetrie in der Ausprägung von *eyeless*. *4. Zeile*: Die Mutation *vti* (venae transversae incompletae) wird nicht symmetrisch und in unterschiedlicher Penetranz und Expressivität ausgeprägt (vgl. Text). Nach Timofeeff-Ressovsky 1940, verändert.

- Die *Expressivität* der Manifestierung, d. h. der Grad der Merkmalsausprägung bei den Individuen, die das Merkmal überhaupt zeigen. Eine Querader kann z. B. nur unterbrochen sein (geringe Expressivität) oder sie kann ganz fehlen (starke Expressivität).
- Die *Spezifität* der Manifestierung, d. h. das Wirkungsfeld der Merkmalsausprägung (an welchen Stellen welchen Organs) und der Variationsmodus (wo erfolgt die Unterbrechung der Queradern u. a.).

Die Manifestierung eines sich variabel manifestierenden Gens kann durch Modifikationsgene sehr stark verändert werden. Kreuzung mit fremden Sippen und dauernde Selektion können bis zur konstanten Manifestierung einer bestimmten Merkmalsausbildung durch Anhäufung von Modifikationsgenen führen.

Beispiel 3: Die Mutante *transcendens*[2] von *Antirrhinum majus* zeigt gegenüber dem Wildtyp (stets 4 Antheren) eine variable Ausprägung der Staubblattzahl auf 4 Antheren (9,6 %), 3 (31,9 %) und 2 (58,6 %) Antheren (im Hintergrund der Sippe 50).

Nach Kreuzung mit „wilden" Herkünften aus Südfrankreich und Selektion auf Blüten mit 2 Antheren konnte schon in der F_4-Generation eine stabile Ausbildung von 2 Antheren pro Blüte in 90 % der Blüten erreicht werden (Stubbe 1966).

23. Populations- und Evolutionsgenetik

23.1. Merkmale und Gliederung der Populationsgenetik

Im Gegensatz zu den bisher behandelten Teildisziplinen der Genetik, die primär auf einzelne Individuen, Zellen oder Zellbestandteile gerichtet waren, befassen sich Populations- und Evolutionsgenetik mit Populationen von Organismen, deren interner Struktur und ihrer Veränderung:

- Während in der molekularen, zellulären und organismischen Genetik jeweils einzelne Individuen und Singularitäten betrachtet werden, d. h. ein Basenpaar, ein Gen, ein Organismus, ein Stamm usw., wird in der Populationsgenetik primär die Variabilität innerhalb der Population analysiert.
- Während es zu den Prinzipien der molekularen und organismischen Genetik gehört, stets reine Linien, stabile genetische Marker, einheitliche Enzym-Assay-Systeme usw. zu verwenden, ist die Populationsgenetik primär an der Variabilität innerhalb von Populationen interessiert.
- Die Zeitskala erweitert sich für die Populations- und Evolutionsgenetik auf einen Bereich, der Millionen von Jahren umspannt, in denen sich die langsamen Veränderungen in Populationen abspielten.

Wesentliche Erkenntnisse in der Populationsgenetik leiten sich von verschiedenen Teildisziplinen ab, die sich sehr unterschiedlicher Methoden bedienen. Die **theoretische Populationsgenetik** beschreibt anhand von Berechnungen und mathematischen Modellen, wie die Genfrequenzen in Populationen zu bestimmen sind und wie sie sich in Populationen unter dem Einfluss der verschiedenen Evolutionsfaktoren verändern. Dadurch werden Hypothesen und Theorien aufgestellt, die in Laborversuchen oder durch feldbiologische Untersuchungen bestätigt, modifiziert oder widerlegt werden können. Diese Teilgebiete der Populationsgenetik werden als **ex**perimentelle sowie **ökologische Populationsgenetik** bezeichnet. In den letzten Jahren hat sich vor allem durch die Anwendung elektrophoretischer Methoden sowie durch umfangreiche Protein- und DNA-Sequenzierungen die Teildisziplin der **molekularen Populationsgenetik** herausgebildet. Die resultierenden Untersuchungen zum Protein- und DNA-Polymorphismus in natürlichen Populationen haben zu wesentlichen neuen Erkenntnissen geführt, die vor allem Vorstellungen zur genetischen Struktur von Populationen und zur genetischen Bürde verändert haben.

23.2. Phänotypische und genetische Variabilität von Populationen

In natürlichen Populationen zeigen die einzelnen Individuen eine mehr oder wenige große Variabilität der einzelnen Merkmale und Eigenschaften. Diese Unterschiede basieren einerseits (1.) auf modifikativen Veränderungen des Phänotyps (sie wurden bereits im Abschnitt 22.4. behandelt), andererseits (2.) auf genetischen Unterschieden zwischen den Individuen.

Die Gesamtvariabilität (= Varianz total) eines Merkmals V_{tot} setzt sich somit zusammen aus der modifikatorischen Variabilität (V_m) und der genetischen Variabilität (V_g): $V_{tot} = V_g + V_m$.

Umwelteinflüsse und damit Selektionswirkungen greifen am Phänotyp der Organismen an. Aber für eine dauerhafte, evolutionäre Veränderung einer Population sind nur diejenigen Wirkungen von Bedeutung, die an der genetischen Variabilität ansetzen und damit eine Veränderung des Genpools bewirken.

23.3. Die Bedeutung der sexuellen Fortpflanzungsweise

Die allermeisten eukaryotischen Organismen weisen eine sexuelle Fortpflanzung auf; nur bei sehr wenigen Organismengruppen wurde sie im Zusammenhang mit speziellen Erfordernissen aufgegeben (z. T. aber durch einen parasexuellen Zyklus ergänzt). Für die *diploiden, sich bisexuell fortpflanzenden Arten* (Tiere und Pflanzen) hat die sexuelle Fortpflanzungsweise ganz wesentliche positive genetische Konsequenzen (auf die bereits August Weismann 1887 hingewiesen hat): Im Verlaufe des Individualzyklus kommt es an zwei Stellen zu einer genetischen Neukombination der Gene:
(a) Die *Meiose* wirkt als Quelle genetischer Neukombination: Während der Meiose erfolgt eine zufallsgemäße Verteilung der väterlichen und mütterlichen Chromosomen; darüber hinaus entstehen durch Crossing-over neue Genkombinationen in den Chromosomen (Meiose-Effekte 2 und 3; vgl. Kap.2).
(b) Der *Befruchtungsprozess* schafft neue Rekombinanten: Durch die zufällige Kombination männlicher und weiblicher Gameten von unterschiedlicher genetischer Konstitution (vor allem bei Panmixie) entsteht beim Befruchtungsvorgang eine große genetische Variabilität.
Durch eine große genetische Variation in den Populationen wird eine große Anpassungsfähigkeit gegenüber sich verändernden Umweltbedingungen bewirkt.

23.4. Genetische Struktur von Populationen

23.4.1. Das Hardy-Weinberg-Gesetz

Die Gesamtheit der in einer Population vorkommenden Gene wird als ihr **Genpool** bezeichnet. Für viele Analysen ist es sehr wichtig, die Frequenz von Genotypen in einer Population und die zugrunde liegenden Gen- bzw. Allel-Frequenzen zu kennen. Im Jahre 1908 formulierten der Engländer Hardy und

der Deutsche Weinberg unabhängig voneinander das nach ihnen benannte Gesetz, das die Verteilung von Allelen in Populationen beschreibt.
Voraussetzungen (Annahmen): Die Basis des Hardy-Weinberg-Gesetzes bildet eine Reihe von Annahmen.
Diese Annahmen sind die der „**Erbkonstanz**".

1. In der Population erfolgen keine Mutationen. (Die Erbanlagen verändern sich nicht.)
2. Es fehlen Eignungsunterschiede; es erfolgt keine Selektion zugunsten bzw. zuungunsten bestimmter Allele.
3. Es erfolgt Panmixie, d. h. zufallsmäßige Paarung innerhalb der Population; keine Paarungssiebung, keine Inzucht.
4. Es besteht ein sehr großer Umfang der Population (streng genommen: unendliche Bevölkerungsgröße); seltene Allele können daher durch Zufall (wegen kleineren Bevölkerungsumfangs) nicht verloren werden.
5. Es erfolgt kein Import und auch kein Export von Genen bzw. Allelen.

Diese „Als-ob" Annahmen werden streng genommen von realen, tatsächlich existierenden Populationen nicht vollständig erfüllt; aber viele große Populationen nähern sich der „idealen" Situation ziemlich stark an.
(Die Negation jeder dieser Voraussetzungen der Erbkonstanz führt zu einem Evolutionsfaktor; vgl. 23.5.)
Das Hardy-Weinberg-Gesetz beschreibt folgenden Tatbestand:
Höhere diploide Organismen sind (meist) sich sexuell fortpflanzende und fremdbefruchtende Organismen. Jedes Individuum ist das Ergebnis der Vereinigung von zwei Gameten: einer Ei- und einer Sperma-Zelle. Aus den Zygoten-Frequenzen lassen sich direkt die Allel-Frequenzen berechnen.

23.4.1.1. Der einfachste Fall: Ein Gen mit zwei Allelen

Als einfachster Fall sei ein autosomal vererbtes Gen mit den beiden Allelen a_1 und a_2 angenommen. Die Allelfrequenz für a_1 in der Population ist p, die Allelfrequenz für a_2 ist q, p + q = 1. Die Häufigkeit der Individuen der

Konstitution $a_1 a_1$ in der Population sei X, die Häufigkeit der Heterozygoten $a_1 a_2$ sei Y und die Häufigkeit von $a_2 a_2$-Individuen Z.

Die Wahrscheinlichkeit, dass ein a_1-Spermium eine a_1-Eizelle befruchtet, ist gleich p^2; entsprechend ist die Wahrscheinlichkeit für die Verschmelzung eines a_2 Spermiums mit einer a_2 Eizelle gleich q^2.

Heterozygote Individuen entstehen auf zweierlei Weise: einerseits durch die Vereinigung eines a_1-Spermiums mit einer a_2-Eizelle mit der Häufigkeit $p \times q$ und andererseits durch die Vereinigung eines a_2-Spermiums mit einer a_1-Eizelle mit der Häufigkeit $q \times p$. Daher ist die Frequenz der Heterozygoten in der neuen Generation der Zygoten 2pq. Die oben verwendeten Häufigkeiten X, Y und Z können in einer Population mit Zufallspaarung durch die Gleichgewichtshäufigkeiten $p^2 + 2pq + q^2 = 1$ ersetzt werden. Diese Frequenzen werden häufig auch als „Gleichgewichtsfrequenzen" bezeichnet, weil bei Fehlen von Selektion die Häufigkeit p und q für die Allele sowie p^2, 2pq, q^2 unter den Zygoten in jeder Generation wiederkehren.

Da für eine große menschliche Population, z. B. eines großen Landes, die Bedingungen weitgehend (wenn auch keinesfalls vollkommen) verwirklicht sind, lässt sich das Hardy-Weinberg-Gesetz z. B. zur Berechnung der Allelfrequenz wie auch der Heterozygoten-Häufigkeit für neutrale wie auch für Erbkrankheiten auslösende Gene anwenden.

Beispiel 1: Ein neutrales Gen: PTC-Schmecker bzw. -Nichtschmecker

In der menschlichen Bevölkerung gibt es Personen, die die organische Verbindung Phenylthiocarbamid (PTC) als ausgesprochen *bitter schmecken* (die „Schmecker"), während sie anderen Personen als *geschmacklos* erscheint (den „Nichtschmeckern"). In einer Stichprobe von 3.643 untersuchten Personen in Deutschland waren 2.557 Schmecker (= 70,2%) und 1.086 Nichtschmecker (= 29,8%). Die Schmecker haben die Genotypen *TT* oder *Tt*, die Nichtschmecker sind *tt* (die Rezessiven). Der Allelunterschied *T-t* erfüllt weitestgehend die Bedingungen der Erbkonstanz.

Zu fragen ist nun: Wie groß sind die Allelfrequenzen von p(*T*) sowie q(*t*) und wie hoch ist die Häufigkeit der Heterozygoten (*Tt*) und homozygot Dominanten (*TT*) in der Population?

Aus $p^2 + 2pq + q^2$ und $q^2 = 0,298$ [29,8%] folgt die Allelfrequenz für *t*

$$q = \sqrt{0,298} = 0,545.$$

Da $p + q = 1$, ergibt sich für $p = 1 - 0,545 = 0,455$, die Allelfrequenz für *T*. Die Heterozygoten-Häufigkeit in der Population ist $2p \cdot q = 2 \cdot 0,455 \cdot 0,545 = 0,496$. Das bedeutet, dass praktisch 50% der Population (49,6%) aus heterozygoten Schmeckern (*Tt*) besteht; unter den Schmeckern sind nur 20,6% Homozygote (*TT*).

Mit Hilfe dieser Zahlen lässt sich nun weiter berechnen

- die Wahrscheinlichkeit für Ehen zwischen
  – zwei homozygoten Schmeckern (*TT* × *TT*)
  – zwei heterozygoten Scheckern (*Tt* × *Tt*)
  – einem homozygoten und einem heterozygoten Schmecker (*TT* × *Tt*)
  – einem homozygoten Schmecker und einem Nichtschmecker (*TT* × *tt*)
  – einem heterozygoten Schmecker und einem Nichtschmecker (*Tt* × *tt*) sowie
  – zwei Nichtschmeckern (*tt* × *tt*)
- und die unter den Nachkommen dieser Ehen auftretenden Spaltungen in *TT*, *Tt* und *tt*.

Curt Stern (1955) hat dieses Beispiel im Einzelnen dargestellt, darauf sei wegen der Details verwiesen.

Der Merkmalsunterschied „Schmecker" – „Nichtschmecker" hat für die betreffenden Personen keinerlei Relevanz; er wirkt sich physiologisch oder medizinisch nicht aus; die allermeisten Menschen wissen überhaupt nicht, dass es diesen Merkmalsunterschied gibt und welchen Genotyp für diesen Merkmalsunterschied sie haben.

Ganz anders liegt die Situation bei einem humanmedizinisch und humangenetisch relevanten Merkmalsunterschied. Hier führt die Anwendung der aus dem obigen neutralen Modellfall ausgearbeiteten Verfahrensweise zu sehr wichtigen Ergebnissen.

Beispiel 2: Das humangenetisch und medizinisch relevante mutierte Gen für Phenylketonurie (PKU)

Die Phenylketonurie (PKU oder Fölling-Syndrom) ist eine homozygot rezessive Stoffwechselkrankheit. Durch eine Mutation im Chromosom 12 ist die Umwandlung des Phenylalanins zum Tyrosin blockiert. Dadurch kommt es zu einem erhöhten Phenylalanin-Spiegel im Serum und zur Anreicherung von Phenylbrenztraubensäure, die mit dem Urin ausgeschieden wird. Wenn keine diätetische Behandlung der Krankheit im frühen Kindesalter erfolgt, kommt es (in den allermeisten Fällen) zum Schwachsinn der Kinder, der in etwa 70% der Fälle als Idiotie ausgeprägt wird. Jedoch ist es möglich, durch eine Diät mit einem phenylalaninarmen Eiweißhydrolysat die sonst drohende schwere Schädigung zu verhindern.

Homozygote für PKU treten in Deutschland mit einer Häufigkeit von etwa 1:10.000 Personen auf (= 0,0001).

Wie groß ist die Allelfrequenz von q (*PKU*-Allel) in der Bevölkerung, und wie groß ist die Häufigkeit von Heterozygoten für das *PKU*-Allel?

Aus $p^2 + 2pq + q^2$ und $q^2 = 0,0001$ folgt

die Allelfrequenz für das *PKU*-Allel

$$q = \sqrt{0,0001} = 0,01,$$

folglich ist $p = 1 - 0,01 = 0,99$;
die Heterozygotenfrequenz ist $2pq = 2 \cdot 0,99 \cdot 0,001 = 0,0198 \approx 0,02$ bzw. 2%.

Die Häufigkeit der heterozygoten Träger des rezessiven mutierten Allels für *PKU* liegt somit bei rund 2% der Bevölkerung: Etwa jeder 50. Einwohner ist heterozygoter Träger eines (im homozygoten Zustand) krankmachenden *PKU*-Allels – was er in den meisten Fällen nicht weiß.

Daraus lässt sich – wie im vorigen Beispiel genauer dargestellt – die Häufigkeit „gefährdeter Ehen" berechnen, in denen beide Ehepartner heterozygot für ein *PKU*-Allel sind (2% · 2% = 0,04%). Unter ihren Nachkommen ist, statistisch kalkuliert, ein Viertel homozygot für *PKU*.

(Es sei betont, dass es mehrere verschiedene PKU-Mutantenallele gibt; sie wurden hier unter der Bezeichnung „das *PKU*-Allel" zusammengefasst.)

Die Häufigkeit des Auftretens von PKU-Erkrankten ist in unterschiedlichen Städten und Ländern durchaus verschieden: Prag 1:6.600, Münster 1:10.900, Stockholm 1:43.300, Montreal 1:69.400, Japan 1:211.000; erstaunlich ist Ostösterreich 1:8.700, aber Westösterreich 1:18.800.

Im Vergleich zur PKU seien noch kurz die Werte für die (gegenwärtig noch) nicht heilbare Erbkrankheit „Cystische Fibrose"(= Mukoviszidose, Andersen-Syndrom) genannt, die häufigste Erbkrankheit in unserer Bevölkerung: Häufigkeit von Erkrankten 1:2.500; q = 0,02; Heterozygotenhäufigkeit 0,039 ≈ 0,04 bzw. 4%.

Die Häufigkeit heterozygoter Träger eines *CF*-Alleles liegt somit bei 4% der Bevölkerung: Etwa jeder 25. Einwohner ist heterozygoter Träger eines *CF*-Alleles.

23.4.1.2. Realistischer Fall: Ein Gen mit mehreren Allelen

Bei der bisherigen Darstellung des Hardy-Weinberg-Gesetzes wurde formal von einem Gen mit zwei Allelen ausgegangen, von denen das eine (a_1) das Normal-Allel und das andere (a_2) das abweichende Allel ist.

In Wirklichkeit aber liegen für ein Gen meist mehrere Allele vor. In seiner allgemeinen Form – bei Vorhandensein mehrerer Allele – hat das Hardy-Weinberg-Gesetz die in Tabelle 23.1. aufgeführte Fassung. Allgemein gilt, dass der Anteil heterozygoter Individuen mit der Anzahl der Allele pro Gen zunimmt.

23.4.2. Sichtbare Variabilität

Da die meisten Mutationen rezessiv sind, erscheint der größte Teil der genetischen Variabilität verborgen.

Die sichtbare Variabilität ergibt sich einerseits aus dem Auftreten bzw. der Weitergabe dominanter Mutationen. In Tabelle 6.5. ist die Rate einiger dominanter Mutationen beim Menschen zusammengestellt. Andererseits resultiert die sichtbare Variabilität aus dem He-

Tab. 23.1. Hardy-Weinberg-Häufigkeiten der unterschiedlichen Genotypen für ein Gen mit mehreren Allelen

Genotypen	a_1a_1	a_1a_2	a_1a_3	$\ldots a_1a_n$;	a_2a_2,	a_2a_3	a_2a_4	a_2a_n	$\ldots a_na_n$
Häufigkeiten	p_1^2	$2p_1p_2$	$2p_1p_3$	$\ldots 2p_1p_n$;	p_2^2	$2p_2p_3$	$2p_2p_4$	$2p_2p_n$	$\ldots p_n^2$

Tab. 23.2. Varianten von *Drosophila melanogaster,* die während einer dreijährigen Untersuchung von Populationen in der Umgebung von Gelendzhik (Rußland) von Dubinin gefunden wurden. Nach Wallace 1974.

Anomalie	Jahr 1933	1934	1935
Gesamtzahl der untersuchten Fliegen	10 000	14 765	6 960
Trident (Thorax-Merkmal)	2 096	1 096	1 001
Borsten abnorm	372	127	19
Augenfarbe abnorm	24	2	5
Körperfarbe abnorm	4	7	1
Flügel abnorm	23	23	2
Tumoren	0	5	0
Anomalien insgesamt	2 519	1 260	1 028
Anomalien gesamt ohne Trident	423	164	27

rausspalten rezessiver Mutationen bzw. deren Kombinationen.

Ein eindrucksvolles Bild über das Ausmaß sichtbarer Varabilität ergibt sich aus Tabelle 23.2. Im Zeitraum von drei Jahren erfolgte eine Protokollierung aller erkennbaren abnormen Fliegen in einer Wildpopulation von *Drosophila melanogaster* in der Umgebung einer russischen Stadt. Hierbei ist zu berücksichtigen, dass solche Mutationen oder Genkombinationen, die ihre Träger in der Entwicklung töten oder deren Gesundheit wesentlich herabsetzen, nicht erfasst werden konnten.

erst nach Aufzucht einer weiteren Generation aufgedeckt werden. Vier verschiedene Paarungen sind zwischen den Geschwistern möglich:

$$a^+a^+ \times a^+a^+, \; a^+a^+ \times a^+a, \; a^+a \times a^+a^+, \; a^+a \times a^+a.$$

Ein Viertel der Nachkommenschaft der letzten Kreuzung wird aus *aa*-Individuen bestehen. Somit wird insgesamt ein Sechzehntel der Nachkommenschaft gleichartig abnorm sein, wenn einer der Großeltern Träger eines seltenen, mutierten Alleles war. Bei solch einer Untersuchung von 736 Wildweibchen von *Drosophila mulleri* wurden über 260 Mutanten gefunden.

23.4.3. Verborgene Variabilität

Da die meisten Normalallele gegenüber mutierten Allelen dominant sind, lassen sich rezessive Mutationen nur in homozygoten Individuen entdecken.

Eine einfache Analyse bezüglich des Ausmaßes mutierter Gene in natürlichen Populationen beruht auf Geschwisterpaarungen. Zu diesem Zweck werden weibliche Fliegen aus natürlichen Populationen gefangen. In der Regel sind diese Fliegen bereits begattet. Häufig ist einer der beiden Eltern Träger irgendeines seltenen Alleles (z. B. *a*). Daher entsprechen praktisch alle Paarungen, an denen solche Heterozygote beteiligt sind, der Kombination $a^+a \times a^+a^+$. Die Nachkommenschaft wird zur einen Hälfte aus a^+a- und zur anderen Hälfte aus a^+a^+-Individuen männlichen und weiblichen Geschlechts bestehen. Die Gegenwart des rezessiven Allels kann jedoch

23.4.4. Die genetischen Folgen von Selbstbefruchtung und Inzucht

Die meisten natürlichen Populationen vermehren sich durch Fremd- bzw. Kreuzbefruchtung. Das Ausmaß ihrer internen genetischen Variabilität ist in den Abschnitten 23.4.1.–23.4.3. geschildert. Anders ist die genetische Struktur von Populationen, die durch Inzucht und Selbstbefruchtung entstanden sind.

In *selbstbefruchtenden* Populationen nimmt die Häufigkeit heterozygoter Individuen von Generation zu Generation um jeweils die Hälfte ab. Nach wenigen Generationen besteht die Population aus unterschiedlichen Typen von Homozygoten. Bereits 1909 hat Johannsen dargelegt, dass eine Population von selbstbefruchtenden Pflanzen (Bohnen) in Wirklichkeit eine Mischung „reiner Linien" (homozygoter Linien) ist, und dass Selektion innerhalb einer derartigen Population erfolgreich ist, wohingegen eine Selektion innerhalb einer reinen Linie kcinen Erfolg hat.

Von Inzucht spricht man, wenn in einer fremdbefruchtenden Population Einzelindividuen zu Selbstbefruchtung gezwungen werden (z. B. zwittrige Pflanzen) oder Kreuzungen zwischen genetisch engen Verwandten erfolgt. Da die Ausgangsindividuen stark he-

terozygot sind, kommt es in den ersten Inzucht-Generationen zu einer Inzucht-Depression, weil subvitale oder letale Mutationen herausspalten, die zu geschwächten oder lebensunfähigen Individuen führen. Nach mehreren Generationen wird ein Inzucht-Minimum erreicht. Die erhalten gebliebenen Individuen bzw. Linien besitzen dann keine schädigenden Gene mehr.

In der Pflanzen- und Tierzüchtung wird In-

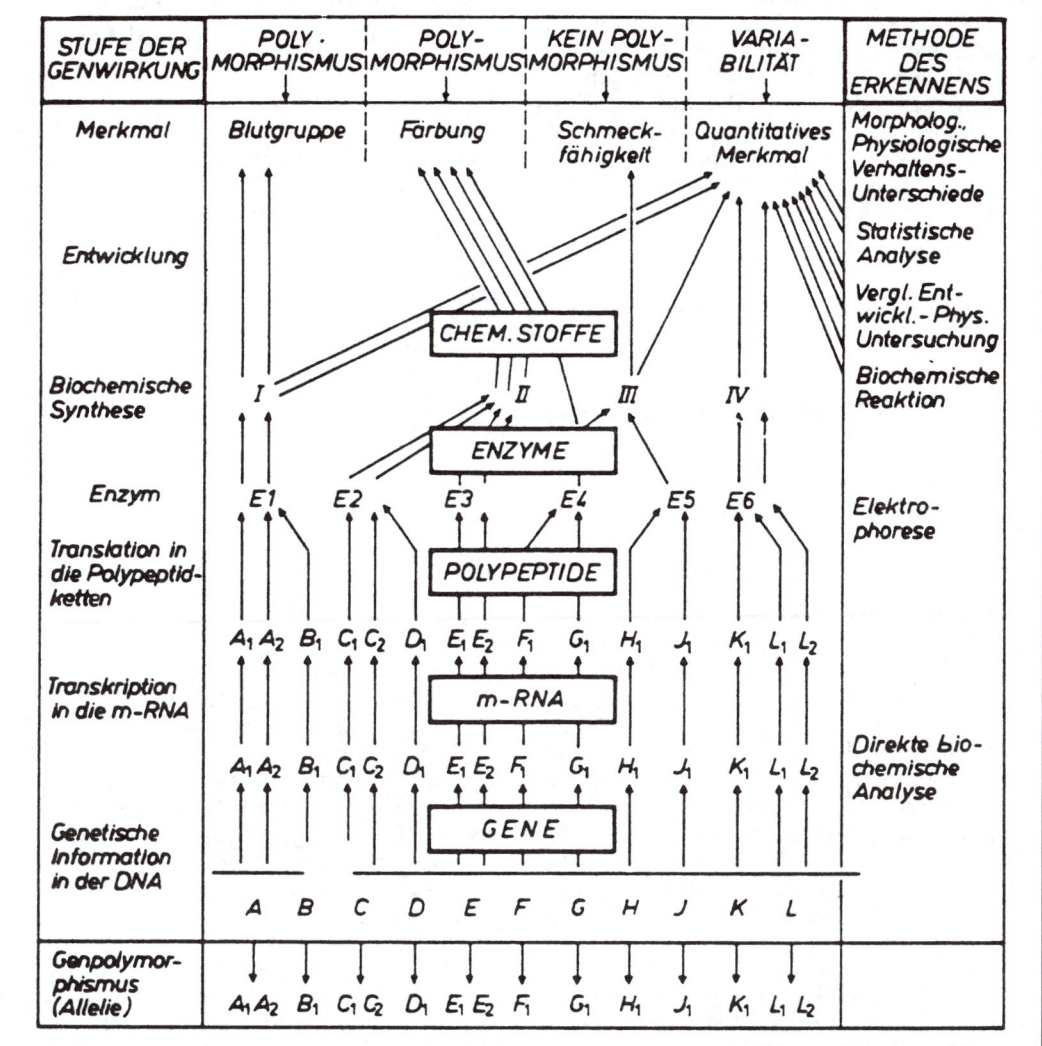

Abb. 23.1. Zusammenhang zwischen Merkmalspolymorphismus und Genpolymorphismus sowie geno- und phänotypischer Variabilität. Von den Genen *A* bis *L* haben nur *A, C, E* und *L* zwei verschiedene Allele. Der genetische Polymorphismus kann auf verschiedenen Stufen der Genwirkung mit unterschiedlichen Methoden erkannt werden, während der Nachweis eines fehlenden Polymorphismus nur auf den frühen Stufen der Genwirkung oder an den Genen selbst möglich ist. Noch komplexer werden die Verhältnisse bei genotypischer Variabilität, die stets auf die Wirkung vieler Genloci zurückgeht, die durch mehrere Allele vertreten sind. (Einfache Pfeile zeigen an, daß nur ein Allel, doppelte Pfeile, daß zwei Allele vorliegen.) Nach Sperlich 1973.

zucht benutzt, um geeignete stabile Inzuchtlinien miteinander zu kreuzen und dadurch sehr hohe positive Heterosis-Effekte zu erzielen.

Negative Effekte von Inzucht sind auch beim Menschen klar aufzuzeigen (nach Verwandten-Ehen, z. B. Cousin-Cousine-Ehen). Nach Verwandten-Ehen kommt es deutlich häufiger zum Herausspalten von Erbkrankheitenbewirkenden Genen. Dies ist anhand von Stammbäumen für viele Erbkrankheiten nachgewiesen (vgl. Lenz 1983, Vogel und Motulsky 1997). Ganz allgemein ließen sich die negativen Folgen von Verwandten-Ehen in ländlichen Gebieten Frankreichs um die Jahrhundertwende (vor 1900) auf der Basis der Auswertung der Kirchenbücher nachweisen (Crow 1963). Die Todesfälle von Kindern vor Erreichen des Erwachsenenalters betrugen um diese Zeit:

* bei „nicht genetisch verwandten" Eltern: 12%
* aber bei Cousin-Cousine-Ehen: 25%

23.4.5. Genetischer Polymorphismus

Das Vorkommen verschiedener, genetisch bedingter unterscheidbarer Formen in Tier-, Pflanzen- und Bakterienpopulationen wird als genetischer Polymorphismus bezeichnet. Im einfachsten Fall werden mehrere Allele eines Gens in der Population existieren. In komplizierteren Fällen handelt es sich um polygen bedingte Eigenschaften und deren genetisch bedingte Variationen. Je nach der Wirkung der Genkomplexe wird sich der genetische Polymorphismus in den Populationen als morphologischer Polymorphismus, als Farbpolymorphismus oder als Verhaltenspolymorphismus manifestieren. In anderen Fällen können die verschiedenen, koexistierenden Genotypen nur mit Hilfe spezieller Methoden erfasst werden. Mittels biochemischer Analysen lässt sich der biochemische Polymorphismus ermitteln. Durch Gerinnungstests kann der Blutgruppenpolymorphismus erkannt werden. Ein Sonderfall des genetischen Polymorphismus stellte der chromosomale Polymorphismus dar. Die Individuen einer Population unterscheiden sich hierbei hinsichtlich ihrer Chromosomenzahl oder Chromosomenstruktur. Abbildung 23.1. veranschaulicht den Zusammenhang zwischen Merkmalspolymorphismus und Genotyppolymorphismus.

In dem vergangenen Jahrzehnt wurden die Gene, die DNA, einer direkten Sequenzierung zugänglich. Dadurch wurden in großem Umfang DNA-Sequenzpolymorphismen direkt erfaßbar (vgl. Kap. 17).

23.5. Evolutionsfaktoren – Allgemeine Charakteristika

Jede Veränderung in der genetischen Zusammensetzung einer Population kann allgemein als Evolution bezeichnet werden. Diese Definition lässt sich seit Herausbildung der Populationsgenetik weiter präzisieren als jede Veränderung der Genhäufigkeit. Faktoren, die die Genhäufigkeiten von Populationen verändern können, werden als Evolutionsfaktoren bezeichnet. Neun Faktoren lassen sich unterscheiden:

1. Mutabilität
2. Rekombination
3. Selektion
4. Neutrale genetische Veränderungen
5. Migration (Genfluss)
6. Genetische Drift
7. Isolation
8. Meiotic Drive (ungleiche Gametenbildung)
9. Einnischung (Annidation)

Die heutige Evolutionstheorie basiert ganz wesentlich auf den Vorstellungen, die Charles Darwin in seinen Werken seit 1859 veröffentlicht hat. Ludwig (1943, 1948, 1959) hat in sehr einprägsamer Weise formuliert, dass das Gesamtproblem der Evolution der Lebewesen in drei Einzelfragen zerfällt: in die des *Ob*, des *Wie* und des *Wodurch*.

Die erste Frage, *ob* es eine Evolution des Lebens gegeben habe, kann man heute bedingungslos bejahen. Erstmals in wissenschaftlicher Form ausgesprochen wurde diese Festellung von J. B. de Lamarck (1809). Durch ein großes Beobachtungsmaterial untermauert und damit in der Wissenschaft (und in der breiten Öffentlichkeit) durchgesetzt wurde diese Aussage vor allem von Charles Darwin (seit 1859) und Ernst Haeckel (seit 1866).

Die zweite Frage, *wie* die Evolution sich vollzog, kann allgemein durch die Aussage beantwortet werden, dass die Evolution *stammbaumartigen Charakter* hat; diese Feststellung wurde vor allem von J. B. de Lamarck und E. Haeckel begründet und popularisiert. Ludwig (1948) hat darauf hingewiesen, dass es bei der Evolution bestimmter Organismengruppen oft am Anfang eine „explosive Phase der Typenentstehung" gegeben hat, an die sich dann eine viel länger dauernde „Phase der Weiterentwicklung" angeschlossen hat; bei einer Reihe von Tier- und Pflanzengruppen ging diese dann in eine „Phase des Verfalls und Aussterbens" über.

Die dritte Frage der Evolutionsforschung, *wodurch* es zu evolutionären Veränderungen gekommen ist, zielt auf das **Faktorenproblem**, und dies ist die genetische Fragestellung nach den Evolutionsfaktoren. Die prinzipiell richtige Antwort auf diese Frage gab Darwin in seiner „Selektionstheorie". Diese Theorie hat im Laufe der Zeit in vielen Details Veränderungen und Modifizierungen erfahren, aber der Grundgedanke ist geblieben, vielleicht sogar deutlicher geworden: Die Evolution ist ein Zwei-Element-Prozess.

Das eine Element ist die genetische Variabilität, sie entsteht durch das gemeinsame Wirken von Mutationen und Rekombination (vgl. 23.3.) und ist eine Sache des **Zufalls**; die genetische Drift arbeitet dem Zufall zu.

Die Selektion als *zweites Element* ist der Gegenspieler; das Gegenteil. Sie wirkt in eine **bestimmte Richtung** und zielt auf Eignung und Anpassung. Diese *Mischung von Zufall und Nichtzufall* verleiht der Evolution gleichzeitig eine große Biegsamkeit und scheinbar eine Zielstrebigkeit. Das Wesentliche an Darwins Leistung ist es, diese Zweiheit des Evolutionsvorganges nachgewiesen zu haben.

In den sich anschließenden Punkten werden die einzelnen Evolutionsfaktoren definiert, und in den nachfolgenden Abschnitten wird ausführlicher auf die Bedeutung und die Mechanismen der einzelnen Evolutionsfaktoren eingegangen.

Mutabilität: Eine Mutation ist definiert als ein erblicher Wandel im genetischen Material. Eine Mutante ist der durch eine Mutation entstandene veränderte Organismus. Neue Einheiten der genetischen Variabilität entstehen durch die verschiedenen Typen von Mutationen, die in den Kapiteln 6 und 7 im einzelnen dargestellt sind, sowie aus neuen Kombinationen dieser Mutationen. Mutationen schaffen das Rohmaterial für die Evolution, doch verursachen sie selbst – solange sie nicht in abnormal hohen Raten auftreten – nur geringfügige Veränderungen der Genfrequenzen.

Rekombination: Die Rekombinationsvorgänge sind eine außerordentliche wichtige und effektive Quelle von genetischen Neukombinationen (vgl. 23.3.). Sie umfassen sowohl neu aufgetretene Mutationen als auch zahlreiche genetische Unterschiede, die im Genpool einer Population (unter Umständen schon viele Generationen lang) vorhanden sind. So werden immer wieder neue genetische Variationen erzeugt, die von den vorliegenden oder neu auftretenden Umweltbedingungen auf ihre Fitness getestet werden.

Genetische Drift: Genetische Drift ist die Veränderung der Genfrequenz durch Zufallsfehler in kleinen Populationen. Sie kommt in gewissem Grade in allen begrenzten Populationen vor, kann wahrscheinlich aber nur in verhältnismäßig kleinen Populationen als evolutionäre Kraft wirksam werden.

Selektion: Natürliche Selektion, natürliche Auslese, ist die unterschiedliche Veränderung der relativen Frequenzen von Idiotypen aufgrund der unterschiedlichen Fähigkeiten ihrer Phänotypen, in der nächsten Generation vertreten zu sein. Die natürliche Selektion wirkt auf die durch Mutationen und Rekombination geschaffenen genetischen Neuerungen und bestimmt über die Anpassung der Populationen weitgehend die Richtung der Evolution.

Einnischung (Annidation): Einnischung einer Sippe liegt vor, wenn Varianten (oder Mutanten) mit einem Selektionsnachteil einer Zurückverdrängung oder Ausmerzung dadurch entgehen, dass sie innerhalb eines Biotypes eine konkurrenzarme Nische (ökologische, saisonale, geographische o. a. Nische) finden und für ihren Fortbestand nutzen.

Isolation: Die geographische, ökologische, sexuelle Isolation ist ein ganz wesentlicher Evolutionsfaktor.

Migration (Genfluss): Das Einwandern bzw. Einführen genetisch unterschiedlicher Individuen aus einer partiell isolierten Subpopulation in eine andere Subpopulation wird als Migration oder auch Genfluss bezeichnet. Nicht nur die natürliche Selektion, sondern auch die Migration kann relativ schnell Veränderungen der Genfrequenzen verursachen.

Meiotic Drive (Ungleiche Gametenbildung): Ungleiche Gametenproduktion, die nur auf den Mechanismus der Meiose zurückzuführen ist, wird als Meiotic Drive bezeichnet. Daraus resultieren Veränderungen in den Genfrequenzen solcher Populationen, in denen Meiotic-Drive-Mechanismen wirksam sind. Über die Verbereitung und allgemeine Bedeutung für das Evolutionsgeschehen ist noch wenig bekannt.

23.6. Mutabilität

23.6.1. Mutationsraten

Voraussetzung für das Verständnis der Mutabilität als wichtigen Evolutionsfaktor ist die Kenntnis vom ungerichteten Charakter von Mutationen (vgl. 6.3.) sowie von den Häufigkeiten, mit denen Mutationen in natürlichen Populationen auftreten (vgl. 6.7. und Tab. 6.3.). Wie dort ausgeführt, sind die Mutationsraten – auch bedingt durch das Vorhandensein mehrerer DNA-Reparatur-Systeme – sehr niedrig und liegen in der Größenordnung von 10^{-5} bis 10^{-8} pro Gen und Replikationsrunde. In Populationen entstehen dennoch regelmäßig Mutationen; es besteht ein **Mutationsdruck**. Die laufend auftretenden Neumutationen tragen dazu bei, dass sich Arten schnell an neue Umweltverhältnisse anpassen können. Die Resistenz von Insekten gegen DDT ist nur eines von vielen bekannten Beispielen für den vorteilhaften Effekt einzelner Neumutationen für die betreffende Art unter bestimmten neuen Umweltverhältnissen.

23.6.2. Genfrequenzänderung durch Mutationsdruck

Das Hardy-Weinberg-Gesetz basiert auf der Annahme, dass die Genfrequenzen von Generation zu Generation konstant bleiben. Das regelmäßige Auftreten von Mutationen ist eine Negation dieser „als ob"Annahme der Erbkonstanz, denn Mutationen sind einer der Faktoren, die zu einer Veränderung der Genfrequenzen führen.

Wäre die Mutabilität der einzige verändernde Faktor, so würden die resultierenden Evolutionsraten extrem niedrig sein.

Diese Aussage soll durch die folgende Kalkulation veranschaulicht werden: Ein beliebiges Allel a_1 existiert in einer Population mit einer Häufigkeit von p_0. Mutationen vom Allel a_1 zum Allel a_2 ereignen sich mit der Mutationsrate u. In der folgenden Generation hat sich die Ausgangshäufigkeit p_0 auf p_1 reduziert:

$$p_1 = p_0 - up_0 = p_0 (1 - u)$$

Nach t-Generationen beträgt die Häufigkeit a_1 nur noch p_t:

$$p_t = p_0 (1 - u)^t$$

Von Generation zu Generation wird die Häufigkeit des Allels a_1 absinken. Wie langsam dieser Prozess der Evolution abläuft, vermag das Beispiel verdeutlichen, dass nach 1.000 Generationen bei einer Mutationsrate von $u = 10^{-5}$ die Häufigkeit des Alles a_1 von $p_0 = 1,0$ auf $p_t = 0,99$ absinkt.

Bei ameiotischer Parthogenese sowie bei vegetativer Fortpflanzung fehlt die ständige Neukombination des Erbgutes durch rekombinative Prozesse. Bei solchen Fortpflanzungsweisen ist die Mutabilität die einzige Komponente, die eine divergente Entwicklung verursachen kann.

23.6.3. Mutation und Adaptation

Mutationen entstehen unabhängig davon, ob sie sich für das betroffene Individuum vorteilhaft oder aber nachteilig erweisen werden. In der Regel sind Neumutationen nachteilig, und die Wahrscheinlichkeit für eine vorteilhafte Wirkung einer Mutation ist gering. Die Ursache hierfür liegt darin, dass in der Regel die häufigen Allele einer Population aufgrund ihrer vorteilhaften Wirkung durch die natürliche Auslese selektiert wurden. Die Neumutationen mit nachteiliger Wirkung werden durch die natürliche Selektion aus der Population eliminiert.

Ob eine Neumutation sich als vorteilhaft oder nachteilig erweist, hängt immer von den spezifischen Umweltbedingungen ab. Als Beispiel hierfür eignet sich die Mutation, die zur Resistenz von Bakterien gegenüber dem Antibiotikum Streptomycin führt. Streptomycinresistente Mutanten werden sich nur dann als vorteilhaft erweisen, wenn sich im Wachstumsmedium Streptomycin befindet. In normalem Wachstumsmedium hat die streptomycinresistente Mutante keinen Selektionsvorteil.

Da der Anpassungswert einer entstehenden Mutante stets von der Umwelt abhängt, ist verständlich, dass die Wahrscheinlichkeit für die Entstehung vorteilhafter Mutanten größer ist, wenn neue Lebensräume bzw. ökologische Nischen erorbert werden. Die klassischen Stammbäume zeigen, dass wesentliche evolutionäre Wechsel – wie z. B. der Ursprung landbewohnender Wirbeltiere oder der Ursprung der Vögel – oft verbunden sind mit der Eroberung neuer Lebensräume.

23.6.4. Mutation und Selektion

Infolge des Mutationsdruckes werden beständig nachteilige Allele in eine Population gepumpt. Diese sich akkumulierenden nachteiligen Mutationen stellen eine Belastung für die Population dar, wodurch die Fitness der Population reduziert wird. Durch die natürliche Selektion wird erreicht, dass die Mutationslast nicht über ein kritisches Maß ansteigt.

Bei vollständiger Rezessivität des nachteiligen Allels a wird der nachteilige Effekt erst bei den Homozygoten wirksam. Die Eliminierungsrate ist daher

$$E = sq^2,$$

da q^2 die Häufigkeit an Homozygoten aa darstellt und s den Selektionskoeffizienten (vgl. 23.7.2.). Das Wildtypallel A soll mit der Mutationsrate u in das nachteilige Allel a umgewandelt werden.

Gleichgewicht tritt dann ein, wenn

$$E = s\bar{q}^2 = u \quad \text{und} \quad \bar{q} = \sqrt{\frac{u}{s}}$$

ist.

Im Gegensatz zu rezessiven Mutationen sind nachteilige Mutationen mit dominanter Wirkung sofort der Wirkung der Selektion ausgesetzt. Daher wird die Häufigkeit eines dominanten nachteiligen Allels wesentlicher schneller reduziert als die Häufigkeit eines rezessiven nachteiligen Allels.

23.7. Selektion und Adaptation

23.7.1. Allgemeine Prinzipien der natürlichen Selektion

Die unterschiedliche Veränderung der relativen Frequenzen von Genotypen aufgrund der unterschiedlichen Fähigkeit ihrer Phänotypen, in der nächsten Generation vertreten zu sein, wird als *natürliche Selektion* bezeichnet. Die natürliche Selektion wirkt auf die durch Mutation entstandenen neuen genetischen Varianten und bestimmt über die Anpassung der Populationen weitgehend die Richtung der Evolution.

Selektion wirkt stets auf die Phänotypen ein. Selektion und Adaptation ist daher nur möglich, wenn phänotypische Verteilungen zumindest zum Teil durch genetische Variationen determiniert sind. Der Anteil der Gesamtvariabilität bezüglich eines phänotypischen Merkmals, der auf den Einfluss von Genen zurückzuführen ist, wird als Erblichkeit des Merkmals bezeichnet. Erblichkeit (Heritabilität) wird durch das Symbol h^2 ausgedrückt und ist als das Verhältnis der Summe der genetischen Variabilität (V_G) zur phänotypischen (V_P) definiert:

$$h^2 = \frac{V_G}{V_P}$$

Die Geschwindigkeit, mit der bei bestimmter Selektion die Evolution stattfindet, ist eine direkte Funktion der Erblichkeit. Selektion kann die Variation einer Population in verschiedener Weise beeinflussen. Die drei wichtigsten Typen sind in Abbildung. 23.2. zu sehen: Die stabilisierende Selektion führt durch die Eliminierung von Extremen zu einer Verminderung der Variation. Bei der disruptiven Selektion werden dagegen die Extremtypen begünstigt. Die gerichtete Selektion ist der Hauptmechanismus, der zu progressiver Evolution führt.

Die Selektion kann auf mehreren Ebenen wirken; sie kann Einfluss nehmen auf:

- die Überlebenschance der Individuen oder der Gameten,
- die Chance der Zygotenbildung, z. B. die Chance, einen Geschlechtspartner zu finden („sexuelle Selektion"),
- die Anzahl der Nachkommen, somit die Fertilität,

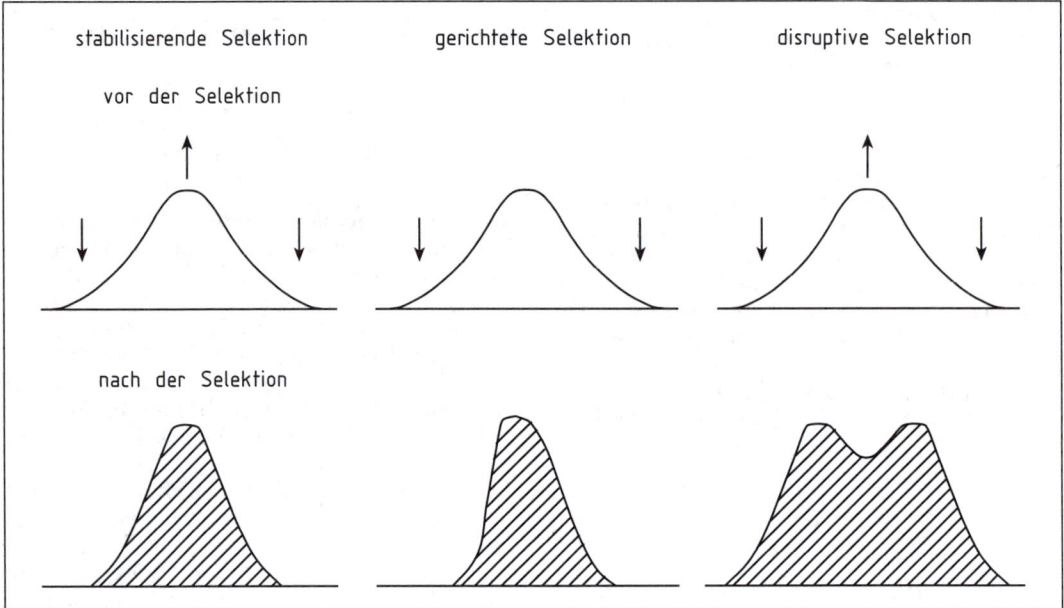

stabilisierende Selektion   gerichtete Selektion   disruptive Selektion

vor der Selektion

nach der Selektion

Abb. 23.2. Kennzeichen und Wirkungen stabilisierender, disruptiver und gerichteter Selektion.

- die Ausbreitung, d. h. die Chance, ein größeres Areal zu erschließen, aber auch durch Emigration der Population verloren zu gehen.

Alle diese Richtungen und Ebenen wirken zusammen. Wichtig für die Evolution ist die Resultante aus allen Selektionskomponenten.

23.7.2. Fitness (Eignung)

Jedem Phänotyp und seinem Idiotyp wird entsprechend seiner Chance, Nachkommen zur nächsten Generation beizutragen, eine **Fitness W** (auch Eignung genannt) zuerkannt.
Wenn nach einer Generation ein fortpflanzungsfähiger Nachkomme pro Elter vorhanden ist (also zwei Nachkommen pro Paar), dann ist die Fitness jedes Elters W = 1. Abweichungen von diesem Wert werden durch den Selektionskoeffizienten s gekennzeichnet: W = 1 ± s; ein positiver Selektionskoeffizient s besagt, dass mehr Gene in die nächste Generation gebracht werden als in der gegenwärtigen Generation vorhanden sind; bei einem negativen s entsprechend weniger. Die Fitness wird in der Regel in relativen Zahlen

ausgedrückt; dabei wird für den Idiotyp mit der höchsten Reproduktionsrate (meist) der Wert W = 1,0 festgelegt.
Die Fitness einer bestimmten Population errechnet sich dann durch

Fitness W =

$$\frac{\text{Nachkommenschaft aller Idiotypen der Population}}{\text{Nachkommenschaften des besten Idiotypen}}$$

Wenn zum Beispiel bei vollständiger Dominanz eines Allels die Fitness der a^+a^+- und a^+a-Individuen 1,0 beträgt und die der homozygoten aa-Individuen nur 0,7, so werden von 100 aa-Individuen nur noch 70 zu erfolgreicher Fortpflanzung kommen.

23.7.3. Selektion gegen nachteilige Allele

Die Vorgänge der Selektion lassen sich am anschaulichsten am *Ein-Locus-Modell* demonstrieren. Hierfür wird angenommen, dass sich in einer Population neben dem dominanten Allel a^+ das rezessive Allel a befindet. Unterscheiden sich die drei möglichen Genotypen a^+a^+, a^+a und aa in ihrer Fitness, so wird es zur Verschiebung in der Zusammensetzung des Genpools kommen.

Am einfachsten lässt sich der Selektionsdruck veranschaulichen bei Annahme vollständiger Dominanz bzw. Rezessivität des nachteiligen Allels. Hierfür wird angenommen, dass das dominante Allel a^+ mit der Häufigkeit q und das nachteilige rezessive Allel mit der Häufigkeit p vorliegt.

In Abbildung 23.3. ist anhand eines Zahlenbeispiels sowie mit allgemeinen Zahlen demonstriert, wie sich die Allelfrequenz von der Elterngeneration zur darauffolgenden Generation hin verändert. Bei Kenntnis von s und q_0 kann die Häufigkeit von q_1 der darauffolgenden Generation berechnet werden. Umgekehrt lässt sich aus der Kenntnis der Werte q_0 und q_1 der Selektionskoeffizient s berechnen. Die hergeleitete Formel gilt auch für den Fall, dass die nachteilige Wirkung eines Alleles dominant ist, d. h., dass die Genotypen a^+a^+ und a^+a dem Genotyp aa unterlegen sind. In diesem Fall nimmt die Häufigkeit des rezessiven Allels a im Laufe der Generationen zu. Während bei dominantem Erbgang die Allel-Substitution innerhalb weniger Generationen erfolgt, beginnt ein Häufigkeitsanstieg des

vorteilhaften Allels bei rezessivem Erbgang erst nach vielen Generationen.

Bei intermediärem Erbgang (partielle Dominanz) erfolgt die Allelsubstitution sehr rasch, bedingt dadurch, dass die Selektion auch an den Heterozygoten angreift.

Überdominanz (oder Superdominanz) liegt dann vor, wenn die Fitness der Heterozygoten die der Homozygoten übertrifft. Da in diesem Spezialfall sowohl gegen a^+a^+ als auch aa-Individuen selektiert wird, stellt sich hier ein balanciertes Gleichgewicht ein.

23.7.4. Das Grundgesetz der Selektion

Die einzelnen Individuen einer Art haben nicht alle die gleiche Eignung; denn aufgrund von Erbunterschieden sind auch Eignungsunterschiede vorhanden. Fischer (1930) und Ludwig (1943) haben gezeigt, dass es eine klare Beziehung zwischen der erblichen Varianz einer Population (V_g; vgl. 23.2.) und der

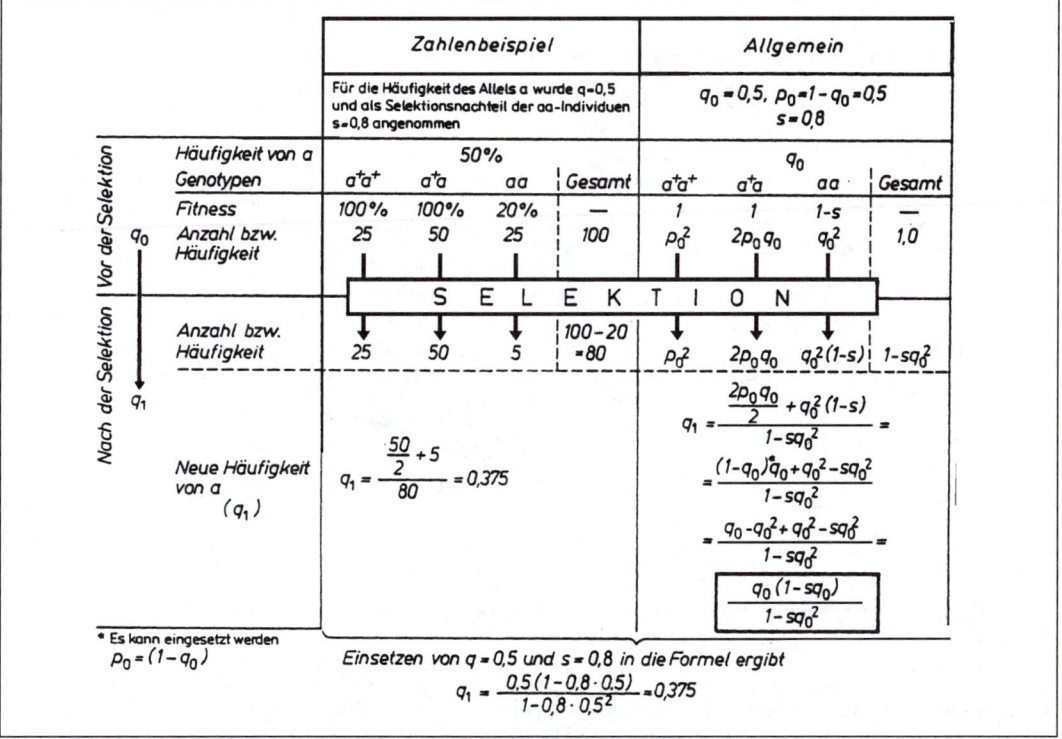

Abb. 23.3. Verschiebung der Allelhäufigkeit bei vollständiger Dominanz, wenn der rezessiv homozygote aa-Genotyp benachteiligt wird. Aus Sperlich 1973.

Evolutionsgeschwindigkeit einer Population gibt: *Je stärker eine Art genetisch variiert, umso schneller bildet sie sich evolutorisch weiter.* Fisher und Ludwig haben diese Feststellung als das Grundgesetz der Selektion bezeichnet.

23.7.5. Mathematische Modelle für das Wirken der Selektion

Viele Populationsgenetiker haben Modellrechnungen zur Beantwortung der Frage durchgeführt, wie sich in der Generationsfolge die Zusammensetzung von Populationen ändert, wenn in ihr bevorteilte und benachteiligte Merkmalsträger (Mutanten bzw. Rekombinanten) enthalten sind. In Abbildung 23.4. ist dargestellt, wie sich ein dominantes bevorteiltes Allel in Abhängigkeit von der Nachkommenszahl in der Population durchsetzt, und wie lange dies demgegenüber für ein bevorteiltes rezessives Allel dauert. Die folgende Abbildung 23.5. zeigt den Effekt des Zusammenwirkens von Selektions- und Mutationsdruck auf diesen Prozess.

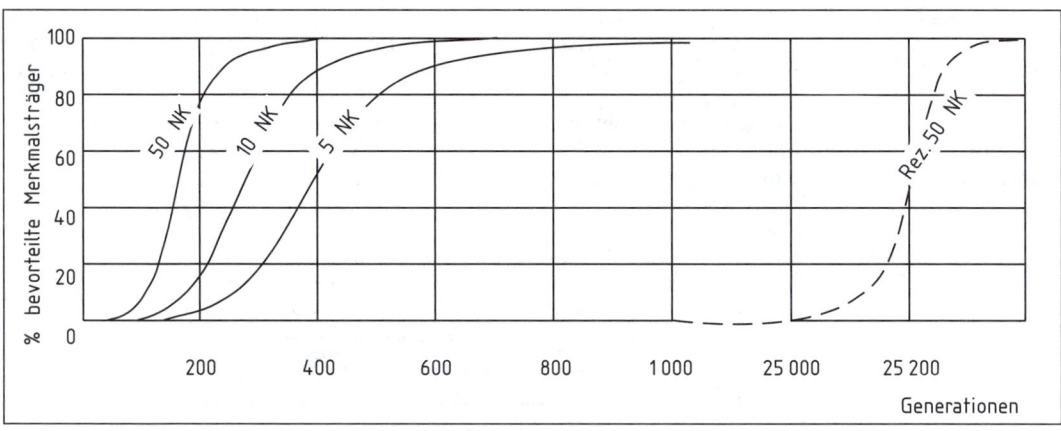

Abb. 23.4. Errechnete Beispiele für die Wirkung der natürlichen Auslese in einer zahlenmäßig gleichbleibenden Gesamtbevölkerung bei dominantem Erbgang (–) und Nachkommenanzahlen (je Elter) von 50, 10 und 5 und bei rezessivem Erbgang (- - -) und der Nachkommenzahl 50, und jeweils einem Vorteil der Träger des neuen Merkmals von $^1/_{100}$ und einer Anfangshäufigkeit des mutierten Gens von $^1/_{1000}$ innerhalb der Gesamtbevölkerung. Nach Mittmann aus Kühn 1965.

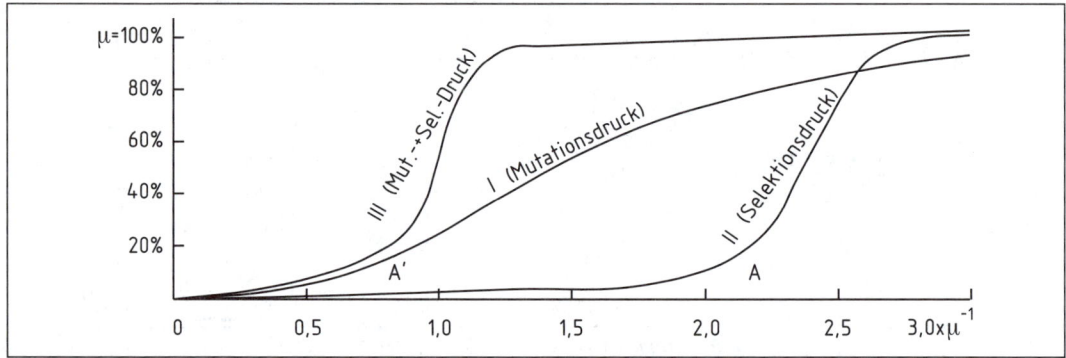

Abb. 23.5. Anstieg der Häufigkeit (*I*) der Mutanten (*aa*) durch Mutationsdruck (*I*) und Selektionsdruck (*II*) sowie durch die kombinierte Wirkung beider (*III*). Der Mutationsdruck kann beliebig hoch sein, liegt aber meist bei 10^{-6} bis 10^{-8}. Der Selektionsvorteil der Mutanten (*aa*) ist mit $s = 1\%$ angesetzt. Bis A′ hat der Mutationsdruck die Oberhand, ab A der Selektionsdruck. Allel *a* ist nicht voll rezessiv vorausgesetzt, da sonst der Anstieg von Kurve II erst nach 10^3 Generationen erfolgen dürfte, was zeichnerisch auf Schwierigkeiten stößt. Nach Ludwig 1960.

23.8. Genetische Drift

Unsere bisherigen Aussagen zu Genfrequenzveränderungen durch Faktoren wie Variabilität (Mutabilität) und Selektion treffen genau genommen nur für panmiktische und unendlich große Populationen, zu. In der Natur existieren jedoch keine unendlich großen Populationen, und Panmixie ist im günstigsten Fall nur annähernd realisiert. In Populationen mit mindestens einigen hundert Individuen werden Stichprobenfehler meist nur eine untergeordnete Rolle spielen. Wenn aber Populationen mit wenigen Individuen entstehen, so können durch stochastische Zufallsereignisse Veränderungen in den Genfrequenzen resultieren, die einmal in diese, das andere Mal in jene Richtung ausschlagen. Derartige Folgen von Zufallsereignissen werden als „genetische Drift" bezeichnet.

Genetische Drift ist die Veränderung der Genfrequenzen durch statistische Zufallsschwankungen, die in kleinen Populationen auftreten können. Die Bedeutung der genetischen Drift für die Genpoolzusammensetzung scheint in den natürlichen Populationen oft von großer Bedeutung zu sein.

Der Zufall bzw. die genetische Drift spielt bei der Differenzierung und Weiterentwicklung von Populationen deshalb eine beachtenswerte Rolle, weil viele Populationen in periodischer Weise deutliche Veränderungen ihres zahlenmäßigen Umfanges durchlaufen; vielfach beobachtet man wellenartige Veränder-

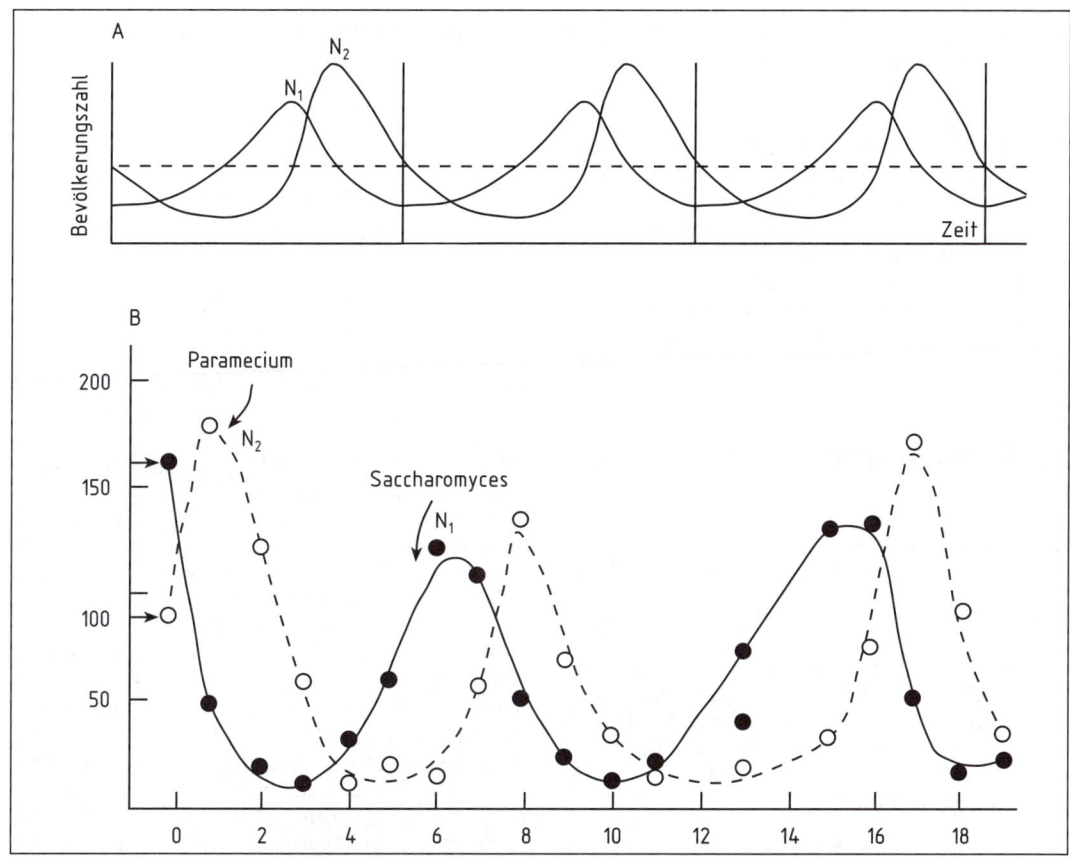

Abb. 23.6. *A* Theoretischer Bevölkerungsablauf eines Systems zweier Arten, von denen die eine (Bevölkerungszahl N_2) sich von der anderen (N_1) ernährt. Nach Volterra 1931 aus Ludwig 1948. *B* Beobachteter Bevölkerungsablauf einer sich von Hefezellen (N_1) ernährenden Infusorienart (N_2). Nach Gause aus Ludwig 1948.

rungen der Bevölkerungszahlen, sogenannte *Populationswellen* (Tschetverikov 1926), die sich in einem periodischen Gleichgewicht befinden. Diese Populationswellen können

- jahreszeitlich bedingt sein (örtliche Populationen von *Drosophila* sind im Sommer und Herbst 30mal größer als im Winter) oder
- sich über mehrere Jahre ausdehnen und dabei unterschiedliche Höhen und Täler haben (Beispiele sind die Vermehrung der Lemminge oder das Auftreten sog. „Mäuse-Jahre") oder
- sich als ein periodisches Gleichgewicht zwischen einer „Raub-Art" und einer „Beute-Art" einstellen (Beispiele sind Luchs und Wolf als Raub-Art und Hase als Beute-Art oder *Paramecium* und Hefe, Abb. 23.6.).

Volterra (1931; Lit. Ludwig 1960) hat in seiner Theorie der Lebensgemeinschaften diese Beziehungen mathematisch formuliert; die experimentellen Resultate stimmen mit diesen Berechnungen sehr gut überein (Abb. 23.6.).

In den *Tälern* derartiger Populationswellen, in denen der Bevölkerungsumfang ein Minimum erreicht, können zufällige Verschiebungen in der Zusammensetzung des Genpools erfolgen, die dann in dem folgenden Maximum beibehalten werden und so ganz deutliche Veränderungen in der Zusammensetzung des Genpools zur Folge haben können.

23.9. Migration, Meiotic Drive

23.9.1. Migration

Relativ schnelle und beträchtliche Änderungen der Genfrequenzen können erreicht werden, wenn in eine Population genetisch unterschiedliche Individuen einwandern bzw. eingeführt werden. Dieser Vorgang wird als Genfluss oder auch Migration bezeichnet.

Zwei Kategorien von Migration müssen unterschieden werden:

a) Intraspezifischer Genfluss zwischen geographisch getrennten Populationen derselben Art,

b) Interspezifische Bastardierung.

Die zuerst genannte Kategorie tritt sehr häufig bei zahlreichen Pflanzen und Tierarten auf und bestimmt maßgeblich das Muster geographischer Verteilungen.

Interspezifische Bastardisierung kann nur dann auftreten, wenn die Schranken, die normalerweise Arten trennen, aufgehoben sind. Diese Form der Migration ist wesentlich seltener, jedoch von weitreichender Bedeutung, da die Genunterschiede zwischen verschiedenen Arten größer sind als bei unterschiedlichen Subpopulationen derselben Art. Migration zwischen Subpopulationen kann nur solange erfolgen, wie ein Häufigkeitsgefälle der Genfrequenzen besteht. Sind die Genhäufigkeiten der kommunizierenden Subpopulationen gleich geworden, so kommt der Genfluss zum Stillstand. Die Migration ist somit ein populationsgenetischer Faktor, der gegen Differenzierung oder Spezialisierung der einzelnen Subpopulationen wirkt. Durch Selektion kann jedoch ein bestimmtes Gefälle in den Genfrequenzen der einzelnen Subpopulationen ständig erhalten werden.

23.9.2. Meiotic Drive (ungleiche Gametenproduktion)

Bei sich sexuell reproduzierenden Organismen beruhen die Gesetzmäßigkeiten der Vererbung darauf, dass bei der Meiose die väterlichen und mütterlichen Erbanlagen wieder im Verhältnis 1:1 auf die Gameten verteilt werden.

Sowohl die Mendelschen Gesetze als auch die Verteilung nach Hardy-Weinberg beruhen auf dieser Annahme. Spezielle Mechanismen, die bewirken können, dass ein bestimmter Faktor häufiger in die funktionierenden Geschlechtszellen kommt als nach dem Zufall zu erwarten wäre, werden als *Drive-Mechanismen* bezeichnet. Die Bedeutung dieser Mechanismen für die Genpoolzusammensetzung ist noch wenig untersucht, wenngleich sie nicht allzugroß sein dürfte.

Das bisher am genauesten untersuchte Beispiel eines meiotischen Drive-Mechanismus ist der Segregation-Distorter-Locus (SD) von *Drosophila melanogaster*. Der Locus ist im heterochromatischen Bereich des Centromers des II. Chromosoms lokalisiert. Die für den SD-Locus heterozygoten Männchen geben ihn in großen Mengen weiter, wogegen heterozygote Weibchen normale Segregation aufweisen. Über die molekularen Ursachen der bevorzugten Weitergabe von Loci, bedingt durch ungleiche Gametenbildung, liegen noch keine gesicherten Befunde vor.

Die Drive-Mechanismen stellen eine gerichtete Kraft dar, die entgegen der Selektion bestimmte Chromosomen oder Gene in der Population häufiger werden lassen. Handelt es sich um nachteilige Faktoren, die durch Drive-Mechanismen angereichert werden, so wird dadurch die genetische Bürde einer Population zunehmen. Werden hingegen positive Faktoren durch Drive-Mechanismen zusätzlich zur selektiven Bevorzugung vermehrt, so kann sich dies positiv für die Population auswirken, indem die sogenannte Substitutionsbelastung einer Population stark verringert wird.

23.10. Genetische Bürde

Die meisten natürlichen Populationen – besonders diejenigen, die sich durch Fremd- bzw. Kreuzbefruchtung vermehren – weisen einen hohen Grad von Heterozygotie für dominante und vor allem auch für rezessive Allele auf (vgl. 23.4.3. und Tab. 23.2.). Ein beträchtlicher Teil der rezessiven Allele verursacht einen Fitnessverlust und wird zur „genetischen Bürde" („genetic load") der Population.

Die genetische Bürde L wird als der relative Fitnessverlust definiert, den eine Population in Bezug auf ihre Maximalfitness erleidet:

$$L = \frac{W_{max} - W}{W_{max}},$$

wobei L die genetische Bürde, W_{max} die Maximalfitness und W die tatsächliche Gesamtfitness der Population ist.

Die Reduktion der Fitness geht auf Allele zurück, die eine nachteilige Wirkung haben. Durch Mutationen entstehen in Populationen dauernd neue Allele, die zum überwiegenden Teil nachteilig sind.

Der Teil der genetischen Bürde, der durch Neumutationen verursacht ist, wird als „Mutationsbürde" bezeichnet.

Viele und genaue Daten liegen über die genetische Bürde in menschlichen Populationen vor. Dabei sind unterschiedliche Gesichtspunkte zu berücksichtigen:

(a) Für diejenigen rezessiven Allele, die homozygot zu schweren Erbkrankheiten führen, erfolgt zwar eine starke Selektion gegen die Homozygoten (z. B. bei Cystischer Fibrose oder bei Muskeldystrophie); dennoch bleibt der Anteil heterozygot vorhandener rezessiver Allele in der Population beachtlich hoch (vgl. 23.4.1.). Das heißt: Die genetische Bürde für derartige Mutanten-Allele bleibt in der menschlichen Population hoch, auch wenn die Homozygoten von der Fortpflanzung weitgehend ausgeschlossen sind.

(b) In bestimmten Fällen kann die genetische Bürde der Population sogar wachsen, obwohl eine massive Selektion gegen die homozygot Rezessiven erfolgt: In den Gegenden Afrikas und Vorderasiens, in denen die Malaria weit verbreitet ist, kommt das Mutanten-Allel für Sichelzellenanämie gehäuft vor. Die Ursache liegt darin, dass die *Heterozygoten* für normales Hämoglobin (HbA) und Sichelzellen-Hämoglobin (HbS) eine *höhere Resistenz* gegen Malaria aufweisen als völlig gesunde Personen mit normalem Hämoglobin (HbA HbA). Dadurch erfolgt eine positive Selektion für HbA HbS-Personen (mit „Sichelzellen-Merkmal"), obwohl die HbS HbS-Homozygoten die schwere Erbkrankheit Sichelzellenanämie (mit hoher Letalität) haben, gegen die eine starke negative Selektion erfolgt. Die Frequenz von Heterozygoten (HbA HbS) erreicht in einigen Malariagebieten Mittel- und Ost-Afrikas Werte bis zu 44%. Ein prinzipiell ähnlicher Mechanismus ist verantwortlich für die Förderung der Heterozygoten für β-Thalassämie in den Mittelmeerländern und für α-Thalassämie in Melanesien.

(c) Kalkulationen mehrerer Autoren sprechen dafür, dass jeder Mensch (im Durchschnitt betrachtet) wohl zwei bis drei Mutantenallele heterozygot trägt, die im homozygoten Zustand eine deutliche Herabsetzung seiner Fitness bzw. seines Gesundheitszustandes bewirken würden. Die genetische Bürde der menschlichen Populationen ist somit beträchtlich.

23.11. Die Rolle „neutraler" Mutationen

Im Verlaufe der vergangenen 30 Jahre wird intensiv darüber diskutiert, in welchem Ausmaß die Allelvielfalt in natürlichen Populationen

(1) durch Selektionsprozesse, „Darwinian Evolution" oder
(2) durch „neutrale" Mutationen ohne Selektionsvorgänge, „Non-Darwinian Evolution" (Kimura, Crow, King, Jukes u. a.)

zustande gekommen ist.
Während anfangs die Idee von der Rolle „neutraler" Mutationen wenig Zustimmung und viel Ablehnung erfuhr, neigen viele Evolutionsforscher heute zu der Ansicht, dass Selektions-neutrale Mutationen *für einen Teil* der Allelvielfalt verantwortlich sein können.
So wird daran gedacht, dass unterschiedliche, durch verschiedene Mutationen entstandene Allele sich in ihrer effektiven Wirksamkeit weitgehend gleichen, so dass Fitness-Unterschiede nicht auftreten; es könnte auch sein, dass verschiedene Allele sowohl Vor- als auch Nachteile bewirken, die sich in ihrer Wirksamkeit kompensieren. Es lässt sich auch denken, dass bestimmte Mutantenallele durch enge Koppelung mit Genen von positiven Selektionswert zeitweise einer Selektion entzogen sind. Wie groß die Anteile dieser beiden gegensätzlichen Mechanismen für die Gesamtheit der Evolutionsprozesse sind, muss zukünftige Forschung klären.

23.12. Isolation

23.12.1. Mannigfaltige Isolationsmechanismen

Einer der wichtigsten Faktoren, die zur Rassen- und Artbildung führen, ist die Isolation von Genpools. Es gibt sehr unterschiedliche Isolationsmechanismen; sie alle bewirken die Trennung von Genpools, die damit die Chance haben, sich in verschiedene Richtungen weiterzuentwickeln.

In Tabelle 23.3. wird ein Überblick über unterschiedliche Isolationsmechanismen (in Anlehnung an Dobzhansky 1970) gegeben. Es ist zweckmäßig zu unterscheiden zwischen *präzygotischen* Mechanismen, die es verhindern, dass es überhaupt zu Paarungen zwischen Angehörigen von Subpopulationen kommt, und den *postzygotischen* Mechanismen, die an den entstandenen Bastarden angreifen. Aus der Zusammenstellung in Abbildung 23.3. ersieht man, dass es eine Vielzahl von Wegen und Möglichkeiten gibt – die alle in der Natur verwirklicht sind – um die Genpools von Subpopulationen voneinander zu trennen und so ihre isolierte Weiterentwicklung zu gewährleisten.

23.12.2. Der Founder- (Gründer-) Effekt

In bestimmten Situationen kommt es vor, dass ein neuer Lebensraum von sehr wenigen Individuen besiedelt wird (im Extremfall bei Tieren von einem einzigen begatteten Weibchen). Diese wenigen Individuen „begründen" dann eine neue Population: eine „Founder"- oder „Gründer"-Population. Derartige Gründer-Populationen sind in ihrer Entstehung und ihrer schnellen starken Veränderung z. B. an *Drosophila*-Arten auf den Inseln von Hawaii (Abb. 23.7.) genau analysiert worden (Carson 1970; Lit. Sperlich 1978).
Die wesentlichen Charakteristika der Entstehung und Evolution von Gründer-Populationen sind:
Die Gründer-Population ist klein und weist daher nur einen Teil der genetischen Variabilität der Ausgangspopulation auf. Dadurch spielt genetische Drift eine wesentliche Rolle. In den ersten Generationen kommt es zu starker Inzucht, und die Homozygotie vieler Gene wird erhöht. Außerdem werden Neumutationen in den Genpool wirksam inkorporiert. Wenn im neuen Lebensraum (z. B. einer von der Art bisher nicht besiedelten Insel) unterschiedliche ökologische Nischen vorhanden sind, schreitet die Differenzierung des Genpools ständig schnell fort.
Diese zunächst vor allem an *Drosophila* analysierten Vorgänge der Entstehung neuer Arten sind ganz sicher auf andere Spezies übertragbar (Mayr 1967).

Tab. 23.3. Einteilung der Isolations-Mechanismen. Nach Dobzhansky 1970 und Sperlich 1973, verändert.

I. Präzygotische oder vor der Paarung eingreifende Mechanismen

a) Geographische Isolation
Geographische Barrieren trennen die Verbreitungs-Areale (Gewässer, Seen und Meere);
Gebirge; Eismassen (Eiszeit).
b) Ökologische oder Habitats-Isolation
Die Population besiedeln dasselbe Areal, suchen aber unterschiedliche ökologische Nischen, Biotope
oder Habitate auf.
c) Temporäre Isolation
Die Paarungs- oder Blühzeiten sind gegeneinander im Tagesrhythmus oder über größere Zeitspannen
verschoben.
d) Sexuelle Isolation
Das Paarungsverhalten ist unterschiedlich. Gegenseitige Paarungssignale werden nicht verstanden.
e) Mechanische Isolation
Genitalien oder Blütenformen sind nicht korrespondierend.
f) Isolation durch unterschiedliche Bestäuber
g) Gametische Isolation
Gameten kommen nicht zur Verschmelzung.

II. Postzygotische oder nach der Paarung eingreifende Mechanismen

h) Hybridletalität oder -schwäche
Die Hybrid-Zygote hat reduzierte Fitness.
i) Hybridsterilität
Die Hybridgeneration ist in einem oder beiden Geschlechtern steril.
j) Hybrid-Zusammenbruch
Selbst wenn die F_1-Generation hohe Fitness zeigt, bricht das Gensystem in der F_2-Generation zusammen.

23.13. Einnischung – Annidation

Wie bereits in den Abschnitten 23.5. und 23.12. erwähnt, ist die Erschließung neuer ökologischer Nischen ein wesentlicher Evolutionsfaktor. Einnischung liegt vor, wenn Mutanten oder Rekombinanten, die keinen höheren Selektionswert haben – vielleicht sogar einen niedrigeren als die Hauptpopulation – innerhalb des Biotops eine konkurrenzarme ökologische Nische finden, in der sie ohne geographischen Sonderung und ohne Ausmerzung der bisherigen Hauptpopulation existieren und sich evolutiv verändern können (Ludwig 1948, 1960).

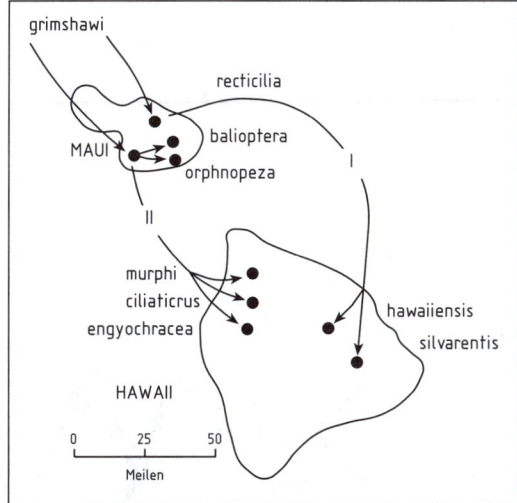

Abb. 23.7. Die *Drosophila*-Arten der Inseln von Hawaii lassen die Artbildung durch Founder deutlich erkennen. *I* Die Arten *D. hawaiiensis* und *D. silvarentis* lassen sich von einem Founder-Weibchen der Art *D. recticilia* ableiten. *II* Für diese Artengruppen muß eine hypothetische Zwischenform angenommen werden, von der sich die beiden Arten auf Maui und die drei auf Hawaii ableiten lassen. Nach Carson 1970 aus Sperlich 1978.

23.14. Ein Bild für das Zusammenwirken von Evolutionsfaktoren

Die in den vorhergehenden Abschnitten einzeln besprochenen Evolutionsfaktoren wirken in der Natur zusammen. Sie bewirken die evolutionäre Veränderung von Rassen, Arten und Gattungen und bilden die sog. Mikroevolution. Die Genetiker Sewall Wright (1932) und Wilhelm Ludwig (1943) haben ein Bild entworfen, das den Ablauf der *Mikroevolution* und das Zusammenwirken der Evolutionsfaktoren deutlich zu machen versucht; es sei als Abschluss der Behandlung der Evolutionsfaktoren gezeigt (Abb. 23.8.) und besprochen (Wir folgen dabei textlich weitgehend Ludwig 1960):

Man denke sich einen Organismus mit 10^3–10^4 Genen und zu jedem Gen 2–10 Allele. Die Zahl der möglichen Genotypen beträgt also mindestens 2^{1000} – eine unvorstellbar große Zahl. Nur ganz wenige von ihnen werden verwirklicht sein, noch viel weniger einigermaßen erhaltungsfähig; unter den verwirklichten befinden sich aber sämtliche Genotypen eines bestimmten Verwandtschaftskreises, etwa einer Familie oder einer noch höheren systematischen Einheit. Man denke sich nun die 2^{1000} (oder mehr) Genotypen als Punkte einer Ebene aufgetragen dergestalt, dass 2 Genotypen um so benachbarter sind, je weniger sie voneinander abweichen – und als Ordinate hierzu die *Eignung* (Fitness) dieser Genotypen innerhalb der jeweiligen Umwelt. Dann entsteht ein „Gebirge" mit „Gipfeln", durch „Täler" und „Sättel" getrennt, und jeder (mögliche) Genotyp ist durch einen Punkt dieser Gebirgsoberfläche repräsentiert, jede Rasse hat einen „Bezirk" derselben inne. Alles weitere erläutern wir an Hand von Abbildung 23.8., und zwar an einigen herausgegriffenen Fällen. Die Nummern des Textes beziehen sich auf die Nummern in der Abbildung.

1) Befindet sich eine Rasse am Abhang eines unbesetzten Gipfels, ist ihre Bevölkerungszahl N groß und treten die entsprechenden Mutationen auf, so wird sie allmählich den Gipfel erklimmen. – 2) Befindet sie sich in einer Senke zwischen zwei oder mehreren unbesetzten Gipfeln, so kann sie sich leicht in Teilrassen spalten, die verschiedene Gipfel zu ersteigen beginnen. Man denke – als ganz schematisierten Fall – an die drei Allelenpaare groß-klein, kräftig (plump)-zierlich (schnell), Kampfinstinkt – Fluchtinstinkt. Von den acht Kombinationen werden „groß, kräftig, Kampf" und „klein, zierlich, Flucht" hohe Eignung zeigen, also auf zwei benachbarten Gipfeln sitzen, während sich die übrigen sechs auf Abhängen oder im Tal befinden. Eine noch undifferenzierte Rasse kann sich also leicht in zwei oder mehr Lager spalten, die auf getrennten Bergen aufwärts wandern. – 3) Sitzt eine Art bereits auf einem Gipfel und vergrößert sich die Mutabilität oder verkleinert sich der Selektionsdruck, so wird sie sich bergabwärts verbreiten, im gegenteiligen Falle sich auf den äußersten Gipfelbereich zurückziehen. – 4) *Ändert sich die Umwelt*, sei es das Klima oder die Zusammensetzung der Lebensgemeinschaft, so wird das ganze Gebirge stetige Deformationen erleiden. Der Gipfel, auf dem eine bisher hochgeeignete Art saß, kann sich allmählich verändern, z. B. senken, so dass die Art allmählich in ein Tal gerät und Gefahr läuft, auszusterben, wenn sie nicht durch Mutation den Weg auf einen anderen (vielleicht inzwischen neu entstandenen) Gipfel findet. – 5) Ist die Bevölkerung N sehr klein, so gibt der Zufall den Ausschlag. Eine solche Art kann z. B., auch ohne Umweltänderung, einen Berg herabwandern, in ein Tal gelangen, unterwegs irgendwelche andere Allele aufklauben und schließlich einen neuen Gipfel besteigen, – doch läuft sie infolge ihrer Kleinheit ständig Gefahr, unterwegs auszusterben. – 6) Bei mittlerer Größe von N kommen solche direkte Abstiege kaum vor, aber die Art kann „umherirren" und schließlich, falls sie nicht unterwegs ausstirbt, auf einen anderen Gipfel hinüberwechseln.

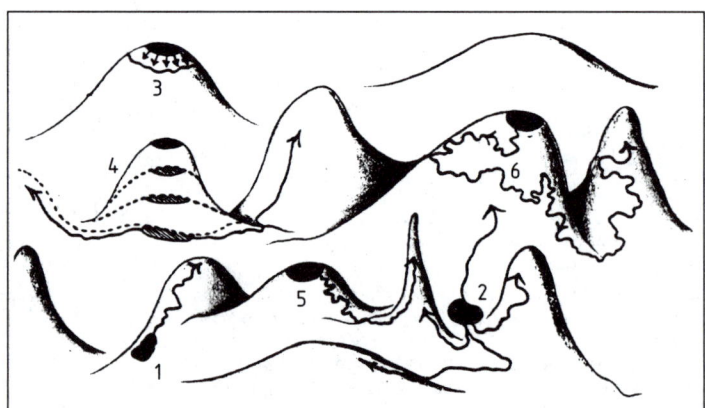

Abb. 23.8. Schema für das Zusammenspiel der Evolutionsfaktoren. Nach Wright 1932 aus Ludwig 1960.

23.15. Mikroevolution und Makroevolution

Allgemein wird die evolutionäre Veränderung von Rassen, Arten und Gattungen als Mikroevolution bezeichnet. Die besprochenen Evolutionsfaktoren stellen die Mechanismen dar, welche der Mikroevolution als Basis zugrunde liegen.

Viel diskutiert wurde und wird die Frage, ob die **Makroevolution**, welche unterschiedliche Bau- und Funktionstypen schuf und so der Entstehung der höheren taxonomischen Kategorien zugrunde lag, mit denselben Mechanismen, wie sie für die Mikroevolution erkannt wurden, arbeitet oder ob hierfür noch andere Wirkmechanismen postuliert werden müssen.

Dieses Problem wurde und wird kontrovers diskutiert; dabei spielen neben wissenschaftlichen Argumenten auch philosphische, weltanschauliche und religiöse Ansichten eine nicht unwesentliche Rolle.

Den meisten Genetikern und Evolutionsforschern erscheint es vernünftig, zunächst einmal zu versuchen, die Evolution der Organismen in ihrer Gesamtheit (also Mikro- und Makroevolution) mit den genetischen Mechanismen zu erklären, deren Wirken experimentell nachgewiesen ist. Die Gesamtheit der von dieser Auffassung ausgehenden Vorstellungen bezeichnet man als die „synthetische Theorie der Evolution". Sie wurde in jahrzehntelangen Bemühungen vieler Evolutionsforscher begründet und ausgebaut, von denen nur folgende zusammenfassende Werke und ihre Autoren bzw. Herausgeber genannt seien: Dobzhansky (1939, 1970), Heberer (1943, 1960, 1974), Ludwig (1948), Mayr (1963, 1967), Schmalhausen (1949), Simpson (1953), Wright (1968, 1969).

Die Genetik erhebt nicht den Anspruch, die Evolution als Gesamtphänomen erklären zu wollen; das ist auch nicht ihre Aufgabe. Angestrebt wird dies von der Evolutionsforschung als Synthese aller biowissenschaftlichen Disziplinen.

Aber die Genetik darf verlangen, dass jede evolutionistische Theorie die genetischen Ergebnisse aus der Analyse der Mikroevolution berücksichtigt. Sie macht darauf aufmerksam, dass alle zusätzlichen Annahmen, die experimentell nicht belegt sind, rein spekulativ sind. Und Experimente sowie exakte Beobachtungen sind nun einmal tragfähiger als Spekulationen.

24. Anwendung genetischer Erkenntnisse und Verfahren in Landwirtschaft, Industrie und Medizin

Bereits wenige Jahre nach Wiederentdeckung der Mendelschen Gesetze war offenkundig, dass die Kenntnis der Vererbungsgesetze von großer Tragweite für Landwirtschaft und Medizin war. Die weitgehende Austauschbarkeit genetischer Objekte und die bald festgestellte Tatsache, dass die Grundprozesse der Vererbung bei den einzelnen Objekten wesensgleich sind, förderte die Anwendung dieser Erkenntnisse in der Humanmedizin wie auch in der Pflanzen- und Tierzüchtung. Wichtig war dabei, dass führende Genetiker „der ersten Stunde" wie William Bateson (ab 1905) und Erwin Baur (ab 1909) von Anfang an parallel mit zahlreichen Tier- und Pflanzenarten experimentierten, darunter mit unterschiedlichen Kulturpflanzen und Haustieren.

Die Grundlagenforschung auf den Gebieten der Genetik, Cytologie, Zellbiologie und Biochemie brachte in den folgenden Jahrzehnten immer neue Erkenntnisse und methodische Fortschritte, die in den Feldern der Landwirtschaft, Medizin und Industrie vielfach angewandt wurden. Andererseits führten die Fortschritte in diesen Bereichen zu zahlreichen Anregungen für die Grundlagenforschung.

Im folgenden werden ausgewählte Anwendungsbeispiele aus den drei genannten Bereichen dargestellt.

Waren es in den ersten Jahrzehnten des zwanzigsten Jahrhunderts vor allem kreuzungsgenetische Verfahren und deren Auswertungsmethoden sowie cytologische Analysen, so kam später der Einsatz der Mutationsforschung hinzu. Später führte der Einsatz zellbiologischer Verfahren zu wichtigen Resultaten, und schließlich führten die effektiven Verfahren der Gentechnologie – kombiniert mit den DNA-Sequenzierungsmethoden – zu ganz herausragenden Ergebnissen.

24.1. Landwirtschaft

24.1.1. Mutations- und Rekombinations-Verfahren

Die sich in raschem Tempo vermehrende Erdbevölkerung könnte heute – eine entsprechende Verteilung der Nahrungsmittel vorausgesetzt – gerade noch ausreichend ernährt werden. Für die Zukunft ist dies unter Beibehaltung des bisherigen Entwicklungstempos der Landwirtschaft und ohne die Erschließung neuer Möglichkeiten der Nahrungsmittelproduktion aber nicht mehr gewährleistet. Eine Erhöhung der Erträge unserer nur begrenzt zur Verfügung stehenden landwirtschaftlich nutzbaren Fläche ist ein weltweit aktuelles Thema.

Neben der *Optimierung der Anbaubedingungen und einer effektiven Vorratshaltung* spielt die *genetische Verbesserung der Kulturpflanzen* die größte Rolle bei der Lösung des Ernährungsproblems. Gegen Krankheitserreger weitgehend resistente, ertragreiche und ertragsichere Sorten sind das Ziel der Pflanzenzüchter.

Die folgenden Beispiele sollen die Anwendung genetischer Erkenntnisse in der Landwirtschaft verdeutlichen.

* Die sog. „Grüne Revolution" Ende der sechziger Jahre beruhte auf der Kombination bereits vorher in der Pflanzenzüchtung angewandter Methoden in großem Maßstab.

Durch die Verwendung von Zwergwuchs- (*semidwarf-*) Genmutanten und die Durchführung zehntausender Kreuzungen mit einem großen Weizensortiment gelang es Borlaug, im Institut CIMMYT in Mexiko Weizenformen zu entwickeln, die resistent gegen Getreiderost sind und durch den Zwergwuchs auch stärker gedüngt werden können, ohne zu lagern. Dadurch war eine wesentliche Ertragssteigerung möglich.

Borlaug erhielt für seine Arbeiten den Friedensnobelpreis. Ähnliche Arbeiten wurden wenig später am „International Rice Research Institute" auf den Philippinen beim Reis durchgeführt.

- Der Ernährungswert von Nahrungsmitteln hängt u. a. von ihrem Lysingehalt ab. Pflanzliche Proteine enthalten aber relativ wenig Lysin. Deshalb kommt Mutanten mit einem erhöhten Lysingehalt eine besondere Bedeutung zu.

Solche Formen sind mit der Gerstenmutante 1508, der *opaque*-2-Mutante vom Mais und bei *Sorghum* gefunden worden. Nachteile dieser lysinreichen Formen sind ihr höherer Energiebedarf und deutliche morphologische Störungen am Korn. Offensichtlich ist es so, dass der Eiweißgehalt genetisch an Faktoren gekoppelt ist, welche die Entwicklung des Endosperms hemmen. Formen, bei denen eine solche Kopplung nicht besteht, könnten eine wesentliche Ertragsverbesserung bringen. Einige Ansatzpunkte für eine Suche nach solchen Formen sind bei bestimmten Weizenformen aus Nebraska (CI 1738 a) gegeben.

- Neben diesen bereits erwähnten Genmutanten gibt es bei einer Reihe von Nutz- und Zierpflanzen weitere spontane Mutanten, die in der Landwirtschaft z. T. schon seit längerer Zeit genutzt werden. Dazu gehören alkaloidfreie Mutanten der gelben und blauen Lupine, viele Sorten in der Zierpflanzenzüchtung, monogerme Mutanten der Zuckerrübe – sie führen zu einer Erleichterung des Anbaus. Von großer Bedeutung sind auch Formen, die mutativ bedingt einen allgemein höheren Proteingehalt besitzen (z. B. bis zu 8% mehr bei Gerstenmutanten).
- Durch gezielte Nutzung von Chromosomenmutationen war es möglich, wertvolle Resistenzmerkmale von Wildarten in Kulturformen zu übertragen. Die Weizensorte „Transfer" enthält ein Chromosomenstück aus *Aegilops umbellulata* mit dem Gen für Resistenz gegen Weizenbraunrost, und die Weizensorte „Transec" ist durch Translokation eines Chromosomenstückes des Roggens resistent gegen Braunrost und Mehltau.
- Auch Genommutationen spielen eine große Rolle in der Pflanzenzüchtung. Zahlreiche wertvolle und wichtige Kulturpflanzen sind Allopolyploide (vgl. 7.2.). Diese Formen können züchterisch noch weiter

verbessert werden. So existieren heute viele Additions- und Substitutionslinien des Weizens, z. B. mit einzelnen Roggen-Chromosomen.

- Für die Nutzung von Hybrideffekten ist die Erzeugung von Hybridsaatgut auf der Basis pollensteriler Linien beim Mais, Weizen, der Zwiebel und der Gerste von Bedeutung.
- Inkompatibilität wird bei bestimmten Kohlsorten genutzt, um Selbstbefruchtung zu verhindern und Fremdbefruchtung zu erzwingen.
- Bei einigen Nutzpflanzenarten existiert eine unterschiedliche Leistungsfähigkeit der beiden Geschlechter. Das Ziel der Pflanzenzüchtung ist es, das Geschlechtsverhältnis so zu verschieben, dass möglichst viele Nachkommen des leistungsfähigeren Geschlechts entstehen. So geben männliche Spargelpflanzen deutlich mehr Ertrag. Beim Hanf bilden die weiblichen Pflanzen wesentlich bessere Fasern als die männlichen. Weibliche Spinatpflanzen schossen später als männliche und sind deshalb von Vorteil. Auch bei der Erdbeere und der Gurke sind möglichst viele weibliche Blüten das Ziel der Züchtung. Wege der Geschlechtsmanipulation sind durch die Wirkung bestimmter Modifikationsgene für die Geschlechtsrealisatoren gegeben.
- Weltweit werden große finanzielle Mittel aufgewendet, um pflanzen- und tierpathogene Schädlinge zu bekämpfen. Zum größten Teil werden heute dazu Chemikalien eingesetzt, die teuer zu produzieren sind, nicht streng selektiv wirken und zudem noch zu Langzeitschädigungen der Biozönose und des Menschen führen können (z. B. DDT). Erste Anfänge einer biologischen Schädlingsbekämpfung zeigen trotz vieler Rückschläge eine mögliche Alternative zur bisher geübten Praxis.

Diese Methoden beruhen bei Insekten auf dem massenhaften Aussetzen sterilisierter Männchen, so dass nach der Paarung dieser Männchen mit normalen Weibchen keine Nachkommen auftreten. Nach diesem Prinzip werden u. a. die Dasselfliege (*Cochliomyia hominivorax* L.) und die Kirschfruchtfliege (*Rhagoletis cerasi* L.) bekämpft. Wöchentlich wurden in der Umgebung von Los Angeles 25 Mio. sterile Mittelmeerfruchtfliegen (*Ceratidis capitata*) ausgesetzt. Der Befruchtungserfolg beträgt maximal 1%. Um einen ähnlichen Erfolg mit Pestiziden zu erreichen, wäre ein zehnfach höherer finanzieller Aufwand nötig.

- Wie alle Haustiere sind auch die in der Landwirtschaft eingesetzten Insekten Gegenstand intensiver erfolgreicher Züchtungsarbeiten. So konnte durch Kreuzungen zwischen verschiedenen Rassen des Seidenspinners (*Bombyx mori*) ein dreimal höherer Ertrag an Seide gewonnen werden. Bei der Honigbiene (*Apis mellifica*) hat deren Anpassung an bestimmte Nutzpflanzen eine große volkswirtschaftliche Bedeutung.
- Auch die Fischwirtschaft bedient sich genetischer Erkenntnisse. So wird versucht, Lachsforellen ohne Wanderinstinkt zu züchten. Beim Karpfen sind Versuche zur Züchtung von Formen mit einer reduzierten Grätenzahl bekannt. Nicht zuletzt sind auch die in der Fischaufzucht am weitesten verbreiteten Spiegelkarpfen Ergebnis züchterischer Bemühungen.
- Die Induktion von Mutationen durch Bestrahlung von Pflanzensamen oder Behandlung mit Chemikalien und die anschließende Selektion geeigneter Mutanten ist für die Züchtungsforschung von großer Bedeutung.
  Erste Arbeiten zur Ausnutzung induzierter Mutationen bei Pflanzen wurden nach einer Anregung von Muller Ende der zwanziger Jahre begonnen. Da Mutationen nicht gerichtet induziert werden können, müssen sehr viele mutagen behandelte Pflanzen angebaut werden, um die wenigen (weniger als 0,1%) züchterisch wertvollen Formen zu selektieren.
- Seit 1890 wird in den USA Pfefferminzöl ausschließlich aus *Mentha piperita* L. gewonnen. Da diese Art nicht resistent gegen *Verticillium* war, stand die Industrie (besonders Kaugummi- und Zahnpastaproduzenten) nach einem endemischen Auftreten von *Verticillium* vor großen Schwierigkeiten. Bei der sehr aufwendigen Kreuzung von *Mentha piperita* mit der *Verticillium*-resistenten *M. crispa* ging der typische Pfefferminzgeschmack verloren. Mitte der fünfziger Jahre begann man nach intensiven Mutationsexperimenten, Formen zu suchen, die resistent sind. Unter 6 Mio getesteten Pflanzen konnten 1960 15 Stämme selektiert werden, die das gewünschte Pfefferminzöl enthielten und resistent waren.
- Vor einer ähnlichen Problematik stand gegen Ende der sechziger Jahre die Hybridmaisproduktion in den USA. Die Produktion dieses Saatgutes basierte im wesentlichen auf der Ausnutzung der cytoplasmatischen männlichen Sterilität des Typs T (= „Texas"; vgl. Tab. 22.2.). Mit dem endemischen Auftreten des Pilzes *Bipolaris (Helminthosporium) maydis* wurden selektiv Pflanzen mit dem T-Cytoplasma vernichtet.

Auf Grund der großen Bedeutung der Maisproduktion setzte eine intensive Suche nach *Bipolaris*-Toxin-resistenten männlich sterilen Cytoplasmen ein. Durch den Einsatz der neuen Technik der Zellkultur gelang es Gengenbach und Mitarb. in kurzer Zeit, resistente Pflanzen zu erzeugen. Sie legten Zellkulturen vom Mais an und behandelten diese mit steigenden Konzentrationen von *Bipolaris*-Toxin und selektierten resistente Zellinien. Diese wurden anschließend zu ganzen Pflanzen regeneriert, und es konnten solche Formen gewonnen werden, die sowohl männlich steril als auch *Bipolaris*-Toxin-resistent waren. Ähnliche Untersuchungen zeigen, dass dieser Weg im Prinzip auch für andere landwirtschaftlich wichtige Kulturpflanzen (*Phytophthora*-Resistenz bei der Kartoffel) möglich ist.

Diese letzten Beispiele zeigen in besonders eindrucksvoller Weise, wie neue Arbeitstechniken zu einem raschen Fortschritt in der Züchtungsforschung führen können.

- Zellbiologische Verfahren werden auch in der Tierzüchtung erfolgreich eingesetzt. Seit etwa 25 Jahren ist die *künstliche Besamung* bei Rindern üblich:

Möglichst viele Eizellen werden mit dem Sperma von züchterisch wertvollen Bullen befruchtet, ohne den aufwendigen Transport der entsprechenden Tiere durchführen zu müssen. Die damit möglich gewordenen großen Zuchteinheiten lassen eine bessere Zuchtwerteinschätzung zu. Mit dieser Methode konnten bedeutende Zuchterfolge auch bei Schweinen in kurzer Zeit erzielt werden. Eine moderne Landwirtschaft ist heute ohne künstliche Besamung kaum denkbar. Das genetische Potential der Muttertiere wurde bisher damit allerdings nicht voll ausgeschöpft.

Zwei Tatsachen eröffnen für die Zukunft neue Wege für die Rinderzüchtung (vgl. Kap. 12):

- Erstens die *Polyovulation*: Von den vielen tausend Follikeln einer Kuh werden in der Regel nur sehr wenige genutzt (etwa 4–5). Man ist heute in der Lage, durch eine entsprechende Hormonbehandlung die Reifung von mehreren Eiern herbeizuführen.
- Eine zweite, bereits realisierbare Technik ist die „*Eitransplantation*" (besser: Embryo-Transfer), d. h. die Entnahme eines befruchteten Eies von einem Muttertier und die anschließende Verpflanzung in den Uterus eines Empfängertieres.

Induziert man Polyovulation bei einer genetisch hochwertigen Kuh, befruchtet deren Eizellen künstlich mit dem Sperma ausgewählter Bullen und transplantiert nun die befruchteten Eier in die Gebärmutter züchterisch nicht so wertvoller Tiere, die dann auch die Kälber austragen, so erreicht man eine sehr schnelle Ausbreitung wertvoller Erbanlagen. Die hochwertige Kuh steht dann bereits nach kurzer Zeit wieder für eine erneute Polyovulation zur Verfügung. Eine Elitekuh kann so statt 4–5 etwa 80–100 Nachkommen haben (vgl. 12.2.). Entsprechend der Tiefkühllagerung von Bullensperma ist eine Lagerung genetisch interessanter Eizellen denkbar.

24.1.2. Gentechnologische Verfahren für die Landwirtschaft

Ganz neue und weitreichende Eingriffsmöglichkeiten in das Erbgut von Mikroorganismen, Pflanzen und Tieren hat die Gentechnologie eröffnet.

Während Einkreuzung wertvoller Gene (z. B. Resistenzgene) aus Wild- oder Primitiv-Arten in Hochleistungs-Sorten jahrelange Rückkreuzungs-Serien erfordert, ist es mit gentechnologischen Methoden möglich, einzelne wertvolle Gene gezielt in entsprechende Sorten einzuführen – was einen großen zeitlichen Gewinn bringt.

In Kapitel 13 sind die verschiedenen Verfahren der Gentechnologie im einzelnen geschildert worden. Hier geht es jetzt um einige Beispiele für das Erreichen konkreter Zuchtziele.

– *Insektenresistenz von Kulturpflanzen*: Viele Insekten befallen Kulturpflanzen und verursachen – bei massenhaftem Befall – sehr große Schäden.

In den USA sind die Larven von *Heliothis zea* gefährliche Schadinsekten für Baumwoll-Pflanzen. Seit längerem ist bekannt, dass der *Bacillus thuringensis* ein Toxin bildet ("*Bt*-Toxin"), das für mehrere Insektenarten hochgiftig ist (für Wirbeltiere aber völlig unbedenklich). Nach Isolierung des *Bt*-Toxin-Gens aus *B. thuringensis* und seiner Einführung in Baumwoll-Pflanzen mit Hilfe von *Agrobacterium tumefaciens* (vgl. 13.5.3.) gelang die Erzeugung von Baumwoll-Pflanzen, die dieses Gen ausprägen. Wenn Larven von *Heliothis zea* an derartigen Pflanzen fressen, werden sie von dem *Bt*-Toxin abgetötet.

– *Virusresistenz*: Viruserkrankungen vieler Kulturpflanzen können große Schäden verursachen. Deshalb hat man versucht, auf folgendem Wege eine gewisse Virusresistenz bzw. -immunität zu erreichen:

Die cDNA (oder DNA) für das Hüllprotein-Gen (z. B. des Tabakmosaikvirus TMV) wurde mit Hilfe des *Agrobacterium*-Transfersystems in die entsprechenden Kulturpflanzen eingeführt. Dort wird es, weil es mit einem starken 35S-Promotor verknüpft wurde, sehr gut exprimiert, d. h. die Kulturpflanze bildet Virus-Hüllprotein. Erfolgt nun eine Infektion mit Virus-RNA (z. B. von TMV), so werden die Virus-RNA-Moleküle von dem vorhandenen Hüllprotein sofort "verpackt", können sich somit nicht vermehren und keine Infektion der Pflanze bewirken. – Auch andere Methoden werden gegenwärtig erprobt, um Virusresistenz von Kulturpflanzen zu bewirken, so der Einsatz von Antisense-RNA, die Ausprägung Virus-RNA spaltender Ribozyme oder die Einwirkung auf das Virus-Replikase-Gen.

– *Herbizidresistenz von Kulturpflanzen*: Zur Unkrautbekämpfung werden seit vielen Jahren Herbizide der verschiedensten Art in ziemlich großen Mengen eingesetzt, auf landwirtschaftlichen Nutzflächen, auch in Gärten, an Wegrändern usw.

Um hocheffektive Herbizide (die in kleinen Mengen einen großen Effekt erzielen) auf landwirtschaftlichen Nutzflächen einsetzen zu können, wurde folgender Weg beschritten:

Es wurden Gene isoliert, die jeweils Resistenz gegen ein bestimmtes Herbizid bewirken. Diese Gene wurden dann mit gentechnologischen Methoden in Kulturpflanzen transferiert, die dadurch resistent gegen das betreffende Herbizid wurden. Auf diese Weise wurden nach dem Einsatz des jeweiligen Herbizids auf der landwirtschaftlichen Nutzfläche die Unkräuter abgetötet; die resistenten Kulturpflanzen aber wuchsen unbeschadet weiter.

Dieses Verfahren wurde insbesondere für die Breitspektrum-Herbizide Phosphinothricin (Handelsname "Basta", Halbwertszeit im Boden 10 Tage), Glyphosat ("Roundup", Halbwertszeit im Boden 3–60 Tage) und Bromoxynil durchgeführt. Ein Gen für Toleranz bzw. Resistenz gegen Phosphinothricin konnte aus Luzerne (*Medicago sativa*), zwei andere Gene (*pat* und *bar*) aus *Streptomyces viridochromogenes* und *Str. hygroscopicus* isoliert werden. Unter Verwendung dieser Gene wurden resistente Linien von Luzerne, Tomate, Mais, Reis, Weizen und Sojabohnen geschaffen. Entsprechende Resistenz-Gene für Glyphosat wurden einerseits aus *Petunia hybrida* isoliert, andererseits aus *Salmonella typhimurium*. Diese Gene codieren das Enzym EPSPS (5-Enolpyruvat-Shikimat-3-Phosphat-Synthese), das an der Synthese essentieller aromatischer Aminosäuren mitwirkt. Unter Verwendung dieser Gene wurden herbizid-resistente Linien von Tabak, Baumwolle und Sojabohne geschaffen, die in den USA und auch anderen Ländern in Freisetzungsprojekten geprüft wurden (Tab. 24.1.).

Das Gen für Bromoxynil-Resistenz (*bux*) stammt aus *Klebsiella ozaenae* und codiert eine Nitrilase. Bromoxynil-resistente Linien existieren von Tabak und Baumwolle (Broer und Pühler 1994).

Bei der Verwendung bakterieller Resistenz-Gene für den Gentransfer in Kulturpflanzen ist es notwendig, diese Gene umzubauen, um sie mit Start- und Transit-Sequenzen zu versehen, welche für eine Expression in den eukaryotischen Pflanzenzellen notwendig sind.

Gegenwärtig werden weltweit zahlreiche Herbizid-resistente Kulturpflanzen in Freilandversuchen getestet (Tab. 24.2.).

Gegen Versuche mit Herbizid-resistentem Mais gibt es keine stichhaltigen ökologischen Einwände; denn es gibt – zumindest in Europa – keine Arten, mit denen Mais kreuzbar ist, so dass eine Übertragung der Herbizid-Resistenz durch Pollen auf andere Arten unmöglich erscheint.

Bei Herbizid-resistentem Raps (*Brassica napus*) liegt die Situation etwas anders, weil eine Pollenübertragung von Raps auf verwandte Arten, die Unkräuter sind, möglich erscheint,

z. B. *Brassica nigra* (Schwarzer Senf) und auf *Sinapis arvensis* (Ackersenf). Hier wird gegenwärtig die tatsächliche Häufigkeit derartiger erfolgreicher Übertragungen genau überprüft. Außerdem wird nach Varianten gesucht, um derartige Pollenübertragungen unmöglich zu machen. Das ist z. B. dadurch möglich, dass man das Resistenzgen in die Plastiden-DNA verlagert, weil die Plastiden-DNA bei diesen Arten (wie bei sehr vielen anderen) nur mütterlicherseits vererbt wird.

– Transfer einzelner Gene für Stoffwechselleistungen: Die guten, bei höheren Pflanzen verfügbaren Verfahren zum Gentransfer (vgl. 13.5.3.) haben es möglich gemacht, spezifisch einzelne Leistungs-Gene für folgende Eigenschaften auf Kulturpflanzen zu übertragen: Blütenfarbe (Petunie), Fruchtreife (Tomate), Pilzresistenz (Raps), Stärkegehalt (Kartoffel), Scopolamin-Gehalt (Tollkirsche) u. a. (Wobus in von Schell und Mohr 1995 und Kempken 1997).

Sehr bekannt geworden ist die Tomatensorte FLAVR SAVR, die ein gentechnologisch eingebautes Antisense-Gen für die Polygalakturonase besitzt; hierdurch wird die Produktion des Enzyms Polygalakturonase zu 99 % blo-

---

Tab. 24.1. Durch Gen-Transfer in Kulturpflanzen übertragene Gene, die von ihnen codierten Proteine und die bewirkten neuen Eigenschaften. Nach Jany und Greiner 1998.

Transferiertes *Gen*/Protein	neue Eigenschaft	Pflanze
CAC d/ACC-Desaminase	verzögerte Reifung	Tomate
crylA(a); crylA(b); cyrlA(c) / B.t.-Toxine	Resistenz gegen Insekten	Kartoffel, Reis, Raps, Tomate, Baumwolle, Tabak
CP-EPSPS/EPSP-Synthase	Toleranz gegen Glyphosat	Sojabohne, Canola, Raps
GOX/Glyphosat-Oxidoreduktase	Oxidation von Glyphosat	Raps
aroA/APSP-Synthase	Toleranz gegen Glyphosat	Tabak
bar/Phosphinothricinacetyl-Transferase	Toleranz gegen Glufosinat	Zuckerrübe, Raps, Tabak, Kartoffel, Canola, Sojabohne, Tomate, Mais
bat/Phosphinothricinacetyl-Transferase	Toleranz gegen Glufosinat	Weizen, Canola
bxn/Nitrilase	Toleranz gegen Bromoxynil	Baumwolle, Kartoffel
barnase; barstar/Ribonuklease und Inhibitor	männliche Sterilität	Raps
gldC/ADP-Glucosepyrophosphorylase	Erhöhter Stärkegehalt	Kartoffel, Tomate
mtlD/Mannit-Dehydrogenase	Erhöhter Mannitgehalt	
npt II/Niomycin-Phosphotransferase	Antibiotika-Resistenz	z. B. Tomate, Baumwolle
gus/Glucuronidase	Farb-Markergen	z. B. Kartoffel
	Resistenz gegen	
PLRV-CP/Virales Hüllprotein	Kartoffelblatt-Rollvirus	Kartoffel
PVY-CP/Virales Hüllprotein	Kartoffel PVY-Virus	Kartoffel, Tomate
TMV-CP/Virales Hüllprotein	Tabakmosaikvirus	Kartoffel
ZYMV-CP/Virales Hüllprotein	Zucchinimosaikvirus	Kürbis, Zucchini
CMV-WL CP/Virales Hüllprotein	Gurkenmosaikvirus	Gurke, Melone, Kürbis, Tabak, Tomate

ckiert und damit der Zellwandabbau in den Früchten, die dadurch fest bleiben und nicht matschig werden.

– *Synthese biologisch abbaubarer Plaste:* Das Bakterium *Alcaligenes eutrophus* besitzt Gene für die Synthese von Polyhydroxybutyrat (PHB), das für die Produktion biologisch abbaubarer Plaste genutzt werden kann. Diese PHB-Gene wurden in *Arabidopsis thaliana* transferiert und dort ausgeprägt, um die Erzeugung derartiger Stoffe in anderen Kulturpflanzen zu testen.

– *Experimentelle Erzeugung pollensteriler Kulturpflanzen:* Während cytoplasmatische Pollensterilität schon seit langem als Basis für Hybridzüchtung genutzt wird, gibt es gegenwärtig viele Bemühungen, künstliche Systeme zur Erzeugung von Pollensterilität zu entwickeln. Der Weg besteht darin, ein Ribonuklease-Gen mit einer Tapetum-spezifischen Promotor-Sequenz zu kombinieren und dieses Konstrukt in die Kulturpflanze zu übertra-

gen, die pollensteril gemacht werden soll. Die Expression der Ribonuklease zerstört das Tapetum und verhindert die Pollenentwicklung und bewirkt so Pollensterilität.

– *Kulturpflanzen als Produzenten menschlicher oder tierischer Proteine:* Es sind vielfältige Bemühungen im Gange, um menschliche oder tierische Gene in Kulturpflanzen zu übertragen, und diese Pflanzen als „Bioreaktoren" zur Erzeugung der entsprechenden Proteine zu veranlassen. Diese Versuche sind bisher erst im Labormaßstab durchgeführt worden: die Erzeugung des menschlichen Neuropeptids Enzephalin, menschlichen Serumalbumins und monoklonaler Antikörper der Maus. Viele der dabei auftretenden Probleme hängen mit der anschließend erforderlichen Reinigung dieser Stoffe zusammen.

– *Erzeugung von Arzneimitteln durch transgene Tiere – „Gene Farming":* Gegenwärtig laufen mehrere Projekte, die das Ziel haben, Gene für wichtige Arzneimittel (vor allem Proteine) mit gentechnologischen Methoden in Kühe oder Schafe oder andere Haustiere zu transferieren und diese Gene zur Ausprägung zu bringen (die Verfahren hierfür sind in 13.5.5. im einzelnen geschildert). Es ist geplant, die Expression dieser Transgene so zu dirigieren, dass diese Proteine mit der Milch sezerniert werden und daraus für die Herstellung pharmazeutischer Produkte gewonnen werden können. Gedacht ist dabei an die Produktion von Faktor VIII (gegen Hämophilie A), Faktor IX (gegen Hämophilie B), Gewebe-Plasminogen-Aktivator (tPA gegen thromboembolische Verschlüsse, Herzinfarkt), Urokinase (zur Vermeidung von Thromben-Bildung), Interleukin-2 und Albumin.

Diese Vorgehensweise wird als „Gene Farming" bezeichnet, weil man in Tier-Farmen menschliche Gen-Produkte gewinnen kann. (Neuerdings liest man auch „Gene Pharming", weil pharmazeutische Produkte erzeugt werden sollen.)

Eine andere Zielstellung ist die Gewinnung von menschlichem Hämoglobin, das als Blutersatz beim Menschen dienen kann. Gedacht wird dabei an die Erzeugung transgener Schweine, die menschliches Hämoglobin synthetisieren. „Ein großes Schwein liefert – ohne dass dies seine Gesundheit beeinträchtigt – im Laufe eines Jahres knapp 10 l Blut; daraus lassen sich 500 bis 1.000 g menschliches Hämoglobin reinigen." (Watson et al. 1993).

Tab. 24.2. Anzahl der weltweiten Freisetzungen transgener Kulturpflanzen bis 1997. Nach Jany und Greiner 1998.

Land	Anzahl der Freisetzungen
USA	1 952
Europäische Union	964
Kanada	486
Argentinien	78
China	60
Australien	46
Chile	39
Mexiko	38
Japan	25
Südafrika	22
Ungarn	22
Kuba	18
Costa Rica	17
Neuseeland	15
Rußland	11
Bolivien	6
Belize	5
Bulgarien	3
Guatemala	3
Ägypten	2
Schweiz	2
Thailand	2
Norwegen	1
Zimbabwe	1
Summe:	3 818

24.2. Biotechnologische Industrie

24.2.1. Selektions-, Mutations- und Rekombinations-Verfahren

Bereits seit Jahrtausenden verwendeten die Menschen (zunächst unbewusst) lebende Mikroorganismen oder ihre Produkte zur Herstellung von Nahrungs- und Genussmitteln (*Prä-Pasteur-Ära*). Brotbereitung, Käseherstellung, Erzeugung von Sauermilchprodukten, aber auch die Herstellung von Bier, Wein und anderen alkoholischen Getränken sowie von Essig sind Beispiele. Etwa ab 1850 beginnt die *„Pasteur-Ära"*, in der die Rolle der Mikroorganismen erkannt und für die Gärungs- und die chemische Industrie genutzt wurde (Erzeugung von Ethanol, Butanol, Aceton, Glycerol, organische Säuren, z. B. Zitronensäure). Ab 1940 beginnt die *„Antibiotika-Ära"* der Biotechnologie, in der bewusst auch genetische Methoden in die Vorgänge der Nutzung der Potenzen von Mikroorganismen und Enzyme einbezogen wurden.

Die mikrobiologische Industrie nutzt bestimmte Stoffwechselleistungen von Mikroorganismen aus. Für die ökonomische Produktion auf mikrobieller Basis sind Hochleistungsstämme notwendig. Die Gewinnung solcher Stämme basiert auf genetischen Prinzipien. Die Induktion und Selektion sehr produktiver Mutanten und die Aufklärung der Mechanismen der Enzymregulation waren wesentliche Voraussetzungen für die Entwicklung und den Ausbau einer effektiven mikrobiologischen Industrie.

In dieser Phase der Entwicklung wurden konventionelle genetische Methoden eingesetzt, vor allem Selektion durch Mutationsauslösung und die Nutzung der bei Mikroorganismen ablaufenden Rekombinationsprozesse.

- 1928 entdeckte Fleming das Penicillin und 1940 Waksman das Streptomycin. Es dauerte bis 1941, ehe eine mikrobiologisch-industrielle Herstellung von Penicillin erfolgreich begonnen werden konnte (Antibiotika-Ära). Die Grundlage dafür war einerseits die Verbesserung der Kulturtechniken für die Anzucht von *Penicillium* und *Streptomyces* („Massenkultur") und andererseits der intensive Einsatz der Mutationsauslösung (zunächst mit Röntgenstrahlen und UV, später auch mit chemischen Mutagenen).

Zehntausende von Sporen von *Penicillium chrysogenum* wurden mit Röntgenstrahlen behandelt, und man isolierte sehr bald eine Mutante, die doppelt soviele Einheiten von Penicillin erzeugte; diese Mutante wurde mit UV bestrahlt und daraus ging eine weitere Mutante hervor, die 900 Einheiten (pro Milliliter) Penicillin produzierte (gegenüber 500 Einheiten der ersten Mutante). Durch weitere Mutationsversuche sowie Rekombinanten-Isolierung konnte die Ausbeute der Antibiotika-Produktion für Penicillin – und auch bald für Streptomycin – gewaltig gesteigert werden (Abb. 24.1.).

Im Laufe dieser Arbeiten wurden zugleich die wissenschaftlichen Grundlagen für biotechnologische Apparate und Verfahrenstechniken zur Herstellung von Massen- sowie von Spezial-Produkten geschaffen. Hierzu gehören die Transformation von Steroiden durch Mikroorganismen.

Nunmehr wurden biotechnologische Verfahren in breiter Front eingesetzt; man hat diesen Zeitraum (ab 1960) als *„Post-Antibiotika-Ära"* bezeichnet.

- Eine beträchtliche Menge an Aminosäuren, Enzymen und Vitaminen wird heute mikrobiell produziert. Eine große Rolle spielen hierbei Mutanten von Mikroorganismen mit einer Überproduktion an dem

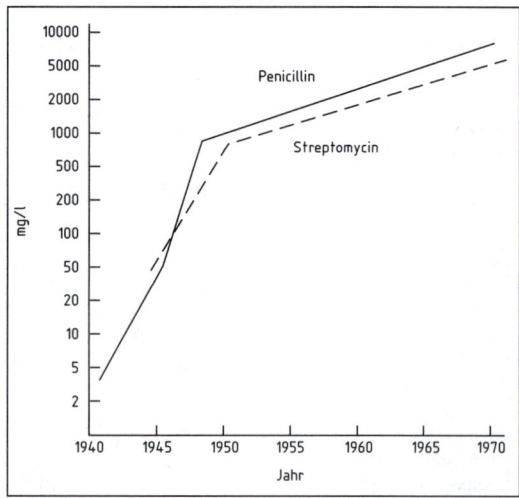

Abb. 24.1. Die Zunahme der Antibiotika-Erzeugung von *Penicillium* und *Streptomyces* als Ergebnis genetischer Eingriffe. Nach Demain 1971 aus Redei 1982.

gewünschten Stoff. Bestimmte Mutanten von *Brevibacterium flavium* liefern z. B. fast 100 g L-Glutaminsäure/Liter aus solchen einfach zu gewinnenden Kohlenstoffquellen wie Essigsäure, Ethanol und Glucose. Eine Mutante von *Brevibacterium ammoniagenes* erzeugt mit Glucose als Kohlenstoffquelle 419 g/l Inosin-5-Monophosphat.

- Bereits 1974 erreichte in Japan die mikrobiell erzeugte Menge an bestimmten Vitaminen die 1000 t-Marke (Vitamin B1). Wichtige Enzyme werden durch entsprechende selektierte Mutanten in Japan mit einem Marktwert von mehreren Millionen Yen produziert.

- Mikrobiologisches Eiweiß spielt für die menschliche Ernährung eine zunehmende Rolle. Ob direkt als Nahrungsmittel oder über den Umweg als Futtermittel könnte mikrobiologisch erzeugtes Eiweiß die durch das schnelle Wachstum der Erdbevölkerung ständig größer werdende Eiweißlücke schließen. Heute ist die Entwicklung von großtechnischen Anlagen (Fermenter) zur kontinuierlichen Produktion von Eiweiß sehr weit fortgeschritten. Nach Erreichen einer bestimmten Organismendichte im Reaktionsgefäß kann unter gleichzeitiger Zugabe von neuem Nährsubstrat eine äquivalente Kulturmenge entnommen und das von den Organismen gebildete Eiweiß gewonnen werden. Da das Protein im Gegensatz zu den konventionellen Verfahren von Einzellern produziert wird, bezeichnet man es auch als „single cell protein" (SCP). Die heute am häufigsten in der Industrie eingesetzten Organismen sind das Bakterium *Methylophilus methylotrophus* für Methanolsubstrate und der Pilz *Saccharomyces lipolytica* (= *Candida lipolytica)* für n-Paraffinsubstrate. Da die Zellen sehr schnell wachsen, wird auch sehr viel Nukleinsäure gebildet, die für den Menschen in diesen Mengen unverträglich ist. Die RNA kann relativ einfach durch Hitzeschock abgebaut werden. Problematischer ist die Beseitigung des in großen Mengen produzierten Bakterienlipids Poly-β-Hydroxybuttersäure. Mutanten, die dieses Lipid nicht produzieren, sind deshalb besonders wertvoll. Die Züchtung solcher Formen ist auf Grund der gut bekannten genetischen Verhältnisse und der notwendigen Kulturbedingungen im Vergleich zur Züchtung entspre-chend eiweißreicher Kulturpflanzen sicher ökonomischer. Die Erhöhung der Ausbeute biotechnisch bedeutender Mikroorganismen war früher auf die Selektion besserer Stämme nach spontanen oder induzierten Mutationen und nach entsprechenden Rekombinationsvorgängen beschränkt. Heute werden in großen Umfang auch gentechnologische Verfahren (siehe weiter unten) eingesetzt. Mit Hilfe der neuen Techniken werden heute in den größten Anlagen bis zu 200.000 t Protein pro Jahr aus n-Paraffinen, Methanol, Ethanol und Gasöl gewonnen. Das bekannteste Beispiel für die Nutzung von Abfällen durch Mikroorganismen ist die Verwendung der Sulfitablauge aus der Zellstoffproduktion seit den dreißiger Jahre. Die in den Ablaugen enthaltenen Pentosen werden von bestimmten *Candida*-Hefen zu Eiweiß umgesetzt, das als Futtermittel in der Tierernährung verwendet werden kann.

- Heute verwendet man als Substrat auch Erdöl. Ein von Chakrabarty genetisch manipulierter *Pseudomonas*-Stamm ist in der Lage, Rohöl zu 60% abzubauen. Ebenso gibt es Formen, die Phenol zu einem gewissen Grade abbauen.

- Die Herstellung vieler Chemikalien und der Abbau schädlicher bzw. unerwünschter Substanzen kann wesentlich effektiver gestaltet werden, wenn an Stelle chemischer Synthesen und teurer Katalysatoren biochemische Prozesse unter Verwendung von Enzymen eingesetzt werden. Besonders günstig ist die Fixierung der Enzyme an bestimmte Trägersubstanzen

- Auch für die Rohstofferschließung werden Mikroorganismen eingesetzt. Als „Leaching" (Auslaugung) bezeichnet man ein technisches Verfahren, bei dem mit Hilfe von Bakterien Metalle aus Erzen herausgelöst werden. Dieses Verfahren ist selbst dann noch effektiv, wenn nur sehr geringe Mengen Metall im Erz enthalten sind. Man kann deshalb auch Flugasche oder Metallschlamm verwenden und die darin enthaltenen Metalle gewinnen. Das Prinzip dieser Technologie beruht auf der Resistenz gegen Schwermetallionen und der katalytischen Wirkung solcher Bakterien wie *Thiobacillus ferrooxidans* und *T. thiooxidans*. Durch die von diesen Organismen produzierte Schwefelsäure werden die Metalle aus dem Erz herausgelöst. Heute wird bereits eine beträchtliche Menge von Kupfer und Uran durch Leaching gewonnen (in den USA 15% der gesamten Kupferproduktion). Es ist abzusehen, dass dieses Verfahren in der Zukunft eine noch größere Bedeutung erlangen wird. Die Ausarbeitungen von Modifizierungen dieser Methode zur Gewinnung anderer Metalle (Cobalt, Nickel, Zink, Mangan) sind weit fortgeschritten. Auf dem gleichen Prinzip beruht die Gewinnung von Erdöl aus Ölschiefer mit Hilfe von *Thiobacillus thiooxidans* und *T. concretivorus*.

• Für den Umweltschutz ist der Einsatz genetisch selektierter und an die jeweiligen Aufgaben angepasster Mikroorganismen von großer Wichtigkeit. Oben bereits erwähnt wurde die Verwendung von Sulfitablauge sowie der Abbau von Phenol. Auch der Abbau von Polyäthylen-Abfällen durch entsprechend selektierte Mikroorganismen ist möglich. Für industrielle Abwasserreinigungsanlagen wurden Stämme von Mikroorganismen gezüchtet oder auch Mischpopulationen konzipiert, die eine Detoxifikation durchführen (Fritsche 1978, 1998).

24.2.2. Gentechnologie für industrielle Zielstellungen

Eine ganz neue und außerordentlich fruchtbare Ära der biotechnologisch-industriellen Produktion begann mit der Entwicklung und dem Ausbau der Gentechnologie, die *Ära der industriell angewandten Gentechnologie*.

Im Kapitel 13 sind die Verfahren der Gentechnologie zusammenhängend dargestellt. Hier geht es um ihren industriellen Einsatz.

Der Zeitpunkt, zu dem die Gentechnologie wissenschaftlich begründet wurde, lässt sich genau auf die Jahre 1972/74 datieren (Helling 1975). Bereits 1977 gelang in *Escherichia coli* die Synthese des humanen Peptidhormons Somatostatin auf der Basis eines chemisch synthetisierten DNA-Abschnittes. Das erste gentechnologisch erzeugte menschliche Hormon war das Humaninsulin, das 1982 für die Behandlung kranker Menschen zugelassen wurde.

Zunächst wurden die DNA-Sequenzen für die A- und die B-Kette des reifen Insulins (vgl. Kap.17) getrennt in das β-Galaktosidase-Gen kloniert, dann in

E. coli synthetisiert und schließlich zum aktiven Human-Insulin verknüpft. – Später wurde das Human-Insulin parallel in *E. coli* und in Hefe als *eine* Vorstufe synthetisiert und danach zum aktiven Insulin konvertiert.

Mit der Erzeugung und Markteinführung des Human-Insulins im Jahr 1982 war der Startschuss für die Produktion zahlreicher gentechnisch hergestellter Arzneimittel für den Menschen gegeben. In Tabelle 24.3. sind die zwischen 1982 und 1993 zugelassenen Arzneimittel zusammengestellt. Das Insulin war – allerdings als Rinder-Insulin oder nachträglich modifiziertes Rinder-Insulin – bereits auf konventionellem Weg verfügbar gewesen. Aber die Tabelle 24.3. enthält zahlreiche Medikamente, die vor der gentechnischen Herstellung überhaupt nicht für die Behandlung von Patienten verfügbar waren, wie z. B. mehrere Interferone, der Plasminogenaktivator und die Faktoren VIII und IX. Hieraus ersieht man den großen Fortschritt, den die gentechnische Erzeugung von Arzneimitteln für die Medizin gebracht hat.

Parallel zu diesen Arbeiten begann auch die gentechnische Erzeugung von Impfstoffen gegen Krankheitserreger (z. B. Hepatitis B; vgl. Tab. 24.3.). Außerdem werden große Anstrengungen unternommen, um mit gentechnologischen Methoden gegen verschiedene Typen von Krebs vorzugehen.

Interessant und wichtig ist die Tatsache, dass mehrere gentechnisch erzeugte Pharmazeutika, die primär für eine bestimmte Indikation erzeugt wurden, sich später auch noch auf anderen Einsatzfeldern bewährt haben.

So war z. B. das humane Wachstumshormon (hGH) zunächst auf die Therapie von Zwergwuchs gerichtet, hat sich später aber auch bei der Behandlung von Knochenbrüchen und Muskelschwund sehr bewährt. Der Gewebe-Plasminogenaktivator war ursprünglich auf die Behandlung des Herzinfarktes gerichtet; inzwischen erwies es sich als sehr geeignetes Arzneimittel gegen Lungenembolie und peripheren Arterienverschluss. Interferon war ursprünglich auf die Behandlung von Herpesinfektionen gerichtet, bewährte sich später auch sehr gegen Hepatitis B und C und gegen Haarzell-Leukämie (Werner 1995).

Bekanntlich wird in der Bevölkerung verschiedener Länder (allerdings in ganz unterschiedlichem Maße) das Für und Wider gentechnologischer Verfahren in verschiedenen Einsatzgebieten diskutiert. Hier sei betont, dass die gentechnisch erzeugten Arzneimittel und Impfstoffe (praktisch) uneingeschränkte Akzeptanz in der Bevölkerung haben.

Gentechnologische Verfahren für Veterinär-medizin und Tierzüchtung

Gentechnisch erzeugte Arzneimittel und Impfstoffe können in modifizierter Form auch in der Veterinärmedizin eingesetzt werden. Darüber hinaus gibt es aber weitergehende Einsatzmöglichkeiten.

Landwirtschaftlichen Nutztieren droht Infektionsgefahr von vielen Viren und Bakterien. Neben den konventionellen veterinärmedizinischen Methoden der Infektions-Verhütung und -Bekämpfung werden zunehmend auch gentechnologische Verfahren erprobt.

Außer dem o.g. Weg der Erzeugung von Impfstoffen wird auch folgende Verfahrensweise getestet:

Bei einem Mäuse-Stamm (AZG) wurde ein Gen (Mx) erfaßt, das Resistenz gegen Influenza-Viren bewirkt; es wurde auf Chromosom 16 der Maus lokalisiert. Es gelang nun, das Mx-Gen der Maus in ein gentechnologisches Konstrukt einzubauen und durch Gentransfer in befruchtete Eizellen des Schweins zu übertragen. In bestimmten Versuchs-

Tab. 24.3. Zugelassene gentechnisch hergestellte Arzneimittel. Nach Werner 1995.

Handelsname	Wirkstoff	Firma	Marketing	Indikation
Humulin	Insulin	Eli Lilly	1982	Diabetes mellitus
Intron A	IFN-α 2 b	Schering Plough	1985	Haarzellleukämie
Protropin	Wachstumshormon	Genentech	1985	Hypophysärer Kleinwuchs
Berofor	α-Interferon 2 c	Basetherm	1985	Herpes keratitis
Roferon	IFN-α 2 a	Hoffmann La Roche	1986	Haarzellleukämie
Recombivax HB	Hepatitis B-Antigen	Merck/SK Beecham	1986	Hepatitis B-Prophylaxe
Actilyse	Plasminogenaktivator	Boehringer Ingelheim	1986	Thromboembolische Verschlüsse
Humatrope	Wachstumshormon	Eli Lilly	1987	Hypophysärer Kleinwuchs
Activase	Plasminogenaktivator	Genentech	1987	Thromboembolische Verschlüsse
Eprex	Erythropoietin	Amgen/Johnson & Johnson	1988	Anämie
Proleukin	Interleukin-2	Chiron/Cetus	1989	Hypernephrom
Polyferon	τ-IFN	Biogen/Bioferon	1989	Rheumatoide Arthritis
Egopin	Erythropoietin-β	Chugay	1990	Anämie
Alferon N	IFN-α n 3	Interferon Science	1990	Warzen im Genitalbereich
Insulin	Insulin	Novo Nordisk	1990	Diabetes mellitus
Actimmune	IFN-τ 1	Genentech	1990	Chronische Granulomatose
Faktor IX	Faktor IX	Alpha Therapeutics	1990	Hämophilie B
Neupogen	G-CSF	Amgen	1991	Neutropenie (Krebstherapie)
Prokine	GM-CSF	Immunex/Behring	1991	autologe Knochenmarkstransplantation
Recormon	Erythropoietin	Boehringer Mannheim	1992	Anämie
Recombinate	Faktor VIII	Baxter/Genetics Inst.	1992	Hämophilie A
Kogenate	Faktor VIII	Cutter/Bayer	1993	Hämophilie A
Imukin®	Interferon gamma-1 b	Boehringer Ingelheim	1993	chronische Granulomatose
Imufor Gamma	Interferon gamma-1 b	Thomae	1993	chronische Granulomatose

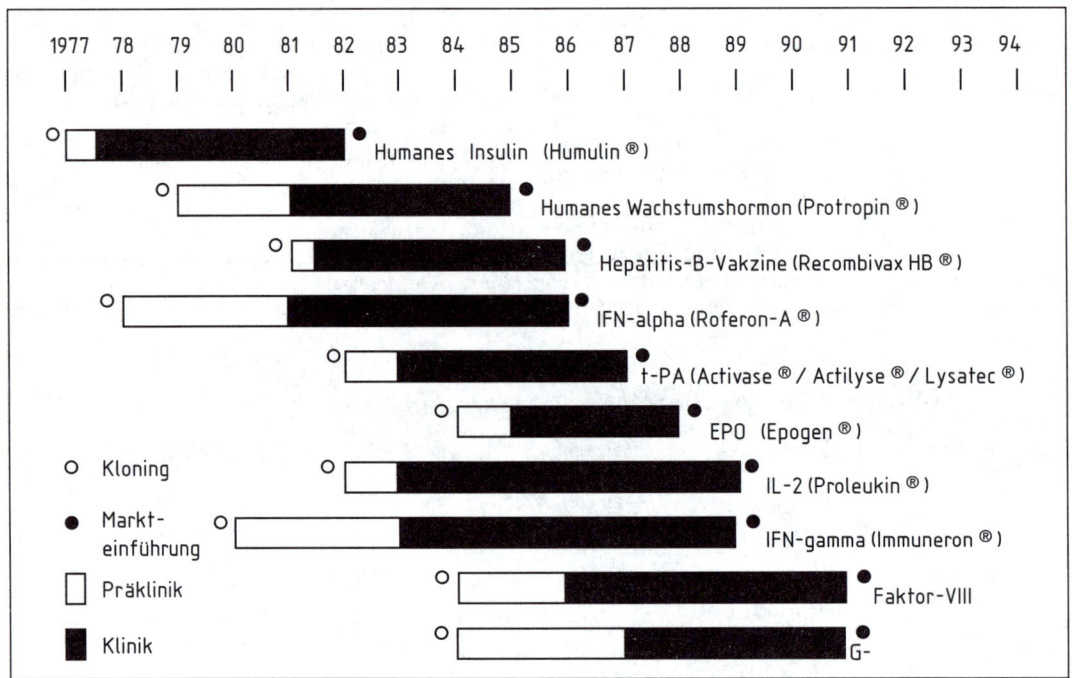

Abb. 24.2. Die einzelnen Phasen in der Entwicklung von Biopharmazeutika, die mit Hilfe gentechnischer Verfahren erzeugt werden. Nach Werner 1995.

varianten wurde dieses Resistenz-Gen in den Schweinen ausgeprägt (Brem 1991 in Hagemann 1991, vgl. Kräußlich 1997). Hier zeichnet sich ein moderner Weg der Resistenzzüchtung bei Haustieren ab.

24.3. Medizin

Der Einsatz von Ergebnissen und Verfahren der allgemeinen Genetik in der Humanmedizin ist in zahlreichen Kapiteln dieses Buches bereits dargestellt worden; denn es ist ein Anliegen des Buches, wichtige Gesichtspunkte der Humangenetik bei der jeweils zu behandelnden Thematik mit darzustellen. Das ist in fast allen Kapiteln geschehen. Hier sollen noch einige wenige Aspekte humangenetischer Arbeit erwähnt werden, die unmittelbaren praktischen Nutzen haben.

- *Ausbau der cytologischen Färbetechniken unter Einbeziehung gentechnologischer Verfahren:* Die Banding-Techniken haben die genaue Längendifferenzierung der Chromosomen deutlich gemacht (vgl. 2.2.2.) und dadurch das Erkennen auch kleiner chromosomaler Veränderungen (z. B. Deletionen) ermöglicht und den Nachweis anderer (z. B. Translokationen) sehr erleichtert. Durch Einbeziehung gentechnologischer Verfahren wurden hier weitere bedeutende Fortschritte erzielt. Sie gehen aus von der Etablierung und Weiterentwicklung der FISH, der „Fluoreszenz-in situ-Hybridisierung". Bei dieser Methode werden DNA-Sonden (für ein Gen, eine Chromosomenregion oder ein spezifisches Chromosom) mit einem Reporter-Molekül (z. B. Biotin oder Dioxigenin) verbunden, an das ein fluoreszenzmarkiertes Affinitätsmolekül bindet. Auf diese Weise kann man einzelne Loci oder spezifische Chromosomenstellen (Centromer, Telomer) für die mikroskopische Untersuchung sichtbar machen.

- Eine andere Möglichkeit ist das *„Chromosome painting"*, die spezifische Färbung eines bestimmten Chromosomenpaares in einem Präparat. Eine Weiterentwicklung dieses Verfahrens ist die „Multicolor FISH", durch die gleichzeitig jedes einzelne Chromosomenpaar in einer spezifischen, von anderen Chromosomen differierenden Farbe markiert wird. Parallel hierzu wurde die SKY-Methode entwickelt, (Spectral Karyotyping), die für die spezifische Erkennung von Chromosomen die Spektroskopie einbezieht (Lichter 1997).

Diese Verfahren haben die Chromosomendiagnostik für allgemeine diagnostische Fragestellungen, für die pränatale Diagnose, aber auch für die Krebsforschung außerordentlich verfeinert und ihr wichtige neue Perspektiven eröffnet.

• *Genetische Identifizierung einzelner Personen:* Wegen des großen öffentlichen Interesses sei nochmals darauf hingewiesen, dass es zwei gentechnologische Verfahren gibt (die natürlich kombiniert werden können), um eine bestimmte Person mit genetischer Methodik eindeutig zu identifizieren und von anderen Personen zu unterscheiden. Dies ist möglich (1) durch den „genetischen Fingerabdruck" („Fingerprinting") mit Hilfe der Analyse der hypervariablen Minisatelliten-DNA (vgl. 18.4.1. und 18.7.) und (2) durch die molekulare Sequenz-Untersuchung hypervariabler Regionen in der Mitochondrien-DNA, die individuenspezifische Unterschiede aufweist (vgl. 11.2.7.).

• *Die Sonden-Technik als wichtiges Verfahren der molekularen Medizin:* In vielen Bereichen der Humangenetik und Humanmedizin wird mit großem Erfolg die Sonden-Technik angewandt. Als DNA-Sonde bezeichnet man ein definiertes Stück DNA, das markiert wird (radioaktiv oder nicht radioaktiv) und in Hybridisierungsexperimenten zum Nachweis sehr ähnlicher (oder gleicher) DNA- oder RNA-Sequenzen benutzt wird. Im wesentlichen werden zwei Sondentypen eingesetzt:

(1) Herkömmliche Sonden werden durch DNA-Klonierung gewonnen; ihre Größe kann zwischen 0,1 und 45 kb liegen. Bei der DNA handelt es sich meist ursprünglich um Doppelstränge. Für die Konstruktion der Sonden wird die DNA gewonnen durch (a) Klonierung genomischer DNA, z. B. von bestimmten Genen oder Gen-Abschnitten oder von hypervariablen Sequenzabschnitten oder (b) Klonierung von cDNA.

(2) Oligonukleotid-Sonden. Dies sind kurze, in häufigen Fällen 15 bis 20 Nukleotide lange einzelsträngige DNA-Stücke, die chemisch synthetisiert wurden und die komplementär zu bestimmten gesuchten DNA- oder RNA-Sequenzen sind. Auf diese Weise werden allelspezifische Oligonukleotid-Sonden synthetisiert, die noch Unterschiede in einem einzigen Nukleotid erkennbar machen können. Diese Sonden werden stark radioaktiv oder nicht radioaktiv (z. B. durch Biotin-Avidin) markiert und danach in unterschiedlichen Hybridisierungsverfahren eingesetzt.

Wesentlich an dieser Technik in ihren verschiedenen Varianten ist ihr weites Einsatzfeld: Man kann einzelne spezifische Sequenzen, bestimmte Gene, selbst einzelne Nukleotidunterschiede zwischen Allelen erkennen. Es ist aber auch möglich, spezifische Virus-Sequenzen in Patienten nachzuweisen, oder auch krebsspezifische Sequenzen oder krebsauslösende Gene aufzuspüren.

Diese Sonden können in ganz unterschiedlichen Hybridisierungsverfahren eingesetzt werden. Von ihnen sind einige in Abschnitt 13.6. genannt; eine ausführliche Darstellung findet sich bei Gassen und Minol (1999) sowie Strachan und Read (1997).

• Pränatale Diagnostik: Eine zunehmende Zahl von Erbkrankheiten und genetischen Defekten kann heute bereits durch eine intrauterine Diagnose festgestellt werden. Neben physikalischen Methoden, wie Ultraschall-Untersuchung, Amniofetographie und Amniofetoskopie, spielen genetische, cytologische und biochemische Untersuchungsmethoden eine zunehmende Rolle.

Das Untersuchungsmaterial liefern eine Chorion-Biopsie (aus der 9.–11.-Schwangerschaftswoche) oder eine Amniozentese (zur Gewinnung von Fruchtwasser, von der 14. Schwangerschaftswoche an), aber auch Cordozentese (Blutentnahme aus der Nabelschnur) oder fetale Biopsie (beides ab der 20. Schwangerschaftswoche). Aus Chorionzotten bzw. aus dem Fruchtwasser können Zellen des sich entwickelnden Embryos gewonnen werden. Diese Zellen können, wenn sie in genügender Menge gewonnen werden konnten, direkt untersucht werden; meist ist eine in vitro-Kultur erforderlich, um genügend Zellmaterial zu gewinnen. Derartige Zellen können in folgender Weise untersucht werden: Biochemische Untersuchungen können den Nachweis zahlreicher Enzyme und Proteine führen, die ganz fehlen, gegenüber dem Normalzustand verändert sind oder normal vorhanden sind. Mit diesen Verfahren lassen sich zahlreiche Stoffwechseldefekte pränatal diagnostizieren.

Cytologische und cytogenetische Untersuchungen können, vor allem auch unter Einsatz der oben geschilderten modernen Färbetechniken, zur Erfassung cytologischer Veränderungen führen (Trisomien, Monosomien, Deletionen, Translokationen usw.).

Gentechnologische Untersuchungen mit Hilfe spezifischer DNA-Sonden (s. o.) können das Vorliegen von Mutationen in einer großen (laufend zunehmenden) Zahl von Genen nachweisen. Dabei sind auch Aussagen möglich, ob eine bestimmte Mutation homozygot vorliegt (dann ist das Auftreten einer bestimmten Erbkrankheit vorherzusagen) oder ob sie nur heterozygot vorliegt (dann wird in den meisten Fällen – wenn es sich um eine rezessive Mutation handelt – kein Auftreten einer Erbkrankheit vorherzusagen sein).

Durch diese unterschiedlichen Untersuchungsverfahren und die dabei erhaltenen Ergebnisse wird der genetischen Beratung eine sichere Basis und die Möglichkeit einer fundierten Aussage geschaffen.

Zeittafel

Zusammenstellung der wichtigsten Erkenntnisse, Beweise und Hypothesen in chronologischer Reihenfolge

1859 Grundlegung der Abstammungslehre (Charles Darwin: „On the Origin of Species")

1866 Erste erfolgreiche genetische Bastardanalyse (Gregor Mendel: „Versuche über Pflanzenhybriden")

1871 Beginn der chemischen Analyse von Nukleinsäuren und Nukleoproteinen (F. Miescher)

1875 Grundlegung der Zwillingsforschung (F. Galton)

1875 Studium des Befruchtungsvorganges an Seeigeleiern (O. Hertwig)

1873/80 Ablauf der Mitose von Pflanzen- und Tierzellen (W. Flemming, E. Strasburger, E. van Beneden, A. Schneider)

1882/85 Theorie von der Kontinuität der Plastiden und Endosymbionten-Hypothese für die Plastiden (A. F. W. Schimper, F. Schmitz, A. Meyer)

1883 Keimplasma-Theorie (A. Weismann)

1883/93 Ablauf der Meiose (E. Strasburger, J. L. Guignard, E. van Beneden)

1885/88 Theorie von der Kontinuität der Chromosomen (T. Boveri, C. Rabl)

1900 „Wiederentdeckung" und Bestätigung der Mendelschen Gesetze (C. Correns, H. de Vries, E. Tschermak)

1900 Entdeckung unterschiedlicher Blutgruppen beim Menschen (K. Landsteiner)

1902/03 Chromosomentheorie der Kernvererbung (T. Boveri, W. S. Sutton)

1905 Erster Fall von Gen-Kopplung bei *Lathyrus* beobachtet (W. Bateson, E. R. Saunders, R. C. Punnett)

1907 Cytogenetischer Mechanismus der diplogenotypischen Geschlechtsbestimmung (C. Correns)

1908 Hardy-Weinberg-Gesetz für Allelhäufigkeiten in panmiktischen Populationen (G. H. Hardy, W. Weinberg)

1909 Theorie der Plastidenvererbung und Plastidenentmischung (E. Baur), extranukleäre Vererbung (C. Correns)

1909 Alkaptonurie ist eine rezessive Erbkrankheit des Menschen (A. E. Garrod: „Inborn Errors of Metabolism")

1909 Unterscheidung zwischen Populationen und reinen Linien. Begriffe Gen, Genotyp, Phänotyp (W. Johannsen)

1910 Geschlechts-(X)-Chromosomen-gebundene Vererbung bei *Drosophila melanogaster* (T. H. Morgan)

1911 Koppelung von Genen und Crossing-over (T. H. Morgan)

1912 Geschlechtsvererbung und Intersexualität bei *Lymantria* (R. Goldschmidt)

1913 Aufstellung der ersten genetischen Chromosomenkarte von *Drosophila* auf Grund von Kopplungswerten (A. H. Sturtevant)

1916 Nondisjunction bei *Drosophila* und Nachweis für die Lage des Gens *w* (für Weißäugigkeit) im X-Chromosom (C. B. Bridges)

1917 Beschreibung von Bakteriophagen (F. d'Herelle)

1917/21 Komplexheterozygotie und Plastidenvererbung bei *Oenothera* (O. Renner)

1917/23 Nachweis von Deletionen, Duplikationen, Translokationen, Monosomie, balanzierter Letalität bei *Drosophila* (C. B. Bridges, H. J. Muller)

1920/22 Nachweis von Trisomen und Hap-

loiden bei *Datura* (J. Belling,
A. F. Blakeslee)

1925   Versuche zur Auslösung von Mutationen mit Röntgenstrahlen bei *Mu-
coraceen* (G. A. Nadson, G. S. Phil-
lipov)

1925/26   Genetischer Nachweis von
Positionseffekt und Inversion
(A. H. Sturtevant)

1927   Erzeugung des amphidiploiden Gat-
tungsbastardes *Raphanobrassica*
(G. D. Karpechenko)

1927/30   Experimentelle Induktion von Gen-
mutationen mit Röntgenstrahlen bei
Drosophila (H. J. Muller), *Hordeum*
(L. J. Stadler) und *Antirrhinum*
(H. Stubbe)

1928   Genetische Transformation bei
Pneumokokken (F. Griffith)

1930/32   Mathematische Grundlegung der
Populationsgenetik (R. A. Fischer,
J. B. S. Haldane, S. Wright)

1931   Nachweis der Kopplung des genetischen Faktorenaustauschs und des
Austauschs von Chromatidenstücken (C. Stern, H. Creighton,
B. McClintock)

1933   Richtige Deutung der Riesenchromosomen in der larvalen Speicheldrüse der Dipteren als Polytänchro-
mosomen (E. Heitz, H. Bauer,
T. S. Painter)

1935   Begründung der Treffertheorie für
Röntgenstrahlung (N. W. Timofeeff-
Ressovsky, K. G. Zimmer,
M. Delbrück)

1936   Nachweis von mitotischem (= soma-
tischem) Crossing-over bei *Drosophila* (C. Stern)

1936/38   Ausarbeitung der Kennzeichen der
Plastidenvererbung (O. Renner,
J. Schwemmle)

1936   Induktion von Polyploidie mit Hilfe
von Colchicin (A. F. Blakeslee,
A. G. Avery)

1938   Bruch-Fusions-Brücken-Zyklus bei
Mais (B. McClintock)

1941   Erfolgreiche Analyse von biochemischen Mangelmutanten bei *Neurospora crassa*: Ein-Gen-Ein-Enyzm-
Hypothese (G. Beadle, E. L. Tatum)

1943   Nachweis der Spontanmutabilität
bei Bakterien. Wichtige Etappe in
der Entwicklung der Mikrobengenetik, „Fluktuationstest" (S. E. Luria,
M. Delbrück)

1943/46   Auslösung von Genmutationen bei
Drosophila durch chemische Mu-
tagene: Senfgas (C. Auerbach,
J. M. Robson), Formalin und Ethy-
lenimin (J. A. Rapoport), Phenol
(B. Hadorn, H. Niggli).; Auslösung
von Chromosomenmutationen bei
Blütenpflanzen durch Urethan
(F. Oehlkers)

1944   Das transformierende Agens ist
DNA (O. T. Avery, C. M. MacLeod,
M. McCarty)

1946   Auftreten genetischer Rekom-
bination beim Bakteriophagen T2
(A. D. Hershey, M. Delbrück,
W. T. Bailey)

1946   Sexualvorgänge bei Bakterien:
Bakterienkonjugation (J. Lederberg,
E. L. Tatum)

1944/52   Nachweis von intragenischem Cros-
sing-over bei *Drosophila*
(C. P. Oliver, M. M. Green,
E. B. Lewis)

1949   Entdeckung der petite-Mito-
chondrien-Mutanten bei Hefe
(B. Ephrussi)

1949/51   Nachweis und Analyse der Lyso-
genie (A. Lwoff, A. Gutmann,
E. Lederberg)

1950   Chargaffsche Regel für DNA-Zu-
sammensetzung A = T, G = C
(E. Chargaff)

1951   Nachweis eines Systems „springender Elemente" (Ds–Ac) beim Mais
(B. McClintock)

1952   DNA ist die entscheidende Ver-
bindung für die Kontrolle der
Phagenvermehrung (A. D. Hershey,
M. Chase)

1952   Phagen können Bakteriengene übertragen: Transduktion (N. D. Zinder,
J. Lederberg)

1952   Bestimmung der Aminosäuresequenz des Insulins (F. Sanger)

1953   Modell der DNA-Doppelhelix und
Hypothese der semikonservativen
DNA-Replikation (J. D. Watson,
F. H. C. Crick, M. Wilkins)

1955   Genetische Feinstrukturanalyse der
rII-Region des Phagen T4. Prägung
der Begriffe Cistron, Muton, Recon
(S. Benzer)

1956   Transfektion von Tabakpflanzen mit
reiner RNA des Tabakmosaikvirus
(A. Gierer, G. Schramm, H. Fraenkel-Conrat)

1957 Chromosomenmanipulation für die Pflanzenzüchtung: Kleines Chromosomenfragment von *Aegilops* mit Rostresistenz auf Kulturweizen übertragen (E. R. Sears)

1956/58 Bei der Bakterienkonjugation übertragen die Hfr-Zellen (mit integriertem F-Faktor) ihre Gene nacheinander in die F-Zelle (H. Hayes, F. Jacob, E. L. Wollman)

1958 Normales und Sichelzellen-Hämoglobin beim Menschen unterscheiden sich durch einen Aminosäureaustausch (Gl → Val). Eine Erbkrankheit ist auf ihre molekulargenetische Ursache zurückgeführt (V. Ingram)

1958 Beweis der semikonservativen Replikation der Bakterien-DNA in vivo (M. Meselson, F. Stahl)

1958 Nachweis eines Gens *(Phd)* auf dem langen Arm des Chromosoms 5B des Kulturweizens, das die strenge Homologenpaarung bewirkt (E. R. Sears, M. Okamoto; R. Riley, V. Chapman)

1958/59 Nachweis von Paramutation bei Mais und Tomate (R. A. Brink, E. H. Coe, R. Hagemann)

1959 Down-Syndrom = Trisomie 21; Klinefelter-Syndrom = XXY (J. Lejeune, M. Gautier, R. Trupin; P.A. Jacobs, J. A. Strong)

1961 Synthese von Poly-Phenylalanin durch Poly-Uridylsäure im zellfreien System. Beginn der Aufklärung des genetischen Codes (W. M. Nirenberg, J. H. Matthaei)

1961 Nachweis kurzlebiger mRNA als Informationsüberträger für die Proteinbiosynthese (S. Brenner, F. Jacob, M. Meselson)

1961 Jacob-Monod-Modell für die Regulation der Genaktivität bei Bakterien (negative Kontrolle bei der Enzym-Induktion) (F. Jacob, J. Monod)

1961 Lyon-Mechanismus in weiblichen Säugern, 1 X wird inaktiviert (M. Lyon, L. B. Russell)

1961/65 Fusion somatischer tierischer und menschlicher Zellen in vitro: Heterokaryonen und echte somatische Bastarde (G. Barski, B. Ephrussi, J. Littlefield, H. Harris)

1963 Isolierung spezifischer DNA aus Plastiden

1964 Isolierung spezifischer DNA aus Mitochondrien

1965 Aufklärung der Nukleotidsequenz einer Alanin-tRNA (R. W. Holley)

1966 Aufklärung des genetischen Codes (Sequenz aller 64 Codonen durch in-vitro-Studien (M. W. Nirenberg, J. H. Matthaei, H. G. Khorana, F. H. C. Crick, S. Ochoa) und in-vivo-Studien (H. G. Wittmann, H. Fraenkel-Conrat, F. H. C. Crick, S. Brenner, G. Streisinger, C. Yanofsky)

1966 Isolierung des Lac-Repressors (Lactose-Operon) bei *E. coli* (W. Gilbert, B. Müller-Hill)

1967 In-vitro-Synthese biologisch aktiver (φX174-Phagen-DNA (A. Kornberg, R. L. Sinsheimer, A. Goulian)

1968 Entdeckung von Insertions- (IS)-Elementen bei Bakterien (H. Saedler, P. Starlinger)

1968/70 Nachweis von Rekombination zwischen Genen in Mitochondrien (D. Wilkie, D. Thomas, P. Slonimski) und in Plastiden-DNA (R. Sager, Z. Ramanis)

1970 Chemische Totalsynthese eines Gens (H. G. Khorana)

1970 Isolierung von Restriktionsenzymen und Charakterisierung ihrer Wirkungsweise (W. Arber, D. Nathans, H. O. Smith)

1970 Isolierung einer Umkehrtranskriptase (RNA-abhängige DNA-Synthetase, „reverse transcriptase") in RNA-Tumorviren (H. M. Temin, D. Baltimore, S. Spiegelman)

1972 Erzeugung eines somatischen Bastards aus der Fusion vegetativer Protoplasten verschiedener Tabakarten und daraus Regeneration ganzer Pflanzen (P. Carlson, H. H. Smith, R. D. Dearing)

1972/73 Erste in-vitro-Rekombination von DNA-Molekülen: Beginn der Arbeiten zur Gentechnologie (D. Jackson, K. Symons, P. Berg, S. N. Cohen, A. C. Y. Chang, H. W. Boyer, R. B. Helling)

1973 Aufklärung der Aminosäuresequenz des Lactose-Repressors (K. Beyreuther, K. Adler, N. Geisler, A. Klemm)

1974 Nukleosomen sind die wesentlichen Grundbestandteile des Chromatins

und der Chromosomen
(R. D. Kornberg)

1974 Die Ti-Plasmide von *Agrobacterium tumefaciens* werden von den Bakterien in die Pflanzenzellen übertragen und lösen dort Pflanzentumoren aus (J. Schell, M. van Montagu u. Mitarb.)

1975/77 Entwicklung der DNA-Sequenzierungstechniken („Plus-Minus-Methode", F. Sanger, A. Coulson; „Dimethylsulfat/Hydrazin-Methode", W. Gilbert, A. Maxam)

1976 Aufklärung der vollständigen RNA-Nukleotidsequenz des RNA Einzelstrang-Phagen MS2 (W. Fiers u. Mitarb.)

1977 Aufklärung der vollständigen DNA-Nukleotidsequenz des DNA-Einstrang-Phagen φX174; damit Nachweis von Gen-Überlappung und -Verschachtelung (F. Sanger u. Mitarb.)

1977 Nachweis des regelmäßigen Vorkommens von Intronen und Exonen in den meisten eukaryotischen Genen und in Genen tierischer Viren und des Spleißens der Intronen (P. A. Sharp, R. J. Roberts, A. Jeffreys, P. Chambon)

1977 Chemische Synthese der DNA-Sequenz für das physiologisch bedeutsame Tetradekapeptid Somatostatin des Menschen und seine gentechnische Klonierung und Ausprägung im Bakterium *E. coli* (K. Itakura, A. D. Riggs, H. W. Boyer u. Mitarb.)

1977 In-vitro-Befruchtung beim Menschen und erstmaliger erfolgreicher Transfer des Embryos in eine Frau; Geburt des Mädchens am 28. 7. 78 (R. Edwards, P. Steptoe)

1978 Aufklärung der vollständigen DNA-Nukleotidsequenz des DNA-Doppelstrang-Virus SV40, Nachweis von Gen-Überlappung und -Verschachtelung sowie differenziertem „Spleißen" (W. Fiers u. Mitarb., S. M. Weissmann, V. B. Reddy u. Mitarb.)

1978 Synthese von Ratten-Proinsulin in *E. coli*. Erste Expression eines Säugergens in Bakterien (W. Gilbert u. Mitarb.)

1978 Die Archaea (Archaebakterien) als selbständiges Reich der Prokaryoten

neben den Eubakterien erkannt (C. Woese, G. E. Fox)

1978 Entwicklung der Technik der ortsgerichteten (site-specific) Mutagenese (M. Smith)

1979 Klonierung des Gens für das menschliche Wachstumshormon und seine Ausprägung in *E. coli* (D. V. Goeddel u. Mitarb.)

1980 Klonierung der DNA-Sequenz für Human-Interferon und seine Ausprägung in *E. coli* (C. Weissmann u. Mitarb., W. Fiers u. Mitarb.)

1980 Erste vollständige Sequenzierung eines Protein-Gens höherer Pflanzen: des Plastidengens für die große Untereinheit der Ribulose-1,5-bisphosphat-Carboxylase (L. McIntosh, C. Poulsen, L. Bogorad)

1980 Vollständige Sequenz der Mitochondrien-DNA des Menschen (16.569 Nukleotidpaare) aufgeklärt. Der Mitochondrien-Code weicht teilweise vom „universellen" genetischen Code ab (F. Sanger u. Mitarb.)

1980 Die Immunglobulin-Gene in differenzierten B-Lymphocyten entstehen durch zufällige, sequentielle Fusion unterschiedlicher Gen-Segmente

1980 Isolierung und Charakterisierung von letalen Entwicklungsmutanten von *Drosophila* (C. Nüsslein-Volhard, E. Wieschaus)

1981 Übertragung, stabiler Einbau und Ausprägung bakterieller Gene in Tabakpflanzen mit Hilfe des Ti-Plasmids von *Agrobacterium tumefaciens* (J. Schell, M. van Montagu u. Mitarb.)

1981 Nachweis selbst-spleißender RNA in *Tetrahymena*. Erstes Beispiel für Ribozyme (T. R. Cech u. Mitarb.)

1982 Sequenzierung transponibler Elemente (Transposonen) von *Antirrhinum*, *Zea* und *Drosophila* (H. Saedler, P. Starlinger, G. M. Rubin u. Mitarb.)

1982 Hinweis darauf, dass degenerative Erkrankungen des Zentralnervensystems von Säugern (Scrapie, BSE, Creutzfeld-Jacob-Erkrankung, Kuru) durch spezifische krankmachende Prion-Proteine verursacht werden, die aus normalen nicht pathogenen

Proteinen entstehen (S. B. Prusiner, J. S. Griffith)

1982/83 Vollständige Sequenzierung der DNA der Bakteriophagen λ und T7 von *E. coli* (F. Sanger u. Mitarb.; J. Dunn und F. W. Studier)

1983 Verwendung des „springenden Gens" P von *Drosophila* als gentechnischer Vektor für Einführung und stabilen Einbau von Genen in *Drosophila*-Embryonen (C. G. M. Rubin, A. C. Spradling)

1983 Nachweis von Intronen im Genom von Archaebakterien (R. Woese u. Mitarb.)

1983 Entwicklung der Polymerasekettenreaktion PCR (K. B. Mullis)

1983 Homöotische Gene von *Drosophila* (Antennapedia, Bithorax) werden molekular charakterisiert (P. Scott, W. Bender)

1984 Charakterisierung der Homöobox in homöotischen Genen von *Drosophila* (W. J. Gehring, F. H. Ruddle, W. McGinnis, C. P. Hart)

1984 Nachweis von weiteren Ausnahmen von der „Universalität" des genetischen Codes bei *Stylonychia* (Ciliat) und *Mycoplasma* (Bakterium) (S. Horowitz, M. Gorowsky, F. Yamao)

1986 Isolierung und Charakterisierung der Gene für die Augenpigmente des Menschen (J. Nathans, D. Thomas, D. S. Hogness)

1986 Bestimmung der kompletten DNA-Sequenz der Plastiden-DNA des Lebermooses *Marchantia polymorpha*, 121 kbp (A. Ohyma u. 12 Mitarb.) und des Tabaks *Nicotiana tabacum*, 155 kbp (M. Sugiura, K. Shinozaki u. 20 Mitarb.)

1986/87 Nachweis des Auftretens von RNA-Editing in Kinetoplasten von Trypanosomen (R. Benne u. Mitarb.) und an mRNA von Apo-Lipoprotein B des Menschen (L. Chan u. Mitarb.; J. Scott u. Mitarb.)

1987 Die Gruppe der maternalen Gene von *Drosophila* bestimmen die Polarität im Embryo (C. Nüsslein-Volhard, H. G. Frohnhöfer, R. Lehmann)

1987 Sequenzunterschiede in der Mitochondrien-DNA von Personen unterschiedlicher geographischer Populationen führen zur Idee einer afrikanischen Herkunft des modernen Menschen (A. C. Wilson, R. L. Cann, M. Stoneking)

1988 Eine mütterlich vererbte Krankheit des Menschen, Lebers juvenile Opticus-Atrophie, wird durch eine Mutation in der Mitochondrien-DNA verursacht (D. C. Wallace)

1989 Identifizierung von Lage und Sequenz des CFTR-Gens, dessen Mutationen Cystische Fibrose beim Menschen verursacht (L.-C. Tsui u. 24 Koll.)

1989 Nachweis von RNA-Editing in Angiospermen-Mitochondrien (P. S. Covello, M. W. Gray; A. Brennicke u. Koll., J. M. Gualberto u. Koll.)

1990 Erster erfolgreicher Versuch zur somatischen Gentherapie beim Menschen für den Adenosin-Desaminase-Mangel, eine schwere Immunschwäche (W. F. Anderson)

1990 Nachweis von RNA-Editing in Angiospermen-Plastiden (H. Kössel u. Mitarb.)

1990 Totalsequenzierung der Mitochondrien-DNA von *Marchantia polymorpha*, 1.866 kbp (K. Ohyama, K. Oda u. 9 Koll.)

1992 Totalsequenzierung der DNA des Hefe-Chromosoms Nr. 9 (G. G. Oliver u. 146 Koll.)

1993 Die Geisteskrankheit Chorea Huntington wird verursacht durch die starke Vermehrung der Trinukleotid-Sequenz CAG im Gen (M. E. MacDonald u. 56 Koll.)

1993 Identifizierung des Gens BRCA1 (Chromosom 17), das mutiert Brustdrüsen- und Eierstock-Krebs auslösen kann (Y. Miki u. 44 Koll.)

1993 Erstmalig wird die vollständige DNA-Sequenz von Eubakterien bestimmt: *Haemophilus influenzae*, 1.830 kbp, und *Mycoplasma genitalium*, 580 kbp (J. C. Venter u. Mitarb.)

1993 Das Gen *eyeless* ist ein Hauptkontrollgen in der Augenentwicklung von *Drosophila*. Es weist starke Homologie zu entsprechenden Genen der Maus (Sey, small eye) und des Menschen (Aniridia) auf (W. J. Gehring u. Koll.)

1993 Erstmals wird das Genom eines Cyanobakteriums, *Synechocystis* sp., 3.573 kbp, total sequenziert (K. Kaneko u. 23 Koll.), ebenso das eines Archaebakteriums, *Methanococcus jannaschii*, 1.665 kbp (J. C. Venter u. 39 Mitarb.)

1996 Totalsequenzierung der Zellkern-DNA aller 16 Hefe-Chromosomen. Das erste total sequenzierte Eukaryoten-Genom (A. Goffeau mit ca. 600 Koll. in Europa, Nordamerika und Japan)

1996 Nachweis, dass Scrapie-Prionen (PrP^{Sc}) nach Infektion in Mäusen nur dann gebildet werden können, wenn im Genom ein intaktes Gen für normales PrP^{C} vorhanden ist (C. Weissmann, H. Büeler)

1997 Erzeugung des Schafes „Dolly" durch Verschmelzung einer aus G_0 „erweckten" Euterzelle mit einer kernlos gemachten Eizelle einer anderen Schafrasse (I. Wilmut u. Koll.)

1998 Erfassung von Krebs-Resistenz-Genen bei der Maus (A. Balmain, R. Bremner, H. Nagase)

Literatur

1. Allgemeine Lehrbücher und Wörterbücher

Alberts, B., Bray, D., Lewis, J., Raff, M., Roberts, K., Watson, J. D.: Molekularbiologie der Zelle. VCH, Weinheim, New York, Basel, Cambridge, Tokyo. 3. Aufl. 1995

Bielka, H., Börner, T.: Molekulare Biologie der Zelle. Gustav Fischer Verlag, Jena, Stuttgart 1995

Brown, T. A.: Moderne Genetik. Eine Einführung. Spektrum Akademischer Verlag, Heidelberg, Berlin, Oxford 1993

Czihak, G., Langer, H., Ziegler, H. (Hrsg.): Biologie. Springer Verlag, Berlin, Heidelberg, New York. 5. Aufl. 1992

Günther, E.: Lehrbuch der Genetik. Gustav Fischer Verlag, Jena. 6. Aufl. 1991

Hennig, W.: Genetik. Springer Verlag, Berlin, Heidelberg, New York. 2. Aufl. 1998

Kappert, H.: Die vererbungswissenschaftlichen Grundlagen der Züchtung. Parey, Berlin, Hamburg 1953

Kaudewitz, F.: Genetik. Verlag Eugen Ulmer, Stuttgart. 2. Aufl. 1992

King, R. C., Stansfield, W.: A Dictionary of Genetics. Oxford University Press, NewYork, Oxford. 5th Edit. 1997

Knippers, R.: Molekulare Genetik. Georg Thieme Verlag, Stuttgart, New York. 7. Aufl. 1997

– Philippsen, P., Schäfer, K. P., Fannig, E.: Molekulare Genetik. Georg Thieme Verlag, Stuttgart, New York. 5. Aufl. 1990.

Kräußlich, H. (Hrsg.): Tierzüchtungslehre. Verlag Eugen Ulmer, Stuttgart. 5. Aufl. 1997

Kuckuck, H., Kobabe, G., Wenzel, G.: Grundzüge der Pflanzenzüchtung. Walter de Gruyter, Berlin, New York 1985

Lenz, W.: Medizinische Genetik. Georg Thieme Verlag, Stuttgart, New York. 6. Aufl. 1983

Lewin, B.: Molekularbiologie der Gene. Spektrum Akademischer Verlag, Heidelberg, Berlin 1998

Lodish, H., Baltimore, D., Berk, A., Zipursky, S. L., Matsuadaira, P., Darnell, J.: Molekulare Zellbiologie. Walter de Gruyter, Berlin, New York. 2. Aufl. 1996

McKusick, V. A. (Edit.): Mendelian Inheritance in Man. John Hopkins University Press, Baltimore. 11th Edit. 1994

Old, R. W., Primrose, S. B.: Gentechnologie. Eine Einführung. Georg Thieme Verlag, Stuttgart, New York 1992

Pschyrembel, W. (Hrsg.): Medizinisches Wörterbuch, 257. Aufl., Walter de Gruyter, Berlin; Nikol Verlagsges., Hamburg 1994

Redei, G.: Genetics. Macmillan Publ. Co. Inc., New York, London 1982

Rieger, R., Michaelis, A., Green, M. M.: Glossary of Genetics and Cytogenetics. Springer Verlag, Berlin, Heidelberg, New York. 5th Edit. 1991

Seyffert, W., Gassen, H. G., Hess, O., Jäckle, H., Fischbach, K.-F. (Hrsg.): Lehrbuch der Genetik. Gustav Fischer Verlag, Stuttgart, Jena, Lübeck, Ulm 1998

Singer, M., Berg, P.: Gene und Genome. Spektrum Akademischer Verlag, Heidelberg, Berlin, New York 1992

Sinnott, E. W., Dunn L. C., Dobzhansky, Th.: Principles of Genetics. McGraw-Hill, New York, Toronto, London. 5th Edit. 1958

Stern, C.: Principles of Human Genetics. W. H. Freeman, San Francisco. 3rd Edit. 1973

– Grundlagen der Humangenetik. Gustav Fischer Verlag, Jena 1968

Strachan, T., Read, A. P.: Molekulare Humangenetik. Spektrum Akademischer Verlag, Heidelberg, Berlin, Oxford 1996

Strickberger, M. W.: Genetik. Hanser Verlag, München, Wien 1988

Stubbe, H.: Genetik und Zytologie von Antirrhinum L. sect. Antirrhinum. Gustav Fischer Verlag, Jena 1966

Vogel, F., Motulsky, A. G.: Human Genetics. Problems and Approaches. Springer Verlag, Heidelberg, Berlin, New York. 3rd Edit. 1996

Watson, J. D., Hopkins, N. H., Roberts, J. W., Steitz, J. A., Weiner, A. M.: Molecular Biology of the Gene. Benjamin/Cummings Publ. Comp. Inc., Menlo Park, Reading, Amsterdam, Tokyo. 4th Edit. 1987

Whitehouse, H. L. K.: Towards an Understanding of the Mechanism of Heredity. Edward Arnold Lim., London. 3rd Edit. 1973

Witkowski, R., Herrmann, F. H.: Einführung in die Klinische Genetik. Akademie Verlag, Berlin. 4. Aufl. 1989

– Prokop, O., Ullrich, R.: Genetik erblicher Syndrome und Mißbildungen. Wörterbuch der Familienberatung. Akademie Verlag, Berlin. 4. Aufl. 1990

Diese Bücher haben **Bezug zu allen Einzelkapiteln** des Buches.

2. Periodika

Advances in Genetics
Annual Review of Biochemistry
Annual Review of Cell Biology
Annual Review of Genetics
BioEssays
Current Opinion in Cell Biology
Current Opinion in Genetics and Development
International Review of Cytology
Progress in Botany
Progress in Nucleic Acid Research and Molecular Biology
Trends in Biochemical Sciences
Trends in Cell Biology
Trends in Genetics

und die zahlreichen internationalen Zeitschriften für Genetik, Humangenetik, Molekularbiologie, Zellbiologie, Gentechnologie und allgemeine Biologie sowie Biochemie, Mikrobiologie und Züchtung

3. Spezielle Literatur zu den einzelnen Kapiteln

Kapitel 1   Geschichte der Genetik

Barthelmess, A.: Vererbungswissenschaft. Verlag Karl Alber, Freiburg, München 1952
Cairns, J., Stent, G. S., Watson, J. D. (Hrsg.): Phagen und die Entwicklung der Molekularbiologie. Akademie Verlag, Berlin 1972
Cremer, T.: Von der Zellenlehre zur Chromosomentheorie. Springer Verlag, Berlin, Heidelberg, New York 1985
Dunn, L. C.: A Short History of Genetics. McGraw-Hill, New York 1965
Hagemann, R.: Einige Hauptentwicklungslinien der Genetik seit 1945. In: Wendel, G.: Beiträge zur Wissenschaftsgeschichte. Deutscher Verlag der Wissenschaften, Berlin 1985, S. 93–110
King, R. C.: Handbook of Genetics, Vol. 1–5. Plenum Press, New York, London 1974–1979
Redei, G.: Steps in the evolution of genetic concepts. Biol. Zentralblatt 93: 385–424, 1974
Stubbe, H.: Kurze Geschichte der Genetik bis zur Wiederentdeckung der Vererbungsregeln Gregor Mendels. Gustav Fischer Verlag, Jena. 2. Aufl. 1965

Sturtevant, A. H.: A History of Genetics. Harper and Row. Publ., New York 1965

Kapitel 2   Erbträger der Pro- und Eukaryoten

Brachet, J., Mirsky, A. E. (Hrsg.): The Cell. Biochemistry, Physiology, Morphology, Vol. I–VI. Academic Press, New York, London 1959–1964
De Robertis, E. D. F., De Robertis, E. M. F.: Cell and Molecular Biology. Holt, Rinehart and Winston/Holt Saunders, New York 1980
Herrmann, R. G. (Edit.): Cell Organelles. Springer Verlag, Wien, New York 1992
Hirsch, G. C., Ruska, A., Sitte, P. (Hrsg.): Grundlagen der Cytologie. Gustav Fischer Verlag, Jena, Stuttgart 1973
Kleinig, H., Sitte, P.: Zellbiologie. Gustav Fischer Verlag, Stuttgart. 3. Aufl. 1992
Margulis, L.: Symbiosis and Cell Evolution. W. H. Freeman & Comp., San Francisco, London 1981
Moens, P. (Edit.): Meiosis. Academic Press Inc., New York, London 1987
Schenk, H. E. A., Herrmann, R. G., Jeon, K. W., Müller, N. E., Schwemmler, W. (Edit.): Eukaryotism and Symbiosis. Springer Verlag, Berlin, Heidelberg, New York 1997
Schulz-Schaeffer, J.: Cytogenetics. Plants, Animals, Humans. Springer Verlag, New York, Heidelberg, Berlin 1980
Swanson, C. P.: Cytogenetik. Gustav Fischer Verlag, Stuttgart 1960
Ude, J., Koch, M.: Die Zelle. Atlas der Ultrastruktur. Gustav Fischer Verlag, Jena, Stuttgart. 2. Aufl. 1994

Kapitel 3 und 4   Struktur und Replikation des genetischen Materials

Adams, R. L. P., Knowler, J. T., Leader, D. P.: The Biochemistry of the Nucleic Acids. Chapman & Hall, London, New York, Tokyo, Melbourne, Madras. 11th Edit. 1992
Baker, T. A., Wickner, S. H.: Genetics and enzymology of DNA replication in Escherichia coli. Annual Review of Biochemistry 26: 447–477, 1992
Beyersmann, D.: Nucleinsäuren. Deutscher Verlag d. Wissenschaften, Berlin 1975
Brock, T. D., Madigan, M. T., Martinko, J. M., Parker, J. (Edit.): Biology of Microorganisms. Prentice Hall Internat. Inc., New York. 8th Edit. 1997
Cold Spring Harbor Symposia on Quant. Biology 58: DNA and Chromosomes. Cold Spring Harbor Laboratory Press, New York 1993
Fiers, W. et al.: Complete nucleotide sequence of SV40 DNA. Nature 273: 113–120, 1978
Gibbs, A., Harrison, B.: Plant Virology. The Principles. Edward Arnold, London 1976
Heslop-Harrison, J.S., Flavell, R. B.: The Chromosome. BIOS Scientific Publ. Ltd. 1994

Kaudewitz, F.: Molekular- und Mikroben-Genetik. Springer Verlag, Berlin, Heidelberg, New York 1973

Kessler, C., Neumaier, P. S., Wolf, W.: Recognition sequences of restriction endonucleases and methylases – a review. Gene 33: 1–102, 1985

Kornberg, A., Baker, T. A.: DNA Replication. W. H. Freeman and Comp., New York. 2nd Edit. 1992

Riesner, D.: Prionen-Krankheiten. Chemie in unserer Zeit 30: 66–74, 1996

Sanger, F. et al.: The nucleotide sequence of bacteriophage ϕX174. Journ. Molec. Biol. 125: 225–246, 1978

Starke, G., Hlinak, P.: Grundriß der Allgemeinen Virologie. Gustav Fischer Verlag, Jena. 2. Aufl. 1974

Stent, G. S., Calendar, R.: Molecular Genetics: An Introductory Narrative. W. H. Freeman, San Francisco 1978

Kapitel 5 und 6   DNA-Reparatur und Genmutationen

Auerbach, C.: Mutation Research. Problems, Results and Perspectives. Chapman and Hall, London 1976

Bernstein, C., Bernstein, H.: Aging, Sex and DNA Repair. Academic Press, San Diego 1993

Drake, J. W.: The Molecular Basis of Mutation. Holden-Day, San Francisco, London, Cambridge, Amsterdam 1970

Friedberg, E. C., Walker, G. C., Siede, W.: DNA Repair and Mutagenesis. ASM Press, Washington D. C. 1995

Sancar, A.: DNA repair in humans. Annual Review of Genetics 29: 69–105, 1995

Stahl, F. W.: Unicorns revisited ('adaptive mutants'). Genetics 132: 865–867, 1992

Stubbe, H.: Genmutation. I. Allgemeiner Teil. Gebr. Borntraeger Verlag, Berlin 1938

Timofeeff-Ressovsky, N. W., Zimmer, K. G.: Biophysik, Bd. 1: Das Trefferprinzip in der Biologie. S. Hirzel Verlag, Leipzig 1947

– Ivanov, V. I., Korogodin, V. J.: Das Trefferprinzip in der Strahlenbiologie. Gustav Fischer Verlag, Jena 1972

Wood, R. D.: DNA repair in eukaryotes. Annual Review of Biochemistry 65: 135–167, 1996

Kapitel 7   Mutationen II

Ames, B. N. et al.: Method for detecting carcinogens and mutagens. Mutation Research 31: 347–364, 1975

Burnham, C. R.: Discussions in Cytogenetics. Burgess Publ. Comp., Minneapolis 1964

Fahrig, R. (Hrsg.): Mutationsforschung und genetische Toxikologie. Wissenschaftl. Buchgesellschaft, Darmstadt 1993

Hagemann, R.: Neuere molekulare und genetische Aspekte der Mitochondrien-Vererbung (Mitochondrien-Mutationen). Biol. Zentralblatt 114: 17–55, 1995

– Bock, R., Hagemann, M. M.: Extranuclear Inheritance: Plastid Genetics (Plastome Mutants). Progress in Botany 57: 197–217, 1996

Khush, J. S.: Cytogenetics of Aneuploids. Academic Press, New York, London 1973

Rieger, R.: Genommutationen (Ploidiemutationen). Gustav Fischer Verlag, Jena 1963

– Michaelis, A.: Chromosomenmutationen. Gustav Fischer Verlag, Jena 1967

Schulz-Schaeffer, J.: Cytogenetics. Plants, Animals, Humans. Springer Verlag, New York, Heidelberg, Berlin 1980

Swanson, C. P.: Cytogenetik. Gustav Fischer Verlag, Stuttgart 1960

Sybenga, J.: General Cytogenetics. North Holland Publ. Corp., Amsterdam, London 1972

– Cytogenetics in Plant Breeding. Springer Verlag, Berlin, Heidelberg, New York 1992

Kapitel 8, 9, 10   Rekombination und transponible Elemente in Pro- und Eukaryoten

Berg, D. E., Howe, M. M. (Edit.): Mobile DNA. American Society of Microbiology, Washington D. C. 1989

Berlyn, M. K. B., Low, K. B., Rudd, K. E., Singer, M.: Linkage map of Escherichia coli K-12, Edition 9. In: Neidhardt, F. C.: Escherichia coli and Salmonella. ASM Press, Washington 1996, p. 1715–1902

Birge, E. A.: Bakterien- und Phagengenetik. Eine Einführung. Springer Verlag, Heidelberg, Berlin, New York, Tokyo 1984

Camerini-Otero, R., Hsieh, P.: Homologous recombination proteins in prokaryotes and eukaryotes. Annual Review of Genetics 29: 509–552, 1995

Capy, P., Bazin, C., Higuet, D., Langin, T.: Dynamics and Evolution of Transposable Elements. Springer Verlag, New York, Berlin, Heidelberg, Paris; Landes Bioscience, Austin 1998

Catcheside, D.: Genetische Rekombination. Steinkopff, Darmstadt 1982

Esser, K., Kuenen, R.: Genetik der Pilze. Springer Verlag, Heidelberg, Berlin, New York 1965

Fincham, J. R. S.: Genetics. John Wright & Sons Ltd., Bristol, London, Boston 1983

– Day, P. R., Radford, A.: Fungal Genetics. Blackwell, Oxford, London. 4th Edit. 1979

Finnegan, D. J.: Transposable elements in eukaryotes. Internat. Review of Cytology 93: 281–326, 1985

Gierl, A., Saedler, H.: Plant transposable elements and gene tagging. Plant Molecular Biology 19: 39–49, 1992

Guthrie, C., Fink, G. R. (Edit.): Guide to Yeast Genetics and Molecular Biology. Academic Press, New York 1991

Hayes, W.: The Genetics of Bacteria and their Viruses. Blackwell Scient. Publ., Oxford. 2nd Edit. 1968

Jacob, F., Wollman, E. L.: Sexuality and the Genetics of Bacteria. Academic Press, New York, London 1961

Kingsman, A. J., Chater, K. F., Kingsman, S. M. (Edit.): Transposition. Soc. Gen. Microbiol. Symp. 43. Cambridge Univ. Press, Cambridge 1988

Kricenecky, J. (Edit.): Fundamenta Genetica. Publ. House CAV, Praha 1965 (Mit Originalarbeiten von Mendel, Correns, de Vries, Bateson u.a.)

Kühn, A.: Einführung in die Vererbungslehre. Quelle & Meyer, Heidelberg 1950

Labrador, M., Corces, V. G.: Transposable element host interactions: Regulation of insertion and excision. Annual Review of Genetics 31: 381–404, 1997

Leach, D. R. F.: Genetic Recombination. Blackwell Science, Oxford, London 1996

McClintock, B.: The significance of reponse of the genome to Challenge. Science 226: 792–801, 1984

McDonald, J. F. (Edit.): Transposable Elements and Evolution. Kluwer Academic Publ., Dordrecht, Boston, London 1993

Mendel, G.: Versuche über Pflanzenhybriden (1866). Ostwalds Klassiker d. exakten Wissensch. Nr. 121, Leipzig 1901, 1933

Meselson, M. S., Radding, C. M.: A general model for genetic recombination. Proc. Natl. Acad. Sci. USA 72: 358–361, 1975

Neidhardt, F. C. et al. (Edit.): Escherichia coli and Salmonella. Cellular and Molecular Biology. Vol. 1, Vol. 2. ASM Press, Washington, D.C., USA. 2nd Edit. 1996

Nevers, P., Shepherd, N. S., Saedler, H.: Plant Transposable Elements. Advances in Botanical Research 12: 103–203, 1986

Paszkowski, J.: Homologous Recombination and Gene Silencing in Plants. Kluwer Academic Publ., Dordrecht, Boston, London 1994

Sherman, F., Fink, G. R., Hicks, J. B. (Edit.): Methods in Yeast Genetics. Cold Spring Harbor Laboratory Press, Cold Spring Harbor, N. Y. 1986

Stent, G. S.: Molecular Biology of Bacterial Viruses. W. H. Freeman and Comp., San Francisco 1963

– Calendar, R.: Molecular Genetics. An Introductory Narrative. W. H. Freeman and Comp., San Francisco. 2nd Edit. 1978

Strathern, J. N., Jones, E. W., Broach, J. R. (Edit.): The Molecular Biology of the Yeast Saccharomyces: Vol. 1: Life cycle and Inheritance. Vol. 2: metabolism and gene expression. Cold Spring Harbor Laboratory Press, Cold Spring Harbor, N.Y. 1981, 1982

Szostak, J. W., Orr-Weaver, T. L., Rothstein, R. J., Stahl, F. W.: The double-strand break repair model for recombination. Cell 33: 25–25, 1983

Whitehouse, H. L. K.: Genetic Recombination. Wiley, Chichester, New York 1982

Wood, R. (Edit.): Genetic Nomenclature Guide. Beiheft zu Trends in Genetics. West Sussex, UK, 1998

Kapitel 11   Extranukleäre Erbanlagen

Anderson, S. et al.: Sequence and organisation of the human mitochondrial genome. Nature 290: 457–465, 1981

Gillham, N. W.: Organelle Genes and Genomes. Oxford University Press, New York, Oxford 1994

Grun, P.: Cytoplasmic Genetics and Evolution. Columbia University Press, New York 1976

Hagemann, R.: Plasmatische Vererbung. Gustav Fischer Verlag, Jena 1964

– Plastid Genetics in Higher Plants. In: Herrmann, R. G. (Edit.): Cell Organelles. 1992, p. 65–96

– Neuere molekulare und cytologische Aspekte der Plastiden-Genetik. Biol. Zentralblatt 112: 244–287, 1993

– Neuere molekulare und genetische Aspekte der Mitochondrien-Vererbung. Biol. Zentralblatt 114: 17–55, 1995

– Schröder, M.-B.: The cytological basis of the plastid inheritance in angiosperms. Protoplasma 153: 57–64, 1989

Herrmann, R. G. (Edit.): Cell Organelles. Springer Verlag, Wien, New York 1992

– Eukaryotism, Towards a new Interpretation. In: Schenk, H. E. A., Herrmann, R. G., Jeon, K. W., Müller, N. E., Schwemmler, W. (Edit.): Eukaryotism and Symbiosis. Springer Verlag, Heidelberg, Berlin, New York 1997, p. 73–118

Oda, K. et al.: Gene organization deduced from the complete sequence of liverwort Marchantia polymorpha mitochondria DNA. A primitive form of plant mitochondrial genome. Journ. Molec. Biol. 223: 1–7, 1992

Ohyama, K. et al.: Chloroplast gene organization deduced from complete sequence of liverwort Marchantia polymorpha chloroplast DNA. Nature 322: 572–574, 1986

Sager, R.: Cytoplasmic Genes and Organelles. Academic Press, New York, London 1972

Shinozaki, K. et al.: The complete nucleotide sequence of the tobacco chloroplast genome: its gene organization and expression. EMBO Journ. 5: 2043–2049, 1986

Unseld, M., Marienfeld, J. R., Brandt, P., Brennicke, A.: The mitochondrial genome of Arabidopsis thaliana contains 57 genes in 366.924 nucleotides. Nature Genetics 15: 57–61, 1996

Wallace, D. C.: Mitochondrial DNA variation in human evolution, degenerative disease and aging. Amer. Journ. Hum. Genet. 57: 201–223, 1995

Wolstenholme, D. R., Jeon, K. W. (Edit.): Mitochondrial Genomes. Internat. Review of Cytology 141: 1–377, 1992

Kapitel 12   Zellbiologische Manipulationen

Evered, D., Whelan, J. (Edit.): Cell Fusion. Ciba Foundation Symposium 103. Pitman, London 1984

Gilbert, S. F.: Developmental Biology. Sinauer Assoc. Inc., Sunderland, Mass. 4th Edit. 1994

Gurdon, J. B.: The Control of Gene Expression in Animal Development. Oxford University Press, Oxford 1974

Handyside, A. H., Delhanty, J. D. A.: Preimplantation genetic diagnosis: strategies and surprises. Trends in Genetics 13: 270–275, 1997

Hohn, B., Dennis, E. S. (Edit.): Genetic Flux in Plants. Springer Verlag, Wien, New York 1984

Lal, R., Lal, S.: Genetic Engineering of Plants for Crop Improvement. CRC Press, Boca Raton, Ann Arbor, London, Tokyo 1993

Lotze, R.: Zwillinge. Einführung in die Zwillingsforschung. Hohenlohesche Buchh. Ferd. Rau, Oehringen 1937

McLaren, A.: Mammalian Chimeras. Cambridge University Press, Cambridge, London, New York, Melbourne 1976

Petzoldt, U.: Brauchen Säugetierbabies einen Vater? Biologie in unserer Zeit 18: 97–104, 1988
– Sag niemals nie: Neues zum Klonen von Säugetieren. Biologie in unserer Zeit 28: 194–200, 1998

Reinert, J., Bajaj, Y. P. S. (Edit.): Applied and Fundamental Aspect of Plant Cell, Tissue, and Organ Culture. Springer Verlag, Berlin, Heidelberg, New York 1977

Theile, M., Scherneck, S.: Zellgenetik. Akademie Verlag, Berlin 1978

Verma, D. P. S., Hohn, T. (Edit.): Genes involved in Microbe-Plant-Interactions. Springer Verlag, Wien, New York 1984

Wilmut, I., Schnieke, E., McWhir, J., Kind, A. J., Campbell, K. H. S.: Viable offspring derived from fetal and adult mammalian cells. Nature 385: 810–813, 1997

Kapitel 13   Gentechnologie

Bertram, S., Gassen, H. G. (Hrsg.): Gentechnische Methoden. Eine Sammlung von Arbeitsanleitungen für das molekularbiologische Labor. Gustav Fischer Verlag, Stuttgart, Jena, New York 1991

Brem, G.: Gentransfer. In: Kräußlich, H. (Hrsg.): Tierzüchtungslehre. Eugen Ulmer Verlag, Stuttgart 1997, S. 346–362

Brown, T. A.: Gentechnologie für Einsteiger. Spektrum Akademischer Verlag, Heidelberg, Berlin, Oxford 1993

Gassen, H. G., Minol, K. (Hrsg.): Gentechnik. Einführung in Prinzipien und Methoden. Gustav Fischer Verlag, Stuttgart, Jena. 4. Aufl. 1996
– Sachse, G. E., Schulte, A. (Hrsg.): PCR. Grundlagen und Anwendungen der Polymerase-Kettenreaktion. Gustav Fischer Verlag, Stuttgart, Jena, New York 1991

Grierson, D. (Edit.): Plant Genetic Engineering. Blackie, Glasgow, London; Chapman and Hall, New York 1991

Hagemann, R. (Hrsg.): Gentechnologische Arbeitsmethoden. Ein Handbuch. Akademie Verlag, Berlin 1990
– Ergebnisse und Trends der Gentechnologie. Akademie Verlag, Berlin 1991

Hagemann, R., Bock, R., Hagemann, M. M.: Extranuclear Inheritance: Plastid Genetics (Plastid transformation, particle gun) Progress in Botany 57: 197–217, 1996

Hohn, T., Schell, J. (Edit.): Plant DNA Infectious Agents. Springer Verlag, Wien, New York 1987

Koch-Brandt, C.: Gentransfer. Prinzipien, Experimente, Anwendung bei Säugern. Georg Thieme Verlag, Stuttgart, New York 1993

Old, R. W., Primrose, S. B.: Gentechnologie. Eine Einführung. Georg Thieme Verlag, Stuttgart, New York 1992

Rubin, G. M., Spradling, A. C.: Genetic transformation of Drosophila with transposable element vectors. Science 218: 348–353, 1982

Strauss, M., Barranger, J. A. (Edit.): Concepts in Gene Therapy. Walter de Gruyter, Berlin, New York 1997

Watson, J. D., Gilman, M., Witkowski, J., Zoller, M.: Rekombinierte DNA. Spektrum Akademischer Verlag, Heidelberg, Berlin, Oxford. 2. Aufl. 1993

Winnacker, E.-L.: Gene und Klone. Eine Einführung in die Gentechnologie. VCH, Weinheim 1984, 3. veränd. Nachdruck 1990

Kapitel 14, 15, 16, 19, 20   Genexpression und Regulation bei Pro- und Eukaryoten

Alberts, B., Bray, D., Lewis, J., Raff, M., Roberts, K., Watson, J. D.: Molekularbiologie der Zelle. VCH, Weinheim, New York, Basel, Cambridge, Tokyo. 3. Aufl. 1995

Bielka, H., Börner, T.: Molekulare Biologie der Zelle. Gustav Fischer Verlag, Jena, Stuttgart 1995

Devlin, T. M.: Textbook of Biochemistry with Clinical Correlations. Wiley-Liss, New York, Chichester, Weinheim, Toronto 1997

Knippers, R.: Molekulare Genetik. Georg Thieme Verlag, Stuttgart, New York. 7. Aufl. 1997

Lewin, B.: Molekularbiologie der Gene. Spektrum Akademischer Verlag, Heidelberg, Berlin 1998

Lodish, H., Baltimore, D., Berk, A., Zipursky, S. L., Matsudaira, P., Darnell, J.: Molekulare Zellbiologie. Walter de Gruyter, Berlin, New York. 2. Aufl. 1996

Seyffert, W., Gassen, H. G., Hess, O., Jäckle, H., Fischbach, K. F. (Hrsg.): Lehrbuch der Genetik. Gustav Fischer Verlag, Stuttgart, Jena, Lübeck, Ulm 1998

Vaas, K.: Der genetische Code. Akadem. Verlagsges., Darmstadt 1994

Whitehouse, H. L. K.: Towards an Understanding of the Mechanism of Heredity. Edward Arnold Ltd., London. 3rd Edit. 1973

In diesen, oben genannten Lehrbüchern finden sich umfangreiche Literaturangaben für zahlreiche Bücher, Review-Artikel und Orginalpublikationen, die hier aus Platzgründen nicht alle zitiert werden können. Einzeln genannt werden nur:

Chadwick, D. J., Cardew, G. (Edit.): Epigenetics. Novartis Found. Symp. 214. John Wiley & Sons, Chichester, New York, Weinheim 1998

Chan, L.: RNA editing: Exploring one mode with

apolipoprotein B mRNA. BioEssays 15: 33–41, 1993

Crick, F. H. C.: Codon-anticodon pairing: the wobble hypothesis. Journ. Molec. Biol. 19: 548–555, 1966

– Split genes and RNA splicing. Science 204: 264–271, 1979

– Barnett, L., Brenner, S., Watts-Tobin, R. J.: General nature of the genetic code for proteins. Nature 192: 1227–1232, 1962

Darnell, J., Lodish, H., Baltimore, D.: Molekulare Zellbiologie. Walter de Gruyter, Berlin, New York 1994

De Rubertis, F., Kadosh, D., Henchoz, S., Pauli, D., Reuter, G., Struhl, K., Spierer, P.: The histone deacetylase RPD3 counteracts genomic silencing in Drosophila and yeast. Nature 384: 589–591, 1996

Fincham, J. R. S.: Allelic Complementation. Benjamin, New York 1966

Hecker, M.: Neue Erkenntnisse über die Regulation der Genexpression in Bakterien – Eine Übersicht. Biolog. Zentralbl. 106: 377–399, 1987

Hennig, W. (Edit.): Germ-line – Soma Differentiation (Results and Problems in Cell Differentiation, Vol. 13). Springer Verlag, Berlin, Heidelberg, New York 1986

Jacob, F., Monod, J.: Genetic regulatory mechanisms in the synthesis of proteins. Journ. Molec. Biol. 3: 318–356, 1961

Melchers, F.: Segen und Fluch des Immunsystems. In: Gerok, W. et al. (Hrsg.): Materie und Prozesse. Vom Elementaren zum Komplexen. Verhandl. Gesellsch. Dt. Naturforsch. u. Ärzte. Wissenschaftl. Verlagsgesellsch., Stuttgart 1990, S. 357–373

Miller, J. H., Reznikoff, W. S. (Edit.): The Operon. Cold Spring Harbor Laboratory Press, New York. 2nd Edit. 1980

Müller-Hill, B.: The Lac Operon: A short history of a genetic paradigm. Walter de Gruyter Verlag, Berlin 1996

Murgola, E. J., Yanofsky, C.: Selection for new amino acids at the position 211 of the tryptophane synthetase a chain of Escherichia coli. Journ. Mol. Biol. 86: 775–784, 1974

Nicholls, R. D., Saitoh, S., Horsthemke, B.: Imprinting in Praderwilli and Angelman syndromes. Trends in Genetics 14: 194–200, 1998

Nirenberg, M. W., Matthaei, J. H.: The dependence of cell-free protein synthesis in E. coli upon naturally occurring or synthetic polyribonucleotides. Proc. Natl. Acad. Sci. USA 47: 1588–1602, 1961

– Leder, P.: RNA codewords and protein synthesis: The effect of trinucleotides upon binding of sRNA to ribosomes. Science 145: 1399–1407, 1964

Nover, L., Luckner, M., Parthier, B.: Cell Differentiation. Molecular Basis and Problems. Gustav Fischer Verlag, Jena 1982

Ptashne, M.: A Genetic Switch. Phage lambda and Higher Organisms. Cell Press & Blackwell Sci. Publ., Cambridge, Mass. 2nd Edit. 1992

Reuter, G., Spierer, P.: Position effect variegation and chromatin proteins. Bio Essays 14: 605–612, 1992

Swanson, C. P.: Cytogenetik. Gustav Fischer Verlag, Stuttgart 1960

Thomm, M.: Archaeal transcription factors and their role in transcription initiation. FEMS Microbiology Reviews 18: 159–171, 1996

Wilting, R., Böck, A.: Die Flexibilität des genetischen Codes. Biologie in unserer Zeit 26: 369–379, 1996

Wittmann, H. G.: Ribosomen und Proteinbiosynthese. Biol. Chem. Hoppe-Seyler 370: 87–99, 1989

Yanofsky, C.: Structural relationship between gene and protein. Annual. Review of Genetics 1: 117–138, 1967

– Control by transcription attenuation. Trends in Genetics 3: 356–360, 1987

Kapitel 17 Feinstruktur des Gens

Bell, G. I., Pictet, R. L., Rutter, W. J., Cordell, B., Tischer, E., Goodman, H. M.: Sequence of the human insulin gene. Nature 284: 26–329, 1980

Benzer, S.: On the topography of the genetic fine structure. Proc. Natl. Acad. Sci. USA 47: 403–415, 1961

Green, M. M., Green, K. C.: Crossing-over between alleles at the lozenge locus in Drosophila melanogaster. Proc. Natl. Acad. Sci. USA 35: 586–591, 1949

Herrmann, F. H., Herrmann, M.: Das Hämoglobin des Menschen. Akademie Verlag, Berlin 1979

Lewin, B.: Molekularbiologie der Gene. Spektrum Akademischer Verlag, Heidelberg, Berlin 1997

Miller, J. H., Reznikoff, S. (Edit.): The Operon. Cold Spring Harbor Laboratory Press, New York. 2nd Edit. 1980

Pontecorvo, G.: Trends in Genetic Analysis. Columbia University Press, New York 1958

Strachan, T., Read, A. P.: Molekulare Humangenetik. Spektrum Akademischer Verlag, Heidelberg, Berlin, Oxford 1996

Zielenski, J., Rozmahel, R., Bozon, D., Kerem, B. S., Grzelczak, Z., Riordan, J. R., Rowmens, J., Tsui, L. C.: Genomic DNA sequence of the Cystic Fibrosis Transmembrane Conductance Regulator (CFTR) gene. Genomics 10: 214–228, 1991

Kapitel 18 Das menschliche Genom

Brown, T.: Moderne Genetik. Eine Einführung. Spektrum Akademischer Verlag, Heidelberg, Berlin, Oxford 1993

Jeffreys, A. J., Wilson, V., Thein, S. L.: Individual-specific fingerprints of human DNA. Nature 316: 76–79, 1985

McKusick, V. A.: Genomics: Structural and functional studies of genomes. Genomics 45: 244–249, 1997

Old, R. W., Primrose, S. B.: Gentechnologie. Eine

Einführung. Georg Thieme Verlag, Stuttgart, New York 1992

Strachan, T.: Das menschliche Genom. Spektrum Akademischer Verlag, Heidelberg, Berlin, Oxford 1994

– Read, A. P.: Molekulare Humangenetik. Spektrum Akademischer Verlag, Heidelberg, Berlin, Oxford 1996

Vogel, F., Motulsky, A. G.: Human Genetics. Problems and Approaches. Springer Verlag, Berlin, Heidelberg, New York. 3rd Edit. 1997

Kapitel 21   Entwicklungsgenetische Prozesse

Gilbert, S. F.: Developmental Biology. Sinauer Associates Inc. Publ., Sunderland, Mass. 5th Edit. 1997

Hadorn, E.: Letalfaktoren in ihrer Bedeutung für Erbpathologie und Genphysiologie der Entwicklung. Georg Thieme Verlag, Stuttgart 1955

Hennig, W.: Genetik. Springer Verlag, Berlin, Heidelberg, New York. 2. Aufl. 1998

Hess, O.: Entwicklungsgenetik von Drosophila. Teil 1, Teil Bioengineering 3: No. 3, 58–68, No. 4, 51–60, 1988

Johnston, D. S., Nüsslein-Volhard, C.: The origin of pattern and polarity in Drosophila embryo. Cell 68: 201–209, 1992

Müller, W. A.: Developmental Biology. Springer Verlag, Berlin, Heidelberg, New York, Tokyo. 2nd Edit. 1997

Nüsslein-Volhard, C.: Musterbildung im Drosophila-Embryo. Nova Acta Leopoldina, N.F. 67: 267–283, 1992

Purugganan, M. D.: The molecular evolution of development. BioEssays 20: 700–711, 1998

Russo, V. E. A., Brody, S., Cove, D., Ottolenghi, S.: Development. The Molecular Genetic Approach. Springer Verlag, Berlin, Heidelberg, New York, Tokyo 1992

Seyffert, W., Gassen, H. G., Hess, O., Jäckle, H., Fischbach, K.-F. (Hrsg.): Lehrbuch der Genetik. Gustav Fischer Verlag, Stuttgart, Jena, Lübeck, Ulm 1998

Wehner, R., Gehring, W.: Zoologie. Georg Thieme Verlag, Stuttgart, New York. 23. Aufl. 1994

Kapitel 22   Wechselwirkungssysteme

Graves, J. A. M.: Interactions between SRY and SOX genes in mammalian sex determination. BioEssays 20: 264–269, 1998

Grun, P.: Cytoplasmic Genetics and Evolution. Columbia University Press, New York 1976

Hadorn, E.: Letalfaktoren in ihrer Bedeutung für Erbpathologie und Genphysiologie der Entwicklung. Georg Thieme Verlag, Stuttgart 1955

Hagemann, R.: Plasmatische Vererbung. Gustav Fischer Verlag, Jena 1964

– Der Beitrag der Zwillingsforschung zur Analyse der genetischen Grundlagen von Intelligenzleistungen des Menschen. In: Geißler, E., Hörz, H. (Hrsg.): Vom Gen zum Verhalten. Akademie-Verlag, Berlin 1988, S. 33–52

Hartmann, M.: Die Sexualität. Gustav Fischer Verlag, Stuttgart 1956

Jiménez, R., Burgos, M.: Mammalian sex determination: joining pieces of the genetic puzzle. BioEssays 20: 696–699, 1998

Kappert, H.: Die vererbungswissenschaftlichen Grundlagen der Züchtung. Paul Parey Verlag, Berlin, Hamburg 1953

Laviolette, P., Grasse, P. P.: Fortpflanzung und Sexualität. Gustav Fischer Verlag, Stuttgart 1971

Lenz, W.: Medizinische Genetik. Georg Thieme Verlag, Stuttgart, New York. 6. Aufl. 1983

– Humangenetik in Psychologie und Psychiatrie. Quelle & Meyer, Heidelberg 1978

McLaren, A.: What makes a man a man? Nature 346: 216–217, 1990

Petzoldt, U.: Was den Mann zum Manne macht. Biologie in unserer Zeit 22: 84–90, 1992

Prokop, O., Göhler, W.: Die menschlichen Blutgruppen. Gustav Fischer Verlag, Jena. 4. Aufl. 1976

Serra, J. A.: Modern Genetics. 3 Vol. Academic Press, London, New York 1965–1968

Stern, C.: Grundlagen der Humangenetik. Gustav Fischer Verlag, Jena. 2. deutsche Aufl. 1968

Stubbe, H.: Genetik und Zytologie von Antirrhinum L. sect. Antirrhinum. Gustav Fischer Verlag, Jena 1966

Timofeeff-Ressovsky, N. W.: Allgemeine Erscheinungen der Genmanifestierung. In: Just, G. (Hrsg.): Handbuch der Erbbiologie des Menschen. Springer Verlag, Berlin 1940, Bd. 1, S. 32–72

Kapitel 23   Populations- und Evolutionsgenetik

Crow, J. F.: Basic Concepts in Population, Quantitative and Evolutionary Genetics. Freeman, New York 1986

Czihak, G., Langer, H., Ziegler, H. (Hrsg.): Biologie. Ein Lehrbuch. Springer Verlag, Berlin, Heidelberg, New York. 5. Aufl. 1993

Dobzhansky, Th.: Die genetischen Grundlagen der Artbildung. Gustav Fischer Verlag, Jena 1939

– Genetics of the Evolutionary Process. Columbia University Press, New York, London 1970

Fisher, R. A.: The Genetical Theory of Natural Selection. Dover, New York. 2nd Edit. 1958

Heberer, G. (Hrsg.): Die Evolution der Organismen. Gustav Fischer Verlag, Jena, Stuttgart. 1. Aufl. 1943 (1 Bd.), 2. Aufl. 1959 (2 Bde.), 3. Aufl. 1974 (3 Bde.)

– Schwanitz, F. (Hrsg.): Hundert Jahre Evolutionsforschung. Das wissenschaftliche Vermächtnis Charles Darwins. Gustav Fischer Verlag, Stuttgart 1960

Ludwig, W.: Selektionstheorie. In: Heberer, G. (Hrsg.): Die Evolution der Organismen. Gustav

Fischer Verlag, Jena, Stuttgart. 1. Aufl. 1943, S. 226–267; 2. Aufl. 1959, Bd. 1, S. 663–712
- Darwins Zuchtwahllehre in modernerer Fassung. Aufs. u. Reden d. Senckenberg Naturforsch. Ges., Frankfurt 1948
- Die heutige Gestalt der Selektionstheorie. In: Heberer, G., Schwanitz, F.(Hrsg.): Hundert Jahre Evolutionsforschung. Gustav Fischer Verlag, Stuttgart 1960, S. 45–80
Mayr, E.: Animal Species and Evolution. Belknap Press., Cambridge, Mass. 1963
- Artbegriff und Evolution. Parey Verlag, Hamburg 1967
Rensch, B.: Neuere Probleme der Abstammungslehre, die transspezifische Evolution. Gustav Fischer Verlag, Stuttgart. 2. Aufl. 1953
Schmalhausen, I. I.: Factors of Evolution. The Theory of Stabilizing Selection. Blakiston, Philadelphia 1949
Simpson, G. G.: The Meaning of Evolution. Yale University Press, New Haven 1967
Sperlich, D.: Populationsgenetik. Grundlagen und experimentelle Ergebnisse. Gustav Fischer Verlag, Stuttgart. 2. Aufl. 1978
Stern, C.: Grundlagen der menschlichen Erblehre. Musterschmidt, Göttingen 1955
Stubbe, H.: Über den Selektionswert von Mutanten. Sitzungsber. Deutsch. Akad. Wiss. Berlin, Klasse landwirtsch. Wiss., Nr. 1. Akademie Verlag, Berlin 1950
Wright, S.: Evolution and the Genetics of Populations. University of Chicago Press, Chicago. Vol. I 1968, Vol. II 1969

Kapitel 24   Anwendung genetischer Erkenntnisse

Becker, R., Fuhrmann, W., Holzgreve, W., Sperling, K.: Pränatale Diagnostik und Therapie. Wissenschaftliche Verlagsanstalt, Stuttgart 1995
Broer, J., Pühler, A.: Stabilität von Herbizidresistenz-Genen in transgenen Pflanzen und ihr spontaner horizontaler Gentransfer auf andere Organismen. Wissenschaftszentrum für Sozialforschung, Berlin 1994

Daele, W. van den, Pühler, A., Sukopp, H., Bora, A., Döbert, R., Neubert, S., Siewert, V. (Hrsg.): Grüne Gentechnik im Widerstreit. VCH, Weinheim, New York, Basel, Cambridge, Tokyo 1996
Fritsche, W.: Biochemische Grundlagen der industriellen Mikrobiologie. Gustav Fischer Verlag, Jena 1978
- Umwelt-Mikrobiologie. Gustav Fischer Verlag, Jena, Stuttgart 1998
Hagemann, R. (Hrsg.): Ergebnisse und Trends der Gentechnologie. Akademie Verlag, Berlin 1991
Helling, R. B.: Eukaryotic genes in prokaryotic cells. Stadler Genetics Sympos. (Columbia, Miss.) 7: 15–36, 1975
Kempken, F.: Biotechnology with plants – an overview. Progress in Botany 58: 428–440, 1997
Kuckuck, H., Kobabe, G., Wenzel, G.: Grundzüge der Pflanzenzüchtung. Walter de Gruyter, Berlin, New York 1985
Lichter, P.: Multicolor FISHing: what's the catch. Trends in Genetics 13: 475–479, 1997
Rehm, H. J. (Edit.): Biotechnology. A Comprehensive Treatise in 8 Volumes. VCH, Weinheim 1981–1986
Schell, T. von, Mohr, H. (Hrsg.): Biotechnologie – Gentechnik. Eine Chance für neue Industrien. Springer Verlag, Berlin, Heidelberg, New York 1995
Schlee, D., Kleber, H.-P. (Hrsg.): Biotechnologie Teil I, Teil II (Wörterbücher der Biologie). Gustav Fischer Verlag, Jena 1991
Vogel, F., Motulsky, A. G.: Human Genetics. Problems and Approaches. Springer Verlag, Berlin, Heidelberg, New York. 3rd Edit. 1997
Watson, J. D., Gilman, M., Witkowski, J., Zoller, M.: Rekombinierte DNA. Spektrum Akademischer Verlag, Heidelberg, Berlin, Oxford. 2. Aufl. 1992
Werner, R. G.: Neuartige Ansätze der Biotechnologie bei der Entwicklung von Arzneimitteln und Impfstoffen. In: Schell, T. von, Mohr, H. (Hrsg.): Biotechnologie – Gentechnik. Eine Chance für neue Industrien. Springer Verlag, Berlin, Heidelberg, New York 1995, S. 59–83

Sachregister

Begriffe

Ziel-DNA-Verdopplung (TSD) 147
Zink-Finger-Motiv 324
Zygotän 25

Zyklus, parasexueller 193
ZZ/ZW-Schema 380

Gattungsnamen

Acetabularia 348
Actinidia 199
Aegilops 409
Agrobacterium 237, 239, 246, 247
Amaranthus 115
Anthoceros 32
Antirrhinum 115, 116, 146, 151, 152, 166, 167, 198, 258, 268, 282
Apis 410
Arabidopsis 116, 145, 155, 198, 218, 219, 258, 268
Ascobolus 162, 196, 197
Aspergillus 193
Astasia 116

Bacillus 134, 326
Begonia 350
Bipolaris 410
Bombyx 190, 410
Bonellia 383
Brassica 115, 247, 412

Caenorhabditis 298, 258, 366
Campanula 104
Chironomus 340
Chlamydomonas 32, 65, 66, 93, 115, 116, 162, 163, 177, 187, 201, 202, 203, 204, 205, 219, 223
Chlorella 115
Conopholis 116
Coprinus 187
Cyanophora 665, 208

Danio 258, 268
Datura 236
Diplococcus 34
Drosophila 19, 27, 29, 64, 92, 101, 105, 118, 146, 151, 155, 157, 167, 173, 191, 197, 247, 248

Epilobium 115, 116, 198
Epiphagus 116

Escherichia 47, 60, 93, 134, 137, 245, 284, 294, 314
Euglena 115, 205, 208

Ferticillium 410
Funaria 162

Gossypium 199

Helianthus 116
Helminthosporium 410
Homo 378
Hordeum 115, 116, 198
Hypericum 115, 373

Klebsiella 60

Larix 199
Lilium 145, 195
Lycopersicon 116, 167, 198, 199

Marchantia 66, 205, 206, 218, 219
Mentha 410
Mirabilis 198
Mus 258, 268, 378
Musca 160

Neurospora 93, 116, 162, 163, 164, 167, 177, 185, 187, 196, 197, 210
Nicotiana 66, 198, 205, 206, 236

Odontella 65, 208
Oenothera 104, 105, 115, 116, 219, 373
Ophryotrocha 383
Oryza 205